2018 版安徽省建设工程计价依据

安徽省市政工程计价定额

（上）

主编部门：安徽省建设工程造价管理总站

批准部门：安徽省住房和城乡建设厅

施行日期：２０１８年１月１日

中国建材工业出版社

图书在版编目（CIP）数据

安徽省市政工程计价定额：全 3 册/安徽省建设工
程造价管理总站编 . —北京：中国建材工业出版社，
2018.1（2018.1重印）

（2018 版安徽省建设工程计价依据）
ISBN 978-7-5160-2064-7

Ⅰ.①安…　Ⅱ.①安…　Ⅲ.①市政工程—工程造价—
安徽　Ⅳ.①TU723.3

中国版本图书馆 CIP 数据核字（2017）第 264871 号

安徽省市政工程计价定额（上）

安徽省建设工程造价管理总站　编

出版发行：中国建材工业出版社

地　　址：北京市海淀区三里河路 1 号

邮　　编：100044

经　　销：全国各地新华书店

印　　刷：北京鑫正大印刷有限公司

开　　本：787mm×1092mm　　1/16

印　　张：120.25

字　　数：2980 千字

版　　次：2018 年 1 月第 1 版

印　　次：2018 年 1 月第 2 次

定　　价：**580.00 元**（上、中、下册）

本社网址：www.jccbs.com　　微信公众号：zgjcgycbs

本书如出现印装质量问题，由我社市场营销部负责调换。联系电话：(010)88386906

安徽省住房和城乡建设厅发布

建标〔2017〕191 号

安徽省住房和城乡建设厅关于发布 2018 版安徽省建设工程计价依据的通知

各市住房城乡建设委（城乡建设委、城乡规划建设委），广德、宿松县住房城乡建设委（局），省直有关单位：

为适应安徽省建筑市场发展需要，规范建设工程造价计价行为，合理确定工程造价，根据国家有关规范、标准，结合我省实际，我厅组织编制了 2018 版安徽省建设工程计价依据（以下简称 2018 版计价依据），现予以发布，并将有关事项通知如下：

一、2018 版计价依据包括：《安徽省建设工程工程量清单计价办法》《安徽省建设工程费用定额》《安徽省建设工程施工机械台班费用编制规则》《安徽省建设工程计价定额（共用册）》《安徽省建筑工程计价定额》《安徽省装饰装修工程计价定额》《安徽省安装工程计价定额》《安徽省市政工程计价定额》《安徽省园林绿化工程计价定额》《安徽省仿古建筑工程计价定额》。

二、2018 版计价依据自 2018 年 1 月 1 日起施行。凡 2018 年 1 月 1 日前已签订施工合同的工程，其计价依据仍按原合同执行。

三、原省建设厅建定〔2005〕101 号、建定〔2005〕102 号、建定〔2008〕259 号文件发布的计价依据，自 2018 年 1 月 1 日起同时废止。

四、2018 版计价依据由安徽省建设工程造价管理总站负责管理与解释。在执行过程中，如有问题和意见，请及时向安徽省建设工程造价管理总站反馈。

安徽省住房和城乡建设厅

2017 年 9 月 26 日

编 制 委 员 会

总 目 录

总　说　明

一、《安徽省市政工程计价定额》以下简称"本市政定额"，是依据国家现行有关工程建设标准、规范及相关定额，并结合近几年我省出现的新工艺、新技术、新材料的应用情况，及市政工程设计与施工特点编制的。

本市政定额共包括六部分：第一部分　通用项目；第二部分　道路工程；第三部分　桥涵工程；第四部分　隧道工程；第五部分　管网工程；第六部分　生活垃圾处理工程。

二、本定额在编制过程中结合了我省市政工程设计与施工特点，以及近几年我省出现的新工艺、新技术、新材料的应用情况。

三、本定额适用于我省境内的新建、扩建市政工程。

四、本市政定额的作用：

1. 是市政工程工程量清单计价的依据。

2. 是编制与审查设计概算、施工图预算、最高投标限价的依据。

3. 是调解处理工程造价纠纷的依据。

4. 是评审工程成本，审核和鉴定工程造价的依据。

5. 是施工企业编制企业定额、投标报价、拨付工程价款、竣工结算的参考依据。

五、本市政定额是按照正常的施工条件，大多数施工企业采用的施工方法、机械化装备程度、合理的施工工期、施工工艺、劳动组织编制的，反映目前社会平均消耗量水平。

六、本市政定额中人工工日以"综合工日"表示，不分工种、技术等级。内容包括：基本用工、辅助用工、超运距用工及人工幅度差。

七、本市政定额中的材料：

1. 本市政定额中的材料包括主要材料、辅助材料、周转材料和其他材料。

2. 本市政定额中的材料消耗量包括净用量和损耗量。损耗量包括：从工地仓库、现场集中堆放地点或现场加工地点至操作或安装地点的现场运输损耗、施工操作损耗、施工现场堆放损耗。凡能计量的材料、成品、半成品均逐一列出消耗量，难以计量的材料是以"其他材料费占材料费"百分比形式表示。

3. 混凝土、沥青混凝土、砌筑砂浆、抹灰砂浆及各种胶泥等均按半成品消耗量体积以"m³"表示，设计强度(配合比)等与定额不同时，可以调整。本市政定额中现拌混凝土、预拌混凝土、预制混凝土的养护，均按自然养护考虑的，如有特殊要求，可在措施费中考虑。

4. 混凝土、沥青混凝土、砌筑砂浆、抹灰砂浆及各种胶泥等配合比，执行《安徽省建设工程计价定额（共用册）》的规定。

5. 本市政定额中所列砂浆均为现拌砂浆，若实际使用预拌砂浆是，每立方砂浆人工扣减0.17工日。搅拌机扣减0.167台班。

6. 本市政定额中消耗量用括号（　）表示的为该子目的未计价材料用量，基价中不包括其价格。

八、本市政定额中的机械：

1. 本市政定额的机械台班消耗量是按正常合理的机械配备、机械施工工效测算确定的，已包括机械幅度差。

2. 本市政定额中的机械仅列主要施工机械消耗量。凡单位价值2000元以内，使用年限在一年以内，不构成固定资产的施工机械，定额中未列消耗量，企业管理费中考虑其使用费，其燃料动力消耗在材料费中计取。难以计量的机械台班是以"其他机械费占机械费"百分比形式表示。

3. 大型机械的进（退）场及安装、拆卸，执行《安徽省建设工程计价定额（共用册）》的规定。

九、本市政定额与建筑工程、装饰装修工程、安装工程相同或相近的分项工程项目未编列，执行时可套用相应专业工程的定额子目。

十、本市政定额中凡注有"×××以内"或"×××以下"者，均包括"×××"本身；凡注有"×××以外"或"×××以上"者，则不包括"×××"本身。

十一、本市政定额授权安徽省建设工程造价总站负责解释和管理。

十二、著作权所有，未经授权，严禁使用本书内容及数据制作各类出版物和软件，违者必究。

目　录

第一部分　通用项目

第一章　路基处理

第二章　挡墙、护坡

第三章 围堰、筑岛

第四章 其他

第二部分 道路工程

第一章 道路基层

第二章 道路面层

第三章 人行道及其他工程

第四章 交通管理设施工程

第三部分 桥涵工程

第一章 现浇混凝土

第二章 预制混凝土

第三章　钢筋工程

第四章　砌筑工程

第五章　立交箱涵

第六章 钢结构

第七章 支座及其他工程

第八章　临时工程

第一部分 通用项目

第一章 路基处理

说　　明

一、本章主要包括：处理弹软土基、预压地基、石砌排水沟、路基盲沟、砂底层、机械翻晒土、土边沟成型等内容。

二、混凝土滤管盲沟定额中，不含滤管外层材料。

三、袋装砂井直径按 7cm 计算。砂井直径不同时可按砂井截面积的比例关系调整中（粗）砂用量，其他消耗量不作调整。

四、振动（冲）砂石桩充盈系数为 1.3，损耗率为 3%。实测砂石配合比及充盈系数不同时可以调整。

五、振冲碎石桩定额中不包括泥浆排放处理的费用，需要时另行计算。

六、定额"掺水泥稳定土"的水泥含量为 3%，当水泥含量不同时可对水泥用量进行调整，人工、机械均不作调整。

工程量计算规则

一、掺石灰、改换片石、掺水泥按设计图示尺寸以"m³"计算。

二、堆载预压按设计图示尺寸加固面积以"m²"计算。

三、抛石挤淤按设计图纸尺寸以"m³"计算。

四、袋装沙井、塑料排水板以"m"计算。

五、砂、碎石桩、石灰砂桩按设计图示尺寸以"m³"计算。

六、粉喷桩按设计桩长乘以设计断面面积以"m³"计算。

七、土工合成材料设计图示尺寸以"m²"计算。

八、石砌排水沟、土边沟按设计图示尺寸以"m³"计算。

九、路基盲沟、中央分隔带盲沟按设计图纸尺寸以"m"计算。

第一节 掺石灰处理弹软土基
1. 人工操作

工作内容：放样、挖土、掺料改换、整平、分层夯实、找平、清理杂物。

计量单位：10m³

定 额 编 号				S1-1-1	S1-1-2
项 目 名 称				弹软土基掺石灰	
				人工操作	
				5%含灰量	8%含灰量
基 价（元）				468.68	636.06
其中	人 工 费（元）			187.32	190.68
	材 料 费（元）			281.36	445.38
	机 械 费（元）			—	—
名 称		单位	单价（元）	消 耗 量	
人工	综合工日	工日	140.00	1.338	1.362
材料	黄土	m³	—	(14.200)	(13.750)
	生石灰	t	320.00	0.850	1.360
	水	m³	7.96	1.000	1.000
	其他材料费占材料费	%	—	0.500	0.500

注：黄土为就地取材。

2. 机械操作

工作内容：放样、挖土、掺料、拌和、分层夯实、找平、碾压、清理杂物。　　　　　计量单位：10m³

定　额　编　号				S1-1-3	S1-1-4
项　目　名　称				弹软土基掺石灰	
				机械操作	
				5%含灰量	8%含灰量
基　　价　（元）				507.79	688.47
其中	人　工　费（元）			44.66	61.32
	材　料　费（元）			273.44	437.46
	机　械　费（元）			189.69	189.69
名　　称		单位	单价（元）	消　　耗　　量	
人工	综合工日	工日	140.00	0.319	0.438
材料	黄土	m³	—	(14.200)	(13.750)
	生石灰	t	320.00	0.850	1.360
	水	m³	7.96	0.010	0.010
	其他材料费占材料费	%	—	0.500	0.500
机械	钢轮内燃压路机 15t	台班	604.11	0.027	0.027
	履带式推土机 60kW	台班	683.07	0.180	0.180
	履带式推土机 75kW	台班	884.61	0.057	0.057

注：黄土为就地取材。

8

第二节 预压地基

工作内容：测量放线、安沉降盘、堆、卸载、整平、观测。

计量单位：1000m²

定 额 编 号				S1-1-5	S1-1-6
项 目 名 称				堆载预压预压荷载	
				(10kN/m²)10以内	(10kN/m²)12以内
基 价（元）				43894.02	53513.00
其中	人 工 费（元）			8346.80	10204.04
	材 料 费（元）			421.80	466.20
	机 械 费（元）			35125.42	42842.76
名 称		单位	单价(元)	消 耗 量	
人工	综合工日	工日	140.00	59.620	72.886
材料	型钢	t	3700.00	0.114	0.126
机械	履带式推土机 75kW	台班	884.61	39.655	48.379
	载重汽车 4t	台班	408.97	0.113	0.113

第三节 掺水泥处理弹软土基

工作内容：放样、挖土、掺料、闷料、拌和、分层排压、找平、碾压、清理杂物。　　　　计量单位：10m³

定　额　编　号				S1-1-7	S1-1-8
项　目　名　称				掺水泥含量3%稳定土	
				拌和机拌和	拖拉机犁拌
基　　　　价（元）				384.45	314.61
其中	人　工　费（元）			45.08	35.00
	材　料　费（元）			150.12	150.12
	机　械　费（元）			189.25	129.49
名　　称		单位	单价(元)	消　　耗　　量	
人工	综合工日	工日	140.00	0.322	0.250
材料	水泥 32.5级	t	290.60	0.514	0.514
	其他材料费占材料费	%	—	0.500	0.500
机械	钢轮内燃压路机 15t	台班	604.11	0.027	0.027
	履带式拖拉机 75kW	台班	826.10	—	0.137
	稳定土拌和机 230kW	台班	1184.49	0.146	—

第四节 改换片石处理弹软土基

工作内容：放样、挖土、掺料改换、分层夯实、找平、清理杂物。 计量单位：10m³

定　额　编　号	S1-1-9		
项　目　名　称	弹软土基改换片石处理		
基　　　价（元）	859.85		
其中	人　工　费（元）	394.80	
	材　料　费（元）	465.05	
	机　械　费（元）	—	
名　　称	单位	单价(元)	消　　耗　　量
人工 综合工日	工日	140.00	2.820
材料 片石	t	65.00	7.119
其他材料费占材料费	%	—	0.500

11

第五节 抛石挤淤处理弹软土基

工作内容：装石、机械运输、抛石。 计量单位：10m³

定　额　编　号			S1-1-10
项　目　名　称			抛石挤淤
基　　　　　价（元）			1226.96
其中	人　工　费（元）		252.00
	材　料　费（元）		416.45
	机　械　费（元）		558.51
名　　称	单位	单价（元）	消　耗　量
人工 综合工日	工日	140.00	1.800
材料 片石	t	65.00	6.375
其他材料费占材料费	%	—	0.500
机械 机动翻斗车 1t	台班	220.18	2.400
履带式推土机 75kW	台班	884.61	0.034

第六节 袋装砂井处理弹软土基

工作内容：轨道铺拆、装砂带、定位、打钢管、下砂带、拔钢管、门架、桩机移位。　　计量单位：100m

定　额　编　号				S1-1-11
项　目　名　称				袋装砂井处理弹软土基
				带门架
基　　　价（元）				623.86
其中	人　工　费（元）			200.90
	材　料　费（元）			213.64
	机　械　费（元）			209.32
	名　　称	单位	单价（元）	消　耗　量
人工	综合工日	工日	140.00	1.435
材料	钢轨	t	3435.00	0.010
	尼龙编织袋	m	0.85	115.500
	铁件	kg	4.19	0.830
	枕木	m³	1230.77	0.008
	中(粗)砂	t	87.00	0.767
	其他材料费占材料费	%	—	0.500
机械	袋装砂井机带门架 20kW	台班	584.68	0.358

工作内容：装砂带、定位、打钢管、下砂带、拔钢管、起重机桩机移位。　　　　　　　　　计量单位：100m

定　额　编　号			S1-1-12
项　目　名　称			袋装砂井处理弹软土基
			不带门架
基　　　价（元）			791.18
其中	人　工　费（元）		168.98
	材　料　费（元）		165.73
	机　械　费（元）		456.47
名　　称	单位	单价（元）	消　耗　量
人工	综合工日	工日	140.00	1.207

	名　　称	单位	单价（元）	消　耗　量
材料	尼龙编织袋	m	0.85	115.500
	中(粗)砂	t	87.00	0.767
	其他材料费占材料费	%	—	0.500
机械	袋装砂井机不带门架 7.5kW	台班	517.57	0.358
	履带式起重机 15t	台班	757.48	0.358

14

第七节 塑料排水板处理弹软土基

工作内容：轨道铺拆、定位、穿塑料排水板，安装桩靴、打拔钢管、剪断排水板、门架、桩机移位。

计量单位：100m

定 额 编 号				S1-1-13
项 目 名 称				弹软土基塑料排水板
				带门架袋装砂井机
基 价（元）				434.84
其中	人 工 费（元）			97.72
	材 料 费（元）			185.69
	机 械 费（元）			151.43
名 称	单位	单价（元）	消 耗 量	
人工	综合工日	工日	140.00	0.698
材料	钢轨	t	3435.00	0.010
	塑料排水板	m	1.28	107.100
	铁件	kg	4.19	0.830
	枕木	m³	1230.77	0.008
	其他材料费占材料费	%	—	0.500
机械	袋装砂井机带门架 20kW	台班	584.68	0.259

工作内容：定位、穿塑料排水板，安装桩靴、打拔钢管、剪断排水板，起重机桩机移位。

计量单位：100m

定　额　编　号				S1-1-14
项　目　名　称				弹软土基塑料排水板
				不带门架袋装砂井机
基　　价（元）				534.51
其中	人　工　费（元）			66.50
	材　料　费（元）			137.77
	机　械　费（元）			330.24
名　　称	单位	单价(元)	消　　　耗　　　量	
人工	综合工日	工日	140.00	0.475
材料	塑料排水板	m	1.28	107.100
	其他材料费占材料费	%	—	0.500
机械	袋装砂井机不带门架 7.5kW	台班	517.57	0.259
	履带式起重机 15t	台班	757.48	0.259

16

第八节 石灰砂桩处理弹软土基

工作内容：放样、成孔、备料、填料、土封顶、夯实、余土清至路边。 计量单位：10m³

定额编号				S1-1-15	S1-1-16
项目名称				弹软土基石灰砂桩	
				φ≤10	φ＞10
基价（元）				3472.32	3106.78
其中	人工费（元）			944.44	578.90
	材料费（元）			2527.88	2527.88
	机械费（元）			—	—
名称		单位	单价（元）	消 耗 量	
人工	综合工日	工日	140.00	6.746	4.135
材料	生石灰	t	320.00	6.800	6.800
	中(粗)砂	t	87.00	3.900	3.900
	其他材料费占材料费	%	—	0.500	0.500

第九节 振动(冲)砂、碎石桩处理弹软土基

工作内容：1.准备打桩工具、安装拆卸桩架、移动打桩机及轨道，用钢管打桩孔、砂石混合料、拔钢管、夯实、整平隆起土壤；
　　　　　2.按施工图放线定位、埋桩尖。

计量单位：10m³

定　额　编　号				S1-1-17	S1-1-18
项　目　名　称				弹软土基振动碎石桩	
				桩径＜500mm	桩径＜600mm
基　　　　价（元）				5297.75	5185.28
其中	人　工　费（元）			1220.94	750.40
	材　料　费（元）			2895.91	3110.44
	机　械　费（元）			1180.90	1324.44
名　　　称		单位	单价(元)	消　　耗　　量	
人工	综合工日	工日	140.00	8.721	5.360
材料	钢管等折旧费	元	4.00	106.500	159.600
	碎石	t	106.80	20.011	20.011
	中(粗)砂	t	87.00	3.495	3.495
	其他材料费占材料费	%	—	1.000	1.000
机械	机动翻斗车 1t	台班	220.18	0.819	0.828
	双锥反转出料混凝土搅拌机 500L	台班	277.72	0.819	0.828
	振动沉拔桩机 300kN	台班	943.98	0.819	—
	振动沉拔桩机 400kN	台班	1101.67	—	0.828

工作内容：安、拆振冲器、振冲，填碎石、疏导泥浆，场内临时道路维护。　　　　　计量单位：10m³

定　额　编　号					S1-1-19	
项　目　名　称					弹软土基振冲碎石桩	
					桩径＜800mm	
基　　　　价（元）					3346.95	
其中	人　工　费（元）				511.28	
	材　料　费（元）				2238.80	
	机　械　费（元）				596.87	
	名　　　称	单位	单价（元）	消　　耗　　量		
人工	综合工日	工日	140.00	3.652		
材料	碎石	t	106.80	20.755		
	其他材料费占材料费	%	—	1.000		
机械	电动多级离心清水泵 150mm扬程＞180mm	台班	283.29	0.522		
	履带式起重机 15t	台班	757.48	0.522		
	振冲器 55kW	台班	102.66	0.522		

第十节 粉喷桩处理弹软土基

工作内容：清理现场、放样定位、钻机安拆、钻进搅拌，提钻并喷粉搅拌，复拌、移位、机具清洗及操作范围内机具搬运。

计量单位：10m³

定额编号				S1-1-20	S1-1-21
项目名称				弹软土基喷粉桩(桩径50cm)	
				水泥掺量45kg/m	水泥掺量增减5kg/m
基价（元）				1709.24	90.63
其中	人工费（元）			272.44	—
	材料费（元）			808.96	90.63
	机械费（元）			627.84	—
名称		单位	单价(元)	消耗	量
人工	综合工日	工日	140.00	1.946	—
材料	水泥 42.5级	t	334.00	2.410	0.270
	其他材料费占材料费	%	—	0.500	0.500
机械	粉喷桩机	台班	624.62	0.680	—
	粉体输送设备	台班	81.39	0.680	—
	内燃空气压缩机 3m³/min	台班	217.28	0.680	—

第十一节 土工合成材料处理弹软土地基

工作内容：清理整平路基、挖填锚固沟、铺设土工布、缝合及锚固土工布、场内取运料。

计量单位：100m²

定 额 编 号				S1-1-22	S1-1-23
项 目 名 称				弹软土基	
				土工布	
				一般软土	淤泥
基 价（元）				419.23	919.01
其中	人 工 费（元）			141.26	577.22
	材 料 费（元）			277.97	341.79
	机 械 费（元）			—	—
名 称		单位	单价（元）	消 耗 量	
人工	综合工日	工日	140.00	1.009	4.123
材料	片石	t	65.00	—	1.063
	土工布	m²	2.43	111.520	111.520
	圆钉	kg	5.13	1.090	—
	其他材料费占材料费	%	—	0.500	0.500

工作内容：清理整平路基(或路面基层)、铺设土工格栅、固定土工格栅、场内取运料。 计量单位：100m²

定 额 编 号				S1-1-24	
项 目 名 称				土工格栅处理软土路基(或路面基层)	
基 价（元）				1414.06	
其中	人 工 费（元）			327.60	
	材 料 费（元）			1086.46	
	机 械 费（元）			—	
名 称		单位	单价(元)	消 耗 量	
人工	综合工日	工日	140.00	2.340	
材料	U形锚钉	kg	3.23	3.240	
	土工格栅	m²	9.83	109.460	

22

第十二节 石砌排水沟

工作内容：拌运砂浆、选修石料、搭拆跳板、砌筑、勾缝、养生。

计量单位：10m³

定 额 编 号					S1-1-25	S1-1-26
项 目 名 称					片石浆砌排水边沟	块石浆砌排水边沟
基 价 （元）					3238.07	3548.16
其中	人 工 费（元）				1988.42	1979.74
	材 料 费（元）				1249.65	1568.42
	机 械 费（元）				—	—
名 称		单位	单价（元）	消	耗	量
人工	综合工日	工日	140.00	14.203		14.141
材料	块石	m³	92.00	—		10.500
	片石	t	65.00	7.188		—
	水	m³	7.96	4.000		4.000
	水泥砂浆 M10	m³	209.99	0.330		0.200
	水泥砂浆 M5.0	m³	192.88	3.500		2.700
	其他材料费占材料费	%	—	0.500		0.500

第十三节 路基盲沟及中央分隔带排水
1. 路基盲沟

工作内容：放样、挖土、运料、填充夯实、弃土运至路幅外。 计量单位：100m

定 额 编 号				S1-1-27	S1-1-28	S1-1-29	S1-1-30
项 目 名 称				路基砂石盲沟(cm)			路基混凝土滤管盲沟
				30×40	40×40	40×60	φ300mm
基 价（元）				3259.19	4259.24	6185.45	8935.67
其中	人 工 费（元）			960.54	1150.66	1588.16	4791.50
	材 料 费（元）			2298.65	3108.58	4597.29	4144.17
	机 械 费（元）			—	—	—	—
名 称	单位	单价(元)		消 耗		量	
人工	综合工日	工日	140.00	6.861	8.219	11.344	34.225
材料	混凝土滤管 φ300mm	m	39.16	—	—	—	105.300
	碎石	t	106.80	18.972	25.296	37.944	—
	中(粗)砂	t	87.00	3.000	4.500	6.000	—
	其他材料费占材料费	%	—	—	0.500	0.500	0.500

2.中央分隔带排水

工作内容：1.挖沟槽，安放排水管，回填夯实；
         2.挖沟槽，安放排水管，填碎石，铺设土工布，回填土。

计量单位：10m

定 额 编 号					S1-1-31	S1-1-32
项 目 名 称					横向排水管安装	纵向排水管安装
基 价（元）					204.32	973.52
其中	人 工 费（元）				91.00	564.20
	材 料 费（元）				113.32	409.32
	机 械 费（元）				—	—
	名 称	单位	单价（元）	消 耗		量
人工	综合工日	工日	140.00	0.650		4.030
材料	塑料波纹管 φ100mm	m	11.11	10.200		—
	塑料打孔波纹管 φ100mm	m	12.50	—		10.200
	碎石	t	106.80	—		2.186
	土工布	m²	2.43	—		19.900

第十四节 砂底层

工作内容：放样、运料、摊铺、洒水、找平、碾压。 计量单位：100m²

定 额 编 号				S1-1-33	S1-1-34
项 目 名 称				砂底层厚	
				10cm	每增减1cm
基 价（元）				2065.74	224.90
其中	人 工 费（元）			332.92	26.74
	材 料 费（元）			1704.51	169.85
	机 械 费（元）			28.31	28.31
名 称		单位	单价（元）	消 耗 量	
人工	综合工日	工日	140.00	2.378	0.191
材料	水	m³	7.96	1.580	0.160
	中(粗)砂	t	87.00	19.350	1.928
	其他材料费占材料费	%	—	0.500	0.500
机械	钢轮内燃压路机 8t	台班	404.39	0.070	0.070

第十五节 机械翻晒土

工作内容：放样、机械带铧犁翻拌晾晒、排压。 计量单位：100m²

定 额 编 号					S1-1-35	
项 目 名 称					弹软土基机械翻晒土厚20cm以内	
基 价（元）					23.98	
其中	人 工 费（元）				4.06	
	材 料 费（元）				—	
	机 械 费（元）				19.92	
名 称		单位	单价(元)	消	耗	量
人工	综合工日	工日	140.00		0.029	
机械	履带式拖拉机 60kW	台班	663.96		0.030	

第十六节 土边沟成型

工作内容：人工挖边沟土，培整边坡、整平沟底、余土弃置。

计量单位：10m³

定 额 编 号				S1-1-36
项 目 名 称				土边沟成型
基 价 （元）				422.94
其中	人 工 费（元）			422.94
	材 料 费（元）			—
	机 械 费（元）			—
	名 称	单位	单价(元)	消 耗 量
人 工	综合工日	工日	140.00	3.021

第二章 挡墙、护坡

说　　明

一、本章主要包括：砂石滤层、滤沟，砌护坡、台阶，压顶，挡土墙，勾缝、抹灰等内容。适用于市政工程的护坡和挡土墙工程，桥梁工程的锥坡、墩、台等砌筑工程套用桥涵部分定额子目。

二、挡土墙、护坡需搭脚手架时应另计，套用建筑工程中脚手架相关定额子目。

三、块石如需冲洗时，每立方块石增加：用工 0.24 工日，用水 0.5m³。

工程量计算规则

一、砌筑工程量按设计砌体尺寸以"m³"计算，嵌入砌体中的泄水管、沉降缝、伸缩缝以及单孔0.3㎡以内的预留孔所占体积不予扣除。

二、台阶砌体按设计尺寸的实砌体积以"m³"计算。

三、砂石滤沟按设计尺寸以"m³"计算。

四、模板按设计尺寸以"㎡"计算。

五、钢筋按设计尺寸、规格以"t"计算。

六、勾缝、抹灰按设计尺寸以"㎡"计算。

第一节 砂石滤层、滤沟

工作内容：挖沟、清沟、配料、堆砌、铺设、场内材料运输。

计量单位：10m³

定 额 编 号				S1-2-1	S1-2-2	S1-2-3
项 目 名 称				砂石滤沟	砂滤层	碎石滤层
基 价（元）				3327.43	2121.50	2235.77
其中	人 工 费（元）			1587.18	357.14	547.26
	材 料 费（元）			1740.25	1764.36	1688.51
	机 械 费（元）			—	—	—
名 称		单位	单价(元)	消	耗	量
人工	综合工日	工日	140.00	11.337	2.551	3.909
材料	碎石	t	106.80	5.224	—	15.810
	中(粗)砂	t	87.00	13.590	20.280	—

第二节 砌护坡、台阶

工作内容：选修石料、砌筑、养护、材料场内运输。

计量单位：10m³

定 额 编 号			S1-2-4	S1-2-5	S1-2-6
项 目 名 称			干砌片石护脚	浆砌片石护脚	干砌块石护坡
基 价（元）			1336.25	2285.60	2071.18
其中	人 工 费（元）		819.00	1073.80	1013.18
	材 料 费（元）		517.25	1211.80	1058.00
	机 械 费（元）		—	—	—
名 称	单位	单价（元）	消	耗	量
人工	综合工日	工日	140.00	5.850	7.670	7.237
材料	镀锌铁丝 12号	kg	3.57	0.200	0.200	—
	锯材	m³	1800.00	0.004	0.004	—
	块石	m³	92.00	—	—	11.500
	片石	t	65.00	7.813	7.188	—
	水	m³	7.96	—	1.750	—
	水泥砂浆 M10	m³	209.99	—	0.070	—
	水泥砂浆 M7.5	m³	201.87	—	3.500	—
	原木	m³	1491.00	0.001	0.001	—

工作内容：选修石料、调制砂浆、配拌混凝土、砌筑、养护、材料场内运输。　　　　　　　　　　计量单位：10m³

定　额　编　号				S1-2-7
项　目　名　称				干砌块石护坡(灌浆)
基　　　价（元）				2738.40
其中	人　工　费（元）			1065.12
	材　料　费（元）			1631.36
	机　械　费（元）			41.92
名　　　称		单位	单价（元）	消　耗　　量
人工	综合工日	工日	140.00	7.608
材料	块石	m³	92.00	11.500
	水	m³	7.96	0.900
	水泥砂浆 M10	m³	209.99	0.150
	现浇混凝土 C15	m³	281.42	1.900
机械	灰浆搅拌机 200L	台班	215.26	0.030
	双锥反转出料混凝土搅拌机 350L	台班	253.32	0.140

工作内容：选修石料、调制砂浆、砌筑、养护、材料场内运输。　　　　　　　　　　　　　　　计量单位：10m³

定 额 编 号				S1-2-8	
项 目 名 称				浆砌块石护坡	
基　　　　　价（元）				3012.68	
其中	人 工 费（元）			1130.78	
	材 料 费（元）			1750.59	
	机 械 费（元）			131.31	
名　　　称		单位	单价（元）	消　　　耗　　　量	
人工	综合工日	工日	140.00	8.077	
材料	块石	m³	92.00	10.500	
	水	m³	7.96	1.750	
	水泥砂浆 M10	m³	209.99	3.670	
机械	灰浆搅拌机 200L	台班	215.26	0.610	

工作内容：调制砂浆、砌筑、养护、材料场内运输。 计量单位：10m³

定 额 编 号				S1-2-9	S1-2-10
项 目 名 称				浆砌预制块护坡	
				无底浆	有底浆
基 价（元）				3995.01	4632.41
其中	人 工 费（元）			1819.86	2171.68
	材 料 费（元）			2175.15	2460.73
	机 械 费（元）			—	—
名 称		单位	单价（元）	消 耗 量	
人工	综合工日	工日	140.00	12.999	15.512
材料	混凝土预制块	m³	214.00	9.670	9.670
	水	m³	7.96	1.680	1.680
	水泥砂浆 M10	m³	209.99	0.440	1.800

37

工作内容：选修石料、调制砂浆、砌筑、养护、材料场内运输。　　　　　　　　　　　　计量单位：10m³

定　额　编　号				S1-2-11	S1-2-12
项　目　名　称				浆砌块石台阶	浆砌料石台阶
基　　　价（元）				3656.43	6865.75
其中	人　工　费（元）			1909.74	2406.74
	材　料　费（元）			1746.69	4459.01
	机　械　费（元）			—	—
名　　称		单位	单价（元）	消　　耗　　量	
人工	综合工日	工日	140.00	13.641	17.191
材料	块石	m³	92.00	10.500	—
	料石	m³	450.00	—	9.070
	水	m³	7.96	1.260	1.260
	水泥砂浆 M10	m³	209.99	3.670	1.750

工作内容：调制砂浆、砌筑、养护、材料场内运输。 计量单位：10m³

定　额　编　号				S1-2-13	
项　目　名　称				浆砌预制块台阶	
基　　　　价（元）				4021.59	
其中	人　工　费（元）			1703.10	
	材　料　费（元）			2318.49	
	机　械　费（元）			—	
名　　称		单位	单价(元)	消　　耗　　量	
人工	综合工日	工日	140.00	12.165	
材料	混凝土预制块	m³	214.00	9.070	
	水	m³	7.96	1.260	
	水泥砂浆 M10	m³	209.99	1.750	

工作内容：1.放样；
        2.安拆样架、样桩；
        3.浸砖；
        4.配拌砂浆；
        5.砌筑、养护；
        6.材料场内运输。

计量单位：10m³

定 额 编 号				S1-2-14	
项 目 名 称				砖砌零星砌体	
基 价（元）				4437.57	
其中	人 工 费（元）			1342.60	
	材 料 费（元）			2768.03	
	机 械 费（元）			326.94	
	名　　　　称	单位	单价（元）	消　　耗　　量	
人工	综合工日	工日	140.00	9.590	
材料	标准砖 240×115×53	千块	414.53	5.230	
	水	m³	7.96	6.000	
	水泥砂浆 M10	m³	209.99	2.630	
机械	灰浆搅拌机 200L	台班	215.26	0.280	
	履带式电动起重机 5t	台班	249.22	1.070	

40

第三节 挡土墙

工作内容：运料、铺筑、夯实。

计量单位：10m³

定　额　编　号			S1-2-15
项　目　名　称			碎石(砾石)垫层
基　　　价（元）			2669.65
其中	人　工　费（元）		564.62
	材　料　费（元）		2105.03
	机　械　费（元）		—
名　　　称	单位	单价（元）	消　　耗　　量
人工	综合工日	工日	140.00	4.033
材料	碎石	t	106.80	19.710

工作内容：拌和、运输、浇筑、养生。 计量单位：10m³

定　额　编　号				S1-2-16	
项　目　名　称				混凝土垫层	
基　　　　价（元）				4424.91	
其中	人　工　费（元）			800.10	
	材　料　费（元）			3502.69	
	机　械　费（元）			122.12	
名　　称		单位	单价（元）	消　　耗　　量	
人工	综合工日	工日	140.00	5.715	
材料	电	kW•h	0.68	6.101	
	商品混凝土 C15(非泵送)	m³	341.39	10.150	
	水	m³	7.96	4.200	
机械	履带式电动起重机 5t	台班	249.22	0.490	

工作内容：选修石料，砌筑，养护，材料场内运输。 计量单位：10m³

定　额　编　号				S1-2-17	
项　目　名　称				干砌块石基础	
基　　　价（元）				1667.70	
其中	人　工　费（元）			609.70	
	材　料　费（元）			1058.00	
	机　械　费（元）			—	
名　　称		单位	单价（元）	消　　耗　　量	
人工	综合工日	工日	140.00	4.355	
材料	块石	m³	92.00	11.500	

工作内容：选修石料、调制砂浆，砌筑，养护，材料场内运输。　　　　　　　　计量单位：10m³

定　额　编　号			S1-2-18	S1-2-19	S1-2-20
项　目　名　称			浆砌块石		浆砌预制块挡土墙
			基础	挡土墙	
基　　　价（元）			2237.81	3233.20	3392.94
其中	人　工　费（元）		737.10	1354.08	1137.50
	材　料　费（元）		1500.71	1747.81	2169.34
	机　械　费（元）		—	131.31	86.10
名　　　称	单位	单价(元)	消	耗	量
人工	综合工日	工日	140.00	5.265	9.672	8.125
材料	块石	m³	92.00	10.500	10.500	—
	水泥砂浆 M5.0	m³	192.88	2.700	—	—
	混凝土预制块	m³	214.00	—	—	7.730
	水	m³	7.96	1.750	1.400	1.400
	水泥砂浆 M10	m³	209.99	—	3.670	2.400
机械	灰浆搅拌机 200L	台班	215.26	—	0.610	0.400

44

工作内容：拌和、运输、浇筑、养生，材料场内运输。 计量单位：10m³

定 额 编 号				S1-2-21	
项 目 名 称				混凝土挡土墙	
基 价（元）				4365.25	
其中	人 工 费（元）			794.92	
	材 料 费（元）			3570.33	
	机 械 费（元）			—	
名 称		单位	单价（元）	消 耗 量	
人工	综合工日	工日	140.00	5.678	
材料	电	kW·h	0.68	4.162	
	商品混凝土 C15(非泵送)	m³	341.39	10.200	
	水	m³	7.96	10.480	
	塑料养护膜	m²	0.30	6.321	

工作内容：模板制作，安装，涂脱模剂；模板拆除、修理、整理。 计量单位：100㎡

定　额　编　号				S1-2-22	
项　目　名　称				现浇混凝土挡土墙模板	
基　　　　价（元）				2704.02	
其中	人　工　费（元）			1938.30	
	材　料　费（元）			765.72	
	机　械　费（元）			—	
名　　　　称	单位	单价（元）	消　　　耗　　　量		
人工	综合工日	工日	140.00	13.845	
材料	板方材	m³	1800.00	0.130	
	镀锌铁丝 8号	kg	3.57	2.290	
	钢脚手架管	kg	3.68	20.800	
	钢模板	t	3500.00	0.068	
	钢模扣件	个	5.00	1.320	
	零星卡具	kg	5.56	36.330	
	圆钉	kg	5.13	0.080	

46

工作内容：1.钢筋解捆、除锈；
　　　　　2.调直、下料、弯曲；
　　　　　3.焊接、除渣；
　　　　　4.绑扎成型；
　　　　　5.运输入模。

计量单位：t

定　额　编　号				S1-2-23
项　目　名　称				钢筋
基　　　　价（元）				4215.25
其中	人　工　费（元）			627.90
	材　料　费（元）			3515.21
	机　械　费（元）			72.14
	名　　称	单位	单价（元）	消　耗　量
人工	综合工日	工日	140.00	4.485
材料	电焊条	kg	5.98	3.500
	镀锌铁丝 22号	kg	3.57	2.600
	圆钢(综合)	t	3400.00	1.025
机械	交流弧焊机 32kV·A	台班	83.14	0.650
	小型机具使用费	元	1.00	18.100

第四节 挡土墙压顶

工作内容：调制砂浆，砌筑，养护，场内材料运输。

计量单位：10m³

定 额 编 号				S1-2-24	S1-2-25
项 目 名 称				浆砌料石压顶	浆砌预制块压顶
基 价（元）				6377.78	4186.09
其中	人 工 费（元）			2119.74	1926.12
	材 料 费（元）			4197.77	2199.70
	机 械 费（元）			60.27	60.27
名 称		单位	单价（元）	消 耗 量	
人工	综合工日	工日	140.00	15.141	13.758
材料	混凝土预制块	m³	214.00	—	8.440
	料石	m³	450.00	8.460	—
	水	m³	7.96	5.300	5.120
	水泥砂浆 M10	m³	209.99	1.660	1.680
机械	灰浆搅拌机 200L	台班	215.26	0.280	0.280

工作内容：拌和、运输、浇筑、养生，场内材料运输。 计量单位：10m³

定　额　编　号				S1-2-26	
项　目　名　称				现浇混凝土压顶	
基　　　　价（元）				4870.87	
其中	人　工　费（元）			1230.32	
	材　料　费（元）			3640.55	
	机　械　费（元）			—	
名　　　称		单位	单价（元）	消　　耗　　量	
人工	综合工日	工日	140.00	8.788	
材料	电	kW·h	0.68	4.162	
	商品混凝土 C15(非泵送)	m³	341.39	10.200	
	水	m³	7.96	17.830	
	塑料养护膜	m²	0.30	45.381	

定　额　编　号				S1-2-27	
项　目　名　称				现浇混凝土压顶模板	
基　　价（元）				4959.41	
其中	人　工　费（元）			2224.04	
	材　料　费（元）			2735.37	
	机　械　费（元）			—	
名　称		单位	单价(元)	消　　耗　　量	
人工	综合工日	工日	140.00	15.886	
材料	板方材	m³	1800.00	1.498	
	镀锌铁丝 12号	kg	3.57	8.330	
	圆钉	kg	5.13	1.800	

第五节 勾缝、抹灰

工作内容：1.清理及修理基底，补表面；
    2.堵墙眼；湿治；
    3.砂浆调制，勾缝、抹面等；
    4.养护，材料场内运输。

计量单位：100㎡

定 额 编 号				S1-2-28	S1-2-29	S1-2-30
项 目 名 称				浆砌块石面勾平缝	浆砌料石面勾平缝	浆砌预制块面勾平缝
基 价（元）				762.08	731.15	707.49
其中	人 工 费（元）			575.12	571.48	568.82
	材 料 费（元）			186.96	159.67	138.67
	机 械 费（元）			—	—	—
名 称		单位	单价(元)	消	耗	量
人工	综合工日	工日	140.00	4.108	4.082	4.063
材料	水	m³	7.96	5.880	5.880	5.880
	水泥砂浆 M10	m³	209.99	0.520	0.390	0.290
	塑料养护膜	m²	0.30	103.215	103.215	103.215

工作内容：1. 清理及修理基底，补表面；
　　　　　2. 堵墙眼；湿治；
　　　　　3. 砂浆调制，勾缝、抹面等；
　　　　　4. 养护，材料场内运输。

计量单位：100m²

定　额　编　号				S1-2-31	S1-2-32
项　目　名　称				浆砌块石面勾凸缝	浆砌块石面勾凹缝
基　　　　　价（元）				1405.38	1206.16
其中	人　工　费（元）			1130.22	1019.20
	材　料　费（元）			275.16	186.96
	机　械　费（元）			—	—
名　　　称	单位	单价（元）		消　　　耗　　　量	
人工	综合工日	工日	140.00	8.073	7.280
材料	水	m³	7.96	5.880	5.880
	水泥砂浆 M10	m³	209.99	0.940	0.520
	塑料养护膜	m²	0.30	103.215	103.215

工作内容：1. 清理及修理基底，补表面；
　　　　　2. 堵墙眼；湿治；
　　　　　3. 砂浆调制，勾缝、抹面等；
　　　　　4. 养护，材料场内运输。

计量单位：100m²

定　额　编　号				S1-2-33	S1-2-34
项　目　名　称				浆砌料石面勾凹缝	浆砌预制块面勾凹缝
基　　　价（元）				1175.23	1151.57
其中	人　工　费（元）			1015.56	1012.90
	材　料　费（元）			159.67	138.67
	机　械　费（元）			—	—
名　　称	单位	单价（元）	消　　耗　　量		
人工	综合工日	工日	140.00	7.254	7.235
材料	水	m³	7.96	5.880	5.880
	水泥砂浆 M10	m³	209.99	0.390	0.290
	塑料养护膜	m²	0.30	103.215	103.215

工作内容：1.清理及修理基底，补表面；
2.堵墙眼；湿治；
3.砂浆调制，勾缝、抹面等；
4.养护，材料场内运输。

计量单位：100㎡

定 额 编 号				S1-2-35	
项 目 名 称				水泥砂浆抹面(厚2cm)	
基 价（元）				1093.28	
其中	人 工 费（元）			500.50	
	材 料 费（元）			592.78	
	机 械 费（元）			—	
名 称		单位	单价(元)	消 耗 量	
人工	综合工日	工日	140.00	3.575	
材料	水	m³	7.96	5.880	
	水泥砂浆 M10	m³	209.99	2.600	

54

第三章 围堰、筑岛

说 明

一、本章主要包括：围堰工程、筑岛等内容。

二、本章围堰定额中的各种木桩、钢桩均按本定额中的"水上打拔工具桩"的相应定额执行，桩的消耗量与定额不同时按实调整。其中拉森钢板桩围堰已包含打桩费用。

三、本章围堰定额未包括施工期内发生潮汛冲刷后所需的养护工料。潮汛养护工料可另行计算。如遇特大潮汛发生人力所不能抗拒的损失时，应根据实际情况另行处理。其中拉森钢板桩考虑了2次潮汛时的维护费用。

四、围堰工程已含50m范围内土方挖、运用工，超过50m，可另行计算超出部分的运距。如土方外购其费用另计，但应扣除定额中50m范围内的土方挖运用工（27.5工日/100m³）。

五、草袋围堰如使用麻袋装土围筑，应按麻袋、尼龙袋换算，但人工、机械和其他材料消耗量应按定额规定执行。

六、围堰中若未使用驳船，而是搭设了栈桥，则应扣除定额中驳船用量而套用相应的脚手架子目。

七、定额围堰尺寸的取定：实际围堰高度及材料用量与定额不同时可按实调整。

八、筑岛填心子目是指在围堰围成的区域内填土、砂及砂砾石。

九、双层竹笼围堰竹笼间黏土填心的宽度超过2.5m，则超出部分可套筑岛填心子目。

十、施工围堰的尺寸按有关设计施工规范确定。堰内坡脚至堰内基坑边缘距离根据河床土质及基坑深度而定，但不得小于1m。

工程量计算规则

一、围堰工程分别采用"m³"和"延长米"计算。

二、用 m³ 计算的围堰工程按围堰的施工断面乘以围堰中心线的长度。

三、以延长米计算的围堰工程按围堰中心线的长度计算。

四、围堰高度按施工期内最高临水面加 0.5m 计算。

五、草袋围堰如使用麻袋装土其定额消耗量应调整系数，调整系数为：定额草袋消耗量除以 2.11 为麻袋数量，如为尼龙袋装土，则含量不予调整。

六、围堰部分的钢桩、钢板桩及拉森钢板桩围堰的主材费按摊销量 7%进入定额基价，定额使用时可根据桩周转次数或一次性使用等以实际发生进行调整。

七、拉森钢板桩基本定额的围堰使用天数为 24d，潮汛次数为 2 次，超过定额规定，可按实调整，桩的维护使用费及潮汛时的维护费按 t•d 计算。

第一节 围堰工程

1. 土、草袋围堰

工作内容：清理基底，50m范围内的取、装、运土，堆筑、填土夯实，拆除清理。　　　　计量单位：10m

定　额　编　号				S1-3-1	
项　目　名　称				土围堰高度1.5m	
基　　价（元）				3658.20	
其中	人　工　费（元）			3658.20	
	材　料　费（元）			—	
	机　械　费（元）			—	
名　　称		单位	单价（元）	消　耗　　量	
人工	综合工日	工日	140.00	26.130	
材料	土	m³	—	(78.000)	

工作内容：清理基底，50m范围内的取、运土，草袋装土、封包运输，堆筑、填土夯实，拆除清理。

定 额 编 号				S1-3-2	
项 目 名 称				草袋围堰高度3m	
基 价（元）				9278.65	
其中	人 工 费（元）			7361.90	
	材 料 费（元）			1916.75	
	机 械 费（元）			—	
	名 称	单位	单价(元)	消 耗 量	
人工	综合工日	工日	140.00	52.585	
材料	黏土	m³	—	(130.260)	
	草袋	条	0.85	2255.000	

2. 土石混合围堰

工作内容：清理基底，50m范围内的取、装、运土、块石抛填，浇筑溢流面混凝土，不包括清理。

计量单位：100m³

定 额 编 号			S1-3-3
项 目 名 称			土、石围堰
			过水
基 价 （元）			22408.29
其中	人 工 费 （元）		9703.54
	材 料 费 （元）		12319.72
	机 械 费 （元）		385.03
名 称	单位	单价（元）	消 耗 量
人工	综合工日	工日	140.00	69.311
材料	黏土	m³	—	(41.660)
	板方材	m³	1800.00	0.065
	电	kW·h	0.68	6.863
	块石	m³	92.00	46.640
	商品混凝土 C20（非泵送）	m³	339.05	16.820
	水	m³	7.96	3.690
	碎石	t	106.80	18.073
	原木	m³	1491.00	0.092
	圆钉	kg	5.13	6.180
	其他材料费占材料费	%	—	0.620
机械	电动夯实机 250N·m	台班	26.28	0.884
	木驳船 50t	台班	325.31	0.799
	木工圆锯机 500mm	台班	25.33	0.034
	载重汽车 4t	台班	408.97	0.247

工作内容：清理基底，50m范围内的取、装、运土、块石抛填，干砌、堆筑，拆除清理。

计量单位：100m³

定 额 编 号					S1-3-4	
项 目 名 称					土、石围堰	
					不过水	
基 价（元）					22109.32	
其中	人 工 费（元）				13652.80	
	材 料 费（元）				7917.91	
	机 械 费（元）				538.61	
名 称		单位	单价（元）	消 耗 量		
人工	综合工日	工日	140.00	97.520		
材料	黏土	m³	—	(40.070)		
	块石	m³	92.00	80.400		
	砂砾石	t	60.00	6.799		
	其他材料费占材料费	%	—	1.450		
机械	电动夯实机 250N·m	台班	26.28	0.714		
	木驳船 50t	台班	325.31	1.598		

3.圆木桩围堰

工作内容：按挡土篱笆、挂草帘、铁丝固定木桩，50m范围内的取土、夯填，拆除清理。　计量单位：10m

定　额　编　号				S1-3-5	S1-3-6	S1-3-7
项　目　名　称				双排圆木桩围堰高		
				3m	4m	5m
基　　　价（元）				13509.92	21276.78	27728.31
其中	人　工　费（元）			6488.16	11707.64	15564.22
	材　料　费（元）			6673.84	8990.53	11443.54
	机　械　费（元）			347.92	578.61	720.55
名　称		单位	单价（元）	消	耗	量
人工	综合工日	工日	140.00	46.344	83.626	111.173
材料	黏土	m³	—	(63.180)	(105.300)	(131.630)
	草帘	m²	1.50	63.000	83.360	104.200
	镀锌铁丝 12号	kg	3.57	24.150	28.620	28.620
	圆木桩	m³	1153.85	5.130	6.930	8.860
	竹篱片	m²	7.69	61.800	82.480	103.100
	其他材料费占材料费	%	—	1.500	1.500	1.500
机械	电动夯实机 250N·m	台班	26.28	1.343	2.236	2.797
	木驳船 50t	台班	325.31	0.961	1.598	1.989

4. 钢桩围堰

工作内容：按挡土篱笆、挂草帘、铁丝固定，50m范围内的取土、夯填，拆除清理。 计量单位：10m

定 额 编 号				S1-3-8	S1-3-9	S1-3-10
项 目 名 称				双排钢桩围堰高		
				4m	5m	6m
基 价（元）				13833.45	17839.79	25937.28
其中	人 工 费（元）			11303.04	14705.18	22020.46
	材 料 费（元）			1951.80	2414.06	2876.32
	机 械 费（元）			578.61	720.55	1040.50
名 称		单位	单价（元）	消	耗	量
人工	综合工日	工日	140.00	80.736	105.037	157.289
材料	黏土	m³	—	(105.300)	(131.630)	(189.540)
	槽钢	t	3200.00	0.332	0.415	0.498
	草帘	m²	1.50	83.360	104.200	125.040
	镀锌铁丝 8号	kg	3.57	28.360	28.360	28.360
	竹篱片	m²	7.69	82.480	103.100	123.720
	其他材料费占材料费	%	—	1.500	1.500	1.500
机械	电动夯实机 250N·m	台班	26.28	2.236	2.797	4.029
	木驳船 50t	台班	325.31	1.598	1.989	2.873

5.钢板桩围堰

工作内容：50m范围内的取土、夯填，压草袋，拆除清理。　　　　　　　　　　计量单位：10m

定　额　编　号				S1-3-11	S1-3-12	S1-3-13
项　目　名　称				双排钢板桩围堰高		
				4m	5m	6m
基　　　　价（元）				13149.05	16168.72	23824.37
其中	人　工　费（元）			11303.04	13887.72	20901.72
	材　料　费（元）			1267.40	1560.45	1882.15
	机　械　费（元）			578.61	720.55	1040.50
名　　称		单位	单价（元）	消	耗	量
人工	综合工日	工日	140.00	80.736	99.198	149.298
材料	黏土	m³	—	(103.080)	(128.580)	(185.000)
	草袋	条	0.85	167.000	209.000	301.000
	钢板桩	t	3102.56	0.332	0.415	0.498
	其他材料费占材料费	%	—	8.140	6.500	4.510
机械	电动夯实机 250N·m	台班	26.28	2.236	2.797	4.029
	木驳船 50t	台班	325.31	1.598	1.989	2.873

6.双层竹笼围堰

工作内容：选料、破竹、编竹笼、笼内填石，安放，笼间填筑，50m范围内的取土、夯填，拆除清理。

计量单位：10m

定 额 编 号				S1-3-14	S1-3-15	S1-3-16
项 目 名 称				双层竹笼围堰高		
				3m	4m	5m
基 价（元）				23193.37	34927.49	46281.89
其中	人 工 费（元）			13284.18	21640.50	29642.06
	材 料 费（元）			9563.39	12775.28	16003.85
	机 械 费（元）			345.80	511.71	635.98
	名 称	单位	单价（元）	消	耗	量
人工	综合工日	工日	140.00	94.887	154.575	211.729
材料	黏土	m³	—	(72.660)	(121.100)	(151.370)
	镀锌铁丝 12号	kg	3.57	21.650	32.480	43.300
	块石	m³	92.00	84.460	112.610	140.760
	毛竹	根	15.60	105.000	140.000	176.000
	其他材料费占材料费	%	—	0.820	0.910	0.970
机械	木驳船 50t	台班	325.31	1.063	1.573	1.955

7.拉森钢板桩围堰

工作内容：组装、拆卸船排及柴油打桩机，打拔拉森钢板桩，安拆围檩、拉杆、垫木，汛期养护、加固，拆围堰、清理等。

计量单位：10m

定　额　编　号			S1-3-17	S1-3-18
项　目　名　称			拉森钢板桩围堰筑拆	
			高度≤7m	高度每增减1m
基　　价（元）			462138.22	18152.83
其中	人　工　费（元）		39403.70	4618.46
	材　料　费（元）		24194.74	2860.72
	机　械　费（元）		398539.78	10673.65
名　　称	单位	单价（元）	消　耗　　　量	
人工	综合工日	工日	140.00	281.455	32.989
材料	黏土	m³	—	(272.256)	(40.334)
	白棕绳	kg	11.50	50.676	—
	镀锌铁丝 16号	kg	3.57	2.905	—
	方木	m³	2029.00	0.368	—
	拉森钢板桩	t·d	3.05	6008.250	858.321
	拉森钢板桩	t	3199.80	1.125	0.075
	杉原木	m³	1512.31	0.126	—
	铁件	kg	4.19	50.328	—
	桩帽	kg	4.27	118.125	—
	其他材料费占材料费	%	—	0.100	0.100
机械	轨道式柴油打桩机 1.8t	台班	769.02	6.600	0.200
	履带式起重机 15t	台班	757.48	4.200	0.100
	木驳船 80t	台班	346.72	1120.000	30.000
	汽车式起重机 12t	台班	857.15	0.200	—
	振动锤 90kW	台班	425.00	4.200	0.100

第二节 筑岛

工作内容：50m范围内的取土、运土、填筑、夯实，拆除清理。

计量单位：100m³

定 额 编 号			S1-3-19	S1-3-20
项 目 名 称			筑岛填土	
			夯填	松填
基 价（元）			8498.40	7177.74
其中	人 工 费（元）		7817.32	6649.44
	材 料 费（元）		—	—
	机 械 费（元）		681.08	528.30
名 称	单位	单价（元）	消 耗	量
人工	综合工日	工日	140.00	55.838	47.496
材料	黏土	m³	—	(150.000)	(90.000)
机械	电动夯实机 250N·m	台班	26.28	2.236	—
	木驳船 50t	台班	325.31	1.913	1.624

工作内容：50m范围内的运砂、填筑、夯实，拆除清理。 计量单位：100m³

定 额 编 号					S1-3-21	S1-3-22
项 目 名 称					筑岛填砂	
					夯填	松填
基 价（元）					23088.67	17927.28
其中	人 工 费（元）				4765.74	3732.96
	材 料 费（元）				17487.00	13572.00
	机 械 费（元）				835.93	622.32
名 称		单位	单价（元）	消 耗		量
人工	综合工日	工日	140.00	34.041		26.664
材料	中(粗)砂	t	87.00	201.000		156.000
机械	电动夯实机 250N·m	台班	26.28	2.236		—
	木驳船 50t	台班	325.31	2.389		1.913

69

工作内容：50m范围内的运砂砾石、填筑、夯实，拆除清理。 　　　　　　　　　　　　计量单位：100m³

定　额　编　号				S1-3-23	S1-3-24
项　目　名　称				筑岛填砂砾石	
				夯填	松填
基　　　　　价（元）				12986.25	9839.12
其中	人　工　费（元）			6979.56	5039.30
	材　料　费（元）			5201.34	4177.50
	机　械　费（元）			805.35	622.32
名　　　称		单位	单价（元）	消　　耗　　量	
人工	综合工日	工日	140.00	49.854	35.995
材料	砂砾石	t	60.00	86.689	69.625
机械	电动夯实机 250N·m	台班	26.28	2.236	—
	木驳船 50t	台班	325.31	2.295	1.913

第四章 其他

第四章　其他

说　　明

一、本章主要包括：支撑工程，脚手架，现场施工围栏，施工便道，便桥，小型构件及混凝土运输等内容。

二、除槽钢挡土板外，定额均按横板、竖撑计算；如采用竖板、横撑时，其人工工日乘以系数 1.20。挡土板间距不同时，不作调整。

三、定额中挡土板支撑按槽坑两侧同时支撑挡土板考虑，支撑面积为两侧挡土板面积之和，支撑宽度为 4.1m 以内。如槽坑宽度超过 4.1m 时，其两侧均按一侧支撑挡土板考虑。按一侧支撑挡土板面积计算时，工日数乘以系数 1.33；除挡土板外，其他材料乘以系数 2.0。

四、放坡开挖不得再计算挡土板，如遇上层放坡、下层支撑则按实际支撑面积计算。

五、钢桩挡土板的槽钢桩以"t"为单位，套打、拔工具桩相应定额子目。

六、如采用井字支撑时，按疏撑乘以系数 0.61。

七、纤维布和玻璃钢施工护栏按 2.5m 高考虑，彩钢板护栏和移动式钢护栏按 1.8m 高考虑。实际高度不同时，可以按照面积进行折算来调整。

八、搭拆便桥定额分非机动车道和机动车道，适用于跨河道的临时便桥。套用装配式钢桥定额，应根据批准的施工组织设计执行。

九、泥结碎石便道主要用于场外施工便道。

十、混凝土小型构件是指单件体积在 0.04m³ 以内，重量在 100kg 以内的各类小型构件。小型构件、半成品运输是指预制、加工场地取料中心至施工现场堆放使用中心距离超出 150m 的运输。

工程量计算规则

一、支撑工程量按施工组织设计确定的支撑面积以"m²"计算。

二、施工围栏以长度按"延长米"计算，移动式按照"每天 100m"计算。

三、沟槽临时钢盖板搭设按搭设面积以"m²"计算。

四、临时便桥搭、拆按桥面积计算，装配式钢桥按桥长以"m"计算。

五、场外施工便道区分厚度按路面面积以"m²"计算。

第一节 支撑工程

1.木挡土板

工作内容：制作、运输、安装、拆除，堆放指定地点。

计量单位：100m²

定 额 编 号			S1-4-1	S1-4-2	S1-4-3	S1-4-4
项 目 名 称			木密挡土板		木疏挡土板	
			木支撑	钢支撑	木支撑	钢支撑
基 价（元）			2507.99	1977.79	2001.23	1544.60
其中	人 工 费（元）		1347.64	1025.08	1047.06	797.58
	材 料 费（元）		1160.35	952.71	954.17	747.02
	机 械 费（元）		—	—	—	—
名 称	单位	单价（元）	消 耗			量
人工	综合工日	工日	140.00	9.626	7.322	7.479	5.697
材料	扒钉	kg	3.85	9.140	9.140	9.140	9.140
	板方材	m³	1800.00	0.065	0.060	0.051	0.049
	镀锌铁丝 12号	kg	3.57	7.200	7.200	7.200	7.200
	钢套管	kg	4.10	—	15.613	—	15.613
	机砖 240×115×53	千块	384.62	—	—	0.188	0.188
	木板	m³	1634.16	0.395	0.395	0.240	0.237
	铁撑脚	kg	3.85	—	19.301	—	19.301
	原木	m³	1491.00	0.226	—	0.226	—

2.竹挡土板

工作内容：制作、运输、安装、拆除，堆放指定地点。   计量单位：100㎡

定 额 编 号				S1-4-5	S1-4-6	S1-4-7	S1-4-8
项 目 名 称				竹密挡土板		竹疏挡土板	
				木支撑	钢支撑	木支撑	钢支撑
基 价 （元）				1897.21	1368.81	1639.22	1188.23
其中	人 工 费 （元）			1340.08	1017.52	1042.72	797.58
	材 料 费 （元）			557.13	351.29	596.50	390.65
	机 械 费 （元）			—	—	—	—
名 称		单位	单价（元）	消 耗			量
人工	综合工日	工日	140.00	9.572	7.268	7.448	5.697
材料	扒钉	kg	3.85	9.140	9.140	9.140	9.140
	板方材	m³	1800.00	0.064	0.060	0.064	0.060
	镀锌铁丝 12号	kg	3.57	7.200	7.200	7.200	7.200
	钢套管	kg	4.10	—	15.613	—	15.613
	机砖 240×115×53	千块	384.62	—	—	0.131	0.131
	铁撑脚	kg	3.85	—	19.301	—	19.301
	原木	m³	1491.00	0.226	—	0.226	—
	竹挡土板	m²	8.55	5.155	5.155	3.866	3.866

3.钢制挡土板

工作内容：制作、运输、安装、拆除，堆放指定地点。 计量单位：100m²

定 额 编 号				S1-4-9	S1-4-10	S1-4-11	S1-4-12
项 目 名 称				钢制密挡土板		钢制疏挡土板	
				木支撑	钢支撑	木支撑	钢支撑
基 价 （元）				1862.87	1345.82	1630.73	1176.11
其中	人 工 费 （元）			1347.64	1038.24	1055.88	807.10
	材 料 费 （元）			515.23	307.58	574.85	369.01
	机 械 费 （元）			—	—	—	—
名 称		单位	单价（元）	消	耗		量
人工	综合工日	工日	140.00	9.626	7.416	7.542	5.765
材料	扒钉	kg	3.85	9.140	9.140	9.140	9.140
	板方材	m³	1800.00	0.065	0.060	0.064	0.060
	镀锌铁丝 12号	kg	3.57	7.200	7.200	7.200	7.200
	钢挡土板使用费	t	4.00	0.092	0.092	0.064	0.064
	钢套管	kg	4.10	—	15.613	—	15.613
	机砖 240×115×53	千块	384.62	—	—	0.160	0.160
	铁撑脚	kg	3.85	—	19.301	—	19.301
	原木	m³	1491.00	0.226	—	0.226	—

4.钢制桩挡土板支撑安拆

工作内容：制作、运输、安装、拆除，堆放指定地点。　　　　　　　　计量单位：100m²

定　额　编　号				S1-4-13	S1-4-14
项　目　名　称				钢制桩挡土板	
				木支撑	钢支撑
基　　　　价（元）				510.48	398.29
其中	人　工　费（元）			114.66	91.42
	材　料　费（元）			395.82	306.87
	机　械　费（元）			—	—
名　　称		单位	单价（元）	消　　耗　　量	
人工	综合工日	工日	140.00	0.819	0.653
材料	扒钉	kg	3.85	3.920	3.920
	板方材	m³	1800.00	0.034	0.032
	槽钢	t	3200.00	0.030	0.030
	镀锌铁丝 12号	kg	3.57	22.100	22.100
	钢套管	kg	4.10	—	6.691
	铁撑脚	kg	3.85	—	8.272
	原木	m³	1491.00	0.097	—

第二节 脚手架
1. 单、双脚手架

工作内容：清理场地、搭脚手架、挂安全网、拆除、堆放、材料场内运输。　　　　　计量单位：100m²

定 额 编 号				S1-4-15	S1-4-16	S1-4-17	S1-4-18
项 目 名 称				双排竹脚手架		单排钢管脚手架	
				4m	8m	4m	8m
基 价（元）				1570.71	2175.12	555.94	619.99
其中	人 工 费（元）			483.84	527.94	387.52	400.68
	材 料 费（元）			1086.87	1647.18	168.42	219.31
	机 械 费（元）			—	—	—	—
名 称		单位	单价（元）	消 耗		量	
人工	综合工日	工日	140.00	3.456	3.771	2.768	2.862
材料	安全网	m²	11.11	2.680	1.380	2.680	1.380
	底座	个	5.13	—	—	0.240	0.250
	脚手管(扣)件	个	4.27	—	—	2.190	4.390
	脚手架钢管 φ48	t	3680.00	—	—	0.021	0.036
	毛竹 1.7m起围径27cm	根	16.80	7.550	13.880	—	—
	毛竹 1.7m起围径33cm	根	25.00	15.430	30.380	—	—
	竹脚手板	m²	9.40	5.080	5.150	5.110	5.110
	竹篾	100根	25.00	19.870	23.630	—	—
	其他材料费占材料费	%		—	—	1.660	1.590

工作内容：清理场地、搭脚手架、挂安全网、拆除、堆放、材料场内运输。 计量单位：100㎡

定 额 编 号					S1-4-19	S1-4-20
项 目 名 称					双排钢管脚手架	
					4m	8m
基 价 （元）					733.21	823.03
其中	人 工 费 （元）				527.94	532.42
	材 料 费 （元）				205.27	290.61
	机 械 费 （元）				—	—
名 称		单位	单价(元)	消	耗	量
人工	综合工日	工日	140.00	3.771		3.803
材料	安全网	㎡	11.11	2.680		1.380
	底座	个	5.13	0.450		0.430
	脚手管(扣)件	个	4.27	3.200		6.480
	脚手架钢管 φ48	t	3680.00	0.027		0.050
	竹脚手板	㎡	9.40	5.980		5.980
	其他材料费占材料费	%	—	1.960		1.820

2.浇混凝土用仓面脚手架

工作内容：清理场地、搭脚手架、挂安全网、拆除、堆放、材料场内运输。　　　　计量单位：100m²

定 额 编 号					S1-4-21	
项 目 名 称					现浇混凝土用	
					仓面脚手架	
					支架高度1.5m	
基 价（元）					907.41	
其中	人 工 费（元）				378.00	
	材 料 费（元）				529.41	
	机 械 费（元）				—	
名 称		单位	单价(元)	消	耗	量
人工	综合工日	工日	140.00		2.700	
材料	木脚手板	m³	1307.59		0.160	
	铁件	kg	4.19		1.000	
	原木	m³	1491.00		0.200	
	圆钉	kg	5.13		0.700	
	其他材料费占材料费	%	—		2.760	

3. 金属脚手架、喷射平台

工作内容：材料搬运、搭拆脚手架、拆除材料分类堆放。　　　　　　　　　　计量单位：100㎡

定　额　编　号				S1-4-22	S1-4-23
项　目　名　称				隧道金属脚手架	隧道喷射平台高度4m
基　　　　价（元）				1531.44	1074.17
其中	人　工　费（元）			806.40	938.70
	材　料　费（元）			662.47	135.47
	机　械　费（元）			62.57	—
名　　称		单位	单价（元）	消　　耗　　量	
人工	综合工日	工日	140.00	5.760	6.705
材料	板方材	m³	1800.00	0.020	0.050
	镀锌铁丝 22号	kg	3.57	7.620	—
	钢脚手配件钢管	kg	3.68	78.290	—
	钢脚手配件直角扣件铸钢	个	4.27	31.120	—
	脚手架钢材	kg	3.68	—	10.940
	锦纶安全网 60目	㎡	4.50	1.170	—
	竹笆	㎡	8.55	19.090	—
	其他材料费占材料费	%	—	1.500	4.000
机械	载重汽车 4t	台班	408.97	0.153	—

第三节 现场施工围栏
1.纤维布施工围栏

工作内容：材料运输、安装、拆除。

计量单位：100m

定 额 编 号				S1-4-24
项 目 名 称				纤维布施工围栏(高2.5m)
基 价（元）				433.31
其中	人 工 费（元）			55.44
	材 料 费（元）			286.13
	机 械 费（元）			91.74
名 称		单位	单价（元）	消 耗 量
人工	综合工日	工日	140.00	0.396
材料	钢脚手架管	kg	3.68	3.540
	纤维布	m	2.80	83.200
	预制混凝土支墩 C25	m³	414.53	0.090
	其他材料费占材料费	%	—	1.000
机械	载重汽车 5t	台班	430.70	0.213

2. 玻璃钢施工围栏

工作内容：封闭式护栏：平整场地，现浇混凝土或砖砌、粉刷、立杆制作、安装，玻璃钢安装，材料运输，拆除。移动式护栏：护栏制作，安装，移动。

计量单位：10m

定 额 编 号				S1-4-25	S1-4-26
项 目 名 称				玻璃钢施工护栏	
				混凝土基础(高2.5m)	砖基础(高2.5m)
基 价（元）				2418.80	1661.29
其中	人 工 费（元）			599.76	264.04
	材 料 费（元）			1743.26	1397.25
	机 械 费（元）			75.78	—
名 称	单位	单价(元)		消 耗 量	
人工	综合工日	工日	140.00	4.284	1.886
材料	板方材	m³	1800.00	0.133	—
	玻璃钢瓦楞板	m²	26.60	22.000	22.000
	红丹防锈漆	kg	11.50	1.680	1.680
	机砖 240×115×53	千块	384.62	—	0.681
	螺纹钢筋 HRB400 φ10以上	t	3500.00	0.009	0.009
	溶剂油	kg	4.80	0.220	0.220
	商品混凝土 C25(泵送)	m³	389.11	1.200	—
	水	m³	7.96	1.000	1.000
	水泥砂浆 1:2	m³	281.46	—	0.250
	水泥砂浆 M7.5	m³	201.87	—	0.290
	调和漆	kg	6.00	1.030	1.030
	型钢	t	3700.00	0.102	0.096
	圆钉	kg	5.13	1.620	—
机械	电动空气压缩机 1m³/min	台班	50.29	0.434	—
	双锥反转出料混凝土搅拌机 350L	台班	253.32	0.213	—

84

工作内容：封闭式护栏：平整场地，现浇混凝土或砖砌、粉刷、立杆制作、安装，玻璃钢安装，材料运输，拆除。移动式护栏：护栏制作，安装，移动。　　　　　　　　　　　　计量单位：100m·d

定　额　编　号				S1-4-27	
项　目　名　称				移动式玻璃钢施工护栏	
基　　　价（元）				45.38	
其中	人　工　费（元）			10.78	
	材　料　费（元）			9.06	
	机　械　费（元）			25.54	
	名　　称	单位	单价（元）	消　　耗　　量	
人工	综合工日	工日	140.00	0.077	
材料	薄钢板	kg	3.27	0.155	
	电焊条	kg	5.98	0.251	
	镀锌铁皮	kg	4.03	0.311	
	镀锌铁丝 22号	kg	3.57	0.002	
	红丹防锈漆	kg	11.50	0.031	
	溶剂油	kg	4.80	0.027	
	调和漆	kg	6.00	0.021	
	氧气	m³	3.63	0.056	
	乙炔气	m³	11.48	0.022	
	铸铁管	kg	3.33	1.418	
机械	交流弧焊机 32kV·A	台班	83.14	0.043	
	载重汽车 5t	台班	430.70	0.051	

3.彩钢板护栏

工作内容：搭拆脚手架，安装彩钢板，拆除。   计量单位：100m

定 额 编 号				S1-4-28	
项 目 名 称				彩钢板施工围栏搭拆	
基 价（元）				2563.04	
其中	人 工 费（元）			504.00	
	材 料 费（元）			2059.04	
	机 械 费（元）			—	
名 称		单位	单价(元)	消 耗 量	
人工	综合工日	工日	140.00	3.600	
材料	彩钢板 1.8×0.85 δ=3	块	64.60	30.770	
	钢管	kg	4.06	13.000	
	脚手管(扣)件	个	4.27	2.080	
	其他材料费占材料费	%	—	0.470	

86

4.移动式钢护栏

工作内容：安装、移动、拆除、清理、场外运输。

计量单位：100m·d

定　额　编　号				S1-4-29
项　目　名　称				移动式钢护栏
基　　　价（元）				28.38
其中	人　工　费（元）			7.28
	材　料　费（元）			14.15
	机　械　费（元）			6.95
名　　称		单位	单价(元)	消　　耗　　量
人工	综合工日	工日	140.00	0.052
材料	底盘 500×130	只	8.00	0.049
	钢护栏 2060×1800	片	264.56	0.052
机械	载重汽车 4t	台班	408.97	0.017

5.沟槽临时钢盖板

工作内容：钢盖板进、退场、吊装、安放、移动。   计量单位：10m²

定 额 编 号			S1-4-30	S1-4-31
项 目 名 称			沟槽临时钢盖板搭设	
			<1个月	每增1个月
基 价 （元）			188.08	73.65
其中	人 工 费 （元）		63.00	—
	材 料 费 （元）		73.65	73.65
	机 械 费 （元）		51.43	
名 称	单位	单价(元)	消 耗	量
人工	综合工日	工日	140.00	0.450	—
材料	钢板（中厚）	t	3347.86	0.022	0.022
机械	汽车式起重机 8t	台班	763.67	0.017	—
	载重汽车 4t	台班	408.97	0.094	—

第四节 施工便道、便桥

1.施工便道

工作内容：放样、整平、装运料、配料拌和、摊铺、找平夯实、洒水、碾压。　　　　　计量单位：100㎡

定 额 编 号				S1-4-32	S1-4-33
项 目 名 称				碎石级配路面64∶21∶15(碎石∶砂∶黏土)便道	
				厚度10cm	厚度每增减5cm
基 价（元）				2658.27	1069.07
其中	人 工 费（元）			229.04	75.88
	材 料 费（元）			2297.08	993.19
	机 械 费（元）			132.15	—
名 称		单位	单价(元)	消　　耗　　量	
人工	综合工日	工日	140.00	1.636	0.542
材料	黄土	m³	—	(2.466)	—
	黏土	m³	11.50	—	1.228
	石屑(米砂)	t	160.00	4.537	—
	水	m³	7.96	1.390	0.690
	碎石 25～40	t	106.80	14.507	7.234
	中(粗)砂	t	87.00	—	2.259
	其他材料费占材料费	%	—	0.470	0.450
机械	钢轮内燃压路机 15t	台班	604.11	0.196	—
	钢轮内燃压路机 8t	台班	404.39	0.034	—

2. 搭拆便桥

工作内容：1. 打拔圆木桩；
　　　　　2. 安拆盖枋，围令，剪刀撑；
　　　　　3. 安拆垫木；
　　　　　4. 安拆钢、木桥面；
　　　　　5. 安拆钢、木栏杆、扶手；
　　　　　6. 焊接；
　　　　　7. 切割；
　　　　　8. 材料运输等全部操作过程。

计量单位：100m²

定　额　编　号				S1-4-34	S1-4-35
项　目　名　称				搭拆便桥(非机动车道)	搭拆便桥(机动车道)
基　　　价（元）				32806.36	98308.17
其中	人　工　费（元）			1171.24	3873.24
	材　料　费（元）			30922.52	92150.51
	机　械　费（元）			712.60	2284.42
名　　　称		单位	单价（元）	消　　耗　　量	
人工	综合工日	工日	140.00	8.366	27.666
材料	扒钉	kg	3.85	7.250	10.350
	槽型钢板桩	t	3846.15	0.064	0.147
	槽型钢板桩使用费	t·d	42.74	406.000	2103.000
	电焊条	kg	5.98	3.000	4.360
	镀锌铁丝 22号	kg	3.57	1.310	—
	焊接钢管	t	3380.00	3.713	0.002
	螺纹钢筋 HRB400 φ10以内	t	3500.00	0.024	—
	螺纹钢筋 HRB400 φ10以上	t	3500.00	—	0.018
	模板木材	m³	1880.34	0.257	0.329
	氧气	m³	3.63	2.500	3.030
	乙炔气	m³	11.48	1.000	1.220
	原木	m³	1491.00	—	0.319
	圆钉	kg	5.13	5.570	3.590
	枕木	m³	1230.77	0.087	0.349
机械	交流弧焊机 32kV·A	台班	83.14	1.131	1.029
	履带式电动起重机 5t	台班	249.22	2.482	8.823

90

3.搭拆装配式钢桥

工作内容：1.构件进出场运输；
2.安装；
3.拖运、横移；
4.安放支座；
5.就位；
6.拆除等全部操作过程。

计量单位：10m

定　额　编　号			S1-4-36
项　目　名　称			搭拆装配式钢桥单排单层
			加强
基　　　价（元）			12166.46
其中	人　工　费（元）		2630.32
	材　料　费（元）		3599.14
	机　械　费（元）		5937.00
名　　称	单位	单价（元）	消　　耗　　量
人工	综合工日	工日	140.00	18.788
材料	槽型钢板桩使用费	t·d	42.74	84.210
机械	履带式电动起重机 5t	台班	249.22	3.468
	汽车式起重机 8t	台班	763.67	2.550
	载重汽车 4t	台班	408.97	7.642

工作内容：1.构件进出场运输；
        2.安装；
        3.拖运、横移；
        4.安放支座；
        5.就位；
        6.拆除等全部操作过程。

计量单位：100m·d

定　额　编　号	S1-4-37
项　目　名　称	搭拆装配式钢桥单排单层
	加强使用费
基　　　　价（元）	380.98

其中	人　工　费（元）	—
	材　料　费（元）	380.98
	机　械　费（元）	—

	名　　　称	单位	单价(元)	消　　耗　　量
材料	槽型钢板桩使用费	t·d	42.74	8.770
	枕木	m³	1230.77	0.005

工作内容：1.构件进出场运输；
　　　　　2.安装；
　　　　　3.拖运、横移；
　　　　　4.安放支座；
　　　　　5.就位；
　　　　　6.拆除等全部操作过程。

计量单位：10m

定　额　编　号			S1-4-38
项　目　名　称			搭拆装配式钢桥双排单层
			加强
基　　　　价（元）			16260.12
其中	人　工　费（元）		3514.14
	材　料　费（元）		6525.12
	机　械　费（元）		6220.86
名　　称	单位	单价（元）	消　　耗　　量
人工	综合工日	工日	140.00	25.101
材料	槽型钢板桩使用费	t·d	42.74	152.670
机械	履带式电动起重机 5t	台班	249.22	4.607
	汽车式起重机 8t	台班	763.67	2.550
	载重汽车 4t	台班	408.97	7.642

工作内容：1.构件进出场运输；
　　　　　2.安装；
　　　　　3.拖运、横移；
　　　　　4.安放支座；
　　　　　5.就位；
　　　　　6.拆除等全部操作过程。

计量单位：100m·d

定　额　编　号					S1-4-39	
项　目　名　称					搭拆装配式钢桥双排单层	
					加强使用费	
基　　　　　价（元）					514.76	
其中	人　工　费（元）				一	
	材　料　费（元）				514.76	
	机　械　费（元）				一	
名　　　　称		单位	单价(元)	消　　耗　　量		
材料	槽型钢板桩使用费	t·d	42.74	11.900		
	枕木	m³	1230.77	0.005		

94

工作内容：1. 构件进出场运输；
　　　　　2. 安装；
　　　　　3. 拖运、横移；
　　　　　4. 安放支座；
　　　　　5. 就位；
　　　　　6. 拆除等全部操作过程。

计量单位：10m

定 额 编 号					S1-4-40	
项 目 名 称					搭拆装配式钢桥三排单层	
					加强	
基 价（元）					21436.95	
其中	人 工 费（元）				4255.02	
	材 料 费（元）				9958.85	
	机 械 费（元）				7223.08	
名 称		单位	单价（元）	消 耗 量		
人工	综合工日	工日	140.00	30.393		
材料	槽型钢板桩使用费	t•d	42.74	233.010		
机 械	履带式电动起重机 5t	台班	249.22	5.585		
	汽车式起重机 8t	台班	763.67	2.763		
	载重汽车 6t	台班	448.55	8.296		

工作内容：1.构件进出场运输；
　　　　　2.安装；
　　　　　3.拖运、横移；
　　　　　4.安放支座；
　　　　　5.就位；
　　　　　6.拆除等全部操作过程。

计量单位：100m·d

定　额　编　号		S1-4-41
项　目　名　称		搭拆装配式钢桥三排单层
		加强使用费
基　　价（元）		647.25
其中	人　工　费（元）	—
	材　料　费（元）	647.25
	机　械　费（元）	—

	名　　称	单位	单价(元)	消　　耗　　量
材	槽型钢板桩使用费	t·d	42.74	15.000
料	枕木	m³	1230.77	0.005

96

工作内容：1. 构件进出场运输；
　　　　　2. 安装；
　　　　　3. 拖运、横移；
　　　　　4. 安放支座；
　　　　　5. 就位；
　　　　　6. 拆除等全部操作过程。

计量单位：10m

定　额　编　号				S1-4-42
项　目　名　称				搭拆装配式钢桥双排双层
				加强
基　　　　　价（元）				25724.11
其中	人　工　费（元）			5254.20
	材　料　费（元）			12928.42
	机　械　费（元）			7541.49
名　　　称	单位	单价（元）	消　　耗　　量	
人工	综合工日	工日	140.00	37.530	
材料	槽型钢板桩使用费	t·d	42.74	302.490	
机械	履带式电动起重机 5t	台班	249.22	6.877	
	汽车式起重机 8t	台班	763.67	2.763	
	载重汽车 6t	台班	448.55	8.288	

97

工作内容：1. 构件进出场运输；
　　　　　2. 安装；
　　　　　3. 拖运、横移；
　　　　　4. 安放支座；
　　　　　5. 就位；
　　　　　6. 拆除等全部操作过程。

计量单位：100m·d

定　额　编　号				S1-4-43
项　目　名　称				搭拆装配式钢桥双排双层
				加强使用费
基　　　价（元）				680.16
其中	人　工　费（元）			—
	材　料　费（元）			680.16
	机　械　费（元）			—
	名　　称	单位	单价(元)	消　　耗　　量
材料	槽型钢板桩使用费	t·d	42.74	15.770
	枕木	m³	1230.77	0.005

第五节 小型构件及混凝土运输
1.小型构件运输

工作内容：装、运、卸。

计量单位：10m³

定 额 编 号					S1-4-44	S1-4-45
项 目 名 称					双轮车运输	
					运距＜50m	运距＜500m每增50m
基 价 （元）					317.24	30.66
其中	人 工 费 （元）				317.24	30.66
	材 料 费 （元）				—	—
	机 械 费 （元）				—	—
	名 称	单位	单价（元）	消 耗		量
人 工	综合工日	工日	140.00	2.266		0.219

工作内容：装、运、卸。

计量单位：10m³

定 额 编 号					S1-4-46	S1-4-47
项 目 名 称					双轮杠杆车	
					运输运距＜50m	运输运距＜500m每增50m
基 价（元）					339.92	20.72
其中	人 工 费（元）				339.92	20.72
	材 料 费（元）				—	—
	机 械 费（元）				—	—
名 称		单位	单价（元）		消 耗 量	
人工	综合工日	工日	140.00		2.428	0.148

100

工作内容：装、运、卸。

计量单位：10m³

定　额　编　号					S1-4-48	S1-4-49
项　目　名　称					汽车运输人力装卸	汽车运输机械装卸
					运距＜1km	
基　　　　　价（元）					877.15	1066.14
其中	人　工　费（元）				390.46	110.46
	材　料　费（元）				—	—
	机　械　费（元）				486.69	955.68
名　　称		单位	单价（元）	消　　耗　　量		
人工	综合工日	工日	140.00	2.789		0.789
机械	汽车式起重机 8t	台班	763.67	—		0.710
	载重汽车 5t	台班	430.70	1.130		0.960

工作内容：装、运、卸。 计量单位：10m³

定　额　编　号	S1-4-50
项　目　名　称	汽车运输运距
	每增1km
基　　　价（元）	51.68

其中	人　工　费（元）	—
	材　料　费（元）	—
	机　械　费（元）	51.68

名　　称	单位	单价(元)	消　　耗　　量
机 械　载重汽车 5t	台班	430.70	0.120

2.混凝土运输

工作内容：装运、卸料、分类堆放、搭拆道板。

计量单位：10m³

定 额 编 号			S1-4-51	S1-4-52
项 目 名 称			双轮车场内	
			运水泥混凝土(熟料)	
			运距50m	运距＜500m每增50m
基 价（元）			275.38	39.90
其中	人 工 费（元）		275.38	39.90
	材 料 费（元）		—	—
	机 械 费（元）		—	—
名 称	单位	单价(元)	消 耗 量	
人 工	综合工日	工日	140.00	1.967	0.285

103

工作内容：装运、卸料、分类堆放、搭拆道板。　　　　　　　　　　　　　计量单位：10m³

定　额　编　号				S1-4-53	S1-4-54
项　目　名　称				机动翻斗车	
				运水泥混凝土(熟料)	
				运距200m	运距＜2km每增200m
基　　　　价（元）				321.46	35.23
其中	人　工　费（元）			121.10	—
	材　料　费（元）			—	—
	机　械　费（元）			200.36	35.23
名　　称	单位	单价（元）	消　　耗　　量		
人工	综合工日	工日	140.00	0.865	—
机械	机动翻斗车 1t	台班	220.18	0.910	0.160

104

工作内容：装运、卸料、分类堆放、搭拆道板。

计量单位：10m³

定　额　编　号			S1-4-55	S1-4-56
项　目　名　称			混凝土搅拌输送车	
			运水泥混凝土(熟料)	
			运距5km	运距每增减1km
基　　　价（元）			352.70	36.24
其中	人　工　费（元）		—	—
	材　料　费（元）		—	—
	机　械　费（元）		352.70	36.24
名　　　称	单位	单价(元)	消　　耗　　量	
机械　混凝土搅拌输送车　6m³	台班	1207.87	0.292	0.030

105

第二部分 道路工程

第一章 道路基层

说　　明

一、本章包括各种级配的多合土基层等内容。

二、路床（槽）整形、人行道整形项目内容，包括平均厚度 10cm 以内的人工挖高填低，整平路床使之形成设计要求的纵、横坡度，并应经压路机碾压密实。

三、各类稳定土基层定额中的材料消耗量是按一定的配合比编制的，当设计配合比与定额不同时，有关的材料消耗量可按下式进行换算，但人工和机械台班的消耗量不得调整。

$$C_s = \left[C_d + B_d \times (H - H_0) \right] \times \frac{L_s}{L_d}$$

式中　C_s——按设计配合比换算后的材料数量；

C_d——定额中基本压实厚度的材料数量；

B_d——定额中压实厚度每增减 1cm 的材料数量；

H——设计的压实厚度；

H_0——定额的基本压实厚度；

L_s——设计配合比的材料百分率；

L_d——定额中标明的材料百分率。

四、石灰土基层中的石灰均为生石灰的消耗量，且不包括消解石灰的工作内容。土为松土用量。

五、本章中设有"每增减"的子目，适用于压实厚度 20cm 以内（块石底层除外）。压实厚度在 20cm 以上应按两层结构层铺筑。

六、黄土为就地取材，定额消耗量加"（　）"表示，如需外借或购买时，费用另计。

七、所有基层混合料采用厂拌机械摊铺时，均套用水泥稳定碎石相关子目，换算主材价格，其他不变。

八、道路裂缝灌浆修补按开槽宽 2cm，深 2.5cm 编制，实际不同时可调整灌缝材料用量，其他不调。

九、本章定额凡使用石灰的项目，均未包括消解石灰的工作内容，需要时，先计算出石灰总用量，再执行消解石灰子目。

工程量计算规则

一、人行道整形、路床（槽）整形按设计图示尺寸以"m²"计算，不扣除各类井所占面积。人行道路整形宽度按人行道设计宽度外侧加 0.30m 计算。 路床（槽）整形宽度按设计道路基层（垫层）宽度另计算两侧加宽值，其加宽值按设计要求计算。如设计无明确规定，其加宽值按每侧 0.25m 计算。

二、道路基层按设计图示尺寸以"m²"计算，不扣除各类井所占面积。

三、道路基层宽度按设计车行道宽度另计两侧加宽值，其加宽值按设计要求计算。如设计无明确规定，首层基层宽度按设计车行道宽度每侧 0.3m 计算，以下基层按上层宽度每侧加 0.3m 计算。

四、道路工程石灰土、多合土养生面积，按设计摊铺的基层、顶层面积计算。

五、防裂贴修补道路裂缝按实际贴防裂贴的宽度乘以长度以"m²"计算。

六、道路裂缝灌浆修补按修补裂缝长度计算。

第一节 路床整形

工作内容：放样、10cm以内挖高填低、整平、碾压、检验、人工配合处理机械碾压不到之处。

定　额　编　号				S2-1-1	S2-1-2
项　目　名　称				路床(槽)碾压检验	人行道整形、碾压
基　　　价（元）				157.77	73.95
其中	人　工　费（元）			12.32	58.52
	材　料　费（元）			—	—
	机　械　费（元）			145.45	15.43
名　　　称		单位	单价（元）	消　　耗　　量	
人工	综合工日	工日	140.00	0.088	0.418
机械	钢轮内燃压路机 12t	台班	514.30	0.128	0.030
	履带式推土机 75kW	台班	884.61	0.090	—

第二节 铺筑垫层

工作内容：放样、取运料、摊铺、找平。

计量单位：100㎡

定 额 编 号			S2-1-3	S2-1-4
项 目 名 称			铺筑	
			砂垫层	
			厚5cm	厚每增减1cm
基 价（元）			972.73	194.50
其中	人 工 费（元）		125.72	25.34
	材 料 费（元）		847.01	169.16
	机 械 费（元）		—	—
名 称		单位	单价（元）	消 耗 量
人工	综合工日	工日	140.00	0.898	0.181
材料	水	m³	7.96	0.790	0.160
	中(粗)砂	t	87.00	9.615	1.920
	其他材料费占材料费	%	—	0.500	0.500

工作内容：放样、取运料、摊铺、找平。   计量单位：100m²

定　额　编　号					S2-1-5	S2-1-6
项　目　名　称					铺筑	
					石屑垫层	
					厚5cm	厚每增减1cm
基　　　价（元）					511.41	101.82
其中	人　工　费（元）				114.38	22.68
	材　料　费（元）				397.03	79.14
	机　械　费（元）				—	—
名　　称		单位	单价（元）	消　　耗		量
人工	综合工日	工日	140.00	0.817		0.162
材料	石屑	m³	58.25	6.670		1.330
	水	m³	7.96	0.820		0.160
	其他材料费占材料费	%	—	0.500		0.500

工作内容：放样、取运料、摊铺、找平。 计量单位：100m²

定 额 编 号					S2-1-7	S2-1-8
项 目 名 称					铺筑	
					矿渣垫层	
					厚5cm	厚每增减1cm
基 价（元）					523.93	104.66
其中	人 工 费（元）				116.48	23.38
	材 料 费（元）				407.45	81.28
	机 械 费（元）				—	—
名 称		单位	单价（元）		消 耗 量	
人工	综合工日	工日	140.00		0.832	0.167
材料	炉渣	m³	47.01		8.470	1.690
	水	m³	7.96		0.910	0.180
	其他材料费占材料费	%	—		0.500	0.500

116

第三节 砂砾石底层(天然级配)

工作内容:放样、清理路床、取料、运料、上料、摊铺、找平、碾压。　　　　　　　计量单位:100㎡

定　额　编　号			S2-1-9	S2-1-10	S2-1-11	S2-1-12
项　目　名　称			人工摊铺		人机配合摊铺	
			砂砾石底层(天然级配)			
			厚15cm	每增减1cm	厚15cm	每增减1cm
基　　　价（元）			1467.08	82.20	1372.24	74.36
其中	人　工　费（元）		220.36	9.24	35.42	1.40
	材　料　费（元）		1101.68	72.96	1101.68	72.96
	机　械　费（元）		145.04	—	235.14	—
名　　称	单位	单价(元)	消	耗		量
人工	综合工日	工日	140.00	1.574	0.066	0.253	0.010
材料	砂砾(天然级配)	m³	60.00	18.270	1.210	18.270	1.210
	其他材料费占材料费	%	—	0.500	0.500	0.500	0.500
机械	钢轮内燃压路机 15t	台班	604.11	0.220	—	0.220	—
	钢轮内燃压路机 8t	台班	404.39	0.030	—	0.030	—
	平地机 90kW	台班	797.36	—	—	0.113	—

第四节 卵石底层

工作内容：放样、清理路床、取料、运料、上料、摊铺、灌缝、找平、碾压。　　　　　　计量单位：100㎡

定　额　编　号				S2-1-13	S2-1-14	S2-1-15	S2-1-16
项　目　名　称				人工铺装		人机配合铺装	
				卵石底层			
				厚15cm	每增减1cm	厚15cm	每增减1cm
基　　　　　价（元）				1193.29	68.47	1107.09	56.15
其中	人　工　费（元）			256.90	14.56	51.10	2.24
	材　料　费（元）			808.64	53.91	808.64	53.91
	机　械　费（元）			127.75	—	247.35	—
名　　　称		单位	单价（元）	消　　耗　　　量			
人工	综合工日	工日	140.00	1.835	0.104	0.365	0.016
材料	卵石	t	53.40	10.229	0.682	10.229	0.682
	中(粗)砂	t	87.00	2.970	0.198	2.970	0.198
	其他材料费占材料费	%	—	0.500	0.500	0.500	0.500
机械	钢轮内燃压路机 15t	台班	604.11	0.180	—	0.180	—
	钢轮内燃压路机 8t	台班	404.39	0.047	—	0.047	—
	平地机 90kW	台班	797.36	—	—	0.150	—

第五节 碎石底层

工作内容：放样、清理路床、取料、运料、上料、摊铺、灌缝、找平、碾压。　　　　　计量单位：100m²

定 额 编 号				S2-1-17	S2-1-18	S2-1-19	S2-1-20
项 目 名 称				人工铺装		人机配合铺装	
				碎石底层			
				厚15cm	每增减1cm	厚15cm	每增减1cm
基 价（元）				3651.20	233.61	3585.92	222.13
其中	人 工 费（元）			236.04	14.00	49.56	2.52
	材 料 费（元）			3292.47	219.61	3292.47	219.61
	机 械 费（元）			122.69	—	243.89	—
名 称		单位	单价（元）	消 耗		量	
人工	综合工日	工日	140.00	1.686	0.100	0.354	0.018
材料	碎石 60	t	106.80	30.675	2.046	30.675	2.046
	其他材料费占材料费	%	—	0.500	0.500	0.500	0.500
机械	钢轮内燃压路机 15t	台班	604.11	0.181	—	0.181	—
	钢轮内燃压路机 8t	台班	404.39	0.033	—	0.033	—
	平地机 90kW	台班	797.36	—	—	0.152	—

第六节 块石底层

工作内容：放样、清理路床、取料、运料、上料、摊铺、灌缝、找平、碾压。　　　　计量单位：100㎡

定　额　编　号			S2-1-21	S2-1-22
项　目　名　称			人工铺装	
			块石底层	
			厚25cm	每增减1cm
基　　　　价（元）			4328.85	164.82
其中	人　工　费（元）		560.70	20.86
	材　料　费（元）		3598.34	143.96
	机　械　费（元）		169.81	—
名　　　称	单位	单价（元）	消　　耗　　量	
人工	综合工日	工日	140.00	4.005	0.149
材料	块石	m³	92.00	32.980	1.319
	碎石 30	t	106.80	5.115	0.205
	其他材料费占材料费	%	—	0.500	0.500
机械	钢轮内燃压路机 12t	台班	514.30	0.033	—
	钢轮内燃压路机 15t	台班	604.11	0.253	—

第七节 矿渣底层

工作内容:放样、清理路床、取料、运料、上料、摊铺、找平、洒水、碾压。　　　　计量单位:100m²

定　额　编　号				S2-1-23	S2-1-24	S2-1-25	S2-1-26
项　目　名　称				人工铺装		人机配合铺装	
				矿渣底层			
				厚15cm	每增减1cm	厚15cm	每增减1cm
基　　　价（元）				1703.62	104.40	1583.91	91.80
其中	人　工　费（元）			243.32	14.00	42.28	1.40
	材　料　费（元）			1355.94	90.40	1355.94	90.40
	机　械　费（元）			104.36	—	185.69	—
名　　称		单位	单价（元）	消　　　耗　　　量			
人工	综合工日	工日	140.00	1.738	0.100	0.302	0.010
材料	矿渣	m³	63.11	21.000	1.400	21.000	1.400
	水	m³	7.96	3.000	0.200	3.000	0.200
	其他材料费占材料费	%	—	0.500	0.500	0.500	0.500
机械	钢轮内燃压路机 15t	台班	604.11	0.154	—	0.154	—
	钢轮内燃压路机 8t	台班	404.39	0.028	—	0.028	—
	平地机 90kW	台班	797.36	—	—	0.102	—

第八节 山皮石底层

工作内容：放样、清理路床、取料、运料、上料、摊铺、找平、洒水、碾压。　　　　计量单位：100㎡

定　额　编　号				S2-1-27	S2-1-28	S2-1-29	S2-1-30
项　目　名　称				人工铺装		人机配合铺装	
				山皮石底层			
				厚15cm	每增减1cm	厚15cm	每增减1cm
基　　　　　价（元）				930.71	54.11	832.37	42.35
其中	人　工　费（元）			230.72	13.16	42.28	1.40
	材　料　费（元）			614.36	40.95	614.36	40.95
	机　械　费（元）			85.63	—	175.73	—
	名　　称	单位	单价（元）	消　　耗　　　量			
人工	综合工日	工日	140.00	1.648	0.094	0.302	0.010
材料	山皮石	m³	29.90	19.790	1.319	19.790	1.319
	水	m³	7.96	2.460	0.164	2.460	0.164
	其他材料费占材料费	%	—	0.500	0.500	0.500	0.500
机械	钢轮内燃压路机 15t	台班	604.11	0.123	—	0.123	—
	钢轮内燃压路机 8t	台班	404.39	0.028	—	0.028	—
	平地机 90kW	台班	797.36	—	—	0.113	—

第九节 石灰稳定土基层
1.人工拌和

工作内容：放样、清理路床、人工运料、上料、铺石灰、焖水、配料拌和、找平、碾压、初期养护、人工处理碾压不到之处、清除杂物。　　　　　　　　　　　　　　　　计量单位：100m²

定　额　编　号				S2-1-31	S2-1-32
项　目　名　称				人工拌和	
				石灰土基层	
				含灰量10%	
				厚15cm	每增减1cm
基　　　　价（元）				1386.99	84.13
其中	人　工　费（元）			492.80	28.42
	材　料　费（元）			837.42	55.71
	机　械　费（元）			56.77	—
名　　称	单位	单价（元）	消　　耗　　量		
人工	综合工日	工日	140.00	3.520	0.203
材料	黄土	m³	—	(19.986)	(1.337)
	生石灰	t	320.00	2.538	0.169
	水	m³	7.96	2.650	0.170
	其他材料费占材料费	%	—	0.500	0.500
机械	钢轮内燃压路机 12t	台班	514.30	0.054	—
	钢轮内燃压路机 15t	台班	604.11	0.048	—

2. 拖拉机拌和(带梨耙)

工作内容：放样、清理路床、运料、上料、机械整平土方、铺石灰、焖水、拌和、排压、找平、碾压、初期养护、人工处理碾压不到之处、清除杂物。　　　　　　　　　　　　　　　计量单位：100㎡

定　额　编　号				S2-1-33	S2-1-34
项　目　名　称				拖拉机拌和，带犁耙	
				石灰土基层	
				含灰量10%	
				厚15cm	厚每增减1cm
基　　　　价（元）				1324.07	65.82
其中	人　工　费（元）			132.58	8.12
	材　料　费（元）			837.42	55.71
	机　械　费（元）			354.07	1.99
名　　称		单位	单价（元）	消　耗　　　量	
人工	综合工日	工日	140.00	0.947	0.058
材料	黄土	m³	—	(19.986)	(1.337)
	生石灰	t	320.00	2.538	0.169
	水	m³	7.96	2.650	0.170
	其他材料费占材料费	%	—	0.500	0.500
机械	钢轮内燃压路机 12t	台班	514.30	0.054	—
	钢轮内燃压路机 15t	台班	604.11	0.048	—
	履带式推土机 75kW	台班	884.61	0.136	—
	履带式拖拉机 60kW	台班	663.96	0.186	0.003
	平地机 120kW	台班	990.63	0.054	—

3.拖拉机原槽拌和(带梨耙)

工作内容：放样、清理路床、机械整平土方、运料、铺石灰、拌和、排压、找平、碾压、初期养护、人工
处理碾压不到之处、清除杂物。

计量单位：100m²

定 额 编 号				S2-1-35	S2-1-36
项 目 名 称				拖拉机原槽拌和，带犁耙	
				石灰土基层	
				含灰量10%	
				厚15cm	厚每增减1cm
基 价（元）				1221.05	57.60
其中	人 工 费（元）			56.70	1.26
	材 料 费（元）			816.22	54.35
	机 械 费（元）			348.13	1.99
名 称		单位	单价（元）	消 耗 量	
人工	综合工日	工日	140.00	0.405	0.009
材料	生石灰	t	320.00	2.538	0.169
	其他材料费占材料费	%	—	0.500	0.500
机械	钢轮内燃压路机 12t	台班	514.30	0.081	—
	钢轮内燃压路机 15t	台班	604.11	0.036	—
	履带式推土机 75kW	台班	884.61	0.076	—
	履带式拖拉机 60kW	台班	663.96	0.247	0.003
	平地机 120kW	台班	990.63	0.054	—

4.拌和机拌和

工作内容：放样、清理路床、运料、上料、机械整平土方、铺石灰、焖水、拌和、排压、找平、碾压、初期养护、人工处理碾压不到之处、清除杂物。

计量单位：100m²

定　额　编　号				S2-1-37	S2-1-38
项　目　名　称				拌和机拌和	
				石灰土基层	
				含灰量10%	
				厚15cm	厚每增减1cm
基　　　价（元）				1281.97	63.99
其中	人　工　费（元）			133.98	6.44
	材　料　费（元）			836.38	55.71
	机　械　费（元）			311.61	1.84
名　　　称		单位	单价（元）	消　　耗　　量	
人工	综合工日	工日	140.00	0.957	0.046
材料	黄土	m³	—	(19.986)	(1.350)
	生石灰	t	320.00	2.538	0.169
	水	m³	7.96	2.520	0.170
	其他材料费占材料费	%	—	0.500	0.500
机械	钢轮内燃压路机 12t	台班	514.30	0.054	—
	钢轮内燃压路机 15t	台班	604.11	0.048	—
	履带式推土机 75kW	台班	884.61	0.134	—
	平地机 120kW	台班	990.63	0.054	—
	稳定土拌和机 105kW	台班	920.15	0.090	0.002

5.厂拌人铺

工作内容：放样、清理路床、运料、上料、摊铺、洒水、配合压路机碾压、初期养护、人工处理碾压不到之处、清除杂物。

计量单位：100m²

定 额 编 号				S2-1-39	S2-1-40
项 目 名 称				厂拌人铺	
				石灰土基层	
				厚15cm	厚每增减1cm
基 价（元）				2062.56	132.89
其中	人 工 费（元）			137.90	8.40
	材 料 费（元）			1867.89	124.49
	机 械 费（元）			56.77	—
名 称		单位	单价（元）	消 耗 量	
人工	综合工日	工日	140.00	0.985	0.060
材料	石灰土	m³	120.00	15.225	1.015
	水	m³	7.96	3.970	0.260
	其他材料费占材料费	%	—	0.500	0.500
机械	钢轮内燃压路机 12t	台班	514.30	0.054	—
	钢轮内燃压路机 15t	台班	604.11	0.048	—

第十节 水泥稳定土基层
1.人工拌和

工作内容：放样、运料(水泥)、上料、人工摊铺土方(水泥)、拌和、找平、碾压、初期养护、人工处理碾压不到之处、清除杂物。

计量单位：100㎡

定　额　编　号					S2-1-41	S2-1-42
项　目　名　称					人工拌和	
					水泥稳定土(水泥含量5%)	
					厚15cm	厚每增减1cm
基　　　　价（元）					888.57	51.94
其中	人　工　费（元）				425.46	24.22
	材　料　费（元）				397.79	27.72
	机　械　费（元）				65.32	—
名　　称		单位	单价(元)	消　　耗　　量		
人工	综合工日	工日	140.00	3.039		0.173
材料	黄土	m³	—	(21.480)		(1.436)
	水	m³	7.96	2.630		0.180
	水泥 32.5级	t	290.60	1.290		0.090
	其他材料费占材料费	%	—	0.500		0.500
机械	钢轮内燃压路机 12t	台班	514.30	0.127		—

2.人机配合

工作内容：放样、运料(水泥)、上料、人工摊铺土方(水泥)、拌和、找平、碾压、初期养护、人工处理碾压不到之处、清除杂物。

计量单位：100㎡

定 额 编 号				S2-1-43	S2-1-44
项 目 名 称				人机配合	
				水泥稳定土(水泥含量5%)	
				厚15cm	厚每增减1cm
基 价（元）				959.42	37.55
其中	人 工 费（元）			163.24	7.84
	材 料 费（元）			397.79	27.72
	机 械 费（元）			398.39	1.99
名 称		单位	单价(元)	消 耗 量	
人工	综合工日	工日	140.00	1.166	0.056
材料	黄土	㎥	—	(21.480)	(1.436)
	水	㎥	7.96	2.630	0.180
	水泥 32.5级	t	290.60	1.290	0.090
	其他材料费占材料费	%	—	0.500	0.500
机械	钢轮内燃压路机 12t	台班	514.30	0.127	—
	履带式推土机 75kW	台班	884.61	0.148	—
	履带式拖拉机 60kW	台班	663.96	0.203	0.003
	平地机 120kW	台班	990.63	0.068	—

第十一节 石灰、粉煤灰、土基层
1. 人工拌和

工作内容：放样、清理路床、运料、上料、铺石灰、焖水、配料拌和、排压、找平、碾压、初期养护、人工处理碾压不到之处、清除杂物。

计量单位：100m²

定 额 编 号					S2-1-45	S2-1-46
项 目 名 称					\multicolumn{2}{人工拌和}	
					\multicolumn{2}{石灰、粉煤灰、土(12∶35∶53)基层}	
					厚15cm	厚每增减1cm
基 价（元）					1927.87	119.89
其中	人 工 费（元）				497.00	26.74
	材 料 费（元）				1374.10	93.15
	机 械 费（元）				56.77	—
	名 称	单位	单价(元)		消 耗 量	
人工	综合工日	工日	140.00		3.550	0.191
材料	黄土	m³	—		(10.200)	(0.680)
	粉煤灰	m³	48.54		10.270	0.690
	生石灰	t	320.00		2.640	0.180
	水	m³	7.96		3.010	0.200
	其他材料费占材料费	%	—		0.500	0.500
机械	钢轮内燃压路机 12t	台班	514.30		0.054	—
	钢轮内燃压路机 15t	台班	604.11		0.048	—

2.拖拉机拌和(带梨耙)

工作内容：放样、清理路床、运料、上料、机械整平土方、铺石灰、焖水、配料拌和、排压、找平、碾压、初期养护、人工处理碾压不到之处、清除杂物。　　　　　　计量单位：100㎡

定　额　编　号				S2-1-47	S2-1-48
项　目　名　称				拖拉机拌和，带梨耙	
				石灰、粉煤灰、土(12∶35∶53)基层	
				厚15cm	厚每增减1cm
基　　　　价（元）				1813.59	100.60
其中	人　工　费（元）			134.54	5.46
	材　料　费（元）			1374.10	93.15
	机　械　费（元）			304.95	1.99
名　　称		单位	单价（元）	消　耗　　　量	
人工	综合工日	工日	140.00	0.961	0.039
材料	黄土	m³	—	(10.200)	(0.680)
	粉煤灰	m³	48.54	10.270	0.690
	生石灰	t	320.00	2.640	0.180
	水	m³	7.96	3.010	0.200
	其他材料费占材料费	%	—	0.500	0.500
机械	钢轮内燃压路机 12t	台班	514.30	0.054	—
	钢轮内燃压路机 15t	台班	604.11	0.048	—
	履带式推土机 75kW	台班	884.61	0.085	—
	履带式拖拉机 60kW	台班	663.96	0.174	0.003
	平地机 120kW	台班	990.63	0.058	—

3. 拌和机拌和

工作内容：放样、清理路床、运料、上料、机械整平土方、铺石灰、焖水、配料拌和、排压、找平、碾压、初期养护、人工处理碾压不到之处、清除杂物。

计量单位：100m²

定 额 编 号				S2-1-49	S2-1-50
项 目 名 称				拌和机拌和	
				石灰、粉煤灰、土(12∶35∶53)基层	
				厚15cm	厚每增减1cm
基 价（元）				1767.77	100.45
其中	人 工 费（元）			128.80	5.46
	材 料 费（元）			1374.10	93.15
	机 械 费（元）			264.87	1.84
名 称		单位	单价(元)	消 耗	量
人工	综合工日	工日	140.00	0.920	0.039
材料	黄土	m³	—	(10.200)	(0.680)
	粉煤灰	m³	48.54	10.270	0.690
	生石灰	t	320.00	2.640	0.180
	水	m³	7.96	3.010	0.200
	其他材料费占材料费	%	—	0.500	0.500
机械	钢轮内燃压路机 12t	台班	514.30	0.054	—
	钢轮内燃压路机 15t	台班	604.11	0.048	—
	履带式推土机 75kW	台班	884.61	0.085	—
	平地机 120kW	台班	990.63	0.058	—
	稳定土拌和机 105kW	台班	920.15	0.082	0.002

4.厂拌人铺

工作内容：放样、清理路床、运料、上料、摊铺、洒水、配合碾压、初期养护、人工处理碾压不到之处、
清除杂物。

计量单位：100m²

定 额 编 号				S2-1-51	S2-1-52
项 目 名 称				厂拌人铺	
				石灰、粉煤灰、土基层	
				厚15cm	厚每增减1cm
基 价（元）				1463.66	92.71
其中	人 工 费（元）			145.18	9.10
	材 料 费（元）			1254.49	83.61
	机 械 费（元）			63.99	—
名 称	单位	单价（元）	消 耗 量		
人工	综合工日	工日	140.00	1.037	0.065
材料	石灰、粉煤灰、土混合料	m³	80.00	15.225	1.015
	水	m³	7.96	3.800	0.250
	其他材料费占材料费	%	—	0.500	0.500
机械	钢轮内燃压路机 12t	台班	514.30	0.061	—
	钢轮内燃压路机 15t	台班	604.11	0.054	—

第十二节 石灰、土、碎石基层
1.拌和机拌和

工作内容：放样、运料、上料、铺石灰、焖水、拌和、找平、碾压、初期养护、人工处理碾压不到之处、清除杂物。

计量单位：100m²

定 额 编 号			S2-1-53	S2-1-54
项 目 名 称			拌和机拌和	
			石灰：土：碎石(8∶72∶20)基层	
			厚15cm	每增减1cm
基 价（元）			2145.84	115.71
其中	人 工 费（元）		228.62	8.54
	材 料 费（元）		1561.52	105.33
	机 械 费（元）		355.70	1.84
名 称	单位	单价（元）	消 耗 量	
人工 综合工日	工日	140.00	1.633	0.061
材料 黄土	m³	—	(20.050)	(1.340)
生石灰	t	320.00	2.520	0.170
水	m³	7.96	5.440	0.360
碎石 50～80	t	106.80	6.665	0.450
机械 钢轮内燃压路机 12t	台班	514.30	0.062	—
钢轮内燃压路机 15t	台班	604.11	0.058	—
履带式推土机 75kW	台班	884.61	0.155	—
平地机 120kW	台班	990.63	0.063	—
稳定土拌和机 105kW	台班	920.15	0.097	0.002

2.厂拌人铺

工作内容：放样、运料、上料、摊铺、碾压、初期养护、人工处理碾压不到之处、清除杂物。

计量单位：100㎡

定 额 编 号				S2-1-55	S2-1-56
项 目 名 称				厂拌人铺	
				石灰、土、碎石基层	
				厚15cm	每增减1cm
基 价（元）				2500.58	163.00
其中	人 工 费（元）			136.92	8.26
	材 料 费（元）			2296.74	153.11
	机 械 费（元）			66.92	1.63
名 称	单位	单价（元）		消 耗 量	
人工	综合工日	工日	140.00	0.978	0.059
材料	石灰、土、碎石混合料	m³	150.00	15.225	1.015
	水	m³	7.96	1.632	0.108
机械	钢轮内燃压路机 12t	台班	514.30	0.062	0.002
	钢轮内燃压路机 15t	台班	604.11	0.058	0.001

第十三节 粉煤灰三渣基层
1. 石灰、粉煤灰、砾石基层(拖拉机带犁耙拌和)

工作内容：清理下承层、放样、运料、上料、摊铺、焖水、拌和、找平、碾压、初期养护、人工处理碾压不到之处、清除杂物。　　　　　　　　　　　　　　　　　　　计量单位：100m²

定 额 编 号				S2-1-57	S2-1-58
项 目 名 称				拖拉机拌和	拖拉机拌和带犁耙
				石灰、粉煤灰、砂砾(10：20：70)基层	
				厚15cm	厚每增减1cm
基 价 （元）				2488.81	143.56
其中	人 工 费（元）			228.62	14.00
	材 料 费（元）			1893.00	127.57
	机 械 费（元）			367.19	1.99
名 称		单位	单价(元)	消 耗 量	
人工	综合工日	工日	140.00	1.633	0.100
材料	粉煤灰	m³	48.54	7.880	0.530
	砂砾石	t	60.00	8.730	0.587
	生石灰	t	320.00	2.960	0.200
	水	m³	7.96	3.780	0.250
	其他材料费占材料费	%	—	0.500	0.500
机械	钢轮内燃压路机 12t	台班	514.30	0.064	—
	钢轮内燃压路机 15t	台班	604.11	0.056	—
	履带式推土机 75kW	台班	884.61	0.155	—
	履带式拖拉机 60kW	台班	663.96	0.152	0.003
	平地机 120kW	台班	990.63	0.063	—

2.石灰、粉煤灰、碎石基层(拌和机拌和)

工作内容：清理下承层、放样、运料、上料、摊铺、焖水、拌和、找平、碾压、初期养护、人工处理碾压不到之处、清除杂物。

计量单位：100m²

定 额 编 号					S2-1-59	S2-1-60
项 目 名 称					拌和机拌和	
					石灰、粉煤灰、碎石(10：20：70)基层	
					厚15cm	厚每增减1cm
基 价 （元）					4298.93	266.78
其中	人 工 费（元）				228.62	14.14
	材 料 费（元）				3714.61	250.80
	机 械 费（元）				355.70	1.84
名 称		单位	单价(元)	消 耗 量		
人工	综合工日	工日	140.00	1.633		0.101
材料	粉煤灰	m³	48.54	7.870		0.530
	生石灰	t	320.00	2.950		0.200
	水	m³	7.96	4.725		0.315
	碎石 25～40	t	106.80	21.840		1.473
	其他材料费占材料费	%	—	0.500		0.500
机械	钢轮内燃压路机 12t	台班	514.30	0.062		—
	钢轮内燃压路机 15t	台班	604.11	0.058		—
	履带式推土机 75kW	台班	884.61	0.155		—
	平地机 120kW	台班	990.63	0.063		—
	稳定土拌和机 105kW	台班	920.15	0.097		0.002

3.厂拌人铺

工作内容：清理下承层、放样、运料、上料、摊铺、找平、碾压、初期养护、人工处理碾压不到之处、清除杂物。

计量单位：100m²

定 额 编 号					S2-1-61	S2-1-62
项 目 名 称					厂拌	
					粉煤灰三碴基层	
					厚15cm	厚每增减1cm
基 价 （元）					4732.12	306.92
其中	人 工 费（元）				190.12	8.54
	材 料 费（元）				4475.25	298.38
	机 械 费（元）				66.75	—
名 称		单位	单价(元)		消 耗 量	
人工	综合工日	工日	140.00		1.358	0.061
材料	厂拌粉煤灰三渣	m³	290.00		15.225	1.015
	水	m³	7.96		4.740	0.320
	其他材料费占材料费	%	—		0.500	0.500
机械	钢轮内燃压路机 12t	台班	514.30		0.064	—
	钢轮内燃压路机 15t	台班	604.11		0.056	—

第十四节 水泥稳定碎(砾)石基层

1.路拌水泥砂砾石基层

工作内容：放样、清理下承层、运料、上料、摊铺、拌和、找平、碾压、初期养护、人工处理碾压不到之处、清除杂物。

计量单位：100㎡

定　额　编　号			S2-1-63	S2-1-64	S2-1-65	S2-1-66
项　目　名　称			路拌人工摊铺		路拌机械摊铺	
			水泥砂砾基层水泥含量5%			
			厚15cm	每增减1cm	厚15cm	每增减1cm
基　　　　价（元）			1761.14	106.89	1651.74	96.67
其中	人　工　费（元）		252.42	14.98	96.46	4.76
	材　料　费（元）		1345.88	89.54	1345.88	89.54
	机　械　费（元）		162.84	2.37	209.40	2.37
名　　称	单位	单价（元）	消　　　耗			量
人工	综合工日	工日	140.00	1.803	0.107	0.689	0.034
材料	砂砾石	t	60.00	13.850	0.922	13.850	0.922
	水	m³	7.96	2.000	0.100	2.000	0.100
	水泥 32.5级	t	290.60	1.717	0.115	1.717	0.115
机械	钢轮内燃压路机 15t	台班	604.11	0.150	—	0.150	—
	钢轮内燃压路机 8t	台班	404.39	0.018	—	0.018	—
	平地机 120kW	台班	990.63	—	—	0.047	—
	洒水车 4000L	台班	468.64	0.040	—	0.040	—
	稳定土拌和机 230kW	台班	1184.49	0.039	0.002	0.039	0.002

2.路拌水泥碎石基层

工作内容：放样、清理下承层、运料、上料、摊铺、拌和、找平、碾压、初期养护、人工处理碾压不到之处、清除杂物。

计量单位：100m²

定 额 编 号			S2-1-67	S2-1-68	S2-1-69	S2-1-70
项 目 名 称			路拌人工摊铺		路拌机械摊铺	
			水泥碎石基层水泥含量5%			
			厚15cm	每增减1cm	厚15cm	每增减1cm
基 价（元）			4436.66	285.25	4327.26	275.03
其中	人 工 费（元）		247.66	14.70	91.70	4.48
	材 料 费（元）		4028.53	268.18	4028.53	268.18
	机 械 费（元）		160.47	2.37	207.03	2.37
名 称	单位	单价（元）	消 耗 量			
人工	综合工日	工日	140.00	1.769	0.105	0.655	0.032
材料	水	m³	7.96	1.900	0.100	1.900	0.100
	水泥 32.5级	t	290.60	1.639	0.109	1.639	0.109
	碎石 20	t	106.80	33.119	2.207	33.119	2.207
机械	钢轮内燃压路机 15t	台班	604.11	0.150	—	0.150	—
	钢轮内燃压路机 8t	台班	404.39	0.018	—	0.018	—
	平地机 120kW	台班	990.63	—	—	0.047	—
	洒水车 4000L	台班	468.64	0.040	—	0.040	—
	稳定土拌和机 230kW	台班	1184.49	0.037	0.002	0.037	0.002

3.厂拌水泥稳定碎石基层

工作内容：放样、清理下承层、运料、上料、摊铺、找平、碾压、初期养护、人工处理碾压不到之处、清除杂物。

计量单位：100㎡

定　额　编　号			S2-1-71	S2-1-72	S2-1-73	S2-1-74
项　目　名　称			厂拌人铺		厂拌平地机摊铺	
			水泥稳定碎石基层			
			厚15cm	每增减1cm	厚15cm	每增减1cm
基　　　价（元）			1290.82	75.74	1173.16	66.36
其中	人　工　费（元）		260.68	14.84	96.46	5.46
	材　料　费（元）		913.50	60.90	913.50	60.90
	机　械　费（元）		116.64	—	163.20	—
名　　称	单位	单价（元）	消　　耗　　　　量			
人工	综合工日	工日	140.00	1.862	0.106	0.689	0.039
材料	稳定土混合料	㎥	60.00	15.225	1.015	15.225	1.015
机械	钢轮内燃压路机 15t	台班	604.11	0.150	—	0.150	—
	钢轮内燃压路机 8t	台班	404.39	0.018	—	0.018	—
	平地机 120kW	台班	990.63	—	—	0.047	—
	洒水车 4000L	台班	468.64	0.040	—	0.040	—

工作内容：放样、清理下承层、运料、上料、摊铺、找平、碾压、初期养护、人工处理碾压不到之处、清除杂物。

计量单位：100㎡

定 额 编 号				S2-1-75	S2-1-76
项 目 名 称				厂拌摊铺机摊铺	
				水泥稳定碎石基层	
				厚15cm	每增减1cm
基 价（元）				1150.14	78.92
其中	人 工 费（元）			24.22	1.68
	材 料 费（元）			913.50	60.90
	机 械 费（元）			212.42	16.34
	名 称	单位	单价（元）	消 耗 量	
人工	综合工日	工日	140.00	0.173	0.012
材料	稳定土混合料	m³	60.00	15.225	1.015
机械	钢轮内燃压路机 20t	台班	959.73	0.039	0.003
	钢轮振动压路机 18t	台班	1155.91	0.039	0.003
	沥青混凝土摊铺机 15t	台班	2862.45	0.039	0.003
	洒水车 4000L	台班	468.64	0.039	0.003

第十五节 沥青稳定碎石基层

工作内容：放样、清理下承层、洒水、人工摊铺喷油机喷油、嵌缝、碾压、侧缘石保护、清除杂物。

计量单位：100m²

定 额 编 号				S2-1-77	S2-1-78
项 目 名 称				喷油机喷油	
				人工摊铺撒料沥青稳定碎石	
				厚5cm	每增减1cm
基 价（元）				2348.64	551.64
其中	人 工 费（元）			140.98	15.68
	材 料 费（元）			2021.51	511.48
	机 械 费（元）			186.15	24.48
名 称		单位	单价（元）	消 耗 量	
人工	综合工日	工日	140.00	1.007	0.112
材料	石油沥青 60～100号	t	2700.00	0.239	0.060
	水	m³	7.96	0.680	0.140
	碎石 25～40	t	106.80	10.227	2.051
	碎石 5～15	t	106.80	2.514	1.187
	其他材料费占材料费	%	—	0.500	0.500
机械	钢轮内燃压路机 15t	台班	604.11	0.180	—
	钢轮内燃压路机 8t	台班	404.39	0.030	—
	汽车式沥青喷洒机 4000L	台班	815.94	0.080	0.030

第十六节 顶层多合土养护

工作内容：抽水、运水、安拆抽水机胶管、洒水养护。

计量单位：100m²

定 额 编 号				S2-1-79	S2-1-80
项 目 名 称				顶层多合土养护	
				洒水车洒水	人工洒水
基 价（元）				32.89	21.28
其中	人 工 费（元）			2.38	9.52
	材 料 费（元）			11.76	11.76
	机 械 费（元）			18.75	—
名 称		单位	单价(元)	消 耗 量	
人工	综合工日	工日	140.00	0.017	0.068
材料	水	m³	7.96	1.470	1.470
	其他材料费占材料费	%	—	0.500	0.500
机械	洒水车 4000L	台班	468.64	0.040	—

第十七节 消解石灰

工作内容：人机配合闷翻。 计量单位：t

定 额 编 号					S2-1-81	
项 目 名 称					消解石灰	
基 价（元）					**68.51**	
其中	人 工 费（元）				5.46	
	材 料 费（元）				8.40	
	机 械 费（元）				54.65	
名 称		单位	单价(元)	消 耗 量		
人工	综合工日	工日	140.00	0.039		
材料	水	m³	7.96	1.050		
	其他材料费占材料费	%	—	0.500		
机械	履带式推土机 60kW	台班	683.07	0.080		

第十八节 老路面处理
1.旧路面校拱层

工作内容：放样、清理杂物、局部凿毛、装运料、拌和、浇捣、振平、养护。　　　　计量单位：100㎡

定　额　编　号			S2-1-82
项　目　名　称			混凝土旧路面校拱层
			厚5cm
基　　价（元）			2549.32
其中	人　工　费（元）		578.48
	材　料　费（元）		1902.44
	机　械　费（元）		68.40
名　　称	单位	单价（元）	消　耗　量
人工	综合工日	工日	140.00	4.132
材料	电	kW·h	0.68	2.160
	商品混凝土 C20（泵送）	m³	363.30	5.075
	水	m³	7.96	6.000
	其他材料费占材料费	%	—	0.500
机械	双锥反转出料混凝土搅拌机 350L	台班	253.32	0.270

工作内容：放样、清理杂物、局部凿毛、装运料、拌和、浇捣、振平、养护。　　　　　计量单位：100m²

定　额　编　号				S2-1-83	
项　目　名　称				旧路面校拱层模板	
				厚度5cm	
基　　　　价（元）				51.95	
其中	人　工　费（元）			23.52	
	材　料　费（元）			28.43	
	机　械　费（元）			—	
	名　　　称	单位	单价（元）	消　　耗　　量	
人工	综合工日	工日	140.00	0.168	
材料	板方材	m³	1800.00	0.007	
	铁件	kg	4.19	3.500	
	圆钉	kg	5.13	0.200	
	其他材料费占材料费	%	—	0.500	

工作内容：放样、清理杂物、局部凿毛、装运料、拌和、浇捣、振平、养护。　　　　计量单位：100㎡

定　额　编　号				S2-1-84	
项　目　名　称				混凝土旧路面校拱层	
				每增减1cm	
基　　　价（元）				413.53	
其中	人　工　费（元）			19.88	
	材　料　费（元）			380.48	
	机　械　费（元）			13.17	
名　　　称		单位	单价（元）	消　　　耗　　　　量	
人工	综合工日	工日	140.00	0.142	
材料	电	kW·h	0.68	0.416	
	商品混凝土 C20（泵送）	m³	363.30	1.015	
	水	m³	7.96	1.200	
	其他材料费占材料费	%	—	0.500	
机械	双锥反转出料混凝土搅拌机 350L	台班	253.32	0.052	

工作内容：放样、模板制作、安装、拆除、刷隔离剂。　　　　　　　　　　　　　　　　计量单位：100m²

定　额　编　号			S2-1-85
项　目　名　称			旧路面校拱层模板
			每增减1cm
基　　　　　价（元）			9.92
其中	人　工　费（元）		4.62
	材　料　费（元）		5.30
	机　械　费（元）		—
名　　　称	单位	单价（元）	消　　耗　　量
人工	综合工日	工日	140.00	0.033
材料	板方材	m³	1800.00	0.002
	铁件	kg	4.19	0.400
	其他材料费占材料费	%	—	0.500

2.路面铣刨及凿毛

工作内容：场地清理、路面碎化、整平、洒水、压稳、养护。　　　　　计量单位：100m²

定　额　编　号			S2-1-86		
项　目　名　称			铣刨机铣刨沥青路面		
			厚5cm		
基　　　　价（元）			205.89		
其中	人　工　费（元）		60.48		
	材　料　费（元）		一		
	机　械　费（元）		145.41		
名　　称	单位	单价（元）	消　　耗　　量		
人工	综合工日	工日	140.00	0.432	
机械	路面铣刨机 2000mm	台班	2634.43	0.043	
	小型机具使用费	元	1.00	13.500	
	自卸汽车 5t	台班	503.62	0.037	

注：本定额中未包含铣刨料的外运，需另计。

工作内容：场地清理、路面碎化、整平、洒水、压稳、养护。　　　　　　　　　　　　　　　　计量单位：100m²

定　额　编　号				S2-1-87	S2-1-88
项　目　名　称				铣刨机铣刨沥青路面	水泥混凝土路面
				每增减1cm	凿毛
基　　　　　价（元）				20.22	558.26
其中	人　工　费（元）			5.04	498.54
	材　料　费（元）			—	0.76
	机　械　费（元）			15.18	58.96
名　　称		单位	单价（元）	消　耗	量
人工	综合工日	工日	140.00	0.036	3.561
材料	高压胶管 φ25	m	6.50	—	0.010
	合金钢钻头(一字形)	个	8.79	—	0.050
	六角空心钢	kg	3.68	—	0.070
机械	电动空气压缩机 0.6m³/min	台班	37.30	—	1.190
	路面铣刨机 2000mm	台班	2634.43	0.005	—
	手持式风动凿岩机	台班	12.25	—	1.190
	小型机具使用费	元	1.00	2.004	—

3. 道路裂缝修补

工作内容：清理表面杂物、开槽、清缝、干燥、灌缝、填封。　　　　　　计量单位：10m

定　额　编　号			S2-1-89
项　目　名　称			道路裂缝灌浆修补开槽
			宽2cm，深2.5cm
基　　　　价（元）			605.33
其中	人　工　费（元）		42.00
	材　料　费（元）		534.46
	机　械　费（元）		28.87
名　　　称	单位	单价（元）	消　　耗　　量
人工	综合工日	工日	140.00	0.300
材料	聚氨酯密封胶	kg	34.26	15.600
机械	SS125DC灌缝机	台班	654.39	0.021
	开槽机	台班	134.45	0.043
	清缝机	台班	36.06	0.021
	载重汽车 4t	台班	408.97	0.021

注：开槽宽度与灌浆深度不同时可调整材料用量，人工机械不调。

工作内容：清理表面杂物、清缝、贴防裂贴。 计量单位：100m²

定　额　编　号				S2-1-90	
项　目　名　称				贴防裂贴	
基　　　价（元）				2330.48	
其中	人　工　费（元）			19.60	
	材　料　费（元）			2310.88	
	机　械　费（元）			—	
名　　称	单位	单价(元)	消　　耗　　量		
人工	综合工日	工日	140.00	0.140	
材料	防裂贴	m²	22.22	104.000	

153

第二章 道路面层

第二章 道視面景

说　　明

一、本章包括沥青表面处治、沥青贯入式面层、沥青混凝土面层、水泥混凝土面层、简易面层及撒铺透封层等内容。

二、沥青混凝土面层所需要的熟料实行定点搅拌时，其运至作业面所需的运费不包括在该子目中，需另行计算。

三、沥青碎石套用沥青混凝土相关子目，换算主材价格。

四、水泥混凝土面层，综合考虑了前台的运输工具不同所影响的工效及有筋无筋等不同的工效。施工中无论有筋、无筋及出料机具如何，均不得换算。

五、水泥混凝土面层均考虑使用商品混凝土。

六、本章模板工程按组合钢模板、复合木模板、钢支撑、木支撑等综合考虑，实际施工时无论采用何种类型的模板，均不作调整。

七、钢筋工程

1.本章钢筋加工定额是按现浇编制，工作内容包括加工制作、绑扎（焊接）成型、安放及浇捣混凝土时的维护用工等全部工作，除另有说明外均不得调整。

2.各项钢筋规格是综合计算的，子目中的"××以内"系指主筋最大规格，凡小于φ10的构造筋均执行φ10以内子目。

3.定额中现浇混凝土构件是按手工绑扎，加工操作方法不同不予调整。

4.钢筋加工中的钢筋接头、施工损耗、绑扎铁丝及成型点焊和接头用的焊条均已包括在定额内，不得重复计算。

5.非预应力钢筋不包括冷加工，如设计要求冷加工时，另行计算。

八、水泥混凝土路面养生实际使用塑料膜养生时，套用养生布养生子目，换算主材，其他不变。

九、透层、粘层、封层子目，当设计与定额用油量不同时，可以调整沥青油含量，其余不变。

工程量计算规则

一、水泥混凝土面层以平口为准，如设计为企口时，其用工量按本章定额相应项目乘以系数 1.01。木材摊销量按相应项目定额乘以系数 1.05。

二、道路工程沥青混凝土、水泥混凝土及其他类型面层工程量以设计长度乘以设计宽度以"m²"计算，包括转弯面积，不扣除各类井所占面积，带平石的面层应扣除平石面积。

三、伸缩缝按面积为计量单位。此面积为缝的断面积，即设计缝长×设计缝深。

四、现浇混凝土路面及现浇混凝土人行道模板以"m²"计算，其工程量同相应的路面及人行道的面积。

第一节 沥青表面处治

工作内容：放样、清扫基层、装运料、分层撒料、喷油、找平、接茬、收边、碾压。　计量单位：100m²

定　额　编　号			S2-2-1	S2-2-2	S2-2-3
项　目　名　称			沥青表面处治		
			人工手泵喷油、撒料		
			单层式	双层式	三层式
基　　　价（元）			707.41	1338.31	1855.64
其中	人　工　费（元）		86.52	119.84	144.06
	材　料　费（元）		593.68	1177.44	1650.62
	机　械　费（元）		27.21	41.03	60.96
名　　　称		单位	单价（元）	消　　耗　　量	
人工	综合工日	工日	140.00	0.618	0.856	1.029
材料	砂砾石	t	60.00	0.903	2.079	2.771
	石油沥青 60～100号	t	2700.00	0.179	0.368	0.527
	中(粗)砂	t	87.00	0.612	0.612	0.612
	其他材料费占材料费	%	—	0.500	0.500	0.500
机械	钢轮内燃压路机 8t	台班	404.39	0.065	0.098	0.146
	手泵喷油机	台班	5.87	0.157	0.238	0.327

工作内容：放样、清扫基层、装运料、分层撒料、喷油、找平、接茬、收边、碾压。　　计量单位：100m²

定　额　编　号			S2-2-4	S2-2-5	S2-2-6
项　目　名　称			沥青表面处治		
			机械喷油、撒料		
			单层式	双层式	三层式
基　　　　　价（元）			695.65	1263.56	1807.42
其中	人　工　费（元）		80.78	113.12	133.14
	材　料　费（元）		500.92	1001.17	1377.14
	机　械　费（元）		113.95	149.27	297.14
名　　　称	单位	单价（元）	消　　　耗　　　量		
人工	综合工日	工日	140.00	0.577	0.808	0.951
材料	砂砾石	t	60.00	0.693	1.834	2.219
	石油沥青　60～100号	t	2700.00	0.149	0.308	0.438
	中(粗)砂	t	87.00	0.627	0.627	0.627
	其他材料费占材料费	%	—	0.500	0.500	0.500
机械	钢轮内燃压路机　8t	台班	404.39	0.080	0.127	0.190
	汽车式沥青喷洒机　4000L	台班	815.94	0.100	0.120	0.270

第二节 沥青贯入式面层

工作内容：清扫整理下承层、安拆熬油设备、熬油、运油、沥青喷洒机洒油、铺撒主层骨料及嵌缝料、整形、碾压、找补、初期养护。

计量单位：100m²

定 额 编 号			S2-2-7	S2-2-8
项 目 名 称			沥青贯入式路面层	
			厚5cm	每增减1cm
基 价 （元）			3515.59	545.18
其中	人 工 费 （元）		130.48	17.22
	材 料 费 （元）		3086.87	518.17
	机 械 费 （元）		298.24	9.79
名 称	单位	单价（元）	消 耗 量	
人工	综合工日	工日	140.00	0.932	0.123
材料	煤	t	650.00	0.110	0.015
	石屑	m³	58.25	0.707	-0.200
	石油沥青 60~100号	t	2700.00	0.577	0.080
	碎石	t	106.80	—	2.823
	碎石 20~40	t	106.80	2.669	—
	碎石 30	t	106.80	1.418	—
	碎石 50	t	106.80	8.654	—
	中(粗)砂	t	87.00	0.462	—
	其他材料费占材料费	%	—	0.500	0.500
机械	钢轮内燃压路机 15t	台班	604.11	0.322	—
	钢轮内燃压路机 8t	台班	404.39	0.089	—
	汽车式沥青喷洒机 4000L	台班	815.94	0.083	0.012

第三节 沥青混凝土面层
1. 粗粒式

工作内容：放样、清扫路基、整修侧缘石、测温、摊铺、接茬、找平、碾压、点补、撒垫料、清理。

计量单位：100m²

定　额　编　号				S2-2-9	S2-2-10
项　目　名　称				人工摊铺	
				粗粒式沥青混凝土面层	
				厚6cm	厚每增减1cm
基　　　　价（元）				5056.00	839.54
其中		人　工　费（元）		275.94	51.10
		材　料　费（元）		4627.78	771.30
		机　械　费（元）		152.28	17.14
名　　称		单位	单价（元）	消　　耗　　量	
人工	综合工日	工日	140.00	1.971	0.365
材料	柴油	t	5920.00	0.006	0.001
	粗粒式沥青混凝土	m³	754.00	6.060	1.010
	其他材料费占材料费	%	—	0.500	0.500
机械	钢轮内燃压路机 15t	台班	604.11	0.151	0.017
	钢轮内燃压路机 8t	台班	404.39	0.151	0.017

工作内容：放样、清扫路基、整修侧缘石、测温、摊铺、接荐、找平、碾压、点补、撒垫料、清理。

计量单位：100m²

定　额　编　号				S2-2-11	S2-2-12
项　目　名　称				机械摊铺	
				粗粒式沥青混凝土面层	
				厚6cm	厚每增减1cm
基　　　　　价（元）				4803.87	797.26
其中	人　工　费（元）			35.56	5.88
	材　料　费（元）			4627.78	771.30
	机　械　费（元）			140.53	20.08
名　　　　称		单位	单价（元）	消　耗　　　　量	
人工	综合工日	工日	140.00	0.254	0.042
材料	柴油	t	5920.00	0.006	0.001
	粗粒式沥青混凝土	m³	754.00	6.060	1.010
	其他材料费占材料费	%	—	0.500	0.500
机械	钢轮内燃压路机 12t	台班	514.30	0.028	0.004
	钢轮内燃压路机 15t	台班	604.11	0.028	0.004
	沥青混凝土摊铺机 15t	台班	2862.45	0.028	0.004
	轮胎压路机 30t	台班	1037.90	0.028	0.004

163

2.中粒式

工作内容：放样、清扫路基、整修侧缘石、测温、摊铺、接茬、找平、碾压、点补、撒垫料、清理。

计量单位：100m²

定 额 编 号			S2-2-13	S2-2-14	S2-2-15	S2-2-16
项 目 名 称			人工摊铺		机械摊铺	
			中粒式沥青混凝土面层			
			厚5cm	厚每增减1cm	厚5cm	厚每增减1cm
基 价（元）			4371.73	863.90	4128.42	821.62
其中	人 工 费（元）		253.26	51.10	29.68	5.88
	材 料 费（元）		3978.29	795.66	3978.29	795.66
	机 械 费（元）		140.18	17.14	120.45	20.08
名 称	单位	单价（元）	消	耗		量
人工	综合工日	工日	140.00	1.809	0.365	0.212	0.042
材料	柴油	t	5920.00	0.005	0.001	0.005	0.001
	中粒式沥青混凝土	m³	778.00	5.050	1.010	5.050	1.010
	其他材料费占材料费	%	—	0.500	0.500	0.500	0.500
机械	钢轮内燃压路机 12t	台班	514.30	—	—	0.024	0.004
	钢轮内燃压路机 15t	台班	604.11	0.139	0.017	0.024	0.004
	钢轮内燃压路机 8t	台班	404.39	0.139	0.017	—	—
	沥青混凝土摊铺机 15t	台班	2862.45	—	—	0.024	0.004
	轮胎压路机 30t	台班	1037.90	—	—	0.024	0.004

3.细粒式

工作内容：放样、清扫路基、整修侧缘石、测温、摊铺、接茬、找平、碾压、点补、撒垫料、清理。

计量单位：100m²

定　额　编　号				S2-2-17	S2-2-18	S2-2-19	S2-2-20
项　目　名　称				人工摊铺		机械摊铺	
				细粒式沥青混凝土面层		细粒式沥青混凝土路面	
				厚4cm	厚每增减1cm	厚4cm	厚每增减1cm
基　　　　　价（元）				4168.23	1016.41	3827.31	957.49
其中	人　工　费（元）			275.38	53.62	23.66	5.88
	材　料　费（元）			3708.29	931.53	3708.29	931.53
	机　械　费（元）			184.56	31.26	95.36	20.08
名　　　称		单位	单价（元）	消　　　耗　　　量			
人工	综合工日	工日	140.00	1.967	0.383	0.169	0.042
材料	柴油	t	5920.00	0.005	0.002	0.005	0.002
	细粒式沥青混凝土	m³	906.00	4.040	1.010	4.040	1.010
	其他材料费占材料费	%	—	0.500	0.500	0.500	0.500
机械	钢轮内燃压路机 12t	台班	514.30	—	—	0.019	0.004
	钢轮内燃压路机 15t	台班	604.11	0.183	0.031	0.019	0.004
	钢轮内燃压路机 8t	台班	404.39	0.183	0.031	—	—
	沥青混凝土摊铺机 15t	台班	2862.45	—	—	0.019	0.004
	轮胎压路机 30t	台班	1037.90	—	—	0.019	0.004

第四节 水泥混凝土路面
1. 水泥混凝土面层

工作内容：放样、清扫路基、混凝土纵缝涂沥青油、拌和、浇筑、捣固、抹光、拉毛。　计量单位：100m²

定 额 编 号			S2-2-21
项 目 名 称			水泥混凝土路面层
			厚20cm
基 价（元）			10153.92
其中	人 工 费（元）		1054.20
	材 料 费（元）		8836.27
	机 械 费（元）		263.45
名 称	单位	单价（元）	消　　耗　　量
人工	综合工日	工日	140.00	7.530
材料	电	kW·h	0.68	12.480
	商品混凝土 C35（泵送）	m³	423.29	20.300
	水	m³	7.96	24.000
	其他材料费占材料费	%	—	0.500
机械	双锥反转出料混凝土搅拌机 350L	台班	253.32	1.040

工作内容：放样、模板制作、安装、拆除、刷隔离剂。 计量单位：100m²

定 额 编 号				S2-2-22
项 目 名 称				水泥混凝土路面模板
				厚度20cm
基 价（元）				229.56
其中	人 工 费（元）			93.94
	材 料 费（元）			135.62
	机 械 费（元）			—
	名 称	单位	单价（元）	消 耗 量
人工	综合工日	工日	140.00	0.671
材料	钢支撑	kg	3.50	2.400
	组合钢模板	kg	5.13	24.667
	其他材料费占材料费	%	—	0.500

工作内容：放样、清扫路基、混凝土纵缝涂沥青油、拌和、浇筑、捣固、抹光、拉毛。　计量单位：100m²

定　额　编　号	S2-2-23
项　目　名　称	水泥混凝土路面层
	厚每增减1cm
基　　　　　价（元）	488.30

其中	人　工　费（元）	42.28
	材　料　费（元）	432.09
	机　械　费（元）	13.93

	名　　　称	单位	单价（元）	消　　耗　　量
人工	综合工日	工日	140.00	0.302
材料	电	kW•h	0.68	0.440
	商品混凝土 C35（泵送）	m³	423.29	1.015
	其他材料费占材料费	%	—	0.500
机械	双锥反转出料混凝土搅拌机 350L	台班	253.32	0.055

工作内容：放样、模板制作、安装、拆除、刷隔离剂。 计量单位：100㎡

定　额　编　号	S2-2-24
项　目　名　称	水泥混凝土路面模板
	厚度每增减1cm
基　　　价（元）	15.74

其中	人　工　费（元）	9.38
	材　料　费（元）	6.36
	机　械　费（元）	—

	名　　称	单位	单价（元）	消　　耗　　量
人工	综合工日	工日	140.00	0.067
材料	组合钢模板	kg	5.13	1.233
	其他材料费占材料费	%	—	0.500

工作内容：下料、刷油(漆)、套管、填料、堆放及安装；钢筋除锈、安装拉杆边缘钢筋、角隅加固钢筋、钢筋网。

计量单位：t

定 额 编 号				S2-2-25	S2-2-26	S2-2-27
项 目 名 称				传力杆制作、安装	水泥路面	
					构造筋制作、安装	钢筋网制作、安装
基 价 （元）				5285.52	4170.17	4231.75
其中	人 工 费 （元）			881.44	509.60	588.98
	材 料 费 （元）			4350.58	3636.88	3624.33
	机 械 费 （元）			53.50	23.69	18.44
名 称		单位	单价（元）	消	耗	量
人工	综合工日	工日	140.00	6.296	3.640	4.207
材料	带锈底漆	kg	12.82	5.540	—	—
	电焊条	kg	5.98	—	0.515	0.170
	镀锌铁丝 22号	kg	3.57	—	3.000	4.000
	滑石粉	kg	0.85	33.110	—	—
	冷拔低碳钢丝 φ5以内	t	3800.00	1.025		
	螺纹钢筋 HRB400 φ10以内	t	3500.00	—	0.240	0.513
	螺纹钢筋 HRB400 φ10以上	t	3500.00	—	0.790	0.513
	煤	t	650.00	0.012	—	—
	木柴	kg	0.18	2.870	—	—
	汽油	kg	6.77	2.670	—	—
	石油沥青	kg	2.70	75.130	—	—
	塑料管	m	1.50	70.350	—	—
	其他材料费占材料费	%	—	0.500	0.500	0.500
机械	钢筋切断机 40mm	台班	41.21	0.640	0.158	0.123
	钢筋调直机 14mm	台班	36.65	0.740	—	—
	钢筋弯曲机 40mm	台班	25.58	—	0.158	0.123
	交流弧焊机 32kV·A	台班	83.14	—	0.158	0.123

2. 真空吸水

工作内容：铺拆吸水垫、安拆总管、开真空泵、用磨光机刮平。　　　　　　　　　计量单位：10m³

定　额　编　号				S2-2-28	S2-2-29
项　目　名　称				混凝土面层	
				厚度20cm	厚度每增减1cm
				真空吸水	
基　　　　　价（元）				**19.40**	**0.92**
其中	人　工　费（元）			14.00	0.70
	材　料　费（元）			—	—
	机　械　费（元）			5.40	0.22
名　　　称		单位	单价（元）	消　　耗　　量	
人工	综合工日	工日	140.00	0.100	0.005
机械	混凝土抹平机 5.5kW	台班	22.92	0.070	—
	混凝土真空吸水设备	台班	54.22	0.070	0.004

3.伸缩缝

工作内容：放样、缝板制作、备料、熬制沥青、浸泡木板、拌和、嵌缝、烫平缝面。　　计量单位：10m²

定　额　编　号				S2-2-30	S2-2-31	S2-2-32
项　目　名　称				伸缝		
				沥青木板	沥青玛脂	填充塑料胶条
基　　　价（元）				590.43	893.14	43.15
其中	人　工　费（元）			206.78	111.58	35.56
	材　料　费（元）			383.65	781.56	6.21
	机　械　费（元）			—	—	1.38
名　　称		单位	单价(元)	消	耗	量
人工	综合工日	工日	140.00	1.477	0.797	0.254
材料	煤	t	650.00	0.008	0.032	—
	木薄板	m³	1300.00	0.221		—
	木柴	kg	0.18	0.800	3.200	—
	石粉	kg	0.08	—	127.400	
	石棉	kg	3.20	—	126.000	
	石油沥青　60～100号	t	2700.00	0.033	0.127	—
	塑料胶条	kg	17.65	—	—	0.350
	其他材料费占材料费	%	—	0.500	0.500	0.500
机械	电动空气压缩机 0.6m³/min	台班	37.30	—	—	0.037

工作内容：放样、缝板制作、备料、熬制沥青、浸泡木板、拌和、嵌缝、烫平缝面。　　　计量单位：10m²

定　额　编　号			S2-2-33	S2-2-34
项　目　名　称			缩缝	
			沥青木板	沥青玛脂
基　　　价（元）			476.12	518.27
其中	人　工　费（元）		236.18	126.14
	材　料　费（元）		239.94	392.13
	机　械　费（元）		—	—
名　　称		单位	单价（元）	消　　耗　　量	
人工	综合工日	工日	140.00	1.687	0.901
材料	煤	t	650.00	0.008	0.016
	木薄板	m³	1300.00	0.111	—
	木柴	kg	0.18	0.800	1.600
	石粉	kg	0.08	—	63.700
	石棉	kg	3.20	—	63.000
	石油沥青 60～100号	t	2700.00	0.033	0.064
	其他材料费占材料费	%	—	0.500	0.500

173

工作内容：放样、缝板制作、备料、熬制沥青、浸泡木板、拌和、嵌缝、烫平缝面。

计量单位：10延长米

定　额　编　号			S2-2-35	S2-2-36
项　目　名　称			锯缝机锯缝	
			缝深5cm	缝深每增减1cm
基　　　价（元）			32.21	6.37
其中	人　工　费（元）		20.72	4.06
	材　料　费（元）		3.84	0.77
	机　械　费（元）		7.65	1.54
名　　称	单位	单价(元)	消　　　耗　　　量	
人工	综合工日	工日	140.00	0.148	0.029
材料	钢锯片	片	382.05	0.010	0.002
	其他材料费占材料费	%	—	0.500	0.500
机械	锯缝机(割缝机) XHQI-83-Ⅲ	台班	42.75	0.179	0.036

工作内容：清理缝道，填灌缝。

计量单位：100m²

定 额 编 号				S2-2-37	S2-2-38
项 目 名 称				PG道路嵌缝胶	
				缝面积	
				伸缝	缩缝
基 价（元）				2039.26	1573.47
其中	人 工 费（元）			1183.00	1359.40
	材 料 费（元）			856.26	214.07
	机 械 费（元）			—	—
名 称		单位	单价（元）	消 耗 量	
人工	综合工日	工日	140.00	8.450	9.710
材料	聚氨酯 MS851	kg	14.20	60.000	15.000
	其他材料费占材料费	%	—	0.500	0.500

4. 刻痕

工作内容：刻痕、冲洗、清扫。

计量单位：100㎡

定 额 编 号				S2-2-39	
项 目 名 称				水泥混凝土面层	
				刻痕路面刻痕	
基 价（元）				267.06	
其中	人 工 费（元）			64.54	
	材 料 费（元）			182.70	
	机 械 费（元）			19.82	
名 称		单位	单价(元)	消 耗 量	
人工	综合工日	工日	140.00	0.461	
材料	刻槽机锯片	组	2991.45	0.050	
	水	㎥	7.96	4.000	
	其他材料费占材料费	%	—	0.710	
机械	滚槽机	台班	23.32	0.850	

176

5.养生

工作内容：铺盖草袋，涂塑料液，铺养生布，养生。

计量单位：100m²

	定 额 编 号			S2-2-40	S2-2-41
	项 目 名 称			水泥混凝土面层养生	
				塑料液养护	养生布养护
	基 价 （元）			439.17	139.75
其中	人 工 费 （元）			74.90	34.02
	材 料 费 （元）			344.13	105.73
	机 械 费 （元）			20.14	—
	名 称	单位	单价（元）	消 耗 量	
人工	综合工日	工日	140.00	0.535	0.243
材料	草袋	条	0.85	10.000	—
	水	m³	7.96	2.000	4.000
	塑料液	kg	10.60	30.000	—
	养生布	m²	2.00	—	36.680
	其他材料费占材料费	%	—	0.500	0.500
机械	电动空气压缩机 0.6m³/min	台班	37.30	0.540	—

6.刚柔接头

工作内容：清理基层、运料、调配砂浆、砌筑、磨石。

计量单位：10m

定　额　编　号			S2-2-42
项　目　名　称			水泥混凝土面层
			刚柔接头
			双排粗料石
基　　　价（元）			6693.90
其中	人　工　费（元）		49.98
	材　料　费（元）		6643.92
	机　械　费（元）		—
名　　　称	单位	单价（元）	消　　耗　　量
人工 综合工日	工日	140.00	0.357
材料 粗料石块 25×12×20cm	块	80.00	81.600
砂轮片	片	8.55	0.070
水泥砂浆 1：2.5	m³	274.23	0.300
其他材料费占材料费	%	—	0.500

第五节 简易面层(磨耗层)

工作内容：放样、运料、拌和、摊铺、找平、洒水、碾压。　　　　　　　　　　　　　　计量单位：100m²

定 额 编 号				S2-2-43	S2-2-44	S2-2-45
项 目 名 称				简易面层(磨耗层)		
				黏土、砂 (20∶80)	黏土、石屑 (20∶80)	黏土、矿渣 (20∶80)
				厚2cm		
基 价 (元)				345.30	194.33	274.44
其中	人 工 费 (元)			32.06	33.32	28.98
	材 料 费 (元)			286.95	134.72	219.17
	机 械 费 (元)			26.29	26.29	26.29
名　称		单位	单价(元)	消	耗	量
人工	综合工日	工日	140.00	0.229	0.238	0.207
材料	矿渣	m³	63.11	—	—	3.284
	黏土	m³	11.50	0.557	0.567	0.478
	石屑	m³	58.25	—	2.080	—
	水	m³	7.96	0.800	0.800	0.670
	中(粗)砂	t	87.00	3.135	—	—
	其他材料费占材料费	%	—	0.500	0.500	0.500
机械	钢轮内燃压路机 8t	台班	404.39	0.065	0.065	0.065

第六节 透层、粘层、封层及稀浆封层
1.透层、粘层、封层

工作内容：清扫整理下承层、运油、加热、喷油、铺撒矿料、碾压、找平、初期养护、保护侧缘石。

计量单位：100m²

定 额 编 号				S2-2-46	S2-2-47	S2-2-48
项 目 名 称				透层	粘层	层铺法封层
				喷洒乳化沥青		乳化沥青
				用油量1.0kg/m²	用油量0.5kg/m²	用油量1.0kg/m²
基 价 （元）				286.84	162.16	380.12
其中	人 工 费（元）			19.60	10.64	82.60
	材 料 费（元）			228.07	112.35	265.17
	机 械 费（元）			39.17	39.17	32.35
名 称		单位	单价（元）	消	耗	量
人工	综合工日	工日	140.00	0.140	0.076	0.590
材料	煤	t	650.00	0.004	—	—
	木柴	kg	0.18	4.200	—	—
	乳化沥青	t	2192.00	0.102	0.051	0.102
	石屑	m³	58.25	—	—	0.714
	其他材料费占材料费	%	—	0.500	0.500	—
机械	钢轮内燃压路机 6t	台班	354.04	—	—	0.027
	汽车式沥青喷洒机 4000L	台班	815.94	0.048	0.048	—
	洒水车 4000L	台班	468.64	—	—	0.048
	小型机具使用费	元	1.00	—	—	0.300

注：浇洒沥青后，如不能及时铺筑面层并需开放施工车辆通行时，每100m²增加粗砂0.083m³、6～8t光轮压路机0.012台班，沥青用量乘1.1系数。

2. 稀浆封层

工作内容：清扫整理下承层、运油、加热、喷油、铺撒矿料、碾压、找平、初期养护、保护侧缘石。

计量单位：100m²

定 额 编 号				S2-2-49	S2-2-50	S2-2-51
项 目 名 称				乳化沥青稀浆封层		
				ES-1型	ES-2型	ES-3型
基 价 （元）				407.70	542.34	581.53
其中	人 工 费 （元）			79.80	88.20	89.60
	材 料 费 （元）			254.98	346.06	369.79
	机 械 费 （元）			72.92	108.08	122.14
名 称		单位	单价（元）	消	耗	量
人工	综合工日	工日	140.00	0.570	0.630	0.640
材料	矿粉	t	116.50	0.027	0.028	0.032
	乳化沥青	t	2192.00	0.108	0.145	0.153
	石屑	m³	58.25	0.174	0.294	0.379
	中(粗)砂	t	87.00	0.057	0.090	0.099
机械	洒水车 4000L	台班	468.64	0.020	0.030	0.034
	稀浆封层机 2.5～3.5	台班	2609.20	0.021	0.031	0.035
	液态沥青运输车 4000L以内	台班	437.69	0.020	0.030	0.034

注：浇洒沥青后，如不能及时铺筑面层并需开放施工车辆通行时，每100m²增加粗砂0.083m³、6～8t光轮压路机0.012台班，沥青用量乘1.1系数。

第三章 人行道及其他工程

说　明

一、本章包括人行道板、侧缘石、花砖安砌，树池砌筑、半成品材料运输等内容。

二、本章所采用的人行道板、侧缘石、花砖等砌料及垫层如与设计不同时，按设计要求调整材料用量，但人工用量不变。

工程量计算规则

一、人行道板、异型彩色花砖安砌按实铺面积以"m²"计算。应扣除树池所占面积，不扣除各种井所占面积。

二、道路工程侧缘石、树池按设计长度以"延长米"计算。

三、侧缘石垫层按设计图示尺寸以"m³"计算。

第一节 人行道块料铺设

1. 人行道板混凝土垫层

工作内容：放样、备料、拌和、摊铺、找平、洒水、夯实。　　　　　　　　　　计量单位：10m³

定　额　编　号			S2-3-1	
项　目　名　称			人行道混凝土垫层	
基　　　　价（元）			4382.86	
其中	人　工　费（元）		927.50	
	材　料　费（元）		3356.57	
	机　械　费（元）		98.79	
名　　　称		单位	单价(元)	消　　耗　　量
人工	综合工日	工日	140.00	6.625
材料	电	kW·h	0.68	4.414
	商品混凝土 C15(泵送)	m³	326.48	10.150
	水	m³	7.96	5.000
机械	双锥反转出料混凝土搅拌机 350L	台班	253.32	0.390

187

2. 人行道板安砌

工作内容：放样、运料、配料拌和、找平、夯实、安砌、灌缝、扫缝。　　　　　　　　计量单位：100㎡

定　额　编　号				S2-3-2	S2-3-3	S2-3-4
项　目　名　称				人行道板安砌		
				砂垫层	石灰土垫层	水泥砂浆垫层（厚2cm）
基　　　　　价（元）				1743.19	1362.60	1470.34
其中	人　工　费（元）			890.96	1067.92	937.58
	材　料　费（元）			852.23	294.68	532.76
	机　械　费（元）			—	—	—
名　　称		单位	单价（元）	消　　　耗　　　量		
人工	综合工日	工日	140.00	6.364	7.628	6.697
材料	黄土	m³	—	—	(7.090)	—
	人行道板	㎡	—	(101.500)	(101.500)	(101.500)
	生石灰	t	320.00	—	0.866	—
	水	m³	7.96	—	0.710	0.710
	水泥砂浆 1:3	m³	250.74	—	—	2.050
	中(粗)砂	t	87.00	9.747	0.120	0.120
	其他材料费占材料费	%	—	0.500	0.500	0.500

188

3.异形彩色花砖安砌

工作内容：放样、运料、配料拌和、找平、夯实、安砌、灌缝、扫缝。　　　　计量单位：100㎡

定　额　编　号				S2-3-5
项　目　名　称				异形彩色花砖安砌
基　　　价（元）				7479.67
其中	人　工　费（元）			2143.40
	材　料　费（元）			5336.27
	机　械　费（元）			—
名　　称	单位	单价（元）	消　　　耗　　　量	
人工	综合工日	工日	140.00	15.310
材料	水泥 32.5级	t	290.60	0.620
	细砂	t	53.00	0.377
	异型彩色花砖	㎡	45.00	101.500
	中(粗)砂	t	87.00	3.615
	其他材料费占材料费	%	—	5.000

4.花岗岩人行道板安砌

工作内容：清理基层、找平、局部锯板磨边、调制水泥砂浆、贴花岗岩、撒素水泥浆。　　计量单位：100m²

定　额　编　号				S2-3-6	
项　目　名　称				花岗岩人行道板	
基　　　价（元）				19631.43	
其中	人　工　费（元）			2040.50	
	材　料　费（元）			17380.24	
	机　械　费（元）			210.69	
	名　　　称	单位	单价（元）	消　　耗　　量	
人工	综合工日	工日	140.00	14.575	
材料	干硬性水泥砂浆	m³	235.34	3.030	
	合金钢切割锯片	片	47.01	0.420	
	花岗岩（综合）	m²	162.00	101.500	
	棉纱头	kg	6.00	1.000	
	水	m³	7.96	2.600	
	水泥 32.5级	kg	0.29	459.700	
	素水泥浆	m³	444.07	0.100	
机械	灰浆搅拌机 200L	台班	215.26	0.610	
	岩石切割机 3kW	台班	47.25	1.680	

190

5. 广场砖铺设

工作内容：清理基层、调制水泥砂浆、放样、铺结合层、贴块料面层、密缝、净面等。 计量单位：100m²

定 额 编 号				S2-3-7	S2-3-8	S2-3-9	S2-3-10
项 目 名 称				广场砖铺设			
				100×100	108×108	152×152	200×200
基 价（元）				7908.90	8039.61	8097.83	8958.86
其中	人 工 费（元）			4184.88	3940.02	2752.82	2724.68
	材 料 费（元）			3616.39	3991.96	5237.38	6126.55
	机 械 费（元）			107.63	107.63	107.63	107.63
名 称		单位	单价（元）	消	耗		量
人工	综合工日	工日	140.00	29.892	28.143	19.663	19.462
材料	广场砖 100×100	m²	32.50	87.500	—	—	—
	广场砖 108×108	m²	36.80	—	87.600	—	—
	广场砖 152×152	m²	48.00	—	—	93.600	—
	广场砖 200×200	m²	59.00	—	—	—	91.500
	水	m³	7.96	2.000	2.000	2.000	2.000
	水泥砂浆 1:2.5	m³	274.23	2.720	2.700	2.600	2.530
	其他材料费占材料费	%	—	0.300	0.300	0.300	0.300
机械	灰浆搅拌机 200L	台班	215.26	0.500	0.500	0.500	0.500

6. 嵌草砖铺设

工作内容：放样、运料、配料拌和、找平、夯实、安砌、灌缝、扫缝。　　　　　计量单位：100㎡

定　额　编　号				S2-3-11	
项　目　名　称				嵌草砖安砌	
基　　　　　价（元）				4590.85	
其中	人　工　费（元）			706.44	
	材　料　费（元）			3884.41	
	机　械　费（元）			—	
名　　　称		单位	单价（元）	消　　耗　　量	
人工	综合工日	工日	140.00	5.046	
材料	嵌草砖	㎡	38.00	101.500	
	中(粗)砂	t	87.00	0.315	

第二节 现浇混凝土人行道

工作内容：放样、清理基层、配料、拌和、斗车运熟料、浇捣、抹光、拉毛、打格、遮盖、清理现场。

计量单位：100m²

	定　额　编　号			S2-3-12	
	项　目　名　称			混凝土现浇人行道	
				厚8cm	
	基　　　价（元）			4387.60	
其中	人　工　费（元）			944.72	
	材　料　费（元）			3331.42	
	机　械　费（元）			111.46	
	名　　　称	单位	单价（元）	消　　耗　　量	
人工	综合工日	工日	140.00	6.748	
材料	电	kW·h	0.68	3.520	
	商品混凝土 C30(泵送)	m³	403.82	8.120	
	水	m³	7.96	4.200	
	其他材料费占材料费	%	—	0.500	
机械	双锥反转出料混凝土搅拌机 350L	台班	253.32	0.440	

工作内容：放样、模板制作、安装、拆除、刷隔离剂。 计量单位：100m²

定 额 编 号	S2-3-13
	现浇混凝土人行道
项 目 名 称	模板
	厚度8cm
基 价（元）	138.99
其中 人 工 费（元）	77.70
材 料 费（元）	61.29
机 械 费（元）	一

	名 称	单位	单价（元）	消 耗 量
人工	综合工日	工日	140.00	0.555
材料	板方材	m³	1800.00	0.024
	铁件	kg	4.19	4.000
	圆钉	kg	5.13	0.200
	其他材料费占材料费	%	一	0.500

194

工作内容：放样、清理基层、配料、拌和、斗车运熟料、浇捣、抹光、拉毛、打格、遮盖、清理现场。

计量单位：100m²

定　额　编　号				S2-3-14	
项　目　名　称				现浇混凝土人行道	
				厚每增减1cm	
基　　　　　价（元）				512.40	
其中	人　工　费（元）			86.24	
	材　料　费（元）			412.23	
	机　械　费（元）			13.93	
名　　　　　称		单位	单价（元）	消　　耗　　量	
人工	综合工日	工日	140.00	0.616	
材料	电	kW·h	0.68	0.440	
	商品混凝土 C30(泵送)	m³	403.82	1.015	
	其他材料费占材料费	%	—	0.500	
机械	双锥反转出料混凝土搅拌机 350L	台班	253.32	0.055	

工作内容：放样、模板制作、安装、拆除、刷隔离剂。 计量单位：100m²

定 额 编 号	S2-3-15
	现浇混凝土人行道
项 目 名 称	模板
	厚度每增减1cm
基　　　　价（元）	16.84

其中	人　工　费（元）	10.36
	材　料　费（元）	6.48
	机　械　费（元）	—

	名　　　　称	单位	单价(元)	消　　耗　　量
人工	综合工日	工日	140.00	0.074
材料	板方材	m³	1800.00	0.003
	铁件	kg	4.19	0.250
	其他材料费占材料费	%	—	0.500

196

第三节 侧缘石安砌
1. 侧缘石垫层

工作内容：运料、配料、拌和、摊铺、找平、洒水、夯实。　　　　　　　　　　　　　　　　计量单位：m³

定　额　编　号				S2-3-16	S2-3-17	S2-3-18	S2-3-19
项　目　名　称				人工铺装侧缘石			
				厂拌粉煤灰三渣垫层	石灰土垫层	混凝土垫层	砂垫层
基　　　价（元）				338.03	141.55	442.57	213.36
其中	人　工　费（元）			43.68	85.40	107.94	43.68
	材　料　费（元）			294.35	56.15	334.63	169.68
	机　械　费（元）			—	—	—	—
名　　称		单位	单价（元）	消　　耗　　　量			
人工	综合工日	工日	140.00	0.312	0.610	0.771	0.312
材料	黄土	m³	—	—	(1.416)	—	—
	厂拌粉煤灰三渣	m³	290.00	1.015	—	—	—
	商品混凝土 C15(泵送)	m³	326.48	—	—	1.015	—
	生石灰	t	320.00	—	0.172	—	—
	水	m³	7.96	—	0.140	0.200	0.160
	中(粗)砂	t	87.00	—	—	—	1.926
	其他材料费占材料费	%	—	—	—	0.500	0.500

197

2. 侧平石安砌

工作内容：放样、开槽、运料、调配砂浆、安砌、勾缝、养护、清理。

计量单位：100m

定 额 编 号				S2-3-20	S2-3-21	S2-3-22	S2-3-23
项 目 名 称				安砌			
				混凝土	石质	混凝土	石质
				侧石		平石	
基 价（元）				2917.51	3151.59	2490.87	2623.31
其中	人 工 费（元）			681.66	915.74	359.52	491.96
	材 料 费（元）			2235.85	2235.85	2131.35	2131.35
	机 械 费（元）			—			
名 称		单位	单价（元）	消 耗			量
人工	综合工日	工日	140.00	4.869	6.541	2.568	3.514
材料	混凝土侧石	m	18.00	101.500	—	101.500	—
	石灰砂浆 1:3	m³	219.00	0.820	0.820	0.620	0.620
	石质侧石	m	18.00	—	101.500	—	101.500
	水泥砂浆 1:3	m³	250.74	0.870	0.870	0.630	0.630
	其他材料费占材料费	%	—	0.500	0.500	0.500	0.500

工作内容：放样、开槽、运料、调配砂浆、安砌、勾缝、养护、清理。 计量单位：100m

定 额 编 号				S2-3-24	S2-3-25
项 目 名 称				侧缘石安砌	
				分离型	
				勾缝	不勾缝
基 价（元）				5368.19	5057.48
其中	人 工 费（元）			1603.70	1409.10
	材 料 费（元）			3764.49	3648.38
	机 械 费（元）			—	—
名 称	单位	单价(元)		消 耗 量	
人工	综合工日	工日	140.00	11.455	10.065
材料	混凝土分离型侧平石	m	35.00	101.500	101.500
	石灰砂浆 1∶3	m³	219.00	0.310	—
	水泥砂浆 1∶3	m³	250.74	0.500	0.310
	其他材料费占材料费	%	—	0.500	0.500

3. 人行道外缘石安砌

工作内容：放样、开槽、运料、调配砂浆、安砌、勾缝、养护、清理。　　　　　　计量单位：100m

定　额　编　号	S2-3-26
项　目　名　称	人行道混凝土缘石
	安砌
基　　　　价（元）	2317.55
人　工　费（元）	295.40
其中　材　料　费（元）	2022.15
机　械　费（元）	—

	名　　称	单位	单价(元)	消　　耗　　量
人工	综合工日	工日	140.00	2.110
材料	混凝土缘石	m	19.70	101.500
	水泥砂浆 1：3	m³	250.74	0.050
	其他材料费占材料费	%	—	0.500

第四节 树池砌筑

工作内容：放样、开槽、配料、运料、安砌、灌缝、找平、夯实、清理。　　　　　　　　　　　　计量单位：100m

定　额　编　号			S2-3-27	S2-3-28	S2-3-29	S2-3-30
项　目　名　称			砌筑树池			
			(钢筋)混凝土块	石质块	单层	双层
					立砖	
基　　　　　价（元）			302.96	2389.59	719.48	1241.55
其中	人　工　费（元）		295.40	341.88	380.66	505.40
	材　料　费（元）		7.56	2047.71	338.82	736.15
	机　械　费（元）		—	—	—	—
名　　称	单位	单价（元）	消	耗		量
人工	综合工日	工日	140.00	2.110	2.442	2.719	3.610
材料	钢筋混凝土预制块	m	—	(101.500)	—	—	—
	机砖 240×115×53	千块	384.62	—	—	0.820	1.650
	石质块 25×5×12.5	块	5.00	—	406.000	—	—
	水泥混合砂浆 M5	m³	217.47	—	—	0.100	0.450
	水泥砂浆 1：3	m³	250.74	0.030	0.030	—	—
	其他材料费占材料费	%	—	0.500	0.500	0.500	0.500

第五节 其他

1.运沥青混凝土

工作内容：机装、运输、自卸、空回。

计量单位：10m³

定 额 编 号			S2-3-31	S2-3-32	S2-3-33	S2-3-34
项 目 名 称			机动翻斗车运		自卸汽车运	
			沥青混凝土	沥青混凝土运距<2km	沥青混凝土	
			运距200m	每增200m	运距第一个1km	运距每增减1km
基 价（元）			204.77	35.23	255.92	41.73
其中	人 工 费（元）		—	—	—	—
	材 料 费（元）		—	—	—	—
	机 械 费（元）		204.77	35.23	255.92	41.73
	名 称	单位	单价（元）	消	耗	量
机械	机动翻斗车 1t	台班	220.18	0.930	0.160	—	—
	自卸汽车 8t	台班	613.71	—	—	0.417	0.068

2.运多合土及水泥稳定碎石

工作内容：机装、运输、自卸、空回。 计量单位：10m³

定 额 编 号				S2-3-35	S2-3-36	S2-3-37	S2-3-38
项 目 名 称				机动翻斗车运		自卸汽车运	
				多合土		厂拌水泥稳定级配碎石	
				运距200m	运距<2km 每增200m	运输 第一个1km	运输 每增1km
基 价（元）				200.36	35.23	92.06	12.27
其中	人 工 费（元）			—	—	—	—
	材 料 费（元）			—	—	—	—
	机 械 费（元）			200.36	35.23	92.06	12.27
名 称		单位	单价（元）	消 耗			量
机 械	机动翻斗车 1t	台班	220.18	0.910	0.160	—	—
	自卸汽车 8t	台班	613.71	—	—	0.150	0.020

第四章 交通管理设施工程

说　　明

一、本章定额适用于道路、桥梁、隧道、广场及停车场（库）等交通管理设施工程。

二、本章定额包括交通标志、交通标线、交通信号设施、交通隔离设施等工程项目。

三、本章定额中未包括翻挖原有道路结构层及道路修复内容，发生时套用相关定额。

四、管道的基础及包封参照其他章节有关子目执行。

五、工井定额中未包括电缆管接入工井时的封头材料。

六、电缆保护管辅设定额中已包括连接管数量，但未包括砂垫层。

七、标杆安装定额中包括标杆上部直杆及悬臂杆安装、上法兰安装及上下法兰的连接等工作内容。

八、柱式安装若为双柱式标杆时，按相应定额乘以系数 2 计算。

九、反光镜安装参照减速板安装，其材料做相应调整。

十、标线不分虚线实线按 15mm 厚编制，若实际不同时，其材料用量按比例调整，其他不变。

十一、温漆定额中未包括反光材料，若发生另行计算。

十二、箭头、文字标记均套用标线子目

十三、信号灯电源线安装定额中未包括电源线进线管及夹箍。

十四、环形检测线安装定额适用于在混凝土和沥青混凝土路面上的导线敷设。

十五、交通岗位设施：

1. 值勤亭安装定额中未包括基础工程和水电安装工作内容，发生时套用相关定额另行计算。

2. 值勤亭按工厂制作、现场整体吊装考虑。

十六、本章定额中每片护栏的标准长度如下：

1. 车行道中心隔离护栏（活动式、固定式）为 2.5m。

2. 机非隔离护栏为 3m。

3. 人行道隔离护栏（半封闭）为 6m。

4. 人行道隔离护栏（全封闭）为 2m。

十七、本章定额中每扇活动门的标准宽度如下：

1. 半封闭活动门（单移门）为 4m 以下。

2. 半封闭活动门（双移门）为 4～8m。

3. 全封闭活动门列为 2m 和 4m。

工程量计算规则

一、工井按设计图示数量以"座"计算。

二、电缆保护管铺设长度按实埋长度（扣除工井内净长度）以"m"计算。

三、标杆安装以"套"计算。

四、反光柱安装以"根"计算。

五、圆形、三角形标志板安装，按作方面积套用定额，以"块"计算。

六、减速板安装以"块"计算。

七、视线诱导器安装以"只"计算。

八、标线不分虚实线和部位，均按实漆面积计算。

九、震颤标线按实漆面积计算。

十、箭头、文字标记按"㎡"计算，其中箭头的直线部分按"长×宽"计算面积，三角部分按"底边×高"计算面积；文字、图形等均按最外侧尺寸"长×宽"计算面积。

十一、交通信号灯安装以套计算。

十二、环线检测线敷设长度按实埋长度计算。

十三、值警亭按装按"只"计算。

十四、车行道中心隔离护栏（活动式）底座数量按实计算。

十五、机非隔离护栏分隔墩数量按实计算。

十六、机非隔离护栏的安装长度按整段护栏首尾两只分隔墩的外侧面之间的长度计算。

十七、人行道隔离护栏的安装长度按整段护栏首尾之间的长度计算。

十八、管内穿线长度按内长度与预留长度之和计算。

第一节 工井

工作内容：铺垫层、混凝土配制、浇筑混凝土基础、砌井、水泥砂浆抹面及安装工井盖座等。

计量单位：座

定 额 编 号			S2-4-1	S2-4-2
项 目 名 称			工井	
			J×G-56	J×G-76
基 价 （元）			124.63	175.76
其中	人 工 费（元）		75.74	100.10
	材 料 费（元）		48.89	75.66
	机 械 费（元）		—	—
名 称	单位	单价（元）	消 耗	量
人工 综合工日	工日	140.00	0.541	0.715
材料 铸铁工井盖座	套	—	(1.000)	(1.000)
机砖 240×115×53	千块	384.62	0.056	0.083
商品混凝土 C20（泵送）	m³	363.30	0.054	0.080
水泥砂浆 M10	m³	209.99	0.003	0.005
碎石 5～40	t	106.80	0.060	0.099
中（粗）砂	t	87.00	0.008	0.035

第二节 电缆保护管铺设

工作内容：切管、按管、铺设等。

计量单位：m

定 额 编 号					S2-4-3	S2-4-4
项 目 名 称					电缆保护管铺设	
					φ63	φ76
基 价（元）					38.09	43.87
其中	人 工 费（元）				6.86	7.84
	材 料 费（元）				31.23	36.03
	机 械 费（元）				—	—
名 称		单位	单价（元）		消 耗 量	
人工	综合工日	工日	140.00		0.049	0.056
材料	镀锌焊接钢管 φ63	m	28.21		1.030	—
	镀锌焊接钢管 φ76	m	32.48		0.067	1.030
	镀锌焊接钢管 φ88.5	m	38.46		—	0.067

第三节 标杆安装

工作内容：上法兰、标杆安装、调整垂直度等。 计量单位：套

定 额 编 号			S2-4-5	S2-4-6	S2-4-7	S2-4-8
项 目 名 称			柱式标杆安装			反光柱安装
			＜φ60×3000	＜φ90×5000	＜φ114×5050	＜φ90×1200
基 价（元）			48.45	60.77	80.84	79.09
其中	人 工 费（元）		28.00	35.00	46.90	16.80
	材 料 费（元）		—	—	—	48.90
	机 械 费（元）		20.45	25.77	33.94	13.39
名 称	单位	单价（元）	消	耗		量
人工 综合工日	工日	140.00	0.200	0.250	0.335	0.120
材料 反光柱 φ90×1200	根	—	—	—	—	(1.000)
直杆(上部) φ114×5050	套	—	—	—	(1.000)	—
直杆(上部) φ60×3000	套	—	(1.000)	—	—	—
直杆(上部) φ90×5000	套	—	—	(1.000)	—	—
风镐凿子	根	6.50	—	—	—	0.040
商品混凝土 C25(泵送)	m³	389.11	—	—	—	0.125
机械 电动空气压缩机 0.6m³/min	台班	37.30	—	—	—	0.030
载重汽车 4t	台班	408.97	0.050	0.063	0.083	0.030

工作内容：上法兰、标杆安装、调整垂直度等。 计量单位：套

定额编号				S2-4-9	S2-4-10	S2-4-11	S2-4-12
项目名称				弯杆安装			双弯杆安装
				＜φ90×5000	＜φ114×5050	＜φ219×5200	＜φ114×5050
基　价（元）				144.09	173.26	216.58	192.46
其中	人　工　费（元）			46.76	56.00	70.00	62.30
	材　料　费（元）			—	—	—	—
	机　械　费（元）			97.33	117.26	146.58	130.16
名　称		单位	单价（元）	消　耗　量			
人工	综合工日	工日	140.00	0.334	0.400	0.500	0.445
材料	双弯杆（上部）φ114×5050	套	—	—	—	—	(1.000)
	弯杆（上部）φ114×5050	套	—	—	(1.000)	—	—
	弯杆（上部）φ219×5200	套	—	—	—	(1.000)	—
	弯杆（上部）φ90×5000	套	—	(1.000)	—	—	—
机械	汽车式起重机 8t	台班	763.67	0.083	0.100	0.125	0.111
	载重汽车 4t	台班	408.97	0.083	0.100	0.125	0.111

工作内容：上法兰、标杆安装、调整垂直度等。

计量单位：套

定　额　编　号				S2-4-13	S2-4-14	S2-4-15	S2-4-16
项　目　名　称				F杆安装			
				＜φ114× 6500	＜φ219× 9000	＜φ273× 8500	＜φ219× 6500
基　　　价（元）				288.93	433.16	573.73	495.68
其中	人　工　费（元）			93.10	140.00	186.76	160.30
	材　料　费（元）			—	—	—	—
	机　械　费（元）			195.83	293.16	386.97	335.38
名　　　称		单位	单价（元）	消　　耗			量
人工	综合工日	工日	140.00	0.665	1.000	1.334	1.145
材料	杆（上部）　φ114×6500	套	—	(1.000)	—	—	—
	杆（上部）　φ219×9000	套	—	—	(1.000)	—	—
	杆（上部）　φ273×8500	套	—	—	—	(1.000)	—
	杆（长伸臂）（上部）　φ219×6500	套	—	—	—	—	(1.000)
机械	汽车式起重机 8t	台班	763.67	0.167	0.250	0.330	0.286
	载重汽车 4t	台班	408.97	0.167	0.250	0.330	0.286

工作内容：上法兰、标杆安装、调整垂直度等。

计量单位：套

定 额 编 号				S2-4-17	S2-4-18	S2-4-19	S2-4-20
项 目 名 称				三F杆安装			四F杆安装
				<φ114×6500	<φ159×7500	<φ219×8500	<φ127×5945
基 价 （元）				315.34	384.79	495.40	346.53
其中	人 工 费 （元）			101.92	124.46	160.02	112.00
	材 料 费 （元）			—	—	—	—
	机 械 费 （元）			213.42	260.33	335.38	234.53
名 称		单位	单价（元）	消	耗		量
人工	综合工日	工日	140.00	0.728	0.889	1.143	0.800
材料	三F杆（上部）φ114×6500	套	—	(1.000)	—	—	—
	三F杆（上部）φ159×7500	套	—	—	(1.000)	—	—
	三F杆（上部）φ219×8500	套	—	—	—	(1.000)	—
	四F杆（上部）φ127×5945	套	—	—	—	—	(1.000)
机械	汽车式起重机 8t	台班	763.67	0.182	0.222	0.286	0.200
	载重汽车 4t	台班	408.97	0.182	0.222	0.286	0.200

工作内容：上法兰、标杆安装、调整垂直度等。 计量单位：套

定 额 编 号				S2-4-21	S2-4-22	S2-4-23	S2-4-24
项 目 名 称				四F杆安装	单T杆安装	双T杆安装	
				＜φ219×7200	＜φ114×6500		＜φ159×6800
基 价 （元）				577.25	315.34	384.79	495.40
其中	人 工 费 （元）			186.76	101.92	124.46	160.02
	材 料 费 （元）			—	—	—	—
	机 械 费 （元）			390.49	213.42	260.33	335.38
名 称		单位	单价（元）	消	耗		量
人工	综合工日	工日	140.00	1.334	0.728	0.889	1.143
材料	单T杆（上部）φ114×6500	套	—	—	(1.000)	—	—
	双T杆（上部）φ114×6500	套	—	—	—	(1.000)	—
	双T杆（上部）φ159×6800	套	—	—	—	—	(1.000)
	四F杆（上部）φ219×7200	套	—	(1.000)	—	—	—
机械	汽车式起重机 8t	台班	763.67	0.333	0.182	0.222	0.286
	载重汽车 4t	台班	408.97	0.333	0.182	0.222	0.286

工作内容：上法兰、标杆安装、调整垂直度等。 计量单位：套

定 额 编 号				S2-4-25	S2-4-26	S2-4-27	S2-4-28
项 目 名 称				双T杆安装	三T杆安装		四T杆安装
				＜φ273×8500	＜φ159×7500	＜φ219×8500	＜φ219×7200
基 价 （元）				693.06	577.25	649.74	693.06
其中		人 工 费 （元）		224.00	186.76	210.00	224.00
		材 料 费 （元）		—	—	—	—
		机 械 费 （元）		469.06	390.49	439.74	469.06
名 称		单位	单价（元）	消	耗		量
人工	综合工日	工日	140.00	1.600	1.334	1.500	1.600
材料	三T杆(上部) φ159×7500	套	—	—	(1.000)	—	—
	三T杆(上部) φ219×8500	套	—	—	—	(1.000)	—
	双T杆(上部) φ273×8500	套	—	(1.000)	—	—	—
	四T杆(上部) φ219×7200	套	—	—	—	—	(1.000)
机械	汽车式起重机 8t	台班	763.67	0.400	0.333	0.375	0.400
	载重汽车 4t	台班	408.97	0.400	0.333	0.375	0.400

216

第四节 标志板安装

工作内容：安装、位置调整等。   计量单位：块

定 额 编 号			S2-4-29	S2-4-30	S2-4-31	S2-4-32
项 目 名 称			标志板安装			
			<1m²	<2m²	<5m²	<7m²
基 价（元）			120.39	178.92	292.97	412.77
其中	人 工 费（元）		28.00	39.90	84.00	140.00
	材 料 费（元）		4.40	13.20	33.00	52.80
	机 械 费（元）		87.99	125.82	175.97	219.97
名 称	单位	单价（元）	消	耗		量
人工	综合工日	工日	140.00	0.200	0.285	0.600	1.000
材料	标志板 1 以内	块	—	(1.000)	—	—	—
	标志板 2 以内	块	—	—	(1.000)	—	—
	标志板 5 以内	块	—	—	—	(1.000)	—
	标志板 7 以内	块	—	—	—	—	(1.000)
	紧固件	套	2.20	2.000	6.000	15.000	24.000
机械	平台作业升降车 20m	台班	470.89	0.100	0.143	0.200	0.250
	载重汽车 4t	台班	408.97	0.100	0.143	0.200	0.250

工作内容：安装、位置调整等。　　　　　　　　　　　　　　　　　　　　　　　　计量单位：块

定　额　编　号			S2-4-33	S2-4-34	S2-4-35
项　目　名　称			标志板安装		减速板安装
			<9m²	<12m²	
基　　　价（元）			536.75	637.54	4.57
其中	人　工　费（元）		184.80	224.00	2.94
	材　料　费（元）		61.60	61.60	1.63
	机　械　费（元）		290.35	351.94	—
名　　称		单位	单价（元）	消　　耗　　量	
人工	综合工日	工日	140.00	1.320	1.600	0.021
材料	标志板 12 以内	块	—	—	(1.000)	
	标志板 9 以内	块	—	(1.000)		
	减速板	块	—			(1.000)
	紧固件	套	2.20	28.000	28.000	
	膨胀螺栓 M6×50	套	0.80	—	—	2.040
机械	平台作业升降车 20m	台班	470.89	0.330	0.400	—
	载重汽车 4t	台班	408.97	0.330	0.400	

第五节 视线诱导器安装

工作内容：放样、钻孔、安装等。

计量单位：只

定 额 编 号				S2-4-36	S2-4-37	S2-4-38
项 目 名 称				反光道钉安装	路边线轮廓标安装	标志器安装
基 价（元）				16.11	11.29	38.97
其中	人 工 费（元）			5.60	5.60	18.90
	材 料 费（元）			6.42	1.60	5.34
	机 械 费（元）			4.09	4.09	14.73
名 称		单位	单价（元）	消	耗	量
人工	综合工日	工日	140.00	0.040	0.040	0.135
材料	标志器	块	—	—	—	(1.000)
	反光道钉	只	—	(1.000)	—	—
	路边线轮廓标	块	—	—	(1.000)	—
	风镐凿子	根	6.50	—	—	0.044
	环氧树脂	kg	32.08	0.200	—	—
	膨胀螺栓 M6×50	套	0.80	—	2.000	—
	商品混凝土 C25(泵送)	m³	389.11	—	—	0.013
机械	电动空气压缩机 0.6m³/min	台班	37.30	—	—	0.033
	载重汽车 4t	台班	408.97	0.010	0.010	0.033

第六节 标线

工作内容：冷漆、温漆：清扫、放样、漆划、护线等。热熔漆：清扫、放样、上底漆、再清扫、漆划、撒玻璃珠、修线形、护线等。

计量单位：10m²

定 额 编 号				S2-4-39	S2-4-40	S2-4-41
项 目 名 称				冷漆	温漆	热熔漆
基 价（元）				61.50	125.01	955.09
其中	人 工 费（元）			7.00	9.80	43.82
	材 料 费（元）			47.97	103.08	860.22
	机 械 费（元）			6.53	12.13	51.05
名 称		单位	单价（元）	消 耗		量
人工	综合工日	工日	140.00	0.050	0.070	0.313
材料	底漆	kg	11.11	—	—	1.700
	反光材料(玻璃珠)	kg	2.56	—	—	3.315
	氯化橡胶标线漆	kg	10.26	4.535		
	氯化橡胶耐磨标线漆	kg	12.82	—	7.846	—
	热熔标线涂料	kg	17.09	—	—	48.733
	稀释剂	kg	9.53	0.151	0.262	
机械	汽车式路面划线机 450mm	台班	523.79	0.007	0.013	0.045
	热熔釜溶解车	台班	118.42	—		0.045
	手推式热溶划线车	台班	83.21	—	—	0.045
	载重汽车 4t	台班	408.97	0.007	0.013	0.045

工作内容：清扫路面，放样，加热熔化震颤涂料，画设标线。 计量单位：10m²

定 额 编 号					S2-4-42	S2-4-43
项 目 名 称					热熔振荡标线	
					（边缘）	（横向）
基 价（元）					1813.21	2253.95
其中	人 工 费（元）				63.00	350.00
	材 料 费（元）				1624.62	1652.78
	机 械 费（元）				125.59	251.17
名 称		单位	单价（元）		消 耗 量	
人工	综合工日	工日	140.00		0.450	2.500
材料	底漆	kg	11.11		23.000	23.000
	反光玻璃珠	kg	2.56		45.000	56.000
	震颤热熔涂料	kg	17.09		73.370	73.370
机械	热熔震颤标线设备	台班	846.89		0.100	0.200
	载重汽车 4t	台班	408.97		0.100	0.200

注：定额中已考虑反光玻璃珠，如不敷，则应取消，如消耗量有变化则可按实调整；本定额按方块状震颤标线编制，其中，边缘警告型标线基本厚度为1.8mm，方块状（50mm×30mm）突起厚度为5mm，横向减速型标线基本厚度为1.6mm，方块状（35mm×35mm）突起厚度为5mm。

第七节 清除标线

工作内容：清除油漆、清扫现场等。 计量单位：㎡

定 额 编 号				S2-4-44	
项 目 名 称				化学清除标线	
基 价（元）				45.98	
其中	人 工 费（元）			17.92	
	材 料 费（元）			28.06	
	机 械 费（元）			—	
名 称		单位	单价（元）	消 耗 量	
人工	综合工日	工日	140.00	0.128	
材料	脱漆剂	kg	13.69	2.050	

第八节 信号灯及灯杆安装

工作内容：装配、吊装、调整水平垂直度、固定等。

计量单位：根

定 额 编 号				S2-4-45	S2-4-46
项 目 名 称				单曲臂	长曲臂
				信号灯杆安装	
				＜5m	＜12～16m
基 价（元）				257.94	515.88
其中	人 工 费（元）			52.50	105.00
	材 料 费（元）			—	—
	机 械 费（元）			205.44	410.88
名 称		单位	单价（元）	消 耗 量	
人工	综合工日	工日	140.00	0.375	0.750
材料	信号灯杆（上部）12～16m长伸臂	套	—	—	(1.000)
	信号灯杆（上部）5m以内单曲臂	套	—	(1.000)	—
机械	平台作业升降车 20m	台班	470.89	0.125	0.250
	汽车式起重机 8t	台班	763.67	0.125	0.250
	载重汽车 4t	台班	408.97	0.125	0.250

工作内容：装配、吊装、调整水平垂直度、固定等。 计量单位：根

定　额　编　号	S2-4-47
项　目　名　称	柱式
	信号灯杆安装
基　　　价（元）	100.20

其中	人　工　费（元）	26.32
	材　料　费（元）	—
	机　械　费（元）	73.88

	名　　称	单位	单价（元）	消　耗　量
人工	综合工日	工日	140.00	0.188
材料	柱式信号灯杆(上部)	套	—	(1.000)
机械	汽车式起重机 8t	台班	763.67	0.063
	载重汽车 4t	台班	408.97	0.063

定 额 编 号	S2-4-48
项 目 名 称	交通
	信号灯安装
基 价（元）	121.12

其中	人 工 费（元）	70.00
	材 料 费（元）	—
	机 械 费（元）	51.12

	名 称	单位	单价(元)	消 耗 量
人工	综合工日	工日	140.00	0.500
材料	交通信号灯	套	—	(1.000)
机械	载重汽车 4t	台班	408.97	0.125

第九节 环形检测线

工作内容：清洁路面、定位划线、开切线槽、清洗、吹干灌缝、导线放置、复测绝缘固定、引线穿设与线圈连接等。

计量单位：m

定 额 编 号			S2-4-49		
项 目 名 称			布设导线线圈		
基 价（元）			**33.04**		
其中	人 工 费（元）		8.54		
	材 料 费（元）		11.96		
	机 械 费（元）		12.54		
名 称	单位	单价(元)	消 耗 量		
人工	综合工日	工日	140.00	0.061
材料	导线（FVN49/0.26）	m	—	(1.010)
	防水压接头	只	—	(0.060)
	环氧树脂	kg	32.08	0.326
	切缝机刀片	片	500.00	0.003
机械	柴油发电机组 30kW	台班	342.23	0.015
	电动空气压缩机 0.6m³/min	台班	37.30	0.015
	岩石切割机 3kW	台班	47.25	0.015
	载重汽车 4t	台班	408.97	0.015

226

工作内容：清洁路面、放样、切缝、清缝、放线、封装、安装防水压接头等。 计量单位：m

定 额 编 号					S2-4-50	
项 目 名 称					布设导线引线	
基 价（元）					9.52	
其中	人 工 费（元）				9.52	
	材 料 费（元）				—	
	机 械 费（元）				—	
名 称		单位	单价(元)	消 耗 量		
人工	综合工日	工日	140.00	0.068		
材料	双绞屏蔽导线（BWP48/0.2×2）	m	—	（1.030）		

第十节 值警停安装

定　额　编　号				S2-4-51	S2-4-52	S2-4-53
项　目　名　称				大型值警亭安装	中型值警亭安装	小型值警亭安装
基　　　价（元）				889.50	761.32	726.32
其中	人　工　费（元）			210.00	175.00	140.00
	材　料　费（元）			—	—	—
	机　械　费（元）			679.50	586.32	586.32
名　　称		单位	单价（元）	消	耗	量
人工	综合工日	工日	140.00	1.500	1.250	1.000
材料	大型值警亭	只	—	(1.000)	—	—
	小型值警亭	只	—	—	—	(1.000)
	中型值警亭	只	—	—	(1.000)	—
机械	汽车式起重机 12t	台班	857.15	0.500	—	—
	汽车式起重机 8t	台班	763.67	—	0.500	0.500
	载重汽车 4t	台班	408.97	—	0.500	0.500
	载重汽车 8t	台班	501.85	0.500	—	—

第十一节 隔离护栏安装
1.行车道隔离护栏安装

工作内容：定位放样、挖洞、安装、校正、灌混凝土、油漆(二底二面)等。

计量单位：m

定 额 编 号			S2-4-54	S2-4-55	S2-4-56
项 目 名 称			活动式	固定式	机非隔离护栏安装
			中心隔离护栏安装		
基 价（元）			22.14	36.45	7.29
其中	人 工 费（元）		8.40	9.80	3.92
	材 料 费（元）		8.83	20.92	0.92
	机 械 费（元）		4.91	5.73	2.45
名 称	单位	单价(元)	消	耗	量
人工	综合工日	工日	140.00	0.060	0.070	0.028
材料	固定式车行分隔栏	片	—	—	(0.400)	—
	活动式车行分隔栏	片	—	(0.400)	—	—
	机非隔离栏	片	—	—	—	(0.333)
	带帽螺栓 M12×25	套	1.03	0.408	—	—
	带帽螺栓 M8×85	套	0.85	—	0.816	—
	防锈漆	kg	5.62	0.575	0.727	0.064
	商品混凝土 C20(泵送)	m³	363.30	—	0.027	—
	无光调和漆	kg	12.82	0.404	0.494	0.044
机械	载重汽车 4t	台班	408.97	0.012	0.014	0.006

2. 人行道隔离护栏安装

工作内容：定位放样、挖洞、拼装焊接安装、校正、灌混凝土、油漆(二底二面)等。　　　　　计量单位：m

定　额　编　号				S2-4-57	S2-4-58
项　目　名　称				半封闭	全封闭
				人行道隔离护栏安装	
基　　价（元）				27.30	31.01
其中	人　工　费（元）			6.58	7.70
	材　料　费（元）			15.80	18.81
	机　械　费（元）			4.92	4.50
	名　　称	单位	单价（元）	消　　耗　　量	
人工	综合工日	工日	140.00	0.047	0.055
材料	半封闭人行分隔栏	片	—	(0.167)	—
	全封闭人行分隔栏	片	—	—	(0.500)
	带帽螺栓 M8×85	套	0.85	—	0.510
	电焊条	kg	5.98	0.014	—
	防锈漆	kg	5.62	0.291	0.446
	商品混凝土 C20(泵送)	m³	363.30	0.031	0.033
	无光调和漆	kg	12.82	0.198	0.303
	氧气	m³	3.63	0.034	—
	乙炔气	m³	11.48	0.014	—
机械	交流弧焊机 32kV·A	台班	83.14	0.010	—
	载重汽车 4t	台班	408.97	0.010	0.011

230

工作内容：定位放样、挖洞、拼装焊接安装、校正、灌混凝土、油漆(二底二面)等。　　　计量单位：扇

定　额　编　号			S2-4-59	S2-4-60
项　目　名　称			单移门	双移门
			半封闭活动门安装	
基　　　　价（元）			185.10	232.04
其中	人　工　费（元）		70.00	84.00
	材　料　费（元）		16.68	25.01
	机　械　费（元）		98.42	123.03
名　　　称	单位	单价（元）	消　　耗　　量	
人工	综合工日	工日	140.00	0.500	0.600
材料	半封闭单移活动门	扇	—	(1.000)	—
	半封闭双移活动门	扇	—	—	(1.000)
	防锈漆	kg	5.62	1.163	1.745
	无光调和漆	kg	12.82	0.791	1.186
机械	交流弧焊机 32kV·A	台班	83.14	0.200	0.250
	载重汽车 4t	台班	408.97	0.200	0.250

工作内容：定位放样、挖洞、拼装焊接安装、校正、灌混凝土、油漆(二底二面)等。　　　　　　计量单位：扇

定　额　编　号				S2-4-61	S2-4-62
项　目　名　称				全封闭活动门安装	
				2m	4m
基　　　　价（元）				280.18	362.42
其中	人　工　费（元）			105.00	140.00
	材　料　费（元）			12.78	25.58
	机　械　费（元）			162.40	196.84
名　　称		单位	单价(元)	消　　耗　　量	
人工	综合工日	工日	140.00	0.750	1.000
材料	全封闭活动门 2m	扇	—	(1.000)	—
	全封闭活动门 4m	扇	—	—	(1.000)
	防锈漆	kg	5.62	0.892	1.784
	无光调和漆	kg	12.82	0.606	1.213
机械	交流弧焊机 32kV·A	台班	83.14	0.330	0.400
	载重汽车 4t	台班	408.97	0.330	0.400

第十二节 信号灯箱安装

工作内容：就位、安装、固定调试等。

计量单位：只

定 额 编 号				S2-4-63	S2-4-64
项 目 名 称				悬挂式	落地式
				信号灯箱安装	
基 价（元）				291.03	401.12
其中	人 工 费（元）			175.00	350.00
	材 料 费（元）			64.91	—
	机 械 费（元）			51.12	51.12
	名 称	单位	单价（元）	消 耗	量
人工	综合工日	工日	140.00	1.250	2.500
材料	落地式信号机箱	只	—	—	(1.000)
	信号机(国产)	只	—	(1.000)	(1.000)
	信号机箱底座	只	—	—	(1.000)
	悬挂式信号机箱	只	—	(1.000)	—
	穿线管 φ60	根	12.82	1.000	—
	托架	副	35.00	1.000	—
	圆箍	副	17.09	1.000	—
机械	载重汽车 4t	台班	408.97	0.125	0.125

工作内容：就位、安装、固定调试等。 计量单位：根

定 额 编 号					S2-4-65	
项 目 名 称					接地棒安装	
基 价（元）					139.77	
其中	人 工 费（元）				32.20	
	材 料 费（元）				87.89	
	机 械 费（元）				19.68	
名 称		单位	单价（元）	消 耗 量		
人工	综合工日	工日	140.00	0.230		
材料	电焊条	kg	5.98	0.060		
	镀锌扁铁（1.5～2m）	根	59.98	1.030		
	接地棒	根	25.00	1.030		
机械	交流弧焊机 32kV·A	台班	83.14	0.040		
	载重汽车 4t	台班	408.97	0.040		

234

第十三节 信号灯架安装

工作内容：现场拼装、安装、调整水平垂直度、固定等。计量单位：组

定 额 编 号			S2-4-66	S2-4-67	S2-4-68
项 目 名 称			悬臂式信号灯架安装		
			1～1.5m	2～2.5m	>3m
基 价（元）			165.98	245.97	376.99
其中	人 工 费（元）		56.00	70.00	84.00
	材 料 费（元）		—	—	—
	机 械 费（元）		109.98	175.97	292.99
名 称	单位	单价（元）	消	耗	量
人工	综合工日	工日	140.00	0.400	0.500	0.600
材料	悬臂式信号灯架 1～1.5m	组	—	(1.000)	—	—
	悬臂式信号灯架 2～2.5m	组	—	—	(1.000)	—
	悬臂式信号灯架 3m以上	组	—	—	—	(1.000)
机械	平台作业升降车 20m	台班	470.89	0.125	0.200	0.333
	载重汽车 4t	台班	408.97	0.125	0.200	0.333

第十四节 地下走线安装

工作内容：穿导线、导管疏通、穿线、编号等。 计量单位：1000m

定 额 编 号				S2-4-69	S2-4-70	S2-4-71
项 目 名 称				管内穿线		
				导线安装	电源线安装	接地线安装
基 价（元）				2119.45	1231.27	700.00
其中	人 工 费（元）			1776.60	1222.20	700.00
	材 料 费（元）			2.18	9.07	—
	机 械 费（元）			340.67	—	—
	名 称	单位	单价（元）	消 耗		量
人工	综合工日	工日	140.00	12.690	8.730	5.000
材料	电缆（BV2×7/0.9）	m	—	—	(1030.000)	—
	电缆（BVV4×48/0.2）	m	—	(1030.000)	—	—
	铜蕊线	m	—	—	—	(1030.000)
	镀锌铁丝 12号	kg	3.57	0.610	2.540	—
机械	载重汽车 4t	台班	408.97	0.833	—	—

定　额　编　号	S2-4-72
项　目　名　称	地下走线进线管安装
基　　　　价（元）	621.90

其中	人　工　费（元）	462.56
	材　料　费（元）	159.34
	机　械　费（元）	—

	名　　称	单位	单价（元）	消　　耗　　量
人工	综合工日	工日	140.00	3.304
材料	钢锯条	条	0.34	1.000
	进线管 φ75	m	1.50	106.000

第十五节 防撞筒(墩)安装

工作内容：放样、运料、调配砂浆、安切、养护、清理、卸车、摆放、调正。 计量单位：10m³

定 额 编 号					S2-4-73	
项 目 名 称					混凝土隔离墩	
基 价 （元）					1925.25	
其中	人 工 费（元）				843.22	
	材 料 费（元）				42.00	
	机 械 费（元）				1040.03	
名 称		单位	单价(元)	消 耗 量		
人工	综合工日	工日	140.00	6.023		
材料	预制混凝土隔离墩	m³	—	(10.100)		
	水泥砂浆 M10	m³	209.99	0.200		
机械	灰浆搅拌机 200L	台班	215.26	0.025		
	汽车式起重机 8t	台班	763.67	0.726		
	载重汽车 12t	台班	670.70	0.716		

238

工作内容：放样、运料、调配砂浆、安切、养护、清理、卸车、摆放、调正。　　　　　计量单位：10个

定 额 编 号					S2-4-74		
项 目 名 称					塑质隔离筒(墩)		
基 价（元）					26.69		
其中	人 工 费（元）				15.96		
	材 料 费（元）				—		
	机 械 费（元）				10.73		
	名 称	单位	单价（元）	消 耗 量			
人工	综合工日	工日	140.00	0.114			
材料	塑料防撞锥筒	个	—	(10.000)			
	其他材料费占材料费	%	—	1.500			
机械	载重汽车 12t	台班	670.70	0.016			

第十六节 警示柱、广角镜

工作内容：挖土、安装固定、浇筑、捣固及养护。　　　　　　　　　　　　　　计量单位：个

定 额 编 号				S2-4-75
项 目 名 称				警示柱
基 价（元）				**90.11**
其中	人 工 费（元）			32.06
	材 料 费（元）			46.00
	机 械 费（元）			12.05
名 称	单位	单价（元）	消 耗 量	
人工	综合工日	工日	140.00	0.229
材料	警示柱	个	—	(1.000)
	风镐凿子	根	6.50	0.042
	商品混凝土 C20(泵送)	m³	363.30	0.124
	其他材料费占材料费	%	—	1.500
机械	电动空气压缩机 0.6m³/min	台班	37.30	0.027
	载重汽车 4t	台班	408.97	0.027

工作内容：卸车、拆箱、拼装、安装、校正等。

计量单位：个

定　额　编　号				S2-4-76
项　目　名　称				广角镜安装
基　　　价（元）				100.09
其中	人　工　费（元）			32.34
	材　料　费（元）			—
	机　械　费（元）			67.75
名　　称		单位	单价（元）	消　　耗　　量
人工	综合工日	工日	140.00	0.231
材料	广角镜	个	—	(1.000)
	其他材料费占材料费	%	—	1.500
机械	平台作业升降车 20m	台班	470.89	0.077
	载重汽车 4t	台班	408.97	0.077

第十七节 减速垄

工作内容：放线、钻孔、安装、清扫。

计量单位：m

定　额　编　号	S2-4-77
项　目　名　称	减速垄
基　　　价（元）	25.57

其中	人　工　费（元）	16.66
	材　料　费（元）	8.91
	机　械　费（元）	—

	名　　称	单位	单价(元)	消　　耗　　量
人工	综合工日	工日	140.00	0.119
材料	减速垄	m	—	(1.010)
	电	kW·h	0.68	0.125
	环氧树脂	kg	32.08	0.255
	膨胀螺栓 M10	10套	2.50	0.204
	其他材料费占材料费	%	—	1.500

242

第三部分　桥涵工程

第一章 现浇混凝土

说　　明

一、本章定额包括基础、墩、台、柱、梁、桥面、接缝等项目。

二、本章定额适用于桥涵工程现浇各种混凝土构筑物。

三、本章定额中嵌石混凝土的片石含量为15%，如与设计不同时，可以换算，但人工及机械用量不得调整。

四、本章定额中预拌混凝土系指商品混凝土。定额中混凝土按常用强度等级列出，如设计要求不同时可以换算。

五、定额中的模板以木模、工具式钢模为主（防撞护栏采用定型钢模除外），若采用其他类型模板时，不作调整。

六、本章定额中均未包括预埋铁件，如设计要求预埋铁件时，可按设计用量套用本部分第3章有关项目。

七、承台分有底模及无底模两种，应按不同的施工方法套用相应项目。

八、现浇梁、板等模板定额中均已包括铺筑底模内容，但未包括支架部分，如发生时可套用本部分第八章有关项目。

九、预制构件模板中不包括地模、胎膜，如发生时可套用本部分第八章有关项目。

十、Y形等异形柱模板按柱式墩台身模板定额人工机械消耗量乘以系数1.2，锯材消耗量乘以系数1.05。

十一、索塔高度为基础顶、承台顶或系梁底到索塔顶的高度。当塔墩固结时，工程量为基础顶面或承台顶面以上至塔顶的全部数量；当塔墩分离时，工程量应为桥面顶部以上至塔顶的数量，桥面顶部以下部分的数量按墩台定额计算。

工程量计算规则

一、混凝土工程量按设计图示尺寸以实体积计算(不包括空心板、梁的空心体积),不扣除钢筋、铁丝、铁件、预留压浆孔道和螺栓孔所占的体积。

二、模板工程量按模板接触混凝土的面积计算。

三、现浇混凝土墙、板上单孔面积在 0.3m² 以内的孔洞体积不予扣除,洞侧壁模板面积亦不再计算;单孔面积在 0.3m² 以上时,应予扣除,洞侧壁模板面积并入墙、板模板工程量之内计算。

四、整体螺旋楼梯、柱式螺旋楼梯,按每一旋转层的水平投影面积计算,楼梯与走道板的划分以楼梯梁的外边缘为界,该楼梯梁已包括在楼梯水平投影面积内。柱式螺旋楼梯扣除中心混凝土柱所占的面积。

每一旋转层的面积计算公式:

$$S=\pi(R^2-r^2)$$

式中　r——圆柱半径;

　　R——螺旋楼梯半径。

五、无法拆除的箱梁内模按该部分模板工程量增加锯材 $0.03m^3 / m^2$。

第一节 基础

工作内容：碎石：1.安放流槽；2.碎石装运、找平。
混凝土：1.装运、抛块石；2.混凝土配、拌、运输、浇筑、捣固、抹平、养护。
模板：1.模板制作，安装、涂脱模剂；2.模板拆除、修理、整堆。　　　　计量单位：10m³

定　额　编　号				S3-1-1
项　目　名　称				碎石垫层
基　　　　价（元）				2531.08
其中	人　工　费（元）			434.28
	材　料　费（元）			2096.80
	机　械　费（元）			—
名　　　称	单位	单价（元）	消　　耗　　量	
人工	综合工日	工日	140.00	3.102
材料	碎石 30～50	t	106.80	3.900
	碎石 50～80	t	106.80	15.733

工作内容：碎石：1.安放流槽；2.碎石装运、找平。
混凝土：1.装运、抛块石；2.混凝土运输、浇筑、捣固、抹平、养护。
模板：1.模板制作，安装、涂脱模剂；2.模板拆除、修理、整堆。　　　　计量单位：10m³

定　额　编　号	S3-1-2
项　目　名　称	混凝土垫层
基　　　价（元）	3508.05

其中	人　工　费（元）	175.84
	材　料　费（元）	3332.21
	机　械　费（元）	—

	名　称	单位	单价(元)	消　　耗　　量
人工	综合工日	工日	140.00	1.256
材料	电	kW•h	0.68	1.960
	商品混凝土 C15(泵送)	m³	326.48	10.100
	水	m³	7.96	4.200

250

工作内容：碎石：1.安放流槽；2.碎石装运、找平。
　　　　　混凝土：1.装运、抛片石；2.混凝土运输、浇筑、捣固、抹平、养护。
　　　　　模板：1.模板制作，安装、涂脱模剂；2.模板拆除、修理、整堆。　　　　计量单位：10m³

定　额　编　号	S3-1-3
项　目　名　称	片石混凝土
基　　　价（元）	3093.21

其中	人　工　费（元）	139.58
	材　料　费（元）	2953.63
	机　械　费（元）	——

	名　　称	单位	单价（元）	消　　耗　　量
人工	综合工日	工日	140.00	0.997
材料	草袋	条	0.85	5.300
	电	kW·h	0.68	4.320
	片石	t	65.00	1.519
	商品混凝土 C15(泵送)	m³	326.48	8.630
	水	m³	7.96	3.760

工作内容：碎石：1.安放流槽；2.碎石装运、找平。
　　　　　混凝土：1.装运、抛块石；2.混凝土运输、浇筑、捣固、抹平、养护。
　　　　　模板：1.模板制作，安装、涂脱模剂；2.模板拆除、修理、整堆。　　　计量单位：10m³

定　额　编　号				S3-1-4	
项　目　名　称				混凝土基础	
基　　　　价（元）				3517.28	
其中	人　工　费（元）			180.32	
	材　料　费（元）			3336.96	
	机　械　费（元）			—	
名　　　称	单位	单价(元)	消　　　耗　　　量		
人工	综合工日	工日	140.00	1.288	
材料	电	kW·h	0.68	4.680	
	商品混凝土 C15(泵送)	m³	326.48	10.100	
	水	m³	7.96	4.500	
	塑料薄膜	m²	0.20	2.544	

工作内容：碎石：1.安放流槽；2.碎石装运、找平。
混凝土：1.装运、抛块石；2.混凝土运输、浇筑、捣固、抹平、养护。
模板：1.模板制作，安装、涂脱模剂；2.模板拆除、修理、整堆。 计量单位：10m²

定 额 编 号				S3-1-5
项 目 名 称				模板
基 价（元）				285.83
其中	人 工 费（元）			119.56
	材 料 费（元）			166.27
	机 械 费（元）			—
名 称	单位	单价（元）	消 耗 量	
人工	综合工日	工日	140.00	0.854
材料	板方材	m³	1800.00	0.030
	钢支撑 φ25	kg	4.50	2.320
	零星卡具	kg	5.56	12.050
	模板嵌缝料	kg	1.71	0.500
	脱模剂	kg	2.48	1.000
	圆钉	kg	5.13	0.240
	组合钢模板	kg	5.13	5.900

253

第二节 承台

工作内容：混凝土：混凝土运输、浇筑、捣固、抹平、养护；
　　　　　模板：1.模板制作，安装、涂脱模剂；2.模板拆除、修理、整堆。　　　　计量单位：10m³

定　额　编　号				S3-1-6
项　目　名　称				承台混凝土
基　　　价（元）				3931.81
其中	人　工　费（元）			221.20
	材　料　费（元）			3710.61
	机　械　费（元）			—
名　　称	单位	单价（元）	消　　　耗　　　量	
人工	综合工日	工日	140.00	1.580	
材料	电	kW·h	0.68	4.400	
	商品混凝土 C20(泵送)	m³	363.30	10.100	
	水	m³	7.96	4.710	
	塑料薄膜	m²	0.20	3.974	

工作内容：混凝土：混凝土运输、浇筑、捣固、抹平、养护；
　　　　模板：1.模板制作，安装、涂脱模剂；2.模板拆除、修理、整堆。　　　　　　　　计量单位：10m²

定　额　编　号				S3-1-7	S3-1-8
项　目　名　称				承台模板	
				无底模	有底模
基　　　　价（元）				283.36	640.24
其中	人　工　费（元）			148.54	188.86
	材　料　费（元）			134.82	389.64
	机　械　费（元）			—	61.74
名　　　称		单位	单价（元）	消　　耗　　量	
人工	综合工日	工日	140.00	1.061	1.349
材料	板方材	m³	1800.00	0.036	0.208
	钢支撑 φ25	kg	4.50	4.640	—
	零星卡具	kg	5.56	2.380	—
	模板嵌缝料	kg	1.71	0.500	0.500
	铁件	kg	4.19	—	1.630
	脱模剂	kg	2.48	1.000	1.000
	圆钉	kg	5.13	0.450	0.990
	组合钢模板	kg	5.13	5.900	—
机械	履带式电动起重机 5t	台班	249.22	—	0.234
	木工圆锯机 500mm	台班	25.33	—	0.135

第三节 墩(台)身

工作内容：混凝土：混凝土运输、浇筑、捣固、抹平、养护；
模板：1.模板制作，安装、涂脱模剂；2.模板拆除、修理、整堆。 计量单位：见表

定 额 编 号				S3-1-9	S3-1-10
项 目 名 称				轻型桥台	轻型桥台模板
单 位				10m³	10m²
基 价（元）				4073.62	546.61
其中	人 工 费（元）			358.96	184.66
	材 料 费（元）			3714.66	298.20
	机 械 费（元）			—	63.75
名 称		单位	单价(元)	消 耗 量	
人工	综合工日	工日	140.00	2.564	1.319
材料	板方材	m³	1800.00	—	0.161
	电	kW·h	0.68	8.480	
	模板嵌缝料	kg	1.71	—	0.500
	商品混凝土 C20(泵送)	m³	363.30	10.100	—
	水	m³	7.96	4.950	—
	塑料薄膜	m²	0.20	0.787	—
	铁件	kg	4.19	—	1.150
	脱模剂	kg	2.48	—	1.000
	圆钉	kg	5.13	—	0.048
机械	履带式电动起重机 5t	台班	249.22	—	0.243
	木工圆锯机 500mm	台班	25.33	—	0.126

工作内容：混凝土：混凝土运输、浇筑、捣固、抹平、养护；
　　　　　模板：1.模板制作，安装、涂脱模剂；2.模板拆除、修理、整堆。　　　　　　计量单位：见表

定　额　编　号				S3-1-11	S3-1-12
项　目　名　称				实体式桥台	实体式桥台模板
单　　　　位				10m³	10m²
基　　　　价（元）				3972.64	477.76
其中	人　工　费（元）			272.30	235.06
	材　料　费（元）			3700.34	161.95
	机　械　费（元）			—	80.75
名　　　称		单位	单价（元）	消　　耗　　　量	
人工	综合工日	工日	140.00	1.945	1.679
材料	板方材	m³	1800.00	—	0.032
	电	kW·h	0.68	5.920	—
	钢支撑 φ25	kg	4.50	—	4.640
	零星卡具	kg	5.56	—	2.380
	模板嵌缝料	kg	1.71	—	0.500
	尼龙帽	个	0.84	—	3.500
	商品混凝土 C20（泵送）	m³	363.30	10.100	—
	水	m³	7.96	3.370	—
	塑料薄膜	m²	0.20	0.806	—
	铁件	kg	4.19	—	7.920
	脱模剂	kg	2.48	—	1.000
	圆钉	kg	5.13	—	0.100
	组合钢模板	kg	5.13	—	5.900
机械	履带式电动起重机 5t	台班	249.22	—	0.324

工作内容：混凝土：混凝土运输、浇筑、捣固、抹平、养护；
模板：1.模板制作，安装、涂脱模剂；2.模板拆除、修理、整堆。　　　　计量单位：见表

定　额　编　号				S3-1-13	S3-1-14
项　目　名　称				拱桥墩身	拱桥墩身模板
单　　位				10m³	10m²
基　　　　价（元）				3918.08	631.72
其中	人　工　费（元）			221.48	209.02
	材　料　费（元）			3696.60	384.69
	机　械　费（元）			—	38.01
名　　称		单位	单价（元）	消　　耗	量
人工	综合工日	工日	140.00	1.582	1.493
材料	板方材	m³	1800.00	—	0.171
	电	kW·h	0.68	5.040	—
	模板嵌缝料	kg	1.71	—	0.500
	商品混凝土 C20（泵送）	m³	363.30	10.100	—
	水	m³	7.96	2.980	—
	塑料薄膜	m²	0.20	0.629	—
	铁件	kg	4.19	—	16.550
	脱模剂	kg	2.48	—	1.000
	圆钉	kg	5.13	—	0.820
机械	履带式电动起重机 5t	台班	249.22	—	0.126
	木工圆锯机 500mm	台班	25.33	—	0.261

工作内容：混凝土：混凝土运输、浇筑、捣固、抹平、养护；
　　　　　模板：1.模板制作，安装、涂脱模剂；2.模板拆除、修理、整堆。　　　　　计量单位：见表

定　额　编　号				S3-1-15	S3-1-16
项　目　名　称				拱桥台身	拱桥台身模板
单　位				10m³	10m²
基　　价（元）				3959.57	696.99
其中	人　工　费（元）			262.78	381.22
	材　料　费（元）			3696.79	187.92
	机　械　费（元）			—	127.85
名　　称		单位	单价（元）	消　　耗	量
人工	综合工日	工日	140.00	1.877	2.723
材料	板方材	m³	1800.00	—	0.038
	电	kW·h	0.68	5.600	—
	钢支撑 φ25	kg	4.50	—	8.690
	零星卡具	kg	5.56	—	2.380
	模板嵌缝料	kg	1.71	—	0.500
	尼龙帽	个	0.84	—	3.570
	商品混凝土 C20（泵送）	m³	363.30	10.100	—
	水	m³	7.96	2.950	—
	塑料薄膜	m²	0.20	0.864	—
	铁件	kg	4.19	—	6.870
	脱模剂	kg	2.48	—	1.000
	圆钉	kg	5.13	—	0.350
	组合钢模板	kg	5.13	—	5.900
机械	履带式电动起重机 5t	台班	249.22	—	0.513

工作内容：混凝土：混凝土运输、浇筑、捣固、抹平、养护；
　　　　　模板：1.模板制作，安装、涂脱模剂；2.模板拆除、修理、整堆。　　　　　　计量单位：见表

定 额 编 号				S3-1-17	S3-1-18
项 目 名 称				柱式墩台身	柱式墩台身模板
单 位				10m³	10m²
基 价（元）				4030.02	696.99
其中	人 工 费（元）			316.40	381.22
	材 料 费（元）			3713.62	187.92
	机 械 费（元）			—	127.85
名 称		单位	单价（元）	消　　耗　　量	
人工	综合工日	工日	140.00	2.260	2.723
材料	板方材	m³	1800.00	—	0.038
	电	kW·h	0.68	7.600	—
	钢支撑 φ25	kg	4.50	—	8.690
	零星卡具	kg	5.56	—	2.380
	模板嵌缝料	kg	1.71	—	0.500
	尼龙帽	个	0.84	—	3.570
	商品混凝土 C20（泵送）	m³	363.30	10.100	—
	水	m³	7.96	4.900	—
	塑料薄膜	m²	0.20	0.576	—
	铁件	kg	4.19	—	6.870
	脱模剂	kg	2.48	—	1.000
	圆钉	kg	5.13	—	0.350
	组合钢模板	kg	5.13	—	5.900
机械	履带式电动起重机 5t	台班	249.22	—	0.513

第四节 墩(台)帽

工作内容：混凝土：混凝土运输、浇筑、捣固、抹平、养护；
模板：1.模板制作，安装、涂脱模剂；2.模板拆除、修理、整堆。 计量单位：见表

定 额 编 号				S3-1-19	S3-1-20	S3-1-21	S3-1-22
项 目 名 称				台帽混凝土	台帽模板	墩帽混凝土	墩帽模板
单 位				10m³	10m²	10m³	10m²
基 价 （元）				3983.86	743.84	4000.25	688.15
其中	人 工 费 （元）			259.70	235.06	280.00	242.06
	材 料 费 （元）			3724.16	428.64	3720.25	361.47
	机 械 费 （元）			—	80.14	—	84.62
名 称		单位	单价(元)	消	耗		量
人工	综合工日	工日	140.00	1.855	1.679	2.000	1.729
材料	板方材	m³	1800.00	—	0.234	—	0.195
	电	kW·h	0.68	5.920	—	6.080	—
	模板嵌缝料	kg	1.71	—	0.500	—	0.500
	商品混凝土 C20(泵送)	m³	363.30	10.100	—	10.100	—
	水	m³	7.96	6.280	—	5.760	—
	塑料薄膜	m²	0.20	4.094	—	4.675	—
	脱模剂	kg	2.48	—	1.000	—	1.000
	圆钉	kg	5.13	—	0.800	—	1.390
机械	履带式电动起重机 5t	台班	249.22	—	0.306	—	0.324
	木工圆锯机 500mm	台班	25.33	—	0.153	—	0.153

第五节 支撑梁与横梁

工作内容：混凝土：混凝土运输、浇筑、捣固、抹平、养护；
模板：1.模板制作，安装、涂脱模剂；2.模板拆除、修理、整堆。 计量单位：见表

定 额 编 号				S3-1-23	S3-1-24	S3-1-25	S3-1-26
项 目 名 称				支撑梁	支撑梁模板	横梁	横梁模板
单 位				10m³	10m²	10m³	10m²
基 价（元）				3998.11	645.41	3954.97	641.64
其中	人 工 费（元）			221.20	213.08	221.20	214.20
	材 料 费（元）			3776.91	384.05	3733.77	363.46
	机 械 费（元）			—	48.28	—	63.98
名 称		单位	单价（元）	消 耗			量
人工	综合工日	工日	140.00	1.580	1.522	1.580	1.530
材料	板方材	m³	1800.00	—	0.209	—	0.194
	电	kW·h	0.68	4.400	—	4.400	—
	模板嵌缝料	kg	1.71	—	0.500	—	0.500
	商品混凝土 C20（泵送）	m³	363.30	10.100	—	10.100	—
	水	m³	7.96	12.880	—	7.590	—
	塑料薄膜	m²	0.20	10.296	—	5.150	—
	脱模剂	kg	2.48	—	1.000	—	1.000
	圆钉	kg	5.13	—	0.880	—	2.130
机械	履带式电动起重机 5t	台班	249.22	—	0.180	—	0.243
	木工圆锯机 500mm	台班	25.33	—	0.135	—	0.135

262

第六节 墩(台)盖梁

工作内容：混凝土：混凝土运输、浇筑、捣固、抹平、养护；
模板：1.模板制作，安装、涂脱模剂；2.模板拆除、修理、整堆。　　　　　　计量单位：见表

定 额 编 号			S3-1-27	S3-1-28	S3-1-29	S3-1-30
项 目 名 称			墩盖梁	墩盖梁模板	台盖梁	台盖梁模板
单 位			10m³	10m²	10m³	10m²
基 价（元）			4423.05	560.14	4416.72	616.59
其中	人 工 费（元）		296.66	295.96	288.96	325.50
	材 料 费（元）		4126.39	129.04	4127.76	141.58
	机 械 费（元）		—	135.14	—	149.51
名 称	单位	单价(元)	消	耗		量
人工	综合工日	工日	140.00	2.119	2.114	2.064	2.325
材料	板方材	m³	1800.00	—	0.033	—	0.040
	电	kW·h	0.68	6.160	—	5.920	—
	钢支撑 φ25	kg	4.50	—	4.640	—	4.640
	零星卡具	kg	5.56	—	2.380	—	2.380
	模板嵌缝料	kg	1.71	—	0.500	—	0.500
	商品混凝土 C30(泵送)	m³	403.82	10.100	—	10.100	—
	水	m³	7.96	5.400	—	5.590	—
	塑料薄膜	m²	0.20	3.192	—	3.259	—
	铁件	kg	4.19	—	0.080	—	0.200
	脱模剂	kg	2.48	—	1.000	—	1.000
	圆钉	kg	5.13	—	0.310	—	0.200
	组合钢模板	kg	5.13	—	5.900	—	5.900
机械	履带式电动起重机 5t	台班	249.22	—	0.513	—	0.567
	木工圆锯机 500mm	台班	25.33	—	0.288	—	0.324

263

第七节 耳背墙

工作内容：1. 木模制作、安装、拆除、修理、涂脱模剂、堆放；
　　　　　2. 组合钢模组拼拆及安装、拆除、修理、涂脱模剂、堆放；
　　　　　3. 钢板手工氧气切割；
　　　　　4. 混凝土运输、浇筑、捣固及养生。

计量单位：见表

定　额　编　号			S3-1-31	S3-1-32
项　目　名　称			耳背墙	耳背墙模板
单　位			10m³	10m²
基　价（元）			4473.88	390.82
其中	人　工　费（元）		299.18	162.82
	材　料　费（元）		4174.70	165.20
	机　械　费（元）		—	62.80
名　称	单位	单价（元）	消　耗　　量	
人工	综合工日	工日	140.00	2.137	1.163
材料	板方材	m³	1800.00	—	0.026
	钢支撑 φ25	kg	4.50	—	5.580
	零星卡具	kg	5.56	—	2.380
	模板嵌缝料	kg	1.71	—	0.500
	尼龙帽	个	0.84	—	3.570
	商品混凝土 C30（泵送）	m³	403.82	10.100	—
	水	m³	7.96	12.000	—
	塑料薄膜	m²	0.20	3.000	—
	铁件	kg	4.19	—	10.140
	脱模剂	kg	2.48	—	1.000
	圆钉	kg	5.13	—	0.190
	组合钢模板	kg	5.13	—	5.900
机械	履带式电动起重机 5t	台班	249.22	—	0.252

第八节 混凝土拱桥

1.拱桥拱座

工作内容：混凝土：混凝土运输、浇筑、捣固、抹平、养护；
　　　　　模板：1.模板制作，安装、涂脱模剂；2.模板拆除、修理、整堆。　　　计量单位：见表

定 额 编 号				S3-1-33	S3-1-34
项 目 名 称				拱座	拱座模板
单 位				10m³	10m²
基 价 （元）				4601.19	1010.89
其中	人 工 费 （元）			483.00	636.86
	材 料 费 （元）			4118.19	363.32
	机 械 费 （元）			—	10.71
名 称		单位	单价（元）	消　耗	量
人工	综合工日	工日	140.00	3.450	4.549
材料	板方材	m³	1800.00	—	0.189
	电	kW•h	0.68	8.800	—
	模板嵌缝料	kg	1.71	—	0.500
	商品混凝土 C30(泵送)	m³	403.82	10.100	—
	水	m³	7.96	4.170	—
	塑料薄膜	m²	0.20	2.160	—
	铁件	kg	4.19	—	1.380
	脱模剂	kg	2.48	—	1.000
	圆钉	kg	5.13	—	2.730
机械	木工圆锯机 500mm	台班	25.33	—	0.423

2.拱桥拱肋

工作内容：混凝土：混凝土运输、浇筑、捣固、抹平、养护；
　　　　　模板：1.模板制作，安装、涂脱模剂；2.模板拆除、修理、整堆。　　　　　计量单位：见表

定　额　编　号					S3-1-35	S3-1-36
项　目　名　称					拱肋	拱肋模板
单　　位					10m³	10m²
基　　　　价（元）					4782.51	708.77
其中	人　工　费（元）				643.16	389.48
	材　料　费（元）				4139.35	309.94
	机　械　费（元）				—	9.35
	名　　称	单位	单价(元)	消　　耗		量
人工	综合工日	工日	140.00	4.594		2.782
材　　　　料	板方材	m³	1800.00	—		0.168
	电	kW·h	0.68	12.480		—
	模板嵌缝料	kg	1.71	—		0.500
	商品混凝土 C30(泵送)	m³	403.82	10.100		—
	水	m³	7.96	6.500		—
	塑料薄膜	m²	0.20	2.693		—
	脱模剂	kg	2.48	—		1.000
	圆钉	kg	5.13	—		0.820
机械	木工圆锯机 500mm	台班	25.33	—		0.369

266

3.拱上构件

工作内容：混凝土：混凝土运输、浇筑、捣固、抹平、养护；
模板：1.模板制作，安装、涂脱模剂；2.模板拆除、修理、整堆。　　　　　　　　计量单位：见表

定　额　编　号					S3-1-37	S3-1-38
项　目　名　称					拱上构件	拱上构件模板
单　　　位					10m³	10m²
基　　　价（元）					4855.27	797.49
其中	人　工　费（元）				765.10	437.92
	材　料　费（元）				4090.17	359.57
	机　械　费（元）				—	—
	名　　称	单位	单价（元）		消　　耗　　量	
人工	综合工日	工日	140.00		5.465	3.128
材料	板方材	m³	1800.00		—	0.196
	电	kW·h	0.68		20.840	—
	模板嵌缝料	kg	1.71		—	0.500
	商品混凝土 C25（泵送）	m³	389.11		10.100	—
	水	m³	7.96		17.890	—
	塑料薄膜	m²	0.20		17.904	—
	脱模剂	kg	2.48		—	1.000
	圆钉	kg	5.13		—	0.670

第九节 索塔

1. 索塔立柱

工作内容：混凝土：混凝土运输、浇筑、捣固、抹平、养护；
模板：1.模板制作，安装、涂脱模剂；2.模板拆除、修理、整堆。

计量单位：见表

定 额 编 号			S3-1-39	S3-1-40
项 目 名 称			索塔立柱(高50m内)	高50m内索塔立柱
				组合钢模板
单 位			10m³	10m²
基 价（元）			6146.07	705.84
其中	人 工 费（元）		747.32	456.54
	材 料 费（元）		5316.88	145.22
	机 械 费（元）		81.87	104.08
名 称		单位	单价（元）	消 耗 量	
人工	综合工日	工日	140.00	5.338	3.261
材料	板方材松木	m³	1800.00	—	0.006
	电	kW·h	0.68	7.600	—
	模板嵌缝料	kg	1.71	—	0.500
	商品混凝土 C50(泵送)	m³	506.98	10.400	—
	水	m³	7.96	4.900	—
	塑料薄膜	m²	0.20	0.576	—
	铁件	kg	4.19	—	4.000
	脱模剂	kg	2.48	—	1.000
	型钢	kg	3.70	—	3.600
	硬塑料管	m	7.50	—	8.200
	组合钢模板	kg	5.13	—	7.700
机械	混凝土输送泵 8m³/h	台班	440.17	0.186	—
	汽车式起重机 25t	台班	1084.16	—	0.096

工作内容：混凝土：混凝土运输、浇筑、捣固、抹平、养护；
　　　　　模板：1.模板制作，安装、涂脱模剂；2.模板拆除、修理、整堆。　　　　计量单位：见表

定　额　编　号				S3-1-41	S3-1-42
项　目　名　称				索塔立柱(高80m内)	高80m内索塔立柱
					组合钢模板
单　　　　位				10m³	10m²
基　　　　价（元）				7336.03	1171.08
其中	人　工　费（元）			865.90	748.02
	材　料　费（元）			5316.88	318.98
	机　械　费（元）			1153.25	104.08
名　　　称		单位	单价（元）	消　　耗　　量	
人工	综合工日	工日	140.00	6.185	5.343
材料	板方材松木	m³	1800.00	—	0.039
	电	kW·h	0.68	7.600	—
	模板嵌缝料	kg	1.71	—	0.500
	商品混凝土 C50（泵送）	m³	506.98	10.400	—
	水	m³	7.96	4.900	—
	塑料薄膜	m²	0.20	0.576	—
	铁件	kg	4.19	—	9.500
	脱模剂	kg	2.48	—	1.000
	型钢	kg	3.70	—	4.200
	硬塑料管	m	7.50	—	19.300
	圆钉	kg	5.13	—	0.040
	组合钢模板	kg	5.13	—	8.800
机械	混凝土输送泵 8m³/h	台班	440.17	2.620	—
	汽车式起重机 25t	台班	1084.16	—	0.096

工作内容：混凝土：混凝土运输、浇筑、捣固、抹平、养护；
　　　　　模板：1.模板制作，安装、涂脱模剂；2.模板拆除、修理、整堆。　　　　计量单位：见表

定　额　编　号				S3-1-43	S3-1-44
项　目　名　称				索塔立柱(高100m内)	高100m内索塔立柱 组合钢模板
单　　　　位				10m³	10m²
基　　　价（元）				6519.47	1442.88
其中	人　工　费（元）			930.16	935.06
	材　料　费（元）			5421.16	383.14
	机　械　费（元）			168.15	124.68
名　　　称		单位	单价（元）	消　　耗　　量	
人工	综合工日	工日	140.00	6.644	6.679
材料	板方材松木	m³	1800.00	—	0.047
	电	kW·h	0.68	7.600	—
	模板嵌缝料	kg	1.71	—	0.600
	商品混凝土 C50（泵送）	m³	506.98	10.400	—
	水	m³	7.96	18.000	—
	塑料薄膜	m²	0.20	0.576	—
	铁件	kg	4.19	—	11.400
	脱模剂	kg	2.48	—	1.200
	型钢	kg	3.70	—	5.040
	硬塑料管	m	7.50	—	23.160
	圆钉	kg	5.13	—	0.048
	组合钢模板	kg	5.13	—	10.560
机械	混凝土输送泵 60m³/h	台班	989.14	0.170	—
	汽车式起重机 25t	台班	1084.16	—	0.115

工作内容：混凝土：混凝土运输、浇筑、捣固、抹平、养护；
　　　　　模板：1.模板制作，安装、涂脱模剂；2.模板拆除、修理、整堆。　　　　计量单位：见表

定　额　编　号				S3-1-45	S3-1-46
项　目　名　称				索塔立柱(高150m内)	高150m内索塔立柱
					组合钢模板
单　　　位				10m³	10m²
基　　　　价（元）				6626.31	1938.72
其中	人　工　费（元）			1071.84	1402.66
	材　料　费（元）			5317.08	400.54
	机　械　费（元）			237.39	135.52
	名　　　称	单位	单价（元）	消　　耗　　量	
人工	综合工日	工日	140.00	7.656	10.019
材料	板方材松木	m³	1800.00	—	0.051
	电	kW·h	0.68	7.900	—
	模板嵌缝料	kg	1.71	—	0.650
	商品混凝土 C50(泵送)	m³	506.98	10.400	—
	水	m³	7.96	4.900	—
	塑料薄膜	m²	0.20	0.576	—
	铁件	kg	4.19	—	12.350
	脱模剂	kg	2.48	—	1.300
	型钢	kg	3.70	—	5.460
	硬塑料管	m	7.50	—	25.090
	圆钉	kg	5.13	—	0.052
	组合钢模板	kg	5.13	—	8.580
机械	混凝土输送泵 60m³/h	台班	989.14	0.240	—
	汽车式起重机 25t	台班	1084.16	—	0.125

2. 横梁、顶梁及腹系杆

工作内容：混凝土：混凝土运输、浇筑、捣固、抹平、养护；
模板：1.模板制作，安装、涂脱模剂；2.模板拆除、修理、整堆。　　　　　计量单位：见表

定 额 编 号			S3-1-47	S3-1-48
项 目 名 称			横梁、顶梁及腹系杆	横梁、顶梁及腹系杆
				组合钢模板
单 位			10m³	m²
基 价（元）			6378.00	917.01
其中	人 工 费（元）		952.14	710.92
	材 料 费（元）		5337.03	102.01
	机 械 费（元）		88.83	104.08
名 称	单位	单价（元）	消　　　耗　　　量	
人工	综合工日	工日	140.00	6.801	5.078
材料	板方材松木	m³	1800.00	—	0.012
	电	kW·h	0.68	4.400	—
	模板嵌缝料	kg	1.71	—	0.500
	商品混凝土 C50（泵送）	m³	506.98	10.400	—
	水	m³	7.96	7.590	—
	塑料薄膜	m²	0.20	5.150	—
	铁件	kg	4.19	—	3.700
	脱模剂	kg	2.48	—	1.000
	型钢	kg	3.70	—	3.600
	硬塑料管	m	7.50	—	1.030
	组合钢模板	kg	5.13	—	7.900
机械	履带式电动起重机 3t	台班	235.00	0.378	—
	汽车式起重机 25t	台班	1084.16	—	0.096

3.钢结构及钢筋

工作内容：1.制作、除锈、切割；
2.调直、下料、弯曲；
3.安装、焊接、固定。

计量单位：t

定 额 编 号			S3-1-49	S3-1-50	S3-1-51
项 目 名 称			劲性骨架	钢筋索塔立柱	钢筋横梁、顶梁及腹系杆
基 价（元）			4769.39	4820.58	4754.98
其中	人 工 费（元）		854.00	968.80	875.28
	材 料 费（元）		3666.50	3640.70	3646.68
	机 械 费（元）		248.89	211.08	233.02
名 称		单位	单价（元）	消 耗 量	
人工	综合工日	工日	140.00	6.100	6.920	6.252
材料	电焊条	kg	5.98	13.400	8.000	9.000
	镀锌铁丝 16号	kg	3.57	—	1.500	1.500
	钢板	t	3170.00	0.501	—	—
	螺纹钢筋 HRB400 φ10以内	kg	3.50	—	239.000	200.000
	螺纹钢筋 HRB400 φ10以上	kg	3.50	—	786.000	825.000
	铁杆	kg	4.50	13.200	—	—
	型钢	t	3700.00	0.524	—	—
机械	电动单筒慢速卷扬机 50kN	台班	215.57	—	0.355	0.355
	钢筋切断机 50mm	台班	54.52	—	0.075	0.075
	钢筋弯曲机 40mm	台班	25.58	—	0.189	0.189
	交流弧焊机 32kV·A	台班	83.14	1.310	1.511	1.775
	汽车式起重机 12t	台班	857.15	0.150	—	—
	小型机具使用费	元	1.00	11.400	—	—

工作内容：1.制作、除锈；
2.钢板划线、切割；
3.调直、下料、弯曲；
4.安装、焊接、固定。

计量单位：t

定　额　编　号				S3-1-52	S3-1-53	S3-1-54	S3-1-55
项　目　名　称				垫板、束道、锚固箱安装			
				高50m内	高80m内	高100m内	高150m内
基　　　　价（元）				4829.42	5080.44	5569.18	5719.40
其中	人　工　费（元）			521.22	828.38	1317.12	1467.34
	材　料　费（元）			4281.35	4141.07	4141.07	4141.07
	机　械　费（元）			26.85	110.99	110.99	110.99
名　　　称		单位	单价（元）	消	耗		量
人工	综合工日	工日	140.00	3.723	5.917	9.408	10.481
材料	电焊条	kg	5.98	1.000	6.000	6.000	6.000
	螺纹钢筋 HRB400 φ10以内	kg	3.50	—	8.000	8.000	8.000
	无缝钢管	kg	4.44	557.000	359.000	359.000	359.000
	氧气	m³	3.63	10.600	10.600	10.600	10.600
	乙炔气	kg	10.45	3.530	3.530	3.530	3.530
	中厚钢板(综合)	kg	3.51	492.000	686.000	686.000	686.000
机械	交流弧焊机 32kV·A	台班	83.14	0.323	1.335	1.335	1.335

274

工作内容：1.制作、除锈；
2.钢板划线、切割；
3.调直、下料、弯曲；
4.安装、焊接、固定。

计量单位：t

定 额 编 号					S3-1-56	
项 目 名 称					索鞍安装	
基 价（元）					26603.00	
其中	人 工 费（元）				1875.44	
	材 料 费（元）				24411.41	
	机 械 费（元）				316.15	
	名 称	单位	单价（元）	消 耗 量		
人工	综合工日	工日	140.00	13.396		
材料	电焊条	kg	5.98	1.300		
	索鞍构件	t	24270.00	1.000		
	氧气	m³	3.63	10.600		
	乙炔气	kg	10.45	3.530		
	中厚钢板(综合)	kg	3.51	16.600		
机械	电动单筒慢速卷扬机 50kN	台班	215.57	1.396		
	交流弧焊机 32kV•A	台班	83.14	0.183		

275

工作内容：1.制作、除锈、切割；
2.调直、下料、弯曲；
3.安装、焊接、固定。

计量单位：t

定 额 编 号				S3-1-57
项 目 名 称				铁梯安装
基 价（元）				4718.51
其中	人 工 费（元）			757.68
	材 料 费（元）			3908.42
	机 械 费（元）			52.41
	名 称	单位	单价（元）	消 耗 量
人工	综合工日	工日	140.00	5.412
材料	电焊条	kg	5.98	12.500
	螺纹钢筋 HRB400 φ10以上	kg	3.50	504.000
	型钢	kg	3.70	539.000
	氧气	m³	3.63	10.600
	乙炔气	kg	10.45	3.530
机械	钢筋切断机 50mm	台班	54.52	0.022
	交流弧焊机 32kV·A	台班	83.14	0.616

工作内容：1.制作、除锈；
　　　　　2.钢板划线、切割；
　　　　　3.调直、下料、弯曲；
　　　　　4.安装、焊接、固定。

计量单位：处

定　额　编　号				S3-1-58	
项　目　名　称				避雷针安装	
基　　　　价（元）				2152.06	
其中	人　工　费（元）			1749.16	
	材　料　费（元）			402.90	
	机　械　费（元）			—	
名　　称		单位	单价（元）	消　　耗　　量	
人工	综合工日	工日	140.00	12.494	
材料	螺纹钢筋 HRB400 φ10以内	kg	3.50	19.000	
	螺纹钢筋 HRB400 φ10以上	kg	3.50	48.000	
	无缝钢管	kg	4.44	12.000	
	型钢	kg	3.70	6.000	
	氧气	m³	3.63	10.600	
	乙炔气	kg	10.45	3.530	
	中厚钢板(综合)	kg	3.51	5.000	

277

工作内容：混凝土：混凝土运输、浇筑、捣固、抹平、养护；
　　　　　模板：1.模板制作，安装、涂脱模剂；2.模板拆除、修理、整堆。　　　　计量单位：10m³

定 额 编 号				S3-1-59
项 目 名 称				现浇混凝土锚块
基 价（元）				4893.11
其中	人 工 费（元）			487.20
	材 料 费（元）			4297.10
	机 械 费（元）			108.81
名 称		单位	单价(元)	消 耗 量
人工	综合工日	工日	140.00	3.480
材料	钢管	t	4060.00	0.001
	锯材	m³	1800.00	0.005
	商品混凝土 C30(泵送)	m³	403.82	10.400
	水	m³	7.96	4.900
	铁杆	kg	4.50	0.100
	型钢	t	3700.00	0.003
	原木	m³	1491.00	0.002
	组合钢模板	t	5130.00	0.006
机械	混凝土输送泵 60m³/h	台班	989.14	0.110

278

工作内容：1.制作、除锈、切割；
　　　　　2.调直、下料、弯曲；
　　　　　3.安装、焊接、固定。

计量单位：t

定　额　编　号			S3-1-60	
项　目　名　称			钢筋锚块	
基　　　　价（元）			4576.58	
其中	人　工　费（元）		884.80	
	材　料　费（元）		3633.82	
	机　械　费（元）		57.96	
	名　　称	单位	单价（元）	消　耗　量
人工	综合工日	工日	140.00	6.320
材料	电焊条	kg	5.98	3.900
	镀锌铁丝　22号	kg	3.57	3.400
	钢筋(综合)	t	3450.00	0.984
	钢筋连接套筒	个	4.62	13.000
	螺纹钢筋　HRB400　φ10以内	t	3500.00	0.041
机械	对焊机　150kV·A	台班	111.19	0.110
	交流弧焊机　32kV·A	台班	83.14	0.390
	小型机具使用费	元	1.00	13.300

第十节 箱梁

工作内容：混凝土：混凝土运输、浇筑、捣固、抹平、养护；
　　　　　模板：1.模板制作，安装、涂脱模剂；2.模板拆除、修理、整堆。　　　　　计量单位：见表

定 额 编 号				S3-1-61	S3-1-62
项 目 名 称				0号块件	现浇混凝土0号块件模板
单 位				10m³	10m²
基 价 （元）				5797.45	2363.89
其中	人 工 费 （元）			1212.68	1655.92
	材 料 费 （元）			4584.77	544.63
	机 械 费 （元）			—	163.34
名 称		单位	单价(元)	消 耗 量	
人工	综合工日	工日	140.00	8.662	11.828
材料	板方材	m³	1800.00	—	0.293
	电	kW·h	0.68	28.000	—
	模板嵌缝料	kg	1.71	—	0.500
	商品混凝土 C40(泵送)	m³	445.34	10.100	—
	水	m³	7.96	6.600	—
	塑料薄膜	m²	0.20	4.277	—
	铁件	kg	4.19	—	1.480
	脱模剂	kg	2.48	—	1.000
	圆钉	kg	5.13	—	1.500
	中厚钢板 δ15以内	kg	3.60	4.000	—
机械	履带式电动起重机 5t	台班	249.22	—	0.531
	木工圆锯机 500mm	台班	25.33		1.224

工作内容：混凝土：混凝土、运输、浇筑、捣固、抹平、养护；
模板：1.模板制作，安装、涂脱模剂；2.模板拆除、修理、整堆。   计量单位：见表

定 额 编 号			S3-1-63	S3-1-64
项 目 名 称			悬浇商品混凝土箱梁	悬浇混凝土箱梁模板
单 位			10m³	10m²
基 价 （元）			5761.69	1952.24
其中	人 工 费 （元）		1167.18	1326.08
	材 料 费 （元）		4594.51	496.12
	机 械 费 （元）		—	130.04
名 称		单位	单价（元）	消 耗 量
人工	综合工日	工日	140.00	8.337	9.472
材料	板方材	m³	1800.00	—	0.269
	电	kW·h	0.68	25.040	—
	模板嵌缝料	kg	1.71	—	0.500
	商品混凝土 C40(泵送)	m³	445.34	10.100	—
	水	m³	7.96	7.600	—
	塑料薄膜	m²	0.20	5.246	—
	铁件	kg	4.19	—	0.740
	脱模剂	kg	2.48	—	1.000
	圆钉	kg	5.13	—	1.070
	中厚钢板 δ15以内	kg	3.60	5.000	—
机械	履带式电动起重机 5t	台班	249.22	—	0.423
	木工圆锯机 500mm	台班	25.33	—	0.972

工作内容：混凝土：混凝土运输、浇筑、捣固、抹平、养护；
模板：1. 模板制作，安装、涂脱模剂；2. 模板拆除、修理、整堆。　　　　　　计量单位：见表

定　额　编　号				S3-1-65	S3-1-66
项　目　名　称				支架上商品混凝土箱梁	支架上现浇混凝土箱梁模板
单　　位				10m³	10m²
基　　价（元）				5765.11	1548.46
其中	人　工　费（元）			1151.08	996.24
	材　料　费（元）			4614.03	455.25
	机　械　费（元）			—	96.97
名　　　称		单位	单价（元）	消　　　耗　　　量	
人工	综合工日	工日	140.00	8.222	7.116
材料	板方材	m³	1800.00	—	0.245
	电	kW•h	0.68	39.190	—
	模板嵌缝料	kg	1.71	—	0.500
	商品混凝土 C40（泵送）	m³	445.34	10.100	—
	水	m³	7.96	7.930	—
	塑料薄膜	m²	0.20	5.597	—
	铁件	kg	4.19	—	1.430
	脱模剂	kg	2.48	—	1.000
	圆钉	kg	5.13	—	0.960
	中厚钢板 δ15以内	kg	3.60	7.000	—
机械	履带式电动起重机 5t	台班	249.22	—	0.315
	木工圆锯机 500mm	台班	25.33	—	0.729

第十一节 连续板

工作内容：混凝土：混凝土运输、浇筑、捣固、抹平、养护；
模板：1.模板制作，安装、涂脱模剂；2.模板拆除、修理、整堆。 计量单位：10m³

定 额 编 号				S3-1-67
项 目 名 称				矩形实体连续板
基 价 （元）				4997.28
其中	人 工 费 （元）			856.38
	材 料 费 （元）			4140.90
	机 械 费 （元）			—
名 称	单位	单价（元）	消 耗 量	
人工	综合工日	工日	140.00	6.117
材料	电	kW•h	0.68	12.840
	商品混凝土 C30(泵送)	m³	403.82	10.100
	水	m³	7.96	6.510
	塑料薄膜	m²	0.20	8.832

工作内容：混凝土：混凝土、运输、浇筑、捣固、抹平、养护；
模板：1.模板制作，安装、涂脱模剂；2.模板拆除、修理、整堆。　　　计量单位：10m²

定　额　编　号				S3-1-68	
项　目　名　称				矩形实体连续板模板	
基　　　　　价（元）				466.50	
其中	人　工　费（元）			292.60	
	材　料　费（元）			117.14	
	机　械　费（元）			56.76	
名　　　称		单位	单价(元)	消　　耗　　量	
人工	综合工日	工日	140.00	2.090	
材料	板方材	m³	1800.00	0.027	
	钢支撑　φ25	kg	4.50	4.640	
	零星卡具	kg	5.56	2.380	
	模板嵌缝料	kg	1.71	0.500	
	脱模剂	kg	2.48	1.000	
	圆钉	kg	5.13	0.160	
	组合钢模板	kg	5.13	5.900	
机械	履带式电动起重机 5t	台班	249.22	0.225	
	木工圆锯机 500mm	台班	25.33	0.027	

284

工作内容：混凝土：混凝土运输、浇筑、捣固、抹平、养护；
模板：1.模板制作，安装、涂脱模剂；2.模板拆除、修理、整堆。　　　　　　　　　　　计量单位：见表

定　额　编　号			S3-1-69	S3-1-70
项　目　名　称			矩形空心连续板	矩形空心连续板模板
单　　　　位			10m³	10m²
基　　　价（元）			5038.52	852.93
其中	人　工　费（元）		858.48	514.78
	材　料　费（元）		4180.04	280.83
	机　械　费（元）		—	57.32
名　　称	单位	单价(元)	消　　　耗　　　量	
人工 综合工日	工日	140.00	6.132	3.677
材料 板方材	m³	1800.00	—	0.147
电	kW·h	0.68	13.440	—
模板嵌缝料	kg	1.71	—	0.500
商品混凝土 C30(泵送)	m³	403.82	10.100	—
水	m³	7.96	11.340	—
塑料薄膜	m²	0.20	10.286	—
铁件	kg	4.19	—	2.600
脱模剂	kg	2.48	—	1.000
圆钉	kg	5.13	—	0.390
机械 履带式电动起重机 5t	台班	249.22	—	0.198
木工圆锯机 500mm	台班	25.33	—	0.315

第十二节 板拱

工作内容：混凝土：混凝土运输、浇筑、捣固、抹平、养护；
　　　　　模板：1.模板制作，安装、涂脱模剂；2.模板拆除、修理、整堆。　　　　计量单位：见表

定 额 编 号					S3-1-71	S3-1-72
项 目 名 称					板拱	板拱模板
单 位					10m³	10m²
基 价（元）					5251.99	1182.88
其中	人 工 费（元）				1104.18	803.32
	材 料 费（元）				4147.81	316.42
	机 械 费（元）				—	63.14
名 称		单位	单价(元)		消 耗 量	
人工	综合工日	工日	140.00		7.887	5.738
材料	板方材	m³	1800.00		—	0.172
	电	kW·h	0.68		13.320	—
	模板嵌缝料	kg	1.71		—	0.500
	商品混凝土 C30(泵送)	m³	403.82		10.100	—
	水	m³	7.96		7.300	—
	塑料薄膜	m²	0.20		10.306	—
	脱模剂	kg	2.48		—	1.000
	圆钉	kg	5.13		—	0.680
机械	履带式电动起重机 5t	台班	249.22		—	0.225
	木工圆锯机 500mm	台班	25.33		—	0.279

第十三节 楼梯

工作内容：混凝土：混凝土运输、浇筑、捣固、抹平、养护；
　　　　　模板：1.模板制作，安装、涂脱模剂；2.模板拆除、修理、整堆。　　　　　　　计量单位：见表

定 额 编 号			S3-1-73	S3-1-74	S3-1-75	S3-1-76
项 目 名 称			整体混凝土楼梯	普通型梯道模板	螺旋型、异型整体混凝土楼梯	螺旋型异型梯道模板
单 位			10m³	10m²	10m³	10m²
基 价 （元）			4549.38	2247.90	4683.85	2505.25
其中	人 工 费 （元）		812.98	1551.20	931.98	1667.68
	材 料 费 （元）		3736.40	663.08	3751.87	798.34
	机 械 费 （元）		—	33.62	—	39.23
名 称		单位	单价（元）	消 耗		量
人工	综合工日	工日	140.00	5.807	11.080	6.657	11.912
材料	板方材	m³	1800.00	—	0.336	—	0.405
	电	kW·h	0.68	7.320	—	9.150	—
	模板嵌缝料	kg	1.71	—	2.040	—	1.610
	商品混凝土 C20（泵送）	m³	363.30	10.100	—	10.100	—
	水	m³	7.96	7.750	—	9.520	—
	塑料薄膜	m²	0.20	2.016	—	2.688	—
	圆钉	kg	5.13	—	10.680	—	12.980
机械	木工圆锯机 500mm	台班	25.33	—	0.520	—	0.580
	载重汽车 4t	台班	408.97	—	0.050	—	0.060

第十四节 防撞护栏

工作内容：混凝土：混凝土运输、浇筑、捣固、抹平、养护；
　　　　　模板：1.模板制作，安装、涂脱模剂；2.模板拆除、修理、整堆。　　　　计量单位：10m³

定　额　编　号				S3-1-77
项　目　名　称				防撞护栏
基　　　价（元）				5036.87
其中	人　工　费（元）			908.88
	材　料　费（元）			4127.99
	机　械　费（元）			—
名　　称	单位	单价(元)	消　　耗　　　量	
人工	综合工日	工日	140.00	6.492
材料	电	kW·h	0.68	14.640
	商品混凝土 C30(泵送)	m³	403.82	10.100
	水	m³	7.96	4.920
	塑料薄膜	m²	0.20	1.469

工作内容：混凝土：混凝土配、拌、运输、浇筑、捣固、抹平、养护；
模板：1.模板制作，安装、涂脱模剂；2.模板拆除、修理、整堆。 计量单位：10m²

定 额 编 号				S3-1-78
项 目 名 称				防撞护栏模板
基 价（元）				856.26
其中	人 工 费（元）			583.94
	材 料 费（元）			66.13
	机 械 费（元）			206.19
名 称		单位	单价（元）	消 耗 量
人工	综合工日	工日	140.00	4.171
材料	定型钢模板	kg	5.13	12.240
	模板嵌缝料	kg	1.71	0.500
	脱模剂	kg	2.48	1.000
机械	汽车式起重机 8t	台班	763.67	0.270

289

第十五节 小型构件

工作内容：混凝土：混凝土运输、浇筑、捣固、抹平、养护；
　　　　　模板：1.模板制作，安装、涂脱模剂；2.模板拆除、修理、整堆。　　　　　计量单位：10m³

定　额　编　号				S3-1-79
项　目　名　称				立柱、端柱、灯柱
基　　　　价（元）				6810.77
其中	人　工　费（元）			2351.30
	材　料　费（元）			4063.74
	机　械　费（元）			395.73
名　　称	单位	单价(元)	消　　耗　　量	
人工	综合工日	工日	140.00	16.795	
材料	商品混凝土 C25(泵送)	m³	389.11	10.100	
	水	m³	7.96	16.800	
机械	机动翻斗车 1t	台班	220.18	1.130	
	双锥反转出料混凝土搅拌机 350L	台班	253.32	0.580	

290

工作内容：混凝土：混凝土配、拌、运输、浇筑、捣固、抹平、养护；
　　　　　模板：1.模板制作，安装、涂脱模剂；2.模板拆除、修理、整堆。　　　　　　计量单位：10m²

定　额　编　号				S3-1-80
项　目　名　称				立柱、端柱、灯柱模板
基　　　　价（元）				1195.86
其中	人　工　费（元）			883.12
	材　料　费（元）			298.38
	机　械　费（元）			14.36
	名　　称	单位	单价（元）	消　耗　量
人工	综合工日	工日	140.00	6.308
材料	板方材	m³	1800.00	0.150
	模板嵌缝料	kg	1.71	0.500
	铁件	kg	4.19	4.790
	脱模剂	kg	2.48	1.000
	圆钉	kg	5.13	0.970
机械	木工圆锯机 500mm	台班	25.33	0.567

工作内容：混凝土：混凝土运输、浇筑、捣固、抹平、养护；
模板：1.模板制作、安装、涂脱模剂；2.模板拆除、修理、整堆。　　　　　　　计量单位：10m³

定　额　编　号				地梁、侧石、缘石	
项　目　名　称				地梁、侧石、缘石	
基　　价（元）				6265.27	
其中	人　工　费（元）			1838.76	
	材　料　费（元）			4030.78	
	机　械　费（元）			395.73	
名　　称		单位	单价（元）	消　　耗　　量	
人工	综合工日	工日	140.00	13.134	
材料	电	kW·h	0.68	16.280	
	商品混凝土 C25（泵送）	m³	389.11	10.100	
	水	m³	7.96	11.010	
	塑料薄膜	m²	0.20	10.301	
机械	机动翻斗车 1t	台班	220.18	1.130	
	双锥反转出料混凝土搅拌机 350L	台班	253.32	0.580	

292

工作内容：混凝土：混凝土配、拌、运输、浇筑、捣固、抹平、养护；
模板：1.模板制作，安装、涂脱模剂；2.模板拆除、修理、整堆。 计量单位：见表

定 额 编 号				S3-1-82	S3-1-83	S3-1-84
项 目 名 称				地梁、侧石、缘石模板	栏杆、扶手等小型构件	栏杆等零星构件模板
单 位				10m²	10m³	10m²
基 价（元）				661.31	5512.27	587.12
其中	人 工 费（元）			400.40	1635.20	427.00
	材 料 费（元）			257.95	3877.07	149.58
	机 械 费（元）			2.96	—	10.54
	名 称	单位	单价（元）	消	耗	量
人工	综合工日	工日	140.00	2.860	11.680	3.050
材料	板方材	m³	1800.00	0.139	—	0.077
	模板嵌缝料	kg	1.71	0.500	—	—
	商品混凝土 C20(泵送)	m³	363.30	—	10.300	—
	水	m³	7.96	—	7.420	—
	脱模剂	kg	2.48	1.000	—	—
	圆钉	kg	5.13	0.860	—	2.140
	其他材料费占材料费	%	—	—	2.000	—
机械	木工圆锯机 500mm	台班	25.33	0.117	—	0.093
	载重汽车 4t	台班	408.97	—	—	0.020

第十六节 桥面铺装

工作内容：混凝土：混凝土运输、浇筑、捣固、抹平、养护；
　　　　　模板：1.模板制作，安装、涂脱模剂；2.模板拆除、修理、整堆。　　　　　计量单位：10m³

定　额　编　号				S3-1-85	S3-1-86	S3-1-87
项　目　名　称				人行道	车行道	桥头搭板
基　　　　价（元）				4486.12	4653.00	4937.33
其中	人　工　费（元）			658.70	683.34	587.30
	材　料　费（元）			3827.42	3969.66	4350.03
	机　械　费（元）			—	—	—
名　　称	单位	单价（元）	消	耗		量
人工	综合工日	工日	140.00	4.705	4.881	4.195
材料	板方材	m³	1800.00	0.007	0.017	0.025
	电	kW·h	0.68	7.920	9.000	—
	模板嵌缝料	kg	1.71	0.030	0.080	—
	商品混凝土 C20(泵送)	m³	363.30	10.100	10.100	—
	商品混凝土 C30(泵送)	m³	403.82	—	—	10.200
	水	m³	7.96	16.800	31.500	16.400
	塑料薄膜	m²	0.20	30.902	61.824	—
	脱模剂	kg	2.48	0.060	0.150	—
	其他材料费	元	1.00	—	—	55.520

工作内容：混凝土浇筑、捣固、抹平、养护等。 计量单位：10m³

定　额　编　号			S3-1-88	
项　目　名　称			伸缩缝钢纤维混凝土	
基　　　价（元）			7048.57	
其中	人　工　费（元）		470.12	
	材　料　费（元）		6578.45	
	机　械　费（元）		—	
名　　称	单位	单价（元）	消　　耗　　量	
人工	综合工日	工日	140.00	3.358
材料	板方材	m³	1800.00	0.017
	电	kW·h	0.68	8.571
	钢纤维	kg	3.96	500.000
	化纤无纺布	m²	2.40	31.070
	嵌缝膏	kg	0.56	0.080
	商品混凝土 C40（非泵送）	m³	421.09	10.100
	水	m³	7.96	29.400
	脱模剂	kg	2.48	0.150

第二章 预制混凝土

第二章 近代影戏士

说　　明

一、本章定额包括预制桩、板、梁及其他构件等项目。

二、本章定额适用于桥涵工程现场制作的预制构件。

三、本章定额中均未包括预埋铁件，如设计要求预埋铁件时，可按设计用量套用本册第三章有关项目。

四、本章定额不包括地模费用，需要时可套用本册第八章有关定额计算。

五、定额中均已包括装车、船的工作内容。

六、小型构件安装已包括150m场内的运输，其他构件均未包括场内运输。小型构件指单件混凝土体积≤0.05m³的构件。

七、安装预制构件，应根据施工现场具体情况，采用合理的施工方法，套用相应定额。

八、除安装梁分陆上、水上安装外，其他构件安装均未考虑船上吊装，发生时可增计船只台班。

九、安装预制构件定额中均未包括脚手架，如需要用脚手架时，发生时套用"通用项目相关子目"。

十、导梁安装定额中不包括导梁的安装及使用，发生时可套用本册第六章相关定额，工程量按实计算。

十一、架桥机安装节段梁定额中未包括组装、拆卸架桥机(发生时可套用本册第八章相应定额)、临时束和永久束的制作、安装费用。

工程量计算规则

一、混凝土工程量计算

1. 预制桩工程量按桩长度(包括桩尖长度)乘以桩截面面积计算。

2. 预制混凝土空心构件按设计图尺寸扣除空心体积,以实体积计算。空心板梁的堵头板体积不计入工程量内,其消耗量已在定额中考虑。

3. 预制混凝土空心板梁,凡采用橡胶囊做内模的,考虑其压缩变形因素,可增加混凝土数量,当梁长在16m以内时,可按设计计算体积增加7%,若梁长大于16m时,则增加9%计算。如设计图已注明考虑橡胶囊变形,不得再增加计算。

4. 预应力混凝土构件的封锚混凝土数量并入构件混凝土工程量计算。

5. 运距按场内运输范围(150m以内)构件堆放中心至起吊点的距离计算,超出该范围的按场外运输计算。

6. 本章定额安装预制混凝土构件,均按构件混凝土实体积(不包括空心部分)计算。

7. 驳船未包括进出场费。

二、模板工程量计算

1. 预制构件中预应力混凝土构件及T形梁、I形梁等构件均按模板接触混凝土的面积(包括侧模、底模)计算。

2. 预制构件中非预应力构件按模板接触混凝土的面积计算,不包括地模。

3. 空心板梁中空心部分,本定额均采用橡胶囊抽拔,其摊销量已包括在定额中,不再计算空心部分模板工程量。

4. 预制空心板中空心部分(非橡胶囊),可按模板接触混凝土的面积以"m²"计算。

5. 预制灯柱、端柱、栏杆等小型构件按平面投影面积以"m²"计算。

6. 拱圈底模按模板接触砌体的面积以"m²"计算。

第一节 预制桩

工作内容：混凝土：混凝土配、拌、运输、浇筑、捣固、抹平、养护；
　　　　　模板：1.模板制作，安装、涂脱模剂；2.模板拆除、修理、整堆。　　　　计量单位：见表

定　额　编　号				S3-2-1	S3-2-2
项　目　名　称				方桩	方桩模板
单　　位				10m³	10m²
基　　　价（元）				5532.84	438.57
其中	人　工　费（元）			1246.98	339.22
	材　料　费（元）			4096.45	99.35
	机　械　费（元）			189.41	—
名　　称		单位	单价（元）	消　　耗	量
人工	综合工日	工日	140.00	8.907	2.423
材料	板方材	m³	1800.00	—	0.032
	电	kW·h	0.68	1.824	—
	钢支撑 φ25	kg	4.50	—	4.640
	零星卡具	kg	5.56	—	1.180
	模板嵌缝料	kg	1.71	—	0.500
	商品混凝土 C30(泵送)	m³	403.82	10.100	—
	水	m³	7.96	1.894	—
	塑料薄膜	m²	0.20	7.738	—
	脱模剂	kg	2.48	—	1.000
	圆钉	kg	5.13	—	0.170
	组合钢模板	kg	5.13	—	1.970
机械	履带式电动起重机 5t	台班	249.22	0.760	—

工作内容：混凝土：混凝土运输、浇筑、捣固、抹平、养护；
　　　　　模板：1.模板制作，安装、涂脱模剂；2.模板拆除、修理、整堆。　　　　　计量单位：10m³

定　额　编　号				S3-2-3
项　目　名　称				板桩
基　　　　价（元）				5612.75
其中	人　工　费（元）			1306.06
	材　料　费（元）			4099.84
	机　械　费（元）			206.85
名　　　称	单位	单价（元）	消　　耗　　量	
人工	综合工日	工日	140.00	9.329
材 料	电	kW·h	0.68	1.992
	商品混凝土 C30（泵送）	m³	403.82	10.100
	水	m³	7.96	2.190
	塑料薄膜	m²	0.20	12.379
机械	履带式电动起重机 5t	台班	249.22	0.830

工作内容：混凝土：混凝土配、拌、运输、浇筑、捣固、抹平、养护；
　　　　　模板：1.模板制作，安装、涂脱模剂；2.模板拆除、修理、整堆。　　　　　计量单位：10m²

定　额　编　号				S3-2-4
项　目　名　称				板桩模板
基　　　　价（元）				927.34
其中	人　工　费（元）			581.28
	材　料　费（元）			329.58
	机　械　费（元）			16.48
名　　　称		单位	单价（元）	消　耗　　　量
人工	综合工日	工日	140.00	4.152
材料	板方材	m³	1800.00	0.177
	模板嵌缝料	kg	1.71	0.500
	脱模剂	kg	2.48	1.000
	圆钉	kg	5.13	1.490
机械	木工平刨床 500mm	台班	22.86	0.342
	木工圆锯机 500mm	台班	25.33	0.342

第二节 预制立桩

工作内容：混凝土：混凝土运输、浇筑、捣固、抹平、养护；
模板：1.模板制作、安装、涂脱模剂；2.模板拆除、修理、整堆。　　　　计量单位：10m³

定　额　编　号			S3-2-5
项　目　名　称			矩形混凝土立柱
基　　　价（元）			5514.42
其中	人　工　费（元）		1232.98
	材　料　费（元）		4094.52
	机　械　费（元）		186.92
名　　称	单位	单价（元）	消　　耗　　量
人工	综合工日	工日	140.00	8.807
材料	电	kW·h	0.68	9.000
	商品混凝土 C30（泵送）	m³	403.82	10.100
	水	m³	7.96	1.214
	塑料薄膜	m²	0.20	0.773
机械	履带式电动起重机 5t	台班	249.22	0.750

工作内容：混凝土：混凝土配、拌、运输、浇筑、捣固、抹平、养护；
　　　　　模板：1.模板制作，安装、涂脱模剂；2.模板拆除、修理、整堆。　　　　　计量单位：10m²

定　额　编　号				S3-2-6	
项　目　名　称				矩形立柱模板	
基　　　　　价（元）				436.64	
其中	人　工　费（元）			339.22	
	材　料　费（元）			96.12	
	机　械　费（元）			1.30	
名　　　　称		单位	单价(元)	消　　耗　　　　量	
人工	综合工日	工日	140.00	2.423	
材料	板方材	m³	1800.00	0.029	
	钢支撑 φ25	kg	4.50	4.640	
	零星卡具	kg	5.56	1.180	
	模板嵌缝料	kg	1.71	0.500	
	铁件	kg	4.19	0.480	
	脱模剂	kg	2.48	1.000	
	圆钉	kg	5.13	0.200	
	组合钢模板	kg	5.13	1.970	
机械	木工平刨床 500mm	台班	22.86	0.027	
	木工圆锯机 500mm	台班	25.33	0.027	

工作内容：混凝土：混凝土运输、浇筑、捣固、抹平、养护；
　　　　　模板：1.模板制作，安装、涂脱模剂；2.模板拆除、修理、整堆。　　　　计量单位：10m³

定　额　编　号		S3-2-7	
项　目　名　称		异形混凝土立柱	
基　　　价（元）		5677.22	
其 中	人　工　费（元）	1363.32	
	材　料　费（元）	4089.60	
	机　械　费（元）	224.30	
名　　　称	单位	单价（元）	消　　耗　　量
人 工	综合工日	工日	140.00	9.738
材 料	电	kW·h	0.68	2.160
	商品混凝土 C30（泵送）	m³	403.82	10.100
	水	m³	7.96	1.146
	塑料薄膜	m²	0.20	2.131
机 械	履带式电动起重机 5t	台班	249.22	0.900

306

工作内容：混凝土：混凝土配、拌、运输、浇筑、捣固、抹平、养护；
模板：1.模板制作，安装、涂脱模剂；2.模板拆除、修理、整堆。　　　　　　　　计量单位：10m²

定　额　编　号				S3-2-8
项　目　名　称				异形立柱模板
基　　　价（元）				895.64
其中	人　工　费（元）			514.78
	材　料　费（元）			366.98
	机　械　费（元）			13.88
名　　　称		单位	单价(元)	消　　　耗　　　量
人工	综合工日	工日	140.00	3.677
材料	板方材	m³	1800.00	0.190
	模板嵌缝料	kg	1.71	0.500
	铁件	kg	4.19	3.710
	脱模剂	kg	2.48	1.000
	圆钉	kg	5.13	1.190
机械	木工平刨床 500mm	台班	22.86	0.288
	木工圆锯机 500mm	台班	25.33	0.288

第三节 预制板

工作内容：混凝土：混凝土运输、浇筑、捣固、抹平、养护；
模板：1.模板制作，安装、涂脱模剂；2.模板拆除、修理、整堆。　　　　　计量单位：10m³

定 额 编 号				S3-2-9	
项 目 名 称				矩形混凝土板	
基 价（元）				5493.11	
其中	人 工 费（元）			1222.34	
	材 料 费（元）			4088.84	
	机 械 费（元）			181.93	
名 称		单位	单价（元）	消 耗 量	
人工	综合工日	工日	140.00	8.731	
材料	电	kW•h	0.68	1.748	
	商品混凝土 C30(泵送)	m³	403.82	10.100	
	水	m³	7.96	0.867	
	塑料薄膜	m²	0.20	10.848	
机械	履带式电动起重机 5t	台班	249.22	0.730	

308

工作内容：混凝土：混凝土配、拌、运输、浇筑、捣固、抹平、养护；
　　　　模板：1.模板制作、安装、涂脱模剂；2.模板拆除、修理、整堆。　　　　　计量单位：10m²

定　额　编　号				S3-2-10
项　目　名　称				矩形板模板
基　　　　价（元）				409.63
其中	人　工　费（元）			295.26
	材　料　费（元）			113.07
	机　械　费（元）			1.30
名　　　称		单位	单价（元）	消　　耗　　量
人工	综合工日	工日	140.00	2.109
材料	板方材	m³	1800.00	0.037
	钢支撑 φ25	kg	4.50	4.640
	零星卡具	kg	5.56	1.180
	模板嵌缝料	kg	1.71	0.500
	铁件	kg	4.19	0.820
	脱模剂	kg	2.48	1.000
	圆钉	kg	5.13	0.420
	组合钢模板	kg	5.13	1.970
机械	木工平刨床 500mm	台班	22.86	0.027
	木工圆锯机 500mm	台班	25.33	0.027

工作内容：混凝土：混凝土运输、浇筑、捣固、抹平、养护；
　　　　　模板：1.模板制作，安装、涂脱模剂；2.模板拆除、修理、整堆。　　　　　计量单位：10m³

定　额　编　号			S3-2-11
项　目　名　称			空心板
基　　　价（元）			5540.51
其中	人　工　费（元）		1248.24
	材　料　费（元）		4102.86
	机　械　费（元）		189.41
名　　　称	单位	单价(元)	消　　耗　　量
人工	综合工日	工日	140.00	8.916
材料	电	kW·h	0.68	1.824
	商品混凝土 C30(泵送)	m³	403.82	10.100
	水	m³	7.96	2.648
	塑料薄膜	m²	0.20	9.802
机械	履带式电动起重机 5t	台班	249.22	0.760

工作内容：混凝土：混凝土配、拌、运输、浇筑、捣固、抹平、养护；
模板：1.模板制作，安装、涂脱模剂；2.模板拆除、修理、整堆。 计量单位：10㎡

定 额 编 号				S3-2-12
项 目 名 称				空心板模板
基 价（元）				**650.26**
其中	人 工 费（元）			453.60
	材 料 费（元）			181.48
	机 械 费（元）			15.18
	名 称	单位	单价（元）	消 耗 量
人工	综合工日	工日	140.00	3.240
材料	板方材	m³	1800.00	0.095
	模板嵌缝料	kg	1.71	0.500
	铁件	kg	4.19	1.080
	脱模剂	kg	2.48	1.000
	圆钉	kg	5.13	0.510
机械	木工平刨床 500mm	台班	22.86	0.315
	木工圆锯机 500mm	台班	25.33	0.315

工作内容：混凝土：混凝土运输、浇筑、捣固、抹平、养护；
模板：1.模板制作，安装、涂脱模剂；2.模板拆除、修理、整堆。　　　　　　　　　计量单位：10m³

定　额　编　号				S3-2-13
项　目　名　称				微弯板
基　　　　价（元）				5495.71
其中	人　工　费（元）			1387.96
	材　料　费（元）			4107.75
	机　械　费（元）			—
名　　　称	单位	单价（元）	消　　耗　　　量	
人工	综合工日	工日	140.00	9.914
材料	电	kW•h	0.68	0.744
	商品混凝土 C30(泵送)	m³	403.82	10.100
	水	m³	7.96	3.162
	塑料薄膜	m²	0.20	17.472

工作内容：混凝土：混凝土配、拌、运输、浇筑、捣固、抹平、养护；
　　　　　模板：1.模板制作，安装、涂脱模剂；2.模板拆除、修理、整堆。　　　　　计量单位：10m²

定　额　编　号	S3-2-14
项　目　名　称	微弯板模板
基　　　价（元）	711.42

其中	人　工　费（元）	472.22
	材　料　费（元）	227.92
	机　械　费（元）	11.28

	名　　　称	单位	单价（元）	消　　耗　　量
人工	综合工日	工日	140.00	3.373
材料	板方材	m³	1800.00	0.112
	模板嵌缝料	kg	1.71	0.500
	铁件	kg	4.19	3.160
	脱模剂	kg	2.48	1.000
	圆钉	kg	5.13	1.900
机械	木工平刨床 500mm	台班	22.86	0.234
	木工圆锯机 500mm	台班	25.33	0.234

第四节 预制梁

工作内容：混凝土：混凝土运输、浇筑、捣固、抹平、养护；
　　　　　模板：1.模板制作，安装、涂脱模剂；2.模板拆除、修理、整堆。　　　　　计量单位：10m³

定　额　编　号					S3-2-15	
项　目　名　称					T型梁	
基　　　价（元）					5936.53	
其中	人　工　费（元）				1227.66	
	材　料　费（元）				4524.45	
	机　械　费（元）				184.42	
名　　称		单位	单价（元）	消　　　耗　　　量		
人工	综合工日	工日	140.00	8.769		
材料	电	kW·h	0.68	4.144		
	商品混凝土 C40(泵送)	m³	445.34	10.100		
	水	m³	7.96	2.736		
	塑料薄膜	m²	0.20	9.586		
机械	履带式电动起重机 5t	台班	249.22	0.740		

工作内容：混凝土：混凝土配、拌、运输、浇筑、捣固、抹平、养护；
　　　　　模板：1.模板制作，安装、涂脱模剂；2.模板拆除、修理、整堆。　　　　　计量单位：10m²

定　额　编　号				S3-2-16	
项　目　名　称				T形梁模板	
基　　　　价（元）				1019.44	
其中	人　工　费（元）			635.74	
	材　料　费（元）			321.93	
	机　械　费（元）			61.77	
名　　称		单位	单价（元）	消　　耗　　量	
人工	综合工日	工日	140.00	4.541	
材料	板方材	m³	1800.00	0.160	
	模板嵌缝料	kg	1.71	0.500	
	铁件	kg	4.19	7.070	
	脱模剂	kg	2.48	1.000	
	圆钉	kg	5.13	0.190	
机械	履带式电动起重机 5t	台班	249.22	0.180	
	木工平刨床 500mm	台班	22.86	0.351	
	木工圆锯机 500mm	台班	25.33	0.351	

工作内容：混凝土：混凝土运输、浇筑、捣固、抹平、养护；
　　　　　模板：1.模板制作，安装、涂脱模剂；2.模板拆除、修理、整堆。　　　　　计量单位：10m³

定　额　编　号					S3-2-17		
项　目　名　称					I型梁		
基　　　价（元）					5992.57		
其中	人　工　费（元）				1276.24		
	材　料　费（元）				4516.95		
	机　械　费（元）				199.38		
名　　　称		单位	单价(元)	消		耗	量
人工	综合工日	工日	140.00		9.116		
材料	电	kW•h	0.68		1.920		
	商品混凝土 C40(泵送)	m³	445.34		10.100		
	水	m³	7.96		2.090		
	塑料薄膜	m²	0.20		5.362		
机械	履带式电动起重机 5t	台班	249.22		0.800		

316

工作内容：混凝土：混凝土配、拌、运输、浇筑、捣固、抹平、养护；
　　　　　模板：1.模板制作、安装、涂脱模剂；2.模板拆除、修理、整堆。　　　　计量单位：10m²

定　额　编　号				S3-2-18
项　目　名　称				I形梁模板
基　　　　价（元）				898.54
其中	人　工　费（元）			574.56
	材　料　费（元）			308.37
	机　械　费（元）			15.61
名　　　称	单位	单价（元）	消　　耗　　量	
人工	综合工日	工日	140.00	4.104
材料	板方材	m³	1800.00	0.151
	模板嵌缝料	kg	1.71	0.500
	铁件	kg	4.19	6.610
	脱模剂	kg	2.48	1.000
	圆钉	kg	5.13	1.080
机械	木工平刨床 500mm	台班	22.86	0.324
	木工圆锯机 500mm	台班	25.33	0.324

工作内容：混凝土：混凝土运输、浇筑、捣固、抹平、养护；
　　　　　模板：1.模板制作，安装、涂脱模剂；2.模板拆除、修理、整堆。　　　　　计量单位：10m³

定　额　编　号				S3-2-19
项　目　名　称				实心板梁
基　　　　价（元）				4994.05
其中	人　工　费（元）			761.18
	材　料　费（元）			4090.81
	机　械　费（元）			142.06
名　　称	单位	单价（元）	消　　耗　　量	
人工	综合工日	工日	140.00	5.437	
材料	电	kW·h	0.68	1.368	
	商品混凝土 C30(泵送)	m³	403.82	10.100	
	水	m³	7.96	1.264	
	塑料薄膜	m²	0.20	6.182	
机械	履带式电动起重机 5t	台班	249.22	0.570	

工作内容：混凝土：混凝土配、拌、运输、浇筑、捣固、抹平、养护；
模板：1.模板制作，安装、涂脱模剂；2.模板拆除、修理、整堆。　　　　　　　　计量单位：10m²

定　额　编　号			S3-2-20	
项　目　名　称			实心板梁模板	
基　　　　　价（元）			481.27	
其中	人　工　费（元）		357.84	
	材　料　费（元）		121.26	
	机　械　费（元）		2.17	
名　　　称	单位	单价（元）	消　　　耗　　　量	
人工	综合工日	工日	140.00	2.556
材料	板方材	m³	1800.00	0.043
	钢支撑 φ25	kg	4.50	4.640
	零星卡具	kg	5.56	1.180
	模板嵌缝料	kg	1.71	0.500
	脱模剂	kg	2.48	1.000
	圆钉	kg	5.13	0.580
	组合钢模板	kg	5.13	1.970
机械	木工平刨床 500mm	台班	22.86	0.045
	木工圆锯机 500mm	台班	25.33	0.045

工作内容：混凝土：混凝土运输、浇筑、捣固、抹平、养护；
模板：1.模板制作，安装、涂脱模剂；2.模板拆除、修理、整堆。　　　　　　　计量单位：10m³

定　额　编　号				S3-2-21
项　目　名　称				空心板梁
				非预应力
基　　　　价（元）				5542.42
其中	人　工　费（元）			1227.66
	材　料　费（元）			4128.10
	机　械　费（元）			186.66
名　　　称		单位	单价（元）	消　耗　量
人工	综合工日	工日	140.00	8.769
材料	电	kW•h	0.68	2.368
	商品混凝土 C20(泵送)	m³	363.30	0.067
	商品混凝土 C30(泵送)	m³	403.82	10.100
	水	m³	7.96	2.710
	塑料薄膜	m²	0.20	9.984
机械	机动翻斗车 1t	台班	220.18	0.007
	履带式电动起重机 5t	台班	249.22	0.740
	双锥反转出料混凝土搅拌机 200L	台班	231.66	0.003

工作内容：混凝土：混凝土配、拌、运输、浇筑、捣固、抹平、养护；
　　　　　模板：1.模板制作，安装、涂脱模剂；2.模板拆除、修理、整堆。　　　　　计量单位：10m²

定　额　编　号				S3-2-22
项　目　名　称				空心板梁
				非预应力模板
基　　　　价（元）				1274.46
其中	人　工　费（元）			1046.78
	材　料　费（元）			114.69
	机　械　费（元）			112.99
名　　称		单位	单价（元）	消　　耗　　量
人工	综合工日	工日	140.00	7.477
材料	板方材	m³	1800.00	0.038
	钢支撑 φ25	kg	4.50	4.640
	零星卡具	kg	5.56	1.180
	模板嵌缝料	kg	1.71	0.500
	脱模剂	kg	2.48	1.000
	橡胶囊梁高 <60	m	11.50	0.140
	圆钉	kg	5.13	0.740
	组合钢模板	kg	5.13	1.970
机械	电动单筒快速卷扬机 5kN	台班	188.62	0.495
	电动空气压缩机 0.6m³/min	台班	37.30	0.468
	木工平刨床 500mm	台班	22.86	0.045
	木工圆锯机 500mm	台班	25.33	0.045

工作内容：混凝土：混凝土运输、浇筑、捣固、抹平、养护；
　　　　　模板：1.模板制作，安装、涂脱模剂；2.模板拆除、修理、整堆。　　　　　计量单位：10m³

定　额　编　号				S3-2-23	
项　目　名　称				空心板梁	
				预应力	
基　　　　价（元）				5908.33	
其中	人　工　费（元）			1192.38	
	材　料　费（元）			4554.21	
	机　械　费（元）			161.74	
名　　　称		单位	单价（元）	消　　耗　　量	
人工	综合工日	工日	140.00	8.517	
材料	电	kW·h	0.68	2.560	
	商品混凝土 C20(泵送)	m³	363.30	0.070	
	商品混凝土 C40(泵送)	m³	445.34	10.100	
	水	m³	7.96	3.476	
	塑料薄膜	m²	0.20	7.190	
机械	机动翻斗车 1t	台班	220.18	0.007	
	履带式电动起重机 5t	台班	249.22	0.640	
	双锥反转出料混凝土搅拌机 200L	台班	231.66	0.003	

322

工作内容：混凝土：混凝土配、拌、运输、浇筑、捣固、抹平、养护；
模板：1.模板制作，安装、涂脱模剂；2.模板拆除、修理、整堆。　　　　　　计量单位：10m²

定　额　编　号				S3-2-24	
项　目　名　称				空心板梁	
				预应力模板	
基　　　　价（元）				1341.56	
其中	人　工　费（元）			1191.68	
	材　料　费（元）			113.67	
	机　械　费（元）			36.21	
名　　称		单位	单价（元）	消　　耗　　量	
人工	综合工日	工日	140.00	8.512	
材料	板方材	m³	1800.00	0.035	
	钢支撑 φ25	kg	4.50	4.640	
	零星卡具	kg	5.56	1.180	
	模板嵌缝料	kg	1.71	0.500	
	脱模剂	kg	2.48	1.000	
	橡胶囊梁高 <60	m	11.50	0.120	
	橡胶囊外套 φ60	m	106.85	0.060	
	圆钉	kg	5.13	0.390	
	组合钢模板	kg	5.13	1.970	
机械	电动单筒快速卷扬机 5kN	台班	188.62	0.063	
	电动空气压缩机 0.6m³/min	台班	37.30	0.594	
	木工平刨床 500mm	台班	22.86	0.045	
	木工圆锯机 500mm	台班	25.33	0.045	

工作内容：混凝土：混凝土运输、浇筑、捣固、抹平、养护；
　　　　　模板：1.模板制作，安装、涂脱模剂；2.模板拆除、修理、整堆。　　　　　计量单位：10m³

定　额　编　号				S3-2-25	
项　目　名　称				箱形梁	
基　　　价（元）				6214.64	
其中	人　工　费（元）			1453.76	
	材　料　费（元）			4524.12	
	机　械　费（元）			236.76	
名　　　　称		单位	单价(元)	消　　耗　　　量	
人工	综合工日	工日	140.00	10.384	
材料	电	kW·h	0.68	15.200	
	商品混凝土 C40(泵送)	m³	445.34	10.100	
	水	m³	7.96	1.870	
	塑料薄膜	m²	0.20	4.843	
机械	履带式电动起重机 5t	台班	249.22	0.950	

工作内容：混凝土：混凝土配、拌、运输、浇筑、捣固、抹平、养护；
模板：1.模板制作，安装、涂脱模剂；2.模板拆除、修理、整堆。 计量单位：10m²

定 额 编 号			S3-2-26
项 目 名 称			箱形梁模板
基 价（元）			1877.46
其中	人 工 费（元）		1393.84
	材 料 费（元）		324.36
	机 械 费（元）		159.26
名 称	单位	单价（元）	消 耗 量
人工 综合工日	工日	140.00	9.956
材料 板方材	m³	1800.00	0.168
模板嵌缝料	kg	1.71	0.500
铁件	kg	4.19	2.290
脱模剂	kg	2.48	1.000
圆钉	kg	5.13	1.760
机械 履带式电动起重机 5t	台班	249.22	0.378
木工平刨床 500mm	台班	22.86	1.350
木工圆锯机 500mm	台班	25.33	1.350

工作内容：混凝土：混凝土运输、浇筑、捣固、抹平、养护；
模板：1.模板制作，安装、涂脱模剂；2.模板拆除、修理、整堆。 计量单位：10m³

定 额 编 号				S3-2-27	
项 目 名 称				箱形块件	
基 价（元）				6224.12	
其中	人 工 费（元）			1461.04	
	材 料 费（元）			4523.83	
	机 械 费（元）			239.25	
名 称		单位	单价(元)	消 耗 量	
人工	综合工日	工日	140.00	10.436	
材料	电	kW·h	0.68	12.288	
	商品混凝土 C40(泵送)	m³	445.34	10.100	
	水	m³	7.96	2.032	
	塑料薄膜	m²	0.20	6.811	
机械	履带式电动起重机 5t	台班	249.22	0.960	

工作内容：混凝土：混凝土配、拌、运输、浇筑、捣固、抹平、养护；
模板：1.模板制作，安装、涂脱模剂；2.模板拆除、修理、整堆。　　　　　计量单位：10m²

定　额　编　号				S3-2-28
项　目　名　称				箱形块件模板
基　　　　价（元）				1852.39
其中	人　工　费（元）			1363.32
	材　料　费（元）			332.05
	机　械　费（元）			157.02
名　　　　称	单位	单价（元）	消　　耗　　量	
人工	综合工日	工日	140.00	9.738
材料	板方材	m³	1800.00	0.175
	模板嵌缝料	kg	1.71	0.500
	铁件	kg	4.19	1.350
	脱模剂	kg	2.48	1.000
	圆钉	kg	5.13	1.570
机械	履带式电动起重机 5t	台班	249.22	0.369
	木工平刨床 500mm	台班	22.86	1.350
	木工圆锯机 500mm	台班	25.33	1.350

工作内容：混凝土：混凝土运输、浇筑、捣固、抹平、养护；
模板：1.模板制作，安装、涂脱模剂；2.模板拆除、修理、整堆。 计量单位：10m³

定　额　编　号	S3-2-29
项　目　名　称	槽形梁
基　　　价（元）	6043.60

其中	人　工　费（元）	1327.34
	材　料　费（元）	4516.88
	机　械　费（元）	199.38

	名　　　称	单位	单价（元）	消　　耗　　量
人工	综合工日	工日	140.00	9.481
材料	电	kW•h	0.68	7.680
	商品混凝土 C40(泵送)	m³	445.34	10.100
	水	m³	7.96	1.618
	塑料薄膜	m²	0.20	4.243
机械	履带式电动起重机 5t	台班	249.22	0.800

工作内容：混凝土：混凝土配、拌、运输、浇筑、捣固、抹平、养护；
模板：1.模板制作，安装、涂脱模剂；2.模板拆除、修理、整堆。 计量单位：10m²

定 额 编 号				S3-2-30	
项 目 名 称				槽形梁模板	
基 价（元）				1933.48	
其中	人 工 费（元）			1433.74	
	材 料 费（元）			338.24	
	机 械 费（元）			161.50	
名 称		单位	单价(元)	消 耗 量	
人工	综合工日	工日	140.00	10.241	
材料	板方材	m³	1800.00	0.177	
	模板嵌缝料	kg	1.71	0.500	
	铁件	kg	4.19	1.760	
	脱模剂	kg	2.48	1.000	
	圆钉	kg	5.13	1.740	
机械	履带式电动起重机 5t	台班	249.22	0.387	
	木工平刨床 500mm	台班	22.86	1.350	
	木工圆锯机 500mm	台班	25.33	1.350	

第五节 预制双曲拱构件

工作内容：混凝土：混凝土运输、浇筑、捣固、抹平、养护；
　　　　　模板：1.模板制作，安装、涂脱模剂；2.模板拆除、修理、整堆。　　　　计量单位：10m³

定　额　编　号			S3-2-31
项　目　名　称			拱肋
基　　　价（元）			5551.24
其中	人　工　费（元）		1439.76
	材　料　费（元）		4111.48
	机　械　费（元）		—
名　　　称	单位	单价（元）	消　耗　量
人工	综合工日	工日	140.00	10.284
材料	电	kW·h	0.68	1.584
	商品混凝土 C30(泵送)	m³	403.82	10.100
	水	m³	7.96	3.618
	塑料薄膜	m²	0.20	15.115

工作内容：混凝土：混凝土配、拌、运输、浇筑、捣固、抹平、养护；
模板：1.模板制作，安装、涂脱模剂；2.模板拆除、修理、整堆。 计量单位：10m²

定 额 编 号					S3-2-32	
项 目 名 称					拱肋模板	
基 价（元）					842.24	
其中	人 工 费（元）				544.04	
	材 料 费（元）				281.29	
	机 械 费（元）				16.91	
名 称		单位	单价（元）	消 耗 量		
人工	综合工日	工日	140.00	3.886		
材料	板方材	m³	1800.00	0.150		
	模板嵌缝料	kg	1.71	0.500		
	脱模剂	kg	2.48	1.000		
	圆钉	kg	5.13	1.550		
机械	木工平刨床 500mm	台班	22.86	0.351		
	木工圆锯机 500mm	台班	25.33	0.351		

第六节 预制桁架拱构件

工作内容：混凝土：混凝土运输、浇筑、捣固、抹平、养护；
模板：1.模板制作，安装、涂脱模剂；2.模板拆除、修理、整堆。　　　　计量单位：10m³

定　额　编　号			S3-2-33
项　目　名　称			桁架梁及桁架拱片
基　　　价（元）			5941.98
其中	人　工　费（元）		1820.84
	材　料　费（元）		4121.14
	机　械　费（元）		—
名　　称	单位	单价（元）	消　耗　量
人工	综合工日	工日	140.00	13.006
材料	电	kW·h	0.68	3.180
	商品混凝土 C30(泵送)	m³	403.82	10.100
	水	m³	7.96	4.096
	塑料薄膜	m²	0.20	38.938

工作内容：混凝土：混凝土配、拌、运输、浇筑、捣固、抹平、养护；
　　　　模板：1.模板制作，安装、涂脱模剂；2.模板拆除、修理、整堆。　　　　　计量单位：10m²

定　额　编　号				S3-2-34	
项　目　名　称				桁架梁及桁架拱片模板	
基　　　价（元）				1622.67	
其中	人　工　费（元）			1371.30	
	材　料　费（元）			194.55	
	机　械　费（元）			56.82	
名　　称		单位	单价(元)	消　　耗　　量	
人工	综合工日	工日	140.00	9.795	
材料	板方材	m³	1800.00	0.106	
	模板嵌缝料	kg	1.71	0.500	
	脱模剂	kg	2.48	1.000	
	圆钉	kg	5.13	0.080	
机械	木工平刨床 500mm	台班	22.86	1.179	
	木工圆锯机 500mm	台班	25.33	1.179	

工作内容：混凝土：混凝土运输、浇筑、捣固、抹平、养护；
　　　　　模板：1.模板制作，安装，涂脱模剂；2.模板拆除、修理、整堆。　　　　计量单位：10m³

定　额　编　号				S3-2-35
项　目　名　称				横向联系构件
基　　　　　价（元）				6550.80
其中	人　工　费（元）			2447.90
	材　料　费（元）			4102.90
	机　械　费（元）			—
名　　　称	单位	单价（元）	消　　耗　　量	
人工	综合工日	工日	140.00	17.485
材料	电	kW·h	0.68	3.220
	商品混凝土 C30(泵送)	m³	403.82	10.100
	水	m³	7.96	2.174
	塑料薄膜	m²	0.20	24.106

334

工作内容：混凝土：混凝土配、拌、运输、浇筑、捣固、抹平、养护；
　　　　　模板：1.模板制作，安装、涂脱模剂；2.模板拆除、修理、整堆。　　　　　计量单位：10m²

定　额　编　号				S3-2-36
项　目　名　称				横向联系构件模板
基　　　价（元）				1139.68
其中	人　工　费（元）			869.82
	材　料　费（元）			228.22
	机　械　费（元）			41.64
名　　称		单位	单价（元）	消　　耗　　量
人工	综合工日	工日	140.00	6.213
材料	板方材	m³	1800.00	0.122
	模板嵌缝料	kg	1.71	0.500
	脱模剂	kg	2.48	1.000
	圆钉	kg	5.13	1.030
机械	木工平刨床 500mm	台班	22.86	0.864
	木工圆锯机 500mm	台班	25.33	0.864

第七节 预制小型构件

工作内容：混凝土：混凝土运输、浇筑、捣固、抹平、养护；
模板：1.模板制作，安装、涂脱模剂；2.模板拆除、修理、整堆。 计量单位：10m³

定 额 编 号				S3-2-37
项 目 名 称				缘石、人行道、锚锭板
基 价 （元）				5656.08
其中	人 工 费（元）			1688.54
	材 料 费（元）			3967.54
	机 械 费（元）			—
名 称	单位	单价(元)	消 耗 量	
人工	综合工日	工日	140.00	12.061
材料	电	kW·h	0.68	1.368
	商品混凝土 C25(泵送)	m³	389.11	10.100
	水	m³	7.96	3.992
	塑料薄膜	m²	0.20	24.125

工作内容：混凝土：混凝土配、拌、运输、浇筑、捣固、抹平、养护；
　　　　　模板：1.模板制作，安装、涂脱模剂；2.模板拆除、修理、整堆。　　　　　　计量单位：10m²

定　额　编　号					S3-2-38		
项　目　名　称					缘石、人行道、锚锭板模板		
基　　　　价（元）					808.42		
其中	人　工　费（元）				639.80		
	材　料　费（元）				147.37		
	机　械　费（元）				21.25		
名　　　称		单位	单价（元）		消　　　耗　　　量		
人工	综合工日	工日	140.00		4.570		
材料	板方材	m³	1800.00		0.068		
	模板嵌缝料	kg	1.71		0.500		
	铁件	kg	4.19		4.430		
	脱模剂	kg	2.48		1.000		
	圆钉	kg	5.13		0.600		
机械	木工平刨床 500mm	台班	22.86		0.441		
	木工圆锯机 500mm	台班	25.33		0.441		

工作内容：混凝土：混凝土运输、浇筑、捣固、抹平、养护；
　　　　　模板：1.模板制作，安装、涂脱模剂；2.模板拆除、修理、整堆。　　　　　计量单位：10m³

定　额　编　号	S3-2-39
项　目　名　称	灯柱、端柱、栏杆
基　　　　价（元）	6681.97

其中	人　工　费（元）	2578.94
	材　料　费（元）	4103.03
	机　械　费（元）	一

	名　　称	单位	单价（元）	消　　耗　　量
人工	综合工日	工日	140.00	18.421
材料	电	kW·h	0.68	1.088
	商品混凝土 C30(泵送)	m³	403.82	10.100
	水	m³	7.96	2.510
	塑料薄膜	m²	0.20	18.619

工作内容：混凝土：混凝土配、拌、运输、浇筑、捣固、抹平、养护；
模板：1.模板制作，安装、涂脱模剂；2.模板拆除、修理、整堆。 计量单位：10m²

定 额 编 号				S3-2-40
项 目 名 称				灯柱、端柱、栏杆模板
基 价（元）				1551.43
其中	人 工 费（元）			1258.18
	材 料 费（元）			247.28
	机 械 费（元）			45.97
名 称	单位	单价（元）	消 耗 量	
人工	综合工日	工日	140.00	8.987
材料	板方材	m³	1800.00	0.128
	模板嵌缝料	kg	1.71	0.500
	脱模剂	kg	2.48	1.000
	圆钉	kg	5.13	2.640
机械	木工平刨床 500mm	台班	22.86	0.954
	木工圆锯机 500mm	台班	25.33	0.954

工作内容：混凝土：混凝土运输、浇筑、捣固、抹平、养护；
　　　　模板：1.模板制作，安装、涂脱模剂；2.模板拆除、修理、整堆。　　　　　　计量单位：10m³

定　额　编　号				S3-2-41	
项　目　名　称				拱上构件	
基　　　　价（元）				6964.48	
其中	人　工　费（元）			2834.30	
	材　料　费（元）			4130.18	
	机　械　费（元）			—	
名　　　称		单位	单价（元）	消　　耗　　量	
人工	综合工日	工日	140.00	20.245	
材料	商品混凝土 C25(泵送)	m³	389.11	10.100	
	水	m³	7.96	24.500	
	塑料薄膜	m²	0.20	25.757	

340

工作内容：混凝土：混凝土配、拌、运输、浇筑、捣固、抹平、养护；
　　　　　模板：1.模板制作，安装、涂脱模剂；2.模板拆除、修理、整堆。　　　　　计量单位：10m²

定　额　编　号				S3-2-42	
项　目　名　称				拱上构件模板	
基　　　价（元）				1700.57	
其中	人　工　费（元）			1465.66	
	材　料　费（元）			156.84	
	机　械　费（元）			78.07	
名　　　称		单位	单价（元）	消　　耗　　量	
人工	综合工日	工日	140.00	10.469	
材料	板方材	m³	1800.00	0.083	
	模板嵌缝料	kg	1.71	0.500	
	脱模剂	kg	2.48	1.000	
	圆钉	kg	5.13	0.800	
机械	木工平刨床 500mm	台班	22.86	1.620	
	木工圆锯机 500mm	台班	25.33	1.620	

341

第八节 预制板拱

工作内容：混凝土：混凝土运输、浇筑、捣固、抹平、养护；

模板：1.模板制作，安装、涂脱模剂；2.模板拆除、修理、整堆。 计量单位：10m³

定 额 编 号					S3-2-43
项 目 名 称					板拱
基 价（元）					5888.72
其中	人 工 费（元）				1523.62
	材 料 费（元）				4093.45
	机 械 费（元）				271.65
名 称		单位	单价（元）	消 耗 量	
人工	综合工日	工日	140.00	10.883	
材料	电	kW·h	0.68	1.744	
	商品混凝土 C30(泵送)	m³	403.82	10.100	
	水	m³	7.96	1.460	
	塑料薄膜	m²	0.20	10.301	
机械	履带式电动起重机 5t	台班	249.22	1.090	

工作内容：混凝土：混凝土配、拌、运输、浇筑、捣固、抹平、养护；
模板：1.模板制作，安装、涂脱模剂；2.模板拆除、修理、整堆。 计量单位：10m²

定　额　编　号				S3-2-44
项　目　名　称				板拱模板
基　　　　价（元）				1086.52
其中	人　工　费（元）			810.04
	材　料　费（元）			238.31
	机　械　费（元）			38.17
	名　　称	单位	单价(元)	消　　耗　　量
人工	综合工日	工日	140.00	5.786
材料	板方材	m³	1800.00	0.129
	模板嵌缝料	kg	1.71	0.500
	脱模剂	kg	2.48	1.000
	圆钉	kg	5.13	0.540
机械	木工平刨床 500mm	台班	22.86	0.792
	木工圆锯机 500mm	台班	25.33	0.792

第九节 构件运输
1. 构件场内垫滚子绞运

工作内容：1. 用千斤顶顶起构件；
2. 铺垫、倒换、返回木轨、垫木、滚扛；
3. 安拆绞车、地锚、绞运。

计量单位：10m³

定 额 编 号				S3-2-45	S3-2-46
项 目 名 称				构件重＜5t	
				场内垫滚子绞运	
				第一个10m	每增10m
基 价（元）				869.88	235.88
其中	人 工 费（元）			598.50	146.30
	材 料 费（元）			271.38	89.58
	机 械 费（元）			—	—
名 称		单位	单价(元)	消 耗 量	
人工	综合工日	工日	140.00	4.275	1.045
材料	板方材	m³	1800.00	0.144	0.043
	钢管	kg	4.06	3.000	3.000

工作内容：1.用千斤顶顶起构件；
2.铺垫、倒换、返回木轨、垫木、滚扛；
3.安拆绞车、地锚、绞运。

计量单位：10m³

定 额 编 号					S3-2-47	S3-2-48
项 目 名 称					构件重＜10t	
					场内垫滚子绞运	
					第一个10m	每增10m
基 价（元）					655.15	4274.90
其中	人 工 费（元）				399.00	4182.64
	材 料 费（元）				256.15	92.26
	机 械 费（元）				—	—
	名 称	单位	单价（元）	消	耗	量
人工	综合工日	工日	140.00	2.850		29.876
材料	板方材	m³	1800.00	0.134		0.049
	钢管	kg	4.06	1.000		1.000
	铁件	kg	4.19	2.600		—

345

工作内容：1.用千斤顶顶起构件；
2.铺垫、倒换、返回木轨、垫木、滚扛；
3.安拆绞车、地锚、绞运。

计量单位：10m³

定 额 编 号				S3-2-49	S3-2-50
项 目 名 称				构件重＜15t	
				场内垫滚子绞运	
				第一个10m	每增10m
基 价（元）				504.02	160.16
其中	人 工 费（元）			319.20	93.10
	材 料 费（元）			184.82	67.06
	机 械 费（元）			—	—
名 称		单位	单价（元）	消 耗 量	
人工	综合工日	工日	140.00	2.280	0.665
材料	板方材	m³	1800.00	0.096	0.035
	钢管	kg	4.06	1.000	1.000
	铁件	kg	4.19	1.900	—

346

2.构件场内轨道平车运输
(1)卷扬机牵引

工作内容：1.挂钩、起吊、装车、固定构件；
 2.等待装卸；
 3.起始运输50m空回；
 4.安拆卷扬机。

计量单位：10m³

定 额 编 号				S3-2-51	S3-2-52	S3-2-53
项 目 名 称				构件重＜5t	构件重＜10t	构件重＜15t
				场内运输		
				卷扬机牵引		
				龙门架装车		
				第一个50m		
基 价（元）				790.90	562.15	410.34
其中	人 工 费（元）			372.40	252.70	186.20
	材 料 费（元）			181.80	156.77	112.31
	机 械 费（元）			236.70	152.68	111.83
名 称		单位	单价（元）	消	耗	量
人工	综合工日	工日	140.00	2.660	1.805	1.330
材料	板方材	m³	1800.00	0.101	0.085	0.061
	铁件	kg	4.19	—	0.900	0.600
机械	电动单筒慢速卷扬机 30kN	台班	210.22	0.080	0.070	0.050
	电动单筒慢速卷扬机 50kN	台班	215.57	1.020	0.640	0.470

工作内容：1.挂钩、起吊、装车、固定构件；
　　　　　2.等待装卸；
　　　　　3.起始运输50m空回；
　　　　　4.安拆卷扬机。

计量单位：10m³

定　额　编　号				S3-2-54	S3-2-55	S3-2-56
项　目　名　称				构件重＜25t	构件重＜50t	构件重＜80t
				场内运输		
				卷扬机牵引		
				龙门架装车		
				第一个50m		
基　　　价（元）				277.23	208.39	141.43
其中	人　工　费（元）			133.00	93.10	66.50
	材　料　费（元）			64.68	67.86	40.44
	机　械　费（元）			79.55	47.43	34.49
名　　称		单位	单价（元）	消　　耗　　量		
人工	综合工日	工日	140.00	0.950	0.665	0.475
材料	板方材	m³	1800.00	0.035	0.037	0.022
	铁件	kg	4.19	0.400	0.300	0.200
机械	电动单筒慢速卷扬机 30kN	台班	210.22	0.040	—	—
	电动单筒慢速卷扬机 50kN	台班	215.57	0.330	0.220	0.160

工作内容：1.挂钩、起吊、装车、固定构件；
2.等待装卸；
3.起始运输50m空回；
4.安拆卷扬机。

计量单位：10m³

定　额　编　号				S3-2-57	S3-2-58	S3-2-59
				构件重＜5t	构件重＜10t	构件重＜15t
				场内运输		
项　目　名　称				卷扬机牵引		
				起重机装车		
				第一个50m		
基　　　　价（元）				880.69	616.07	499.21
其中	人　工　费（元）			292.60	186.20	146.30
	材　料　费（元）			181.80	156.77	112.31
	机　械　费（元）			406.29	273.10	240.60
名　　　称		单位	单价（元）	消	耗	量
人工	综合工日	工日	140.00	2.090	1.330	1.045
材料	板方材	m³	1800.00	0.101	0.085	0.061
	铁件	kg	4.19	—	0.900	0.600
机械	电动单筒慢速卷扬机 30kN	台班	210.22	0.080	0.070	0.050
	汽车式起重机 10t	台班	833.49	—	0.310	—
	汽车式起重机 16t	台班	958.70	—	—	0.240
	汽车式起重机 8t	台班	763.67	0.510	—	—

349

工作内容：运走50m及空回。   计量单位：10m³

定　额　编　号			S3-2-60	S3-2-61	S3-2-62
项　目　名　称			构件重＜5t	构件重＜10t	构件重＜15t
			场内运输		
			卷扬机牵引		
			每增50m		
基　　　　价（元）			130.44	91.48	68.08
其中	人　工　费（元）		66.50	53.20	39.90
	材　料　费（元）		47.12	23.56	17.67
	机　械　费（元）		16.82	14.72	10.51
名　　称	单位	单价（元）	消　　耗　　量		
人工	综合工日	工日	140.00	0.475	0.380	0.285
材料	钢丝绳 φ12	kg	5.89	8.000	4.000	3.000
机械	电动单筒慢速卷扬机 30kN	台班	210.22	0.080	0.070	0.050

350

工作内容：运走50m及空回。

计量单位：10m³

定　额　编　号			S3-2-63	S3-2-64	S3-2-65
项　目　名　称			构件重＜25t	构件重＜50t	构件重＜80t
			场内运输		
			卷扬机牵引		
			每增50m		
基　　　　价（元）			60.09	41.11	38.96
其中	人　工　费（元）		39.90	26.60	26.60
	材　料　费（元）		11.78	5.89	5.89
	机　械　费（元）		8.41	8.62	6.47
名　　　称	单位	单价（元）	消	耗	量
人工	综合工日	工日	140.00	0.285	0.190	0.190
材料	钢丝绳 φ12	kg	5.89	2.000	1.000	1.000
机械	电动单筒慢速卷扬机 30kN	台班	210.22	0.040	—	—
	电动单筒慢速卷扬机 50kN	台班	215.57	—	0.040	0.030

(2)轨道拖车头牵引

工作内容：1. 挂钩、起吊、装车、固定构件；
　　　　　2. 等待装卸；
　　　　　3. 起始运输50m空回；
　　　　　4. 安拆卷扬机。

计量单位：10m³

定　额　编　号				S3-2-66	S3-2-67	S3-2-68
项　目　名　称				构件重<5t	构件重<10t	构件重<15t
				场内轨道平车运输		
				轨道拖车头牵引		
				龙门架装车		
				第一个50m		
基　　　　　价（元）				657.73	467.84	345.45
其中	人　工　费（元）			345.80	212.80	159.60
	材　料　费（元）			90.00	115.37	83.51
	机　械　费（元）			221.93	139.67	102.34
名　　称		单位	单价（元）	消　　耗　　量		
人工	综合工日	工日	140.00	2.470	1.520	1.140
材料	板方材	m³	1800.00	0.050	0.062	0.045
	铁件	kg	4.19	—	0.900	0.600
机械	电动单筒慢速卷扬机 50kN	台班	215.57	1.020	0.640	0.470
	轨道平车 5t	台班	34.17	0.060	0.050	0.030

工作内容：1.挂钩、起吊、装车、固定构件；
　　　　　2.等待装卸；
　　　　　3.起始运输50m空回；
　　　　　4.安拆卷扬机。

计量单位：10m³

定 额 编 号				S3-2-69	S3-2-70	S3-2-71
				构件重<25t	构件重<50t	构件重<80t
项 目 名 称				场内轨道平车运输		
				轨道拖车头牵引		
				龙门架装车		
				第一个50m		
基 价（元）				238.54	164.85	116.95
其中	人 工 费（元）			119.70	66.50	53.20
	材 料 费（元）			46.68	58.86	35.04
	机 械 费（元）			72.16	39.49	28.71
名 称		单位	单价（元）	消 耗 量		
人工	综合工日	工日	140.00	0.855	0.475	0.380
材料	板方材	m³	1800.00	0.025	0.032	0.019
	铁件	kg	4.19	0.400	0.300	0.200
机械	电动单筒慢速卷扬机 50kN	台班	215.57	0.330	0.180	0.130
	轨道平车 5t	台班	34.17	0.030	0.020	0.020

工作内容：1.挂钩、起吊、装车、固定构件；
　　　　　2.等待装卸；
　　　　　3.起始运输50m空回；
　　　　　4.安拆卷扬机。

计量单位：10m³

定　额　编　号				S3-2-72	S3-2-73	S3-2-74
项　目　名　称				构件重＜5t	构件重＜10t	构件重＜15t
				场内轨道平车运输		
				轨道拖车头牵引		
				起重机装车		
				第一个50m		
基　　　　价（元）				734.22	535.06	434.32
其中	人　工　费（元）			252.70	159.60	119.70
	材　料　费（元）			90.00	115.37	83.51
	机　械　费（元）			391.52	260.09	231.11
	名　　称	单位	单价（元）	消	耗	量
人工	综合工日	工日	140.00	1.805	1.140	0.855
材料	板方材	m³	1800.00	0.050	0.062	0.045
	铁件	kg	4.19	—	0.900	0.600
机械	轨道平车 5t	台班	34.17	0.060	0.050	0.030
	汽车式起重机 10t	台班	833.49	—	0.310	—
	汽车式起重机 16t	台班	958.70	—	—	0.240
	汽车式起重机 8t	台班	763.67	0.510	—	—

工作内容：运走50m及空回。

计量单位：10m³

定　额　编　号			S3-2-75	S3-2-76	S3-2-77
项　目　名　称			构件重＜10t	构件重＜15t	构件重＜25t
			场内轨道平车运输		
			轨道拖车头牵引		
			每增50m		
基　　　　价（元）			28.31	14.33	14.33
其中	人　工　费（元）		26.60	13.30	13.30
	材　料　费（元）		—	—	—
	机　械　费（元）		1.71	1.03	1.03
名　　　称	单位	单价(元)	消	耗	量
人工	综合工日	工日	140.00	0.190	0.095	0.095
机械	轨道平车 5t	台班	34.17	0.050	0.030	0.030

355

工作内容：运走50m及空回。 计量单位：10m³

定 额 编 号					S3-2-78	S3-2-79
项 目 名 称					构件重＜50t	构件重＜80t
					场内轨道平车运输	
					轨道拖车头牵引	
					每增50m	
基 价（元）					13.98	20.13
其中	人 工 费（元）				13.30	13.30
	材 料 费（元）				—	—
	机 械 费（元）				0.68	6.83
名 称		单位	单价（元）		消 耗 量	
人工	综合工日	工日	140.00		0.095	0.095
机械	轨道平车 5t	台班	34.17		0.020	0.200

3.构件场内驳船运输

工作内容：1.挂钩、起吊、装船、固定构件、拴锚绳；
2.等待装卸；
3.搭拆跳板；
4.安拆卷扬机；
5.50m运输及空回。

计量单位：10m³

定 额 编 号				S3-2-80	S3-2-81	S3-2-82
				构件重<25t	构件重<50t	构件重<80t
项 目 名 称				场内驳船运输		
				卷扬机牵引		
				第一个50m		
基 价（元）				1624.67	1029.73	741.01
其中	人 工 费（元）			399.00	239.40	172.90
	材 料 费（元）			209.56	160.31	92.31
	机 械 费（元）			1016.11	630.02	475.80
名 称		单位	单价（元）	消	耗	量
人工	综合工日	工日	140.00	2.850	1.710	1.235
材料	板方材	m³	1800.00	0.083	0.072	0.041
	钢丝绳 φ12	kg	5.89	10.000	5.000	3.000
	铁件	kg	4.19	0.300	0.300	0.200
机械	电动单筒慢速卷扬机 50kN	台班	215.57	0.790	0.460	0.330
	木驳船 100t	台班	358.69	—	1.480	—
	木驳船 150t	台班	385.39	—	—	1.050
	木驳船 50t	台班	325.31	2.600	—	—

工作内容：1.挂钩、起吊、装船、固定构件、拴锚绳；
　　　　　2.等待装卸；
　　　　　3.搭拆跳板；
　　　　　4.安拆卷扬机；
　　　　　5.50m运输及空回。

计量单位：10m³

定 额 编 号				S3-2-83	S3-2-84	S3-2-85
				构件重＜25t	构件重＜50t	构件重＜80t
项 目 名 称				场内驳船运输		
				卷扬机牵引		
				每增50m		
基 　 价（元）				669.95	435.47	339.97
其中	人 工 费（元）			252.70	159.60	119.70
	材 料 费（元）			17.67	11.78	5.89
	机 械 费（元）			399.58	264.09	214.38
名 称		单位	单价（元）	消	耗	量
人工	综合工日	工日	140.00	1.805	1.140	0.855
材料	钢丝绳 φ12	kg	5.89	3.000	2.000	1.000
机械	电动单筒慢速卷扬机 50kN	台班	215.57	0.420	0.260	0.190
	木驳船 100t	台班	358.69	—	0.580	—
	木驳船 150t	台班	385.39	—	—	0.450
	木驳船 50t	台班	325.31	0.950	—	—

工作内容：1.挂钩、起吊、装船、固定构件、拴锚绳；
2.等待装卸；
3.搭拆跳板；
4.安拆卷扬机；
5.50m运输及空回。

计量单位：10m³

定　额　编　号				S3-2-86	S3-2-87	S3-2-88
项　目　名　称				构件重<25t	构件重<50t	构件重<80t
				场内驳船运输		
				拖轮牵引		
				第一个50m		
基　　　　价（元）				1646.70	1000.26	686.08
其中	人　工　费（元）			292.60	133.00	106.40
	材　料　费（元）			160.96	135.11	77.91
	机　械　费（元）			1193.14	732.15	501.77
名　　　称		单位	单价（元）	消	耗	量
人工	综合工日	工日	140.00	2.090	0.950	0.760
材料	板方材	m³	1800.00	0.056	0.058	0.033
	钢丝绳 φ12	kg	5.89	10.000	5.000	3.000
	铁件	kg	4.19	0.300	0.300	0.200
机械	电动单筒慢速卷扬机 50kN	台班	215.57	0.370	0.200	0.140
	木驳船 100t	台班	358.69	—	1.380	—
	木驳船 150t	台班	385.39	—	—	0.900
	木驳船 50t	台班	325.31	2.400	—	—
	内燃拖船 150kN	台班	693.00	0.480	0.280	0.180

工作内容：1.挂钩、起吊、装船、固定构件、拴锚绳；
　　　　　2.等待装卸；
　　　　　3.搭拆跳板；
　　　　　4.安拆卷扬机；
　　　　　5.50m运输及空回。

计量单位：10m³

定 额 编 号				S3-2-89	S3-2-90	S3-2-91
项 目 名 称				构件重＜25t	构件重＜50t	构件重＜80t
				场内驳船运输		
				拖轮牵引		
				每增50m		
基 价（元）				501.16	294.67	197.10
其中	人 工 费（元）			146.30	53.20	39.90
	材 料 费（元）			—	—	—
	机 械 费（元）			354.86	241.47	157.20
名 称		单位	单价（元）	消	耗	量
人工	综合工日	工日	140.00	1.045	0.380	0.285
机械	木驳船 100t	台班	358.69	—	0.480	—
	木驳船 150t	台班	385.39	—	—	0.300
	木驳船 50t	台班	325.31	0.750	—	—
	内燃拖船 150kN	台班	693.00	0.160	0.100	0.060

360

第十节 安装排架立柱

工作内容：1. 安拆地锚；
2. 竖、拆及移动扒杆；
3. 起吊设备就位；
4. 整修构件；
5. 吊装，定位，固定；
6. 配、拌、运、填细石混凝土。

计量单位：10m³

定 额 编 号			S3-2-92	S3-2-93
项 目 名 称			扒杆安装	起重机安装
			排架立柱	
基 价（元）			1905.25	1128.17
其中	人 工 费（元）		646.10	310.10
	材 料 费（元）		89.16	51.26
	机 械 费（元）		1169.99	766.81
名 称	单位	单价（元）	消 耗	量
人工	综合工日	工日	140.00	4.615	2.215
材料	扒钉	kg	3.85	0.132	—
	板方材	m³	1800.00	0.002	—
	方木	m³	2029.00	0.003	—
	钢丝绳 φ12	kg	5.89	2.384	—
	螺栓	kg	6.50	0.037	—
	细石混凝土	m³	320.39	0.160	0.160
	原木	m³	1491.00	0.009	—
机械	电动单筒快速卷扬机 10kN	台班	201.58	3.640	—
	电动双筒慢速卷扬机 50kN	台班	239.69	1.820	—
	汽车式起重机 10t	台班	833.49	—	0.920

第十一节 安装柱式墩、台管节

工作内容：1. 安拆地锚；
2. 竖、拆及移动扒杆；
3. 起吊设备就位；
4. 冲洗管节，整修构件；
5. 吊装，定位，固定；
6. 砂浆配、拌、运；
7. 勾缝，座浆等。

计量单位：10m

定 额 编 号				S3-2-94	S3-2-95	S3-2-96
项 目 名 称				扒杆安装		
				φ≤1000	φ≤1500	φ≤2000
基 价（元）				3292.34	9904.14	12726.46
其中	人 工 费（元）			186.06	410.48	526.68
	材 料 费（元）			2804.14	8992.24	11531.22
	机 械 费（元）			302.14	501.42	668.56
名 称		单位	单价（元）	消 耗 量		
人工	综合工日	工日	140.00	1.329	2.932	3.762
材料	扒钉	kg	3.85	0.055	0.055	0.055
	板方材	m³	1800.00	0.001	0.001	0.001
	方木	m³	2029.00	0.003	0.003	0.003
	钢筋混凝土管 DN1000	m	273.50	10.100	—	—
	钢筋混凝土管 DN1500	m	884.20	—	10.100	—
	钢筋混凝土管 DN2000	m	1133.60	—	—	10.100
	钢丝绳 φ12	kg	5.89	2.123	2.123	2.123
	混合砂浆 M15	m³	250.43	0.030	0.110	0.190
	螺栓	kg	6.50	0.039	0.039	0.039
	原木	m³	1491.00	0.009	0.009	0.009
机械	电动单筒快速卷扬机 10kN	台班	201.58	0.940	1.560	2.080
	电动双筒慢速卷扬机 50kN	台班	239.69	0.470	0.780	1.040

362

工作内容: 1. 安拆地锚;
2. 竖、拆及移动扒杆;
3. 起吊设备就位;
4. 冲洗管节,整修构件;
5. 吊装,定位,固定;
6. 砂浆配、拌、运;
7. 勾缝,座浆等。

计量单位: 10m

定 额 编 号				S3-2-97	S3-2-98	S3-2-99
项 目 名 称				起重机安装		
				Φ≤1000	Φ≤1500	Φ≤2000
基 价（元）				3019.32	9672.55	12531.04
其 中	人 工 费（元）			159.74	328.86	428.12
	材 料 费（元）			2769.86	8957.97	11496.94
	机 械 费（元）			89.72	385.72	605.98
名 称		单位	单价（元）	消	耗	量
人工	综合工日	工日	140.00	1.141	2.349	3.058
材 料	钢筋混凝土管 DN1000	m	273.50	10.100	—	—
	钢筋混凝土管 DN1500	m	884.20	—	10.100	—
	钢筋混凝土管 DN2000	m	1133.60	—	—	10.100
	混合砂浆 M15	m³	250.43	0.030	0.110	0.190
机 械	履带式电动起重机 5t	台班	249.22	0.360	—	—
	履带式起重机 10t	台班	642.86	—	0.600	—
	履带式起重机 15t	台班	757.48	—	—	0.800

第十二节 安装矩形板、空心板、微弯板

工作内容：1. 安拆地锚；
2. 竖、拆及移动；
3. 起吊设备就位；
4. 整修构件；
5. 吊装，定位；
6. 铺浆，固定。

计量单位：10m³

定　额　编　号				S3-2-100	S3-2-101	S3-2-102
项　目　名　称				矩形板		空心板
				扒杆安装	起重机安装	扒杆安装
基　　　　　价（元）				730.94	468.88	569.22
其中	人　工　费（元）			203.42	142.24	126.14
	材　料　费（元）			165.68	105.18	160.67
	机　械　费（元）			361.84	221.46	282.41
名　　　称		单位	单价（元）	消　　耗　　量		
人工	综合工日	工日	140.00	1.453	1.016	0.901
材料	白棕绳	kg	11.50	0.335	—	0.335
	板方材	m³	1800.00	0.003		0.003
	方木	m³	2029.00	0.004		0.004
	钢丝绳 φ12	kg	5.89	5.587		5.587
	混合砂浆 M15	m³	250.43	0.420	0.420	0.400
	原木	m³	1491.00	0.006	—	0.006
	圆钉	kg	5.13	0.011		0.011
	抓钉	kg	3.93	0.311		0.311
机械	电动单筒快速卷扬机 10kN	台班	201.58	0.820	—	0.640
	电动双筒慢速卷扬机 50kN	台班	239.69	0.820		0.640
	汽车式起重机 8t	台班	763.67	—	0.290	—

364

工作内容: 1. 安拆地锚;
　　　　　 2. 竖、拆及移动;
　　　　　 3. 起吊设备就位;
　　　　　 4. 整修构件;
　　　　　 5. 吊装, 定位;
　　　　　 6. 铺浆, 固定。

计量单位: 10m

定 额 编 号				S3-2-103	
项 目 名 称				起重机安装	
				φ≤1000	
基 价 (元)				3019.32	
其中	人 工 费 (元)			159.74	
	材 料 费 (元)			2769.86	
	机 械 费 (元)			89.72	
	名 称	单位	单价(元)	消 耗 量	
人工	综合工日	工日	140.00	1.141	
材料	钢筋混凝土管 DN1000	m	273.50	10.100	
	混合砂浆 M15	m³	250.43	0.030	
机械	履带式电动起重机 5t	台班	249.22	0.360	

工作内容：1. 安拆地锚；
　　　　　2. 竖、拆及移动；
　　　　　3. 起吊设备就位；
　　　　　4. 整修构件；
　　　　　5. 吊装，定位；
　　　　　6. 铺浆，固定。

计量单位：10m³

定　额　编　号			S3-2-104	S3-2-105
项　目　名　称			微弯板	
			人力安装	扒杆安装
基　　　　价（元）			1821.86	3517.14
其中	人　工　费（元）		1626.52	1345.96
	材　料　费（元）		195.34	227.61
	机　械　费（元）		—	1943.57
名　　　　称	单位	单价（元）	消　　耗　　量	
人工	综合工日	工日	140.00	11.618	9.614
材料	白棕绳	kg	11.50	—	0.140
	板方材	m³	1800.00	—	0.002
	方木	m³	2029.00	—	0.002
	钢丝绳 φ12	kg	5.89	—	1.967
	混合砂浆 M15	m³	250.43	0.780	0.780
	铁件	kg	4.19	—	0.160
	原木	m³	1491.00	—	0.007
	抓钉	kg	3.93	—	0.080
机械	电动单筒快速卷扬机 10kN	台班	201.58	—	6.240
	电动双筒慢速卷扬机 30kN	台班	219.78	—	3.120

第十三节 安装梁

工作内容：1. 安拆地锚；
 2. 竖、拆扒杆及移动；
 3. 搭、拆木垛；
 4. 打、拔缆风桩；
 5. 吊装机具移动就位；
 6. 安拆轨道、枕木、平车、卷扬机及索具；
 7. 安装，就位，固定，节段悬吊及拼装；
 8. 调制及涂抹环氧树脂等。

计量单位：10m³

定 额 编 号			S3-2-106
项 目 名 称			陆上安装板梁
			扒杆
			L≤25m
基 价（元）			1210.23
其中	人 工 费（元）		268.94
	材 料 费（元）		135.35
	机 械 费（元）		805.94
名 称	单位	单价（元）	消 耗 量
人工	综合工日	工日	140.00	1.921
材料	扒钉	kg	3.85	0.382
	白棕绳	kg	11.50	1.471
	板方材	m³	1800.00	0.006
	方木	m³	2029.00	0.026
	钢丝绳 φ12	kg	5.89	7.539
	原木	m³	1491.00	0.006
	圆钉	kg	5.13	0.011
机械	电动单筒快速卷扬机 10kN	台班	201.58	2.200
	电动双筒慢速卷扬机 100kN	台班	329.51	1.100

工作内容：1.安拆地锚；
　　　　　2.竖、拆扒杆及移动；
　　　　　3.搭、拆木垛；
　　　　　4.打、拔缆风桩；
　　　　　5.吊装机具移动就位；
　　　　　6.安拆轨道、枕木、平车、卷扬机及索具；
　　　　　7.安装，就位，固定，节段悬吊及拼装；
　　　　　8.调制及涂抹环氧树脂等。

计量单位：10m³

定　额　编　号				S3-2-107	S3-2-108	S3-2-109
项　目　名　称				陆上安装板梁		
				起重机		
				L≤10m	L≤13m	L≤16m
基　　　价（元）				567.45	546.82	884.12
其中	人　工　费（元）			268.66	254.10	243.46
	材　料　费（元）			—	—	—
	机　械　费（元）			298.79	292.72	640.66
名　　称		单位	单价（元）	消	耗	量
人工	综合工日	工日	140.00	1.919	1.815	1.739
机械	汽车式起重机 20t	台班	1030.31	0.290	—	—
	汽车式起重机 25t	台班	1084.16	—	0.270	—
	汽车式起重机 50t	台班	2464.07	—	—	0.260

368

工作内容：1.安拆地锚；
        2.竖、拆扒杆及移动；
        3.搭、拆木垛；
        4.打、拔缆风桩；
        5.吊装机具移动就位；
        6.安拆轨道、枕木、平车、卷扬机及索具；
        7.安装，就位，固定，节段悬吊及拼装；
        8.调制及涂抹环氧树脂等。

计量单位：10m³

定　额　编　号				S3-2-110	S3-2-111
项　目　名　称				陆上安装板梁	
				起重机	
				L≤20m	L≤25m
基　　　　价（元）				862.62	772.96
其中	人　工　费（元）			200.90	180.88
	材　料　费（元）			—	—
	机　械　费（元）			661.72	592.08
	名　　称	单位	单价(元)	消　耗　　　量	
人工	综合工日	工日	140.00	1.435	1.292
机械	汽车式起重机 75t	台班	3151.07	0.210	—
	汽车式起重机 80t	台班	3700.51	—	0.160

369

工作内容：1.安拆地锚；
2.竖、拆及移动；
3.搭、拆木垛；
4.组装、拆卸船排；
5.打、拔缆风桩；
6.组装，拆卸万能杆件，装、卸、运、移动；
7.安拆轨道、枕木、平车、卷扬机及索具；
8.安装，就位，固定；
9.调制环氧树脂等。

计量单位：10m³

定 额 编 号				S3-2-112	S3-2-113	S3-2-114
项 目 名 称				水上安装板梁		
				扒杆		
				L≤10m	L≤13m	L≤16m
基 价（元）				2816.21	2466.14	2643.35
其中	人 工 费（元）			274.12	260.12	254.94
	材 料 费（元）			96.23	96.23	207.05
	机 械 费（元）			2445.86	2109.79	2181.36
名 称	单位	单价（元）		消	耗	量
人工	综合工日	工日	140.00	1.958	1.858	1.821
材料	扒钉	kg	3.85	0.334	0.334	0.621
	白棕绳	kg	11.50	0.503	0.503	0.589
	板方材	m³	1800.00	0.002	0.002	0.005
	方木	m³	2029.00	0.006	0.006	0.028
	钢丝绳 Φ12	kg	5.89	11.186	11.186	21.910
	原木	m³	1491.00	0.005	0.005	0.002
	圆钉	kg	5.13	0.009	0.009	0.009
机械	电动单筒快速卷扬机 10kN	台班	201.58	7.010	5.280	5.280
	电动双筒慢速卷扬机 30kN	台班	219.78	3.500	—	—
	电动双筒慢速卷扬机 50kN	台班	239.69	—	2.640	2.640
	履带式电动起重机 5t	台班	249.22	0.100	0.220	0.220
	木驳船 30t	台班	163.45	1.460	—	—
	木驳船 50t	台班	325.31	—	1.100	1.320

工作内容: 1. 安拆地锚;
　　　　　2. 竖、拆及移动;
　　　　　3. 搭、拆木垛;
　　　　　4. 组装、拆卸船排;
　　　　　5. 打、拔缆风桩;
　　　　　6. 组装, 拆卸万能杆件, 装、卸、运、移动;
　　　　　7. 安拆轨道、枕木、平车、卷扬机及索具;
　　　　　8. 安装, 就位, 固定;
　　　　　9. 调制环氧树脂等。

计量单位: 10m³

定　额　编　号			S3-2-115	S3-2-116
项　目　名　称			水上安装板梁	
			扒杆	
			L≤20m	L≤25m
基　　　价（元）			2454.33	2390.40
其中	人　工　费（元）		222.32	219.52
	材　料　费（元）		215.77	262.80
	机　械　费（元）		2016.24	1908.08
名　　称	单位	单价（元）	消　耗　　量	
人工	综合工日	工日	140.00	1.588	1.568
材料	扒钉	kg	3.85	0.250	0.679
	白棕绳	kg	11.50	1.471	1.471
	板方材	m³	1800.00	0.005	0.005
	方木	m³	2029.00	0.028	0.041
	钢丝绳 φ12	kg	5.89	21.910	25.141
	原木	m³	1491.00	0.002	0.002
	圆钉	kg	5.13	0.009	0.003
机械	电动单筒快速卷扬机 10kN	台班	201.58	4.800	4.320
	电动双筒慢速卷扬机 100kN	台班	329.51	0.800	0.720
	电动双筒慢速卷扬机 50kN	台班	239.69	1.600	1.440
	履带式电动起重机 5t	台班	249.22	0.220	0.260
	木驳船 80t	台班	346.72	1.000	1.125

工作内容：1. 安拆地锚；
　　　　　2. 竖、拆扒杆及移动；
　　　　　3. 搭、拆木垛；
　　　　　4. 打、拔缆风桩；
　　　　　5. 吊装机具移动就位；
　　　　　6. 安拆轨道、枕木、平车、卷扬机及索具；
　　　　　7. 安装，就位，固定，节段悬吊及拼装；
　　　　　8. 调制及涂抹环氧树脂等。

计量单位：10m³

定　额　编　号				S3-2-117	S3-2-118
项　目　名　称				陆上安装T型梁	
				扒杆	起重机
				L≤50m	L≤10m
基　　　价（元）				2216.07	800.98
其中	人　工　费（元）			296.10	312.62
	材　料　费（元）			218.16	—
	机　械　费（元）			1701.81	488.36
名　　称		单位	单价（元）	消　　耗　　量	
人工	综合工日	工日	140.00	2.115	2.233
材料	扒钉	kg	3.85	0.345	—
	白棕绳	kg	11.50	1.471	—
	板方材	m³	1800.00	0.005	—
	方木	m³	2029.00	0.029	—
	钢丝绳 φ12	kg	5.89	21.910	—
	原木	m³	1491.00	0.002	—
	圆钉	kg	5.13	0.009	—
机械	电动单筒快速卷扬机 10kN	台班	201.58	4.650	—
	电动双筒慢速卷扬机 100kN	台班	329.51	2.320	—
	汽车式起重机 40t	台班	1526.12	—	0.320

工作内容：1.安拆地锚；
　　　　　2.竖、拆扒杆及移动；
　　　　　3.搭、拆木垛；
　　　　　4.打、拔缆风桩；
　　　　　5.吊装机具移动就位；
　　　　　6.安拆轨道、枕木、平车、卷扬机及索具；
　　　　　7.安装，就位，固定，节段悬吊及拼装；
　　　　　8.调制及涂抹环氧树脂等。

计量单位：10m³

定　额　编　号				S3-2-119	S3-2-120
项　目　名　称				陆上安装T型梁	
				起重机	
				L≤20m	L≤30m
基　　　　　价（元）				1241.98	2704.23
其中	人　工　费（元）			296.66	283.36
	材　料　费（元）			—	—
	机　械　费（元）			945.32	2420.87
名　　　称		单位	单价（元）	消　　耗　　量	
人工	综合工日	工日	140.00	2.119	2.024
机械	汽车式起重机 125t	台班	8069.55	—	0.300
	汽车式起重机 75t	台班	3151.07	0.300	—

工作内容：1.安拆地锚；
2.竖、拆及移动；
3.搭、拆木垛；
4.组装、拆卸船排；
5.打、拔缆风桩；
6.组装，拆卸万能杆件，装、卸、运、移动；
7.安拆轨道、枕木、平车、卷扬机及索具；
8.安装，就位，固定；
9.调制环氧树脂等。

计量单位：10m³

定 额 编 号				S3-2-121	S3-2-122	S3-2-123
项 目 名 称				水上安装T型梁		
				扒杆		
				L≤10m	L≤20m	L≤30m
基 价（元）				4274.12	4141.25	3928.49
其中	人 工 费（元）			343.28	337.68	336.56
	材 料 费（元）			232.63	232.63	232.63
	机 械 费（元）			3698.21	3570.94	3359.30
名 称		单位	单价（元）	消	耗	量
人工	综合工日	工日	140.00	2.452	2.412	2.404
材料	扒钉	kg	3.85	3.635	3.635	3.635
	白棕绳	kg	11.50	1.471	1.471	1.471
	板方材	m³	1800.00	0.006	0.006	0.006
	方木	m³	2029.00	0.029	0.029	0.029
	钢丝绳 φ12	kg	5.89	21.910	21.910	21.910
	原木	m³	1491.00	0.002	0.002	0.002
	圆钉	kg	5.13	0.009	0.009	0.009
机械	电动单筒快速卷扬机 10kN	台班	201.58	7.770	7.370	6.670
	电动双筒慢速卷扬机 100kN	台班	329.51	3.880	3.690	3.340
	履带式电动起重机 5t	台班	249.22	0.370	0.400	0.560
	木驳船 150t	台班	385.39	—	—	2.010
	木驳船 50t	台班	325.31	2.340	—	—
	木驳船 80t	台班	346.72	—	2.220	—

工作内容：1.安拆地锚；
2.竖、拆扒杆及移动；
3.搭、拆木垛；
4.打、拔缆风桩；
5.吊装机具移动就位；
6.安拆轨道、枕木、平车、卷扬机及索具；
7.安装，就位，固定，节段悬吊及拼装；
8.调制及涂抹环氧树脂等。

计量单位：10m³

定　额　编　号				S3-2-124	S3-2-125	S3-2-126
项　目　名　称				陆上安装I型梁		
				起重机		
				L≤10m	L≤20m	L≤30m
基　　　　价（元）				699.26	846.06	1320.96
其中	人　工　费（元）			344.54	327.18	312.62
	材　料　费（元）			—	—	—
	机　械　费（元）			354.72	518.88	1008.34
名　　　称		单位	单价(元)	消　　耗　　量		
人工	综合工日	工日	140.00	2.461	2.337	2.233
机械	汽车式起重机 16t	台班	958.70	0.370	—	—
	汽车式起重机 40t	台班	1526.12	—	0.340	—
	汽车式起重机 75t	台班	3151.07	—	—	0.320

工作内容：1. 安拆地锚；
2. 竖、拆及移动；
3. 搭、拆木垛；
4. 组装、拆卸船排；
5. 打、拔缆风桩；
6. 组装，拆卸万能杆件，装、卸、运、移动；
7. 安拆轨道、枕木、平车、卷扬机及索具；
8. 安装，就位，固定；
9. 调制环氧树脂等。

计量单位：10m³

定 额 编 号				S3-2-127	S3-2-128	S3-2-129
项 目 名 称				水上安装I型梁		
				扒杆		
				L≤10m	L≤20m	L≤30m
基 价（元）				3884.35	4439.91	4336.48
其中	人 工 费（元）			311.64	344.12	350.56
	材 料 费（元）			141.93	229.45	230.83
	机 械 费（元）			3430.78	3866.34	3755.09
名 称		单位	单价（元）	消	耗	量
人工	综合工日	工日	140.00	2.226	2.458	2.504
材料	扒钉	kg	3.85	3.564	3.635	3.635
	白棕绳	kg	11.50	0.503	1.471	1.471
	板方材	m³	1800.00	0.002	0.005	0.005
	方木	m³	2029.00	0.027	0.029	0.029
	钢丝绳 φ12	kg	5.89	9.600	21.675	21.910
	原木	m³	1491.00	0.005	0.002	0.002
	圆钉	kg	5.13	0.009	0.009	0.009
机械	电动单筒快速卷扬机 10kN	台班	201.58	8.170	8.170	7.770
	电动双筒慢速卷扬机 100kN	台班	329.51	4.080	4.080	3.880
	履带式电动起重机 5t	台班	249.22	0.150	0.300	0.400
	木驳船 30t	台班	163.45	2.460	—	—
	木驳船 50t	台班	325.31	—	2.460	—
	木驳船 80t	台班	346.72	—	—	2.338

376

工作内容：1. 安拆地锚；
　　　　　2. 竖、拆扒杆及移动；
　　　　　3. 搭、拆木垛；
　　　　　4. 打、拔缆风桩；
　　　　　5. 吊装机具移动就位；
　　　　　6. 安拆轨道、枕木、平车、卷扬机及索具；
　　　　　7. 安装，就位，固定，节段悬吊及拼装；
　　　　　8. 调制及涂抹环氧树脂等。

计量单位：10m³

定　额　编　号				S3-2-130	S3-2-131	S3-2-132
项　目　名　称				陆上安装槽型梁		
				扒杆	起重机	
				L≤30m		L＞30m
基　　　　　价（元）				1986.74	1232.60	2420.94
其中	人　工　费（元）			321.58	287.28	248.78
	材　料　费（元）			229.13	—	—
	机　械　费（元）			1436.03	945.32	2172.16
名　　称		单位	单价（元）	消	耗	量
人工	综合工日	工日	140.00	2.297	2.052	1.777
材料	扒钉	kg	3.85	0.345	—	—
	白棕绳	kg	11.50	1.471	—	—
	板方材	m³	1800.00	0.005	—	—
	方木	m³	2029.00	0.030	—	—
	钢丝绳 φ12	kg	5.89	21.910	—	—
	原木	m³	1491.00	0.008	—	—
	圆钉	kg	5.13	0.008	—	—
机械	电动单筒快速卷扬机 10kN	台班	201.58	3.920	—	—
	电动双筒慢速卷扬机 100kN	台班	329.51	1.960	—	—
	汽车式起重机 150t	台班	8354.46	—	—	0.260
	汽车式起重机 75t	台班	3151.07	—	0.300	—

工作内容：1.安拆地锚；
2.竖、拆及移动；
3.搭、拆木垛；
4.组装、拆卸船排；
5.打、拔缆风桩；
6.组装，拆卸万能杆件，装、卸、运、移动；
7.安拆轨道、枕木、平车、卷扬机及索具；
8.安装，就位，固定；
9.调制环氧树脂等。

计量单位：10m³

定 额 编 号			S3-2-133	S3-2-134
项 目 名 称			水上安装槽型梁	
			扒杆	
			L≤30m	L>30m
基 价（元）			2977.35	5427.62
其中	人 工 费（元）		317.80	441.84
	材 料 费（元）		230.83	283.97
	机 械 费（元）		2428.72	4701.81
名 称	单位	单价（元）	消 耗 量	
人工	综合工日	工日	140.00	2.270	3.156
材料	扒钉	kg	3.85	3.635	4.003
	白棕绳	kg	11.50	1.471	0.032
	板方材	m³	1800.00	0.005	0.005
	方木	m³	2029.00	0.029	0.035
	钢丝绳 φ12	kg	5.89	21.910	29.916
	原木	m³	1491.00	0.002	0.008
	圆钉	kg	5.13	0.009	0.008
机械	电动单筒快速卷扬机 10kN	台班	201.58	3.180	7.870
	电动双筒慢速卷扬机 100kN	台班	329.51	3.090	3.930
	履带式电动起重机 5t	台班	249.22	0.500	0.710
	木驳船 80t	台班	346.72	1.860	4.740

工作内容：1. 安拆地锚；
　　　　　2. 竖、拆扒杆及移动；
　　　　　3. 搭、拆木垛；
　　　　　4. 打、拔缆风桩；
　　　　　5. 吊装机具移动就位；
　　　　　6. 安拆轨道、枕木、平车、卷扬机及索具；
　　　　　7. 安装，就位，固定，节段悬吊及拼装；
　　　　　8. 调制及涂抹环氧树脂等。

计量单位：10m³

定　额　编　号			S3-2-135	S3-2-136
项　目　名　称			安装预应力桁架梁	
			陆上扒杆	陆上起重机
基　　　价（元）			6991.23	7428.77
其中	人　工　费（元）		1018.78	1209.04
	材　料　费（元）		186.04	19.42
	机　械　费（元）		5786.41	6200.31
名　　称		单位	单价（元）	消　　耗　　量
人工	综合工日	工日	140.00	7.277	8.636
材料	扒钉	kg	3.85	0.264	—
	白棕绳	kg	11.50	1.471	1.471
	板方材	m³	1800.00	0.003	—
	方木	m³	2029.00	0.005	—
	钢丝绳 φ12	kg	5.89	21.092	—
	混合砂浆 M15	m³	250.43	0.010	0.010
	螺栓	kg	6.50	0.074	—
	原木	m³	1491.00	0.017	—
机械	电动单筒快速卷扬机 10kN	台班	201.58	17.980	—
	电动双筒慢速卷扬机 50kN	台班	239.69	9.020	—
	汽车式起重机 32t	台班	1257.67	—	4.930

工作内容：1. 安拆地锚；
　　　　　2. 竖、拆及移动；
　　　　　3. 搭、拆木垛；
　　　　　4. 组装、拆卸船排；
　　　　　5. 打、拔缆风桩；
　　　　　6. 组装，拆卸万能杆件，装、卸、运、移动；
　　　　　7. 安拆轨道、枕木、平车、卷扬机及索具；
　　　　　8. 安装，就位，固定；
　　　　　9. 调制环氧树脂等。

计量单位：10m³

定　额　编　号			S3-2-137
项　目　名　称			安装预应力桁架梁
			水上扒杆
基　　　价（元）			9937.21
其中	人　工　费（元）		1057.98
	材　料　费（元）		261.12
	机　械　费（元）		8618.11
名　　　称	单位	单价（元）	消　耗　量
人工 综合工日	工日	140.00	7.557
材料 扒钉	kg	3.85	3.830
白棕绳	kg	11.50	1.471
板方材	m³	1800.00	0.003
方木	m³	2029.00	0.029
钢丝绳 φ12	kg	5.89	23.240
混合砂浆 M15	m³	250.43	0.010
螺栓	kg	6.50	0.074
原木	m³	1491.00	0.017
机械 电动单筒快速卷扬机 10kN	台班	201.58	18.050
电动双筒慢速卷扬机 50kN	台班	239.69	13.540
履带式电动起重机 5t	台班	249.22	0.400
木驳船 30t	台班	163.45	10.000

工作内容：1.安拆地锚；
2.竖、拆扒杆及移动；
3.搭、拆木垛；
4.打、拔缆风桩；
5.吊装机具移动就位；
6.安拆轨道、枕木、平车、卷扬机及索具；
7.安装，就位，固定，节段悬吊及拼装；
8.调制及涂抹环氧树脂等。

计量单位：10m³实体

定 额 编 号				S3-2-138	S3-2-139
项 目 名 称				安装预应力组合箱梁	
				双导梁跨径	
				25～30m	35～40m
基 价 （元）				1446.58	1031.36
其中	人 工 费 （元）			1106.00	784.00
	材 料 费 （元）			—	—
	机 械 费 （元）			340.58	247.36
名 称		单位	单价（元）	消 耗	量
人工	综合工日	工日	140.00	7.900	5.600
机械	电动单筒慢速卷扬机 30kN	台班	210.22	0.590	0.420
	电动单筒慢速卷扬机 50kN	台班	215.57	0.870	0.640
	小型机具使用费	元	1.00	29.000	21.100

工作内容：1. 吊装机具移动就位；
2. 安拆轨道、枕木、平车、卷扬机及索具；
3. 安装，就位，固定，节段悬吊及拼装；
4. 调制及涂抹环氧树脂等。

计量单位：10m³

定 额 编 号				S3-2-140	
项 目 名 称				架桥机安装节段梁	
				B≤14.4m，L≤30m	
基 价（元）				8088.33	
其中	人 工 费（元）			1476.72	
	材 料 费（元）			4587.62	
	机 械 费（元）			2023.99	
名 称		单位	单价（元）	消 耗 量	
人工	综合工日	工日	140.00	10.548	
材料	环氧树脂	kg	32.08	15.200	
	预制混凝土构件	m³	410.00	10.000	
机械	架桥机 160t	台班	1005.91	0.860	
	履带式起重机 20t	台班	775.82	1.146	
	平台作业升降车 20m	台班	470.89	0.573	

382

工作内容：1.安拆地锚；
　　　　　2.竖、拆扒杆及移动；
　　　　　3.搭、拆木垛；
　　　　　4.打、拔缆风桩；
　　　　　5.吊装机具移动就位；
　　　　　6.安拆轨道、枕木、平车、卷扬机及索具；
　　　　　7.安装，就位，固定，节段悬吊及拼装；
　　　　　8.调制及涂抹环氧树脂等。

计量单位：10m³

定　额　编　号			S3-2-141	S3-2-142
项　目　名　称			箱形块	简支梁
			万能杆件	
基　　　价（元）			4080.80	3872.39
其中	人　工　费（元）		2394.70	2373.84
	材　料　费（元）		872.69	872.69
	机　械　费（元）		813.41	625.86
名　　称	单位	单价（元）	消　耗　量	
人工　综合工日	工日	140.00	17.105	16.956
材料　白棕绳	kg	11.50	0.184	0.184
方木	m³	2029.00	0.068	0.068
钢轨	kg	3.44	6.000	6.000
铁件	kg	4.19	0.301	0.301
型钢	kg	3.70	189.000	189.000
鱼尾板	kg	4.27	2.670	2.670
机械　电动单筒快速卷扬机 10kN	台班	201.58	1.340	1.020
电动双筒慢速卷扬机 100kN	台班	329.51	0.670	0.510
电动双筒慢速卷扬机 30kN	台班	219.78	1.340	1.020
轨道平车 5t	台班	34.17	0.820	0.820

工作内容：1. 安拆地锚；
　　　　　2. 竖、拆扒杆及移动；
　　　　　3. 搭、拆木垛；
　　　　　4. 打、拔缆风桩；
　　　　　5. 吊装机具移动就位；
　　　　　6. 安拆轨道、枕木、平车、卷扬机及索具；
　　　　　7. 安装，就位，固定，节段悬吊及拼装；
　　　　　8. 调制及涂抹环氧树脂等。

计量单位：10㎡

定　额　编　号				S3-2-143	
项　目　名　称				环氧树脂接缝	
基　　　　价（元）				2357.89	
其中	人　工　费（元）			1130.50	
	材　料　费（元）			1227.39	
	机　械　费（元）			—	
名　　称		单位	单价（元）	消　耗	量
人工	综合工日	工日	140.00	8.075	
材料	安全网	㎡	11.11	0.030	
	环氧树脂	kg	32.08	38.250	

384

第十四节 安装双曲拱构件

工作内容：1. 安拆地锚；
2. 竖、拆扒杆及移动；
3. 起吊设备就位；
4. 整修构件；
5. 起吊、拼装、定位；
6. 座浆，固定；
7. 混凝土及砂浆配、拌、运料、填塞，捣固，抹缝，养生等。

计量单位：10m³

	定 额 编 号				S3-2-144	S3-2-145	S3-2-146
	项 目 名 称				拱肋	腹拱圈	横隔板系梁
					扒杆安装		
	基 价（元）				5823.65	2835.12	2454.09
其中	人 工 费（元）				1688.68	1011.22	902.16
	材 料 费（元）				123.62	141.96	69.33
	机 械 费（元）				4011.35	1681.94	1482.60
	名 称	单位	单价（元）	消	耗		量
人工	综合工日	工日	140.00	12.062	7.223		6.444
材料	扒钉	kg	3.85	0.161	0.081		0.081
	白棕绳	kg	11.50	0.335	0.168		0.168
	板方材	m³	1800.00	0.002	0.001		0.001
	方木	m³	2029.00	0.002	0.001		0.001
	钢丝绳 φ12	kg	5.89	3.067	1.534		1.534
	混合砂浆 M15	m³	250.43	0.320	0.480		0.190
	铁件	kg	4.19	0.324	0.162		0.162
	原木	m³	1491.00	0.008	0.004		0.004
机械	电动单筒快速卷扬机 10kN	台班	201.58	9.520	5.400		4.760
	电动双筒慢速卷扬机 30kN	台班	219.78	9.520	2.700		2.380

工作内容: 1.安拆地锚;
2.竖、拆扒杆及移动;
3.起吊设备就位;
4.整修构件;
5.起吊、拼装、定位;
6.座浆,固定;
7.混凝土及砂浆配、拌、运料、填塞,捣固,抹缝,养生等。

计量单位: 10m³

定　额　编　号	S3-2-147
项　目　名　称	浆人力安装拱波
基　　　　价（元）	1979.79

其中	人　工　费（元）	1764.42
	材　料　费（元）	215.37
	机　械　费（元）	—

	名　　称	单位	单价（元）	消　　耗　　量
人工	综合工日	工日	140.00	12.603
材料	混合砂浆 M15	m³	250.43	0.860

第十五节 安装桁架拱构件

工作内容：1.安拆地锚；
　　　　　2.竖、拆扒杆及移动；
　　　　　3.整修构件；
　　　　　4.起吊、安装、就位、校正、固定；
　　　　　5.座浆、填塞。

计量单位：10m³

定　额　编　号			S3-2-148	S3-2-149
项　目　名　称			拱片	横向联系构件
			扒杆安装	
基　　　　价（元）			3121.34	2567.36
其中	人　工　费（元）		863.80	722.12
	材　料　费（元）		183.57	44.86
	机　械　费（元）		2073.97	1800.38
名　　称	单位	单价（元）	消　　耗　　量	
人工	综合工日	工日	140.00	6.170	5.158
材料	扒钉	kg	3.85	0.264	0.162
	白棕绳	kg	11.50	1.471	0.503
	板方材	m³	1800.00	0.003	0.002
	方木	m³	2029.00	0.005	0.002
	钢丝绳 φ12	kg	5.89	21.097	2.973
	螺栓	kg	6.50	0.074	—
	铁件	kg	4.19	—	0.324
	原木	m³	1491.00	0.017	0.008
机械	电动单筒快速卷扬机 10kN	台班	201.58	4.700	4.080
	电动双筒慢速卷扬机 50kN	台班	239.69	4.700	4.080

第十六节 安装板拱

工作内容：1. 安拆地锚；
2. 竖、拆扒杆及移动；
3. 起吊设备就位；
4. 整修构件；
5. 起吊、安装、就位、校正、固定；
6. 座浆，填塞，养生等。

计量单位：10m³

定 额 编 号				S3-2-150	S3-2-151
项 目 名 称				扒杆	起重机
				安装板拱	
基 价 （元）				2904.82	3662.99
其中	人 工 费 （元）			917.56	453.60
	材 料 费 （元）			129.51	35.06
	机 械 费 （元）			1857.75	3174.33
名 称		单位	单价(元)	消 耗 量	
人工	综合工日	工日	140.00	6.554	3.240
材料	扒钉	kg	3.85	0.132	—
	白棕绳	kg	11.50	0.736	—
	板方材	m³	1800.00	0.002	—
	方木	m³	2029.00	0.003	—
	钢丝绳 φ12	kg	5.89	10.549	—
	混合砂浆 M15	m³	250.43	0.140	0.140
	螺栓	kg	6.50	0.037	—
	原木	m³	1491.00	0.009	—
机械	电动单筒快速卷扬机 10kN	台班	201.58	4.210	—
	电动双筒慢速卷扬机 50kN	台班	239.69	4.210	—
	汽车式起重机 40t	台班	1526.12	—	2.080

第十七节 安装小型构件

工作内容：1.起吊设备就位；
    2.整修构件；
    3.起吊、安装、就位、校正、固定；
    4.砂浆及混凝土配、拌，运，捣固；
    5.焊接等。

计量单位：10m³

定 额 编 号			S3-2-152	S3-2-153	S3-2-154
项 目 名 称			端柱、灯柱	人行道板	缘石
基 价 （元）			1608.02	467.04	504.70
其中	人 工 费 （元）		583.10	467.04	504.70
	材 料 费 （元）		505.32	—	—
	机 械 费 （元）		519.60	—	—
名 称	单位	单价（元）	消	耗	量
人工	综合工日	工日	140.00	4.165	3.336	3.605
材料	板方材	m³	1800.00	0.002	—	—
	电焊条	kg	5.98	83.900	—	—
机械	交流弧焊机 32kV·A	台班	83.14	4.780	—	—
	汽车式起重机 8t	台班	763.67	0.160	—	—

工作内容：1. 起吊设备就位；
　　　　　2. 整修构件；
　　　　　3. 起吊、安装、就位、校正、固定；
　　　　　4. 砂浆及混凝土配、拌，运，捣固；
　　　　　5. 焊接等。

计量单位：10m³

定　额　编　号			S3-2-155	S3-2-156
项　目　名　称			锚锭板	栏杆
基　　　价（元）			561.43	1439.80
其中	人　工　费（元）		362.88	640.78
	材　料　费（元）		—	317.76
	机　械　费（元）		198.55	481.26
名　　称	单位	单价(元)	消　耗　　　量	
人工	综合工日	工日	140.00	2.592	4.577
材料	板方材	m³	1800.00	—	0.037
	电焊条	kg	5.98	—	42.000
机械	交流弧焊机 32kV·A	台班	83.14	—	2.390
	汽车式起重机 8t	台班	763.67	0.260	0.370

390

第十八节 构件连接

工作内容：混凝土：配、拌、运输、浇筑、捣固、抹平、养护；
模板：1.模板制作、安装、涂脱模剂；2.模板拆除、修理、整堆。

计量单位：见表

定 额 编 号			S3-2-157	S3-2-158	S3-2-159
项 目 名 称			板梁间灌缝	梁与梁接头	梁与梁接头模板
单 位			10m³	10m³	10m²
基 价 （元）			5911.96	6001.53	1108.90
其中	人 工 费 （元）		573.16	564.48	712.88
	材 料 费 （元）		4943.07	4557.29	389.18
	机 械 费 （元）		395.73	879.76	6.84
名 称	单位	单价(元)	消	耗	量
人工 综合工日	工日	140.00	4.094	4.032	5.092
材料 板方材	m³	1800.00	0.232	—	0.205
电	kW·h	0.68	—	7.480	—
镀锌铁丝 12号	kg	3.57	107.160	—	4.430
模板嵌缝料	kg	1.71	—	—	0.500
商品混凝土 C30(泵送)	m³	403.82	10.100	—	—
商品混凝土 C40(泵送)	m³	445.34	—	10.100	—
水	m³	7.96	7.780	6.780	—
塑料薄膜	m²	0.20	11.981	1.498	—
脱模剂	kg	2.48	—	—	1.000
圆钉	kg	5.13	—	—	0.200
机械 机动翻斗车 1t	台班	220.18	1.130	1.130	—
履带式电动起重机 5t	台班	249.22	—	1.870	—
木工圆锯机 500mm	台班	25.33	—	—	0.270
双锥反转出料混凝土搅拌机 350L	台班	253.32	0.580	0.651	—

工作内容：混凝土：配、拌、运输、浇筑、捣固、抹平、养护；
　　　　　模板：1.模板制作，安装、涂脱模剂；2.模板拆除、修理、整堆。　　　　　计量单位：见表

定　额　编　号			S3-2-160	S3-2-161
项　目　名　称			柱与柱接头	柱与柱接头模板
单　　　位			10m³	10m²
基　　　价（元）			5152.01	874.38
其中	人　工　费（元）		614.18	450.94
	材　料　费（元）		4142.10	417.51
	机　械　费（元）		395.73	5.93
名　　　称	单位	单价(元)	消　　耗　　量	
人工	综合工日	工日	140.00	4.387	3.221
材料	板方材	m³	1800.00	—	0.211
	模板嵌缝料	kg	1.71	—	0.500
	商品混凝土 C30(泵送)	m³	403.82	10.100	—
	水	m³	7.96	7.980	—
	铁件	kg	4.19	—	7.470
	脱模剂	kg	2.48	—	1.000
	圆钉	kg	5.13	—	0.600
机械	机动翻斗车 1t	台班	220.18	1.130	—
	木工圆锯机 500mm	台班	25.33	—	0.234
	双锥反转出料混凝土搅拌机 350L	台班	253.32	0.580	—

工作内容：混凝土：配、拌、运输、浇筑、捣固、抹平、养护；
模板：1.模板制作，安装、涂脱模剂；2.模板拆除、修理、整堆。 计量单位：见表

定　额　编　号				S3-2-162	S3-2-163
项　目　名　称				肋与肋接头	肋与肋接头模板
单　　　位				10m³	10m²
基　　　价（元）				5277.92	932.24
其中	人　工　费（元）			666.82	550.62
	材　料　费（元）			4215.37	374.32
	机　械　费（元）			395.73	7.30
名　　称		单位	单价（元）	消　　耗　　量	
人工	综合工日	工日	140.00	4.763	3.933
材料	板方材	m³	1800.00	—	0.201
	电	kW·h	0.68	9.160	—
	模板嵌缝料	kg	1.71	—	0.500
	商品混凝土 C30（泵送）	m³	403.82	10.100	—
	水	m³	7.96	16.020	—
	塑料薄膜	m²	0.20	15.216	—
	脱模剂	kg	2.48	—	1.000
	圆钉	kg	5.13	—	1.790
机械	机动翻斗车 1t	台班	220.18	1.130	—
	木工圆锯机 500mm	台班	25.33	—	0.288
	双锥反转出料混凝土搅拌机 350L	台班	253.32	0.580	—

工作内容：混凝土：配、拌、运输、浇筑、捣固、抹平、养护；
　　　　　模板：1.模板制作，安装、涂脱模剂；2.模板拆除、修理、整堆。　　　　计量单位：见表

定　额　编　号			S3-2-164	S3-2-165
项　目　名　称			拱上构件接头	拱上构件接头模板
单　　位			10m³	10m²
基　　　价（元）			5411.11	1488.12
其中	人　工　费（元）		824.32	999.04
	材　料　费（元）		4191.06	462.41
	机　械　费（元）		395.73	26.67
名　　　称	单位	单价（元）	消　　耗　　量	
人工	综合工日	工日	140.00	5.888	7.136
材料	板方材	m³	1800.00	—	0.249
	电	kW·h	0.68	11.600	—
	模板嵌缝料	kg	1.71	—	0.500
	商品混凝土 C30(泵送)	m³	403.82	10.100	—
	水	m³	7.96	12.880	—
	塑料薄膜	m²	0.20	10.301	—
	脱模剂	kg	2.48	—	1.000
	圆钉	kg	5.13	—	2.120
机械	机动翻斗车 1t	台班	220.18	1.130	—
	木工圆锯机 500mm	台班	25.33	—	1.053
	双锥反转出料混凝土搅拌机 350L	台班	253.32	0.580	—

394

工作内容：混凝土：配、拌、运输、浇筑、捣固、抹平、养护；
模板：1.模板制作，安装、涂脱模剂；2.模板拆除、修理、整堆。　　　　　　　计量单位：100m

定　额　编　号				S3-2-166	
项　目　名　称				板梁底砂浆勾缝	
基　　　价（元）				371.32	
其中	人　工　费（元）			367.08	
	材　料　费（元）			4.24	
	机　械　费（元）			—	
	名　　　称	单位	单价（元）	消　　耗　　量	
人工	综合工日	工日	140.00	2.622	
材料	水泥砂浆 M7.5	m³	201.87	0.021	

395

工作内容：调制及涂抹环氧树脂等。 计量单位：10㎡

定　额　编　号				S3-2-167	
项　目　名　称				环氧树脂接缝	
基　　　　　价（元）				2164.78	
其中	人　工　费（元）			937.72	
	材　料　费（元）			1227.06	
	机　械　费（元）			—	
名　　　称		单位	单价（元）	消　　耗　　　量	
人工	综合工日	工日	140.00	6.698	
材料	环氧树脂	kg	32.08	38.250	

第三章 钢筋工程

说　　明

一、本章定额包括桥涵工程各种钢筋、高强钢丝、钢绞线、预埋铁件的制作、安装等项目。

二、定额中钢筋按 $\phi 10$ 以内及 $\phi 10$ 以外两种分列，$\phi 10$ 以内采用 A3 钢，$\phi 10$ 以外采用 16 锰钢，钢板均按 A3 钢计列，预应力筋采用Ⅳ级钢、钢绞线和高强钢丝。因设计要求采用钢材与定额不符时，可以调整。

三、因束道长度不等，故定额中未列锚具数量，但已包括锚具安装的人工消耗量。

四、先张法预应力筋制作、安装定额，未包括张拉台座，如发生时可套用本册第八章有关项目。

五、压浆管道定额中的铁皮管、波纹管已包括套管及三通管，压浆管道按设计管道长度计算。

六、压浆按压浆管道断面面积乘以长度以"m³"为单位计算。

七、本章定额中钢绞线按 $\phi 15.24$、束长在 200m 以内考虑，如规格不同或束长超过 200m，应另行计算。

工程量计算规则

一、钢筋按设计图纸数量以"t"为单位计算(损耗已包括在定额中)。

二、T形梁连接钢板项目按设计图纸以"t"为单位计算。

三、锚具工程量按设计用量乘以下列系数计算:锥形锚、群锚:1.05;墩头锚、螺栓锚:1.00。

四、管道压浆不扣除钢筋体积。

第一节 预埋铁件制作、安装

工作内容：1. 制作、除锈；
2. 钢板划线、切割；
3. 钢筋调直、下料、弯曲；
4. 安装、焊接、固定。

计量单位：t

	定 额 编 号				S3-3-1	S3-3-2
	项 目 名 称				预埋铁件	T型梁连接板
					制作、安装	
	基 价（元）				6419.64	16232.53
其中	人 工 费（元）				2038.12	3515.96
	材 料 费（元）				4037.34	6920.05
	机 械 费（元）				344.18	5796.52
	名 称	单位	单价（元）		消 耗 量	
人工	综合工日	工日	140.00		14.558	25.114
材料	电焊条	kg	5.98		29.160	416.600
	螺纹钢筋 HRB400 φ10以内	t	3500.00		0.243	—
	型钢	kg	3.70		139.000	—
	氧气	m³	3.63		10.600	30.470
	乙炔气	kg	10.45		3.530	10.160
	中厚钢板 δ15以内	kg	3.60		673.000	—
	中厚钢板 δ15以外	kg	3.51		—	1200.000
机械	钢筋切断机 40mm	台班	41.21		0.060	—
	交流弧焊机 32kV·A	台班	83.14		4.110	69.720

工作内容：1.下料、挑扣、焊接；
　　　　　2.涂防锈漆；
　　　　　3.涂沥青；
　　　　　4.缠麻布；
　　　　　5.安装。

计量单位：t

定 额 编 号				S3-3-3	S3-3-4	S3-3-5
项 目 名 称				拉杆制作安装		
				Φ＜20mm	Φ＜40mm	Φ＞40mm
基 价（元）				10678.65	6753.00	6170.62
其中	人 工 费（元）			2970.10	1029.42	1083.04
	材 料 费（元）			7375.16	5529.03	4946.24
	机 械 费（元）			333.39	194.55	141.34
名 称		单位	单价（元）	消	耗	量
人工	综合工日	工日	140.00	21.215	7.353	7.736
材料	电焊条	kg	5.98	11.850	12.650	13.670
	防锈漆	kg	5.62	13.420	6.680	4.490
	麻布	kg	2.99	20.540	10.230	6.880
	煤	kg	0.65	125.000	62.000	42.000
	木柴	kg	0.18	12.480	6.620	4.180
	石油沥青 30号	kg	2.70	1248.000	621.000	418.000
	型钢	kg	3.70	27.000	16.000	15.000
	氧气	m³	3.63	1.472	0.546	0.354
	乙炔气	kg	10.45	0.490	0.180	0.120
	圆钢(综合)	t	3400.00	1.060	1.060	1.060
机械	交流弧焊机 32kV·A	台班	83.14	4.010	2.340	1.700

第二节 非预应力钢筋制作、安装

工作内容：1.钢筋解捆、除锈；
2.调直、下料、弯曲；
3.焊接、除渣；
4.绑扎成型；
5.运输入模。

计量单位：t

定 额 编 号			S3-3-6	S3-3-7
项 目 名 称			预制钢筋混凝土制作、安装	
			φ＜10	φ＞10
基 价（元）			4527.84	4582.18
其中	人 工 费（元）		822.36	784.00
	材 料 费（元）		3604.06	3699.87
	机 械 费（元）		101.42	98.31
名 称	单位	单价（元）	消 耗 量	
人工	综合工日	工日	140.00	5.874	5.600
材料	电焊条	kg	5.98	—	8.280
	镀锌铁丝 22号	kg	3.57	9.540	2.900
	螺纹钢筋 HRB400 φ10以内	t	3500.00	1.020	—
	螺纹钢筋 HRB400 φ10以上	t	3500.00	—	1.040
机械	电动单筒慢速卷扬机 50kN	台班	215.57	0.330	0.170
	对焊机 75kV·A	台班	106.97	—	0.100
	钢筋切断机 40mm	台班	41.21	0.170	0.090
	钢筋弯曲机 40mm	台班	25.58	0.910	0.190
	交流弧焊机 32kV·A	台班	83.14	—	0.510

工作内容：1. 钢筋解捆、除锈；
　　　　　2. 调直、下料、弯曲；
　　　　　3. 焊接、除渣；
　　　　　4. 绑扎成型；
　　　　　5. 运输入模。

计量单位：t

定　额　编　号			S3-3-8	S3-3-9
项　目　名　称			现浇钢筋混凝土制作、安装	
			φ＜10	φ＞10
基　　　价（元）			4577.15	4670.14
其中	人　工　费（元）		886.34	862.96
	材　料　费（元）		3601.63	3703.63
	机　械　费（元）		89.18	103.55
名　　　称	单位	单价(元)	消　　耗　　量	
人工 综合工日	工日	140.00	6.331	6.164
材料 电焊条	kg	5.98	—	8.880
镀锌铁丝 22号	kg	3.57	8.860	2.950
螺纹钢筋 HRB400 φ10以内	t	3500.00	1.020	—
螺纹钢筋 HRB400 φ10以上	t	3500.00	—	1.040
机械 电动单筒慢速卷扬机 50kN	台班	215.57	0.320	0.190
对焊机 75kV·A	台班	106.97	—	0.100
钢筋切断机 40mm	台班	41.21	0.130	0.100
钢筋弯曲机 40mm	台班	25.58	0.580	0.210
交流弧焊机 32kV·A	台班	83.14	—	0.510

工作内容：1.钢筋解捆、除锈；
　　　　　2.调直、下料、弯曲；
　　　　　3.焊接、除渣；
　　　　　4.绑扎成型；
　　　　　5.运输入模。

计量单位：t

定　额　编　号				S3-3-10	S3-3-11
项　目　名　称				钻孔桩钢筋笼制作、安装	行车道铺装
					φ10内带肋钢筋网片
基　　　　价（元）				5349.80	4674.47
其中	人　工　费（元）			1182.44	901.60
	材　料　费（元）			3727.63	3639.59
	机　械　费（元）			439.73	133.28
名　　　称		单位	单价（元）	消　耗　　　量	
人工	综合工日	工日	140.00	8.446	6.440
材料	电焊条	kg	5.98	16.100	6.800
	镀锌铁丝 22号	kg	3.57	1.500	3.200
	螺纹钢筋 HRB400 φ10以内	t	3500.00	0.204	0.621
	螺纹钢筋 HRB400 φ10以上	t	3500.00	0.832	0.404
机械	电动单筒慢速卷扬机 50kN	台班	215.57	0.420	—
	交流弧焊机 32kV·A	台班	83.14	4.200	1.300
	小型机具使用费	元	1.00	—	25.200

第三节 先张法预应力钢筋制作、安装

工作内容：1. 调直、下料；
2. 进入台座，安夹具；
3. 张拉、切断；
4. 整修等。

计量单位：t

定 额 编 号			S3-3-12	S3-3-13	S3-3-14
项 目 名 称			先张法预应力		
			低合金钢筋	钢绞线	高强钢丝
			制作、安装		
基 价 （元）			3953.83	5854.74	8014.60
其中	人 工 费（元）		974.96	1262.24	1199.10
	材 料 费（元）		2817.16	4460.23	6683.23
	机 械 费（元）		161.71	132.27	132.27
名 称	单位	单价(元)	消	耗	量
人工 综合工日	工日	140.00	6.964	9.016	8.565
材料 钢绞线 φ15.24	t	3850.00	—	1.140	—
高强钢丝 φ5(不镀锌)	t	5800.00	—	—	1.140
铁件	kg	4.19	1.340	4.370	4.370
氧气	m³	3.63	0.630	1.030	1.030
乙炔气	kg	10.45	0.210	0.340	0.340
预应力钢筋	t	2516.24	1.110	—	—
中厚钢板 δ15以外	kg	3.51	4.000	13.000	13.000
机械 对焊机 75kV·A	台班	106.97	0.520	—	—
钢筋切断机 40mm	台班	41.21	0.520	—	—
高压油泵 80MPa	台班	163.29	0.320	0.500	0.500
预应力钢筋拉伸机 3000kN	台班	101.25	0.320	0.500	0.500

第四节 后张法预应力钢筋制作、安装

工作内容：1. 调直、切断；
2. 编束、穿束；
3. 安装锚具，张拉、锚固；
4. 拆除、切割钢丝(束)、封锚等。

计量单位：t

定 额 编 号				S3-3-15	S3-3-16	S3-3-17	S3-3-18
项 目 名 称				后张法预应力			
				螺栓锚	锥形锚	JM12型锚	镦头锚
				制作、安装			
基 价（元）				4154.45	7755.53	4189.95	8390.14
其中	人 工 费（元）			1258.32	1475.46	1320.34	1970.22
	材 料 费（元）			2675.11	6110.63	2671.10	6108.31
	机 械 费（元）			221.02	169.44	198.51	311.61
名 称	单位	单价（元）		消 耗 量			
人工	综合工日	工日	140.00	8.988	10.539	9.431	14.073
材料	镀锌铁丝 22号	kg	3.57	—	0.770	0.680	0.740
	高强钢丝 φ5(不镀锌)	t	5800.00		1.040		1.040
	螺纹钢筋 HRB400 φ10以内	t	3500.00	—	0.021		0.020
	氧气	m³	3.63	1.110	0.340	0.200	0.520
	乙炔气	kg	10.45	0.370	0.110	0.070	0.170
	预应力钢筋	t	2516.24	1.060	—	1.060	—
机械	钢筋镦头机 5mm	台班	48.23	—	—	—	0.060
	钢筋切断机 40mm	台班	41.21	0.520	—	0.810	—
	高压油泵 50MPa	台班	104.24	1.390	1.180	1.150	2.150
	预应力钢筋拉伸机 900kN	台班	39.35	1.390	1.180	1.150	2.150

工作内容：1.调直、切断；
　　　　　2.编束、穿束；
　　　　　3.安装锚具，张拉、锚固；
　　　　　4.拆除、切割钢丝(束)、封锚等。

计量单位：t

定　额　编　号				S3-3-19	S3-3-20	S3-3-21
项　目　名　称				后张法预应力(OVM锚)制作、安装		
				束长＜20m		
				＜3孔	＜7孔	＜12孔
基　　　　价（元）				7347.80	5731.70	5241.65
其中	人　工　费（元）			2517.20	1344.28	998.20
	材　料　费（元）			4011.16	4009.62	4009.12
	机　械　费（元）			819.44	377.80	234.33
名　　称		单位	单价（元）	消	耗	量
人工	综合工日	工日	140.00	17.980	9.602	7.130
材料	镀锌铁丝 22号	kg	3.57	0.750	0.320	0.180
	钢绞线 φ15.24	t	3850.00	1.040	1.040	1.040
	氧气	m³	3.63	0.630	0.630	0.630
	乙炔气	kg	10.45	0.210	0.210	0.210
机械	高压油泵 80MPa	台班	163.29	3.920	1.680	0.980
	预应力钢筋拉伸机 1000kN	台班	45.75	3.920	—	—
	预应力钢筋拉伸机 1500kN	台班	61.59	—	1.680	—
	预应力钢筋拉伸机 2500kN	台班	75.82	—	—	0.980

工作内容：1.调直、切断；
        2.编束、穿束；
        3.安装锚具，张拉、锚固；
        4.拆除、切割钢丝(束)、封锚等。

计量单位：t

定　额　编　号			S3-3-22	S3-3-23	S3-3-24
项　目　名　称			后张法预应力(OVM锚)制作、安装		
			束长<40m		
			<7孔	<12孔	<19孔
基　　　价（元）			5062.41	4839.68	4790.91
其中	人　工　费（元）		879.76	725.34	696.50
	材　料　费（元）		4007.24	4006.74	4006.53
	机　械　费（元）		175.41	107.60	87.88
名　　　称		单位	单价（元）	消　　耗　　量	
人工	综合工日	工日	140.00	6.284	5.181	4.975
材料	镀锌铁丝 22号	kg	3.57	0.320	0.180	0.120
	钢绞线 φ15.24	t	3850.00	1.040	1.040	1.040
	氧气	m³	3.63	0.290	0.290	0.290
	乙炔气	kg	10.45	0.100	0.100	0.100
机械	高压油泵 80MPa	台班	163.29	0.780	0.450	0.290
	预应力钢筋拉伸机 1500kN	台班	61.59	0.780	—	—
	预应力钢筋拉伸机 2500kN	台班	75.82	—	0.450	—
	预应力钢筋拉伸机 4000kN	台班	139.73	—	—	0.290

工作内容：1.调直、切断；
　　　　　2.编束、穿束；
　　　　　3.安装锚具，张拉、锚固；
　　　　　4.拆除、切割钢丝(束)、封锚等。

计量单位：t

定 额 编 号				S3-3-25	S3-3-26	S3-3-27	S3-3-28
项 目 名 称				后张法预应力(OVM锚)制作、安装			
				束长<80m			
				<12孔	<19孔	<22孔	<31孔
基 价（元）				5098.61	4853.92	4856.45	4752.54
其中		人 工 费（元）		775.88	648.34	666.82	615.44
		材 料 费（元）		4004.00	4004.00	4004.00	4004.00
		机 械 费（元）		318.73	201.58	185.63	133.10
名 称		单位	单价(元)	消 耗			量
人工	综合工日	工日	140.00	5.542	4.631	4.763	4.396
材料	钢绞线 φ15.24	t	3850.00	1.040	1.040	1.040	1.040
机械	预应力钢绞线 拉伸设备	台班	275.00	1.159	0.733	0.675	0.484

工作内容：1.调直、切断；
　　　　　2.编束、穿束；
　　　　　3.安装锚具，张拉、锚固；
　　　　　4.拆除、切割钢丝(束)、封锚等。

计量单位：t

定　额　编　号				S3-3-29	S3-3-30	S3-3-31
项　目　名　称				后张法预应力(OVM锚)制作、安装		
				束长<120m		束长<200m
				<22孔	<31孔	
基　　　　　　价（元）				4698.81	4574.92	4725.92
其中	人　工　费（元）			632.38	486.22	641.34
	材　料　费（元）			4004.00	4004.00	4004.00
	机　械　费（元）			62.43	84.70	80.58
名　　　称		单位	单价(元)	消　　耗　　量		
人工	综合工日	工日	140.00	4.517	3.473	4.581
材料	钢绞线　φ15.24	t	3850.00	1.040	1.040	1.040
机械	预应力钢绞线　拉伸设备	台班	275.00	0.227	0.308	0.293

工作内容：1.调直、切断；
    2.编束、穿束；
    3.安装锚具，张拉、锚固；
    4.拆除、切割钢丝(束)、封锚等。

计量单位：t

定　额　编　号					S3-3-32	
项　目　名　称					后张法预应力临时钢丝束拆除	
基　　　价（元）					1072.34	
其中	人　工　费（元）				1065.26	
	材　料　费（元）				7.08	
	机　械　费（元）				—	
名　　称		单位	单价(元)	消　　　耗　　　量		
人工	综合工日	工日	140.00	7.609		
材料	氧气	m³	3.63	1.000		
	乙炔气	kg	10.45	0.330		

412

第五节 安装压浆管道

工作内容：1.铁皮管、波纹管、三通管安装、定位固定；
2.胶管、管内塞钢筋或充气、安放定位、缠裹接头、抽拔、清洗胶管、清孔等；
3.管道压浆、砂浆配、拌、运、压浆等。

计量单位：100m

定 额 编 号			S3-3-33	S3-3-34	S3-3-35
项 目 名 称			安装压浆管道		
			橡胶管	铁皮管	波纹管
基 价（元）			297.33	1852.28	1679.38
其中	人 工 费（元）		253.82	487.06	459.62
	材 料 费（元）		43.51	1365.22	1219.76
	机 械 费（元）		—	—	—
	名 称	单位	单价（元）	消 耗	量
人工	综合工日	工日	140.00	1.813	3.479	3.283
材料	波纹管 φ50mm	m	11.18	—	—	107.840
	铁皮管 φ50	m	11.20	—	105.000	—
	橡胶护套管	m	15.20	2.680	—	—
	其他材料费占材料费	%	—	6.820	16.090	1.170

413

工作内容：1.铁皮管、波纹管、三通管安装、定位固定；
　　　　　2.胶管、管内塞钢筋或充气、安放定位、缠裹接头、抽拔、清洗胶管、清孔等；
　　　　　3.管道压浆、砂浆配、拌、运、压浆等。　　　　　　　　计量单位：10m³

定　额　编　号				S3-3-36
项　目　名　称				压浆
基　　　　价（元）				15086.38
其中	人　工　费（元）			4304.86
	材　料　费（元）			4734.38
	机　械　费（元）			6047.14
名　　　称		单位	单价（元）	消　　耗　　量
人工	综合工日	工日	140.00	30.749
材料	水	m³	7.96	9.000
	素水泥浆	m³	444.07	10.500
机械	灰浆搅拌机 200L	台班	215.26	8.290
	机动翻斗车 1t	台班	220.18	8.290
	液压注浆泵 HYB50/50-1型	台班	294.01	8.290

第六节 先张法预应力钢筋张拉、冷拉台座

工作内容：张拉台座：1.挖基、回填、夯实；2.铺垫层；3.台面、压柱、横系梁的模板、钢筋、混凝土全部操作；4.安装钢横梁。
冷拉台座：1.挖槽、修整；2.埋设地锚；3.模板、钢筋、混凝土的全部操作；4.钢板切割、安设、就位。

计量单位：座

定 额 编 号				S3-3-37	S3-3-38
项 目 名 称				3000kN	6000kN
				先张法预应力钢筋伸拉台座60m	
基 价（元）				70560.51	118902.13
其中	人 工 费（元）			13040.72	22037.40
	材 料 费（元）			54014.85	90440.02
	机 械 费（元）			3504.94	6424.71
名 称		单位	单价(元)	消 耗 量	
人工	综合工日	工日	140.00	93.148	157.410
材料	电焊条	kg	5.98	179.900	359.800
	镀锌铁丝 22号	kg	3.57	12.300	24.600
	钢板	kg	3.17	0.220	0.440
	冷拔低碳钢丝 φ5以内	t	3800.00	2.470	4.940
	木板	m³	1634.16	1.992	3.984
	砂砾石	t	60.00	11.836	11.836
	水	m³	7.96	76.000	122.000
	水泥 42.5级	t	334.00	27.002	44.843
	碎石	t	106.80	83.747	131.797
	铁件	kg	4.19	27.800	55.600
	现浇混凝土 C20	m³	296.56	27.100	27.100
	型钢	t	3700.00	2.353	4.706
	圆钉	kg	5.13	12.700	25.400
	中(粗)砂	t	87.00	46.560	73.215
机械	交流弧焊机 32kV·A	台班	83.14	25.460	50.920
	双锥反转出料混凝土搅拌机 350L	台班	253.32	5.480	8.650

工作内容：张拉台座：1.挖基、回填、夯实；2.铺垫层；3.台面、压柱、横系梁的模板、钢筋、混凝土全部操作；4.安装钢横梁。
冷拉台座：1.挖槽、修整；2.埋设地锚；3.模板、钢筋、混凝土的全部操作；4.钢板切割、安设、就位。

计量单位：座

定 额 编 号				S3-3-39
项 目 名 称				先张法预应力钢筋冷拉台座60m
基 价 （元）				43089.44
其中	人 工 费 （元）			10521.28
	材 料 费 （元）			31719.54
	机 械 费 （元）			848.62
	名 称	单位	单价(元)	消 耗 量
人工	综合工日	工日	140.00	75.152
材料	钢板	kg	3.17	1.954
	木板	m³	1634.16	1.330
	水	m³	7.96	48.000
	水泥 42.5级	t	334.00	14.411
	碎石	t	106.80	52.297
	铁件	kg	4.19	4.200
	现浇混凝土 C20	m³	296.56	39.700
	原木	m³	1491.00	1.429
	圆钉	kg	5.13	8.800
	圆钢(综合)	t	3400.00	0,663
	中(粗)砂	t	87.00	29.175
机械	双锥反转出料混凝土搅拌机 350L	台班	253.32	3.350

416

第四章 砌筑工程

说　　明

一、本章定额包括干砌块料、浆砌片石、浆砌料石、浆砌混凝土预制块、砖砌体、拱圈底模、抛石等项目。本章定额未列的砌筑项目，按"通用项目"相应定额执行。

二、本章定额适用于砌筑高度在 20m 以内的桥涵砌筑工程。

三、砌筑定额中未包括垫层、拱背和台背的填充项目，如发生上述项目，可套用相关定额。

四、拱圈底模定额中不包括拱盔和支架，发生时可套用本册第八章有关项目。

五、定额中调制砂浆，均按照砂浆拌和机拌合，如采用人工拌制时，定额不予调整。

工程量计算规则

砌筑工程量按设计图示尺寸以"m³"为单位计算，嵌入砌体中的钢管、沉降缝、伸缩缝以及单孔面积在 0.3m² 以内的预留孔所占体积不予扣除。

第一节 干砌块料

工作内容：选、修石料；搭拆脚手架及踏步；砌筑。

计量单位：10m³

定　额　编　号				S3-4-1	S3-4-2
项　目　名　称				干砌片石	
				基础、护底、截水墙	锥坡、沟、槽、池
基　　　价（元）				1487.85	2117.85
其中	人　工　费（元）			980.00	1610.00
	材　料　费（元）			507.85	507.85
	机　械　费（元）			—	—
名　　称		单位	单价(元)	消　耗　　量	
人工	综合工日	工日	140.00	7.000	11.500
材料	片石	t	65.00	7.813	7.813

工作内容：选、修石料；搭拆脚手架及踏步；砌筑。 计量单位：10m³

定 额 编 号				S3-4-3	S3-4-4
项 目 名 称				干砌片石	
				护拱	台、墙
基 价（元）				1165.85	1953.59
其中	人 工 费（元）			658.00	1400.00
	材 料 费（元）			507.85	553.59
	机 械 费（元）			—	—
名 称		单位	单价（元）	消 耗 量	
人工	综合工日	工日	140.00	4.700	10.000
材料	镀锌铁丝 12号	kg	3.57	—	0.400
	钢管	t	4060.00	—	0.003
	锯材	m³	1800.00	—	0.016
	片石	t	65.00	7.813	7.813
	铁钉	kg	3.56	—	0.100
	原木	m³	1491.00	—	0.002

工作内容：选、修石料；搭拆脚手架及踏步；砌筑。 计量单位：10m³

定 额 编 号				S3-4-5	S3-4-6	S3-4-7
项 目 名 称				干砌块石		
				基础	台、墙	拱圈
基 价（元）				2024.00	2615.75	3017.72
其中	人 工 费（元）			966.00	1512.00	1918.00
	材 料 费（元）			1058.00	1103.75	1099.72
	机 械 费（元）			—	—	—
	名 称	单位	单价（元）	消	耗	量
人工	综合工日	工日	140.00	6.900	10.800	13.700
材料	镀锌铁丝 12号	kg	3.57	—	0.400	1.100
	钢管	t	4060.00	—	0.003	—
	锯材	m³	1800.00	—	0.016	0.015
	块石	m³	92.00	11.500	11.500	11.500
	铁钉	kg	3.56	—	0.100	0.100
	原木	m³	1491.00	—	0.002	0.007

第二节 浆砌片石

工作内容：选、修洗石料；搭拆脚手架及踏步或井字架；配、拌、运砂浆、砌筑、湿治养护等。

计量单位：10m³

定 额 编 号				S3-4-8	S3-4-9
项 目 名 称				基础、护底、截水墙	护拱
基 价（元）				3311.66	3104.43
其中	人 工 费（元）			1330.00	1190.00
	材 料 费（元）			1974.66	1907.43
	机 械 费（元）			7.00	7.00
名 称		单位	单价（元）	消 耗 量	
人工	综合工日	工日	140.00	9.500	8.500
材料	片石	t	65.00	7.188	7.188
	水	m³	7.96	4.000	4.000
	水泥 32.5级	t	290.60	0.931	0.763
	水泥砂浆 M5.0	m³	192.88	—	3.500
	水泥砂浆 M7.5	m³	201.87	3.500	—
	中(粗)砂	t	87.00	5.730	5.880
机械	小型机具使用费	元	1.00	7.000	7.000

424

工作内容：选、修洗石料；搭拆脚手架及踏步或井字架；配、拌、运砂浆、砌筑、湿治养护等。

计量单位：10m³

定　额　编　号			S3-4-10	S3-4-11	S3-4-12	S3-4-13
项　目　名　称			实体式墩		实体式台、墙	
			高度			
			10m内	20m内	10m内	20m内
基　　　　　价（元）			3414.92	3621.02	3378.90	3597.29
其中	人　工　费（元）		1183.00	1302.00	1293.60	1381.80
	材　料　费（元）		2224.72	2118.42	2078.30	2029.80
	机　械　费（元）		7.20	200.60	7.00	185.69
名　　　称		单位	单价（元）	消　　　耗		量
人工	综合工日	工日	140.00	8.450	9.300	9.240	9.870
材料	镀锌铁丝 12号	kg	3.57	1.800	0.300	0.600	0.100
	钢管	t	4060.00	0.011	0.010	0.004	0.003
	锯材	m³	1800.00	0.049	0.009	0.016	0.003
	片石	t	65.00	7.188	7.188	7.188	7.188
	水	m³	7.96	9.000	8.000	8.000	7.000
	水泥 32.5级	t	290.60	0.970	0.959	0.945	0.938
	水泥砂浆 M10	m³	209.99	0.120	0.090	0.050	0.020
	水泥砂浆 M7.5	m³	201.87	3.500	3.500	3.500	3.500
	铁钉	kg	3.56	0.300	0.100	0.100	—
	原木	m³	1491.00	0.011	0.010	0.003	0.003
	中(粗)砂	t	87.00	5.925	5.865	5.790	5.760
机械	电动单筒慢速卷扬机 30kN	台班	210.22	—	0.920	—	0.850
	小型机具使用费	元	1.00	7.200	7.200	7.000	7.000

工作内容：选、修洗石料；搭拆脚手架及踏步或井字架；配、拌、运砂浆、砌筑、湿治养护等。

计量单位：10m³

定 额 编 号				S3-4-14
项 目 名 称				轻型墩台、拱上横墙、墩上横墙
基 价 （元）				3785.50
其中	人 工 费 （元）			1554.00
	材 料 费 （元）			2224.30
	机 械 费 （元）			7.20
名 称		单位	单价(元)	消 耗 量
人工	综合工日	工日	140.00	11.100
材料	镀锌铁丝 12号	kg	3.57	2.200
	钢管	t	4060.00	0.006
	锯材	m³	1800.00	0.040
	片石	t	65.00	7.188
	水	m³	7.96	10.000
	水泥 32.5级	t	290.60	0.984
	水泥砂浆 M10	m³	209.99	0.170
	水泥砂浆 M7.5	m³	201.87	3.500
	铁钉	kg	3.56	0.200
	原木	m³	1491.00	0.015
	中(粗)砂	t	87.00	6.000
机械	小型机具使用费	元	1.00	7.200

工作内容：选、修洗石料；搭拆脚手架及踏步或井字架；配、拌、运砂浆、砌筑、湿治养护等。

计量单位：10m³

定　额　编　号				S3-4-15	S3-4-16
项　目　名　称				拱圈	锥坡、沟、槽、池
基　　价（元）				3786.70	3430.67
其中	人　工　费（元）			1587.60	1276.80
	材　料　费（元）			2191.90	2146.37
	机　械　费（元）			7.20	7.50
名　　称		单位	单价（元）	消　　耗　　量	
人工	综合工日	工日	140.00	11.340	9.120
材料	镀锌铁丝 12号	kg	3.57	1.500	—
	锯材	m³	1800.00	0.016	—
	片石	t	65.00	7.188	7.188
	水	m³	7.96	15.000	18.000
	水泥 32.5级	t	290.60	0.986	0.853
	水泥砂浆 M10	m³	209.99	0.180	0.290
	水泥砂浆 M5.0	m³	192.88	—	3.500
	水泥砂浆 M7.5	m³	201.87	3.500	—
	铁钉	kg	3.56	0.100	—
	原木	m³	1491.00	0.012	—
	中(粗)砂	t	87.00	6.000	6.345
机械	小型机具使用费	元	1.00	7.200	7.500

工作内容：选、修洗石料；搭拆脚手架及踏步或井字架；配、拌、运砂浆、砌筑、湿治养护等。

计量单位：10m³

定　额　编　号			S3-4-17	S3-4-18
项　目　名　称			填腹石实体式墩	
			高度	
			10m内	20m内
基　　　　　价（元）			3413.90	3622.35
其中	人　工　费（元）		1251.60	1377.60
	材　料　费（元）		2155.30	2071.68
	机　械　费（元）		7.00	173.07
名　　称	单位	单价(元)	消　耗	量
人工 综合工日	工日	140.00	8.940	9.840
材料 镀锌铁丝 12号	kg	3.57	1.800	0.300
钢管	t	4060.00	0.011	0.010
锯材	m³	1800.00	0.049	0.009
片石	t	65.00	7.188	7.188
水	m³	7.96	7.000	7.000
水泥 32.5级	t	290.60	0.931	0.931
水泥砂浆 M7.5	m³	201.87	3.500	3.500
铁钉	kg	3.56	0.300	0.100
原木	m³	1491.00	0.011	0.010
中(粗)砂	t	87.00	5.730	5.730
机械 电动单筒慢速卷扬机 30kN	台班	210.22	—	0.790
小型机具使用费	元	1.00	7.000	7.000

工作内容：选、修洗石料；搭拆脚手架及踏步或井字架；配、拌、运砂浆、砌筑、湿治养护等。

计量单位：10m³

定 额 编 号			S3-4-19	S3-4-20
项 目 名 称			填腹石实体式台、墙	
			高度	
			10m内	20m内
基 价（元）			3176.12	3420.39
其中	人 工 费（元）		1185.80	1293.60
	材 料 费（元）		1983.32	1953.72
	机 械 费（元）		7.00	173.07
名 称	单位	单价（元）	消 耗 量	
人工	综合工日	工日	140.00	8.470	9.240
材料	镀锌铁丝 12号	kg	3.57	0.600	0.100
	钢管	t	4060.00	0.004	0.003
	锯材	m³	1800.00	0.016	0.003
	片石	t	65.00	7.188	7.188
	水	m³	7.96	7.000	7.000
	水泥 32.5级	t	290.60	0.763	0.763
	水泥砂浆 M5.0	m³	192.88	3.500	3.500
	铁钉	kg	3.56	0.100	—
	原木	m³	1491.00	0.003	0.003
	中(粗)砂	t	87.00	5.880	5.880
机械	电动单筒慢速卷扬机 30kN	台班	210.22	—	0.790
	小型机具使用费	元	1.00	7.000	7.000

第三节 浆砌料石

工作内容：放样、安拆样架、样桩、选、修冲洗料石、配、拌、运砂浆、砌筑、湿治养护等。

计量单位：10m³

定　额　编　号				S3-4-21	S3-4-22
项　目　名　称				墩、台、墙粗料石镶面	
				高度	
				10m内	20m内
基　　价（元）				10468.23	10807.00
其中	人　工　费（元）			1688.40	1839.60
	材　料　费（元）			8775.63	8692.02
	机　械　费（元）			4.20	275.38
名　称		单位	单价（元）	消　　耗　　量	
人工	综合工日	工日	140.00	12.060	13.140
材料	粗料石	m³	850.00	9.000	9.000
	镀锌铁丝 12号	kg	3.57	1.800	0.300
	钢管	t	4060.00	0.011	0.010
	锯材	m³	1800.00	0.049	0.009
	水	m³	7.96	11.000	11.000
	水泥 32.5级	t	290.60	0.559	0.559
	水泥砂浆 M10	m³	209.99	0.090	0.090
	水泥砂浆 M7.5	m³	201.87	2.000	2.000
	铁钉	kg	3.56	0.300	0.100
	原木	m³	1491.00	0.011	0.010
	中(粗)砂	t	87.00	3.405	3.405
机械	电动单筒慢速卷扬机 30kN	台班	210.22	—	1.290
	小型机具使用费	元	1.00	4.200	4.200

工作内容：放样、安拆样架、样桩、选、修冲洗料石、配、拌、运砂浆、砌筑、湿治养护等。

计量单位：10m³

定 额 编 号				S3-4-23	
项 目 名 称				轻型墩台、拱上横墙、墩上横墙粗料石镶面	
基 价 （元）				10497.86	
其中	人 工 费 （元）			1764.00	
	材 料 费 （元）			8729.66	
	机 械 费 （元）			4.20	
名 称		单位	单价（元）	消 耗 量	
人工	综合工日	工日	140.00	12.600	
材料	粗料石	m³	850.00	9.000	
	镀锌铁丝 12号	kg	3.57	2.200	
	钢管	t	4060.00	0.006	
	锯材	m³	1800.00	0.040	
	水	m³	7.96	10.000	
	水泥 32.5级	t	290.60	0.553	
	水泥砂浆 M10	m³	209.99	0.070	
	水泥砂浆 M7.5	m³	201.87	2.000	
	铁钉	kg	3.56	0.200	
	原木	m³	1491.00	0.015	
	中(粗)砂	t	87.00	3.375	
机械	小型机具使用费	元	1.00	4.200	

工作内容：放样、安拆样架、样桩、选、修冲洗料石、配、拌、运砂浆、砌筑、湿治养护等。

计量单位：10m³

定　额　编　号				S3-4-24	S3-4-25
项　目　名　称				粗料石拱圈	
				跨径	
				20m内	50m内
基　　　　价　（元）				10630.96	10874.50
其中	人　工　费（元）			1930.60	2156.00
	材　料　费（元）			8696.16	8714.30
	机　械　费（元）			4.20	4.20
名　　　称		单位	单价(元)	消　　耗　　量	
人工	综合工日	工日	140.00	13.790	15.400
材料	粗料石	m³	850.00	9.000	9.000
	镀锌铁丝 12号	kg	3.57	1.500	2.400
	锯材	m³	1800.00	0.016	0.019
	水	m³	7.96	15.000	15.000
	水泥 32.5级	t	290.60	0.554	0.548
	水泥砂浆 M10	m³	209.99	0.070	0.050
	水泥砂浆 M7.5	m³	201.87	2.000	2.000
	铁钉	kg	3.56	0.100	0.100
	原木	m³	1491.00	0.012	0.025
	中(粗)砂	t	87.00	3.390	3.345
机械	小型机具使用费	元	1.00	4.200	4.200

工作内容：放样、安拆样架、样桩、选、修冲洗料石、配、拌、运砂浆、砌筑、湿治养护等。

计量单位：10m³

定　额　编　号				S3-4-26	S3-4-27
项　目　名　称				粗料石	
				帽石、缘石	栏杆
基　　　价（元）				11035.71	11325.15
其中	人　工　费（元）			2361.80	2655.80
	材　料　费（元）			8669.71	8665.15
	机　械　费（元）			4.20	4.20
名　　称		单位	单价（元）	消　耗　量	
人工	综合工日	工日	140.00	16.870	18.970
材料	粗料石	m³	850.00	9.000	9.000
	水	m³	7.96	15.000	15.000
	水泥 32.5级	t	290.60	0.573	0.569
	水泥砂浆 M10	m³	209.99	0.130	0.120
	水泥砂浆 M7.5	m³	201.87	2.000	2.000
	中(粗)砂	t	87.00	3.480	3.465
机械	小型机具使用费	元	1.00	4.200	4.200

工作内容：放样、安拆样架、样桩、选、修冲洗料石、配、拌、运砂浆、砌筑、湿治养护等。

计量单位：10m

定 额 编 号	S3-4-28
项 目 名 称	大理石、花岗岩等石质栏杆安装
基 价（元）	9463.22

其中	人 工 费（元）	700.00
	材 料 费（元）	8604.38
	机 械 费（元）	158.84

名 称	单位	单价（元）	消 耗 量
人工	综合工日	工日	140.00	5.000
材料	石质栏杆	m	850.00	10.100
	水泥砂浆 M7.5	m³	201.87	0.096
机械	汽车式起重机 8t	台班	763.67	0.208

434

第四节 浆砌混凝土预制块

工作内容：放样、安拆样架、样桩、选、修预制块、配、拌、运砂浆、砌筑、湿治养护等。

计量单位：10m³

定 额 编 号				S3-4-29	
项 目 名 称				浆砌混凝土预制块	
				墩台	
基 价 （元）				4421.06	
其中	人 工 费 （元）			1684.62	
	材 料 费 （元）			2167.81	
	机 械 费 （元）			568.63	
	名 称	单位	单价（元）	消 耗 量	
人工	综合工日	工日	140.00	12.033	
材料	混凝土预制块	m³	214.00	9.190	
	水	m³	7.96	1.000	
	水泥砂浆 M10	m³	209.99	0.920	
机械	灰浆搅拌机 200L	台班	215.26	0.110	
	履带式起重机 5t	台班	529.08	1.030	

工作内容：放样、安拆样架、样桩、选、修预制块、配、拌、运砂浆、砌筑、湿治养护等。

计量单位：10m³

定　额　编　号				S3-4-30	S3-4-31	S3-4-32
项　目　名　称				砌混凝土预制块		
				挡墙、侧墙	栏杆	帽石
基　　　价（元）				3751.94	3860.13	3652.03
其中	人　工　费（元）			1203.30	1692.32	1460.34
	材　料　费（元）			2175.77	2167.81	2191.69
	机　械　费（元）			372.87	—	—
名　　　称	单位	单价(元)	消	耗		量
人工	综合工日	工日	140.00	8.595	12.088	10.431
材料	混凝土预制块	m³	214.00	9.190	9.190	9.190
	水	m³	7.96	2.000	1.000	4.000
	水泥砂浆 M10	m³	209.99	0.920	0.920	0.920
机械	灰浆搅拌机 200L	台班	215.26	0.110	—	—
	履带式起重机 5t	台班	529.08	0.660	—	—

工作内容：放样、安拆样架、样桩、选、修预制块、配、拌、运砂浆、砌筑、湿治养护等。

计量单位：10m³

定 额 编 号					S3-4-33	S3-4-34
项 目 名 称					浆砌混凝土预制块	砌混凝土预制块
					缘石	拱圈
基 价（元）					3599.75	4534.38
其中	人 工 费（元）				1384.18	1668.24
	材 料 费（元）				2215.57	2191.69
	机 械 费（元）				—	674.45
	名 称	单位	单价（元）	消 耗 量		
人工	综合工日	工日	140.00	9.887		11.916
材料	混凝土预制块	m³	214.00	9.190		9.190
	水	m³	7.96	7.000		4.000
	水泥砂浆 M10	m³	209.99	0.920		0.920
机械	灰浆搅拌机 200L	台班	215.26	—		0.110
	履带式起重机 5t	台班	529.08	—		1.230

437

第五节 砖砌体

工作内容：放样、安拆样架、样桩、浸砖、配拌砂浆、砌砖、湿治养护等。　　　　　计量单位：10m³

定　额　编　号			S3-4-35	S3-4-36	S3-4-37
项　目　名　称			砖砌体		
			基础、护底	墩台	挡墙
基　　　　价（元）			3749.37	4264.43	4651.29
其中	人　工　费（元）		1045.66	1166.62	1413.30
	材　料　费（元）		2643.44	2619.56	2611.60
	机　械　费（元）		60.27	478.25	626.39
名　　　称	单位	单价（元）	消　　耗　　量		
人工	综合工日	工日	140.00	7.469	8.333	10.095
材料	机砖 240×115×53	千块	384.62	5.230	5.230	5.230
	水	m³	7.96	10.000	7.000	6.000
	水泥砂浆 M10	m³	209.99	2.630	2.630	2.630
机械	灰浆搅拌机 200L	台班	215.26	0.280	0.280	0.280
	履带式起重机 5t	台班	529.08	—	0.790	1.070

438

工作内容：放样、安拆样架、样桩、浸砖、配拌砂浆、砌砖、湿治养护等。

计量单位：10m³

定 额 编 号				S3-4-38	S3-4-39	S3-4-40
项 目 名 称				砖砌体		
				栏杆	缘石	拱圈
基 价（元）				4193.60	3787.76	4854.71
其中	人 工 费（元）			1582.00	1128.40	1603.42
	材 料 费（元）			2611.60	2659.36	2635.48
	机 械 费（元）			—	—	615.81
	名 称	单位	单价（元）	消	耗	量
人工	综合工日	工日	140.00	11.300	8.060	11.453
材料	机砖 240×115×53	千块	384.62	5.230	5.230	5.230
	水	m³	7.96	6.000	12.000	9.000
	水泥砂浆 M10	m³	209.99	2.630	2.630	2.630
机械	灰浆搅拌机 200L	台班	215.26	—	—	0.280
	履带式起重机 5t	台班	529.08	—	—	1.050

第六节 拱圈底模

工作内容：放样、安拆样架、样桩、浸砖、配拌砂浆、砌砖、湿治养护等。 计量单位：10m²

定 额 编 号				S3-4-41	
项 目 名 称				砖砌拱圈底膜	
基 价（元）				785.71	
其中	人 工 费（元）			576.52	
	材 料 费（元）			209.19	
	机 械 费（元）			—	
名 称	单位	单价(元)	消	耗	量
人工	综合工日	工日	140.00		4.118
材料	板方材	m³	1800.00		0.111
	模板嵌缝料	kg	1.71		0.500
	脱模剂	kg	2.48		1.000
	圆钉	kg	5.13		1.180

440

第七节 抛石

工作内容：1.陆上抛填：人力运输、抛填；
2.水上抛填：人力装船，拖轮拖至抛填地点，抛填；

计量单位：100m³

定 额 编 号				S3-4-42	S3-4-43
项 目 名 称				抛石	
				陆上抛填	水上抛填
基 价 （元）				6235.51	8046.07
其中	人 工 费（元）			2112.04	2521.12
	材 料 费（元）			4123.47	4123.47
	机 械 费（元）			—	1401.48
名 称		单位	单价（元）	消 耗 量	
人工	综合工日	工日	140.00	15.086	18.008
材料	片石	t	65.00	63.438	63.438
机械	木驳船 30t	台班	163.45	—	5.340
	内燃拖船 45kN	台班	297.00	—	1.780

第八节 拱上填料、台背排水

工作内容：1. 拱上填料：取料、铺平、洒水、夯实；
2. 台背排水：取运料、铺碎（砾）石层、筑盲沟。

计量单位：10m³

定　额　编　号				S3-4-44	S3-4-45
项　目　名　称				拱上填料	台背排水
基　　　价（元）				2570.12	1252.93
其中	人　工　费（元）			375.06	367.08
	材　料　费（元）			2195.06	885.85
	机　械　费（元）			—	—
名　　称	单位	单价（元）	消	耗	量
人工	综合工日	工日	140.00	2.679	2.622
材料	黏土	m³	11.50	—	4.390
	片石	t	65.00	—	0.831
	碎石	t	106.80	20.553	7.316

442

第五章 立交箱涵

第五章　立交排水

说　明

一、本章定额包括箱涵制作、顶进、箱涵挖土等项目。

二、本章定额适用于穿越城市道路及铁路的立交箱涵顶进工程及现浇箱涵工程。

三、本章定额顶进土质按 I、II 类土考虑。

四、定额中未包括箱涵顶进的后靠背设施等，发生时另行计算。

五、定额中未包括深基坑开挖、支撑及井点降水的工作内容，可套用有关定额计算。

六、立交桥引道的结构及路面铺筑工程，根据施工方法套用有关定额计算。

工程量计算规则

一、箱涵滑板下的肋楞，其工程量并入滑板内计算。

二、箱涵混凝土工程量，不扣除单孔 0.3m² 以下的预留孔洞体积。

三、顶柱、中继间护套及挖土支架均属专用周转性金属构件，定额中已按摊销量计列，不得重复计算。

四、箱涵顶进定额分空顶、无中继间实土顶和有中继间实土顶三类，其工程量计算如下：

1. 空顶工程量按空顶的单节箱涵重量乘以箱涵位移距离计算。

2. 实土顶工程量按被顶箱涵的重量乘以箱涵位移距离分段累计计算。

五、气垫只考虑在预制箱涵底板上使用，按箱涵底面积计算。气垫的使用天数由施工组织设计确定。但采用气垫后套用顶进定额应乘以系数 0.7。

第一节 透水管铺设

工作内容：1.钢管钻孔；
2.涂防锈漆；
3.钢管埋设；
4.碎石充填。

计量单位：10m

定　额　编　号				S3-5-1	S3-5-2
项　目　名　称				钢透水管铺设	
				φ≤100	φ≤200
基　　　　价（元）				1450.94	2800.52
其中	人　工　费（元）			306.60	488.18
	材　料　费（元）			1123.11	2284.17
	机　械　费（元）			21.23	28.17
名　　　称		单位	单价（元）	消　　　耗　　　量	
人工	综合工日	工日	140.00	2.190	3.487
材料	防锈漆	kg	5.62	1.830	3.250
	碎石 30～50	t	106.80	2.604	3.922
	无缝钢管 φ102×4.5	kg	4.44	188.000	—
	无缝钢管 φ203～245×7.1～12	kg	4.44	—	416.000
机械	立式钻床 50mm	台班	19.84	1.070	1.420

447

工作内容：1.浇捣管道垫层；
2.透水管铺设；
3.接口坞砂浆；
4.填砂。

计量单位：10m

定 额 编 号				S3-5-3	S3-5-4	S3-5-5	S3-5-6
项 目 名 称				透水管铺设			
				φ≤200	φ≤300	φ≤380	φ≤450
基 价（元）				1082.28	1406.76	1699.35	1947.58
其中	人 工 费（元）			317.24	362.46	454.30	522.06
	材 料 费（元）			711.84	986.04	1181.72	1344.46
	机 械 费（元）			53.20	58.26	63.33	81.06
名 称		单位	单价（元）	消	耗		量
人工	综合工日	工日	140.00	2.266	2.589	3.245	3.729
材料	电	kW·h	0.68	0.800	0.920	1.000	1.280
	混凝土透水管 φ200	m	15.60	10.250	—	—	—
	混凝土透水管 φ300	m	30.48	—	10.250	—	—
	混凝土透水管 φ380	m	38.26	—	—	10.250	—
	混凝土透水管 φ450	m	39.74	—	—	—	10.250
	商品混凝土 C15(泵送)	m³	326.48	0.951	1.066	1.188	1.451
	水泥砂浆 M10	m³	209.99	0.042	0.052	0.062	0.067
	圆钢(综合)	t	3400.00	0.022	0.022	0.022	0.022
	中(粗)砂	t	87.00	1.808	2.750	3.600	4.295
机械	双锥反转出料混凝土搅拌机 350L	台班	253.32	0.210	0.230	0.250	0.320

第二节 箱涵制作

工作内容：混凝土配、拌、运输、浇筑、捣固、抹平、养护。

计量单位：10m³

定　额　编　号				S3-5-7	S3-5-8
项　目　名　称				滑板	底板
基　　　　价（元）				4708.52	5122.78
其中	人　工　费（元）			930.44	949.06
	材　料　费（元）			3678.39	4081.51
	机　械　费（元）			99.69	92.21
名　称		单位	单价（元）	消　　耗　　量	
人工	综合工日	工日	140.00	6.646	6.779
材料	电	kW·h	0.68	0.952	0.888
	商品混凝土 C20(泵送)	m³	363.30	10.100	—
	商品混凝土 C30(泵送)	m³	403.82	—	10.100
	水	m³	7.96	0.816	0.226
	塑料薄膜	m²	0.20	9.571	2.650
机械	履带式电动起重机 5t	台班	249.22	0.400	0.370

工作内容：1.模板制作，安装、涂脱模剂；
　　　　　2.模板拆除、修理、整堆。

计量单位：10m²

定 额 编 号				S3-5-9
项 目 名 称				滑板、底板模板
基　　　　　价（元）				403.21
其中	人 工 费（元）			316.54
	材 料 费（元）			86.67
	机 械 费（元）			—
名　　　称	单位	单价（元）	消　　耗　　量	
人工 综合工日	工日	140.00	2.261	
材料 板方材	m³	1800.00	0.016	
钢支撑 φ25	kg	4.50	2.090	
零星卡具	kg	5.56	2.350	
模板嵌缝料	kg	1.71	0.500	
脱模剂	kg	2.48	1.000	
圆钉	kg	5.13	0.260	
组合钢模板	kg	5.13	5.990	

工作内容：混凝土配、拌、运输、浇筑、捣固、抹平、养护。 计量单位：10m³

定　额　编　号				S3-5-10
项　目　名　称				侧墙
基　　　　价（元）				5233.90
其中	人　工　费（元）			1026.20
	材　料　费（元）			4088.07
	机　械　费（元）			119.63
	名　　　称	单位	单价（元）	消　　耗　　量
人工	综合工日	工日	140.00	7.330
材料	电	kW·h	0.68	0.768
	商品混凝土 C30（泵送）	m³	403.82	10.100
	水	m³	7.96	1.098
	塑料薄膜	m²	0.20	1.152
机械	履带式电动起重机 5t	台班	249.22	0.480

工作内容：1.模板制作，安装、涂脱模剂；
　　　　　2.模板拆除、修理、整堆。

计量单位：10m²

定　额　编　号				S3-5-11
项　目　名　称				侧墙模板
基　　　价（元）				489.30
其中	人　工　费（元）			339.22
	材　料　费（元）			109.71
	机　械　费（元）			40.37
名　　称	单位	单价（元）	消　　耗　　量	
人工	综合工日	工日	140.00	2.423
材料	板方材	m³	1800.00	0.016
	钢支撑 φ25	kg	4.50	5.260
	零星卡具	kg	5.56	2.350
	模板嵌缝料	kg	1.71	0.500
	铁件	kg	4.19	2.120
	脱模剂	kg	2.48	1.000
	圆钉	kg	5.13	0.330
	组合钢模板	kg	5.13	5.900
机械	履带式电动起重机 5t	台班	249.22	0.162

工作内容：混凝土配、拌、运输、浇筑、捣固、抹平、养护。 计量单位：10m³

定 额 编 号	S3-5-12		
项 目 名 称	顶板		
基 价（元）	5159.13		
其中	人 工 费（元）	974.96	
	材 料 费（元）	4081.99	
	机 械 费（元）	102.18	

	名 称	单位	单价（元）	消 耗 量
人工	综合工日	工日	140.00	6.964
材料	电	kW·h	0.68	0.984
	商品混凝土 C30(泵送)	m³	403.82	10.100
	水	m³	7.96	0.266
	塑料薄膜	m²	0.20	3.130
机械	履带式电动起重机 5t	台班	249.22	0.410

工作内容：1.模板制作，安装、涂脱模剂；
　　　　　2.模板拆除、修理、整堆。

计量单位：10m²

定　额　编　号			S3-5-13
项　目　名　称			顶板模板
基　　　价（元）			495.40
其中	人　工　费（元）		356.44
	材　料　费（元）		100.83
	机　械　费（元）		38.13
名　　称	单位	单价（元）	消　　耗　　量
人工	综合工日	工日	140.00	2.546
材料	板方材	m³	1800.00	0.016
	钢支撑 φ25	kg	4.50	5.260
	零星卡具	kg	5.56	2.350
	模板嵌缝料	kg	1.71	0.500
	脱模剂	kg	2.48	1.000
	圆钉	kg	5.13	0.330
	组合钢模板	kg	5.13	5.900
机械	履带式电动起重机 5t	台班	249.22	0.153

第三节 箱涵外壁及滑板面处理

工作内容：1.外壁面清洗；
2.拌制水泥砂浆，熬制沥青，配料；
3.墙面涂刷。

计量单位：100m²

定 额 编 号				S3-5-14	S3-5-15
项 目 名 称				箱涵外壁防水砂浆	箱涵外壁沥青层
基 价（元）				2253.74	25402.15
其中	人 工 费（元）			1162.42	252.70
	材 料 费（元）			755.51	25149.45
	机 械 费（元）			335.81	—
	名 称	单位	单价（元）	消 耗 量	
人工	综合工日	工日	140.00	8.303	1.805
材料	防水剂	kg	1.62	58.600	—
	煤	t	650.00	—	37.000
	木柴	kg	0.18	—	3.700
	石油沥青 30号	kg	2.70	—	376.000
	水	m³	7.96	10.500	10.500
	水泥砂浆 1：2	m³	281.46	2.050	—
机械	灰浆搅拌机 200L	台班	215.26	1.560	—

455

工作内容：1.石蜡加热；
        2.涂刷；
        3.铺塑料薄膜层。

计量单位：100㎡

定 额 编 号				S3-5-16	S3-5-17
项 目 名 称				滑板石蜡面层	滑板塑料薄膜层
基 价 （元）				3477.76	908.28
其中	人 工 费（元）			638.40	887.88
	材 料 费（元）			2839.36	20.40
	机 械 费（元）			—	—
名 称		单位	单价(元)	消 耗 量	
人工	综合工日	工日	140.00	4.560	6.342
材料	煤	t	650.00	4.000	—
	木柴	kg	0.18	0.530	—
	石蜡	㎡	6.50	36.810	—
	塑料薄膜	㎡	0.20	—	102.000

456

第四节 气垫安装、拆除及使用

工作内容：设备及管路安装、拆除。

计量单位：100m²

定 额 编 号				S3-5-18
项 目 名 称				气垫安装、拆除
基 价 （元）				3673.15
其中	人 工 费 （元）			2501.10
	材 料 费 （元）			909.46
	机 械 费 （元）			262.59
名 称		单位	单价（元）	消 耗 量
人工	综合工日	工日	140.00	17.865
材料	薄钢板	kg	3.27	23.000
	电焊条	kg	5.98	18.920
	法兰截止阀 J41T-16 DN80	个	227.87	1.540
	防锈漆	kg	5.62	8.623
	焊接钢管	t	3380.00	0.087
	丝扣截止阀门 J11T-16 DN50	个	128.00	0.100
	铁件	kg	4.19	1.010
	氧气	m³	3.63	1.490
	乙炔气	kg	10.45	0.500
机械	交流弧焊机 32kV·A	台班	83.14	1.210
	履带式电动起重机 5t	台班	249.22	0.650

工作内容：气垫起动及使用。　　　　　　　　　　　　　　　　　　计量单位：100㎡·d

定　额　编　号				S3-5-19
项　目　名　称				气垫使用
基　　　价（元）				1573.37
其中	人　工　费（元）			153.72
	材　料　费（元）			—
	机　械　费（元）			1419.65
名　　称	单位	单价（元）	消　　耗　　量	
人工	综合工日	工日	140.00	1.098
机械	储气包　4m³	台班	23.92	1.440
	内燃空气压缩机　12m³/min	台班	532.05	1.440
	内燃空气压缩机　9m³/min	台班	429.90	1.440

第五节 箱涵顶进

工作内容：1.安装顶进设备及横梁垫块；
2.操作液压系统；
3.安放顶铁、顶进、顶进完毕后设备拆除等。

计量单位：1000t·m

定 额 编 号				S3-5-20	S3-5-21	S3-5-22
项 目 名 称				箱涵空顶进自重		
				≤1000t	≤2000t	≤3000t
基 价 （元）				3622.80	4081.23	4574.92
其中	人 工 费 （元）			1131.90	1339.38	1548.82
	材 料 费 （元）			1038.52	996.97	963.84
	机 械 费 （元）			1452.38	1744.88	2062.26
名 称		单位	单价（元）	消	耗	量
人工	综合工日	工日	140.00	8.085	9.567	11.063
材料	板方材	m³	1800.00	0.010	0.010	0.010
	方木	m³	2029.00	0.025	0.025	0.025
	千斤顶支架	kg	6.84	10.270	8.710	8.080
	箱涵顶柱	kg	3.17	275.000	268.180	260.760
	液压控制系统	套	1323.93	0.021	0.014	0.010
机械	高压油泵 80MPa	台班	163.29	1.340	1.650	1.870
	立式油压千斤顶 200t	台班	11.50	11.100	13.690	—
	立式油压千斤顶 300t	台班	16.48	—	—	16.060
	履带式起重机 15t	台班	757.48	1.460	1.740	1.970

工作内容：1.安装顶进设备及横梁垫块；
　　　　　2.操作液压系统；
　　　　　3.安放顶铁、顶进、顶进完毕后设备拆除等。

计量单位：1000t·m

定　额　编　号				S3-5-23	S3-5-24	S3-5-25
项　目　名　称				箱涵无中继间实土顶自重		
				≤1000t	≤2000t	≤3000t
基　　价（元）				4834.48	5672.58	6612.99
其中	人　工　费（元）			1701.14	2066.26	2428.02
	材　料　费（元）			1038.52	996.40	964.60
	机　械　费（元）			2094.82	2609.92	3220.37
名　　称		单位	单价(元)	消　　耗　　量		
人工	综合工日	工日	140.00	12.151	14.759	17.343
材料	板方材	m³	1800.00	0.010	0.010	0.010
	方木	m³	2029.00	0.025	0.025	0.025
	千斤顶支架	kg	6.84	10.270	8.710	8.080
	箱涵顶柱	kg	3.17	275.000	268.000	261.000
	液压控制系统	套	1323.93	0.021	0.014	0.010
机械	高压油泵 80MPa	台班	163.29	1.480	2.110	2.460
	立式油压千斤顶 200t	台班	11.50	18.210	22.440	—
	立式油压千斤顶 300t	台班	16.48	—	—	27.170
	履带式起重机 15t	台班	757.48	2.170	2.650	3.130

工作内容：1.安装顶进设备及横梁垫块；
　　　　　2.操作液压系统；
　　　　　3.安放顶铁、顶进、顶进完毕后设备拆除等。

计量单位：1000t·m

定　额　编　号				S3-5-26	S3-5-27	S3-5-28
项　目　名　称				箱涵有中继间实土顶自重		
				≤1000t	≤2000t	≤3000t
基　　　价（元）				6838.46	7637.19	9040.52
其中	人　工　费（元）			2377.76	2718.52	3473.96
	材　料　费（元）			1786.65	1652.15	1576.35
	机　械　费（元）			2674.05	3266.52	3990.21
名　　称		单位	单价（元）	消　　耗　　量		
人工	综合工日	工日	140.00	16.984	19.418	24.814
材料	板方材	m³	1800.00	0.020	0.020	0.020
	方木	m³	2029.00	0.035	0.035	0.035
	千斤顶支架	kg	6.84	15.410	13.070	12.120
	箱涵顶柱	kg	3.17	412.340	402.800	391.140
	液压控制系统	套	1323.93	0.042	0.028	0.020
	中继间护套	kg	4.19	50.480	33.840	28.650
机械	高压油泵 80MPa	台班	163.29	2.050	2.900	3.360
	立式油压千斤顶 200t	台班	11.50	22.940	27.480	6.080
	立式油压千斤顶 300t	台班	16.48	—	—	27.170
	履带式起重机 15t	台班	757.48	2.740	3.270	3.860

461

第六节 箱涵内挖土

工作内容：1.安、拆挖土支架；
2.铺钢轨，挖土，运土；
3.机械配合吊土、出坑、堆放、清理。

计量单位：100m³

定 额 编 号				S3-5-29	S3-5-30
项 目 名 称				人工挖土	
				人运机吊	机运机吊
基 价（元）				12270.99	13229.97
其中	人 工 费（元）			7114.24	6540.94
	材 料 费（元）			117.67	231.50
	机 械 费（元）			5039.08	6457.53
	名 称	单位	单价(元)	消 耗 量	
人工	综合工日	工日	140.00	50.816	46.721
材料	板方材	m³	1800.00	0.025	0.025
	电焊条	kg	5.98	1.910	1.910
	钢轨	kg	3.44	—	27.000
	铁件	kg	4.19	—	5.000
	挖土支架	kg	3.83	15.490	15.490
	氧气	m³	3.63	0.271	0.271
	乙炔气	kg	10.45	0.090	0.090
机械	电动单筒慢速卷扬机 50kN	台班	215.57	—	6.580
	交流弧焊机 32kV·A	台班	83.14	0.170	0.170
	汽车式起重机 8t	台班	763.67	6.580	6.580

工作内容：1.操作机械挖土，人工配合修底边；
　　　　　2.吊土、出坑、堆放、清理。

计量单位：100m³

定　额　编　号				S3-5-31
项　目　名　称				机械挖土
基　　　价（元）				5916.89
其中	人　工　费（元）			2255.68
	材　料　费（元）			113.83
	机　械　费（元）			3547.38
名　　　称		单位	单价（元）	消　　耗　　量
人工	综合工日	工日	140.00	16.112
材料	钢轨	kg	3.44	27.000
	铁件	kg	4.19	5.000
机械	电动单筒慢速卷扬机 50kN	台班	215.57	1.970
	履带式单斗液压挖掘机 0.6m³	台班	821.46	1.970
	汽车式起重机 8t	台班	763.67	1.970

第七节 箱涵接缝处理

工作内容：1. 混凝土表面处理；
2. 材料调制，涂刷；
3. 嵌缝。

计量单位：见表

定　额　编　号				S3-5-32	S3-5-33	S3-5-34
项　目　名　称				箱涵接缝处理		
				石棉水泥嵌缝	嵌防水膏	沥青二遍
单　　　位				10m		10m²
基　　　　价（元）				145.05	346.24	599.72
其中	人　工　费（元）			91.84	171.08	50.54
	材　料　费（元）			53.21	175.16	549.18
	机　械　费（元）			—	—	—
名　　　称		单位	单价(元)	消　　耗		量
人工	综合工日	工日	140.00	0.656	1.222	0.361
材料	冷底子油	kg	2.14	—	2.050	5.130
	沥青防水油膏	kg	2.14	—	79.800	—
	木柴	kg	0.18	—	—	80.000
	石棉绒	kg	0.85	32.130	—	—
	石油沥青 30号	kg	2.70	—	—	194.000
	水泥 32.5级	t	290.60	0.075	—	—
	油浸麻丝	kg	4.10	1.000	—	—

464

工作内容：1.混凝土表面处理；
　　　　　2.材料调制，涂刷；
　　　　　3.嵌缝。

计量单位：10m²

定 额 编 号				S3-5-35	S3-5-36
项 目 名 称				箱涵接缝处理	
				沥青封口	嵌沥青木丝板
基 价（元）				2244.34	666.70
其中	人 工 费（元）			698.32	30.66
	材 料 费（元）			1546.02	636.04
	机 械 费（元）			—	—
	名 称	单位	单价（元）	消 耗 量	
人工	综合工日	工日	140.00	4.988	0.219
材料	煤	kg	0.65	54.000	8.000
	木柴	kg	0.18	54.000	8.000
	木丝板	m²	40.00	—	10.200
	石油沥青 30号	kg	2.70	556.000	82.000

第八节 金属顶柱、钢构件、护套及支架制作

工作内容：选料，划线，矫正，油漆；堆放。

计量单位：t

定　额　编　号			S3-5-37	S3-5-38	S3-5-39
项　目　名　称			箱涵顶柱制作	中继间护套制作	挖土支架制作
基　　　价（元）			6042.16	7075.85	7318.35
其中	人　工　费（元）		1246.98	1773.66	2392.74
	材　料　费（元）		4128.80	4256.59	4404.35
	机　械　费（元）		666.38	1045.60	521.26
名　　称		单位	单价（元）	消　　耗　　量	
人工	综合工日	工日	140.00	8.907	12.669	17.091
材料	电焊条	kg	5.98	38.600	49.600	48.680
	防锈漆	kg	5.62	4.820	9.330	43.050
	氧气	m³	3.63	7.720	12.870	7.780
	乙炔气	kg	10.45	2.570	4.290	2.590
	中厚钢板 δ15以内	kg	3.60	1060.000	1060.000	1060.000
机械	交流弧焊机 32kV·A	台班	83.14	2.150	5.190	5.880
	履带式电动起重机 5t	台班	249.22	1.950	2.370	0.130
	摇臂钻床 63mm	台班	41.15	0.040	0.570	—

第六章 钢结构

说　　明

一、本章定额包括高强螺栓栓接钢桁架梁、钢桁梁拖拉架设法的连接及加固、钢梁纵移、横移与就位、钢桁梁施工用滑道、钢索吊桥上部构造、安装钢管金属栏杆、悬索桥锚碇锚固系统、悬索桥索鞍、悬索桥牵引系统、悬索桥猫道系统、悬索桥主缆、悬索桥主缆紧缆、悬索桥索夹及吊索等内容。

二、本节钢桁梁桥定额是按高强螺栓栓接、连孔拖拉架设法编制的，钢索吊桥的加劲桁拼装定额也是按高强螺栓栓接编制的，如采用其他方法施工，应另行计算。

三、钢桁架桥中的钢桁梁，施工用导梁钢桁和连接及加固杆件，钢索吊桥中的钢桁、钢索吊桥中的钢桁、钢纵横梁、悬吊系统构件、套筒及拉杆构件均为半成品，使用定额时应按半成品价格计算。

四、主索锚碇除套筒及拉杆、承托板以外，其他项目如锚洞开挖、衬砌，护索罩的预制、安装，检查井的砌筑等，应按其他章节有关定额另计。

五、钢索吊桥定额中已综合了缆索吊装设备及钢桁油漆项目，使用定额时不得另行计算。

六、抗风缆结构安装定额中未包括锚碇部分，使用定额时应按有关定额另行计算。

七、定额中成品构件单价构成：

工厂化生产，无需施工企业自行加工的产品为成品构件，以材料单价的形式进入定额。其材料单价为出厂价格+运输至施工场地的费用。

（1）平钢丝拉索，吊杆、系杆、索股等以 t 为单位，以平行钢丝、钢丝绳或钢绞线重量计量，不包括锚头和 PE 或套管等防护料的质量，但锚头和 PE 或套管等防护料的费用应含在成品单位中。

（2）钢绞线斜拉索的工程量以钢绞线的重量计算，其单价包括厂家现场编索和锚具费用。悬索桥锚固系统预应力环氧钢绞线单价中包括两端锚具费用。

（3）钢箱梁、索鞍、拱肋、钢纵横梁等以 t 为单位。钢箱梁和拱肋单价中包括工地现场焊接费用。

八、钢管拱桥定额中未计入钢塔架、扣塔、地锚、索道的费用，应根据组织设计套用第七节相关定额另行计算。

九、悬索桥的主缆、吊索、索夹、检修道定额未包涂装防护，应另行计算。

十、本定额未含施工监控费用，需要时另行计算。

十一、钢材及焊条品种与定额不同时，可以调整换算。

十二、定额中已包括了构件的场内外运输。

十三、本章定额未包括金属构件的焊缝无损探伤费用，发生时另行计算。

十四、油漆定额按手工操作计取，如采用喷漆时，应另行计算。定额中油漆种类与实际不同时，可以调整换算。

工程量计算规则

一、钢构件工程量按设计图纸的主材(钢板、型钢、方钢、圆钢等)的重量，以"t"为单位计算，不扣除孔眼、缺角、切肢、切边的重量，但焊条、铆钉、螺栓等重量也不另增加。不规则或多边形钢板，以其外接矩形面积计算。

二、钢立柱上的节点板、加强环、内衬管、牛腿等并入钢立柱工程量内。

三、不锈钢钢管栏杆按图示尺寸以延长米计算，钢管栏杆、钢管扶手按图示尺寸以"t"计算。

四、斜拉索锚固套筒定额中已综合加劲钢板和钢筋的数量，其工程量以混凝土箱梁中锚固套筒钢管的重量计算。

五、斜拉索钢锚箱的工程量为钢锚箱钢板、剪力钉、定位件的重量之和，不包括钢管和型钢的重量。

六、其他钢结构工程量计算规则

(1) 定位钢支架重量为定位支架型钢、钢板、钢管重量之和，以"t"为单位计算。

(2) 锚固拉杆重量包括拉杆、连接器、螺母(包括锁紧和球面)、垫圈(包括锁紧和球面)重量之和计算，以"t"单位计算。

(3) 锚固体系环氧钢绞线重量以"t"为单位计算。本定额包括了钢绞线张拉的工作长度。

(4) 塔顶门架重量以门架型钢重量计，以"t"为单位计算，钢格栅以钢格栅和反力架重量之和计算，以"t"为单位。主索鞍重量包括承板、鞍体、安装板、挡块、槽盖、拉杆、隔板、锚梁、锌质填块的重量计，以"t"为单位。散索鞍重量包括底板、底座、承板、鞍体、压紧梁、隔板、拉杆、锌质填块的重量计，以"t"为单位。主索鞍定额按索鞍顶推按6次计算，如顶推次数不同，则按人工每t•次1.8工日，顶推设备每10t•次0.18台班进行增减。鞍罩为钢结构，以套单位计算，1个主索鞍处为1套，鞍罩的防腐和抽湿系统费用需另行计算。

(5) 牵引系统长度为牵引系统所需的单侧长度，以"m"为单位计算。

(6) 猫道系统长度为猫道系统的单侧长度，以"m"为单位计算。

(7) 索夹重量包括索夹主体、螺母、螺杆、防水螺母、球面垫圈重量，以"t"为单位计算。

(8) 缠丝以主缆长度扣除锚跨区、塔顶区、索夹处后无需缠丝单侧长度，以"m"为单位计算。

(9) 缆套包括套体、锚碇处连接件、标准镀锌紧固件重量，以"t"为单位计算。

(10) 钢箱梁重量为铜箱梁(包括箱梁内横隔板)、桥面板(包括横肋)、横梁、钢锚箱重量之和。

（11）钢拱肋的工程量以设计重量计算，包括拱肋钢管、横撑、腹板、拱脚处外侧钢板、拱脚接头钢板及各种加劲块，不包括支座和钢拱肋内的混凝土重量。

第一节 高强螺栓栓接钢桁架梁及钢梁

工作内容: (1)备装干砂;
(2)节点喷砂除锈;
(3)选配及运输杆件;
(4)组拼钢桁;
(5)制、安、拆、移吊脚手;
(6)制、安、拆扒杆;
(7)擦、上高强螺栓;
(8)清除钢梁上污垢油渍并油漆两遍。

计量单位: 10t

定 额 编 号			S3-6-1	S3-6-2
项 目 名 称			上承式	下承式
基 价（元）			57913.78	55658.19
其中	人 工 费（元）		3895.36	3383.10
	材 料 费（元）		52214.32	50704.37
	机 械 费（元）		1804.10	1570.72
名 称	单位	单价(元)	消 耗 量	
人工 综合工日	工日	140.00	27.824	24.165
材料 镀锌铁丝 12号	kg	3.57	3.800	3.800
钢桁	t	4850.00	10.000	10.000
锯材	m³	1800.00	0.031	0.031
螺栓	kg	6.50	552.200	319.900
铁杆	kg	4.50	10.100	10.100
圆钢(综合)	t	3400.00	0.003	0.003
机械 机动空压机 9m³/min以内	台班	317.86	1.420	0.850
履带式起重机 10t	台班	642.86	1.900	1.900
小型机具使用费	元	1.00	131.300	79.100

第二节 钢桁梁拖拉架设法的连接及加固

工作内容：(1)准备材料；
　　　　　(2)清除连接部分污垢；
　　　　　(3)拼装及拆除导梁，连接及加固杆件；
　　　　　(4)扒杆移动。

计量单位：10t

定　额　编　号				S3-6-3	S3-6-4
项　目　名　称				导梁	连接及加固杆件
基　　　价（元）				13114.10	17795.91
其中	人　工　费（元）			7755.30	12335.54
	材　料　费（元）			4715.94	5003.94
	机　械　费（元）			642.86	456.43
名　　称		单位	单价(元)	消　　耗　　量	
人工	综合工日	工日	140.00	55.395	88.111
材料	锯材	m³	1800.00	0.043	0.169
	设备摊销费	元	1.20	3600.000	3600.000
	铁钉	kg	3.56	7.700	7.700
	铁杆	kg	4.50	59.300	72.900
	原木	m³	1491.00	0.014	0.014
	圆钢(综合)	t	3400.00	0.001	0.001
机械	履带式起重机 10t	台班	642.86	1.000	0.710

注：定额中设备摊销费是按4个月计算的，当实际工期不同时，可按每t每月90元进行调整。

474

第三节 钢梁纵移、横移与就位

工作内容：(1)千斤顶起钢梁；
(2)在滑道间安设滚轴；
(3)用千斤顶将梁横向顺滑道移动；
(4)安置绞车并牵梁顺道纵移；
(5)校正、检查串钢丝绳，分段拖完后将钢梁刹紧或托起；
(6)校正钢梁中线位置，千斤顶起钢梁，落梁就位。

计量单位：1000t·m

定 额 编 号			S3-6-5	S3-6-6
项 目 名 称			钢梁纵移	钢梁横移
基 价（元）			470.37	1614.78
其中	人 工 费（元）		253.54	1577.38
	材 料 费（元）		86.40	37.40
	机 械 费（元）		130.43	—
名 称	单位	单价（元）	消 耗	量
人工	综合工日	工日	140.00	1.811	11.267
材料	钢丝绳	t	6000.00	0.010	—
	锯材	m³	1800.00	0.009	—
	圆钢(综合)	t	3400.00	0.003	0.011
机械	电动单筒慢速卷扬机 50kN	台班	215.57	0.580	—
	小型机具使用费	元	1.00	5.400	—

工作内容：(1)千斤顶起钢梁；
　　　　　(2)在滑道间安设滚轴；
　　　　　(3)用千斤顶将梁横向顺滑道移动；
　　　　　(4)安置绞车并牵梁顺道纵移；
　　　　　(5)校正、检查串钢丝绳，分段拖完后将钢梁刹紧或托起；
　　　　　(6)校正钢梁中线位置，千斤顶起钢梁，落梁就位。

计量单位：孔

定　额　编　号				S3-6-7	
项　目　名　称				钢梁就位	
基　　　　　价（元）				8926.96	
其中	人　工　费（元）			8926.96	
	材　料　费（元）			—	
	机　械　费（元）			—	
名　　　称	单位	单价(元)	消　　　　耗　　　　量		
人 工	综合工日	工日	140.00	63.764	

476

第四节 钢桁梁施工用滑道

工作内容：(1)铺设前准备工作；
(2)铺钉枕木钢轨；
(3)弯锯钢轨；
(4)用螺栓将滑道稳固在桁梁或导梁上。

计量单位：10m

定　额　编　号			S3-6-8	S3-6-9
项　目　名　称			上滑道	下滑道
基　　　价（元）			6262.30	4590.17
其中	人　工　费（元）		1983.24	365.26
	材　料　费（元）		4279.06	4224.91
	机　械　费（元）		—	—
名　　称	单位	单价(元)	消　耗　　　量	
人工	综合工日	工日	140.00	14.166	2.609
材料	钢轨	t	3435.00	0.095	0.189
	锯材	m³	1800.00	1.276	—
	铁杆	kg	4.50	17.900	8.000
	枕木	m³	1230.77	1.280	2.876

第五节 钢索吊桥上部构造
1. 索吊部分

工作内容：(1)钢索绳拉直、截断、绑扎；
    (2)绞移主索过河，调整垂度，就位；
    (3)安拆临时运输索道及木索槽；
    (4)悬吊系统构件、套筒及拉杆、抗风缆结构的安装；
    (5)上油涂漆；
    (6)套筒灌锌。

计量单位：t

定 额 编 号			S3-6-10	S3-6-11
项 目 名 称			安装主索	安装悬吊系统构件
基 价（元）			10829.74	10551.19
其中	人 工 费（元）		2804.90	1739.78
	材 料 费（元）		6386.86	7211.58
	机 械 费（元）		1637.98	1599.83
名 称	单位	单价（元）	消 耗 量	
人工 综合工日	工日	140.00	20.035	12.427
材料 电焊条	kg	5.98	—	0.800
镀锌铁丝 12号	kg	3.57	1.300	—
钢丝绳	t	6000.00	1.040	—
锯材	m³	1800.00	0.038	—
铁杆	kg	4.50	0.500	56.400
悬吊系统构件	t	6953.00	—	1.000
原木	m³	1491.00	0.048	—
机械 电动单筒慢速卷扬机 50kN	台班	215.57	0.510	0.290
交流弧焊机 32kV·A	台班	83.14	—	0.120
汽车式起重机 8t	台班	763.67	2.000	2.000
小型机具使用费	元	1.00	0.700	—

工作内容：(1)钢索绳拉直、截断、绑扎；
　　　　　(2)绞移主索过河，调整垂度，就位；
　　　　　(3)安拆临时运输索道及木索槽；
　　　　　(4)悬吊系统构件、套筒及拉杆、抗风缆结构的安装；
　　　　　(5)上油涂漆；
　　　　　(6)套筒灌锌。

计量单位：t

定　额　编　号				S3-6-12	S3-6-13
项　目　名　称				安装套筒及拉杆	安装抗风缆结构
基　　　价（元）				8011.66	8026.74
其中	人　工　费（元）			2038.96	2049.18
	材　料　费（元）			5972.70	5915.04
	机　械　费（元）			—	62.52
名　　称		单位	单价（元）	消　　耗　　量	
人工	综合工日	工日	140.00	14.564	14.637
材料	钢板	t	3170.00	—	0.015
	钢丝绳	t	6000.00	—	0.939
	螺纹钢筋 HRB400 φ10以内	t	3500.00	—	0.027
	套管及拉杆构件	t	5952.00	1.000	—
	铁杆	kg	4.50	4.600	13.400
	铸铁	kg	1.83	—	43.000
机械	电动单筒慢速卷扬机 50kN	台班	215.57	—	0.290

工作内容：(1) 钢索绳拉直、截断、绑扎；
　　　　　(2) 绞移主索过河，调整垂度，就位；
　　　　　(3) 安拆临时运输索道及木索槽；
　　　　　(4) 悬吊系统构件、套筒及拉杆、抗风缆结构的安装；
　　　　　(5) 上油涂漆；
　　　　　(6) 套筒灌锌。

计量单位：10个

定　额　编　号					S3-6-14			
项　目　名　称					套筒灌锌			
基　　　价（元）					4550.88			
其中	人　工　费（元）				1318.80			
	材　料　费（元）				3232.08			
	机　械　费（元）				—			
名　　　称		单位	单价（元）	消　　耗　　量				
人工	综合工日	工日	140.00	9.420				
材料	镀锌铁丝 12号	kg	3.57	1.100				
	锌	kg	23.93	134.900				

480

2.桥面部分

工作内容:(1)加劲桁喷砂除锈、油漆、移动、组拼、上高强螺栓、起吊安装就位;
　　　　　(2)钢纵横梁移动、起吊安装就位、铆焊接头、油漆;
　　　　　(3)制作、安装防腐木桥面;
　　　　　(4)承托板的模板、混凝土、钢筋的全部施工工序。

计量单位:t

定　额　编　号				S3-6-15	S3-6-16
项　目　名　称				加劲桁拼装	安装钢纵、横梁
基　　　价(元)				7983.61	9212.98
其中	人　工　费(元)			918.12	720.30
	材　料　费(元)			5444.17	6817.04
	机　械　费(元)			1621.32	1675.64
名　　称		单位	单价(元)	消　耗　　量	
人工	综合工日	工日	140.00	6.558	5.145
材料	电焊条	kg	5.98	—	10.100
	镀锌铁丝 12号	kg	3.57	0.400	—
	钢板	t	3170.00	—	0.005
	钢桁	t	4850.00	1.000	—
	钢纵横梁	t	6703.09	—	1.000
	锯材	m³	1800.00	0.045	0.017
	螺栓	kg	6.50	60.300	—
	螺纹钢筋 HRB400 φ10以内	t	3500.00	—	0.001
	铁杆	kg	4.50	1.100	0.800
	中(粗)砂	t	87.00	1.320	—
机械	电动单筒慢速卷扬机 50kN	台班	215.57	0.310	0.310
	机动空压机 9m³/min以内	台班	317.86	0.070	—
	交流弧焊机 32kV·A	台班	83.14	—	0.980
	汽车式起重机 8t	台班	763.67	2.000	2.000
	小型机具使用费	元	1.00	4.900	—

工作内容：(1)加劲桁喷砂除锈、油漆、移动、组拼、上高强螺栓、起吊安装就位；
(2)钢纵横梁移动、起吊安装就位、铆焊接头、油漆；
(3)制作、安装防腐木桥面；
(4)承托板的模板、混凝土、钢筋的全部施工工序。

计量单位：10m³

定 额 编 号					S3-6-17	S3-6-18
项 目 名 称					木桥面板制作及铺设	混凝土承托板
基 价（元）					23831.78	6014.69
其中	人 工 费（元）				2226.70	1364.44
	材 料 费（元）				21605.08	4642.25
	机 械 费（元）				—	8.00
名 称		单位	单价(元)	消 耗 量		
人工	综合工日	工日	140.00	15.905		9.746
材料	电	kW·h	0.68	—		9.230
	锯材	m³	1800.00	11.500		0.248
	商品混凝土 C30(泵送)	m³	403.82	—		10.100
	水	m³	7.96	—		11.250
	铁钉	kg	3.56	8.000		1.600
	铁杆	kg	4.50	194.800		3.500
机械	小型机具使用费	元	1.00	—		8.000

工作内容：(1)加劲桁喷砂除锈、油漆、移动、组拼、上高强螺栓、起吊安装就位；
　　　　　(2)钢纵横梁移动、起吊安装就位、铆焊接头、油漆；
　　　　　(3)制作、安装防腐木桥面；
　　　　　(4)承托板的模板、混凝土、钢筋的全部施工工序。

计量单位：t

定　额　编　号			S3-6-19
项　目　名　称			钢筋承托板
基　　　价（元）			4293.45
其中	人　工　费（元）		684.74
	材　料　费（元）		3605.71
	机　械　费（元）		3.00

	名　　称	单位	单价（元）	消　耗　量
人工	综合工日	工日	140.00	4.891
材料	镀锌铁丝 22号	kg	3.57	5.100
	螺纹钢筋 HRB400 φ10以内	t	3500.00	0.244
	螺纹钢筋 HRB400 φ10以上	t	3500.00	0.781
机械	小型机具使用费	元	1.00	3.000

483

第六节 金属栏杆及扶手制作、安装

工作内容：(1)切割钢管与钢板；
(2)钢管挖眼、调直；
(3)安装、焊接、除锈、油漆。

计量单位：t钢管

定　额　编　号				S3-6-20	
项　目　名　称				柔性桥	
基　　　　价（元）				7664.57	
其中	人　工　费（元）			2515.80	
	材　料　费（元）			4973.22	
	机　械　费（元）			175.55	
名　　　称		单位	单价（元）	消　　　耗　　　量	
人工	综合工日	工日	140.00	17.970	
材料	电焊条	kg	5.98	16.900	
	钢板	t	3170.00	0.083	
	钢管	t	4060.00	1.040	
	螺栓	kg	6.50	55.400	
	铁杆	kg	4.50	5.900	
机械	交流弧焊机 32kV·A	台班	83.14	1.640	
	小型机具使用费	元	1.00	39.200	

工作内容：(1)切割钢管与钢板；
(2)钢管挖眼、调直；
(3)安装、焊接、除锈、油漆；
(4)混凝土配运料、运输、浇筑、养生。

计量单位：t钢管

定 额 编 号				S3-6-21	
项 目 名 称				刚性桥	
基 价（元）				6128.06	
其中	人 工 费（元）			1780.38	
	材 料 费（元）			4285.88	
	机 械 费（元）			61.80	
名 称		单位	单价（元）	消 耗 量	
人工	综合工日	工日	140.00	12.717	
材料	电焊条	kg	5.98	3.200	
	钢板	t	3170.00	0.004	
	钢管	t	4060.00	1.040	
	石屑	m³	58.25	0.050	
	水泥 32.5级	t	290.60	0.022	
	现浇混凝土 C25	m³	307.34	0.060	
	中(粗)砂	t	87.00	0.045	
机械	交流弧焊机 32kV·A	台班	83.14	0.350	
	小型机具使用费	元	1.00	32.700	

工作内容：划线、号料，切割，拼装、校正、焊接成型，打磨抛光、堆放，场内外运输，安装固定等。

计量单位：10m

定 额 编 号				S3-6-22	
项 目 名 称				不锈钢栏杆安装	
基 价（元）				1915.88	
其中	人 工 费（元）			211.96	
	材 料 费（元）			1536.76	
	机 械 费（元）			167.16	
名 称		单位	单价(元)	消 耗 量	
人工	综合工日	工日	140.00	1.514	
材料	不锈钢电焊条	kg	38.46	1.000	
	不锈钢管栏杆	m	141.00	10.100	
	不锈钢螺栓 M12×110	套	2.30	30.300	
	氩气	m³	19.59	0.230	
机械	交流弧焊机 32kV·A	台班	83.14	0.100	
	汽车式起重机 8t	台班	763.67	0.208	

第七节 悬索桥锚碇锚固系统

工作内容：定位钢支架：钢支架制作、加工、预拼、安装、精确定位。 计量单位：t

定 额 编 号			S3-6-23	
项 目 名 称			定位钢支架	
基 价（元）			4953.24	
其中	人 工 费（元）		527.52	
	材 料 费（元）		4046.95	
	机 械 费（元）		378.77	
	名 称	单位	单价（元）	消 耗 量
人工	综合工日	工日	140.00	3.768
材料	电焊条	kg	5.98	3.600
	钢板	t	3170.00	0.159
	钢管	t	4060.00	0.504
	钢丝绳	t	6000.00	0.020
	铁杆	kg	4.50	3.500
	型钢	t	3700.00	0.362
机械	交流弧焊机 32kV·A	台班	83.14	2.990
	汽车式起重机 16t	台班	958.70	0.090
	小型机具使用费	元	1.00	43.900

工作内容：环氧钢绞线钢束：准备工作，钢绞线制作、穿束，安装锚具、张拉、切割钢绞线，制作安装锚
具防护帽，灌防腐油脂，50m内料具取放。

计量单位：t

定　额　编　号					S3-6-24	
项　目　名　称					环氧钢绞线40m内	
基　　　价（元）					8449.64	
其中	人　工　费（元）				385.42	
	材　料　费（元）				7968.01	
	机　械　费（元）				96.21	
	名　　　称	单位	单价(元)	消　　耗　　量		
人工	综合工日	工日	140.00	2.753		
材料	钢板	t	3170.00	0.053		
	环氧钢绞线	t	7500.00	1.040		
机械	钢绞线拉伸设备	台班	149.04	0.300		
	小型机具使用费	元	1.00	51.500		

工作内容：锚固拉杆安装：(1)场内二次运输；(2)连接器、拉杆、螺母、垫圈、锚板、锚头鞍罩的安装、
调整及精确定位。
计量单位：t

定　额　编　号				S3-6-25
项　目　名　称				锚固拉杆
基　　　　价（元）				6507.20
其中	人　工　费（元）			207.90
	材　料　费（元）			6150.03
	机　械　费（元）			149.27
名　　　称		单位	单价（元）	消　　耗　　量
人工	综合工日	工日	140.00	1.485
材料	钢板	t	3170.00	0.024
	钢丝绳	t	6000.00	0.002
	锯材	m³	1800.00	0.031
	套管及拉杆构件	t	5952.00	1.000
	铁杆	kg	4.50	6.400
	原木	m³	1491.00	0.017
机械	机动空压机 9m³/min以内	台班	317.86	0.190
	汽车式起重机 16t	台班	958.70	0.010
	小型机具使用费	元	1.00	40.300
	载重汽车 15t	台班	779.76	0.050

第八节 悬索桥索鞍

工作内容：吊装门架：安装、改造、拆除。   计量单位：10t

定 额 编 号				S3-6-26
项 目 名 称				塔顶门架
基 价（元）				28595.15
其中	人 工 费（元）			4397.54
	材 料 费（元）			21691.11
	机 械 费（元）			2506.50
名 称		单位	单价（元）	消 耗 量
人工	综合工日	工日	140.00	31.411
材料	电焊条	kg	5.98	0.400
	钢板	t	3170.00	0.440
	钢管	t	4060.00	0.167
	锯材	m³	1800.00	0.002
	铁钉	kg	3.56	0.100
	铁杆	kg	4.50	0.100
	型钢	t	3700.00	5.300
	原木	m³	1491.00	0.001
机械	交流弧焊机 32kV·A	台班	83.14	1.800
	汽车式起重机 16t	台班	958.70	1.720
	小型机具使用费	元	1.00	77.700
	载重汽车 10t	台班	547.99	1.150

注：1.1个塔顶门架参考重量23t
　　2.如果水中塔可利用施工便桥将主索鞍运至塔底，应按岸上塔主索鞍定额计算
　　3.鞍罩定额未包括防腐和抽湿系统，需要时另行计算。

490

工作内容：钢格栅：(1)场内运输、吊装、纵移、精确定位；(2)浇筑钢格栅内混凝土；(3)索鞍顶推到位后割除反力架。
散索鞍：(1)场内运输、底板安装、浇筑底板空格内高强混凝土；(2)承板安装、散索鞍吊装、精确定位、 临时支撑；(3)索股架设完成后将锌填块填平鞍槽、安装压紧梁、安装拉杆固定。

计量单位：10t

定 额 编 号			S3-6-27	S3-6-28
项 目 名 称			钢格栅	散索鞍
基 价 （元）			10565.45	251582.55
其中	人 工 费 （元）		4351.90	3753.40
	材 料 费 （元）		3398.02	245745.47
	机 械 费 （元）		2815.53	2083.68
名 称	单位	单价（元）	消 耗 量	
人工	综合工日	工日	140.00	31.085	26.810
材料	电焊条	kg	5.98	2.890	6.800
	钢板	t	3170.00	0.173	0.164
	钢格栅	t	7.20	10.000	—
	钢丝绳	t	6000.00	0.116	0.143
	锯材	m³	1800.00	0.173	0.267
	水	m³	7.96	1.000	1.000
	水泥 42.5级	t	334.00	0.346	0.023
	水泥 52.5级	t	350.00	0.406	0.156
	碎石	t	106.80	0.930	0.357
	索鞍构件	t	24270.00	—	10.000
	现浇混凝土 C50	m³	361.33	0.770	0.300
	型钢	t	3700.00	0.289	0.247
	中(粗)砂	t	87.00	0.465	0.180
机械	电动单筒慢速卷扬机 50kN	台班	215.57	—	0.510
	电动单筒慢速卷扬机 80kN	台班	257.35	1.650	0.860
	交流弧焊机 32kV·A	台班	83.14	1.650	1.130
	平板拖车组 100t	台班	2755.47	—	0.270
	平板拖车组 20t	台班	1081.33	1.650	—
	汽车式起重机 20t	台班	1030.31	0.410	—
	汽车式起重机 75t	台班	3151.07	—	0.270
	小型机具使用费	元	1.00	47.100	63.700

注：1.1个塔顶门架参考重量23t
　　2.如果水中塔可利用施工便桥将主索鞍运至塔底，应按岸上塔主索鞍定额计算
　　3.鞍罩定额未包括防腐和抽湿系统，需要时另行计算。

工作内容：主索鞍：(1)索鞍场内运输、承板安装；(2)索鞍吊装、预偏；(3)不同工况的位移通过顶推调整索鞍位置；(4)顶推至成桥位置后，鞍槽内填。

计量单位：10t

定　额　编　号					S3-6-29	S3-6-30
项　目　名　称					主索鞍	
					岸上塔	水中塔
基　　　价（元）					253056.03	253481.67
其中	人　工　费（元）				5949.58	5949.58
	材　料　费（元）				244790.37	244833.03
	机　械　费（元）				2316.08	2699.06
名　　　称		单位	单价（元）		消　耗　　　量	
人工	综合工日	工日	140.00		42.497	42.497
材料	电焊条	kg	5.98		4.000	4.000
	钢板	t	3170.00		0.015	0.015
	钢绞线	t	4035.00		0.060	0.060
	钢绞线群锚	套	120.00		0.590	—
	钢绞线群锚(19孔)	套	192.31		—	0.590
	钢丝绳	t	6000.00		0.011	0.011
	锯材	m³	1800.00		0.833	0.833
	索鞍构件	t	24270.00		10.000	10.000
	型钢	t	3700.00		0.038	0.038
机械	电动单筒慢速卷扬机 50kN	台班	215.57		0.450	0.450
	电动单筒慢速卷扬机 80kN	台班	257.35		0.450	0.450
	交流弧焊机 32kV·A	台班	83.14		0.920	0.920
	木驳船 150t	台班	385.39		—	0.440
	内燃拖轮 45kW	艘班	1302.02		—	0.300
	平板拖车组 100t	台班	2755.47		0.290	0.260
	汽车式起重机 75t	台班	3151.07		0.290	0.260
	小型机具使用费	元	1.00		67.200	67.200
	预应力钢筋拉伸机 5000kN	台班	184.09		1.340	1.340

注：1.1个塔顶门架参考重量23t
　　2.如果水中塔可利用施工便桥将主索鞍运至塔底，应按岸上塔主索鞍定额计算
　　3.鞍罩定额未包括防腐和抽湿系统，需要时另行计算。

工作内容：索鞍鞍罩：(1)鞍罩骨架、围壁及端罩制作加工、运输、安装；(2)钢质梯安装；(3)气密门及
水密舱口盖安装。

计量单位：个

定　额　编　号			S3-6-31
项　目　名　称			主索鞍鞍罩
基　　　　价（元）			270889.38
其中	人　工　费（元）		4103.40
	材　料　费（元）		264468.27
	机　械　费（元）		2317.71
名　　称	单位	单价(元)	消　　耗　　量
人工 综合工日	工日	140.00	29.310
材料 不锈钢板	kg	22.00	10276.000
电焊条	kg	5.98	223.200
钢板	t	3170.00	1.133
钢管	t	4060.00	0.327
钢丝绳	t	6000.00	0.013
锯材	m³	1800.00	0.294
型钢	t	3700.00	8.523
机械 交流弧焊机 32kV·A	台班	83.14	13.130
汽车式起重机 16t	台班	958.70	0.790
小型机具使用费	元	1.00	35.800
载重汽车 10t	台班	547.99	0.790

第九节 悬索桥牵引系统

工作内容: (1)导索过江: 穿牵引索, 封航, 拖轮就位, 两岸主、副卷扬机牵引, 牵引索对接, 解除封航;

(2)牵引系统架设: 安装塔顶、锚碇处导轮组, 架设牵引。　　　　　计量单位: 10t

定　额　编　号			S3-6-32	
项　目　名　称			塔顶平台	
基　　　　价（元）			24070.76	
其中	人　工　费（元）		5609.80	
	材　料　费（元）		16581.90	
	机　械　费（元）		1879.06	
名　　　称	单位	单价（元）	消　　　耗　　　量	
人工	综合工日	工日	140.00	40.070
材料	电焊条	kg	5.98	22.900
	镀锌铁丝 12号	kg	3.57	5.700
	钢板	t	3170.00	0.294
	钢管	t	4060.00	0.053
	钢丝绳	t	6000.00	0.034
	锯材	m³	1800.00	3.833
	设备摊销费	元	1.20	3600.000
	铁杆	kg	4.50	7.100
	型钢	t	3700.00	1.033
机械	电动单筒慢速卷扬机 50kN	台班	215.57	3.820
	交流弧焊机 32kV·A	台班	83.14	4.880
	汽车式起重机 12t	台班	857.15	0.440
	小型机具使用费	元	1.00	31.600
	载重汽车 10t	台班	547.99	0.440

注: 1.1个塔顶平台参考重量8t, 定额中设备摊销费是按4个月编制, 如实际工期不同, 可按每t每月90元进行调整。

2.本定额未包括先导索过江航道管制费用, 需要时另行计算。

工作内容：(1)导索过江：穿牵引索，封航，拖轮就位，两岸主、副卷扬机牵引，牵引索对接，解除封航；
(2)牵引系统架设：安装塔顶、锚碇处导轮组，架设牵引。

计量单位：10m

定　额　编　号			S3-6-33	S3-6-34	S3-6-35
项　目　名　称			牵引系统主跨跨径		
			1000m内	1500m内	2000m内
基　　　　价（元）			2563.22	2711.64	2840.75
其中	人　工　费（元）		284.06	395.64	481.88
	材　料　费（元）		2039.16	2039.16	2039.16
	机　械　费（元）		240.00	276.84	319.71
名　　　称	单位	单价（元）	消　　耗　　量		
人工	综合工日	工日	140.00	2.029	2.826	3.442
材料	电焊条	kg	5.98	0.400	0.400	0.400
	镀锌铁丝 12号	kg	3.57	0.200	0.200	0.200
	钢板	t	3170.00	0.006	0.006	0.006
	钢丝绳	t	6000.00	0.090	0.090	0.090
	设备摊销费	元	1.20	1190.400	1190.400	1190.400
	铁杆	kg	4.50	0.100	0.100	0.100
	型钢	t	3700.00	0.013	0.013	0.013
机械	电动单筒慢速卷扬机 200kN	台班	426.55	0.040	0.060	0.070
	电动单筒慢速卷扬机 80kN	台班	257.35	0.290	0.400	0.550
	机动船 198kW以内	艘班	1425.79	0.030	0.030	0.030
	交流弧焊机 32kV·A	台班	83.14	0.080	0.080	0.080
	木驳船 150t	台班	385.39	0.030	0.030	0.030
	内燃拖轮 45kW	艘班	1302.02	0.010	0.010	0.010
	小型机具使用费	元	1.00	74.300	74.300	74.300

第十节 悬索桥猫道系统

工作内容：(1)猫道锚梁与拉杆、托架安装与拆除，承重索制作，运输、架设、矢度调整，施工完成后拆除；
(2)猫道面层的铺设，猫道矢度调整、猫道门架及滚筒的安装、猫道悬挂以及猫道拆除；
(3)横向走道的制作、吊装与下滑到位，吊装钢箱梁之前的拆除；
(4)下压装置、变位钢索、制振结构安装与拆除；
(5)天车系统的安装、拆除。

计量单位：10m

定 额 编 号			S3-6-36	S3-6-37	S3-6-38
项 目 名 称			主跨跨径		
			1000m内	1500m内	2000m内
基 价（元）			14049.71	14591.70	15077.88
其中	人 工 费（元）		933.24	1308.58	1587.60
	材 料 费（元）		12010.75	12010.75	12010.75
	机 械 费（元）		1105.72	1272.37	1479.53
名 称		单位	单价（元）	消 耗 量		
人工	综合工日	工日	140.00	6.666	9.347	11.340
材料	电焊条	kg	5.98	1.000	1.000	1.000
	镀锌铁丝 12号	kg	3.57	1.600	1.600	1.600
	钢板	t	3170.00	0.011	0.011	0.011
	钢管	t	4060.00	0.064	0.064	0.064
	钢丝绳	t	6000.00	0.477	0.477	0.477
	锯材	m³	1800.00	0.006	0.006	0.006
	设备摊销费	元	1.20	4711.400	4711.400	4711.400
	铁杆	kg	4.50	5.000	5.000	5.000
	铁丝编制网	m²	21.21	115.100	115.100	115.100
	型钢	t	3700.00	0.193	0.193	0.193
机械	电动单筒慢速卷扬机 200kN	台班	426.55	0.280	0.390	0.530
	电动单筒慢速卷扬机 50kN	台班	215.57	1.030	1.440	1.950
	电动单筒慢速卷扬机 80kN	台班	257.35	0.270	0.380	0.510
	交流弧焊机 32kV·A	台班	83.14	0.780	0.780	0.780
	平板拖车组 20t	台班	1081.33	0.020	0.020	0.020
	汽车式起重机 12t	台班	857.15	0.260	0.260	0.260
	汽车式起重机 20t	台班	1030.31	0.280	0.280	0.280
	小型机具使用费	元	1.00	17.600	17.600	17.600
	预应力钢筋拉伸机 3000kN	台班	101.25	0.080	0.110	0.150
	载重汽车 10t	台班	547.99	0.130	0.130	0.130

注：本定额猫道宽度为4.0m，定额中未包括猫道承重索制作加工场地及张拉槽座的费用，需要时另行计算。

第十一节 悬索桥主缆

工作内容：(1)锚室平台架搭设与拆除；
(2)索股运输、放索；
(3)索股的牵引、索股提起、横移、整形、临时锚固、入锚；
(4)线形调整、张拉、固定。

计量单位：10t

定 额 编 号			S3-6-39	S3-6-40	S3-6-41
项 目 名 称			主跨跨径		
			1000m内	1500m内	2000m内
基 价（元）			165829.85	165640.21	165408.51
其中	人 工 费（元）		1562.26	1405.04	1237.60
	材 料 费（元）		162707.01	162707.01	162707.01
	机 械 费（元）		1560.58	1528.16	1463.90
名 称	单位	单价（元）	消	耗	量
人工 综合工日	工日	140.00	11.159	10.036	8.840
材料 镀锌铁丝 12号	kg	3.57	0.300	0.300	0.300
钢板	t	3170.00	0.006	0.006	0.006
钢管	t	4060.00	0.017	0.017	0.017
钢丝绳	t	6000.00	0.017	0.017	0.017
锯材	m³	1800.00	0.010	0.010	0.010
铁杆	kg	4.50	0.200	0.200	0.200
型钢	t	3700.00	0.010	0.010	0.010
主缆索股	t	16246.00	10.000	10.000	10.000
机械 电动单筒慢速卷扬机 200kN	台班	426.55	0.250	0.230	0.200
电动单筒慢速卷扬机 50kN	台班	215.57	0.130	0.120	0.100
电动单筒慢速卷扬机 80kN	台班	257.35	1.540	1.420	1.220
门式起重机 75t	台班	1304.33	0.110	0.110	0.110
平板拖车组 100t	台班	2755.47	0.190	0.190	0.190
汽车式起重机 12t	台班	857.15	0.110	0.110	0.110
小型机具使用费	元	1.00	177.800	177.800	177.800
预应力钢筋拉伸机 650kN	台班	25.42	3.560	3.920	4.090

第十二节 悬索桥主缆紧缆

工作内容：(1)预紧缆、紧缆机安装；
(2)正式紧缆，测定空隙率、打钢带、紧缆完成后拆除紧缆机。

计量单位：10m

定 额 编 号				S3-6-42	S3-6-43	S3-6-44	S3-6-45
项 目 名 称				主缆直径			
				600mm内	700mm内	800mm内	900mm内
基 价（元）				1546.80	1698.00	1908.74	2082.23
其中	人 工 费（元）			730.38	760.76	801.36	831.88
	材 料 费（元）			227.20	227.20	227.20	227.20
	机 械 费（元）			589.22	710.04	880.18	1023.15
名 称		单位	单价(元)	消	耗		量
人工	综合工日	工日	140.00	5.217	5.434	5.724	5.942
材料	钢丝绳	t	6000.00	0.013	0.013	0.013	0.013
	紧缆钢带	t	5300.00	0.016	0.016	0.016	0.016
	锯材	m³	1800.00	0.007	0.007	0.007	0.007
	型钢	t	3700.00	0.014	0.014	0.014	0.014
机械	电动单筒慢速卷扬机 50kN	台班	215.57	0.290	0.350	0.450	0.530
	缆径800mm以内钢缆压紧机	台班	1142.93	0.390	0.480	0.610	0.720
	汽车式起重机 20t	台班	1030.31	0.030	0.030	0.030	0.030
	小型机具使用费	元	1.00	35.000	35.000	35.000	35.000
	载重汽车 8t	台班	501.85	0.030	0.040	0.040	0.040

第十三节 悬索桥索夹及吊索

工作内容：索夹：(1)地面运输、利用天车系统运输索夹至安装位置；(2)安装索夹、定位、橡胶条安装、
索夹张拉及螺栓轴力管理。
吊索：(1)地面运输，利用天车系统运输吊索至安装位置；(2)安装吊索及减震装置。

计量单位：10t

定 额 编 号				S3-6-46
项 目 名 称				索夹
基 价（元）				256099.65
其中	人 工 费（元）			2607.08
	材 料 费（元）			252675.54
	机 械 费（元）			817.03
	名 称	单位	单价（元）	消 耗 量
人工	综合工日	工日	140.00	18.622
材料	钢丝绳	t	6000.00	0.036
	锯材	m³	1800.00	0.575
	索夹	t	25000.00	10.000
	橡胶条	kg	15.38	51.300
	预应力粗钢筋	t	6111.00	0.104
机械	电动单筒慢速卷扬机 50kN	台班	215.57	2.630
	小型机具使用费	元	1.00	67.100
	预应力钢筋拉伸机 900kN	台班	39.35	4.650

工作内容：索夹：(1)地面运输、利用天车系统运输索夹至安装位置；(2)安装索夹、定位、橡胶条安装、索夹张拉及螺栓轴力管理。
吊索：(1)地面运输，利用天车系统运输吊索至安装位置；(2)安装吊索及减震装置。

计量单位：10t

定 额 编 号			S3-6-47	S3-6-48	S3-6-49
项 目 名 称			吊索长		
			100m内	200m内	300m内
基 价（元）			6888.53	6548.08	6137.52
其中	人 工 费（元）		3149.86	2835.28	2454.90
	材 料 费（元）		2730.62	2730.62	2730.62
	机 械 费（元）		1008.05	982.18	952.00
名 称	单位	单价（元）	消 耗		量
人工 综合工日	工日	140.00	22.499	20.252	17.535
材料 吊索	t	6.50	10.000	10.000	10.000
钢板	t	3170.00	0.115	0.115	0.115
钢管	t	4060.00	0.054	0.054	0.054
钢丝绳	t	6000.00	0.333	0.333	0.333
铁杆	kg	4.50	5.300	5.300	5.300
橡胶条	kg	15.38	3.900	3.900	3.900
机械 电动单筒慢速卷扬机 50kN	台班	215.57	1.190	1.070	0.930
汽车式起重机 12t	台班	857.15	0.490	0.490	0.490
小型机具使用费	元	1.00	63.000	63.000	63.000
载重汽车 10t	台班	547.99	0.490	0.490	0.490

第十四节 悬索桥主缆缠丝

工作内容：(1)缠丝机安拆；
(2)倒盘，丝盘转运；
(3)缠丝机缠丝、固定已缠好的钢丝、打磨焊点、缠丝机过索夹；
(4)手动缠丝机配合。

计量单位：10m

定 额 编 号			S3-6-50	S3-6-51	S3-6-52	S3-6-53
项 目 名 称			主缆直径			
			600mm内	700mm内	800mm内	900mm内
基 价（元）			3206.57	3617.04	4832.95	5396.59
其中	人 工 费（元）		1470.98	1638.28	2130.24	2353.54
	材 料 费（元）		92.52	105.80	118.50	149.09
	机 械 费（元）		1643.07	1872.96	2584.21	2893.96
名 称	单位	单价（元）	消	耗		量
人工	综合工日	工日	140.00	10.507	11.702	15.216	16.811
材料	镀锌高强钢丝	t	5.80	0.435	0.655	0.776	0.878
	钢丝绳	t	6000.00	0.015	0.017	0.019	0.024
机械	电动单筒慢速卷扬机 50kN	台班	215.57	0.750	0.880	1.260	1.430
	对焊机 75kV·A	台班	106.97	0.870	0.870	0.870	0.870
	缆径800mm以内钢缆缠丝机	台班	1187.42	1.020	1.190	1.720	1.950
	汽车式起重机 20t	台班	1030.31	0.030	0.030	0.030	0.030
	小型机具使用费	元	1.00	131.200	131.200	131.200	131.200
	载重汽车 8t	台班	501.85	0.030	0.030	0.030	0.030

第十五节 悬索桥主缆附属工程

工作内容：缆套：(1)缆套场内运输、吊装至安装位置；(2)定位、安装缆套、橡胶条。
检修道：(1)扶手绳、栏杆绳、立柱组件、锚板安装；(2)检修道支架、锚室处防水套制作，安
装；(3)爬梯制作、安装；(4)矢度和张力调整。 计量单位：t

定　额　编　号			S3-6-54
项　目　名　称			缆套
基　　　价（元）			6634.63
其中	人　工　费（元）		228.20
	材　料　费（元）		6171.23
	机　械　费（元）		235.20
名　　　称	单位	单价（元）	消　　耗　　量
人工	综合工日	工日	140.00	1.630
材料	钢丝绳	t	6000.00	0.013
	螺纹钢筋 HRB400 φ10以上	t	3500.00	0.003
	套管及拉杆构件	t	5952.00	1.000
	橡胶条	kg	15.38	8.500
机械	电动单筒慢速卷扬机 50kN	台班	215.57	0.380
	汽车式起重机 12t	台班	857.15	0.090
	小型机具使用费	元	1.00	26.800
	载重汽车 6t	台班	448.55	0.110

工作内容：缆套：(1)缆套场内运输、吊装至安装位置；(2)定位、安装缆套、橡胶条。
　　　　　检修道：(1)扶手绳、栏杆绳、立柱组件、锚板安装；(2)检修道支架、锚室处防水套制作，安
装；(3)爬梯制作、安装；(4)矢度和张力调整。　　　　　　　　　　　　　　　　计量单位：10m

定　额　编　号				S3-6-55
项　目　名　称				检修道
基　　　　　价（元）				1029.26
其中	人　工　费（元）			76.02
	材　料　费（元）			910.63
	机　械　费（元）			42.61
	名　　　　称	单位	单价（元）	消　　耗　　量
人工	综合工日	工日	140.00	0.543
材料	电焊条	kg	5.98	1.900
	钢板	t	3170.00	0.031
	钢丝绳	t	6000.00	0.124
	锯材	m³	1800.00	0.007
	型钢	t	3700.00	0.012
机械	电动单筒慢速卷扬机 50kN	台班	215.57	0.030
	交流弧焊机 32kV·A	台班	83.14	0.040
	汽车式起重机 12t	台班	857.15	0.020
	小型机具使用费	元	1.00	6.700
	载重汽车 6t	台班	448.55	0.020

第十六节 平行钢丝斜拉索

工作内容：(1)滚筒及托架安装、拆除：安放滚筒及托架，使其桥面固结，完工后拆除；
(2)索盘安放：索盘运至桥下，吊装到桥面，并按预定位置放置；
(3)挂索：在桥面牵引拉索，在滚筒上移动，起吊，将拉索两端锚头入锚箱；
(4)张拉平台安拆：塔内张拉脚手架及工作平台安装、拆除；
(5)张拉设备安拆：准备机具，安装油泵、千斤顶和反力架，张拉后的拆除；
(6)张拉及索力调整：根据要求分阶段张拉斜拉索，调索并记录。

计量单位：10t

定 额 编 号			S3-6-56	S3-6-57
项 目 名 称			斜拉索安装斜拉索长	
			150m内	350m内
基 价 （元）			186860.05	179971.81
其中	人 工 费 （元）		7288.68	4402.58
	材 料 费 （元）		166044.42	166036.35
	机 械 费 （元）		13526.95	9532.88
名 称		单位	单价（元）	消 耗 量	
人工	综合工日	工日	140.00	52.062	31.447
材料	电焊条	kg	5.98	8.500	3.700
	钢板	t	3170.00	0.007	0.008
	钢管	t	4060.00	0.040	0.041
	钢丝绳	t	6000.00	0.041	0.042
	锯材	m³	1800.00	0.025	0.025
	平行钢丝斜拉索	t	16500.00	10.000	10.000
	型钢	t	3700.00	0.140	0.142
机械	电动单筒慢速卷扬机 50kN	台班	215.57	17.570	8.460
	电动单筒慢速卷扬机 80kN	台班	257.35	9.680	7.230
	交流弧焊机 32kV·A	台班	83.14	34.750	14.490
	平板拖车组 30t	台班	1243.07	0.610	0.700
	汽车式起重机 20t	台班	1030.31	0.610	0.700
	汽车式起重机 40t	台班	1526.12	0.610	0.700
	小型机具使用费	元	1.00	103.500	74.600
	预应力钢筋拉伸机 1200kN	台班	57.28	—	3.320
	预应力钢筋拉伸机 3000kN	台班	101.25	19.140	—
	预应力钢筋拉伸机 5000kN	台班	184.09	—	9.340

工作内容：减震器安装：永久性减震器的安装、固定。 计量单位：个

定　额　编　号				S3-6-58	
项　目　名　称				减震器安装	
基　　　　价（元）				4451.39	
其中	人　工　费（元）			86.24	
	材　料　费（元）			4100.00	
	机　械　费（元）			265.15	
名　　　称		单位	单价(元)	消　　耗　　量	
人工	综合工日	工日	140.00	0.616	
材料	斜拉索减振器	个	4100.00	1.000	
机械	电动单筒慢速卷扬机 50kN	台班	215.57	1.230	

第十七节 钢绞线斜拉索

工作内容：(1)挂索平台、张拉平台搭拆；
(2)钢绞线场内运输，下料制索，挂索，单根张拉，穿套管，整体张拉，索力调整，封锚，场内50m以内运输等。

计量单位：10t

定 额 编 号			S3-6-59
项 目 名 称			钢绞线斜拉索
基 价（元）			158730.09
其中	人 工 费（元）		14754.88
	材 料 费（元）		121604.53
	机 械 费（元）		22370.68
名 称	单位	单价（元）	消 耗 量
人工 综合工日	工日	140.00	105.392
材料 电焊条	kg	5.98	2.100
钢板	t	3170.00	0.097
钢管	t	4060.00	0.028
钢绞线斜拉索	t	12000.00	10.000
钢丝绳	t	6000.00	0.029
锯材	m³	1800.00	0.044
型钢	t	3700.00	0.248
机械 电动单筒慢速卷扬机 30kN	台班	210.22	26.940
电动单筒慢速卷扬机 50kN	台班	215.57	16.110
轮胎式装载机 1m³	台班	552.23	5.280
汽车式起重机 16t	台班	958.70	5.370
小型机具使用费	元	1.00	33.000
预应力钢筋拉伸机 5000kN	台班	184.09	11.920
预应力钢筋拉伸机 900kN	台班	39.35	11.920
载重汽车 8t	台班	501.85	4.930

506

第十八节 钢箱梁

工作内容：(1)托架钢构件加工成形，起重机吊至驳船，浮运至索塔处；
(2)浮吊整体吊装就位，预埋件连接，现场栓(焊)拼接，托架平台搭设、调位，完工后拆除、清理。

计量单位：10t

定 额 编 号			S3-6-60
项 目 名 称			0号块托架安拆
基 价（元）			57186.08
其中	人 工 费（元）		3971.52
	材 料 费（元）		23039.60
	机 械 费（元）		30174.96
名 称	单位	单价(元)	消 耗 量
人工 综合工日	工日	140.00	28.368
材料 电焊条	kg	5.98	55.000
钢板	t	3170.00	0.723
钢管	t	4060.00	2.992
锯材	m³	1800.00	1.050
铁杆	kg	4.50	6.800
型钢	t	3700.00	1.554
原木	m³	1491.00	0.403
机械 电动单筒慢速卷扬机 50kN	台班	215.57	0.370
交流弧焊机 32kV·A	台班	83.14	5.590
木驳船 150t	台班	385.39	0.580
内燃拖轮 45kW	艘班	1302.02	0.520
旋转扒杆起重船 350t以内	艘班	47098.15	0.610

工作内容：吊具下放与钢箱梁连接，垂直提升钢箱梁，挂梁，装匹配件并精确定位，配合钢梁栓(焊)接，卷扬机移位。

计量单位：10t

定 额 编 号				S3-6-61	
项 目 名 称				钢箱梁安装	
				卷扬机	
基 价（元）				117962.96	
其中	人 工 费（元）			3873.10	
	材 料 费（元）			111217.74	
	机 械 费（元）			2872.12	
	名 称	单位	单价（元）	消 耗 量	
人工	综合工日	工日	140.00	27.665	
材料	电焊条	kg	5.98	27.000	
	钢板	t	3170.00	0.740	
	钢箱梁及桥面板	t	8154.54	10.000	
	高强螺栓	kg	4.62	257.000	
	铁件	kg	4.19	34.000	
	中(粗)砂	t	87.00	1.950	
	其他材料费占材料费	%	—	30.000	
机械	电动单筒慢速卷扬机 50kN	台班	215.57	11.508	
	电动空气压缩机 1m³/min	台班	50.29	0.147	
	交流弧焊机 32kV·A	台班	83.14	3.227	
	内燃空气压缩机 3m³/min	台班	217.28	0.293	
	自动埋弧焊机 1200A	台班	177.43	0.293	

工作内容：吊具下放与钢箱梁连接，垂直提升钢箱梁，挂梁，装垫板并精确定位，配合钢梁栓(焊)、接，
跨缆吊机移位。

计量单位：10t

定　额　编　号				S3-6-62	
项　目　名　称				钢箱梁安装	
				跨缆吊机吊装	
基　　价（元）				84696.87	
其中	人　工　费（元）			689.78	
	材　料　费（元）			82138.04	
	机　械　费（元）			1869.05	
	名　　称	单位	单价（元）	消　耗	量
人工	综合工日	工日	140.00	4.927	
材料	钢板	t	3170.00	0.001	
	钢绞线	t	4035.00	0.012	
	钢丝绳	t	6000.00	0.007	
	钢箱梁及桥面板	t	8154.54	10.000	
	螺栓	kg	6.50	74.500	
	型钢	t	3700.00	0.004	
机械	交流弧焊机 32kV·A	台班	83.14	0.220	
	跨缆吊机	台班	4169.67	0.440	
	小型机具使用费	元	1.00	16.100	

工作内容：吊索下放与钢箱梁连接，卷扬机垂直提升钢箱梁就位，装配件并精确定位，配合钢箱梁栓(焊)接，悬臂吊机移位。

计量单位：10t

定　额　编　号				S3-6-63		
项　目　名　称				钢箱梁安装		
				悬臂吊机吊装		
基　　　价（元）				83369.64		
其中	人　工　费（元）			420.98		
	材　料　费（元）			81914.04		
	机　械　费（元）			1034.62		
	名　　称	单位	单价(元)	消　　耗		量
人工	综合工日	工日	140.00		3.007	
材料	钢板	t	3170.00		0.002	
	钢丝绳	t	6000.00		0.044	
	钢箱梁及桥面板	t	8154.54		10.000	
	螺栓	kg	6.50		10.000	
	型钢	t	3700.00		0.009	
机械	电动单筒慢速卷扬机 80kN	台班	257.35		3.870	
	交流弧焊机 32kV·A	台班	83.14		0.310	
	小型机具使用费	元	1.00		12.900	

510

工作内容：安装纵移轨道、滑块搭拆，浮吊起吊成品钢箱梁至托架轨道滑块上，纵、横顶推就位，配合栓接、焊接，临时固结系统联接及解除。

计量单位：10t

定　额　编　号				S3-6-64
项　目　名　称				钢箱梁安装
				无索区起重船吊装
基　　　　　价（元）				94575.17
其中	人　工　费（元）			461.58
	材　料　费（元）			81847.87
	机　械　费（元）			12265.72
	名　　称	单位	单价(元)	消　　耗　　量
人工	综合工日	工日	140.00	3.297
材料	电焊条	kg	5.98	0.100
	钢板	t	3170.00	0.001
	钢丝绳	t	6000.00	0.043
	钢箱梁及桥面板	t	8154.54	10.000
	型钢	t	3700.00	0.011
机械	小型机具使用费	元	1.00	20.200
	旋转扒杆起重船 350t以内	艘班	47098.15	0.260

511

工作内容：千斤顶顶推钢箱梁在滑移轨道上纵向移动50m。　　　　　　　　　　　　计量单位：10t

定　额　编　号	S3-6-65
项　目　名　称	钢箱梁安装
	无索区滑移(50m)
基　　　价（元）	80.62

其中	人　工　费（元）	76.02
	材　料　费（元）	3.70
	机　械　费（元）	0.90

	名　　　称	单位	单价(元)	消　　耗　　量
人工	综合工日	工日	140.00	0.543
材料	型钢	t	3700.00	0.001
机械	小型机具使用费	元	1.00	0.900

工作内容：搭拆顶推工作机具，钢箱梁顶推、就位、落梁、校正。　　　　　　　　　　　　　计量单位：10t

定 额 编 号				S3-6-66
项 目 名 称				钢箱梁安装
				自锚式悬索桥顶推
基 价 （元）				83579.06
其 中	人 工 费 （元）			684.74
	材 料 费 （元）			82514.28
	机 械 费 （元）			380.04
名 称		单位	单价（元）	消 耗 量
人 工	综合工日	工日	140.00	4.891
材 料	不锈钢板	kg	22.00	3.500
	电焊条	kg	5.98	1.000
	钢板	t	3170.00	0.039
	钢绞线	t	4035.00	0.005
	钢箱梁及桥面板	t	8154.54	10.000
	锯材	m³	1800.00	0.003
	聚四氟乙烯滑块	块	280.00	2.520
	型钢	t	3700.00	0.008
	原木	m³	1491.00	0.001
机 械	电动单筒慢速卷扬机 30kN	台班	210.22	0.430
	交流弧焊机 32kV·A	台班	83.14	0.180
	桥梁顶推设备 600kN以内	台班	76.21	3.250
	小型机具使用费	元	1.00	27.000

工作内容：钢锚箱安装、固定。

计量单位：10t

定　额　编　号				S3-6-67	
项　目　名　称				钢锚箱	
基　　　价（元）				119681.00	
其中	人　工　费（元）			3292.10	
	材　料　费（元）			112164.30	
	机　械　费（元）			4224.60	
名　　　称		单位	单价(元)	消　　耗　　量	
人工	综合工日	工日	140.00	23.515	
材料	电焊条	kg	5.98	378.000	
	钢锚箱	t	9700.00	10.000	
	其他材料费占材料费	%	—	13.000	
机械	电动空气压缩机 1m³/min	台班	50.29	0.073	
	交流弧焊机 32kV·A	台班	83.14	31.385	
	自卸汽车 5t	台班	503.62	3.200	

514

第十九节 钢管拱

1.拱肋安装

工作内容：准备工作，钢绞线下料，P型锚制作；扣索牵挂，扣索牵拉、锚固；扣索系统拆除，50m内料具取放。

计量单位：t

定　额　编　号			S3-6-68	
项　目　名　称			钢绞线扣索	
单　　位			t	
基　　　　价（元）			**4999.58**	
其中	人　工　费（元）		365.26	
	材　料　费（元）		4499.04	
	机　械　费（元）		135.28	
名　　称	单位	单价（元）	消　　耗　　量	
人工	综合工日	工日	140.00	2.609
材料	镀锌铁丝 12号	kg	3.57	4.100
	钢绞线	t	4035.00	1.040
	钢丝绳	t	6000.00	0.048
机械	电动单筒慢速卷扬机 50kN	台班	215.57	0.330
	小型机具使用费	元	1.00	28.700
	预应力钢筋拉伸机 3000kN	台班	101.25	0.350

工作内容：起吊，调整扣索应力；横撑定位焊接；拱肋合拢，调整线形。 计量单位：10t

定 额 编 号				S3-6-69	
项 目 名 称				钢拱肋安装	
基 价 （元）				41816.16	
其中	人 工 费（元）			4625.88	
	材 料 费（元）			34604.17	
	机 械 费（元）			2586.11	
名 称		单位	单价（元）	消 耗 量	
人工	综合工日	工日	140.00	33.042	
材料	电焊条	kg	5.98	42.200	
	钢板	t	3170.00	0.083	
	钢筋拱肋	t	3345.50	10.000	
	钢丝绳	t	6000.00	0.010	
	锯材	m³	1800.00	0.035	
	螺栓	kg	6.50	5.200	
	螺纹钢筋 HRB400 φ10以内	t	3500.00	0.002	
	型钢	t	3700.00	0.127	
机械	电动单筒慢速卷扬机 100kN	台班	287.06	3.690	
	电动单筒慢速卷扬机 50kN	台班	215.57	0.910	
	小型机具使用费	元	1.00	35.700	
	预应力钢筋拉伸机 3000kN	台班	101.25	12.790	

工作内容：安装进料管、增压管、钻气孔、安装导管、砂浆润滑、泵送混凝土。 计量单位：10m³

定 额 编 号				S3-6-70
项 目 名 称				拱肋混凝土
基 价 （元）				6602.90
其中	人 工 费 （元）			1050.00
	材 料 费 （元）			5523.37
	机 械 费 （元）			29.53
	名 称	单位	单价(元)	消 耗 量
人工	综合工日	工日	140.00	7.500
材料	电焊条	kg	5.98	2.500
	钢管	t	4060.00	0.044
	钢丝绳	t	6000.00	0.011
	商品混凝土 C50（泵送）	m³	506.98	10.100
	水	m³	7.96	18.000
机械	电动单筒慢速卷扬机 50kN	台班	215.57	0.060
	小型机具使用费	元	1.00	16.600

2.吊索及系杆安装

工作内容：吊索起吊、定位、锚固、调整索力，将锚头用砂浆灌满，50m内料具取放。 计量单位：t

定 额 编 号				S3-6-71	
项 目 名 称				吊索	
基 价 （元）				2214.39	
其中	人 工 费 （元）			1323.84	
	材 料 费 （元）			123.54	
	机 械 费 （元）			767.01	
名 称		单位	单价(元)	消 耗 量	
人工	综合工日	工日	140.00	9.456	
材料	电焊条	kg	5.98	4.200	
	吊索	t	6.50	1.000	
	钢板	t	3170.00	0.026	
	钢丝绳	t	6000.00	0.001	
	螺纹钢筋 HRB400 φ10以内	t	3500.00	0.001	
机械	电动单筒慢速卷扬机 50kN	台班	215.57	1.390	
	交流弧焊机 32kV·A	台班	83.14	1.280	
	小型机具使用费	元	1.00	24.800	
	预应力钢筋拉伸机 3000kN	台班	101.25	3.320	

518

工作内容：穿系杆钢绞线，准备机具，安装油泵、千斤顶，装锚具，分多次张拉，检查、锚固，50m内料具取放。

计量单位：t

定 额 编 号				S3-6-72	S3-6-73	S3-6-74
项 目 名 称				系杆系杆长		
				100m内	200m内	300m内
基 价（元）				13880.65	13743.01	13552.54
其中	人 工 费（元）			618.80	542.78	420.98
	材 料 费（元）			13033.91	13004.78	12972.48
	机 械 费（元）			227.94	195.45	159.08
名 称		单位	单价（元）	消	耗	量
人工	综合工日	工日	140.00	4.420	3.877	3.007
材料	电焊条	kg	5.98	1.600	1.500	1.400
	钢板	t	3170.00	0.212	0.203	0.193
	钢丝绳	t	6000.00	0.001	0.001	0.001
	系杆	t	12329.00	1.000	1.000	1.000
	型钢	t	3700.00	0.001	0.001	0.001
	圆钢(综合)	t	3400.00	0.004	0.004	0.004
机械	电动单筒慢速卷扬机 100kN	台班	287.06	0.210	0.180	0.140
	交流弧焊机 32kV·A	台班	83.14	0.490	0.450	0.410
	汽车式起重机 20t	台班	1030.31	0.070	0.060	0.050
	小型机具使用费	元	1.00	30.500	24.300	18.100
	预应力钢筋拉伸机 3000kN	台班	101.25	0.240	0.200	0.150

3.纵横梁安装

工作内容：钢纵横梁起吊、安装就位，调整，与吊杆下锚头锚固。   计量单位：t

定 额 编 号					S3-6-75		
项 目 名 称					钢纵横梁安装		
基 价（元）					7017.32		
其中	人 工 费（元）				121.80		
	材 料 费（元）				6731.43		
	机 械 费（元）				164.09		
名 称		单位	单价（元）	消		耗	量
人工	综合工日	工日	140.00			0.870	
材料	电焊条	kg	5.98			0.500	
	钢板	t	3170.00			0.005	
	钢丝绳	t	6000.00			0.001	
	钢纵横梁	t	6703.09			1.000	
	螺纹钢筋 HRB400 φ10以内	t	3500.00			0.001	
机械	电动单筒慢速卷扬机 100kN	台班	287.06			0.140	
	电动单筒慢速卷扬机 50kN	台班	215.57			0.140	
	汽车式起重机 20t	台班	1030.31			0.070	
	小型机具使用费	元	1.00			21.600	

520

第二十节 天桥钢结构制作与安装

工作内容：划线、号料，切割，拼装、校正、焊接成型，防锈、刷防锈底漆、堆放，场内运输，安装固定等。

计量单位：t

定 额 编 号			S3-6-76	S3-6-77	S3-6-78
项 目 名 称			天桥钢构件		钢管柱
			制作安装	制作拼装	制作安装
基 价（元）			7208.18	1298.93	6416.87
其中	人 工 费（元）		2188.34	1107.96	1209.88
	材 料 费（元）		4321.85	93.21	4006.12
	机 械 费（元）		697.99	97.76	1200.87
名 称	单位	单价（元）	消 耗		量
人工 综合工日	工日	140.00	15.631	7.914	8.642
材料 板方材松木	m³	1800.00	0.006	—	—
电焊条	kg	5.98	73.840	13.030	36.580
二等板方材	m³	1709.00	—	—	0.030
钢板	t	3170.00	1.060	—	1.014
环氧富锌底漆	kg	18.80	11.600	—	11.600
螺栓	kg	6.50	—	—	2.550
杉原木	m³	1512.31	0.014	—	—
型钢	kg	3.70	—	—	54.000
氧气	m³	3.63	9.030	1.350	9.810
乙炔气	kg	10.45	3.010	0.450	3.036
其他材料费占材料费	%	—	5.000	6.500	0.500
机械 风铲	台班	27.50	0.355	—	—
剪板机 6.3×2000mm	台班	243.71	0.169	—	—
交流弧焊机 32kV·A	台班	83.14	5.360	0.946	—
交流弧焊机 42kV·A	台班	115.28	—	—	2.285
卷板机 20×2500mm	台班	276.83	—	—	0.413
门式起重机 10t	台班	472.03	—	—	1.130
门式起重机 5t	台班	385.44	0.344	—	—
刨边机 12000mm	台班	569.09	—	—	0.060
普通车床 630×2000mm	台班	247.10	—	—	0.231
汽车式起重机 25t	台班	1084.16	0.059	0.017	—
汽车式起重机 8t	台班	763.67	—	—	0.160
摇臂钻床 63mm	台班	41.15	—	—	0.040
载重汽车 4t	台班	408.97	—	—	0.125
其他机械费占机械费	%	—	0.700	0.700	2.000

第二十一节 金属面油漆

工作内容：除锈、清扫、刷油漆等。计量单位：t

定　额　编　号				S3-6-79	S3-6-80
项　目　名　称				栏杆金属面	其他金属面
				防锈漆一度	
基　　　　价（元）				101.21	62.87
其中	人　工　费（元）			37.52	17.22
	材　料　费（元）			63.69	45.65
	机　械　费（元）			—	—
名　　　称		单位	单价（元）	消　　耗　　量	
人工	综合工日	工日	140.00	0.268	0.123
材料	防锈漆	kg	5.62	6.500	4.670
	溶剂油	kg	4.80	0.700	0.500
	铁砂布	张	0.85	28.000	20.000

工作内容：除锈、清扫、刷油漆等。

计量单位：t

定　额　编　号				S3-6-81	S3-6-82
项　目　名　称				栏杆金属面	其他金属面
				调和漆一度	
基　　　　价（元）				149.19	65.78
其中	人　工　费（元）			112.98	39.90
	材　料　费（元）			36.21	25.88
	机　械　费（元）			—	—
	名　　　称	单位	单价（元）	消　　　耗　　　量	
人工	综合工日	工日	140.00	0.807	0.285
材料	溶剂油	kg	4.80	0.210	0.150
	调和漆	kg	6.00	1.900	1.360
	铁砂布	张	0.85	28.000	20.000

523

第七章 支座及其他工程

说　　明

一、本章定额包括橡胶支座、钢支座、钢盆式支座、桥梁伸缩装置、桥面泄水管、桥面防水层、安装声屏障、安装声测管等项目。

二、水质涂料不分面层类别，均按本章定额计算。涂料种类不同，可以调整换算。

三、安装金属支座的工程量系指成品钢支座的质量(包括座板、齿板、垫板辊轴等)配套锚栓、梁上的钢筋网，铁件等，均以材料消耗量综合在定额内。

四、梳型钢板、钢板、橡胶板及毛勒伸缩缝均按成品考虑，成品费用另计。

五、安装排水管定额中已包括集水斗安装工作内容，但集水斗的材料费需按实另计。

工程量计算规则

一、钢管栏杆按设计图示尺寸以"m"计算。钢管扶手按质量以"t"计算。

二、支座根据不同材质分别以"cm³"、"t"、"个"、"m²"、"m"计算。

三、伸缩安置、泄水管区分不同材质，以"m"计算。

四、沉降缝按缝的面积，以"m²"计算。

五、桥面防水层以"m²"计算。

第一节 橡胶支座

工作内容：1. 安装；
2. 定位，固定，焊接等。

计量单位：100cm³

定 额 编 号				S3-7-1	S3-7-2
项 目 名 称				安装	
				板式橡胶支座	四氟板式橡胶支座
基 价 （元）				4.84	119.00
其中	人 工 费 （元）			0.84	108.36
	材 料 费 （元）			4.00	10.64
	机 械 费 （元）			—	—
	名 称	单位	单价（元）	消 耗 量	
人工	综合工日	工日	140.00	0.006	0.774
材料	板式橡胶支座	100cm³	4.00	1.000	—
	不锈钢板	kg	22.00	—	0.100
	电焊条	kg	5.98	—	0.010
	四氟板式橡胶支座	100cm³	4.00	—	1.000
	铁件	kg	4.19	—	0.100
	中厚钢板 δ15以内	kg	3.60	—	1.100

第二节 钢支座

工作内容：1.安装；
　　　　　2.定位，固定，焊接等。

计量单位：t

定　额　编　号				S3-7-3	S3-7-4	S3-7-5
项　目　名　称				安装		
				辊轴钢支座	切线支座	摆式支座
基　　　　价（元）				7303.83	9131.86	5142.92
其中	人　工　费（元）			654.36	1610.00	1342.60
	材　料　费（元）			6633.67	6567.41	3312.29
	机　械　费（元）			15.80	954.45	488.03
名　　称		单位	单价（元）	消　　　耗　　　量		
人工	综合工日	工日	140.00	4.674	11.500	9.590
材料	摆式支座	t	3200.00	—	—	1.000
	电焊条	kg	5.98	0.600	35.900	18.700
	辊轴钢支座	t	6352.64	1.000	—	—
	螺纹钢筋 HRB400 φ10以上	kg	3.50	0.037	0.207	0.132
	切线钢支座	t	6352.00	—	1.000	—
	铁件	kg	4.19	13.200	—	—
	型钢	kg	3.70	60.000	—	—
机械	交流弧焊机 32kV·A	台班	83.14	0.190	11.480	5.870

第三节 钢盆式支座

工作内容: 1. 安装;
2. 定位, 固定, 焊接等。

计量单位: 个

定 额 编 号			S3-7-6	S3-7-7	S3-7-8
项 目 名 称			安装钢盆式橡胶支座		
			<3000kN	<4000kN	<5000kN
基 价 (元)			5114.41	7492.03	10207.31
其中	人 工 费 (元)		208.32	297.22	177.66
	材 料 费 (元)		4724.28	6998.50	9816.31
	机 械 费 (元)		181.81	196.31	213.34
名 称	单位	单价(元)	消	耗	量
人工 综合工日	工日	140.00	1.488	2.123	1.269
材料 电焊条	kg	5.98	1.800	1.900	2.100
镀锌铁丝 22号	kg	3.57	0.200	0.300	0.300
钢盆式橡胶支座 3000kN以内	个	4264.20	1.000	—	—
钢盆式橡胶支座 4000kN以内	个	6396.30	—	1.000	—
钢盆式橡胶支座 5000kN以内	个	9053.70	—	—	1.000
螺纹钢筋 HRB400 φ10以上	kg	3.50	0.045	0.058	0.073
商品混凝土 C40(泵送)	m³	445.34	0.360	0.490	0.640
铁件	kg	4.19	0.500	0.600	0.800
型钢	kg	3.70	1.000	1.000	1.000
中厚钢板 δ15以内	kg	3.60	77.000	100.000	124.000
组合钢模板	kg	5.13	1.000	1.000	2.000
机械 交流弧焊机 32kV·A	台班	83.14	0.330	0.350	0.370
汽车式起重机 20t	台班	1030.31	0.140	0.150	0.160
双锥反转出料混凝土搅拌机 350L	台班	253.32	0.040	0.050	0.070

工作内容: 1.安装;
2.定位,固定,焊接等。

计量单位: 个

定 额 编 号				S3-7-9	S3-7-10	S3-7-11
项 目 名 称				安装钢盆式橡胶支座		
				<7000kN	<10000kN	<15000kN
基 价（元）				15423.80	24092.24	36760.41
其中	人 工 费（元）			705.88	1117.20	1839.46
	材 料 费（元）			14484.18	22527.85	34432.13
	机 械 费（元）			233.74	447.19	488.82
名 称		单位	单价（元）	消	耗	量
人工	综合工日	工日	140.00	5.042	7.980	13.139
材料	电焊条	kg	5.98	2.300	2.600	3.000
	镀锌铁丝 22号	kg	3.57	0.500	0.600	0.900
	钢盆式橡胶支座 10000kN以内	个	21073.80	—	1.000	—
	钢盆式橡胶支座 15000kN以内	个	32269.90	—	—	1.000
	钢盆式橡胶支座 7000kN以内	个	13410.60	1.000	—	—
	螺纹钢筋 HRB400 φ10以上	kg	3.50	0.103	0.131	0.182
	商品混凝土 C40(泵送)	m³	445.34	0.960	1.240	1.760
	铁件	kg	4.19	1.000	1.000	1.300
	型钢	kg	3.70	1.000	1.000	2.000
	中厚钢板 δ15以内	kg	3.60	170.000	239.000	369.000
	组合钢模板	kg	5.13	2.000	3.000	3.000
机械	交流弧焊机 32kV·A	台班	83.14	0.400	0.430	0.500
	汽车式起重机 20t	台班	1030.31	0.170	0.050	0.070
	汽车式起重机 32t	台班	1257.67	—	0.260	0.260
	双锥反转出料混凝土搅拌机 350L	台班	253.32	0.100	0.130	0.190

工作内容：1.安装；
2.定位，固定，焊接等。

计量单位：个

定　额　编　号				S3-7-12	S3-7-13	S3-7-14
项　目　名　称				安装钢盆式橡胶支座		
				＜20000kN	＜25000kN	＜30000kN
基　　　价（元）				51306.56	68258.37	90158.10
其中	人　工　费（元）			2537.64	2702.00	3038.00
	材　料　费（元）			48397.67	65104.59	86648.90
	机　械　费（元）			371.25	451.78	471.20
名　　　称		单位	单价(元)	消　　耗　　量		
人工	综合工日	工日	140.00	18.126	19.300	21.700
材料	电焊条	kg	5.98	3.400	2.500	2.700
	镀锌铁丝 16号	kg	3.57	1.100	—	—
	钢盆式橡胶支座 20000kN以内	个	45120.80	1.000	—	—
	钢盆式橡胶支座 25000kN以内	个	64447.10	—	1.000	—
	钢盆式橡胶支座 30000kN以内	个	85902.00	—	—	1.000
	环氧树脂	kg	32.08	—	18.700	21.300
	水泥 52.5级	t	350.00	—	0.092	0.102
	铁件	kg	4.19	1.500	—	—
	现浇混凝土 C40	m³	345.39	2.210	—	—
	型钢	kg	3.70	2.000	—	—
	圆钢(综合)	kg	3.40	226.000	—	—
	中(粗)砂	t	87.00	—	0.120	0.135
	中厚钢板(综合)	kg	3.51	482.000	—	—
	组合钢模板	kg	5.13	3.000	—	—
机械	交流弧焊机 32kV·A	台班	83.14	0.389	0.920	1.020
	汽车式起重机 20t	台班	1030.31	0.062	0.070	0.080
	汽车式起重机 30t	台班	1127.57	—	0.260	0.260
	汽车式起重机 32t	台班	1257.67	0.179	—	—
	双锥反转出料混凝土搅拌机 350L	台班	253.32	0.197	—	—
	小型机具使用费	元	1.00	—	10.000	10.800

工作内容：1.安装；
2.定位，固定，焊接等。

计量单位：个

定 额 编 号				S3-7-15	S3-7-16	S3-7-17
项 目 名 称				安装钢盆式橡胶支座		
				＜35000kN	＜40000kN	＜45000kN
基 价（元）				113173.41	139719.71	152310.90
其中	人 工 费（元）			3391.50	3570.00	4093.60
	材 料 费（元）			109261.91	135600.28	147528.22
	机 械 费（元）			520.00	549.43	689.08
名 称		单位	单价（元）	消 耗		量
人工	综合工日	工日	140.00	24.225	25.500	29.240
材料	电焊条	kg	5.98	2.900	3.100	3.400
	钢盆式橡胶支座 35000kN以内	个	108356.00	1.000	—	—
	钢盆式橡胶支座 40000kN以内	个	134621.00	—	1.000	—
	钢盆式橡胶支座 45000kN以内	个	146363.00	—	—	1.000
	环氧树脂	kg	32.08	25.800	27.900	33.300
	水泥 52.5级	t	350.00	0.133	0.143	0.163
	中(粗)砂	t	87.00	0.165	0.180	0.225
机械	交流弧焊机 32kV·A	台班	83.14	1.090	1.170	1.250
	汽车式起重机 20t	台班	1030.31	0.110	0.120	0.140
	汽车式起重机 30t	台班	1127.57	0.270	0.280	—
	汽车式起重机 40t	台班	1526.12	—	—	0.280
	小型机具使用费	元	1.00	11.600	12.800	13.600

工作内容：1.安装；
2.定位，固定，焊接等。

计量单位：个

定　额　编　号				S3-7-18	S3-7-19	S3-7-20
项　目　名　称				安装钢盆式橡胶支座		
				＜50000kN	＜55000kN	＜60000kN
基　　　价（元）				167941.77	214896.70	239950.27
其中	人　工　费（元）			4498.20	4748.10	4962.30
	材　料　费（元）			162734.27	209379.92	234185.57
	机　械　费（元）			709.30	768.68	802.40
	名　　称	单位	单价（元）	消	耗	量
人工	综合工日	工日	140.00	32.130	33.915	35.445
材料	电焊条	kg	5.98	3.500	3.700	3.800
	钢盆式橡胶支座 50000kN以内	个	161504.00	1.000	—	—
	钢盆式橡胶支座 55000kN以内	个	207976.50	—	1.000	—
	钢盆式橡胶支座 60000kN以内	个	232717.10	—	—	1.000
	环氧树脂	kg	32.08	35.200	40.100	42.000
	水泥 52.5级	t	350.00	0.173	0.204	0.214
	中(粗)砂	t	87.00	0.225	0.270	0.270
机械	交流弧焊机 32kV·A	台班	83.14	1.300	1.380	1.430
	汽车式起重机 20t	台班	1030.31	0.140	0.160	0.170
	汽车式起重机 40t	台班	1526.12	0.290	0.310	0.320
	小型机具使用费	元	1.00	14.400	16.000	20.000

第四节 油毡支座

计量单位：10m²

定　额　编　号				S3-7-21	
项　目　名　称				安装油毡支座	
基　　　价（元）				84.62	
其中	人　工　费（元）			29.54	
	材　料　费（元）			55.08	
	机　械　费（元）			—	
名　　称		单位	单价（元）	消　耗　　量	
人工	综合工日	工日	140.00	0.211	
材料	油毛毡 400g	m²	2.70	20.400	

第五节 桥梁伸缩装置

工作内容：1.焊接，安装；
2.切割临时接头；
3.熬涂拌沥青及油浸；
4.混凝土配、拌、运；
5.沥青玛 脂嵌缝；
6.铁皮加工；
7.固定等。

计量单位：10m

定　额　编　号			S3-7-22	S3-7-23	S3-7-24
项　目　名　称			桥梁伸缩		
			安装		
			梳型钢板	钢板	橡胶板
基　　　　价（元）			38366.18	14823.16	5449.36
其中	人　工　费（元）		1202.32	895.16	1275.54
	材　料　费（元）		36875.36	13671.93	4064.91
	机　械　费（元）		288.50	256.07	108.91
名　　称	单位	单价（元）	消	耗	量
人工　综合工日	工日	140.00	8.588	6.394	9.111
材料　电焊条	kg	5.98	26.580	25.340	10.380
钢板伸缩缝	m	1350.00	—	10.000	—
环氧树脂	kg	32.08	—	—	0.500
沥青砂	t	1225.79	0.047	—	—
石油沥青 30号	kg	2.70	50.000	—	—
梳型钢板伸缩缝	m	3650.00	10.000	—	—
橡胶板伸缩缝	m	398.00	—	—	10.000
圆钢(综合)	t	3400.00	0.007	0.006	0.002
机械　交流弧焊机 32kV·A	台班	83.14	3.470	3.080	1.310

537

工作内容：1.焊接，安装；
2.切割临时接头；
3.熬涂拌沥青及油浸；
4.混凝土配、拌、运；
5.沥青玛 脂嵌缝；
6.铁皮加工；
7.固定等。

计量单位：10m

定 额 编 号				S3-7-25	S3-7-26	S3-7-27
项 目 名 称				桥梁伸缩		
				安装		
				毛勒	沥青麻丝	镀锌铁皮沥青玛 脂
基 价（元）				30063.41	265.83	1520.63
其中	人 工 费（元）			629.16	255.36	294.00
	材 料 费（元）			28850.11	10.47	1226.63
	机 械 费（元）			584.14	—	—
名 称		单位	单价（元）	消	耗	量
人工	综合工日	工日	140.00	4.494	1.824	2.100
材料	电焊条	kg	5.98	8.380		
	镀锌铁皮	m²	19.50	—		5.150
	毛勒伸缩缝	m	2880.00	10.000	—	—
	石油沥青 30号	kg	2.70	—	1.600	—
	石油沥青玛 脂	m³	3043.80	—	—	0.370
	油浸麻丝	kg	4.10	—	1.500	
机械	交流弧焊机 32kV·A	台班	83.14	0.780	—	—
	汽车式起重机 8t	台班	763.67	0.680	—	—

工作内容：1.焊接，安装；
　　　　　2.切割临时接头；
　　　　　3.熬涂拌沥青及油浸；
　　　　　4.混凝土配、拌、运；
　　　　　5.沥青玛　脂嵌缝；
　　　　　6.铁皮加工；
　　　　　7.固定等。

计量单位：10m

定　额　编　号			S3-7-28
项　目　名　称			安装橡胶条伸缩缝
基　　　价（元）			1895.96
其中	人　工　费（元）		801.78
	材　料　费（元）		929.56
	机　械　费（元）		164.62
	名　　称	单位	单价（元）	消　　耗　　量

	名　　称	单位	单价（元）	消　　耗　　量
人工	综合工日	工日	140.00	5.727
材料	电焊条	kg	5.98	7.000
	镀锌铁皮	m²	19.50	5.000
	石油沥青	kg	2.70	20.000
	橡胶条	m	5.47	10.000
	型钢	kg	3.70	100.000
	圆钢(综合)	kg	3.40	40.000
	中厚钢板(综合)	kg	3.51	50.000
机械	交流弧焊机 32kV·A	台班	83.14	1.980

工作内容：切割槽口；设置膨胀螺栓和钢筋；清洗、烘干碎石、加热TST灌入碎石；涂粘合剂；放置海绵、钢盖板；铺筑TST碎石；振碾、修理。

计量单位：10m

定 额 编 号				S3-7-29	S3-7-30	S3-7-31
项 目 名 称				TST弹性体伸缩缝		
				槽口宽		
				200mm	300mm	400mm
基 价（元）				2880.07	3490.32	3831.32
其中	人 工 费（元）			2716.00	3276.00	3500.00
	材 料 费（元）			114.17	164.42	281.42
	机 械 费（元）			49.90	49.90	49.90
名 称		单位	单价（元）	消	耗	量
人工	综合工日	工日	140.00	19.400	23.400	25.000
材料	TST 弹性材料	kg	12.50	7.920	11.880	21.120
	螺纹钢筋 HRB400 φ10以内	t	3500.00	0.004	0.004	0.004
	碎石	t	106.80	0.011	0.018	0.032
机械	小型机具使用费	元	1.00	49.900	49.900	49.900

工作内容：切割槽口；设置膨胀螺栓和钢筋；清洗、烘干碎石、加热TST灌入碎石；涂粘合剂；放置海
绵、钢盖板；铺筑TST碎石；振碾、修理。

计量单位：10m

定 额 编 号				S3-7-32	S3-7-33	S3-7-34
项 目 名 称				TST弹性体伸缩缝		
				槽口宽		
				500mm	600mm	700mm
基 价（元）				4556.17	5449.03	6341.88
其中	人 工 费（元）			4158.00	4984.00	5810.00
	材 料 费（元）			348.27	415.13	481.98
	机 械 费（元）			49.90	49.90	49.90
名 称		单位	单价（元）	消	耗	量
人工	综合工日	工日	140.00	29.700	35.600	41.500
材料	TST 弹性材料	kg	12.50	26.400	31.680	36.960
	螺纹钢筋 HRB400 φ10以内	t	3500.00	0.004	0.004	0.004
	碎石	t	106.80	0.040	0.048	0.056
机械	小型机具使用费	元	1.00	49.900	49.900	49.900

第六节 桥面泄水管

工作内容：1.清孔；
         2.熬涂沥青；
         3.绑扎、安装等。

计量单位：10m

定 额 编 号				S3-7-35	S3-7-36	S3-7-37
项 目 名 称				钢管	铸铁管	塑料管
				桥面泄水管		
基 价（元）				684.15	987.16	258.75
其中	人 工 费（元）			115.78	139.72	93.10
	材 料 费（元）			568.37	847.44	165.65
	机 械 费（元）			—	—	—
名 称		单位	单价（元）	消	耗	量
人工	综合工日	工日	140.00	0.827	0.998	0.665
材料	焊接钢管 DN150	m	48.71	10.200	—	—
	石油沥青 30号	kg	2.70	26.490	26.490	—
	硬塑料管 φ150	m	16.24	—	—	10.200
	铸铁管 DN150	m	76.07	—	10.200	—

542

第七节 桥面防水层

工作内容：1. 清理面层；
2. 熬涂沥青；
3. 铺油毡或玻璃布；
4. 防水砂浆配拌、运料、抹平；
5. 涂粘结剂；
6. 橡胶裁剪、铺设等；
7. 喷防水涂料等。

计量单位：100m²

定 额 编 号				S3-7-38	S3-7-39
项 目 名 称				一涂沥青	一层油毡
				桥面防水层	
基 价（元）				1745.54	342.84
其中	人 工 费（元）			174.30	39.90
	材 料 费（元）			1571.24	302.94
	机 械 费（元）			—	—
名 称		单位	单价（元）	消 耗	量
人工	综合工日	工日	140.00	1.245	0.285
材料	煤	kg	0.65	43.000	—
	煤沥青	t	4200.00	0.367	—
	木柴	kg	0.18	10.500	—
	油毛毡 400g	m²	2.70	—	112.200

工作内容：1. 清理面层；
2. 熬涂沥青；
3. 铺油毡或玻璃布；
4. 防水砂浆配拌、运料、抹平；
5. 涂粘结剂；
6. 橡胶裁剪、铺设等；
7. 喷防水涂料等。

计量单位：100m²

定　额　编　号				S3-7-40	S3-7-41	S3-7-42
项　目　名　称				防水砂浆2cm	防水橡胶板2mm	防水剂
				桥面防水层		
基　　　价（元）				1019.80	2026.44	3463.14
其中	人　工　费（元）			538.72	191.52	500.50
	材　料　费（元）			481.08	1834.92	2906.40
	机　械　费（元）			—	—	56.24
名　　称		单位	单价（元）	消	耗	量
人工	综合工日	工日	140.00	3.848	1.368	3.575
材料	玻璃纤维布	m²	2.80	—	—	282.000
	防水剂	kg	1.62	41.510	—	—
	氯丁橡胶粘结剂	kg	12.35	—	120.000	—
	桥面防水涂料	kg	11.20	—	—	189.000
	水泥砂浆 M7.5	m³	201.87	2.050	—	—
	橡胶板 δ2	m²	3.46	—	102.000	—
机械	洒水车 4000L	台班	468.64	—	—	0.120

544

第八节 安装沉降缝

工作内容：1.裁、铺油毡或甘蔗板；
2.熬涂沥青；
3.安装整修等。

计量单位：10m²

定 额 编 号			S3-7-43	S3-7-44
项 目 名 称			安装沉降缝	
			一毡	一油
基 价（元）			29.64	71.64
其中	人 工 费（元）		2.10	20.72
	材 料 费（元）		27.54	50.92
	机 械 费（元）		—	—
名 称	单位	单价（元）	消 耗 量	
人工	综合工日	工日	140.00	0.015	0.148
材料	煤	kg	0.65	—	2.010
	木柴	kg	0.18	—	0.210
	石油沥青 30号	kg	2.70	—	18.360
	油毛毡 400g	m²	2.70	10.200	—

545

工作内容：1. 裁、铺油毡或甘蔗板；
2. 熬涂沥青；
3. 安装整修等。

计量单位：10m²

定 额 编 号				S3-7-45	S3-7-46
项 目 名 称				安装沥青甘蔗板	安装沥青木丝板
				沉降缝	
基 价（元）				495.43	708.77
其中	人 工 费（元）			29.26	35.14
	材 料 费（元）			466.17	673.63
	机 械 费（元）			—	—
名 称		单位	单价（元）	消 耗 量	
人工	综合工日	工日	140.00	0.209	0.251
材料	甘蔗板	m²	19.66	10.200	—
	煤	kg	0.65	9.600	9.600
	木柴	kg	0.18	1.080	1.080
	木丝板	m²	40.00	—	10.200
	石油沥青 30号	kg	2.70	96.000	96.000

第九节 安装声屏障

工作内容：安装骨架及隔声屏障板材等。　　　　　　　　　　　　　　　　　计量单位：t

定　额　编　号			S3-7-47	
项　目　名　称			安装声屏障钢骨架	
基　　　价（元）			8362.48	
其中	人　工　费（元）		1057.28	
	材　料　费（元）		5099.04	
	机　械　费（元）		2206.16	
名　　称	单位	单价（元）	消　　耗　　量	
人工	综合工日	工日	140.00	7.552
材料	电焊条	kg	5.98	38.750
	螺栓	kg	6.50	9.800
	铝材	kg	12.65	62.170
	铆钉	个	0.06	1097.250
	型钢	t	3700.00	1.000
	氧气	m³	3.63	1.200
	乙炔气	kg	10.45	0.398
	其他材料费占材料费	%	—	5.000
机械	交流弧焊机 32kV·A	台班	83.14	2.150
	汽车式起重机 8t	台班	763.67	1.075
	载重汽车 4t	台班	408.97	2.950

工作内容：安装骨架及隔声屏障板材等。　　　　　　　　　　　　　　　计量单位：10m²

定　额　编　号			S3-7-48
项　目　名　称			安装声屏障板材
基　　　价（元）			4851.77
其中	人　工　费（元）		324.10
	材　料　费（元）		4487.18
	机　械　费（元）		40.49
名　　　称	单位	单价（元）	消　　耗　　量
人工	综合工日	工日	140.00	2.315
材料	卡普龙板	m²	427.35	10.500
机械	载重汽车 4t	台班	408.97	0.099

第十节 安装声测管

工作内容：固定、绑扎、安装等。

计量单位：t

定 额 编 号				S3-7-49	
项 目 名 称				安装桩基检测钢管	
基 价（元）				5390.14	
其中	人 工 费（元）			924.00	
	材 料 费（元）			4364.22	
	机 械 费（元）			101.92	
	名 称	单位	单价（元）	消 耗 量	
人工	综合工日	工日	140.00	6.600	
材料	电焊条	kg	5.98	3.400	
	镀锌铁丝 12号	kg	3.57	1.300	
	钢板	t	3170.00	0.001	
	钢管	t	4060.00	1.068	
机械	交流弧焊机 32kV·A	台班	83.14	1.120	
	小型机具使用费	元	1.00	8.800	

第八章 临时工程

说　　明

一、本章定额包括搭、拆桩基础支架平台，拱、板涵盍支架，桥梁支架及预压，组装、拆卸船排，组装、拆卸柴油打桩机，组装、拆卸万能杆件，挂篮安装、拆除、推移，筑、拆胎、地模，施工电梯，施工塔式起重机，组装、拆除架桥机等项目。

二、本章定额支架平台适用于陆上、支架上打桩及钻孔灌注桩。支架平台分陆上平台与水上平台两类，其划分范围如下：

1. 水上支架平台：凡河道原有河岸线向陆地延伸 2.50m 范围，均可套用水上支架平台。

2. 陆上支架平台：除水上支架平台范围以外的陆地部分，均属陆上支架平台，但不包括坑洼地段。坑洼地段平均水深超过 2m 的部分，可套用水上支架平台。平均水深在 1m～2m 时，按水上支架平台和陆上支架平台各取 50%计算。平均深度在 1m 以内时，不做坑洼处理。如下图：

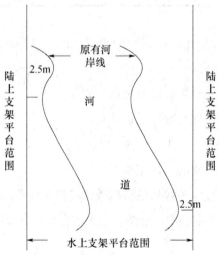

三、打桩机械锤重的选择：

桩类别	桩长度（m）	桩截面积 S(m²)或管径（mm）	柴油桩机锤重（kg）
钢筋混凝土方桩及板桩	L≤8.00	S≤0.05	600
	L≤8.00	0.05＜S≤0.105	1200
	8.00＜L≤16.00	0.105＜S≤0.125	1800
	16.00＜L≤24.00	0.125＜S≤0.160	2500
	24.00＜L≤28.00	0.160＜S≤0.225	4000
	28.00＜L≤32.00	0.225＜S≤0.250	5000
	32.00＜L≤40.00	0.250＜S≤0.300	7000
钢筋混凝土管桩	L≤25.00	Φ400	2500
	L≤25.00	Φ550	4000
	L≤25.00	Φ600	5000
	L≤50.00	Φ600	7000
	L≤25.00	Φ800	5000
	L≤50.00	Φ800	7000
	L≤25.00	Φ1000	7000
	L≤50.00	Φ1000	8000

注：钻孔灌注桩工作平台按孔径Φ小于1000，套用锤重1800kg打桩工作平台；Φ大于1000，套用锤重2500kg打桩工作平台。

四、桥涵拱盔、支架均不包括底模及地基加固在内。

五、水上安拆挂篮需浮吊配合时应另行计算。

六、组装、拆卸船排定额中未包括压舱费用。压舱材料取定为大石块，并按船排总吨位的30%计取（包括装、卸在内150m的二次运输费）。

七、组装拆卸架桥机定额中不包括架桥机改装及进出场费用。

八、搭、拆水上工作平台定额中，已综合考虑了组装、拆卸船排及组装、拆卸打拔桩架工作内容，不得重复计算。

工程量计算规则

一、搭拆打桩工作平台面积计算

1. 桥梁打桩：$F=N_1F_1+N_2F_2$

每座桥台（桥墩）：$F_1=(5.5+A+2.5)\times(6.5+D)$

每条通道：$F_2=6.5\times[L-(6.5+D)]$

式中 F——工作平台总面积；

F_1——每座桥台（桥墩）工作平台面积（m²）；

F_2——桥台至桥墩间或桥墩至桥墩间通道工作平台面积（m²）；

N_1——桥台和桥墩总数量（个）；

N_2——诵道总数量（个）；

D——两排桩之间距离（m）；

L——桥梁跨径或护岸的第一根桩中心至最后一根桩中心之间的距离（m）；

A——桥台（桥墩）每排桩的第一根桩中心至最后一根桩中心之间的距离（m）。

二、凡台和墩或墩与墩之间不能连续施工时（如不能断航、断交通或拆迁工作不能配合），每个墩、台可计一次组装、拆卸柴油打桩架及设备运输。

工作平台面积计算示意图：

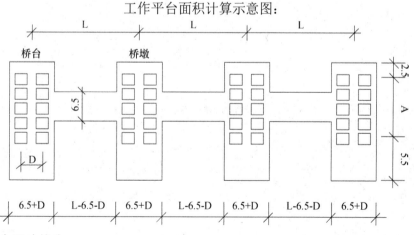

注：图中尺寸均为m。

三、桥涵拱盔、支架空间体积计算

1. 桥涵拱盔体积按起拱线以上弓形侧面积乘以（桥宽+2m）计算。

2. 桥涵支架体积为结构底至原地面（水上支架为水上支架平台顶面）平均标高乘以纵向距

离再乘以(桥宽+2m)计算。

3. 支架堆载预压按支架上承载的现浇混凝土梁体积计算。

四、挂篮及扇形支架

1. 定额中的挂篮形式为自锚式无压重轻型钢挂篮，钢挂篮重量按设计要求确定。推移工程量按挂篮重量乘以推移距离以"t·m"为单位计算。

2. 0#块扇形支架安拆工程量按顶面梁宽计算。边跨采用挂篮施工时，其合拢段扇形支架的安拆工程量按梁宽的50%计算。

3. 挂篮、扇形支架的制作工程量已含在安拆定额中。

4. 挂篮、扇形支架发生场外运输可另行计算。

五、地模、胎模

1. 各种材质的地模、胎模，按审定的施工组织设计计算工程量，并应包括操作等必要的宽度和周转次数以"m²"计算，执行相应项目。

2. 利用原有场地时不计地模费，需加固和修复时可另行计算。

六、施工塔式起重机和施工电梯所需安拆数量和使用时间按施工组织设计的进度安排进行计算。

第一节 搭、拆桩基础支架平台
1. 搭、拆桩基础支架平台

工作内容：竖拆桩架；制桩、打桩；装、拆桩箍；
桩钉支柱，盖木，协撑，搁梁及铺板；
拆除脚手板及拔桩；搬运材料，整理，堆放；组装，拆卸船排（水上）。　　　　计量单位：100㎡

定　额　编　号			S3-8-1	S3-8-2	S3-8-3
项　目　名　称			搭、拆桩		
			陆上支架平台锤重		
			600kg	1200kg	1800kg
基　　　　价（元）			1730.07	1979.52	2065.89
其中	人　工　费（元）		926.94	1118.04	1147.58
	材　料　费（元）		803.13	861.48	918.31
	机　械　费（元）		—	—	—
名　　称	单位	单价(元)	消	耗	量
人工	综合工日	工日	140.00	6.621	7.986	8.197
材料	扒钉	kg	3.85	3.070	3.470	4.000
	方木	m³	2029.00	0.390	0.418	0.445

工作内容：竖拆桩架；制桩、打桩；装、拆桩箍；
　　　　　桩钉支柱，盖木，协撑，搁梁及铺板；
　　　　　拆除脚手板及拔桩；搬运材料，整理，堆放；组装，拆卸船排(水上)。　　　计量单位：100㎡

定　额　编　号				S3-8-4	S3-8-5
项　目　名　称				搭、拆桩	
				陆上支架平台锤重	
				2500kg	4000kg
基　　　　　价（元）				**2399.60**	**3075.72**
其中	人　工　费（元）			1350.58	1862.14
	材　料　费（元）			1049.02	1213.58
	机　械　费（元）			—	—
名　　称		单位	单价(元)	消　　耗　　量	
人工	综合工日	工日	140.00	9.647	13.301
材料	扒钉	kg	3.85	4.750	5.860
	方木	㎥	2029.00	0.508	0.587

工作内容：竖拆桩架；制桩、打桩；装、拆桩箍；
　　　　桩钉支柱，盖木，协撑，搁梁及铺板；
　　　　拆除脚手板及拔桩；搬运材料，整理，堆放；组装，拆卸船排(水上)。　　　计量单位：100m²

定　额　编　号				S3-8-6	S3-8-7	S3-8-8
项　目　名　称				搭、拆桩		
				水上支架平台锤重		
				600kg	1200kg	1800kg
基　　　价（元）				12409.07	14660.87	18656.63
其中	人　工　费（元）			2877.98	3282.72	4228.42
	材　料　费（元）			3187.47	3726.73	4539.17
	机　械　费（元）			6343.62	7651.42	9889.04
名　　称		单位	单价（元）	消	耗	量
人工	综合工日	工日	140.00	20.557	23.448	30.203
材料	镀锌铁丝 12号	kg	3.57	0.240	0.240	0.240
	方木	m³	2029.00	0.832	0.901	0.993
	螺栓	kg	6.50	8.500	10.970	16.210
	铁件	kg	4.19	17.400	20.830	28.690
	型钢	kg	3.70	56.000	64.000	75.000
	圆钉	kg	5.13	0.010	0.010	0.010
	圆木桩	m³	1153.85	1.008	1.302	1.751
机械	电动双筒快速卷扬机 50kN	台班	291.85	2.376	2.970	3.897
	轨道式柴油打桩机 0.6t	台班	412.99	1.557	1.953	2.556
	履带式电动起重机 5t	台班	249.22	3.564	3.564	4.437
	木驳船 30t	台班	163.45	25.200	31.140	40.320

工作内容：竖拆桩架；制桩、打桩；装、拆桩箍；
　　　　　桩钉支柱，盖木，协撑，搁梁及铺板；
　　　　　拆除脚手板及拔桩；搬运材料，整理，堆放；组装，拆卸船排(水上)。　　　计量单位：100㎡

定　额　编　号			S3-8-9	S3-8-10
项　目　名　称			搭、拆桩	
			水上支架平台锤重	
			2500kg	4000kg
基　　　价（元）			24287.79	35201.99
其中	人　工　费（元）		5247.48	7789.60
	材　料　费（元）		5822.34	8010.81
	机　械　费（元）		13217.97	19401.58
名　　　称	单位	单价（元）	消　　耗　　量	
人工 综合工日	工日	140.00	37.482	55.640
材料 镀锌铁丝 12号	kg	3.57	0.240	0.240
方木	㎥	2029.00	1.124	1.316
螺栓	kg	6.50	25.140	38.590
铁件	kg	4.19	40.950	62.630
型钢	kg	3.70	89.000	111.000
圆钉	kg	5.13	0.010	0.010
圆木桩	㎥	1153.85	2.493	3.827
机械 电动双筒快速卷扬机 50kN	台班	291.85	5.409	8.136
轨道式柴油打桩机 0.6t	台班	412.99	3.564	4.671
履带式电动起重机 5t	台班	249.22	4.437	6.336
木驳船 30t	台班	163.45	55.440	82.710

2. 搭拆木垛

工作内容：平整场地；搭设、拆除等。 计量单位：100m³

定 额 编 号				S3-8-11	
项 目 名 称				搭拆木垛	
基 价（元）				2714.09	
其中	人 工 费（元）			836.78	
	材 料 费（元）			1276.69	
	机 械 费（元）			600.62	
	名 称	单位	单价（元）	消 耗 量	
人工	综合工日	工日	140.00	5.977	
材料	扒钉	kg	3.85	11.710	
	方木	m³	2029.00	0.607	
机械	履带式电动起重机 5t	台班	249.22	2.410	

561

3. 拱、板涵盔支架

工作内容：选料；制作；安装，校正，拆除；
机械移动；清场，整堆等。

计量单位：100m³

定　额　编　号				S3-8-12	S3-8-13
项　目　名　称				拱、板涵	
				拱盔	支架
基　　　价（元）				5475.42	3687.52
其中	人　工　费（元）			2721.46	1109.78
	材　料　费（元）			1552.93	2214.38
	机　械　费（元）			1201.03	363.36
名　　称		单位	单价（元）	消　　耗　　量	
人工	综合工日	工日	140.00	19.439	7.927
材料	扒钉	kg	3.85	26.610	10.300
	方木	m³	2029.00	0.706	0.886
	原木	m³	1491.00	—	0.240
	圆钉	kg	5.13	3.510	3.740
机械	履带式电动起重机 5t	台班	249.22	4.338	1.458
	木工圆锯机 500mm	台班	25.33	4.734	—

4.桥梁支架及预压

工作内容:木支架:1.支架制作,安装,拆除;2.桁架式包括踏步,工作平台的制作,搭设,拆除,地锚埋设,拆除,缆风架设,拆除等。
钢支架:1.平整场地;2.搭,拆钢管支架;3.材料堆放等。
防撞墙悬挑支架:1.准备工作;2.焊接、固定;搭、拆支架,铺脚手板、安全网等。

计量单位:100m³

定 额 编 号			S3-8-14	S3-8-15	S3-8-16	S3-8-17
项 目 名 称			满堂式木支架	桁架式拱盔	桁架式支架	满堂式钢管支架
基 价 (元)			4341.51	5622.41	5214.07	1451.28
其中	人 工 费 (元)		2067.94	1429.12	2586.64	560.00
	材 料 费 (元)		1310.03	3610.86	1663.89	796.99
	机 械 费 (元)		963.54	582.43	963.54	94.29
名 称	单位	单价(元)	消	耗		量
人工 综合工日	工日	140.00	14.771	10.208	18.476	4.000
材料 扒钉	kg	3.85	4.570	93.530	33.530	—
底座	个	5.13	—	—	—	1.910
方木	m³	2029.00	0.488	0.986	0.360	—
焊接钢管 DN50	kg	3.38	—	—	—	156.500
回转扣件	个	5.10	—	—	—	17.980
原木	m³	1491.00	0.194	0.822	0.536	—
圆钉	kg	5.13	2.540	4.790	1.010	—
直角扣件	个	5.13	—	—	—	32.460
机械 履带式电动起重机 5t	台班	249.22	3.480	2.150	3.480	—
木工圆锯机 500mm	台班	25.33	3.800	1.840	3.800	—
汽车式起重机 12t	台班	857.15	—	—	—	0.110

工作内容：木支架：1.支架制作，安装，拆除；2.桁架式包括踏步，工作平台的制作，搭设，拆除，地锚埋设，拆除，缆风架设，拆除等。
钢支架：1.平整场地；2.搭、拆钢管支架；3.材料堆放等。
防撞墙悬挑支架：1.准备工作；2.焊接、固定；搭、拆支架，铺脚手板、安全网等。

计量单位：10m

定　额　编　号					S3-8-18
项　目　名　称					防撞墙悬挑支架
基　　　价（元）					896.19
其中	人　工　费（元）				319.76
	材　料　费（元）				346.13
	机　械　费（元）				230.30
	名　　　称	单位	单价(元)	消　　耗	量
人工	综合工日	工日	140.00	2.284	
材料	安全网	m²	11.11	0.260	
	电焊条	kg	5.98	10.640	
	镀锌铁丝 12号	kg	3.57	1.000	
	焊接钢管	t	3380.00	0.002	
	螺栓	kg	6.50	17.200	
	型钢	kg	3.70	17.000	
	硬垫木	m³	1709.00	0.003	
	原木	m³	1491.00	0.060	
机械	交流弧焊机 32kV·A	台班	83.14	2.770	

工作内容：(1)备料、装袋；
(2)堆载、预压、卸载、清理等。

计量单位：10m³实体

定　额　编　号	S3-8-19
项　目　名　称	支架预压
基　　价（元）	66.41

其中	人　工　费（元）	15.40
	材　料　费（元）	20.46
	机　械　费（元）	30.55

	名　　称	单位	单价（元）	消　　耗　　量
人工	综合工日	工日	140.00	0.110
材料	砂砾石	t	60.00	0.341
机械	汽车式起重机 8t	台班	763.67	0.040

5.组装、拆卸船排

工作内容：1.选料；
　　　　　2.捆绑船排；
　　　　　3.就位；
　　　　　4.拆除、整理、堆放等。

计量单位：次

定　额　编　号				S3-8-20	S3-8-21	S3-8-22
项　目　名　称				组装、拆卸船排		
				船吨位		
				30×2t	50×2t	80×2t
基　　　　价（元）				2467.54	4509.59	6884.41
其中	人　工　费（元）			520.24	581.70	802.34
	材　料　费（元）			603.74	976.68	1814.64
	机　械　费（元）			1343.56	2951.21	4267.43
名　　称		单位	单价（元）	消	耗	量
人工	综合工日	工日	140.00	3.716	4.155	5.731
材料	扒钉	kg	3.85	6.890	6.890	9.180
	镀锌铁丝 12号	kg	3.57	24.370	28.230	41.020
	方木	m³	2029.00	0.213	0.352	0.708
	钢丝绳	kg	6.00	7.990	20.820	30.260
	其他材料费占材料费	%	—	1.700	1.060	0.820
机械	木驳船 30t	台班	163.45	8.220	—	—
	木驳船 50t	台班	325.31	—	9.072	—
	木驳船 80t	台班	346.72	—	—	12.308

工作内容：1. 选料；
     2. 捆绑船排；
     3. 就位；
     4. 拆除、整理、堆放等。

计量单位：次

定 额 编 号				S3-8-23	S3-8-24
项 目 名 称				组装、拆卸船排	
				船吨位	
				100×2t	120×2t
基 价 （元）				8523.82	13439.92
其中	人 工 费 （元）			874.86	1546.16
	材 料 费 （元）			2508.63	2612.80
	机 械 费 （元）			5140.33	9280.96
名 称		单位	单价（元）	消 耗 量	
人工	综合工日	工日	140.00	6.249	11.044
材料	扒钉	kg	3.85	9.180	9.180
	镀锌铁丝 12号	kg	3.57	46.010	47.630
	方木	m³	2029.00	1.030	1.075
	钢丝绳	kg	6.00	33.910	35.110
	其他材料费占材料费	%	—	0.630	0.600
机械	木驳船 150t	台班	385.39	13.338	24.082

6.组装、拆卸柴油打桩机

工作内容：1.组装、拆除打桩机械及辅助机械；
2.安拆地锚；
3.打、拔缆风桩；
4.试车；
5.清场等。

计量单位：架次

定 额 编 号				S3-8-25	S3-8-26	S3-8-27	S3-8-28
项 目 名 称				组装、拆卸			
				轨道式柴油打桩机			
				锤重			
				600kg	1200kg	1800kg	4000kg
基 价（元）				1325.91	1966.99	2618.96	4767.57
其中	人 工 费（元）			377.16	545.16	691.46	1181.18
	材 料 费（元）			—	—	—	—
	机 械 费（元）			948.75	1421.83	1927.50	3586.39
名 称		单位	单价（元）	消	耗		量
人工	综合工日	工日	140.00	2.694	3.894	4.939	8.437
机械	轨道式柴油打桩机 0.6t	台班	412.99	0.450	—	—	—
	轨道式柴油打桩机 1.2t	台班	685.34	—	0.450	—	—
	轨道式柴油打桩机 1.8t	台班	769.02	—	—	0.450	—
	轨道式柴油打桩机 2.5t	台班	1020.30	—	—	—	0.225
	轨道式柴油打桩机 4t	台班	1459.08	—	—	—	0.225
	汽车式起重机 12t	台班	857.15	—	—	1.845	—
	汽车式起重机 16t	台班	958.70	—	—	—	3.159
	汽车式起重机 8t	台班	763.67	0.999	1.458	—	—

工作内容：1. 组装、拆除打桩机械及辅助机械；
　　　　　2. 安拆地锚；
　　　　　3. 打、拔缆风桩；
　　　　　4. 试车；
　　　　　5. 清场等。

计量单位：架次

定 额 编 号				S3-8-29	S3-8-30
项 目 名 称				组装、拆卸	
				履带式柴油打桩机	
				锤重	
				6000kg	8000kg
基 价 （元）				2857.23	3549.01
其中	人 工 费 （元）			642.32	722.82
	材 料 费 （元）			—	—
	机 械 费 （元）			2214.91	2826.19
名 称		单位	单价（元）	消 耗 量	
人工	综合工日	工日	140.00	4.588	5.163
机械	履带式柴油打桩机 3.5t	台班	1111.94	0.225	—
	履带式柴油打桩机 5t	台班	1840.62	0.225	—
	履带式柴油打桩机 7t	台班	2017.64	—	0.225
	履带式柴油打桩机 8t	台班	2106.65	—	0.225
	汽车式起重机 12t	台班	857.15	1.809	—
	汽车式起重机 16t	台班	958.70	—	1.980

工作内容：1.组装、拆除打桩机械及辅助机械；
　　　　　2.安拆地锚；
　　　　　3.打、拔缆风桩；
　　　　　4.试车；
　　　　　5.清场等。

计量单位：架次

定　额　编　号				S3-8-31	
项　目　名　称				组装、拆卸简易打桩架	
基　　　价（元）				1229.05	
其中	人　工　费（元）			493.08	
	材　料　费（元）			108.04	
	机　械　费（元）			627.93	
名　　　称	单位	单价（元）	消　　耗　　量		
人工	综合工日	工日	140.00	3.522	
材料	白棕绳	kg	11.50	0.060	
	原木	m³	1491.00	0.072	
机械	电动单筒快速卷扬机 10kN	台班	201.58	1.620	
	简易打桩架	台班	186.03	1.620	

570

7. 组装、拆卸万能杆件

工作内容：1. 安装；
2. 拆除，整理，堆放等。

计量单位：100m³

定　额　编　号				S3-8-32	
项　目　名　称				组装、拆卸万能杆件	
基　　　价（元）				4102.49	
其中	人　工　费（元）			1927.38	
	材　料　费（元）			236.92	
	机　械　费（元）			1938.19	
名　　称		单位	单价（元）	消　耗　　量	
人工	综合工日	工日	140.00	13.767	
材料	万能杆件	t	3760.68	0.063	
机械	汽车式起重机 8t	台班	763.67	2.538	

571

8.挂篮安装、拆除、推移

工作内容：安装：1.安装；2.定位，校正；3.焊接，固定(不包括制作)。
　　　　　拆除：1.拆除；2.气割；3.整理。
　　　　　推移：1.推移；2.定位，校正；3.固定。

计量单位：10t

定　额　编　号				S3-8-33	S3-8-34
项　目　名　称				挂篮安装	挂篮拆除
基　　　　　价（元）				5859.91	832.79
其中	人　工　费（元）			585.20	292.60
	材　料　费（元）			4207.45	27.78
	机　械　费（元）			1067.26	512.41
名　　称		单位	单价（元）	消　　耗　　量	
人工	综合工日	工日	140.00	4.180	2.090
材料	电焊条	kg	5.98	43.090	—
	型钢	kg	3.70	1060.000	—
	氧气	m³	3.63	3.730	3.730
	乙炔气	m³	11.48	1.240	1.240
机械	电动单筒慢速卷扬机 50kN	台班	215.57	2.106	1.503
	交流弧焊机 32kV·A	台班	83.14	2.871	—
	履带式电动起重机 5t	台班	249.22	1.503	0.756

工作内容：安装：1.安装；2.定位，校正；3.焊接，固定(不包括制作)。
拆除：1.拆除；2.气割；3.整理。
推移：1.推移；2.定位，校正；3.固定。

计量单位：10t·m

定 额 编 号				S3-8-35
项 目 名 称				挂篮推移
基 价 （元）				106.97
其中	人 工 费（元）			14.42
	材 料 费（元）			77.03
	机 械 费（元）			15.52
名 称		单位	单价（元）	消 耗 量
人工	综合工日	工日	140.00	0.103
材料	钢轨	kg	3.44	0.314
	黄油	kg	16.58	4.000
	聚四氟乙烯板	kg	20.51	0.200
	型钢	kg	3.70	0.476
	中厚钢板 δ15以内	kg	3.60	1.047
机械	电动单筒慢速卷扬机 50kN	台班	215.57	0.072

9.筑、拆胎、地模

工作内容：1.平整场地；
    2.模板制作、安装、拆除；
    3.混凝土配、拌、运；
    4.筑、浇、砌、堆、拆除等。

计量单位：100m²

定 额 编 号			S3-8-36	
项 目 名 称			砖地模	
基 价（元）			2846.32	
其中	人 工 费（元）		683.62	
	材 料 费（元）		2141.17	
	机 械 费（元）		21.53	
名 称	单位	单价（元）	消 耗 量	
人工 综合工日	工日	140.00	4.883	
材料 草袋	条	0.85	64.000	
机砖 240×115×53	千块	384.62	2.852	
水	m³	7.96	16.850	
水泥砂浆 1：2	m³	281.46	2.050	
水泥砂浆 M5.0	m³	192.88	1.445	
机械 灰浆搅拌机 200L	台班	215.26	0.100	

工作内容：1. 平整场地；
　　　　　2. 模板制作、安装、拆除；
　　　　　3. 混凝土配、拌、运；
　　　　　4. 筑、浇、砌、堆、拆除等。

计量单位：100m²

定　额　编　号				S3-8-37	S3-8-38	S3-8-39
项　目　名　称				筑、拆胎、地模		
				混凝土地模	砖混凝土地模模板	砖地模
						土胎模
基　　　　　　价（元）				7892.19	220.50	1334.20
其中	人　工　费（元）			1273.58	101.08	475.30
	材　料　费（元）			6446.62	115.37	830.25
	机　械　费（元）			171.99	4.05	28.65
名　　　称		单位	单价（元）	消	耗	量
人工	综合工日	工日	140.00	9.097	0.722	3.395
材料	板方材	m³	1800.00	—	0.056	—
	电	kW·h	0.68	5.320	—	—
	风镐凿子	根	6.50	9.000	—	—
	模板嵌缝料	kg	1.71	—	0.500	—
	黏土	m³	11.50	—	—	26.810
	商品混凝土 C20（泵送）	m³	363.30	15.150	—	—
	水	m³	7.96	16.800	—	—
	塑料薄膜	m²	0.20	30.720	—	110.000
	碎石	t	106.80	—	—	4.681
	脱模剂	kg	2.48	—	1.000	—
	圆钉	kg	5.13	—	2.190	—
	中（粗）砂	t	87.00	8.513	—	—
机械	电动夯实机 250N·m	台班	26.28	—	—	1.090
	电动空气压缩机 1m³/min	台班	50.29	3.420	—	—
	木工圆锯机 500mm	台班	25.33	—	0.160	—

第二节 施工电梯
1.安拆

工作内容：1)准备工作，基座放样，基座浇筑的全部工序；
2)清理预埋件及各种支撑的安装、拆除等全部工序；
3)电梯运行、维修、保养。

计量单位：部

定 额 编 号			S3-8-40	S3-8-41	S3-8-42
项 目 名 称			安装高度		
			100m内	150m内	200m内
基 价（元）			18877.30	25377.68	31482.33
其中	人 工 费（元）		10448.62	14247.66	18477.90
	材 料 费（元）		5684.75	7054.07	8449.46
	机 械 费（元）		2743.93	4075.95	4554.97
名 称	单位	单价（元）	消	耗	量
人工	综合工日	工日	140.00	74.633	101.769	131.985
材料	电焊条	kg	5.98	68.700	97.300	125.800
	镀锌铁丝 12号	kg	3.57	15.000	18.000	21.000
	钢板	t	3170.00	0.600	0.680	0.760
	裸铝(铜)线	m	3.40	31.000	31.000	31.000
	水	m³	7.96	2.000	3.000	4.000
	水泥 32.5级	t	290.60	0.641	0.897	1.150
	碎石 40	t	106.80	2.186	3.069	3.922
	铁钉	kg	3.56	3.500	3.500	3.500
	铁杆	kg	4.50	76.500	113.200	149.800
	现浇混凝土 C30	m³	319.73	1.700	2.380	3.050
	型钢	t	3700.00	0.270	0.360	0.460
	原木	m³	1491.00	0.500	0.500	0.500
	枕木	m³	1230.77	0.025	0.025	0.025
	中(粗)砂	t	87.00	1.170	1.650	2.100
机械	交流弧焊机 32kV·A	台班	83.14	11.890	17.580	23.320
	汽车式起重机 12t	台班	857.15	2.000	3.000	3.000
	小型机具使用费	元	1.00	41.100	42.900	44.700

2. 使用

工作内容：1)准备工作，基座放样，基座浇筑的全部工序；
2)清理预埋件及各种支撑的安装、拆除等全部工序；
3)电梯运行、维修、保养。

计量单位：台·天

定　额　编　号				S3-8-43	S3-8-44	S3-8-45
项　目　名　称				单笼电梯		
				安装高度		
				75m内	100m内	150m内
基　　　　　价（元）				582.42	617.83	675.11
其中	人　工　费（元）			—	—	—
	材　料　费（元）			—	—	—
	机　械　费（元）			582.42	617.83	675.11
	名　　　称	单位	单价（元）	消　　耗　　　量		
机械	单笼施工电梯 1t,100m	台班	337.61	—	1.830	—
	单笼施工电梯 1t,130m	台班	368.91	—	—	1.830
	单笼施工电梯 1t,75m	台班	318.26	1.830	—	—

工作内容：1)准备工作，基座放样，基座浇筑的全部工序；
2)清理预埋件及各种支撑的安装、拆除等全部工序；
3)电梯运行、维修、保养。

计量单位：台·天

定　额　编　号				S3-8-46	S3-8-47
项　目　名　称				双笼电梯	
				安装高度	
				100m内	200m内
基　　价（元）				1008.02	1131.93
其中	人　工　费（元）			—	—
	材　料　费（元）			—	—
	机　械　费（元）			1008.02	1131.93
	名　　称	单位	单价(元)	消　耗　　量	
机械	双笼施工电梯　2×1t,100m	台班	550.83	1.830	—
	双笼施工电梯　2×1t,200m	台班	618.54	—	1.830

578

第三节 施工塔式起重机

1. 安拆

工作内容: 1)基础专用地脚螺栓埋设;
2)构件运输到位,拼装塔式起重机;
3)附墙预埋件制作、安装,附墙设置;
4)根据高度要求自升(降);
5)施工完成后拆除;
6)塔式起重机运行、维修、保养。

计量单位: 部

定　额　编　号			S3-8-48	S3-8-49	S3-8-50
项　目　名　称			安装高度		
			100m内	150m内	200m内
基　　　价（元）			54225.44	77236.94	100913.24
其中	人　工　费（元）		20755.28	24884.02	34034.28
	材　料　费（元）		15864.86	23097.95	31799.16
	机　械　费（元）		17605.30	29254.97	35079.80
名　　称		单位	单价(元)	消　耗	量
人工	综合工日	工日	140.00	148.252	177.743	243.102
材料	电焊条	kg	5.98	85.800	127.000	175.000
	钢板	t	3170.00	2.004	2.967	4.088
	钢筋(综合)	t	3450.00	1.239	1.735	2.416
	钢丝绳	t	6000.00	0.051	0.076	0.104
	锯材	m³	1800.00	0.244	0.366	0.512
	铁杆	kg	4.50	159.100	237.100	329.400
	型钢	t	3700.00	0.882	1.288	1.738
机械	交流弧焊机 32kV·A	台班	83.14	12.600	21.000	25.200
	平板拖车组 20t	台班	1081.33	6.300	10.500	12.600
	汽车式起重机 40t	台班	1526.12	6.300	10.500	12.600
	小型机具使用费	元	1.00	130.800	130.800	130.800

2. 使用

工作内容：1）基础专用地脚螺栓埋设；
2）构件运输到位，拼装塔式起重机；
3）附墙预埋件制作、安装，附墙设置；
4）根据高度要求自升(降)；
5）施工完成后拆除；
6）塔式起重机运行、维修、保养。

计量单位：台·天

定 额 编 号					S3-8-51	S3-8-52	S3-8-53
项 目 名 称					6t内塔式起重机		
					安装高度		
					80m内	150m内	200m内
基 价（元）					1065.39	1065.39	1065.39
其中	人 工 费（元）				—	—	—
	材 料 费（元）				—	—	—
	机 械 费（元）				1065.39	1065.39	1065.39
名 称		单位	单价(元)		消 耗		量
机械	自升式塔式起重机 600kN·m	台班	582.18		1.830	1.830	1.830

580

工作内容：1)基础专用地脚螺栓埋设；
2)构件运输到位，拼装塔式起重机；
3)附墙预埋件制作、安装，附墙设置；
4)根据高度要求自升(降)；
5)施工完成后拆除；
6)塔式起重机运行、维修、保养。

计量单位：台·天

定　额　编　号				S3-8-54	S3-8-55	S3-8-56
项　目　名　称				8t内塔式起重机		
				安装高度		
				80m内	150m内	200m内
基　　　价（元）				1065.39	1152.53	1152.53
其中	人　工　费（元）			—	—	—
	材　料　费（元）			—	—	—
	机　械　费（元）			1065.39	1152.53	1152.53
	名　　称	单位	单价（元）	消　　耗　　量		
机械	自升式塔式起重机 600kN·m	台班	582.18	1.830	—	—
	自升式塔式起重机 800kN·m	台班	629.80	—	1.830	1.830

581

工作内容：1)基础专用地脚螺栓埋设；
2)构件运输到位，拼装塔式起重机；
3)附墙预埋件制作、安装，附墙设置；
4)根据高度要求自升(降)；
5)施工完成后拆除；
6)塔式起重机运行、维修、保养。

计量单位：台·天

定 额 编 号				S3-8-57	S3-8-58	S3-8-59
项 目 名 称				12t内塔式起重机		
				安装高度		
				80m内	150m内	200m内
基 价（元）				1370.12	1370.12	1370.12
其中	人 工 费（元）			—	—	—
	材 料 费（元）			—	—	—
	机 械 费（元）			1370.12	1370.12	1370.12
名 称	单位	单价（元）		消 耗 量		
机 械	自升式塔式起重机 1250kN·m	台班	748.70	1.830	1.830	1.830

582

第四节 组装、拆除架桥机

工作内容：起吊设备就位，架桥机安装，架桥机拆卸。

计量单位：台·天

定　额　编　号				S3-8-60	
项　目　名　称				组装、拆除架桥机	
基　　　价（元）				169310.72	
其中	人　工　费（元）			22176.00	
	材　料　费（元）			—	
	机　械　费（元）			147134.72	
名　　　称		单位	单价(元)	消　　耗　　量	
人工	综合工日	工日	140.00	158.400	
机械	架桥机 160t	台班	1005.91	32.000	
	履带式电动起重机 50t	台班	1197.35	96.000	

2018版安徽省建设工程计价依据

安徽省市政工程计价定额

（中）

主编部门：安徽省建设工程造价管理总站

批准部门：安徽省住房和城乡建设厅

施行日期：2018年1月1日

中国建材工业出版社

目 录

第四部分 隧道工程

第三章 临时工程

第四章 盾构法掘进

第五章 垂直顶升

第六章 隧道沉井

第七章 地下混凝土结构

第五部分 管网工程

第一章 管道垫层、基础

第二章 管道铺设

第三章 管件

第四部分　隧道工程

第四篇　機電工程

部分说明

一、《隧道工程》（以下简称本册定额），由岩石隧道和软土隧道组成，岩石隧道包括隧道开挖与出渣、隧道衬砌、临时工程，软土隧道包括盾构掘进、垂直顶升、隧道沉井、混凝土结构等内容。

二、岩石隧道定额项目适用于城镇范围内新建、扩建和改建的各种车行隧道、人行隧道、给排水隧道及电缆（公用事业）隧道中的岩石隧道工程；软土隧道定额适用于城镇范围内新建、扩建和改建的各种车行隧道、人行隧道、给排水隧道及电缆（公用事业）隧道中的软土隧道工程。

三、本册定额中混凝土采用预拌混凝土，软土隧道混凝土定额已包括混凝土输送的工作内容，岩石隧道未包括，可套用《桥涵工程》相应定额。

四、本册定额临时工程中的风、水、电项目只适用于岩石隧道工程。软土隧道风、水、电消耗量已包含在定额项目中。

五、本册定额洞内其他工程，执行市政工程其他册或专业工程消耗量定额相应项目，其中人工、机械乘以系数 1.2。

六、本册说明未尽事宜，详见各章节说明。

第一章　隧道开挖与出渣

说　　明

一、本章定额包括平洞的钻爆开挖、斜井钻爆开挖、竖井钻爆开挖、洞内地沟钻爆开挖、平洞非钻爆开挖等项目。

二、平洞全断面开挖适用于坡度在 5º 以内的洞；斜井全断面开挖适用于坡度在 90º 以内的井；竖井全断面开挖适用于垂直度为 90º 的井。

三、平洞开挖与出渣不分洞长均执行本定额。斜井开挖与出渣适用于长度在 100m 内的斜井；竖井开挖与出渣适用于长度在 50m 内的竖井。

四、隧道钻爆开挖单头掘进长度超过 1000m 时，超长施工增加的人工和机械消耗量另按相应项目执行。

五、平洞各断面爆破开挖的施工方法，斜井的上行和下行开挖，竖井的正井和反井开挖，均已综合考虑。

六、洞内地沟爆破开挖项目，只适用于独立开挖的地沟，非独立开挖地沟不得执行本定额。

七、爆破材料现场的运输用工已包含在本定额内，但未包括由相关部门规定配送而发生的配送费，发生时按实计算。

八、平洞掘进开挖项目作为参考项目，适用于采用 EBZ318H 岩巷掘进机开挖的岩石隧道。

九、平洞掘进机开挖项目不包括变压器的移动工作内容，发生时另行计算。开挖长度超过 100m 距离时，掘进机电缆移动所发生的人工和机械另行按实计算。

十、出渣项目中岩石类别已综合取定。

十一、平洞出渣"人力、机械装渣，轻轨斗车运输"项目，已综合考虑坡度在 2.5% 以内重车上坡的工效降低因素。

十二、平洞、斜井和竖井出渣，若出洞后，改变了运输方式，执行《土石方工程》相应项目。

十三、竖井出渣项目已包含卷扬机和吊斗耗量，但不含吊架耗量，吊架按批准的施工组织设计另行计算。

十四、斜井出渣项目已综合考虑出渣方向，无论实际向上或向下出渣均按本定额执行。若从斜井底通过平洞出渣时，其平洞段的运输应执行相应的平洞运输项目。

十五、斜井和竖井出渣，均包括洞口外 50m 运输，若出洞后运距超过 50m，运输方式未发生变化的，超过部分执行平洞出渣超运距相应项目；运输方式发生变化的，按变化后的运输方式执行相应项目。

十六、本定额按无地下水编制（不含施工湿式作业积水），如果施工时出现地下水时，积水的排水费和施工的防水措施费另行计算。

十七、本定额未包括隧道施工过程中发生的地震、瓦斯、涌水、流沙、坍塌和溶洞造成的停窝工及处理措施，发生时另行计算。

十八、隧道洞口以外工程项目和明槽开挖项目，执行市政工程其他册相应项目。

工程量计算规则

一、隧道的平洞、斜井和竖井开挖与出渣工程量，按设计图示尺寸加允许超挖量以体积计算。若设计有开挖预留变形量，预留变形量和允许超挖量不得重复计算。当设计预留变形量大于允许超挖量时，允许超挖量按预留变形量计算。当设计预留变形量小于允许超挖量，按允许超挖量计算。

允许超挖量：
单位：mm

名称	拱部	边墙	仰拱
钻爆开挖	150	100	100
非爆开挖	50	50	50
掘进机开挖	120	80	80

二、隧道内地沟的开挖和出渣工程量，按设计断面尺寸以体积计算。

三、平洞出渣的运距，按装渣重心至卸渣重心的距离计算。其中洞内段按洞内段按洞内轴线长度计算，洞外段按洞外运输线路长度计算。

四、平洞弃渣通过斜井或竖井出渣时，应分别执行平洞出渣及平洞弃渣经斜井或竖井出渣相应项目。

五、斜井出渣的运距，按装渣重心至斜井摘钩点的些距离计算。

六、竖井的提升运距，按装渣重心至井口吊斗摘钩点的垂直距离计算。

第一节 平洞钻爆开挖

工作内容：选孔位、钻孔、装药、放炮、安全处理、爆破材料的领退。　　　　　　　计量单位：100m³

定　额　编　号				S4-1-1	S4-1-2	S4-1-3
项　目　名　称				断面4m²以内		
				坚硬岩	较硬岩	较软岩
基　　　　　价（元）				25804.61	20386.37	15299.04
其中	人　工　费（元）			12260.64	9656.78	7149.52
	材　料　费（元）			6600.26	5437.83	4422.62
	机　械　费（元）			6943.71	5291.76	3726.90
名　　称		单位	单价（元）	消　　耗　　量		
人工	综合工日	工日	140.00	87.576	68.977	51.068
材料	导爆索	m	0.30	119.029	111.093	92.578
	电	kW·h	0.68	40.486	28.931	19.531
	非电毫秒雷管	发	2.88	510.831	476.776	397.313
	高压风管 φ25	m	19.66	6.613	5.050	3.561
	高压胶皮水管 φ19-6p-20m	m	16.07	6.613	5.050	3.561
	合金钢钻头（一字形）	个	8.79	27.018	19.306	13.034
	六角空心钢	kg	3.68	42.915	30.666	20.703
	乳化炸药	kg	11.33	328.250	262.600	218.833
	水	m³	7.96	66.127	50.497	35.607
	铜芯塑料绝缘软电线 BVR-2.5mm²	m	1.43	63.740	63.740	63.740
	其他材料费占材料费	%	—	1.500	1.500	1.500
机械	电动空气压缩机 10m³/min	台班	355.21	17.825	13.585	9.568
	风动锻钎机	台班	25.46	0.931	0.665	0.449
	汽腿式风动凿岩机	台班	14.30	41.146	31.420	22.155

工作内容：选孔位、钻孔、装药、放炮、安全处理、爆破材料的领退。　　　　　　　　　计量单位：100m³

定　额　编　号				S4-1-4	S4-1-5
项　目　名　称				断面4m²以内	
				软岩	极软岩
基　　　　价（元）				12125.48	11995.34
其中	人　工　费（元）			5479.88	5734.12
	材　料　费（元）			3651.08	3076.46
	机　械　费（元）			2994.52	3184.76
名　　　称		单位	单价（元）	消　　耗　　量	
人工	综合工日	工日	140.00	39.142	40.958
材料	导爆索	m	0.30	85.456	79.126
	电	kW·h	0.68	18.029	16.693
	非电毫秒雷管	发	2.88	366.750	339.584
	高压风管　Φ25	m	19.66	2.849	3.043
	高压胶皮水管　Φ19-6p-20m	m	16.07	2.849	3.043
	合金钢钻头（一字形）	个	8.79	12.031	11.140
	六角空心钢	kg	3.68	19.111	17.695
	乳化炸药	kg	11.33	168.333	124.691
	水	m³	7.96	28.486	30.433
	铜芯塑料绝缘软电线　BVR-2.5mm²	m	1.43	63.740	63.740
	其他材料费占材料费	%	—	1.500	1.500
机械	电动空气压缩机 10m³/min	台班	355.21	7.687	8.176
	风动锻钎机	台班	25.46	0.415	0.384
	汽腿式风动凿岩机	台班	14.30	17.724	18.936

12

工作内容：选孔位、钻孔、装药、放炮、安全处理、爆破材料的领退。 计量单位：100m³

定 额 编 号			S4-1-6	S4-1-7	S4-1-8
项 目 名 称			断面4m²以内		
			洞长1000m以上每1000m增加人工、机械		
			坚硬岩	较硬岩	较软岩
基 价（元）			501.02	389.17	282.35
其中	人 工 费（元）		291.90	230.02	170.24
	材 料 费（元）		—	—	—
	机 械 费（元）		209.12	159.15	112.11
名 称	单位	单价(元)	消 耗 量		
人工	综合工日	工日	140.00	2.085	1.643	1.216
机械	电动空气压缩机 10m³/min	台班	355.21	0.569	0.433	0.305
	汽腿式风动凿岩机	台班	14.30	0.490	0.374	0.264

工作内容：选孔位、钻孔、装药、放炮、安全处理、爆破材料的领退。 计量单位：100m³

定 额 编 号				S4-1-9	S4-1-10
项 目 名 称				断面4m²以内	
				洞长1000m以上每1000m增加人工、机械	
				软岩	极软岩
基 价（元）				220.52	232.43
其中	人 工 费（元）			130.48	136.50
	材 料 费（元）			—	—
	机 械 费（元）			90.04	95.93
名 称		单位	单价（元）	消 耗 量	
人工	综合工日	工日	140.00	0.932	0.975
机械	电动空气压缩机 10m³/min	台班	355.21	0.245	0.261
	汽腿式风动凿岩机	台班	14.30	0.211	0.225

14

工作内容：选孔位、钻孔、装药、放炮、安全处理、爆破材料的领退。 计量单位：100m³

定 额 编 号				S4-1-11	S4-1-12	S4-1-13
项 目 名 称				断面6m²以内		
				坚硬岩	较硬岩	较软岩
基 价（元）				22782.00	18047.85	13485.95
其中	人 工 费（元）			10907.40	8656.20	6361.18
	材 料 费（元）			5731.41	4709.87	3827.52
	机 械 费（元）			6143.19	4681.78	3297.25
名 称		单位	单价（元）	消	耗	量
人工	综合工日	工日	140.00	77.910	61.830	45.437
材料	导爆索	m	0.30	105.307	98.287	81.906
	电	kW•h	0.68	35.819	25.596	17.280
	非电毫秒雷管	发	2.88	417.178	389.366	324.472
	高压风管 φ25	m	19.66	5.850	4.468	3.150
	高压胶皮水管 φ19-6p-20m	m	16.07	5.850	4.468	3.150
	合金钢钻头（一字形）	个	8.79	23.903	17.081	11.531
	六角空心钢	kg	3.68	37.968	27.131	18.316
	乳化炸药	kg	11.33	290.375	232.300	193.583
	水	m³	7.96	58.504	44.676	31.502
	铜芯塑料绝缘软电线 BVR-2.5mm²	m	1.43	52.306	52.306	52.306
	其他材料费占材料费	%	—	1.500	1.500	1.500
机械	电动空气压缩机 10m³/min	台班	355.21	15.770	12.019	8.465
	风动锻钎机	台班	25.46	0.824	0.589	0.397
	汽腿式风动凿岩机	台班	14.30	36.402	27.798	19.601

15

工作内容：选孔位、钻孔、装药、放炮、安全处理、爆破材料的领退。 计量单位：100m³

定 额 编 号			S4-1-14	S4-1-15
项 目 名 称			断面6m²以内	
			软岩	极软岩
基 价（元）			10681.18	10572.29
其中	人 工 费（元）		4881.10	5105.94
	材 料 费（元）		3151.07	2648.18
	机 械 费（元）		2649.01	2818.17
名 称		单位	单价（元）	消 耗 量
人工	综合工日	工日	140.00	34.865	36.471
材料	导爆索	m	0.30	75.605	70.005
	电	kW·h	0.68	15.950	14.769
	非电毫秒雷管	发	2.88	299.513	277.327
	高压风管 φ25	m	19.66	2.520	2.692
	高压胶皮水管 φ19-6p-20m	m	16.07	2.520	2.692
	合金钢钻头（一字形）	个	8.79	10.644	9.856
	六角空心钢	kg	3.68	16.907	15.655
	乳化炸药	kg	11.33	148.910	110.304
	水	m³	7.96	25.202	26.925
	铜芯塑料绝缘软电线 BVR-2.5mm²	m	1.43	52.306	52.306
	其他材料费占材料费	%	—	1.500	1.500
机械	电动空气压缩机 10m³/min	台班	355.21	6.800	7.235
	风动锻钎机	台班	25.46	0.367	0.340
	汽腿式风动凿岩机	台班	14.30	15.681	16.753

工作内容：选孔位、钻孔、装药、放炮、安全处理、爆破材料的领退。　　　　　　　　　　计量单位：100m³

定　额　编　号				S4-1-16	S4-1-17	S4-1-18
项　目　名　称				断面6m²以内		
				洞长1000m以上每1000m增加人工、机械		
				坚硬岩	较硬岩	较软岩
基　　　价（元）				444.56	346.86	250.72
其中	人　工　费（元）			259.70	206.08	151.48
	材　料　费（元）			—	—	—
	机　械　费（元）			184.86	140.78	99.24
名　　称		单位	单价（元）	消	耗	量
人工	综合工日	工日	140.00	1.855	1.472	1.082
机械	电动空气压缩机 10m³/min	台班	355.21	0.503	0.383	0.270
	汽腿式风动凿岩机	台班	14.30	0.433	0.331	0.233

17

工作内容：选孔位、钻孔、装药、放炮、安全处理、爆破材料的领退。　　　　　　　　　　计量单位：100m³

定　额　编　号					S4-1-19	S4-1-20
项　目　名　称					断面6m²以内	
					洞长1000m以上每1000m增加人工、机械	
					软岩	极软岩
基　　　　　价（元）					195.95	206.42
其中	人　工　费（元）				116.20	121.52
	材　料　费（元）				—	—
	机　械　费（元）				79.75	84.90
名　　称		单位	单价（元）		消　　耗　　量	
人工	综合工日	工日	140.00		0.830	0.868
机械	电动空气压缩机 10m³/min	台班	355.21		0.217	0.231
	汽腿式风动凿岩机	台班	14.30		0.187	0.199

18

工作内容：选孔位、钻孔、装药、放炮、安全处理、爆破材料的领退。　　　　　　计量单位：100m³

定　额　编　号			S4-1-21	S4-1-22	S4-1-23
项　目　名　称			断面10m²以内		
			坚硬岩	较硬岩	较软岩
基　　　价（元）			19619.10	15561.24	11583.64
其中	人　工　费（元）		9382.94	7478.52	5460.28
	材　料　费（元）		4896.22	4012.91	3257.30
	机　械　费（元）		5339.94	4069.81	2866.06
名　　　称	单位	单价（元）	消	耗	量
人工 综合工日	工日	140.00	67.021	53.418	39.002
材料 导爆索	m	0.30	98.077	91.538	76.282
电	kW·h	0.68	31.136	22.249	15.020
非电毫秒雷管	发	2.88	336.731	314.282	261.902
高压风管 φ25	m	19.66	5.085	3.883	2.738
高压胶皮水管 φ19-6p-20m	m	16.07	5.085	3.883	2.738
合金钢钻头（一字形）	个	8.79	20.778	14.847	10.024
六角空心钢	kg	3.68	33.004	23.584	15.922
乳化炸药	kg	11.33	252.500	202.000	168.333
水	m³	7.96	50.855	38.834	27.383
铜芯塑料绝缘软电线 BVR-2.5mm²	m	1.43	36.414	36.414	36.414
其他材料费占材料费	%	—	1.500	1.500	1.500
机械 电动空气压缩机 10m³/min	台班	355.21	13.708	10.448	7.358
风动锻钎机	台班	25.46	0.716	0.512	0.345
汽腿式风动凿岩机	台班	14.30	31.643	24.164	17.038

工作内容：选孔位、钻孔、装药、放炮、安全处理、爆破材料的领退。 计量单位：100m³

定 额 编 号				S4-1-24	S4-1-25
项 目 名 称				断面10m²以内	
				软岩	极软岩
基 价（元）				9179.75	9294.37
其中	人 工 费（元）			4203.50	4398.94
	材 料 费（元）			2673.56	2444.61
	机 械 费（元）			2302.69	2450.82
名 称		单位	单价（元）	消 耗	量
人工	综合工日	工日	140.00	30.025	31.421
材料	导爆索	m	0.30	70.414	70.005
	电	kW·h	0.68	13.865	19.257
	非电毫秒雷管	发	2.88	241.755	277.327
	高压风管 φ25	m	19.66	2.191	2.340
	高压胶皮水管 φ19-6p-20m	m	16.07	2.191	2.340
	合金钢钻头（一字形）	个	8.79	9.253	9.856
	六角空心钢	kg	3.68	14.697	15.655
	乳化炸药	kg	11.33	129.487	95.916
	水	m³	7.96	21.907	23.405
	铜芯塑料绝缘软电线 BVR-2.5mm²	m	1.43	36.414	52.306
	其他材料费占材料费	%	—	1.500	1.500
机械	电动空气压缩机 10m³/min	台班	355.21	5.911	6.289
	风动锻钎机	台班	25.46	0.319	0.340
	汽腿式风动凿岩机	台班	14.30	13.631	14.563

工作内容：选孔位、钻孔、装药、放炮、安全处理、爆破材料的领退。 计量单位：100m³

定 额 编 号				S4-1-26	S4-1-27	S4-1-28
项 目 名 称				断面10m²以内		
				洞长1000m以上每1000m增加人工、机械		
				坚硬岩	较硬岩	较软岩
基 价（元）				384.06	300.48	216.30
其中	人 工 费（元）			223.44	178.08	129.92
	材 料 费（元）			—	—	—
	机 械 费（元）			160.62	122.40	86.38
名 称		单位	单价（元）	消	耗	量
人工	综合工日	工日	140.00	1.596	1.272	0.928
机械	电动空气压缩机 10m³/min	台班	355.21	0.437	0.333	0.235
	汽腿式风动凿岩机	台班	14.30	0.377	0.288	0.203

工作内容：选孔位、钻孔、装药、放炮、安全处理、爆破材料的领退。 计量单位：100m³

定　额　编　号				S4-1-29	S4-1-30
项　目　名　称				断面10m²以内	
				洞长1000m以上每1000m增加人工、机械	
				软岩	极软岩
基　　　　价（元）				169.55	178.59
其中	人　工　费（元）			100.10	104.72
	材　料　费（元）			—	—
	机　械　费（元）			69.45	73.87
名　　　称		单位	单价（元）	消　耗　　量	
人工	综合工日	工日	140.00	0.715	0.748
机械	电动空气压缩机 10m³/min	台班	355.21	0.189	0.201
	汽腿式风动凿岩机	台班	14.30	0.162	0.173

22

工作内容：选孔位、钻孔、装药、放炮、安全处理、爆破材料的领退。 计量单位：100m³

定 额 编 号				S4-1-31	S4-1-32	S4-1-33
项 目 名 称				断面20m²以内		
				坚硬岩	较硬岩	较软岩
基 价（元）				14948.92	11870.35	9011.49
其中	人 工 费（元）			6810.44	5450.48	4149.74
	材 料 费（元）			3869.01	3166.13	2570.21
	机 械 费（元）			4269.47	3253.74	2291.54
名 称		单位	单价（元）	消	耗	量
人工	综合工日	工日	140.00	48.646	38.932	29.641
材料	导爆索	m	0.30	73.187	68.308	56.923
	电	kW·h	0.68	24.893	17.789	12.009
	非电毫秒雷管	发	2.88	251.275	234.523	195.436
	高压风管 φ25	m	19.66	4.066	3.105	2.189
	高压胶皮水管 φ19-6p-20m	m	16.07	4.066	3.105	2.189
	合金钢钻头(一字形)	个	8.79	16.612	11.871	8.014
	六角空心钢	kg	3.68	26.387	18.856	12.730
	乳化炸药	kg	11.33	202.000	161.600	134.667
	水	m³	7.96	40.659	31.049	21.894
	铜芯塑料绝缘软电线 BVR-2.5mm²	m	1.43	33.966	33.966	33.966
	其他材料费占材料费	%	—	1.500	1.500	1.500
机械	电动空气压缩机 10m³/min	台班	355.21	10.960	8.353	5.883
	风动锻钎机	台班	25.46	0.573	0.409	0.276
	汽腿式风动凿岩机	台班	14.30	25.299	19.319	13.623

工作内容：选孔位、钻孔、装药、放炮、安全处理、爆破材料的领退。　　　　　　　　计量单位：100m³

定 额 编 号				S4-1-34	S4-1-35
项 目 名 称				断面20m²以内	
				软岩	极软岩
基　　　价（元）				7408.21	7377.64
其中	人 工 费（元）			3460.66	3617.04
	材 料 费（元）			2106.49	1802.10
	机 械 费（元）			1841.06	1958.50
名　　　称		单位	单价（元）	消　　耗　　量	
人工	综合工日	工日	140.00	24.719	25.836
材料	导爆索	m	0.30	52.544	48.652
	电	kW·h	0.68	11.085	10.264
	非电毫秒雷管	发	2.88	180.402	167.039
	高压风管 φ25	m	19.66	1.751	1.871
	高压胶皮水管 φ19-6p-20m	m	16.07	1.751	1.871
	合金钢钻头（一字形）	个	8.79	7.398	6.850
	六角空心钢	kg	3.68	11.750	10.880
	乳化炸药	kg	11.33	103.590	80.159
	水	m³	7.96	17.515	18.712
	铜芯塑料绝缘软电线 BVR-2.5mm²	m	1.43	33.966	33.966
	其他材料费占材料费	%	—	1.500	1.500
机械	电动空气压缩机 10m³/min	台班	355.21	4.726	5.028
	风动锻钎机	台班	25.46	0.255	0.236
	汽腿式风动凿岩机	台班	14.30	10.898	11.643

24

工作内容：选孔位、钻孔、装药、放炮、安全处理、爆破材料的领退。　　　　　　　　计量单位：100m³

定　额　编　号			S4-1-36	S4-1-37	S4-1-38
项　目　名　称			断面20m²以内		
			洞长1000m以上每1000m增加人工、机械		
			坚硬岩	较硬岩	较软岩
基　　　　价（元）			290.75	227.91	167.80
其中	人　工　费（元）		162.12	129.78	98.70
	材　料　费（元）		—	—	—
	机　械　费（元）		128.63	98.13	69.10
名　　　　称		单位	单价（元）	消　　耗　　量		
人工	综合工日	工日	140.00	1.158	0.927	0.705
机械	电动空气压缩机 10m³/min	台班	355.21	0.350	0.267	0.188
	汽腿式风动凿岩机	台班	14.30	0.301	0.230	0.162

工作内容：选孔位、钻孔、装药、放炮、安全处理、爆破材料的领退。　　　　　　　　　　　　计量单位：100m³

定　额　编　号				S4-1-39	S4-1-40
项　目　名　称				断面20m²以内	
				洞长1000m以上每1000m增加人工、机械	
				软岩	极软岩
基　　　　　　　价（元）				137.82	144.92
其中	人　工　费（元）			82.32	86.10
	材　料　费（元）			—	—
	机　械　费（元）			55.50	58.82
	名　　　　称	单位	单价（元）	消　　　耗　　　量	
人工	综合工日	工日	140.00	0.588	0.615
机械	电动空气压缩机 10m³/min	台班	355.21	0.151	0.160
	汽腿式风动凿岩机	台班	14.30	0.130	0.139

工作内容：选孔位、钻孔、装药、放炮、安全处理、爆破材料的领退。　　　　　　　计量单位：100m³

定　额　编　号			S4-1-41	S4-1-42	S4-1-43
项　目　名　称			断面35m²以内		
			坚硬岩	较硬岩	较软岩
基　　　价（元）			13550.03	10867.78	8166.27
其中	人　工　费（元）		6209.28	5082.28	3788.68
	材　料　费（元）		3474.50	2839.11	2302.62
	机　械　费（元）		3866.25	2946.39	2074.97
名　　　称	单位	单价（元）	消	耗	量
人工	综合工日	工日	140.00	44.352	36.302	27.062
材料	导爆索	m	0.30	66.272	61.854	51.545
	电	kW·h	0.68	22.542	16.108	10.875
	非电毫秒雷管	发	2.88	220.196	205.516	171.263
	高压风管 φ25	m	19.66	3.682	2.812	1.983
	高压胶皮水管 φ19-6p-20m	m	16.07	3.682	2.812	1.983
	合金钢钻头（一字形）	个	8.79	15.043	10.749	7.257
	六角空心钢	kg	3.68	23.894	17.074	11.527
	乳化炸药	kg	11.33	183.063	146.450	122.042
	水	m³	7.96	36.818	28.116	19.825
	铜芯塑料绝缘软电线 BVR-2.5mm²	m	1.43	24.398	24.398	24.398
	其他材料费占材料费	%	—	1.500	1.500	1.500
机械	电动空气压缩机 10m³/min	台班	355.21	9.925	7.564	5.327
	风动锻钎机	台班	25.46	0.518	0.370	0.250
	汽腿式风动凿岩机	台班	14.30	22.909	17.494	12.336

工作内容：选孔位、钻孔、装药、放炮、安全处理、爆破材料的领退。　　　　　　　　　　　　　计量单位：100m³

定　额　编　号				S4-1-44	S4-1-45
项　目　名　称				断面35m²以内	
				软岩	极软岩
基　　　价（元）				6695.96	6633.29
其中	人　工　费（元）			3144.96	3286.50
	材　料　费（元）			1883.71	1573.31
	机　械　费（元）			1667.29	1773.48
	名　　称	单位	单价（元）	消　　耗　　量	
人工	综合工日	工日	140.00	22.464	23.475
材料	导爆索	m	0.30	47.580	44.056
	电	kW·h	0.68	10.038	9.294
	非电毫秒雷管	发	2.88	158.089	146.379
	高压风管 φ25	m	19.66	1.586	1.694
	高压胶皮水管 φ19-6p-20m	m	16.07	1.586	1.694
	合金钢钻头(一字形)	个	8.79	6.699	6.203
	六角空心钢	kg	3.68	10.640	9.852
	乳化炸药	kg	11.33	93.878	69.539
	水	m³	7.96	15.860	16.944
	铜芯塑料绝缘软电线 BVR-2.5mm²	m	1.43	24.398	24.398
	其他材料费占材料费	%	—	1.500	1.500
机械	电动空气压缩机 10m³/min	台班	355.21	4.280	4.553
	风动锻钎机	台班	25.46	0.231	0.214
	汽腿式风动凿岩机	台班	14.30	9.868	10.543

28

工作内容：选孔位、钻孔、装药、放炮、安全处理、爆破材料的领退。　　　　　　　　　　　　计量单位：100m³

定　额　编　号				S4-1-46	S4-1-47	S4-1-48
项　目　名　称				断面35m²以内		
				洞长1000m以上每1000m增加人工、机械		
				坚硬岩	较硬岩	较软岩
基　　　价（元）				264.35	209.68	152.65
其中	人　工　费（元）			147.84	121.10	90.16
	材　料　费（元）			—	—	—
	机　械　费（元）			116.51	88.58	62.49
名　称		单位	单价（元）	消　　耗　　量		
人工	综合工日	工日	140.00	1.056	0.865	0.644
机械	电动空气压缩机 10m³/min	台班	355.21	0.317	0.241	0.170
	汽腿式风动凿岩机	台班	14.30	0.273	0.208	0.147

工作内容：选孔位、钻孔、装药、放炮、安全处理、爆破材料的领退。　　　　　　　　　　　　计量单位：100m³

定　额　编　号			S4-1-49	S4-1-50
项　目　名　称			断面35m²以内	
			洞长1000m以上每1000m增加人工、机械	
			软岩	极软岩
基　　　价（元）			125.24	131.43
其中	人　工　费（元）		74.90	78.12
	材　料　费（元）		—	—
	机　械　费（元）		50.34	53.31
名　　称	单位	单价（元）	消　　耗　　量	
人工	综合工日	工日	140.00	0.535	0.558
机械	电动空气压缩机 10m³/min	台班	355.21	0.137	0.145
	汽腿式风动凿岩机	台班	14.30	0.117	0.126

30

工作内容：选孔位、钻孔、装药、放炮、安全处理、爆破材料的领退。　　　　　　　　　计量单位：100m³

定　额　编　号			S4-1-51	S4-1-52	S4-1-53
项　目　名　称			断面65m²以内		
			坚硬岩	较硬岩	较软岩
基　　价（元）			11244.46	8941.86	6813.16
其中	人　工　费（元）		5184.76	4168.22	3202.08
	材　料　费（元）		2859.56	2334.78	1893.32
	机　械　费（元）		3200.14	2438.86	1717.76
名　　称		单位	单价（元）	消　　耗　　量	
人工	综合工日	工日	140.00	37.034	29.773	22.872
材料	导爆索	m	0.30	54.857	51.200	42.667
	电	kW·h	0.68	18.659	13.333	9.001
	非电毫秒雷管	发	2.88	176.571	164.800	137.333
	高压风管 φ25	m	19.66	3.048	2.327	1.641
	高压胶皮水管 φ19-6p-20m	m	16.07	3.048	2.327	1.641
	合金钢钻头（一字形）	个	8.79	12.452	8.898	6.007
	六角空心钢	kg	3.68	19.778	14.133	9.541
	乳化炸药	kg	11.33	151.500	121.200	101.000
	水	m³	7.96	30.476	23.273	16.410
	铜芯塑料绝缘软电线 BVR-2.5mm²	m	1.43	20.563	20.563	20.563
	其他材料费占材料费	%	—	1.500	1.500	1.500
机械	电动空气压缩机 10m³/min	台班	355.21	8.215	6.261	4.410
	风动锻钎机	台班	25.46	0.429	0.307	0.207
	汽腿式风动凿岩机	台班	14.30	18.963	14.481	10.211

工作内容：选孔位、钻孔、装药、放炮、安全处理、爆破材料的领退。 计量单位：100m³

定 额 编 号				S4-1-54	S4-1-55
项 目 名 称				断面65m²以内	
				软岩	极软岩
基 价（元）				5575.24	5524.34
其中	人 工 费（元）			2647.40	2764.58
	材 料 费（元）			1547.65	1291.67
	机 械 费（元）			1380.19	1468.09
	名 称	单位	单价（元）	消 耗 量	
人工	综合工日	工日	140.00	18.910	19.747
材料	导爆索	m	0.30	39.385	36.467
	电	kW·h	0.68	8.309	7.694
	非电毫秒雷管	发	2.88	126.769	117.379
	高压风管 φ25	m	19.66	1.313	1.403
	高压胶皮水管 φ19-6p-20m	m	16.07	1.313	1.403
	合金钢钻头（一字形）	个	8.79	5.545	5.134
	六角空心钢	kg	3.68	8.807	8.155
	乳化炸药	kg	11.33	77.692	57.550
	水	m³	7.96	13.128	14.026
	铜芯塑料绝缘软电线 BVR-2.5mm²	m	1.43	20.563	20.563
	其他材料费占材料费	%	—	1.500	1.500
机械	电动空气压缩机 10m³/min	台班	355.21	3.543	3.769
	风动锻钎机	台班	25.46	0.191	0.177
	汽腿式风动凿岩机	台班	14.30	8.169	8.727

工作内容：选孔位、钻孔、装药、放炮、安全处理、爆破材料的领退。 计量单位：100m³

定 额 编 号				S4-1-56	S4-1-57	S4-1-58
项 目 名 称				断面65m²以内		
				洞长1000m以上每1000m增加人工、机械		
				坚硬岩	较硬岩	较软岩
基 价（元）				219.78	172.76	128.13
其中	人 工 费（元）			123.48	99.26	76.30
	材 料 费（元）			—	—	—
	机 械 费（元）			96.30	73.50	51.83
名 称		单位	单价（元）	消 耗 量		
人工	综合工日	工日	140.00	0.882	0.709	0.545
机械	电动空气压缩机 10m³/min	台班	355.21	0.262	0.200	0.141
	汽腿式风动凿岩机	台班	14.30	0.226	0.172	0.122

工作内容：选孔位、钻孔、装药、放炮、安全处理、爆破材料的领退。 计量单位：100m³

定 额 编 号				S4-1-59	S4-1-60
项 目 名 称				断面65m²以内	
				洞长1000m以上每1000m增加人工、机械	
				软岩	极软岩
基 价（元）				104.53	109.91
其中	人 工 费（元）			63.00	65.80
	材 料 费（元）			—	—
	机 械 费（元）			41.53	44.11
名 称		单位	单价（元）	消 耗 量	
人工	综合工日	工日	140.00	0.450	0.470
机械	电动空气压缩机 10m³/min	台班	355.21	0.113	0.120
	汽腿式风动凿岩机	台班	14.30	0.097	0.104

工作内容：选孔位、钻孔、装药、放炮、安全处理、爆破材料的领退。　　　　　　　　　　　　　　计量单位：100m³

定　额　编　号				S4-1-61	S4-1-62	S4-1-63
项　目　名　称				断面100m²以内		
				坚硬岩	较硬岩	较软岩
基　　　　价（元）				10743.25	8585.51	6578.66
其中	人　工　费（元）			5171.18	4198.46	3262.14
	材　料　费（元）			2614.61	2133.24	1729.24
	机　械　费（元）			2957.46	2253.81	1587.28
名　　　称		单位	单价（元）	消　　　耗　　　量		
人工	综合工日	工日	140.00	36.937	29.989	23.301
材料	导爆索	m	0.30	50.694	47.314	39.428
	电	kW·h	0.68	17.243	12.321	8.318
	非电毫秒雷管	发	2.88	158.226	147.677	123.064
	高压风管 φ25	m	19.66	2.816	2.151	1.516
	高压胶皮水管 φ19-6p-20m	m	16.07	2.816	2.151	1.516
	合金钢钻头（一字形）	个	8.79	11.507	8.222	5.551
	六角空心钢	kg	3.68	18.277	13.061	8.817
	乳化炸药	kg	11.33	138.875	111.100	92.583
	水	m³	7.96	28.163	21.506	15.165
	铜芯塑料绝缘软电线 BVR-2.5mm²	m	1.43	18.666	18.666	18.666
	其他材料费占材料费	%	—	1.500	1.500	1.500
机械	电动空气压缩机 10m³/min	台班	355.21	7.592	5.786	4.075
	风动锻钎机	台班	25.46	0.397	0.283	0.191
	汽腿式风动凿岩机	台班	14.30	17.524	13.382	9.436

35

工作内容：选孔位、钻孔、装药、放炮、安全处理、爆破材料的领退。 计量单位：100m³

定 额 编 号			S4-1-64	S4-1-65
项 目 名 称			断面100m²以内	
			软岩	极软岩
基 价（元）			5447.48	5402.77
其中	人 工 费（元）		2759.40	2867.48
	材 料 费（元）		1412.67	1178.59
	机 械 费（元）		1275.41	1356.70
名 称	单位	单价（元）	消 耗 量	
人工	综合工日	工日	140.00	19.710	20.482
材料	导爆索	m	0.30	36.395	33.700
	电	kW·h	0.68	7.678	7.110
	非电毫秒雷管	发	2.88	113.598	105.183
	高压风管 φ25	m	19.66	1.213	1.296
	高压胶皮水管 φ19-6p-20m	m	16.07	1.213	1.296
	合金钢钻头（一字形）	个	8.79	5.124	4.744
	六角空心钢	kg	3.68	8.139	7.536
	乳化炸药	kg	11.33	71.218	52.754
	水	m³	7.96	12.132	12.961
	铜芯塑料绝缘软电线 BVR-2.5mm²	m	1.43	18.666	18.666
	其他材料费占材料费	%	—	1.500	1.500
机械	电动空气压缩机 10m³/min	台班	355.21	3.274	3.483
	风动锻钎机	台班	25.46	0.177	0.164
	汽腿式风动凿岩机	台班	14.30	7.549	8.065

工作内容：选孔位、钻孔、装药、放炮、安全处理、爆破材料的领退。　　　　　　　　　　　　计量单位：100m³

定　额　编　号				S4-1-66	S4-1-67	S4-1-68
项　目　名　称				断面100m²以内		
				洞长1000m以上每1000m增加人工、机械		
				坚硬岩	较硬岩	较软岩
基　　　　　价（元）				212.15	160.84	125.48
其中	人　工　费（元）			123.20	99.96	77.70
	材　料　费（元）			—	—	—
	机　械　费（元）			88.95	60.88	47.78
名　　　称		单位	单价(元)	消　　耗　　量		
人工	综合工日	工日	140.00	0.880	0.714	0.555
机械	电动空气压缩机 10m³/min	台班	355.21	0.242	0.165	0.130
	汽腿式风动凿岩机	台班	14.30	0.209	0.159	0.112

工作内容：选孔位、钻孔、装药、放炮、安全处理、爆破材料的领退。　　　　　计量单位：100m³

定　额　编　号				S4-1-69	S4-1-70
项　目　名　称				断面100m²以内	
				洞长1000m以上每1000m增加人工、机械	
				软岩	极软岩
基　　　价（元）				103.89	108.98
其中	人　工　费（元）			65.66	68.18
	材　料　费（元）			—	—
	机　械　费（元）			38.23	40.80
	名　　称	单位	单价（元）	消　耗　　　量	
人工	综合工日	工日	140.00	0.469	0.487
机械	电动空气压缩机 10m³/min	台班	355.21	0.104	0.111
	汽腿式风动凿岩机	台班	14.30	0.090	0.096

工作内容：选孔位、钻孔、装药、放炮、安全处理、爆破材料的领退。　　　　　　　计量单位：100m³

定　额　编　号			S4-1-71	S4-1-72	S4-1-73
项　目　名　称			断面200m²以内		
			坚硬岩	较硬岩	较软岩
基　　　价（元）			10292.36	8221.35	6311.84
其中	人　工　费（元）		5019.14	4073.30	3178.14
	材　料　费（元）		2468.48	2010.68	1628.23
	机　械　费（元）		2804.74	2137.37	1505.47
名　　称		单位	单价（元）	消　　耗　　量	
人工	综合工日	工日	140.00	35.851	29.095	22.701
材料	导爆索	m	0.30	48.077	44.872	37.393
	电	kW·h	0.68	16.353	11.685	7.889
	非电毫秒雷管	发	2.88	145.645	135.935	113.279
	高压风管 φ25	m	19.66	2.671	2.040	1.438
	高压胶皮水管 φ19-6p-20m	m	16.07	2.671	2.040	1.438
	合金钢钻头（一字形）	个	8.79	10.931	7.798	5.264
	六角空心钢	kg	3.68	17.334	12.386	8.362
	乳化炸药	kg	11.33	132.563	106.050	88.375
	水	m³	7.96	26.709	20.396	14.382
	铜芯塑料绝缘软电线 BVR-2.5mm²	m	1.43	11.995	11.995	11.995
	其他材料费占材料费	%	—	1.500	1.500	1.500
机械	电动空气压缩机 10m³/min	台班	355.21	7.200	5.487	3.865
	风动锻钎机	台班	25.46	0.376	0.269	0.181
	汽腿式风动凿岩机	台班	14.30	16.619	12.691	8.949

工作内容：选孔位、钻孔、装药、放炮、安全处理、爆破材料的领退。　　　　　计量单位：100m³

定　额　编　号				S4-1-74	S4-1-75
项　目　名　称				断面200m²以内	
				软岩	极软岩
基　　　价（元）				5239.69	5196.69
其中	人　工　费（元）			2702.84	2805.46
	材　料　费（元）			1327.30	1104.64
	机　械　费（元）			1209.55	1286.59
名　　　称		单位	单价（元）	消　　耗　　量	
人工	综合工日	工日	140.00	19.306	20.039
材料	导爆索	m	0.30	34.517	31.960
	电	kW·h	0.68	7.282	6.743
	非电毫秒雷管	发	2.88	104.565	96.820
	高压风管 φ25	m	19.66	1.151	1.229
	高压胶皮水管 φ19-6p-20m	m	16.07	1.151	1.229
	合金钢钻头（一字形）	个	8.79	4.860	4.500
	六角空心钢	kg	3.68	7.719	7.147
	乳化炸药	kg	11.33	67.982	50.356
	水	m³	7.96	11.506	12.292
	铜芯塑料绝缘软电线 BVR-2.5mm²	m	1.43	11.995	11.995
	其他材料费占材料费	%	—	1.500	1.500
机械	电动空气压缩机 10m³/min	台班	355.21	3.105	3.303
	风动锻钎机	台班	25.46	0.167	0.155
	汽腿式风动凿岩机	台班	14.30	7.159	7.649

工作内容：选孔位、钻孔、装药、放炮、安全处理、爆破材料的领退。 计量单位：100m³

定 额 编 号				S4-1-76	S4-1-77	S4-1-78
项 目 名 称				断面200m²以内		
				洞长1000m以上每1000m增加人工、机械		
				坚硬岩	较硬岩	较软岩
基 价（元）				204.09	161.34	120.96
其中	人 工 费（元）			119.56	97.02	75.74
	材 料 费（元）			—	—	—
	机 械 费（元）			84.53	64.32	45.22
名 称		单位	单价（元）	消	耗	量
人工	综合工日	工日	140.00	0.854	0.693	0.541
机械	电动空气压缩机 10m³/min	台班	355.21	0.230	0.175	0.123
	汽腿式风动凿岩机	台班	14.30	0.198	0.151	0.107

工作内容：选孔位、钻孔、装药、放炮、安全处理、爆破材料的领退。　　　　　　　　　　计量单位：100m³

定　额　编　号				S4-1-79	S4-1-80
项　目　名　称				断面200m²以内	
				洞长1000m以上每1000m增加人工、机械	
				软岩	极软岩
基　　　　价（元）				100.78	270.20
其中	人　工　费（元）			64.40	66.78
	材　料　费（元）			—	—
	机　械　费（元）			36.38	203.42
名　　　称		单位	单价（元）	消　　耗　　量	
人工	综合工日	工日	140.00	0.460	0.477
机械	电动空气压缩机 10m³/min	台班	355.21	0.099	0.569
	汽腿式风动凿岩机	台班	14.30	0.085	0.091

第二节 斜井钻爆开挖

工作内容：选孔位、钻孔、装药、放炮、安全处理、爆破材料的领退。

计量单位：100m³

定 额 编 号				S4-1-81	S4-1-82	S4-1-83
项 目 名 称				断面5m²以内		
				坚硬岩	较硬岩	较软岩
基 价 （元）				31736.54	24317.80	17975.10
其中	人 工 费 （元）			15067.36	11573.10	8552.32
	材 料 费 （元）			7225.34	5891.77	4751.35
	机 械 费 （元）			9443.84	6852.93	4671.43
名 称		单位	单价（元）	消	耗	量
人工	综合工日	工日	140.00	107.624	82.665	61.088
材料	导爆索	m	0.30	126.788	118.336	98.613
	电	kW·h	0.68	43.125	30.817	20.804
	非电毫秒雷管	发	2.88	544.133	507.857	423.214
	高压风管 φ25	m	19.66	9.056	6.574	4.482
	高压胶皮水管 φ19-6p-20m	m	16.07	9.056	6.574	4.482
	合金钢钻头（一字形）	个	8.79	28.779	20.565	13.883
	六角空心钢	kg	3.68	45.713	32.666	22.053
	乳化炸药	kg	11.33	349.523	279.619	233.015
	水	m³	7.96	90.563	65.742	44.824
	铜芯塑料绝缘软电线 BVR-2.5mm²	m	1.43	40.808	40.808	40.808
	其他材料费占材料费	%	—	1.500	1.500	1.500
机械	电动空气压缩机 10m³/min	台班	355.21	24.247	17.595	11.994
	风动锻钎机	台班	25.46	0.992	0.709	0.479
	汽腿式风动凿岩机	台班	14.30	56.350	40.906	27.891

工作内容：选孔位、钻孔、装药、放炮、安全处理、爆破材料的领退。　　　　　　计量单位：100m³

定　额　编　号			S4-1-84	S4-1-85
项　目　名　称			断面5m²以内	
			软岩	极软岩
基　　　价（元）			14465.35	14626.59
其中	人　工　费（元）		6897.10	7327.88
	材　料　费（元）		3903.67	3306.16
	机　械　费（元）		3664.58	3992.55
名　　　称	单位	单价（元）	消　耗　　　量	
人工	综合工日	工日	140.00	49.265	52.342
材料	导爆索	m	0.30	91.027	84.285
	电	kW·h	0.68	19.204	17.782
	非电毫秒雷管	发	2.88	390.659	361.722
	高压风管 φ25	m	19.66	3.501	3.831
	高压胶皮水管 φ19-6p-20m	m	16.07	3.501	3.831
	合金钢钻头(一字形)	个	8.79	12.816	11.866
	六角空心钢	kg	3.68	20.356	18.848
	乳化炸药	kg	11.33	179.243	132.772
	水	m³	7.96	35.011	38.311
	铜芯塑料绝缘软电线 BVR-2.5mm²	m	1.43	40.808	40.808
	其他材料费占材料费	%	—	1.500	1.500
机械	电动空气压缩机 10m³/min	台班	355.21	9.408	10.251
	风动锻钎机	台班	25.46	0.442	0.409
	汽腿式风动凿岩机	台班	14.30	21.784	23.838

工作内容：选孔位、钻孔、装药、放炮、安全处理、爆破材料的领退。　　　　　　　　　　　　计量单位：100m³

定　额　编　号				S4-1-86	S4-1-87	S4-1-88
项　目　名　称				断面10m²以内		
				坚硬岩	较硬岩	较软岩
基　　　　价（元）				25948.45	19912.02	14742.99
其中	人　工　费（元）			12543.02	9696.40	7208.74
	材　料　费（元）			5701.01	4624.99	3723.21
	机　械　费（元）			7704.42	5590.63	3811.04
名　　称		单位	单价（元）	消　　耗　　量		
人工	综合工日	工日	140.00	89.593	69.260	51.491
材料	导爆索	m	0.30	103.438	96.543	80.452
	电	kW·h	0.68	35.183	25.141	16.973
	非电毫秒雷管	发	2.88	380.506	355.139	295.949
	高压风管 φ25	m	19.66	7.388	5.363	3.657
	高压胶皮水管 φ19-6p-20m	m	16.07	7.388	5.363	3.657
	合金钢钻头（一字形）	个	8.79	23.479	16.778	11.327
	六角空心钢	kg	3.68	37.294	26.650	17.991
	乳化炸药	kg	11.33	285.325	228.260	190.217
	水	m³	7.96	73.885	53.635	36.569
	铜芯塑料绝缘软电线 BVR-2.5mm²	m	1.43	26.218	26.218	26.218
	其他材料费占材料费	%	—	1.500	1.500	1.500
机械	电动空气压缩机 10m³/min	台班	355.21	19.781	14.354	9.785
	风动锻钎机	台班	25.46	0.809	0.578	0.390
	汽腿式风动凿岩机	台班	14.30	45.973	33.373	22.754

工作内容：选孔位、钻孔、装药、放炮、安全处理、爆破材料的领退。 计量单位：100m³

定　额　编　号					S4-1-89	S4-1-90
项　目　名　称					断面10m²以内	
					软岩	极软岩
基　　　　　价（元）					11858.45	11999.85
其中	人　工　费（元）				5826.52	6178.06
	材　料　费（元）				3042.39	2564.56
	机　械　费（元）				2989.54	3257.23
名　　　　称		单位	单价（元）		消　　耗　　量	
人工	综合工日	工日	140.00		41.618	44.129
材料	导爆索	m	0.30		74.264	68.763
	电	kW·h	0.68		15.667	14.507
	非电毫秒雷管	发	2.88		273.184	252.948
	高压风管　φ25	m	19.66		2.856	3.126
	高压胶皮水管　φ19-6p-20m	m	16.07		2.856	3.126
	合金钢钻头(一字形)	个	8.79		10.455	9.681
	六角空心钢	kg	3.68		16.607	15.377
	乳化炸药	kg	11.33		146.321	108.386
	水	m³	7.96		28.563	31.256
	铜芯塑料绝缘软电线　BVR-2.5mm²	m	1.43		26.218	26.218
	其他材料费占材料费	%	—		1.500	1.500
机械	电动空气压缩机　10m³/min	台班	355.21		7.675	8.363
	风动锻钎机	台班	25.46		0.360	0.334
	汽腿式风动凿岩机	台班	14.30		17.772	19.448

工作内容：选孔位、钻孔、装药、放炮、安全处理、爆破材料的领退。 计量单位：100m³

定 额 编 号				S4-1-91	S4-1-92	S4-1-93
项 目 名 称				断面20m²以内		
				坚硬岩	较硬岩	较软岩
基 价（元）				20954.75	16097.93	11947.64
其中	人 工 费（元）			10298.12	7987.28	5972.82
	材 料 费（元）			4496.55	3640.59	2927.92
	机 械 费（元）			6160.08	4470.06	3046.90
名 称		单位	单价（元）	消	耗	量
人工	综合工日	工日	140.00	73.558	57.052	42.663
材料	导爆索	m	0.30	82.701	77.188	64.323
	电	kW·h	0.68	28.130	21.101	13.570
	非电毫秒雷管	发	2.88	283.940	265.011	220.843
	高压风管 φ25	m	19.66	5.907	4.288	2.924
	高压胶皮水管 φ19-6p-20m	m	16.07	5.907	4.288	2.924
	合金钢钻头(一字形)	个	8.79	18.772	13.414	9.056
	六角空心钢	kg	3.68	29.817	21.307	14.384
	乳化炸药	kg	11.33	228.260	182.608	152.173
	水	m³	7.96	59.072	42.882	29.238
	铜芯塑料绝缘软电线 BVR-2.5mm²	m	1.43	18.342	18.342	18.342
	其他材料费占材料费	%	—	1.500	1.500	1.500
机械	电动空气压缩机 10m³/min	台班	355.21	15.816	11.477	7.823
	风动锻钎机	台班	25.46	0.647	0.462	0.312
	汽腿式风动凿岩机	台班	14.30	36.756	26.682	18.192

47

工作内容：选孔位、钻孔、装药、放炮、安全处理、爆破材料的领退。　　　　　　　　　计量单位：100m³

定 额 编 号			S4-1-94	S4-1-95
项 目 名 称			断面20m²以内	
			软岩	极软岩
基 价（元）			9620.72	9736.92
其中	人 工 费（元）		4843.72	5124.70
	材 料 费（元）		2386.91	2007.78
	机 械 费（元）		2390.09	2604.44
名 称	单位	单价（元）	消 耗 量	
人工	综合工日	工日	140.00	34.598	36.605
材料	导爆索	m	0.30	59.375	54.977
	电	kW·h	0.68	12.526	11.598
	非电毫秒雷管	发	2.88	203.855	188.754
	高压风管 φ25	m	19.66	2.284	2.499
	高压胶皮水管 φ19-6p-20m	m	16.07	2.284	2.499
	合金钢钻头(一字形)	个	8.79	8.359	7.740
	六角空心钢	kg	3.68	13.278	12.294
	乳化炸药	kg	11.33	117.056	86.708
	水	m³	7.96	22.837	24.990
	铜芯塑料绝缘软电线 BVR-2.5mm²	m	1.43	18.342	18.342
	其他材料费占材料费	%	—	1.500	1.500
机械	电动空气压缩机 10m³/min	台班	355.21	6.136	6.687
	风动锻钎机	台班	25.46	0.288	0.267
	汽腿式风动凿岩机	台班	14.30	14.209	15.549

第三节 竖井钻爆开挖

工作内容：选孔位、钻孔、装药、放炮、安全处理、爆破材料的领退。

计量单位：100m³

定 额 编 号				S4-1-96	S4-1-97	S4-1-98
项 目 名 称				断面5m²以内		
				坚硬岩	较硬岩	较软岩
基 价（元）				28813.41	22127.81	16407.11
其中	人 工 费（元）			13800.92	10640.98	7903.98
	材 料 费（元）			6529.51	5331.46	4307.25
	机 械 费（元）			8482.98	6155.37	4195.88
名 称		单位	单价（元）	消	耗	量
人工	综合工日	工日	140.00	98.578	76.007	56.457
材料	导爆索	m	0.30	113.887	106.290	88.579
	电	kW·h	0.68	38.737	27.680	18.688
	非电毫秒雷管	发	2.88	488.766	456.163	380.151
	高压风管 φ25	m	19.66	8.135	5.905	4.026
	高压胶皮水管 φ19-6p-20m	m	16.07	8.135	5.905	4.026
	合金钢钻头（一字形）	个	8.79	25.851	18.472	12.471
	六角空心钢	kg	3.68	41.061	29.341	19.809
	乳化炸药	kg	11.33	313.959	251.162	209.306
	水	m³	7.96	81.348	59.050	40.263
	铜芯塑料绝缘软电线 BVR-2.5mm²	m	1.43	63.763	63.763	63.763
	其他材料费占材料费	%	—	1.500	1.500	1.500
机械	电动空气压缩机 10m³/min	台班	355.21	21.780	15.804	10.773
	风动锻钎机	台班	25.46	0.891	0.637	0.430
	汽腿式风动凿岩机	台班	14.30	50.617	36.742	25.053

工作内容：选孔位、钻孔、装药、放炮、安全处理、爆破材料的领退。　　　　　计量单位：100m³

定　额　编　号				S4-1-99	S4-1-100
项　目　名　称				断面5m²以内	
				软岩	极软岩
基　　　　价（元）				13223.64	13368.75
其中	人　工　费（元）			6386.38	6773.34
	材　料　费（元）			3545.81	3009.09
	机　械　费（元）			3291.45	3586.32
名　　　称		单位	单价（元）	消　　耗　　量	
人工	综合工日	工日	140.00	45.617	48.381
材料	导爆索	m	0.30	81.765	75.700
	电	kW·h	0.68	17.250	15.972
	非电毫秒雷管	发	2.88	350.909	324.916
	高压风管 φ25	m	19.66	3.145	3.441
	高压胶皮水管 φ19-6p-20m	m	16.07	3.145	3.441
	合金钢钻头(一字形)	个	8.79	11.512	10.659
	六角空心钢	kg	3.68	18.285	16.931
	乳化炸药	kg	11.33	161.004	119.262
	水	m³	7.96	31.448	34.413
	铜芯塑料绝缘软电线 BVR-2.5mm²	m	1.43	63.763	63.763
	其他材料费占材料费	%	—	1.500	1.500
机械	电动空气压缩机 10m³/min	台班	355.21	8.450	9.208
	风动锻钎机	台班	25.46	0.397	0.367
	汽腿式风动凿岩机	台班	14.30	19.568	21.413

工作内容：选孔位、钻孔、装药、放炮、安全处理、爆破材料的领退。　　　　　　　　计量单位：100m³

定　额　编　号				S4-1-101	S4-1-102	S4-1-103
项　目　名　称				断面10m²以内		
				坚硬岩	较硬岩	较软岩
基　　　价（元）				23587.72	18149.01	13484.35
其中	人　工　费（元）			11504.78	8931.02	6675.20
	材　料　费（元）			5162.56	4196.04	3386.01
	机　械　费（元）			6920.38	5021.95	3423.14
名　　　称		单位	单价（元）	消	耗	量
人工	综合工日	工日	140.00	82.177	63.793	47.680
材料	导爆索	m	0.30	92.912	86.717	72.265
	电	kW·h	0.68	31.603	22.583	15.246
	非电毫秒雷管	发	2.88	341.782	318.996	265.830
	高压风管 φ25	m	19.66	6.637	4.818	3.285
	高压胶皮水管 φ19-6p-20m	m	16.07	6.637	4.818	3.285
	合金钢钻头(一字形)	个	8.79	21.089	15.070	10.174
	六角空心钢	kg	3.68	33.499	23.938	16.160
	乳化炸药	kg	11.33	256.288	205.030	170.858
	水	m³	7.96	66.365	48.176	32.847
	铜芯塑料绝缘软电线 BVR-2.5mm²	m	1.43	52.291	52.291	52.291
	其他材料费占材料费	%	—	1.500	1.500	1.500
机械	电动空气压缩机 10m³/min	台班	355.21	17.768	12.894	8.789
	风动锻钎机	台班	25.46	0.727	0.519	0.351
	汽腿式风动凿岩机	台班	14.30	41.294	29.976	20.438

工作内容：选孔位、钻孔、装药、放炮、安全处理、爆破材料的领退。　　　　　　　计量单位：100m³

定　额　编　号				S4-1-104	S4-1-105
项　目　名　称				断面10m²以内	
				软岩	极软岩
基　　　　价（元）				10865.81	10992.69
其中	人　工　费（元）			5405.96	5721.66
	材　料　费（元）			2774.50	2345.25
	机　械　费（元）			2685.35	2925.78
名　　　称		单位	单价(元)	消　　耗　　量	
人工	综合工日	工日	140.00	38.614	40.869
材料	导爆索	m	0.30	66.706	61.765
	电	kW·h	0.68	14.073	13.031
	非电毫秒雷管	发	2.88	245.382	227.205
	高压风管　φ25	m	19.66	2.566	2.807
	高压胶皮水管　φ19-6p-20m	m	16.07	2.566	2.807
	合金钢钻头(一字形)	个	8.79	9.391	8.696
	六角空心钢	kg	3.68	14.917	13.812
	乳化炸药	kg	11.33	131.429	97.355
	水	m³	7.96	25.656	28.075
	铜芯塑料绝缘软电线　BVR-2.5mm²	m	1.43	52.291	52.291
	其他材料费占材料费	%	—	1.500	1.500
机械	电动空气压缩机　10m³/min	台班	355.21	6.894	7.512
	风动锻钎机	台班	25.46	0.324	0.300
	汽腿式风动凿岩机	台班	14.30	15.964	17.469

工作内容：选孔位、钻孔、装药、放炮、安全处理、爆破材料的领退。 计量单位：100m³

定 额 编 号				S4-1-106	S4-1-107	S4-1-108
项 目 名 称				断面25m²以内		
				坚硬岩	较硬岩	较软岩
基 价（元）				18451.30	14200.09	10574.21
其中	人 工 费（元）			9132.48	7101.64	5336.94
	材 料 费（元）			3946.28	3200.12	2579.86
	机 械 费（元）			5372.54	3898.33	2657.41
名 称		单位	单价（元）	消	耗	量
人工	综合工日	工日	140.00	65.232	50.726	38.121
材料	导爆索	m	0.30	72.128	67.319	56.009
	电	kW·h	0.68	24.533	17.531	11.835
	非电毫秒雷管	发	2.88	247.638	231.129	192.607
	高压风管 φ25	m	19.66	5.152	3.740	2.550
	高压胶皮水管 φ19-6p-20m	m	16.07	5.152	3.740	2.550
	合金钢钻头（一字形）	个	8.79	16.372	11.699	7.898
	六角空心钢	kg	3.68	26.005	18.583	12.545
	乳化炸药	kg	11.33	198.629	158.898	132.419
	水	m³	7.96	51.520	37.400	25.500
	铜芯塑料绝缘软电线 BVR-2.5mm²	m	1.43	36.494	36.494	36.494
	其他材料费占材料费	%	—	1.500	1.500	1.500
机械	电动空气压缩机 10m³/min	台班	355.21	13.794	10.009	6.823
	风动锻钎机	台班	25.46	0.564	0.403	0.272
	汽腿式风动凿岩机	台班	14.30	32.057	23.271	15.866

工作内容：选孔位、钻孔、装药、放炮、安全处理、爆破材料的领退。　　　　　　　　　　计量单位：100m³

定　额　编　号			S4-1-109	S4-1-110
项　目　名　称			断面25m²以内	
			软岩	极软岩
基　　　价（元）			8531.58	8634.15
其中	人　工　费（元）		4338.04	4583.18
	材　料　费（元）		2108.85	1779.53
	机　械　费（元）		2084.69	2271.44
名　　称	单位	单价（元）	消　　耗　　量	
人工	综合工日	工日	140.00	30.986	32.737
材料	导爆索	m	0.30	51.784	47.948
	电	kW·h	0.68	10.925	10.116
	非电毫秒雷管	发	2.88	177.791	164.622
	高压风管 φ25	m	19.66	1.992	2.179
	高压胶皮水管 φ19-6p-20m	m	16.07	1.992	2.179
	合金钢钻头(一字形)	个	8.79	7.291	6.750
	六角空心钢	kg	3.68	11.580	10.723
	乳化炸药	kg	11.33	101.861	75.453
	水	m³	7.96	19.917	21.795
	铜芯塑料绝缘软电线 BVR-2.5mm²	m	1.43	36.494	36.949
	其他材料费占材料费	%	—	1.500	1.500
机械	电动空气压缩机 10m³/min	台班	355.21	5.352	5.832
	风动锻钎机	台班	25.46	0.251	0.233
	汽腿式风动凿岩机	台班	14.30	12.393	13.561

第四节 洞内地沟钻爆开挖

工作内容：选孔位、钻孔、装药、放炮、安全处理、爆破材料的领退，弃渣堆放在沟边。

计量单位：100m³

定　额　编　号				S4-1-111	S4-1-112	S4-1-113
项　目　名　称				爆破开挖		
				深1m以内		
				坚硬岩	较硬岩	较软岩
基　　　　价（元）				23668.23	17878.22	14218.33
其中	人　工　费（元）			12238.10	9587.06	7951.16
	材　料　费（元）			4906.52	4002.58	3289.32
	机　械　费（元）			6523.61	4288.58	2977.85
名　　称		单位	单价（元）	消	耗	量
人工	综合工日	工日	140.00	87.415	68.479	56.794
材料	电	kW·h	0.68	28.272	18.501	12.810
	非电毫秒雷管	发	2.88	594.545	508.173	422.927
	高压风管 φ25	m	19.66	6.234	4.099	2.846
	高压胶皮水管 φ19-6p-20m	m	16.07	6.234	4.099	2.846
	合金钢钻头(一字形)	个	8.79	28.301	18.520	12.823
	六角空心钢	kg	3.68	35.962	23.534	16.294
	乳化炸药	kg	11.33	183.820	157.116	134.280
	水	m³	7.96	45.716	30.058	20.872
	铜芯塑料绝缘软电线 BVR-2.5mm²	m	1.43	36.414	36.414	36.414
	其他材料费占材料费	%	—	1.500	1.500	1.500
机械	电动空气压缩机 10m³/min	台班	355.21	16.748	11.010	7.645
	风动锻钎机	台班	25.46	0.780	0.511	0.354
	汽腿式风动凿岩机	台班	14.30	38.790	25.504	17.710

工作内容：选孔位、钻孔、装药、放炮、安全处理、爆破材料的领退，弃渣堆放在沟边。

计量单位：100m³

定 额 编 号				S4-1-114	S4-1-115
项 目 名 称				爆破开挖	
				深1m以内	
				软岩	极软岩
基 价（元）				12093.41	11518.88
其中	人 工 费（元）			7001.26	6902.42
	材 料 费（元）			2821.88	2441.40
	机 械 费（元）			2270.27	2175.06
名 称		单位	单价（元）	消 耗 量	
人工	综合工日	工日	140.00	50.009	49.303
材料	电	kW·h	0.68	10.949	9.358
	非电毫秒雷管	发	2.88	371.231	317.265
	高压风管 φ25	m	19.66	2.163	2.079
	高压胶皮水管 φ19-6p-20m	m	16.07	2.163	2.079
	合金钢钻头（一字形）	个	8.79	10.960	9.367
	六角空心钢	kg	3.68	13.928	11.903
	乳化炸药	kg	11.33	114.776	98.091
	水	m³	7.96	15.858	15.247
	铜芯塑料绝缘软电线 BVR-2.5mm²	m	1.43	36.414	36.414
	其他材料费占材料费	%	—	1.500	1.500
机械	电动空气压缩机 10m³/min	台班	355.21	5.828	5.584
	风动锻钎机	台班	25.46	0.302	0.258
	汽腿式风动凿岩机	台班	14.30	13.456	12.937

工作内容：选孔位、钻孔、装药、放炮、安全处理、爆破材料的领退、弃渣堆放在沟边。

计量单位：100m³

定　额　编　号			S4-1-116	S4-1-117	S4-1-118
项　目　名　称			爆破开挖		
			深2m以内		
			坚硬岩	较硬岩	较软岩
基　　　价（元）			22205.36	17454.54	14472.96
其中	人　工　费（元）		13235.04	11006.10	9609.04
	材　料　费（元）		3588.74	2910.49	2407.25
	机　械　费（元）		5381.58	3537.95	2456.67
名　　称		单位	单价（元）	消　　耗　　量	
人工	综合工日	工日	140.00	94.536	78.615	68.636
材料	电	kW·h	0.68	23.324	15.263	10.568
	非电毫秒雷管	发	2.88	272.487	232.902	199.047
	高压风管　φ25	m	19.66	5.143	3.381	2.348
	高压胶皮水管　φ19-6p-20m	m	16.07	5.143	3.381	2.348
	合金钢钻头（一字形）	个	8.79	23.347	15.278	10.578
	六角空心钢	kg	3.68	29.668	19.415	13.442
	乳化炸药	kg	11.33	166.650	142.440	121.735
	水	m³	7.96	37.714	24.796	17.219
	铜芯塑料绝缘软电线 BVR-2.5mm²	m	1.43	33.966	33.966	33.966
	其他材料费占材料费	%	—	1.500	1.500	1.500
机械	电动空气压缩机 10m³/min	台班	355.21	13.816	9.083	6.307
	风动锻钎机	台班	25.46	0.644	0.421	0.292
	汽腿式风动凿岩机	台班	14.30	32.000	21.039	14.610

工作内容：选孔位、钻孔、装药、放炮、安全处理、爆破材料的领退，弃渣堆放在沟边。

计量单位：100m³

定 额 编 号			S4-1-119	S4-1-120
项 目 名 称			爆破开挖	
			深2m以内	
			软岩	极软岩
基 价（元）			12695.71	12264.54
其中	人 工 费（元）		8779.54	8698.20
	材 料 费（元）		2043.40	1771.84
	机 械 费（元）		1872.77	1794.50
名 称	单位	单价（元）	消　　耗　　量	
人工	综合工日	工日	140.00	62.711	62.130
材料	电	kW·h	0.68	9.032	7.720
	非电毫秒雷管	发	2.88	170.131	145.409
	高压风管 φ25	m	19.66	1.784	1.715
	高压胶皮水管 φ19-6p-20m	m	16.07	1.784	1.715
	合金钢钻头（一字形）	个	8.79	9.041	7.728
	六角空心钢	kg	3.68	11.489	9.820
	乳化炸药	kg	11.33	104.050	88.931
	水	m³	7.96	13.082	12.579
	铜芯塑料绝缘软电线 BVR-2.5mm²	m	1.43	33.966	33.966
	其他材料费占材料费	%	—	1.500	1.500
机械	电动空气压缩机 10m³/min	台班	355.21	4.808	4.607
	风动锻钎机	台班	25.46	0.243	0.213
	汽腿式风动凿岩机	台班	14.30	11.100	10.673

第五节 平洞非爆开挖

工作内容：机械定位、钻孔、凿打岩石、清理、堆积、安全处理。

计量单位：100m³

定 额 编 号				S4-1-121	S4-1-122	S4-1-123
项 目 名 称				岩石破碎机开挖		
				35m²以内		
				坚硬岩	较硬岩	较软岩
基 价（元）				23137.57	17803.06	13304.60
其中	人 工 费（元）			10918.32	8398.74	6299.02
	材 料 费（元）			162.41	129.96	104.67
	机 械 费（元）			12056.84	9274.36	6900.91
	名 称	单位	单价（元）	消	耗	量
人工	综合工日	工日	140.00	77.988	59.991	44.993
材料	板方材	m³	1800.00	0.021	0.021	0.021
	水	m³	7.96	15.654	11.578	8.401
机械	履带式单斗液压挖掘机 1m³	台班	1142.21	2.409	1.853	1.377
	履带式液压岩石破碎机 HB20G	台班	457.61	16.063	12.356	9.179
	平行水钻机	台班	47.34	41.290	31.762	23.821

工作内容：机械定位、钻孔、凿打岩石、清理、堆积、安全处理。　　　　　　　　　　计量单位：100m³

定　额　编　号					S4-1-124	S4-1-125
项　目　名　称					岩石破碎机开挖	
					35m²以内	
					软岩	极软岩
基　　　　价（元）					10650.42	8527.92
其中	人　工　费（元）				5039.16	4031.30
	材　料　费（元）				91.30	80.59
	机　械　费（元）				5519.96	4416.03
名　　　称		单位	单价(元)	消　　耗　　量		
人工	综合工日	工日	140.00	35.994		28.795
材料	板方材	m³	1800.00	0.021		0.021
	水	m³	7.96	6.721		5.376
机械	履带式单斗液压挖掘机 1m³	台班	1142.21	1.101		0.881
	履带式液压岩石破碎机 HB20G	台班	457.61	7.343		5.874
	平行水钻机	台班	47.34	19.057		15.246

工作内容：机械定位、钻孔、凿打岩石、清理、堆积、安全处理。 计量单位：100m³

定　额　编　号				S4-1-126	S4-1-127	S4-1-128
项　目　名　称				岩石破碎机开挖		
				65m²以内		
				坚硬岩	较硬岩	较软岩
基　　　　价（元）				18118.94	13943.78	9861.02
其中	人　工　费（元）			8397.48	6459.74	4285.54
	材　料　费（元）			135.61	110.20	90.36
	机　械　费（元）			9585.85	7373.84	5485.12
名　　　称		单位	单价（元）	消　　　耗　　　量		
人工	综合工日	工日	140.00	59.982	46.141	30.611
材料	板方材	m³	1800.00	0.021	0.021	0.021
	水	m³	7.96	12.288	9.095	6.603
机械	履带式单斗液压挖掘机 1m³	台班	1142.21	1.928	1.483	1.101
	履带式液压岩石破碎机 HB20G	台班	457.61	12.850	9.885	7.343
	平行水钻机	台班	47.34	31.757	24.429	18.321

工作内容：机械定位、钻孔、凿打岩石、清理、堆积、安全处理。计量单位：100m³

定 额 编 号				S4-1-129	S4-1-130
项 目 名 称				岩石破碎机开挖	
				65m²以内	
				软岩	极软岩
基 价（元）				8343.75	6683.29
其中	人 工 费（元）			3875.76	3100.72
	材 料 费（元）			79.84	71.44
	机 械 费（元）			4388.15	3511.13
	名 称	单位	单价（元）	消 耗 量	
人工	综合工日	工日	140.00	27.684	22.148
材料	板方材	m³	1800.00	0.021	0.021
	水	m³	7.96	5.282	4.226
机械	履带式单斗液压挖掘机 1m³	台班	1142.21	0.881	0.705
	履带式液压岩石破碎机 HB20G	台班	457.61	5.874	4.700
	平行水钻机	台班	47.34	14.657	11.726

工作内容：机械定位、钻孔、凿打岩石、清理、堆积、安全处理。   计量单位：100m³

定　额　编　号				S4-1-131	S4-1-132	S4-1-133
项　目　名　称				岩石破碎机开挖		
				100m²以内		
				坚硬岩	较硬岩	较软岩
基　　　　价（元）				12243.94	9602.77	7442.46
其中	人　工　费（元）			5418.14	4167.94	3125.92
	材　料　费（元）			104.31	88.24	76.14
	机　械　费（元）			6721.49	5346.59	4240.40
名　　　称		单位	单价（元）	消	耗	量
人工	综合工日	工日	140.00	38.701	29.771	22.328
材料	板方材	m³	1800.00	0.021	0.021	0.021
	水	m³	7.96	8.355	6.337	4.817
机械	履带式单斗液压挖掘机 1m³	台班	1142.21	1.372	1.097	0.878
	履带式液压岩石破碎机 HB20G	台班	457.61	9.144	7.315	5.852
	平行水钻机	台班	47.34	20.490	15.762	11.821

工作内容：机械定位、钻孔、凿打岩石、清理、堆积、安全处理。 计量单位：100m³

定 额 编 号				S4-1-134	S4-1-135
项 目 名 称				岩石破碎机开挖	
				100m²以内	
				软岩	极软岩
基 价（元）				5961.22	4776.93
其中	人 工 费（元）			2500.68	2000.74
	材 料 费（元）			68.48	62.34
	机 械 费（元）			3392.06	2713.85
名 称		单位	单价(元)	消 耗 量	
人工	综合工日	工日	140.00	17.862	14.291
材料	板方材	m³	1800.00	0.021	0.021
	水	m³	7.96	3.854	3.083
机械	履带式单斗液压挖掘机 1m³	台班	1142.21	0.702	0.562
	履带式液压岩石破碎机 HB20G	台班	457.61	4.682	3.745
	平行水钻机	台班	47.34	9.457	7.566

64

工作内容：布孔、钻孔、验孔、装膨胀剂、填塞、破碎、撬移、安全处理。　　　　　　　　　　计量单位：100m³

定　额　编　号			S4-1-136	S4-1-137	S4-1-138
项　目　名　称			静力破碎开挖		
			坚硬岩	较硬岩	较软岩
基　　　价（元）			40486.28	35969.46	25556.93
其中	人　工　费（元）		22225.84	20419.14	13641.60
	材　料　费（元）		7326.29	6705.53	5947.28
	机　械　费（元）		10934.15	8844.79	5968.05
名　　称		单位	单价（元）	消　　耗　　量	

	名　　称	单位	单价（元）	消　　耗　　量		
人工	综合工日	工日	140.00	158.756	145.851	97.440
材料	钢钎 φ22～25	kg	3.96	25.100	17.800	9.700
	合金钢钻头（一字形）	个	8.79	36.200	27.700	17.800
	膨胀剂	kg	2.78	2352.000	2176.000	1958.400
	水	m³	7.96	46.500	43.000	38.700
机械	电动空气压缩机 10m³/min	台班	355.21	26.800	22.200	15.000
	风动锻钎机	台班	25.46	27.700	14.700	9.800
	汽腿式风动凿岩机	台班	14.30	49.600	40.900	27.300

工作内容：布孔、钻孔、验孔、装膨胀剂、填塞、破碎、撬移、安全处理。　　　　　　计量单位：100m³

定　额　编　号			S4-1-139	S4-1-140
项　目　名　称			静力破碎开挖	
			软岩	极软岩
基　　　　　价（元）			20932.65	17140.42
其中	人　工　费（元）		11699.66	10026.10
	材　料　费（元）		4116.40	2728.18
	机　械　费（元）		5116.59	4386.14
名　　称	单位	单价（元）	消　　耗　　量	
人工 综合工日	工日	140.00	83.569	71.615
材料 钢钎 φ22～25	kg	3.96	8.316	7.129
合金钢钻头（一字形）	个	8.79	15.260	13.082
膨胀剂	kg	2.78	1325.625	848.400
水	m³	7.96	33.178	28.443
机械 电动空气压缩机 10m³/min	台班	355.21	12.860	11.024
风动锻钎机	台班	25.46	8.402	7.203
汽腿式风动凿岩机	台班	14.30	23.404	20.064

工作内容：测量放线、机械定位、截割岩石、清理机下余土、工作面排水、移动机械。　计量单位：100m³

定　额　编　号				S4-1-141	S4-1-142
项　目　名　称				悬臂式掘进机	
				开挖35m²以内	
				较硬岩	较软岩
基　　　价（元）				26108.68	18705.96
其中	人　工　费（元）			2893.94	1723.68
	材　料　费（元）			5426.75	2914.01
	机　械　费（元）			17787.99	14068.27
名　　　称		单位	单价（元）	消　耗　量	
人工	综合工日	工日	140.00	20.671	12.312
材料	截齿 P5MS-3880-1770	个	557.00	8.560	4.610
	水	m³	7.96	69.400	36.320
	其他材料费占材料费	%	—	2.000	2.000
机械	履带式单斗液压挖掘机 0.8m³	台班	1047.00	2.813	2.225
	悬臂式掘进机 318kW	台班	4982.47	2.979	2.356

工作内容：测量放线、机械定位、截割岩石、清理机下余土、工作面排水、移动机械。　计量单位：100m³

定　额　编　号				S4-1-143	S4-1-144
项　目　名　称				悬臂式掘进机	
				开挖65m²以内	
				较硬岩	较软岩
基　　　　　价（元）				20043.81	14711.96
其中	人　工　费（元）			1844.22	1181.88
	材　料　费（元）			3683.29	1796.29
	机　械　费（元）			14516.30	11733.79
名　　　称		单位	单价（元）	消　　耗　　量	
人工	综合工日	工日	140.00	13.173	8.442
材料	截齿 P5MS-3880-1770	个	557.00	5.900	2.790
	水	m³	7.96	40.800	26.010
	其他材料费占材料费	%	—	2.000	2.000
机械	履带式单斗液压挖掘机 0.8m³	台班	1047.00	2.296	1.856
	悬臂式掘进机 318kW	台班	4982.47	2.431	1.965

第六节 斜井非爆开挖

工作内容：钻孔、机械凿打岩石、清理、堆积、安全处理。　　　　　计量单位：100m³

定　额　编　号				S4-1-145	S4-1-146	S4-1-147
项　目　名　称				岩石破碎机开挖		
				坚硬岩	较硬岩	较软岩
基　　　价（元）				22161.44	17052.35	12387.90
其中	人　工　费（元）			10029.60	7714.98	5786.20
	材　料　费（元）			156.31	125.69	99.47
	机　械　费（元）			11975.53	9211.68	6502.23
名　　称		单位	单价（元）	消　　　耗　　　量		
人工	综合工日	工日	140.00	71.640	55.107	41.330
材料	板方材	m³	1800.00	0.021	0.021	0.021
	水	m³	7.96	14.888	11.042	7.747
机械	履带式单斗液压挖掘机 1m³	台班	1142.21	2.444	1.880	1.313
	履带式液压岩石破碎机 HB20G	台班	457.61	16.291	12.531	8.752
	平行水钻机	台班	47.34	36.524	28.095	21.071

工作内容：钻孔、机械凿打岩石、清理、堆积、安全处理。　　　　　　　　　　　计量单位：100m³

定　额　编　号				S4-1-148	S4-1-149
项　目　名　称				岩石破碎机开挖	
				软岩	极软岩
基　　　　　价（元）				9917.62	7941.51
其中	人　工　费（元）			4628.96	3703.28
	材　料　费（元）			87.14	77.27
	机　械　费（元）			5201.52	4160.96
名　　　称		单位	单价（元）	消　　耗　　量	
人工	综合工日	工日	140.00	33.064	26.452
材料	板方材	m³	1800.00	0.021	0.021
	水	m³	7.96	6.198	4.958
机械	履带式单斗液压挖掘机 1m³	台班	1142.21	1.050	0.840
	履带式液压岩石破碎机 HB20G	台班	457.61	7.002	5.601
	平行水钻机	台班	47.34	16.857	13.486

70

第七节 竖井非爆开挖

工作内容：切割、开凿砖、清理、堆积岩石、安全处理。　　　　　　　　　　计量单位：100m³

定　额　编　号				S4-1-150	S4-1-151	S4-1-152
项　目　名　称				人机配合开挖		
				坚硬岩	较硬岩	较软岩
基　　　　价（元）				31837.01	23673.72	17441.09
其中	人　工　费（元）			27672.12	20323.52	15074.64
	材　料　费（元）			3431.71	2764.06	1954.95
	机　械　费（元）			733.18	586.14	411.50
	名　　　称	单位	单价（元）	消	耗	量
人工	综合工日	工日	140.00	197.658	145.168	107.676
材料	刀片 D1500	片	2314.00	1.378	1.099	0.773
	水	m³	7.96	30.530	27.761	20.883
机械	岩石切割机 3kW	台班	47.25	15.517	12.405	8.709

工作内容：切割、开凿砖、清理、堆积岩石、安全处理。　　　　　　　　　　　　　　计量单位：100m³

定　额　编　号				S4-1-153	S4-1-154
项　目　名　称				人机配合开挖	
				软岩	极软岩
基　　　　　价（元）				13951.96	11163.01
其中	人　工　费（元）			12059.74	9647.82
	材　料　费（元）			1563.03	1251.82
	机　械　费（元）			329.19	263.37
名　　　称		单位	单价（元）	消　　耗　　　　量	
人工	综合工日	工日	140.00	86.141	68.913
材料	刀片 D1500	片	2314.00	0.618	0.495
	水	m³	7.96	16.706	13.365
机械	岩石切割机 3kW	台班	47.25	6.967	5.574

第八节 洞内地沟非爆开挖

工作内容：机械开挖、弃渣堆放在沟边。

计量单位：100m³

定　额　编　号				S4-1-155	S4-1-156	S4-1-157
项　目　名　称				机械开挖		
				坚硬岩	较硬岩	较软岩
基　　　　　价（元）				15490.07	10199.38	6752.93
其中	人　工　费（元）			9086.70	5197.78	2874.06
	材　料　费（元）			490.98	383.73	310.71
	机　械　费（元）			5912.39	4617.87	3568.16
	名　　称	单位	单价（元）	消　　耗　　量		
人工	综合工日	工日	140.00	64.905	37.127	20.529
材料	刀片 D1000	片	1157.00	0.361	0.277	0.222
	水	m³	7.96	8.000	7.000	6.000
	其他材料费占材料费	%	—	2.000	2.000	2.000
机械	履带式单斗液压挖掘机 0.6m³	台班	821.46	0.870	0.870	0.870
	履带式液压岩石破碎机 HB20G	台班	457.61	10.800	8.100	5.892
	岩石切割机 3kW	台班	47.25	5.408	4.160	3.328

工作内容：机械开挖、弃渣堆放在沟边。 计量单位：100m³

定　额　编　号					S4-1-158	S4-1-159
项　目　名　称					机械开挖	
					软岩	极软岩
基　　　价（元）					5853.53	9687.09
其中	人　工　费（元）				2545.20	2259.32
	材　料　费（元）				310.71	310.71
	机　械　费（元）				2997.62	7117.06
名　　称		单位	单价（元）	消　　耗　　量		
人工	综合工日	工日	140.00	18.180		16.138
材料	刀片 D1000	片	1157.00	0.222		0.222
	水	m³	7.96	6.000		6.000
	其他材料费占材料费	%	—	2.000		2.000
机械	履带式单斗液压挖掘机 0.6m³	台班	821.46	0.870		0.870
	履带式液压岩石破碎机 HB20G	台班	457.61	4.714		13.771
	岩石切割机 3kW	台班	47.25	2.662		2.130

74

第九节 平洞出渣

工作内容:石渣装、运、卸、清理道路。

计量单位:100m³

定 额 编 号				S4-1-160	S4-1-161
项 目 名 称				人装双轮车运输	
				运距60m内	每增运20m
基 价（元）				5980.24	476.98
其中	人 工 费（元）			5980.24	476.98
	材 料 费（元）			—	—
	机 械 费（元）			—	—
名 称		单位	单价（元）	消 耗 量	
人工	综合工日	工日	140.00	42.716	3.407

工作内容：石渣装、运、卸、清理道路。 计量单位：100m³

定　额　编　号				S4-1-162	S4-1-163	S4-1-164
项　目　名　称				人力机械装渣，轻轨斗车运输		
				人力装	机装	每增运50m
				运距100m		
基　　　　　价（元）				4937.38	5032.48	475.87
其中	人　工　费（元）			4592.00	3075.52	459.90
	材　料　费（元）			260.10	260.10	—
	机　械　费（元）			85.28	1696.86	15.97
名　　　称		单位	单价（元）	消　　耗　　量		
人工	综合工日	工日	140.00	32.800	21.968	3.285
材料	板方材	m³	1800.00	0.140	0.140	—
	抓钉	kg	3.93	2.060	2.060	—
机械	电动装岩机 0.2m³	台班	495.97	—	3.278	—
	矿用斗车 0.6m³	台班	10.84	7.867	6.556	1.473

76

工作内容：装、卷扬机提升、卸(含扒平)及人工推运(距井口50m内)。 计量单位：100m³

定 额 编 号				S4-1-165	S4-1-166	S4-1-167	S4-1-168
项 目 名 称				平洞石渣			
				经斜井运输		经竖井运输	
				运距25m内	每增运25m	运距25m内	每增运25m
基 价（元）				2093.16	537.16	1998.57	447.83
其中	人 工 费（元）			1275.54	425.32	1148.00	344.40
	材 料 费（元）			—	—	44.80	—
	机 械 费（元）			817.62	111.84	805.77	103.43
名 称		单位	单价(元)	消	耗		量
人工	综合工日	工日	140.00	9.111	3.038	8.200	2.460
材料	吊斗摊销	kg	2.83	—	—	15.831	—
机械	电动单筒慢速卷扬机 30kN	台班	210.22	3.833	0.532	3.833	0.492
	矿用斗车 0.6m³	台班	10.84	1.093	—	—	—

工作内容：石渣装、运、卸、清理道路。

计量单位：100m³

定　额　编　号					S4-1-169	S4-1-170
项　目　名　称					机装、电瓶车运输	
					运距500m内	每增运200m
基　　　　价（元）					5248.61	504.53
其中	人　工　费（元）				1935.92	308.00
	材　料　费（元）				260.10	—
	机　械　费（元）				3052.59	196.53
名　称		单位	单价（元）		消　耗　量	
人工	综合工日	工日	140.00		13.828	2.200
材料	板方材	m³	1800.00		0.140	—
	抓钉	kg	3.93		2.060	—
机械	电动装岩机 0.2m³	台班	495.97		3.457	—
	电瓶车 7t	台班	291.26		3.642	0.607
	硅整流充电机 90A/190V	台班	65.31		2.432	—
	矿用斗车 0.6m³	台班	10.84		10.924	1.821

工作内容：石渣装、运、卸、清理道路。

计量单位：100m³

定　额　编　号				S4-1-171	S4-1-172
项　目　名　称				机械装、自卸汽车运输	
				运距1000m内	每增运1000m内
基　　　　价（元）				2130.37	468.37
其中	人　工　费（元）			113.96	22.82
	材　料　费（元）			—	—
	机　械　费（元）			2016.41	445.55
名　　　称		单位	单价(元)	消　耗　　量	
人工	综合工日	工日	140.00	0.814	0.163
机械	轮胎式装载机 2m³	台班	721.52	0.493	—
	自卸汽车 8t	台班	613.71	2.706	0.726

第十节 斜井、竖井出渣

工作内容：装、卷扬机提升、卸(含扒平)及人工推运(距井口50m内)。　　　　　　　　　　计量单位：100m³

定　额　编　号				S4-1-173	S4-1-174
项　目　名　称				斜井人装、卷扬机轻轨运输	
				运距25m内	每增运25m
基　　　　价（元）				10015.09	2209.10
其中	人　工　费（元）			8006.04	1709.96
	材　料　费（元）			268.79	—
	机　械　费（元）			1740.26	499.14
名　　　称		单位	单价（元）	消　　耗　　量	
人工	综合工日	工日	140.00	57.186	12.214
材料	板方材	m³	1800.00	0.140	—
	托绳地滚钢材	kg	1.05	8.280	—
	抓钉	kg	3.93	2.060	—
机械	电动单筒慢速卷扬机 30kN	台班	210.22	7.467	2.252
	矿用斗车 0.6m³	台班	10.84	15.733	2.373

工作内容：装、卷扬机提升、卸(含扒平)及人工推运(距井口50m内)。 计量单位：100m³

定 额 编 号				S4-1-175	S4-1-176
项 目 名 称				竖井人装、卷扬机吊斗提升	
				运距25m内	每增运25m
基 价（元）				9544.23	1920.34
其中	人 工 费（元）			7624.82	1628.76
	材 料 费（元）			349.70	—
	机 械 费（元）			1569.71	291.58
名 称		单位	单价(元)	消 耗 量	
人工	综合工日	工日	140.00	54.463	11.634
材料	板方材	m³	1800.00	0.140	—
	吊斗摊销	kg	2.83	31.662	—
	抓钉	kg	3.93	2.060	—
机械	电动单筒慢速卷扬机 30kN	台班	210.22	7.467	1.387

第二章 隧道衬砌

说　　明

一、本章定额包括混凝土及钢筋混凝土衬砌拱部、混凝土及钢筋混凝土衬砌边墙、混凝土模板台车衬砌及制安、仰拱、底板混凝土衬砌、竖井混凝土及钢筋混凝土衬砌等项目。

二、本章预拌混凝土按运至现场考虑，混凝土浇筑的泵送项目执行《桥涵工程》相关项目。

三、洞内现浇混凝土及钢筋混凝土边墙、拱部、喷射混凝土边墙、拱部，已综合考虑了施工操作平台和竖井采用的脚手架。

四、现浇混凝土及钢筋混凝土边墙、拱部衬砌，已综合考虑了先拱后墙、先墙后拱的衬砌方法。

五、现浇混凝土及钢筋混凝土边墙为弧形时，弧形段模板按边墙模板定额人工和机械乘以系数 1.2。砌筑弧形段边墙按定额项目每 10m³ 砌筑体积人工增加 1.3 工日。

六、喷射混凝土是按湿喷工艺考虑，填平找齐、回弹、施工损耗已综合考虑在定额项目中。喷射钢纤维混凝土中钢纤维掺量按照混凝土质量的 3% 考虑，当设计采用的掺入量与定额不同或采用其他材料时可做换算，其余不变。

七、岩石隧道工程的钢筋制作和安装，执行《钢筋工程》相应定额项目，其中人工和机械乘以系数 1.2。

八、砂浆锚杆及药卷锚杆定额项目中未包括垫板的制作安装，另按相应加工铁件项目执行。

九、临时钢支撑仍执行钢支撑相应定额项目。若临时支撑不具有再次使用价值时，可扣除钢支撑残值后一次摊销处理。

十、钢支撑中未包含连接钢筋数量，连接钢筋执行《钢筋工程》相应定额项目。

十一、砂浆锚杆及药卷锚杆按照 $\phi22$ 编制，若实际不同时，人工、机械消耗量应按下表系数调整。

锚杆直径	$\phi28$	$\phi25$	$\phi22$	$\phi20$	$\phi18$	$\phi16$
调整系数	0.62	0.78	1	1.21	1.49	1.89

十二、本章定额中防水板是按复合式防水板考虑的，如设计采用的防水板材料不同时，允许按设计要求进行换算。

十三、本章定额中止水胶是按照单条 2cm² 考虑，每米用量为 0.3kg。如设计的材料品种及数量不同时，允许按设计要求进行换算。

十四、本章定额中排水管材料，如设计采用的材质、管径不同时，允许按设计要求进行换算。

十五、横向排水管是按 2m/支考虑，如设计采用的长度不同时，允许按设计要求进行换算。

工程量计算规则

一、现浇混凝土衬砌工程量按照设计图示尺寸体积加允许超挖量以体积计算，不扣除0.3 m² 以内孔洞所占体积。

二、石料衬砌工程量按照设计图示尺寸以体积计算。

三、隧道边墙为直墙时，以起拱线为分界线，以下为边墙，以上为拱部；隧道为单心圆或多心圆断面时，以拱部120°为分界线，以下为边墙，以上为拱部。

四、模板工程量按模板与混凝土接触面积以面积计算。

五、模板台车移动就位按每浇筑一循环混凝土移动一次计算。

六、喷射混凝土工程量按设计图示尺寸以面积计算。

七、砂浆锚杆及药卷锚杆工程量按设计图示锚杆理论质量计算；中空注浆锚杆、自进式锚杆按设计图示尺寸以长度计算。

八、钢支撑按设计图示尺寸理论质量计算。

九、管棚、小导管按设计图示尺寸以长度计算。

十、注浆按注浆液体积计算。

十一、防水卷材按设计图示尺寸以面积计算，防水卷材搭接长度已包含在消耗量子目中，不另计算。

十二、细石混凝土保护层按设计图示尺寸以体积计算。

十三、止水带（条）、止水胶按图示尺寸以长度计算。

十四、排水管按图示尺寸以长度计算。

十五、横向排水管按设计图示数量以支计算。

第一节 混凝土及钢筋混凝土衬砌拱部

工作内容：混凝土浇筑、振捣、清理、养护。

计量单位：10m³

定 额 编 号			S4-2-1	S4-2-2	S4-2-3
项 目 名 称			洞内		
			跨径10m以内、混凝土衬砌		
			厚500mm以内	厚800mm以内	厚800mm以上
基 价 （元）			4712.43	4683.44	4663.08
其中	人 工 费 （元）		470.54	458.50	450.24
	材 料 费 （元）		4241.89	4224.94	4212.84
	机 械 费 （元）		—	—	—
名 称	单位	单价（元）	消	耗	量
人工	综合工日	工日	140.00	3.361	3.275	3.216
材料	电	kW·h	0.68	10.640	10.640	10.640
	商品混凝土 C30（泵送）	m³	403.82	10.100	10.100	10.100
	水	m³	7.96	12.250	10.150	8.650
	其他材料费占材料费	%	—	1.400	1.400	1.400

工作内容：钢拱架、模板安装、拆除、清理，操作平台制作、安装、拆除等。　　　　计量单位：10m²

定　额　编　号				S4-2-4
项　目　名　称				洞内
				跨径10m以内、混凝土衬砌
				模板
基　　　　　价（元）				913.50
其中	人　工　费（元）			540.68
	材　料　费（元）			248.75
	机　械　费（元）			124.07
名　　称	单位	单价(元)	消　　　耗　　　量	
人工	综合工日	工日	140.00	3.862
材料	扒钉	kg	3.85	0.713
	板方材	m³	1800.00	0.102
	镀锌铁丝 φ3.5	kg	3.57	1.490
	钢拱架	kg	3.03	6.983
	钢模板	kg	3.50	7.340
	钢模板连接件	kg	3.12	2.056
	铁钉	kg	3.56	0.109
	其他材料费占材料费	%	—	1.400
机械	木工平刨床 300mm	台班	10.43	0.009
	木工圆锯机 500mm	台班	25.33	0.009
	汽车式起重机 8t	台班	763.67	0.071
	载重汽车 4t	台班	408.97	0.170

工作内容：混凝土浇筑、振捣、清理、养护。

计量单位：10m³

定 额 编 号				S4-2-5	S4-2-6	S4-2-7
项 目 名 称				明洞		
				跨径10m以内、混凝土衬砌		
				厚500mm以内	厚800mm以内	厚800mm以上
基 价（元）				4747.15	4705.98	4677.92
其中	人 工 费（元）			505.26	481.04	465.08
	材 料 费（元）			4241.89	4224.94	4212.84
	机 械 费（元）			—	—	—
名 称		单位	单价(元)	消	耗	量
人工	综合工日	工日	140.00	3.609	3.436	3.322
材料	电	kW•h	0.68	10.640	10.640	10.640
	商品混凝土 C30(泵送)	m³	403.82	10.100	10.100	10.100
	水	m³	7.96	12.250	10.150	8.650
	其他材料费占材料费	%	—	1.400	1.400	1.400

工作内容：钢拱架、模板安装、拆除、清理，操作平台制作、安装、拆除等。　　　　　　　计量单位：10m³

定　额　编　号				S4-2-8
项　目　名　称				明洞
				跨径10m以内、混凝土衬砌
				模板
基　　　　价（元）				881.24
其中	人　工　费（元）			518.98
	材　料　费（元）			248.75
	机　械　费（元）			113.51
名　　称	单位	单价(元)	消　　耗　　量	
人工	综合工日	工日	140.00	3.707
材料	扒钉	kg	3.85	0.713
	板方材	m³	1800.00	0.102
	镀锌铁丝 φ3.5	kg	3.57	1.490
	钢拱架	kg	3.03	6.983
	钢模板	kg	3.50	7.340
	钢模板连接件	kg	3.12	2.056
	铁钉	kg	3.56	0.109
	其他材料费占材料费	%	—	1.400
机械	木工平刨床 300mm	台班	10.43	0.009
	木工圆锯机 500mm	台班	25.33	0.009
	汽车式起重机 8t	台班	763.67	0.062
	载重汽车 4t	台班	408.97	0.161

工作内容：混凝土浇筑、振捣、清理、养护。 计量单位：10m³

定 额 编 号				S4-2-9	S4-2-10	S4-2-11
项 目 名 称				洞内		
				跨径10m以上、混凝土衬砌		
				厚500mm以内	厚800mm以内	厚800mm以上
基 价 （元）				4687.75	4654.85	4638.85
其中	人 工 费（元）			470.96	458.92	450.94
	材 料 费（元）			4216.79	4195.93	4187.91
	机 械 费（元）			—	—	—
名 称		单位	单价（元）	消	耗	量
人工	综合工日	工日	140.00	3.364	3.278	3.221
材料	电	kW•h	0.68	10.640	10.640	10.640
	商品混凝土 C30(泵送)	m³	403.82	10.100	10.100	10.100
	水	m³	7.96	12.250	9.650	8.650
	其他材料费占材料费	%	—	0.800	0.800	0.800

工作内容：钢拱架、模板安装、拆除、清理，操作平台制作、安装、拆除等。　　　　　　　　　　计量单位：10m²

定　额　编　号					S4-2-12
项　目　名　称					洞内
					跨径10m以上、混凝土衬砌
					模板
基　　　　价（元）					812.08
其中	人　工　费（元）				510.58
	材　料　费（元）				224.78
	机　械　费（元）				76.72
名　　　称		单位	单价（元）	消　　耗　　量	
人工	综合工日	工日	140.00	3.647	
材料	扒钉	kg	3.85	0.535	
	板方材	m³	1800.00	0.085	
	镀锌铁丝 φ3.5	kg	3.57	1.460	
	钢拱架	kg	3.03	10.403	
	钢模板	kg	3.50	6.900	
	钢模板连接件	kg	3.12	2.056	
	铁钉	kg	3.56	0.178	
	其他材料费占材料费	%	—	0.800	
机械	木工平刨床 300mm	台班	10.43	0.009	
	木工圆锯机 500mm	台班	25.33	0.009	
	汽车式起重机 8t	台班	763.67	0.009	
	载重汽车 4t	台班	408.97	0.170	

工作内容：混凝土浇筑、振捣、清理、养护。

计量单位：10m³

定　额　编　号				S4-2-13	S4-2-14	S4-2-15
项　目　名　称				明洞		
				跨径10m以上、混凝土衬砌		
				厚500mm以内	厚800mm以内	厚800mm以上
基　　　　价（元）				4722.75	4677.95	4653.83
其中	人　工　费（元）			505.96	482.02	465.92
	材　料　费（元）			4216.79	4195.93	4187.91
	机　械　费（元）			—	—	—
名　　　　称		单位	单价（元）	消	耗	量
人工	综合工日	工日	140.00	3.614	3.443	3.328
材料	电	kW·h	0.68	10.640	10.640	10.640
	商品混凝土 C30(泵送)	m³	403.82	10.100	10.100	10.100
	水	m³	7.96	12.250	9.650	8.650
	其他材料费占材料费	%	—	0.800	0.800	0.800

工作内容：钢拱架、模板安装、拆除、清理，操作平台制作、安装、拆除等。 计量单位：10m²

定 额 编 号	S4-2-16		
项 目 名 称	明洞		
	跨径10m以上、混凝土衬砌		
	模板		
基 价 （元）	853.51		
其中 人 工 费 （元）	491.68		
材 料 费 （元）	224.78		
机 械 费 （元）	137.05		

	名 称	单位	单价(元)	消 耗 量
人工	综合工日	工日	140.00	3.512
材料	扒钉	kg	3.85	0.535
	板方材	m³	1800.00	0.085
	镀锌铁丝 φ3.5	kg	3.57	1.460
	钢拱架	kg	3.03	10.403
	钢模板	kg	3.50	6.900
	钢模板连接件	kg	3.12	2.056
	铁钉	kg	3.56	0.178
	其他材料费占材料费	%	—	0.800
机械	木工平刨床 300mm	台班	10.43	0.009
	木工圆锯机 500mm	台班	25.33	0.009
	汽车式起重机 8t	台班	763.67	0.088
	载重汽车 4t	台班	408.97	0.170

第二节 混凝土及钢筋混凝土衬砌边墙

工作内容：混凝土浇筑、振捣、清理、养护。　　　　　　　　　　　　　　　　计量单位：10m³

定　额　编　号			S4-2-17	S4-2-18	S4-2-19
项　目　名　称			混凝土衬砌		
			厚500m以内	厚800m以内	厚800m以上
基　　　价（元）			4680.04	4662.16	4642.26
其中	人　工　费（元）		471.66	461.16	453.32
	材　料　费（元）		4208.38	4201.00	4188.94
	机　械　费（元）		—	—	—
名　　　称	单位	单价（元）	消　　耗　　量		
人工	综合工日	工日	140.00	3.369	3.294	3.238
材料	电	kW·h	0.68	8.240	8.240	8.240
	商品混凝土 C30（泵送）	m³	403.82	10.100	10.100	10.100
	水	m³	7.96	9.850	9.450	7.950
	其他材料费占材料费	%	—	1.100	1.000	1.000

工作内容：钢拱架、模板安装、拆除、清理，操作平台制作、安装、拆除等。 计量单位：10m²

定 额 编 号					S4-2-20	
项 目 名 称					混凝土衬砌	
					模板	
基 价 （元）					653.85	
其中	人 工 费（元）				464.80	
	材 料 费（元）				133.04	
	机 械 费（元）				56.01	
名 称		单位	单价(元)	消	耗	量
人工	综合工日	工日	140.00		3.320	
材料	镀锌铁丝 φ3.5	kg	3.57		0.700	
	二等板方材	m³	1709.00		0.050	
	钢模板	kg	3.50		7.340	
	钢模板连接件	kg	3.12		2.136	
	钢支撑	kg	3.50		3.060	
	铁钉	kg	3.56		0.198	
	其他材料费占材料费	%	—		1.000	
机械	木工平刨床 300mm	台班	10.43		0.009	
	木工圆锯机 500mm	台班	25.33		0.009	
	汽车式起重机 8t	台班	763.67		0.044	
	载重汽车 4t	台班	408.97		0.054	

工作内容：混凝土浇筑、振捣、清理、养护。

计量单位：10m³

定　额　编　号				S4-2-21	
项　目　名　称				中隔墙	
				混凝土	
基　　　　　价（元）				4689.78	
其中	人　工　费（元）			532.84	
	材　料　费（元）			4156.94	
	机　械　费（元）			—	
名　　　称	单位	单价（元）	消	耗	量
人工	综合工日	工日	140.00		3.806
材料	电	kW・h	0.68		8.240
	商品混凝土 C30(泵送)	m³	403.82		10.100
	水	m³	7.96		3.970
	其他材料费占材料费	%	—		1.000

工作内容：钢拱架、模板安装、拆除、清理，操作平台制作、安装、拆除等。　　　　　　计量单位：10m²

定　额　编　号				S4-2-22	
项　目　名　称				中隔墙	
				模板	
基　　　　　价（元）				610.85	
其中	人　工　费（元）			486.50	
	材　料　费（元）			94.87	
	机　械　费（元）			29.48	
名　　　称		单位	单价（元）	消　　耗　　量	
人工	综合工日	工日	140.00	3.475	
材料	草板纸 80号	张	3.79	3.346	
	二等板方材	m³	1709.00	0.015	
	复合木模板	m²	29.06	0.187	
	钢模板连接件	kg	3.12	2.195	
	组合钢模板	kg	5.13	8.446	
	其他材料费占材料费	%	—	1.000	
机械	木工圆锯机 500mm	台班	25.33	0.001	
	汽车式起重机 8t	台班	763.67	0.028	
	载重汽车 6t	台班	448.55	0.018	

第三节 混凝土模板台车衬砌及制作安装

工作内容：混凝土浇筑、振捣、清理、养护，人工配合混凝土泵送等。　　　　　　　　计量单位：10m³

定　额　编　号				S4-2-23
项　目　名　称				混凝土衬砌
				混凝土
基　　　　价（元）				4675.22
其中	人　工　费（元）			470.96
	材　料　费（元）			4204.26
	机　械　费（元）			—
名　　　称	单位	单价（元）	消　　　耗　　　量	
人工	综合工日	工日	140.00	3.364
材料	电	kW·h	0.68	10.640
	商品混凝土 C30（泵送）	m³	403.82	10.100
	水	m³	7.96	9.650
	其他材料费占材料费	%	—	1.000

工作内容：挡头模板制作、安装、拆除。 计量单位：10m²

定 额 编 号				S4-2-24	
项 目 名 称				混凝土衬砌	
				模板台车	
				挡头模板	
基 价（元）				747.52	
其中	人 工 费（元）			540.68	
	材 料 费（元）			150.83	
	机 械 费（元）			56.01	
名 称	单位	单价(元)	消 耗 量		
人工 综合工日	工日	140.00	3.862		
材料 板方材	m³	1800.00	0.050		
镀锌铁丝 φ3.5	kg	3.57	0.700		
钢模板连接件	kg	3.12	2.136		
钢支撑	kg	3.50	3.060		
铁钉	kg	3.56	0.198		
组合钢模板	kg	5.13	7.556		
其他材料费占材料费	%	—	1.000		
机械 木工平刨床 300mm	台班	10.43	0.009		
木工圆锯机 500mm	台班	25.33	0.009		
汽车式起重机 8t	台班	763.67	0.044		
载重汽车 4t	台班	408.97	0.054		

工作内容：模板台车和模架制作、安装、拆除、移动就位、调校、围护等。 计量单位：t

定 额 编 号				S4-2-25	S4-2-26	S4-2-27
项 目 名 称				混凝土衬砌		
				模板台车		
				台车制作	台车安装	台车拆除
基 价 （元）				2119571.50	1160.77	929.29
其中	人 工 费 （元）			2859.78	760.48	608.72
	材 料 费 （元）			2115725.71	—	—
	机 械 费 （元）			986.01	400.29	320.57
名 称		单位	单价（元）	消	耗	量
人工	综合工日	工日	140.00	20.427	5.432	4.348
材料	不锈钢圆钢(综合)	t	3200.00	0.016	—	—
	低碳钢焊条	kg	6.84	75.910	—	—
	钢板	t	3170.00	660.162	—	—
	无缝钢管	kg	4.44	11.457	—	—
	型钢	kg	3.70	390.027	—	—
	其他材料费占材料费	%	—	1.000	—	—
机械	电焊条烘干箱 45×35×45cm³	台班	17.00	0.428	—	—
	交流弧焊机 32kV·A	台班	83.14	4.279	—	—
	履带式起重机 25t	台班	818.95	0.193	—	—
	汽车式起重机 12t	台班	857.15	—	0.467	0.374
	汽车式起重机 8t	台班	763.67	0.009	—	—
	载重汽车 4t	台班	408.97	1.120	—	—

工作内容：模板台车和模架制作、安装、拆除、移动就位、调校、围护等。　　　　　　计量单位：次

定　额　编　号		S4-2-28
项　目　名　称		混凝土衬砌
		模板台车
		移动就位
基　　　价（元）		407.36
其中	人　工　费（元）	387.52
	材　料　费（元）	19.84
	机　械　费（元）	－

	名　称	单位	单价（元）	消　　耗　　量
人工	综合工日	工日	140.00	2.768
材料	电	kW·h	0.68	28.600
	其他材料费占材料费	%	－	2.000

102

第四节 仰拱、底板混凝土衬砌

工作内容：混凝土浇筑、振捣、清理、养护。

计量单位：10m³

定　额　编　号				S4-2-29	S4-2-30
项　目　名　称				仰拱混凝土衬砌	底板混凝土衬砌
				混凝土	
基　　　价（元）				4567.65	4578.01
其中	人　工　费（元）			372.12	382.48
	材　料　费（元）			4195.53	4195.53
	机　械　费（元）			—	—
名　　　称		单位	单价（元）	消　　耗　　量	
人工	综合工日	工日	140.00	2.658	2.732
材料	电	kW·h	0.68	8.240	8.240
	商品混凝土 C30(泵送)	m³	403.82	10.100	10.100
	水	m³	7.96	8.770	8.770
	其他材料费占材料费	%	—	1.000	1.000

工作内容：模板制作、安装、拆除、清理。   计量单位：10m²

定 额 编 号				S4-2-31	
项 目 名 称				仰拱、底板混凝土衬砌	
				模板	
基 价（元）				527.98	
其中	人 工 费（元）			351.54	
	材 料 费（元）			123.62	
	机 械 费（元）			52.82	
名 称		单位	单价（元）	消 耗 量	
人工	综合工日	工日	140.00	2.511	
材料	板方材	m³	1800.00	0.041	
	镀锌铁丝 φ3.5	kg	3.57	1.420	
	钢模板	kg	3.50	7.340	
	钢模板连接件	kg	3.12	2.136	
	钢支撑	kg	3.50	3.060	
	铁钉	kg	3.56	0.129	
	其他材料费占材料费	%	—	1.000	
机械	木工平刨床 300mm	台班	10.43	0.009	
	木工圆锯机 500mm	台班	25.33	0.009	
	汽车式起重机 8t	台班	763.67	0.035	
	载重汽车 4t	台班	408.97	0.063	

工作内容：选、修、洗、铺设块(片)石、混凝土浇筑、振捣、清理、养护。 计量单位：10m³

定　额　编　号				S4-2-32	S4-2-33
项　目　名　称				仰拱回填	
				混凝土	片石混凝土
基　　价（元）				4510.27	3958.01
其中	人　工　费（元）			364.42	435.82
	材　料　费（元）			4145.85	3522.19
	机　械　费（元）			—	—
名　　称		单位	单价（元）	消　　耗　　量	
人工	综合工日	工日	140.00	2.603	3.113
材料	电	kW·h	0.68	8.240	—
	块石	m³	92.00	—	2.200
	商品混凝土 C30(泵送)	m³	403.82	10.100	8.080
	水	m³	7.96	2.590	2.770
	其他材料费占材料费	%	—	1.000	1.000

第五节 竖井混凝土及钢筋混凝土衬砌

工作内容：混凝土浇筑、振捣、清理、养护。

计量单位：10m³

定　额　编　号				S4-2-34	S4-2-35	S4-2-36
项　目　名　称				竖井混凝土衬砌		
				厚250mm以内	厚350mm以内	厚450mm以内
基　　　　价（元）				4712.35	4694.44	4685.90
其中	人　工　费（元）			518.84	507.36	498.82
	材　料　费（元）			4193.51	4187.08	4187.08
	机　械　费（元）			—	—	—
名　　　称		单位	单价(元)	消　　耗　　量		
人工	综合工日	工日	140.00	3.706	3.624	3.563
材料	电	kW·h	0.68	9.040	9.040	9.040
	商品混凝土 C30(泵送)	m³	403.82	10.100	10.100	10.100
	水	m³	7.96	8.450	7.650	7.650
	其他材料费占材料费	%	—	1.000	1.000	1.000

工作内容：模板安装、拆除、清理，操作平台制作、安装、拆除。 计量单位：10m²

定 额 编 号	S4-2-37
项 目 名 称	竖井混凝土衬砌
	模板
基 价 （元）	755.52

其中	人 工 费 （元）	697.20
	材 料 费 （元）	36.72
	机 械 费 （元）	21.60

	名 称	单位	单价（元）	消 耗 量
人工	综合工日	工日	140.00	4.980
材料	钢模板	kg	3.50	8.190
	钢模板连接件	kg	3.12	1.760
	钢支撑	kg	3.50	0.600
	扣件	个	0.71	0.136
	其他材料费占材料费	%	—	1.000
机械	汽车式起重机 8t	台班	763.67	0.009
	载重汽车 4t	台班	408.97	0.036

第六节 斜井拱部混凝土及钢筋混凝土衬砌

工作内容：混凝土浇筑、振捣、清理、养护。

计量单位：10m³

定 额 编 号				S4-2-38	S4-2-39
项 目 名 称				拱部混凝土衬砌	
				厚500mm以内	厚800mm以内
基 价（元）				4965.24	4930.16
其中	人 工 费（元）			705.88	687.82
	材 料 费（元）			4259.36	4242.34
	机 械 费（元）			—	—
名 称		单位	单价（元）	消 耗 量	
人工	综合工日	工日	140.00	5.042	4.913
材料	电	kW·h	0.68	11.700	11.700
	商品混凝土 C30（泵送）	m³	403.82	10.100	10.100
	水	m³	7.96	12.250	10.150
	其他材料费占材料费	%	—	1.800	1.800

工作内容：模板安装、拆除、清理，操作平台制作、安装、拆除等。 计量单位：10m²

定 额 编 号				S4-2-40	
项 目 名 称				拱部混凝土衬砌	
				模板	
基 价（元）				1303.03	
其中	人 工 费（元）			892.08	
	材 料 费（元）			272.65	
	机 械 费（元）			138.30	
名 称		单位	单价（元）	消 耗 量	
人工	综合工日	工日	140.00	6.372	
材料	扒钉	kg	3.85	0.782	
	板方材	m³	1800.00	0.112	
	镀锌铁丝 φ3.5	kg	3.57	1.640	
	钢拱架	kg	3.03	7.140	
	钢模板	kg	3.50	8.070	
	钢模板连接件	kg	3.12	2.264	
	铁钉	kg	3.56	0.119	
	其他材料费占材料费	%	—	1.800	
机械	木工平刨床 300mm	台班	10.43	0.009	
	木工圆锯机 500mm	台班	25.33	0.009	
	汽车式起重机 8t	台班	763.67	0.080	
	载重汽车 4t	台班	408.97	0.188	

第七节 斜井边墙混凝土及钢筋混凝土衬砌

工作内容：混凝土浇筑、振捣、清理、养护。

计量单位：10m³

定　额　编　号					S4-2-41	S4-2-42
项　目　名　称					边墙混凝土衬砌	
					厚500mm以内	厚800mm以内
基　　　价（元）					4916.36	4897.46
其中	人　工　费（元）				707.42	691.74
	材　料　费（元）				4208.94	4205.72
	机　械　费（元）				—	—
	名　　　称	单位	单价（元）	消　　耗　　量		
人工	综合工日	工日	140.00	5.053		4.941
材料	电	kW·h	0.68	9.060		9.060
	商品混凝土 C30(泵送)	m³	403.82	10.100		10.100
	水	m³	7.96	9.850		9.450
	其他材料费占材料费	%	—	1.100		1.100

工作内容：模板安装、拆除、清理，操作平台制作、安装、拆除。 计量单位：10m²

定 额 编 号				S4-2-43
项 目 名 称				边墙混凝土衬砌
				模板
基 价（元）				981.80
其中	人 工 费（元）			766.92
	材 料 费（元）			148.32
	机 械 费（元）			66.56
名 称	单位	单价（元）	消 耗 量	
人工	综合工日	工日	140.00	5.478
材料	镀锌铁丝 φ3.5	kg	3.57	0.770
	二等板方材	m³	1709.00	0.056
	钢模板	kg	3.50	8.100
	钢模板连接件	kg	3.12	2.352
	钢支撑	kg	3.50	3.368
	铁钉	kg	3.56	0.218
	其他材料费占材料费	%	—	1.100
机械	木工平刨床 300mm	台班	10.43	0.009
	木工圆锯机 500mm	台班	25.33	0.009
	汽车式起重机 8t	台班	763.67	0.053
	载重汽车 4t	台班	408.97	0.063

第八节 石料、混凝土预制块衬砌

工作内容：运料、拌浆、表面修凿、砌筑，搭拆简易脚手架、养护等。　　　　　　　　计量单位：10m³

定 额 编 号				S4-2-44	S4-2-45	S4-2-46
项 目 名 称				洞门		
				浆砌块石	浆砌条石	浆砌混凝土预制块
基 价（元）				6007.65	7350.13	4518.65
其中	人 工 费（元）			2875.74	2614.22	1910.02
	材 料 费（元）			3090.10	4723.18	2601.10
	机 械 费（元）			41.81	12.73	7.53
名 称		单位	单价（元）	消	耗	量
人工	综合工日	工日	140.00	20.541	18.673	13.643
材料	板方材	m³	1800.00	0.020	0.020	0.020
	混凝土预制块	m³	214.00	—	—	10.100
	块石	m³	92.00	11.220	—	—
	水	m³	7.96	8.236	7.014	6.684
	条石	m³	388.00	—	10.400	—
	预拌砌筑砂浆（干拌）DM M7.5	m³	497.00	3.930	1.190	0.700
	其他材料费占材料费	%	—	0.100	0.100	0.100
机械	干混砂浆罐式搅拌机 20000L	台班	259.71	0.161	0.049	0.029

工作内容：运料、拌浆、表面修凿、砌筑，搭拆简易脚手架、养护等(拱部包括钢拱架制作及拆除)。

定 额 编 号			S4-2-47	S4-2-48
项 目 名 称			拱部	
			浆砌拱石	浆砌混凝土预制块
基 价（元）			9827.64	7570.09
其中	人 工 费（元）		4296.74	4081.84
	材 料 费（元）		5351.19	3308.54
	机 械 费（元）		179.71	179.71
名 称		单位	单价（元）	消 耗 量	
人工	综合工日	工日	140.00	30.691	29.156
材料	扒钉	kg	3.85	1.683	1.683
	板方材	m³	1800.00	0.508	0.356
	镀锌铁丝 φ3.5	kg	3.57	0.900	0.909
	钢拱架	kg	3.03	16.650	16.650
	拱石	m³	388.00	10.100	—
	混凝土预制块	m³	214.00	—	10.100
	水	m³	7.96	9.184	9.184
	铁钉	kg	3.56	—	6.139
	预拌砌筑砂浆(干拌)DM M7.5	m³	497.00	0.700	0.700
	圆钉	kg	5.13	6.139	—
	其他材料费占材料费	%	—	0.100	0.100
机械	干混砂浆罐式搅拌机 20000L	台班	259.71	0.029	0.029
	载重汽车 4t	台班	408.97	0.421	0.421

工作内容：运料、拌浆、表面修凿、砌筑，搭拆简易脚手架、养护等。 计量单位：10m³

定 额 编 号				S4-2-49	S4-2-50	S4-2-51
项 目 名 称				边墙		
				浆砌块石	浆砌条石	浆砌混凝土预制块
基 价（元）				5925.04	7276.42	5022.93
其中	人 工 费（元）			2778.72	2526.16	2399.88
	材 料 费（元）			3104.51	4737.53	2615.52
	机 械 费（元）			41.81	12.73	7.53
名 称		单位	单价（元）	消	耗	量
人工	综合工日	工日	140.00	19.848	18.044	17.142
材料	板方材	m³	1800.00	0.028	0.028	0.028
	混凝土预制块	m³	214.00	—	—	10.100
	块石	m³	92.00	11.220	—	—
	水	m³	7.96	8.236	7.006	6.684
	条石	m³	388.00	—	10.400	—
	预拌砌筑砂浆(干拌)DM M7.5	m³	497.00	3.930	1.190	0.700
	其他材料费占材料费	%	—	0.100	0.100	0.100
机械	干混砂浆罐式搅拌机 20000L	台班	259.71	0.161	0.049	0.029

114

工作内容：混凝土浇筑、振捣、清理、养护。 计量单位：10m³

定 额 编 号					S4-2-52	
项 目 名 称					水沟混凝土浇筑	
					混凝土	
基 价（元）					4672.31	
其中	人 工 费（元）				468.72	
	材 料 费（元）				4203.59	
	机 械 费（元）				—	
	名 称	单位	单价（元）	消 耗 量		
人工	综合工日	工日	140.00	3.348		
材料	商品混凝土 C30(泵送)	m³	403.82	10.100		
	水	m³	7.96	5.350		
	其他材料费占材料费	%	—	2.000		

工作内容：模板安装、拆除、清理。 计量单位：10m²

定　额　编　号				S4-2-53
项　目　名　称				水沟混凝土浇筑
				模板
基　　价（元）				5110.45
其中	人　工　费（元）			3579.24
	材　料　费（元）			1174.74
	机　械　费（元）			356.47
名　　称	单位	单价(元)	消　耗　量	
人工	综合工日	工日	140.00	25.566
材料	板方材	m³	1800.00	0.304
	钢模板连接件	kg	3.12	38.800
	组合钢模板	kg	5.13	94.240
	其他材料费占材料费	%	—	2.000
机械	木工圆锯机 500mm	台班	25.33	0.032
	汽车式起重机 8t	台班	763.67	0.216
	载重汽车 8t	台班	501.85	0.380

第九节 喷射混凝土支护、锚杆

工作内容：搭、拆喷射平台、喷射机操作、喷射混凝土、清洗岩面。　　　　　　　计量单位：100m²

定　额　编　号				S4-2-54	S4-2-55	S4-2-56	S4-2-57
项　目　名　称				喷射混凝土支护			
				拱部			
				混凝土		钢纤维混凝土	
				初喷厚50mm	每增10mm	初喷厚50mm	每增10mm
基　　　　　价　（元）				5587.74	771.85	8209.55	1144.35
其中	人　工　费　（元）			1844.50	245.98	2029.02	270.48
	材　料　费　（元）			2517.54	352.64	4856.90	686.73
	机　械　费　（元）			1225.70	173.23	1323.63	187.14
名　　　称		单位	单价(元)	消	耗		量
人工	综合工日	工日	140.00	13.175	1.757	14.493	1.932
材料	板方材	m³	1800.00	0.021	—	0.021	—
	钢纤维	kg	3.96	—	—	578.684	82.643
	高压胶管 φ50	m	7.86	3.022	0.432	3.264	0.467
	脚手架钢管	kg	3.68	2.586	—	2.586	—
	喷射混凝土	m³	242.00	9.362	1.337	9.362	1.337
	水	m³	7.96	16.521	2.359	16.521	2.359
	其他材料费占材料费	%	—	2.000	2.000	2.000	2.000
机械	电动空气压缩机 10m³/min	台班	355.21	1.127	0.161	1.217	0.174
	混凝土湿喷机 5m³/h	台班	418.31	1.314	0.188	1.419	0.203
	轴流通风机 30kW	台班	131.23	2.101	0.285	2.269	0.308

工作内容：搭、拆喷射平台、喷射机操作、喷射混凝土、清洗岩面。　　　　　计量单位：100㎡

定　额　编　号			S4-2-58	S4-2-59	S4-2-60	S4-2-61
项　目　名　称			喷射混凝土支护			
			边墙			
			混凝土		钢纤维混凝土	
			初喷厚50mm	每增10mm	初喷厚50mm	每增10mm
基　　　价（元）			4960.82	686.16	7353.15	1026.61
其中	人　工　费（元）		1511.44	202.16	1662.64	222.46
	材　料　费（元）		2331.06	326.00	4482.69	633.28
	机　械　费（元）		1118.32	158.00	1207.82	170.87
名　　　称	单位	单价（元）	消	耗		量
人工 综合工日	工日	140.00	10.796	1.444	11.876	1.589
材料 板方材	m³	1800.00	0.021	—	0.021	—
钢纤维	kg	3.96	—	—	532.387	76.029
高压胶管 φ50	m	7.86	2.822	0.403	2.974	0.426
脚手架钢管	kg	3.68	2.586	—	2.586	—
喷射混凝土	m³	242.00	8.613	1.230	8.613	1.230
水	m³	7.96	16.521	2.359	16.521	2.359
其他材料费占材料费	%	—	2.000	2.000	2.000	2.000
机械 电动空气压缩机 10m³/min	台班	355.21	1.029	0.147	1.111	0.159
混凝土湿喷机 5m³/h	台班	418.31	1.197	0.171	1.293	0.185
轴流通风机 30kW	台班	131.23	1.921	0.261	2.075	0.282

118

工作内容：选孔位、打眼、洗眼、调制砂浆、灌浆、浸泡、灌装药卷、顶装锚杆。　　　　　　计量单位：t

定 额 编 号				S4-2-62	S4-2-63
项 目 名 称				锚杆	
				砂浆锚杆	药卷锚杆
基 价（元）				15092.00	14032.81
其中	人 工 费（元）			5156.34	4573.52
	材 料 费（元）			5707.94	6176.07
	机 械 费（元）			4227.72	3283.22
名 称		单位	单价（元）	消 耗 量	
人工	综合工日	工日	140.00	36.831	32.668
材料	电	kW·h	0.68	16.270	16.270
	高压风管 φ25	m	19.66	5.130	5.130
	合金钢钻头（一字形）	个	8.79	10.230	10.230
	六角空心钢	kg	3.68	17.940	17.940
	锚杆铁件	kg	4.85	1040.000	1040.000
	锚固砂浆	m³	320.00	0.490	—
	锚固药卷	kg	1.54	—	399.840
	水	m³	7.96	16.000	16.000
	其他材料费占材料费	%	—	2.000	2.000
机械	电动灌浆机	台班	24.47	4.880	—
	电动空气压缩机 10m³/min	台班	355.21	8.073	8.073
	风动锻钎机	台班	25.46	0.480	0.480
	灰浆搅拌机 200L	台班	215.26	3.833	—
	机动翻斗车 1t	台班	220.18	0.440	0.440
	汽腿式风动凿岩机	台班	14.30	21.434	21.434

工作内容：选孔位、打眼、洗眼、调制砂浆、灌浆、顶装锚杆。 计量单位：100m

定 额 编 号			S4-2-64	
项 目 名 称			锚杆	
			中空注浆锚杆	
基 价（元）			4615.64	
其中	人 工 费（元）		1463.70	
	材 料 费（元）		2259.03	
	机 械 费（元）		892.91	
名 称	单位	单价（元）	消 耗 量	
人工	综合工日	工日	140.00	10.455
材料	板方材	m³	1800.00	0.013
	镀锌铁丝 16号	kg	3.57	0.900
	合金钢钻头(一字形)	个	8.79	3.000
	六角空心钢	kg	3.68	5.100
	水	m³	7.96	5.000
	素水泥浆	m³	444.07	0.240
	原木	m³	1491.00	0.007
	圆钉	kg	5.13	0.100
	中空注浆锚杆	m	19.66	101.000
	其他材料费占材料费	%	—	2.000
机械	电动空气压缩机 10m³/min	台班	355.21	1.353
	机动翻斗车 1t	台班	220.18	0.152
	汽腿式风动凿岩机	台班	14.30	2.787
	液压注浆泵 HYB50/50-1型	台班	294.01	1.153

工作内容：选孔位、锚杆钻进、调制砂浆、灌浆、安装附件。　　　　　　　　　　　　　计量单位：100m

定　额　编　号				S4-2-65	
项　目　名　称				锚杆	
				自进式锚杆	
基　　　　价（元）				4524.85	
其中	人　工　费（元）			1242.78	
	材　料　费（元）			2389.16	
	机　械　费（元）			892.91	
名　　　称		单位	单价(元)	消　　耗　　量	
人工	综合工日	工日	140.00	8.877	
材料	板方材	m³	1800.00	0.013	
	镀锌铁丝 16号	kg	3.57	0.900	
	水	m³	7.96	5.000	
	素水泥浆	m³	444.07	0.240	
	原木	m³	1491.00	0.007	
	圆钉	kg	5.13	0.100	
	自进式锚杆	m	21.37	101.000	
	其他材料费占材料费	%	—	2.000	
机械	电动空气压缩机 10m³/min	台班	355.21	1.353	
	机动翻斗车 1t	台班	220.18	0.152	
	汽腿式风动凿岩机	台班	14.30	2.787	
	液压注浆泵 HYB50/50-1型	台班	294.01	1.153	

第十节 钢支撑

工作内容：下料、制作、校正、洞内及垂直运输、安装、拆除、整理、堆放等。　　　　　　计量单位：t

定　额　编　号				S4-2-66	S4-2-67	S4-2-68
项　目　名　称				钢支撑型钢钢架		
				制作	安装	拆除
基　　　价（元）				1881.23	690.48	243.04
其中	人　工　费（元）			1595.44	690.48	243.04
	材　料　费（元）			66.14	—	—
	机　械　费（元）			219.65	—	—
名　称		单位	单价（元）	消	耗	量
人工	综合工日	工日	140.00	11.396	4.932	1.736
材料	低碳钢焊条	kg	6.84	9.000	—	—
	型钢	kg	3.70	1.060	—	—
	其他材料费占材料费	%	—	1.000	—	—
机械	电焊条烘干箱 45×35×45cm³	台班	17.00	0.055	—	—
	交流弧焊机 32kV·A	台班	83.14	0.545	—	—
	载重汽车 4t	台班	408.97	0.424	—	—

工作内容：下料、制作、校正、洞内及垂直运输、安装、拆除、整理、堆放等。　　　　　　　　计量单位：t

定　额　编　号			S4-2-69	S4-2-70	S4-2-71
项　目　名　称			钢支撑		
			格栅钢架		
			制作	安装	拆除
基　　　　价（元）			5509.85	656.04	230.86
其中	人　工　费（元）		1702.68	656.04	230.86
	材　料　费（元）		3473.17	—	—
	机　械　费（元）		334.00	—	—
名　　　称	单位	单价（元）	消　　耗　　量		
人工	综合工日	工日	140.00	12.162	4.686	1.649
材料	低碳钢焊条	kg	6.84	46.000	—	—
	钢筋(综合)	t	3450.00	0.894	—	—
	螺栓带螺母	套	1.00	34.000	—	—
	型钢	kg	3.70	0.148	—	—
	氧气	m³	3.63	0.745	—	—
	乙炔气	kg	10.45	0.248	—	—
	其他材料费占材料费	%	—	1.000	—	—
机械	电焊条烘干箱 45×35×45cm³	台班	17.00	0.178	—	—
	钢筋切断机 40mm	台班	41.21	0.156	—	—
	钢筋弯曲机 40mm	台班	25.58	0.251	—	—
	交流弧焊机 32kV·A	台班	83.14	1.780	—	—
	载重汽车 4t	台班	408.97	0.416	—	—

第十一节 管棚及小导管

工作内容：混凝土浇筑、振捣、清理、养护。 计量单位：10m³

定 额 编 号					S4-2-72	
项 目 名 称					套拱	
					混凝土	
基 价（元）					4740.52	
其中	人 工 费（元）				505.96	
	材 料 费（元）				4234.56	
	机 械 费（元）				—	
	名 称	单位	单价（元）	消 耗 量		
人工	综合工日	工日	140.00	3.614		
材料	商品混凝土 C30(泵送)	m³	403.82	10.100		
	水	m³	7.96	12.250		
	其他材料费占材料费	%	—	1.400		

124

工作内容：模板安装、拆除、清理。

计量单位：10m²

定 额 编 号				S4-2-73
项 目 名 称				套拱
				模板
基 价 （元）				881.45
其中	人 工 费 （元）			508.06
	材 料 费 （元）			259.88
	机 械 费 （元）			113.51
名 称	单位	单价（元）	消 耗 量	
人工 综合工日	工日	140.00	3.629	
材料 扒钉	kg	3.85	0.703	
板方材	m³	1800.00	0.108	
镀锌铁丝 φ3.5	kg	3.57	1.490	
钢拱架	kg	3.03	6.998	
钢模板	kg	3.50	7.340	
钢模板连接件	kg	3.12	2.056	
圆钉	kg	5.13	0.109	
其他材料费占材料费	%	—	1.400	
机械 木工平刨床 300mm	台班	10.43	0.009	
木工圆锯机 500mm	台班	25.33	0.009	
汽车式起重机 8t	台班	763.67	0.062	
载重汽车 4t	台班	408.97	0.161	

工作内容：孔口管制作、安装。

計量单位：10m

定 额 编 号					S4-2-74	
项 目 名 称					套拱	
					孔口管	
基 价 （元）					907.28	
其中	人 工 费（元）				99.68	
	材 料 费（元）				783.02	
	机 械 费（元）				24.58	
	名 称	单位	单价（元）	消 耗 量		
人工	综合工日	工日	140.00	0.712		
材料	低碳钢焊条	kg	6.84	1.200		
	钢管	t	4060.00	0.126		
	螺纹钢筋 HRB400 φ10以上	t	3500.00	0.073		
	其他材料费占材料费	%	—	1.000		
机械	电焊条烘干箱 45×35×45cm³	台班	17.00	0.016		
	机动翻斗车 1t	台班	220.18	0.050		
	交流弧焊机 32kV·A	台班	83.14	0.160		

工作内容：制作、洞内及垂直运输、布眼、钻孔、安装就位。计量单位：10m

定 额 编 号				S4-2-75	S4-2-76	S4-2-77	S4-2-78
项 目 名 称				管棚			
				管径89	管径108	管径159	管径203
基 价 （元）				1767.61	1968.48	2512.26	2979.91
其中	人 工 费 （元）			667.80	707.42	813.82	905.38
	材 料 费 （元）			851.13	998.19	1391.98	1731.35
	机 械 费 （元）			248.68	262.87	306.46	343.18
名 称		单位	单价（元）	消	耗		量
人工	综合工日	工日	140.00	4.770	5.053	5.813	6.467
材料	合金钢钻头	个	7.80	0.530	0.560	0.640	0.710
	水	m³	7.96	31.860	33.750	38.810	43.180
	水平定向钻杆	kg	6.86	0.379	0.400	0.460	0.510
	无缝钢管 φ108×6	kg	4.44	—	153.969	—	—
	无缝钢管 φ159×6	kg	4.44	—	—	230.949	—
	无缝钢管 φ203×6	kg	4.44	—	—	—	297.367
	无缝钢管 φ89×6	kg	4.44	125.287	—	—	—
	岩心管	m	17.14	1.040	1.122	1.295	1.420
	其他材料费占材料费	%	—	2.000	2.000	2.000	2.000
机械	工程地质液压钻机	台班	706.92	0.336	0.354	0.408	0.454
	管子切断机 150mm	台班	33.32	0.035	0.035	—	—
	管子切断机 250mm	台班	42.58	—	—	0.044	0.053
	管子切断套丝机 159mm	台班	21.31	0.080	0.088	0.106	0.124
	立式钻床 25mm	台班	6.58	0.203	0.212	0.248	0.274
	载重汽车 4t	台班	408.97	0.017	0.020	0.030	0.038

工作内容：搭拆脚手架、布眼、钻孔、清孔、钢管制作、运输、就位、顶进安装。　　　计量单位：100m

定　额　编　号				S4-2-79
项　目　名　称				小导管42
基　　　价（元）				4858.60
其中	人　工　费（元）			1991.50
	材　料　费（元）			2038.08
	机　械　费（元）			829.02
名　　　称		单位	单价（元）	消　　耗　　量
人工	综合工日	工日	140.00	14.225
材料	镀锌铁丝 φ3.5	kg	3.57	1.000
	合金钢钻头	个	7.80	1.600
	六角空心钢	kg	3.68	1.500
	水	m³	7.96	54.999
	无缝钢管 φ42×3.5	kg	4.44	338.997
	氧气	m³	3.63	3.500
	乙炔气	kg	10.45	2.000
	其他材料费占材料费	%	—	2.000
机械	电动空气压缩机 10m³/min	台班	355.21	2.061
	管子切断机 60mm	台班	16.63	0.265
	机动翻斗车 1t	台班	220.18	0.232
	立式钻床 25mm	台班	6.58	0.531
	汽腿式风动凿岩机	台班	14.30	2.654

工作内容：砂浆制作、压浆、检查、堵孔。

计量单位：10m³

定 额 编 号				S4-2-80	S4-2-81
项 目 名 称				\multicolumn{2}{c}{注浆}	
				水泥浆	水泥水玻璃浆
基 价（元）				5036.67	11309.94
其中	人 工 费（元）			1525.72	1918.14
	材 料 费（元）			2870.93	8527.82
	机 械 费（元）			640.02	863.98
名 称		单位	单价（元）	消 耗 量	
人工	综合工日	工日	140.00	10.898	13.701
材料	二等板方材	m³	1709.00	0.112	0.140
	硅酸钠(水玻璃)	kg	1.62	—	3900.000
	磷酸氢二钠	kg	5.38	—	66.000
	水	m³	7.96	9.500	7.300
	水泥 42.5级	t	334.00	7.711	4.410
	其他材料费占材料费	%	—	1.000	1.000
机械	灰浆搅拌机 400L	台班	221.30	1.242	1.420
	双液压注浆泵 PH2×5	台班	387.14	—	1.420
	液压注浆泵 HYB50/50-1型	台班	294.01	1.242	—

第十二节 拱、墙背压浆

工作内容：搭拆操作平台、钻孔、砂浆制作、压浆、检查、堵孔。 计量单位：10m³

定 额 编 号				S4-2-82	S4-2-83
项 目 名 称				拱、墙背压浆	
				预留孔压浆	钻孔压浆
基 价（元）				5119.20	5480.58
其中	人 工 费（元）			1597.96	1923.60
	材 料 费（元）			2881.22	2883.70
	机 械 费（元）			640.02	673.28
名 称		单位	单价（元）	消 耗 量	
人工	综合工日	工日	140.00	11.414	13.740
材料	板方材	m³	1800.00	0.112	0.112
	合金钢钻头	个	7.80	—	0.315
	水	m³	7.96	9.500	9.500
	水泥 42.5级	t	334.00	7.711	7.711
	其他材料费占材料费	%	—	1.000	1.000
机械	电动空气压缩机 10m³/min	台班	355.21	—	0.084
	灰浆搅拌机 400L	台班	221.30	1.242	1.242
	汽腿式风动凿岩机	台班	14.30	—	0.240
	液压注浆泵 HYB50/50-1型	台班	294.01	1.242	1.242

第十三节 防水板、止水带(条)、止水胶

工作内容：1.搭拆工作平台、敷设、固锚机焊接防水板，安装止水带(条)；
2.基层清理、混凝土浇筑及养护。

计量单位：见表

定 额 编 号			S4-2-84	S4-2-85
项 目 名 称			防水板	
			复合式防水板	细石混凝土保护层
单 位			100m²	10m³
基 价（元）			2728.81	7479.63
其中	人 工 费（元）		1511.30	3471.02
	材 料 费（元）		1217.51	4008.61
	机 械 费（元）		—	—
	名 称	单位	单价（元）	消 耗 量	
人工	综合工日	工日	140.00	10.795	24.793
材料	复合式防水板	m²	10.29	116.000	—
	商品混凝土 C25(泵送)	m³	389.11	—	10.100
	其他材料费占材料费	%	—	2.000	2.000

工作内容：1.搭拆工作平台、敷设、固锚机焊接防水板，安装止水带(条)；
　　　　　2.基层清理、混凝土浇筑及养护。

计量单位：100m

定　额　编　号					S4-2-86	S4-2-87
项　目　名　称					止水带(条)	
					橡胶止水带	遇水膨胀止水条
基　　价（元）					6949.53	2667.34
其中	人　工　费（元）				2546.46	2269.68
	材　料　费（元）				4403.07	397.66
	机　械　费（元）				—	—
名　　称		单位	单价（元）		消　　耗　　量	
人工	综合工日	工日	140.00		18.189	16.212
材料	橡胶止水带	m	42.74		101.000	—
	遇水膨胀止水条 30×20	m	3.86		—	101.000
	其他材料费占材料费	%	—		2.000	2.000

工作内容：1.搭拆工作平台、敷设、固锚机焊接防水板，安装止水带(条)；
2.基层清理、混凝土浇筑及养护。

计量单位：100m

定 额 编 号			S4-2-88	
项 目 名 称			止水胶	
基 价（元）			3958.35	
其中	人 工 费（元）		2646.14	
	材 料 费（元）		1312.21	
	机 械 费（元）		—	
名 称		单位	单价（元）	消 耗 量
人工	综合工日	工日	140.00	18.901
材料	密封止水胶	kg	12.84	30.600
	塑料注浆阀管	m	8.43	106.000
	其他材料费占材料费	%	—	2.000

第十四节 排水管沟

工作内容：搭拆、移动工作平台、材料下料、安装、固定等。　　　　　　　　　　　计量单位：100m

定　额　编　号				S4-2-89	S4-2-90
项　目　名　称				排水管	
				纵向排水管	
				弹簧管	HPDE管
基　　　　　价（元）				2051.26	1701.46
其中	人　工　费（元）			376.46	376.46
	材　料　费（元）			1674.80	1325.00
	机　械　费（元）			—	—
	名　称	单位	单价(元)	消　　耗　　量	
人工	综合工日	工日	140.00	2.689	2.689
材料	塑料打孔波纹管 φ100mm	m	12.50	—	106.000
	塑料弹簧软管 φ110mm	m	15.80	106.000	—

工作内容：搭拆、移动工作平台、材料下料、安装、固定等。 计量单位：支

定 额 编 号				S4-2-91	
项 目 名 称				排水管	
				横向排水管	
基 价（元）				15.31	
其中	人 工 费（元）			11.06	
	材 料 费（元）			4.25	
	机 械 费（元）			—	
名 称		单位	单价（元）	消 耗 量	
人工	综合工日	工日	140.00	0.079	
材料	PVC塑料管 φ100	m	2.00	2.000	
	土工布	m²	2.43	0.070	
	其他材料费占材料费	%	—	2.000	

工作内容：搭拆、移动工作平台、材料下料、安装、固定等。 计量单位：100m

定 额 编 号				S4-2-92	S4-2-93	S4-2-94
项 目 名 称				排水管		
				环向排水管		
				弹簧管	无纺布	塑料盲沟
基 价（元）				3233.34	1705.91	2681.51
其中	人 工 费（元）			2037.14	1494.64	1572.20
	材 料 费（元）			1196.20	211.27	1109.31
	机 械 费（元）			—	—	—
名 称		单位	单价（元）	消 耗 量		
人工	综合工日	工日	140.00	14.551	10.676	11.230
材料	膨胀螺栓 M8×60	套	0.20	416.000	416.000	—
	塑料板盲沟	m	10.26	—	—	106.000
	塑料弹簧软管 φ50mm	m	10.50	106.000	—	—
	土工布	m²	2.43	—	51.000	—
	其他材料费占材料费	%	—	—	2.000	2.000

136

工作内容：搭拆、移动工作平台、材料下料、安装、固定等。 计量单位：100m

定　额　编　号			S4-2-95	
项　目　名　称			侧式排水沟	
基　　　价（元）			10296.61	
其中	人　工　费（元）		792.26	
	材　料　费（元）		9052.98	
	机　械　费（元）		451.37	
名　　　称		单位	单价(元)	消　　耗　　量
人工	综合工日	工日	140.00	5.659
材料	片石	t	65.00	1.610
	商品混凝土 C15(泵送)	m³	326.48	7.727
	水	m³	7.96	9.000
	塑料打孔波纹管 φ400mm	m	57.11	106.000
	土工布	m²	2.43	86.700
	其他材料费占材料费	%	—	1.000
机械	机动翻斗车 1t	台班	220.18	2.050

第三章 临时工程

说　　明

一、本章定额包括洞内通风机，洞内通风筒安、拆年摊销，洞内风、水管道安、拆年摊销，洞内电路架设、拆除年摊销，洞内外轻便轨道铺、拆年摊销等项目。

二、本章定额适用于岩石隧道洞内施工所用等通风、供水、供风、照明、动力管线以及轻便轨道线路的临时性工程。

三、本章定额按年摊销计算，施工时间不足一年按"一年内"计算，超过一年按"每增一季度"增加，不足一季度按一季度计算。

四、本章定额临时风水钢管、照明线路、轻便轨道均按单线设计考虑，如批准的施工组织设计（或方案）规定需安双排时，工程量应按双排计算。

五、洞长在 200m 以内的短隧道，一般不考虑洞内通风。如批准的施工组织设计要求必须通风时，按定额规定计算。

工程量计算规则

一、洞长度按主洞加支洞的长度之和计算（均以洞口断面为起点，不含明槽）。

二、洞内通风按洞长长度计算。

三、粘胶布通风筒及铁风筒按每一洞口施工长度减 20m 以长度计算。

四、风、水钢管按洞长加 100m 以长度计算。

五、照明线路按洞长长度计算。

六、动力线路按洞长度加 50m 以长度计算。

七、轻便轨道以批准的施工组织设计（或方案）所布置的起、止点为准，对所设置的道岔，每处按相应轨道折合 30m 长度计算。

第一节 洞内通风机

工作内容：洞内通风、通风机安装、调试、使用、维护及拆除。　　　　　　　　计量单位：100m

定　额　编　号				S4-3-1	S4-3-2
项　目　名　称				开挖断面10m³内	
				运行	
				洞长1000内	洞长1000外每增100m
基　　　　　价（元）				8351.39	8462.37
其中	人　工　费（元）			2802.10	2802.10
	材　料　费（元）			—	—
	机　械　费（元）			5549.29	5660.27
名　　　称		单位	单价（元）	消　　耗　　量	
人工	综合工日	工日	140.00	20.015	20.015
机械	轴流通风机 7.5kW	台班	40.15	138.214	140.978

143

工作内容：洞内通风、通风机安装、调试、使用、维护及拆除。　　　　　　　　　　计量单位：100m

定　额　编　号				S4-3-3	S4-3-4
项　目　名　称				开挖断面65m³内	
				运行	
				洞长1000内	洞长1000外每增100m
基　　　　　价（元）				**18322.51**	**18639.96**
其中	人　工　费（元）			2451.82	2451.82
	材　料　费（元）			—	—
	机　械　费（元）			15870.69	16188.14
名　　称		单位	单价(元)	消　　耗　　　　量	
人工	综合工日	工日	140.00	17.513	17.513
机械	轴流通风机 30kW	台班	131.23	120.938	123.357

工作内容：洞内通风、通风机安装、调试、使用、维护及拆除。 计量单位：100m

定 额 编 号				S4-3-5	S4-3-6
项 目 名 称				开挖断面100m³内	
				运行	
				洞长1000内	洞长1000外每增100m
基 价 （元）				6877.65	6969.04
其中	人 工 费（元）			2307.62	2307.62
	材 料 费（元）			—	—
	机 械 费（元）			4570.03	4661.42
	名 称	单位	单价(元)	消 耗 量	
人工	综合工日	工日	140.00	16.483	16.483
机械	轴流通风机 7.5kW	台班	40.15	113.824	116.100

工作内容：洞内通风、通风机安装、调试、使用、维护及拆除。 计量单位：100m

定 额 编 号				S4-3-7	S4-3-8
项 目 名 称				开挖断面200m³内	
				运行	
				洞长1000内	洞长1000外每增100m
基 价（元）				16286.61	16568.75
其中	人 工 费（元）			2179.38	2179.38
	材 料 费（元）			—	—
	机 械 费（元）			14107.23	14389.37
名 称	单位	单价（元）	消 耗 量		
人工	综合工日	工日	140.00	15.567	15.567
机械	轴流通风机 30kW	台班	131.23	107.500	109.650

第二节 洞内通风筒安、拆年摊销

工作内容：铺设管道、清扫污物、维修保养、拆除及材料运输。　　　　　　　　计量单位：100m

定　额　编　号			S4-3-9	S4-3-10
项　目　名　称			直径500通风筒以内	
			粘胶布轻便软管	
			一年内	每增加一季
基　　　价（元）			8485.86	1608.68
其中	人　工　费（元）		8154.86	1553.30
	材　料　费（元）		331.00	55.38
	机　械　费（元）		—	—
名　　　称	单位	单价(元)	消　　耗　　量	
人工	综合工日	工日	140.00	58.249	11.095
材料	镀锌铁丝 φ1.6	kg	3.57	15.000	—
	环氧沥青漆	kg	15.38	1.500	0.300
	六角螺栓带螺母(综合)	kg	12.20	3.000	0.600
	粘胶布风筒 φ500	m	6.50	33.000	6.600
	其他材料费占材料费	%	—	1.000	1.000

工作内容：铺设管道、清扫污物、维修保养、拆除及材料运输。 计量单位：100m

定 额 编 号				S4-3-11	S4-3-12
项 目 名 称				直径500通风筒以内	
				δ=2薄钢板风筒	
				一年内	每增加一季
基 价（元）				11092.58	1777.62
其中	人 工 费（元）			9867.34	1553.30
	材 料 费（元）			1083.76	195.20
	机 械 费（元）			141.48	29.12
名 称		单位	单价（元）	消 耗 量	
人工	综合工日	工日	140.00	70.481	11.095
材料	醇酸防锈漆	kg	17.09	7.300	1.460
	低碳钢焊条	kg	6.84	0.500	0.100
	镀锌铁丝 φ1.6	kg	3.57	25.000	—
	六角螺栓带螺母(综合)	kg	12.20	10.380	2.080
	铁风筒 直径500	m	25.00	20.400	4.000
	型钢	kg	3.70	57.100	11.420
	圆钉	kg	5.13	1.500	—
	其他材料费占材料费	%	—	1.000	1.000
机械	电动双筒慢速卷扬机 80kN	台班	288.35	0.425	0.088
	电焊条烘干箱 45×35×45cm³	台班	17.00	0.018	0.004
	台式钻床 16mm	台班	4.07	0.761	0.150
	直流弧焊机 32kV·A	台班	87.75	0.177	0.035

工作内容：铺设管道、清扫污物、维修保养、拆除及材料运输。　　　　　　　　　　　　　　计量单位：100m

定　额　编　号				S4-3-13	S4-3-14
项　目　名　称				直径1000通风筒以内	
				粘胶布轻便软管	
				一年内	每增加一季
基　　　　　价（元）				12872.55	2423.14
其中	人　工　费（元）			12232.22	2330.02
	材　料　费（元）			640.33	93.12
	机　械　费（元）			—	—
名　　　称		单位	单价(元)	消　耗　　　量	
人工	综合工日	工日	140.00	87.373	16.643
材料	镀锌铁丝　φ1.6	kg	3.57	30.000	—
	环氧沥青漆	kg	15.38	3.000	0.600
	六角螺栓带螺母(综合)	kg	12.20	6.000	0.120
	粘胶布风筒　φ1000	m	12.35	33.000	6.600
	其他材料费占材料费	%	—	1.000	1.000

工作内容：铺设管道、清扫污物、维修保养、拆除及材料运输。 计量单位：100m

定 额 编 号				S4-3-15	S4-3-16
项 目 名 称				直径1000通风筒以内	
				δ=2薄钢板风筒	
				一年内	每增加一季
基 价（元）				16895.10	2711.96
其中	人 工 费（元）			14800.94	2330.02
	材 料 费（元）			1811.50	323.33
	机 械 费（元）			282.66	58.61
名 称		单位	单价（元）	消 耗 量	
人工	综合工日	工日	140.00	105.721	16.643
材料	醇酸防锈漆	kg	17.09	14.600	2.920
	低碳钢焊条	kg	6.84	1.000	0.200
	镀锌铁丝 φ1.6	kg	3.57	50.000	—
	六角螺栓带螺母(综合)	kg	12.20	20.720	4.160
	铁风筒 直径1000	m	33.40	20.000	4.000
	型钢	kg	3.70	114.200	22.840
	圆钉	kg	5.13	3.000	—
	其他材料费占材料费	%	—	1.000	1.000
机械	电动双筒慢速卷扬机 80kN	台班	288.35	0.849	0.177
	电焊条烘干箱 45×35×45cm³	台班	17.00	0.035	0.007
	台式钻床 16mm	台班	4.07	1.522	0.301
	直流弧焊机 32kV·A	台班	87.75	0.354	0.071

150

工作内容：铺设管道、清扫污物、维修保养、拆除及材料运输。 计量单位：100m

定　额　编　号				S4-3-17	S4-3-18
项　目　名　称				直径1500通风筒以内	
				粘胶布轻便软管	
				一年内	每增加一季
基　　　　　价（元）				19804.68	3753.76
其中	人　工　费（元）			18348.40	3494.96
	材　料　费（元）			1456.28	258.80
	机　械　费（元）			—	—
名　　称		单位	单价（元）	消　　耗　　量	
人工	综合工日	工日	140.00	131.060	24.964
材料	镀锌铁丝 Φ1.6	kg	3.57	45.000	—
	环氧沥青漆	kg	15.38	4.500	0.900
	六角螺栓带螺母(综合)	kg	12.20	9.000	1.800
	粘胶布风筒 Φ1500	m	33.40	33.000	6.600
	其他材料费占材料费	%	—	1.000	1.000

工作内容：铺设管道、清扫污物、维修保养、拆除及材料运输。 计量单位：100m

定 额 编 号				S4-3-19	S4-3-20
项 目 名 称				直径1500通风筒以内	
				δ=2薄钢板风筒	
				一年内	每增加一季
基 价（元）				25310.28	4009.77
其中	人 工 费（元）			22201.48	3494.96
	材 料 费（元）			2684.66	427.07
	机 械 费（元）			424.14	87.74
名 称		单位	单价（元）	消 耗 量	
人工	综合工日	工日	140.00	158.582	24.964
材料	醇酸防锈漆	kg	17.09	21.900	4.380
	低碳钢焊条	kg	6.84	1.500	0.300
	镀锌铁丝 φ1.6	kg	3.57	75.000	—
	六角螺栓带螺母(综合)	kg	12.20	31.140	2.080
	铁风筒 直径1500	m	48.45	20.000	4.000
	型钢	kg	3.70	171.300	34.260
	圆钉	kg	5.13	4.500	—
	其他材料费占材料费	%	—	1.000	1.000
机械	电动双筒慢速卷扬机 80kN	台班	288.35	1.274	0.265
	电焊条烘干箱 45×35×45cm³	台班	17.00	0.053	0.011
	台式钻床 16mm	台班	4.07	2.282	0.451
	直流弧焊机 32kV·A	台班	87.75	0.531	0.106

第三节 洞内风、水管道安、拆年摊销

工作内容：铺设管道、阀门，清扫污物、除锈、校正维修保养、拆除及材料运输。　　　　计量单位：100m

定　额　编　号				S4-3-21	S4-3-22
项　目　名　称				镀锌钢管（水管）	
				直径25以内一年内	直径25以内每增加一季
基　　　　　价（元）				2632.85	380.37
其中	人　工　费（元）			2369.64	337.82
	材　料　费（元）			254.62	40.84
	机　械　费（元）			8.59	1.71
	名　　　称	单位	单价（元）	消　　耗　　量	
人工	综合工日	工日	140.00	16.926	2.413
材料	镀锌钢管 DN25	m	11.00	17.500	3.000
	镀锌钢管卡子 DN25	个	0.94	20.000	2.000
	镀锌管箍 DN25	个	2.48	6.000	0.600
	螺纹截止阀 J11T-16 DN25	个	18.00	0.600	0.120
	铅油（厚漆）	kg	6.45	0.500	—
	其他材料费占材料费	%	—	6.000	6.000
机械	管子切断机 60mm	台班	16.63	0.177	0.035
	管子切断套丝机 159mm	台班	21.31	0.265	0.053

工作内容：铺设管道、阀门，清扫污物、除锈、校正维修保养、拆除及材料运输。　　　　　计量单位：100m

定　额　编　号			S4-3-23	S4-3-24
项　目　名　称			镀锌钢管(水管)	
			直径50以内一年内	直径50以内每增加一季
基　　　价（元）			3488.92	497.58
其中	人　工　费（元）		2966.74	412.44
	材　料　费（元）		498.26	80.35
	机　械　费（元）		23.92	4.79
名　　称		单位	单价(元)	消　　　耗　　　量	
人工	综合工日	工日	140.00	21.191	2.946
材料	镀锌钢管 DN50	m	21.00	17.500	3.000
	镀锌钢管卡子 DN50	个	1.35	20.000	2.000
	镀锌管箍 DN50	个	6.84	6.000	0.600
	螺纹截止阀 J11T-16 DN50	个	50.00	0.600	0.120
	铅油(厚漆)	kg	6.45	0.700	—
	其他材料费占材料费	%	—	6.000	6.000
机械	管子切断机 60mm	台班	16.63	0.531	0.106
	管子切断套丝机 159mm	台班	21.31	0.708	0.142

154

工作内容：铺设管道、阀门，清扫污物、除锈、校正维修保养、拆除及材料运输。　　　　计量单位：100m

定 额 编 号				S4-3-25	S4-3-26
项 目 名 称				镀锌钢管(水管)	
				直径80以内	
				一年内	每增加一季
基 价（元）				4620.01	657.48
其中	人 工 费（元）			3667.72	500.08
	材 料 费（元）			928.37	152.61
	机 械 费（元）			23.92	4.79
名 称		单位	单价（元）	消 耗 量	
人工	综合工日	工日	140.00	26.198	3.572
材料	镀锌钢管 DN80	m	35.00	17.500	3.000
	镀锌钢管卡子 DN80	个	1.71	20.000	2.000
	镀锌管箍 DN80	个	13.68	6.000	0.600
	法兰截止阀 J41T-16 DN80	个	227.87	0.600	0.120
	铅油	kg	6.45	1.600	—
	其他材料费占材料费	%	—	6.000	6.000
机械	管子切断机 60mm	台班	16.63	0.531	0.106
	管子切断套丝机 159mm	台班	21.31	0.708	0.142

工作内容：铺设管道、阀门，清扫污物、除锈、校正维修保养、拆除及材料运输。　　　　计量单位：100m

定　额　编　号					S4-3-27	S4-3-28
项　目　名　称					镀锌钢管(水管)	
					直径100以内	
					一年内	每增加一季
基　　　　价（元）					5441.24	771.82
其中	人　工　费（元）				4171.44	563.08
	材　料　费（元）				1245.88	203.95
	机　械　费（元）				23.92	4.79
名　　称		单位	单价（元）		消　　耗　　量	
人工	综合工日	工日	140.00		29.796	4.022
材料	镀锌钢管 DN100	m	46.00		17.500	3.000
	镀锌钢管卡子 DN100	个	2.39		20.000	2.000
	镀锌管箍 DN100	个	20.51		6.000	0.600
	法兰截止阀 J41T-16 DN100	个	311.00		0.600	0.120
	铅油	kg	6.45		2.000	—
	其他材料费占材料费	%	—		6.000	6.000
机械	管子切断机 60mm	台班	16.63		0.531	0.106
	管子切断套丝机 159mm	台班	21.31		0.708	0.142

工作内容：铺设管道、阀门，清扫污物、除锈、校正维修保养、拆除及材料运输。　　　　　　计量单位：100m

定　额　编　号			S4-3-29	S4-3-30
项　目　名　称			钢管直径80以内	
			一年内	每增加一季
基　　　　价（元）			9416.46	1279.10
其中	人　工　费（元）		7862.82	987.84
	材　料　费（元）		1184.50	216.99
	机　械　费（元）		369.14	74.27
名　　　称		单位	单价（元）	消　　耗　　量	
人工	综合工日	工日	140.00	56.163	7.056
材料	醇酸防锈漆	kg	17.09	3.500	0.700
	低碳钢焊条	kg	6.84	8.820	1.770
	法兰截止阀 J41T-16 DN80	个	227.87	0.600	0.120
	六角螺栓带螺母(综合)	kg	12.20	11.410	2.280
	平焊法兰 1.6MPa DN80	片	24.79	2.550	0.510
	铸铁管 DN80	m	37.61	17.500	3.000
	其他材料费占材料费	%	—	6.000	6.000
机械	电动弯管机 108mm	台班	76.93	0.265	0.053
	电焊条烘干箱 45×35×45cm³	台班	17.00	0.387	0.078
	管子切断机 150mm	台班	33.32	0.088	0.018
	直流弧焊机 32kV·A	台班	87.75	3.866	0.778

工作内容：铺设管道、阀门，清扫污物、除锈、校正维修保养、拆除及材料运输。　　　　　计量单位：100m

定　额　编　号			S4-3-31	S4-3-32
项　目　名　称			钢管直径100以内	
			一年内	每增加一季
基　　　　价（元）			10457.81	1436.65
其中	人　工　费（元）		8425.20	1058.26
	材　料　费（元）		1589.75	290.84
	机　械　费（元）		442.86	87.55
名　　　称		单位	单价（元）	消　　　耗　　　量	
人工	综合工日	工日	140.00	60.180	7.559
材料	醇酸防锈漆	kg	17.09	4.000	0.800
	低碳钢焊条	kg	6.84	10.620	2.130
	法兰截止阀 J41T-16 DN100	个	311.00	0.600	0.120
	六角螺栓带螺母(综合)	kg	12.20	16.090	3.220
	平焊法兰 1.6MPa DN100	片	30.77	2.550	0.510
	铸铁管 DN100	m	51.28	17.500	3.000
	其他材料费占材料费	%	—	6.000	6.000
机械	电动弯管机 108mm	台班	76.93	0.442	0.071
	电焊条烘干箱 45×35×45cm³	台班	17.00	0.454	0.091
	管子切断机 150mm	台班	33.32	0.088	0.018
	直流弧焊机 32kV·A	台班	87.75	4.538	0.911

工作内容：铺设管道、阀门，清扫污物、除锈、校正维修保养、拆除及材料运输。　　　　计量单位：100m

定　额　编　号			S4-3-33	S4-3-34
项　目　名　称			钢管直径150以内	
			一年内	每增加一季
基　　　　价（元）			14228.38	1992.18
其中	人　工　费（元）		10914.82	1369.34
	材　料　费（元）		2460.41	451.75
	机　械　费（元）		853.15	171.09
名　　　称	单位	单价（元）	消　　耗　　量	
人工	综合工日	工日	140.00	77.963	9.781
材料	醇酸防锈漆	kg	17.09	6.000	1.200
	低碳钢焊条	kg	6.84	15.840	3.170
	法兰截止阀 J41T-16 DN150	个	588.82	0.600	0.120
	六角螺栓带螺母（综合）	kg	12.20	23.110	4.620
	平焊法兰 1.6MPa DN150	片	56.39	2.550	0.510
	铸铁管 DN150	m	76.07	17.500	3.000
	其他材料费占材料费	%	—	6.000	6.000
机械	电焊条烘干箱 45×35×45cm³	台班	17.00	0.944	0.189
	管子切断机 150mm	台班	33.32	0.265	0.053
	直流弧焊机 32kV·A	台班	87.75	9.439	1.893

第四节 洞内电路架设、拆除年摊销

工作内容：线路沿壁架设、安装、随用、随移、安全检查、维修保养、拆除及材料运输。

计量单位：100m

定 额 编 号			S4-3-35	S4-3-36
项 目 名 称			照明	
			一年内	每增一年
基 价（元）			11713.26	2249.59
其中	人 工 费（元）		3979.08	1918.42
	材 料 费（元）		7734.18	331.17
	机 械 费（元）		—	—
名 称	单位	单价（元）	消 耗	量
人工	综合工日	工日	140.00	28.422	13.703
材料	板方材	m³	1800.00	0.056	—
	醇酸防锈漆	kg	17.09	1.100	0.220
	灯泡	个	1.43	112.000	22.400
	电	kW·h	0.68	8400.000	—
	防水灯头	个	15.38	14.000	0.840
	胶壳闸刀 220V/100A	个	8.25	0.100	0.020
	六角螺栓带螺母(综合)	kg	12.20	2.560	0.510
	熔断器 220V/100A	个	1.90	0.500	0.100
	橡胶三芯软揽 3×35	m	54.52	26.000	5.000
	其他材料费占材料费	%	—	1.000	1.000

工作内容：线路沿壁架设、安装、随用、随移、安全检查、维修保养、拆除及材料运输。

计量单位：100m

定 额 编 号				S4-3-37	S4-3-38
项 目 名 称				动力	
				$3\times70mm^2+2\times25mm^2$	
				一年内	每增一年
基 价（元）				14251.55	3754.37
其中	人 工 费（元）			5339.18	2337.02
	材 料 费（元）			8912.37	1417.35
	机 械 费（元）			—	—
名 称		单位	单价（元）	消 耗 量	
人工	综合工日	工日	140.00	38.137	16.693
材料	板方材	m³	1800.00	0.056	—
	醇酸防锈漆	kg	17.09	1.100	0.220
	电	kW·h	0.68	2100.000	—
	端子板 JX2-2510	组	13.74	0.250	0.050
	六角螺栓带螺母(综合)	kg	12.20	0.530	0.110
	熔断器 380V/100A	个	7.50	0.750	0.150
	三湘四孔插座 15A	个	8.22	0.250	0.050
	塑料绝缘电力电缆 VV $3\times70mm^2+2\times25mm^2$	m	279.00	26.000	5.000
	铁壳闸刀 380V/200A	个	49.52	0.100	0.020
	其他材料费占材料费	%	—	1.000	1.000

工作内容：线路沿壁架设、安装、随用、随移、安全检查、维修保养、拆除及材料运输。

计量单位：100m

定　额　编　号			S4-3-39	S4-3-40
项　目　名　称			动力	
			$3×120mm^2+2×70mm^2$	
			一年内	每增一年
基　　　价（元）			17281.13	4565.23
其中	人　工　费（元）		7318.36	2945.88
	材　料　费（元）		9962.77	1619.35
	机　械　费（元）		—	—
名　　　称		单位	单价（元）	消　　耗　　量
人工	综合工日	工日	140.00	52.274	21.042
材料	板方材	m^3	1800.00	0.056	—
	醇酸防锈漆	kg	17.09	1.100	0.220
	电	kW·h	0.68	2100.000	—
	端子板 JX2-2510	组	13.74	0.250	0.050
	六角螺栓带螺母(综合)	kg	12.20	0.530	0.110
	熔断器 380V/100A	个	7.50	0.750	0.150
	三湘四孔插座 15A	个	8.22	0.250	0.050
	塑料绝缘电力电缆 VV $3×120mm^2+2×70mm^2$	m	319.00	26.000	5.000
	铁壳闸刀 380V/200A	个	49.52	0.100	0.020
	其他材料费占材料费	%	—	1.000	1.000

工作内容：线路沿壁架设、安装、随用、随移、安全检查、维修保养、拆除及材料运输。

计量单位：100m

定 额 编 号				S4-3-41	S4-3-42
项 目 名 称				动力	
				$3\times150mm^2+2\times120mm^2$	
				一年内	每增一年
基 价（元）				21106.87	5415.27
其中	人 工 费（元）			8308.02	3250.52
	材 料 费（元）			12798.85	2164.75
	机 械 费（元）			—	—
	名 称	单位	单价(元)	消 耗	量
人工	综合工日	工日	140.00	59.343	23.218
材料	板方材	m³	1800.00	0.056	—
	醇酸防锈漆	kg	17.09	1.100	0.220
	电	kW·h	0.68	2100.000	—
	端子板 JX2-2510	组	13.74	0.250	0.050
	六角螺栓带螺母(综合)	kg	12.20	0.530	0.110
	熔断器 380V/100A	个	7.50	0.750	0.150
	三湘四孔插座 15A	个	8.22	0.250	0.050
	塑料绝缘电力电缆 VV 3×150mm²+2×120mm²	m	427.00	26.000	5.000
	铁壳闸刀 380V/200A	个	49.52	0.100	0.020
	其他材料费占材料费	%	—	1.000	1.000

工作内容：线路沿壁架设、安装、随用、随移、安全检查、维修保养、拆除及材料运输。

计量单位：100m

定 额 编 号			S4-3-43	S4-3-44
项 目 名 称			动力	
			$3\times180mm^2+2\times150mm^2$	
			一年内	每增一年
基 价 （元）			22882.31	5846.29
其中	人 工 费（元）		9085.58	3489.64
	材 料 费（元）		13796.73	2356.65
	机 械 费（元）		—	—
名 称	单位	单价（元）	消 耗 量	
人工 综合工日	工日	140.00	64.897	24.926
材料 板方材	m³	1800.00	0.056	—
醇酸防锈漆	kg	17.09	1.100	0.220
电	kW·h	0.68	2100.000	—
端子板 JX2-2510	组	13.74	0.250	0.050
六角螺栓带螺母(综合)	kg	12.20	0.530	0.110
熔断器 380V/100A	个	7.50	0.750	0.150
三湘四孔插座 15A	个	8.22	0.250	0.050
塑料绝缘电力电缆 VV $3\times180mm^2+2\times150mm^2$	m	465.00	26.000	5.000
铁壳闸刀 380V/200A	个	49.52	0.100	0.020
其他材料费占材料费	%	—	1.000	1.000

第五节 洞内外轻便轨道铺、拆年摊销

工作内容：铺设枕木、轻轨、校平调顺、固定、拆除、材料运输及保养维修。

计量单位：100m

定 额 编 号			S4-3-45	S4-3-46
项 目 名 称			轻便轨道(kg/m)	
			15	
			一年内	每增一季
基 价（元）			9783.34	1169.29
其中	人 工 费（元）		6502.86	588.14
	材 料 费（元）		3280.48	581.15
	机 械 费（元）		—	—
名 称	单位	单价(元)	消 耗 量	
人工 综合工日	工日	140.00	46.449	4.201
材料 道钉	kg	6.41	19.520	3.660
镀锌铁丝 φ1.6	kg	3.57	10.650	2.130
钢板垫板	kg	5.13	25.190	4.580
钢轨	kg	3.44	430.000	70.000
鱼尾板	kg	4.27	16.910	3.210
鱼尾螺栓	kg	4.10	6.910	1.280
圆钉	kg	5.13	1.000	0.200
枕木	m³	1230.77	1.050	0.200
其他材料费占材料费	%	—	3.500	3.500

工作内容：铺设枕木、轻轨、校平调顺、固定、拆除、材料运输及保养维修。　　　　　　计量单位：100m

定　额　编　号			S4-3-47	S4-3-48
项　目　名　称			轻便轨道(kg/m)	
			18	
			一年内	每增一季
基　　　　价（元）			11332.60	1426.21
其中	人　工　费（元）		6689.62	603.68
	材　料　费（元）		4642.98	822.53
	机　械　费（元）		—	—
名　　　称		单位	单价（元）	消　　耗　　量
人工	综合工日	工日	140.00	47.783	4.312
材料	道钉	kg	6.41	31.520	5.910
	镀锌铁丝 φ1.6	kg	3.57	13.650	2.730
	钢板垫板	kg	5.13	81.280	15.240
	钢轨	kg	3.44	450.000	70.000
	鱼尾板	kg	4.27	18.430	3.490
	鱼尾螺栓	kg	4.10	7.940	1.470
	圆钉	kg	5.13	1.000	0.200
	枕木	m³	1230.77	1.750	0.330
	其他材料费占材料费	%	—	3.500	3.500

工作内容：铺设枕木、轻轨、校平调顺、固定、拆除、材料运输及保养维修。 计量单位：100m

定　额　编　号					S4-3-49	S4-3-50
项　目　名　称					轻便轨道	
					24(kg/m)	
					一年内	每增一季
基　　　　价（元）					11681.32	1480.79
其中	人　工　费（元）				6751.78	608.86
	材　料　费（元）				4929.54	871.93
	机　械　费（元）				—	—
名　　　称		单位	单价（元）		消　　耗　　量	
人工	综合工日	工日	140.00		48.227	4.349
材料	道钉	kg	6.41		35.680	6.690
	镀锌铁丝 φ1.6	kg	3.57		13.650	2.730
	钢板垫板	kg	5.13		81.280	15.240
	钢轨	kg	3.44		510.000	80.000
	鱼尾板	kg	4.27		28.690	5.440
	鱼尾螺栓	kg	4.10		7.940	1.470
	圆钉	kg	5.13		1.000	0.200
	枕木	m³	1230.77		1.750	0.330
	其他材料费占材料费	%	—		3.500	3.500

第四章 盾构法掘进

第四章　信息沟通与决策

说　　明

一、本章定额包括盾构吊装及吊拆、盾构掘进、衬砌壁后压浆、预制钢筋混凝土管片、钢管片等项目。

二、$\phi \leqslant 5000$、$\phi \leqslant 7000$ 盾构机采用整体吊装，$\phi \leqslant 11500$、$\phi \leqslant 15500$ 盾构机采用分体吊装方式。

三、盾构车架安装按井下一次安装就位考虑，如井下车架安装受施工现场影响，需要增加车架转换时，其费用另计。

四、盾构及车架场外运输费按实另计。

五、盾构掘进定额分为水力出土盾构、刀盘式土压平衡盾构、刀盘式泥水平衡盾构三种掘进机掘进。盾构掘进机选型，应根据地质报告、隧道覆土层厚度、地表沉降量要求及掘进机技术性能等条件进行确定。

六、盾构掘进在穿越不同区域土层时，根据地质报告确定的盾构正掘面含砂性土的比例，按下表系数调整该区域的人工、机械消耗量（不含盾构的折旧及大修理费）。

盾构正掘面土质	隧道横截面含砂性土比例	调整系数
一般软黏土	≤25%	1.0
黏土夹层砂	25%～50%	1.2
砂性土（土压平衡）	>50%	1.5
砂性土（水力出土、泥水平衡）	>50%	1.3

七、盾构掘进出土，其土方（泥浆）以出井口为止。土方和泥浆需外运时费用另计。

八、采用水力出土和泥水平衡盾构掘进时，井口到泥浆沉淀池的管路铺设费用按实另计。泥水平衡盾构掘进所需泥水系统的制作、安拆费用另计。

九、给排水隧道的盾构壳体废弃费用另计。

十、盾构掘进定额中已综合考虑了管片的宽度和成环块数等因素，执行定额时不作调整。

十一、盾构掘进定额中含贯通测量费用，不包括设置平面控制网、高程控制网、过江水准及方向、高程传递等测量，发生时费用另计。

十二、预制混凝土管片采用高精度钢模和高强度等级混凝土，定额中已含钢模摊销费，管片预制场地费和管片场外运输费另计。

十三、同步压浆和分块压浆中的压浆材料与定额不同时，可以据实调整。

十四、金属构件定额包括隧道施工用的金属支架、安全通道、钢闸墙以及大型基坑支撑等金属构件等加工制作。本章定额仅适用于施工单位自行加工制作。

本章定额中钢支撑按 $\phi600mm$ 考虑，采用 12mm 钢板卷管焊接而成，若采用成品钢管时定额不作调整。

十五、监测、监控是地下构筑物建筑时，反映施工对周围建筑群影响程度的测试手段。

本章定额适用于建设单位确认需要监测的工程项目，但不适用于对特殊房屋及建筑物的特殊监测。

监测单位应及时向建设单位提供可靠的测试数据，工程结束后监测数据立案成册。

工程量计算规则

一、掘进过程中的施工阶段划分：

1. 负环段掘进：从拼装后靠管片起至盾尾离开出洞井内壁止。

2. 出洞段掘进：从盾尾离开出洞井内壁起，按下表计算掘进长度：

$\phi \leqslant 4000$	$\phi \leqslant 5000$	$\phi \leqslant 6000$	$\phi \leqslant 7000$	$\phi \leqslant 11500$	$\phi \leqslant 15500$
40m	50m	80m	100m	150m	200m

3. 正常段掘进：从出洞段掘进结束至进洞段掘进开始的全断掘进。

4. 进洞段掘进：按盾构切口距进洞井外壁的距离，按下表计算掘进长度：

$\phi \leqslant 4000$	$\phi \leqslant 5000$	$\phi \leqslant 6000$	$\phi \leqslant 7000$	$\phi \leqslant 11500$	$\phi \leqslant 15500$
25m	30m	50m	80m	100m	150m

二、衬砌压浆量根据盾尾间隙，由施工组织设计确定。

三、柔性接缝环适用于盾构工作井洞门与圆隧道的接缝处理，长度按管片中心圆周长以"m"计算。

四、管片嵌缝、手孔封堵均按设计图示以环为单位计算。定额中已综合考虑了手孔数量，一般不作调整，但手孔使用材料可根据实际情况调整。

五、预制混凝土管片工程量按实体积加 1%损耗计算，管片试拼装以每 100 环管片拼装 1 组（3 环）计算。

六、金属构件的工程量按设计图纸的主材质量以"t"计算。

七、支撑由活络头、固定头和本体组成，本体执行固定头项目，按设计图示尺寸以质量计算。

八、监测、监控包括监测点布置和监控测试两部分。监测点布置数量由施工组织设计确定；监控测试以一个施工区域内监控的测定项目划分为三项以内、六项以内和六项以外，以组目为计量单位，监测时间由施工组织设计确定。

第一节 盾构吊装及吊拆

工作内容：起吊机械及盾构载运车就位；盾构吊入井底基座，盾构安装。

计量单位：台

定　额　编　号			S4-4-1	S4-4-2
项　目　名　称			盾构整体吊装	
			直径5000以内	直径7000以内
基　　　价（元）			71648.41	105354.58
其中	人　工　费（元）		28865.48	42583.66
	材　料　费（元）		11220.83	14855.55
	机　械　费（元）		31562.10	47915.37
名　　称		单位	单价（元）	消　　耗　　量	
人工	综合工日	工日	140.00	206.182	304.169
材料	柴油	kg	5.92	38.857	48.571
	低碳钢焊条	kg	6.84	30.500	51.000
	盾构托架	t	3800.00	0.800	0.920
	钢丝绳	kg	6.00	155.122	196.488
	机油	kg	19.66	20.000	22.500
	橡胶板 δ3	m²	5.19	27.500	32.500
	型钢	kg	3.70	500.000	760.000
	氧气	m³	3.63	50.000	60.000
	乙炔气	kg	10.45	16.670	20.000
	枕木	m³	1230.77	1.490	1.960
	中厚钢板（综合）	t	3512.00	0.400	0.550
	其他材料费占材料费	%	—	8.000	10.000
机械	电动双筒慢速卷扬机 100kN	台班	329.51	11.269	14.008
	电焊条烘干箱 60×50×75cm³	台班	26.46	1.305	1.622
	履带式起重机 200t	台班	4945.24	3.760	—
	履带式起重机 25t	台班	818.95	6.812	7.962
	履带式起重机 300t	台班	6516.23	—	4.653
	履带式起重机 50t	台班	1411.14	1.769	3.538
	直流弧焊机 32kV·A	台班	87.75	13.051	16.223

工作内容：起吊机械及盾构载运车就位；盾构吊入井底基座，盾构安装。　　　　　计量单位：台

定 额 编 号			S4-4-3	S4-4-4
项 目 名 称			盾构分体吊装	
			直径11500以内	直径15500以内
基 价（元）			1157582.85	1389188.07
其中	人 工 费（元）		468677.02	724655.68
	材 料 费（元）		77288.87	169918.56
	机 械 费（元）		611616.96	494613.83
名 称		单位	单价（元）	消 耗 量
人工	综合工日	工日	140.00	3347.693	5176.112
材料	柴油	kg	5.92	185.640	449.249
	低碳钢焊条	kg	6.84	410.800	994.136
	钢丝绳	kg	6.00	757.900	1834.118
	机油	kg	19.66	51.675	125.054
	轻轨	kg	4.20	1417.876	—
	橡胶板 δ3	m²	5.19	62.082	150.238
	型钢	kg	3.70	2463.500	5649.923
	氧气	m³	3.63	912.600	2208.492
	乙炔气	kg	10.45	456.300	1104.246
	枕木	m³	1230.77	13.533	32.750
	中厚钢板（综合）	t	3512.00	5.883	14.237
	其他材料费占材料费	%	—	10.000	10.000
机械	电动空气压缩机 20m³/min	台班	506.55	—	100.800
	电动双筒慢速卷扬机 100kN	台班	329.51	54.426	
	电焊条烘干箱 60×50×75cm³	台班	26.46	6.694	27.231
	二氧化碳气体保护焊机 250A	台班	63.53	—	272.308
	履带式起重机 25t	台班	818.95	20.125	
	履带式起重机 300t	台班	6516.23	12.075	39.808
	履带式起重机 40t	台班	1291.95	24.150	
	门式起重机 10t	台班	472.03	39.675	57.682
	汽车式起重机 150t	台班	8354.46	8.970	14.720
	汽车式起重机 60t	台班	2927.21	125.580	—
	直流弧焊机 32kV·A	台班	87.75	66.942	181.538

工作内容：拆除盾构与车架连杆；起吊机械及附属设备就位；盾构整体吊出井口，上托架装车。

计量单位：台

定 额 编 号			S4-4-5	S4-4-6
项 目 名 称			盾构整体吊拆	
			直径5000以内	直径7000以内
基 价（元）			56220.23	83448.74
其中	人 工 费（元）		23054.22	34009.78
	材 料 费（元）		9406.05	12585.95
	机 械 费（元）		23759.96	36853.01
名 称		单位	单价（元）	消 耗 量	
人工	综合工日	工日	140.00	164.673	242.927
材料	柴油	kg	5.92	46.629	58.286
	低合金钢焊条 E43系列	kg	39.78	14.280	23.877
	盾构托架	t	3800.00	0.640	0.740
	钢丝绳	kg	6.00	155.122	196.488
	机油	kg	19.66	4.000	4.500
	型钢	kg	3.70	350.000	530.000
	氧气	m³	3.63	75.000	90.000
	乙炔气	kg	10.45	25.000	30.000
	枕木	m³	1230.77	1.490	1.960
	中厚钢板(综合)	t	3512.00	0.240	0.330
	其他材料费占材料费	%	—	7.000	9.000
机械	电动双筒慢速卷扬机 100kN	台班	329.51	6.369	7.917
	电焊条烘干箱 60×50×75cm³	台班	26.46	0.719	0.894
	交流弧焊机 32kV·A	台班	83.14	7.189	8.941
	履带式起重机 200t	台班	4945.24	3.008	—
	履带式起重机 25t	台班	818.95	5.095	6.369
	履带式起重机 300t	台班	6516.23	—	3.724
	履带式起重机 50t	台班	1411.14	1.415	2.831

工作内容：拆除盾构与车架连杆；起吊机械及附属设备就位；盾构整体吊出井口，上托架装车。

计量单位：台

定 额 编 号				S4-4-7	S4-4-8
项 目 名 称				盾构分体吊拆	
				直径11500以内	直径15500以内
基 价（元）				517698.54	1020448.00
其中	人 工 费（元）			252364.56	348314.82
	材 料 费（元）			48934.19	105133.69
	机 械 费（元）			216399.79	566999.49
名 称		单位	单价（元）	消 耗 量	
人工	综合工日	工日	140.00	1802.604	2487.963
材料	柴油	kg	5.92	99.960	241.903
	低合金钢焊条 E43系列	kg	39.78	207.124	501.240
	钢丝绳	kg	6.00	408.100	987.602
	机油	kg	19.66	27.825	67.337
	轻轨	kg	4.20	763.471	—
	橡胶板	kg	2.91	33.753	81.682
	型钢	kg	3.70	1326.500	2042.200
	氧气	m³	3.63	491.400	1189.188
	乙炔气	kg	10.45	245.700	594.594
	枕木	m³	1230.77	7.287	17.635
	中厚钢板（综合）	t	3512.00	3.168	7.667
	其他材料费占材料费	%	—	10.000	10.000
机械	电动空气压缩机 20m³/min	台班	506.55	—	100.352
	电动双筒慢速卷扬机 100kN	台班	329.51	33.129	
	电焊条烘干箱 60×50×75cm³	台班	26.46	3.971	14.830
	二氧化碳气体保护焊机 250A	台班	63.53	—	148.303
	交流弧焊机 32kV·A	台班	83.14	39.712	107.694
	履带式起重机 25t	台班	818.95	10.837	
	履带式起重机 300t	台班	6516.23	6.502	21.435
	履带式起重机 40t	台班	1291.95	11.308	—
	履带式起重机 60t	台班	1494.08	56.538	
	门式起重机 10t	台班	472.03	24.150	83.720
	汽车式起重机 150t	台班	8354.46	4.830	38.088

工作内容：车架吊入井底；井下组装就位与盾构连接；车架上设备安装、电水气管安装。　计量单位：节

定　额　编　号				S4-4-9	S4-4-10	S4-4-11
项　目　名　称				车架安装		
				10t以内	20t以内	100t以内
基　　价（元）				5453.30	8044.58	277255.91
其中	人　工　费（元）			1720.74	2581.18	27355.72
	材　料　费（元）			1822.97	2389.85	13725.68
	机　械　费（元）			1909.59	3073.55	236174.51
名　　称		单位	单价（元）	消	耗	量
人工	综合工日	工日	140.00	12.291	18.437	195.398
材料	白布	m²	5.64	—	—	200.198
	白油漆	kg	11.21	—	—	12.180
	低合金钢焊条 E43系列	kg	39.78	2.388	2.865	116.185
	二氧化碳气体	m³	4.87	—	—	42.764
	六角螺栓带螺母 M12×200	kg	12.20	22.000	32.000	—
	轻轨	kg	4.20	119.415	124.390	—
	砂轮片	片	8.55	—	—	600.583
	型钢	kg	3.70	—	—	30.037
	氧气	m³	3.63	6.580	7.890	128.291
	乙炔气	kg	10.45	2.190	2.630	64.145
	枕木	m³	1230.77	0.200	0.250	—
	中厚钢板(综合)	t	3512.00	0.160	0.240	—
	其他材料费占材料费	%	—	6.000	7.000	10.000
机械	电动双筒慢速卷扬机 100kN	台班	329.51	1.194	1.283	—
	电焊条烘干箱 60×50×75cm³	台班	26.46	0.182	0.272	6.110
	交流弧焊机 32kV·A	台班	83.14	1.815	2.723	36.670
	立式油压千斤顶 100t	台班	10.21	—	—	948.830
	履带式起重机 25t	台班	818.95	0.973	—	—
	履带式起重机 50t	台班	1411.14	—	1.062	—
	门式起重机 10t	台班	472.03	1.194	1.946	9.590
	汽车式起重机 150t	台班	8354.46	—	—	4.293
	汽车式起重机 200t	台班	9774.67	—	—	18.710

工作内容：车架及附属设备拆除；吊出井口，装车安放。 计量单位：节

定 额 编 号			S4-4-12	S4-4-13	S4-4-14
项 目 名 称			车架拆除		
			10t以内	20t以内	100t以内
基 价（元）			3959.49	6086.10	189830.02
其中	人 工 费（元）		1538.60	2323.02	18625.18
	材 料 费（元）		733.17	1051.84	5375.62
	机 械 费（元）		1687.72	2711.24	165829.22
名 称		单位	单价（元）	消 耗 量	
人工	综合工日	工日	140.00	10.990	16.593	133.037
材料	白布	m²	5.64	0.212	0.269	75.074
	白油漆	kg	11.21	0.215	0.273	—
	低合金钢焊条 E43系列	kg	39.78	1.199	1.433	56.291
	砂轮片	片	8.55	0.216	0.275	180.175
	型钢	kg	3.70	0.222	0.283	10.410
	氧气	m³	3.63	8.550	10.260	48.873
	乙炔气	kg	10.45	2.850	3.420	24.436
	枕木	m³	1230.77	0.220	0.280	—
	中厚钢板(综合)	t	3512.00	0.080	0.130	—
	其他材料费占材料费	%	—	10.000	12.000	15.000
机械	电动双筒慢速卷扬机 100kN	台班	329.51	0.955	0.908	
	电焊条烘干箱 60×50×75cm³	台班	26.46	0.091	0.136	4.631
	交流弧焊机 32kV·A	台班	83.14	0.908	1.362	27.793
	立式油压千斤顶 100t	台班	10.21	—	—	719.440
	履带式起重机 25t	台班	818.95	0.929		
	履带式起重机 50t	台班	1411.14	—	1.008	
	门式起重机 10t	台班	472.03	1.132	1.849	3.433
	汽车式起重机 200t	台班	9774.67	—	—	15.799

第二节 盾构掘进

工作内容：操作盾构掘进机；高压供水、水力出土；管片拼装；连接螺栓紧固、装拉杆；施工管路铺设；
照明、运输、供气通风；贯通测量、通信；排泥水输出井口；一般故障排除。　计量单位：m

定　额　编　号			S4-4-15	S4-4-16
项　目　名　称			Φ≤4000水力出土盾构掘进	
			负环段掘进	出洞段掘进
基　　　　价（元）			9644.81	6980.20
其中	人　工　费（元）		4843.44	2268.42
	材　料　费（元）		1829.30	1543.31
	机　械　费（元）		2972.07	3168.47
名　　称		单位	单价（元）	消　　耗　　量
人工	综合工日	工日	140.00	34.596	16.203
材料	低合金钢焊条 E43系列	kg	39.78	4.551	—
	电	kW·h	0.68	641.000	622.650
	锭子油	kg	4.00	26.040	24.050
	风管	kg	1.07	12.100	12.110
	钢管 DN150	kg	4.19	10.090	10.090
	钢管 DN80	kg	4.38	3.730	3.730
	钢管栏杆	kg	4.36	6.950	6.950
	钢轨枕	kg	4.56	6.208	6.208
	钢支撑	kg	3.50	110.080	—
	管片连接螺栓	kg	7.94	29.530	59.061
	金属支架	kg	4.56	7.840	7.840
	轻轨	kg	4.20	5.692	5.693
	商品混凝土 C20(泵送)	m³	363.30	0.259	—
	油脂	kg	10.50	—	17.750
	走道板	kg	2.80	13.660	13.660
	其他材料费占材料费	%	—	10.000	10.000
机械	电动单级离心清水泵 150mm	台班	55.06	1.092	1.015
	电动多级离心清水泵 150mm扬程<180mm	台班	257.55	1.256	1.168
	电动空气压缩机 6m³/min	台班	206.73	1.008	—
	电焊条烘干箱 60×50×75cm³	台班	26.46	0.278	0.129
	电瓶车 2.5t	台班	244.41	—	0.992
	硅整流充电机 90A/190V	台班	65.31	—	0.854
	轨道平车 5t	台班	34.17	—	0.992
	交流弧焊机 32kV·A	台班	83.14	2.778	1.289
	履带式起重机 15t	台班	757.48	1.230	—
	门式起重机 10t	台班	472.03	—	1.053
	水力出土盾构掘进机 3500mm	台班	1117.79	0.700	1.280
	轴流通风机 100kW	台班	401.13	1.066	1.100

工作内容：操作盾构掘进机；高压供水、水力出土；管片拼装；连接螺栓紧固、装拉杆；施工管路铺设；
　　　　照明、运输、供气通风；贯通测量、通信；排泥水输出井口；一般故障排除。　　计量单位：m

定　额　编　号			S4-4-17	S4-4-18
项　目　名　称			Φ≤4000水力出土盾构掘进	
			正常段掘进	进洞段掘进
基　　　价（元）			3958.74	5930.94
其中	人　工　费（元）		1083.18	1779.54
	材　料　费（元）		1236.70	1416.05
	机　械　费（元）		1638.86	2735.35
名　　　称	单位	单价（元）	消　　耗　　量	
人工 综合工日	工日	140.00	7.737	12.711
材料 电	kW·h	0.68	288.750	484.050
锭子油	kg	4.00	11.130	18.690
风管	kg	1.07	12.110	12.110
钢管 DN150	kg	4.19	10.090	10.090
钢管 DN80	kg	4.38	3.730	3.730
钢管栏杆	kg	4.36	6.950	6.950
钢轨枕	kg	4.56	6.208	6.208
管片连接螺栓	kg	7.94	59.061	59.061
金属支架	kg	4.56	7.840	7.840
轻轨	kg	4.20	5.692	5.692
油脂	kg	10.50	17.750	17.750
走道板	kg	2.80	13.660	13.660
其他材料费占材料费	%	—	10.000	10.000
机械 电动单级离心清水泵 150mm	台班	55.06	0.469	0.785
电动多级离心清水泵 150mm扬程<180mm	台班	257.55	0.540	0.902
电焊条烘干箱 60×50×75cm³	台班	26.46	0.060	0.100
电瓶车 2.5t	台班	244.41	0.464	0.768
硅整流充电机 90A/190V	台班	65.31	0.400	0.669
轨道平车 5t	台班	34.17	0.464	0.768
交流弧焊机 32kV·A	台班	83.14	0.599	0.998
门式起重机 10t	台班	472.03	0.487	0.814
水力出土盾构掘进机 3500mm	台班	1117.79	0.600	1.000
轴流通风机 100kW	台班	401.13	0.914	1.532

工作内容：操作盾构掘进机；高压供水、水力出土；管片拼装；连接螺栓紧固、装拉杆；施工管路铺设；照明、运输、供气通风；贯通测量、通信；排泥水输出井口；一般故障排除。　计量单位：m

定　额　编　号			S4-4-19	S4-4-20
项　目　名　称			Φ≤6000水力出土盾构掘进	
			负环段掘进	出洞段掘进
基　　　价（元）			13052.20	15277.53
其中	人　工　费（元）		5833.38	2938.46
	材　料　费（元）		3045.86	7714.78
	机　械　费（元）		4172.96	4624.29
名　　称	单位	单价（元）	消　　耗　　量	
人工 综合工日	工日	140.00	41.667	20.989
材料 低合金钢焊条 E43系列	kg	39.78	5.000	4.820
电	kW·h	0.68	1205.400	15.680
锭子油	kg	4.00	48.200	8.990
风管	kg	1.07	15.680	26.670
钢管 DN150	kg	4.19	28.770	1202.250
钢管 DN80	kg	4.38	4.820	48.090
钢管栏杆	kg	4.36	8.990	10.000
钢轨枕	kg	4.56	12.029	12.029
钢支撑	kg	3.50	162.790	28.770
管片连接螺栓	kg	7.94	55.803	111.606
金属支架	kg	4.56	11.550	11.550
轻轨	kg	4.20	7.374	7.374
商品混凝土 C20(泵送)	m³	363.30	0.438	—
油脂	kg	10.50	—	26.670
走道板	kg	2.80	17.680	17.680
其他材料费占材料费	%	—	10.000	10.000
机械 电动单级离心清水泵 200mm	台班	83.79	1.330	1.495
电动多级离心清水泵 150mm扬程<180mm	台班	257.55	1.504	1.495
电动空气压缩机 6m³/min	台班	206.73	1.339	—
电焊条烘干箱 60×50×75cm³	台班	26.46	0.301	0.172
电瓶车 2.5t	台班	244.41	—	1.272
硅整流充电机 90A/190V	台班	65.31	—	1.100
轨道平车 5t	台班	34.17	—	1.272
交流弧焊机 32kV·A	台班	83.14	3.007	1.716
履带式起重机 25t	台班	818.95	1.299	—
门式起重机 10t	台班	472.03	—	1.353
水力出土盾构掘进机 6000mm	台班	1930.13	0.811	1.241
轴流通风机 100kW	台班	401.13	1.272	1.263

工作内容：操作盾构掘进机；高压供水、水力出土；管片拼装；连接螺栓紧固、装拉杆；施工管路铺设；
照明、运输、供气通风；贯通测量、通信；排泥水输出井口；一般故障排除。　计量单位：m

定　额　编　号			S4-4-21	S4-4-22
项　目　名　称			Φ≤6000水力出土盾构掘进	
			正常段掘进	进洞段掘进
基　　　　价（元）			5994.17	8858.99
其中	人　工　费（元）		1386.84	2293.62
	材　料　费（元）		2219.19	2568.46
	机　械　费（元）		2388.14	3996.91
名　　　称	单位	单价（元）	消　　耗　　量	
人工 综合工日	工日	140.00	9.906	16.383
材料 电	kW·h	0.68	554.400	932.400
锭子油	kg	4.00	22.160	37.280
风管	kg	1.07	15.680	15.680
钢管 DN150	kg	4.19	28.770	28.770
钢管 DN80	kg	4.38	4.820	4.820
钢管栏杆	kg	4.36	8.990	8.990
钢轨枕	kg	4.56	12.029	12.029
管片连接螺栓	kg	7.94	111.606	111.606
金属支架	kg	4.56	11.550	11.550
轻轨	kg	4.20	7.374	7.374
油脂	kg	10.50	26.670	26.670
走道板	kg	2.80	17.680	17.680
其他材料费占材料费	%	—	10.000	10.000
机械 电动单级离心清水泵 200mm	台班	83.79	0.690	1.168
电动多级离心清水泵 150mm扬程＜180mm	台班	257.55	0.690	1.168
电焊条烘干箱 60×50×75cm³	台班	26.46	0.076	0.128
电瓶车 2.5t	台班	244.41	0.592	0.992
硅整流充电机 90A/190V	台班	65.31	0.508	0.854
轨道平车 5t	台班	34.17	0.592	0.992
交流弧焊机 32kV·A	台班	83.14	0.762	1.280
门式起重机 10t	台班	472.03	0.637	1.053
水力出土盾构掘进机 6000mm	台班	1930.13	0.579	0.970
轴流通风机 100kW	台班	401.13	1.174	1.962

工作内容：操作盾构掘进机；干式出土；管片拼装；螺栓紧固；施工管路铺设；照明、运输、供气通风；
贯通测量、通信；井口土方装车。
计量单位：m

定　额　编　号				S4-4-23	S4-4-24
项　目　名　称				Φ≤5000刀盘式土压平衡盾构掘进	
				负环段掘进	出洞段掘进
基　　　　　价（元）				9459.36	8841.69
其中	人　工　费（元）			3598.42	1823.92
	材　料　费（元）			2398.86	2148.24
	机　械　费（元）			3462.08	4869.53
名　　　称		单位	单价（元）	消　　耗　　量	
人工	综合工日	工日	140.00	25.703	13.028
材料	低合金钢焊条 E43系列	kg	39.78	4.757	—
	电	kW·h	0.68	834.750	823.200
	锭子油	kg	4.00	27.830	27.410
	风管	kg	1.07	11.970	11.970
	钢管 DN80	kg	4.38	3.680	3.680
	钢管栏杆	kg	4.36	6.860	6.860
	钢轨枕	kg	4.56	7.349	7.349
	钢支撑	kg	3.50	108.760	—
	管片连接螺栓	kg	7.94	33.779	67.558
	金属支架	kg	4.56	7.750	7.750
	轻轨	kg	4.20	5.622	5.622
	商品混凝土 C20（泵送）	m³	363.30	0.308	—
	水	m³	7.96	45.570	40.740
	油脂	kg	10.50	—	22.260
	走道板	kg	2.80	13.500	13.500
	其他材料费占材料费	%	—	10.000	10.000
机械	刀盘式干出土土压平衡盾构掘进机 5000mm	台班	3137.83	0.580	1.140
	电动单级离心清水泵 200mm	台班	83.79	1.044	1.026
	电动空气压缩机 6m³/min	台班	206.73	0.835	—
	电焊条烘干箱 60×50×75cm³	台班	26.46	0.230	0.114
	电瓶车 2.5t	台班	244.41	—	0.872
	硅整流充电机 90A/190V	台班	65.31	—	0.754
	轨道平车 5t	台班	34.17	—	1.744
	交流弧焊机 32kV·A	台班	83.14	2.296	1.135
	履带式起重机 25t	台班	818.95	1.017	—
	门式起重机 10t	台班	472.03	—	0.929
	轴流通风机 100kW	台班	401.13	0.878	0.869

工作内容：操作盾构掘进机；干式出土；管片拼装；螺栓紧固；施工管路铺设；照明、运输、供气通风；
贯通测量、通信；井口土方装车。　　　　　　　　　　　　　　　　　　　　　计量单位：m

定　额　编　号					S4-4-25	S4-4-26
项　目　名　称					Φ≤5000刀盘式土压平衡盾构掘进	
					正常段掘进	进洞段掘进
基　　　　价（元）					5359.24	6531.89
其中	人　工　费（元）				984.76	1246.98
	材　料　费（元）				1629.62	1791.57
	机　械　费（元）				2744.86	3493.34
名　　称		单位	单价（元）	消　　耗　　量		
人工	综合工日	工日	140.00		7.034	8.907
材料	电	kW·h	0.68		432.600	554.400
	锭子油	kg	4.00		14.390	18.570
	风管	kg	1.07		11.970	11.970
	钢管 DN80	kg	4.38		3.680	3.680
	钢管栏杆	kg	4.36		6.860	6.860
	钢轨枕	kg	4.56		7.349	7.349
	管片连接螺栓	kg	7.94		67.558	67.558
	金属支架	kg	4.56		7.750	7.750
	轻轨	kg	4.20		5.622	5.622
	水	m³	7.96		21.420	27.410
	油脂	kg	10.50		22.260	22.260
	走道板	kg	2.80		13.500	13.500
	其他材料费占材料费	%	—		10.000	10.000
机械	刀盘式干出土土压平衡盾构掘进机 5000mm	台班	3137.83		0.600	0.760
	电动单级离心清水泵 200mm	台班	83.79		0.540	0.690
	电焊条烘干箱 60×50×75cm³	台班	26.46		0.060	0.076
	电瓶车 2.5t	台班	244.41		0.456	0.592
	硅整流充电机 90A/190V	台班	65.31		0.400	0.508
	轨道平车 5t	台班	34.17		0.920	1.176
	交流弧焊机 32kV·A	台班	83.14		0.599	0.762
	门式起重机 10t	台班	472.03		0.487	0.628
	轴流通风机 100kW	台班	401.13		0.914	1.174

工作内容：操作盾构掘进机；干式出土；管片拼装；螺栓紧固；施工管路铺设；照明、运输、供气通风；
　　　　贯通测量、通信；井口土方装车。

计量单位：m

定 额 编 号			S4-4-27	S4-4-28
项 目 名 称			Φ≤7000刀盘式土压平衡盾构掘进	
			负环段掘进	出洞段掘进
基 价（元）			15726.29	12429.54
其中	人 工 费（元）		6632.92	3182.34
	材 料 费（元）		3810.20	4162.60
	机 械 费（元）		5283.17	5084.60
名 称	单位	单价（元）	消 耗 量	
人工 综合工日	工日	140.00	47.378	22.731
材料 低合金钢焊条 E43系列	kg	39.78	5.244	—
电	kW·h	0.68	1731.450	1653.750
锭子油	kg	4.00	55.020	52.500
风管	kg	1.07	18.010	18.010
钢管 DN80	kg	4.38	5.530	5.530
钢管栏杆	kg	4.36	15.480	15.480
钢轨枕	kg	4.56	18.421	18.421
钢支撑	kg	3.50	26.480	—
管片连接螺栓	kg	7.94	82.026	164.062
金属支架	kg	4.56	14.580	14.580
轻轨	kg	4.20	8.468	8.468
商品混凝土 C20（泵送）	m³	363.30	0.557	—
水	m³	7.96	70.040	58.490
油脂	kg	10.50	—	31.190
走道板	kg	2.80	20.310	20.310
其他材料费占材料费	%	—	10.000	10.000
机械 刀盘式干出土土压平衡盾构掘进机 7000mm	台班	3915.60	0.497	0.830
电动单级离心清水泵 200mm	台班	83.79	1.548	1.460
电动空气压缩机 6m³/min	台班	206.73	1.233	—
电焊条烘干箱 60×50×75cm³	台班	26.46	0.341	0.159
电瓶车 2.5t	台班	244.41	—	1.240
硅整流充电机 90A/190V	台班	65.31	—	1.077
轨道平车 5t	台班	34.17	—	2.480
交流弧焊机 32kV·A	台班	83.14	3.413	1.588
履带式起重机 50t	台班	1411.14	1.513	—
门式起重机 10t	台班	472.03	—	1.318
轴流通风机 100kW	台班	401.13	1.308	1.236

工作内容：操作盾构掘进机；干式出土；管片拼装；螺栓紧固；施工管路铺设；照明、运输、供气通风；贯通测量、通信；井口土方装车。　　　　　　　　　　　　　　　　　　计量单位：m

定　额　编　号				S4-4-29	S4-4-30
项　目　名　称				Φ≤7000刀盘式土压平衡盾构掘进	
				正常段掘进	进洞段掘进
基　　　　　价（元）				8107.79	9948.50
其中	人　工　费（元）			1780.38	2225.72
	材　料　费（元）			3271.80	3552.40
	机　械　费（元）			3055.61	4170.38
名　　　称		单位	单价（元）	消　　耗　　量	
人工	综合工日	工日	140.00	12.717	15.898
材料	电	kW·h	0.68	910.350	1144.500
	锭子油	kg	4.00	28.880	36.330
	风管	kg	1.07	18.010	18.010
	钢管 DN80	kg	4.38	5.530	5.530
	钢管栏杆	kg	4.36	15.480	15.480
	钢轨枕	kg	4.56	18.421	18.421
	管片连接螺栓	kg	7.94	164.062	164.062
	金属支架	kg	4.56	14.580	14.580
	轻轨	kg	4.20	8.468	8.468
	水	m³	7.96	32.130	40.430
	油脂	kg	10.50	31.190	31.190
	走道板	kg	2.80	20.310	20.310
	其他材料费占材料费	%	—	10.000	10.000
机械	刀盘式干出土土压平衡盾构掘进机 7000mm	台班	3915.60	0.525	0.650
	电动单级离心清水泵 200mm	台班	83.79	0.495	1.017
	电焊条烘干箱 60×50×75cm³	台班	26.46	0.055	0.113
	电瓶车 2.5t	台班	244.41	0.424	0.864
	硅整流充电机 90A/190V	台班	65.31	0.369	0.746
	轨道平车 5t	台班	34.17	0.848	1.736
	交流弧焊机 32kV·A	台班	83.14	0.545	1.126
	门式起重机 10t	台班	472.03	0.442	0.920
	轴流通风机 100kW	台班	401.13	1.362	1.720

工作内容：操作盾构掘进机；干式出土；管片拼装；螺栓紧固；施工管路铺设；照明、运输、供气通风；
贯通测量、通信；井口土方装车。　　　　　　　　　　　　　　　　　　　　计量单位：m

定　额　编　号			S4-4-31	S4-4-32
项　目　名　称			Φ≤11500刀盘式土压平衡盾构掘进	
			负环段掘进	出洞段掘进
基　　　价（元）			36858.35	33932.33
其中	人　工　费（元）		12982.34	6340.46
	材　料　费（元）		8127.40	8076.31
	机　械　费（元）		15748.61	19515.56
名　　　称	单位	单价（元）	消　耗　　　量	
人工　综合工日	工日	140.00	92.731	45.289
材料　低合金钢焊条 E43系列	kg	39.78	5.721	—
电	kW·h	0.68	3150.000	3076.500
锭子油	kg	4.00	84.000	82.010
风管	kg	1.07	27.580	27.580
钢管 DN80	kg	4.38	16.960	16.960
钢管栏杆	kg	4.36	3.320	3.320
钢轨枕	kg	4.56	28.217	28.217
钢支撑	kg	3.50	322.220	—
管片连接螺栓	kg	7.94	216.240	432.480
金属支架	kg	4.56	35.720	35.720
轻轨	kg	4.20	60.145	60.145
商品混凝土 C20（泵送）	m³	363.30	0.657	—
水	m³	7.96	106.790	28.250
油脂	kg	10.50	—	48.930
走道板	kg	2.80	31.100	31.100
其他材料费占材料费	%	—	10.000	10.000
机械　刀盘式干出土土压平衡盾构掘进机 12000mm	台班	12745.41	0.870	1.353
电动单级离心清水泵 200mm	台班	83.79	2.362	1.822
电动空气压缩机 6m³/min	台班	206.73	1.887	—
电焊条烘干箱 60×50×75cm³	台班	26.46	0.521	0.202
电瓶车 8t	台班	294.43	—	1.552
硅整流充电机 90A/190V	台班	65.31	—	1.346
轨道平车 5t	台班	34.17	—	3.104
交流弧焊机 32kV·A	台班	83.14	5.210	2.015
履带式起重机 50t	台班	1411.14	2.001	—
门式起重机 10t	台班	472.03	—	1.433
轴流通风机 100kW	台班	401.13	1.998	1.541

工作内容：操作盾构掘进机；干式出土；管片拼装；螺栓紧固；施工管路铺设；照明、运输、供气通风；
贯通测量、通信；井口土方装车。 计量单位：m

定 额 编 号				S4-4-33	S4-4-34
项 目 名 称				Φ≤11500刀盘式土压平衡盾构掘进	
				正常段掘进	进洞段掘进
基 价 （元）				22601.25	28947.99
其中	人 工 费 （元）			3368.68	4302.90
	材 料 费 （元）			6990.18	7504.85
	机 械 费 （元）			12242.39	17140.24
名 称		单位	单价（元）	消 耗 量	
人工	综合工日	工日	140.00	24.062	30.735
材料	电	kW•h	0.68	1620.150	2077.950
	锭子油	kg	4.00	43.260	55.440
	风管	kg	1.07	27.580	27.580
	钢管 DN80	kg	4.38	16.960	16.960
	钢管栏杆	kg	4.36	3.320	3.320
	钢轨枕	kg	4.56	28.217	28.217
	管片连接螺栓	kg	7.94	432.480	432.480
	金属支架	kg	4.56	35.720	35.720
	轻轨	kg	4.20	60.145	60.145
	水	m³	7.96	48.090	61.640
	油脂	kg	10.50	48.930	48.930
	走道板	kg	2.80	31.100	31.100
	其他材料费占材料费	%	—	10.000	10.000
机械	刀盘式干出土土压平衡盾构掘进机 12000mm	台班	12745.41	0.833	1.152
	电动单级离心清水泵 200mm	台班	83.79	0.659	1.548
	电焊条烘干箱 60×50×75cm³	台班	26.46	0.072	0.172
	电瓶车 8t	台班	294.43	0.560	1.320
	硅整流充电机 90A/190V	台班	65.31	0.485	1.138
	轨道平车 5t	台班	34.17	1.120	2.640
	交流弧焊机 32kV•A	台班	83.14	0.717	1.716
	门式起重机 10t	台班	472.03	0.955	1.217
	轴流通风机 100kW	台班	401.13	2.052	2.625

工作内容：操作盾构掘进机；水力出土；管片拼装；螺栓紧固；施工管路铺设；照明、运输、供气通风；
贯通测量、通信；排泥水输出井口。

计量单位：m

定 额 编 号				S4-4-35	S4-4-36
项 目 名 称				Φ≤11500刀盘式泥水平衡盾构掘进	
				负环段掘进	出洞段掘进
基 价（元）				43304.30	40743.88
其中	人 工 费（元）			15590.96	7092.54
	材 料 费（元）			7952.35	8431.93
	机 械 费（元）			19760.99	25219.41
名 称		单位	单价（元）	消 耗 量	
人工	综合工日	工日	140.00	111.364	50.661
材料	低合金钢焊条 E43系列	kg	39.78	5.721	—
	电	kW·h	0.68	3786.300	3438.750
	锭子油	kg	4.00	101.100	91.670
	风管	kg	1.07	25.790	25.790
	钢管 DN200	kg	4.19	63.100	63.100
	钢管 DN80	kg	4.38	15.860	15.860
	钢管栏杆	kg	4.36	22.170	22.170
	钢轨枕	kg	4.56	26.389	26.389
	钢支撑	kg	3.50	301.260	—
	管片连接螺栓	kg	7.94	216.240	432.480
	金属支架	kg	4.56	35.720	35.720
	轻轨	kg	4.20	25.933	25.933
	商品混凝土 C20(泵送)	m³	363.30	0.657	—
	油脂	kg	10.50	—	48.930
	走道板	kg	2.80	58.020	58.020
	其他材料费占材料费	%	—	10.000	10.000
机械	刀盘式干出土土压平衡盾构掘进机 12000mm	台班	12745.41	1.052	1.655
	电动单级离心清水泵 200mm	台班	83.79	2.840	4.476
	电动多级离心清水泵 150mm扬程<180mm	台班	257.55	2.840	4.476
	电动空气压缩机 6m³/min	台班	206.73	2.271	
	电焊条烘干箱 60×50×75cm³	台班	26.46	0.626	0.247
	电瓶车 8t	台班	294.43		1.904
	硅整流充电机 90A/190V	台班	65.31		1.646
	轨道平车 5t	台班	34.17		3.808
	交流弧焊机 32kV·A	台班	83.14	6.263	2.469
	履带式起重机 50t	台班	1411.14	2.419	—
	门式起重机 10t	台班	472.03	—	1.757
	轴流通风机 100kW	台班	401.13	2.401	1.891

工作内容：操作盾构掘进机；水力出土；管片拼装；螺栓紧固；施工管路铺设；照明、运输、供气通风；
贯通测量、通信；排泥水输出井口。　　　　　　　　　　　　　　　　　　计量单位：m

定　额　编　号				S4-4-37	S4-4-38
项　目　名　称				\multicolumn{2}{c}{Φ≤11500刀盘式泥水平衡盾构掘进}	
				正常段掘进	进洞段掘进
基　　　　价（元）				20413.76	32729.21
其中	人　工　费（元）			2939.44	5481.14
	材　料　费（元）			6675.80	7750.48
	机　械　费（元）			10798.52	19497.59
名　　称		单位	单价（元）	\multicolumn{2}{c}{消　耗　量}	
人工	综合工日	工日	140.00	20.996	39.151
材料	电	kW·h	0.68	1409.100	2651.250
	锭子油	kg	4.00	37.590	70.670
	风管	kg	1.07	25.790	25.790
	钢管 DN200	kg	4.19	63.100	63.100
	钢管 DN80	kg	4.38	15.860	15.860
	钢管栏杆	kg	4.36	22.170	22.170
	钢轨枕	kg	4.56	26.389	26.389
	管片连接螺栓	kg	7.94	432.480	432.480
	金属支架	kg	4.56	35.720	35.720
	轻轨	kg	4.20	25.933	25.933
	油脂	kg	10.50	48.930	48.930
	走道板	kg	2.80	58.020	58.020
	其他材料费占材料费	%	—	10.000	10.000
机械	刀盘式干出土土压平衡盾构掘进机 12000mm	台班	12745.41	0.714	1.280
	电动单级离心清水泵 200mm	台班	83.79	1.840	3.450
	电动多级离心清水泵 150mm扬程 <180mm	台班	257.55	1.840	3.450
	电焊条烘干箱 60×50×75cm³	台班	26.46	0.102	0.191
	电瓶车 8t	台班	294.43	0.784	1.472
	硅整流充电机 90A/190V	台班	65.31	0.677	1.269
	轨道平车 5t	台班	34.17	1.560	2.936
	交流弧焊机 32kV·A	台班	83.14	1.017	1.906
	门式起重机 10t	台班	472.03	0.724	1.356
	轴流通风机 100kW	台班	401.13	0.780	1.460

192

工作内容：操作盾构掘进机；水力出土；管片拼装；螺栓紧固；施工管路铺设；照明、运输、供气通风；贯通测量、通信；排泥水输出井口。

计量单位：m

定　额　编　号			S4-4-39	S4-4-40
项　目　名　称			Φ≤15500刀盘式泥水平衡盾构掘进	
			负环段掘进	出洞段掘进
基　　　价（元）			314335.73	233932.49
其中	人　工　费（元）		13178.34	10574.48
	材　料　费（元）		249338.74	163890.71
	机　械　费（元）		51818.65	59467.30
名　　　称		单位	单价（元）	消　　　耗　　　量	
人工	综合工日	工日	140.00	94.131	75.532
材料	板方材	m³	1800.00	0.200	0.200
	成套配电箱 落地式	台	642893.88	0.300	0.200
	低碳钢焊条	kg	6.84	6.428	6.428
	电	kW·h	0.68	10885.714	14400.000
	电线 6mm²	m	6.00	3.799	10.000
	法兰阀门 DN200	个	340.00	0.033	0.033
	钢管栏杆	kg	4.36	3.904	3.904
	钢支撑	kg	3.50	5112.000	—
	高压风管 φ50	m	50.60	1.000	1.000
	管片连接螺栓	kg	7.94	324.360	553.544
	焊接钢管	t	3380.00	0.470	0.470
	螺纹法兰	副	59.00	5.333	5.333
	商品混凝土 C25(泵送)	m³	389.11	1.286	—
	橡套电力电缆 YHC3×70mm²+1×25mm²	m	55.00	3.030	3.030
	液压油	kg	14.50	9.962	9.962
	照明灯(含红外灯)	台	460.00	0.250	0.250
	支撑架	kg	21.37	2.500	2.500
	走道板	kg	2.80	10.244	10.244

续表

定 额 编 号			S4-4-39	S4-4-40
项 目 名 称			Φ≤15500刀盘式泥水平衡盾构掘进	
			负环段掘进	出洞段掘进
名 称	单位	单价(元)	消 耗 量	
材料	钢板	t	3170.00	0.583	0.486
	水	m³	7.96	78.927	78.927
	油脂	kg	10.50	3.799	105.000
	其他材料费占材料费	%	—	10.000	10.000
机械	刀盘式泥水平衡盾构掘进机 Φ15500mm	台班	46000.00	0.750	1.000
	电动单级离心清水泵 200mm	台班	83.79	3.981	2.654
	电动空气压缩机 20m³/min	台班	506.55	4.480	2.987
	电焊条烘干箱 60×50×75cm³	台班	26.46	0.272	0.182
	交流弧焊机 32kV·A	台班	83.14	2.723	1.815
	履带式单斗液压挖掘机 1m³	台班	1142.21	—	1.000
	履带式起重机 80t	台班	2221.76	1.327	0.885
	门式起重机 10t	台班	472.03	1.292	0.862
	门式起重机 50t	台班	1098.05	1.327	0.885
	平板拖车组 80t	台班	1814.63	2.688	1.792
	平台作业升降车 20m	台班	470.89	1.327	0.885
	汽车式起重机 30t	台班	1127.57	1.380	0.920
	污水泵 150mm	台班	176.53	3.981	2.654
	载重汽车 20t	台班	867.84	1.344	1.792
	轴流通风机 100kW	台班	401.13	1.344	0.896

工作内容：操作盾构掘进机；水力出土；管片拼装；螺栓紧固；施工管路铺设；照明、运输、供气通风；贯通测量、通信；排泥水输出井口。

计量单位：m

定 额 编 号				S4-4-41	S4-4-42
项 目 名 称				Φ≤15500刀盘式泥水平衡盾构掘进	
				正常段掘进	进洞段掘进
基 价（元）				175335.40	232956.91
其中	人 工 费（元）			7700.56	10574.48
	材 料 费（元）			123679.26	163692.71
	机 械 费（元）			43955.58	58689.72
名 称		单位	单价（元）	消 耗 量	
人工	综合工日	工日	140.00	55.004	75.532
材料	板方材	m³	1800.00	0.100	0.100
	成套配电箱 落地式	台	642893.88	0.150	0.200
	低碳钢焊条	kg	6.84	6.428	6.428
	电	kW·h	0.68	10800.000	14400.000
	电线 6mm²	m	6.00	10.000	10.000
	法兰阀门 DN200	个	340.00	0.033	0.033
	钢板	t	3170.00	—	0.486
	钢管栏杆	kg	4.36	3.904	3.904
	高压风管 φ50	m	50.60	1.000	1.000
	管片连接螺栓	kg	7.94	553.544	553.544
	焊接钢管	t	3380.00	0.470	0.470
	螺纹法兰	副	59.00	5.333	5.333
	水	m³	7.96	78.927	78.927
	橡套电力电缆 YHC3×70mm²+1×25mm²	m	55.00	3.030	3.030
	液压油	kg	14.50	9.962	9.962
	油脂	kg	10.50	81.900	105.000
	照明灯(含红外灯)	台	460.00	0.250	0.250

续表

定　额　编　号			S4-4-41	S4-4-42
项　目　名　称			Φ≤15500刀盘式泥水平衡盾构掘进	
			正常段掘进	进洞段掘进
名　称	单位	单价(元)	消　　　耗　　　量	
材料	支撑架	kg	21.37	2.500	2.500
	走道板	kg	2.80	10.244	10.244
	其他材料费占材料费	%	—	10.000	10.000
机	刀盘式泥水平衡盾构掘进机 φ15500mm	台班	46000.00	0.750	1.000
	电动单级离心清水泵 200mm	台班	83.79	1.990	2.654
	电动空气压缩机 20m³/min	台班	506.55	2.240	2.987
	电焊条烘干箱 60×50×75cm³	台班	26.46	0.068	0.182
	交流弧焊机 32kV·A	台班	83.14	0.681	1.815
	履带式单斗液压挖掘机 1m³	台班	1142.21	0.750	1.000
	履带式起重机 80t	台班	2221.76	0.663	0.885
	门式起重机 10t	台班	472.03	0.646	0.862
	门式起重机 50t	台班	1098.05	0.663	0.885
械	平板拖车组 80t	台班	1814.63	1.344	1.792
	平台作业升降车 20m	台班	470.89	0.663	0.885
	汽车式起重机 30t	台班	1127.57	0.690	0.920
	污水泵 150mm	台班	176.53	1.990	2.654
	载重汽车 20t	台班	867.84	0.672	0.896
	轴流通风机 100kW	台班	401.13	0.672	0.896

第三节 衬砌壁后压浆

工作内容：制浆、运浆；盾尾同步压浆；补压浆；封堵、清洗。

计量单位：10m³

定 额 编 号			S4-4-43	S4-4-44
项 目 名 称			同步压浆	
			石膏：粉煤灰1：5.5	石膏：黏土：粉煤灰 1：4：6
基 价（元）			5408.93	5462.77
其中	人 工 费（元）		2587.48	2545.48
	材 料 费（元）		688.46	784.30
	机 械 费（元）		2132.99	2132.99
名 称	单位	单价（元）	消 耗 量	
人工	综合工日	工日	140.00	18.482	18.182
材料	粉煤灰	t	34.95	8.980	7.720
	盖堵 直径75以内	个	9.89	0.356	0.356
	钢平台	kg	4.20	11.979	11.970
	高压皮龙管 直径150×3	根	351.27	0.040	0.040
	硅酸钠(水玻璃)	kg	1.62	—	127.000
	黏土	m³	11.50	—	0.300
	石灰膏	t	195.01	1.240	0.990
	微沫剂	kg	20.59	1.260	—
	其他材料费占材料费	%	—	6.000	6.000
机械	电动单筒慢速卷扬机 300kN	台班	629.13	1.700	1.700
	盾构同步压浆泵 D2.1×7m	台班	666.16	0.564	0.564
	灰浆搅拌机 200L	台班	215.26	3.195	3.195

工作内容：制浆、运浆；盾尾同步压浆；补压浆；封堵、清洗。 计量单位：10m³

定　额　编　号					S4-4-45	S4-4-46
项　目　名　称					同步压浆	
					水泥∶粉煤灰1∶5.8	水泥砂浆1∶2.5
基　　　价（元）					5796.48	6803.37
其中	人　工　费（元）				2492.14	2689.40
	材　料　费（元）				1171.35	3188.05
	机　械　费（元）				2132.99	925.92
名　　　称		单位	单价（元）		消　　耗　　量	
人工	综合工日	工日	140.00		17.801	19.210
材料	粉煤灰	t	34.95		9.270	—
	盖堵 直径75以内	个	9.89		0.356	0.356
	钢平台	kg	4.20		11.979	11.979
	高压皮龙管 直径150×3	根	351.27		0.040	0.120
	硅酸钠(水玻璃)	kg	1.62		—	3.200
	膨润土	kg	0.39		331.000	—
	三乙醇胺	kg	12.86		—	2.100
	水泥 52.5级	kg	0.35		1610.000	—
	水泥砂浆 1∶2.5	m³	274.23		—	10.500
	微沫剂	kg	20.59		1.000	—
	其他材料费占材料费	%	—		6.000	6.000
机械	电动单筒慢速卷扬机 300kN	台班	629.13		1.700	—
	盾构同步压浆泵 D2.1×7m	台班	666.16		0.564	0.564
	灰浆搅拌机 200L	台班	215.26		3.195	2.556

工作内容：制浆、运浆；盾尾分块压浆；补压浆；封堵、清洗。 计量单位：10m³

定 额 编 号			S4-4-47	S4-4-48
项 目 名 称			分块压浆	
			石膏：粉煤灰1：5.5	石膏：黏土：粉煤灰 1：4：6
基 价（元）			8439.08	8451.10
其中	人 工 费（元）		5174.82	5090.96
	材 料 费（元）		689.31	785.19
	机 械 费（元）		2574.95	2574.95
名 称	单位	单价（元）	消 耗 量	
人工	综合工日	工日	140.00	36.963	36.364
材料	粉煤灰	t	34.95	8.980	7.720
	盖堵 直径75以内	个	9.89	0.356	0.356
	钢平台	kg	4.20	11.979	11.979
	高压皮龙管 直径150×3	根	351.27	0.040	0.040
	硅酸钠(水玻璃)	kg	1.62	—	127.000
	黏土	m³	11.50	—	0.300
	球阀(综合)	个	1.00	0.800	0.800
	石灰膏	t	195.01	1.240	0.990
	微沫剂	kg	20.59	1.260	—
	其他材料费占材料费	%	—	6.000	6.000
机械	电动单筒慢速卷扬机 300kN	台班	629.13	1.700	1.700
	电动灌浆机	台班	24.47	5.239	5.239
	灰浆搅拌机 200L	台班	215.26	6.398	6.398

工作内容：制浆、运浆；盾尾分块压浆；补压浆；封堵、清洗。　　　　　　　　　　　　　　　计量单位：10m³

定　额　编　号				S4-4-49	S4-4-50
项　目　名　称				分块压浆	
				水泥：粉煤灰1：5.8	水泥砂浆1：2.5
基　　　价（元）				8731.64	6566.07
其中	人　工　费（元）			4984.28	2689.40
	材　料　费（元）			1172.41	3188.05
	机　械　费（元）			2574.95	688.62
名　　称		单位	单价（元）	消　　耗　　量	
人工	综合工日	工日	140.00	35.602	19.210
材料	粉煤灰	t	34.95	9.270	—
	盖堵 直径75以内	个	9.89	0.356	0.356
	钢平台	kg	4.20	11.979	11.979
	高压皮龙管 直径150×3	根	351.27	0.040	0.120
	硅酸钠（水玻璃）	kg	1.62	—	3.200
	膨润土	kg	0.39	331.000	—
	球阀（综合）	个	1.00	1.000	
	三乙醇胺	kg	12.86	—	2.100
	水泥 52.5级	kg	0.35	1610.000	—
	水泥砂浆 1：2.5	m³	274.23	—	10.500
	微沫剂	kg	20.59	1.000	
	其他材料费占材料费	%	—	6.000	6.000
机械	电动单筒慢速卷扬机 300kN	台班	629.13	1.700	—
	电动灌浆机	台班	24.47	5.239	—
	灰浆搅拌机 200L	台班	215.26	6.398	3.199

第四节 预制钢筋混凝土管片

工作内容：钢模安装、拆卸清理、刷油；测量检验；吊运混凝土、浇捣；入养护池蒸养；出槽堆放、抗渗质检。

计量单位：10m³

定 额 编 号			S4-4-51	S4-4-52	S4-4-53
项 目 名 称			预制钢筋混凝土管片		
			直径4000以内	直径5000以内	直径6000以内
基 价（元）			15049.90	14858.91	13925.34
其中	人 工 费（元）		4131.54	4039.14	3594.36
	材 料 费（元）		6506.71	6481.90	6393.67
	机 械 费（元）		4411.65	4337.87	3937.31
名 称	单位	单价（元）	消	耗	量
人工	综合工日	工日	140.00	29.511	28.851	25.674
材料	电	kW•h	0.68	12.400	11.920	11.400
	管片钢模（精加工制作）	kg	7.80	112.000	110.000	100.000
	混凝土外加剂	kg	3.61	39.380	39.380	39.380
	商品混凝土 C55（泵送）	m³	525.78	10.100	10.100	10.100
	脱模油	kg	0.82	6.270	6.160	5.600
	压浆孔螺钉	个	8.59	11.941	10.946	9.951
	其他材料费占材料费	%	—	1.000	1.000	1.000
机械	工业锅炉 1t/h	台班	982.31	1.468	1.447	1.312
	门式起重机 10t	台班	472.03	2.132	2.097	1.902
	门式起重机 5t	台班	385.44	2.132	2.097	1.902
	自卸汽车 4t	台班	482.05	2.368	2.320	2.111

工作内容：钢模安装、拆卸清理、刷油；测量检验；吊运混凝土、浇捣；入养护池蒸养；出槽堆放、抗渗质检。

计量单位：10m³

定 额 编 号				S4-4-54	S4-4-55	S4-4-56
项 目 名 称				预制钢筋混凝土管片		
				直径7000以内	直径11500以内	直径15500以内
基 价（元）				13198.31	12981.71	13487.24
其中	人 工 费（元）			3245.06	3145.94	2634.10
	材 料 费（元）			6329.67	6283.96	6743.69
	机 械 费（元）			3623.58	3551.81	4109.45
名 称		单位	单价(元)	消	耗	量
人工	综合工日	工日	140.00	23.179	22.471	18.815
材料	电	kW·h	0.68	10.520	4.760	4.037
	管片钢模(精加工制作)	kg	7.80	92.000	90.000	77.000
	混凝土外加剂	kg	3.61	39.380	39.380	39.380
	商品混凝土 C55(泵送)	m³	525.78	10.100	10.100	—
	商品混凝土 C60(泵送)	m³	585.48	—	—	10.100
	脱模油	kg	0.82	5.150	5.040	4.220
	压浆孔螺钉	个	8.59	9.951	6.966	1.700
	其他材料费占材料费	%	—	1.000	1.000	1.000
机械	工业锅炉 1t/h	台班	982.31	1.206	1.184	1.019
	门式起重机 10t	台班	472.03	1.752	1.716	4.002
	门式起重机 50t	台班	1098.05	—	—	0.679
	门式起重机 5t	台班	385.44	1.752	1.716	—
	载重汽车 20t	台班	867.84	—	—	0.546
	自卸汽车 4t	台班	482.05	1.943	1.903	—

工作内容：钢筋制作、焊接；预埋件安放；钢筋骨架入模。 计量单位：t

定 额 编 号			S4-4-57
项 目 名 称			预制钢筋混凝土管片
			钢筋制作
基 价（元）			7739.40
其中	人 工 费（元）		2457.84
	材 料 费（元）		4015.83
	机 械 费（元）		1265.73
名 称	单位	单价（元）	消 耗 量
人工	综合工日	工日	140.00	17.556
材料	低合金钢焊条 E43系列	kg	39.78	5.768
	钢筋(综合)	t	3450.00	0.820
	螺纹钢筋 HRB400 φ10以内	t	3500.00	0.210
	预埋铁件	kg	3.60	39.900
	其他材料费占材料费	%	—	2.000
机械	点焊机 75kV·A	台班	131.22	0.723
	电焊条烘干箱 60×50×75cm³	台班	26.46	0.517
	钢筋切断机 40mm	台班	41.21	0.420
	钢筋调直机 14mm	台班	36.65	0.627
	钢筋弯曲机 40mm	台班	25.58	0.447
	交流弧焊机 32kV·A	台班	83.14	5.174
	门式起重机 5t	台班	385.44	1.752

工作内容：钢制台座，校准；管片场内运输；吊拼装、拆除；管片成环量测检验及数据记录。

定　额　编　号				S4-4-58	S4-4-59	S4-4-60
项　目　名　称				预制管片成环水平拼装		
				直径4000以内	直径5000以内	直径6000以内
基　　　　价（元）				3679.87	4719.78	5579.62
其中	人　工　费（元）			1905.26	2456.02	3165.68
	材　料　费（元）			418.80	516.65	614.50
	机　械　费（元）			1355.81	1747.11	1799.44
名　　　称		单位	单价（元）	消　　耗　　量		
人工	综合工日	工日	140.00	13.609	17.543	22.612
材料	钢制台座	kg	3.80	107.000	132.000	157.000
	其他材料费占材料费	%	—	3.000	3.000	3.000
机械	门式起重机 5t	台班	385.44	2.291	2.955	3.043
	载重汽车 4t	台班	408.97	1.156	1.487	1.532

工作内容：钢制台座，校准；管片场内运输；吊拼装、拆除；管片成环量测检验及数据记录。

计量单位：组

定 额 编 号				S4-4-61	S4-4-62	S4-4-63
项 目 名 称				预制管片成环水平拼装		
				直径7000以内	直径11500以内	直径15500以内
基 价（元）				6833.22	9691.45	23736.67
其中	人 工 费（元）			3874.50	5333.86	8377.32
	材 料 费（元）			712.35	1131.15	782.80
	机 械 费（元）			2246.37	3226.44	14576.55
名 称		单位	单价（元）	消	耗	量
人工	综合工日	工日	140.00	27.675	38.099	59.838
材料	钢制台座	kg	3.80	182.000	289.000	200.000
	其他材料费占材料费	%	—	3.000	3.000	3.000
机械	门式起重机 10t	台班	472.03	3.096	4.273	11.270
	汽车式起重机 16t	台班	958.70	—	—	3.002
	汽车式起重机 50t	台班	2464.07	—	—	0.920
	载重汽车 20t	台班	867.84	—	—	3.002
	载重汽车 6t	台班	448.55	1.750	—	—
	载重汽车 8t	台班	501.85	—	2.410	3.002

工作内容：从堆放起吊，行车配合、装车、驳运到场中转场地；垫道木、吊车配合按类堆放。

计量单位：10m³

定　额　编　号				S4-4-64	S4-4-65	S4-4-66
项　目　名　称				管片场内运输		
				直径4000以内	直径5000以内	直径6000以内
基　　　　价（元）				645.22	673.20	743.24
其中	人　工　费（元）			133.42	159.60	214.20
	材　料　费（元）			18.00	19.80	21.60
	机　械　费（元）			493.80	493.80	507.44
名　　　称		单位	单价（元）	消	耗	量
人工	综合工日	工日	140.00	0.953	1.140	1.530
材料	板方材	m³	1800.00	0.010	0.011	0.012
机械	门式起重机 5t	台班	385.44	0.310	0.310	0.318
	汽车式起重机 8t	台班	763.67	0.322	0.322	0.331
	载重汽车 4t	台班	408.97	0.314	0.314	0.323

工作内容：从堆放起吊，行车配合、装车、驳运到场中转场地；垫道木、吊车配合按类堆放。

计量单位：10m³

定　额　编　号					S4-4-67	S4-4-68	S4-4-69
项　目　名　称					管片场内运输		
					直径7000以内	直径11500以内	直径15500以内
基　　　　价（元）					659.14	636.91	581.17
其中	人　工　费（元）				193.34	154.14	203.00
	材　料　费（元）				23.40	25.20	27.00
	机　械　费（元）				442.40	457.57	351.17
名　　　称		单位	单价（元）		消　　耗　　量		
人工	综合工日	工日	140.00		1.381	1.101	1.450
材料	板方材	m³	1800.00		0.013	0.014	0.015
机械	门式起重机 10t	台班	472.03		0.257	0.265	—
	门式起重机 50t	台班	1098.05		—	—	0.150
	平板拖车组 30t	台班	1243.07		—	—	0.150
	汽车式起重机 8t	台班	763.67		0.245	0.254	—
	载重汽车 8t	台班	501.85		0.267	0.276	—

第五节 钢管片

工作内容：划线、号料、切割、校正、滚圆弧、刨边、刨槽；上模具焊接成型、焊预埋件；钻孔；吊运、油漆等。

计量单位：t

定 额 编 号			S4-4-70	S4-4-71	S4-4-72
项 目 名 称			钢管片		复合管片钢壳
			1t内	1t外	
基 价（元）			4152276.07	3682672.78	3803501.63
其中	人 工 费（元）		4057.06	3942.82	2553.74
	材 料 费（元）		4142522.21	3674631.06	3797553.00
	机 械 费（元）		5696.80	4098.90	3394.89
名 称	单位	单价（元）	消	耗	量
人工 综合工日	工日	140.00	28.979	28.163	18.241
材料 低合金钢焊条 E43系列	kg	39.78	60.854	51.247	39.140
防锈漆	kg	5.62	17.430	17.430	—
管堵 直径50	个	1.76	—	0.733	10.891
环氧沥青漆	kg	15.38	—	—	17.430
举重臂螺钉	个	7.00	1.413	0.736	—
外接头 直径50	个	3.85	—	1.440	11.000
型钢	kg	3.70	—	130.000	—
氧气	m³	3.63	22.000	19.170	31.900
乙炔气	kg	10.45	7.330	6.390	10.630
中厚钢板（综合）	t	3512.00	1150.000	1020.000	1070.000
其他材料费占材料费	%	—	2.500	2.500	1.000
机械 板料校平机 16×2500mm	台班	1184.69	0.492	0.408	0.385
电焊条烘干箱 60×50×75cm³	台班	26.46	0.753	0.740	0.519
剪板机 20×2000mm	台班	316.68	0.200	0.100	—
交流弧焊机 32kV·A	台班	83.14	7.525	7.398	5.192
龙门刨床 1000×3000mm	台班	412.43	5.277	2.100	1.838
门式起重机 5t	台班	385.44	4.733	4.653	4.246
牛头刨床 650mm	台班	232.57	1.408	0.938	—
摇臂钻床 63mm	台班	41.15	1.869	1.738	2.400

第六节 管片设置密封条

工作内容：管片吊运堆放；编号、表面清理、涂刷粘接剂；粘贴泡沫挡土衬垫及氯丁橡胶密封条；管片边角嵌贴丁基腻子胶。

计量单位：环

定　额　编　号				S4-4-73	S4-4-74	S4-4-75
项　目　名　称				氯丁橡胶密封条		
				直径4000以内	直径5000以内	直径6000以内
基　　　　价（元）				799.30	1031.66	1459.69
其中	人　工　费（元）			324.94	378.14	462.98
	材　料　费（元）			344.67	481.56	782.28
	机　械　费（元）			129.69	171.96	214.43
名　　称		单位	单价（元）	消	耗	量
人工	综合工日	工日	140.00	2.321	2.701	3.307
材料	丁醛自粘腻子	kg	12.12	1.510	1.670	2.240
	胶粉油毡衬垫	kg	6.00	2.522	4.271	4.884
	可发性聚氨酯泡沫塑料	kg	13.25	0.090	0.230	0.480
	氯丁橡胶条	kg	19.87	14.160	20.030	33.670
	氯丁橡胶粘结剂	kg	12.35	1.510	1.670	2.240
	其他材料费占材料费	%	—	3.000	3.000	3.000
机械	电焊条烘干箱 60×50×75cm³	台班	26.46	0.269	0.308	0.369
	门式起重机 5t	台班	385.44	0.318	0.425	0.531

工作内容：管片吊运堆放；编号、表面清理、涂刷粘接剂；粘贴泡沫挡土衬垫及氯丁橡胶密封条；管片边角嵌贴丁基腻子胶。

计量单位：环

定　额　编　号				S4-4-76	S4-4-77	S4-4-78
项　目　名　称				氯丁橡胶密封条		
				直径7000以内	直径11500以内	直径15500以内
基　　　　价（元）				1969.41	3385.64	4887.23
其中	人　工　费（元）			653.52	756.42	1210.58
	材　料　费（元）			1083.68	2335.94	3224.80
	机　械　费（元）			232.21	293.28	451.85
名　　　称		单位	单价（元）	消　　耗　　量		
人工	综合工日	工日	140.00	4.668	5.403	8.647
材料	丁醛自粘腻子	kg	12.12	2.440	5.750	7.905
	胶粉油毡衬垫	kg	6.00	6.894	8.994	12.122
	可发性聚氨酯泡沫塑料	kg	13.25	0.650	0.930	1.316
	氯丁橡胶条	kg	19.87	47.430	103.720	143.295
	氯丁橡胶粘结剂	kg	12.35	2.440	5.750	7.905
	其他材料费占材料费	%	—	3.000	3.000	3.000
机械	电焊条烘干箱 60×50×75cm³	台班	26.46	0.400	0.523	0.700
	门式起重机 10t	台班	472.03	—	—	0.918
	门式起重机 5t	台班	385.44	0.575	0.725	—

工作内容：管片吊运堆放；编号、表面清理、涂刷粘接剂；粘贴泡沫挡土衬垫及三元乙丙橡胶密封条；管
片边角嵌贴丁基腻子胶。

计量单位：环

定 额 编 号				S4-4-79	S4-4-80	S4-4-81
项 目 名 称				三元乙丙橡胶密封条		
				直径4000以内	直径5000以内	直径6000以内
基 价（元）				406.13	557.27	705.68
其中	人 工 费（元）			326.76	378.14	483.98
	材 料 费（元）			59.70	71.11	93.25
	机 械 费（元）			19.67	108.02	128.45
名 称		单位	单价（元）	消	耗	量
人工	综合工日	工日	140.00	2.334	2.701	3.457
材料	丁醛自粘腻子	kg	12.12	1.510	1.670	2.240
	可发性聚氨酯泡沫塑料	kg	13.25	0.090	0.230	0.420
	氯丁橡胶粘结剂	kg	12.35	1.510	1.670	2.240
	三元乙丙密封胶条	m	0.69	28.730	36.420	43.710
	其他材料费占材料费	%	—	3.000	3.000	3.000
机械	门式起重机 5t	台班	385.44	—	0.212	0.265
	组合烘箱	台班	120.68	0.163	0.218	0.218

工作内容：管片吊运堆放；编号、表面清理、涂刷粘接剂；粘贴泡沫挡土衬垫及三元乙丙橡胶密封条；管片边角嵌贴丁基腻子胶。

计量单位：环

定 额 编 号			S4-4-82	S4-4-83	S4-4-84
项 目 名 称			三元乙丙橡胶密封条		
			直径7000以内	直径11500以内	直径15500以内
基 价（元）			913.05	1398.94	1712.19
其中	人 工 费（元）		653.52	756.42	812.00
	材 料 费（元）		107.05	225.84	354.68
	机 械 费（元）		152.48	416.68	545.51
名 称	单位	单价（元）	消	耗	量
人工	综合工日	工日	140.00	4.668	5.403	5.800
材料	丁醛自粘腻子	kg	12.12	2.440	5.750	8.060
	可发性聚氨酯泡沫塑料	kg	13.25	0.683	0.930	1.480
	氯丁橡胶粘结剂	kg	12.35	2.440	5.750	8.060
	三元乙丙密封胶条	m	0.69	50.980	96.000	184.800
	其他材料费占材料费	%	—	3.000	3.000	3.000
机械	门式起重机 10t	台班	472.03	0.265	0.725	0.956
	组合烘箱	台班	120.68	0.227	0.617	0.781

第七节 柔性接缝环

工作内容：盾构出洞后接缝处淤泥清理；钢板环圈定位、焊接；预留压浆孔；钢板环圈切割；吊拆堆放。

计量单位：t

定　额　编　号				S4-4-85
项　目　名　称				柔性接缝环(施工阶段)
				临时防水环板安拆
基　　　价　（元）				14365.74
其中	人　工　费（元）			3848.32
	材　料　费（元）			5475.06
	机　械　费（元）			5042.36
名　　　称	单位	单价(元)	消　耗	量
人工	综合工日	工日	140.00	27.488
材料	低合金钢焊条 E43系列	kg	39.78	34.330
	环圈钢板	t	3326.00	1.060
	六角螺栓带螺母 M12×200	kg	12.20	4.660
	压浆孔螺钉	个	8.59	12.061
	氧气	m³	3.63	16.467
	乙炔气	kg	10.45	5.497
	枕木	m³	1230.77	0.126
	中厚钢板(综合)	t	3512.00	0.005
	其他材料费占材料费	%	—	2.500
机械	电焊条烘干箱 60×50×75cm³	台班	26.46	1.206
	交流弧焊机 32kV·A	台班	83.14	12.060
	门式起重机 10t	台班	472.03	7.947
	轴流通风机 7.5kW	台班	40.15	6.390

工作内容：洞口安装止水带及防水圈；环板安装后堵压，防水材料封堵。　　　　　　　　　　　　　计量单位：m

定　额　编　号				S4-4-86	S4-4-87
项　目　名　称				柔性接缝环(施工阶段)	
				临时止水缝	
				直径7000以内	直径15500以内
基　　价（元）				1802.63	2743.35
其中	人　工　费（元）			603.26	1064.56
	材　料　费（元）			934.01	1413.43
	机　械　费（元）			265.36	265.36
名　　称		单位	单价（元）	消　　耗　　量	
人工	综合工日	工日	140.00	4.309	7.604
材料	聚氨酯粘合剂	kg	19.02	19.980	29.970
	可发性聚氨酯泡沫塑料	kg	13.25	31.007	46.510
	帘布橡胶条	kg	14.64	4.438	6.657
	六角螺栓带螺母 M12×200	kg	12.20	1.310	1.965
	水泥 52.5级	kg	0.35	91.800	163.200
	中(粗)砂	t	87.00	0.135	0.240
	其他材料费占材料费	%	—	2.000	2.000
机械	电动灌浆机	台班	24.47	0.541	0.541
	门式起重机 10t	台班	472.03	0.495	0.495
	轴流通风机 7.5kW	台班	40.15	0.460	0.460

工作内容：拆卸连接螺栓；吊车配合拆除管片；凿除涂料、壁面清洗。　　　　　　　　计量单位：m³

定　额　编　号				S4-4-88
项　目　名　称				柔性接缝环(正式阶段)
				拆除洞口环管片
基　　　价（元）				3903.35
其 中	人　工　费（元）			1860.60
	材　料　费（元）			70.48
	机　械　费（元）			1972.27
名　　　称		单位	单价（元）	消　　　耗　　　量
人 工	综合工日	工日	140.00	13.290
材 料	低合金钢焊条 E43系列	kg	39.78	1.545
	氧气	m³	3.63	1.170
	乙炔气	kg	10.45	0.390
	其他材料费占材料费	%	—	1.000
机 械	电动空气压缩机 1m³/min	台班	50.29	0.783
	电动双筒慢速卷扬机 100kN	台班	329.51	3.282
	电焊条烘干箱 60×50×75cm³	台班	26.46	0.155
	交流弧焊机 32kV·A	台班	83.14	1.806
	门式起重机 10t	台班	472.03	1.477

工作内容：钢环片分块吊装；焊接固定。 计量单位：t

定 额 编 号				S4-4-89	
项 目 名 称				柔性接缝环(正式阶段)	
				安装钢环板	
基 价（元）				10202.29	
其中	人 工 费（元）			2565.08	
	材 料 费（元）			5404.61	
	机 械 费（元）			2232.60	
名 称		单位	单价（元）	消 耗 量	
人工	综合工日	工日	140.00	18.322	
材料	低合金钢焊条 E43系列	kg	39.78	85.921	
	防水橡胶圈	个	10.00	128.000	
	六角螺栓带螺母 M12×200	kg	12.20	31.030	
	螺栓套管	个	0.70	128.000	
	压浆孔螺钉	个	8.59	5.971	
	氧气	m³	3.63	4.960	
	乙炔气	kg	10.45	1.650	
	枕木	m³	1230.77	0.080	
	其他材料费占材料费	%	—	1.000	
机械	电焊条烘干箱 60×50×75cm³	台班	26.46	8.592	
	交流弧焊机 32kV·A	台班	83.14	0.966	
	门式起重机 10t	台班	472.03	4.078	

工作内容：壁内刷涂料；安放内外壁止水带；压乳胶水泥。

计量单位：m

定　额　编　号				S4-4-90	S4-4-91
项　目　名　称				柔性接缝环(正式阶段)	
				柔性接缝环	
				直径7000以内	直径15500以内
基　　　价（元）				4312.70	5951.35
其中	人　工　费（元）			1037.68	1487.50
	材　料　费（元）			1847.13	2552.92
	机　械　费（元）			1427.89	1910.93
名　　　称		单位	单价（元）	消　　耗　　量	
人工	综合工日	工日	140.00	7.412	10.625
材料	防水橡胶圈	个	10.00	5.402	8.405
	环氧树脂	kg	32.08	0.755	1.002
	焦油聚氨酯涂料	kg	12.00	—	3.413
	结皮海绵橡胶板	kg	19.83	28.250	38.255
	聚苯乙烯硬泡沫塑料	m³	410.00	0.060	0.081
	氯丁橡胶	kg	14.64	0.400	0.542
	内防水橡胶止水带	m	42.74	1.050	1.422
	乳胶水泥	kg	12.44	78.120	105.787
	外防水氯丁酚醛胶	kg	14.10	10.160	13.758
	其他材料费占材料费	%	—	1.000	1.000
机械	电动灌浆机	台班	24.47	—	0.970
	门式起重机 10t	台班	472.03	3.025	3.922
	轴流通风机 7.5kW	台班	40.15	—	0.894

工作内容：配模、立模拆模；洞口环圈混凝土浇筑、养护。 计量单位：m³

定 额 编 号	S4-4-92
项 目 名 称	洞口混凝土环圈
基 价（元）	2928.80

其中	人 工 费（元）	1114.82
	材 料 费（元）	620.03
	机 械 费（元）	1193.95

	名 称	单位	单价（元）	消 耗 量
人工	综合工日	工日	140.00	7.963
材料	低合金钢焊条 E43系列	kg	39.78	1.292
	木模板	m³	1432.48	0.110
	商品混凝土 C25（泵送）	m³	389.11	1.010
	其他材料费占材料费	%	—	3.000
机械	混凝土输送泵车 75m³/h	台班	1555.75	0.278
	门式起重机 10t	台班	472.03	1.495
	轴流通风机 7.5kW	台班	40.15	1.389

第八节 管片嵌缝

工作内容：管片嵌缝槽表面处理；配料嵌缝。

计量单位：环

定　额　编　号				S4-4-93	S4-4-94	S4-4-95
项　目　名　称				管片嵌缝		
				直径4000以内	直径5000以内	直径6000以内
基　　　　价（元）				413.24	609.25	764.76
其中	人　工　费（元）			334.46	495.32	604.94
	材　料　费（元）			54.52	77.79	109.85
	机　械　费（元）			24.26	36.14	49.97
名　　　称		单位	单价（元）	消	耗	量
人工	综合工日	工日	140.00	2.389	3.538	4.321
材料	钢平台	kg	4.20	5.000	7.000	9.100
	环氧树脂嵌缝膏	kg	4.42	6.300	9.030	13.390
	泡沫条 φ18	m	0.10	16.400	20.500	24.600
	其他材料费占材料费	%	—	8.000	9.000	10.000
机械	电动灌浆机	台班	24.47	0.548	0.812	1.171
	电瓶车 2.5t	台班	244.41	0.016	0.024	0.032
	门式起重机 5t	台班	385.44	0.018	0.027	0.035

工作内容：管片嵌缝槽表面处理；配料嵌缝。 计量单位：环

定 额 编 号				S4-4-96	S4-4-97	S4-4-98
项 目 名 称				管片嵌缝		
				直径7000以内	直径11500以内	直径15500以内
基 价（元）				930.38	1882.54	2695.51
其中	人 工 费（元）			715.54	1470.00	2083.90
	材 料 费（元）			142.59	283.90	400.43
	机 械 费（元）			72.25	128.64	211.18
名 称		单位	单价（元）	消	耗	量
人工	综合工日	工日	140.00	5.111	10.500	14.885
材 料	钢平台	kg	4.20	11.500	13.580	19.012
	环氧树脂嵌缝膏	kg	4.42	17.750	44.420	62.864
	泡沫条 φ18	m	0.10	28.700	47.150	63.220
	其他材料费占材料费	%	—	10.000	10.000	10.000
机 械	电动灌浆机	台班	24.47	1.860	2.407	3.370
	电瓶车 2.5t	台班	244.41	0.040	0.104	—
	门式起重机 5t	台班	385.44	0.044	0.115	0.161
	载重汽车 4t	台班	408.97	—	—	0.163

220

工作内容：手孔清洗；人工拌浆；堵手孔、抹平。   计量单位：环

定　额　编　号			S4-4-99	S4-4-100	S4-4-101
项　目　名　称			管片手孔封堵		
			直径4000以内	直径5000以内	直径6000以内
基　　　　　价（元）			288.95	378.58	459.03
其中	人　工　费（元）		93.38	113.40	140.00
	材　料　费（元）		98.95	123.71	148.53
	机　械　费（元）		96.62	141.47	170.50
名　　　称	单位	单价（元）	消	耗	量
人工	综合工日	工日	140.00	0.667	0.810	1.000
材料	钢平台	kg	4.20	5.423	6.770	8.134
	界面剂	kg	1.54	0.056	0.056	0.056
	水泥 32.5级	kg	0.29	259.000	324.000	389.000
	其他材料费占材料费	%	—	1.000	1.000	1.000
机械	电瓶车 2.5t	台班	244.41	0.020	0.030	0.040
	门式起重机 5t	台班	385.44	0.238	0.348	0.417

工作内容：手孔清洗；人工拌浆；堵手孔、抹平。 计量单位：环

定 额 编 号				S4-4-102	S4-4-103	S4-4-104
项 目 名 称				管片手孔封堵		
				直径7000以内	直径11500以内	直径15500以内
基 价（元）				539.87	1138.12	3808.15
其中	人 工 费（元）			166.74	513.52	982.38
	材 料 费（元）			173.20	284.47	1969.40
	机 械 费（元）			199.93	340.13	856.37
名 称		单位	单价(元)	消	耗	量
人工	综合工日	工日	140.00	1.191	3.668	7.017
材料	丙烯酸	kg	26.90	—	—	58.230
	钢平台	kg	4.20	9.490	15.590	21.014
	界面剂	kg	1.54	0.056	0.084	2.470
	水泥 32.5级	kg	0.29	453.600	745.000	1005.000
	其他材料费占材料费	%	—	1.000	1.000	1.000
机械	电瓶车 2.5t	台班	244.41	0.050	0.130	—
	门式起重机 5t	台班	385.44	0.487	0.800	1.078
	载重汽车 4t	台班	408.97	—	—	1.078

222

第九节 负环管片拆除

工作内容：拆除盾构后支撑；清除管片内污垢杂物；拆除井内轨道；清除井内污泥；凿除后靠混凝土；切割连接螺栓；管片吊出井口；装车。

计量单位：m

定 额 编 号				S4-4-105	S4-4-106	S4-4-107
项 目 名 称				负环管片拆除		
				直径4000以内	直径5000以内	直径6000以内
基 价（元）				3709.72	4258.81	6189.81
其中	人 工 费（元）			2619.82	3028.48	4684.26
	材 料 费（元）			320.04	333.77	363.33
	机 械 费（元）			769.86	896.56	1142.22
名 称		单位	单价（元）	消	耗	量
人工	综合工日	工日	140.00	18.713	21.632	33.459
材料	低合金钢焊条 E43系列	kg	39.78	3.530	3.642	3.642
	电	kW·h	0.68	115.500	130.900	170.500
	钢支撑	kg	3.50	6.070	5.650	5.780
	氧气	m³	3.63	2.750	2.750	2.810
	乙炔气	kg	10.45	0.920	0.920	0.940
	支撑架	kg	21.37	2.525	2.525	2.580
	其他材料费占材料费	%	—	2.000	2.000	2.000
机械	电动空气压缩机 1m³/min	台班	50.29	0.589	0.691	0.876
	电焊条烘干箱 60×50×75cm³	台班	26.46	0.105	0.122	0.155
	交流弧焊机 32kV·A	台班	83.14	1.053	1.216	1.552
	履带式起重机 15t	台班	757.48	0.858	1.000	1.274

工作内容：拆除盾构后支撑；清除管片内污垢杂物；拆除井内轨道；清除井内污泥；凿除后靠混凝土；切
割连接螺栓；管片吊出井口；装车。

计量单位：m

定 额 编 号				S4-4-108	S4-4-109	S4-4-110
项 目 名 称				负环管片拆除		
				直径7000以内	直径11500以内	直径15500以内
基 价（元）				8112.73	15684.36	24832.72
其中	人 工 费（元）			6339.90	13203.82	14021.98
	材 料 费（元）			392.52	480.18	1423.48
	机 械 费（元）			1380.31	2000.36	9387.26
名 称		单位	单价（元）	消	耗	量
人工	综合工日	工日	140.00	45.285	94.313	100.157
材　　料	低合金钢焊条 E43系列	kg	39.78	3.642	3.745	5.540
	电	kW·h	0.68	210.100	304.700	385.350
	钢支撑	kg	3.50	5.900	6.040	24.359
	脚手架钢管	kg	3.68	—	—	72.860
	脚手架钢管底座	个	4.17	—	—	1.170
	氧气	m³	3.63	2.860	3.960	5.540
	乙炔气	kg	10.45	0.950	0.132	1.850
	支撑架	kg	21.37	2.626	3.636	24.120
	其他材料费占材料费	%	—	2.000	2.000	2.000
机　　械	电动空气压缩机 1m³/min	台班	50.29	1.061	1.558	1.822
	电焊条烘干箱 60×50×75cm³	台班	26.46	0.188	0.272	0.155
	交流弧焊机 32kV·A	台班	83.14	1.879	2.723	1.552
	螺旋钻机 400mm	台班	646.63			8.713
	履带式起重机 15t	台班	757.48	1.539	2.229	0.734
	门式起重机 50t	台班	1098.05	—	—	2.707

第十节 隧道内管线路拆除

工作内容：贯通后隧道内水管、风管、走道板、拉杆、钢轨、轨枕、各种施工支架拆除；吊运出井口、装车或堆放；隧道内淤泥清除。

计量单位：100m

定 额 编 号				S4-4-111	S4-4-112
项 目 名 称				隧道内管线路拆除	
				直径5000以内	直径7000以内
基 价（元）				24801.38	31003.25
其中	人 工 费（元）			11978.68	14972.86
	材 料 费（元）			1372.54	1715.75
	机 械 费（元）			11450.16	14314.64
名 称		单位	单价（元）	消 耗 量	
人工	综合工日	工日	140.00	85.562	106.949
材料	电	kW·h	0.68	1919.200	2399.000
	氧气	m³	3.63	6.640	8.300
	乙炔气	kg	10.45	2.210	2.770
	其他材料费占材料费	%	—	1.500	1.500
机械	电动单筒慢速卷扬机 10kN	台班	203.56	10.110	12.640
	电动多级离心清水泵 100mm扬程＜120mm	台班	150.59	15.170	18.960
	电瓶车 2.5t	台班	244.41	11.390	14.240
	硅整流充电机 90A/190V	台班	65.31	3.892	4.862
	轨道平车 5t	台班	34.17	18.224	22.784
	门式起重机 5t	台班	385.44	8.943	11.182

工作内容：贯通后隧道内水管、风管、走道板、拉杆、钢轨、轨枕、各种施工支架拆除；吊运出井口、装车或堆放；隧道内淤泥清除。

计量单位：100m

定 额 编 号				S4-4-113	S4-4-114
项 目 名 称				隧道内管线路拆除	
				直径11500以内	直径15500以内
基 价（元）				49673.44	143575.82
其中	人 工 费（元）			23702.14	39073.86
	材 料 费（元）			2763.03	3280.00
	机 械 费（元）			23208.27	101221.96
名 称		单位	单价（元）	消 耗 量	
人工	综合工日	工日	140.00	169.301	279.099
材料	电	kW·h	0.68	3797.000	4410.000
	氧气	m³	3.63	19.720	27.608
	乙炔气	kg	10.45	6.570	12.680
	其他材料费占材料费	%	—	1.500	1.500
机械	电动单筒慢速卷扬机 10kN	台班	203.56	20.010	22.400
	电动多级离心清水泵 100mm扬程<120mm	台班	150.59	30.010	27.600
	电瓶车 2.5t	台班	244.41	22.540	—
	硅整流充电机 90A/190V	台班	65.31	6.946	—
	轨道平车 5t	台班	34.17	32.544	—
	交流弧焊机 32kV·A	台班	83.14	—	22.656
	门式起重机 10t	台班	472.03	15.976	20.700
	平板拖车组 80t	台班	1814.63	—	22.400
	平台作业升降车 16m	台班	365.85	—	11.058
	汽车式起重机 32t	台班	1257.67	—	28.750

第十一节 盾构基座

工作内容：划线、号料、切割、拼装、校正；焊接成型；油漆；堆放。

计量单位：t

定　额　编　号			S4-4-115	
项　目　名　称			盾构基座	
基　　　　价（元）			7367.23	
其中	人　工　费（元）		1669.08	
	材　料　费（元）		4633.61	
	机　械　费（元）		1064.54	
名　　称	单位	单价（元）	消　　耗　　量	
人工	综合工日	工日	140.00	11.922
材料	低合金钢焊条 E43系列	kg	39.78	13.212
	防锈漆	kg	5.62	17.000
	汽油	kg	6.77	5.447
	型钢	kg	3.70	1041.000
	氧气	m³	3.63	4.800
	乙炔气	kg	10.45	1.600
	中厚钢板(综合)	t	3512.00	0.019
	其他材料费占材料费	%	—	0.500
机械	电焊条烘干箱 60×50×75cm³	台班	26.46	0.272
	交流弧焊机 32kV·A	台班	83.14	2.723
	履带式起重机 15t	台班	757.48	1.097

第十二节 金属构件

工作内容：划线、号料、切割、拆方、拼装、校正；焊接成型；油漆；堆放。　　　　　　计量单位：t

定　额　编　号				S4-4-116	S4-4-117	S4-4-118
项　目　名　称				走道板	配套 定型走道板	钢轨跑板
基　　　价（元）				6727.48	9837.32	7359.76
其中	人　工　费（元）			2009.28	4292.82	919.10
	材　料　费（元）			3888.31	4898.49	5537.38
	机　械　费（元）			829.89	646.01	903.28
名　　　称		单位	单价（元）	消	耗	量
人工	综合工日	工日	140.00	14.352	30.663	6.565
材料	低合金钢焊条 E43系列	kg	39.78	22.594	22.950	17.735
	防锈漆	kg	5.62	17.000	17.000	17.000
	钢板网	m²	5.36	34.230	27.920	—
	热轧薄钢板(综合)	kg	3.93	—	474.120	—
	型钢	kg	3.70	694.440	68.040	—
	氧气	m³	3.63	9.110	43.360	5.500
	乙炔气	kg	10.45	3.040	14.450	1.830
	中厚钢板(综合)	kg	3.51	—	—	75.478
	重轨(综合)	kg	4.56	—	—	948.190
	铸铁管	kg	3.33	—	325.420	—
	其他材料费占材料费	%	—	2.000	5.000	2.000
机械	电焊条烘干箱 60×50×75cm³	台班	26.46	0.812	0.623	0.147
	剪板机 10×2500mm	台班	274.17	0.485	—	—
	交流弧焊机 32kV·A	台班	83.14	8.124	6.227	1.470
	履带式起重机 15t	台班	757.48	—	—	1.026
	折方机 4×2000mm	台班	31.39	—	3.562	—

工作内容：划线、号料、切割、拼装、校正；焊接成型；油漆；堆放。 计量单位：t

定 额 编 号			S4-4-119	S4-4-120	S4-4-121
项 目 名 称			钢围令	钢闸墙	钢轨枕
基 价（元）			6251.94	8962.07	5008.07
其中	人 工 费（元）		1159.06	2475.76	1440.46
	材 料 费（元）		4534.19	5827.91	3526.37
	机 械 费（元）		558.69	658.40	41.24
名 称	单位	单价（元）	消	耗	量
人工	综合工日	工日	140.00	8.279	17.684	10.289
材料	低合金钢焊条 E43系列	kg	39.78	10.300	40.900	26.986
	防锈漆	kg	5.62	17.000	17.000	17.000
	钢管	kg	4.06	—	5.900	—
	汽油	kg	6.77	5.447	5.447	5.447
	型钢	kg	3.70	742.755	114.800	493.236
	氧气	m³	3.63	5.280	14.910	20.880
	乙炔气	kg	10.45	1.760	4.970	6.960
	中厚钢板(综合)	kg	3.51	337.245	992.800	93.848
	其他材料费占材料费	%	—	0.500	0.500	0.500
机械	板料校平机 16×2500mm	台班	1184.69	—	0.146	—
	电焊条烘干箱 60×50×75cm³	台班	26.46	0.102	0.330	0.434
	履带式起重机 15t	台班	757.48	0.734	—	—
	门式起重机 5t	台班	385.44	—	1.185	—
	摇臂钻床 63mm	台班	41.15	—	0.485	0.723

工作内容：划线、号料、切割、拼装、校正；焊接成型；油漆；堆放。　　　　　　　　计量单位：t

定　额　编　号			S4-4-122	S4-4-123
项　目　名　称			角钢支架	混合支架
基　　价（元）			4163.01	5944.59
其中	人　工　费（元）		1729.70	2076.34
	材　料　费（元）		2359.57	3764.27
	机　械　费（元）		73.74	103.98
名　　称		单位	单价（元）	消　　耗　　量	

	名　称	单位	单价（元）		
人工	综合工日	工日	140.00	12.355	14.831
材料	低合金钢焊条 E43系列	kg	39.78	—	40.104
	防锈漆	kg	5.62	17.000	17.000
	汽油	kg	6.77	5.447	5.447
	型钢	kg	3.70	540.000	341.626
	氧气	m³	3.63	30.560	25.330
	乙炔气	kg	10.45	10.190	8.440
	中厚钢板(综合)	kg	3.51	—	163.426
	其他材料费占材料费	%	—	0.500	0.500
机械	电焊条烘干箱 60×50×75cm³	台班	26.46	—	0.664
	摇臂钻床 63mm	台班	41.15	1.792	2.100

工作内容：划线、切割；煨弯、分段组合；焊接；油漆。

计量单位：t

定 额 编 号				S4-4-124	S4-4-125	S4-4-126	S4-4-127
项 目 名 称				板式扶梯	格式扶梯	垂直扶梯	钢管栏杆
基 价（元）				5926.37	4136.25	6775.61	8295.18
其中	人 工 费（元）			2464.98	3141.60	4091.22	4031.58
	材 料 费（元）			2813.47	135.50	2684.39	3752.12
	机 械 费（元）			647.92	859.15	—	511.48
名 称		单位	单价（元）	消	耗		量
人工	综合工日	工日	140.00	17.607	22.440	29.223	28.797
材料	防锈漆	kg	5.62	17.000	17.000	17.000	17.000
	花纹钢板（综合）	kg	3.59	295.472	—	—	—
	汽油	kg	6.77	5.447	5.447	5.447	5.447
	型钢	kg	3.70	392.256	0.652	686.113	—
	氧气	m³	3.63	21.790	—	—	28.740
	乙炔气	kg	10.45	7.260	—	—	9.580
	铸铁管	kg	3.33	—	—	—	1020.000
	其他材料费占材料费	%	—	0.500	0.500	0.500	0.500
机械	门式起重机 5t	台班	385.44	1.681	2.229	—	1.327

231

工作内容：放样、落料；卷筒找圆；油漆；堆放。 计量单位：t

定 额 编 号			S4-4-128	S4-4-129	S4-4-130
项 目 名 称			钢支撑		承插式钢封门
			活络头	固定头	
基 价（元）			8886.04	7976.76	5367.25
其中	人 工 费（元）		2776.48	2195.34	982.10
	材 料 费（元）		4125.90	4023.51	4144.27
	机 械 费（元）		1983.66	1757.91	240.88
名 称		单位	单价（元）	消 耗	量
人工	综合工日	工日	140.00	19.832	15.681	7.015
材料	防锈漆	kg	5.62	17.000	17.000	17.000
	汽油	kg	6.77	5.447	5.447	5.447
	型钢	kg	3.70	108.306	55.426	1077.962
	氧气	m³	3.63	22.720	9.800	0.390
	乙炔气	kg	10.45	7.570	3.270	0.130
	中厚钢板（综合）	kg	3.51	971.694	1024.574	—
	其他材料费占材料费	%	—	0.500	0.500	0.500
机械	剪板机 20×2000mm	台班	316.68	0.215	0.492	—
	履带式起重机 15t	台班	757.48	2.026	1.999	0.318
	牛头刨床 650mm	台班	232.57	1.562	—	—
	刨边机 9000mm	台班	518.80	0.031	0.046	—
	普通车床 630×2000mm	台班	247.10	—	0.254	—
	摇臂钻床 63mm	台班	41.15	0.038	0.031	

第十三节 监测、监控

工作内容：测点布置；仪表标定；钻孔；导向管加工；预埋件加工埋设；安装导向管磁环；浇灌水泥浆；
做保护圈盖；测读初读数。

计量单位：孔

定 额 编 号				S4-4-131	S4-4-132	S4-4-133
项 目 名 称				地表监测孔布置		
				土体分层沉降		
				10m	20m	30m
基 价（元）				2922.01	4229.76	5530.39
其中	人 工 费（元）			1080.10	1503.18	1926.26
	材 料 费（元）			589.09	1162.41	1735.71
	机 械 费（元）			1252.82	1564.17	1868.42
名 称		单位	单价（元）	消	耗	量
人工	综合工日	工日	140.00	7.715	10.737	13.759
材料	保护圈盖	套	15.69	1.000	1.000	1.000
	磁环	个	13.59	5.500	11.000	16.500
	磁环(夹具)	个	13.59	5.500	11.000	16.500
	促进剂 KA	kg	1.90	7.830	15.660	23.480
	导向铝管 直径30	m	11.40	12.000	24.000	36.000
	膨润土	kg	0.39	115.710	231.420	347.130
	水泥 52.5级	kg	0.35	387.600	775.200	1162.800
	塑料注浆阀管	m	8.43	10.500	21.000	31.500
	其他材料费占材料费	%	—	0.500	0.500	0.500
机械	工程地质液压钻机	台班	706.92	1.720	2.150	2.570
	泥浆泵 50mm	台班	41.71	0.885	1.062	1.238

工作内容：测点布置；仪表标定；钻孔；测斜管加工焊接；埋设测斜管；浇灌水泥浆；做保护圈盖；测读
初读数。

计量单位：孔

定 额 编 号				S4-4-134	S4-4-135	S4-4-136
项 目 名 称				地表监测孔布置		
				土体水平位移		
				10m	20m	30m
基 价（元）				2867.13	4120.06	5365.87
其中	人 工 费（元）			1135.68	1614.48	2093.28
	材 料 费（元）			478.63	941.41	1404.17
	机 械 费（元）			1252.82	1564.17	1868.42
名 称		单位	单价（元）	消 耗		量
人工	综合工日	工日	140.00	8.112	11.532	14.952
材料	保护圈盖	套	15.69	1.000	1.000	1.000
	促进剂 KA	kg	1.90	7.830	15.660	23.480
	膨润土	kg	0.39	115.710	231.420	347.130
	水泥 52.5级	kg	0.35	387.600	775.200	1162.800
	塑料测斜管 直径80	m	15.82	11.000	22.000	33.000
	塑料注浆阀管	m	8.43	10.500	21.000	31.500
	其他材料费占材料费	%	—	1.000	1.000	1.000
机械	工程地质液压钻机	台班	706.92	1.720	2.150	2.570
	泥浆泵 50mm	台班	41.71	0.885	1.062	1.238

工作内容：测点布置；仪器标定；钢笼安装测斜管；浇捣混凝土，定测斜管倾斜方向；测读初读数。

计量单位：孔

定 额 编 号				S4-4-137	S4-4-138	S4-4-139
项 目 名 称				地表监测孔布置		
				墙体位移		
				20m	30m	40m
基 价（元）				2723.34	3043.80	3919.97
其中	人 工 费（元）			534.52	645.96	757.12
	材 料 费（元）			520.09	729.11	938.13
	机 械 费（元）			1668.73	1668.73	2224.72
名 称		单位	单价(元)	消	耗	量
人工	综合工日	工日	140.00	3.818	4.614	5.408
材料	螺纹钢筋 HRB400 φ10以内	t	3500.00	0.030	0.040	0.050
	塑料测斜管 直径80	m	15.82	22.000	33.000	44.000
	无缝钢管 φ102×4	m	64.78	1.035	1.035	1.035
机械	履带式起重机 15t	台班	757.48	2.203	2.203	2.937

工作内容：测点布置；密封检查；钻孔；布线；预埋件加工、埋设、接线；埋设泥球形成止水隔离层；回填黄砂及原状土；做保护圈盖；测读初读数。

计量单位：孔

定 额 编 号					S4-4-140	S4-4-141	S4-4-142
项 目 名 称					地表监测孔布置		
					孔隙水压力		
					10m	20m	30m
基 价（元）					2641.23	3031.73	3416.71
其中	人 工 费（元）				868.56	990.92	1113.42
	材 料 费（元）				769.55	786.73	803.91
	机 械 费（元）				1003.12	1254.08	1499.38
名 称		单位	单价（元）		消 耗		量
人工	综合工日	工日	140.00		6.204	7.078	7.953
材料	保护圈盖	套	15.69		1.000	1.000	1.000
	孔隙水压计	支	607.07		1.000	1.000	1.000
	膨润土	kg	0.39		304.500	304.500	304.500
	屏蔽绞线2芯	m	1.62		12.600	23.100	33.600
	其他材料费占材料费	%	—		1.000	1.000	1.000
机械	工程地质液压钻机	台班	706.92		1.419	1.774	2.121

工作内容：测点布置；密封检查；钻孔；布线；预埋件加工、埋设、接线；埋设泥球形成止水隔离层；回填黄砂及原状土；做保护圈盖；测读初读数。

计量单位：孔

定　额　编　号				S4-4-143
项　目　名　称				地表监测孔布置
				水位观察孔
基　　　　价（元）				2727.95
其中	人　工　费（元）			968.66
	材　料　费（元）			592.87
	机　械　费（元）			1166.42
	名　　　称	单位	单价（元）	消　　耗　　量
人工	综合工日	工日	140.00	6.919
材料	保护圈盖	套	15.69	1.000
	膨润土	kg	0.39	304.500
	透水管	m	21.37	1.100
	无缝钢管 φ70×3	m	27.86	15.400
	其他材料费占材料费	%	—	1.000
机械	工程地质液压钻机	台班	706.92	1.650

237

工作内容：测点布置；预埋标志点；做保护圈盖；测读初读数。　　　　　　　计量单位：只

定　额　编　号				S4-4-144
项　目　名　称				地下监测孔布置
				地表桩
基　　　　价（元）				888.33
其中	人　工　费（元）			456.54
	材　料　费（元）			265.74
	机　械　费（元）			166.05
名　　　　称		单位	单价（元）	消　　耗　　量
人工	综合工日	工日	140.00	3.261
材料	保护圈盖	套	15.69	1.000
	商品混凝土 C30(泵送)	m³	403.82	0.498
	预埋标志点	个	24.79	1.000
	其他材料费占材料费	%	—	10.000
机械	开孔机 600mm	台班	309.79	0.536

238

工作内容：测点布置；测点表面处理；粘贴应变片；密封；接线；测读初读数。　　　　　　计量单位：只

定　额　编　号				S4-4-145	
项　目　名　称				地下监测孔布置	
				混凝土构件变形	
基　　　价（元）				187.83	
其中	人　工　费（元）			155.96	
	材　料　费（元）			16.87	
	机　械　费（元）			15.00	
名　　　称		单位	单价（元）	消　　耗　　量	
人工	综合工日	工日	140.00	1.114	
材料	环氧密封胶	kg	19.97	0.100	
	屏蔽绞线4芯	m	2.42	5.250	
	应变片	片	6.67	0.095	
	其他材料费占材料费	%	—	10.000	
机械	其他机械费	元	1.00	15.000	

239

工作内容：测点布置；手枪钻打孔；安装倾斜预埋件；测读初读数。 计量单位：只

定 额 编 号				S4-4-146	
项 目 名 称				地下监测孔布置	
				建筑物倾斜	
基 价（元）				570.72	
其中	人 工 费（元）			167.16	
	材 料 费（元）			237.51	
	机 械 费（元）			166.05	
名 称	单位	单价（元）	消	耗	量
人工	综合工日	工日	140.00	1.194	
材料	倾斜预埋件	个	219.66	1.000	
	应变片	片	6.67	0.980	
	其他材料费占材料费	%	—	5.000	
机械	开孔机 600mm	台班	309.79	0.536	

240

工作内容：测点布置；仪器标定；预埋传感器；测度初读数。 计量单位：只

定 额 编 号				S4-4-147	
项 目 名 称				地下监测孔布置	
				建筑物振动	
基 价（元）				533.92	
其中	人 工 费（元）			167.16	
	材 料 费（元）			200.71	
	机 械 费（元）			166.05	
名 称		单位	单价（元）	消 耗 量	
人工	综合工日	工日	140.00	1.194	
材料	应变片	片	6.67	0.980	
	振动预埋件	个	184.62	1.000	
	其他材料费占材料费	%	—	5.000	
机械	开孔机 600mm	台班	309.79	0.536	

工作内容：测点布置；开挖暴露管线；埋设抱箍标志头；回填；测度初读数。 计量单位：只

定　额　编　号					S4-4-148	S4-4-149
项　目　名　称					地下监测孔布置	
					地下管线沉降	地下管线位移
基　　　价（元）					708.15	708.15
其中	人　工　费（元）				366.80	366.80
	材　料　费（元）				175.30	175.30
	机　械　费（元）				166.05	166.05
名　　　称		单位	单价（元）		消　　耗　　量	
人工	综合工日	工日	140.00		2.620	2.620
材料	管线抱箍标志	个	175.30		1.000	1.000
机械	开孔机 600mm	台班	309.79		0.536	0.536

242

工作内容：测点布置；钢笼上安装钢筋计；钢笼上安装混凝土应变计；排线固定；保护圈盖；测度初读数。

计量单位：只

定 额 编 号				S4-4-150	S4-4-151
项 目 名 称				地下监测孔布置	
				混凝土构件钢筋应力	混凝土构件混凝土应变
基 价（元）				766.43	655.90
其中	人 工 费（元）			222.74	211.54
	材 料 费（元）			536.12	343.62
	机 械 费（元）			7.57	100.74
	名 称	单位	单价（元）	消 耗 量	
人工	综合工日	工日	140.00	1.591	1.511
材料	保护圈盖	套	15.69	1.000	1.000
	钢筋应力计	个	432.63	1.100	—
	混凝土应变计	个	264.10	—	1.100
	屏蔽绞线2芯	m	1.62	21.000	21.000
	其他材料费占材料费	%	—	2.000	1.000
机械	交流弧焊机 32kV·A	台班	83.14	0.091	—
	履带式起重机 15t	台班	757.48	—	0.133

工作内容：测点布置；仪器标定；安装预埋件；安装轴力计；排线；加预应力读初读数。　计量单位：只

定　额　编　号				S4-4-152	S4-4-153
项　目　名　称				地下监测孔布置	
				钢支撑轴力	混凝土水化热
基　　　　价（元）				3031.02	458.97
其中	人　工　费（元）			334.18	211.54
	材　料　费（元）			2281.74	160.32
	机　械　费（元）			415.10	87.11
名　　　称		单位	单价（元）	消　　耗　　量	
人工	综合工日	工日	140.00	2.387	1.511
材料	铂电阻温度计	块	143.31	—	1.000
	传力板	块	334.19	1.000	—
	反力架	个	350.43	1.000	—
	屏蔽绞线2芯	m	1.62	10.500	10.500
	支撑轴力计 200t	个	1436.46	1.100	—
机械	履带式起重机 15t	台班	757.48	0.548	0.115

工作内容：测点布置；预埋件加工；预埋件埋设；拆除预埋件；安装土压计；测读初读数。

计量单位：只

定 额 编 号	S4-4-154
项 目 名 称	地下监测孔布置
	混凝土构件界面土压力
基 价（元）	1880.77

其中	人 工 费（元）	790.44
	材 料 费（元）	675.23
	机 械 费（元）	415.10

	名 称	单位	单价(元)	消 耗 量
人工	综合工日	工日	140.00	5.646
材料	界面式土压计	支	550.00	1.100
	木模具	个	41.03	1.000
	屏蔽绞线2芯	m	1.62	5.300
	无缝钢管	kg	4.44	4.643
机械	履带式起重机 15t	台班	757.48	0.548

245

工作内容：测点布置；预埋件加工；预埋件埋设；拆除预埋件；安装孔隙水压计；测读初读数。

计量单位：只

定　额　编　号				S4-4-155	
项　目　名　称				地下监测孔布置	
				混凝土构件界面孔隙水压力	
基　　　　价（元）				1770.77	
其中	人　工　费（元）			790.44	
	材　料　费（元）			565.23	
	机　械　费（元）			415.10	
	名　　称	单位	单价（元）	消　　耗　　量	
人工	综合工日	工日	140.00	5.646	
材料	界面式孔隙水压计	支	450.00	1.100	
	木模具	个	41.03	1.000	
	屏蔽绞线2芯	m	1.62	5.300	
	无缝钢管	kg	4.44	4.643	
机械	履带式起重机 15t	台班	757.48	0.548	

工作内容：测点布置；仪器标定；钻孔；埋设；水泥灌浆；做保护圈盖；测读初读数。　　计量单位：孔

定　额　编　号			S4-4-156
项　目　名　称			地下监测孔布置
			基坑回弹
基　　　价（元）			2627.49
其中	人　工　费（元）		1313.90
	材　料　费（元）		1269.29
	机　械　费（元）		44.30
名　　称		单位	单价（元）	消　　耗　　量

	名　　称	单位	单价（元）	消　　耗　　量
人工	综合工日	工日	140.00	9.385
材料	保护圈盖	套	15.69	1.000
	磁环	个	13.59	11.000
	磁环(夹具)	个	13.59	11.000
	促进剂 KA	kg	1.90	15.660
	导向铝管 直径30	m	11.40	30.000
	膨润土	kg	0.39	231.420
	水泥 52.5级	kg	0.35	775.200
	塑料注浆阀管	m	8.43	26.250
机械	泥浆泵 50mm	台班	41.71	1.062

工作内容：测点布置；仪器标定；埋设；测读初读数。　　　　　　　　　　计量单位：端面

定　额　编　号				S4-4-157		
项　目　名　称				地下监测孔布置		
				混凝土支撑轴力		
基　　　价（元）				**2464.99**		
其中	人　工　费（元）			467.60		
	材　料　费（元）			1929.17		
	机　械　费（元）			68.22		
名　　　称		单位	单价（元）	消　　耗　　量		
人工	综合工日	工日	140.00	3.340		
材料	钢筋应力计	个	432.63	4.400		
	屏蔽绞线2芯	m	1.62	15.800		
机械	其他机械费	元	1.00	68.220		

工作内容：测点布置；仪器标定；埋设；测读初读数。 计量单位：个

定 额 编 号				S4-4-158	
项 目 名 称				地下监测孔布置	
				隧道纵向沉降及位移	
基 价（元）				292.72	
其中	人 工 费（元）			256.06	
	材 料 费（元）			36.66	
	机 械 费（元）			—	
名 称		单位	单价（元）	消 耗 量	
人工	综合工日	工日	140.00	1.829	
材料	沉降预埋点	个	33.33	1.100	

工作内容：测点布置；仪器标定；埋设；测读初读数。

計量单位：环

定　额　编　号					S4-4-159	
项　目　名　称					地下监测孔布置	
					隧道直径变形(收敛)	
基　　　价（元）					571.71	
其中	人　工　费（元）				478.66	
	材　料　费（元）				93.05	
	机　械　费（元）				—	
	名　　　称	单位	单价(元)	消　　　耗　　　量		
人工	综合工日	工日	140.00	3.419		
材料	收敛标志点	个	17.09	4.400		
	水泥 52.5级	kg	0.35	51.000		

250

工作内容：测点布置；仪器标定；埋设；测读初读数。

计量单位：个

定 额 编 号				S4-4-160	S4-4-161
项 目 名 称				地下监测孔布置	
				隧道环缝纵缝变化	衬砌表面应变计
基 价（元）				711.99	748.75
其中	人 工 费（元）			478.66	478.66
	材 料 费（元）			233.33	270.09
	机 械 费（元）			—	—
名 称		单位	单价（元）	消 耗 量	
人工	综合工日	工日	140.00	3.419	3.419
材料	接缝变化装置	个	183.33	1.000	—
	应变计	个	227.35	—	1.000
	应变计预埋件	个	42.74	—	1.000
	预埋件	个	50.00	1.000	—

工作内容：测点布置；仪器标定；埋设；测读初读数。　　　　　　　　　　计量单位：个

定　额　编　号			S4-4-162	S4-4-163
项　目　名　称			裂缝监测孔布置	
			地面建筑	隧道内部
基　　　价（元）			3622.52	613.22
其中	人　工　费（元）		3572.52	563.22
	材　料　费（元）		50.00	50.00
	机　械　费（元）		—	—
名　　　称	单位	单价(元)	消　　　耗　　　量	
人工	综合工日	工日	140.00	25.518	4.023
材料	预埋件	个	50.00	1.000	1.000

工作内容：测试及数据采集；检测日报表；阶段处理报告；最终报告；资料立案归档。　　计量单位：组

定　额　编　号				S4-4-164	S4-4-165	S4-4-166
项　目　名　称				监控测试		
				地面监测	隧道内部	地面监测
				3项以内	6项以内	6项以外
基　　　　　价（元）				530.16	1060.32	1590.48
其中	人　工　费（元）			501.06	1002.12	1503.18
	材　料　费（元）			25.80	51.60	77.40
	机　械　费（元）			3.30	6.60	9.90
名　　　称		单位	单价（元）	消	耗	量
人工	综合工日	工日	140.00	3.579	7.158	10.737
材料	其他材料费	元	1.00	25.800	51.600	77.400
机械	其他机械费	元	1.00	3.300	6.600	9.900

工作内容：测试及数据采集；检测日报表；阶段处理报告；最终报告；资料立案归档。　计量单位：组

定　额　编　号					S4-4-167	S4-4-168	S4-4-169
项　目　名　称					监控测试		
					地下监测		
					3项以内	6项以内	6项以上
基　　价（元）					598.58	1196.88	1795.32
其中	人　工　费（元）				567.98	1135.68	1703.52
	材　料　费（元）				27.00	54.00	81.00
	机　械　费（元）				3.60	7.20	10.80
名　　称		单位	单价(元)	消	耗		量
人工	综合工日	工日	140.00	4.057	8.112	12.168
材料	其他材料费	元	1.00	27.000	54.000	81.000
机械	其他机械费	元	1.00	3.600	7.200	10.800

254

第五章 垂直顶升

说　明

一、本章定额包括顶升管节、复合管片制作、垂直顶升设备安拆、管节垂直顶升、阴极保护安装及滩地揭顶盖等项目。

二、本章定额适用于管节外壁断面小于或等于 4 m²、每座顶升高度小于或等于 10m 的不出土垂直顶升。

三、顶升管节预制混凝土已包括内模摊销及管节制成后的外壁涂料。管节中的钢筋已归入顶升钢壳制作的子目中。

四、顶升管节外壁如需压浆时，可套用分块压浆定额计算。

五、复合管片定额已综合考虑管节大小，执行定额不作调整。

六、阴极保护安装项目中未包括恒电位仪、阳极、参比电极等主材。

七、滩地揭顶盖只适用于滩地水深不超过 0.5m 的区域，本定额未包括进出水口的围护工程，发生时可套用相应定额计算。

八、复合管片钢壳包括台膜摊销费，钢筋在复合管片混凝土项目内。

工程量计算规则

一、顶升管节、复合管片制作按体积计算；垂直顶升管节试拼装按设计顶升管节数量以"节"计算。

二、顶升车架安装、拆除，按质量计算；顶升设备安装、拆除，按"套"计算。顶升车架制作按顶升一组摊销 50%计算。

三、管节垂直顶升，按设计顶升管节数量以"节"计算。

四、顶升止水框、联系梁、车架，按质量计算。

五、阴极保护安装及附件制作，按"个"计算；隧道内电缆铺设，按"m"计算；接线箱、分支箱、过渡盒制作，按"个"计算。

六、滩地揭顶盖，按"个"计算。

七、顶升管节钢壳，按质量计算。

第一节 顶升管节、复合管片制作

工作内容：钢模板制作、装拆、清扫、刷油、骨架入模；混凝土吊运、浇捣、蒸养；法兰打孔；管壁涂料等。

计量单位：m³

定 额 编 号			S4-5-1
项 目 名 称			顶升管节制作
基 价（元）			5617.86
其中	人 工 费（元）		2441.74
	材 料 费（元）		1252.46
	机 械 费（元）		1923.66
名 称	单位	单价（元）	消 耗 量
人工	综合工日	工日	140.00	17.441
材料	电	kW·h	0.68	1.562
	环氧沥青漆	kg	15.38	16.490
	聚氨酯固化剂	kg	43.26	8.250
	商品混凝土 C40（泵送）	m³	445.34	1.010
	型钢	kg	3.70	9.910
	中厚钢板（综合）	kg	3.51	42.220
	其他材料费占材料费	%	—	0.500
机械	工业锅炉 1t/h	台班	982.31	0.340
	立式钻床 50mm	台班	19.84	1.877
	轮胎式装载机 1m³	台班	552.23	0.256
	门式起重机 10t	台班	472.03	2.132
	皮带运输机 15×0.5m	台班	320.05	0.830
	载重汽车 4t	台班	408.97	0.340

工作内容：安放钢壳；钢模安拆；清理刷油；混凝土吊运、浇捣、蒸养。   计量单位：10m³

定 额 编 号				S4-5-2	
项 目 名 称				复合管片制作	
基 价（元）				22398.21	
其中	人 工 费（元）			8942.78	
	材 料 费（元）			5973.95	
	机 械 费（元）			7481.48	
名 称		单位	单价（元）	消 耗 量	
人工	综合工日	工日	140.00	63.877	
材料	电	kW•h	0.68	10.520	
	管片钢模(精加工制作)	kg	7.80	165.000	
	商品混凝土 C40(泵送)	m³	445.34	10.100	
	水	m³	7.96	7.000	
	压浆孔螺钉	个	8.59	11.225	
	其他材料费占材料费	%	—	0.500	
机械	工业锅炉 1t/h	台班	982.31	3.942	
	门式起重机 10t	台班	472.03	6.590	
	载重汽车 4t	台班	408.97	1.219	

260

工作内容：吊车配合；管节试拼、编号对螺孔、检验校正；搭平台、长笛平整。　　　　　计量单位：节

定　额　编　号				S4-5-3	
项　目　名　称				管节试拼装	
基　　　价（元）				966.66	
其中	人　工　费（元）			475.02	
	材　料　费（元）			165.07	
	机　械　费（元）			326.57	
名　　　称		单位	单价（元）	消　　　耗　　　量	
人工	综合工日	工日	140.00	3.393	
材料	型钢	kg	3.70	10.050	
	枕木	m³	1230.77	0.100	
	其他材料费占材料费	%	—	3.000	
机械	履带式起重机 10t	台班	642.86	0.508	

第二节 垂直顶升设备安装、拆除

工作内容：清理修整轨道；车架组装、固定。　　　　　　　　　　　计量单位：t

定　额　编　号			S4-5-4
项　目　名　称			顶升车架安装
基　　　价（元）			4099.75
其中	人　工　费（元）		1613.36
	材　料　费（元）		725.34
	机　械　费（元）		1761.05
名　　称	单位	单价（元）	消　耗　　量
人工 综合工日	工日	140.00	11.524
材料 低合金钢焊条 E43系列	kg	39.78	1.339
镀锌铁丝 φ0.7	kg	3.57	0.693
钢丝绳	kg	6.00	6.774
六角螺栓带螺母 M12×200	kg	12.20	32.840
轻轨	kg	4.20	23.485
卸扣 φ24	个	17.25	1.060
氧气	m³	3.63	0.880
乙炔气	kg	10.45	0.290
枕木	m³	1230.77	0.040
中厚钢板(综合)	kg	3.51	13.890
其他材料费占材料费	%	—	1.000
机械 电焊条烘干箱 60×50×75cm³	台班	26.46	0.075
电瓶车 2.5t	台班	244.41	1.840
硅整流充电机 90A/190V	台班	65.31	1.592
轨道平车 5t	台班	34.17	3.680
交流弧焊机 32kV·A	台班	83.14	0.753
门式起重机 10t	台班	472.03	1.990
轴流通风机 7.5kW	台班	40.15	1.935

工作内容：吊拆、运输、堆放；工作面清理。

计量单位：t

定 额 编 号			S4-5-5	
项 目 名 称			顶升车架拆除	
基 价（元）			3014.84	
其中	人 工 费（元）		1393.28	
	材 料 费（元）		148.84	
	机 械 费（元）		1472.72	
名 称	单位	单价（元）	消 耗 量	
人工	综合工日	工日	140.00	9.952
材料	镀锌铁丝 φ0.7	kg	3.57	0.693
	钢丝绳	kg	6.00	6.774
	卸扣 φ24	个	17.25	1.060
	氧气	m³	3.63	1.740
	乙炔气	kg	10.45	0.580
	枕木	m³	1230.77	0.040
	中厚钢板(综合)	kg	3.51	6.940
	其他材料费占材料费	%	—	1.000
机械	电瓶车 2.5t	台班	244.41	1.600
	硅整流充电机 90A/190V	台班	65.31	1.385
	轨道平车 5t	台班	34.17	3.200
	门式起重机 10t	台班	472.03	1.725
	轴流通风机 7.5kW	台班	40.15	1.684

工作内容：制作基座；设备吊运、就位。

计量单位：套

定　额　编　号				S4-5-6	
项　目　名　称				顶升设备安装	
基　价（元）				6995.88	
其中	人　工　费（元）			2082.92	
	材　料　费（元）			2490.40	
	机　械　费（元）			2422.56	
名　　　称		单位	单价（元）	消　　耗　　量	
人工	综合工日	工日	140.00	14.878	
材料	低合金钢焊条 E43系列	kg	39.78	10.562	
	镀锌铁丝 φ0.7	kg	3.57	5.189	
	钢丝绳	kg	6.00	17.022	
	卸扣 φ24	个	17.25	4.040	
	型钢	kg	3.70	175.010	
	氧气	m³	3.63	6.110	
	乙炔气	kg	10.45	2.040	
	枕木	m³	1230.77	0.080	
	中厚钢板(综合)	kg	3.51	303.630	
	其他材料费占材料费	%	—	1.000	
机械	电焊条烘干箱 60×50×75cm³	台班	26.46	0.264	
	电瓶车 2.5t	台班	244.41	2.384	
	硅整流充电机 90A/190V	台班	65.31	2.062	
	轨道平车 5t	台班	34.17	4.768	
	交流弧焊机 32kV·A	台班	83.14	2.641	
	门式起重机 10t	台班	472.03	2.574	
	轴流通风机 7.5kW	台班	40.15	2.509	

工作内容：油路、电路拆除，基座拆除；设备吊运、堆放。 计量单位：套

定 额 编 号			S4-5-7	
项 目 名 称			顶升设备拆除	
基 价（元）			3096.10	
其中	人 工 费（元）		1280.02	
	材 料 费（元）		463.13	
	机 械 费（元）		1352.95	
名 称	单位	单价（元）	消 耗 量	
人工	综合工日	工日	140.00	9.143
材料	镀锌铁丝 φ0.7	kg	3.57	5.189
	钢丝绳	kg	6.00	17.022
	卸扣 φ24	个	17.25	4.040
	氧气	m³	3.63	3.330
	乙炔气	kg	10.45	1.110
	枕木	m³	1230.77	0.080
	中厚钢板(综合)	kg	3.51	41.610
	其他材料费占材料费	%	—	1.000
机械	电瓶车 2.5t	台班	244.41	1.472
	硅整流充电机 90A/190V	台班	65.31	1.277
	轨道平车 5t	台班	34.17	2.936
	门式起重机 10t	台班	472.03	1.583
	轴流通风机 7.5kW	台班	40.15	1.550

第三节 管节垂直顶升

工作内容：车架就位、转向法兰安装；管节吊运；拆除纵环向螺栓；安装网头、盘根、压条、压板等操作设备；顶升到位等。

计量单位：节

定 额 编 号			S4-5-8
项 目 名 称			首节顶升
基 价（元）			9705.63
其中	人 工 费（元）		3439.38
	材 料 费（元）		1911.92
	机 械 费（元）		4354.33

	名 称	单位	单价（元）	消 耗 量
人工	综合工日	工日	140.00	24.567
材料	低合金钢焊条 E43系列	kg	39.78	0.470
	电	kW·h	0.68	0.403
	硅酸钠(水玻璃)	kg	1.62	21.510
	六角螺栓带螺母 M12×200	kg	12.20	42.410
	水泥 52.5级	kg	0.35	18.360
	无缝钢管 φ150×6	m	101.53	0.241
	橡胶板 δ3	m²	5.19	10.370
	氧气	m³	3.63	11.300
	乙炔气	kg	10.45	3.770
	油浸石棉盘根	kg	10.09	21.510
	粘结剂	kg	2.88	9.790
	枕木	m³	1230.77	0.070
	中厚钢板(综合)	kg	3.51	237.800
	其他材料费占材料费	%	—	0.500
机械	垂直顶升设备	台班	1887.30	1.130
	电动单级离心清水泵 100mm	台班	33.35	1.754
	电动单筒慢速卷扬机 80kN	台班	257.35	1.810
	电焊条烘干箱 60×50×75cm³	台班	26.46	0.092
	电瓶车 2.5t	台班	244.41	1.864
	硅整流充电机 90A/190V	台班	65.31	1.615
	轨道平车 5t	台班	34.17	3.728
	交流弧焊机 32kV·A	台班	83.14	0.917
	门式起重机 10t	台班	472.03	1.637
	轴流通风机 7.5kW	台班	40.15	3.924

工作内容：管节吊运；穿螺栓、粘贴橡胶板；填木、抹平、填孔、放顶快；顶升到位。　计量单位：节

定　额　编　号			S4-5-9
项　目　名　称			中间节顶升
基　　　价（元）			2917.18
其中	人　工　费（元）		954.10
	材　料　费（元）		437.26
	机　械　费（元）		1525.82
名　　称	单位	单价（元）	消　耗　量
人工　综合工日	工日	140.00	6.815
材料　低合金钢焊条 E43系列	kg	39.78	0.403
电	kW·h	0.68	12.960
硅酸钠（水玻璃）	kg	1.62	48.870
六角螺栓带螺母 M12×200	kg	12.20	13.060
水泥 52.5级	kg	0.35	92.820
无缝钢管 φ150×6	m	101.53	0.241
橡胶板 δ3	m²	5.19	4.500
氧气	m³	3.63	0.420
乙炔气	kg	10.45	0.140
粘结剂	kg	2.88	0.210
枕木	m³	1230.77	0.040
中厚钢板（综合）	kg	3.51	7.990
其他材料费占材料费	%	—	3.000
机械　垂直顶升设备	台班	1887.30	0.510
电动单级离心清水泵 100mm	台班	33.35	0.377
电动单筒慢速卷扬机 80kN	台班	257.35	0.480
电焊条烘干箱 60×50×75cm³	台班	26.46	0.045
电瓶车 2.5t	台班	244.41	0.408
硅整流充电机 90A/190V	台班	65.31	0.354
轨道平车 5t	台班	34.17	0.808
交流弧焊机 32kV·A	台班	83.14	0.445
门式起重机 10t	台班	472.03	0.433
轴流通风机 7.5kW	台班	40.15	0.851

工作内容：管节吊运；穿螺栓、粘贴橡胶板；填木、抹平、填孔、放顶快；顶升到位；到位后安装压板；撑筋焊接并于管片连接。

计量单位：节

定 额 编 号				S4-5-10	
项 目 名 称				尾节顶升	
基 价 （元）				8622.17	
其中	人 工 费 （元）			2330.44	
	材 料 费 （元）			2624.25	
	机 械 费 （元）			3667.48	
名 称		单位	单价（元）	消 耗 量	
人工	综合工日	工日	140.00	16.646	
材料	低合金钢焊条 E43系列	kg	39.78	32.342	
	电	kW·h	0.68	30.860	
	硅酸钠（水玻璃）	kg	1.62	48.870	
	六角螺栓带螺母 M12×200	kg	12.20	13.060	
	水泥 52.5级	kg	0.35	92.820	
	无缝钢管 φ150×6	m	101.53	0.241	
	橡胶板 δ3	m²	5.19	4.500	
	氧气	m³	3.63	10.080	
	乙炔气	kg	10.45	3.360	
	粘结剂	kg	2.88	0.210	
	枕木	m³	1230.77	0.040	
	中厚钢板（综合）	kg	3.51	242.270	
	其他材料费占材料费	%	—	1.000	
机械	垂直顶升设备	台班	1887.30	1.220	
	电动单级离心清水泵 100mm	台班	33.35	0.923	
	电动单筒慢速卷扬机 80kN	台班	257.35	1.150	
	电焊条烘干箱 60×50×75cm³	台班	26.46	0.109	
	电瓶车 2.5t	台班	244.41	0.976	
	硅整流充电机 90A/190V	台班	65.31	0.846	
	轨道平车 5t	台班	34.17	1.960	
	交流弧焊机 32kV·A	台班	83.14	1.089	
	门式起重机 10t	台班	472.03	1.062	
	轴流通风机 7.5kW	台班	40.15	2.061	

第四节 顶升止水框、联系梁、车架

工作内容：划线、号料、切割、校正；焊接成型；钻孔；吊运油漆。

计量单位：t

定 额 编 号			S4-5-11	S4-5-12	S4-5-13	S4-5-14
项 目 名 称			止水框	联系梁	转向法兰	顶升车架
基 价（元）			17252.05	10805.28	17599.70	9380.02
其中	人 工 费（元）		4467.54	1112.86	5431.30	2479.68
	材 料 费（元）		8238.16	6878.55	8145.54	4790.38
	机 械 费（元）		4546.35	2813.87	4022.86	2109.96
名 称	单位	单价（元）	消	耗		量
人工 综合工日	工日	140.00	31.911	7.949	38.795	17.712
材料 低合金钢焊条 E43系列	kg	39.78	95.259	67.737	90.434	19.860
电	kW·h	0.68	38.514	36.900	—	—
防锈漆	kg	5.62	17.430	18.700	17.430	18.700
型钢	kg	3.70	—	—	—	524.650
氧气	m³	3.63	51.180	27.888	33.470	12.100
乙炔气	kg	10.45	17.060	9.290	11.160	4.030
圆钢(综合)	kg	3.40	—	—	—	2.270
中厚钢板(综合)	kg	3.51	1060.000	1060.000	1200.000	530.000
其他材料费占材料费	%	—	3.000	2.000		
机械 板料校平机 16×2500mm	台班	1184.69	0.162	0.123	0.177	0.077
电焊条烘干箱 60×50×75cm³	台班	26.46	1.350	0.964	1.628	0.739
电瓶车 2.5t	台班	244.41	3.190	2.910	—	—
硅整流充电机 90A/190V	台班	65.31	2.870	2.620	—	—
轨道平车 5t	台班	34.17	6.380	2.910	—	—
剪板机 20×2000mm	台班	316.68	—	—	—	0.077
交流弧焊机 32kV·A	台班	83.14	13.499	9.640	16.284	7.389
龙门刨床 1000×3000mm	台班	412.43	1.838	—	—	—
门式起重机 10t	台班	472.03	2.128	1.403	4.423	2.848
牛头刨床 650mm	台班	232.57	—	—	1.023	—
普通车床 630×2000mm	台班	247.10	—	—	—	0.023
摇臂钻床 63mm	台班	41.15	0.800	—	2.200	0.254
轴流通风机 7.5kW	台班	40.15	5.376	4.910	—	—

269

第五节 阴极保护安装及附件制作

工作内容：恒电位仪检查、安装；电器连接调试、接电缆。　　　　　　　　计量单位：个

定　额　编　号			S4-5-15
项　目　名　称			阴极保护安装及附件制作恒电位仪安装
基　　　价（元）			3116.19
其中	人　工　费（元）		657.86
	材　料　费（元）		1981.03
	机　械　费（元）		477.30
名　　　称	单位	单价（元）	消　　耗　　量
人工	综合工日	工日	140.00	4.699
材料	低合金钢焊条 E43系列	kg	39.78	0.515
	防锈漆	kg	5.62	1.540
	胶管（综合）	m	16.50	12.240
	六角螺栓带螺母 M12×200	kg	12.20	8.160
	塑料绝缘电力电缆 VV 3×10mm² 500V	m	23.76	60.000
	预埋铁件	kg	3.60	46.410
	其他材料费占材料费	%	—	3.000
机械	电焊条烘干箱 60×50×75cm³	台班	26.46	0.045
	交流弧焊机 32kV·A	台班	83.14	0.445
	汽车式起重机 8t	台班	763.67	0.575

工作内容：支架制作；电极体安装；接通电缆、封环氧。

计量单位：个

定 额 编 号			S4-5-16	S4-5-17	S4-5-18
项 目 名 称			阴极保护安装及附件制作		
			阳极安装	阴极安装	参比电极安装
基 价（元）			2914.78	2705.74	1474.77
其中	人 工 费（元）		1070.58	465.50	349.16
	材 料 费（元）		1399.21	1958.25	941.73
	机 械 费（元）		444.99	281.99	183.88
名 称	单位	单价（元）	消	耗	量
人工	综合工日	工日	140.00	7.647	3.325	2.494
材料	低合金钢焊条 E43系列	kg	39.78	1.236	0.824	0.206
	电	kW•h	0.68	116.250	50.540	37.910
	防锈漆	kg	5.62	—	0.820	—
	钢管 DN80	kg	4.38	—	—	17.410
	环氧树脂	kg	32.08	0.510	0.310	0.200
	胶塑板	kg	3.86	26.730	—	—
	六角螺栓带螺母 M12×200	kg	12.20	10.200	4.080	1.020
	塑料绝缘电力电缆 VV 3×10mm² 500V	m	23.76	30.000	50.000	30.000
	铜芯塑料绝缘电线BV	m	10.00	—	51.000	—
	橡胶板 δ3	m²	5.19	—	0.210	—
	硬聚氯乙烯管 φ12.5	m	2.01	30.600	—	30.600
	预埋铁件	kg	3.60	54.400	15.150	3.030
	紫铜接头	个	16.11	1.000	1.000	—
	其他材料费占材料费	%	—	3.000	3.000	3.000
机械	电焊条烘干箱 60×50×75cm³	台班	26.46	0.109	0.055	0.035
	电瓶车 2.5t	台班	244.41	0.488	0.328	0.216
	硅整流充电机 90A/190V	台班	65.31	0.423	0.285	0.185
	交流弧焊机 32kV•A	台班	83.14	1.089	0.545	0.354
	门式起重机 5t	台班	385.44	0.531	0.354	0.230

工作内容：安装护套管、支架；电缆敷设、固定、接头、封口、挂牌等。 计量单位：100m

定 额 编 号				S4-5-19
项 目 名 称				阴极保护安装及附件制作
				隧道内电缆铺设
基 价（元）				4296.64
其中	人 工 费（元）			1209.32
	材 料 费（元）			2577.36
	机 械 费（元）			509.96
名 称	单位	单价（元）	消 耗 量	
人工	综合工日	工日	140.00	8.638	
材料	聚氯乙烯管 直径165	kg	19.00	0.200	
	塑料绝缘电力电缆 VV 3×10mm² 500V	m	23.76	105.000	
	预埋铁件	kg	3.60	13.010	
	紫铜丝 直径1.6～5	kg	62.22	0.103	
	其他材料费占材料费	%	—	1.000	
机械	电动单筒慢速卷扬机 10kN	台班	203.56	0.290	
	电瓶车 2.5t	台班	244.41	0.248	
	硅整流充电机 90A/190V	台班	65.31	0.215	
	门式起重机 5t	台班	385.44	0.265	
	汽车式起重机 8t	台班	763.67	0.239	
	载重汽车 4t	台班	408.97	0.224	

工作内容：箱体制作；安装就位；电缆接线。计量单位：个

定 额 编 号			S4-5-20	S4-5-21	S4-5-22
项 目 名 称			阴极保护安装及附件制作		
			接线箱制作	分支箱制作	过渡盒制作
基 价（元）			571.57	932.79	638.15
其中	人 工 费（元）		154.42	154.42	154.42
	材 料 费（元）		232.20	602.73	346.96
	机 械 费（元）		184.95	175.64	136.77
名 称	单位	单价（元）	消	耗	量
人工	综合工日	工日	140.00	1.103	1.103	1.103
材料	环氧树脂	kg	32.08	—	16.980	8.160
	聚氯乙烯板 δ2~30	kg	8.55	6.720	3.370	1.940
	硬聚氯乙烯管 φ12.5	m	2.01	8.680	4.340	3.880
	预埋铁件	kg	3.60	0.510	0.810	0.300
	紫铜接头	个	16.11	9.230	—	3.080
	其他材料费占材料费	%	—	3.000	3.000	3.000
机械	电瓶车 2.5t	台班	244.41	0.320	—	0.160
	硅整流充电机 90A/190V	台班	65.31	0.277	—	0.138
	门式起重机 5t	台班	385.44	0.230	—	0.230
	汽车式起重机 8t	台班	763.67	—	0.230	—

第六节 滩地揭顶盖

工作内容：安装卷扬机、搬运、清除杂物；拆除螺栓、揭去顶盖；安装取水头。　　　　　计量单位：个

定　额　编　号				S4-5-23
项　目　名　称				滩地揭顶盖
基　　价（元）				4097.22
其中	人　工　费（元）			3301.62
	材　料　费（元）			91.28
	机　械　费（元）			704.32
	名　　称	单位	单价（元）	消　　耗　　量
人工	综合工日	工日	140.00	23.583
材料	不锈钢螺钉	个	1.00	16.320
	钢丝绳	kg	6.00	6.805
	橡胶板 δ3	m²	5.19	3.320
	枕木	m³	1230.77	0.013
	其他材料费占材料费	%	—	1.000
机械	电动单筒慢速卷扬机 10kN	台班	203.56	3.460

第七节 顶升管节钢壳

工作内容：划线、号料、切割、金加工、校正；焊接、钢筋成型。　　　　　　　　计量单位：t

定　额　编　号			S4-5-24	S4-5-25	S4-5-26
项　目　名　称			顶升管节钢壳		
			首节	中间节	尾节
基　　　价（元）			22789.67	9480.89	10107.64
其中	人　工　费（元）		5632.34	3629.08	3844.40
	材　料　费（元）		13746.53	3729.23	4140.66
	机　械　费（元）		3410.80	2122.58	2122.58
名　　称		单位	单价(元)	消　　耗　　量	
人工	综合工日	工日	140.00	40.231	25.922	27.460
材料	不锈钢板	kg	22.00	438.715	—	—
	不锈钢焊条	kg	38.46	39.500	—	—
	管堵 直径50	个	1.76	—	—	3.733
	炭精棒 直径48	根	3.07	212.820	—	—
	外接头 直径50	个	3.85	—	—	3.770
	无缝钢管 φ50×3.5	m	25.61	—	—	12.090
	型钢	kg	3.70	36.510	38.170	38.170
	氧气	m³	3.63	14.150	29.570	31.260
	乙炔气	kg	10.45	4.720	9.860	10.420
	中厚钢板(综合)	kg	3.51	461.000	957.000	976.000
	其他材料费占材料费	%	—	0.500	0.500	0.500
机械	板料校平机 16×2500mm	台班	1184.69	0.185	0.254	0.254
	等离子切割机 400A	台班	219.59	1.938	—	—
	门式起重机 5t	台班	385.44	6.573	4.299	4.299
	牛头刨床 650mm	台班	232.57	1.000	0.708	0.708

第六章 隧道沉井

说　　明

一、本章定额包括沉井制作、沉井下沉、沉井混凝土封底、填心、钢封门安拆等项目。

二、本章定额适用于软土隧道工程中采用沉井方法施工的盾构工作井及暗埋段连续沉井。

三、沉井定额已按矩形和圆形综合取定，执行定额时不作调整。

四、沉井下沉应根据实际工况条件确定下沉方法，执行相应的沉井下沉定额。挖土下沉不包括土方外运，水力出土不包括砌筑集水坑及排泥水处理。

五、水力机械出土下沉及钻吸法吸泥下沉定额均已包括井内、外管路及附属设备的摊销。

六、沉井钢筋制作安装执行《钢筋工程》相关定额。

工程量计算规则

一、基坑开挖的底部尺寸，按沉井外壁每侧加宽 2.0m 计算，执行《土石方工程》中的基坑挖土定额。

二、沉井基坑砂垫层及刃脚基础垫层工程量按设计图示尺寸以体积计算。

三、沉井刃脚、框架梁、井壁、井墙、底板、砖封预留孔洞均按设计图示尺寸以体积计算。其中刃脚的计算高度，从刃脚踏面至井壁外凸口计算。如沉井井壁没有外凸口时，则从刃脚踏面至底板顶面为准；底板下的地梁并入底板计算；框架梁的工程量包括嵌入井壁部分的体积；井壁、隔墙或底板混泥土中，不扣除单孔面积 0.3 ㎡以内的孔洞体积。

四、沉井制作脚手架不论沉井分几次下沉，其工程量均按井壁中心线周长与隔墙长度之和乘以井高计算。

五、沉井下沉土方工程量，按沉井外壁所围的面积乘以下沉深度，再乘以土方回淤系数以体积计算。排水下沉深度大于 10m 时，回淤系数为 1.05；不排水下沉深度大于 15m 时，回淤系数为 1.02.

六、触变泥浆工程量按刃脚外凸口的水平面积乘以高度以体积计算。

七、环氧沥青防水层按设计图示尺寸以面积计算。

八、沉井砂石料填心、混凝土封底的工程量，按设计图纸或批准的施工组织设计以体积计算。

九、钢封门安、拆工程量，按设计图示尺寸以质量计算。拆除后按主材原值的 70%予以回收。

第一节 沉井制作

工作内容：平整基坑；运砂；分层铺平；浇水振实、抽水。　　　　　　　　　　　　　　　　计量单位：10m³

定　额　编　号				S4-6-1
项　目　名　称				沉井基坑垫层
				砂垫层
基　　　　价（元）				2478.38
其中	人　工　费（元）			521.22
	材　料　费（元）			1734.32
	机　械　费（元）			222.84
名　　称	单位	单价（元）	消　　　耗　　　量	
人工	综合工日	工日	140.00	3.723	
材料	电	kW·h	0.68	3.200	
	水	m³	7.96	4.124	
	中(粗)砂	t	87.00	19.335	
	其他材料费占材料费	%	—	1.000	
机械	履带式起重机 15t	台班	757.48	0.186	
	自卸汽车 4t	台班	482.05	0.170	

工作内容：配模、立模、拆模；混凝土吊运、浇捣、养护。 计量单位：10m³

定 额 编 号				S4-6-2	
项 目 名 称				沉井基坑垫层	
				刃脚基础垫层	
基 价（元）				6515.18	
其中	人 工 费（元）			2063.60	
	材 料 费（元）			4149.13	
	机 械 费（元）			302.45	
名 称		单位	单价(元)	消 耗 量	
人工	综合工日	工日	140.00	14.740	
材料	草袋	条	0.85	36.800	
	电	kW·h	0.68	4.040	
	木模板	m³	1432.48	0.210	
	商品混凝土 C20(泵送)	m³	363.30	10.100	
	水	m³	7.96	9.820	
	圆钉	kg	5.13	5.010	
	其他材料费占材料费	%	—	1.000	
机械	履带式起重机 15t	台班	757.48	0.363	
	木工圆锯机 1000mm	台班	63.78	0.431	

工作内容：混凝土泵送、浇捣、养护；施工缝处理、凿毛等。 计量单位：10m³

定　额　编　号	S4-6-3
项　目　名　称	沉井制作
	刃脚混凝土
基　　　　价（元）	5184.13

其中	人　工　费（元）	812.00
	材　料　费（元）	3987.93
	机　械　费（元）	384.20

	名　　称	单位	单价（元）	消　耗　量
人工	综合工日	工日	140.00	5.800
材料	草袋	条	0.85	0.287
	电	kW·h	0.68	6.500
	商品混凝土 C25(泵送)	m³	389.11	10.100
	水	m³	7.96	1.730
	其他材料费占材料费	%	—	1.000
机械	电动空气压缩机 6m³/min	台班	206.73	0.391
	混凝土输送泵车 75m³/h	台班	1555.75	0.195

工作内容：配模、立模、拆模。

计量单位：10㎡

定　额　编　号			S4-6-4
项　目　名　称			沉井制作
			刃脚模板
基　　　价（元）			1539.68
其中	人　工　费（元）		711.76
	材　料　费（元）		753.10
	机　械　费（元）		74.82
名　　　称	单位	单价（元）	消　　耗　　量
人工 综合工日	工日	140.00	5.084
材料 钢模板	kg	3.50	5.790
钢模板连接件	kg	3.12	1.790
钢模支撑	kg	4.79	2.720
六角螺栓带螺母 M12×200	kg	12.20	28.990
木模板	㎥	1432.48	0.240
尼龙帽	个	0.84	5.550
铁钉	kg	3.56	1.300
其他材料费占材料费	%	—	1.000
机械 履带式起重机 15t	台班	757.48	0.080
木工圆锯机 1000mm	台班	63.78	0.223

工作内容：混凝土泵送、浇捣、养护；施工缝处理、凿毛等。 计量单位：10m³

定　额　编　号			S4-6-5
项　目　名　称			沉井制作
			框架混凝土
基　　　价（元）			5098.01
其中	人　工　费（元）		794.08
	材　料　费（元）		3964.78
	机　械　费（元）		339.15
名　　　称	单位	单价(元)	消　　　耗　　　量
人工	综合工日	工日	140.00	5.672
材料	草袋	条	0.85	0.940
	电	kW·h	0.68	7.250
	商品混凝土 C25(泵送)	m³	389.11	10.100
	水	m³	7.96	1.170
	其他材料费占材料费	%	—	0.500
机械	混凝土输送泵车 75m³/h	台班	1555.75	0.218

285

工作内容：配模、立模、拆模。   计量单位：10m²

定 额 编 号					S4-6-6	
项 目 名 称					沉井制作	
					框架模板	
基 价（元）					1844.34	
其中	人 工 费（元）				705.04	
	材 料 费（元）				950.86	
	机 械 费（元）				188.44	
名 称		单位	单价（元）	消 耗 量		
人工	综合工日	工日	140.00	5.036		
材料	钢模板	kg	3.50	3.640		
	钢模板连接件	kg	3.12	1.690		
	钢模支撑	kg	4.79	1.670		
	六角螺栓带螺母 M12×200	kg	12.20	16.080		
	木模板	m³	1432.48	0.490		
	尼龙帽	个	0.84	5.290		
	圆钉	kg	5.13	1.610		
	其他材料费占材料费	%	—	1.500		
机械	履带式起重机 15t	台班	757.48	0.230		
	木工圆锯机 1000mm	台班	63.78	0.223		

工作内容：混凝土泵送、浇捣、养护；施工缝处理、凿毛等。　　　　　　　　　　　　　计量单位：10m³

定　额　编　号					S4-6-7	
项　目　名　称					沉井制作	
					井壁、隔墙混凝土	
基　　　　价（元）					5080.62	
其中	人　工　费（元）				821.80	
	材　料　费（元）				3966.34	
	机　械　费（元）				292.48	
名　　　称		单位	单价(元)	消　　耗　　量		
人工	综合工日	工日	140.00	5.870		
材料	草袋	条	0.85	0.480		
	电	kW·h	0.68	6.250		
	商品混凝土 C25(泵送)	m³	389.11	10.100		
	水	m³	7.96	1.500		
	其他材料费占材料费	%	—	0.500		
机械	混凝土输送泵车 75m³/h	台班	1555.75	0.188		

工作内容：配模、立模、拆模。 计量单位：10m²

定 额 编 号				S4-6-8
项 目 名 称				沉井制作
				井壁、隔墙模板
基 价（元）				1172.68
其中	人 工 费（元）			611.52
	材 料 费（元）			485.26
	机 械 费（元）			75.90
名 称		单位	单价（元）	消 耗 量
人工	综合工日	工日	140.00	4.368
材料	钢模板	kg	3.50	6.950
	钢模板连接件	kg	3.12	2.160
	钢模支撑	kg	4.79	3.200
	六角螺栓带螺母 M12×200	kg	12.20	23.110
	木模板	m³	1432.48	0.100
	尼龙帽	个	0.84	5.550
	圆钉	kg	5.13	0.360
	其他材料费占材料费	%	—	1.500
机械	履带式起重机 15t	台班	757.48	0.097
	木工圆锯机 1000mm	台班	63.78	0.038

定　额　编　号				S4-6-9	
项　目　名　称				沉井制作	
				底板混凝土	
基　　　价（元）				5587.29	
其中	人　工　费（元）			1425.34	
	材　料　费（元）			3986.15	
	机　械　费（元）			175.80	
名　　称		单位	单价(元)	消　耗　　量	
人工	综合工日	工日	140.00	10.181	
材料	草袋	条	0.85	0.600	
	电	kW·h	0.68	3.750	
	钢模板	kg	3.50	1.000	
	商品混凝土 C25(泵送)	m³	389.11	10.100	
	水	m³	7.96	1.270	
	其他材料费占材料费	%	—	1.000	
机械	混凝土输送泵车 75m³/h	台班	1555.75	0.113	

工作内容：配模、立模、拆模等。 计量单位：10m²

定 额 编 号	S4-6-10
项 目 名 称	沉井制作
	底板模板
基 价（元）	1492.86

其中	人 工 费（元）	937.58
	材 料 费（元）	527.79
	机 械 费（元）	27.49

	名 称	单位	单价（元）	消 耗 量
人工	综合工日	工日	140.00	6.697
材料	木模板	m³	1432.48	0.360
	圆钉	kg	5.13	1.340
	其他材料费占材料费	%	—	1.000
机械	木工圆锯机 1000mm	台班	63.78	0.431

工作内容：砌筑；水泥砂浆抹面；沉井后拆除清理。　　　　　　　　　　　　　　　　计量单位：10m³

定　额　编　号			S4-6-11	
项　目　名　称			砖封顶预留孔洞	
基　　　价（元）			8134.28	
其中	人　工　费（元）		4487.00	
	材　料　费（元）		3085.92	
	机　械　费（元）		561.36	
名　　　称	单位	单价（元）	消　　耗　　量	
人工	综合工日	工日	140.00	32.050
材料	标准砖 240×115×53	千块	414.53	5.500
	水泥砂浆 1：2	m³	281.46	0.850
	水泥砂浆 M5.0	m³	192.88	2.780
	其他材料费占材料费	%	—	1.000
机械	干混砂浆罐式搅拌机 20000L	台班	259.71	0.149
	履带式起重机 15t	台班	757.48	0.690

第二节 沉井下沉

工作内容：吊车挖土、装车、卸土；人工挖刃脚及地梁下土体；纠偏控制沉井标高；清理修平、排水。

计量单位：100m³

定 额 编 号				S4-6-12	S4-6-13	S4-6-14
项 目 名 称				吊车挖土下沉		
				排水下沉		
				8m以内	12m以内	16m以内
基 价（元）				6173.40	7551.41	9507.04
其中	人 工 费（元）			3674.86	4532.22	5745.18
	材 料 费（元）			228.11	228.04	228.04
	机 械 费（元）			2270.43	2791.15	3533.82
名 称		单位	单价(元)	消	耗	量
人工	综合工日	工日	140.00	26.249	32.373	41.037
材料	钢平台	kg	4.20	20.854	20.840	20.840
	枕木	m³	1230.77	0.090	0.090	0.090
	其他材料费占材料费	%	—	15.000	15.000	15.000
机械	电动单级离心清水泵 200mm	台班	83.79	1.106	1.327	1.548
	履带式起重机 15t	台班	757.48	2.875	3.538	4.494

工作内容：安装、拆除水力机械和管路；搭拆施工钢平台；水枪压力控制；水力机械冲吸泥下沉、纠偏等。

计量单位：100m³

定　额　编　号			S4-6-15	S4-6-16
项　目　名　称			水力机械冲吸泥下沉	
			下沉深度	
			15m以内	20m以内
基　　　价（元）			7249.78	9500.77
其中	人　工　费（元）		4436.46	6075.72
	材　料　费（元）		1093.93	1093.87
	机　械　费（元）		1719.39	2331.18
名　　称		单位	单价（元）	消　　耗　　量	
人工	综合工日	工日	140.00	31.689	43.398
材料	钢管	kg	4.06	219.000	219.000
	钢平台	kg	4.20	20.854	20.840
	其他材料费占材料费	%	—	12.000	12.000
机械	电动单级离心清水泵 150mm	台班	55.06	4.169	5.738
	电动多级离心清水泵 150mm扬程<180mm	台班	257.55	5.420	7.460
	履带式起重机 15t	台班	757.48	0.124	0.124

工作内容：安装、拆除吸泥起重设备；升、降移动吸泥管；吸泥下沉纠偏；控制标高；排泥管、进水管装拆。

计量单位：100m³

定 额 编 号				S4-6-17	S4-6-18
项 目 名 称				不排水潜水员吸泥下沉	
				下沉深度	
				29m以内	32m以内
基 价（元）				32238.74	38701.22
其中	人 工 费（元）			15189.30	18251.52
	材 料 费（元）			186.97	186.97
	机 械 费（元）			16862.47	20262.73
名 称		单位	单价（元）	消 耗 量	
人工	综合工日	工日	140.00	108.495	130.368
材料	钢管	kg	4.06	19.560	19.560
	钢平台	kg	4.20	20.840	20.840
	其他材料费占材料费	%	—	12.000	12.000
机械	电动单级离心清水泵 200mm	台班	83.79	10.969	13.181
	电动多级离心清水泵 150mm扬程<180mm	台班	257.55	12.400	14.900
	电动空气压缩机 20m³/min	台班	506.55	10.442	12.547
	履带式起重机 10t	台班	642.86	9.538	11.462
	潜水设备	台班	88.94	14.940	17.952

工作内容：管路敷设、取水、机械移位；破碎土体、冲洗泥浆、排泥；测量检查；下沉纠偏；纠偏控制标高；管路及泵维修；清泥平整等。

计量单位：100m³

定 额 编 号			S4-6-19	S4-6-20	S4-6-21	S4-6-22
项 目 名 称			钻吸法出土下沉			
			下沉深度			
			20m以内	25m以内	30m以内	35m以内
基 价（元）			12366.59	14138.42	17127.46	20118.93
其中	人 工 费（元）		8579.06	9890.86	12103.70	14270.76
	材 料 费（元）		444.05	323.92	265.81	259.58
	机 械 费（元）		3343.48	3923.64	4757.95	5588.59
名 称	单位	单价（元）	消	耗		量
人工 综合工日	工日	140.00	61.279	70.649	86.455	101.934
材料 法兰闸阀 Z45T-10 DN50	个	128.50	0.218	0.158	0.139	0.139
钢管	kg	4.06	48.310	34.980	28.470	27.460
钢平台	kg	4.20	5.160	3.960	3.660	3.940
六角螺栓带螺母 M12×200	kg	12.20	5.640	4.260	3.470	3.470
橡胶管 D150	m	8.90	1.150	0.860	0.690	0.650
橡套电力电缆 YHC3×50mm²+1×6mm²	m	38.00	2.580	1.840	1.470	1.400
其他材料费占材料费	%	—	5.000	5.000	5.000	5.000
机械 电动单级离心清水泵 150mm	台班	55.06	10.140	11.900	14.430	16.950
电动多级离心清水泵 150mm扬程<180mm	台班	257.55	10.140	11.900	14.430	16.950
潜水设备	台班	88.94	1.952	2.289	2.777	3.259

工作内容：沉井泥浆管路预埋；泥浆池至井壁管路敷设；触变泥浆制作、输送；泥浆性能测试。

计量单位：10m³

定 额 编 号				S4-6-23	
项 目 名 称				触变泥浆制作、输送	
基 价（元）				4285.29	
其中	人 工 费（元）			539.00	
	材 料 费（元）			1907.88	
	机 械 费（元）			1838.41	
名 称		单位	单价（元）	消 耗 量	
人工	综合工日	工日	140.00	3.850	
材料	钢管	kg	4.06	25.150	
	高压橡胶管 直径100	m	39.76	0.080	
	六角螺栓带螺母 M12×200	kg	12.20	1.170	
	膨润土	kg	0.39	2631.500	
	水	m³	7.96	8.810	
	羧甲基纤维素	kg	10.51	34.280	
	碳酸钠(纯碱)	kg	1.30	56.600	
	橡胶板 δ3	m²	5.19	10.440	
	型钢	kg	3.70	25.910	
	其他材料费占材料费	%	—	6.000	
机械	泥浆泵 100mm	台班	192.40	9.300	
	泥浆泵 50mm	台班	41.71	1.177	

工作内容：清洗混凝土表面；调制涂料、涂刷；搭拆脚手架。 计量单位：100m²

定 额 编 号				S4-6-24		
项 目 名 称				环氧沥青防水层		
基 价（元）				3224.22		
其中	人 工 费（元）			1705.06		
	材 料 费（元）			1519.16		
	机 械 费（元）			—		
名 称		单位	单价（元）	消 耗 量		
人工	综合工日	工日	140.00	12.179		
材料	环氧沥青漆	kg	15.38	25.650		
	聚氨酯固化剂	kg	43.26	25.650		
	其他材料费占材料费	%	—	1.000		

第三节 沉井混凝土封底

定　额　编　号				S4-6-25	
项　目　名　称				混凝土干封底	
基　　　　价（元）				5064.58	
其中	人　工　费（元）			913.08	
	材　料　费（元）			3800.87	
	机　械　费（元）			350.63	
	名　　称	单位	单价（元）	消　　耗　　量	
人工	综合工日	工日	140.00	6.522	
材料	电	kW•h	0.68	2.240	
	商品混凝土 C20（泵送）	m³	363.30	10.100	
	枕木	m³	1230.77	0.060	
	其他材料费占材料费	%	—	1.500	
机械	混凝土输送泵车 75m³/h	台班	1555.75	0.211	
	潜水泵 150mm	台班	51.90	0.431	

工作内容：搭拆浇捣平台、导管及送料架；混凝土输送、浇捣；测量平整；抽水；凿除凸面混凝土；废混凝土块吊出井口。

计量单位：10m³

定　额　编　号					S4-6-26	
项　目　名　称					水下混凝土封底	
基　　　价（元）					7001.80	
其中	人　工　费（元）				2074.80	
	材　料　费（元）				3720.26	
	机　械　费（元）				1206.74	
名　　　称		单位	单价（元）	消　　耗　　量		
人工	综合工日	工日	140.00	14.820		
材料	低合金钢焊条 E43系列	kg	39.78	0.768		
	钢管	kg	4.06	11.040		
	水下混凝土 C25	m³	297.00	11.443		
	型钢	kg	3.70	46.500		
	氧气	m³	3.63	0.190		
	乙炔气	kg	10.45	0.060		
	其他材料费占材料费	%	—	2.000		
机械	电动多级离心清水泵 150mm扬程＜180mm	台班	257.55	0.300		
	电动空气压缩机 6m³/min	台班	206.73	0.180		
	混凝土输送泵车 75m³/h	台班	1555.75	0.331		
	履带式起重机 15t	台班	757.48	0.708		
	潜水泵 150mm	台班	51.90	0.223		
	潜水设备	台班	88.94	0.331		

299

第四节 沉井填心

工作内容：装运砂石料；吊入井底，依次铺石料、黄砂；整平；工作面排水。 计量单位：10m³

定　额　编　号				S4-6-27	S4-6-28	S4-6-29
项　目　名　称				砂石料填心(排水下沉)		
				井内铺块石	井内铺碎石	井内铺黄砂
基　　　价（元）				2075.71	4044.63	2460.58
其中	人　工　费（元）			769.58	765.24	515.76
	材　料　费（元）			1042.56	2926.75	1715.79
	机　械　费（元）			263.57	352.64	229.03
名　　称		单位	单价（元）	消	耗	量
人工	综合工日	工日	140.00	5.497	5.466	3.684
材料	块石	m³	92.00	11.110	11.000	—
	碎石 5～40	t	106.80	—	17.391	—
	中(粗)砂	t	87.00	—	—	19.335
	其他材料费占材料费	%	—	2.000	2.000	2.000
机械	履带式起重机 15t	台班	757.48	0.310	0.416	0.257
	潜水泵 150mm	台班	51.90	0.554	0.723	0.662

300

工作内容：装运石料；吊入井底；潜水员铺平石料。

计量单位：10m³

定 额 编 号				S4-6-30	S4-6-31
项 目 名 称				砂石料填心(不排水下沉)	
				井内水下抛铺块石	井内水下铺碎石
基 价（元）				2799.32	4962.98
其中	人 工 费（元）			868.56	855.26
	材 料 费（元）			1042.56	2926.75
	机 械 费（元）			888.20	1180.97
名 称		单位	单价(元)	消 耗 量	
人工	综合工日	工日	140.00	6.204	6.109
材料	块石	m³	92.00	11.110	11.000
	碎石 5~40	t	106.80	—	17.391
	其他材料费占材料费	%	—	2.000	2.000
机械	电动空气压缩机 6m³/min	台班	206.73	0.722	0.962
	履带式起重机 15t	台班	757.48	0.885	1.177
	潜水设备	台班	88.94	0.771	1.018

第五节 钢封门

工作内容：铁件焊接定位；钢封门吊装、横扁担梁定位；焊接、缝隙封堵。　　　　　　计量单位：t

定 额 编 号				S4-6-32	S4-6-33	S4-6-34
项 目 名 称				钢封门安装		
				直径4000以内	直径5000以内	直径7000以内
基 价（元）				1048.14	991.97	846.67
其中	人 工 费（元）			596.26	564.20	489.44
	材 料 费（元）			298.11	268.07	212.28
	机 械 费（元）			153.77	159.70	144.95
名 称		单位	单价（元）	消 耗		量
人工	综合工日	工日	140.00	4.259	4.030	3.496
材料	玻璃布	m²	1.03	1.420	1.370	1.130
	钢密封门	t	158.58	1.000	1.000	1.000
	硅酸钠(水玻璃)	kg	1.62	2.820	2.730	2.220
	水泥 52.5级	kg	0.35	14.000	14.000	12.000
	型钢	kg	3.70	32.410	24.580	10.420
	其他材料费占材料费	%	—	3.000	3.000	3.000
机械	履带式起重机 15t	台班	757.48	0.203	—	—
	履带式起重机 25t	台班	818.95	—	0.195	0.177

工作内容：切割、吊装定位钢梁及连接铁件；钢封门吊拔堆放。 计量单位：t

定　额　编　号			S4-6-35	S4-6-36	S4-6-37
项　目　名　称			钢封门拆除		
			直径4000以内	直径5000以内	直径7000以内
基　　　　价（元）			728.31	649.51	556.04
其中	人　工　费（元）		423.22	396.48	333.06
	材　料　费（元）		8.29	8.29	8.29
	机　械　费（元）		296.80	244.74	214.69
名　　称	单位	单价（元）	消	耗	量
人工	综合工日	工日	140.00	3.023	2.832	2.379
材料	氧气	m³	3.63	1.110	1.110	1.110
	乙炔气	kg	10.45	0.370	0.370	0.370
	其他材料费占材料费	%	—	5.000	5.000	5.000
机械	电动单筒慢速卷扬机 10kN	台班	203.56	0.338	0.277	0.238
	履带式起重机 15t	台班	757.48	0.301	—	—
	履带式起重机 25t	台班	818.95	—	0.230	0.203

第七章 地下混凝土结构

说　　明

一、本章定额包括隧道内基坑垫层、护坡、地梁、底板、墙、柱、梁、平台、顶板、楼梯、电缆沟、车道侧石、弓形底板、支撑墙、侧墙及顶内衬、行车道槽形板、隧道内车道等项目。

二、本章定额适用于隧道暗埋段、引道段的内部结构、隧道内路面及现浇内衬混凝土工程。

三、结构定额中未列预埋件费用，可另行计算。

四、钢筋制作安装执行《钢筋工程》相应项目。

五、定额中混凝土浇捣未含脚手架。

六、隧道内衬施工未包括各种滑膜、台车及操作平台费用，可另行计算。

七、引道道路与圆隧道道路以盾构掘进方向工作井内井壁为界。

八、圆形隧道路面以大型槽形板做底模，如采用其他方式时定额允许调整。

九、隧道路面沉降缝、变形缝执行《道路工程》相应定额，其人工、机械乘以系数1.1。

工程量计算规则

一、现浇混凝土工程量按设计图示尺寸以体积计算，不扣除单孔面积 0.3 ㎡ 以内的孔洞体积。

二、有梁板的柱高，自柱基础顶面至梁、板顶面计算，梁高以设计高度为准。梁与柱交接，梁长算至柱侧面（即柱间净长）。

三、混凝土墙高按设计图示尺寸计算。采用逆作法工艺施工时，底板计算至墙内侧；采用顺作法工艺施工时，底板计算至墙外侧。顶板均计算至墙外侧。

四、混凝土柱或梁与混凝土墙相叠加的部分，分别按柱或梁计算。

五、混凝土板（底板、顶板）与靠墙及不靠墙的斜角都算在板内。

第一节 隧道内钢筋混凝土结构

工作内容：砂石料吊车吊运；摊铺平整分层浇水振实。   计量单位：10m³

定 额 编 号			S4-7-1
项 目 名 称			基坑垫层
			砂垫层
基 价（元）			2648.56
其中	人 工 费（元）		662.90
	材 料 费（元）		1711.65
	机 械 费（元）		274.01
名 称	单位	单价（元）	消 耗 量
人工	综合工日	工日	140.00	4.735
材料	电	kW•h	0.68	2.705
	水	m³	7.96	2.000
	中(粗)砂	t	87.00	19.470
机械	履带式起重机 15t	台班	757.48	0.336
	潜水泵 100mm	台班	27.85	0.700

工作内容：配模、立模、拆模；混凝土浇筑、养护。 计量单位：10m³

定 额 编 号					S4-7-2	
项 目 名 称					基坑垫层	
					混凝土垫层	
基 价（元）					4906.82	
其中	人 工 费（元）				614.74	
	材 料 费（元）				3816.30	
	机 械 费（元）				475.78	
名 称		单位	单价（元）	消	耗	量
人工	综合工日	工日	140.00		4.391	
材料	草袋	条	0.85		47.840	
	电	kW•h	0.68		0.914	
	木模板	m³	1432.48		0.020	
	商品混凝土 C20（泵送）	m³	363.30		10.100	
	水	m³	7.96		9.381	
	圆钉	kg	5.13		0.460	
机械	混凝土输送泵车 75m³/h	台班	1555.75		0.250	
	履带式起重机 15t	台班	757.48		0.097	
	潜水泵 100mm	台班	27.85		0.480	

工作内容：修整边坡；混凝土浇筑抹平养护。 计量单位：100m²

定 额 编 号				S4-7-3	S4-7-4
项 目 名 称				钢丝网水泥护坡	
				混凝土护坡	
				厚10cm	厚每增减2cm
基 价（元）				5819.71	1078.11
其中	人 工 费（元）			1276.10	262.78
	材 料 费（元）			3995.46	737.54
	机 械 费（元）			548.15	77.79
名 称		单位	单价（元）	消 耗 量	
人工	综合工日	工日	140.00	9.115	1.877
材料	草袋	条	0.85	71.760	—
	镀锌铁丝 φ0.7	kg	3.57	2.630	—
	木模板	m³	1432.48	0.080	—
	商品混凝土 C20(泵送)	m³	363.30	10.100	2.020
	水	m³	7.96	14.048	—
	脱模油	kg	0.82	0.880	—
	圆钉	kg	5.13	1.700	—
	其他材料费占材料费	%	—	0.500	0.500
机械	混凝土输送泵车 75m³/h	台班	1555.75	0.240	0.050
	履带式起重机 15t	台班	757.48	0.212	—
	木工圆锯机 500mm	台班	25.33	0.560	—

工作内容：修整边坡；砂浆浇筑抹平养护。 计量单位：100㎡

定 额 编 号				S4-7-5	S4-7-6
项 目 名 称				钢丝网水泥护坡	
				水泥砂浆护坡	
				厚5cm	厚每增减1cm
基 价（元）				3129.32	520.88
其中	人 工 费（元）			1430.10	265.86
	材 料 费（元）			1309.61	211.04
	机 械 费（元）			389.61	43.98
名 称		单位	单价（元）	消 耗 量	
人工	综合工日	工日	140.00	10.215	1.899
材料	草袋	条	0.85	71.760	—
	镀锌铁丝 φ0.7	kg	3.57	2.630	—
	木模板	m³	1432.48	0.040	—
	水	m³	7.96	14.048	—
	水泥砂浆 M10	m³	209.99	5.020	1.000
	脱模油	kg	0.82	0.880	—
	圆钉	kg	5.13	1.700	—
	其他材料费占材料费	%	—	0.500	0.500
机械	干混砂浆罐式搅拌机 20000L	台班	259.71	0.206	0.041
	履带式起重机 15t	台班	757.48	0.425	0.044
	木工圆锯机 500mm	台班	25.33	0.560	—

312

工作内容：混凝土浇筑、养护。

计量单位：10m³

定 额 编 号				S4-7-7		
项 目 名 称				地梁混凝土		
基 价（元）				5031.20		
其中	人 工 费（元）			238.42		
	材 料 费（元）			4295.62		
	机 械 费（元）			497.16		
名 称		单位	单价（元）	消 耗 量		
人工	综合工日	工日	140.00	1.703		
材料	草袋	条	0.85	3.850		
	电	kW·h	0.68	8.419		
	钢支撑	kg	3.50	2.650		
	六角螺栓带螺母 M12×200	kg	12.20	2.550		
	热轧薄钢板(综合)	kg	3.93	20.900		
	商品混凝土 C30(泵送)	m³	403.82	10.100		
	水	m³	7.96	0.762		
	枕木	m³	1230.77	0.030		
	其他材料费占材料费	%	—	1.000		
机械	混凝土输送泵车 75m³/h	台班	1555.75	0.280		
	潜水泵 100mm	台班	27.85	2.210		

工作内容：水泥砂浆砌砖。 计量单位：10m²

定 额 编 号				S4-7-8	
项 目 名 称				地梁模板(砖模)	
基 价 （元）				3911.63	
其中	人 工 费（元）			381.78	
	材 料 费（元）			2973.96	
	机 械 费（元）			555.89	
名 称		单位	单价(元)	消 耗 量	
人工	综合工日	工日	140.00	2.727	
材 料	标准砖 240×115×53	千块	414.53	1.970	
	商品混凝土 C15(泵送)	m³	326.48	2.870	
	预拌砌筑砂浆(干拌)DM M7.5	m³	497.00	0.620	
	中(粗)砂	t	87.00	10.485	
机 械	干混砂浆罐式搅拌机 20000L	台班	259.71	0.025	
	履带式起重机 15t	台班	757.48	0.690	
	潜水泵 100mm	台班	27.85	0.960	

工作内容：混凝土浇捣养护。

计量单位：10m³

定　额　编　号				S4-7-9	S4-7-10
项　目　名　称				底板混凝土	
				底板厚0.6m以内	底板厚0.6m以外
基　　　　价（元）				4559.27	4474.52
其中	人　工　费（元）			166.46	150.36
	材　料　费（元）			4128.33	4106.35
	机　械　费（元）			264.48	217.81
名　　　称		单位	单价（元）	消　　耗　　量	
人工	综合工日	工日	140.00	1.189	1.074
材料	草袋	条	0.85	17.680	9.360
	电	kW·h	0.68	8.914	7.505
	商品混凝土 C30(泵送)	m³	403.82	10.100	10.100
	水	m³	7.96	3.600	1.848
机械	混凝土输送泵车 75m³/h	台班	1555.75	0.170	0.140

工作内容：配模、立模、拆模。 计量单位：10㎡

定　额　编　号			S4-7-11
项　目　名　称			底板模板
基　　　　价（元）			973.06
其中	人　工　费（元）		522.20
	材　料　费（元）		285.21
	机　械　费（元）		165.65
名　　称	单位	单价(元)	消　耗　量
人工	综合工日	工日	140.00	3.730
材料	钢模板	kg	3.50	6.300
	钢模支撑	kg	4.79	2.200
	六角螺栓带螺母 M12×200	kg	12.20	8.400
	木模板	㎥	1432.48	0.100
	尼龙帽	个	0.84	5.300
	脱模油	kg	0.82	1.100
	圆钉	kg	5.13	0.300
机械	履带式起重机 15t	台班	757.48	0.212
	木工圆锯机 500mm	台班	25.33	0.200

工作内容：混凝土浇捣、养护；混凝土表面处理。

计量单位：10m³

定 额 编 号				S4-7-12	S4-7-13
项 目 名 称				墙混凝土	
				墙厚0.5m内	墙厚0.5m外
基 价（元）				4859.96	4767.43
其中	人 工 费（元）			225.82	202.44
	材 料 费（元）			4167.41	4144.94
	机 械 费（元）			466.73	420.05
名 称		单位	单价（元）	消 耗 量	
人工	综合工日	工日	140.00	1.613	1.446
材料	草袋	条	0.85	11.540	5.780
	电	kW·h	0.68	7.467	5.371
	商品混凝土 C30（泵送）	m³	403.82	10.100	10.100
	水	m³	7.96	4.105	2.105
	其他材料费占材料费	%	—	1.000	1.000
机械	混凝土输送泵车 75m³/h	台班	1555.75	0.300	0.270

工作内容：配模、立模、拆模。 计量单位：10m²

定 额 编 号			S4-7-14		
项 目 名 称			墙模板		
基 价（元）			802.48		
其中	人 工 费（元）		531.16		
	材 料 费（元）		186.51		
	机 械 费（元）		84.81		
名 称		单位	单价（元）	消 耗 量	
人工	综合工日	工日	140.00	3.794	
材料	钢模板	kg	3.50	6.900	
	钢模板连接件	kg	3.12	3.380	
	钢模支撑	kg	4.79	4.900	
	六角螺栓带螺母 M12×200	kg	12.20	6.280	
	木模板	m³	1432.48	0.030	
	尼龙帽	个	0.84	8.000	
	脱模油	kg	0.82	1.100	
	圆钉	kg	5.13	0.220	
机械	电动空气压缩机 0.6m³/min	台班	37.30	0.060	
	履带式起重机 15t	台班	757.48	0.106	
	木工圆锯机 500mm	台班	25.33	0.090	

工作内容：混凝土浇捣、养护；混凝土表面处理。　　　　　　　　　　　计量单位：10m³

定　额　编　号				S4-7-15	
项　目　名　称				衬墙混凝土	
基　　　　价（元）				4936.48	
其中	人　工　费（元）			260.26	
	材　料　费（元）			4147.26	
	机　械　费（元）			528.96	
名　　　　称		单位	单价(元)	消　　耗　　量	
人工	综合工日	工日	140.00	1.859	
材料	草袋	条	0.85	11.540	
	电	kW·h	0.68	2.324	
	商品混凝土 C30(泵送)	m³	403.82	10.100	
	水	m³	7.96	2.038	
	其他材料费占材料费	%	—	1.000	
机械	混凝土输送泵车 75m³/h	台班	1555.75	0.340	

工作内容：地下墙墙面凿毛、清洗；配模、立模、拆模。 计量单位：10m²

定 额 编 号			S4-7-16	
项 目 名 称			衬墙模板	
基 价（元）			1186.90	
其中	人 工 费（元）		882.14	
	材 料 费（元）		209.23	
	机 械 费（元）		95.53	
名 称	单位	单价(元)	消 耗 量	
人工 综合工日	工日	140.00	6.301	
材料 钢模板	kg	3.50	7.110	
钢模板连接件	kg	3.12	3.600	
钢模支撑	kg	4.79	3.150	
六角螺栓带螺母 M12×200	kg	12.20	7.560	
木模板	m³	1432.48	0.040	
尼龙帽	个	0.84	8.000	
脱模油	kg	0.82	1.100	
圆钉	kg	5.13	0.170	
机械 电动空气压缩机 0.6m³/min	台班	37.30	0.740	
履带式起重机 15t	台班	757.48	0.088	
木工圆锯机 500mm	台班	25.33	0.050	

工作内容：混凝土浇捣、养护；混凝土表面处理。 计量单位：10m³

定　额　编　号				S4-7-17
项　目　名　称				柱混凝土
基　　　　价（元）				4952.24
其中	人　工　费（元）			316.82
	材　料　费（元）			4153.14
	机　械　费（元）			482.28
名　　称	单位	单价（元）		消　　耗　　量
人工	综合工日	工日	140.00	2.263
材料	电	kW·h	0.68	4.914
	商品混凝土 C30（泵送）	m³	403.82	10.100
	水	m³	7.96	3.781
	其他材料费占材料费	%	—	1.000
机械	混凝土输送泵车 75m³/h	台班	1555.75	0.310

工作内容：配模、立模、拆模。   计量单位：10m²

定 额 编 号			S4-7-18	
项 目 名 称			柱模板	
基 价（元）			**758.53**	
其中	人 工 费（元）		524.86	
	材 料 费（元）		147.09	
	机 械 费（元）		86.58	
	名 称	单位	单价（元）	消 耗 量
人工	综合工日	工日	140.00	3.749
材料	钢模板	kg	3.50	6.960
	钢模板连接件	kg	3.12	3.600
	钢模支撑	kg	4.79	4.920
	六角螺栓带螺母 M12×200	kg	12.20	4.500
	木模板	m³	1432.48	0.020
	尼龙帽	个	0.84	2.860
	脱模油	kg	0.82	1.100
	圆钉	kg	5.13	0.210
机械	电动空气压缩机 0.6m³/min	台班	37.30	0.060
	履带式起重机 15t	台班	757.48	0.106
	木工圆锯机 500mm	台班	25.33	0.160

工作内容：混凝土浇捣、养护；混凝土表面处理。　　　　　　　　　　　　　　计量单位：10m³

定　额　编　号				S4-7-19	S4-7-20
项　目　名　称				梁混凝土	
				梁高0.6m内	梁高0.6m外
基　　　　　价（元）				5022.95	4924.64
其中	人　工　费（元）			318.64	293.44
	材　料　费（元）			4190.91	4164.47
	机　械　费（元）			513.40	466.73
名　　称		单位	单价(元)	消　　耗　　量	
人工	综合工日	工日	140.00	2.276	2.096
材料	草袋	条	0.85	34.660	11.540
	电	kW·h	0.68	4.876	4.419
	商品混凝土 C30(泵送)	m³	403.82	10.100	10.100
	水	m³	7.96	4.781	4.000
	其他材料费占材料费	%	—	1.000	1.000
机械	混凝土输送泵车 75m³/h	台班	1555.75	0.330	0.300

工作内容：配模、立模、拆模。　　　　　　　　　　　　　　　　　　　　　　　　计量单位：10m²

定　额　编　号				S4-7-21	
项　目　名　称				梁模板	
基　　　　　价（元）				907.09	
其中	人　工　费（元）			632.80	
	材　料　费（元）			170.25	
	机　械　费（元）			104.04	
名　　　　称	单位	单价（元）	消　　　　耗　　　　量		
人工	综合工日	工日	140.00	4.520	
材料	钢模板	kg	3.50	6.960	
	钢模板连接件	kg	3.12	7.200	
	钢模支撑	kg	4.79	6.900	
	六角螺栓带螺母 M12×200	kg	12.20	4.690	
	螺栓顶托	个	0.21	0.140	
	木模板	m³	1432.48	0.020	
	尼龙帽	个	0.84	2.980	
	脱模油	kg	0.82	1.100	
	圆钉	kg	5.13	0.210	
机械	电动空气压缩机 0.6m³/min	台班	37.30	0.210	
	履带式起重机 15t	台班	757.48	0.124	
	木工圆锯机 500mm	台班	25.33	0.090	

工作内容：混凝土浇捣、养护；混凝土表面处理。 计量单位：10m³

定 额 编 号				S4-7-22	S4-7-23	S4-7-24
项 目 名 称				平台、顶板混凝土		
				板厚0.3m内	板厚0.5m内	板厚0.5m外
基 价（元）				4693.33	4628.00	4591.87
其中	人 工 费（元）			184.52	174.58	163.94
	材 料 费（元）			4182.10	4157.83	4147.89
	机 械 费（元）			326.71	295.59	280.04
名 称		单位	单价（元）	消	耗	量
人工	综合工日	工日	140.00	1.318	1.247	1.171
材料	草袋	条	0.85	23.920	14.350	10.240
	电	kW·h	0.68	2.133	1.943	1.752
	商品混凝土 C30(泵送)	m³	403.82	10.100	10.100	10.100
	水	m³	7.96	5.067	3.086	2.305
	其他材料费占材料费	%	—	1.000	1.000	1.000
机械	混凝土输送泵车 75m³/h	台班	1555.75	0.210	0.190	0.180

工作内容：配模、立模、拆模。   计量单位：10㎡

定 额 编 号				S4-7-25	
项 目 名 称				平台、顶板模板	
基 价 （元）				1059.93	
其中	人 工 费 （元）			630.14	
	材 料 费 （元）			307.12	
	机 械 费 （元）			122.67	
名 称		单位	单价(元)	消 耗 量	
人工	综合工日	工日	140.00	4.501	
材料	钢模板	kg	3.50	5.700	
	钢模板连接件	kg	3.12	9.800	
	钢模支撑	kg	4.79	16.920	
	六角螺栓带螺母 M12×200	kg	12.20	2.230	
	螺栓顶托	个	0.21	0.430	
	木模板	m³	1432.48	0.100	
	尼龙帽	个	0.84	1.460	
	脱模油	kg	0.82	1.100	
	圆钉	kg	5.13	0.560	
机械	电动空气压缩机 0.6㎥/min	台班	37.30	0.370	
	履带式起重机 15t	台班	757.48	0.124	
	木工圆锯机 500mm	台班	25.33	0.590	

第二节 隧道内其他结构混凝土

工作内容：混凝土浇捣、养护；混凝土表面处理。

计量单位：10m³

定 额 编 号			S4-7-26
项 目 名 称			楼梯混凝土
基 价（元）			6498.43
其中	人 工 费（元）		1211.42
	材 料 费（元）		4302.29
	机 械 费（元）		984.72

	名 称	单位	单价（元）	消 耗 量
人工	综合工日	工日	140.00	8.653
材料	草袋	条	0.85	111.280
	电	kW·h	0.68	22.895
	商品混凝土 C30(泵送)	m³	403.82	10.100
	水	m³	7.96	8.914
	其他材料费占材料费	%	—	1.000
机械	履带式起重机 15t	台班	757.48	1.300

工作内容：配模、立模、拆模。   计量单位：10m²

定 额 编 号			S4-7-27	
项 目 名 称			楼梯模板	
基 价（元）			1228.22	
其中	人 工 费（元）		908.18	
	材 料 费（元）		192.51	
	机 械 费（元）		127.53	
名 称		单位	单价(元)	消 耗 量
人工	综合工日	工日	140.00	6.487
材料	钢模板	kg	3.50	6.960
	钢模板连接件	kg	3.12	3.600
	钢模支撑	kg	4.79	8.890
	六角螺栓带螺母 M12×200	kg	12.20	4.310
	螺栓顶托	个	0.21	0.800
	木模板	m³	1432.48	0.040
	尼龙帽	个	0.84	2.740
	脱模油	kg	0.82	1.100
	圆钉	kg	5.13	0.210
机械	履带式起重机 15t	台班	757.48	0.159
	木工圆锯机 500mm	台班	25.33	0.280

工作内容：混凝土浇捣、养护；混凝土表面处理。 计量单位：10m³

定 额 编 号				S4-7-28	
项 目 名 称				电缆沟混凝土	
基 价（元）				6044.88	
其中	人 工 费（元）			1017.10	
	材 料 费（元）			4203.64	
	机 械 费（元）			824.14	
名 称		单位	单价(元)	消 耗 量	
人工	综合工日	工日	140.00	7.265	
材料	草袋	条	0.85	31.200	
	电	kW·h	0.68	19.162	
	商品混凝土 C30(泵送)	m³	403.82	10.100	
	水	m³	7.96	5.514	
	其他材料费占材料费	%	—	1.000	
机械	履带式起重机 15t	台班	757.48	1.088	

工作内容：配模、立模、拆模。 计量单位：10㎡

定　额　编　号				S4-7-29	
项　目　名　称				电缆沟模板	
基　　价（元）				736.68	
其中	人　工　费（元）			477.82	
	材　料　费（元）			169.95	
	机　械　费（元）			88.91	
名　　称		单位	单价（元）	消　　耗　　量	
人工	综合工日	工日	140.00	3.413	
材料	钢模板	kg	3.50	6.960	
	钢模板连接件	kg	3.12	3.600	
	钢模支撑	kg	4.79	4.920	
	六角螺栓带螺母 M12×200	kg	12.20	6.020	
	木模板	m³	1432.48	0.020	
	尼龙帽	个	0.84	8.000	
	脱模油	kg	0.82	1.100	
	圆钉	kg	5.13	0.210	
机械	履带式起重机 15t	台班	757.48	0.106	
	木工圆锯机 500mm	台班	25.33	0.340	

330

工作内容：混凝土浇捣、养护；混凝土表面处理。 计量单位：10m³

定 额 编 号				S4-7-30	
项 目 名 称				车道侧石混凝土	
基 价（元）				7039.26	
其中	人 工 费（元）			387.24	
	材 料 费（元）			6060.83	
	机 械 费（元）			591.19	
名 称		单位	单价（元）	消 耗 量	
人工	综合工日	工日	140.00	2.766	
材料	草袋	条	0.85	52.000	
	电	kW·h	0.68	2.705	
	商品混凝土 C20(泵送)	m³	363.30	10.100	
	商品混凝土 C30(泵送)	m³	403.82	5.555	
	水	m³	7.96	5.305	
	其他材料费占材料费	%	—	1.000	
机械	混凝土输送泵车 75m³/h	台班	1555.75	0.380	

工作内容：配模、立模、拆模；混凝土浇捣、养护；混凝土表面处理。 计量单位：10m²

定 额 编 号				S4-7-31	
项 目 名 称				车道侧石模板	
基 价（元）				839.01	
其中	人 工 费（元）			671.44	
	材 料 费（元）			117.06	
	机 械 费（元）			50.51	
名 称		单位	单价(元)	消 耗 量	
人工	综合工日	工日	140.00	4.796	
材料	钢模板	kg	3.50	6.960	
	钢模板连接件	kg	3.12	4.320	
	六角螺栓带螺母 M12×200	kg	12.20	3.590	
	木模板	m³	1432.48	0.020	
	尼龙帽	个	0.84	5.710	
	脱模油	kg	0.82	1.100	
	圆钉	kg	5.13	0.210	
机械	履带式起重机 15t	台班	757.48	0.062	
	木工圆锯机 500mm	台班	25.33	0.140	

工作内容：混凝土浇捣养护。

计量单位：10m³

定 额 编 号	S4-7-32
项 目 名 称	弓形底板混凝土
基 价（元）	5518.40

其中	人 工 费（元）	579.60
	材 料 费（元）	4234.80
	机 械 费（元）	704.00

	名 称	单位	单价（元）	消 耗 量
人工	综合工日	工日	140.00	4.140
材料	电	kW·h	0.68	124.880
	商品混凝土 C30(泵送)	m³	403.82	10.100
	水	m³	7.96	3.690
	其他材料费占材料费	%	—	1.000
机械	混凝土输送泵车 20m³/h	台班	1078.28	0.360
	混凝土输送泵车 75m³/h	台班	1555.75	0.203

工作内容：隧道内冲洗；配模、立模、拆模。 计量单位：10m²

定 额 编 号				S4-7-33
项 目 名 称				弓形底板模板
基 价 （元）				6799.03
其中	人 工 费（元）			4281.48
	材 料 费（元）			2000.20
	机 械 费（元）			517.35
名 称		单位	单价(元)	消 耗 量
人工	综合工日	工日	140.00	30.582
材料	电	kW·h	0.68	80.000
	钢模支撑	kg	4.79	11.640
	六角螺栓带螺母 M12×200	kg	12.20	12.750
	木模板	m³	1432.48	0.330
	尼龙帽	个	0.84	7.950
	轻轨	kg	4.20	276.823
	鱼尾板	kg	4.27	19.090
	圆钉	kg	5.13	2.130
机械	电瓶车 2.5t	台班	244.41	1.021
	硅整流充电机 90A/190V	台班	65.31	0.935
	轨道平车 5t	台班	34.17	2.043
	门式起重机 10t	台班	472.03	0.102
	木工圆锯机 500mm	台班	25.33	1.887
	轴流通风机 7.5kW	台班	40.15	1.021

定 额 编 号				S4-7-34	
项 目 名 称				支撑墙混凝土	
基 价 （元）				5706.65	
其中	人 工 费（元）			572.60	
	材 料 费（元）			4209.55	
	机 械 费（元）			924.50	
名 称		单位	单价（元）	消 耗 量	
人工	综合工日	工日	140.00	4.090	
材料	电	kW·h	0.68	81.320	
	商品混凝土 C30(泵送)	m³	403.82	10.100	
	水	m³	7.96	4.270	
	其他材料费占材料费	%	—	1.000	
机械	混凝土输送泵车 20m³/h	台班	1078.28	0.413	
	混凝土输送泵车 75m³/h	台班	1555.75	0.308	

工作内容：隧道内冲洗；配模、立模、拆模。 计量单位：10m²

定 额 编 号					S4-7-35			
项 目 名 称					支撑墙模板			
基 价（元）					1030.21			
其中	人 工 费（元）				721.00			
	材 料 费（元）				234.55			
	机 械 费（元）				74.66			
名 称		单位	单价(元)	消		耗		量
人工	综合工日	工日	140.00	5.150				
材料	电	kW·h	0.68	50.000				
	钢模板	kg	3.50	6.880				
	钢模板连接件	kg	3.12	3.560				
	钢模支撑	kg	4.79	4.920				
	六角螺栓带螺母 M12×200	kg	12.20	6.290				
	木模板	m³	1432.48	0.030				
	尼龙帽	个	0.84	4.030				
	轻轨	kg	4.20	3.682				
	脱模油	kg	0.82	1.100				
	鱼尾板	kg	4.27	0.270				
	圆钉	kg	5.13	0.230				
机械	电瓶车 2.5t	台班	244.41	0.008				
	硅整流充电机 90A/190V	台班	65.31	0.008				
	轨道平车 5t	台班	34.17	0.032				
	门式起重机 10t	台班	472.03	0.142				
	木工圆锯机 500mm	台班	25.33	0.146				
	轴流通风机 7.5kW	台班	40.15	0.009				

工作内容：牵引内衬滑模及操作平台；定位、上油、校正、脱卸清洗；混凝土泵送或集料斗电瓶车运至工作面浇捣养护；混凝土表面处理。

计量单位：10m³

定 额 编 号				S4-7-36	
项 目 名 称				侧墙及顶内衬	
基 价（元）				7783.82	
其中	人 工 费（元）			2339.40	
	材 料 费（元）			4346.95	
	机 械 费（元）			1097.47	
名 称		单位	单价（元）	消 耗 量	
人工	综合工日	工日	140.00	16.710	
材料	电	kW·h	0.68	156.000	
	镀锌铁丝 φ0.7	kg	3.57	2.345	
	轻轨	kg	4.20	9.444	
	商品混凝土 C30(泵送)	m³	403.82	10.100	
	水	m³	7.96	3.140	
	脱模油	kg	0.82	4.910	
	其他材料费占材料费	%	—	2.000	
机械	电动单筒慢速卷扬机 10kN	台班	203.56	0.800	
	电瓶车 2.5t	台班	244.41	0.368	
	硅整流充电机 90A/190V	台班	65.31	0.315	
	轨道平车 5t	台班	34.17	0.136	
	混凝土输送泵车 75m³/h	台班	1555.75	0.398	
	门式起重机 10t	台班	472.03	0.345	
	轴流通风机 7.5kW	台班	40.15	0.932	

工作内容：槽形板吊入隧道内驳运；行车安装；混凝土充填；焊接固定；槽形板下支撑搭拆。

计量单位：100m²

定 额 编 号				S4-7-37	
项 目 名 称				槽形板安装	
基 价（元）				13564.23	
其中	人 工 费（元）			1415.96	
	材 料 费（元）			9523.19	
	机 械 费（元）			2625.08	
名 称		单位	单价（元）	消 耗 量	
人工	综合工日	工日	140.00	10.114	
材料	车道槽形板	m²	68.50	101.000	
	电	kW·h	0.68	262.000	
	钢模板连接件	kg	3.12	28.000	
	钢模支撑	kg	4.79	46.430	
	螺栓顶托	个	0.21	2.000	
	木模板	m³	1432.48	0.700	
	轻轨	kg	4.20	66.992	
	商品混凝土 C20（泵送）	m³	363.30	1.423	
	预埋铁件	kg	3.60	47.710	
	枕木	m³	1230.77	0.040	
	其他材料费占材料费	%	—	1.000	
机械	电动空气压缩机 0.6m³/min	台班	37.30	0.707	
	电瓶车 8t	台班	294.43	2.920	
	硅整流充电机 90A/190V	台班	65.31	2.531	
	轨道平车 5t	台班	34.17	5.840	
	门式起重机 10t	台班	472.03	2.088	
	门式起重机 5t	台班	385.44	1.008	

338

工作内容：配模、立模、拆模；混凝土浇捣、制缝、扫面；湿治、沥青灌缝。　　　　计量单位：10m³

定　额　编　号			S4-7-38	S4-7-39
项　目　名　称			隧道内车道	
			引道道路	圆隧道道路
基　　　　　　价（元）			5902.25	8440.27
其中	人　工　费（元）		1288.56	2259.18
	材　料　费（元）		4507.48	4718.56
	机　械　费（元）		106.21	1462.53
名　　　称		单位	单价(元)	消　　耗　　量
人工	综合工日	工日	140.00	9.204	16.137
材料	草袋	条	0.85	50.960	—
	低合金钢焊条 E43系列	kg	39.78	0.206	2.959
	电	kW•h	0.68	150.000	325.000
	镀锌铁丝 φ0.7	kg	3.57	0.071	4.088
	木模板	m³	1432.48	0.070	0.130
	商品混凝土 C30(泵送)	m³	403.82	10.100	10.100
	石油沥青胶	kg	1.80	25.630	11.280
	水	m³	7.96	10.500	4.200
	脱模油	kg	0.82	0.630	—
	其他材料费占材料费	%	—	1.000	1.000
机械	电动空气压缩机 0.6m³/min	台班	37.30	—	0.293
	混凝土输送泵车 20m³/h	台班	1078.28	—	0.713
	混凝土输送泵车 75m³/h	台班	1555.75	—	0.308
	履带式起重机 15t	台班	757.48	0.124	—
	门式起重机 10t	台班	472.03	—	0.407
	木工圆锯机 500mm	台班	25.33	0.485	0.454

第五部分　管网工程

第一章 管道垫层、基础

说　　明

一、本章定额适用于市政工程给水、排水、燃气管道及排水渠道工程,包括管道垫层、定型管道基础、非定型管道基础等内容。

二、管道基础工程实际管座角度与定额不同时采用非定型管(渠)道混凝土枕基、管道定额项目。定额中计列的 120°、180°、满包管道基础按 06MS201《市政排水管道工程及附属设施》考虑[小管径（＜600）满包回混凝土基础按 95S516《排水管道基础及接口》结合现行管材尺寸综合考虑测算）],应对应选用。非定型或材质不同时可执行其他相关章节的相应项目。

三、灰土垫层中石灰为生石灰的消耗量,黄土为松土用量。黄土为就地取材考虑。

工程量计算规则

一、各种角度的混凝土基础，均按井中至井中的中心长度以"m"计算，扣除检查井所占长度。具体扣除长度见下表：

检查井规格（mm）	扣除长度（m）	检查井规格	扣除长度（m）
$\phi 700$	0.4	各种矩形井	1.00
$\phi 1000$	0.7	各种交汇井	1.20
$\phi 12500$	0.95	各种扇形井	1.00
$\phi 1500$	1.2	圆形跌水井	1.60
$\phi 2000$	1.7	矩形跌水井	1.70
$\phi 2500$	2.2	阶梯式跌水井	按实扣

二、非定型垫层以及基础按图示截面尺寸乘以实际长度以"m^3"计算。

第一节 管道垫层

工作内容：清底、配料、搅拌、捣固、夯实、抹面、养护、材料场内运输等。

计量单位：10m³

定 额 编 号				S5-1-1	S5-1-2
项 目 名 称				非定型渠(管)道	
				片石灌浆垫层	片石干铺垫层
基 价（元）				1972.07	1079.43
其中	人 工 费（元）			757.26	500.50
	材 料 费（元）			1098.61	541.35
	机 械 费（元）			116.20	37.58
名 称		单位	单价（元）	消 耗 量	
人工	综合工日	工日	140.00	5.409	3.575
材料	片石	t	65.00	7.612	8.246
	水	m³	7.96	1.000	—
	水泥混合砂浆 M5	m³	217.47	2.690	—
	其他材料费占材料费	%	—	1.000	1.000
机械	电动夯实机 250N·m	台班	26.28	0.490	1.430
	灰浆搅拌机 200L	台班	215.26	0.480	—

工作内容：清底、配料、搅拌、捣固、夯实、抹面、养护、材料场内运输等。　　　　　　　　　　　　　计量单位：10m³

定　额　编　号					S5-1-3	S5-1-4
项　目　名　称					非定型渠(管)道	
					碎石灌浆垫层	碎石干铺垫层
基　　　　价（元）					3065.53	2695.96
其中	人　工　费（元）				476.98	457.10
	材　料　费（元）				2480.54	2206.01
	机　械　费（元）				108.01	32.85
名　　　称		单位	单价(元)		消　　耗　　量	
人工	综合工日	工日	140.00		3.407	3.265
材料	水	m³	7.96		0.998	—
	水泥混合砂浆 M5	m³	217.47		2.835	—
	碎石 40	t	106.80		17.149	20.451
	其他材料费占材料费	%	—		1.000	1.000
机械	电动夯实机 250N·m	台班	26.28		0.260	1.250
	灰浆搅拌机 200L	台班	215.26		0.470	—

工作内容：清底、配料、搅拌、捣固、夯实、抹面、养护、材料场内运输等。 计量单位：10m³

定 额 编 号				S5-1-5	S5-1-6
项 目 名 称				非定型渠(管)道	
				级配碎石垫层	砂砾石垫层
基 价（元）				1990.33	1263.96
其中	人 工 费（元）			457.10	400.54
	材 料 费（元）			1500.38	834.25
	机 械 费（元）			32.85	29.17
名 称		单位	单价（元）	消 耗 量	
人工	综合工日	工日	140.00	3.265	2.861
材料	级配碎石	m³	145.64	10.200	—
	砂砾石	t	60.00	—	5.819
	中(粗)砂	t	87.00	—	5.481
	其他材料费占材料费	%	—	1.000	1.000
机械	电动夯实机 250N·m	台班	26.28	1.250	1.110

工作内容：清底、配料、搅拌、捣固、夯实、抹面、养护、材料场内运输等。　　　　计量单位：10m³

定 额 编 号				S5-1-7	S5-1-8
项 目 名 称				非定型渠(管)道	
				砂垫层	10%灰土垫层
基 价 （元）				1992.38	955.34
其中	人 工 费（元）			305.34	284.34
	材 料 费（元）			1666.02	557.59
	机 械 费（元）			21.02	113.41
名 称		单位	单价(元)	消 耗 量	
人工	综合工日	工日	140.00	2.181	2.031
材料	黄土	m³	—	—	(10.655)
	生石灰	t	320.00	—	1.692
	水	m³	7.96	—	1.680
	中(粗)砂	t	87.00	18.960	—
	其他材料费占材料费	%	—	1.000	0.500
机械	电动夯实机 250N·m	台班	26.28	0.800	2.740
	稳定土拌和机 105kW	台班	920.15	—	0.045

350

工作内容：清底、配料、搅拌、捣固、夯实、抹面、养护、材料场内运输等。   计量单位：10m³

定 额 编 号	S5-1-9
项 目 名 称	非定型渠(管)道
	灰土垫层每增减1%含灰量
基 价（元）	2276.44

其中	人 工 费（元）	2222.36
	材 料 费（元）	54.08
	机 械 费（元）	—

	名 称	单位	单价(元)	消 耗 量
人工	综合工日	工日	140.00	15.874
材料	黄土	m³	—	(11.995)
	生石灰	t	320.00	0.169

工作内容：清底、配料、搅拌、捣固、夯实、抹面、养护、材料场内运输等。计量单位：10m³

定 额 编 号					S5-1-10	
项 目 名 称					C15非定型渠(管)道，垫层	
基 价（元）					3865.90	
其中	人 工 费（元）				490.00	
	材 料 费（元）				3375.90	
	机 械 费（元）				—	
	名 称	单位	单价(元)	消 耗 量		
人工	综合工日	工日	140.00	3.500		
材料	电	kW•h	0.68	5.740		
	商品混凝土 C15(泵送)	m³	326.48	10.100		
	水	m³	7.96	5.166		
	其他材料费占材料费	%	—	1.000		

第二节 定型管道基础

工作内容：清底、浇筑、捣固、养护、材料场内运输等。

计量单位：100m

定　额　编　号			S5-1-11	S5-1-12	S5-1-13	S5-1-14
项　目　名　称			C15混凝土平接(企口)式混凝土管道基础(120°)			
			D≤300mm	D≤400mm	D≤500mm	D≤600mm
基　　　　价（元）			2961.95	4837.71	6588.84	7259.71
其中	人　工　费（元）		464.94	762.58	1041.88	1121.82
	材　料　费（元）		2497.01	4075.13	5546.96	6137.89
	机　械　费（元）		—	—	—	—
名　　称	单位	单价（元）	消　　耗　　量			
人工	综合工日	工日	140.00	3.321	5.447	7.442	8.013
材料	电	kW·h	0.68	4.210	6.910	9.420	10.420
	商品混凝土 C15(泵送)	m³	326.48	7.310	11.980	16.340	18.070
	水	m³	7.96	4.050	6.680	9.210	10.450
	养护土工布	m²	2.43	20.830	27.030	31.950	35.950
	其他材料费占材料费	%	—	1.000	1.000	1.000	1.000

工作内容：清底、浇筑、捣固、养护、材料场内运输等。　　　　　　　　　　　计量单位：100m

定　额　编　号				S5-1-15	S5-1-16	S5-1-17	S5-1-18
项　目　名　称				C15混凝土平接(企口)式混凝土管道基础(120°)			
				D≤700mm	D≤800mm	D≤900mm	D≤1000mm
基　　　　　价（元）				9045.26	11802.39	14957.82	18438.09
其中	人　工　费（元）			1400.98	1830.08	2322.46	2865.24
	材　料　费（元）			7644.28	9972.31	12635.36	15572.85
	机　械　费（元）			—	—	—	—
名　　　　称		单位	单价（元）	消　　　耗　　　量			
人工	综合工日	工日	140.00	10.007	13.072	16.589	20.466
材料	电	kW·h	0.68	12.990	16.970	21.540	26.570
	商品混凝土 C15(泵送)	m³	326.48	22.530	29.440	37.350	46.080
	水	m³	7.96	13.160	17.190	21.830	26.930
	养护土工布	m²	2.43	40.910	46.760	52.600	58.450
	其他材料费占材料费	%	—	1.000	1.000	1.000	1.000

工作内容：清底、浇筑、捣固、养护、材料场内运输等。 计量单位：100m

定 额 编 号				S5-1-19	S5-1-20	S5-1-21	S5-1-22
项 目 名 称				C15混凝土平接(企口)式混凝土管道基础(120°)			
				D≤1200mm	D≤1400mm	D≤1500mm	D≤1650mm
基 价（元）				26420.93	34829.10	41164.61	49694.76
其 中	人 工 费（元）			4003.58	5284.16	6250.16	7415.94
	材 料 费（元）			22417.35	29544.94	34914.45	42278.82
	机 械 费（元）			—	—	—	—
名 称		单位	单价（元）	消 耗		量	
人工	综合工日	工日	140.00	28.597	37.744	44.644	52.971
材料	电	kW·h	0.68	65.363	50.540	59.740	72.400
	商品混凝土 C15(泵送)	m³	326.48	66.380	87.640	103.630	125.560
	水	m³	7.96	38.790	51.070	60.550	73.330
	养护土工布	m²	2.43	70.140	81.820	87.670	96.480
	其他材料费占材料费	%	—	1.000	1.000	1.000	1.000

工作内容：清底、浇筑、捣固、养护、材料场内运输等。 计量单位：100m

定 额 编 号				S5-1-23	S5-1-24	S5-1-25	S5-1-26
项 目 名 称				C15混凝土平接(企口)式混凝土管道基础(120°)			
				D≤1800mm	D≤2000mm	D≤2200mm	D≤2400mm
基 价（元）				59072.19	72891.96	88156.35	100582.6
其中	人 工 费（元）			8819.30	10887.66	13171.90	15037.26
	材 料 费（元）			50252.89	62004.30	74984.45	85545.41
	机 械 费（元）			—	—	—	—
名 称		单位	单价(元)	消	耗		量
人工	综合工日	工日	140.00	62.995	77.769	94.085	107.409
材料	电	kW•h	0.68	86.090	106.280	128.580	146.720
	商品混凝土 C15(泵送)	m³	326.48	149.310	184.320	223.000	254.460
	水	m³	7.96	87.240	107.700	130.290	149.200
	养护土工布	m²	2.43	105.200	116.890	128.580	137.830
	其他材料费占材料费	%	—	1.000	1.000	1.000	1.000

工作内容：清底、浇筑、捣固、养护、材料场内运输等。 计量单位：100m

定　额　编　号				S5-1-27	S5-1-28	S5-1-29	S5-1-30
项　目　名　称				C15混凝土平接(企口)式混凝土管道基础(180°)			
				D≤300mm	D≤400mm	D≤500mm	D≤600mm
基　　　价（元）				3665.43	5941.94	8097.72	10477.58
其中	人　工　费（元）			578.90	943.60	1289.82	1626.80
	材　料　费（元）			3086.53	4998.34	6807.90	8850.78
	机　械　费（元）			—	—	—	—
名　　称		单位	单价（元）	消　　耗　　量			
人工	综合工日	工日	140.00	4.135	6.740	9.213	11.620
材料	电	kW·h	0.68	5.210	8.490	11.590	15.040
	商品混凝土 C15(泵送)	m³	326.48	9.030	14.720	20.100	26.090
	水	m³	7.96	5.470	7.330	9.460	15.600
	养护土工布	m²	2.43	25.010	32.490	39.120	45.630
	其他材料费占材料费	%	—	1.000	1.000	1.000	1.000

工作内容：清底、浇筑、捣固、养护、材料场内运输等。 计量单位：100m

定 额 编 号				S5-1-31	S5-1-32	S5-1-33	S5-1-34
项 目 名 称				C15混凝土平接(企口)式混凝土管道基础(180°)			
				D≤700mm	D≤800mm	D≤900mm	D≤1000mm
基 价 （元）				14246.80	18580.31	23517.92	29019.95
其中	人 工 费 （元）			2215.50	2892.82	3665.06	4526.06
	材 料 费 （元）			12031.30	15687.49	19852.86	24493.89
	机 械 费 （元）			—	—	—	—
名 称		单位	单价(元)	消 耗 量			
人工	综合工日	工日	140.00	15.825	20.663	26.179	32.329
材料	电	kW·h	0.68	20.480	26.750	33.890	41.850
	商品混凝土 C15(泵送)	m³	326.48	35.530	46.390	58.770	72.570
	水	m³	7.96	21.240	27.730	35.140	43.400
	养护土工布	m²	2.43	53.230	60.840	68.440	76.050
	其他材料费占材料费	%	—	1.000	1.000	1.000	1.000

工作内容：清底、浇筑、捣固、养护、材料场内运输等。 计量单位：100m

定 额 编 号				S5-1-35	S5-1-36	S5-1-37	S5-1-38
项 目 名 称				C15混凝土平接(企口)式混凝土管道基础(180°)			
				D≤1200mm	D≤1400mm	D≤1500mm	D≤1650mm
基 价（元）				41524.24	55130.40	64820.27	78006.54
其中	人 工 费（元）			6318.20	8398.18	9873.36	11573.10
	材 料 费（元）			35206.04	46732.22	54946.91	66433.44
	机 械 费（元）			—	—	—	—
名 称		单位	单价（元）	消 耗 量			
人工	综合工日	工日	140.00	45.130	59.987	70.524	82.665
材料	电	kW·h	0.68	60.220	79.990	94.110	113.830
	商品混凝土 C15(泵送)	m³	326.48	104.440	138.730	163.210	197.420
	水	m³	7.96	62.460	83.400	97.600	118.050
	养护土工布	m²	2.43	91.260	106.460	114.070	125.480
	其他材料费占材料费	%	—	1.000	1.000	1.000	1.000

工作内容：清底、浇筑、捣固、养护、材料场内运输等。 计量单位：100m

定 额 编 号				S5-1-39	S5-1-40	S5-1-41	S5-1-42
项 目 名 称				C15混凝土平接(企口)式混凝土管道基础(180°)			
				D≤1800mm	D≤2000mm	D≤2200mm	D≤2400mm
基 价（元）				92813.52	114544.0	138549.7	157527.8
其中	人 工 费（元）			13774.74	17005.66	20575.66	23404.50
	材 料 费（元）			79038.78	97538.37	117974.08	134123.32
	机 械 费（元）			—	—	—	—
名 称		单位	单价（元）	消 耗 量			
人工	综合工日	工日	140.00	98.391	121.469	146.969	167.175
材料	电	kW·h	0.68	135.490	167.270	202.380	230.120
	商品混凝土 C15(泵送)	m³	326.48	234.970	290.090	350.990	399.100
	水	m³	7.96	140.510	173.460	209.880	239.290
	养护土工布	m²	2.43	136.880	152.090	167.300	179.410
	其他材料费占材料费	%	—	1.000	1.000	1.000	1.000

工作内容：清底、浇筑、捣固、养护、材料场内运输等。

计量单位：100m

定 额 编 号				S5-1-43	S5-1-44	S5-1-45	S5-1-46
项 目 名 称				C15混凝土满包混凝土加固			
				D≤300mm	D≤400mm	D≤500mm	D≤600mm
基 价（元）				6274.41	9336.37	22741.02	16695.31
其中	人 工 费（元）			1061.76	1574.72	2072.28	2758.98
	材 料 费（元）			5212.65	7761.65	20668.74	13936.33
	机 械 费（元）			—	—	—	—
名 称		单位	单价（元）	消 耗 量			
人工	综合工日	工日	140.00	7.584	11.248	14.802	19.707
材料	电	kW·h	0.68	8.970	13.420	17.720	23.470
	商品混凝土 C15(泵送)	m³	326.48	15.240	22.750	59.900	41.010
	水	m³	7.96	10.560	15.930	21.120	27.820
	养护土工布	m²	2.43	39.230	49.980	299.500	70.780
	其他材料费占材料费	%	—	1.000	1.000	1.000	1.000

工作内容：清底、浇筑、捣固、养护、材料场内运输等。计量单位：100m

定 额 编 号				S5-1-47	S5-1-48	S5-1-49	S5-1-50
项 目 名 称				C15混凝土满包混凝土加固			
				D≤700mm	D≤800mm	D≤900mm	D≤1000mm
基 价（元）				21486.09	26873.09	32896.30	39512.63
其中	人 工 费（元）			3540.88	4418.54	5398.26	6473.88
	材 料 费（元）			17945.21	22454.55	27498.04	33038.75
	机 械 费（元）			—	—	—	—
名 称		单位	单价（元）	消 耗 量			
人工	综合工日	工日	140.00	25.292	31.561	38.559	46.242
材料	电	kW·h	0.68	30.280	37.950	46.540	55.970
	商品混凝土 C15(泵送)	m³	326.48	52.870	66.220	81.160	97.580
	水	m³	7.96	36.120	45.480	55.990	67.570
	养护土工布	m²	2.43	81.660	92.550	103.430	114.320
	其他材料费占材料费	%	—	1.000	1.000	1.000	1.000

工作内容：清底、浇筑、捣固、养护、材料场内运输等。

计量单位：100m

定 额 编 号				S5-1-51	S5-1-52	S5-1-53	S5-1-54
项 目 名 称				C15混凝土满包混凝土加固			
				D≤1200mm	D≤1400mm	D≤1500mm	D≤1650mm
基 价（元）				54235.41	70875.72	83253.13	99895.96
其中	人 工 费（元）			8644.58	11289.46	13266.12	15512.84
	材 料 费（元）			45590.83	59586.26	69987.01	84383.12
	机 械 费（元）			—	—	—	—
名 称		单位	单价（元）	消	耗		量
人工	综合工日	工日	140.00	61.747	80.639	94.758	110.806
材料	电	kW·h	0.68	75.090	98.240	115.460	135.050
	商品混凝土 C15(泵送)	m³	326.48	134.870	176.410	207.320	250.230
	水	m³	7.96	91.120	119.460	140.410	164.280
	养护土工布	m²	2.43	136.090	158.130	169.570	186.440
	其他材料费占材料费	%	—	1.000	1.000	1.000	1.000

工作内容：清底、浇筑、捣固、养护、材料场内运输等。　　　　　　　　　　　　　计量单位：100m

定　额　编　号				S5-1-55	S5-1-56	S5-1-57	S5-1-58
项　目　名　称				C15混凝土满包混凝土加固			
				D≤1800mm	D≤2000mm	D≤2200mm	D≤2400mm
基　　　　　价（元）				119450.4	147303.9	179082.2	204030.0
其中	人　工　费（元）			18565.26	22902.60	27865.74	31759.98
	材　料　费（元）			100885.17	124401.38	151216.48	172270.03
	机　械　费（元）			—	—	—	—
名　　　称		单位	单价（元）	消　　　耗　　　量			
人工	综合工日	工日	140.00	132.609	163.590	199.041	226.857
材料	电	kW·h	0.68	161.520	199.280	242.310	276.110
	商品混凝土 C15(泵送)	m³	326.48	299.310	369.260	449.050	511.690
	水	m³	7.96	196.360	242.280	294.410	335.370
	养护土工布	m²	2.43	203.590	226.180	249.040	267.710
	其他材料费占材料费	%	—	1.000	1.000	1.000	1.000

364

第三节 非定型管道基础

工作内容：清底、挂线、砂浆拌和、选砌砖石、捣固、抹平、养护、材料场内运输、清理场地。

计量单位：10m³

定 额 编 号				S5-1-59	S5-1-60
项 目 名 称				水泥砂浆渠(管)道基础	
				砖石平基	片石平基
基 价（元）				3680.80	2153.83
其中	人 工 费 （元）			811.02	777.84
	材 料 费 （元）			2753.54	1218.85
	机 械 费 （元）			116.24	157.14
名 称		单位	单价（元）	消 耗 量	
人工	综合工日	工日	140.00	5.793	5.556
材料	混凝土标砖	千块	414.53	5.377	—
	片石	t	65.00	—	7.168
	水	m³	7.96	1.134	—
	水泥砂浆 M7.5	m³	201.87	2.419	3.670
	其他材料费占材料费	%	—	1.000	1.000
机械	灰浆搅拌机 200L	台班	215.26	0.540	0.730

工作内容：清底、挂线、砂浆拌和、选砌砖石、捣固、抹平、养护、材料场内运输、清理场地。

计量单位：10m³

定 额 编 号				S5-1-61	S5-1-62	S5-1-63
项 目 名 称				混凝土渠(管)道基础		
				片石平基	混凝土平基	钢筋混凝土平基
基 价（元）				3582.25	4002.51	4216.71
其中	人 工 费（元）			931.70	602.00	816.20
	材 料 费（元）			2650.55	3400.51	3400.51
	机 械 费（元）			—	—	—
名 称		单位	单价（元）	消	耗	量
人工	综合工日	工日	140.00	6.655	4.300	5.830
材料	电	kW·h	0.68	2.980	5.770	5.770
	片石	t	65.00	1.713	—	—
	商品混凝土 C15(泵送)	m³	326.48	7.480	10.150	10.150
	水	m³	7.96	6.878	4.400	4.400
	养护土工布	m²	2.43	5.810	5.810	5.810
	其他材料费占材料费	%	—	1.000	1.000	1.000

工作内容：清底、挂线、砂浆拌和、选砌砖石、捣固、抹平、养护、材料场内运输、清理场地。

计量单位：10m³

定 额 编 号				S5-1-64	S5-1-65
项 目 名 称				负拱基础	
				砖基础	混凝土
基 价（元）				3887.53	4692.70
其中	人 工 费（元）			987.42	1257.90
	材 料 费（元）			2790.33	3434.80
	机 械 费（元）			109.78	—
	名 称	单位	单价（元）	消 耗 量	
人工	综合工日	工日	140.00	7.053	8.985
材料	电	kW•h	0.68	—	4.080
	混凝土标砖	千块	414.53	5.449	—
	商品混凝土 C15（泵送）	m³	326.48	—	10.150
	水	m³	7.96	1.145	8.810
	水泥砂浆 M7.5	m³	201.87	2.317	—
	养护土工布	m²	2.43	—	5.810
	其他材料费占材料费	%	—	2.000	1.000
机械	灰浆搅拌机 200L	台班	215.26	0.510	—

工作内容：清理现场、浇筑、振捣、预制、安装、养护材料运输。 计量单位：10m³

定 额 编 号				S5-1-66	S5-1-67
项 目 名 称				混凝土枕基	
				预制	安装
基 价 （元）				5677.51	4438.90
其中	人 工 费 （元）			2159.78	1651.30
	材 料 费 （元）			3517.73	2787.60
	机 械 费 （元）			—	—
名 称		单位	单价（元）	消 耗 量	
人工	综合工日	工日	140.00	15.427	11.795
材料	电	kW·h	0.68	4.060	—
	商品混凝土 C15（泵送）	m³	326.48	10.150	—
	水	m³	7.96	14.490	—
	养护土工布	m²	2.43	21.000	—
	预制混凝土枕基 C15	m³	276.00	—	10.100
	其他材料费占材料费	%	—	1.000	—

工作内容：清理现场、浇筑、振捣、预制、安装、养护材料运输。 计量单位：10m³

定　额　编　号				S5-1-68	S5-1-69
项　目　名　称				商品混凝土	
				枕基，管座	满包管座
基　　　　价（元）				4100.81	4179.20
其中	人　工　费（元）			641.20	728.00
	材　料　费（元）			3459.61	3451.20
	机　械　费（元）			—	—
名　　称		单位	单价（元）	消　　耗　　量	
人工	综合工日	工日	140.00	4.580	5.200
材料	电	kW•h	0.68	5.770	5.650
	商品混凝土 C15(泵送)	m³	326.48	10.150	10.150
	水	m³	7.96	7.261	5.950
	养护土工布	m²	2.43	20.520	21.420
	其他材料费占材料费	%	—	1.000	1.000

369

工作内容：模板制作、安装、拆除、修理、刷脱模剂、清理、码放整齐、材料场内运输。

计量单位：100㎡

定 额 编 号				S5-1-70	S5-1-71	S5-1-72
项 目 名 称				市政管网工程管、渠道模板		
				平基 复合木模板	管座 复合木模板	小型构件 木模板
基 价（元）				3128.96	3932.84	7039.10
其中	人 工 费（元）			1290.38	2094.26	2524.06
	材 料 费（元）			1686.73	1686.73	4515.04
	机 械 费（元）			151.85	151.85	—
名 称		单位	单价（元）	消	耗	量
人工	综合工日	工日	140.00	9.217	14.959	18.029
材料	草板纸 80号	张	3.79	30.000	30.000	—
	镀锌铁丝 22号	kg	3.57	0.175	0.175	—
	复合木模板	㎡	29.06	2.060	2.060	—
	钢模板	kg	3.50	0.909	0.909	—
	零星卡具	kg	5.56	22.042	22.042	—
	模板木材	m³	1880.34	0.144	0.144	1.733
	木支撑	m³	1631.34	0.601	0.601	0.500
	嵌缝料	kg	2.56	—	—	10.000
	水泥砂浆 1：2	m³	281.46	0.012	0.012	—
	脱模剂	kg	2.48	10.000	10.000	10.000
	圆钉	kg	5.13	20.941	20.941	76.090
机械	木工圆锯机 500mm	台班	25.33	0.034	0.034	—
	汽车式起重机 8t	台班	763.67	0.068	0.068	—
	载重汽车 5t	台班	430.70	0.230	0.230	—

第二章 管道铺设

说　　明

一、本章定额适用于市政工程给水、排水、燃气管道及排水渠道铺设工程包括塑料管铺设、混凝土管铺设、混凝土管道接口、闭水试验、冲洗等内容。

二、如排水管道在无基础的槽内铺设管道，人工、机械用量乘以系数1.18。

三、如遇有特殊情况，必须在支撑下串管铺设，人工、机械用量乘以系数1.33。

四、排水工程实际管座角度与定额不同时采用非定型管(渠)道混凝土枕基、管道定额项目，混凝土排水管的接口均是按管座120°和180°列项的。如管座角度不同，按相应材质接口做法和下表按规定方法进行调整。

序号	项目名称	实做角度	调整基数或材料	调整系数
1	钢丝网水泥砂浆接口	90°	120°定额人工、材料、机械用量	1.33
2	钢丝网水泥砂浆接口	135°	120°定额人工、材料、机械用量	0.89
3	企口管膨胀水泥砂浆抹带接口	90°	定额中1：2水泥砂浆用量	0.75
4	企口管膨胀水泥砂浆抹带接口	135°	定额中1：2水泥砂浆用量	0.67
5	企口管膨胀水泥砂浆抹带接口	135°	定额中1：2水泥砂浆用量	0.625
6	企口管膨胀水泥砂浆抹带接口	180°	定额中1：2水泥砂浆用量	0.5

注：变形缝接口，通用于平口、企口管。

五、定额中计列的120°、180°管道基础按06MS201《市政排水管道工程及附属设施》考虑，满包回混凝土基础按95S516《排水管道基础及接口》结合现行管材尺寸综合考虑测算，应对应选用。非定型或材质不同时可执行其他相关章节的相应项目。

六、排水工程定额中的钢丝网水泥砂浆接口均不包括内抹口，如设计要求内抹口时，按抹口周长每100延米增加水泥砂浆0.42m³，人工4.61工日。

七、各类管材接口橡胶圈作为管材配套附件不另计算材料费。

八、变形缝材料不同时可以换算，但材料消耗量及其他不变。

九、套管内的管道铺设按相应的管道安装人工、机械用量乘以系数1.2。

工程量计算规则

一、各种塑料管道均按施工图中心线的长度计算(支管长度从主管中心开始计算到支管末端交接处的中心),管件、阀门所占长度已在管道施工损耗中综合考虑,计算时均不扣除其所占长度。

二、各种混凝土管铺设,均按井中至井中的中心长度以"m"计算,扣除检查井所占长度。具体扣除长度见下表:

检查井规格（mm）	扣除长度（m）	检查井规格	扣除长度（m）
ϕ700	0.4	各种矩形井	1.00
ϕ1000	0.7	各种交汇井	1.20
ϕ12500	0.95	各种扇形井	1.00
ϕ1500	1.2	圆形跌水井	1.60
ϕ2000	1.7	矩形跌水井	1.70
ϕ2500	2.2	阶梯式跌水井	按实扣

三、混凝土管道（除给水预应力（自应力）混凝土管）接口区分管径和做法,以实际接口的个数计算。

四、管道安装均不包括管件（指三通、弯头、异径管）、阀门的安装。管件安装执行相关章节的相应项目。

五、管道安装均不包括管件（指三道、弯头、异径管）、阀门的安装。管件安装执行相关章节的相应项目。

六、混凝土管道接口分管径和做法,以实际接口个数计算。

七、管道闭水试验、消毒冲洗的工程量均按设计管道中心线长度计算,不扣除管件及各种井所占长度。

八、警示（示踪）带按铺设长度计算。

第一节 塑料管铺设

工作内容：检查及清扫管材、管材削切、去毛边、对口、上胶圈、刷油、安装、调直。　计量单位：100m

定 额 编 号				S5-2-1	S5-2-2	S5-2-3	S5-2-4
项 目 名 称				塑料管铺设(承插胶圈接口)管径			
				DN200内	DN250内	DN300内	DN400内
基 价 （元）				7139.68	8586.23	5865.41	15499.96
其中	人 工 费（元）			907.20	1134.00	1360.80	1713.60
	材 料 费（元）			6232.48	7452.23	4504.61	13786.36
	机 械 费（元）			—	—	—	—
名 称		单位	单价(元)	消	耗		量
人工	综合工日	工日	140.00	6.480	8.100	9.720	12.240
材料	PE塑料承插管 DN200	m	61.50	101.000	—	—	—
	PE塑料承插管 DN250	m	73.50	—	101.000	—	—
	PE塑料承插管 DN400	m	136.13	—	—	—	101.000
	UPVC塑料管 DN300	m	44.31	—	—	101.000	—
	黄油	kg	16.58	1.000	1.400	1.400	1.800
	水砂纸	张	0.50	8.800	11.040	12.170	14.780

注：橡胶圈作为主材配件包含在管材单价中不另计消耗。

工作内容：检查及清扫管材、管材削切、去毛边、对口、上胶圈、刷油、安装、调直。　计量单位：100m

定　额　编　号				S5-2-5	S5-2-6	S5-2-7	S5-2-8
项　目　名　称				塑料管铺设(承插胶圈接口)管径			
				DN500内	DN600内	DN700内	DN800内
基　　　价（元）				22752.63	27636.92	41156.32	44334.01
其中	人　工　费（元）			2293.20	2721.60	3213.00	3830.40
	材　料　费（元）			20459.43	24632.76	37554.72	40061.55
	机　械　费（元）			—	282.56	388.60	442.06
名　　称		单位	单价（元）	消	耗		量
人工	综合工日	工日	140.00	16.380	19.440	22.950	27.360
材料	PE塑料承插管 DN500	m	202.13	101.000	—	—	—
	PE塑料承插管 DN600	m	243.38	—	101.000	—	—
	PE塑料承插管 DN700	m	371.25	—	—	101.000	—
	PE塑料承插管 DN800	m	396.00	—	—	—	101.000
	黄油	kg	16.58	2.200	2.600	3.000	3.400
	水砂纸	张	0.50	15.650	16.550	17.450	18.350
机械	汽车式起重机 8t	台班	763.67	—	0.370	0.430	0.500
	载重汽车 8t	台班	501.85	—	—	0.120	0.120

工作内容：检查及清扫管材、管材削切、去毛边、对口、上胶圈、刷油、安装、调直。 计量单位：100m

定 额 编 号			S5-2-9	S5-2-10	S5-2-11
项 目 名 称			塑料管铺设(承插胶圈接口)管径		
			DN900内	DN1000内	DN1200内
基 价 （元）			53190.22	64719.93	77654.12
其中	人 工 费 （元）		4687.20	5642.00	5923.40
	材 料 费 （元）		47946.63	58407.21	70917.74
	机 械 费 （元）		556.39	670.72	812.98
名 称	单位	单价(元)	消	耗	量
人工 综合工日	工日	140.00	33.480	40.300	42.310
材料 PE塑料承插管 DN1000	m	577.50	—	101.000	—
PE塑料承插管 DN1200	m	701.25	—	—	101.000
PE塑料承插管 DN900	m	474.00	101.000	—	—
黄油	kg	16.58	3.800	4.200	4.900
水砂纸	张	0.50	19.250	20.150	20.500
机械 汽车式起重机 8t	台班	763.67	0.630	0.760	0.920
载重汽车 8t	台班	501.85	0.150	0.180	0.220

注：橡胶圈作为主材配件包含在管材单价中不另计消耗。

工作内容：检查及清扫管材、管材削切、去毛边、对口、上胶圈、刷油、安装、调直。　计量单位：100m

定　额　编　号				S5-2-12	S5-2-13	S5-2-14
项　目　名　称				塑料管铺设(承插胶圈接口)管径		
				DN1500内	DN1800内	DN2000内
基　　价（元）				120806.50	194788.60	250459.85
其中	人　工　费（元）			6687.80	6687.80	7210.00
	材　料　费（元）			112970.30	186299.03	240874.73
	机　械　费（元）			1148.40	1801.77	2375.12
名　　称		单位	单价（元）	消　　耗　　量		
人工	综合工日	工日	140.00	47.770	47.770	51.500
材料	PE塑料承插管 DN1500	m	1117.56	101.000	—	—
	PE塑料承插管 DN1800	m	1843.50	—	101.000	—
	PE塑料承插管 DN2000	m	2383.75	—	—	101.000
	黄油	kg	16.58	5.200	5.700	6.300
	水砂纸	张	0.50	21.050	22.050	23.050
机械	汽车式起重机 12t	台班	857.15	1.170	—	—
	汽车式起重机 16t	台班	958.70	—	1.670	2.200
	载重汽车 8t	台班	501.85	0.290	0.400	0.530

工作内容：管口切削、对口、升温、熔接等操作过程。   计量单位：100m

定　额　编　号				S5-2-15	S5-2-16	S5-2-17
项　目　名　称				塑料管安装(对接熔接)		
				DN200	DN250	DN300
基　　　价（元）				7823.47	9510.94	13170.82
其中	人　工　费（元）			833.00	1103.20	1498.42
	材　料　费（元）			6870.93	8258.75	11474.41
	机　械　费（元）			119.54	148.99	197.99
	名　　称	单位	单价（元）	消　　耗　　量		
人工	综合工日	工日	140.00	5.950	7.880	10.703
材料	PE塑料管 DN200	m	67.65	100.000	—	—
	PE塑料管 DN250	m	81.30	—	100.000	—
	PE塑料管 DN300	m	112.97	—	—	100.000
	破布	kg	6.32	0.470	0.610	0.790
	三氯乙烯	kg	7.11	0.200	0.400	0.400
	其他材料费占材料费	%	—	1.500	1.500	1.500
机械	热熔对接焊机 630mm	台班	43.95	2.720	3.390	4.505

工作内容：管口切削、对口、升温、熔接等操作过程。 计量单位：100m

定 额 编 号				S5-2-18	S5-2-19	S5-2-20
项 目 名 称				塑料管安装(对接熔接)		
				DN400	DN500	DN600
基 价（元）				19928.92	28541.30	39544.62
其中	人 工 费（元）			3014.20	4716.60	5402.46
	材 料 费（元）			16567.51	23336.42	33257.93
	机 械 费（元）			347.21	488.28	884.23
名 称		单位	单价(元)	消	耗	量
人工	综合工日	工日	140.00	21.530	33.690	38.589
材料	PE塑料管 DN400	m	163.10	100.000	—	—
	PE塑料管 DN500	m	229.73	—	100.000	—
	PE塑料管 DN600	m	327.46	—	—	100.000
	破布	kg	6.32	1.330	2.260	2.490
	三氯乙烯	kg	7.11	0.600	0.600	0.660
	其他材料费占材料费	%	—	1.500	1.500	1.500
机械	汽车式起重机 8t	台班	763.67	—	—	0.370
	热熔对接焊机 630mm	台班	43.95	7.900	11.110	13.690

工作内容：检查及清扫管材、管材削切、去毛边、升温、对口、熔接安装、调直等。　　计量单位：100m

定　额　编　号				S5-2-21	S5-2-22	S5-2-23	S5-2-24
项　目　名　称				塑料管安装(电熔对接接口)管径			
				DN200内	DN250内	DN300内	DN400内
基　　　价（元）				7428.77	8902.26	12206.00	17485.80
其中	人　工　费（元）			588.00	672.00	784.00	1005.20
	材　料　费（元）			6768.11	8135.08	11304.04	16323.23
	机　械　费（元）			72.66	95.18	117.96	157.37
	名　　称	单位	单价（元）	消	耗		量
人工	综合工日	工日	140.00	4.200	4.800	5.600	7.180
材料	PE塑料管 DN200	m	67.65	100.000	—	—	—
	PE塑料管 DN250	m	81.30	—	100.000	—	—
	PE塑料管 DN300	m	112.97	—	—	100.000	—
	PE塑料管 DN400	m	163.10	—	—	—	100.000
	破布	kg	6.32	0.470	0.775	1.080	2.060
	三氯乙烯	kg	7.11	0.020	0.025	0.030	0.030
机械	电熔焊接机 3.5kW	台班	26.81	2.710	3.550	4.400	5.870

工作内容：检查及清扫管材、管材削切、去毛边、升温、对口、熔接安装、调直等。　　计量单位：100m

定　额　编　号				S5-2-25	S5-2-26	S5-2-27	S5-2-28
项　目　名　称				塑料管安装(电熔对接接口)管径			
				DN500内	DN600内	DN700内	DN800内
基　　　　价　（元）				24470.19	35001.95	48188.60	62039.30
其中	人　工　费（元）			1261.40	1672.16	1867.32	2062.34
	材　料　费（元）			22998.06	32782.89	45614.71	59221.35
	机　械　费（元）			210.73	546.90	706.57	755.61
名　　称		单位	单价（元）	消	耗		量
人工	综合工日	工日	140.00	9.010	11.944	13.338	14.731
材料	PE塑料管 DN500	m	229.73	100.000	—	—	—
	PE塑料管 DN600	m	327.46	—	100.000	—	—
	PE塑料管 DN700	m	455.66	—	—	100.000	—
	PE塑料管 DN800	m	585.75	—	—	—	101.000
	破布	kg	6.32	3.920	5.780	7.640	9.510
	三氯乙烯	kg	7.11	0.040	0.050	0.060	0.070
机械	电熔焊接机 3.5kW	台班	26.81	7.860	9.860	11.860	13.860
	轮胎式起重机 8t	台班	647.61	—	—	—	0.500
	汽车式起重机 8t	台班	763.67	—	0.370	0.430	—
	载重汽车 8t	台班	501.85	—	—	0.120	0.120

工作内容：检查及清扫管材、管材削切、去毛边、升温、对口、熔接安装、调直等。　　计量单位：100m

定　额　编　号				S5-2-29	S5-2-30	S5-2-31	S5-2-32
项　目　名　称				塑料管安装(电熔对接接口)管径			
				DN900内	DN1000内	DN1200内	DN1500内
基　　　　　价　（元）				78512.39	93165.25	130565.0	174260.6
其中	人　工　费（元）			2257.50	2452.66	2647.82	2842.98
	材　料　费（元）			75273.29	89563.04	126571.79	169792.55
	机　械　费（元）			981.60	1149.55	1345.43	1625.10
名　　　称		单位	单价(元)	消	耗		量
人工	综合工日	工日	140.00	16.125	17.519	18.913	20.307
材料	PE塑料管 DN1000	m	894.81	—	100.000	—	—
	PE塑料管 DN1200	m	1264.79	—	—	100.000	—
	PE塑料管 DN1500	m	1696.89	—	—	—	100.000
	PE塑料管 DN900	m	752.02	100.000	—	—	—
	破布	kg	6.32	11.190	12.880	14.570	16.260
	三氯乙烯	kg	7.11	0.080	0.090	0.100	0.110
机械	电熔焊接机 3.5kW	台班	26.81	15.860	17.860	19.860	21.860
	汽车式起重机 8t	台班	763.67	0.630	0.760	0.920	1.170
	载重汽车 8t	台班	501.85	0.150	0.180	0.220	0.290

工作内容：检查及清扫管材、管材削切、去毛边、升温、对口、熔接安装、调直等。　　　　计量单位：100m

定　额　编　号				S5-2-33	S5-2-34	S5-2-35	S5-2-36
项　目　名　称				塑料管安装(电熔对接接口)管径			
				DN1800内	DN2000内	DN2500内	DN3000内
基　　　　价（元）				236782.9	297036.0	438703.5	751102.4
其中	人　工　费（元）			3038.00	3233.30	3613.40	3809.40
	材　料　费（元）			231629.17	291171.07	432005.93	744040.86
	机　械　费（元）			2115.76	2631.72	3084.20	3252.15
名　　　称		单位	单价（元）	消	耗		量
人工	综合工日	工日	140.00	21.700	23.095	25.810	27.210
材料	PE塑料管 DN1800	m	2315.15	100.000	—	—	—
	PE塑料管 DN2000	m	2910.50	—	100.000	—	—
	PE塑料管 DN2500	m	4318.75	—	—	100.000	—
	PE塑料管 DN3000	m	7439.00	—	—	—	100.000
	破布	kg	6.32	17.930	19.010	20.560	22.120
	三氯乙烯	kg	7.11	0.120	0.130	0.140	0.150
机械	电熔焊接机 3.5kW	台班	26.81	23.860	25.860	27.860	29.860
	汽车式起重机 8t	台班	763.67	1.670	2.190	2.640	2.770
	载重汽车 8t	台班	501.85	0.400	0.530	0.640	0.670

工作内容：检查及清扫管材(件)、管材削切、去毛边、对口、升温、上电熔管件、熔接、调直等操作过程。

计量单位：100m

定 额 编 号				S5-2-37	S5-2-38	S5-2-39
项 目 名 称				塑料管安装(电熔管件熔接)管径		
				DN＜200mm	DN＜250mm	DN＜300mm
基 价（元）				7728.16	9446.37	13195.37
其中	人 工 费（元）			439.74	597.52	756.14
	材 料 费（元）			7215.76	8776.19	12366.57
	机 械 费（元）			72.66	72.66	72.66
名 称		单位	单价(元)	消	耗	量
人工	综合工日	工日	140.00	3.141	4.268	5.401
材 料	PE塑料管 DN200	m	67.65	101.000	—	—
	PE塑料管 DN250	m	81.30	—	101.000	—
	PE塑料管 DN300	m	112.97	—	—	101.000
	电熔套筒 DN200	个	38.00	10.000	—	—
	电熔套筒 DN250	个	56.00	—	10.000	—
	电熔套筒 DN300	个	95.00	—	—	10.000
	破布	kg	6.32	0.470	0.740	1.010
	三氯乙烯	kg	7.11	0.020	0.030	0.030
机械	电熔焊接机 3.5kW	台班	26.81	2.710	2.710	2.710

工作内容：检查及清扫管材(件)、管材削切、去毛边、对口、升温、上电熔管件、熔接、调直等操作过程。

计量单位：100m

定 额 编 号				S5-2-40	S5-2-41	S5-2-42
项 目 名 称				塑料管安装(电熔管件熔接)管径		
				DN＜400mm	DN＜500mm	DN＜600mm
基 价（元）				18966.27	26625.39	37991.08
其中	人 工 费（元）			914.06	1071.84	1229.76
	材 料 费（元）			17951.40	25452.74	36345.25
	机 械 费（元）			100.81	100.81	416.07
名 称		单位	单价（元）	消	耗	量
人工	综合工日	工日	140.00	6.529	7.656	8.784
材料	PE塑料管 DN400	m	163.10	101.000	—	—
	PE塑料管 DN500	m	229.73	—	101.000	—
	PE塑料管 DN600	m	327.46	—	—	101.000
	电熔套筒 DN400	个	147.00	10.000	—	—
	电熔套筒 DN500	个	224.00	—	10.000	—
	电熔套筒 DN600	个	326.00	—	—	10.000
	破布	kg	6.32	1.280	1.550	1.820
	三氯乙烯	kg	7.11	0.030	0.030	0.040
机械	电熔焊接机 3.5kW	台班	26.81	3.760	3.760	4.980
	汽车式起重机 8t	台班	763.67	—	—	0.370

第二节 混凝土管道铺设

工作内容：排管、下管、调直、找平、槽上搬运。

计量单位：100m

定 额 编 号				S5-2-43	S5-2-44	S5-2-45	S5-2-46
项 目 名 称				平接(企口)式混凝土管道铺设(人机配合下管)			
				D≤300mm	D≤400mm	D≤500mm	D≤600mm
基 价（元）				4847.05	6703.73	9610.67	14495.35
其中	人 工 费（元）			506.24	595.14	792.40	977.20
	材 料 费（元）			3955.16	5626.71	8198.17	12698.73
	机 械 费（元）			385.65	481.88	620.10	819.42
	名 称	单位	单价（元）	消 耗			量
人工	综合工日	工日	140.00	3.616	4.251	5.660	6.980
材料	钢筋混凝土管 D300	m	39.16	101.000	—	—	—
	钢筋混凝土管 D400	m	55.71	—	101.000	—	—
	钢筋混凝土管 D500	m	81.17	—	—	101.000	—
	钢筋混凝土管 D600	m	125.73	—	—	—	101.000
机械	汽车式起重机 8t	台班	763.67	0.505	0.631	0.812	1.073

387

工作内容：排管、下管、调直、找平、槽上搬运。 计量单位：100m

定 额 编 号				S5-2-47	S5-2-48	S5-2-49	S5-2-50
项 目 名 称				平接(企口)式混凝土管道铺设(人机配合下管)			
				D≤700mm	D≤800mm	D≤900mm	D≤1000mm
基 价（元）				17560.74	21041.39	26508.52	35945.95
其中	人 工 费（元）			1154.16	1302.28	1612.52	1927.94
	材 料 费（元）			15483.30	18654.70	23582.49	32368.48
	机 械 费（元）			923.28	1084.41	1313.51	1649.53
名 称		单位	单价（元）	消 耗 量			
人工	综合工日	工日	140.00	8.244	9.302	11.518	13.771
材料	钢筋混凝土管 D1000	m	320.48	—	—	—	101.000
	钢筋混凝土管 D700	m	153.30	101.000	—	—	—
	钢筋混凝土管 D800	m	184.70	—	101.000	—	—
	钢筋混凝土管 D900	m	233.49	—	—	101.000	—
机械	汽车式起重机 8t	台班	763.67	1.209	1.420	1.720	2.160

388

工作内容：排管、下管、调直、找平、槽上搬运。

计量单位：100m

定 额 编 号				S5-2-51	S5-2-52	S5-2-53	S5-2-54
项 目 名 称				平接(企口)式混凝土管道铺设(人机配合下管)			
				D≤1200mm	D≤1400mm	D≤1500mm	D≤1650mm
基 价（元）				48617.93	60673.65	73262.31	85447.17
其中	人 工 费（元）			1788.92	1951.60	2269.54	2641.10
	材 料 费（元）			44660.18	56367.09	67937.65	79262.78
	机 械 费（元）			2168.83	2354.96	3055.12	3543.29
	名 称	单位	单价（元）	消	耗		量
人工	综合工日	工日	140.00	12.778	13.940	16.211	18.865
材料	钢筋混凝土管 D1200	m	442.18	101.000	—	—	—
	钢筋混凝土管 D1400	m	558.09	—	101.000	—	—
	钢筋混凝土管 D1500	m	672.65	—	—	101.000	—
	钢筋混凝土管 D1650	m	784.78	—	—	—	101.000
机械	叉式起重机 3t	台班	495.91	0.239	0.260	0.303	—
	叉式起重机 6t	台班	544.90	—	—	—	0.350
	汽车式起重机 12t	台班	857.15	2.392	2.597	—	—
	汽车式起重机 16t	台班	958.70	—	—	3.030	3.497

工作内容：排管、下管、调直、找平、槽上搬运。 计量单位：100m

定 额 编 号				S5-2-55	S5-2-56	S5-2-57	S5-2-58
项 目 名 称				平接(企口)式混凝土管道铺设(人机配合下管)			
				D≤1800mm	D≤2000mm	D≤2200mm	D≤2400mm
基 价（元）				94425.42	134167.8	184799.8	235881.8
其中	人 工 费（元）			3244.92	4239.48	5629.68	8377.32
	材 料 费（元）			86794.35	123649.25	169075.01	212359.57
	机 械 费（元）			4386.15	6279.11	10095.13	15144.94
名 称		单位	单价(元)	消 耗 量			
人工	综合工日	工日	140.00	23.178	30.282	40.212	59.838
材料	钢筋混凝土管 D1800	m	859.35	101.000	—	—	—
	钢筋混凝土管 D2000	m	1224.25	—	101.000	—	—
	钢筋混凝土管 D2200	m	1674.01	—	—	101.000	—
	钢筋混凝土管 D2400	m	2102.57	—	—	—	101.000
机械	叉式起重机 10t	台班	748.05	—	0.568	0.758	1.140
	叉式起重机 6t	台班	544.90	0.433	—	—	—
	汽车式起重机 16t	台班	958.70	4.329	—	—	—
	汽车式起重机 20t	台班	1030.31	—	5.682	—	—
	汽车式起重机 32t	台班	1257.67	—	—	7.576	11.364

390

工作内容：检查及清扫管材、管道安装、上胶圈、对口、调直、牵引。　　　　　计量单位：100m

定　额　编　号				S5-2-59	S5-2-60	S5-2-61	S5-2-62
项　目　名　称				预应力(自应力)混凝土管(胶圈接口)安装			
				D≤300mm	D≤400mm	D≤500mm	D≤600mm
基　　　　价（元）				8161.42	11276.60	14824.08	19204.43
其中	人　工　费（元）			1944.32	2955.68	3678.08	4448.64
	材　料　费（元）			5409.57	7330.76	9973.22	13445.55
	机　械　费（元）			807.53	990.16	1172.78	1310.24
名　　称		单位	单价（元）	消	耗		量
人工	综合工日	工日	140.00	13.888	21.112	26.272	31.776
材料	润滑油	kg	5.98	1.600	1.800	2.210	2.600
	预应力混凝土管 D300	m	54.00	100.000	—	—	—
	预应力混凝土管 D400	m	73.20	—	100.000	—	—
	预应力混凝土管 D500	m	99.60	—	—	100.000	—
	预应力混凝土管 D600	m	134.30	—	—	—	100.000
机械	汽车式起重机 8t	台班	763.67	0.880	1.060	1.240	1.420
	载重汽车 8t	台班	501.85	0.270	0.360	0.450	0.450

工作内容：检查及清扫管材、管道安装、上胶圈、对口、调直、牵引。　　　　　　计量单位：100m

定　额　编　号				S5-2-63	S5-2-64	S5-2-65
项　目　名　称				预应力(自应力)混凝土管(胶圈接口)安装		
				D≤700mm	D≤800mm	D≤900mm
基　　　　　　价（元）				25584.93	36515.25	46579.01
其中	人　工　费（元）			5824.00	6052.48	8666.56
	材　料　费（元）			18017.94	28520.33	35522.72
	机　械　费（元）			1742.99	1942.44	2389.73
名　　　称		单位	单价(元)	消　　耗　　量		
人工	综合工日	工日	140.00	41.600	43.232	61.904
材料	润滑油	kg	5.98	3.000	3.400	3.800
	预应力混凝土管 D700	m	180.00	100.000	—	—
	预应力混凝土管 D800	m	285.00	—	100.000	—
	预应力混凝土管 D900	m	355.00	—	—	100.000
机械	汽车式起重机 12t	台班	857.15	1.770	1.950	—
	汽车式起重机 16t	台班	958.70	—	—	2.210
	载重汽车 8t	台班	501.85	0.450	0.540	0.540

工作内容：检查及清扫管材、管道安装、上胶圈、对口、调直、牵引。　　　　　　　计量单位：100m

定　额　编　号			S5-2-66	S5-2-67	S5-2-68
项　目　名　称			预应力(自应力)混凝土管(胶圈接口)安装		
			D≤1000mm	D≤1200mm	D≤1400mm
基　　　　　价（元）			48653.51	67371.48	85320.25
其中	人　工　费（元）		8966.72	11764.48	14193.76
	材　料　费（元）		36725.12	52229.90	66635.88
	机　械　费（元）		2961.67	3377.10	4490.61
名　　　称	单位	单价（元）	消　　耗　　量		
人工	综合工日	工日	140.00	64.048	84.032	101.384
材料	润滑油	kg	5.98	4.200	5.000	6.000
	预应力混凝土管 D1000	m	367.00	100.000	—	—
	预应力混凝土管 D1200	m	522.00	—	100.000	—
	预应力混凝土管 D1400	m	666.00	—	—	100.000
机械	汽车式起重机 20t	台班	1030.31	2.480	—	—
	汽车式起重机 25t	台班	1084.16	—	2.740	—
	汽车式起重机 32t	台班	1257.67	—	—	3.100
	载重汽车 10t	台班	547.99	—	—	1.080
	载重汽车 8t	台班	501.85	0.810	0.810	—

工作内容：检查及清扫管材、管道安装、上胶圈、对口、调直、牵引。　　　　　　　　　计量单位：100m

定　额　编　号				S5-2-69	S5-2-70	S5-2-71
项　目　名　称				预应力(自应力)混凝土管(胶圈接口)安装		
				D≤1500mm	D≤1650mm	D≤1800mm
基　　　　　　价（元）				98376.41	122045.14	147270.42
其中	人　工　费（元）			15612.80	17031.84	20435.52
	材　料　费（元）			78038.27	98840.66	116845.45
	机　械　费（元）			4725.34	6172.64	9989.45
名　　　称		单位	单价(元)	消　　耗　　量		
人工	综合工日	工日	140.00	111.520	121.656	145.968
材料	润滑油	kg	5.98	6.400	6.800	7.600
	预应力混凝土管 D1500	m	780.00	100.000	—	—
	预应力混凝土管 D1650	m	988.00	—	100.000	—
	预应力混凝土管 D1800	m	1168.00	—	—	100.000
机械	汽车式起重机 32t	台班	1257.67	3.230	—	—
	汽车式起重机 40t	台班	1526.12	—	3.360	—
	汽车式起重机 50t	台班	2464.07	—	—	3.630
	载重汽车 10t	台班	547.99	1.210	—	—
	载重汽车 15t	台班	779.76	—	1.340	1.340

工作内容：排管、下管、调直、找平、槽上搬运。

计量单位：100m

定　额　编　号				S5-2-72	S5-2-73	S5-2-74	S5-2-75
项　目　名　称				承插式混凝土管道铺设(刚性接口)			
				D≤300mm	D≤400mm	D≤500mm	D≤600mm
基　　　价（元）				6411.95	8435.65	11336.42	14934.60
其中	人　工　费（元）			525.00	643.44	824.60	1009.40
	材　料　费（元）			5480.68	7285.13	9856.59	13071.42
	机　械　费（元）			406.27	507.08	655.23	853.78
名　　　称		单位	单价（元）	消　　耗　　量			
人工	综合工日	工日	140.00	3.750	4.596	5.890	7.210
材料	钢筋混凝土承插管 DN300	m	53.47	102.500	—	—	—
	钢筋混凝土承插管 DN400	m	72.13	—	101.000	—	—
	钢筋混凝土承插管 DN500	m	97.59	—	—	101.000	—
	钢筋混凝土承插管 DN600	m	129.42	—	—	—	101.000
机械	汽车式起重机 8t	台班	763.67	0.532	0.664	0.858	1.118

工作内容：排管、下管、调直、找平、槽上搬运。 计量单位：100m

定　额　编　号				S5-2-76	S5-2-77	S5-2-78	S5-2-79
项　目　名　称				承插式混凝土管道铺设(柔性胶圈接口)			
				D≤300mm	D≤400mm	D≤500mm	D≤600mm
基　　　价（元）				8931.90	8340.45	11292.88	14987.80
其中	人　工　费（元）			497.14	548.24	781.06	1062.60
	材　料　费（元）			8028.49	7285.13	9856.59	13071.42
	机　械　费（元）			406.27	507.08	655.23	853.78
名　　　称		单位	单价（元）	消	耗		量
人工	综合工日	工日	140.00	3.551	3.916	5.579	7.590
材料	钢筋混凝土承插管 DN300	m	79.49	101.000	—	—	—
	钢筋混凝土承插管 DN400	m	72.13	—	101.000	—	—
	钢筋混凝土承插管 DN500	m	97.59	—	—	101.000	—
	钢筋混凝土承插管 DN600	m	129.42	—	—	—	101.000
机械	汽车式起重机 8t	台班	763.67	0.532	0.664	0.858	1.118

工作内容：排管、下管、调直、找平、槽上搬运。

计量单位：100m

定 额 编 号				S5-2-80	S5-2-81	S5-2-82	S5-2-83
项 目 名 称				承插式混凝土管道铺设(柔性胶圈接口)			
				D≤700mm	D≤800mm	D≤900mm	D≤1000mm
基 价（元）				19161.76	22560.10	23097.15	38187.03
其中	人 工 费（元）			1139.60	1287.44	1589.28	1746.92
	材 料 费（元）			17056.88	20142.43	20142.43	34712.69
	机 械 费（元）			965.28	1130.23	1365.44	1727.42
	名 称	单位	单价(元)	消	耗		量
人工	综合工日	工日	140.00	8.140	9.196	11.352	12.478
材料	钢筋混凝土承插管 DN1000	m	343.69	—	—	—	101.000
	钢筋混凝土承插管 DN700	m	168.88	101.000	—	—	—
	钢筋混凝土承插管 DN800	m	199.43	—	101.000	101.000	—
机械	汽车式起重机 8t	台班	763.67	1.264	1.480	1.788	2.262

工作内容：排管、下管、调直、找平、槽上搬运。 计量单位：100m

定 额 编 号			S5-2-84	S5-2-85	S5-2-86	S5-2-87
项 目 名 称			承插式混凝土管道铺设(柔性胶圈接口)			
			D≤1200mm	D≤1400mm	D≤1500mm	D≤1650mm
基 价（元）			53399.96	66960.38	74571.17	90068.90
其中	人 工 费（元）		1822.80	1947.12	2297.12	2714.04
	材 料 费（元）		49283.96	62568.49	69064.81	83568.41
	机 械 费（元）		2293.20	2444.77	3209.24	3786.45
名 称	单位	单价(元)	消	耗		量
人工	综合工日	工日	140.00	13.020	13.908	16.408	19.386
材料	钢筋混凝土承插管 DN1200	m	487.96	101.000	—	—	—
	钢筋混凝土承插管 DN1400	m	619.49	—	101.000	—	—
	钢筋混凝土承插管 DN1500	m	683.81	—	—	101.000	—
	钢筋混凝土承插管 DN1650	m	827.41	—	—	—	101.000
机械	叉式起重机 3t	台班	495.91	0.253	0.270	0.318	—
	叉式起重机 6t	台班	544.90	—	—	—	0.374
	汽车式起重机 12t	台班	857.15	2.529	2.696	—	—
	汽车式起重机 16t	台班	958.70	—	—	3.183	3.737

工作内容：排管、下管、调直、找平、槽上搬运。 计量单位：100m

定　额　编　号			S5-2-88	S5-2-89	S5-2-90	S5-2-91
项　目　名　称			承插式混凝土管道铺设(柔性胶圈接口)			
			D≤1800mm	D≤2000mm	D≤2200mm	D≤2400mm
基　　　　价（元）			113284.7	158134.8	147393.8	187006.8
其中	人　工　费（元）		3267.32	3784.48	4863.32	5704.16
	材　料　费（元）		105423.80	144154.27	129785.00	164731.00
	机　械　费（元）		4593.59	10196.07	12745.51	16571.68
名　　称	单位	单价（元）	消	耗		量
人工	综合工日	工日	140.00	23.338	27.032	34.738	40.744
材料	钢筋混凝土承插管 DN1800	m	1043.80	101.000	—	—	—
	钢筋混凝土承插管 DN2000	m	1427.27	—	101.000	—	—
	钢筋混凝土承插管 DN2200	m	1285.00	—	—	101.000	—
	钢筋混凝土承插管 DN2400	m	1631.00	—	—	—	101.000
机械	叉式起重机 6t	台班	544.90	0.453	—	—	—
	汽车式起重机 16t	台班	958.70	4.534	—	—	—
	汽车式起重机 50t	台班	2464.07	—	4.011	5.014	6.519
	载重汽车 15t	台班	779.76	—	0.401	0.501	0.652

第三节 混凝土管道接口

工作内容：清理管口、调运砂浆、填缝、抹带、压实、养护。　　　　　　　　计量单位：10个口

定　额　编　号				S5-2-92	S5-2-93	S5-2-94	S5-2-95
项　目　名　称				平(企)钢丝网水泥砂浆接口(120° 管基)			
				D≤300mm	D≤400mm	D≤500mm	D≤600mm
基　　　　　价　（元）				206.57	152.97	190.10	234.21
其中	人　工　费（元）			180.04	119.14	148.82	185.22
	材　料　费（元）			26.53	33.83	41.28	48.99
	机　械　费（元）			—	—	—	—
名　　称		单位	单价(元)	消　　耗　　　量			
人工	综合工日	工日	140.00	1.286	0.851	1.063	1.323
材料	钢丝网	m²	5.05	1.922	2.363	2.814	3.266
	水	m³	7.96	0.252	0.315	0.389	0.462
	水泥砂浆 1∶2.5	m³	274.23	0.042	0.055	0.067	0.080
	水泥砂浆 1∶3	m³	250.74	0.002	0.003	0.005	0.007
	养护土工布	m²	2.43	1.070	1.360	1.660	1.960
	其他材料费占材料费	%	—	0.750	0.750	0.750	0.750

400

工作内容：清理管口、调运砂浆、填缝、抹带、压实、养护。

计量单位：10个口

定 额 编 号				S5-2-96	S5-2-97	S5-2-98	S5-2-99
项 目 名 称				平(企)钢丝网水泥砂浆接口(120°管基)			
				D≤700mm	D≤800mm	D≤900mm	D≤1000mm
基 价 （元）				283.06	328.09	362.83	400.61
其中	人 工 费（元）			226.10	262.50	289.66	320.18
	材 料 费（元）			56.96	65.59	73.17	80.43
	机 械 费（元）			—	—	—	—
	名 称	单位	单价（元）	消	耗		量
人工	综合工日	工日	140.00	1.615	1.875	2.069	2.287
材料	钢丝网	m²	5.05	3.896	4.368	4.799	5.240
	水	m³	7.96	0.525	0.599	0.672	0.735
	水泥砂浆 1∶2.5	m³	274.23	0.091	0.105	0.118	0.129
	水泥砂浆 1∶3	m³	250.74	0.009	0.013	0.015	0.018
	养护土工布	m²	2.43	2.250	2.560	2.850	3.140
	其他材料费占材料费	%	—	0.750	0.750	0.750	0.750

定　额　编　号			S5-2-100	S5-2-101	S5-2-102	S5-2-103
项　目　名　称			平(企)钢丝网水泥砂浆接口(120°管基)			
			D≤1200mm	D≤1400mm	D≤1500mm	D≤1650mm
基　　　　价（元）			468.52	535.00	618.06	675.80
其中	人　工　费（元）		372.12	425.18	495.88	541.24
	材　料　费（元）		96.40	109.82	122.18	134.56
	机　械　费（元）		—	—	—	—
名　　　称	单位	单价（元）	消	耗		量
人工	综合工日	工日	140.00	2.658	3.037	3.542	3.866
材料	钢丝网	m²	5.05	6.153	6.867	7.539	8.211
	水	m³	7.96	0.882	0.987	1.092	1.197
	水泥砂浆 1：2.5	m³	274.23	0.154	0.174	0.193	0.212
	水泥砂浆 1：3	m³	250.74	0.025	0.034	0.041	0.048
	养护土工布	m²	2.43	3.740	4.210	4.650	5.100
	其他材料费占材料费	%	—	0.750	0.750	0.750	0.750

工作内容：清理管口、调运砂浆、填缝、抹带、压实、养护。 计量单位：10个口

定　额　编　号				S5-2-104	S5-2-105	S5-2-106	S5-2-107
项　目　名　称				平(企)钢丝网水泥砂浆接口(120°管基)			
				D≤1800mm	D≤2000mm	D≤2200mm	D≤2400mm
基　　　　价（元）				773.66	911.63	1178.93	1285.34
其中	人　工　费（元）			625.10	743.96	993.16	1082.48
	材　料　费（元）			148.56	167.67	185.77	202.86
	机　械　费（元）			—	—	—	—
名　　称		单位	单价（元）	消　　　　耗　　　　量			
人工	综合工日	工日	140.00	4.465	5.314	7.094	7.732
材料	钢丝网	m²	5.05	8.925	9.828	10.784	11.655
	水	m³	7.96	1.313	1.449	1.596	1.733
	水泥砂浆 1：2.5	m³	274.23	0.231	0.257	0.284	0.308
	水泥砂浆 1：3	m³	250.74	0.060	0.074	0.091	0.105
	养护土工布	m²	2.43	5.570	6.170	6.800	7.370
	其他材料费占材料费	%	—	0.750	1.500	0.750	0.750

403

工作内容：清理管口、调运砂浆、填缝、抹带、压实、养护。 计量单位：10个口

定 额 编 号				S5-2-108	S5-2-109	S5-2-110	S5-2-111
项 目 名 称				平(企)钢丝网水泥砂浆接口(180°管基)			
				D≤300mm	D≤400mm	D≤500mm	D≤600mm
基 价（元）				85.58	122.75	155.22	188.07
其中	人 工 费（元）			64.68	97.02	121.24	150.92
	材 料 费（元）			20.90	25.73	33.98	37.15
	机 械 费（元）			—	—	—	—
名 称		单位	单价(元)	消 耗		量	
人工	综合工日	工日	140.00	0.462	0.693	0.866	1.078
材料	草袋	条	0.85	—	—	2.964	—
	钢丝网	m²	5.05	1.533	1.859	2.205	2.541
	水	m³	7.96	0.189	0.242	0.294	0.347
	水泥砂浆 1：2.5	m³	274.23	0.033	0.041	0.050	0.060
	水泥砂浆 1：3	m³	250.74	0.002	0.002	0.004	0.005
	养护土工布	m²	2.43	0.800	1.020	1.240	1.470
	其他材料费占材料费	%	—	0.750	0.750	0.750	0.750

工作内容：清理管口、调运砂浆、填缝、抹带、压实、养护。 计量单位：10个口

定 额 编 号				S5-2-112	S5-2-113	S5-2-114	S5-2-115
项 目 名 称				平(企)钢丝网水泥砂浆接口(180°管基)			
				D≤700mm	D≤800mm	D≤900mm	D≤1000mm
基 价 （元）				221.99	263.71	299.47	330.92
其中	人 工 费 （元）			178.22	213.92	244.02	269.64
	材 料 费 （元）			43.77	49.79	55.45	61.28
	机 械 费 （元）			—	—	—	—
名 称		单位	单价（元）	消 耗 量			
人工	综合工日	工日	140.00	1.273	1.528	1.743	1.926
材料	钢丝网	m²	5.05	3.066	3.413	3.749	4.074
	水	m³	7.96	0.399	0.452	0.504	0.557
	水泥砂浆 1:2.5	m³	274.23	0.069	0.079	0.088	0.097
	水泥砂浆 1:3	m³	250.74	0.007	0.009	0.011	0.014
	养护土工布	m²	2.43	1.690	1.920	2.140	2.350
	其他材料费占材料费	%	—	0.750	0.750	0.750	0.750

工作内容：清理管口、调运砂浆、填缝、抹带、压实、养护。　　　　　　　　　　　计量单位：10个口

定　额　编　号				S5-2-116	S5-2-117	S5-2-118	S5-2-119
项　目　名　称				平(企)钢丝网水泥砂浆接口(180°管基)			
				D≤1200mm	D≤1400mm	D≤1500mm	D≤1650mm
基　　　价（元）				376.60	429.65	496.42	542.92
其中	人　工　费（元）			303.38	346.50	404.18	441.00
	材　料　费（元）			73.22	83.15	92.24	101.92
	机　械　费（元）			—	—	—	—
	名　　　称	单位	单价（元）	消　　耗　　量			
人工	综合工日	工日	140.00	2.167	2.475	2.887	3.150
材料	钢丝网	m²	5.05	4.757	5.292	5.796	6.300
	水	m³	7.96	0.662	0.746	0.819	0.903
	水泥砂浆 1：2.5	m³	274.23	0.116	0.131	0.145	0.159
	水泥砂浆 1：3	m³	250.74	0.019	0.025	0.030	0.037
	养护土工布	m²	2.43	2.800	3.160	3.490	3.820
	其他材料费占材料费	%	—	0.750	0.750	0.750	0.750

工作内容：清理管口、调运砂浆、填缝、抹带、压实、养护。 计量单位：10个口

定 额 编 号				S5-2-120	S5-2-121	S5-2-122	S5-2-123
项 目 名 称				平(企)钢丝网水泥砂浆接口(180°管基)			
				D≤1800mm	D≤2000mm	D≤2200mm	D≤2400mm
基 价 （元）				621.42	731.74	949.06	1034.96
其中	人 工 费 （元）			509.32	606.20	809.34	882.00
	材 料 费 （元）			112.10	125.54	139.72	152.96
	机 械 费 （元）			—	—	—	—
名 称		单位	单价（元）	消 耗 量			
人工	综合工日	工日	140.00	3.638	4.330	5.781	6.300
材料	钢丝网	m²	5.05	6.836	7.518	8.232	8.883
	水	m³	7.96	0.987	1.092	1.197	1.302
	水泥砂浆 1：2.5	m³	274.23	0.173	0.192	0.212	0.231
	水泥砂浆 1：3	m³	250.74	0.045	0.056	0.068	0.079
	养护土工布	m²	2.43	4.180	4.630	5.100	5.530
	其他材料费占材料费	%	—	0.750	0.750	0.750	0.750

工作内容：清理管口、调运砂浆、填缝、抹带、压实、养护。 计量单位：10个口

定 额 编 号				S5-2-124	S5-2-125	S5-2-126
项 目 名 称				膨胀水泥砂浆接口		
				D≤1100mm	D≤1200mm	D≤1400mm
基 价（元）				232.56	236.18	294.85
其中	人 工 费（元）			207.90	207.90	258.16
	材 料 费（元）			24.66	28.28	36.69
	机 械 费（元）			—	—	—
名 称		单位	单价(元)	消 耗 量		
人工	综合工日	工日	140.00	1.485	1.485	1.844
材料	膨胀水泥砂浆 1:1	m³	605.26	0.032	0.037	0.048
	水泥砂浆 1:2	m³	281.46	0.018	0.020	0.026
	塑料薄膜	m²	0.20	0.204	0.221	0.250
	其他材料费占材料费	%	—	0.750	0.750	0.750

408

工作内容：清理管口、调运砂浆、填缝、抹带、压实、养护。　　　　　　　　　　计量单位：10个口

定　额　编　号				S5-2-127	S5-2-128	S5-2-129
项　目　名　称				膨胀水泥砂浆接口		
				D≤1500mm	D≤1650mm	D≤1800mm
基　　　　价（元）				367.95	428.72	498.85
其中	人　工　费（元）			322.84	375.20	433.30
	材　料　费（元）			45.11	53.52	65.55
	机　械　费（元）			—	—	—
名　　　称		单位	单价（元）	消　　　　耗　　　　量		
人工	综合工日	工日	140.00	2.306	2.680	3.095
材料	膨胀水泥砂浆 1：1	m³	605.26	0.059	0.070	0.086
	水泥砂浆 1：2	m³	281.46	0.032	0.038	0.046
	塑料薄膜	m²	0.20	0.277	0.304	0.326
	其他材料费占材料费	%	—	0.750	0.750	0.750

工作内容：清理管口、调运砂浆、填缝、抹带、压实、养护。 计量单位：10个口

定 额 编 号					S5-2-130	S5-2-131	S5-2-132
项 目 名 称					膨胀水泥砂浆接口		
					D≤2000mm	D≤2200mm	D≤2400mm
基 价（元）					559.35	662.34	755.22
其中	人 工 费（元）				478.80	562.24	639.80
	材 料 费（元）				80.55	100.10	115.42
	机 械 费（元）				—	—	—
名 称		单位	单价（元）	消		耗	量
人工	综合工日	工日	140.00	3.420		4.016	4.570
材料	膨胀水泥砂浆 1：1	m³	605.26	0.105		0.131	0.151
	水泥砂浆 1：2	m³	281.46	0.058		0.071	0.082
	塑料薄膜	m²	0.20	0.370		0.408	0.444
	其他材料费占材料费	%	—	0.750		0.750	0.750

工作内容：清理管口、调运砂浆、填缝、抹带、压实、养护。　　　　　　　　　计量单位：10个口

定　额　编　号			S5-2-133	S5-2-134	S5-2-135	S5-2-136
项　目　名　称			承插水泥砂浆接口			
			D≤300mm	D≤400mm	D≤500mm	D≤600mm
基　　　价（元）			42.62	48.82	55.59	63.63
其中	人　工　费（元）		38.08	40.60	43.40	46.62
	材　料　费（元）		4.54	8.22	12.19	17.01
	机　械　费（元）		—	—	—	—
名　　称	单位	单价（元）	消　　耗			量
人工 综合工日	工日	140.00	0.272	0.290	0.310	0.333
材料 水泥砂浆 1:2	m³	281.46	0.016	0.029	0.043	0.060
其他材料费占材料费	%	—	0.750	0.750	0.750	0.750

411

工作内容：对口、上胶圈、接缝防水处理。

计量单位：10个口

定 额 编 号				S5-2-137	S5-2-138	S5-2-139
项 目 名 称				混凝土管柔性胶圈接口		
				D≤300mm以内	D≤400mm以内	D≤500mm以内
基 价 （元）				197.90	217.66	236.02
其中	人 工 费 （元）			193.20	211.40	228.20
	材 料 费 （元）			4.70	6.26	7.82
	机 械 费 （元）			—	—	—
名 称	单位	单价（元）		消 耗		量
人工	综合工日	工日	140.00	1.380	1.510	1.630
材料	858防水涂料	kg	8.20	0.573	0.764	0.954

工作内容：对口、上胶圈、接缝防水处理。

计量单位：10个口

定 额 编 号				S5-2-140	S5-2-141	S5-2-142
项 目 名 称				混凝土管柔性胶圈接口		
				D≤600mm以内	D≤700mm以内	D≤800mm以内
基 价（元）				255.79	275.56	295.32
其中	人 工 费（元）			246.40	264.60	282.80
	材 料 费（元）			9.39	10.96	12.52
	机 械 费（元）			—	—	—
名 称		单位	单价（元）	消 耗 量		
人工	综合工日	工日	140.00	1.760	1.890	2.020
材料	858防水涂料	kg	8.20	1.145	1.337	1.527

413

工作内容：对口、上胶圈、接缝防水处理。 计量单位：10个口

定 额 编 号				S5-2-143	S5-2-144	S5-2-145
项 目 名 称				混凝土管柔性胶圈接口		
				D≤900mm以内	D≤1000mm以内	D≤1200mm以内
基 价 （元）				313.61	333.45	371.59
其中	人 工 费（元）			299.60	317.80	352.80
	材 料 费（元）			14.01	15.65	18.79
	机 械 费（元）			—	—	—
名 称		单位	单价（元）	消	耗	量
人工	综合工日	工日	140.00	2.140	2.270	2.520
材料	858防水涂料	kg	8.20	1.708	1.909	2.291

414

工作内容：对口、上胶圈、接缝防水处理。

计量单位：10个口

定 额 编 号				S5-2-146	S5-2-147	S5-2-148
项 目 名 称				混凝土管柔性胶圈接口		
				D≤1400mm以内	D≤1500mm以内	D≤1650mm以内
基 价（元）				392.13	411.28	431.83
其中	人 工 费（元）			371.00	387.80	406.00
	材 料 费（元）			21.13	23.48	25.83
	机 械 费（元）			—	—	—
名 称		单位	单价（元）	消	耗	量
人工	综合工日	工日	140.00	2.650	2.770	2.900
材料	858防水涂料	kg	8.20	2.577	2.863	3.150

工作内容：对口、上胶圈、接缝防水处理。 计量单位：10个口

定 额 编 号					S5-2-149	S5-2-150
项 目 名 称					混凝土管柔性胶圈接口	
					D≤1800mm以内	D≤2000mm以内
基 价 （元）					450.99	501.72
其中	人 工 费 （元）				422.80	470.40
	材 料 费 （元）				28.19	31.32
	机 械 费 （元）				—	—
名 称		单位	单价（元）		消　　耗　　量	
人工	综合工日	工日	140.00		3.020	3.360
材料	858防水涂料	kg	8.20		3.438	3.820

416

工作内容：对口、上胶圈、接缝防水处理。

计量单位：10个口

定 额 编 号				S5-2-151	S5-2-152
项 目 名 称				混凝土管柔性胶圈接口	
				D≤2200mm以内	D≤2400mm以内
基 价（元）				551.04	601.79
其中	人 工 费（元）			516.60	564.20
	材 料 费（元）			34.44	37.59
	机 械 费（元）			—	—
名 称		单位	单价（元）	消 耗 量	
人工	综合工日	工日	140.00	3.690	4.030
材料	858防水涂料	kg	8.20	4.200	4.584

工作内容：清理管口、浇筑混凝土、制作调运砂浆、熬化沥青、调配沥青麻丝、填缝、安装止水带、内外抹口、压实、养护。

计量单位：10个口

定 额 编 号				S5-2-153	S5-2-154	S5-2-155	S5-2-156
项 目 名 称				变形缝			
				D≤600mm	D≤700mm	D≤800mm	D≤900mm
基 价（元）				7097.64	7885.30	8772.82	9619.04
其中	人 工 费（元）			1660.54	1849.54	2067.24	2270.66
	材 料 费（元）			5237.23	5812.59	6456.31	7073.27
	机 械 费（元）			199.87	223.17	249.27	275.11
名 称		单位	单价（元）	消 耗 量			
人工	综合工日	工日	140.00	11.861	13.211	14.766	16.219
材料	丙酮	kg	7.51	7.600	7.600	7.600	7.600
	低发泡聚乙烯	m³	700.00	0.297	0.330	0.364	0.398
	电	kW·h	0.68	3.156	3.525	3.937	4.342
	环氧树脂 E44	kg	25.85	7.600	7.600	7.600	7.600
	甲苯	kg	3.07	6.000	6.000	6.000	6.000
	麻丝	kg	7.44	1.591	2.203	3.672	4.651
	木柴	kg	0.18	2.860	3.960	6.600	8.360
	商品混凝土 C15（泵送）	m³	326.48	1.157	1.259	1.370	1.462
	商品混凝土 C20（泵送）	m³	363.30	6.679	7.489	8.399	9.309
	石油沥青 30号	kg	2.70	6.243	8.650	14.416	18.264
	水	m³	7.96	5.459	6.088	6.803	7.527
	水泥砂浆 1：3	m³	250.74	0.019	0.022	0.024	0.027
	橡胶止水带 P250	m	55.00	32.970	36.645	40.530	44.205
	养护土工布	m²	2.43	5.040	5.460	5.940	6.360
	乙二胺	kg	15.00	0.600	0.600	0.600	0.600
	其他材料费占材料费	%	—	0.750	0.750	0.750	0.750
机械	双锥反转出料混凝土搅拌机 350L	台班	253.32	0.789	0.881	0.984	1.086

工作内容：清理管口、浇筑混凝土、制作调运砂浆、熬化沥青、调配沥青麻丝、填缝、安装止水带、内外抹口、压实、养护。

计量单位：10个口

定 额 编 号				S5-2-157	S5-2-158	S5-2-159
项 目 名 称				变形缝		
				D≤1000mm	D≤1200mm	D≤1400mm
基 价（元）				8127.98	13418.51	14978.21
其中	人 工 费（元）			2479.54	3121.58	3504.90
	材 料 费（元）			5347.50	9882.50	11010.75
	机 械 费（元）			300.94	414.43	462.56
名 称		单位	单价（元）	消	耗	量
人工	综合工日	工日	140.00	17.711	22.297	25.035
材料	丙酮	kg	7.51	7.600	7.600	7.600
	低发泡聚乙烯	m³	700.00	0.431	0.499	0.552
	电	kW·h	0.68	4.751	6.543	7.305
	环氧树脂 E44	kg	25.85	7.600	7.600	7.600
	甲苯	kg	3.07	6.000	6.000	6.000
	麻丝	kg	7.44	5.753	9.180	12.852
	木柴	kg	0.18	10.340	16.500	23.100
	商品混凝土 C15(泵送)	m³	326.48	1.563	1.766	1.928
	商品混凝土 C20(泵送)	m³	363.30	3.806	14.465	16.184
	石油沥青 30号	kg	2.70	22.589	36.040	50.456
	水	m³	7.96	8.256	12.165	13.581
	水泥砂浆 1：3	m³	250.74	0.030	0.037	0.041
	橡胶止水带 P250	m	55.00	47.880	55.440	61.320
	养护土工布	m²	2.43	6.790	7.670	8.380
	乙二胺	kg	15.00	0.600	0.600	0.600
	其他材料费占材料费	%	—	0.750	0.750	0.750
机械	双锥反转出料混凝土搅拌机 350L	台班	253.32	1.188	1.636	1.826

419

工作内容：清理管口、浇筑混凝土、制作调运砂浆、熬化沥青、调配沥青麻丝、填缝、安装止水带、内外抹口、压实、养护。

计量单位：10个口

定　额　编　号				S5-2-160	S5-2-161	S5-2-162
项　目　名　称				变形缝		
				D≤1500mm	D≤1650mm	D≤1800mm
基　　　价（元）				16576.18	18163.27	19888.95
其中	人　工　费（元）			3909.36	4303.18	4737.18
	材　料　费（元）			12153.85	13296.96	14535.19
	机　械　费（元）			512.97	563.13	616.58
名　　称		单位	单价（元）	消	耗	量
人工	综合工日	工日	140.00	27.924	30.737	33.837
材料	丙酮	kg	7.51	7.600	7.600	7.600
	低发泡聚乙烯	m³	700.00	0.603	0.653	0.707
	电	kW·h	0.68	8.099	8.894	9.737
	环氧树脂 E44	kg	25.85	7.600	7.600	7.600
	甲苯	kg	3.07	6.000	6.000	6.000
	麻丝	kg	7.44	16.157	19.829	24.970
	木柴	kg	0.18	29.040	35.640	44.880
	商品混凝土 C15(泵送)	m³	326.48	2.081	2.233	2.395
	商品混凝土 C20(泵送)	m³	363.30	18.004	19.824	21.746
	石油沥青 30号	kg	2.70	63.430	77.846	98.029
	水	m³	7.96	15.098	16.617	18.216
	水泥砂浆 1：3	m³	250.74	0.045	0.049	0.055
	橡胶止水带 P250	m	55.00	66.990	72.555	78.540
	养护土工布	m²	2.43	9.030	9.700	10.390
	乙二胺	kg	15.00	0.600	0.600	0.600
	其他材料费占材料费	%	—	0.750	0.750	0.750
机械	双锥反转出料混凝土搅拌机 350L	台班	253.32	2.025	2.223	2.434

工作内容：清理管口、浇筑混凝土、制作调运砂浆、熬化沥青、调配沥青麻丝、填缝、安装止水带、内外抹口、压实、养护。

计量单位：10个口

定 额 编 号				S5-2-163	S5-2-164	S5-2-165
项 目 名 称				变形缝		
				D≤2000mm	D≤2200mm	D≤2400mm
基 价（元）				15841.78	24540.14	26754.30
其中	人 工 费（元）			5282.62	5903.66	6465.34
	材 料 费（元）			9872.92	17875.00	19457.82
	机 械 费（元）			686.24	761.48	831.14
名 称		单位	单价（元）	消	耗	量
人工	综合工日	工日	140.00	37.733	42.169	46.181
材料	丙酮	kg	7.51	7.600	7.600	7.600
	低发泡聚乙烯	m³	700.00	0.775	0.846	0.911
	电	kW·h	0.68	10.836	12.023	13.126
	环氧树脂 E44	kg	25.85	7.600	7.600	7.600
	甲苯	kg	3.07	6.000	6.000	6.000
	麻丝	kg	7.44	31.457	40.147	46.757
	木柴	kg	0.18	56.540	72.160	84.040
	商品混凝土 C15(泵送)	m³	326.48	2.598	2.811	3.014
	商品混凝土 C20(泵送)	m³	363.30	7.165	27.005	29.533
	石油沥青 30号	kg	2.70	123.501	157.611	183.560
	水	m³	7.96	20.318	22.598	24.691
	水泥砂浆 1:3	m³	250.74	0.060	0.066	0.072
	橡胶止水带 P250	m	55.00	86.100	93.975	101.220
	养护土工布	m²	2.43	11.280	12.210	13.060
	乙二胺	kg	15.00	0.600	0.600	0.600
	其他材料费占材料费	%	—	0.750	0.750	0.750
机械	双锥反转出料混凝土搅拌机 350L	台班	253.32	2.709	3.006	3.281

第四节 闭水试验、冲洗及其他

工作内容：调制砂浆、砌堵、抹灰、注水、排水、拆堵、清理现场等。　　　　　　　　　　　　计量单位：100m

定　额　编　号				S5-2-166	S5-2-167	S5-2-168	S5-2-169
项　目　名　称				M7.5水泥砂浆管道闭水试验			
				D400mm	D600mm	D800mm	D1000mm
基　　　　　价（元）				425.71	791.46	1200.43	1744.42
其中	人　工　费（元）			245.42	403.90	573.30	808.36
	材　料　费（元）			180.29	387.56	627.13	936.06
	机　械　费（元）			—	—	—	—
名　　称		单位	单价（元）	消　　耗　　量			
人工	综合工日	工日	140.00	1.753	2.885	4.095	5.774
材料	镀锌铁丝 10号	kg	3.57	0.680	0.680	0.680	0.680
	焊接钢管 DN40	kg	3.84	—	0.030	—	—
	焊接钢管 DN40	m	10.50	0.030	—	0.030	0.030
	混凝土标砖	千块	414.53	0.073	0.165	0.290	0.456
	水	m³	7.96	14.290	34.160	55.736	83.247
	水泥砂浆 1:2	m³	281.46	0.006	0.014	0.023	0.037
	水泥砂浆 M7.5	m³	201.87	0.036	0.070	0.124	0.194
	橡胶护套管	m	15.20	1.500	1.500	1.500	1.500
	其他材料费占材料费	%	—	1.000	1.000	1.000	1.000

工作内容：调制砂浆、砌堵、抹灰、注水、排水、拆堵、清理现场等。计量单位：100m

定　额　编　号			S5-2-170	S5-2-171	S5-2-172	S5-2-173
项　目　名　称			M7.5水泥砂浆管道闭水试验			
			D1200mm	D1400mm	D1500mm	D1650mm
基　　　价（元）			2415.06	3043.11	3645.60	5252.03
其中	人　工　费（元）		1061.48	1308.30	1548.40	2482.06
	材　料　费（元）		1353.58	1734.81	2097.20	2769.97
	机　械　费（元）		—	—	—	—
名　　　称	单位	单价（元）	消　　　耗　　　量			
人工 综合工日	工日	140.00	7.582	9.345	11.060	17.729
材料 镀锌铁丝 10号	kg	3.57	0.680	0.680	0.680	0.680
焊接钢管 DN40	m	10.50	—	0.030	0.030	—
焊接钢管 DN40	kg	3.84	0.030	—	—	0.030
混凝土标砖	千块	414.53	0.657	0.832	1.027	1.890
水	m³	7.96	121.991	157.900	190.150	217.814
水泥砂浆 1：2	m³	281.46	0.053	0.067	0.083	0.100
水泥砂浆 M7.5	m³	201.87	0.280	0.354	0.437	0.851
橡胶护套管	m	15.20	1.500	1.500	1.500	1.500
其他材料费占材料费	%	—	1.000	1.000	1.000	1.000

工作内容：调制砂浆、砌堵、抹灰、注水、排水、拆堵、清理现场等。　　　　　　　　　计量单位：100m

定 额 编 号				S5-2-174	S5-2-175	S5-2-176	S5-2-177
项 目 名 称				M7.5水泥砂浆管道闭水试验			
				D1800mm	D2000mm	D2200mm	D2400mm
基 价 （元）				6255.75	7639.80	9167.60	10829.00
其中	人 工 费（元）			2871.12	3484.74	4161.78	4906.86
	材 料 费（元）			3384.63	4155.06	5005.82	5922.14
	机 械 费（元）			—	—	—	—
名 称		单位	单价（元）	消	耗		量
人工	综合工日	工日	140.00	20.508	24.891	29.727	35.049
材料	镀锌铁丝 10号	kg	3.57	0.680	0.680	0.680	0.680
	焊接钢管 DN40	kg	3.84	0.030	—	0.030	—
	焊接钢管 DN40	m	10.50	—	0.030	—	0.030
	混凝土标砖	千块	414.53	2.251	2.778	3.361	4.001
	水	m³	7.96	270.638	332.073	399.828	473.897
	水泥砂浆 1：2	m³	281.46	0.119	0.147	0.177	0.211
	水泥砂浆 M7.5	m³	201.87	1.015	1.249	1.512	1.723
	橡胶护套管	m	15.20	1.500	1.500	1.500	1.500
	其他材料费占材料费	%	—	1.000	1.000	1.000	1.000

工作内容：调制砂浆、砌堵、抹灰、注水、排水、拆堵、清理现场等。　　　　　　　　　计量单位：100m

定　额　编　号			S5-2-178	S5-2-179	S5-2-180
项　目　名　称			M7.5水泥砂浆管道闭水试验		
			D2600mm	D2800mm	D3000mm
基　　　　　价（元）			12640.27	14520.36	16528.39
其中	人　工　费（元）		5537.00	6336.26	7188.86
	材　料　费（元）		7103.27	8184.10	9339.53
	机　械　费（元）		—	—	—
名　　　称		单位	单价（元）	消　　耗　　量	

	名　称	单位	单价（元）	消	耗	量
人工	综合工日	工日	140.00	39.550	45.259	51.349
材料	镀锌铁丝 10号	kg	3.57	0.680	0.680	0.680
	焊接钢管 DN40	m	10.50	0.030	0.030	0.030
	混凝土标砖	千块	414.53	4.680	5.320	6.000
	水	m³	7.96	574.854	667.315	766.446
	水泥砂浆 1:2	m³	281.46	0.236	0.274	0.314
	水泥砂浆 M7.5	m³	201.87	2.106	2.394	2.700
	橡胶护套管	m	15.20	1.500	1.500	1.500
	其他材料费占材料费	%	—	1.000	1.000	1.000

工作内容：溶解漂白粉、灌水消毒、冲洗。计量单位：100m

定 额 编 号					S5-2-181	S5-2-182	S5-2-183	S5-2-184
项 目 名 称					混凝土管道消毒冲洗			
					DN200mm	DN300mm	DN400mm	DN500mm
基 价（元）					413.05	611.89	899.53	1254.44
其中	人 工 费（元）				243.88	288.54	322.14	361.34
	材 料 费（元）				169.17	323.35	577.39	893.10
	机 械 费（元）				—	—	—	—
名 称		单位	单价（元）		消 耗		量	
人工	综合工日	工日	140.00		1.742	2.061	2.301	2.581
材料	漂白粉	kg	2.14		0.530	1.190	2.110	3.300
	水	m³	7.96		20.952	40.000	71.429	110.476
	其他材料费占材料费	%	—		0.750	0.750	0.750	0.750

工作内容：溶解漂白粉、灌水消毒、冲洗。

计量单位：100m

定 额 编 号				S5-2-185	S5-2-186	S5-2-187	S5-2-188
项 目 名 称				混凝土管道消毒冲洗			
				DN600mm	DN800mm	DN1000mm	DN1200mm
基 价（元）				1717.73	2758.55	4124.09	5930.46
其中	人 工 费（元）			424.34	487.20	582.26	711.06
	材 料 费（元）			1293.39	2271.35	3541.83	5219.40
	机 械 费（元）			—	—	—	—
名 称		单位	单价（元）	消 耗 量			
人工	综合工日	工日	140.00	3.031	3.480	4.159	5.079
材料	漂白粉	kg	2.14	4.750	8.441	13.190	19.000
	水	m³	7.96	160.000	280.952	438.095	645.714
	其他材料费占材料费	%	—	0.750	0.750	0.750	0.750

工作内容：溶解漂白粉、灌水消毒、冲洗。

计量单位：100m

定 额 编 号			S5-2-189	S5-2-190	S5-2-191
项 目 名 称			混凝土管道消毒冲洗		
			DN1400mm	DN1600mm	DN1800mm
基 价（元）			7413.53	10452.79	15374.51
其中	人 工 费（元）		832.44	971.46	1021.16
	材 料 费（元）		6581.09	9481.33	14353.35
	机 械 费（元）		—	—	—
名 称		单位	单价（元）	消 耗	量
人工	综合工日	工日	140.00	5.946	6.939	7.294
材料	漂白粉	kg	2.14	20.000	26.100	32.770
	水	m³	7.96	815.238	1175.238	1780.952
	其他材料费占材料费	%	—	0.750	0.750	0.750

工作内容：溶解漂白粉、灌水消毒、冲洗。 计量单位：100m

定 额 编 号				S5-2-192	S5-2-193	S5-2-194
项 目 名 称				混凝土管道消毒冲洗		
				DN2000mm	DN2200mm	DN2400mm
基 价（元）				18786.16	22202.34	25618.38
其中	人 工 费（元）			1070.86	1123.64	1179.22
	材 料 费（元）			17715.30	21078.70	24439.16
	机 械 费（元）			—	—	—
名 称		单位	单价（元）	消 耗		量
人工	综合工日	工日	140.00	7.649	8.026	8.423
材料	漂白粉	kg	2.14	40.460	48.830	55.830
	水	m³	7.96	2198.095	2615.238	3032.381
	其他材料费占材料费	%	—	0.750	0.750	0.750

工作内容：溶解漂白粉、灌水消毒、冲洗。

计量单位：100m

定 额 编 号				S5-2-195	S5-2-196	S5-2-197
项 目 名 称				混凝土管道消毒冲洗		
				DN2600mm	DN2800mm	DN3000mm
基 价（元）				29031.20	30781.34	32526.48
其中	人 工 费（元）			1237.74	1299.20	1363.46
	材 料 费（元）			27793.46	29482.14	31163.02
	机 械 费（元）			—	—	—
名 称		单位	单价(元)	消 耗		量
人工	综合工日	工日	140.00	8.841	9.280	9.739
材料	漂白粉	kg	2.14	63.521	67.400	71.200
	水	m³	7.96	3448.571	3658.095	3866.667
	其他材料费占材料费	%	—	0.750	0.750	0.750

工作内容：放线、警示(示综)带敷设。 计量单位：100m

定　额　编　号					S5-2-198	
项　目　名　称					警示(示综)带	
基　　价（元）					**155.41**	
其中	人　工　费（元）				29.96	
	材　料　费（元）				125.45	
	机　械　费（元）				—	
名　　称		单位	单价(元)	消　　耗　　量		
人工	综合工日	工日	140.00	0.214		
材料	警示带	m	1.20	103.000		
	其他材料费占材料费	%	—	1.500		

第三章 管件安装

第三章 营林技术

说明和计算规则

1.本章分两节，共 46 个子目。主要包括塑料管件安装、承插式预应力混凝土转换件安装。

2、塑料管件安装，承插式预应力混凝土转换件安装以"个"计算。

第一节 塑料管件安装

工作内容：管口切削、对口、升温、熔接等操作过程。

计量单位：个

定　额　编　号				S5-3-1	S5-3-2	S5-3-3
项　目　名　称				塑料管件安装（对接熔接）		
				DN＜200	DN＜250	DN＜300
基　　　价（元）				159.20	189.91	257.41
其中	人　工　费（元）			69.58	94.08	143.08
	材　料　费（元）			70.55	72.01	80.31
	机　械　费（元）			19.07	23.82	34.02
名　　称		单位	单价（元）	消　　耗　　量		
人工	综合工日	工日	140.00	0.497	0.672	1.022
材料	棉纱头	kg	6.00	0.094	0.122	0.158
	三氯乙烯	kg	7.11	0.040	0.080	0.080
	塑料管件 DN200	个	69.00	1.000	—	—
	塑料管件 DN250	个	70.00	—	1.000	—
	塑料管件 DN300	个	78.00	—	—	1.000
	其他材料费占材料费	%	—	1.000	1.000	1.000
机械	热熔对接焊机 630mm	台班	43.95	0.434	0.542	0.774

工作内容：管口切削、对口、升温、熔接等操作过程。   计量单位：个

定　额　编　号				S5-3-4	S5-3-5	S5-3-6
项　目　名　称				塑料管件安装（对接熔接）		
				DN＜400	DN＜500	DN＜600
基　　　价（元）				390.74	552.88	633.76
其中	人　工　费（元）			249.90	380.24	420.42
	材　料　费（元）			85.29	94.50	117.09
	机　械　费（元）			55.55	78.14	96.25
名　　称		单位	单价（元）	消	耗	量
人工	综合工日	工日	140.00	1.785	2.716	3.003
材料	棉纱头	kg	6.00	0.266	0.452	0.498
	三氯乙烯	kg	7.11	0.120	0.120	0.132
	塑料管件 DN400	个	82.00	1.000	—	—
	塑料管件 DN500	个	90.00	—	1.000	—
	塑料管件 DN600	个	112.00	—	—	1.000
	其他材料费占材料费	%	—	1.000	1.000	1.000
机械	热熔对接焊机 630mm	台班	43.95	1.264	1.778	2.190

438

定　额　编　号				S5-3-7	S5-3-8	S5-3-9	S5-3-10
项　目　名　称				塑料管件安装（电熔熔接）			
				DN＜200	DN＜250	DN＜300	DN＜400
基　　　　　价（元）				106.56	110.90	122.29	134.16
其中	人　工　费（元）			33.74	36.96	40.04	47.74
	材　料　费（元）			71.27	72.28	80.48	84.52
	机　械　费（元）			1.55	1.66	1.77	1.90
名　　称		单位	单价（元）	消　　耗　　量			
人工	综合工日	工日	140.00	0.241	0.264	0.286	0.341
材料	棉纱头	kg	6.00	0.260	0.260	0.280	0.280
	塑料管件 DN200	个	69.00	1.000	—	—	—
	塑料管件 DN250	个	70.00	—	1.000	—	—
	塑料管件 DN300	个	78.00	—	—	1.000	—
	塑料管件 DN400	个	82.00	—	—	—	1.000
	其他材料费占材料费	%	—	1.000	1.000	1.000	1.000
机械	电熔焊接机 3.5kW	台班	26.81	0.058	0.062	0.066	0.071

工作内容：管座整理、切管、对口、管件安装、升温、熔接等操作过程。　　　　　　　　　　　计量单位：个

定　额　编　号				S5-3-11	S5-3-12	S5-3-13	S5-3-14
项　目　名　称				塑料管件安装（电熔熔接）			
				DN＜500	DN＜600	DN＜700	DN＜800
基　　　　价（元）				150.19	180.36	213.08	246.98
其中	人　工　费（元）			55.58	63.28	72.66	81.20
	材　料　费（元）			92.60	114.94	138.17	163.42
	机　械　费（元）			2.01	2.14	2.25	2.36
名　　　称		单位	单价（元）	消　　耗　　量			
人工	综合工日	工日	140.00	0.397	0.452	0.519	0.580
材料	棉纱头	kg	6.00	0.280	0.300	0.300	0.300
	塑料管件 DN500	个	90.00	1.000	—	—	—
	塑料管件 DN600	个	112.00	—	1.000	—	—
	塑料管件 DN700	个	135.00	—	—	1.000	—
	塑料管件 DN800	个	160.00	—	—	—	1.000
	其他材料费占材料费	%	—	1.000	1.000	1.000	1.000
机械	电熔焊接机 3.5kW	台班	26.81	0.075	0.080	0.084	0.088

工作内容：管座整理、切管、对口、管件安装、升温、熔接等操作过程。　　　　　　　　　　　　计量单位：个

定　额　编　号				S5-3-15	S5-3-16	S5-3-17	S5-3-18
项　目　名　称				塑料管件安装（电熔熔接）			
				DN＜900	DN＜1000	DN＜1200	DN＜1500
基　　　　价（元）				287.41	319.61	351.81	379.94
其中	人　工　费（元）			85.96	90.72	95.48	100.10
	材　料　费（元）			197.88	224.14	250.40	272.74
	机　械　费（元）			3.57	4.75	5.93	7.10
	名　　　称	单位	单价（元）	消	耗		量
人工	综合工日	工日	140.00	0.614	0.648	0.682	0.715
材料	棉纱头	kg	6.00	0.320	0.320	0.320	0.340
	塑料管件 DN1000	个	220.00	—	1.000	—	—
	塑料管件 DN1200	个	246.00	—	—	1.000	—
	塑料管件 DN1500	个	268.00	—	—	—	1.000
	塑料管件 DN900	个	194.00	1.000	—	—	—
	其他材料费占材料费	%	—	1.000	1.000	1.000	1.000
机械	电熔焊接机 3.5kW	台班	26.81	0.133	0.177	0.221	0.265

工作内容：管座整理、切管、对口、管件安装、升温、熔接等操作过程。 计量单位：个

定 额 编 号					S5-3-19	S5-3-20	S5-3-21	S5-3-22
项 目 名 称					塑料管件安装（电熔熔接）			
					DN＜1800	DN＜2000	DN＜2500	DN＜3000
基 价 （元）					420.98	454.19	479.30	501.40
其中	人 工 费 （元）				104.58	109.34	113.96	118.72
	材 料 费 （元）				308.09	335.36	354.67	370.83
	机 械 费 （元）				8.31	9.49	10.67	11.85
名 称		单位	单价（元）		消 耗 量			
人工	综合工日	工日	140.00		0.747	0.781	0.814	0.848
材料	棉纱头	kg	6.00		0.340	0.340	0.360	0.360
	塑料管件 DN1800	个	303.00		1.000	—	—	—
	塑料管件 DN2000	个	330.00		—	1.000	—	—
	塑料管件 DN2500	个	349.00		—	—	1.000	—
	塑料管件 DN3000	个	365.00		—	—	—	1.000
	其他材料费占材料费	%	—		1.000	1.000	1.000	1.000
机械	电熔焊接机 3.5kW	台班	26.81		0.310	0.354	0.398	0.442

工作内容：切管、坡口、清理工作面、管件安装、上胶圈。　　　　　　　　　　　计量单位：个

定　额　编　号				S5-3-23	S5-3-24	S5-3-25	S5-3-26
项　目　名　称				塑料管件(胶圈连接)安装			
				DN＜200mm	DN＜250mm	DN＜300mm	DN＜400mm
基　　　　价（元）				102.97	112.20	128.39	148.56
其中	人　工　费（元）			31.36	39.20	47.04	62.72
	材　料　费（元）			71.61	73.00	81.35	85.84
	机　械　费（元）			—	—	—	—
名　　　　称		单位	单价（元）	消　　　耗　　　量			
人工	综合工日	工日	140.00	0.224	0.280	0.336	0.448
材料	润滑油	kg	5.98	0.139	0.162	0.184	0.208
	砂布	张	1.03	1.035	1.270	1.400	1.700
	塑料管件 DN200	个	69.00	1.000	—	—	—
	塑料管件 DN250	个	70.00	—	1.000	—	—
	塑料管件 DN300	个	78.00	—	—	1.000	—
	塑料管件 DN400	个	82.00	—	—	—	1.000
	其他材料费占材料费	%	—	1.000	1.000	1.000	1.000

工作内容：切管、坡口、清理工作面、管件安装、上胶圈。 计量单位：个

定 额 编 号				S5-3-27	S5-3-28	S5-3-29	S5-3-30
项 目 名 称				塑料管件(胶圈连接)安装			
				DN＜500mm	DN＜600mm	DN＜700mm	DN＜800mm
基 价 （元）				166.83	194.22	226.27	260.34
其中	人 工 费 （元）			72.52	77.42	86.24	95.06
	材 料 费 （元）			94.31	116.80	140.03	165.28
	机 械 费 （元）			—	—	—	—
名 称		单位	单价（元）	消 耗			量
人工	综合工日	工日	140.00	0.518	0.553	0.616	0.679
材料	润滑油	kg	5.98	0.254	0.300	0.300	0.300
	砂布	张	1.03	1.800	1.800	1.800	1.800
	塑料管件 DN500	个	90.00	1.000	—	—	—
	塑料管件 DN600	个	112.00	—	1.000	—	—
	塑料管件 DN700	个	135.00	—	—	1.000	—
	塑料管件 DN800	个	160.00	—	—	—	1.000
	其他材料费占材料费	%	—	1.000	1.000	1.000	1.000

工作内容：切管、坡口、清理工作面、管件安装、上胶圈。

计量单位：个

定 额 编 号			S5-3-31	S5-3-32	S5-3-33
项 目 名 称			塑料管件(胶圈连接)安装		
			DN<900mm	DN<1000mm	DN<1200mm
基 价 （元）			303.91	339.97	371.54
其中	人 工 费 （元）		103.88	113.68	118.58
	材 料 费 （元）		200.03	226.29	252.96
	机 械 费 （元）		—	—	—
名 称	单位	单价（元）	消	耗	量
人工	综合工日	工日	140.00	0.742	0.812	0.847
材料	润滑油	kg	5.98	0.350	0.350	0.400
	砂布	张	1.03	1.900	1.900	2.000
	塑料管件 DN1000	个	220.00	—	1.000	—
	塑料管件 DN1200	个	246.00	—	—	1.000
	塑料管件 DN900	个	194.00	1.000	—	—
	其他材料费占材料费	%	—	1.000	1.000	1.000

工作内容：切管、坡口、清理工作面、管件安装、上胶圈。 计量单位：个

定 额 编 号				S5-3-34	S5-3-35	S5-3-36
项 目 名 称				塑料管件(胶圈连接)安装		
				DN<1500mm	DN<1800mm	DN<2000mm
基 价 （元）				397.68	441.85	477.94
其中	人 工 费（元）			122.50	131.32	140.14
	材 料 费（元）			275.18	310.53	337.80
	机 械 费（元）			—	—	—
名 称		单位	单价（元）	消	耗	量
人工	综合工日	工日	140.00	0.875	0.938	1.001
材料	润滑油	kg	5.98	0.400	0.400	0.400
	砂布	张	1.03	2.000	2.000	2.000
	塑料管件 DN1500	个	268.00	1.000	—	—
	塑料管件 DN1800	个	303.00	—	1.000	—
	塑料管件 DN2000	个	330.00	—	—	1.000
	其他材料费占材料费	%	—	1.000	1.000	1.000

第二节 承插式预应力混凝土转换件安装

工作内容：管件安装、接口、养护。　　　　　　　　　　　　　　　　计量单位：个

定 额 编 号			S5-3-37	S5-3-38	S5-3-39	S5-3-40
项 目 名 称			承插预应混凝土管转换件安装			
			DN＜300mm	DN＜400mm	DN＜500mm	DN＜600mm
基 价（元）			661.32	939.94	1213.50	1499.66
其中	人 工 费（元）		138.46	234.92	324.94	415.66
	材 料 费（元）		522.86	705.02	888.56	1045.88
	机 械 费（元）		—	—	—	38.12
名 称	单位	单价（元）	消	耗		量
人工	综合工日	工日	140.00	0.989	1.678	2.321	2.969

	名 称	单位	单价（元）				
人工	综合工日	工日	140.00	0.989	1.678	2.321	2.969
材料	混凝土转换件 DN300	个	514.23	1.000	—	—	—
	混凝土转换件 DN400	个	694.12	—	1.000	—	—
	混凝土转换件 DN500	个	874.34	—	—	1.000	—
	混凝土转换件 DN600	个	1028.63	—	—	—	1.000
	水泥 32.5级	kg	0.29	3.432	3.861	5.346	6.842
	油麻丝	kg	4.10	0.599	0.683	0.945	1.197
	其他材料费占材料费	%	—	1.000	1.000	1.000	1.000
机械	汽车式起重机 8t	台班	763.67	—	—	—	0.044
	载重汽车 8t	台班	501.85	—	—	—	0.009

工作内容：管件安装、接口、养护。 计量单位：个

定 额 编 号					S5-3-41	S5-3-42	S5-3-43
项 目 名 称					承插预应混凝土管转换件安装		
					DN＜700mm	DN＜800mm	DN＜900mm
基 价（元）					1731.66	1993.70	2272.15
其中	人 工 费（元）				466.20	515.90	592.06
	材 料 费（元）				1257.89	1438.68	1620.35
	机 械 费（元）				7.57	39.12	59.74
名 称		单位	单价(元)	消	耗	量	
人工	综合工日	工日	140.00	3.330	3.685	4.229	
材料	混凝土转换件 DN700	个	1236.07	1.000	—	—	
	混凝土转换件 DN800	个	1412.65	—	1.000	—	
	混凝土转换件 DN900	个	1589.23	—	—	1.000	
	水泥 32.5级	kg	0.29	9.262	11.693	14.894	
	油麻丝	kg	4.10	1.628	2.048	2.625	
	其他材料费占材料费	%	—	1.000	1.000	1.000	
机械	汽车式起重机 8t	台班	763.67	0.004	0.044	0.071	
	载重汽车 8t	台班	501.85	0.009	0.011	0.011	

工作内容：管件安装、接口、养护。

计量单位：个

定 额 编 号	S5-3-44
项 目 名 称	承插预应混凝土管转换件安装
	DN＜1000mm
基 价（元）	2546.97

其中	人 工 费（元）	668.92
	材 料 费（元）	1801.95
	机 械 费（元）	76.10

	名 称	单位	单价（元）	消 耗 量
人工	综合工日	工日	140.00	4.778
材料	混凝土转换件 DN1000	个	1765.82	1.000
	水泥 32.5级	kg	0.29	18.095
	油麻丝	kg	4.10	3.182
	其他材料费占材料费	%	—	1.000
机械	汽车式起重机 16t	台班	958.70	0.071
	载重汽车 8t	台班	501.85	0.016

工作内容：管件安装、接口、养护。
计量单位：个

定 额 编 号				S5-3-45	S5-3-46	S5-3-47
项 目 名 称				承插预应混凝土管转换件安装		
				DN＜1200mm	DN＜1400mm	DN＜1600mm
基 价（元）				3131.86	3708.89	4297.68
其中	人 工 费（元）			869.40	1070.02	1270.64
	材 料 费（元）			2170.06	2538.17	2906.28
	机 械 费（元）			92.40	100.70	120.76
名 称		单位	单价（元）	消	耗	量
人工	综合工日	工日	140.00	6.210	7.643	9.076
材料	混凝土转换件 DN1200	个	2118.98	1.000	—	—
	混凝土转换件 DN1400	个	2472.14	—	1.000	—
	混凝土转换件 DN1600	个	2825.30	—	—	1.000
	水泥 32.5级	kg	0.29	29.315	40.535	51.755
	油麻丝	kg	4.10	5.145	7.109	9.072
	其他材料费占材料费	%	—	1.000	1.000	1.000
机械	汽车式起重机 16t	台班	958.70	0.088	—	—
	汽车式起重机 20t	台班	1030.31	—	0.088	0.106
	载重汽车 8t	台班	501.85	0.016	0.020	0.023

450

工作内容：管件安装、接口、养护。 计量单位：个

定 额 编 号					S5-3-48
项 目 名 称					承插预应混凝土管转换件安装
					DN＜1800mm
基 价（元）					4886.97
其中	人 工 费（元）				1471.26
	材 料 费（元）				3274.40
	机 械 费（元）				141.31
名 称		单位	单价（元）	消 耗 量	
人工	综合工日	工日	140.00	10.509	
材料	混凝土转换件 DN1800	个	3178.47	1.000	
	水泥 32.5级	kg	0.29	62.975	
	油麻丝	kg	4.10	11.036	
	其他材料费占材料费	％	—	1.000	
机械	汽车式起重机 20t	台班	1030.31	0.124	
	载重汽车 8t	台班	501.85	0.027	

第四章 井类、设备基础及出水口

说　　明

一、各类盖、井座、井箅均系按铸铁件计列，如采用钢筋混凝土预制件、除扣除定额中的铸铁外，其他不变。

二、定额中各类标准雨、污检查井、交汇井、直线井、扇形井中的混凝土盖板均按覆土深度 0.6m≤H≤2.0m 编制，如果设计不同可按标准图集换算，其他不变。

三、本章定额井深是指垫层层顶面至井盖顶面的距离，井深大于 1.5m 时按相关项目计取脚手架搭拆费。排水中的雨水、污水井执行井字脚手架项目。

四、各类井室是按《市政排水管道工程及附属设施》06MS201 编制的。如与设计不符时，按非标准井子目执行。

五、定额中计列了砖砌、石砌、混凝土的一字式、门字式、八字式，适用于 D300mm～D2400mm、不同覆土厚度的出水口对应选用。非定型或材质不同时，可套用其他册的砌筑项目。

六、各类标准井室已按《国家建筑标准设计给排水标准图集》计算了井室的混凝土盖板、盖板安装、钢筋、抹面等主要项目及辅助项目，计算时不得重复计算。

七、各类扇形井，按与井两端相连的管道所形成的夹角套用相应子目。

八、钢筋混凝土检查井按商品混凝土考虑，已含钢筋、模板工程。

九、模块式检查井中的混凝土模块在一座检查井中按一个规格进行折算考虑，实际施工需按图集计算数量。

十、砖砌雨水检查井抹面抹至管顶以上 200mm，砖砌污水检查井井内、井外抹面均抹至检查井顶部。模块式检查井雨水检查井、污水检查井井内抹面均抹至检查井顶部。

工程量计算规则

一、各种标准雨、污检查井，直线井，交汇井，扇形井，跌水井，雨水口按不同井深、井径以座计算。

二、其他标准井，按设计图示数量，以"座"计算。

三、各类井的井深按井底基础以上至井盖顶计算。

四、管道支墩按设计图示尺寸以"m³"计算，不扣除钢筋、铁件所占的体积。

五、井字架区分材质和搭设高度，以"座"为单位计算，每座井计算一次。

第一节 检查井

1.砌筑检查井

(1)砖砌圆形雨水检查井

工作内容：混凝土搅拌、捣固、抹平、养护、调制砂浆、砌筑、抹灰、勾缝、井盖、井座、爬梯安装、材料水平及垂直运输等。

计量单位：座

定 额 编 号			S5-4-1	S5-4-2
项 目 名 称			M7.5水泥砂浆圆形雨水检查井	
			井径700mm	井径1000mm
			适用管径φ≤400mm	适用管径φ200～600mm
			井深<2m	井深<2.5m
基 价（元）			1722.60	2319.60
其中	人 工 费（元）		378.98	704.34
	材 料 费（元）		1337.65	1606.20
	机 械 费（元）		5.97	9.06
名 称	单位	单价（元）	消 耗 量	
人工	综合工日	工日	140.00	2.707	5.031
材料	电	kW·h	0.68	0.056	0.084
	机砖 240×115×53	千块	384.62	0.726	1.139
	煤焦油沥青漆 L01-17	kg	6.84	1.184	1.184
	水	m³	7.96	0.431	0.672
	水泥砂浆 1:2	m³	281.46	0.043	0.063
	水泥砂浆 M7.5	m³	201.87	0.452	0.712
	现浇混凝土 C15	m³	281.42	0.132	0.294
	养生布	m²	2.00	1.336	2.035
	铸铁井盖井座	套	825.04	1.000	1.000
	铸铁爬梯	kg	3.50	18.685	18.685
	其他材料费占材料费	%	—	1.000	1.000
机械	机动翻斗车 1t	台班	220.18	0.011	0.017
	双锥反转出料混凝土搅拌机 350L	台班	253.32	0.014	0.021

工作内容：混凝土搅拌、捣固、抹平、养护、调制砂浆、砌筑、抹灰、勾缝、井盖、井座、爬梯安装、材料水平及垂直运输等。

计量单位：座

定 额 编 号				S5-4-3
项 目 名 称				M7.5水泥砂浆圆形雨水检查井
				井径1250mm
				适用管径φ600～800mm
				井深＜3m
基 价（元）				2763.21
其中	人 工 费（元）			816.06
	材 料 费（元）			1931.39
	机 械 费（元）			15.76
名 称	单位	单价（元）	消 耗 量	
人工	综合工日	工日	140.00	5.829
材　　　　料	电	kW·h	0.68	0.148
	机砖 240×115×53	千块	384.62	1.583
	煤焦油沥青漆 L01-17	kg	6.84	1.322
	水	m³	7.96	0.977
	水泥砂浆 1:2	m³	281.46	0.095
	水泥砂浆 M7.5	m³	201.87	0.989
	现浇混凝土 C15	m³	281.42	0.537
	养生布	m²	2.00	2.734
	铸铁井盖井座	套	825.04	1.000
	铸铁爬梯	kg	3.50	22.422
	其他材料费占材料费	%	—	1.000
机械	机动翻斗车 1t	台班	220.18	0.029
	双锥反转出料混凝土搅拌机 350L	台班	253.32	0.037

458

工作内容：混凝土搅拌、捣固、抹平、养护、调制砂浆、砌筑、抹灰、勾缝、井盖、井座、爬梯安装、材料水平及垂直运输等。

计量单位：座

定 额 编 号			S5-4-4
项 目 名 称			M7.5水泥砂浆圆形雨水检查井
			井径1500mm
			适用管径φ800～1000mm
			井深<3.5m
基 价（元）			3436.55
其中	人 工 费（元）		1032.64
	材 料 费（元）		2370.03
	机 械 费（元）		33.88
	名 称	单位	单价（元）	消 耗 量
人工	综合工日	工日	140.00	7.376
材 料	电	kW•h	0.68	0.316
	机砖 240×115×53	千块	384.62	1.886
	煤焦油沥青漆 L01-17	kg	6.84	1.461
	水	m³	7.96	1.785
	水泥砂浆 1：2	m³	281.46	0.150
	水泥砂浆 M7.5	m³	201.87	1.179
	现浇混凝土 C15	m³	281.42	0.690
	养生布	m²	2.00	5.783
	预制钢筋混凝土盖板 C25	m³	683.76	0.284
	铸铁井盖井座	套	825.04	1.000
	铸铁爬梯	kg	3.50	26.159
	其他材料费占材料费	%	—	1.000
机械	机动翻斗车 1t	台班	220.18	0.063
	双锥反转出料混凝土搅拌机 350L	台班	253.32	0.079

工作内容：混凝土搅拌、捣固、抹平、养护、调制砂浆、砌筑、抹灰、勾缝、井盖、井座、爬梯安装、材料水平及垂直运输等。

计量单位：座

定 额 编 号			S5-4-5	S5-4-6
项 目 名 称			M7.5水泥砂浆圆形盖板式雨水检查井	
			井径1000mm	井径1250mm
			适用管径φ200～600mm	适用管径φ600～800m
			井深<2.5m	井深<3m
基 价 （元）			2450.12	2938.19
其中	人 工 费（元）		772.66	910.84
	材 料 费（元）		1664.61	2005.40
	机 械 费（元）		12.85	21.95
名 称	单位	单价（元）	消 耗 量	
人工	综合工日	工日	140.00	5.519	6.506
材料	电	kW·h	0.68	0.216	0.378
	机砖 240×115×53	千块	384.62	1.066	1.443
	水	m³	7.96	0.780	1.150
	水泥砂浆 1:2	m³	281.46	0.088	0.144
	水泥砂浆 M7.5	m³	201.87	0.667	0.902
	现浇混凝土 C15	m³	281.42	0.294	0.537
	预制钢筋混凝土盖板 C25	m³	683.76	0.132	0.203
	铸铁井盖井座	套	825.04	1.000	1.000
	铸铁爬梯	kg	3.50	21.234	23.869
	其他材料费占材料费	%	—	1.000	1.000
机械	机动翻斗车 1t	台班	220.18	0.025	0.041
	双锥反转出料混凝土搅拌机 350L	台班	253.32	0.029	0.051

(2)砖砌圆形污水检查井

工作内容：混凝土搅拌、捣固、抹平、养护、调制砂浆、砌筑、抹灰、勾缝、井盖、井座、爬梯安装、材料水平及垂直运输等。

计量单位：座

定 额 编 号			S5-4-7	S5-4-8
项 目 名 称			M7.5水泥砂浆圆形污水检查井	
			井径700mm	井径1000mm
			适用管径φ≤400mm	适用管径φ200～600mm
			井深<2m	井深<2.5m
基 价 （元）			1747.76	2587.49
其中	人 工 费 （元）		374.64	679.28
	材 料 费 （元）		1367.15	1899.37
	机 械 费 （元）		5.97	8.84
名 称		单位	单价(元)	消 耗 量	
人工	综合工日	工日	140.00	2.676	4.852
材料	电	kW·h	0.68	0.056	0.084
	机砖 240×115×53	千块	384.62	0.758	1.481
	煤焦油沥青漆 L01-17	kg	6.84	1.046	1.461
	水	m³	7.96	0.441	0.735
	水泥砂浆 1:2	m³	281.46	0.136	0.372
	水泥砂浆 M7.5	m³	201.87	0.475	0.926
	现浇混凝土 C15	m³	281.42	0.132	0.294
	养生布	m²	2.00	1.346	2.035
	铸铁井盖井座	套	825.04	1.000	1.000
	铸铁爬梯	kg	3.50	14.948	26.159
	其他材料费占材料费	%	—	1.000	1.000
机械	机动翻斗车 1t	台班	220.18	0.011	0.016
	双锥反转出料混凝土搅拌机 350L	台班	253.32	0.014	0.021

工作内容：混凝土搅拌、捣固、抹平、养护、调制砂浆、砌筑、抹灰、勾缝、井盖、井座、爬梯安装、材料水平及垂直运输等。

计量单位：座

定 额 编 号				S5-4-9
项 目 名 称				M7.5水泥砂浆圆形污水检查井
				井径1250mm
				适用管径φ600～800mm
				井深＜3m
基 价（元）				3413.60
其中	人 工 费（元）			991.62
	材 料 费（元）			2408.37
	机 械 费（元）			13.61
名 称		单位	单价（元）	消 耗 量
人工	综合工日	工日	140.00	7.083
材料	电	kW•h	0.68	0.128
	机砖 240×115×53	千块	384.62	2.211
	煤焦油沥青漆 L01-17	kg	6.84	1.737
	水	m³	7.96	1.071
	水泥砂浆 1：2	m³	281.46	0.480
	水泥砂浆 M7.5	m³	201.87	1.383
	现浇混凝土 C15	m³	281.42	0.537
	养生布	m²	2.00	2.734
	铸铁井盖井座	套	825.04	1.000
	铸铁爬梯	kg	3.50	33.633
	其他材料费占材料费	%	—	1.000
机械	机动翻斗车 1t	台班	220.18	0.025
	双锥反转出料混凝土搅拌机 350L	台班	253.32	0.032

工作内容：混凝土搅拌、捣固、抹平、养护、调制砂浆、砌筑、抹灰、勾缝、井盖、井座、爬梯安装、材料水平及垂直运输等。

计量单位：座

定 额 编 号				S5-4-10
项 目 名 称				M7.5水泥砂浆圆形污水检查井
				井径1500mm
				适用管径φ800～1000mm
				井深＜3.5m
基 价 （元）				4043.08
其中	人 工 费 （元）			1178.94
	材 料 费 （元）			2830.48
	机 械 费 （元）			33.66
名 称		单位	单价(元)	消 耗 量
人工	综合工日	工日	140.00	8.421
材料	电	kW•h	0.68	0.316
	机砖 240×115×53	千块	384.62	2.509
	煤焦油沥青漆 L01-17	kg	6.84	1.599
	水	m³	7.96	1.911
	水泥砂浆 1:2	m³	281.46	0.586
	水泥砂浆 M7.5	m³	201.87	1.568
	现浇混凝土 C15	m³	281.42	0.690
	养生布	m²	2.00	5.783
	预制钢筋混凝土盖板 C25	m³	683.76	0.284
	铸铁井盖井座	套	825.04	1.000
	铸铁爬梯	kg	3.50	29.896
	其他材料费占材料费	%	—	1.000
机械	机动翻斗车 1t	台班	220.18	0.062
	双锥反转出料混凝土搅拌机 350L	台班	253.32	0.079

工作内容：混凝土搅拌、捣固、抹平、养护、调制砂浆、砌筑、抹灰、勾缝、井盖、井座、爬梯安装、材料水平及垂直运输等。

计量单位：座

定 额 编 号				S5-4-11	S5-4-12
项 目 名 称				M7.5水泥砂浆圆形盖板式污水检查井	
				井径1000mm	井径1250mm
				适用管径φ200～600mm	适用管径φ600～800mm
				井深<2.5m	井深<3m
基 价（元）				2879.83	3797.51
其中	人 工 费（元）			931.00	1328.74
	材 料 费（元）			1936.20	2448.97
	机 械 费（元）			12.63	19.80
名 称		单位	单价（元）	消 耗 量	
人工	综合工日	工日	140.00	6.650	9.491
材料	电	kW•h	0.68	0.216	0.358
	机砖 240×115×53	千块	384.62	1.408	2.071
	水	m³	7.96	0.834	1.244
	水泥砂浆 1:2	m³	281.46	0.421	0.561
	水泥砂浆 M7.5	m³	201.87	0.881	1.296
	现浇混凝土 C15	m³	281.42	0.294	0.537
	预制钢筋混凝土盖板 C25	m³	683.76	0.132	0.203
	铸铁井盖井座	套	825.04	1.000	1.000
	铸铁爬梯	kg	3.50	21.234	23.869
	其他材料费占材料费	%	—	1.000	1.000
机械	机动翻斗车 1t	台班	220.18	0.024	0.037
	双锥反转出料混凝土搅拌机 350L	台班	253.32	0.029	0.046

（3）砖砌跌水检查井
①砖砌跌水检查井(06MS201-3-101)

工作内容：混凝土搅拌、捣固、抹平、养护、调制砂浆、砌筑、抹灰、勾缝、井盖、井座、爬梯安装、材料水平及垂直运输等。

计量单位：座

定 额 编 号				S5-4-13	S5-4-14
项 目 名 称				M7.5水泥砂浆砖砌跌水检查井(06MS201-3-101)	
				跌差高<1m	跌差高<2m
				井深<3.0m	井深<4.0m
基 价 （元）				4105.29	4361.11
其中	人 工 费 （元）			1302.70	1404.20
	材 料 费 （元）			2780.86	2935.18
	机 械 费 （元）			21.73	21.73
名 称		单位	单价（元）	消 耗 量	
人工	综合工日	工日	140.00	9.305	10.030
材料	电	kW·h	0.68	0.240	0.240
	机砖 240×115×53	千块	384.62	2.640	2.803
	沥青漆	kg	7.26	1.876	2.429
	水	m³	7.96	1.575	1.607
	水泥混合砂浆 M7.5	m³	221.59	1.530	1.605
	水泥砂浆 1:2	m³	281.46	0.253	0.313
	现浇混凝土 C15	m³	281.42	0.469	0.469
	现浇混凝土 C30	m³	319.73	0.055	0.055
	养生布	m²	2.00	4.307	4.307
	预制钢筋混凝土盖板 C25	m³	683.76	0.274	0.274
	铸铁井盖井座	套	825.04	1.000	1.000
	铸铁爬梯	kg	3.50	37.370	52.318
	其他材料费占材料费	%	—	1.000	1.000
机械	机动翻斗车 1t	台班	220.18	0.040	0.040
	双锥反转出料混凝土搅拌机 350L	台班	253.32	0.051	0.051

工作内容：混凝土搅拌、捣固、抹平、养护、调制砂浆、砌筑、抹灰、勾缝、井盖、井座、爬梯安装、材料水平及垂直运输等。

计量单位：座

定 额 编 号				S5-4-15	S5-4-16
项 目 名 称				M7.5水泥砂浆砖砌跌水检查井(06MS201-3-101)	
				跌差高＜3m	跌差高＜4m
				井深＜5.0m	井深＜6.0m
基 价（元）				5454.31	6296.30
其中	人 工 费（元）			1864.52	2228.80
	材 料 费（元）			3568.06	4045.77
	机 械 费（元）			21.73	21.73
名 称	单位	单价（元）		消 耗 量	
人工	综合工日	工日	140.00	13.318	15.920
材料	电	kW·h	0.68	0.240	0.240
	机砖 240×115×53	千块	384.62	3.883	4.697
	沥青漆	kg	7.26	2.830	3.106
	水	m³	7.96	1.827	1.922
	水泥混合砂浆 M7.5	m³	221.59	2.228	2.687
	水泥砂浆 1：2	m³	281.46	0.417	0.521
	现浇混凝土 C15	m³	281.42	0.469	0.469
	现浇混凝土 C30	m³	319.73	0.055	0.055
	养生布	m²	2.00	4.307	4.307
	预制钢筋混凝土盖板 C25	m³	683.76	0.274	0.274
	铸铁井盖井座	套	825.04	1.000	1.000
	铸铁爬梯	kg	3.50	63.529	71.003
	其他材料费占材料费	%	—	1.000	1.000
机械	机动翻斗车 1t	台班	220.18	0.040	0.040
	双锥反转出料混凝土搅拌机 350L	台班	253.32	0.051	0.051

工作内容：混凝土搅拌、捣固、抹平、养护、调制砂浆、砌筑、抹灰、勾缝、井盖、井座、爬梯安装、材料水平及垂直运输等。

计量单位：座

定　额　编　号			S5-4-17	S5-4-18
项　目　名　称			M7.5水泥砂浆砖砌跌水检查井(06MS201-3-101)	
			跌差高每增减0.25m	井深每增减0.25m
基　　　价（元）			78.14	136.75
其中	人　工　费（元）		34.86	57.54
	材　料　费（元）		43.28	79.21
	机　械　费（元）		—	—
名　　称	单位	单价（元）	消　　耗　　量	
人工	综合工日	工日	140.00	0.249	0.411
材料	机砖 240×115×53	千块	384.62	0.082	0.122
	沥青漆	kg	7.26	—	0.095
	水	m³	7.96	0.017	0.021
	水泥混合砂浆 M7.5	m³	221.59	0.039	0.076
	水泥砂浆 1:2	m³	281.46	0.009	0.017
	铸铁爬梯	kg	3.50	—	2.576
	其他材料费占材料费	%	—	1.000	1.000

②砖砌竖槽式跌水井(06MS201-3-103)

工作内容：混凝土搅拌、捣固、抹平、养护、调制砂浆、砌筑、抹灰、勾缝、井盖、井座、爬梯安装、材料水平及垂直运输等。

计量单位：座

定　额　编　号			S5-4-19	S5-4-20
项　目　名　称			M7.5水泥砂浆竖槽式跌水井(06MS201-3-103)	
			跌差高<1m	跌差高<2m
			井深<3.0m	井深<3.5m
基　　　价（元）			4789.41	5392.54
其中	人　工　费（元）		1600.90	1847.86
	材　料　费（元）		3135.99	3492.16
	机　械　费（元）		52.52	52.52
名　　称	单位	单价（元）	消　耗　　　　量	
人工 综合工日	工日	140.00	11.435	13.199
材料 电	kW·h	0.68	0.580	0.580
机砖 240×115×53	千块	384.62	3.126	3.701
煤焦油沥青漆 L01-17	kg	6.84	1.599	2.153
水	m³	7.96	2.898	3.014
水泥砂浆 1:2	m³	281.46	0.289	0.357
水泥砂浆 M7.5	m³	201.87	1.491	1.765
现浇混凝土 C15	m³	281.42	0.873	0.873
现浇混凝土 C30	m³	319.73	0.137	0.137
养生布	m²	2.00	8.579	8.579
预制钢筋混凝土盖板 C25	m³	683.76	0.365	0.365
铸铁井盖井座	套	825.04	1.000	1.000
铸铁爬梯	kg	3.50	29.896	44.844
其他材料费占材料费	%	—	1.000	1.000
机械 机动翻斗车 1t	台班	220.18	0.097	0.097
双锥反转出料混凝土搅拌机 350L	台班	253.32	0.123	0.123

工作内容：混凝土搅拌、捣固、抹平、养护、调制砂浆、砌筑、抹灰、勾缝、井盖、井座、爬梯安装、材料水平及垂直运输等。

计量单位：座

定 额 编 号			S5-4-21	S5-4-22
项 目 名 称			M7.5水泥砂浆竖槽式跌水井(06MS201-3-103)	
			跌差高＜3m	跌差高＜4m
			井深＜4.5m	井深＜5.5m
基 价（元）			7270.60	7582.38
其中	人 工 费（元）		2633.96	2817.78
	材 料 费（元）		4584.12	4712.08
	机 械 费（元）		52.52	52.52
名 称	单位	单价（元）	消 耗 量	
人工 综合工日	工日	140.00	18.814	20.127
材料 电	kW·h	0.68	0.580	0.580
机砖 240×115×53	千块	384.62	5.747	5.881
煤焦油沥青漆 L01-17	kg	6.84	2.568	2.844
水	m³	7.96	3.434	3.455
水泥砂浆 1∶2	m³	281.46	0.551	0.674
水泥砂浆 M7.5	m³	201.87	2.727	2.788
现浇混凝土 C15	m³	281.42	0.873	0.873
现浇混凝土 C30	m³	319.73	0.137	0.137
养生布	m²	2.00	8.579	8.579
预制钢筋混凝土盖板 C25	m³	683.76	0.365	0.365
铸铁井盖井座	套	825.04	1.000	1.000
铸铁爬梯	kg	3.50	56.055	63.529
其他材料费占材料费	%	—	1.000	1.000
机械 机动翻斗车 1t	台班	220.18	0.097	0.097
双锥反转出料混凝土搅拌机 350L	台班	253.32	0.123	0.123

工作内容：混凝土搅拌、捣固、抹平、养护、调制砂浆、砌筑、抹灰、勾缝、井盖、井座、爬梯安装、材料水平及垂直运输等。

计量单位：座

定 额 编 号					S5-4-23	S5-4-24
项 目 名 称					M7.5水泥砂浆竖槽式跌水井(06MS201-3-103)	
					跌差高每增减0.25m	井深每增减0.25m
基 价 （元）					184.70	168.13
其中	人 工 费 （元）				74.90	62.30
	材 料 费 （元）				109.80	105.83
	机 械 费 （元）				—	—
名 称		单位	单价(元)	消 耗		量
人工	综合工日	工日	140.00	0.535		0.445
材料	机砖 240×115×53	千块	384.62	0.211		0.188
	煤焦油沥青漆 L01-17	kg	6.84	—		0.095
	水	m³	7.96	0.042		0.042
	水泥砂浆 1:2	m³	281.46	0.025		0.016
	水泥砂浆 M7.5	m³	201.87	0.100		0.089
	铸铁爬梯	kg	3.50	—		2.576
	其他材料费占材料费	%	—	1.000		1.000

③砖砌竖槽式跌水井(06MS201-3-106)

工作内容：混凝土搅拌、捣固、抹平、养护、调制砂浆、砌筑、抹灰、勾缝、井盖、井座、爬梯安装、材料水平及垂直运输等。

计量单位：座

定　额　编　号				S5-4-25	S5-4-26
项　目　名　称				M7.5水泥砂浆竖槽式跌水井(06MS201-3-106)	
				跌差高<1m	跌差高<2m
				井深<3m	井深<3.5m
基　　　　价（元）				4117.70	4593.46
其中	人　工　费（元）			1360.52	1555.96
	材　料　费（元）			2720.17	3000.49
	机　械　费（元）			37.01	37.01
名　　称		单位	单价（元）	消　　　耗　　　量	
人工	综合工日	工日	140.00	9.718	11.114
材料	电	kW·h	0.68	0.408	0.408
	机砖 240×115×53	千块	384.62	2.564	2.983
	煤焦油沥青漆 L01-17	kg	6.84	1.599	2.153
	水	m³	7.96	2.258	2.342
	水泥砂浆 1:2	m³	281.46	0.303	0.357
	水泥砂浆 M7.5	m³	201.87	1.324	1.544
	现浇混凝土 C15	m³	281.42	0.548	0.548
	现浇混凝土 C30	m³	319.73	0.082	0.082
	养生布	m²	2.00	7.094	7.094
	预制钢筋混凝土盖板 C25	m³	683.76	0.294	0.294
	铸铁井盖井座	套	825.04	1.000	1.000
	铸铁爬梯	kg	3.50	29.896	44.844
	其他材料费占材料费	%	—	1.000	1.000
机械	机动翻斗车 1t	台班	220.18	0.068	0.068
	双锥反转出料混凝土搅拌机 350L	台班	253.32	0.087	0.087

工作内容：混凝土搅拌、捣固、抹平、养护、调制砂浆、砌筑、抹灰、勾缝、井盖、井座、爬梯安装、材
料水平及垂直运输等。

计量单位：座

定 额 编 号			S5-4-27	S5-4-28
项 目 名 称			M7.5水泥砂浆竖槽式跌水井(06MS201-3-106)	
			跌差高<3m	跌差高<4m
			井深<4.5m	井深<5.5m
基 价 （元）			7052.04	8466.18
其中	人 工 费（元）		2625.14	3094.14
	材 料 费（元）		4386.79	5331.93
	机 械 费（元）		40.11	40.11
名 称	单位	单价(元)	消 耗 量	
人工	综合工日	工日	140.00	18.751	22.101
材 料	电	kW·h	0.68	0.440	0.440
	机砖 240×115×53	千块	384.62	5.445	7.318
	煤焦油沥青漆 L01-17	kg	6.84	2.568	2.844
	水	m³	7.96	2.993	3.371
	水泥砂浆 1:2	m³	281.46	0.542	0.664
	水泥砂浆 M7.5	m³	201.87	3.042	3.785
	现浇混凝土 C15	m³	281.42	0.629	0.629
	现浇混凝土 C30	m³	319.73	0.082	0.082
	养生布	m²	2.00	7.644	7.644
	预制钢筋混凝土盖板 C25	m³	683.76	0.294	0.294
	铸铁井盖井座	套	825.04	1.000	1.000
	铸铁爬梯	kg	3.50	56.055	63.529
	其他材料费占材料费	%	—	1.000	1.000
机械	机动翻斗车 1t	台班	220.18	0.074	0.074
	双锥反转出料混凝土搅拌机 350L	台班	253.32	0.094	0.094

472

工作内容：混凝土搅拌、捣固、抹平、养护、调制砂浆、砌筑、抹灰、勾缝、井盖、井座、爬梯安装、材料水平及垂直运输等。

计量单位：座

定 额 编 号			S5-4-29	S5-4-30
项 目 名 称			M7.5水泥砂浆竖槽式跌水井(06MS201-3-106)	
			跌差高每增减0.25m	井深每增减0.25m
基 价 （元）			283.82	150.05
其中	人 工 费（元）		66.78	45.36
	材 料 费（元）		217.04	104.69
	机 械 费（元）		—	—
名 称	单位	单价（元）	消 耗 量	
人工	综合工日	工日	140.00	0.477	0.324
材料	机砖 240×115×53	千块	384.62	0.161	0.188
	煤焦油沥青漆 L01-17	kg	6.84	—	0.095
	水	m³	7.96	0.032	0.042
	水泥砂浆 1:2	m³	281.46	0.019	0.012
	水泥砂浆 M7.5	m³	201.87	0.730	0.089
	铸铁爬梯	kg	3.50	—	2.576
	其他材料费占材料费	%	—	1.000	1.000

④砖砌阶梯式跌水井

工作内容：混凝土搅拌、捣固、抹平、养护、调制砂浆、砌筑、抹灰、勾缝、井盖、井座、爬梯安装、材料水平及垂直运输等。

计量单位：座

定 额 编 号				S5-4-31	S5-4-32
项 目 名 称				M7.5水泥砂浆阶梯式跌水井	
				跌差＜1m	
				管径φ700～900mm	管径φ1000～1100mm
				井深＜3.5m	
基 价（元）				8092.01	9323.68
其中	人 工 费（元）			2751.84	3385.62
	材 料 费（元）			5217.23	5766.43
	机 械 费（元）			122.94	171.63
名 称		单位	单价（元）	消 耗	量
人工	综合工日	工日	140.00	19.656	24.183
材料	电	kW·h	0.68	1.356	1.892
	机砖 240×115×53	千块	384.62	5.511	5.994
	煤焦油沥青漆 L01-17	kg	6.84	1.461	1.322
	水	m³	7.96	5.607	6.920
	水泥砂浆 1:2	m³	281.46	0.331	0.368
	水泥砂浆 M7.5	m³	201.87	2.611	2.830
	现浇混凝土 C15	m³	281.42	1.715	2.060
	现浇混凝土 C30	m³	319.73	1.492	1.766
	养生布	m²	2.00	14.458	16.257
	预制钢筋混凝土盖板 C25	m³	683.76	0.680	0.853
	铸铁井盖井座	套	825.04	1.000	1.000
	铸铁爬梯	kg	3.50	26.159	22.422
	其他材料费占材料费	%	—	1.000	1.000
机械	机动翻斗车 1t	台班	220.18	0.227	0.317
	双锥反转出料混凝土搅拌机 350L	台班	253.32	0.288	0.402

工作内容：混凝土搅拌、捣固、抹平、养护、调制砂浆、砌筑、抹灰、勾缝、井盖、井座、爬梯安装、材料水平及垂直运输等。

计量单位：座

定 额 编 号			S5-4-33	S5-4-34
项 目 名 称			M7.5水泥砂浆阶梯式跌水井	
			跌差＜1m	
			管径φ1200～1350mm	管径φ1500～1650mm
			井深＜4m	井深＜4.5m
基 价（元）			10448.66	12104.62
其中	人 工 费（元）		3671.36	4237.66
	材 料 费（元）		6576.30	7628.47
	机 械 费（元）		201.00	238.49
名 称	单位	单价（元）	消 耗 量	
人工 综合工日	工日	140.00	26.224	30.269
材料 电	kW•h	0.68	2.216	2.632
机砖 240×115×53	千块	384.62	6.788	7.714
煤焦油沥青漆 L01-17	kg	6.84	1.461	1.461
水	m³	7.96	7.991	9.314
水泥砂浆 1:2	m³	281.46	0.413	0.467
水泥砂浆 M7.5	m³	201.87	3.221	3.658
现浇混凝土 C15	m³	281.42	2.395	2.741
现浇混凝土 C30	m³	319.73	2.111	2.578
养生布	m²	2.00	18.512	21.193
预制钢筋混凝土盖板 C25	m³	683.76	1.106	1.573
铸铁井盖井座	套	825.04	1.000	1.000
铸铁爬梯	kg	3.50	26.159	26.159
其他材料费占材料费	%	—	1.000	1.000
机械 机动翻斗车 1t	台班	220.18	0.371	0.440
双锥反转出料混凝土搅拌机 350L	台班	253.32	0.471	0.559

工作内容：混凝土搅拌、捣固、抹平、养护、调制砂浆、砌筑、抹灰、勾缝、井盖、井座、爬梯安装、材料水平及垂直运输等。

计量单位：座

定　额　编　号				S5-4-35	S5-4-36
项　目　名　称				M7.5水泥砂浆阶梯式跌水井	
				跌差＜1.5m	
				管径φ700～900mm	管径φ1000～1100mm
				井深＜3.5m	井深＜4m
基　　　　价（元）				10554.66	12230.35
其中	人　工　费（元）			3626.00	4340.56
	材　料　费（元）			6750.33	7646.54
	机　械　费（元）			178.33	243.25
名　　　称		单位	单价(元)	消　　耗　　量	
人工	综合工日	工日	140.00	25.900	31.004
材料	电	kW·h	0.68	1.968	2.684
	机砖 240×115×53	千块	384.62	7.307	8.197
	煤焦油沥青漆 L01-17	kg	6.84	1.461	1.599
	水	m³	7.96	7.791	9.587
	水泥砂浆 1:2	m³	281.46	0.369	0.411
	水泥砂浆 M7.5	m³	201.87	3.455	3.890
	现浇混凝土 C15	m³	281.42	2.233	2.680
	现浇混凝土 C30	m³	319.73	2.405	2.801
	养生布	m²	2.00	19.490	21.919
	预制钢筋混凝土盖板 C25	m³	683.76	0.944	1.177
	铸铁井盖井座	套	825.04	1.000	1.000
	铸铁爬梯	kg	3.50	26.159	29.896
	其他材料费占材料费	%	—	1.000	1.000
机械	机动翻斗车 1t	台班	220.18	0.329	0.449
	双锥反转出料混凝土搅拌机 350L	台班	253.32	0.418	0.570

工作内容：混凝土搅拌、捣固、抹平、养护、调制砂浆、砌筑、抹灰、勾缝、井盖、井座、爬梯安装、材料水平及垂直运输等。

计量单位：座

定 额 编 号			S5-4-37	S5-4-38
项 目 名 称			M7.5水泥砂浆阶梯式跌水井	
			跌差＜1.5m	
			管径φ1200～1350mm	管径φ1500～1650mm
			井深＜4m	井深＜4.5m
基 价（元）			13797.86	16032.93
其中	人 工 费（元）		4889.92	5646.62
	材 料 费（元）		8624.11	10051.16
	机 械 费（元）		283.83	335.15
名 称		单位	单价（元）	消 耗 量	
人工	综合工日	工日	140.00	34.928	40.333
材料	电	kW·h	0.68	3.128	3.696
	机砖 240×115×53	千块	384.62	9.094	10.366
	煤焦油沥青漆 L01-17	kg	6.84	1.461	1.461
	水	m³	7.96	11.015	12.789
	水泥砂浆 1：2	m³	281.46	0.455	0.509
	水泥砂浆 M7.5	m³	201.87	4.297	4.906
	现浇混凝土 C15	m³	281.42	3.126	3.562
	现浇混凝土 C30	m³	319.73	3.288	3.948
	养生布	m²	2.00	24.949	28.567
	预制钢筋混凝土盖板 C25	m³	683.76	1.533	2.162
	铸铁井盖井座	套	825.04	1.000	1.000
	铸铁爬梯	kg	3.50	26.159	26.159
	其他材料费占材料费	%	—	1.000	1.000
机械	机动翻斗车 1t	台班	220.18	0.524	0.619
	双锥反转出料混凝土搅拌机 350L	台班	253.32	0.665	0.785

工作内容：混凝土搅拌、捣固、抹平、养护、调制砂浆、砌筑、抹灰、勾缝、井盖、井座、爬梯安装、材料水平及垂直运输等。

计量单位：座

定 额 编 号				S5-4-39	S5-4-40
项 目 名 称				M7.5水泥砂浆阶梯式跌水井	
				跌差＜2m	
				管径φ700～900mm	管径φ1000～1100mm
				井深＜4m	
基　　　　价（元）				12583.41	14017.19
其中	人 工 费（元）			4359.46	4843.16
	材 料 费（元）			8003.84	8904.50
	机 械 费（元）			220.11	269.53
名　　　称		单位	单价（元）	消　　耗　　量	
人工	综合工日	工日	140.00	31.139	34.594
材料	电	kW·h	0.68	2.428	2.972
	机砖 240×115×53	千块	384.62	8.905	9.762
	煤焦油沥青漆 L01-17	kg	6.84	1.599	1.599
	水	m³	7.96	9.293	10.179
	水泥砂浆 1:2	m³	281.46	0.389	0.425
	水泥砂浆 M7.5	m³	201.87	4.225	4.616
	现浇混凝土 C15	m³	281.42	2.497	2.984
	现浇混凝土 C30	m³	319.73	3.248	3.694
	养生布	m²	2.00	22.006	24.741
	预制钢筋混凝土盖板 C25	m³	683.76	1.076	1.340
	铸铁井盖井座	套	825.04	1.000	1.000
	铸铁爬梯	kg	3.50	29.896	29.896
	其他材料费占材料费	%	—	1.000	1.000
机械	机动翻斗车 1t	台班	220.18	0.406	0.497
	双锥反转出料混凝土搅拌机 350L	台班	253.32	0.516	0.632

478

计量单位：座

定 额 编 号			S5-4-41	S5-4-42
项 目 名 称			M7.5水泥砂浆阶梯式跌水井	
			跌差＜2m	
			管径φ1200～1350mm	管径φ1500～1650mm
			井深＜4.5m	
基 价（元）			16296.10	18734.96
其中	人 工 费（元）		5780.74	6625.36
	材 料 费（元）		10176.14	11712.37
	机 械 费（元）		339.22	397.23
名 称	单位	单价（元）	消 耗 量	
人工	综合工日	工日	140.00	41.291	47.324
材料	电	kW·h	0.68	3.740	4.380
	机砖 240×115×53	千块	384.62	11.034	12.360
	煤焦油沥青漆 L01-17	kg	6.84	1.599	1.461
	水	m³	7.96	12.947	14.952
	水泥砂浆 1:2	m³	281.46	0.480	0.534
	水泥砂浆 M7.5	m³	201.87	5.226	5.832
	现浇混凝土 C15	m³	281.42	3.492	3.989
	现浇混凝土 C30	m³	319.73	4.263	5.004
	养生布	m²	2.00	28.156	32.244
	预制钢筋混凝土盖板 C25	m³	683.76	1.745	2.456
	铸铁井盖井座	套	825.04	1.000	1.000
	铸铁爬梯	kg	3.50	29.896	26.159
	其他材料费占材料费	%	—	1.000	1.000
机械	机动翻斗车 1t	台班	220.18	0.626	0.733
	双锥反转出料混凝土搅拌机 350L	台班	253.32	0.795	0.931

(4)砖砌污水闸槽井

工作内容：混凝土搅拌、捣固、抹平、养护、调制砂浆、砌筑、抹灰、勾缝、井盖、井座、爬梯安装、材料水平及垂直运输等。

计量单位：座

定 额 编 号				S5-4-43	S5-4-44
项 目 名 称				M7.5水泥砂浆污水闸槽井	
				规格＜1300mm×1300mm	规格＜1300mm×1400mm
				管径φ300m	管径φ400m
				井深＜3.5m	
基 价（元）				4807.02	5151.67
其中	人 工 费（元）			1473.36	1589.14
	材 料 费（元）			3295.70	3523.37
	机 械 费（元）			37.96	39.16
名 称		单位	单价（元）	消 耗 量	
人工	综合工日	工日	140.00	10.524	11.351
材料	电	kW·h	0.68	0.355	0.368
	机砖 240×115×53	千块	384.62	3.465	3.754
	煤焦油沥青漆 L01-17	kg	6.84	1.599	1.599
	水	m³	7.96	1.580	1.706
	水泥砂浆 1:2	m³	281.46	0.682	0.725
	水泥砂浆 M7.5	m³	201.87	1.649	1.783
	现浇混凝土 C15	m³	281.42	0.686	0.717
	现浇混凝土 C20	m³	296.56	0.184	0.184
	养生布	m²	2.00	7.190	7.740
	预制钢筋混凝土盖板 C25	m³	683.76	0.278	0.372
	铸铁井盖井座	套	825.04	1.000	1.000
	铸铁爬梯	kg	3.50	29.896	29.896
	其他材料费占材料费	%	—	1.000	1.000
机械	机动翻斗车 1t	台班	220.18	0.070	0.072
	双锥反转出料混凝土搅拌机 350L	台班	253.32	0.089	0.092

480

工作内容：混凝土搅拌、捣固、抹平、养护、调制砂浆、砌筑、抹灰、勾缝、井盖、井座、爬梯安装、材料水平及垂直运输等。

计量单位：座

定 额 编 号				S5-4-45	S5-4-46
项 目 名 称				M7.5水泥砂浆污水闸槽井	
				规格＜1300mm×1500mm	规格＜1300mm×1600mm
				管径φ500m	管径φ600m
				井深＜3.5m	
基 价（元）				5431.07	5721.76
其中	人 工 费（元）			1698.20	1794.24
	材 料 费（元）			3692.29	3885.49
	机 械 费（元）			40.58	42.03
	名 称	单位	单价（元）	消 耗 量	
人工	综合工日	工日	140.00	12.130	12.816
材料	电	kW·h	0.68	0.381	0.394
	机砖 240×115×53	千块	384.62	4.052	4.346
	煤焦油沥青漆 L01-17	kg	6.84	1.599	1.599
	水	m³	7.96	1.814	1.943
	水泥砂浆 1：2	m³	281.46	0.775	0.804
	水泥砂浆 M7.5	m³	201.87	1.923	2.061
	现浇混凝土 C15	m³	281.42	0.749	0.782
	现浇混凝土 C20	m³	296.56	0.184	0.184
	养生布	m²	2.00	7.951	8.498
	预制钢筋混凝土盖板 C25	m³	683.76	0.372	0.417
	铸铁井盖井座	套	825.04	1.000	1.000
	铸铁爬梯	kg	3.50	29.896	29.896
	其他材料费占材料费	%	—	1.000	1.000
机械	机动翻斗车 1t	台班	220.18	0.075	0.077
	双锥反转出料混凝土搅拌机 350L	台班	253.32	0.095	0.099

工作内容：混凝土搅拌、捣固、抹平、养护、调制砂浆、砌筑、抹灰、勾缝、井盖、井座、爬梯安装、材料水平及垂直运输等。

计量单位：座

定 额 编 号			S5-4-47	S5-4-48
项 目 名 称			M7.5水泥砂浆污水闸槽井	
			规格＜1300mm×1700mm	规格＜1300mm×1800mm
			管径φ700m	管径φ800mm
			井深＜3.5m	
基 价 （元）			6320.15	6679.33
其中	人 工 费（元）		1950.06	2059.40
	材 料 费（元）		4291.30	4538.52
	机 械 费（元）		78.79	81.41
名 称	单位	单价（元）	消 耗 量	
人工	综合工日	工日	140.00	13.929	14.710
材料	电	kW·h	0.68	0.739	0.765
	机砖 240×115×53	千块	384.62	4.643	4.942
	煤焦油沥青漆 L01-17	kg	6.84	1.599	1.461
	水	m³	7.96	2.047	2.177
	水泥砂浆 1：2	m³	281.46	0.853	0.897
	水泥砂浆 M7.5	m³	201.87	2.201	2.339
	现浇混凝土 C15	m³	281.42	1.628	1.692
	现浇混凝土 C20	m³	296.56	0.184	0.184
	养生布	m²	2.00	8.605	9.138
	预制钢筋混凝土盖板 C25	m³	683.76	0.426	0.548
	铸铁井盖井座	套	825.04	1.000	1.000
	铸铁爬梯	kg	3.50	29.896	26.159
	其他材料费占材料费	%	—	1.000	1.000
机械	机动翻斗车 1t	台班	220.18	0.145	0.150
	双锥反转出料混凝土搅拌机 350L	台班	253.32	0.185	0.191

482

工作内容：混凝土搅拌、捣固、抹平、养护、调制砂浆、砌筑、抹灰、勾缝、井盖、井座、爬梯安装、材料水平及垂直运输等。

计量单位：座

定　额　编　号				S5-4-49	S5-4-50
项　目　名　称				M7.5水泥砂浆污水闸槽井	
				规格＜1300mm×1900mm	规格＜1300mm×2000mm
				管径φ900mm	管径φ1000mm
				井深＜3.5m	
基　　　　　价（元）				6992.66	7335.99
其中	人　工　费（元）			2189.04	2316.58
	材　料　费（元）			4719.33	4932.50
	机　械　费（元）			84.29	86.91
名　　　称		单位	单价（元）	消　　耗　　量	
人工	综合工日	工日	140.00	15.636	16.547
材料	电	kW·h	0.68	0.791	0.818
	机砖 240×115×53	千块	384.62	5.244	5.555
	煤焦油沥青漆 L01-17	kg	6.84	1.461	1.461
	水	m³	7.96	2.285	2.419
	水泥砂浆 1：2	m³	281.46	0.948	0.977
	水泥砂浆 M7.5	m³	201.87	2.481	2.627
	现浇混凝土 C15	m³	281.42	1.755	1.820
	现浇混凝土 C20	m³	296.56	0.184	0.184
	养生布	m²	2.00	9.758	9.540
	预制钢筋混凝土盖板 C25	m³	683.76	0.548	0.599
	铸铁井盖井座	套	825.04	1.000	1.000
	铸铁爬梯	kg	3.50	26.159	26.159
	其他材料费占材料费	%	—	1.000	1.000
机械	机动翻斗车 1t	台班	220.18	0.155	0.160
	双锥反转出料混凝土搅拌机 350L	台班	253.32	0.198	0.204

(5)砖砌矩形直线检查井
①砖砌矩形直线雨水检查井

工作内容：混凝土搅拌、捣固、抹平、养护、调制砂浆、砌筑、抹灰、勾缝、井盖、井座、爬梯安装、材料水平及垂直运输等。

计量单位：座

定 额 编 号			S5-4-51	S5-4-52
项 目 名 称			M7.5水泥砂浆矩形直线雨水检查井	
			规格＜1100mm×1100mm	规格＜1100mm×1200mm
			管径φ800mm	管径φ900mm
			井深＜3m	
基 价 （元）			2966.94	3015.09
其中	人 工 费 （元）		833.28	851.34
	材 料 费 （元）		2107.39	2136.06
	机 械 费 （元）		26.27	27.69
名 称	单位	单价（元）	消 耗 量	
人工	综合工日	工日	140.00	5.952	6.081
材料	电	kW·h	0.68	0.292	0.304
	机砖 240×115×53	千块	384.62	1.623	1.657
	煤焦油沥青漆 L01-17	kg	6.84	1.461	1.461
	水	m³	7.96	1.596	1.617
	水泥砂浆 1:2	m³	281.46	0.100	0.102
	水泥砂浆 M7.5	m³	201.87	0.818	0.833
	现浇混凝土 C15	m³	281.42	0.568	0.609
	养生布	m²	2.00	5.180	5.180
	预制钢筋混凝土盖板 C25	m³	683.76	0.233	0.233
	铸铁井盖井座	套	825.04	1.000	1.000
	铸铁爬梯	kg	3.50	26.159	26.159
	其他材料费占材料费	%	—	1.000	1.000
机械	机动翻斗车 1t	台班	220.18	0.048	0.051
	双锥反转出料混凝土搅拌机 350L	台班	253.32	0.062	0.065

工作内容：混凝土搅拌、捣固、抹平、养护、调制砂浆、砌筑、抹灰、勾缝、井盖、井座、爬梯安装、材料水平及垂直运输等。

计量单位：座

定　额　编　号			S5-4-53	S5-4-54
项　目　名　称			M7.5水泥砂浆矩形直线雨水检查井	
			规格＜1100mm×1300mm	规格＜1100mm×1400mm
			管径φ1000mm	管径φ1100mm
			井深＜3.5m	
基　　　价（元）			3249.64	3452.20
其中	人　工　费（元）		947.94	995.40
	材　料　费（元）		2273.31	2423.14
	机　械　费（元）		28.39	33.66
名　　称	单位	单价（元）	消　　耗　　量	
人工	综合工日	工日	140.00	6.771	7.110
材料	电	kW·h	0.68	0.312	0.372
	机砖 240×115×53	千块	384.62	1.872	1.902
	煤焦油沥青漆 L01-17	kg	6.84	1.599	1.599
	水	m³	7.96	1.680	1.869
	水泥砂浆 1∶2	m³	281.46	0.117	0.131
	水泥砂浆 M7.5	m³	201.87	0.962	0.978
	现浇混凝土 C15	m³	281.42	0.639	1.015
	养生布	m²	2.00	5.163	5.704
	预制钢筋混凝土盖板 C25	m³	683.76	0.233	0.264
	铸铁井盖井座	套	825.04	1.000	1.000
	铸铁爬梯	kg	3.50	29.896	29.896
	其他材料费占材料费	％	—	1.000	1.000
机械	机动翻斗车 1t	台班	220.18	0.053	0.062
	双锥反转出料混凝土搅拌机 350L	台班	253.32	0.066	0.079

485

工作内容：混凝土搅拌、捣固、抹平、养护、调制砂浆、砌筑、抹灰、勾缝、井盖、井座、爬梯安装、材料水平及垂直运输等。

计量单位：座

定 额 编 号			S5-4-55	S5-4-56
项 目 名 称			M7.5水泥砂浆矩形直线雨水检查井	
			规格＜1100mm×1500mm	规格＜1100mm×1650mm
			管径φ1200mm	管径φ1350mm
			井深＜3.5m	
基 价 （元）			3517.67	3673.88
其中	人 工 费（元）		1029.00	1094.94
	材 料 费（元）		2450.24	2534.54
	机 械 费（元）		38.43	44.40
名 称	单位	单价（元）	消 耗 量	
人工	综合工日	工日	140.00	7.350	7.821
材料	电	kW·h	0.68	0.424	0.488
	机砖 240×115×53	千块	384.62	1.928	1.971
	煤焦油沥青漆 L01-17	kg	6.84	1.599	1.599
	水	m³	7.96	2.037	2.205
	水泥砂浆 1：2	m³	281.46	0.123	0.144
	水泥砂浆 M7.5	m³	201.87	0.989	1.010
	现浇混凝土 C15	m³	281.42	1.066	1.137
	养生布	m²	2.00	6.272	6.544
	预制钢筋混凝土盖板 C25	m³	683.76	0.264	0.315
	铸铁井盖井座	套	825.04	1.000	1.000
	铸铁爬梯	kg	3.50	29.896	29.896
	其他材料费占材料费	%	—	1.000	1.000
机械	机动翻斗车 1t	台班	220.18	0.071	0.082
	双锥反转出料混凝土搅拌机 350L	台班	253.32	0.090	0.104

工作内容：混凝土搅拌、捣固、抹平、养护、调制砂浆、砌筑、抹灰、勾缝、井盖、井座、爬梯安装、材料水平及垂直运输等。

计量单位：座

定 额 编 号			S5-4-57	S5-4-58
项 目 名 称			M7.5水泥砂浆矩形直线雨水检查井	
			规格＜1100mm×1800mm	规格＜1100mm×1900mm
			管径φ1500mm	管径φ1650mm
			井深＜4m	
基 价（元）			4042.10	4335.99
其中	人 工 费（元）		1231.58	1323.00
	材 料 费（元）		2759.42	2954.03
	机 械 费（元）		51.10	58.96
名 称	单位	单价（元）	消 耗 量	
人工	综合工日	工日	140.00	8.797	9.450
材料	电	kW·h	0.68	0.564	0.648
	机砖 240×115×53	千块	384.62	2.210	2.323
	煤焦油沥青漆 L01-17	kg	6.84	1.737	1.737
	水	m³	7.96	2.520	2.751
	水泥砂浆 1：2	m³	281.46	0.169	0.149
	水泥砂浆 M7.5	m³	201.87	1.147	1.190
	现浇混凝土 C15	m³	281.42	1.218	1.726
	养生布	m²	2.00	7.181	7.837
	预制钢筋混凝土盖板 C25	m³	683.76	0.396	0.396
	铸铁井盖井座	套	825.04	1.000	1.000
	铸铁爬梯	kg	3.50	33.633	33.633
	其他材料费占材料费	%	—	1.000	1.000
机械	机动翻斗车 1t	台班	220.18	0.094	0.109
	双锥反转出料混凝土搅拌机 350L	台班	253.32	0.120	0.138

487

工作内容：混凝土搅拌、捣固、抹平、养护、调制砂浆、砌筑、抹灰、勾缝、井盖、井座、爬梯安装、材料水平及垂直运输等。

计量单位：座

定 额 编 号				S5-4-59	S5-4-60
项 目 名 称				M7.5水泥砂浆矩形直线雨水检查井	
				规格＜1100mm×2100mm	规格＜1100mm×2300mm
				管径φ1800mm	管径φ2000mm
				井深＜4m	井深＜4.5m
基 价（元）				4558.58	5239.65
其中	人 工 费（元）			1405.74	1645.14
	材 料 费（元）			3086.71	3517.39
	机 械 费（元）			66.13	77.12
名 称		单位	单价（元）	消 耗 量	
人工	综合工日	工日	140.00	10.041	11.751
材料	电	kW·h	0.68	0.728	0.852
	机砖 240×115×53	千块	384.62	2.447	3.015
	煤焦油沥青漆 L01-17	kg	6.84	1.599	1.876
	水	m³	7.96	2.961	2.814
	水泥砂浆 1:2	m³	281.46	0.169	0.179
	水泥砂浆 M7.5	m³	201.87	1.239	1.517
	现浇混凝土 C15	m³	281.42	2.010	2.142
	养生布	m²	2.00	8.098	8.841
	预制钢筋混凝土盖板 C25	m³	683.76	0.396	0.518
	铸铁井盖井座	套	825.04	1.000	1.000
	铸铁爬梯	kg	3.50	29.896	37.370
	其他材料费占材料费	%	—	1.000	1.000
机械	机动翻斗车 1t	台班	220.18	0.122	0.142
	双锥反转出料混凝土搅拌机 350L	台班	253.32	0.155	0.181

②砖砌矩形直线污水检查井

工作内容：混凝土搅拌、捣固、抹平、养护、调制砂浆、砌筑、抹灰、勾缝、井盖、井座、爬梯安装、材料水平及垂直运输等。

计量单位：座

定 额 编 号			S5-4-61	S5-4-62
项 目 名 称			M7.5水泥砂浆矩形直线污水检查井	
			规格＜1100mm×1100mm	规格＜1100mm×1200mm
			管径φ800mm	管径φ900mm
			井深＜3m	井深＜3.5m
基 价 （元）			3454.31	3771.32
其中	人 工 费（元）		984.48	1153.32
	材 料 费（元）		2443.56	2589.83
	机 械 费（元）		26.27	28.17
名 称		单位	单价（元）	消 耗 量	
人工	综合工日	工日	140.00	7.032	8.238
材料	电	kW·h	0.68	0.292	0.312
	机砖 240×115×53	千块	384.62	1.954	2.161
	煤焦油沥青漆 L01-17	kg	6.84	1.322	1.461
	水	m³	7.96	1.754	1.712
	水泥砂浆 1:2	m³	281.46	0.603	0.636
	水泥砂浆 M7.5	m³	201.87	0.929	1.083
	现浇混凝土 C15	m³	281.42	0.761	0.802
	养生布	m²	2.00	5.180	4.971
	预制钢筋混凝土盖板 C25	m³	683.76	0.233	0.233
	铸铁井盖井座	套	825.04	1.000	1.000
	铸铁爬梯	kg	3.50	22.422	26.159
	其他材料费占材料费	%	—	1.000	1.000
机械	机动翻斗车 1t	台班	220.18	0.048	0.052
	双锥反转出料混凝土搅拌机 350L	台班	253.32	0.062	0.066

工作内容：混凝土搅拌、捣固、抹平、养护、调制砂浆、砌筑、抹灰、勾缝、井盖、井座、爬梯安装、材料水平及垂直运输等。

计量单位：座

定 额 编 号			S5-4-63	S5-4-64
项 目 名 称			M7.5水泥砂浆矩形直线污水检查井	
			规格＜1100mm×1300mm	规格＜1100mm×1400mm
			管径φ1000mm	管井φ1100mm
			井深＜3.5m	
基 价（元）			3910.31	4149.47
其中	人 工 费（元）		1168.02	1206.24
	材 料 费（元）		2711.97	2909.57
	机 械 费（元）		30.32	33.66
名 称	单位	单价（元）	消 耗 量	
人工	综合工日	工日	140.00	8.343	8.616
材料	电	kW·h	0.68	0.336	0.372
	机砖 240×115×53	千块	384.62	2.338	2.445
	煤焦油沥青漆 L01-17	kg	6.84	1.461	1.461
	水	m³	7.96	1.863	1.980
	水泥砂浆 1:2	m³	281.46	0.670	0.704
	水泥砂浆 M7.5	m³	201.87	1.125	1.170
	现浇混凝土 C15	m³	281.42	0.842	1.320
	养生布	m²	2.00	5.539	5.722
	预制钢筋混凝土盖板 C25	m³	683.76	0.264	0.264
	铸铁井盖井座	套	825.04	1.000	1.000
	铸铁爬梯	kg	3.50	26.159	26.159
	其他材料费占材料费	%	—	1.000	1.000
机械	机动翻斗车 1t	台班	220.18	0.056	0.062
	双锥反转出料混凝土搅拌机 350L	台班	253.32	0.071	0.079

工作内容：混凝土搅拌、捣固、抹平、养护、调制砂浆、砌筑、抹灰、勾缝、井盖、井座、爬梯安装、材料水平及垂直运输等。

计量单位：座

定 额 编 号			S5-4-65	S5-4-66
项 目 名 称			M7.5水泥砂浆矩形直线污水检查井	
			规格＜1100mm×1500mm	规格＜1100mm×1650mm
			管径φ1200mm	管径φ1350mm
			井深＜3.5m	井深＜4m
基 价（元）			4775.75	5285.05
其中	人 工 费（元）		1440.74	1632.68
	材 料 费（元）		3292.98	3603.68
	机 械 费（元）		42.03	48.69
名 称	单位	单价（元）	消 耗 量	
人工 综合工日	工日	140.00	10.291	11.662
材料 电	kW·h	0.68	0.464	0.536
机砖 240×115×53	千块	384.62	3.205	3.650
煤焦油沥青漆 L01-17	kg	6.84	1.322	1.461
水	m³	7.96	2.349	2.717
水泥砂浆 1:2	m³	281.46	0.737	0.788
水泥砂浆 M7.5	m³	201.87	1.522	1.733
现浇混凝土 C15	m³	281.42	1.376	1.472
养生布	m²	2.00	6.832	7.146
预制钢筋混凝土盖板 C25	m³	683.76	0.264	0.315
铸铁井盖井座	套	825.04	1.000	1.000
铸铁爬梯	kg	3.50	22.422	26.159
其他材料费占材料费	%	—	1.000	1.000
机械 机动翻斗车 1t	台班	220.18	0.077	0.090
双锥反转出料混凝土搅拌机 350L	台班	253.32	0.099	0.114

工作内容：混凝土搅拌、捣固、抹平、养护、调制砂浆、砌筑、抹灰、勾缝、井盖、井座、爬梯安装、材料水平及垂直运输等。

计量单位：座

定 额 编 号			S5-4-67	S5-4-68
项 目 名 称			M7.5水泥砂浆矩形直线污水检查井	
			规格＜1100mm×1800mm	规格＜1100mm×1900mm
			管径φ1500mm	管径φ1650mm
			井深＜4m	
基 价（元）			5536.59	5846.44
其中	人 工 费（元）		1736.14	1873.48
	材 料 费（元）		3743.64	3908.03
	机 械 费（元）		56.81	64.93
名 称	单位	单价（元）	消 耗 量	
人工	综合工日	工日	140.00	12.401	13.382
材料	电	kW·h	0.68	0.624	0.716
	机砖 240×115×53	千块	384.62	3.844	4.024
	煤焦油沥青漆 L01-17	kg	6.84	1.461	1.322
	水	m³	7.96	3.024	3.318
	水泥砂浆 1：2	m³	281.46	0.838	0.869
	水泥砂浆 M7.5	m³	201.87	1.834	1.912
	现浇混凝土 C15	m³	281.42	1.563	1.648
	养生布	m²	2.00	7.836	8.526
	预制钢筋混凝土盖板 C25	m³	683.76	0.315	0.396
	铸铁井盖井座	套	825.04	1.000	1.000
	铸铁爬梯	kg	3.50	26.159	22.422
	其他材料费占材料费	%	—	1.000	1.000
机械	机动翻斗车 1t	台班	220.18	0.105	0.120
	双锥反转出料混凝土搅拌机 350L	台班	253.32	0.133	0.152

工作内容：混凝土搅拌、捣固、抹平、养护、调制砂浆、砌筑、抹灰、勾缝、井盖、井座、爬梯安装、材料水平及垂直运输等。

计量单位：座

定 额 编 号				S5-4-69	S5-4-70
项 目 名 称				M7.5水泥砂浆矩形直线污水检查井	
				规格＜1100mm×2100mm	规格＜1100mm×2300mm
				管径φ1800mm	管径φ2000mm
				井深＜4m	井深＜4.5m
基 价（元）				6310.16	6847.01
其中	人 工 费（元）			2078.02	2285.78
	材 料 费（元）			4158.84	4475.52
	机 械 费（元）			73.30	85.71
名 称		单位	单价（元）	消 耗 量	
人工	综合工日	工日	140.00	14.843	16.327
材料	电	kW·h	0.68	0.808	0.944
	机砖 240×115×53	千块	384.62	4.477	4.832
	煤焦油沥青漆 L01-17	kg	6.84	1.322	1.461
	水	m³	7.96	3.623	4.053
	水泥砂浆 1:2	m³	281.46	0.886	0.902
	水泥砂浆 M7.5	m³	201.87	2.116	2.298
	现浇混凝土 C15	m³	281.42	1.737	1.855
	养生布	m²	2.00	8.823	9.618
	预制钢筋混凝土盖板 C25	m³	683.76	0.396	0.518
	铸铁井盖井座	套	825.04	1.000	1.000
	铸铁爬梯	kg	3.50	22.422	26.159
	其他材料费占材料费	%	—	1.000	1.000
机械	机动翻斗车 1t	台班	220.18	0.135	0.158
	双锥反转出料混凝土搅拌机 350L	台班	253.32	0.172	0.201

工作内容：混凝土搅拌、捣固、抹平、养护、调制砂浆、砌筑、抹灰、勾缝、井盖、井座、爬梯安装、材料水平及垂直运输等。

计量单位：座

定 额 编 号			S5-4-71	S5-4-72
项 目 名 称			M7.5水泥砂浆砖砌矩形一侧交汇雨水井	
			规格＜1650mm×1650mm	规格＜2200mm×2200mm
			管径φ900～1000mm	管径φ1100～1350mm
			井深＜3m	
基 价（元）			4753.92	6588.39
其中	人 工 费（元）		1785.28	2123.80
	材 料 费（元）		2920.42	4378.88
	机 械 费（元）		48.22	85.71
名 称		单位	单价（元）	消 耗 量
人工	综合工日	工日	140.00	12.752	15.170
材料	电	kW·h	0.68	0.532	0.944
	机砖 240×115×53	千块	384.62	2.596	4.006
	煤焦油沥青漆 L01-17	kg	6.84	1.599	1.461
	水	m³	7.96	3.980	4.515
	水泥砂浆 1：2	m³	281.46	0.175	0.296
	水泥砂浆 M7.5	m³	201.87	1.306	1.969
	现浇混凝土 C15	m³	281.42	1.005	2.355
	养生布	m²	2.00	9.505	14.440
	预制钢筋混凝土盖板 C25	m³	683.76	0.447	0.964
	铸铁井盖井座	套	825.04	1.000	1.000
	铸铁爬梯	kg	3.50	29.896	26.159
	其他材料费占材料费	%	—	1.000	1.000
机械	机动翻斗车 1t	台班	220.18	0.089	0.158
	双锥反转出料混凝土搅拌机 350L	台班	253.32	0.113	0.201

工作内容：混凝土搅拌、捣固、抹平、养护、调制砂浆、砌筑、抹灰、勾缝、井盖、井座、爬梯安装、材料水平及垂直运输等。

计量单位：座

定 额 编 号			S5-4-73	S5-4-74
项 目 名 称			M7.5水泥砂浆砖砌矩形一侧交汇雨水井	
			规格＜2630mm×2630mm	规格＜3150mm×3150mm
			管径φ1500～1650mm	管径φ1800～2000mm
			井深＜4m	井深＜4.5m
基 价（元）			9863.81	15518.86
其中	人 工 费（元）		3439.38	4993.38
	材 料 费（元）		6264.96	10268.14
	机 械 费（元）		159.47	257.34
名 称	单位	单价（元）	消 耗 量	
人工	综合工日	工日	140.00	24.567	35.667
材 料	电	kW·h	0.68	1.760	2.836
	机砖 240×115×53	千块	384.62	6.520	10.855
	煤焦油沥青漆 L01-17	kg	6.84	1.599	1.737
	水	m³	7.96	7.613	11.445
	水泥砂浆 1：2	m³	281.46	0.382	0.523
	水泥砂浆 M7.5	m³	201.87	3.166	5.212
	现浇混凝土 C15	m³	281.42	3.136	6.466
	养生布	m²	2.00	21.963	29.039
	预制钢筋混凝土盖板 C25	m³	683.76	1.512	2.730
	铸铁井盖井座	套	825.04	1.000	1.000
	铸铁爬梯	kg	3.50	25.856	33.633
	其他材料费占材料费	%	—	1.000	1.000
机械	机动翻斗车 1t	台班	220.18	0.294	0.475
	双锥反转出料混凝土搅拌机 350L	台班	253.32	0.374	0.603

(6)砖砌矩形交汇检查井
①砖砌矩形一侧交汇污水检查井

工作内容：混凝土搅拌、捣固、抹平、养护、调制砂浆、砌筑、抹灰、勾缝、井盖、井座、爬梯安装、材料水平及垂直运输等。

计量单位：座

定 额 编 号				S5-4-75	S5-4-76
项 目 名 称				M7.5水泥砂浆砖砌矩形一侧交汇污水井	
				规格＜1650mm×1650mm	规格＜2200mm×2200mm
				管径φ900～1000mm	管径φ1100～1350mm
				井深＜3.5m	
基 价（元）				6418.19	10157.00
其中	人 工 费（元）			2093.00	3636.50
	材 料 费（元）			4269.80	6424.78
	机 械 费（元）			55.39	95.72
名 称		单位	单价（元）	消 耗 量	
人工	综合工日	工日	140.00	14.950	25.975
材料	电	kW·h	0.68	0.612	1.056
	机砖 240×115×53	千块	384.62	4.917	7.422
	煤焦油沥青漆 L01-17	kg	6.84	1.322	1.322
	水	m³	7.96	3.623	6.899
	水泥砂浆 1:2	m³	281.46	0.855	1.174
	水泥砂浆 M7.5	m³	201.87	2.340	3.508
	现浇混凝土 C15	m³	281.42	1.259	2.812
	养生布	m²	2.00	10.781	24.618
	预制钢筋混凝土盖板 C25	m³	683.76	0.447	0.964
	铸铁井盖井座	套	825.04	1.000	1.000
	铸铁爬梯	kg	3.50	22.422	22.422
	其他材料费占材料费	%	—	1.000	1.000
机械	机动翻斗车 1t	台班	220.18	0.102	0.177
	双锥反转出料混凝土搅拌机 350L	台班	253.32	0.130	0.224

工作内容：混凝土搅拌、捣固、抹平、养护、调制砂浆、砌筑、抹灰、勾缝、井盖、井座、爬梯安装、材料水平及垂直运输等。

计量单位：座

定　额　编　号			S5-4-77	S5-4-78
项　目　名　称			M7.5水泥砂浆砖砌矩形一侧交汇污水井	
			规格＜2630mm×2630mm	规格＜3150mm×3150mm
			管径φ1500～1650mm	规格φ1800-2000mm
			井深＜4m	井深＜4.5m
基　　　　价（元）			13115.01	15665.67
其中	人　工　费（元）		4463.20	5206.32
	材　料　费（元）		8483.97	10201.76
	机　械　费（元）		167.84	257.59
名　　称		单位	单价（元）	消　　耗　　量	
人工	综合工日	工日	140.00	31.880	37.188
材料	电	kW·h	0.68	1.852	2.844
	机砖 240×115×53	千块	384.62	10.167	10.015
	煤焦油沥青漆 L01-17	kg	6.84	1.322	1.461
	水	m³	7.96	8.369	11.267
	水泥砂浆 1∶2	m³	281.46	1.507	1.882
	水泥砂浆 M7.5	m³	201.87	4.830	4.738
	现浇混凝土 C15	m³	281.42	3.664	6.466
	养生布	m²	2.00	22.469	29.039
	预制钢筋混凝土盖板 C25	m³	683.76	1.512	2.730
	铸铁井盖井座	套	825.04	1.000	1.000
	铸铁爬梯	kg	3.50	22.422	26.159
	其他材料费占材料费	%	—	1.000	1.000
机械	机动翻斗车 1t	台班	220.18	0.309	0.475
	双锥反转出料混凝土搅拌机 350L	台班	253.32	0.394	0.604

②砖砌矩形两侧交汇雨水检查井

工作内容：混凝土搅拌、捣固、抹平、养护、调制砂浆、砌筑、抹灰、勾缝、井盖、井座、爬梯安装、材料水平及垂直运输等。

计量单位：座

定　额　编　号				S5-4-79	S5-4-80
项　目　名　称				M7.5水泥砂浆砖砌矩形两侧交汇雨水井	
				规格＜2000mm×1500mm	规格＜2200mm×1700mm
				管径φ900mm	管径φ1000～1100mm
				井深＜3.5m	
基　　　　价（元）				4567.03	5362.34
其中	人　工　费（元）			1457.68	1767.08
	材　料　费（元）			3058.76	3529.13
	机　械　费（元）			50.59	66.13
名　　称		单位	单价(元)	消　　耗　　量	
人工	综合工日	工日	140.00	10.412	12.622
材料	电	kW·h	0.68	0.556	0.728
	机砖 240×115×53	千块	384.62	2.847	3.390
	煤焦油沥青漆 L01-17	kg	6.84	1.322	1.322
	水	m³	7.96	3.003	4.316
	水泥砂浆 1:2	m³	281.46	0.200	0.229
	水泥砂浆 M7.5	m³	201.87	1.395	1.679
	现浇混凝土 C15	m³	281.42	1.086	1.289
	养生布	m²	2.00	10.055	16.162
	预制钢筋混凝土盖板 C25	m³	683.76	0.487	0.650
	铸铁井盖井座	套	825.04	1.000	1.000
	铸铁爬梯	kg	3.50	22.422	22.422
	其他材料费占材料费	%	—	1.000	1.000
机械	机动翻斗车 1t	台班	220.18	0.094	0.122
	双锥反转出料混凝土搅拌机 350L	台班	253.32	0.118	0.155

498

工作内容：混凝土搅拌、捣固、抹平、养护、调制砂浆、砌筑、抹灰、勾缝、井盖、井座、爬梯安装、材料水平及垂直运输等。

计量单位：座

定 额 编 号				S5-4-81	S5-4-82
项 目 名 称				M7.5水泥砂浆砖砌矩形两侧交汇雨水井	
				规格＜2700mm×2050mm	规格＜3300mm×2480mm
				管径φ1200～1350mm	管径φ1500～1650mm
				井深＜4m	
基　　价（元）				7886.10	11373.48
其中	人 工 费（元）			2622.90	3871.42
	材 料 费（元）			5147.91	7320.64
	机 械 费（元）			115.29	181.42
名　　称		单位	单价（元）	消　　耗　　量	
人工	综合工日	工日	140.00	18.735	27.653
材料	电	kW·h	0.68	1.272	2.000
	机砖 240×115×53	千块	384.62	5.028	7.445
	煤焦油沥青漆 L01-17	kg	6.84	1.322	1.322
	水	m³	7.96	5.807	8.537
	水泥砂浆 1：2	m³	281.46	0.287	0.398
	水泥砂浆 M7.5	m³	201.87	2.450	3.602
	现浇混凝土 C15	m³	281.42	2.629	3.613
	养生布	m²	2.00	17.437	24.032
	预制钢筋混凝土盖板 C25	m³	683.76	1.248	2.192
	铸铁井盖井座	套	825.04	1.000	1.000
	铸铁爬梯	kg	3.50	22.422	22.422
	其他材料费占材料费	%	—	1.000	1.000
机械	机动翻斗车 1t	台班	220.18	0.213	0.335
	双锥反转出料混凝土搅拌机 350L	台班	253.32	0.270	0.425

工作内容：混凝土搅拌、捣固、抹平、养护、调制砂浆、砌筑、抹灰、勾缝、井盖、井座、爬梯安装、材料水平及垂直运输等。

计量单位：座

定　额　编　号				S5-4-83
项　目　名　称				M7.5水泥砂浆砖砌矩形两侧交汇雨水井
				规格＜4000mm×2900mm
				管径φ1800～2000mm
				井深＜4.5m
基　　　价（元）				19847.37
其中	人　工　费（元）			6486.90
	材　料　费（元）			13044.87
	机　械　费（元）			315.60
名　　称	单位	单价（元）	消　　耗　　量	
人工	综合工日	工日	140.00	46.335
材料	电	kW·h	0.68	3.480
	机砖 240×115×53	千块	384.62	14.749
	煤焦油沥青漆 L01-17	kg	6.84	1.461
	水	m³	7.96	14.291
	水泥砂浆 1：2	m³	281.46	0.649
	水泥砂浆 M7.5	m³	201.87	7.043
	现浇混凝土 C15	m³	281.42	7.349
	养生布	m²	2.00	35.450
	预制钢筋混凝土盖板 C25	m³	683.76	3.593
	铸铁井盖井座	套	825.04	1.000
	铸铁爬梯	kg	3.50	26.159
	其他材料费占材料费	%	—	1.000
机械	机动翻斗车 1t	台班	220.18	0.582
	双锥反转出料混凝土搅拌机 350L	台班	253.32	0.740

500

③砖砌矩形两侧交汇污水检查井

工作内容：混凝土搅拌、捣固、抹平、养护、调制砂浆、砌筑、抹灰、勾缝、井盖、井座、爬梯安装、材料水平及垂直运输等。

计量单位：座

定 额 编 号			S5-4-84	S5-4-85
项 目 名 称			M7.5水泥砂浆砖砌矩形两侧交汇污水井	
			规格＜2000mm×1500mm	规格＜2200mm×1700mm
			管径φ900mm	管径φ1000～1100mm
			井深＜3m	
基 价 （元）			7021.08	8156.47
其中	人 工 费 （元）		2320.08	2734.48
	材 料 费 （元）		4643.94	5344.65
	机 械 费 （元）		57.06	77.34
名 称	单位	单价（元）	消 耗 量	
人工 综合工日	工日	140.00	16.572	19.532
材料 电	kW·h	0.68	0.632	0.852
机砖 240×115×53	千块	384.62	5.552	6.563
煤焦油沥青漆 L01-17	kg	6.84	1.322	1.322
水	m³	7.96	3.875	4.841
水泥砂浆 1：2	m³	281.46	0.885	0.981
水泥砂浆 M7.5	m³	201.87	2.645	3.109
现浇混凝土 C15	m³	281.42	1.350	1.563
养生布	m²	2.00	11.383	13.882
预制钢筋混凝土盖板 C25	m³	683.76	0.487	0.650
铸铁井盖井座	套	825.04	1.000	1.000
铸铁爬梯	kg	3.50	22.422	22.422
其他材料费占材料费	%	—	1.000	1.000
机械 机动翻斗车 1t	台班	220.18	0.105	0.143
双锥反转出料混凝土搅拌机 350L	台班	253.32	0.134	0.181

工作内容：混凝土搅拌、捣固、抹平、养护、调制砂浆、砌筑、抹灰、勾缝、井盖、井座、爬梯安装、材料水平及垂直运输等。

计量单位：座

定　额　编　号				S5-4-86	S5-4-87
项　目　名　称				M7.5水泥砂浆砖砌矩形两侧交汇污水井	
				规格＜2700mm×2050mm	规格＜3300mm×2480mm
				管径φ1200～1350mm	管径φ1500～1650mm
				井深＜4m	
基　　　　　价（元）				10858.54	16255.42
其中	人　工　费（元）			3741.78	5432.56
	材　料　费（元）			6989.28	10629.98
	机　械　费（元）			127.48	192.88
名　　称		单位	单价（元）	消　　耗　　量	
人工	综合工日	工日	140.00	26.727	38.804
材料	电	kW·h	0.68	1.408	2.128
	机砖 240×115×53	千块	384.62	7.841	13.230
	煤焦油沥青漆 L01-17	kg	6.84	1.322	1.322
	水	m³	7.96	6.846	10.206
	水泥砂浆 1：2	m³	281.46	1.258	1.611
	水泥砂浆 M7.5	m³	201.87	3.695	6.241
	现浇混凝土 C15	m³	281.42	3.116	4.182
	养生布	m²	2.00	19.097	25.981
	预制钢筋混凝土盖板 C25	m³	683.76	1.248	2.192
	铸铁井盖井座	套	825.04	1.000	1.000
	铸铁爬梯	kg	3.50	22.422	22.422
	其他材料费占材料费	%	—	2.000	1.000
机械	机动翻斗车 1t	台班	220.18	0.235	0.356
	双锥反转出料混凝土搅拌机 350L	台班	253.32	0.299	0.452

502

工作内容：混凝土搅拌、捣固、抹平、养护、调制砂浆、砌筑、抹灰、勾缝、井盖、井座、爬梯安装、材料水平及垂直运输等。

计量单位：座

定 额 编 号				S5-4-88
项 目 名 称				M7.5水泥砂浆砖砌矩形两侧交汇污水井
				规格＜4000mm×2900mm
				管径φ1800～2000mm
				井深＜4.5m
基 价（元）				23529.36
其中	人 工 费（元）			7796.04
	材 料 费（元）			15417.72
	机 械 费（元）			315.60
	名 称	单位	单价（元）	消 耗 量
人工	综合工日	工日	140.00	55.686
材料	电	kW·h	0.68	3.480
	机砖 240×115×53	千块	384.62	18.880
	煤焦油沥青漆 L01-17	kg	6.84	1.461
	水	m³	7.96	15.141
	水泥砂浆 1:2	m³	281.46	1.990
	水泥砂浆 M7.5	m³	201.87	8.907
	现浇混凝土 C15	m³	281.42	7.349
	养生布	m²	2.00	35.451
	预制钢筋混凝土盖板 C25	m³	683.76	3.593
	铸铁井盖井座	套	825.04	1.000
	铸铁爬梯	kg	3.50	26.159
	其他材料费占材料费	%	—	1.000
机械	机动翻斗车 1t	台班	220.18	0.582
	双锥反转出料混凝土搅拌机 350L	台班	253.32	0.740

503

(7)砖砌扇形检查井

①砖砌90°扇形雨水检查井

工作内容：混凝土搅拌、捣固、抹平、养护、调制砂浆、砌筑、抹灰、勾缝、井盖、井座、爬梯安装、材料水平及垂直运输等。

计量单位：座

定 额 编 号			S5-4-89	S5-4-90
项 目 名 称			M7.5水泥砂浆砖砌90°扇形雨水检查井	
			管径φ800～900mm	管径φ1000～1100mm
			井深<3m	井深<3.5m
基 价 （元）			3808.83	4370.98
其中	人 工 费（元）		1138.48	1381.66
	材 料 费（元）		2631.19	2939.90
	机 械 费（元）		39.16	49.42
名 称	单位	单价（元）	消 耗 量	
人工	综合工日	工日	140.00	8.132	9.869
材料	电	kW·h	0.68	0.432	0.544
	机砖 240×115×53	千块	384.62	2.016	2.397
	煤焦油沥青漆 L01-17	kg	6.84	1.461	1.599
	水	m³	7.96	2.237	2.709
	水泥砂浆 1:2	m³	281.46	0.189	0.225
	水泥砂浆 M7.5	m³	201.87	1.167	1.406
	现浇混凝土 C15	m³	281.42	0.832	0.944
	养生布	m²	2.00	7.390	8.797
	预制钢筋混凝土盖板 C25	m³	683.76	0.508	0.579
	铸铁井盖井座	套	825.04	1.000	1.000
	铸铁爬梯	kg	3.50	26.159	29.896
	其他材料费占材料费	%	—	1.000	1.000
机械	机动翻斗车 1t	台班	220.18	0.072	0.091
	双锥反转出料混凝土搅拌机 350L	台班	253.32	0.092	0.116

计量单位：座

定　额　编　号			S5-4-91	S5-4-92
项　目　名　称			M7.5水泥砂浆砖砌90°扇形雨水检查井	
			管径φ1200～1350mm	管径φ1500～1650mm
			井深<3.5m	井深<4m
基　　　价（元）			5318.00	6937.94
其中	人　工　费（元）		1743.28	2370.62
	材　料　费（元）		3496.18	4451.30
	机　械　费（元）		78.54	116.02
名　　称	单位	单价（元）	消　　耗　　量	
人工	综合工日	工日	140.00	12.452	16.933
材料	电	kW·h	0.68	0.868	1.280
	机砖 240×115×53	千块	384.62	2.689	3.625
	煤焦油沥青漆 L01-17	kg	6.84	1.599	1.737
	水	m³	7.96	3.749	5.009
	水泥砂浆 1:2	m³	281.46	0.287	0.366
	水泥砂浆 M7.5	m³	201.87	1.595	2.169
	现浇混凝土 C15	m³	281.42	1.837	2.294
	养生布	m²	2.00	11.523	13.183
	预制钢筋混凝土盖板 C25	m³	683.76	0.751	1.177
	铸铁井盖井座	套	825.04	1.000	1.000
	铸铁爬梯	kg	3.50	29.896	33.633
	其他材料费占材料费	%	—	1.000	1.000
机械	机动翻斗车 1t	台班	220.18	0.145	0.214
	双锥反转出料混凝土搅拌机 350L	台班	253.32	0.184	0.272

工作内容：混凝土搅拌、捣固、抹平、养护、调制砂浆、砌筑、抹灰、勾缝、井盖、井座、爬梯安装、材料水平及垂直运输等。

计量单位：座

定　额　编　号			S5-4-93	S5-4-94
项　目　名　称			M7.5水泥砂浆砖砌90°扇形雨水检查井	
			管径φ1800mm	管径φ2000mm
			井深＜4m	井深＜4.5m
基　　　　价（元）			8647.12	10462.84
其中	人　工　费（元）		2837.52	3489.22
	材　料　费（元）		5657.29	6786.23
	机　械　费（元）		152.31	187.39
名　　称	单位	单价(元)	消　　耗　　量	
人工	综合工日	工日	140.00	20.268	24.923
材料	电	kW·h	0.68	1.680	2.068
	机砖 240×115×53	千块	384.62	4.140	5.105
	煤焦油沥青漆 L01-17	kg	6.84	1.599	1.876
	水	m³	7.96	6.269	6.437
	水泥砂浆 1：2	m³	281.46	0.427	0.600
	水泥砂浆 M7.5	m³	201.87	2.483	3.073
	现浇混凝土 C15	m³	281.42	4.375	5.075
	养生布	m²	2.00	16.860	19.263
	预制钢筋混凝土盖板 C25	m³	683.76	1.654	2.162
	铸铁井盖井座	套	825.04	1.000	1.000
	铸铁爬梯	kg	3.50	29.896	37.370
	其他材料费占材料费	%	—	1.000	1.000
机械	机动翻斗车 1t	台班	220.18	0.281	0.346
	双锥反转出料混凝土搅拌机 350L	台班	253.32	0.357	0.439

506

②砖砌90°扇形污水检查井

工作内容：混凝土搅拌、捣固、抹平、养护、调制砂浆、砌筑、抹灰、勾缝、井盖、井座、爬梯安装、材料水平及垂直运输等。

计量单位：座

定 额 编 号				S5-4-95	S5-4-96
项 目 名 称				M7.5水泥砂浆砖砌90°扇形污水检查井	
				管径φ800～900mm	管径φ1000～1100mm
				井深＜3.5m	
基 价 （元）				4789.45	5400.29
其中	人 工 费 （元）			1534.96	1792.28
	材 料 费 （元）			3215.33	3558.59
	机 械 费 （元）			39.16	49.42
	名 称	单位	单价（元）	消 耗 量	
人工	综合工日	工日	140.00	10.964	12.802
材料	电	kW•h	0.68	0.432	0.544
	机砖 240×115×53	千块	384.62	2.755	3.189
	煤焦油沥青漆 L01-17	kg	6.84	1.461	1.461
	水	m³	7.96	2.394	2.867
	水泥砂浆 1：2	m³	281.46	0.708	0.825
	水泥砂浆 M7.5	m³	201.87	1.568	1.818
	现浇混凝土 C15	m³	281.42	1.066	1.188
	养生布	m²	2.00	7.390	8.797
	预制钢筋混凝土盖板 C25	m³	683.76	0.508	0.579
	铸铁井盖井座	套	825.04	1.000	1.000
	铸铁爬梯	kg	3.50	26.159	26.159
	其他材料费占材料费	%	—	1.000	1.000
机械	机动翻斗车 1t	台班	220.18	0.072	0.091
	双锥反转出料混凝土搅拌机 350L	台班	253.32	0.092	0.116

工作内容：混凝土搅拌、捣固、抹平、养护、调制砂浆、砌筑、抹灰、勾缝、井盖、井座、爬梯安装、材料水平及垂直运输等。

计量单位：座

定 额 编 号				S5-4-97	S5-4-98
项 目 名 称				M7.5水泥砂浆砖砌90°扇形污水检查井	
				管径φ1200～1350mm	管径φ1500～1650mm
				井深<3.5m	井深<4m
基 价（元）				7258.23	9450.62
其中	人 工 费（元）			2470.58	3339.84
	材 料 费（元）			4704.09	5988.79
	机 械 费（元）			83.56	121.99
名 称		单位	单价（元）	消 耗 量	
人工	综合工日	工日	140.00	17.647	23.856
材料	电	kW·h	0.68	0.920	1.348
	机砖 240×115×53	千块	384.62	4.565	6.040
	煤焦油沥青漆 L01-17	kg	6.84	1.322	1.322
	水	m³	7.96	4.316	5.723
	水泥砂浆 1:2	m³	281.46	0.968	1.236
	水泥砂浆 M7.5	m³	201.87	2.540	3.411
	现浇混凝土 C15	m³	281.42	2.243	2.761
	养生布	m²	2.00	12.125	14.554
	预制钢筋混凝土盖板 C25	m³	683.76	0.751	1.177
	铸铁井盖井座	套	825.04	1.000	1.000
	铸铁爬梯	kg	3.50	22.422	22.422
	其他材料费占材料费	%	—	1.000	1.000
机械	机动翻斗车 1t	台班	220.18	0.154	0.225
	双锥反转出料混凝土搅拌机 350L	台班	253.32	0.196	0.286

工作内容：混凝土搅拌、捣固、抹平、养护、调制砂浆、砌筑、抹灰、勾缝、井盖、井座、爬梯安装、材料水平及垂直运输等。

计量单位：座

定 额 编 号				S5-4-99	S5-4-100
项 目 名 称				M7.5水泥砂浆砖砌90°扇形污水检查井	
				管径φ1800mm	管径φ2000mm
				井深＜4m	井深＜4.5m
基 价 （元）				11535.81	15122.46
其中	人 工 费（元）			4032.42	5266.80
	材 料 费（元）			7343.70	9647.96
	机 械 费（元）			159.69	207.70
名 称		单位	单价（元）	消 耗 量	
人工	综合工日	工日	140.00	28.803	37.620
材料	电	kW·h	0.68	1.760	2.292
	机砖 240×115×53	千块	384.62	6.977	10.170
	煤焦油沥青漆 L01-17	kg	6.84	1.322	1.461
	水	m³	7.96	7.088	9.188
	水泥砂浆 1：2	m³	281.46	1.485	1.798
	水泥砂浆 M7.5	m³	201.87	3.973	5.869
	现浇混凝土 C15	m³	281.42	4.375	5.075
	养生布	m²	2.00	17.585	21.115
	预制钢筋混凝土盖板 C25	m³	683.76	1.654	2.162
	铸铁井盖井座	套	825.04	1.000	1.000
	铸铁爬梯	kg	3.50	22.422	26.159
	其他材料费占材料费	%	—	1.000	1.000
机械	机动翻斗车 1t	台班	220.18	0.295	0.383
	双锥反转出料混凝土搅拌机 350L	台班	253.32	0.374	0.487

③砖砌120°扇形雨水检查井

工作内容：混凝土搅拌、捣固、抹平、养护、调制砂浆、砌筑、抹灰、勾缝、井盖、井座、爬梯安装、材料水平及垂直运输等。

计量单位：座

定 额 编 号				S5-4-101	S5-4-102
项 目 名 称				M7.5水泥砂浆砖砌120°扇形雨水检查井	
				管径φ800~900mm	管径φ1000~1100mm
				井深<3m	井深<3.5m
基 价（元）				3213.52	3430.43
其中	人 工 费（元）			998.76	1042.86
	材 料 费（元）			2188.49	2348.89
	机 械 费（元）			26.27	38.68
名 称		单位	单价（元）	消 耗 量	
人工	综合工日	工日	140.00	7.134	7.449
材料	电	kW·h	0.68	0.292	0.428
	机砖 240×115×53	千块	384.62	1.663	1.744
	煤焦油沥青漆 L01-17	kg	6.84	1.461	1.599
	水	m³	7.96	1.607	2.079
	水泥砂浆 1:2	m³	281.46	0.150	0.177
	水泥砂浆 M7.5	m³	201.87	0.947	0.998
	现浇混凝土 C15	m³	281.42	0.629	0.700
	养生布	m²	2.00	5.189	6.613
	预制钢筋混凝土盖板 C25	m³	683.76	0.244	0.345
	铸铁井盖井座	套	825.04	1.000	1.000
	铸铁爬梯	kg	3.50	26.159	29.896
	其他材料费占材料费	%	—	1.000	1.000
机械	机动翻斗车 1t	台班	220.18	0.048	0.071
	双锥反转出料混凝土搅拌机 350L	台班	253.32	0.062	0.091

工作内容：混凝土搅拌、捣固、抹平、养护、调制砂浆、砌筑、抹灰、勾缝、井盖、井座、爬梯安装、材料水平及垂直运输等。

计量单位：座

定 额 编 号			S5-4-103	S5-4-104
项 目 名 称			M7.5水泥砂浆砖砌120°扇形雨水检查井	
			管径φ1200～1350mm	管径φ1500～1650mm
			井深＜3.5m	井深＜4m
基 价 （元）			3974.79	5445.88
其中	人 工 费 （元）		1083.60	1812.58
	材 料 费 （元）		2846.79	3550.47
	机 械 费 （元）		44.40	82.83
名 称	单位	单价（元）	消 耗 量	
人工	综合工日	工日	140.00	7.740	12.947
材料	电	kW•h	0.68	0.488	0.912
	机砖 240×115×53	千块	384.62	2.173	2.853
	煤焦油沥青漆 L01-17	kg	6.84	1.599	1.737
	水	m³	7.96	2.310	3.696
	水泥砂浆 1：2	m³	281.46	0.214	0.285
	水泥砂浆 M7.5	m³	201.87	1.272	1.687
	现浇混凝土 C15	m³	281.42	1.350	1.675
	养生布	m²	2.00	7.041	10.413
	预制钢筋混凝土盖板 C25	m³	683.76	0.457	0.761
	铸铁井盖井座	套	825.04	1.000	1.000
	铸铁爬梯	kg	3.50	29.896	33.633
	其他材料费占材料费	%	—	1.000	1.000
机械	机动翻斗车 1t	台班	220.18	0.082	0.153
	双锥反转出料混凝土搅拌机 350L	台班	253.32	0.104	0.194

511

工作内容：混凝土搅拌、捣固、抹平、养护、调制砂浆、砌筑、抹灰、勾缝、井盖、井座、爬梯安装、材料水平及垂直运输等。

计量单位：座

定　额　编　号				S5-4-105	S5-4-106
项　目　名　称				M7.5水泥砂浆砖砌120°扇形雨水检查井	
				管径φ1800mm	管径φ2000mm
				井深＜4m	井深＜4.5m
基　　　价（元）				6571.22	8479.50
其中	人　工　费（元）			2089.78	2830.66
	材　料　费（元）			4379.03	5507.27
	机　械　费（元）			102.41	141.57
名　　称		单位	单价（元）	消　耗　量	
人工	综合工日	工日	140.00	14.927	20.219
材料	电	kW·h	0.68	1.128	1.560
	机砖 240×115×53	千块	384.62	3.196	4.735
	煤焦油沥青漆 L01-17	kg	6.84	1.599	1.876
	水	m³	7.96	4.452	6.038
	水泥砂浆 1：2	m³	281.46	0.324	0.412
	水泥砂浆 M7.5	m³	201.87	1.893	2.815
	现浇混凝土 C15	m³	281.42	3.258	3.735
	养生布	m²	2.00	12.440	15.978
	预制钢筋混凝土盖板 C25	m³	683.76	1.045	1.238
	铸铁井盖井座	套	825.04	1.000	1.000
	铸铁爬梯	kg	3.50	29.896	37.370
	其他材料费占材料费	%	—	1.000	1.000
机械	机动翻斗车 1t	台班	220.18	0.189	0.261
	双锥反转出料混凝土搅拌机 350L	台班	253.32	0.240	0.332

④砖砌120°扇形污水检查井

工作内容：混凝土搅拌、捣固、抹平、养护、调制砂浆、砌筑、抹灰、勾缝、井盖、井座、爬梯安装、材料水平及垂直运输等。

计量单位：座

定 额 编 号			S5-4-107	S5-4-108
项 目 名 称			M7.5水泥砂浆砖砌120°扇形污水检查井	
			管径φ800～900mm	管径φ1000～1100mm
			井深＜3.5m	
基 价（元）			3867.63	4394.21
其中	人 工 费（元）		1302.70	1419.88
	材 料 费（元）		2538.66	2935.65
	机 械 费（元）		26.27	38.68
名 称		单位	单价（元）	消 耗 量	
人工	综合工日	工日	140.00	9.305	10.142
材料	电	kW·h	0.68	0.292	0.428
	机砖 240×115×53	千块	384.62	1.952	2.551
	煤焦油沥青漆 L01-17	kg	6.84	1.461	1.461
	水	m³	7.96	1.764	2.237
	水泥砂浆 1：2	m³	281.46	0.575	0.667
	水泥砂浆 M7.5	m³	201.87	1.246	1.420
	现浇混凝土 C15	m³	281.42	0.822	0.914
	养生布	m²	2.00	5.190	6.613
	预制钢筋混凝土盖板 C25	m³	683.76	0.244	0.345
	铸铁井盖井座	套	825.04	1.000	1.000
	铸铁爬梯	kg	3.50	26.159	26.159
	其他材料费占材料费	%	—	1.000	1.000
机械	机动翻斗车 1t	台班	220.18	0.048	0.071
	双锥反转出料混凝土搅拌机 350L	台班	253.32	0.062	0.091

工作内容：混凝土搅拌、捣固、抹平、养护、调制砂浆、砌筑、抹灰、勾缝、井盖、井座、爬梯安装、材料水平及垂直运输等。

计量单位：座

定 额 编 号				S5-4-109	S5-4-110
项 目 名 称				M7.5水泥砂浆砖砌120°扇形污水检查井	
				管径φ1200～1350mm	管径φ1500～1650mm
				井深<3.5m	井深<4m
基 价 （元）				6100.70	7449.08
其中	人 工 费 （元）			2055.34	2555.42
	材 料 费 （元）			3986.62	4804.86
	机 械 费 （元）			58.74	88.80
名 称		单位	单价（元）	消 耗 量	
人工	综合工日	工日	140.00	14.681	18.253
材料	电	kW·h	0.68	0.648	0.980
	机砖 240×115×53	千块	384.62	4.016	4.866
	煤焦油沥青漆 L01-17	kg	6.84	1.322	1.322
	水	m³	7.96	3.234	4.326
	水泥砂浆 1:2	m³	281.46	0.777	0.977
	水泥砂浆 M7.5	m³	201.87	2.155	2.679
	现浇混凝土 C15	m³	281.42	1.705	2.060
	养生布	m²	2.00	8.875	11.103
	预制钢筋混凝土盖板 C25	m³	683.76	0.457	0.761
	铸铁井盖井座	套	825.04	1.000	1.000
	铸铁爬梯	kg	3.50	22.422	22.422
	其他材料费占材料费	%	—	1.000	1.000
机械	机动翻斗车 1t	台班	220.18	0.108	0.164
	双锥反转出料混凝土搅拌机 350L	台班	253.32	0.138	0.208

工作内容：混凝土搅拌、捣固、抹平、养护、调制砂浆、砌筑、抹灰、勾缝、井盖、井座、爬梯安装、材料水平及垂直运输等。

计量单位：座

定　额　编　号				S5-4-111	S5-4-112
项　目　名　称				M7.5水泥砂浆砖砌120°扇形污水检查井	
				管径φ1800mm	管径φ2000mm
				井深＜4m	井深＜4.5m
基　　　价（元）				8612.63	11320.31
其中	人　工　费（元）			2910.88	3971.10
	材　料　费（元）			5592.39	7198.32
	机　械　费（元）			109.36	150.89
名　　称		单位	单价（元）	消　　耗　　量	
人工	综合工日	工日	140.00	20.792	28.365
材料	电	kW·h	0.68	1.208	1.664
	机砖 240×115×53	千块	384.62	5.284	7.732
	煤焦油沥青漆 L01-17	kg	6.84	1.322	1.461
	水	m³	7.96	5.114	6.962
	水泥砂浆 1：2	m³	281.46	1.078	1.285
	水泥砂浆 M7.5	m³	201.87	2.920	4.345
	现浇混凝土 C15	m³	281.42	3.258	3.735
	养生布	m²	2.00	13.165	16.817
	预制钢筋混凝土盖板 C25	m³	683.76	1.045	1.238
	铸铁井盖井座	套	825.04	1.000	1.000
	铸铁爬梯	kg	3.50	22.422	26.159
	其他材料费占材料费	%	—	1.000	1.000
机械	机动翻斗车 1t	台班	220.18	0.201	0.278
	双锥反转出料混凝土搅拌机 350L	台班	253.32	0.257	0.354

⑤砖砌135°扇形雨水检查井

工作内容：混凝土搅拌、捣固、抹平、养护、调制砂浆、砌筑、抹灰、勾缝、井盖、井座、爬梯安装、材料水平及垂直运输等。

计量单位：座

定 额 编 号				S5-4-113	S5-4-114
项 目 名 称				M7.5水泥砂浆砖砌135°扇形雨水检查井	
				管径φ800～900mm	管径φ1000～1100mm
				井深＜3m	井深＜3.5m
基 价（元）				3300.02	3419.82
其中	人 工 费（元）			983.36	1048.74
	材 料 费（元）			2288.97	2336.00
	机 械 费（元）			27.69	35.08
名 称		单位	单价（元）	消 耗 量	
人工	综合工日	工日	140.00	7.024	7.491
材料	电	kW·h	0.68	0.304	0.388
	机砖 240×115×53	千块	384.62	1.933	1.874
	煤焦油沥青漆 L01-17	kg	6.84	1.461	1.599
	水	m³	7.96	1.649	1.911
	水泥砂浆 1:2	m³	281.46	0.139	0.164
	水泥砂浆 M7.5	m³	201.87	1.116	1.079
	现浇混凝土 C15	m³	281.42	0.579	0.639
	养生布	m²	2.00	4.962	5.845
	预制钢筋混凝土盖板 C25	m³	683.76	0.213	0.264
	铸铁井盖井座	套	825.04	1.000	1.000
	铸铁爬梯	kg	3.50	26.159	29.896
	其他材料费占材料费	%	—	1.000	1.000
机械	机动翻斗车 1t	台班	220.18	0.051	0.065
	双锥反转出料混凝土搅拌机 350L	台班	253.32	0.065	0.082

工作内容：混凝土搅拌、捣固、抹平、养护、调制砂浆、砌筑、抹灰、勾缝、井盖、井座、爬梯安装、材料水平及垂直运输等。

计量单位：座

定 额 编 号			S5-4-115	S5-4-116
项 目 名 称			M7.5水泥砂浆砖砌135°扇形雨水检查井	
			管径φ1200～1350mm	管径φ1500～1650mm
			井深＜3.5m	井深＜4m
基 价（元）			3856.78	4769.81
其中	人 工 费（元）		1199.24	1622.74
	材 料 费（元）		2609.07	3077.12
	机 械 费（元）		48.47	69.95
名 称		单位	单价（元）	消 耗 量	
人工	综合工日	工日	140.00	8.566	11.591
材料	电	kW·h	0.68	0.536	0.772
	机砖 240×115×53	千块	384.62	1.989	2.496
	煤焦油沥青漆 L01-17	kg	6.84	1.599	1.737
	水	m³	7.96	2.405	3.192
	水泥砂浆 1：2	m³	281.46	0.180	0.218
	水泥砂浆 M7.5	m³	201.87	1.157	1.464
	现浇混凝土 C15	m³	281.42	1.198	1.391
	养生布	m²	2.00	7.259	8.946
	预制钢筋混凝土盖板 C25	m³	683.76	0.325	0.497
	铸铁井盖井座	套	825.04	1.000	1.000
	铸铁爬梯	kg	3.50	29.896	33.633
	其他材料费占材料费	%	—	1.000	1.000
机械	机动翻斗车 1t	台班	220.18	0.089	0.129
	双锥反转出料混凝土搅拌机 350L	台班	253.32	0.114	0.164

工作内容：混凝土搅拌、捣固、抹平、养护、调制砂浆、砌筑、抹灰、勾缝、井盖、井座、爬梯安装、材料水平及垂直运输等。

计量单位：座

定　额　编　号				S5-4-117	S5-4-118
项　目　名　称				M7.5水泥砂浆砖砌135°扇形雨水检查井	
				管径φ1800mm	管径φ2000mm
				井深＜4m	井深＜4.5m
基　　　　　　价（元）				5462.62	7165.72
其中	人　工　费（元）			1741.88	2402.26
	材　料　费（元）			3636.23	4646.02
	机　械　费（元）			84.51	117.44
名　　　　称		单位	单价（元）	消　　耗　　量	
人工	综合工日	工日	140.00	12.442	17.159
材料	电	kW·h	0.68	0.932	1.296
	机砖 240×115×53	千块	384.62	2.756	4.060
	煤焦油沥青漆 L01-17	kg	6.84	1.599	1.876
	水	m³	7.96	3.728	5.019
	水泥砂浆 1:2	m³	281.46	0.273	0.129
	水泥砂浆 M7.5	m³	201.87	1.614	2.393
	现浇混凝土 C15	m³	281.42	2.741	3.126
	养生布	m²	2.00	10.282	13.052
	预制钢筋混凝土盖板 C25	m³	683.76	0.548	0.883
	铸铁井盖井座	套	825.04	1.000	1.000
	铸铁爬梯	kg	3.50	29.896	37.370
	其他材料费占材料费	%	—	1.000	1.000
机械	机动翻斗车 1t	台班	220.18	0.156	0.217
	双锥反转出料混凝土搅拌机 350L	台班	253.32	0.198	0.275

518

⑥砖砌135°扇形污水检查井

工作内容：混凝土搅拌、捣固、抹平、养护、调制砂浆、砌筑、抹灰、勾缝、井盖、井座、爬梯安装、材料水平及垂直运输等。

计量单位：座

定 额 编 号			S5-4-119	S5-4-120
项 目 名 称			M7.5水泥砂浆砖砌135°扇形污水检查井	
			管径φ800～900mm	管径φ1000～1100mm
			井深<3.5m	
基 价（元）			3713.25	4108.38
其中	人 工 费（元）		1140.72	1310.26
	材 料 费（元）		2544.84	2763.04
	机 械 费（元）		27.69	35.08
名 称		单位	单价（元）	消 耗 量	
人工	综合工日	工日	140.00	8.148	9.359
材料	电	kW·h	0.68	0.304	0.388
	机砖 240×115×53	千块	384.62	2.123	2.393
	煤焦油沥青漆 L01-17	kg	6.84	1.461	1.461
	水	m³	7.96	1.680	2.027
	水泥砂浆 1：2	m³	281.46	0.545	0.627
	水泥砂浆 M7.5	m³	201.87	1.174	1.321
	现浇混凝土 C15	m³	281.42	0.771	0.842
	养生布	m²	2.00	4.962	5.844
	预制钢筋混凝土盖板 C25	m³	683.76	0.213	0.264
	铸铁井盖井座	套	825.04	1.000	1.000
	铸铁爬梯	kg	3.50	26.159	26.159
	其他材料费占材料费	%	—	1.000	1.000
机械	机动翻斗车 1t	台班	220.18	0.051	0.065
	双锥反转出料混凝土搅拌机 350L	台班	253.32	0.065	0.082

工作内容：混凝土搅拌、捣固、抹平、养护、调制砂浆、砌筑、抹灰、勾缝、井盖、井座、爬梯安装、材料水平及垂直运输等。

计量单位：座

定 额 编 号				S5-4-121	S5-4-122
项 目 名 称				M7.5水泥砂浆砖砌135°扇形污水检查井	
				管径φ1200～1350mm	管径φ1500～1650mm
				井深＜3.5m	井深＜4m
基 价 （元）				5442.34	6496.66
其中	人 工 费（元）			1785.56	2205.98
	材 料 费（元）			3603.79	4214.29
	机 械 费（元）			52.99	76.39
名 称		单位	单价（元）	消 耗 量	
人工	综合工日	工日	140.00	12.754	15.757
材料	电	kW·h	0.68	0.584	0.840
	机砖 240×115×53	千块	384.62	3.573	4.328
	煤焦油沥青漆 L01-17	kg	6.84	1.322	1.322
	水	m³	7.96	2.898	3.759
	水泥砂浆 1:2	m³	281.46	0.713	0.860
	水泥砂浆 M7.5	m³	201.87	1.921	2.340
	现浇混凝土 C15	m³	281.42	1.533	1.746
	养生布	m²	2.00	7.862	9.627
	预制钢筋混凝土盖板 C25	m³	683.76	0.325	0.497
	铸铁井盖井座	套	825.04	1.000	1.000
	铸铁爬梯	kg	3.50	22.422	22.422
	其他材料费占材料费	%	—	1.000	1.000
机械	机动翻斗车 1t	台班	220.18	0.098	0.141
	双锥反转出料混凝土搅拌机 350L	台班	253.32	0.124	0.179

工作内容：混凝土搅拌、捣固、抹平、养护、调制砂浆、砌筑、抹灰、勾缝、井盖、井座、爬梯安装、材料水平及垂直运输等。

计量单位：座

定 额 编 号				S5-4-123	S5-4-124
项 目 名 称				M7.5水泥砂浆砖砌135°扇形污水检查井	
				管径φ1800mm	管径φ2000mm
				井深＜4m	井深＜4.5m
基 价（元）				7376.06	9861.91
其中	人 工 费（元）			2505.86	3465.14
	材 料 费（元）			4778.53	6269.76
	机 械 费（元）			91.67	127.01
名 称		单位	单价（元）	消 耗	量
人工	综合工日	工日	140.00	17.899	24.751
材料	电	kW·h	0.68	1.012	1.400
	机砖 240×115×53	千块	384.62	4.763	6.882
	煤焦油沥青漆 L01-17	kg	6.84	1.322	1.461
	水	m³	7.96	4.347	5.891
	水泥砂浆 1：2	m³	281.46	0.927	1.084
	水泥砂浆 M7.5	m³	201.87	2.588	3.814
	现浇混凝土 C15	m³	281.42	2.741	3.126
	养生布	m²	2.00	11.001	13.890
	预制钢筋混凝土盖板 C25	m³	683.76	0.548	0.883
	铸铁井盖井座	套	825.04	1.000	1.000
	铸铁爬梯	kg	3.50	22.422	26.159
	其他材料费占材料费	%	—	1.000	1.000
机械	机动翻斗车 1t	台班	220.18	0.169	0.234
	双锥反转出料混凝土搅拌机 350L	台班	253.32	0.215	0.298

⑦砖砌150°扇形雨水检查井

工作内容：混凝土搅拌、捣固、抹平、养护、调制砂浆、砌筑、抹灰、勾缝、井盖、井座、爬梯安装、材料水平及垂直运输等。 计量单位：座

定 额 编 号			S5-4-125	S5-4-126
项 目 名 称			M7.5水泥砂浆砖砌150°扇形雨水检查井	
			管径 φ800～900mm	管径 φ1000～1100mm
			井深＜3m	井深＜3.5m
基 价 （元）			3340.82	3492.27
其中	人 工 费 （元）		1023.40	1087.38
	材 料 费 （元）		2286.16	2369.55
	机 械 费 （元）		31.26	35.34
名 称	单位	单价（元）	消 耗 量	
人工	综合工日	工日	140.00	7.310	7.767
材料	电	kW·h	0.68	0.344	0.392
	机砖 240×115×53	千块	384.62	1.932	1.911
	煤焦油沥青漆 L01-17	kg	6.84	1.461	1.599
	水	m³	7.96	1.838	1.927
	水泥砂浆 1:2	m³	281.46	0.145	0.169
	水泥砂浆 M7.5	m³	201.87	1.033	1.102
	现浇混凝土 C15	m³	281.42	0.589	0.660
	养生布	m²	2.00	5.704	5.871
	预制钢筋混凝土盖板 C25	m³	683.76	0.223	0.274
	铸铁井盖井座	套	825.04	1.000	1.000
	铸铁爬梯	kg	3.50	26.159	29.896
	其他材料费占材料费	%	—	1.000	1.000
机械	机动翻斗车 1t	台班	220.18	0.058	0.065
	双锥反转出料混凝土搅拌机 350L	台班	253.32	0.073	0.083

工作内容：混凝土搅拌、捣固、抹平、养护、调制砂浆、砌筑、抹灰、勾缝、井盖、井座、爬梯安装、材料水平及垂直运输等。

计量单位：座

定 额 编 号				S5-4-127	S5-4-128
项 目 名 称				M7.5水泥砂浆砖砌150°扇形雨水检查井	
				管径φ1200～1350mm	管径φ1500～1650mm
				井深<3.5m	井深<4m
基 价（元）				3954.66	4454.85
其中	人 工 费（元）			1246.42	1481.34
	材 料 费（元）			2656.20	2908.58
	机 械 费（元）			52.04	64.93
名 称		单位	单价（元）	消 耗 量	
人工	综合工日	工日	140.00	8.903	10.581
材料	电	kW•h	0.68	0.576	0.716
	机砖 240×115×53	千块	384.62	2.033	2.416
	煤焦油沥青漆 L01-17	kg	6.84	1.599	1.737
	水	m³	7.96	2.455	2.743
	水泥砂浆 1：2	m³	281.46	0.193	0.216
	水泥砂浆 M7.5	m³	201.87	1.187	1.413
	现浇混凝土 C15	m³	281.42	1.269	1.259
	养生布	m²	2.00	7.068	8.072
	预制钢筋混凝土盖板 C25	m³	683.76	0.325	0.376
	铸铁井盖井座	套	825.04	1.000	1.000
	铸铁爬梯	kg	3.50	29.896	33.633
	其他材料费占材料费	%	—	1.000	1.000
机械	机动翻斗车 1t	台班	220.18	0.096	0.120
	双锥反转出料混凝土搅拌机 350L	台班	253.32	0.122	0.152

工作内容：混凝土搅拌、捣固、抹平、养护、调制砂浆、砌筑、抹灰、勾缝、井盖、井座、爬梯安装、材料水平及垂直运输等。

计量单位：座

定 额 编 号				S5-4-129	S5-4-130
项 目 名 称				M7.5水泥砂浆砖砌150°扇形雨水检查井	
				管径φ1800mm	管径φ2000mm
				井深＜4m	井深＜4.5m
基 价（元）				5186.60	6293.89
其中	人 工 费（元）			1818.60	2237.76
	材 料 费（元）			3261.77	3929.12
	机 械 费（元）			106.23	127.01
名 称		单位	单价（元）	消 耗 量	
人工	综合工日	工日	140.00	12.990	15.984
材 料	电	kW•h	0.68	1.172	1.400
	机砖 240×115×53	千块	384.62	2.447	3.426
	煤焦油沥青漆 L01-17	kg	6.84	1.599	1.876
	水	m³	7.96	4.350	5.187
	水泥砂浆 1:2	m³	281.46	0.217	0.247
	水泥砂浆 M7.5	m³	201.87	1.425	1.996
	现浇混凝土 C15	m³	281.42	2.375	2.538
	养生布	m²	2.00	12.195	13.777
	预制钢筋混凝土盖板 C25	m³	683.76	0.396	0.508
	铸铁井盖井座	套	825.04	1.000	1.000
	铸铁爬梯	kg	3.50	29.896	37.370
	其他材料费占材料费	%	—	1.000	1.000
机械	机动翻斗车 1t	台班	220.18	0.196	0.234
	双锥反转出料混凝土搅拌机 350L	台班	253.32	0.249	0.298

524

⑧砖砌150°扇形污水检查井

工作内容：混凝土搅拌、捣固、抹平、养护、调制砂浆、砌筑、抹灰、勾缝、井盖、井座、爬梯安装、材料水平及垂直运输等。

计量单位：座

定　额　编　号			S5-4-131	S5-4-132
项　目　名　称			M7.5水泥砂浆砖砌150°扇形污水检查井	
			管径φ800~900mm	管径φ1000~1100mm
			井深<3.5m	
基　　价（元）			4224.82	4775.61
其中	人　工　费（元）		1330.98	1588.44
	材　料　费（元）		2864.00	3148.74
	机　械　费（元）		29.84	38.43
名　　称		单位	单价（元）	消　耗　量	
人工	综合工日	工日	140.00	9.507	11.346
材料	电	kW•h	0.68	0.328	0.424
	机砖 240×115×53	千块	384.62	2.725	3.115
	煤焦油沥青漆 L01-17	kg	6.84	1.461	1.461
	水	m³	7.96	1.922	2.300
	水泥砂浆 1：2	m³	281.46	0.551	0.640
	水泥砂浆 M7.5	m³	201.87	1.521	1.740
	现浇混凝土 C15	m³	281.42	0.782	0.863
	养生布	m²	2.00	5.381	6.342
	预制钢筋混凝土盖板 C25	m³	683.76	0.223	0.274
	铸铁井盖井座	套	825.04	1.000	1.000
	铸铁爬梯	kg	3.50	26.159	26.159
	其他材料费占材料费	%	—	1.000	1.000
机械	机动翻斗车 1t	台班	220.18	0.055	0.071
	双锥反转出料混凝土搅拌机 350L	台班	253.32	0.070	0.090

工作内容：混凝土搅拌、捣固、抹平、养护、调制砂浆、砌筑、抹灰、勾缝、井盖、井座、爬梯安装、材料水平及垂直运输等。

计量单位：座

定 额 编 号			S5-4-133	S5-4-134
项 目 名 称			M7.5水泥砂浆砖砌150°扇形污水检查井	
			管径φ1200～1350mm	管径φ1500～1650mm
			井深＜3.5m	井深＜4m
基 价（元）			6032.62	6814.76
其中	人 工 费（元）		2020.06	2328.90
	材 料 费（元）		3951.93	4410.42
	机 械 费（元）		60.63	75.44
名 称		单位	单价（元）	消 耗 量	
人工	综合工日	工日	140.00	14.429	16.635
材料	电	kW·h	0.68	0.668	0.832
	机砖 240×115×53	千块	384.62	4.279	5.003
	煤焦油沥青漆 L01-17	kg	6.84	1.322	1.322
	水	m³	7.96	3.168	3.751
	水泥砂浆 1:2	m³	281.46	0.706	0.805
	水泥砂浆 M7.5	m³	201.87	2.308	2.704
	现浇混凝土 C15	m³	281.42	1.512	1.604
	养生布	m²	2.00	8.212	9.295
	预制钢筋混凝土盖板 C25	m³	683.76	0.325	0.376
	铸铁井盖井座	套	825.04	1.000	1.000
	铸铁爬梯	kg	3.50	22.422	22.422
	其他材料费占材料费	%	—	1.000	1.000
机械	机动翻斗车 1t	台班	220.18	0.112	0.139
	双锥反转出料混凝土搅拌机 350L	台班	253.32	0.142	0.177

工作内容：混凝土搅拌、捣固、抹平、养护、调制砂浆、砌筑、抹灰、勾缝、井盖、井座、爬梯安装、材料水平及垂直运输等。

计量单位：座

定　额　编　号			S5-4-135	S5-4-136
项　目　名　称			M7.5水泥砂浆砖砌150°扇形污水检查井	
			管径φ1800mm	管径φ2000mm
			井深<4m	井深<4.5m
基　　　　价（元）			7387.00	8112.98
其中	人　工　费（元）		2505.02	2773.68
	材　料　费（元）		4794.85	5239.76
	机　械　费（元）		87.13	99.54
名　　称	单位	单价（元）	消　　耗　　量	
人工	综合工日	工日	140.00	17.893	19.812
材料	电	kW·h	0.68	0.960	1.096
	机砖 240×115×53	千块	384.62	5.284	5.849
	煤焦油沥青漆 L01-17	kg	6.84	1.322	1.461
	水	m³	7.96	4.211	4.673
	水泥砂浆 1：2	m³	281.46	0.830	0.893
	水泥砂浆 M7.5	m³	201.87	2.852	3.168
	现浇混凝土 C15	m³	281.42	2.375	2.538
	养生布	m²	2.00	9.915	10.623
	预制钢筋混凝土盖板 C25	m³	683.76	0.396	0.508
	铸铁井盖井座	套	825.04	1.000	1.000
	铸铁爬梯	kg	3.50	22.422	26.159
	其他材料费占材料费	%	—	1.000	1.000
机械	机动翻斗车 1t	台班	220.18	0.161	0.184
	双锥反转出料混凝土搅拌机 350L	台班	253.32	0.204	0.233

(8)砖砌圆形沉泥井

工作内容：混凝土搅拌、捣固、抹平、养护、调制砂浆、砌筑、抹灰、勾缝、井盖、井座、爬梯安装、材料水平及垂直运输等。

计量单位：座

定　额　编　号				S5-4-137	S5-4-138
项　目　名　称				\多列{雨水沉泥井}	
				井径(1000mm)	井径(1250mm)
				井深(3m以内)	井深(3.5m以内)
				\多列{收口式}	
基　　　价（元）				2629.34	3097.10
其中	人　工　费（元）			890.12	1033.34
	材　料　费（元）			1726.41	2044.92
	机　械　费（元）			12.81	18.84
名　　称		单位	单价（元）	消　　耗　　量	
人工	综合工日	工日	140.00	6.358	7.381
材料	电	kW·h	0.68	0.084	0.148
	机砖 240×115×53	千块	384.62	1.305	1.724
	水	m³	7.96	0.707	1.007
	水泥砂浆 1:2	m³	281.46	0.146	0.214
	水泥砂浆 M7.5	m³	201.87	0.816	1.077
	现浇混凝土 C15	m³	281.42	0.294	0.537
	铸铁井盖井座	套	825.04	1.000	1.000
	铸铁爬梯	kg	3.50	25.173	28.475
	其他材料费占材料费	%	—	1.000	1.000
机械	机动翻斗车 1t	台班	220.18	0.034	0.043
	双锥反转出料混凝土搅拌机 350L	台班	253.32	0.021	0.037

(9)砖砌户外检查井小方井

工作内容：混凝土搅拌、捣固、抹平、养护、调制砂浆、砌筑、抹灰、勾缝、井盖、井座、爬梯安装、材料水平及垂直运输等。

计量单位：座

定 额 编 号			S5-4-139	S5-4-140
项 目 名 称			规格600mm×600mm以内	规格700mm×700mm以内
			管径300m以内	管径400m以内
			井深1.5m以内	
基 价（元）			1678.58	1812.80
其中	人 工 费（元）		359.94	413.70
	材 料 费（元）		1310.03	1388.85
	机 械 费（元）		8.61	10.25
名 称	单位	单价（元）	消 耗 量	
人工	综合工日	工日	140.00	2.571	2.955
材料	电	kW·h	0.68	0.057	0.067
	机砖 240×115×53	千块	384.62	0.692	0.787
	煤焦油沥青漆 L01-17	kg	6.84	0.397	0.452
	水	m³	7.96	0.133	0.323
	水泥砂浆 1∶2	m³	281.46	0.111	0.131
	水泥砂浆 M7.5	m³	201.87	0.290	0.330
	现浇混凝土 C15	m³	281.42	0.141	0.166
	预制钢筋混凝土盖板 C20	m³	683.76	0.051	0.071
	铸铁井盖井座	套	825.04	1.000	1.000
	铸铁爬梯	kg	3.50	10.775	12.259
	其他材料费占材料费	%	—	1.000	1.000
机械	机动翻斗车 1t	台班	220.18	0.023	0.027
	双锥反转出料混凝土搅拌机 350L	台班	253.32	0.014	0.017

2. 混凝土检查井

(1)现浇混凝土井

①钢筋砼圆形雨水检查井

工作内容：混凝土搅拌、捣固、抹平、养护，调制砂浆，砌筑、抹灰、勾缝，井盖、井座、爬梯安装，钢筋制作、安装，材料水平及垂直运输等。

计量单位：座

定　额　编　号			S5-4-141	S5-4-142
项　目　名　称			井径1000mm	井径1250mm
			管径200～600mm	管径600～800mm
			井深2.5m以内	井深3m以内
基　　价（元）			4408.21	5057.12
其中	人　工　费（元）		1288.98	1463.28
	材　料　费（元）		3037.34	3514.79
	机　械　费（元）		81.89	79.05
名　　称	单位	单价（元）	消　　耗　　量	
人工 综合工日	工日	140.00	9.207	10.452
标准砖 240×115×53	千块	414.53	0.054	0.115
电	kW·h	0.68	0.987	1.201
防水砂浆 1:2	m³	312.18	0.025	0.038
螺纹钢筋 HRB400 φ10以上	t	3500.00	0.209	0.252
模板木材	m³	1880.34	0.137	0.171
木支撑	m³	1631.34	0.080	0.098
材 商品防水混凝土 C25	m³	404.80	1.782	2.105
商品混凝土 C15(泵送)	m³	326.48	0.230	0.302
商品混凝土 C25(泵送)	m³	389.11	0.111	0.202
料 水	m³	7.96	2.591	3.033
水泥砂浆 M7.5	m³	201.87	0.027	0.058
预制混凝土井筒 C30 φ700 JT270C	个	131.04	1.000	1.000
铸铁井盖井座 φ700重型	套	825.04	1.000	1.000
铸铁爬梯	kg	3.50	10.000	10.000
其他材料费占材料费	%	—	1.000	1.000
点焊机 75kV·A	台班	131.22	0.051	0.005
电动单筒慢速卷扬机 50kN	台班	215.57	0.068	0.048
对焊机 75kV·A	台班	106.97	0.033	0.022
钢筋切断机 40mm	台班	41.21	0.031	0.022
钢筋弯曲机 40mm	台班	25.58	0.068	0.052
灰浆搅拌机 200L	台班	215.26	0.003	0.006
机 履带式电动起重机 5t	台班	249.22	0.011	0.024
木工单面压刨床 600mm	台班	31.27	0.075	0.093
械 木工圆锯机 500mm	台班	25.33	0.180	0.220
汽车式起重机 8t	台班	763.67	0.005	0.009
载重汽车 5t	台班	430.70	0.060	0.073
直流弧焊机 32kV·A	台班	87.75	0.160	0.107

工作内容：混凝土搅拌、捣固、抹平、养护，调制砂浆，砌筑、抹灰、勾缝，井盖、井座、爬梯安装，钢筋制作、安装，材料水平及垂直运输等。

计量单位：座

定　额　编　号			S5-4-143
项　目　名　称			井径1500mm
			管径800～1000mm
			井深3.5m以内
基　　价（元）			5952.81
其中	人　工　费（元）		1767.08
	材　料　费（元）		4084.47
	机　械　费（元）		101.26
名　　称	单位	单价（元）	消　耗　量
人工 综合工日	工日	140.00	12.622
材料 标准砖 240×115×53	千块	414.53	0.200
电	kW·h	0.68	1.424
防水砂浆 1：2	m³	312.18	0.053
螺纹钢筋 HRB400 φ10以上	t	3500.00	0.314
模板木材	m³	1880.34	0.205
木支撑	m³	1631.34	0.116
商品防水混凝土 C25	m³	404.80	2.455
商品混凝土 C15(泵送)	m³	326.48	0.385
商品混凝土 C25(泵送)	m³	389.11	0.283
水	m³	7.96	3.648
水泥砂浆 M7.5	m³	201.87	0.100
预制混凝土井筒 C30 φ700 JT270C	个	131.04	1.000
铸铁井盖井座 φ700重型	套	825.04	1.000
铸铁爬梯	kg	3.50	10.000
其他材料费占材料费	%	—	1.000
机械 点焊机 75kV·A	台班	131.22	0.010
电动单筒慢速卷扬机 50kN	台班	215.57	0.059
对焊机 75kV·A	台班	106.97	0.027
钢筋切断机 40mm	台班	41.21	0.027
钢筋弯曲机 40mm	台班	25.58	0.064
灰浆搅拌机 200L	台班	215.26	0.011
履带式电动起重机 5t	台班	249.22	0.041
木工单面压刨床 600mm	台班	31.27	0.110
木工圆锯机 500mm	台班	25.33	0.260
汽车式起重机 8t	台班	763.67	0.013
载重汽车 5t	台班	430.70	0.087
直流弧焊机 32kV·A	台班	87.75	0.132

②钢筋砼圆形污水检查井

工作内容：混凝土搅拌、捣固、抹平、养护，调制砂浆，砌筑、抹灰、勾缝，井盖、井座、爬梯安装，钢筋制作、安装，材料水平及垂直运输等。

计量单位：座

定　额　编　号				S5-4-144	S5-4-145
项　目　名　称				井径1000mm	井径1250mm
				管径200～600mm	管径600～800mm
				井深2.5m以内	井深3m以内
基　　　　价（元）				4848.41	6231.76
其中	人　工　费（元）			1394.82	1899.24
	材　料　费（元）			3380.33	4231.34
	机　械　费（元）			73.26	101.18
名　　　称		单位	单价（元）	消　　耗　　　量	
人工	综合工日	工日	140.00	9.963	13.566
材料	标准砖 240×115×53	千块	414.53	0.099	0.115
	电	kW·h	0.68	1.141	1.526
	防水砂浆 1:2	m³	312.18	0.032	0.053
	螺纹钢筋 HRB400 φ10以上	t	3500.00	0.239	0.329
	模板木材	m³	1880.34	0.161	0.223
	木支撑	m³	1631.34	0.098	0.135
	商品防水混凝土 C25	m³	404.80	2.088	2.752
	商品混凝土 C15(泵送)	m³	326.48	0.230	0.302
	商品混凝土 C25(泵送)	m³	389.11	0.111	0.202
	水	m³	7.96	2.830	3.819
	水泥砂浆 M7.5	m³	201.87	0.050	0.058
	预制混凝土井筒 C30 φ700 JT270C	个	131.04	1.000	1.000
	铸铁井盖井座 φ700重型	套	825.04	1.000	1.000
	铸铁爬梯	kg	3.50	12.500	12.500
	其他材料费占材料费	%	—	1.000	1.000
机械	点焊机 75kV·A	台班	131.22	0.005	0.007
	电动单筒慢速卷扬机 50kN	台班	215.57	0.045	0.062
	对焊机 75kV·A	台班	106.97	0.021	0.028
	钢筋切断机 40mm	台班	41.21	0.020	0.028
	钢筋弯曲机 40mm	台班	25.58	0.049	0.068
	灰浆搅拌机 200L	台班	215.26	0.005	0.006
	履带式电动起重机 5t	台班	249.22	0.020	0.024
	木工单面压刨床 600mm	台班	31.27	0.092	0.127
	木工圆锯机 500mm	台班	25.33	0.218	0.301
	汽车式起重机 8t	台班	763.67	0.005	0.009
	载重汽车 5t	台班	430.70	0.073	0.100
	直流弧焊机 32kV·A	台班	87.75	0.101	0.139

工作内容：混凝土搅拌、捣固、抹平、养护，调制砂浆，砌筑、抹灰、勾缝，井盖、井座、爬梯安装，钢筋制作、安装，材料水平及垂直运输等。

计量单位：座

定 额 编 号				S5-4-146
				井径1500mm
项 目 名 称				管径800～1000mm
				井深3.5m以内
基 价（元）				7766.06
其中	人 工 费（元）			2447.06
	材 料 费（元）			5176.46
	机 械 费（元）			142.54
名 称		单位	单价（元）	消 耗 量
人工	综合工日	工日	140.00	17.479
材料	标准砖 240×115×53	千块	414.53	0.355
	电	kW·h	0.68	1.914
	防水砂浆 1：2	m³	312.18	0.075
	螺纹钢筋 HRB400 φ10以上	t	3500.00	0.412
	模板木材	m³	1880.34	0.283
	木支撑	m³	1631.34	0.172
	商品防水混凝土 C25	m³	404.80	3.430
	商品混凝土 C15(泵送)	m³	326.48	0.385
	商品混凝土 C25(泵送)	m³	389.11	0.283
	水	m³	7.96	4.845
	水泥砂浆 M7.5	m³	201.87	0.178
	预制混凝土井筒 C30 φ700 JT270C	个	131.04	1.000
	铸铁井盖井座 φ700重型	套	825.04	1.000
	铸铁爬梯	kg	3.50	12.500
	其他材料费占材料费	%	—	1.000
机械	点焊机 75kV·A	台班	131.22	0.010
	电动单筒慢速卷扬机 50kN	台班	215.57	0.078
	对焊机 75kV·A	台班	106.97	0.036
	钢筋切断机 40mm	台班	41.21	0.035
	钢筋弯曲机 40mm	台班	25.58	0.085
	灰浆搅拌机 200L	台班	215.26	0.019
	履带式电动起重机 5t	台班	249.22	0.073
	木工单面压刨床 600mm	台班	31.27	0.162
	木工圆锯机 500mm	台班	25.33	0.383
	汽车式起重机 8t	台班	763.67	0.013
	载重汽车 5t	台班	430.70	0.127
	直流弧焊机 32kV·A	台班	87.75	0.174

③钢筋砼跌水检查井
Ⅰ 钢筋砼竖管式跌水检查井(直线内跌06MS201-3-95)

工作内容：混凝土搅拌、捣固、抹平、养护，调制砂浆，砌筑、抹灰、勾缝，井盖、井座、爬梯安装，钢筋制作、安装，材料水平及垂直运输等。

计量单位：座

定 额 编 号			S5-4-147	S5-4-148
项 目 名 称			跌差高度1m以内	跌差高度2m以内
			井深2.5m以内	井深3.5m以内
基 价（元）			5122.19	6704.93
其中	人 工 费（元）		1429.40	2022.44
	材 料 费（元）		3607.39	4567.37
	机 械 费（元）		85.40	115.12
名 称	单位	单价（元）	消 耗 量	
人工	综合工日	工日	140.00	10.210	14.446
材料	电	kW·h	0.68	1.544	2.009
	防水砂浆 1:2	m³	312.18	0.052	0.052
	螺纹钢筋 HRB400 φ10以上	t	3500.00	0.256	0.346
	模板木材	m³	1880.34	0.152	0.226
	木支撑	m³	1631.34	0.100	0.153
	商品防水混凝土 C25	m³	404.80	2.150	3.075
	商品混凝土 C15(泵送)	m³	326.48	0.302	0.302
	商品混凝土 C25(泵送)	m³	389.11	0.202	0.202
	商品混凝土 C30(泵送)	m³	403.82	0.355	0.355
	水	m³	7.96	3.454	4.567
	预制混凝土井筒 C30 φ700 JT270C	个	131.04	1.000	1.000
	铸铁井盖井座 φ700重型	套	825.04	1.000	1.000
	铸铁爬梯	kg	3.50	10.000	17.500
	其他材料费占材料费	%	—	1.000	1.000
机械	点焊机 75kV·A	台班	131.22	0.007	0.007
	电动单筒慢速卷扬机 50kN	台班	215.57	0.108	0.126
	对焊机 75kV·A	台班	106.97	0.022	0.030
	钢筋切断机 40mm	台班	41.21	0.022	0.030
	钢筋弯曲机 40mm	台班	25.58	0.052	0.071
	木工单面压刨床 600mm	台班	31.27	0.094	0.143
	木工圆锯机 500mm	台班	25.33	0.215	0.331
	汽车式起重机 8t	台班	763.67	0.009	0.009
	载重汽车 5t	台班	430.70	0.074	0.112
	直流弧焊机 32kV·A	台班	87.75	0.108	0.146

工作内容：混凝土搅拌、捣固、抹平、养护，调制砂浆，砌筑、抹灰、勾缝，井盖、井座、爬梯安装，钢筋制作、安装，材料水平及垂直运输等。

计量单位：座

定　额　编　号				S5-4-149	S5-4-150
项　目　名　称				跌差高度3m以内	跌差高度4m以内
				井深4.5m以内	井深5.5m以内
基　　　价（元）				8283.89	9864.44
其中	人　工　费（元）			2615.48	3208.38
	材　料　费（元）			5523.80	6482.11
	机　械　费（元）			144.61	173.95
名　　称		单位	单价（元）	消　　耗　　量	
人工	综合工日	工日	140.00	18.682	22.917
材料	电	kW•h	0.68	2.474	2.939
	防水砂浆 1：2	m³	312.18	0.052	0.052
	螺纹钢筋 HRB400 φ10以上	t	3500.00	0.435	0.524
	模板木材	m³	1880.34	0.300	0.374
	木支撑	m³	1631.34	0.206	0.259
	商品防水混凝土 C25	m³	404.80	4.000	4.925
	商品混凝土 C15(泵送)	m³	326.48	0.302	0.304
	商品混凝土 C25(泵送)	m³	389.11	0.202	0.203
	商品混凝土 C30(泵送)	m³	403.82	0.355	0.357
	水	m³	7.96	5.679	6.792
	预制混凝土井筒 C30 φ700 JT270C	个	131.04	1.000	1.000
	铸铁井盖井座 φ700重型	套	825.04	1.000	1.000
	铸铁爬梯	kg	3.50	25.000	32.500
	其他材料费占材料费	%	—	1.000	1.000
机械	点焊机 75kV•A	台班	131.22	0.007	0.007
	电动单筒慢速卷扬机 50kN	台班	215.57	0.143	0.160
	对焊机 75kV•A	台班	106.97	0.038	0.045
	钢筋切断机 40mm	台班	41.21	0.037	0.045
	钢筋弯曲机 40mm	台班	25.58	0.090	0.109
	木工单面压刨床 600mm	台班	31.27	0.192	0.241
	木工圆锯机 500mm	台班	25.33	0.448	0.565
	汽车式起重机 8t	台班	763.67	0.009	0.009
	载重汽车 5t	台班	430.70	0.150	0.188
	直流弧焊机 32kV•A	台班	87.75	0.184	0.221

II 钢筋砼竖槽式跌水检查井(直线外跌06MS201-3-104)

工作内容：混凝土搅拌、捣固、抹平、养护，调制砂浆，砌筑、抹灰、勾缝，井盖、井座、爬梯安装，钢筋制作、安装，材料水平及垂直运输等。

计量单位：座

定 额 编 号			S5-4-151	S5-4-152
项 目 名 称			跌差高度1m以内	跌差高度2m以内
			井深3.5m以内	井深4m以内
基 价（元）			9551.19	10948.10
其中	人 工 费（元）		2708.58	3150.56
	材 料 费（元）		6650.99	7575.43
	机 械 费（元）		191.62	222.11
名 称	单位	单价(元)	消 耗 量	
人工	综合工日	工日	140.00	19.347	22.504
材料	标准砖 240×115×53	千块	414.53	0.248	0.248
	电	kW·h	0.68	2.882	3.305
	防水砂浆 1:2	m³	312.18	0.072	0.072
	螺纹钢筋 HRB400 φ10以上	t	3500.00	0.576	0.686
	模板木材	m³	1880.34	0.284	0.334
	木支撑	m³	1631.34	0.241	0.289
	商品防水混凝土 C25	m³	404.80	5.019	5.861
	商品混凝土 C15(泵送)	m³	326.48	0.484	0.484
	商品混凝土 C25(泵送)	m³	389.11	0.363	0.363
	商品混凝土 C30(泵送)	m³	403.82	0.146	0.146
	水	m³	7.96	7.035	8.052
	水泥砂浆 M7.5	m³	201.87	0.125	0.125
	预制混凝土井筒 C30 φ700 JT270C	个	131.04	1.000	1.000
	铸铁井盖井座 φ700重型	套	825.04	1.000	1.000
	铸铁爬梯	kg	3.50	25.000	27.500
	其他材料费占材料费	%	—	1.000	1.000
机械	点焊机 75kV·A	台班	131.22	0.010	0.010
	电动单筒慢速卷扬机 50kN	台班	215.57	0.134	0.155
	对焊机 75kV·A	台班	106.97	0.050	0.059
	钢筋切断机 40mm	台班	41.21	0.049	0.059
	钢筋弯曲机 40mm	台班	25.58	0.119	0.143
	灰浆搅拌机 200L	台班	215.26	0.013	0.013
	履带式电动起重机 5t	台班	249.22	0.051	0.051
	木工单面压刨床 600mm	台班	31.27	0.224	0.268
	木工圆锯机 500mm	台班	25.33	0.335	0.401
	汽车式起重机 8t	台班	763.67	0.017	0.017
	载重汽车 5t	台班	430.70	0.199	0.238
	直流弧焊机 32kV·A	台班	87.75	0.243	0.290

Ⅱ 钢筋砼竖槽式跌水检查井(直线外跌06MS201-3-104)

工作内容:混凝土搅拌、捣固、抹平、养护,调制砂浆,砌筑、抹灰、勾缝,井盖、井座、爬梯安装,钢筋制作、安装,材料水平及垂直运输等。

计量单位:座

定 额 编 号			S5-4-153	S5-4-154
项 目 名 称			跌差高度3m以内	跌差高度4m以内
			井深5m以内	井深6m以内
基 价(元)			13475.12	16009.47
其中	人 工 费(元)		3974.04	4797.52
	材 料 费(元)		9223.97	10879.98
	机 械 费(元)		277.11	331.97
名 称		单位	单价(元)	消 耗 量	
人工	综合工日	工日	140.00	28.386	34.268
材料	标准砖 240×115×53	千块	414.53	0.248	0.248
	电	kW•h	0.68	4.121	4.937
	防水砂浆 1:2	m³	312.18	0.072	0.072
	螺纹钢筋 HRB400 φ10以上	t	3500.00	0.858	1.031
	模板木材	m³	1880.34	0.431	0.529
	木支撑	m³	1631.34	0.380	0.472
	商品防水混凝土 C25	m³	404.80	7.484	9.108
	商品混凝土 C15(泵送)	m³	326.48	0.484	0.484
	商品混凝土 C25(泵送)	m³	389.11	0.363	0.363
	商品混凝土 C30(泵送)	m³	403.82	0.146	0.146
	水	m³	7.96	10.008	11.963
	水泥砂浆 M7.5	m³	201.87	0.125	0.125
	预制混凝土井筒 C30 φ700 JT270C	个	131.04	1.000	1.000
	铸铁井盖井座 φ700重型	套	825.04	1.000	1.000
	铸铁爬梯	kg	3.50	35.000	42.500
	其他材料费占材料费	%	—	1.000	1.000
机械	点焊机 75kV•A	台班	131.22	0.010	0.010
	电动单筒慢速卷扬机 50kN	台班	215.57	0.189	0.222
	对焊机 75kV•A	台班	106.97	0.074	0.089
	钢筋切断机 40mm	台班	41.21	0.074	0.089
	钢筋弯曲机 40mm	台班	25.58	0.179	0.216
	灰浆搅拌机 200L	台班	215.26	0.013	0.013
	履带式电动起重机 5t	台班	249.22	0.051	0.051
	木工单面压刨床 600mm	台班	31.27	0.352	0.437
	木工圆锯机 500mm	台班	25.33	0.527	0.654
	汽车式起重机 8t	台班	763.67	0.017	0.017
	载重汽车 5t	台班	430.70	0.313	0.388
	直流弧焊机 32kV•A	台班	87.75	0.363	0.436

Ⅲ钢筋砼阶梯式跌水检查井(06MS201-3-111)

工作内容：混凝土搅拌、捣固、抹平、养护，调制砂浆，砌筑、抹灰、勾缝，井盖、井座、爬梯安装，钢筋制作、安装，材料水平及垂直运输等。

计量单位：座

定 额 编 号				S5-4-155	S5-4-156
项 目 名 称				跌差高度1m以内	
				管径700～900mm	管径1000～1100mm
				井深4m以内	
基 价（元）				16209.76	17890.10
其中	人 工 费（元）			4379.62	4885.72
	材 料 费（元）			11540.13	12676.19
	机 械 费（元）			290.01	328.19
名 称		单位	单价（元）	消 耗 量	
人工	综合工日	工日	140.00	31.283	34.898
材 料	标准砖 240×115×53	千块	414.53	0.508	0.593
	电	kW·h	0.68	5.848	6.381
	防水砂浆 1：2	m³	312.18	0.087	0.106
	螺纹钢筋 HRB400 φ10以上	t	3500.00	1.150	1.273
	模板木材	m³	1880.34	0.480	0.552
	木支撑	m³	1631.34	0.293	0.328
	商品防水混凝土 C25	m³	404.80	9.189	10.017
	商品混凝土 C15(泵送)	m³	326.48	0.724	0.794
	商品混凝土 C25(泵送)	m³	389.11	0.485	0.636
	商品混凝土 C30(泵送)	m³	403.82	1.176	1.238
	水	m³	7.96	12.395	13.651
	水泥砂浆 M7.5	m³	201.87	0.256	0.298
	预制混凝土井筒 C30 φ700 JT270C	个	131.04	1.000	1.000
	铸铁井盖井座 φ700重型	套	825.04	1.000	1.000
	铸铁爬梯	kg	3.50	15.000	15.000
	其他材料费占材料费	%	—	1.000	1.000
机 械	点焊机 75kV·A	台班	131.22	0.015	0.016
	电动单筒慢速卷扬机 50kN	台班	215.57	0.220	0.243
	对焊机 75kV·A	台班	106.97	0.100	0.110
	钢筋切断机 40mm	台班	41.21	0.099	0.110
	钢筋弯曲机 40mm	台班	25.58	0.240	0.265
	灰浆搅拌机 200L	台班	215.26	0.027	0.032
	履带式电动起重机 5t	台班	249.22	0.104	0.121
	木工单面压刨床 600mm	台班	31.27	0.273	0.306
	木工圆锯机 500mm	台班	25.33	0.422	0.474
	汽车式起重机 8t	台班	763.67	0.023	0.030
	载重汽车 5t	台班	430.70	0.252	0.283
	直流弧焊机 32kV·A	台班	87.75	0.486	0.538

工作内容：混凝土搅拌、捣固、抹平、养护，调制砂浆，砌筑、抹灰、勾缝，井盖、井座、爬梯安装，钢筋制作、安装，材料水平及垂直运输等。

计量单位：座

定　额　编　号			S5-4-157	S5-4-158
项　目　名　称			跌差高度1m以内	
			管径1200～1350mm	管径1500～1650mm
			井深4.5m以内	
基　　　　价（元）			20306.15	23116.52
其中	人　工　费（元）		5604.90	6447.84
	材　料　费（元）		14322.41	16224.32
	机　械　费（元）		378.84	444.36
名　　　称	单位	单价（元）	消　　耗　　量	
人工 综合工日	工日	140.00	40.035	46.056
材料 标准砖 240×115×53	千块	414.53	0.699	0.826
电	kW·h	0.68	7.305	8.166
防水砂浆 1:2	m³	312.18	0.129	0.159
螺纹钢筋 HRB400 φ10以上	t	3500.00	1.444	1.668
模板木材	m³	1880.34	0.638	0.752
木支撑	m³	1631.34	0.374	0.433
商品防水混凝土 C25	m³	404.80	11.201	12.523
商品混凝土 C15(泵送)	m³	326.48	0.880	0.983
商品混凝土 C25(泵送)	m³	389.11	0.828	1.081
商品混凝土 C30(泵送)	m³	403.82	1.539	1.644
水	m³	7.96	15.621	17.664
水泥砂浆 M7.5	m³	201.87	0.415	0.415
预制混凝土井筒 C30 φ700 JT270C	个	131.04	1.000	1.000
铸铁井盖井座 φ700重型	套	825.04	1.000	1.000
铸铁爬梯	kg	3.50	15.000	15.000
其他材料费占材料费	%	—	1.000	1.000
机械 点焊机 75kV·A	台班	131.22	0.021	0.030
电动单筒慢速卷扬机 50kN	台班	215.57	0.275	0.318
对焊机 75kV·A	台班	106.97	0.125	0.144
钢筋切断机 40mm	台班	41.21	0.124	0.143
钢筋弯曲机 40mm	台班	25.58	0.300	0.345
灰浆搅拌机 200L	台班	215.26	0.037	0.044
履带式电动起重机 5t	台班	249.22	0.143	0.169
木工单面压刨床 600mm	台班	31.27	0.349	0.406
木工圆锯机 500mm	台班	25.33	0.541	0.628
汽车式起重机 8t	台班	763.67	0.039	0.050
载重汽车 5t	台班	430.70	0.323	0.375
直流弧焊机 32kV·A	台班	87.75	0.610	0.705

工作内容：混凝土搅拌、捣固、抹平、养护，调制砂浆，砌筑、抹灰、勾缝，井盖、井座、爬梯安装，钢筋制作、安装，材料水平及垂直运输等。

计量单位：座

定 额 编 号			S5-4-159	S5-4-160
项 目 名 称			跌差高度1.5m以内	
			管径700～900mm	管径1000～1100mm
			井深4m以内	井深4.5m以内
基 价 （元）			25527.91	27330.37
其中	人 工 费 （元）		6768.16	7289.10
	材 料 费 （元）		18284.42	19507.83
	机 械 费 （元）		475.33	533.44
名 称	单位	单价（元）	消 耗 量	
人工 综合工日	工日	140.00	48.344	52.065
材料 标准砖 240×115×53	千块	414.53	1.299	1.516
电	kW·h	0.68	9.185	9.283
防水砂浆 1∶2	m³	312.18	0.112	0.137
螺纹钢筋 HRB400 φ10以上	t	3500.00	2.019	2.210
模板木材	m³	1880.34	0.664	0.754
木支撑	m³	1631.34	0.393	0.434
商品防水混凝土 C25	m³	404.80	14.692	15.124
商品混凝土 C15（泵送）	m³	326.48	1.005	1.096
商品混凝土 C25（泵送）	m³	389.11	0.687	0.898
商品混凝土 C30（泵送）	m³	403.82	1.805	1.545
水	m³	7.96	19.534	20.183
水泥砂浆 M7.5	m³	201.87	0.653	0.762
预制混凝土井筒 C30 φ700 JT270C	个	131.04	1.000	1.000
铸铁井盖井座 φ700重型	套	825.04	1.000	1.000
铸铁爬梯	kg	3.50	15.000	15.000
其他材料费占材料费	%	—	1.000	1.000
机械 点焊机 75kV·A	台班	131.22	0.019	0.022
电动单筒慢速卷扬机 50kN	台班	215.57	0.386	0.423
对焊机 75kV·A	台班	106.97	0.175	0.191
钢筋切断机 40mm	台班	41.21	0.174	0.190
钢筋弯曲机 40mm	台班	25.58	0.422	0.462
灰浆搅拌机 200L	台班	215.26	0.070	0.081
履带式电动起重机 5t	台班	249.22	0.266	0.310
木工单面压刨床 600mm	台班	31.27	0.366	0.405
木工圆锯机 500mm	台班	25.33	0.569	0.630
汽车式起重机 8t	台班	763.67	0.032	0.042
载重汽车 5t	台班	430.70	0.340	0.376
直流弧焊机 32kV·A	台班	87.75	0.853	0.934

工作内容：混凝土搅拌、捣固、抹平、养护，调制砂浆，砌筑、抹灰、勾缝，井盖、井座、爬梯安装，钢筋制作、安装，材料水平及垂直运输等。

计量单位：座

定 额 编 号				S5-4-161	S5-4-162
项 目 名 称				跌差高度1.5m以内	
				管径1200～1350mm	管径1500～1650mm
				井深4.5m以内	井深5m以内
基 价（元）				31419.62	35248.21
其中	人 工 费（元）			8461.74	9557.38
	材 料 费（元）			22347.72	24988.01
	机 械 费（元）			610.16	702.82
名 称		单位	单价（元）	消 耗 量	
人工	综合工日	工日	140.00	60.441	68.267
材料	标准砖 240×115×53	千块	414.53	1.786	2.111
	电	kW·h	0.68	11.165	12.300
	防水砂浆 1:2	m³	312.18	0.168	0.210
	螺纹钢筋 HRB400 φ10以上	t	3500.00	2.476	2.795
	模板木材	m³	1880.34	0.862	0.998
	木支撑	m³	1631.34	0.488	0.549
	商品防水混凝土 C25	m³	404.80	17.630	19.349
	商品混凝土 C15(泵送)	m³	326.48	1.210	1.347
	商品混凝土 C25(泵送)	m³	389.11	1.151	1.504
	商品混凝土 C30(泵送)	m³	403.82	2.185	2.336
	水	m³	7.96	24.043	26.780
	水泥砂浆 M7.5	m³	201.87	0.898	1.062
	预制混凝土井筒 C30 φ700 JT270C	个	131.04	1.000	1.000
	铸铁井盖井座 φ700重型	套	825.04	1.000	1.000
	铸铁爬梯	kg	3.50	15.000	15.000
	其他材料费占材料费	%	—	1.000	1.000
机械	点焊机 75kV·A	台班	131.22	0.029	0.042
	电动单筒慢速卷扬机 50kN	台班	215.57	0.473	0.533
	对焊机 75kV·A	台班	106.97	0.214	0.242
	钢筋切断机 40mm	台班	41.21	0.213	0.240
	钢筋弯曲机 40mm	台班	25.58	0.516	0.581
	灰浆搅拌机 200L	台班	215.26	0.096	0.113
	履带式电动起重机 5t	台班	249.22	0.365	0.432
	木工单面压刨床 600mm	台班	31.27	0.457	0.515
	木工圆锯机 500mm	台班	25.33	0.709	0.801
	汽车式起重机 8t	台班	763.67	0.054	0.070
	载重汽车 5t	台班	430.70	0.424	0.479
	直流弧焊机 32kV·A	台班	87.75	1.046	1.181

工作内容：混凝土搅拌、捣固、抹平、养护，调制砂浆，砌筑、抹灰、勾缝，井盖、井座、爬梯安装，钢筋制作、安装，材料水平及垂直运输等。

计量单位：座

定 额 编 号			S5-4-163	S5-4-164
项 目 名 称			跌差高度2m以内	
			管径700～900mm	管径1000～1100mm
			井深4.5m以内	井深5m以内
基 价（元）			33303.07	36382.82
其中	人 工 费（元）		8921.92	9806.30
	材 料 费（元）		23770.56	25896.19
	机 械 费（元）		610.59	680.33
名 称	单位	单价（元）	消 耗 量	
人工 综合工日	工日	140.00	63.728	70.045
材料 标准砖 240×115×53	千块	414.53	1.836	2.142
电	kW·h	0.68	12.592	13.667
防水砂浆 1∶2	m³	312.18	0.124	0.153
螺纹钢筋 HRB400 φ10以上	t	3500.00	2.525	2.739
模板木材	m³	1880.34	0.830	0.938
木支撑	m³	1631.34	0.507	0.553
商品防水混凝土 C25	m³	404.80	21.451	23.082
商品混凝土 C15(泵送)	m³	326.48	1.119	1.294
商品混凝土 C25(泵送)	m³	389.11	0.788	1.029
商品混凝土 C30(泵送)	m³	403.82	1.823	2.019
水	m³	7.96	27.036	29.480
水泥砂浆 M7.5	m³	201.87	0.923	1.077
预制混凝土井筒 C30 φ700 JT270C	个	131.04	1.000	1.000
铸铁井盖井座 φ700重型	套	825.04	1.000	1.000
铸铁爬梯	kg	3.50	15.000	15.000
其他材料费占材料费	%	—	1.000	1.000
机械 点焊机 75kV·A	台班	131.22	0.022	0.024
电动单筒慢速卷扬机 50kN	台班	215.57	0.483	0.524
对焊机 75kV·A	台班	106.97	0.218	0.237
钢筋切断机 40mm	台班	41.21	0.218	0.236
钢筋弯曲机 40mm	台班	25.58	0.529	0.573
灰浆搅拌机 200L	台班	215.26	0.098	0.115
履带式电动起重机 5t	台班	249.22	0.376	0.438
木工单面压刨床 600mm	台班	31.27	0.472	0.516
木工圆锯机 500mm	台班	25.33	0.731	0.801
汽车式起重机 8t	台班	763.67	0.037	0.048
载重汽车 5t	台班	430.70	0.436	0.478
直流弧焊机 32kV·A	台班	87.75	1.067	1.158

工作内容：混凝土搅拌、捣固、抹平、养护，调制砂浆，砌筑、抹灰、勾缝，井盖、井座、爬梯安装，钢筋制作、安装，材料水平及垂直运输等。

计量单位：座

定　额　编　号			S5-4-165	S5-4-166
项　目　名　称			跌差高度2m以内	
			管径1200～1350mm	管径1500～1650mm
			井深5m以内	井深5.5m以内
基　　　价（元）			40562.63	45244.58
其中	人　工　费（元）		11001.34	12376.42
	材　料　费（元）		28790.52	31985.20
	机　械　费（元）		770.77	882.96
名　　称	单位	单价（元）	消　　耗　　量	
人工 综合工日	工日	140.00	78.581	88.403
材料 标准砖 240×115×53	千块	414.53	2.524	2.983
电	kW·h	0.68	15.300	16.888
防水砂浆 1：2	m³	312.18	0.188	0.236
螺纹钢筋 HRB400 φ10以上	t	3500.00	3.038	3.380
模板木材	m³	1880.34	1.059	1.217
木支撑	m³	1631.34	0.613	0.689
商品防水混凝土 C25	m³	404.80	25.321	27.875
商品混凝土 C15(泵送)	m³	326.48	1.424	1.424
商品混凝土 C25(泵送)	m³	389.11	1.313	1.717
商品混凝土 C30(泵送)	m³	403.82	2.508	2.684
水	m³	7.96	32.980	36.733
水泥砂浆 M7.5	m³	201.87	1.269	1.500
预制混凝土井筒 C30 φ700 JT270C	个	131.04	1.000	1.000
铸铁井盖井座 φ700重型	套	825.04	1.000	1.000
铸铁爬梯	kg	3.50	15.000	15.000
其他材料费占材料费	%	—	1.000	1.000
机械 点焊机 75kV·A	台班	131.22	0.033	0.047
电动单筒慢速卷扬机 50kN	台班	215.57	0.581	0.645
对焊机 75kV·A	台班	106.97	0.263	0.293
钢筋切断机 40mm	台班	41.21	0.262	0.291
钢筋弯曲机 40mm	台班	25.58	0.634	0.703
灰浆搅拌机 200L	台班	215.26	0.135	0.160
履带式电动起重机 5t	台班	249.22	0.516	0.610
木工单面压刨床 600mm	台班	31.27	0.573	0.646
木工圆锯机 500mm	台班	25.33	0.889	1.002
汽车式起重机 8t	台班	763.67	0.061	0.080
载重汽车 5t	台班	430.70	0.531	0.599
直流弧焊机 32kV·A	台班	87.75	1.284	1.428

④钢筋砼污水闸槽井

工作内容：混凝土搅拌、捣固、抹平、养护，调制砂浆，砌筑、抹灰、勾缝，井盖、井座、爬梯安装，钢筋制作、安装，材料水平及垂直运输等。

计量单位：座

定 额 编 号			S5-4-167	S5-4-168
项 目 名 称			规格1300mm×1500mm	规格1300mm×1600mm
			管径500mm以内	管径600mm以内
			井深3.3m以内	井深3.4m以内
基 价（元）			9430.66	10092.16
其中	人 工 费（元）		2619.40	2824.08
	材 料 费（元）		6663.30	7106.54
	机 械 费（元）		147.96	161.54
名 称	单位	单价（元）	消 耗 量	
人工 综合工日	工日	140.00	18.710	20.172
材料 电	kW·h	0.68	3.703	3.997
防水砂浆 1：2	m³	312.18	0.074	0.080
螺纹钢筋 HRB400 φ10以上	t	3500.00	0.497	0.541
模板木材	m³	1880.34	0.321	0.345
木支撑	m³	1631.34	0.197	0.212
商品防水混凝土 C25	m³	404.80	6.277	6.728
商品混凝土 C15(泵送)	m³	326.48	0.491	0.511
商品混凝土 C25(泵送)	m³	389.11	0.374	0.424
水	m³	7.96	7.620	8.202
预制混凝土井筒 C30 φ700 JT270C	个	131.04	1.000	1.000
铸铁井盖井座 φ700重型	套	825.04	1.000	1.000
铸铁爬梯	kg	3.50	12.500	12.500
其他材料费占材料费	%	—	1.000	1.000
机械 点焊机 75kV·A	台班	131.22	0.012	0.017
电动单筒慢速卷扬机 50kN	台班	215.57	0.094	0.102
对焊机 75kV·A	台班	106.97	0.043	0.047
钢筋切断机 40mm	台班	41.21	0.043	0.046
钢筋弯曲机 40mm	台班	25.58	0.102	0.110
木工单面压刨床 600mm	台班	31.27	0.184	0.198
木工圆锯机 500mm	台班	25.33	0.284	0.305
汽车式起重机 8t	台班	763.67	0.017	0.020
载重汽车 5t	台班	430.70	0.169	0.182
直流弧焊机 32kV·A	台班	87.75	0.210	0.228

工作内容：混凝土搅拌、捣固、抹平、养护，调制砂浆，砌筑、抹灰、勾缝，井盖、井座、爬梯安装，钢筋制作、安装，材料水平及垂直运输等。

计量单位：座

定 额 编 号				S5-4-169	S5-4-170
项 目 名 称				规格1300mm×1800mm	规格1300mm×2000mm
				管径800mm以内	管径1000mm以内
				井深3.6m以内	井深3.8m以内
基 价 （元）				**11376.15**	**12410.04**
其中	人 工 费 （元）			3239.04	3575.88
	材 料 费 （元）			7951.21	8625.28
	机 械 费 （元）			185.90	208.88
名 称		单位	单价（元）	消 耗 量	
人工	综合工日	工日	140.00	23.136	25.542
材料	电	kW·h	0.68	4.590	5.002
	防水砂浆 1：2	m³	312.18	0.094	0.100
	螺纹钢筋 HRB400 φ10以上	t	3500.00	0.612	0.680
	模板木材	m³	1880.34	0.398	0.448
	木支撑	m³	1631.34	0.242	0.275
	商品防水混凝土 C25	m³	404.80	7.627	8.219
	商品混凝土 C15(泵送)	m³	326.48	0.554	0.597
	商品混凝土 C25(泵送)	m³	389.11	0.545	0.596
	水	m³	7.96	9.382	10.119
	预制混凝土井筒 C30 φ700 JT270C	个	131.04	1.000	1.000
	铸铁井盖井座 φ700重型	套	825.04	1.000	1.000
	铸铁爬梯	kg	3.50	12.500	12.500
	其他材料费占材料费	%	—	1.000	1.000
机械	点焊机 75kV·A	台班	131.22	0.020	0.021
	电动单筒慢速卷扬机 50kN	台班	215.57	0.116	0.128
	对焊机 75kV·A	台班	106.97	0.053	0.059
	钢筋切断机 40mm	台班	41.21	0.052	0.058
	钢筋弯曲机 40mm	台班	25.58	0.125	0.139
	木工单面压刨床 600mm	台班	31.27	0.227	0.257
	木工圆锯机 500mm	台班	25.33	0.349	0.396
	汽车式起重机 8t	台班	763.67	0.025	0.028
	载重汽车 5t	台班	430.70	0.208	0.236
	直流弧焊机 32kV·A	台班	87.75	0.258	0.287

⑤钢筋砼矩形直线检查井
Ⅰ 钢筋砼矩形直线雨水检查井

工作内容：混凝土搅拌、捣固、抹平、养护，调制砂浆，砌筑、抹灰、勾缝，井盖、井座、爬梯安装，钢筋制作、安装，材料水平及垂直运输等。

计量单位：座

定　额　编　号			S5-4-171	S5-4-172
项　目　名　称			规格1100mm×1100mm	规格1100mm×1200mm
			管径800mm以内	管径900mm以内
			井深3m以内	
基　　　价（元）			**5838.03**	**6017.84**
其中	人　工　费（元）		1522.64	1574.86
	材　料　费（元）		4215.89	4338.59
	机　械　费（元）		99.50	104.39
名　　称	单位	单价（元）	消　耗　量	
人工 综合工日	工日	140.00	10.876	11.249
材料 标准砖 240×115×53	千块	414.53	0.130	0.156
电	kW·h	0.68	1.682	1.716
防水砂浆 1：2	m³	312.18	0.040	0.043
螺纹钢筋 HRB400 φ10以上	t	3500.00	0.321	0.337
模板木材	m³	1880.34	0.169	0.175
木支撑	m³	1631.34	0.118	0.123
商品防水混凝土 C25	m³	404.80	3.033	3.093
商品混凝土 C15(泵送)	m³	326.48	0.366	0.386
商品混凝土 C25(泵送)	m³	389.11	0.232	0.232
水	m³	7.96	3.911	3.994
水泥砂浆 M7.5	m³	201.87	0.065	0.079
预制混凝土井筒 C30 φ700 JT270C	个	131.04	1.000	1.000
铸铁井盖井座 φ700重型	套	825.04	1.000	1.000
铸铁爬梯	kg	3.50	10.000	10.000
其他材料费占材料费	%	—	1.000	1.000
机械 点焊机 75kV·A	台班	131.22	0.009	0.009
电动单筒慢速卷扬机 50kN	台班	215.57	0.061	0.064
对焊机 75kV·A	台班	106.97	0.028	0.029
钢筋切断机 40mm	台班	41.21	0.028	0.029
钢筋弯曲机 40mm	台班	25.58	0.066	0.069
灰浆搅拌机 200L	台班	215.26	0.007	0.008
履带式电动起重机 5t	台班	249.22	0.027	0.032
木工单面压刨床 600mm	台班	31.27	0.110	0.115
木工圆锯机 500mm	台班	25.33	0.168	0.174
汽车式起重机 8t	台班	763.67	0.011	0.011
载重汽车 5t	台班	430.70	0.100	0.104
直流弧焊机 32kV·A	台班	87.75	0.136	0.142

工作内容：混凝土搅拌、捣固、抹平、养护，调制砂浆，砌筑、抹灰、勾缝，井盖、井座、爬梯安装，钢筋制作、安装，材料水平及垂直运输等。

计量单位：座

定 额 编 号			S5-4-173	S5-4-174
项 目 名 称			规格1100mm×1300mm	规格1100mm×1400mm
			管径1000mm以内	管径1100mm以内
			井深3.5m以内	
基 价 （元）			6160.74	6377.84
其中	人 工 费 （元）		1621.62	1691.48
	材 料 费 （元）		4430.26	4570.67
	机 械 费 （元）		108.86	115.69
名 称	单位	单价(元)	消 耗 量	
人工 综合工日	工日	140.00	11.583	12.082
材料 标准砖 240×115×53	千块	414.53	0.183	0.215
电	kW•h	0.68	1.745	1.781
防水砂浆 1:2	m³	312.18	0.047	0.050
螺纹钢筋 HRB400 φ10以上	t	3500.00	0.345	0.363
模板木材	m³	1880.34	0.181	0.189
木支撑	m³	1631.34	0.128	0.133
商品防水混凝土 C25	m³	404.80	3.146	3.186
商品混凝土 C15(泵送)	m³	326.48	0.405	0.424
商品混凝土 C25(泵送)	m³	389.11	0.232	0.263
水	m³	7.96	4.067	4.181
水泥砂浆 M7.5	m³	201.87	0.092	0.108
预制混凝土井筒 C30 φ700 JT270C	个	131.04	1.000	1.000
铸铁井盖井座 φ700重型	套	825.04	1.000	1.000
铸铁爬梯	kg	3.50	10.000	10.000
其他材料费占材料费	%	—	1.000	1.000
机械 点焊机 75kV•A	台班	131.22	0.009	0.010
电动单筒慢速卷扬机 50kN	台班	215.57	0.065	0.069
对焊机 75kV•A	台班	106.97	0.030	0.031
钢筋切断机 40mm	台班	41.21	0.030	0.031
钢筋弯曲机 40mm	台班	25.58	0.071	0.074
灰浆搅拌机 200L	台班	215.26	0.010	0.012
履带式电动起重机 5t	台班	249.22	0.037	0.044
木工单面压刨床 600mm	台班	31.27	0.119	0.124
木工圆锯机 500mm	台班	25.33	0.181	0.188
汽车式起重机 8t	台班	763.67	0.011	0.012
载重汽车 5t	台班	430.70	0.108	0.112
直流弧焊机 32kV•A	台班	87.75	0.146	0.153

工作内容：混凝土搅拌、捣固、抹平、养护，调制砂浆，砌筑、抹灰、勾缝，井盖、井座、爬梯安装，钢筋制作、安装，材料水平及垂直运输等。

计量单位：座

定 额 编 号				S5-4-175	S5-4-176
项 目 名 称				规格1100mm×1500mm	规格1100mm×1700mm
				管径1200mm以内	管径1350mm以内
				井深3.5m以内	
基 价（元）				6523.29	6762.19
其中	人 工 费（元）			1739.08	1810.48
	材 料 费（元）			4663.52	4820.32
	机 械 费（元）			120.69	131.39
名 称		单位	单价（元）	消 耗 量	
人工	综合工日	工日	140.00	12.422	12.932
材料	标准砖 240×115×53	千块	414.53	0.249	0.323
	电	kW·h	0.68	1.801	1.800
	防水砂浆 1∶2	m³	312.18	0.054	0.060
	螺纹钢筋 HRB400 φ10以上	t	3500.00	0.372	0.396
	模板木材	m³	1880.34	0.196	0.204
	木支撑	m³	1631.34	0.138	0.141
	商品防水混凝土 C25	m³	404.80	3.219	3.166
	商品混凝土 C15(泵送)	m³	326.48	0.444	0.483
	商品混凝土 C25(泵送)	m³	389.11	0.263	0.313
	水	m³	7.96	4.236	4.306
	水泥砂浆 M7.5	m³	201.87	0.125	0.162
	预制混凝土井筒 C30 φ700 JT270C	个	131.04	1.000	1.000
	铸铁井盖井座 φ700重型	套	825.04	1.000	1.000
	铸铁爬梯	kg	3.50	10.000	10.000
	其他材料费占材料费	%	—	1.000	1.000
机械	点焊机 75kV·A	台班	131.22	0.010	0.011
	电动单筒慢速卷扬机 50kN	台班	215.57	0.071	0.075
	对焊机 75kV·A	台班	106.97	0.032	0.034
	钢筋切断机 40mm	台班	41.21	0.032	0.034
	钢筋弯曲机 40mm	台班	25.58	0.076	0.081
	灰浆搅拌机 200L	台班	215.26	0.013	0.017
	履带式电动起重机 5t	台班	249.22	0.051	0.066
	木工单面压刨床 600mm	台班	31.27	0.129	0.132
	木工圆锯机 500mm	台班	25.33	0.195	0.200
	汽车式起重机 8t	台班	763.67	0.012	0.015
	载重汽车 5t	台班	430.70	0.116	0.119
	直流弧焊机 32kV·A	台班	87.75	0.157	0.167

工作内容：混凝土搅拌、捣固、抹平、养护，调制砂浆，砌筑、抹灰、勾缝，井盖、井座、爬梯安装，钢
筋制作、安装，材料水平及垂直运输等。

计量单位：座

定 额 编 号			S5-4-177	S5-4-178
项 目 名 称			规格1100mm×1800mm	规格1100mm×2000mm
			管径1500mm以内	管径1650mm以内
			井深3.5m以内	
基 价（元）			7225.99	8211.91
其中	人 工 费（元）		1957.62	2265.48
	材 料 费（元）		5123.81	5778.68
	机 械 费（元）		144.56	167.75
名 称	单位	单价（元）	消 耗 量	
人工	综合工日	工日	140.00	13.983	16.182
材料	标准砖 240×115×53	千块	414.53	0.357	0.444
	电	kW·h	0.68	1.900	2.208
	防水砂浆 1：2	m³	312.18	0.064	0.071
	螺纹钢筋 HRB400 φ10以上	t	3500.00	0.434	0.493
	模板木材	m³	1880.34	0.223	0.261
	木支撑	m³	1631.34	0.158	0.180
	商品防水混凝土 C25	m³	404.80	3.357	3.942
	商品混凝土 C15(泵送)	m³	326.48	0.501	0.540
	商品混凝土 C25(泵送)	m³	389.11	0.313	0.394
	水	m³	7.96	4.531	5.302
	水泥砂浆 M7.5	m³	201.87	0.180	0.224
	预制混凝土井筒 C30 φ700 JT270C	个	131.04	1.000	1.000
	铸铁井盖井座 φ700重型	套	825.04	1.000	1.000
	铸铁爬梯	kg	3.50	10.000	10.000
	其他材料费占材料费	%	—	1.000	1.000
机械	点焊机 75kV·A	台班	131.22	0.011	0.013
	电动单筒慢速卷扬机 50kN	台班	215.57	0.082	0.093
	对焊机 75kV·A	台班	106.97	0.038	0.043
	钢筋切断机 40mm	台班	41.21	0.037	0.042
	钢筋弯曲机 40mm	台班	25.58	0.089	0.101
	灰浆搅拌机 200L	台班	215.26	0.019	0.024
	履带式电动起重机 5t	台班	249.22	0.073	0.091
	木工单面压刨床 600mm	台班	31.27	0.147	0.169
	木工圆锯机 500mm	台班	25.33	0.233	0.256
	汽车式起重机 8t	台班	763.67	0.015	0.018
	载重汽车 5t	台班	430.70	0.133	0.152
	直流弧焊机 32kV·A	台班	87.75	0.183	0.208

工作内容：混凝土搅拌、捣固、抹平、养护，调制砂浆，砌筑、抹灰、勾缝，井盖、井座、爬梯安装，钢
筋制作、安装，材料水平及垂直运输等。

计量单位：座

定 额 编 号			S5-4-179	S5-4-180
项 目 名 称			规格1100mm×2100mm	规格1100mm×2300mm
			管径1800mm以内	管径2000mm以内
			井深4m以内	井深4.5m以内
基 价（元）			8628.01	9680.03
其中	人 工 费（元）		2412.62	2756.88
	材 料 费（元）		6034.89	6711.11
	机 械 费（元）		180.50	212.04
名 称	单位	单价（元）	消 耗 量	
人工 综合工日	工日	140.00	17.233	19.692
材料 标准砖 240×115×53	千块	414.53	0.489	0.585
电	kW·h	0.68	2.304	2.541
防水砂浆 1:2	m³	312.18	0.075	0.082
螺纹钢筋 HRB400 φ10以上	t	3500.00	0.514	0.592
模板木材	m³	1880.34	0.282	0.326
木支撑	m³	1631.34	0.200	0.230
商品防水混凝土 C25	m³	404.80	4.129	4.495
商品混凝土 C15(泵送)	m³	326.48	0.559	0.598
商品混凝土 C25(泵送)	m³	389.11	0.394	0.515
水	m³	7.96	5.522	6.156
水泥砂浆 M7.5	m³	201.87	0.246	0.294
预制混凝土井筒 C30 φ700 JT270C	个	131.04	1.000	1.000
铸铁井盖井座 φ700重型	套	825.04	1.000	1.000
铸铁爬梯	kg	3.50	10.000	10.000
其他材料费占材料费	%	—	1.000	1.000
机械 点焊机 75kV·A	台班	131.22	0.013	0.014
电动单筒慢速卷扬机 50kN	台班	215.57	0.097	0.112
对焊机 75kV·A	台班	106.97	0.044	0.051
钢筋切断机 40mm	台班	41.21	0.044	0.051
钢筋弯曲机 40mm	台班	25.58	0.105	0.122
灰浆搅拌机 200L	台班	215.26	0.026	0.031
履带式电动起重机 5t	台班	249.22	0.100	0.120
木工单面压刨床 600mm	台班	31.27	0.187	0.215
木工圆锯机 500mm	台班	25.33	0.283	0.326
汽车式起重机 8t	台班	763.67	0.018	0.024
载重汽车 5t	台班	430.70	0.168	0.194
直流弧焊机 32kV·A	台班	87.75	0.217	0.250

Ⅱ钢筋砼矩形直线污水检查井

工作内容：混凝土搅拌、捣固、抹平、养护，调制砂浆，砌筑、抹灰、勾缝，井盖、井座、爬梯安装，钢筋制作、安装，材料水平及垂直运输等。

计量单位：座

定 额 编 号			S5-4-181	S5-4-182
项 目 名 称			规格1100mm×1100mm	规格1100mm×1200mm
			管径800mm以内	管径900mm以内
			井深3m以内	井深3.5m以内
基 价（元）			7402.97	7812.14
其中	人 工 费（元）		2023.28	2153.48
	材 料 费（元）		5246.56	5515.29
	机 械 费（元）		133.13	143.37
名 称	单位	单价（元）	消 耗 量	
人工 综合工日	工日	140.00	14.452	15.382
材料 标准砖 240×115×53	千块	414.53	0.192	0.224
电	kW·h	0.68	2.233	2.359
防水砂浆 1∶2	m³	312.18	0.058	0.063
螺纹钢筋 HRB400 φ10以上	t	3500.00	0.417	0.443
模板木材	m³	1880.34	0.223	0.238
木支撑	m³	1631.34	0.169	0.182
商品防水混凝土 C25	m³	404.80	4.129	4.373
商品混凝土 C15(泵送)	m³	326.48	0.366	0.386
商品混凝土 C25(泵送)	m³	389.11	0.232	0.232
水	m³	7.96	5.087	5.365
水泥砂浆 M7.5	m³	201.87	0.096	0.112
预制混凝土井筒 C30 φ700 JT270C	个	131.04	1.000	1.000
铸铁井盖井座 φ700重型	套	825.04	1.000	1.000
铸铁爬梯	kg	3.50	12.500	12.500
其他材料费占材料费	%	—	1.000	1.000
机械 点焊机 75kV·A	台班	131.22	0.009	0.009
电动单筒慢速卷扬机 50kN	台班	215.57	0.079	0.084
对焊机 75kV·A	台班	106.97	0.036	0.038
钢筋切断机 40mm	台班	41.21	0.036	0.038
钢筋弯曲机 40mm	台班	25.58	0.086	0.092
灰浆搅拌机 200L	台班	215.26	0.010	0.012
履带式电动起重机 5t	台班	249.22	0.039	0.046
木工单面压刨床 600mm	台班	31.27	0.157	0.169
木工圆锯机 500mm	台班	25.33	0.238	0.256
汽车式起重机 8t	台班	763.67	0.011	0.011
载重汽车 5t	台班	430.70	0.141	0.152
直流弧焊机 32kV·A	台班	87.75	0.176	0.187

工作内容：混凝土搅拌、捣固、抹平、养护，调制砂浆，砌筑、抹灰、勾缝，井盖、井座、爬梯安装，钢筋制作、安装，材料水平及垂直运输等。

计量单位：座

定 额 编 号				S5-4-183	S5-4-184
项 目 名 称				规格1100mm×1300mm	规格1100mm×1400mm
				管径1000mm以内	管径1100mm以内
				井深3.5m以内	
基 价（元）				8185.04	8711.51
其中	人 工 费（元）			2280.32	2445.10
	材 料 费（元）			5751.96	6100.34
	机 械 费（元）			152.76	166.07
名 称		单位	单价（元）	消 耗 量	
人工	综合工日	工日	140.00	16.288	17.465
材料	标准砖 240×115×53	千块	414.53	0.258	0.297
	电	kW·h	0.68	2.485	2.622
	防水砂浆 1：2	m³	312.18	0.069	0.075
	螺纹钢筋 HRB400 φ10以上	t	3500.00	0.459	0.501
	模板木材	m³	1880.34	0.253	0.271
	木支撑	m³	1631.34	0.196	0.210
	商品防水混凝土 C25	m³	404.80	4.618	4.861
	商品混凝土 C15(泵送)	m³	326.48	0.405	0.424
	商品混凝土 C25(泵送)	m³	389.11	0.232	0.263
	水	m³	7.96	5.644	5.976
	水泥砂浆 M7.5	m³	201.87	0.130	0.149
	预制混凝土井筒 C30 φ700 JT270C	个	131.04	1.000	1.000
	铸铁井盖井座 φ700重型	套	825.04	1.000	1.000
	铸铁爬梯	kg	3.50	12.500	12.500
	其他材料费占材料费	%	—	1.000	1.000
机械	点焊机 75kV·A	台班	131.22	0.009	0.010
	电动单筒慢速卷扬机 50kN	台班	215.57	0.087	0.095
	对焊机 75kV·A	台班	106.97	0.040	0.043
	钢筋切断机 40mm	台班	41.21	0.039	0.043
	钢筋弯曲机 40mm	台班	25.58	0.095	0.103
	灰浆搅拌机 200L	台班	215.26	0.014	0.016
	履带式电动起重机 5t	台班	249.22	0.053	0.061
	木工单面压刨床 600mm	台班	31.27	0.182	0.195
	木工圆锯机 500mm	台班	25.33	0.275	0.295
	汽车式起重机 8t	台班	763.67	0.011	0.012
	载重汽车 5t	台班	430.70	0.163	0.175
	直流弧焊机 32kV·A	台班	87.75	0.194	0.211

工作内容：混凝土搅拌、捣固、抹平、养护，调制砂浆，砌筑、抹灰、勾缝，井盖、井座、爬梯安装，钢筋制作、安装，材料水平及垂直运输等。

计量单位：座

定　额　编　号			S5-4-185	S5-4-186
项　目　名　称			规格1100mm×1500mm	规格1100mm×1700mm
			管径1200mm以内	管径1350mm以内
			井深3.5m以内	井深4m以内
基　　　价（元）			9099.36	10043.95
其中	人　工　费（元）		2577.96	2881.20
	材　料　费（元）		6345.09	6959.70
	机　械　费（元）		176.31	203.05
名　　称	单位	单价（元）	消　　耗　　量	
人工 综合工日	工日	140.00	18.414	20.580
材料 标准砖 240×115×53	千块	414.53	0.335	0.443
电	kW·h	0.68	2.749	3.012
防水砂浆 1：2	m³	312.18	0.081	0.091
螺纹钢筋 HRB400 φ10以上	t	3500.00	0.517	0.578
模板木材	m³	1880.34	0.288	0.322
木支撑	m³	1631.34	0.225	0.252
商品防水混凝土 C25	m³	404.80	5.107	5.578
商品混凝土 C15(泵送)	m³	326.48	0.444	0.483
商品混凝土 C25(泵送)	m³	389.11	0.263	0.313
水	m³	7.96	6.257	6.888
水泥砂浆 M7.5	m³	201.87	0.168	0.223
预制混凝土井筒 C30 φ700 JT270C	个	131.04	1.000	1.000
铸铁井盖井座 φ700重型	套	825.04	1.000	1.000
铸铁爬梯	kg	3.50	12.500	12.500
其他材料费占材料费	%	—	1.000	1.000
机械 点焊机 75kV·A	台班	131.22	0.010	0.011
电动单筒慢速卷扬机 50kN	台班	215.57	0.098	0.110
对焊机 75kV·A	台班	106.97	0.045	0.050
钢筋切断机 40mm	台班	41.21	0.044	0.050
钢筋弯曲机 40mm	台班	25.58	0.107	0.119
灰浆搅拌机 200L	台班	215.26	0.018	0.024
履带式电动起重机 5t	台班	249.22	0.069	0.091
木工单面压刨床 600mm	台班	31.27	0.209	0.234
木工圆锯机 500mm	台班	25.33	0.315	0.354
汽车式起重机 8t	台班	763.67	0.012	0.015
载重汽车 5t	台班	430.70	0.187	0.210
直流弧焊机 32kV·A	台班	87.75	0.219	0.244

工作内容：混凝土搅拌、捣固、抹平、养护，调制砂浆，砌筑、抹灰、勾缝，井盖、井座、爬梯安装，钢筋制作、安装，材料水平及垂直运输等。

计量单位：座

定　额　编　号				S5-4-187
项　目　名　称				规格1100mm×1800mm
				管径1500mm以内
				井深4m以内
基　　　价（元）				10610.17
其中	人　工　费（元）			3061.66
	材　料　费（元）			7330.83
	机　械　费（元）			217.68
名　　　称	单位	单价（元）	消　　耗　　量	
人工 综合工日	工日	140.00	21.869	
材料	标准砖 240×115×53	千块	414.53	0.469
	电	kW•h	0.68	3.148
	防水砂浆 1：2	m³	312.18	0.098
	螺纹钢筋 HRB400 φ10以上	t	3500.00	0.624
	模板木材	m³	1880.34	0.344
	木支撑	m³	1631.34	0.273
	商品防水混凝土 C25	m³	404.80	5.842
	商品混凝土 C15(泵送)	m³	326.48	0.501
	商品混凝土 C25(泵送)	m³	389.11	0.313
	水	m³	7.96	7.190
	水泥砂浆 M7.5	m³	201.87	0.236
	预制混凝土井筒 C30 φ700 JT270C	个	131.04	1.000
	铸铁井盖井座 φ700重型	套	825.04	1.000
	铸铁爬梯	kg	3.50	12.500
	其他材料费占材料费	%	—	1.000
机械	点焊机 75kV•A	台班	131.22	0.011
	电动单筒慢速卷扬机 50kN	台班	215.57	0.119
	对焊机 75kV•A	台班	106.97	0.054
	钢筋切断机 40mm	台班	41.21	0.054
	钢筋弯曲机 40mm	台班	25.58	0.129
	灰浆搅拌机 200L	台班	215.26	0.025
	履带式电动起重机 5t	台班	249.22	0.096
	木工单面压刨床 600mm	台班	31.27	0.253
	木工圆锯机 500mm	台班	25.33	0.382
	汽车式起重机 8t	台班	763.67	0.015
	载重汽车 5t	台班	430.70	0.227
	直流弧焊机 32kV•A	台班	87.75	0.264

⑥钢筋砼矩形交汇检查井
Ⅰ钢筋砼矩形一侧交汇雨水检查井

工作内容：混凝土搅拌、捣固、抹平、养护，调制砂浆，砌筑、抹灰、勾缝，井盖、井座、爬梯安装，钢筋制作、安装，材料水平及垂直运输等。

计量单位：座

定 额 编 号				S5-4-188	S5-4-189
项 目 名 称				规格1650mm×1650mm	规格2200mm×2200mm
				管径900～1000mm	管径1100～1350mm
				井深3.5m以内	
基 价（元）				8602.94	11984.89
其中	人 工 费（元）			2386.30	3495.66
	材 料 费（元）			6046.31	8212.73
	机 械 费（元）			170.33	276.50
名 称		单位	单价（元）	消 耗 量	
人工	综合工日	工日	140.00	17.045	24.969
材料	标准砖 240×115×53	千块	414.53	0.572	1.381
	电	kW·h	0.68	2.587	3.572
	防水砂浆 1:2	m³	312.18	0.091	0.160
	螺纹钢筋 HRB400 φ10以上	t	3500.00	0.464	0.609
	模板木材	m³	1880.34	0.252	0.356
	木支撑	m³	1631.34	0.167	0.217
	商品防水混凝土 C25	m³	404.80	4.641	6.122
	商品混凝土 C15(泵送)	m³	326.48	0.609	0.913
	商品混凝土 C25(泵送)	m³	389.11	0.445	0.959
	水	m³	7.96	6.182	8.929
	水泥砂浆 M7.5	m³	201.87	0.287	0.694
	预制混凝土井筒 C30 φ700 JT270C	个	131.04	1.000	1.000
	铸铁井盖井座 φ700重型	套	825.04	1.000	1.000
	铸铁爬梯	kg	3.50	10.000	10.000
	其他材料费占材料费	%	—	1.000	1.000
机械	点焊机 75kV·A	台班	131.22	0.014	0.022
	电动单筒慢速卷扬机 50kN	台班	215.57	0.088	0.115
	对焊机 75kV·A	台班	106.97	0.040	0.053
	钢筋切断机 40mm	台班	41.21	0.040	0.052
	钢筋弯曲机 40mm	台班	25.58	0.095	0.123
	灰浆搅拌机 200L	台班	215.26	0.031	0.074
	履带式电动起重机 5t	台班	249.22	0.117	0.283
	木工单面压刨床 600mm	台班	31.27	0.157	0.207
	木工圆锯机 500mm	台班	25.33	0.238	0.312
	汽车式起重机 8t	台班	763.67	0.021	0.045
	载重汽车 5t	台班	430.70	0.142	0.186
	直流弧焊机 32kV·A	台班	87.75	0.196	0.257

工作内容：混凝土搅拌、捣固、抹平、养护，调制砂浆，砌筑、抹灰、勾缝，井盖、井座、爬梯安装，钢筋制作、安装，材料水平及垂直运输等。

计量单位：座

定 额 编 号			S5-4-190	S5-4-191
项 目 名 称			规格2630mm×2630mm	规格3150mm×3150mm
			管径1500～1650mm	管径1800～2000mm
			井深4m以内	井深4.5m以内
基 价（元）			17978.94	25325.90
其中	人 工 费（元）		5158.16	7516.60
	材 料 费（元）		12386.79	17135.79
	机 械 费（元）		433.99	673.51
名 称	单位	单价（元）	消 耗	量
人工	综合工日	工日	140.00	36.844	53.690
材料	标准砖 240×115×53	千块	414.53	2.441	4.246
	电	kW•h	0.68	5.256	7.287
	防水砂浆 1：2	m³	312.18	0.239	0.329
	螺纹钢筋 HRB400 φ10以上	t	3500.00	1.091	1.464
	模板木材	m³	1880.34	0.475	0.687
	木支撑	m³	1631.34	0.272	0.373
	商品防水混凝土 C25	m³	404.80	9.080	12.104
	商品混凝土 C15(泵送)	m³	326.48	1.265	1.665
	商品混凝土 C25(泵送)	m³	389.11	1.504	2.716
	水	m³	7.96	13.333	19.083
	水泥砂浆 M7.5	m³	201.87	1.227	2.135
	预制混凝土井筒 C30 φ700 JT270C	个	131.04	1.000	1.000
	铸铁井盖井座 φ700重型	套	825.04	1.000	1.000
	铸铁爬梯	kg	3.50	10.000	10.000
	其他材料费占材料费	%	—	1.000	1.000
机械	点焊机 75kV•A	台班	131.22	0.033	0.055
	电动单筒慢速卷扬机 50kN	台班	215.57	0.206	0.276
	对焊机 75kV•A	台班	106.97	0.094	0.127
	钢筋切断机 40mm	台班	41.21	0.093	0.125
	钢筋弯曲机 40mm	台班	25.58	0.222	0.296
	灰浆搅拌机 200L	台班	215.26	0.131	0.227
	履带式电动起重机 5t	台班	249.22	0.499	0.869
	木工单面压刨床 600mm	台班	31.27	0.260	0.362
	木工圆锯机 500mm	台班	25.33	0.393	0.542
	汽车式起重机 8t	台班	763.67	0.070	0.126
	载重汽车 5t	台班	430.70	0.235	0.324
	直流弧焊机 32kV•A	台班	87.75	0.460	0.618

II 钢筋砼矩形一侧交汇污水查井

工作内容：混凝土搅拌、捣固、抹平、养护，调制砂浆，砌筑、抹灰、勾缝，井盖、井座、爬梯安装，钢筋制作、安装，材料水平及垂直运输等。

计量单位：座

定 额 编 号			S5-4-192	S5-4-193
项 目 名 称			规格1650mm×1650mm	规格2200mm×2200mm
			管径900～1000mm	管径1100～1350mm
			井深3.5m以内	
基 价 （元）			11244.27	16399.99
其中	人 工 费 （元）		3240.58	4949.00
	材 料 费 （元）		7764.27	11057.00
	机 械 费 （元）		239.42	393.99
名 称	单位	单价（元）	消 耗 量	
人工 综合工日	工日	140.00	23.147	35.350
材料 标准砖 240×115×53	千块	414.53	0.939	2.024
电	kW•h	0.68	3.459	5.071
防水砂浆 1:2	m³	312.18	0.126	0.207
螺纹钢筋 HRB400 φ10以上	t	3500.00	0.602	0.816
模板木材	m³	1880.34	0.337	0.502
木支撑	m³	1631.34	0.247	0.356
商品防水混凝土 C25	m³	404.80	6.377	9.106
商品混凝土 C15(泵送)	m³	326.48	0.609	0.913
商品混凝土 C25(泵送)	m³	389.11	0.445	0.959
水	m³	7.96	8.084	12.196
水泥砂浆 M7.5	m³	201.87	0.472	1.018
预制混凝土井筒 C30 φ700 JT270C	个	131.04	1.000	1.000
铸铁井盖井座 φ700重型	套	825.04	1.000	1.000
铸铁爬梯	kg	3.50	12.500	12.500
其他材料费占材料费	%	—	1.000	1.000
机械 点焊机 75kV•A	台班	131.22	0.014	0.022
电动单筒慢速卷扬机 50kN	台班	215.57	0.114	0.155
对焊机 75kV•A	台班	106.97	0.052	0.071
钢筋切断机 40mm	台班	41.21	0.052	0.070
钢筋弯曲机 40mm	台班	25.58	0.124	0.167
灰浆搅拌机 200L	台班	215.26	0.050	0.108
履带式电动起重机 5t	台班	249.22	0.192	0.414
木工单面压刨床 600mm	台班	31.27	0.230	0.334
木工圆锯机 500mm	台班	25.33	0.349	0.503
汽车式起重机 8t	台班	763.67	0.021	0.045
载重汽车 5t	台班	430.70	0.207	0.299
直流弧焊机 32kV•A	台班	87.75	0.254	0.344

工作内容：混凝土搅拌、捣固、抹平、养护，调制砂浆，砌筑、抹灰、勾缝，井盖、井座、爬梯安装，钢筋制作、安装，材料水平及垂直运输等。

计量单位：座

定　额　编　号				S5-4-194
项　目　名　称				规格2630mm×2630mm
				管径1500mm
				井深4m以内
基　　　价（元）				25642.98
其中	人　工　费（元）			7532.00
	材　料　费（元）			17482.53
	机　械　费（元）			628.45
名　　　称	单位	单价（元）	消　　　耗　　　量	
人工	综合工日	工日	140.00	53.800
材料	标准砖 240×115×53	千块	414.53	3.512
	电	kW·h	0.68	7.839
	防水砂浆 1∶2	m³	312.18	0.297
	螺纹钢筋 HRB400 φ10以上	t	3500.00	1.554
	模板木材	m³	1880.34	0.685
	木支撑	m³	1631.34	0.470
	商品防水混凝土 C25	m³	404.80	14.220
	商品混凝土 C15(泵送)	m³	326.48	1.265
	商品混凝土 C25(泵送)	m³	389.11	1.504
	水	m³	7.96	18.969
	水泥砂浆 M7.5	m³	201.87	1.766
	预制混凝土井筒 C30 φ700 JT270C	个	131.04	1.000
	铸铁井盖井座 φ700重型	套	825.04	1.000
	铸铁爬梯	kg	3.50	12.500
	其他材料费占材料费	%	—	1.000
机械	点焊机 75kV·A	台班	131.22	0.033
	电动单筒慢速卷扬机 50kN	台班	215.57	0.295
	对焊机 75kV·A	台班	106.97	0.135
	钢筋切断机 40mm	台班	41.21	0.133
	钢筋弯曲机 40mm	台班	25.58	0.321
	灰浆搅拌机 200L	台班	215.26	0.188
	履带式电动起重机 5t	台班	249.22	0.719
	木工单面压刨床 600mm	台班	31.27	0.443
	木工圆锯机 500mm	台班	25.33	0.666
	汽车式起重机 8t	台班	763.67	0.070
	载重汽车 5t	台班	430.70	0.397
	直流弧焊机 32kV·A	台班	87.75	0.656

Ⅲ钢筋砼矩形两侧交汇雨水检查井

工作内容：混凝土搅拌、捣固、抹平、养护，调制砂浆，砌筑、抹灰、勾缝，井盖、井座、爬梯安装，钢筋制作、安装，材料水平及垂直运输等。

计量单位：座

	定 额 编 号			S5-4-195	S5-4-196
	项 目 名 称			规格2000mm×1500mm	规格2200mm×1700mm
				管径900mm	管径1000～1100mm
				井深3m以内	井深3.5m以内
	基 价（元）			9036.81	10061.37
其中	人 工 费（元）			2527.70	2871.82
	材 料 费（元）			6338.21	6992.02
	机 械 费（元）			170.90	197.53
	名 称	单位	单价（元）	消 耗 量	
人工	综合工日	工日	140.00	18.055	20.513
材料	标准砖 240×115×53	千块	414.53	0.450	0.579
	电	kW·h	0.68	2.807	3.125
	防水砂浆 1∶2	m³	312.18	0.092	0.112
	螺纹钢筋 HRB400 φ10以上	t	3500.00	0.497	0.548
	模板木材	m³	1880.34	0.266	0.302
	木支撑	m³	1631.34	0.176	0.194
	商品防水混凝土 C25	m³	404.80	5.038	5.517
	商品混凝土 C15(泵送)	m³	326.48	0.654	0.761
	商品混凝土 C25(泵送)	m³	389.11	0.485	0.647
	水	m³	7.96	6.681	7.542
	水泥砂浆 M7.5	m³	201.87	0.226	0.291
	预制混凝土井筒 C30 φ700 JT270C	个	131.04	1.000	1.000
	铸铁井盖井座 φ700重型	套	825.04	1.000	1.000
	铸铁爬梯	kg	3.50	10.000	10.000
	其他材料费占材料费	%	—	1.000	1.000
机械	点焊机 75kV·A	台班	131.22	0.015	0.015
	电动单筒慢速卷扬机 50kN	台班	215.57	0.094	0.104
	对焊机 75kV·A	台班	106.97	0.043	0.047
	钢筋切断机 40mm	台班	41.21	0.042	0.047
	钢筋弯曲机 40mm	台班	25.58	0.101	0.112
	灰浆搅拌机 200L	台班	215.26	0.024	0.031
	履带式电动起重机 5t	台班	249.22	0.092	0.119
	木工单面压刨床 600mm	台班	31.27	0.165	0.183
	木工圆锯机 500mm	台班	25.33	0.250	0.277
	汽车式起重机 8t	台班	763.67	0.023	0.030
	载重汽车 5t	台班	430.70	0.149	0.165
	直流弧焊机 32kV·A	台班	87.75	0.210	0.231

工作内容：混凝土搅拌、捣固、抹平、养护，调制砂浆，砌筑、抹灰、勾缝，井盖、井座、爬梯安装，钢筋制作、安装，材料水平及垂直运输等。

计量单位：座

定 额 编 号				S5-4-197	S5-4-198
项 目 名 称				规格2700mm×2050mm	规格3300mm×2480mm
				管径1200～1350mm	管径1500～1650mm
				井深3.5m以内	井深4m以内
基 价（元）				14796.13	21563.14
其中	人 工 费（元）			4189.78	6288.52
	材 料 费（元）			10294.35	14810.13
	机 械 费（元）			312.00	464.49
名 称		单位	单价（元）	消　耗　　量	
人工	综合工日	工日	140.00	29.927	44.918
材料	标准砖 240×115×53	千块	414.53	1.156	2.022
	电	kW·h	0.68	4.483	7.164
	防水砂浆 1:2	m³	312.18	0.175	0.245
	螺纹钢筋 HRB400 φ10以上	t	3500.00	0.956	1.271
	模板木材	m³	1880.34	0.403	0.576
	木支撑	m³	1631.34	0.228	0.300
	商品防水混凝土 C25	m³	404.80	7.776	12.448
	商品混凝土 C15(泵送)	m³	326.48	1.076	1.518
	商品混凝土 C25(泵送)	m³	389.11	1.242	2.181
	水	m³	7.96	11.202	18.016
	水泥砂浆 M7.5	m³	201.87	0.581	1.017
	预制混凝土井筒 C30 φ700 JT270C	个	131.04	1.000	1.000
	铸铁井盖井座 φ700重型	套	825.04	1.000	1.000
	铸铁爬梯	kg	3.50	10.000	10.000
	其他材料费占材料费	%	—	1.000	1.000
机械	点焊机 75kV·A	台班	131.22	0.029	0.038
	电动单筒慢速卷扬机 50kN	台班	215.57	0.181	0.240
	对焊机 75kV·A	台班	106.97	0.083	0.110
	钢筋切断机 40mm	台班	41.21	0.082	0.109
	钢筋弯曲机 40mm	台班	25.58	0.195	0.259
	灰浆搅拌机 200L	台班	215.26	0.062	0.108
	履带式电动起重机 5t	台班	249.22	0.236	0.414
	木工单面压刨床 600mm	台班	31.27	0.218	0.292
	木工圆锯机 500mm	台班	25.33	0.330	0.439
	汽车式起重机 8t	台班	763.67	0.058	0.102
	载重汽车 5t	台班	430.70	0.197	0.263
	直流弧焊机 32kV·A	台班	87.75	0.404	0.536

工作内容：混凝土搅拌、捣固、抹平、养护，调制砂浆，砌筑、抹灰、勾缝，井盖、井座、爬梯安装，钢筋制作、安装，材料水平及垂直运输等。

计量单位：座

定 额 编 号			S5-4-199
项 目 名 称			规格4000mm×2900mm
			管径1800~2000mm
			井深4.5m以内
基 价（元）			29681.57
其中	人 工 费（元）		8113.98
	材 料 费（元）		20852.34
	机 械 费（元）		715.25
名 称	单位	单价（元）	消 耗 量
人工 综合工日	工日	140.00	57.957
材料 标准砖 240×115×53	千块	414.53	3.601
电	kW·h	0.68	6.936
防水砂浆 1:2	m³	312.18	0.359
螺纹钢筋 HRB400 φ10以上	t	3500.00	1.772
模板木材	m³	1880.34	0.820
木支撑	m³	1631.34	0.416
商品防水混凝土 C25	m³	404.80	17.458
商品混凝土 C15(泵送)	m³	326.48	1.979
商品混凝土 C25(泵送)	m³	389.11	3.575
水	m³	7.96	19.223
水泥砂浆 M7.5	m³	201.87	1.811
预制混凝土井筒 C30 φ700 JT270C	个	131.04	1.000
铸铁井盖井座 φ700重型	套	825.04	1.000
铸铁爬梯	kg	3.50	10.000
其他材料费占材料费	%	—	1.000
机械 点焊机 75kV·A	台班	131.22	0.067
电动单筒慢速卷扬机 50kN	台班	215.57	0.333
对焊机 75kV·A	台班	106.97	0.153
钢筋切断机 40mm	台班	41.21	0.151
钢筋弯曲机 40mm	台班	25.58	0.358
灰浆搅拌机 200L	台班	215.26	0.193
履带式电动起重机 5t	台班	249.22	0.737
木工单面压刨床 600mm	台班	31.27	0.407
木工圆锯机 500mm	台班	25.33	0.610
汽车式起重机 8t	台班	763.67	0.166
载重汽车 5t	台班	430.70	0.365
直流弧焊机 32kV·A	台班	87.75	0.747

Ⅳ钢筋砼矩形两侧交汇污水检查井

工作内容：混凝土搅拌、捣固、抹平、养护，调制砂浆，砌筑、抹灰、勾缝，井盖、井座、爬梯安装，钢筋制作、安装，材料水平及垂直运输等。

计量单位：座

定 额 编 号				S5-4-200	S5-4-201
项 目 名 称				规格2000mm×1500mm	规格2200mm×1700mm
				管径900mm	管径1000～1100mm
				井深3.5m以内	
基 价 （元）				12139.99	13308.65
其中	人 工 费 （元）			3514.56	3937.08
	材 料 费 （元）			8355.42	9092.60
	机 械 费 （元）			270.01	278.97
名 称		单位	单价（元）	消 耗 量	
人工	综合工日	工日	140.00	25.104	28.122
材料	标准砖 240×115×53	千块	414.53	1.245	0.933
	电	kW·h	0.68	3.725	4.247
	防水砂浆 1∶2	m³	312.18	0.117	0.134
	螺纹钢筋 HRB400 φ10以上	t	3500.00	0.642	0.715
	模板木材	m³	1880.34	0.356	0.411
	木支撑	m³	1631.34	0.260	0.297
	商品防水混凝土 C25	m³	404.80	6.865	7.750
	商品混凝土 C15(泵送)	m³	326.48	0.654	0.761
	商品混凝土 C25(泵送)	m³	389.11	0.485	0.647
	水	m³	7.96	8.745	9.970
	水泥砂浆 M7.5	m³	201.87	0.626	0.469
	预制混凝土井筒 C30 φ700 JT270C	个	131.04	1.000	1.000
	铸铁井盖井座 φ700重型	套	825.04	1.000	1.000
	铸铁爬梯	kg	3.50	12.500	12.500
	其他材料费占材料费	%	—	1.000	1.000
机械	点焊机 75kV·A	台班	131.22	0.015	0.015
	电动单筒慢速卷扬机 50kN	台班	215.57	0.122	0.136
	对焊机 75kV·A	台班	106.97	0.056	0.062
	钢筋切断机 40mm	台班	41.21	0.055	0.061
	钢筋弯曲机 40mm	台班	25.58	0.132	0.148
	灰浆搅拌机 200L	台班	215.26	0.067	0.050
	履带式电动起重机 5t	台班	249.22	0.255	0.191
	木工单面压刨床 600mm	台班	31.27	0.243	0.278
	木工圆锯机 500mm	台班	25.33	0.367	0.419
	汽车式起重机 8t	台班	763.67	0.023	0.030
	载重汽车 5t	台班	430.70	0.218	0.250
	直流弧焊机 32kV·A	台班	87.75	0.271	0.302

工作内容：混凝土搅拌、捣固、抹平、养护，调制砂浆，砌筑、抹灰、勾缝，井盖、井座、爬梯安装，钢筋制作、安装，材料水平及垂直运输等。

计量单位：座

定 额 编 号			S5-4-202	S5-4-203
项 目 名 称			规格2700mm×2050mm	规格3300mm×2480mm
			管径1200～1350mm	管径1500mm
			井深3.5m以内	井深4m以内
基 价（元）			21378.36	30435.58
其中	人 工 费（元）		6248.20	9040.08
	材 料 费（元）		14664.29	20718.02
	机 械 费（元）		465.87	677.48
名 称	单位	单价（元）	消 耗	量
人工	综合工日	工日	140.00	44.630	64.572
材料	标准砖 240×115×53	千块	414.53	1.805	3.245
	电	kW•h	0.68	6.842	10.495
	防水砂浆 1：2	m³	312.18	0.211	0.312
	螺纹钢筋 HRB400 φ10以上	t	3500.00	1.349	1.740
	模板木材	m³	1880.34	0.594	0.808
	木支撑	m³	1631.34	0.409	0.520
	商品防水混凝土 C25	m³	404.80	12.467	19.077
	商品混凝土 C15(泵送)	m³	326.48	1.078	1.518
	商品混凝土 C25(泵送)	m³	389.11	1.242	2.181
	水	m³	7.96	16.296	25.245
	水泥砂浆 M7.5	m³	201.87	0.908	1.632
	预制混凝土井筒 C30 φ700 JT270C	个	131.04	1.000	1.000
	铸铁井盖井座 φ700重型	套	825.04	1.000	1.000
	铸铁爬梯	kg	3.50	12.500	15.000
	其他材料费占材料费	%	—	1.000	1.000
机械	点焊机 75kV•A	台班	131.22	0.029	0.038
	电动单筒慢速卷扬机 50kN	台班	215.57	0.256	0.330
	对焊机 75kV•A	台班	106.97	0.117	0.151
	钢筋切断机 40mm	台班	41.21	0.116	0.149
	钢筋弯曲机 40mm	台班	25.58	0.278	0.358
	灰浆搅拌机 200L	台班	215.26	0.097	0.174
	履带式电动起重机 5t	台班	249.22	0.369	0.664
	木工单面压刨床 600mm	台班	31.27	0.385	0.493
	木工圆锯机 500mm	台班	25.33	0.580	0.742
	汽车式起重机 8t	台班	763.67	0.058	0.102
	载重汽车 5t	台班	430.70	0.345	0.442
	直流弧焊机 32kV•A	台班	87.75	0.570	0.735

⑦钢筋砼扇形检查井

Ⅰ 钢筋砼90°扇形雨水检查井

工作内容：混凝土搅拌、捣固、抹平、养护，调制砂浆，砌筑、抹灰、勾缝，井盖、井座、爬梯安装，钢筋制作、安装，材料水平及垂直运输等。

计量单位：座

定 额 编 号			S5-4-204	S5-4-205
项 目 名 称			管径800～900mm	管径1000～1100mm
			井深3m以内	井深3.5m以内
基 价 （元）			7769.49	8620.89
其中	人 工 费（元）		2295.72	2579.92
	材 料 费（元）		5338.60	5883.62
	机 械 费（元）		135.17	157.35
名 称	单位	单价（元）	消 耗 量	
人工 综合工日	工日	140.00	16.398	18.428
材料 标准砖 240×115×53	千块	414.53	0.245	0.368
电	kW·h	0.68	2.391	2.633
防水砂浆 1:2	m³	312.18	0.061	0.078
螺纹钢筋 HRB400 φ10以上	t	3500.00	0.387	0.434
模板木材	m³	1880.34	0.227	0.255
木支撑	m³	1631.34	0.152	0.170
商品防水混凝土 C25	m³	404.80	4.225	4.629
商品混凝土 C15(泵送)	m³	326.48	0.513	0.599
商品混凝土 C25(泵送)	m³	389.11	0.505	0.576
水	m³	7.96	5.532	6.147
水泥砂浆 M7.5	m³	201.87	0.123	0.185
预制混凝土井筒 C30 φ700 JT270C	个	131.04	1.000	1.000
铸铁井盖井座 φ700重型	套	825.04	1.000	1.000
铸铁爬梯	kg	3.50	10.000	10.000
其他材料费占材料费	%	—	1.000	1.000
机械 点焊机 75kV·A	台班	131.22	0.013	0.015
电动单筒慢速卷扬机 50kN	台班	215.57	0.073	0.082
对焊机 75kV·A	台班	106.97	0.034	0.038
钢筋切断机 40mm	台班	41.21	0.033	0.037
钢筋弯曲机 40mm	台班	25.58	0.079	0.088
灰浆搅拌机 200L	台班	215.26	0.013	0.020
履带式电动起重机 5t	台班	249.22	0.050	0.075
木工单面压刨床 600mm	台班	31.27	0.144	0.161
木工圆锯机 500mm	台班	25.33	0.279	0.311
汽车式起重机 8t	台班	763.67	0.024	0.027
载重汽车 5t	台班	430.70	0.119	0.133
直流弧焊机 32kV·A	台班	87.75	0.163	0.183

工作内容：混凝土搅拌、捣固、抹平、养护，调制砂浆，砌筑、抹灰、勾缝，井盖、井座、爬梯安装，钢筋制作、安装，材料水平及垂直运输等。

计量单位：座

定　额　编　号			S5-4-206	S5-4-207
项　目　名　称			管径1200～1350mm	管径1500～1650mm
			井深3.5m以内	井深4m以内
基　　　　　价（元）			9733.09	12272.19
其 中	人　工　费（元）		2941.26	3780.00
	材　料　费（元）		6606.14	8240.56
	机　械　费（元）		185.69	251.63
名　　　称	单位	单价（元）	消　　耗　　量	
人工 综合工日	工日	140.00	21.009	27.000
材 料	标准砖 240×115×53	千块	414.53	0.472	0.841
	电	kW·h	0.68	2.938	3.701
	防水砂浆 1:2	m³	312.18	0.105	0.141
	螺纹钢筋 HRB400 φ10以上	t	3500.00	0.514	0.663
	模板木材	m³	1880.34	0.289	0.362
	木支撑	m³	1631.34	0.186	0.215
	商品防水混凝土 C25	m³	404.80	5.080	6.214
	商品混凝土 C15(泵送)	m³	326.48	0.682	0.895
	商品混凝土 C25(泵送)	m³	389.11	0.747	1.171
	水	m³	7.96	6.987	9.064
	水泥砂浆 M7.5	m³	201.87	0.238	0.423
	预制混凝土井筒 C30 φ700 JT270C	个	131.04	1.000	1.000
	铸铁井盖井座 φ700重型	套	825.04	1.000	1.000
	铸铁爬梯	kg	3.50	10.000	10.000
	其他材料费占材料费	%	—	1.000	1.000
机 械	点焊机 75kV·A	台班	131.22	0.025	0.034
	电动单筒慢速卷扬机 50kN	台班	215.57	0.096	0.124
	对焊机 75kV·A	台班	106.97	0.045	0.057
	钢筋切断机 40mm	台班	41.21	0.044	0.056
	钢筋弯曲机 40mm	台班	25.58	0.103	0.132
	灰浆搅拌机 200L	台班	215.26	0.025	0.045
	履带式电动起重机 5t	台班	249.22	0.097	0.172
	木工单面压刨床 600mm	台班	31.27	0.177	0.207
	木工圆锯机 500mm	台班	25.33	0.344	0.409
	汽车式起重机 8t	台班	763.67	0.035	0.055
	载重汽车 5t	台班	430.70	0.146	0.169
	直流弧焊机 32kV·A	台班	87.75	0.217	0.279

工作内容：混凝土搅拌、捣固、抹平、养护，调制砂浆，砌筑、抹灰、勾缝，井盖、井座、爬梯安装，钢筋制作、安装，材料水平及垂直运输等。

计量单位：座

定 额 编 号			S5-4-208	S5-4-209
项 目 名 称			管径1800mm以内	管径2000mm以内
			井深4m以内	井深4.5m以内
基 价（元）			17858.90	21247.15
其中	人 工 费（元）		5464.48	6607.86
	材 料 费（元）		12019.49	14176.75
	机 械 费（元）		374.93	462.54
名 称	单位	单价（元）	消 耗	量
人工 综合工日	工日	140.00	39.032	47.199
材料 标准砖 240×115×53	千块	414.53	1.256	1.671
电	kW•h	0.68	5.469	6.503
防水砂浆 1：2	m³	312.18	0.181	0.222
螺纹钢筋 HRB400 φ10以上	t	3500.00	1.094	1.284
模板木材	m³	1880.34	0.506	0.618
木支撑	m³	1631.34	0.304	0.363
商品防水混凝土 C25	m³	404.80	9.407	11.039
商品混凝土 C15（泵送）	m³	326.48	1.134	1.312
商品混凝土 C25（泵送）	m³	389.11	1.646	2.151
水	m³	7.96	13.306	15.980
水泥砂浆 M7.5	m³	201.87	0.632	0.840
预制混凝土井筒 C30 φ700 JT270C	个	131.04	1.000	1.000
铸铁井盖井座 φ700重型	套	825.04	1.000	1.000
铸铁爬梯	kg	3.50	10.000	10.000
其他材料费占材料费	%	—	1.000	1.000
机械 点焊机 75kV•A	台班	131.22	0.045	0.052
电动单筒慢速卷扬机 50kN	台班	215.57	0.206	0.241
对焊机 75kV•A	台班	106.97	0.095	0.111
钢筋切断机 40mm	台班	41.21	0.093	0.109
钢筋弯曲机 40mm	台班	25.58	0.220	0.258
灰浆搅拌机 200L	台班	215.26	0.067	0.089
履带式电动起重机 5t	台班	249.22	0.257	0.342
木工单面压刨床 600mm	台班	31.27	0.293	0.350
木工圆锯机 500mm	台班	25.33	0.565	0.677
汽车式起重机 8t	台班	763.67	0.077	0.100
载重汽车 5t	台班	430.70	0.241	0.289
直流弧焊机 32kV•A	台班	87.75	0.461	0.541

Ⅱ钢筋砼90°扇形污水检查井

工作内容：混凝土搅拌、捣固、抹平、养护，调制砂浆，砌筑、抹灰、勾缝，井盖、井座、爬梯安装，钢筋制作、安装，材料水平及垂直运输等。

计量单位：座

定 额 编 号				S5-4-210	S5-4-211
项 目 名 称				管径800～900mm	管径1000～1100mm
				井深3.5m以内	
基 价（元）				9998.96	11620.02
其中	人 工 费（元）			3076.22	3633.70
	材 料 费（元）			6742.39	7768.25
	机 械 费（元）			180.35	218.07
名 称		单位	单价（元）	消 耗 量	
人工	综合工日	工日	140.00	21.973	25.955
材料	标准砖 240×115×53	千块	414.53	0.351	0.509
	电	kW·h	0.68	3.178	3.694
	防水砂浆 1:2	m³	312.18	0.083	0.111
	螺纹钢筋 HRB400 φ10以上	t	3500.00	0.504	0.589
	模板木材	m³	1880.34	0.310	0.367
	木支撑	m³	1631.34	0.218	0.261
	商品防水混凝土 C25	m³	404.80	5.789	6.741
	商品混凝土 C15（泵送）	m³	326.48	0.513	0.599
	商品混凝土 C25（泵送）	m³	389.11	0.505	0.576
	水	m³	7.96	7.109	8.274
	水泥砂浆 M7.5	m³	201.87	0.177	0.256
	预制混凝土井筒 C30 φ700 JT270C	个	131.04	1.000	1.000
	铸铁井盖井座 φ700重型	套	825.04	1.000	1.000
	铸铁爬梯	kg	3.50	12.500	12.500
	其他材料费占材料费	%	—	1.000	1.000
机械	点焊机 75kV·A	台班	131.22	0.013	0.015
	电动单筒慢速卷扬机 50kN	台班	215.57	0.096	0.112
	对焊机 75kV·A	台班	106.97	0.044	0.051
	钢筋切断机 40mm	台班	41.21	0.043	0.050
	钢筋弯曲机 40mm	台班	25.58	0.103	0.121
	灰浆搅拌机 200L	台班	215.26	0.019	0.027
	履带式电动起重机 5t	台班	249.22	0.072	0.104
	木工单面压刨床 600mm	台班	31.27	0.205	0.245
	木工圆锯机 500mm	台班	25.33	0.401	0.476
	汽车式起重机 8t	台班	763.67	0.024	0.027
	载重汽车 5t	台班	430.70	0.170	0.203
	直流弧焊机 32kV·A	台班	87.75	0.213	0.249

工作内容：混凝土搅拌、捣固、抹平、养护，调制砂浆，砌筑、抹灰、勾缝，井盖、井座、爬梯安装，钢筋制作、安装，材料水平及垂直运输等。

计量单位：座

定 额 编 号			S5-4-212	S5-4-213
项 目 名 称			管径1200～1350mm	管径1500mm以内
			井深3.5m以内	井深4m以内
基 价（元）			13285.07	17303.62
其中	人 工 费（元）		4196.92	5557.44
	材 料 费（元）		8830.37	11393.36
	机 械 费（元）		257.78	352.82
名 称	单位	单价（元）	消 耗 量	
人工 综合工日	工日	140.00	29.978	39.696
材料 标准砖 240×115×53	千块	414.53	0.645	1.105
电	kW·h	0.68	4.198	5.497
防水砂浆 1：2	m³	312.18	0.147	0.221
螺纹钢筋 HRB400 φ10以上	t	3500.00	0.692	0.912
模板木材	m³	1880.34	0.424	0.549
木支撑	m³	1631.34	0.295	0.364
商品防水混凝土 C25	m³	404.80	7.589	9.788
商品混凝土 C15(泵送)	m³	326.48	0.682	0.895
商品混凝土 C25(泵送)	m³	389.11	0.747	1.171
水	m³	7.96	9.513	12.664
水泥砂浆 M7.5	m³	201.87	0.324	0.556
预制混凝土井筒 C30 φ700 JT270C	个	131.04	1.000	1.000
铸铁井盖井座 φ700重型	套	825.04	1.000	1.000
铸铁爬梯	kg	3.50	12.500	15.000
其他材料费占材料费	%	—	1.000	1.000
机械 点焊机 75kV·A	台班	131.22	0.025	0.034
电动单筒慢速卷扬机 50kN	台班	215.57	0.131	0.172
对焊机 75kV·A	台班	106.97	0.060	0.079
钢筋切断机 40mm	台班	41.21	0.059	0.078
钢筋弯曲机 40mm	台班	25.58	0.140	0.185
灰浆搅拌机 200L	台班	215.26	0.035	0.059
履带式电动起重机 5t	台班	249.22	0.132	0.226
木工单面压刨床 600mm	台班	31.27	0.277	0.345
木工圆锯机 500mm	台班	25.33	0.543	0.687
汽车式起重机 8t	台班	763.67	0.035	0.055
载重汽车 5t	台班	430.70	0.229	0.283
直流弧焊机 32kV·A	台班	87.75	0.292	0.385

Ⅲ钢筋砼120°扇形雨水检查井

工作内容：混凝土搅拌、捣固、抹平、养护，调制砂浆，砌筑、抹灰、勾缝，井盖、井座、爬梯安装，钢筋制作、安装，材料水平及垂直运输等。

计量单位：座

定 额 编 号			S5-4-214	S5-4-215
项 目 名 称			管径800～900mm	管径1000～1100mm
			井深3.5m以内	
基 价（元）			6180.83	6874.08
其中	人 工 费（元）		1730.26	1970.22
	材 料 费（元）		4349.74	4783.86
	机 械 费（元）		100.83	120.00
名 称	单位	单价（元）	消 耗 量	
人工	综合工日	工日	140.00	12.359	14.073
材料	标准砖 240×115×53	千块	414.53	0.164	0.245
	电	kW·h	0.68	1.830	2.020
	防水砂浆 1：2	m³	312.18	0.040	0.052
	螺纹钢筋 HRB400 φ10以上	t	3500.00	0.310	0.348
	模板木材	m³	1880.34	0.169	0.195
	木支撑	m³	1631.34	0.125	0.140
	商品防水混凝土 C25	m³	404.80	3.345	3.627
	商品混凝土 C15(泵送)	m³	326.48	0.396	0.459
	商品混凝土 C25(泵送)	m³	389.11	0.243	0.343
	水	m³	7.96	4.113	4.627
	水泥砂浆 M7.5	m³	201.87	0.082	0.123
	预制混凝土井筒 C30 φ700 JT270C	个	131.04	1.000	1.000
	铸铁井盖井座 φ700重型	套	825.04	1.000	1.000
	铸铁爬梯	kg	3.50	10.000	10.000
	其他材料费占材料费	%	—	1.000	1.000
机械	点焊机 75kV·A	台班	131.22	0.010	0.011
	电动单筒慢速卷扬机 50kN	台班	215.57	0.058	0.066
	对焊机 75kV·A	台班	106.97	0.027	0.030
	钢筋切断机 40mm	台班	41.21	0.026	0.030
	钢筋弯曲机 40mm	台班	25.58	0.063	0.071
	灰浆搅拌机 200L	台班	215.26	0.009	0.013
	履带式电动起重机 5t	台班	249.22	0.033	0.050
	木工单面压刨床 600mm	台班	31.27	0.117	0.132
	木工圆锯机 500mm	台班	25.33	0.218	0.244
	汽车式起重机 8t	台班	763.67	0.011	0.016
	载重汽车 5t	台班	430.70	0.098	0.110
	直流弧焊机 32kV·A	台班	87.75	0.131	0.147

工作内容：混凝土搅拌、捣固、抹平、养护，调制砂浆，砌筑、抹灰、勾缝，井盖、井座、爬梯安装，钢筋制作、安装，材料水平及垂直运输等。

计量单位：座

定 额 编 号			S5-4-216	S5-4-217
项 目 名 称			管径1200～1350mm	管径1500～1650mm
			井深3.5m以内	井深4m以内
基 价（元）			7596.00	9490.42
其中	人 工 费（元）		2212.28	2867.76
	材 料 费（元）		5245.20	6432.10
	机 械 费（元）		138.52	190.56
名 称	单位	单价（元）	消　耗　　量	
人工 综合工日	工日	140.00	15.802	20.484
材料 标准砖 240×115×53	千块	414.53	0.315	0.561
电	kW·h	0.68	2.223	2.744
防水砂浆 1：2	m³	312.18	0.070	0.094
螺纹钢筋 HRB400 φ10以上	t	3500.00	0.393	0.498
模板木材	m³	1880.34	0.220	0.288
木支撑	m³	1631.34	0.153	0.189
商品防水混凝土 C25	m³	404.80	3.930	4.691
商品混凝土 C15（泵送）	m³	326.48	0.516	0.667
商品混凝土 C25（泵送）	m³	389.11	0.455	0.757
水	m³	7.96	5.177	6.602
水泥砂浆 M7.5	m³	201.87	0.158	0.282
预制混凝土井筒 C30 φ700 JT270C	个	131.04	1.000	1.000
铸铁井盖井座 φ700重型	套	825.04	1.000	1.000
铸铁爬梯	kg	3.50	10.000	10.000
其他材料费占材料费	%	—	1.000	1.000
机械 点焊机 75kV·A	台班	131.22	0.014	0.018
电动单筒慢速卷扬机 50kN	台班	215.57	0.074	0.094
对焊机 75kV·A	台班	106.97	0.034	0.043
钢筋切断机 40mm	台班	41.21	0.034	0.042
钢筋弯曲机 40mm	台班	25.58	0.080	0.101
灰浆搅拌机 200L	台班	215.26	0.017	0.030
履带式电动起重机 5t	台班	249.22	0.064	0.115
木工单面压刨床 600mm	台班	31.27	0.144	0.180
木工圆锯机 500mm	台班	25.33	0.269	0.336
汽车式起重机 8t	台班	763.67	0.021	0.035
载重汽车 5t	台班	430.70	0.121	0.150
直流弧焊机 32kV·A	台班	87.75	0.166	0.210

工作内容：混凝土搅拌、捣固、抹平、养护，调制砂浆，砌筑、抹灰、勾缝，井盖、井座、爬梯安装，钢
筋制作、安装，材料水平及垂直运输等。

计量单位：座

定 额 编 号			S5-4-218	S5-4-219
项 目 名 称			管径1800mm以内	管径2000mm以内
			井深4m以内	井深4.5m以内
基 价（元）			13522.56	15863.72
其中	人 工 费（元）		4051.88	4808.58
	材 料 费（元）		9195.66	10720.38
	机 械 费（元）		275.02	334.76
名 称	单位	单价（元）	消 耗 量	
人工 综合工日	工日	140.00	28.942	34.347
材料 标准砖 240×115×53	千块	414.53	0.837	1.114
电	kW•h	0.68	4.057	4.728
防水砂浆 1：2	m³	312.18	0.121	0.148
螺纹钢筋 HRB400 φ10以上	t	3500.00	0.821	0.977
模板木材	m³	1880.34	0.383	0.455
木支撑	m³	1631.34	0.250	0.297
商品防水混凝土 C25	m³	404.80	7.117	8.282
商品混凝土 C15(泵送)	m³	326.48	0.848	0.972
商品混凝土 C25(泵送)	m³	389.11	1.040	1.232
水	m³	7.96	9.680	11.315
水泥砂浆 M7.5	m³	201.87	0.421	0.560
预制混凝土井筒 C30 φ700 JT270C	个	131.04	1.000	1.000
铸铁井盖井座 φ700重型	套	825.04	1.000	1.000
铸铁爬梯	kg	3.50	10.000	10.000
其他材料费占材料费	%	—	1.000	1.000
机械 点焊机 75kV•A	台班	131.22	0.022	0.027
电动单筒慢速卷扬机 50kN	台班	215.57	0.156	0.185
对焊机 75kV•A	台班	106.97	0.071	0.085
钢筋切断机 40mm	台班	41.21	0.070	0.084
钢筋弯曲机 40mm	台班	25.58	0.168	0.200
灰浆搅拌机 200L	台班	215.26	0.045	0.060
履带式电动起重机 5t	台班	249.22	0.171	0.228
木工单面压刨床 600mm	台班	31.27	0.238	0.283
木工圆锯机 500mm	台班	25.33	0.441	0.526
汽车式起重机 8t	台班	763.67	0.048	0.057
载重汽车 5t	台班	430.70	0.199	0.237
直流弧焊机 32kV•A	台班	87.75	0.347	0.412

Ⅳ钢筋砼120°扇形污水检查井

工作内容：混凝土搅拌、捣固、抹平、养护，调制砂浆，砌筑、抹灰、勾缝，井盖、井座、爬梯安装，钢筋制作、安装，材料水平及垂直运输等。

计量单位：座

定　额　编　号				S5-4-220	S5-4-221
项　目　名　称				管径800～900mm	管径1000～1100mm
				井深3.5m以内	
基　　　　　价（元）				7998.61	9315.66
其中	人　工　费（元）			2355.78	2812.46
	材　料　费（元）			5505.99	6334.51
	机　械　费（元）			136.84	168.69
名　　　称		单位	单价（元）	消　耗　　　量	
人工	综合工日	工日	140.00	16.827	20.089
材料	标准砖 240×115×53	千块	414.53	0.234	0.339
	电	kW·h	0.68	2.494	2.905
	防水砂浆 1:2	m³	312.18	0.056	0.074
	螺纹钢筋 HRB400 φ10以上	t	3500.00	0.406	0.477
	模板木材	m³	1880.34	0.235	0.285
	木支撑	m³	1631.34	0.179	0.215
	商品防水混凝土 C25	m³	404.80	4.668	5.389
	商品混凝土 C15(泵送)	m³	326.48	0.396	0.459
	商品混凝土 C25(泵送)	m³	389.11	0.243	0.343
	水	m³	7.96	5.441	6.397
	水泥砂浆 M7.5	m³	201.87	0.118	0.171
	预制混凝土井筒 C30 φ700 JT270B	个	131.04	1.000	1.000
	铸铁井盖井座 φ700重型	套	825.04	1.000	1.000
	铸铁爬梯	kg	3.50	12.500	12.500
	其他材料费占材料费	%	—	1.000	1.000
机械	点焊机 75kV·A	台班	131.22	0.010	0.011
	电动单筒慢速卷扬机 50kN	台班	215.57	0.077	0.091
	对焊机 75kV·A	台班	106.97	0.035	0.041
	钢筋切断机 40mm	台班	41.21	0.035	0.041
	钢筋弯曲机 40mm	台班	25.58	0.083	0.098
	灰浆搅拌机 200L	台班	215.26	0.013	0.018
	履带式电动起重机 5t	台班	249.22	0.048	0.069
	木工单面压刨床 600mm	台班	31.27	0.167	0.201
	木工圆锯机 500mm	台班	25.33	0.313	0.374
	汽车式起重机 8t	台班	763.67	0.011	0.016
	载重汽车 5t	台班	430.70	0.140	0.168
	直流弧焊机 32kV·A	台班	87.75	0.171	0.201

工作内容：混凝土搅拌、捣固、抹平、养护，调制砂浆，砌筑、抹灰、勾缝，井盖、井座、爬梯安装，钢筋制作、安装，材料水平及垂直运输等。

计量单位：座

定 额 编 号			S5-4-222	S5-4-223
项 目 名 称			管径1200～1350mm	管径1500mm以内
			井深3.5m以内	井深4m以内
基 价（元）			10908.10	14276.94
其中	人 工 费（元）		3338.02	4497.64
	材 料 费（元）		7374.38	9506.05
	机 械 费（元）		195.70	273.25
名 称		单位	单价（元）	消 耗 量	
人工	综合工日	工日	140.00	23.843	32.126
材料	标准砖 240×115×53	千块	414.53	0.430	0.737
	电	kW·h	0.68	3.649	4.822
	防水砂浆 1:2	m³	312.18	0.098	0.147
	螺纹钢筋 HRB400 φ10以上	t	3500.00	0.540	0.704
	模板木材	m³	1880.34	0.327	0.443
	木支撑	m³	1631.34	0.241	0.317
	商品防水混凝土 C25	m³	404.80	6.767	8.826
	商品混凝土 C15（泵送）	m³	326.48	0.516	0.667
	商品混凝土 C25（泵送）	m³	389.11	0.455	0.757
	水	m³	7.96	8.014	10.738
	水泥砂浆 M7.5	m³	201.87	0.216	0.317
	预制混凝土井筒 C30 φ700 JT270B	个	131.04	1.000	1.000
	铸铁井盖井座 φ700重型	套	825.04	1.000	1.000
	铸铁爬梯	kg	3.50	12.500	15.000
	其他材料费占材料费	%	—	1.000	1.000
机械	点焊机 75kV·A	台班	131.22	0.014	0.018
	电动单筒慢速卷扬机 50kN	台班	215.57	0.102	0.133
	对焊机 75kV·A	台班	106.97	0.047	0.061
	钢筋切断机 40mm	台班	41.21	0.046	0.060
	钢筋弯曲机 40mm	台班	25.58	0.111	0.144
	灰浆搅拌机 200L	台班	215.26	0.023	0.039
	履带式电动起重机 5t	台班	249.22	0.088	0.151
	木工单面压刨床 600mm	台班	31.27	0.226	0.298
	木工圆锯机 500mm	台班	25.33	0.423	0.559
	汽车式起重机 8t	台班	763.67	0.021	0.035
	载重汽车 5t	台班	430.70	0.189	0.249
	直流弧焊机 32kV·A	台班	87.75	0.228	0.297

Ⅴ钢筋砼135°扇形雨水检查井

工作内容：混凝土搅拌、捣固、抹平、养护，调制砂浆，砌筑、抹灰、勾缝，井盖、井座、爬梯安装，钢筋制作、安装，材料水平及垂直运输等。

计量单位：座

定 额 编 号			S5-4-224	S5-4-225
项 目 名 称			管径800～900mm	管径1000～1100mm
			井深3.5m以内	
基 价（元）			5857.65	6426.62
其中	人 工 费（元）		1618.26	1808.10
	材 料 费（元）		4144.57	4508.20
	机 械 费（元）		94.82	110.32
名 称		单位	单价（元）	消 耗 量
人工	综合工日	工日	140.00	11.559	12.915
材料	标准砖 240×115×53	千块	414.53	0.145	0.215
	电	kW·h	0.68	1.714	1.857
	防水砂浆 1∶2	m³	312.18	0.036	0.046
	螺纹钢筋 HRB400 φ10以上	t	3500.00	0.294	0.330
	模板木材	m³	1880.34	0.158	0.178
	木支撑	m³	1631.34	0.118	0.132
	商品防水混凝土 C25	m³	404.80	3.145	3.376
	商品混凝土 C15(泵送)	m³	326.48	0.369	0.424
	商品混凝土 C25(泵送)	m³	389.11	0.212	0.263
	水	m³	7.96	3.839	4.212
	水泥砂浆 M7.5	m³	201.87	0.073	0.108
	预制混凝土井筒 C30 φ700 JT270B	个	131.04	1.000	1.000
	铸铁井盖井座 φ700重型	套	825.04	1.000	1.000
	铸铁爬梯	kg	3.50	10.000	10.000
	其他材料费占材料费	%	—	1.000	1.000
机械	点焊机 75kV·A	台班	131.22	0.010	0.011
	电动单筒慢速卷扬机 50kN	台班	215.57	0.055	0.062
	对焊机 75kV·A	台班	106.97	0.025	0.029
	钢筋切断机 40mm	台班	41.21	0.025	0.028
	钢筋弯曲机 40mm	台班	25.58	0.060	0.067
	灰浆搅拌机 200L	台班	215.26	0.008	0.011
	履带式电动起重机 5t	台班	249.22	0.030	0.044
	木工单面压刨床 600mm	台班	31.27	0.111	0.124
	木工圆锯机 500mm	台班	25.33	0.204	0.227
	汽车式起重机 8t	台班	763.67	0.010	0.012
	载重汽车 5t	台班	430.70	0.093	0.105
	直流弧焊机 32kV·A	台班	87.75	0.124	0.139

工作内容：混凝土搅拌、捣固、抹平、养护，调制砂浆，砌筑、抹灰、勾缝，井盖、井座、爬梯安装，钢筋制作、安装，材料水平及垂直运输等。

计量单位：座

定　额　编　号			S5-4-226	S5-4-227
项　目　名　称			管径1200～1350mm	管径1500～1650mm
			井深3.5m以内	井深4m以内
基　　价（元）			6865.76	8142.36
其中	人　工　费（元）		1954.54	2387.42
	材　料　费（元）		4788.95	5595.82
	机　械　费（元）		122.27	159.12
名　　称	单位	单价（元）	消　　耗　　量	
人工 综合工日	工日	140.00	13.961	17.053
材料 标准砖 240×115×53	千块	414.53	0.262	0.433
电	kW·h	0.68	1.971	2.279
防水砂浆 1：2	m³	312.18	0.058	0.073
螺纹钢筋 HRB400 φ10以上	t	3500.00	0.358	0.438
模板木材	m³	1880.34	0.194	0.241
木支撑	m³	1631.34	0.141	0.170
商品防水混凝土 C25	m³	404.80	3.546	3.999
商品混凝土 C15(泵送)	m³	326.48	0.462	0.563
商品混凝土 C25(泵送)	m³	389.11	0.323	0.495
水	m³	7.96	4.524	5.376
水泥砂浆 M7.5	m³	201.87	0.132	0.218
预制混凝土井筒 C30 φ700 JT270B	个	131.04	1.000	1.000
铸铁井盖井座 φ700重型	套	825.04	1.000	1.000
铸铁爬梯	kg	3.50	10.000	10.000
其他材料费占材料费	%	—	1.000	1.000
机械 点焊机 75kV·A	台班	131.22	0.013	0.016
电动单筒慢速卷扬机 50kN	台班	215.57	0.067	0.082
对焊机 75kV·A	台班	106.97	0.031	0.038
钢筋切断机 40mm	台班	41.21	0.030	0.037
钢筋弯曲机 40mm	台班	25.58	0.072	0.089
灰浆搅拌机 200L	台班	215.26	0.014	0.023
履带式电动起重机 5t	台班	249.22	0.054	0.089
木工单面压刨床 600mm	台班	31.27	0.133	0.160
木工圆锯机 500mm	台班	25.33	0.243	0.292
汽车式起重机 8t	台班	763.67	0.015	0.023
载重汽车 5t	台班	430.70	0.112	0.135
直流弧焊机 32kV·A	台班	87.75	0.151	0.185

工作内容：混凝土搅拌、捣固、抹平、养护，调制砂浆，砌筑、抹灰、勾缝，井盖、井座、爬梯安装，钢
筋制作、安装，材料水平及垂直运输等。

计量单位：座

定　额　编　号			S5-4-228	S5-4-229
项　目　名　称			管径1800mm以内	管径2000mm以内
			井深4m以内	井深4.5m以内
基　　　价（元）			11393.67	13657.91
其中	人　工　费（元）		3280.90	4045.02
	材　料　费（元）		7890.88	9329.42
	机　械　费（元）		221.89	283.47
名　　　称	单位	单价（元）	消　　耗　　量	
人工 综合工日	工日	140.00	23.435	28.893
材料 标准砖 240×115×53	千块	414.53	0.645	0.857
电	kW·h	0.68	3.364	3.936
防水砂浆 1:2	m³	312.18	0.093	0.114
螺纹钢筋 HRB400 φ10以上	t	3500.00	0.731	0.882
模板木材	m³	1880.34	0.297	0.385
木支撑	m³	1631.34	0.206	0.267
商品防水混凝土 C25	m³	404.80	6.068	7.008
商品混凝土 C15(泵送)	m³	326.48	0.716	0.815
商品混凝土 C25(泵送)	m³	389.11	0.647	0.879
水	m³	7.96	7.854	9.296
水泥砂浆 M7.5	m³	201.87	0.325	0.431
预制混凝土井筒 C30 φ700 JT270C	个	131.04	1.000	1.000
铸铁井盖井座 φ700重型	套	825.04	1.000	1.000
铸铁爬梯	kg	3.50	10.000	10.000
其他材料费占材料费	%	—	1.000	1.000
机械 点焊机 75kV·A	台班	131.22	0.019	0.022
电动单筒慢速卷扬机 50kN	台班	215.57	0.139	0.167
对焊机 75kV·A	台班	106.97	0.063	0.076
钢筋切断机 40mm	台班	41.21	0.063	0.076
钢筋弯曲机 40mm	台班	25.58	0.150	0.181
灰浆搅拌机 200L	台班	215.26	0.035	0.046
履带式电动起重机 5t	台班	249.22	0.132	0.175
木工单面压刨床 600mm	台班	31.27	0.195	0.253
木工圆锯机 500mm	台班	25.33	0.358	0.457
汽车式起重机 8t	台班	763.67	0.030	0.041
载重汽车 5t	台班	430.70	0.164	0.213
直流弧焊机 32kV·A	台班	87.75	0.309	0.372

Ⅵ钢筋砼135°扇形污水检查井

工作内容：混凝土搅拌、捣固、抹平、养护，调制砂浆，砌筑、抹灰、勾缝，井盖、井座、爬梯安装，钢筋制作、安装，材料水平及垂直运输等。

计量单位：座

定　额　编　号			S5-4-230	S5-4-231
项　目　名　称			管径800～900mm	管径1000～1100mm
			井深3m以内	井深3.5m以内
基　　　价（元）			7570.65	8732.73
其中	人　工　费（元）		2204.72	2598.54
	材　料　费（元）		5237.09	5977.84
	机　械　费（元）		128.84	156.35
名　　　称	单位	单价（元）	消　耗　　　量	
人工 综合工日	工日	140.00	15.748	18.561
材料 标准砖 240×115×53	千块	414.53	0.207	0.297
电	kW·h	0.68	2.339	2.698
防水砂浆 1：2	m³	312.18	0.049	0.065
螺纹钢筋 HRB400 φ10以上	t	3500.00	0.386	0.453
模板木材	m³	1880.34	0.220	0.263
木支撑	m³	1631.34	0.170	0.203
商品防水混凝土 C25	m³	404.80	4.388	5.051
商品混凝土 C15(泵送)	m³	326.48	0.369	0.424
商品混凝土 C25(泵送)	m³	389.11	0.212	0.263
水	m³	7.96	5.087	5.893
水泥砂浆 M7.5	m³	201.87	0.104	0.149
预制混凝土井筒 C30 φ700 JT270C	个	131.04	1.000	1.000
铸铁井盖井座 φ700重型	套	825.04	1.000	1.000
铸铁爬梯	kg	3.50	12.500	12.500
其他材料费占材料费	%	—	1.000	1.000
机械 点焊机 75kV·A	台班	131.22	0.010	0.011
电动单筒慢速卷扬机 50kN	台班	215.57	0.073	0.086
对焊机 75kV·A	台班	106.97	0.033	0.039
钢筋切断机 40mm	台班	41.21	0.033	0.039
钢筋弯曲机 40mm	台班	25.58	0.079	0.093
灰浆搅拌机 200L	台班	215.26	0.011	0.016
履带式电动起重机 5t	台班	249.22	0.042	0.061
木工单面压刨床 600mm	台班	31.27	0.159	0.189
木工圆锯机 500mm	台班	25.33	0.293	0.348
汽车式起重机 8t	台班	763.67	0.010	0.012
载重汽车 5t	台班	430.70	0.134	0.160
直流弧焊机 32kV·A	台班	87.75	0.163	0.191

工作内容：混凝土搅拌、捣固、抹平、养护，调制砂浆，砌筑、抹灰、勾缝，井盖、井座、爬梯安装，钢筋制作、安装，材料水平及垂直运输等。

计量单位：座

定 额 编 号			S5-4-232	S5-4-233
项 目 名 称			管径1200～1350mm	管径1500mm以内
			井深3.5m以内	井深4m以内
基 价（元）			9500.08	11778.97
其中	人 工 费（元）		2866.08	3645.04
	材 料 费（元）		6459.30	7902.04
	机 械 费（元）		174.70	231.89
名 称	单位	单价（元）	消 耗 量	
人工 综合工日	工日	140.00	20.472	26.036
材料 标准砖 240×115×53	千块	414.53	0.358	0.569
电	kW•h	0.68	2.944	3.614
防水砂浆 1：2	m³	312.18	0.082	0.114
螺纹钢筋 HRB400 φ10以上	t	3500.00	0.492	0.622
模板木材	m³	1880.34	0.292	0.377
木支撑	m³	1631.34	0.224	0.284
商品防水混凝土 C25	m³	404.80	5.481	6.655
商品混凝土 C15（泵送）	m³	326.48	0.462	0.563
商品混凝土 C25（泵送）	m³	389.11	0.323	0.495
水	m³	7.96	6.467	8.043
水泥砂浆 M7.5	m³	201.87	0.180	0.286
预制混凝土井筒 C30 φ700 JT270C	个	131.04	1.000	1.000
铸铁井盖井座 φ700重型	套	825.04	1.000	1.000
铸铁爬梯	kg	3.50	12.500	15.000
其他材料费占材料费	%	—	1.000	1.000
机械 点焊机 75kV•A	台班	131.22	0.013	0.016
电动单筒慢速卷扬机 50kN	台班	215.57	0.093	0.118
对焊机 75kV•A	台班	106.97	0.043	0.054
钢筋切断机 40mm	台班	41.21	0.042	0.053
钢筋弯曲机 40mm	台班	25.58	0.101	0.128
灰浆搅拌机 200L	台班	215.26	0.019	0.030
履带式电动起重机 5t	台班	249.22	0.073	0.116
木工单面压刨床 600mm	台班	31.27	0.209	0.266
木工圆锯机 500mm	台班	25.33	0.383	0.486
汽车式起重机 8t	台班	763.67	0.015	0.023
载重汽车 5t	台班	430.70	0.176	0.224
直流弧焊机 32kV•A	台班	87.75	0.208	0.263

Ⅶ钢筋砼150°扇形雨水检查井

工作内容：混凝土搅拌、捣固、抹平、养护，调制砂浆，砌筑、抹灰、勾缝，井盖、井座、爬梯安装，钢筋制作、安装，材料水平及垂直运输等。

计量单位：座

定 额 编 号			S5-4-234	S5-4-235
项 目 名 称			管径800～900mm	管径1000～1100mm
			井深3m以内	井深3.5m以内
基 价 （元）			5996.27	6554.28
其中	人 工 费（元）		1661.24	1852.34
	材 料 费（元）		4234.91	4588.90
	机 械 费（元）		100.12	113.04
名 称	单位	单价（元）	消 耗	量
人工 综合工日	工日	140.00	11.866	13.231
材料 标准砖 240×115×53	千块	414.53	0.217	0.225
电	kW·h	0.68	1.749	1.904
防水砂浆 1∶2	m³	312.18	0.037	0.048
螺纹钢筋 HRB400 φ10以上	t	3500.00	0.297	0.335
模板木材	m³	1880.34	0.161	0.183
木支撑	m³	1631.34	0.120	0.135
商品防水混凝土 C25	m³	404.80	3.210	3.459
商品混凝土 C15(泵送)	m³	326.48	0.374	0.436
商品混凝土 C25(泵送)	m³	389.11	0.222	0.273
水	m³	7.96	3.934	4.324
水泥砂浆 M7.5	m³	201.87	0.109	0.113
预制混凝土井筒 C30 φ700 JT270C	个	131.04	1.000	1.000
铸铁井盖井座 φ700重型	套	825.04	1.000	1.000
铸铁爬梯	kg	3.50	10.000	10.000
其他材料费占材料费	%	—	1.000	1.000
机械 点焊机 75kV·A	台班	131.22	0.010	0.012
电动单筒慢速卷扬机 50kN	台班	215.57	0.056	0.063
对焊机 75kV·A	台班	106.97	0.026	0.029
钢筋切断机 40mm	台班	41.21	0.025	0.029
钢筋弯曲机 40mm	台班	25.58	0.060	0.068
灰浆搅拌机 200L	台班	215.26	0.012	0.012
履带式电动起重机 5t	台班	249.22	0.044	0.046
木工单面压刨床 600mm	台班	31.27	0.112	0.126
木工圆锯机 500mm	台班	25.33	0.207	0.233
汽车式起重机 8t	台班	763.67	0.010	0.013
载重汽车 5t	台班	430.70	0.094	0.106
直流弧焊机 32kV·A	台班	87.75	0.125	0.141

工作内容：混凝土搅拌、捣固、抹平、养护，调制砂浆，砌筑、抹灰、勾缝，井盖、井座、爬梯安装，钢
筋制作、安装，材料水平及垂直运输等。

计量单位：座

定 额 编 号				S5-4-236	S5-4-237
项 目 名 称				管径1200～1350mm	管径1500～1650mm
				井深3.5m以内	井深4m以内
基 价 （元）				6809.68	7523.08
其中	人 工 费 （元）			1935.08	2165.94
	材 料 费 （元）			4753.45	5212.83
	机 械 费 （元）			121.15	144.31
名 称	单位	单价（元）		消 耗 量	
人工 综合工日	工日	140.00		13.822	15.471
材料 标准砖 240×115×53	千块	414.53		0.257	0.374
电	kW·h	0.68		1.949	2.063
防水砂浆 1:2	m³	312.18		0.057	0.063
螺纹钢筋 HRB400 φ10以上	t	3500.00		0.356	0.412
模板木材	m³	1880.34		0.192	0.219
木支撑	m³	1631.34		0.140	0.161
商品防水混凝土 C25	m³	404.80		3.503	3.676
商品混凝土 C15(泵送)	m³	326.48		0.456	0.514
商品混凝土 C25(泵送)	m³	389.11		0.323	0.374
水	m³	7.96		4.476	4.806
水泥砂浆 M7.5	m³	201.87		0.129	0.188
预制混凝土井筒 C30 φ700 JT270C	个	131.04		1.000	1.000
铸铁井盖井座 φ700重型	套	825.04		1.000	1.000
铸铁爬梯	kg	3.50		10.000	10.000
其他材料费占材料费	%	—		1.000	1.000
机械 点焊机 75kV·A	台班	131.22		0.013	0.014
电动单筒慢速卷扬机 50kN	台班	215.57		0.067	0.078
对焊机 75kV·A	台班	106.97		0.031	0.036
钢筋切断机 40mm	台班	41.21		0.030	0.035
钢筋弯曲机 40mm	台班	25.58		0.072	0.084
灰浆搅拌机 200L	台班	215.26		0.014	0.020
履带式电动起重机 5t	台班	249.22		0.052	0.076
木工单面压刨床 600mm	台班	31.27		0.132	0.151
木工圆锯机 500mm	台班	25.33		0.240	0.271
汽车式起重机 8t	台班	763.67		0.015	0.017
载重汽车 5t	台班	430.70		0.111	0.128
直流弧焊机 32kV·A	台班	87.75		0.150	0.174

580

工作内容：混凝土搅拌、捣固、抹平、养护，调制砂浆，砌筑、抹灰、勾缝，井盖、井座、爬梯安装，钢筋制作、安装，材料水平及垂直运输等。

计量单位：座

定　额　编　号				S5-4-238	S5-4-239
项　目　名　称				管径1800mm以内	管径2000mm以内
				井深4m以内	井深4.5m以内
基　　　　　价（元）				10164.54	11443.05
其中	人　工　费（元）			2870.98	3288.32
	材　料　费（元）			7096.67	7922.80
	机　械　费（元）			196.89	231.93
名　　　称		单位	单价（元）	消　　耗　　量	
人工	综合工日	工日	140.00	20.507	23.488
材料	标准砖 240×115×53	千块	414.53	0.512	0.613
	电	kW·h	0.68	2.864	3.171
	防水砂浆 1：2	m³	312.18	0.074	0.081
	螺纹钢筋 HRB400 φ10以上	t	3500.00	0.673	0.773
	模板木材	m³	1880.34	0.269	0.316
	木支撑	m³	1631.34	0.208	0.238
	商品防水混凝土 C25	m³	404.80	5.336	5.803
	商品混凝土 C15(泵送)	m³	326.48	0.625	0.667
	商品混凝土 C25(泵送)	m³	389.11	0.333	0.505
	水	m³	7.96	6.519	7.322
	水泥砂浆 M7.5	m³	201.87	0.257	0.308
	预制混凝土井筒 C30 φ700 JT270C	个	131.04	1.000	1.000
	铸铁井盖井座 φ700重型	套	825.04	1.000	1.000
	铸铁爬梯	kg	3.50	10.000	10.000
	其他材料费占材料费	%	—	1.000	1.000
机械	点焊机 75kV·A	台班	131.22	0.017	0.018
	电动单筒慢速卷扬机 50kN	台班	215.57	0.128	0.147
	对焊机 75kV·A	台班	106.97	0.058	0.067
	钢筋切断机 40mm	台班	41.21	0.058	0.066
	钢筋弯曲机 40mm	台班	25.58	0.138	0.159
	灰浆搅拌机 200L	台班	215.26	0.027	0.033
	履带式电动起重机 5t	台班	249.22	0.105	0.125
	木工单面压刨床 600mm	台班	31.27	0.194	0.223
	木工圆锯机 500mm	台班	25.33	0.343	0.392
	汽车式起重机 8t	台班	763.67	0.016	0.024
	载重汽车 5t	台班	430.70	0.165	0.190
	直流弧焊机 32kV·A	台班	87.75	0.284	0.326

Ⅷ钢筋砼150°扇形污水检查井

工作内容：混凝土搅拌、捣固、抹平、养护，调制砂浆，砌筑、抹灰、勾缝，井盖、井座、爬梯安装，钢筋制作、安装，材料水平及垂直运输等。

计量单位：座

定 额 编 号				S5-4-240	S5-4-241
项 目 名 称				管径800～900mm	管径1000～1100mm
				井深3.5m以内	
基 价 （元）				7670.28	8900.44
其中	人 工 费 （元）			2239.72	2659.86
	材 料 费 （元）			5300.22	6080.14
	机 械 费 （元）			130.34	160.44
名 称		单位	单价（元）	消 耗 量	
人工	综合工日	工日	140.00	15.998	18.999
材料	标准砖 240×115×53	千块	414.53	0.213	0.311
	电	kW·h	0.68	2.380	2.760
	防水砂浆 1:2	m³	312.18	0.051	0.068
	螺纹钢筋 HRB400 φ10以上	t	3500.00	0.389	0.459
	模板木材	m³	1880.34	0.224	0.269
	木支撑	m³	1631.34	0.172	0.207
	商品防水混凝土 C25	m³	404.80	4.465	5.163
	商品混凝土 C15(泵送)	m³	326.48	0.374	0.436
	商品混凝土 C25(泵送)	m³	389.11	0.222	0.273
	水	m³	7.96	5.185	6.035
	水泥砂浆 M7.5	m³	201.87	0.107	0.156
	预制混凝土井筒 C30 φ700 JT270C	个	131.04	1.000	1.000
	铸铁井盖井座 φ700重型	套	825.04	1.000	1.000
	铸铁爬梯	kg	3.50	12.500	12.500
	其他材料费占材料费	%	—	1.000	1.000
机械	点焊机 75kV·A	台班	131.22	0.010	0.012
	电动单筒慢速卷扬机 50kN	台班	215.57	0.074	0.087
	对焊机 75kV·A	台班	106.97	0.034	0.040
	钢筋切断机 40mm	台班	41.21	0.033	0.039
	钢筋弯曲机 40mm	台班	25.58	0.080	0.094
	灰浆搅拌机 200L	台班	215.26	0.011	0.017
	履带式电动起重机 5t	台班	249.22	0.044	0.064
	木工单面压刨床 600mm	台班	31.27	0.160	0.193
	木工圆锯机 500mm	台班	25.33	0.297	0.356
	汽车式起重机 8t	台班	763.67	0.010	0.013
	载重汽车 5t	台班	430.70	0.135	0.163
	直流弧焊机 32kV·A	台班	87.75	0.164	0.194

工作内容：混凝土搅拌、捣固、抹平、养护，调制砂浆，砌筑、抹灰、勾缝，井盖、井座、爬梯安装，钢筋制作、安装，材料水平及垂直运输等。

计量单位：座

定　额　编　号				S5-4-242	S5-4-243
项　目　名　称				管径1200～1350mm	管径1500mm以内
				井深3.5m以内	井深4m以内
基　　　价（元）				9423.38	10947.89
其中	人　工　费（元）			2837.52	3342.78
	材　料　费（元）			6412.63	7392.64
	机　械　费（元）			173.23	212.47
名　　　　称		单位	单价（元）	消　　耗　　量	
人工	综合工日	工日	140.00	20.268	23.877
材料	标准砖 240×115×53	千块	414.53	0.351	0.491
	电	kW·h	0.68	2.913	3.330
	防水砂浆 1:2	m³	312.18	0.080	0.098
	螺纹钢筋 HRB400 φ10以上	t	3500.00	0.490	0.587
	模板木材	m³	1880.34	0.289	0.346
	木支撑	m³	1631.34	0.222	0.269
	商品防水混凝土 C25	m³	404.80	5.423	6.198
	商品混凝土 C15(泵送)	m³	326.48	0.456	0.514
	商品混凝土 C25(泵送)	m³	389.11	0.323	0.374
	水	m³	7.96	6.402	7.336
	水泥砂浆 M7.5	m³	201.87	0.176	0.247
	预制混凝土井筒 C30 φ700 JT270B	个	131.04	—	1.000
	预制混凝土井筒 C30 φ700 JT270C	个	131.04	1.000	—
	铸铁井盖井座 φ700重型	套	825.04	1.000	1.000
	铸铁爬梯	kg	3.50	12.500	15.000
	其他材料费占材料费	%	—	1.000	1.000
机械	点焊机 75kV·A	台班	131.22	0.013	0.014
	电动单筒慢速卷扬机 50kN	台班	215.57	0.093	0.111
	对焊机 75kV·A	台班	106.97	0.042	0.051
	钢筋切断机 40mm	台班	41.21	0.042	0.050
	钢筋弯曲机 40mm	台班	25.58	0.101	0.120
	灰浆搅拌机 200L	台班	215.26	0.019	0.026
	履带式电动起重机 5t	台班	249.22	0.072	0.101
	木工单面压刨床 600mm	台班	31.27	0.207	0.251
	木工圆锯机 500mm	台班	25.33	0.379	0.452
	汽车式起重机 8t	台班	763.67	0.015	0.017
	载重汽车 5t	台班	430.70	0.174	0.212
	直流弧焊机 32kV·A	台班	87.75	0.207	0.248

⑧钢筋砼沉泥检查井

工作内容：混凝土搅拌、捣固、抹平、养护，调制砂浆，砌筑、抹灰、勾缝，井盖、井座、爬梯安装，钢筋制作、安装，材料水平及垂直运输等。

计量单位：座

定 额 编 号				S5-4-244	S5-4-245
项 目 名 称				井径1000mm	井径1250mm
				适用管径200～500mm	适用管径600～800mm
				井深3.6m以内	井深3.8m以内
基 价（元）				5495.56	6911.52
其中	人 工 费（元）			1638.98	2188.20
	材 料 费（元）			3774.10	4614.56
	机 械 费（元）			82.48	108.76
名 称		单位	单价(元)	消 耗 量	
人工	综合工日	工日	140.00	11.707	15.630
材料	电	kW·h	0.68	1.359	1.760
	防水砂浆 1:2	m³	312.18	0.041	0.052
	螺纹钢筋 HRB400 φ10以上	t	3500.00	0.275	0.359
	模板木材	m³	1880.34	0.197	0.263
	木支撑	m³	1631.34	0.129	0.167
	商品防水混凝土 C25	m³	404.80	2.521	3.218
	商品混凝土 C15(泵送)	m³	326.48	0.231	0.303
	商品混凝土 C25(泵送)	m³	389.11	0.111	0.202
	水	m³	7.96	2.915	3.829
	预制混凝土井筒 C30 φ700 JT270B	个	131.04	1.000	—
	预制混凝土井筒 C30 φ700 JT270C	个	131.04	—	1.000
	铸铁井盖井座 φ700重型	套	825.04	1.000	1.000
	铸铁爬梯	kg	3.50	17.500	17.500
	其他材料费占材料费	%		1.000	1.000
机械	点焊机 75kV·A	台班	131.22	0.005	0.007
	电动单筒慢速卷扬机 50kN	台班	215.57	0.052	0.068
	对焊机 75kV·A	台班	106.97	0.024	0.031
	钢筋切断机 40mm	台班	41.21	0.024	0.031
	钢筋弯曲机 40mm	台班	25.58	0.057	0.074
	木工单面压刨床 600mm	台班	31.27	0.123	0.159
	木工圆锯机 500mm	台班	25.33	0.287	0.371
	汽车式起重机 8t	台班	763.67	0.005	0.009
	载重汽车 5t	台班	430.70	0.094	0.121
	直流弧焊机 32kV·A	台班	87.75	0.116	0.152

⑨钢筋砼户外检查井小方井

工作内容：混凝土搅拌、捣固、抹平、养护，调制砂浆，砌筑、抹灰、勾缝，井盖、井座、爬梯安装，钢筋制作、安装，材料水平及垂直运输等。

计量单位：座

定 额 编 号				S5-4-246	S5-4-247
项 目 名 称				规格600mm×600mm以内	规格700mm×700mm以内
				管径300mm以内	管径400mm以内
				井深1.5m以内	
基 价 （元）				2585.70	2874.81
其中	人 工 费 （元）			583.80	669.34
	材 料 费 （元）			1970.06	2168.08
	机 械 费 （元）			31.84	37.39
名 称		单位	单价（元）	消 耗 量	
人工	综合工日	工日	140.00	4.170	4.781
材料	标准砖 240×115×53	千块	414.53	0.030	0.047
	电	kW·h	0.68	0.439	0.514
	防水砂浆 1：2	m³	312.18	0.733	0.928
	螺纹钢筋 HRB400 φ10以内	t	3500.00	0.073	0.082
	模板木材	m³	1880.34	0.068	0.078
	木支撑	m³	1631.34	0.053	0.060
	商品防水混凝土 C25	m³	404.80	0.777	0.897
	商品混凝土 C15(泵送)	m³	326.48	0.101	0.122
	商品混凝土 C25(泵送)	m³	389.11	0.051	0.071
	水	m³	7.96	1.099	1.292
	水泥砂浆 M7.5	m³	201.87	0.015	0.023
	铸铁井盖井座	套	825.04	1.000	1.000
	铸铁爬梯	kg	3.50	10.000	10.000
	其他材料费占材料费	%	—	1.000	1.000
机械	点焊机 75kV·A	台班	131.22	0.006	0.006
	电动单筒慢速卷扬机 50kN	台班	215.57	0.021	0.024
	钢筋切断机 40mm	台班	41.21	0.008	0.009
	钢筋弯曲机 40mm	台班	25.58	0.015	0.017
	灰浆搅拌机 200L	台班	215.26	0.002	0.002
	履带式电动起重机 5t	台班	249.22	0.006	0.010
	木工单面压刨床 600mm	台班	31.27	0.049	0.056
	木工圆锯机 500mm	台班	25.33	0.074	0.084
	汽车式起重机 8t	台班	763.67	0.002	0.003
	载重汽车 5t	台班	430.70	0.044	0.050

(2)混凝土模块式检查井
①砼模块式圆形雨水检查井

工作内容：混凝土搅拌、捣固、抹平、养护，调制砂浆，砌筑、抹灰、勾缝，井盖、井座、爬梯安装，钢筋制作、安装，材料水平及垂直运输等。　　　　　　　　　　　　　　计量单位：座

定　额　编　号				S5-4-248	S5-4-249
项　目　名　称				井径700mm	井径800mm
				适用管径200～400mm	
				井深1.3m以内	
基　　　　　　　价（元）				2258.56	2429.62
其中	人　工　费（元）			269.22	291.20
	材　料　费（元）			1960.67	2104.75
	机　械　费（元）			28.67	33.67
名　　　　称		单位	单价（元）	消　　耗　　量	
人工	综合工日	工日	140.00	1.923	2.080
材料	电	kW·h	0.68	0.611	0.632
	煤焦油沥青漆 L01-17	kg	6.84	0.695	0.726
	水	m³	7.96	1.218	1.280
	水泥砂浆 1:2	m³	281.46	0.091	0.099
	水泥砂浆 M7.5	m³	201.87	0.053	0.061
	现浇混凝土 C15	m³	281.42	0.051	0.082
	现浇混凝土 C25	m³	307.34	0.696	0.723
	现浇混凝土 C30	m³	319.73	0.134	0.134
	养生布	m²	2.00	0.181	0.291
	圆形检查井混凝土模块 314×180×180	块	14.96	51.207	59.085
	铸铁井盖井座	套	825.04	1.010	1.010
	铸铁爬梯	kg	3.50	5.506	6.353
	其他材料费占材料费	%	—	1.000	1.000
机械	灰浆搅拌机 200L	台班	215.26	0.009	0.010
	机动翻斗车 1t	台班	220.18	0.019	0.035
	双锥反转出料混凝土搅拌机 350L	台班	253.32	0.089	0.094

工作内容：混凝土搅拌、捣固、抹平、养护，调制砂浆，砌筑、抹灰、勾缝，井盖、井座、爬梯安装，钢筋制作、安装，材料水平及垂直运输等。

计量单位：座

定　额　编　号			S5-4-250	S5-4-251
项　目　名　称			井径900mm	井径1100mm
			适用管径200～400mm	适用管径400～600mm
			井深2.5m以内	井深3m以内
基　　　　　价（元）			4438.61	5253.23
其中	人　工　费（元）		598.92	789.04
	材　料　费（元）		3767.33	4355.99
	机　械　费（元）		72.36	108.20
名　　称		单位	单价（元）	消　　耗　　量	
人工	综合工日	工日	140.00	4.278	5.636
材料	电	kW•h	0.68	0.941	1.721
	电焊条	kg	5.98	0.127	0.155
	镀锌铁丝 22号	kg	3.57	1.039	0.209
	螺纹钢筋 HRB400 φ10以内	t	3500.00	0.098	0.015
	螺纹钢筋 HRB400 φ10以上	t	3500.00	0.017	0.020
	煤焦油沥青漆 L01-17	kg	6.84	0.990	1.176
	水	m³	7.96	1.988	3.540
	水泥砂浆 1:2	m³	281.46	0.181	0.248
	水泥砂浆 M7.5	m³	201.87	0.129	0.177
	现浇混凝土 C15	m³	281.42	0.036	0.507
	现浇混凝土 C25	m³	307.34	1.040	2.000
	现浇混凝土 C30	m³	319.73	0.134	0.134
	养生布	m²	2.00	0.291	0.690
	预制钢筋混凝土盖板 C25	m³	683.76	0.130	0.171

续表

定 额 编 号			S5-4-250	S5-4-251
项 目 名 称			井径900mm	井径1100mm
			适用管径200~400mm	适用管径400~600mm
			井深2.5m以内	井深3m以内
名 称	单位	单价(元)	消 耗 量	
材料	圆形检查井混凝土模块 314×180×180	块	14.96	125.680	50.391
	圆形检查井混凝土模块 314×240×180	块	15.56	—	94.805
	铸铁井盖井座	套	825.04	1.010	1.010
	铸铁爬梯	kg	3.50	13.513	18.558
	其他材料费占材料费	%	—	1.000	1.000
机械	点焊机 75kV·A	台班	131.22	0.001	0.002
	电动单筒慢速卷扬机 50kN	台班	215.57	0.035	0.009
	对焊机 75kV·A	台班	106.97	0.007	0.009
	钢筋切断机 40mm	台班	41.21	0.012	0.003
	钢筋弯曲机 40mm	台班	25.58	0.025	0.007
	灰浆搅拌机 200L	台班	215.26	0.022	0.031
	机动翻斗车 1t	台班	220.18	0.072	0.114
	汽车式起重机 12t	台班	857.15	0.005	0.006
	双锥反转出料混凝土搅拌机 350L	台班	253.32	0.148	0.266
	载重汽车 5t	台班	430.70	0.001	0.001

工作内容：混凝土搅拌、捣固、抹平、养护，调制砂浆，砌筑、抹灰、勾缝，井盖、井座、爬梯安装，钢筋制作、安装，材料水平及垂直运输等。

计量单位：座

定 额 编 号			S5-4-252	S5-4-253
项 目 名 称			井径1300mm	井径1500mm
			适用管径600～700mm	适用管径700～800mm
			井深3m以内	井深3.5m以内
基 价 （元）			6097.85	7374.58
其中	人 工 费 （元）		964.88	1189.30
	材 料 费 （元）		4992.90	6006.07
	机 械 费 （元）		140.07	179.21
名 称	单位	单价（元）	消 耗 量	
人工 综合工日	工日	140.00	6.892	8.495
材料 电	kW·h	0.68	2.141	2.612
电焊条	kg	5.98	0.183	0.462
镀锌铁丝 22号	kg	3.57	0.337	0.178
螺纹钢筋 HRB400 φ10以内	t	3500.00	0.027	—
螺纹钢筋 HRB400 φ10以上	t	3500.00	0.024	0.061
煤焦油沥青漆 L01-17	kg	6.84	1.260	1.426
水	m³	7.96	4.410	5.428
水泥砂浆 1：2	m³	281.46	0.287	0.377
水泥砂浆 M7.5	m³	201.87	0.199	0.242
现浇混凝土 C15	m³	281.42	0.720	0.969
现浇混凝土 C25	m³	307.34	2.510	3.110
现浇混凝土 C30	m³	319.73	0.134	0.134
养生布	m²	2.00	1.200	1.817
预制钢筋混凝土盖板 C25	m³	683.76	0.272	0.382

续表

定 额 编 号				S5-4-252	S5-4-253
项 目 名 称				井径1300mm	井径1500mm
				适用管径600～700mm	适用管径700～800mm
				井深3m以内	井深3.5m以内
名 称		单位	单价(元)	消 耗	量
材料	圆形检查井混凝土模块 314×180×180	块	14.96	50.391	75.092
	圆形检查井混凝土模块 314×240×180	块	15.56	111.259	124.579
	铸铁井盖井座	套	825.04	1.010	1.010
	铸铁爬梯	kg	3.50	20.839	25.341
	其他材料费占材料费	%	—	1.000	1.000
机械	点焊机 75kV·A	台班	131.22	0.002	0.003
	电动单筒慢速卷扬机 50kN	台班	215.57	0.013	0.012
	对焊机 75kV·A	台班	106.97	0.010	0.014
	钢筋切断机 40mm	台班	41.21	0.005	0.005
	钢筋弯曲机 40mm	台班	25.58	0.011	0.013
	灰浆搅拌机 200L	台班	215.26	0.034	0.042
	机动翻斗车 1t	台班	220.18	0.151	0.205
	汽车式起重机 12t	台班	857.15	0.010	0.014
	双锥反转出料混凝土搅拌机 350L	台班	253.32	0.339	0.423
	载重汽车 5t	台班	430.70	0.001	0.002

②砼模块式圆形污水检查井

工作内容：混凝土搅拌、捣固、抹平、养护，调制砂浆，砌筑、抹灰、勾缝，井盖、井座、爬梯安装，钢筋制作、安装，材料水平及垂直运输等。

计量单位：座

定 额 编 号				S5-4-254	S5-4-255
项 目 名 称				井径700mm	井径800mm
				适用管径200~400mm	
				井深1.3m以内	
基 价 （元）				2276.23	2444.64
其中	人 工 费 （元）			274.26	296.10
	材 料 费 （元）			1969.68	2113.45
	机 械 费 （元）			32.29	35.09
名 称		单位	单价（元）	消 耗 量	
人工	综合工日	工日	140.00	1.959	2.115
材料	电	kW·h	0.68	0.623	0.645
	煤焦油沥青漆 L01-17	kg	6.84	0.695	0.726
	水	m³	7.96	1.247	1.309
	水泥砂浆 1:2	m³	281.46	0.091	0.099
	水泥砂浆 M7.5	m³	201.87	0.053	0.061
	现浇混凝土 C15	m³	281.42	0.082	0.111
	现浇混凝土 C25	m³	307.34	0.696	0.723
	现浇混凝土 C30	m³	319.73	0.135	0.134
	养生布	m²	2.00	—	0.400
	圆形检查井混凝土模块 314×180×180	块	14.96	51.207	59.085
	铸铁井盖井座	套	825.04	1.010	1.010
	铸铁爬梯	kg	3.50	5.506	6.353
	其他材料费占材料费	%	—	1.000	1.000
机械	灰浆搅拌机 200L	台班	215.26	0.009	0.010
	机动翻斗车 1t	台班	220.18	0.032	0.038
	双锥反转出料混凝土搅拌机 350L	台班	253.32	0.092	0.097

工作内容：混凝土搅拌、捣固、抹平、养护，调制砂浆，砌筑、抹灰、勾缝，井盖、井座、爬梯安装，钢筋制作、安装，材料水平及垂直运输等。

计量单位：座

定 额 编 号			S5-4-256	S5-4-257
项 目 名 称			井径900mm	井径1100mm
			适用管径200～400mm	适用管径400～600mm
			井深2.5m以内	
基 价（元）			4559.71	5384.53
其中	人 工 费（元）		612.64	829.64
	材 料 费（元）		3870.89	4438.66
	机 械 费（元）		76.18	116.23
名 称	单位	单价（元）	消 耗 量	
人工 综合工日	工日	140.00	4.376	5.926
材料 电	kW•h	0.68	0.972	1.848
电焊条	kg	5.98	0.127	0.155
镀锌铁丝 22号	kg	3.57	1.039	0.209
螺纹钢筋 HRB400 φ10以内	t	3500.00	0.098	0.015
螺纹钢筋 HRB400 φ10以上	t	3500.00	0.017	0.020
煤焦油沥青漆 L01-17	kg	6.84	0.991	1.193
水	m³	7.96	2.063	3.804
水泥砂浆 1：2	m³	281.46	0.181	0.248
水泥砂浆 M7.5	m³	201.87	0.129	0.182
现浇混凝土 C15	m³	281.42	0.396	0.640
现浇混凝土 C25	m³	307.34	1.030	2.100
现浇混凝土 C30	m³	319.73	0.134	0.134
养生布	m²	2.00	0.617	1.163
预制钢筋混凝土盖板 C25	m³	683.76	0.130	0.171

续表

定 额 编 号				S5-4-256	S5-4-257
项 目 名 称				井径900mm	井径1100mm
				适用管径200~400mm	适用管径400~600mm
				井深2.5m以内	
名 称		单位	单价(元)	消 耗	量
材料	圆形检查井混凝土模块 314×180×180	块	14.96	125.877	32.606
	圆形检查井混凝土模块 314×240×180	块	15.56	—	112.403
	铸铁井盖井座	套	825.04	1.010	1.010
	铸铁爬梯	kg	3.50	13.534	19.035
	其他材料费占材料费	%	—	1.000	1.000
机械	点焊机 75kV·A	台班	131.22	0.001	0.002
	电动单筒慢速卷扬机 50kN	台班	215.57	0.035	0.009
	对焊机 75kV·A	台班	106.97	0.007	0.009
	钢筋切断机 40mm	台班	41.21	0.012	0.003
	钢筋弯曲机 40mm	台班	25.58	0.025	0.007
	灰浆搅拌机 200L	台班	215.26	0.022	0.031
	机动翻斗车 1t	台班	220.18	0.079	0.124
	汽车式起重机 12t	台班	857.15	0.005	0.006
	双锥反转出料混凝土搅拌机 350L	台班	253.32	0.157	0.289
	载重汽车 5t	台班	430.70	0.001	0.001

工作内容：混凝土搅拌、捣固、抹平、养护，调制砂浆，砌筑、抹灰、勾缝，井盖、井座、爬梯安装，钢筋制作、安装，材料水平及垂直运输等。

计量单位：座

定 额 编 号			S5-4-258	S5-4-259
项 目 名 称			井径1300mm	井径1500mm
			适用管径600～700mm	适用管径700～800mm
			井深3m以内	井深3.5m以内
基 价 （元）			6600.10	7932.77
其中	人 工 费 （元）		1060.08	1305.22
	材 料 费 （元）		5384.21	6426.21
	机 械 费 （元）		155.81	201.34
名 称	单位	单价（元）	消 耗 量	
人工 综合工日	工日	140.00	7.572	9.323
材料 电	kW·h	0.68	2.146	2.952
电焊条	kg	5.98	0.183	0.462
镀锌铁丝 22号	kg	3.57	0.337	0.178
螺纹钢筋 HRB400 φ10以内	t	3500.00	0.027	—
螺纹钢筋 HRB400 φ10以上	t	3500.00	0.024	0.061
煤焦油沥青漆 L01-17	kg	6.84	1.362	1.533
水	m³	7.96	4.983	6.140
水泥砂浆 1：2	m³	281.46	0.287	0.377
水泥砂浆 M7.5	m³	201.87	0.225	0.270
现浇混凝土 C15	m³	281.42	0.923	1.259
现浇混凝土 C25	m³	307.34	2.750	3.390
现浇混凝土 C30	m³	319.73	0.134	0.134
养生布	m²	2.00	1.926	2.871
预制钢筋混凝土盖板 C25	m³	683.76	0.272	0.382

定 额 编 号			S5-4-258	S5-4-259
项 目 名 称			井径1300mm	井径1500mm
			适用管径600~700mm	适用管径700~800mm
			井深3m以内	井深3.5m以内
名 称	单位	单价（元）	消　　　耗　　　量	
材料	圆形检查井混凝土模块 314×180×180	块	14.96	23.713	39.522
	圆形检查井混凝土模块 314×240×180	块	15.56	152.002	173.157
	铸铁井盖井座	套	825.04	1.010	1.010
	铸铁爬梯	kg	3.50	23.617	28.249
	其他材料费占材料费	%	—	1.000	1.000
机械	点焊机 75kV·A	台班	131.22	0.002	0.005
	电动单筒慢速卷扬机 50kN	台班	215.57	0.013	0.012
	对焊机 75kV·A	台班	106.97	0.010	0.026
	钢筋切断机 40mm	台班	41.21	0.005	0.005
	钢筋弯曲机 40mm	台班	25.58	0.011	0.013
	灰浆搅拌机 200L	台班	215.26	0.039	0.047
	机动翻斗车 1t	台班	220.18	0.167	0.228
	汽车式起重机 12t	台班	857.15	0.010	0.014
	双锥反转出料混凝土搅拌机 350L	台班	253.32	0.383	0.480
	载重汽车 5t	台班	430.70	0.001	0.002

③砼模块式跌水检查井

Ⅰ砼模块竖管式跌水检查井(直线内跌06MS201-4-70)

工作内容:混凝土搅拌、捣固、抹平、养护,调制砂浆,砌筑、抹灰、勾缝,井盖、井座、爬梯安装,钢筋制作、安装,材料水平及垂直运输等。

计量单位:座

定 额 编 号				S5-4-260	S5-4-261
项 目 名 称				跌差高度1m以内	跌差高度2m以内
				井深3.0m以内	井深4.0m以内
基 价 (元)				6132.44	7584.24
其中	人 工 费 (元)			920.22	1146.32
	材 料 费 (元)			5076.05	6279.71
	机 械 费 (元)			136.17	158.21
名 称		单位	单价(元)	消 耗 量	
人工	综合工日	工日	140.00	6.573	8.188
材料	电	kW·h	0.68	1.936	2.409
	电焊条	kg	5.98	0.480	0.572
	镀锌铁丝 22号	kg	3.57	0.185	0.221
	螺纹钢筋 HRB400 φ10以上	t	3500.00	0.063	0.075
	煤焦油沥青漆 L01-17	kg	6.84	1.320	1.612
	水	m³	7.96	4.065	5.009
	水泥砂浆 1:2	m³	281.46	0.287	0.376
	水泥砂浆 M7.5	m³	201.87	0.215	0.290
	现浇混凝土 C15	m³	281.42	0.720	0.720
	现浇混凝土 C25	m³	307.34	2.260	2.850
	现浇混凝土 C30	m³	319.73	0.134	0.134
	养生布	m²	2.00	1.200	1.200
	预制钢筋混凝土盖板 C25	m³	683.76	0.272	0.272
	圆形检查井混凝土模块 314×180×180	块	14.96	24.701	24.701
	圆形检查井混凝土模块 314×240×180	块	15.56	142.992	200.188
	铸铁井盖井座	套	825.04	1.010	1.010
	铸铁爬梯	kg	3.50	22.475	30.402
	其他材料费占材料费	%	—	1.000	1.000
机械	点焊机 75kV·A	台班	131.22	0.005	0.006
	电动单筒慢速卷扬机 50kN	台班	215.57	0.012	0.014
	对焊机 75kV·A	台班	106.97	0.027	0.032
	钢筋切断机 40mm	台班	41.21	0.005	0.006
	钢筋弯曲机 40mm	台班	25.58	0.013	0.016
	灰浆搅拌机 200L	台班	215.26	0.037	0.050
	机动翻斗车 1t	台班	220.18	0.151	0.165
	汽车式起重机 12t	台班	857.15	0.010	0.010
	双锥反转出料混凝土搅拌机 350L	台班	253.32	0.313	0.372
	载重汽车 5t	台班	430.70	0.001	0.001

工作内容：混凝土搅拌、捣固、抹平、养护，调制砂浆，砌筑、抹灰、勾缝，井盖、井座、爬梯安装，钢筋制作、安装，材料水平及垂直运输等。

计量单位：座

定 额 编 号				S5-4-262	S5-4-263
项 目 名 称				跌差高度3m以内	跌差高度4m以内
				井深5.0m以内	井深6.0m以内
基 价（元）				9033.15	10488.30
其中	人 工 费（元）			1372.28	1598.24
	材 料 费（元）			7481.76	8687.18
	机 械 费（元）			179.11	202.88
名 称		单位	单价（元）	消 耗 量	
人工	综合工日	工日	140.00	9.802	11.416
材料	电	kW·h	0.68	2.883	3.356
	电焊条	kg	5.98	0.663	0.754
	镀锌铁丝 22号	kg	3.57	0.256	0.291
	螺纹钢筋 HRB400 φ10以上	t	3500.00	0.087	0.099
	煤焦油沥青漆 L01-17	kg	6.84	1.904	2.196
	水	m³	7.96	5.954	6.899
	水泥砂浆 1：2	m³	281.46	0.464	0.553
	水泥砂浆 M7.5	m³	201.87	0.366	0.442
	现浇混凝土 C15	m³	281.42	0.720	0.720
	现浇混凝土 C25	m³	307.34	3.435	4.030
	现浇混凝土 C30	m³	319.73	0.134	0.134
	养生布	m²	2.00	1.200	1.200
	预制钢筋混凝土盖板 C25	m³	683.76	0.272	0.272
	圆形检查井混凝土模块 314×180×180	块	14.96	24.701	24.701
	圆形检查井混凝土模块 314×240×180	块	15.56	257.385	314.581
	铸铁井盖井座	套	825.04	1.010	1.010
	铸铁爬梯	kg	3.50	38.329	46.257
	其他材料费占材料费	%	—	1.000	1.000
机械	点焊机 75kV·A	台班	131.22	0.008	0.009
	电动单筒慢速卷扬机 50kN	台班	215.57	0.017	0.019
	对焊机 75kV·A	台班	106.97	0.037	0.042
	钢筋切断机 40mm	台班	41.21	0.008	0.009
	钢筋弯曲机 40mm	台班	25.58	0.018	0.021
	灰浆搅拌机 200L	台班	215.26	0.056	0.076
	机动翻斗车 1t	台班	220.18	0.179	0.194
	汽车式起重机 12t	台班	857.15	0.010	0.010
	双锥反转出料混凝土搅拌机 350L	台班	253.32	0.431	0.490
	载重汽车 5t	台班	430.70	0.001	0.001

Ⅱ砼模块式竖槽式跌水检查井(06MS201-4-72)

工作内容：混凝土搅拌、捣固、抹平、养护，调制砂浆，砌筑、抹灰、勾缝，井盖、井座、爬梯安装，钢筋制作、安装，材料水平及垂直运输等。

计量单位：座

定 额 编 号			S5-4-264	S5-4-265
项 目 名 称			跌差高度1m以内	跌差高度2m以内
			井深3.0m以内	井深3.5m以内
基 价（元）			8511.29	9703.11
其中	人 工 费（元）		1435.56	1578.92
	材 料 费（元）		6831.43	7864.52
	机 械 费（元）		244.30	259.67
名 称	单位	单价（元）	消 耗	量
人工 综合工日	工日	140.00	10.254	11.278
材料 电	kW•h	0.68	3.262	3.613
电焊条	kg	5.98	1.666	1.737
镀锌铁丝 22号	kg	3.57	0.762	0.789
矩形检查井混凝土模块 400×240×180	块	15.98	136.379	163.655
螺纹钢筋 HRB400 φ10以内	t	3500.00	0.012	0.012
螺纹钢筋 HRB400 φ10以上	t	3500.00	0.219	0.228
煤焦油沥青漆 L01-17	kg	6.84	1.387	1.631
水	m³	7.96	6.749	7.459
水泥砂浆 1:2	m³	281.46	0.369	0.393
水泥砂浆 M7.5	m³	201.87	0.232	0.295
现浇混凝土 C15	m³	281.42	1.066	1.066
现浇混凝土 C25	m³	307.34	3.980	4.420
现浇混凝土 C30	m³	319.73	0.297	0.297
养生布	m²	2.00	2.471	2.471
预制钢筋混凝土盖板 C25	m³	683.76	0.563	0.563
圆形检查井混凝土模块 314×180×180	块	14.96	41.498	66.200
铸铁井盖井座	套	825.04	1.010	1.010
铸铁爬梯	kg	3.50	24.281	30.900
其他材料费占材料费	%	—	1.000	1.000
机械 点焊机 75kV•A	台班	131.22	0.019	0.020
电动单筒慢速卷扬机 50kN	台班	215.57	0.046	0.048
对焊机 75kV•A	台班	106.97	0.093	0.096
钢筋切断机 40mm	台班	41.21	0.020	0.021
钢筋弯曲机 40mm	台班	25.58	0.049	0.051
灰浆搅拌机 200L	台班	215.26	0.040	0.051
机动翻斗车 1t	台班	220.18	0.254	0.258
汽车式起重机 12t	台班	857.15	0.021	0.021
双锥反转出料混凝土搅拌机 350L	台班	253.32	0.537	0.581
载重汽车 5t	台班	430.70	0.003	0.003

工作内容：混凝土搅拌、捣固、抹平、养护，调制砂浆，砌筑、抹灰、勾缝，井盖、井座、爬梯安装，钢筋制作、安装，材料水平及垂直运输等。

计量单位：座

定 额 编 号				S5-4-266	S5-4-267
项 目 名 称				跌差高度3m以内	跌差高度4m以内
				井深4.5m以内	井深5.5m以内
基 价（元）				12089.60	14470.49
其中	人 工 费（元）			1865.64	2152.36
	材 料 费（元）			9933.91	11997.16
	机 械 费（元）			290.05	320.97
名 称		单位	单价（元）	消 耗	量
人工	综合工日	工日	140.00	13.326	15.374
材料	电	kW•h	0.68	4.316	5.018
	电焊条	kg	5.98	1.877	2.018
	镀锌铁丝 22号	kg	3.57	0.843	0.897
	矩形检查井混凝土模块 400×240×180	块	15.98	218.207	272.758
	螺纹钢筋 HRB400 φ10以内	t	3500.00	0.012	0.012
	螺纹钢筋 HRB400 φ10以上	t	3500.00	0.247	0.265
	煤焦油沥青漆 L01-17	kg	6.84	2.118	2.606
	水	m³	7.96	8.878	10.298
	水泥砂浆 1:2	m³	281.46	0.440	0.488
	水泥砂浆 M7.5	m³	201.87	0.421	0.548
	现浇混凝土 C15	m³	281.42	1.066	1.066
	现浇混凝土 C25	m³	307.34	5.300	6.170
	现浇混凝土 C30	m³	319.73	0.297	0.297
	养生布	m²	2.00	2.471	2.471
	预制钢筋混凝土盖板 C25	m³	683.76	0.563	0.563
	圆形检查井混凝土模块 314×180×180	块	14.96	115.603	165.006
	铸铁井盖井座	套	825.04	1.010	1.010
	铸铁爬梯	kg	3.50	44.139	57.379
	其他材料费占材料费	%	—	1.000	1.000
机械	点焊机 75kV•A	台班	131.22	0.021	0.023
	电动单筒慢速卷扬机 50kN	台班	215.57	0.051	0.055
	对焊机 75kV•A	台班	106.97	0.104	0.112
	钢筋切断机 40mm	台班	41.21	0.023	0.024
	钢筋弯曲机 40mm	台班	25.58	0.055	0.059
	灰浆搅拌机 200L	台班	215.26	0.073	0.095
	机动翻斗车 1t	台班	220.18	0.265	0.273
	汽车式起重机 12t	台班	857.15	0.021	0.021
	双锥反转出料混凝土搅拌机 350L	台班	253.32	0.669	0.757
	载重汽车 5t	台班	430.70	0.003	0.003

Ⅲ砼模块式阶梯式跌水检查井(06MS201-4-73)

工作内容：混凝土搅拌、捣固、抹平、养护，调制砂浆，砌筑、抹灰、勾缝，井盖、井座、爬梯安装，钢筋制作、安装，材料水平及垂直运输等。

计量单位：座

定 额 编 号				S5-4-268	S5-4-269
项 目 名 称				跌差高度1m以内	
				管径700~1100mm	管径1200~1300mm
				井深3.5m以内	井深4m以内
基 价（元）				13933.03	17410.07
其中	人 工 费（元）			2442.02	3053.68
	材 料 费（元）			11016.55	13738.32
	机 械 费（元）			474.46	618.07
名 称		单位	单价（元）	消 耗 量	
人工	综合工日	工日	140.00	17.443	21.812
材 料	电	kW·h	0.68	5.723	7.254
	电焊条	kg	5.98	2.738	3.307
	镀锌铁丝 22号	kg	3.57	1.322	1.566
	矩形检查井混凝土模块 400×240×180	块	15.98	219.209	278.594
	螺纹钢筋 HRB400 φ10以内	t	3500.00	0.026	0.029
	螺纹钢筋 HRB400 φ10以上	t	3500.00	0.360	0.434
	煤焦油沥青漆 L01-17	kg	6.84	1.861	2.179
	水	m³	7.96	12.094	15.381
	水泥砂浆 1:2	m³	281.46	0.440	0.498
	水泥砂浆 M7.5	m³	201.87	0.355	0.437
	现浇混凝土 C15	m³	281.42	3.593	4.608
	现浇混凝土 C25	m³	307.34	5.890	7.620
	现浇混凝土 C30	m³	319.73	0.611	0.712
	养生布	m²	2.00	11.145	14.937

续表

定 额 编 号				S5-4-268	S5-4-269
项 目 名 称				跌差高度1m以内	
				管径700～1100mm	管径1200～1300mm
				井深3.5m以内	井深4m以内
	名 称	单位	单价(元)	消 耗	量
材料	预制钢筋混凝土盖板 C25	m³	683.76	1.437	2.201
	圆形检查井混凝土模块 314×180×180	块	14.96	49.403	49.403
	铸铁井盖井座	套	825.04	1.010	1.010
	铸铁爬梯	kg	3.50	37.167	45.797
	其他材料费占材料费	%	—	1.000	1.000
机械	点焊机 75kV·A	台班	131.22	0.031	0.038
	电动单筒慢速卷扬机 50kN	台班	215.57	0.078	0.093
	对焊机 75kV·A	台班	106.97	0.152	0.184
	钢筋切断机 40mm	台班	41.21	0.034	0.041
	钢筋弯曲机 40mm	台班	25.58	0.082	0.098
	灰浆搅拌机 200L	台班	215.26	0.061	0.076
	机动翻斗车 1t	台班	220.18	0.524	0.677
	汽车式起重机 12t	台班	857.15	0.053	0.081
	双锥反转出料混凝土搅拌机 350L	台班	253.32	1.014	1.301
	载重汽车 5t	台班	430.70	0.007	0.011

工作内容：混凝土搅拌、捣固、抹平、养护，调制砂浆，砌筑、抹灰、勾缝，井盖、井座、爬梯安装，钢筋制作、安装，材料水平及垂直运输等。

计量单位：座

定 额 编 号				S5-4-270	S5-4-271
项 目 名 称				跌差高度1m以内	跌差高度1.5m以内
				管径1400～1500mm	管径700～1100mm
				井深4.5m以内	井深3.5m以内
基 价（元）				20569.59	16454.93
其中	人 工 费（元）			3551.94	3058.72
	材 料 费（元）			16285.07	12804.89
	机 械 费（元）			732.58	591.32
名 称		单位	单价（元）	消 耗 量	
人工	综合工日	工日	140.00	25.371	21.848
材料	电	kW·h	0.68	8.409	6.795
	电焊条	kg	5.98	3.623	4.230
	镀锌铁丝 22号	kg	3.57	1.703	2.805
	矩形检查井混凝土模块 400×240×180	块	15.98	325.504	258.562
	螺纹钢筋 HRB400 φ10以内	t	3500.00	0.030	0.045
	螺纹钢筋 HRB400 φ10以上	t	3500.00	0.476	0.555
	煤焦油沥青漆 L01-17	kg	6.84	2.528	1.980
	水	m³	7.96	17.905	14.477
	水泥砂浆 1:2	m³	281.46	0.556	0.619
	水泥砂浆 M7.5	m³	201.87	0.528	0.385
	现浇混凝土 C15	m³	281.42	5.521	4.750
	现浇混凝土 C25	m³	307.34	8.730	6.780
	现浇混凝土 C30	m³	319.73	0.876	0.774
	养生布	m²	2.00	18.280	15.481

续表

定 额 编 号			S5-4-270	S5-4-271
项 目 名 称			跌差高度1m以内	跌差高度1.5m以内
			管径1400～1500mm	管径700～1100mm
			井深4.5m以内	井深3.5m以内
名 称	单位	单价(元)	消 耗 量	
材料	预制钢筋混凝土盖板 C25	m³	683.76	2.934	1.437
	圆形检查井混凝土模块 314×180×180	块	14.96	74.104	24.701
	铸铁井盖井座	套	825.04	1.010	1.010
	铸铁爬梯	kg	3.50	55.270	40.375
	其他材料费占材料费	%	—	1.000	1.000
机械	点焊机 75kV·A	台班	131.22	0.041	0.048
	电动单筒慢速卷扬机 50kN	台班	215.57	0.101	0.121
	对焊机 75kV·A	台班	106.97	0.201	0.235
	钢筋切断机 40mm	台班	41.21	0.044	0.053
	钢筋弯曲机 40mm	台班	25.58	0.107	0.127
	灰浆搅拌机 200L	台班	215.26	0.091	0.067
	机动翻斗车 1t	台班	220.18	0.798	0.691
	汽车式起重机 12t	台班	857.15	0.108	0.053
	双锥反转出料混凝土搅拌机 350L	台班	253.32	1.520	1.237
	载重汽车 5t	台班	430.70	0.015	0.007

工作内容：混凝土搅拌、捣固、抹平、养护，调制砂浆，砌筑、抹灰、勾缝，井盖、井座、爬梯安装，钢筋制作、安装，材料水平及垂直运输等。

计量单位：座

定 额 编 号				S5-4-272	S5-4-273
项 目 名 称				跌差高度1.5m以内	
				管径1200～1300mm	管径1400～1500mm
				井深4m以内	井深4.5m以内
基 价（元）				20657.21	24454.27
其中	人 工 费（元）			3869.18	4526.62
	材 料 费（元）			16015.40	19003.47
	机 械 费（元）			772.63	924.18
名 称		单位	单价（元）	消 耗	量
人工	综合工日	工日	140.00	27.637	32.333
材料	电	kW·h	0.68	8.682	10.233
	电焊条	kg	5.98	4.959	5.439
	镀锌铁丝 22号	kg	3.57	2.398	2.615
	矩形检查井混凝土模块 400×240×180	块	15.98	326.420	379.309
	螺纹钢筋 HRB400 φ10以内	t	3500.00	0.048	0.051
	螺纹钢筋 HRB400 φ10以上	t	3500.00	0.651	0.714
	煤焦油沥青漆 L01-17	kg	6.84	2.338	2.719
	水	m³	7.96	18.577	21.981
	水泥砂浆 1:2	m³	281.46	0.751	0.822
	水泥砂浆 M7.5	m³	201.87	0.478	0.577
	现浇混凝土 C15	m³	281.42	6.242	7.723
	现浇混凝土 C25	m³	307.34	8.800	10.140
	现浇混凝土 C30	m³	319.73	0.915	1.108
	养生布	m²	2.00	20.714	26.057

续表

定 额 编 号				S5-4-272	S5-4-273
项 目 名 称				跌差高度1.5m以内	
				管径1200～1300mm	管径1400～1500mm
				井深4m以内	井深4.5m以内
名 称		单位	单价(元)	消 耗	量
材料	预制钢筋混凝土盖板 C25	m³	683.76	2.201	2.934
	圆形检查井混凝土模块 314×180×180	块	14.96	24.701	49.403
	铸铁井盖井座	套	825.04	1.010	1.010
	铸铁爬梯	kg	3.50	50.091	60.433
	其他材料费占材料费	%	—	1.000	1.000
机械	点焊机 75kV·A	台班	131.22	0.056	0.062
	电动单筒慢速卷扬机 50kN	台班	215.57	0.141	0.154
	对焊机 75kV·A	台班	106.97	0.275	0.302
	钢筋切断机 40mm	台班	41.21	0.062	0.067
	钢筋弯曲机 40mm	台班	25.58	0.148	0.162
	灰浆搅拌机 200L	台班	215.26	0.083	0.100
	机动翻斗车 1t	台班	220.18	0.913	1.090
	汽车式起重机 12t	台班	857.15	0.081	0.108
	双锥反转出料混凝土搅拌机 350L	台班	253.32	1.603	1.907
	载重汽车 5t	台班	430.70	0.011	0.015

工作内容：混凝土搅拌、捣固、抹平、养护，调制砂浆，砌筑、抹灰、勾缝，井盖、井座、爬梯安装，钢筋制作、安装，材料水平及垂直运输等。

计量单位：座

定 额 编 号			S5-4-274	S5-4-275
项 目 名 称			跌差高度2m以内	
			管径700～1100mm	管径1200～1300mm
			井深3.5m以内	井深4m以内
基 价（元）			18117.47	22468.82
其中	人 工 费（元）		3507.70	4300.94
	材 料 费（元）		13931.75	17296.60
	机 械 费（元）		678.02	871.28
名 称		单位	单价（元）	消 耗 量
人工	综合工日	工日	140.00	25.055	30.721
材料	电	kW·h	0.68	7.688	9.718
	电焊条	kg	5.98	4.533	5.303
	镀锌铁丝 22号	kg	3.57	2.234	2.562
	矩形检查井混凝土模块 400×240×180	块	15.98	279.309	350.333
	螺纹钢筋 HRB400 φ10以内	t	3500.00	0.048	0.051
	螺纹钢筋 HRB400 φ10以上	t	3500.00	0.595	0.696
	煤焦油沥青漆 L01-17	kg	6.84	2.088	2.466
	水	m³	7.96	16.477	20.922
	水泥砂浆 1∶2	m³	281.46	0.761	0.779
	水泥砂浆 M7.5	m³	201.87	0.413	0.511
	现浇混凝土 C15	m³	281.42	5.968	7.672
	现浇混凝土 C25	m³	307.34	7.280	9.420
	现浇混凝土 C30	m³	319.73	0.946	1.118
	养生布	m²	2.00	20.133	26.166

定 额 编 号			S5-4-274	S5-4-275
项 目 名 称			跌差高度2m以内	
			管径700～1100mm	管径1200～1300mm
			井深3.5m以内	井深4m以内
名 称	单位	单价(元)	消 耗	量
材料	预制钢筋混凝土盖板 C25	m³	683.76	1.437	2.201
	圆形检查井混凝土模块 314×180×180	块	14.96	24.701	24.701
	铸铁井盖井座	套	825.04	1.010	1.010
	铸铁爬梯	kg	3.50	43.308	53.566
	其他材料费占材料费	%	—	1.000	1.000
机械	点焊机 75kV·A	台班	131.22	0.052	0.060
	电动单筒慢速卷扬机 50kN	台班	215.57	0.130	0.150
	对焊机 75kV·A	台班	106.97	0.252	0.295
	钢筋切断机 40mm	台班	41.21	0.057	0.066
	钢筋弯曲机 40mm	台班	25.58	0.136	0.158
	灰浆搅拌机 200L	台班	215.26	0.071	0.088
	机动翻斗车 1t	台班	220.18	0.841	1.071
	汽车式起重机 12t	台班	857.15	0.053	0.081
	双锥反转出料混凝土搅拌机 350L	台班	253.32	1.427	1.831
	载重汽车 5t	台班	430.70	0.007	0.011

工作内容：混凝土搅拌、捣固、抹平、养护，调制砂浆，砌筑、抹灰、勾缝，井盖、井座、爬梯安装，钢筋制作、安装，材料水平及垂直运输等。

计量单位：座

定 额 编 号			S5-4-276
项 目 名 称			跌差高度2m以内
			管径1400～1500mm
			井深4.5m以内
基 价（元）			26704.37
其中	人 工 费（元）		5024.04
	材 料 费（元）		20638.27
	机 械 费（元）		1042.06
名 称	单位	单价（元）	消 耗 量
人工 综合工日	工日	140.00	35.886
材料 电	kW·h	0.68	11.424
电焊条	kg	5.98	6.206
镀锌铁丝 22号	kg	3.57	2.942
矩形检查井混凝土模块 400×240×180	块	15.98	406.211
螺纹钢筋 HRB400 φ10以内	t	3500.00	0.054
螺纹钢筋 HRB400 φ10以上	t	3500.00	0.815
煤焦油沥青漆 L01-17	kg	6.84	2.863
水	m³	7.96	24.685
水泥砂浆 1:2	m³	281.46	0.822
水泥砂浆 M7.5	m³	201.87	0.614
现浇混凝土 C15	m³	281.42	9.378
现浇混凝土 C25	m³	307.34	10.860
现浇混凝土 C30	m³	319.73	1.342
养生布	m²	2.00	32.380

608

定 额 编 号			S5-4-276	
项 目 名 称			跌差高度2m以内	
			管径1400～1500mm	
			井深4.5m以内	
名 称	单位	单价(元)	消 耗 量	
材料	预制钢筋混凝土盖板 C25	m³	683.76	2.934
	圆形检查井混凝土模块 314×180×180	块	14.96	49.403
	铸铁井盖井座	套	825.04	1.010
	铸铁爬梯	kg	3.50	64.342
	其他材料费占材料费	%	—	1.000
机械	点焊机 75kV·A	台班	131.22	0.071
	电动单筒慢速卷扬机 50kN	台班	215.57	0.174
	对焊机 75kV·A	台班	106.97	0.345
	钢筋切断机 40mm	台班	41.21	0.076
	钢筋弯曲机 40mm	台班	25.58	0.184
	灰浆搅拌机 200L	台班	215.26	0.106
	机动翻斗车 1t	台班	220.18	1.268
	汽车式起重机 12t	台班	857.15	0.108
	双锥反转出料混凝土搅拌机 350L	台班	253.32	2.169
	载重汽车 5t	台班	430.70	0.015

④砼模块式矩形直线检查井

Ⅰ砼模块式矩形直线雨水检查井

工作内容：混凝土搅拌、捣固、抹平、养护，调制砂浆，砌筑、抹灰、勾缝，井盖、井座、爬梯安装，钢筋制作、安装，材料水平及垂直运输等。　　　　　　　　　　　　　　　　　计量单位：座

定　额　编　号				S5-4-277	S5-4-278
项　目　名　称				规格1100mm×1500mm以内	规格1100mm×1900mm以内
				管径900～1000mm	管径1100～1300mm
				井深3.5m以内	
基　　　　价（元）				6763.02	7609.85
其中	人　工　费（元）			1120.70	1326.36
	材　料　费（元）			5456.70	6053.11
	机　械　费（元）			185.62	230.38
名　　　称		单位	单价（元）	消　　耗　　量	
人工	综合工日	工日	140.00	8.005	9.474
材料	电	kW·h	0.68	2.724	3.369
	电焊条	kg	5.98	0.939	1.075
	镀锌铁丝 22号	kg	3.57	0.459	0.525
	矩形检查井混凝土模块 400×240×180	块	15.98	97.510	103.488
	螺纹钢筋 HRB400 φ10以内	t	3500.00	0.010	0.011
	螺纹钢筋 HRB400 φ10以上	t	3500.00	0.123	0.141
	煤焦油沥青漆 L01-17	kg	6.84	1.214	1.246
	水	m³	7.96	5.590	6.895
	水泥砂浆 1:2	m³	281.46	0.246	0.261
	水泥砂浆 M7.5	m³	201.87	0.187	0.195
	现浇混凝土 C15	m³	281.42	1.015	1.431
	现浇混凝土 C25	m³	307.34	3.240	3.930
	现浇混凝土 C30	m³	319.73	0.134	0.134
	养生布	m²	2.00	1.890	3.126

610

定 额 编 号			S5-4-277	S5-4-278
项 目 名 称			规格1100mm×1500mm以内	规格1100mm×1900mm以内
			管径900～1000mm	管径1100～1300mm
			井深3.5m以内	
名 称	单位	单价(元)	消 耗 量	
材料	预制钢筋混凝土盖板 C25	m³	683.76	0.331	0.442
	圆形检查井混凝土模块 314×180×180	块	14.96	50.391	50.391
	铸铁井盖井座	套	825.04	1.010	1.010
	铸铁爬梯	kg	3.50	19.588	20.457
	其他材料费占材料费	%	—	1.000	1.000
机械	点焊机 75kV·A	台班	131.22	0.011	0.012
	电动单筒慢速卷扬机 50kN	台班	215.57	0.027	0.031
	对焊机 75kV·A	台班	106.97	0.052	0.060
	钢筋切断机 40mm	台班	41.21	0.012	0.013
	钢筋弯曲机 40mm	台班	25.58	0.028	0.032
	灰浆搅拌机 200L	台班	215.26	0.032	0.034
	机动翻斗车 1t	台班	220.18	0.190	0.239
	汽车式起重机 12t	台班	857.15	0.012	0.016
	双锥反转出料混凝土搅拌机 350L	台班	253.32	0.441	0.552
	载重汽车 5t	台班	430.70	0.002	0.002

工作内容：混凝土搅拌、捣固、抹平、养护，调制砂浆，砌筑、抹灰、勾缝，井盖、井座、爬梯安装，钢筋制作、安装，材料水平及垂直运输等。

计量单位：座

定 额 编 号				S5-4-279	S5-4-280
项 目 名 称				规格1100mm×2300mm以内	规格1100mm×2700mm以内
				管径1400～1600mm	管径1700～2000mm
				井深4m以内	井深4.5m以内
基 价（元）				8893.17	10204.14
其中	人 工 费（元）			1569.68	1814.54
	材 料 费（元）			7042.68	8054.33
	机 械 费（元）			280.81	335.27
名 称		单位	单价(元)	消 耗 量	
人工	综合工日	工日	140.00	11.212	12.961
材料	电	kW·h	0.68	3.941	4.692
	电焊条	kg	5.98	1.567	1.958
	镀锌铁丝 22号	kg	3.57	0.723	0.886
	矩形检查井混凝土模块 400×240×180	块	15.98	109.008	137.984
	螺纹钢筋 HRB400 φ10以内	t	3500.00	0.012	0.013
	螺纹钢筋 HRB400 φ10以上	t	3500.00	0.206	0.257
	煤焦油沥青漆 L01-17	kg	6.84	1.338	1.458
	水	m³	7.96	8.102	9.664
	水泥砂浆 1:2	m³	281.46	0.296	0.269
	水泥砂浆 M7.5	m³	201.87	0.219	0.250
	现浇混凝土 C15	m³	281.42	1.878	2.446
	现浇混凝土 C25	m³	307.34	4.500	5.250
	现浇混凝土 C30	m³	319.73	0.134	0.134
	养生布	m²	2.00	4.434	6.178

续表

定 额 编 号			S5-4-279	S5-4-280
项 目 名 称			规格1100mm×2300mm 以内	规格1100mm×2700mm 以内
			管径1400～1600mm	管径1700～2000mm
			井深4m以内	井深4.5m以内
名 称	单位	单价(元)	消 耗 量	
材 料	预制钢筋混凝土盖板 C25	m³	683.76	0.563	0.664
	圆形检查井混凝土模块 314×180×180	块	14.96	66.200	57.307
	铸铁井盖井座	套	825.04	1.010	1.010
	铸铁爬梯	kg	3.50	22.959	26.214
	其他材料费占材料费	%	—	1.000	1.000
机 械	点焊机 75kV·A	台班	131.22	0.018	0.022
	电动单筒慢速卷扬机 50kN	台班	215.57	0.043	0.054
	对焊机 75kV·A	台班	106.97	0.087	0.109
	钢筋切断机 40mm	台班	41.21	0.019	0.024
	钢筋弯曲机 40mm	台班	25.58	0.046	0.057
	灰浆搅拌机 200L	台班	215.26	0.038	0.043
	机动翻斗车 1t	台班	220.18	0.293	0.347
	汽车式起重机 12t	台班	857.15	0.021	0.024
	双锥反转出料混凝土搅拌机 350L	台班	253.32	0.655	0.786
	载重汽车 5t	台班	430.70	0.003	0.003

Ⅱ砼模块式矩形直线污水检查井

工作内容：混凝土搅拌、捣固、抹平、养护，调制砂浆，砌筑、抹灰、勾缝，井盖、井座、爬梯安装，钢筋制作、安装，材料水平及垂直运输等。

计量单位：座

定 额 编 号				S5-4-281	S5-4-282
项 目 名 称				规格1100mm×1500mm以内	规格1100mm×1900mm以内
				管径900～1000mm	管径1100～1300mm
				井深3.5m以内	
基 价 （元）				7850.39	9306.27
其中	人 工 费 （元）			1259.86	1559.32
	材 料 费 （元）			6382.15	7480.03
	机 械 费 （元）			208.38	266.92
名 称		单位	单价（元）	消 耗 量	
人工	综合工日	工日	140.00	8.999	11.138
材料	电	kW·h	0.68	3.125	4.067
	电焊条	kg	5.98	0.939	1.075
	镀锌铁丝 22号	kg	3.57	0.459	0.512
	矩形检查井混凝土模块 400×240×180	块	15.98	140.515	168.454
	螺纹钢筋 HRB400 φ10以内	t	3500.00	0.010	0.010
	螺纹钢筋 HRB400 φ10以上	t	3500.00	0.123	0.141
	煤焦油沥青漆 L01-17	kg	6.84	1.444	1.594
	水	m³	7.96	6.448	8.354
	水泥砂浆 1：2	m³	281.46	0.224	0.235
	水泥砂浆 M7.5	m³	201.87	0.247	0.285
	现浇混凝土 C15	m³	281.42	1.299	1.847
	现浇混凝土 C25	m³	307.34	3.600	4.580
	现浇混凝土 C30	m³	319.73	0.134	0.134
	养生布	m²	2.00	2.907	4.616

续表

定 额 编 号			S5-4-281	S5-4-282
项 目 名 称			规格1100mm×1500mm 以内	规格1100mm×1900mm 以内
			管径900～1000mm	管径1100～1300mm
			井深3.5m以内	
名 称	单位	单价(元)	消 耗	量
材 料	预制钢筋混凝土盖板 C25	m³	683.76	0.331	0.442
	圆形检查井混凝土模块 314×180×180	块	14.96	50.391	50.391
	铸铁井盖井座	套	825.04	1.010	1.010
	铸铁爬梯	kg	3.50	25.838	29.898
	其他材料费占材料费	%	—	1.000	1.000
机 械	点焊机 75kV·A	台班	131.22	0.011	0.012
	电动单筒慢速卷扬机 50kN	台班	215.57	0.027	0.030
	对焊机 75kV·A	台班	106.97	0.052	0.060
	钢筋切断机 40mm	台班	41.21	0.012	0.013
	钢筋弯曲机 40mm	台班	25.58	0.028	0.032
	灰浆搅拌机 200L	台班	215.26	0.043	0.049
	机动翻斗车 1t	台班	220.18	0.209	0.267
	汽车式起重机 12t	台班	857.15	0.012	0.016
	双锥反转出料混凝土搅拌机 350L	台班	253.32	0.505	0.660
	载重汽车 5t	台班	430.70	0.002	0.002

工作内容：混凝土搅拌、捣固、抹平、养护，调制砂浆，砌筑、抹灰、勾缝，井盖、井座、爬梯安装，钢筋制作、安装，材料水平及垂直运输等。

计量单位：座

定 额 编 号		S5-4-283
项 目 名 称		规格1100mm×2300mm以内
		管径1400～1500mm
		井深4m以内
基 价（元）		11142.65
其中	人 工 费（元）	1887.06
	材 料 费（元）	8922.42
	机 械 费（元）	333.17

	名 称	单位	单价(元)	消 耗 量
人工	综合工日	工日	140.00	13.479
材料	电	kW•h	0.68	4.857
	电焊条	kg	5.98	1.567
	镀锌铁丝 22号	kg	3.57	0.702
	矩形检查井混凝土模块 400×240×180	块	15.98	193.404
	螺纹钢筋 HRB400 φ10以内	t	3500.00	0.010
	螺纹钢筋 HRB400 φ10以上	t	3500.00	0.206
	煤焦油沥青漆 L01-17	kg	6.84	1.790
	水	m³	7.96	10.043
	水泥砂浆 1:2	m³	281.46	0.267
	水泥砂浆 M7.5	m³	201.87	0.336
	现浇混凝土 C15	m³	281.42	2.547
	现浇混凝土 C25	m³	307.34	5.310
	现浇混凝土 C30	m³	319.73	0.134
	养生布	m²	2.00	6.833

616

定 额 编 号			S5-4-283		
项 目 名 称			规格1100mm×2300mm以内		
			管径1400~1500mm		
			井深4m以内		
名 称	单位	单价(元)	消 耗 量		
预制钢筋混凝土盖板 C25	m³	683.76	0.563		
圆形检查井混凝土模块 314×180×180	块	14.96	66.200		
铸铁井盖井座	套	825.04	1.010		
铸铁爬梯	kg	3.50	35.223		
其他材料费占材料费	%	—	1.000		
点焊机 75kV·A	台班	131.22	0.018		
电动单筒慢速卷扬机 50kN	台班	215.57	0.043		
对焊机 75kV·A	台班	106.97	0.087		
钢筋切断机 40mm	台班	41.21	0.019		
钢筋弯曲机 40mm	台班	25.58	0.046		
灰浆搅拌机 200L	台班	215.26	0.058		
机动翻斗车 1t	台班	220.18	0.341		
汽车式起重机 12t	台班	857.15	0.021		
双锥反转出料混凝土搅拌机 350L	台班	253.32	0.803		
载重汽车 5t	台班	430.70	0.003		

材料 / 机械

⑤砼模块式矩形交汇检查井

Ⅰ砼模块式矩形一侧交汇雨水检查井

工作内容：混凝土搅拌、捣固、抹平、养护，调制砂浆，砌筑、抹灰、勾缝，井盖、井座、爬梯安装，钢筋制作、安装，材料水平及垂直运输等。

计量单位：座

定 额 编 号				S5-4-284	S5-4-285
项 目 名 称				规格1900mm×1900mm以内	规格2300mm×2300mm以内
				管径900～1000mm	管径1100～1300mm
				井深3m以内	
基 价 （元）				9482.47	12565.24
其中	人 工 费（元）			1586.48	2322.74
	材 料 费（元）			7597.12	9779.40
	机 械 费（元）			298.87	463.10
名 称		单位	单价（元）	消 耗	量
人工	综合工日	工日	140.00	11.332	16.591
材料	电	kW·h	0.68	3.495	5.634
	电焊条	kg	5.98	1.983	2.705
	镀锌铁丝 22号	kg	3.57	0.900	1.199
	矩形检查井混凝土模块 400×240×180	块	15.98	134.874	150.567
	螺纹钢筋 HRB400 φ10以内	t	3500.00	0.013	0.015
	螺纹钢筋 HRB400 φ10以上	t	3500.00	0.260	0.356
	煤焦油沥青漆 L01-17	kg	6.84	1.414	1.498
	水	m³	7.96	7.415	11.788
	水泥砂浆 1:2	m³	281.46	0.348	0.433
	水泥砂浆 M7.5	m³	201.87	0.239	0.261
	现浇混凝土 C15	m³	281.42	1.918	3.085
	现浇混凝土 C25	m³	307.34	4.100	6.690
	现浇混凝土 C30	m³	319.73	0.134	0.134
	养生布	m²	2.00	4.034	7.341

续表

定 额 编 号			S5-4-284	S5-4-285
项 目 名 称			规格1900mm×1900mm以内	规格2300mm×2300mm以内
			管径900～1000mm	管径1100～1300mm
			井深3m以内	
名 称	单位	单价(元)	消 耗	量
材 料	预制钢筋混凝土盖板 C25	m³	683.76	0.955	1.478
	圆形检查井混凝土模块 314×180×180	块	14.96	50.391	50.391
	铸铁井盖井座	套	825.04	1.010	1.010
	铸铁爬梯	kg	3.50	25.108	27.298
	其他材料费占材料费	%	—	1.000	1.000
机 械	点焊机 75kV·A	台班	131.22	0.023	0.031
	电动单筒慢速卷扬机 50kN	台班	215.57	0.054	0.073
	对焊机 75kV·A	台班	106.97	0.110	0.151
	钢筋切断机 40mm	台班	41.21	0.024	0.032
	钢筋弯曲机 40mm	台班	25.58	0.058	0.079
	灰浆搅拌机 200L	台班	215.26	0.041	0.045
	机动翻斗车 1t	台班	220.18	0.329	0.511
	汽车式起重机 12t	台班	857.15	0.035	0.054
	双锥反转出料混凝土搅拌机 350L	台班	253.32	0.618	0.996
	载重汽车 5t	台班	430.70	0.005	0.007

工作内容：混凝土搅拌、捣固、抹平、养护，调制砂浆，砌筑、抹灰、勾缝，井盖、井座、爬梯安装，钢筋制作、安装，材料水平及垂直运输等。

计量单位：座

定 额 编 号				S5-4-286	S5-4-287
项 目 名 称				规格2700mm×2700mm以内	规格3100mm×3100mm以内
				管径1400～1600mm	管径1700～2000mm
				井深4m以内	井深4.5m以内
基 价（元）				16433.01	21144.22
其中	人 工 费（元）			3051.86	3964.24
	材 料 费（元）			12726.37	16301.50
	机 械 费（元）			654.78	878.48
名 称		单位	单价（元）	消 耗 量	
人工	综合工日	工日	140.00	21.799	28.316
材料	电	kW·h	0.68	7.292	9.353
	电焊条	kg	5.98	4.085	5.538
	镀锌铁丝 22号	kg	3.57	1.892	2.497
	矩形检查井混凝土模块 400×240×180	块	15.98	165.802	218.690
	螺纹钢筋 HRB400 φ10以内	t	3500.00	0.031	0.036
	螺纹钢筋 HRB400 φ10以上	t	3500.00	0.536	0.727
	煤焦油沥青漆 L01-17	kg	6.84	1.642	1.890
	水	m³	7.96	15.469	19.974
	水泥砂浆 1:2	m³	281.46	0.477	0.594
	水泥砂浆 M7.5	m³	201.87	0.298	0.362
	现浇混凝土 C15	m³	281.42	4.557	6.648
	现浇混凝土 C25	m³	307.34	8.690	10.720
	现浇混凝土 C30	m³	319.73	0.134	0.134
	养生布	m²	2.00	11.629	18.026

续表

定　额　编　号			S5-4-286	S5-4-287
项　目　名　称			规格2700mm×2700mm以内	规格3100mm×3100mm以内
			管径1400～1600mm	管径1700～2000mm
			井深4m以内	井深4.5m以内
名　称	单位	单价(元)	消　　耗　　量	
材料	预制钢筋混凝土盖板 C25	m³	683.76	2.412	3.578
	圆形检查井混凝土模块 314×180×180	块	14.96	66.200	57.307
	铸铁井盖井座	套	825.04	1.010	1.010
	铸铁爬梯	kg	3.50	31.212	37.942
	其他材料费占材料费	%	—	1.000	1.000
机械	点焊机 75kV·A	台班	131.22	0.046	0.063
	电动单筒慢速卷扬机 50kN	台班	215.57	0.113	0.151
	对焊机 75kV·A	台班	106.97	0.227	0.308
	钢筋切断机 40mm	台班	41.21	0.050	0.067
	钢筋弯曲机 40mm	台班	25.58	0.120	0.162
	灰浆搅拌机 200L	台班	215.26	0.052	0.063
	机动翻斗车 1t	台班	220.18	0.734	0.989
	汽车式起重机 12t	台班	857.15	0.089	0.132
	双锥反转出料混凝土搅拌机 350L	台班	253.32	1.345	1.759
	载重汽车 5t	台班	430.70	0.012	0.018

Ⅱ砼模块式矩形一侧交汇污水检查井

工作内容：混凝土搅拌、捣固、抹平、养护，调制砂浆，砌筑、抹灰、勾缝，井盖、井座、爬梯安装，钢筋制作、安装，材料水平及垂直运输等。

计量单位：座

定 额 编 号			S5-4-288	S5-4-289
项　目　名　称			规格1900mm×1900mm以内	规格2300mm×2300mm以内
			管径900～1000mm	管径1100～1300mm
			井深3m以内	
基　　　价（元）			11583.88	15235.54
其中	人　工　费（元）		1972.88	2723.00
	材　料　费（元）		9246.12	11980.15
	机　械　费（元）		364.88	532.39
名　　称	单位	单价（元）	消　　耗　　量	
人工 综合工日	工日	140.00	14.092	19.450
材料 电	kW·h	0.68	4.882	6.805
电焊条	kg	5.98	1.983	2.715
镀锌铁丝 22号	kg	3.57	0.900	1.199
矩形检查井混凝土模块 400×240×180	块	15.98	194.320	245.424
螺纹钢筋 HRB400 φ10以内	t	3500.00	0.013	0.015
螺纹钢筋 HRB400 φ10以上	t	3500.00	0.260	0.356
煤焦油沥青漆 L01-17	kg	6.84	1.732	2.006
水	m³	7.96	10.162	14.272
水泥砂浆 1∶2	m³	281.46	0.315	0.393
水泥砂浆 M7.5	m³	201.87	0.321	0.392
现浇混凝土 C15	m³	281.42	2.588	4.050
现浇混凝土 C25	m³	307.34	5.490	7.659
现浇混凝土 C30	m³	319.73	0.134	0.134
养生布	m²	2.00	6.433	10.793

续表

定 额 编 号			S5-4-288	S5-4-289
项 目 名 称			规格1900mm×1900mm 以内	规格2300mm×2300mm 以内
			管径900～1000mm	管径1100～1300mm
			井深3m以内	
名 称	单位	单价(元)	消 耗	量
材料	预制钢筋混凝土盖板 C25	m³	683.76	0.955	1.477
	圆形检查井混凝土模块 314×180×180	块	14.96	50.391	50.391
	铸铁井盖井座	套	825.04	1.010	1.010
	铸铁爬梯	kg	3.50	33.657	41.083
	其他材料费占材料费	%	—	1.000	1.000
机械	点焊机 75kV·A	台班	131.22	0.023	0.031
	电动单筒慢速卷扬机 50kN	台班	215.57	0.054	0.073
	对焊机 75kV·A	台班	106.97	0.110	0.151
	钢筋切断机 40mm	台班	41.21	0.024	0.032
	钢筋弯曲机 40mm	台班	25.58	0.058	0.079
	灰浆搅拌机 200L	台班	215.26	0.056	0.068
	机动翻斗车 1t	台班	220.18	0.376	0.580
	汽车式起重机 12t	台班	857.15	0.035	0.054
	双锥反转出料混凝土搅拌机 350L	台班	253.32	0.825	1.190
	载重汽车 5t	台班	430.70	0.005	0.007

工作内容：混凝土搅拌、捣固、抹平、养护，调制砂浆，砌筑、抹灰、勾缝，井盖、井座、爬梯安装，钢筋制作、安装，材料水平及垂直运输等。

计量单位：座

定 额 编 号			S5-4-290
项 目 名 称			规格2700mm×2700mm以内
			管径1400～1500mm
			井深4m以内
基 价（元）			20242.74
其中	人 工 费（元）		3661.14
	材 料 费（元）		15814.32
	机 械 费（元）		767.28
名 称	单位	单价（元）	消 耗 量
人工	综合工日	工日	140.00	26.151
材料	电	kW·h	0.68	9.000
	电焊条	kg	5.98	4.085
	镀锌铁丝 22号	kg	3.57	1.892
	矩形检查井混凝土模块 400×240×180	块	15.98	293.540
	螺纹钢筋 HRB400 φ10以内	t	3500.00	0.031
	螺纹钢筋 HRB400 φ10以上	t	3500.00	0.536
	煤焦油沥青漆 L01-17	kg	6.84	2.326
	水	m³	7.96	19.159
	水泥砂浆 1:2	m³	281.46	0.430
	水泥砂浆 M7.5	m³	201.87	0.475
	现浇混凝土 C15	m³	281.42	6.343
	现浇混凝土 C25	m³	307.34	9.920
	现浇混凝土 C30	m³	319.73	0.134
	养生布	m²	2.00	18.026

定　额　编　号				S5-4-290	
项　目　名　称				规格2700mm×2700mm以内	
				管径1400～1500mm	
				井深4m以内	
名　　称		单位	单价(元)	消　　耗　　量	
材料	预制钢筋混凝土盖板 C25	m³	683.76	2.412	
	圆形检查井混凝土模块 314×180×180	块	14.96	66.200	
	铸铁井盖井座	套	825.04	1.010	
	铸铁爬梯	kg	3.50	49.775	
	其他材料费占材料费	%	—	1.000	
机械	点焊机 75kV·A	台班	131.22	0.046	
	电动单筒慢速卷扬机 50kN	台班	215.57	0.113	
	对焊机 75kV·A	台班	106.97	0.227	
	钢筋切断机 40mm	台班	41.21	0.050	
	钢筋弯曲机 40mm	台班	25.58	0.120	
	灰浆搅拌机 200L	台班	215.26	0.082	
	机动翻斗车 1t	台班	220.18	0.867	
	汽车式起重机 12t	台班	857.15	0.089	
	双锥反转出料混凝土搅拌机 350L	台班	253.32	1.648	
	载重汽车 5t	台班	430.70	0.012	

Ⅲ砼模块式矩形两侧交汇雨水检查井

工作内容：混凝土搅拌、捣固、抹平、养护，调制砂浆，砌筑、抹灰、勾缝，井盖、井座、爬梯安装，钢筋制作、安装，材料水平及垂直运输等。

计量单位：座

定 额 编 号			S5-4-291	S5-4-292
项 目 名 称			规格1900mm×1500mm以内	规格2300mm×1900mm以内
			管径900mm以内	管径1000~1100mm
			井深3m以内	
基 价（元）			8821.53	11027.46
其中	人 工 费（元）		1589.70	2016.56
	材 料 费（元）		6950.90	8620.75
	机 械 费（元）		280.93	390.15
名 称	单位	单价（元）	消 耗 量	
人工	综合工日	工日	140.00	11.355	14.404
材料	电	kW·h	0.68	3.842	4.699
	电焊条	kg	5.98	1.506	2.135
	镀锌铁丝 22号	kg	3.57	0.704	0.967
	矩形检查井混凝土模块 400×240×180	块	15.98	118.434	139.358
	螺纹钢筋 HRB400 φ10以内	t	3500.00	0.012	0.014
	螺纹钢筋 HRB400 φ10以上	t	3500.00	0.198	0.280
	煤焦油沥青漆 L01-17	kg	6.84	1.326	1.438
	水	m³	7.96	7.919	10.219
	水泥砂浆 1:2	m³	281.46	0.363	0.393
	水泥砂浆 M7.5	m³	201.87	0.216	0.245
	现浇混凝土 C15	m³	281.42	1.807	2.862
	现浇混凝土 C25	m³	307.34	4.460	5.510
	现浇混凝土 C30	m³	319.73	0.134	0.134
	养生布	m²	2.00	4.034	7.014

定 额 编 号			S5-4-291	S5-4-292
项 目 名 称			规格1900mm×1500mm 以内	规格2300mm×1900mm 以内
			管径900mm以内	管径1000～1100mm
			井深3m以内	
名 称	单位	单价(元)	消 耗	量
材 料	预制钢筋混凝土盖板 C25	m³	683.76	0.623	1.135
	圆形检查井混凝土模块 314×180×180	块	14.96	50.391	50.391
	铸铁井盖井座	套	825.04	1.010	1.010
	铸铁爬梯	kg	3.50	22.629	25.669
	其他材料费占材料费	%	—	1.000	1.000
机 械	点焊机 75kV·A	台班	131.22	0.017	0.024
	电动单筒慢速卷扬机 50kN	台班	215.57	0.042	0.059
	对焊机 75kV·A	台班	106.97	0.084	0.119
	钢筋切断机 40mm	台班	41.21	0.018	0.026
	钢筋弯曲机 40mm	台班	25.58	0.044	0.062
	灰浆搅拌机 200L	台班	215.26	0.037	0.042
	机动翻斗车 1t	台班	220.18	0.304	0.430
	汽车式起重机 12t	台班	857.15	0.023	0.042
	双锥反转出料混凝土搅拌机 350L	台班	253.32	0.643	0.855
	载重汽车 5t	台班	430.70	0.003	0.006

工作内容：混凝土搅拌、捣固、抹平、养护，调制砂浆，砌筑、抹灰、勾缝，井盖、井座、爬梯安装，钢筋制作、安装，材料水平及垂直运输等。

计量单位：座

定　额　编　号			S5-4-293	S5-4-294
项　目　名　称			规格2700mm×2300mm以内	规格3100mm×2700mm以内
			管径1200～1300mm	管径1400～1600mm
			井深4m以内	
基　　价（元）			13533.51	18112.88
其中	人　工　费（元）		2502.50	3405.78
	材　料　费（元）		10494.83	13944.38
	机　械　费（元）		536.18	762.72
名　　称		单位	单价（元）	消　　耗　　量
人工	综合工日	工日	140.00	17.875	24.327
材料	电	kW·h	0.68	5.993	7.760
	电焊条	kg	5.98	2.951	5.150
	镀锌铁丝 22号	kg	3.57	1.304	2.325
	矩形检查井混凝土模块 400×240×180	块	15.98	157.292	162.813
	螺纹钢筋 HRB400 φ10以内	t	3500.00	0.016	0.033
	螺纹钢筋 HRB400 φ10以上	t	3500.00	0.388	0.676
	煤焦油沥青漆 L01-17	kg	6.84	1.499	1.626
	水	m³	7.96	12.782	16.801
	水泥砂浆 1:2	m³	281.46	0.396	0.525
	水泥砂浆 M7.5	m³	201.87	0.261	0.294
	现浇混凝土 C15	m³	281.42	4.282	6.232
	现浇混凝土 C25	m³	307.34	6.710	8.680
	现浇混凝土 C30	m³	319.73	0.134	0.134
	养生布	m²	2.00	11.193	17.117

628

定 额 编 号			S5-4-293	S5-4-294
项 目 名 称			规格2700mm×2300mm以内	规格3100mm×2700mm以内
			管径1200～1300mm	管径1400～1600mm
			井深4m以内	
名 称	单位	单价(元)	消 耗	量
材料	预制钢筋混凝土盖板 C25	m³	683.76	1.870	2.774
	圆形检查井混凝土模块 314×180×180	块	14.96	41.498	66.200
	铸铁井盖井座	套	825.04	1.010	1.010
	铸铁爬梯	kg	3.50	27.320	30.778
	其他材料费占材料费	%	—	1.000	1.000
机械	点焊机 75kV·A	台班	131.22	0.034	0.059
	电动单筒慢速卷扬机 50kN	台班	215.57	0.080	0.141
	对焊机 75kV·A	台班	106.97	0.164	0.286
	钢筋切断机 40mm	台班	41.21	0.035	0.062
	钢筋弯曲机 40mm	台班	25.58	0.085	0.150
	灰浆搅拌机 200L	台班	215.26	0.045	0.051
	机动翻斗车 1t	台班	220.18	0.624	0.909
	汽车式起重机 12t	台班	857.15	0.069	0.102
	双锥反转出料混凝土搅拌机 350L	台班	253.32	1.118	1.512
	载重汽车 5t	台班	430.70	0.009	0.014

工作内容：混凝土搅拌、捣固、抹平、养护，调制砂浆，砌筑、抹灰、勾缝，井盖、井座、爬梯安装，钢筋制作、安装，材料水平及垂直运输等。

计量单位：座

定　额　编　号				S5-4-295
项　目　名　称				规格3900mm×3100mm以内
				管径1700～2000mm
				井深4.5m以内
基　　　　价（元）				26160.73
其中	人　工　费（元）			5169.64
	材　料　费（元）			19779.12
	机　械　费（元）			1211.97
名　　称	单位	单价（元）	消　　耗　　量	
人工 综合工日	工日	140.00	36.926	
材料	电	kW·h	0.68	11.837
	电焊条	kg	5.98	6.247
	镀锌铁丝 22号	kg	3.57	2.994
	矩形检查井混凝土模块 400×240×180	块	15.98	227.658
	螺纹钢筋 HRB400 φ10以内	t	3500.00	0.058
	螺纹钢筋 HRB400 φ10以上	t	3500.00	0.820
	煤焦油沥青漆 L01-17	kg	6.84	2.001
	水	m³	7.96	26.025
	水泥砂浆 1:2	m³	281.46	0.702
	水泥砂浆 M7.5	m³	201.87	0.391
	现浇混凝土 C15	m³	281.42	12.493
	现浇混凝土 C25	m³	307.34	11.416
	现浇混凝土 C30	m³	319.73	0.134
	养生布	m²	2.00	37.796

定　额　编　号			S5-4-295	
项　目　名　称			规格3900mm×3100mm以内	
			管径1700～2000mm	
			井深4.5m以内	
名　　称		单位	单价(元)	消　　耗　　量
材料	预制钢筋混凝土盖板 C25	m³	683.76	4.542
	圆形检查井混凝土模块 314×180×180	块	14.96	73.116
	铸铁井盖井座	套	825.04	1.010
	铸铁爬梯	kg	3.50	40.945
	其他材料费占材料费	%	—	1.000
机械	点焊机 75kV·A	台班	131.22	0.071
	电动单筒慢速卷扬机 50kN	台班	215.57	0.176
	对焊机 75kV·A	台班	106.97	0.347
	钢筋切断机 40mm	台班	41.21	0.077
	钢筋弯曲机 40mm	台班	25.58	0.186
	灰浆搅拌机 200L	台班	215.26	0.068
	机动翻斗车 1t	台班	220.18	1.544
	汽车式起重机 12t	台班	857.15	0.167
	双锥反转出料混凝土搅拌机 350L	台班	253.32	2.416
	载重汽车 5t	台班	430.70	0.023

Ⅳ砼模块式矩形两侧交汇污水检查井

工作内容：混凝土搅拌、捣固、抹平、养护，调制砂浆，砌筑、抹灰、勾缝，井盖、井座、爬梯安装，钢筋制作、安装，材料水平及垂直运输等。

计量单位：座

定 额 编 号			S5-4-296	S5-4-297
项 目 名 称			规格1900mm×1500mm以内	规格2300mm×1900mm以内
			管径900mm以内	管径1000～1100mm
			井深3m以内	
基 价（元）			9956.25	12624.48
其中	人 工 费（元）		1737.82	2187.92
	材 料 费（元）		7911.95	10026.09
	机 械 费（元）		306.48	410.47
名 称		单位	单价（元）	消　耗　量
人工	综合工日	工日	140.00	12.413	15.628
材料	电	kW·h	0.68	4.323	5.470
	电焊条	kg	5.98	1.506	2.135
	镀锌铁丝 22号	kg	3.57	0.704	0.967
	矩形检查井混凝土模块 400×240×180	块	15.98	161.897	209.265
	螺纹钢筋 HRB400 φ10以内	t	3500.00	0.012	0.014
	螺纹钢筋 HRB400 φ10以上	t	3500.00	0.198	0.280
	煤焦油沥青漆 L01-17	kg	6.84	1.558	1.812
	水	m³	7.96	8.928	11.367
	水泥砂浆 1:2	m³	281.46	0.327	0.353
	水泥砂浆 M7.5	m³	201.87	0.276	0.342
	现浇混凝土 C15	m³	281.42	2.111	2.862
	现浇混凝土 C25	m³	307.34	4.900	6.220
	现浇混凝土 C30	m³	319.73	0.134	0.134
	养生布	m²	2.00	5.124	7.014

632

续表

定 额 编 号			S5-4-296	S5-4-297
项 目 名 称			规格1900mm×1500mm以内	规格2300mm×1900mm以内
			管径900mm以内	管径1000～1100mm
			井深3m以内	
名 称	单位	单价(元)	消 耗	量
预制钢筋混凝土盖板 C25	m³	683.76	0.623	1.135
圆形检查井混凝土模块 314×180×180	块	14.96	50.391	50.391
铸铁井盖井座	套	825.04	1.010	1.010
铸铁爬梯	kg	3.50	28.945	35.828
其他材料费占材料费	%	—	1.000	1.000
点焊机 75kV·A	台班	131.22	0.017	0.024
电动单筒慢速卷扬机 50kN	台班	215.57	0.042	0.059
对焊机 75kV·A	台班	106.97	0.084	0.119
钢筋切断机 40mm	台班	41.21	0.018	0.026
钢筋弯曲机 40mm	台班	25.58	0.044	0.062
灰浆搅拌机 200L	台班	215.26	0.048	0.059
机动翻斗车 1t	台班	220.18	0.323	0.424
汽车式起重机 12t	台班	857.15	0.023	0.042
双锥反转出料混凝土搅拌机 350L	台班	253.32	0.718	0.926
载重汽车 5t	台班	430.70	0.003	0.006

注：材料栏左侧竖排"材料"，机械栏左侧竖排"机械"。

633

工作内容：混凝土搅拌、捣固、抹平、养护，调制砂浆，砌筑、抹灰、勾缝，井盖、井座、爬梯安装，钢筋制作、安装，材料水平及垂直运输等。

计量单位：座

定 额 编 号				S5-4-298	S5-4-299
项 目 名 称				规格2700mm×2300mm以内	规格3100mm×2700mm以内
				管径1200～1300mm	管径1400～1600mm
				井深4m以内	
基 价（元）				16836.37	21720.94
其中	人 工 费（元）			2569.84	3889.62
	材 料 费（元）			13681.51	17013.52
	机 械 费（元）			585.02	817.80
名 称		单位	单价（元）	消 耗 量	
人工	综合工日	工日	140.00	18.356	27.783
材料	电	kW·h	0.68	7.468	9.554
	电焊条	kg	5.98	2.951	5.150
	镀锌铁丝 22号	kg	3.57	1.304	2.325
	矩形检查井混凝土模块 400×240×180	块	15.98	259.623	304.002
	螺纹钢筋 HRB400 φ10以内	t	3500.00	0.016	0.033
	螺纹钢筋 HRB400 φ10以上	t	3500.00	0.388	0.676
	煤焦油沥青漆 L01-17	kg	6.84	2.047	2.382
	水	m³	7.96	15.598	20.219
	水泥砂浆 1：2	m³	281.46	0.353	0.475
	水泥砂浆 M7.5	m³	201.87	0.403	0.490
	现浇混凝土 C15	m³	281.42	4.222	5.998
	现浇混凝土 C25	m³	307.34	11.400	11.020
	现浇混凝土 C30	m³	319.73	0.134	0.134
	养生布	m²	2.00	10.975	16.281

续表

定 额 编 号				S5-4-298	S5-4-299
项 目 名 称				规格2700mm×2300mm以内	规格3100mm×2700mm以内
				管径1200～1300mm	管径1400～1600mm
				井深4m以内	
名 称		单位	单价(元)	消 耗 量	
材料	预制钢筋混凝土盖板 C25	m³	683.76	1.870	2.774
	圆形检查井混凝土模块 314×180×180	块	14.96	41.498	66.200
	铸铁井盖井座	套	825.04	1.010	1.010
	铸铁爬梯	kg	3.50	42.190	51.295
	其他材料费占材料费	%	—	1.000	1.000
机械	点焊机 75kV·A	台班	131.22	0.034	0.059
	电动单筒慢速卷扬机 50kN	台班	215.57	0.080	0.141
	对焊机 75kV·A	台班	106.97	0.164	0.286
	钢筋切断机 40mm	台班	41.21	0.035	0.062
	钢筋弯曲机 40mm	台班	25.58	0.085	0.150
	灰浆搅拌机 200L	台班	215.26	0.070	0.085
	机动翻斗车 1t	台班	220.18	0.612	0.882
	汽车式起重机 12t	台班	857.15	0.069	0.102
	双锥反转出料混凝土搅拌机 350L	台班	253.32	1.300	1.724
	载重汽车 5t	台班	430.70	0.009	0.014

(3)预制装配式钢筋混凝土检查井
①预制装配式钢筋砼圆形检查井

工作内容：混凝土搅拌、捣固、抹平、养护，调制砂浆，砌筑、抹灰、勾缝，井盖、井座、爬梯安装，钢筋制作、安装，材料水平及垂直运输等。

计量单位：座

定　额　编　号				S5-4-300	S5-4-301
项　目　名　称				井径700mm	井径800mm
				适用管径≤400mm	
				井深1.5m以内	
基　　　　价（元）				1459.57	1521.65
其中	人　工　费（元）			70.84	81.34
	材　料　费（元）			1366.58	1415.00
	机　械　费（元）			22.15	25.31
名　　称		单位	单价（元）	消　耗　　量	
人工	综合工日	工日	140.00	0.506	0.581
材料	电	kW·h	0.68	0.014	0.022
	煤焦油沥青漆 L01-17	kg	6.84	0.492	0.492
	水	m³	7.96	0.032	0.053
	水泥砂浆 1:2	m³	281.46	0.081	0.085
	碎石	t	106.80	0.161	0.195
	现浇混凝土 C15	m³	281.42	0.034	0.056
	养生布	m²	2.00	0.123	0.199
	预制钢筋混凝土装配式检查井 C30	m³	940.17	0.496	0.535
	铸铁井盖井座	套	825.04	1.010	1.010
	其他材料费占材料费	%	—	1.000	1.000
机械	电动夯实机 250N·m	台班	26.28	0.006	0.007
	机动翻斗车 1t	台班	220.18	0.003	0.004
	汽车式起重机 12t	台班	857.15	0.023	0.025
	双锥反转出料混凝土搅拌机 350L	台班	253.32	0.003	0.006
	载重汽车 5t	台班	430.70	0.002	0.003

工作内容：混凝土搅拌、捣固、抹平、养护，调制砂浆，砌筑、抹灰、勾缝，井盖、井座、爬梯安装，钢
　　　　　筋制作、安装，材料水平及垂直运输等。

计量单位：座

定　额　编　号				S5-4-302	S5-4-303
项　目　名　称				井径1000mm	井径1200mm
				适用管径≤600mm	适用管径600～700mm
				井深2.5m以内	井深3m以内
基　　　价（元）				2221.36	2961.51
其中	人　工　费（元）			167.72	266.28
	材　料　费（元）			2001.54	2613.07
	机　械　费（元）			52.10	82.16
名　　称		单位	单价（元）	消　　耗　　量	
人工	综合工日	工日	140.00	1.198	1.902
材料	电	kW·h	0.68	0.056	0.108
	煤焦油沥青漆 L01-17	kg	6.84	0.492	0.492
	水	m³	7.96	0.131	0.254
	水泥砂浆 1:2	m³	281.46	0.145	0.205
	碎石	t	106.80	0.273	0.403
	现浇混凝土 C15	m³	281.42	0.138	0.269
	养生布	m²	2.00	0.496	0.962
	预制钢筋混凝土装配式检查井 C30	m³	940.17	1.100	1.670
	铸铁井盖井座	套	825.04	1.010	1.010
	其他材料费占材料费	%	—	1.000	1.000
机械	电动夯实机 250N·m	台班	26.28	0.010	0.015
	机动翻斗车 1t	台班	220.18	0.011	0.021
	汽车式起重机 12t	台班	857.15	0.051	0.078
	双锥反转出料混凝土搅拌机 350L	台班	253.32	0.014	0.027
	载重汽车 5t	台班	430.70	0.005	0.008

工作内容：混凝土搅拌、捣固、抹平、养护，调制砂浆，砌筑、抹灰、勾缝，井盖、井座、爬梯安装，钢筋制作、安装，材料水平及垂直运输等。

计量单位：座

定　额　编　号			S5-4-304
项　目　名　称			井径1500mm
			适用管径700～800mm
			井深3.5m以内
基　　　　价（元）			4125.04
其中	人　工　费（元）		417.34
	材　料　费（元）		3578.73
	机　械　费（元）		128.97
名　　称	单位	单价（元）	消　　耗　　量
人工	综合工日	工日	140.00	2.981
材料	电	kW·h	0.68	0.180
	煤焦油沥青漆 L01-17	kg	6.84	0.492
	水	m³	7.96	0.425
	水泥砂浆 1：2	m³	281.46	0.301
	碎石	t	106.80	0.583
	现浇混凝土 C15	m³	281.42	0.449
	养生布	m²	2.00	1.607
	预制钢筋混凝土装配式检查井 C30	m³	940.17	2.581
	铸铁井盖井座	套	825.04	1.010
	其他材料费占材料费	%	—	1.000
机械	电动夯实机 250N·m	台班	26.28	0.021
	机动翻斗车 1t	台班	220.18	0.035
	汽车式起重机 12t	台班	857.15	0.121
	双锥反转出料混凝土搅拌机 350L	台班	253.32	0.045
	载重汽车 5t	台班	430.70	0.013

②预制装配式钢筋砼圆形污水检查井

工作内容：混凝土搅拌、捣固、抹平、养护，调制砂浆，砌筑、抹灰、勾缝，井盖、井座、爬梯安装，钢筋制作、安装，材料水平及垂直运输等。

计量单位：座

定　额　编　号			S5-4-305	S5-4-306
项　目　名　称			井径700mm	井径800mm
			适用管径≤400mm	
			井深1.5m以内	
基　　价（元）			1472.82	1543.12
其中	人　工　费（元）		75.88	89.46
	材　料　费（元）		1373.59	1426.68
	机　械　费（元）		23.35	26.98
名　　称		单位	单价（元）	消　　耗　　量	
人工	综合工日	工日	140.00	0.542	0.639
材料	电	kW·h	0.68	0.023	0.038
	煤焦油沥青漆 L01-17	kg	6.84	0.492	0.492
	水	m³	7.96	0.055	0.090
	水泥砂浆 1∶2	m³	281.46	0.081	0.085
	碎石	t	106.80	0.161	0.195
	现浇混凝土 C15	m³	281.42	0.058	0.095
	养生布	m²	2.00	0.123	0.339
	预制钢筋混凝土装配式检查井 C30	m³	940.17	0.496	0.535
	铸铁井盖井座	套	825.04	1.010	1.010
	其他材料费占材料费	%	—	1.000	1.000
机械	电动夯实机 250N·m	台班	26.28	0.006	0.007
	机动翻斗车 1t	台班	220.18	0.005	0.007
	汽车式起重机 12t	台班	857.15	0.023	0.025
	双锥反转出料混凝土搅拌机 350L	台班	253.32	0.006	0.010
	载重汽车 5t	台班	430.70	0.002	0.003

工作内容：混凝土搅拌、捣固、抹平、养护，调制砂浆，砌筑、抹灰、勾缝，井盖、井座、爬梯安装，钢
筋制作、安装，材料水平及垂直运输等。

计量单位：座

定 额 编 号			S5-4-307	S5-4-308
项 目 名 称			井径1000mm	井径1200mm
			适用管径≤600mm	适用管径600～700mm
			井深2.5m以内	井深3m以内
基 价 （元）			2425.19	3077.14
其中	人 工 费 （元）		203.42	306.88
	材 料 费 （元）		2158.95	2679.13
	机 械 费 （元）		62.82	91.13
名 称	单位	单价（元）	消 耗	量
人工	综合工日	工日	140.00	1.453	2.192
材料	电	kW·h	0.68	0.095	0.184
	煤焦油沥青漆 L01-17	kg	6.84	0.492	0.492
	水	m³	7.96	0.223	0.432
	水泥砂浆 1：2	m³	281.46	0.158	0.206
	碎石	t	106.80	0.273	0.403
	现浇混凝土 C15	m³	281.42	0.236	0.457
	养生布	m²	2.00	0.844	1.635
	预制装配式检查井钢筋混凝土 C30	m³	940.17	1.231	1.680
	铸铁井盖井座	套	825.04	1.010	1.010
	其他材料费占材料费	%	—	1.000	1.000
机械	电动夯实机 250N·m	台班	26.28	0.010	0.015
	机动翻斗车 1t	台班	220.18	0.019	0.036
	汽车式起重机 12t	台班	857.15	0.058	0.079
	双锥反转出料混凝土搅拌机 350L	台班	253.32	0.024	0.046
	载重汽车 5t	台班	430.70	0.006	0.008

工作内容：混凝土搅拌、捣固、抹平、养护，调制砂浆，砌筑、抹灰、勾缝，井盖、井座、爬梯安装，钢筋制作、安装，材料水平及垂直运输等。

计量单位：座

定　额　编　号				S5-4-309
项　目　名　称				井径1500mm
				适用管径700～800mm
				井深3.5m以内
基　　　　价（元）				4464.05
其中	人　工　费（元）			500.36
	材　料　费（元）			3814.68
	机　械　费（元）			149.01
名　　　称	单位	单价（元）	消　　耗　　量	
人工	综合工日	工日	140.00	3.574
材料	电	kW·h	0.68	0.307
	煤焦油沥青漆 L01-17	kg	6.84	0.492
	水	m³	7.96	0.722
	水泥砂浆 1：2	m³	281.46	0.316
	碎石	t	106.80	0.583
	现浇混凝土 C15	m³	281.42	0.763
	养生布	m²	2.00	2.732
	预制钢筋混凝土装配式检查井 C30	m³	940.17	2.726
	铸铁井盖井座	套	825.04	1.010
	其他材料费占材料费	%	—	1.000
机械	电动夯实机 250N·m	台班	26.28	0.021
	机动翻斗车 1t	台班	220.18	0.060
	汽车式起重机 12t	台班	857.15	0.128
	双锥反转出料混凝土搅拌机 350L	台班	253.32	0.077
	载重汽车 5t	台班	430.70	0.014

③预制装配式钢筋砼矩形直线雨水检查井

工作内容：混凝土搅拌、捣固、抹平、养护，调制砂浆，砌筑、抹灰、勾缝，井盖、井座、爬梯安装，钢筋制作、安装，材料水平及垂直运输等。

计量单位：座

定 额 编 号				S5-4-310	S5-4-311
项 目 名 称				规格1360mm×1360mm以内	规格1600mm×1600mm以内
				管径800~1000mm	管径1000~1200mm
				井深3.5m以内	井深4m以内
基 价（元）				4151.35	4937.35
其中	人 工 费（元）			444.22	612.64
	材 料 费（元）			3573.84	4150.69
	机 械 费（元）			133.29	174.02
名 称		单位	单价（元）	消 耗 量	
人工	综合工日	工日	140.00	3.173	4.376
材料	电	kW·h	0.68	0.245	0.465
	煤焦油沥青漆 L01-17	kg	6.84	0.492	0.492
	水	m³	7.96	0.577	1.095
	水泥砂浆 1:2	m³	281.46	0.296	0.338
	碎石	t	106.80	0.553	0.742
	现浇混凝土 C15	m³	281.42	0.610	1.157
	养生布	m²	2.00	2.184	4.144
	预制装配式检查井钢筋混凝土 C30	m³	940.17	2.530	2.931
	铸铁井盖井座	套	825.04	1.010	1.010
	其他材料费占材料费	%	—	1.000	1.000
机械	电动夯实机 250N·m	台班	26.28	0.020	0.027
	机动翻斗车 1t	台班	220.18	0.048	0.091
	汽车式起重机 12t	台班	857.15	0.118	0.137
	双锥反转出料混凝土搅拌机 350L	台班	253.32	0.061	0.116
	载重汽车 5t	台班	430.70	0.013	0.015

④预制装配式钢筋砼矩形直线污水检查井

工作内容：混凝土搅拌、捣固、抹平、养护，调制砂浆，砌筑、抹灰、勾缝，井盖、井座、爬梯安装，钢筋制作、安装，材料水平及垂直运输等。

计量单位：座

定 额 编 号				S5-4-312	S5-4-313
项 目 名 称				规格1360mm×1360mm以内	规格1600mm×1600mm以内
				管径800~1000mm	管径1000~1200mm
				井深3.5m以内	井深4m以内
基 价（元）				5263.80	6366.14
其中	人 工 费（元）			624.12	883.68
	材 料 费（元）			4455.86	5237.57
	机 械 费（元）			183.82	244.89
名 称		单位	单价（元）	消 耗 量	
人工	综合工日	工日	140.00	4.458	6.312
材料	电	kW·h	0.68	0.417	0.791
	煤焦油沥青漆 L01-17	kg	6.84	0.492	0.492
	水	m³	7.96	0.982	1.862
	水泥砂浆 1:2	m³	281.46	0.377	0.429
	碎石	t	106.80	0.553	0.742
	现浇混凝土 C15	m³	281.42	1.037	1.967
	养生布	m²	2.00	3.713	7.044
	预制装配式检查井钢筋混凝土 C30	m³	940.17	3.300	3.793
	铸铁井盖井座	套	825.04	1.010	1.010
	其他材料费占材料费	%	—	1.000	1.000
机械	电动夯实机 250N·m	台班	26.28	0.020	0.027
	机动翻斗车 1t	台班	220.18	0.082	0.155
	汽车式起重机 12t	台班	857.15	0.154	0.177
	双锥反转出料混凝土搅拌机 350L	台班	253.32	0.104	0.198
	载重汽车 5t	台班	430.70	0.016	0.019

⑤预制装配式钢筋砼矩形一侧交汇雨水检查井

工作内容：混凝土搅拌、捣固、抹平、养护，调制砂浆，砌筑、抹灰、勾缝，井盖、井座、爬梯安装，钢筋制作、安装，材料水平及垂直运输等。

计量单位：座

定 额 编 号			S5-4-314	S5-4-315
项 目 名 称			规格1360mm×1360mm 以内	规格1600mm×1600mm 以内
			管径800～1000mm	管径1000～1200mm
			井深3.5m以内	井深4m以内
基 价（元）			4091.36	4826.45
其中	人 工 费（元）		421.40	570.50
	材 料 费（元）		3541.22	4090.52
	机 械 费（元）		128.74	165.43
名 称	单位	单价（元）	消 耗	量
人工 综合工日	工日	140.00	3.010	4.075
材料 电	kW·h	0.68	0.202	0.384
煤焦油沥青漆 L01-17	kg	6.84	0.492	0.492
水	m³	7.96	0.475	0.905
水泥砂浆 1∶2	m³	281.46	0.296	0.338
碎石	t	106.80	0.553	0.742
现浇混凝土 C15	m³	281.42	0.501	0.956
养生布	m²	2.00	1.797	3.424
预制装配式检查井钢筋混凝土 C30	m³	940.17	2.530	2.931
铸铁井盖井座	套	825.04	1.010	1.010
其他材料费占材料费	%	—	1.000	1.000
机械 电动夯实机 250N·m	台班	26.28	0.020	0.027
机动翻斗车 1t	台班	220.18	0.040	0.075
汽车式起重机 12t	台班	857.15	0.118	0.137
双锥反转出料混凝土搅拌机 350L	台班	253.32	0.050	0.096
载重汽车 5t	台班	430.70	0.013	0.015

644

⑥预制装配式钢筋砼矩形一侧交汇直线污水检查井

工作内容：混凝土搅拌、捣固、抹平、养护，调制砂浆，砌筑、抹灰、勾缝，井盖、井座、爬梯安装，钢筋制作、安装，材料水平及垂直运输等。

计量单位：座

定 额 编 号			S5-4-316	S5-4-317
项 目 名 称			规格1360mm×1360mm以内	规格1600mm×1600mm以内
			管径800～1000mm	管径1000～1200mm
			井深3.5m以内	井深4m以内
基 价（元）			5162.37	6177.70
其中	人 工 费（元）		585.62	812.14
	材 料 费（元）		4400.79	5135.48
	机 械 费（元）		175.96	230.08
名 称	单位	单价（元）	消 耗 量	
人工	综合工日	工日	140.00	4.183	5.801
材料	电	kW·h	0.68	0.343	0.654
	煤焦油沥青漆 L01-17	kg	6.84	0.492	0.492
	水	m³	7.96	0.808	1.539
	水泥砂浆 1：2	m³	281.46	0.377	0.429
	碎石	t	106.80	0.553	0.742
	现浇混凝土 C15	m³	281.42	0.853	1.626
	养生布	m²	2.00	3.055	5.821
	预制钢筋混凝土装配式检查井 C30	m³	940.17	3.300	—
	预制装配式检查井钢筋混凝土 C30	m³	940.17	—	3.793
	铸铁井盖井座	套	825.04	1.010	1.010
	其他材料费占材料费	%	—	1.000	1.000
机械	电动夯实机 250N·m	台班	26.28	0.020	0.027
	机动翻斗车 1t	台班	220.18	0.067	0.128
	汽车式起重机 12t	台班	857.15	0.154	0.177
	双锥反转出料混凝土搅拌机 350L	台班	253.32	0.086	0.163
	载重汽车 5t	台班	430.70	0.016	0.019

⑦预制装配式钢筋砼矩形两侧交汇雨水检查井

工作内容：混凝土搅拌、捣固、抹平、养护，调制砂浆，砌筑、抹灰、勾缝，井盖、井座、爬梯安装，钢筋制作、安装，材料水平及垂直运输等。

计量单位：座

定　额　编　号				S5-4-318	S5-4-319
项　目　名　称				规格1360mm×1360mm以内	规格1600mm×1600mm以内
				管径800～1000mm	管径1000～1200mm
				井深3.5m以内	井深4m以内
基　　　　　价（元）				4032.13	4715.78
其中	人　工　费（元）			398.72	528.36
	材　料　费（元）			3509.18	4030.36
	机　械　费（元）			124.23	157.06
名　　称		单位	单价（元）	消　　耗　　量	
人工	综合工日	工日	140.00	2.848	3.774
材料	电	kW·h	0.68	0.158	0.304
	煤焦油沥青漆 L01-17	kg	6.84	0.492	0.492
	水	m³	7.96	0.373	0.715
	水泥砂浆 1:2	m³	281.46	0.296	0.338
	碎石	t	106.80	0.553	0.742
	现浇混凝土 C15	m³	281.42	0.394	0.755
	养生布	m²	2.00	1.410	2.705
	预制钢筋混凝土装配式检查井 C30	m³	940.17	2.530	—
	预制装配式检查井钢筋混凝土 C30	m³	940.17	—	2.931
	铸铁井盖井座	套	825.04	1.010	1.010
	其他材料费占材料费	%	—	1.000	1.000
机械	电动夯实机 250N·m	台班	26.28	0.020	0.027
	机动翻斗车 1t	台班	220.18	0.031	0.060
	汽车式起重机 12t	台班	857.15	0.118	0.137
	双锥反转出料混凝土搅拌机 350L	台班	253.32	0.040	0.076
	载重汽车 5t	台班	430.70	0.013	0.015

⑧预制装配式钢筋砼矩形两侧交汇直线污水检查井

工作内容：混凝土搅拌、捣固、抹平、养护，调制砂浆，砌筑、抹灰、勾缝，井盖、井座、爬梯安装，钢筋制作、安装，材料水平及垂直运输等。

计量单位：座

定 额 编 号			S5-4-320	S5-4-321
项 目 名 称			规格1360mm×1360mm以内	规格1600mm×1600mm以内
			管径800～1000mm	管径1000～1200mm
			井深3.5m以内	井深4m以内
基 价 （元）			5061.17	5989.38
其中	人 工 费 （元）		547.12	740.46
	材 料 费 （元）		4345.99	5033.40
	机 械 费 （元）		168.06	215.52
名 称		单位	单价(元)	消 耗 量	
人工	综合工日	工日	140.00	3.908	5.289
材料	电	kW·h	0.68	0.269	0.516
	煤焦油沥青漆 L01-17	kg	6.84	0.492	0.492
	水	m³	7.96	0.634	1.216
	水泥砂浆 1：2	m³	281.46	0.377	0.429
	碎石	t	106.80	0.553	0.742
	现浇混凝土 C15	m³	281.42	0.670	1.285
	养生布	m²	2.00	2.397	4.598
	预制装配式检查井钢筋混凝土 C30	m³	940.17	3.300	3.793
	铸铁井盖井座	套	825.04	1.010	1.010
	其他材料费占材料费	%	—	1.000	1.000
机械	电动夯实机 250N·m	台班	26.28	0.020	0.027
	机动翻斗车 1t	台班	220.18	0.053	0.101
	汽车式起重机 12t	台班	857.15	0.154	0.177
	双锥反转出料混凝土搅拌机 350L	台班	253.32	0.067	0.129
	载重汽车 5t	台班	430.70	0.016	0.019

3.雨水进水井
(1)砖砌式雨水进水井

工作内容:调制砂浆、砌筑、抹灰、制作安装、井盖、井座、爬梯安装、材料水平及垂直运输等。

计量单位:座

定 额 编 号				S5-4-322	S5-4-323
项 目 名 称				M10水泥砂浆砖砌雨水进水井	
				单平算680mm×380mm	
				井深1.0m	井深每增减0.25m
基 价 (元)				815.13	89.90
其中	人 工 费 (元)			267.96	40.74
	材 料 费 (元)			541.20	49.16
	机 械 费 (元)			5.97	—
	名 称	单位	单价(元)	消 耗 量	
人工	综合工日	工日	140.00	1.914	0.291
材料	电	kW·h	0.68	0.056	—
	机砖 240×115×53	千块	384.62	0.379	0.101
	煤焦油沥青漆 L01-17	kg	6.84	0.400	—
	水	m³	7.96	—	0.021
	水泥砂浆 1:2	m³	281.46	0.004	0.001
	水泥砂浆 1:3	m³	250.74	0.004	—
	水泥砂浆 M10	m³	209.99	0.178	0.047
	现浇混凝土 C15	m³	281.42	0.136	—
	养生布	m²	2.00	1.529	—
	铸铁雨水井算	套	303.42	1.010	—
	其他材料费占材料费	%	—	1.000	—
机械	机动翻斗车 1t	台班	220.18	0.011	—
	双锥反转出料混凝土搅拌机 350L	台班	253.32	0.014	—

工作内容:调制砂浆、砌筑、抹灰、制作安装、井盖、井座、爬梯安装、材料水平及垂直运输等。

计量单位:座

定 额 编 号				S5-4-324	S5-4-325
项 目 名 称				M10水泥砂浆砖砌雨水进水井	
				双平算1450mm×380mm	
				井深1.0m	井深每增减0.25m
基 价 (元)				1381.10	131.48
其中	人 工 费 (元)			389.06	57.68
	材 料 费 (元)			982.72	73.80
	机 械 费 (元)			9.32	—
名 称		单位	单价(元)	消 耗 量	
人工	综合工日	工日	140.00	2.779	0.412
材料	电	kW·h	0.68	0.088	—
	机砖 240×115×53	千块	384.62	0.568	0.151
	煤焦油沥青漆 L01-17	kg	6.84	0.800	—
	水	m³	7.96	0.854	0.032
	水泥砂浆 1:2	m³	281.46	0.007	0.002
	水泥砂浆 1:2.5	m³	274.23	0.009	—
	水泥砂浆 1:3	m³	250.74	0.008	—
	水泥砂浆 M10	m³	209.99	0.268	0.071
	现浇混凝土 C15	m³	281.42	0.220	—
	养生布	m²	2.00	2.328	—
	铸铁雨水井算	套	303.42	2.020	—
	其他材料费占材料费	%	—	1.000	—
机械	机动翻斗车 1t	台班	220.18	0.017	—
	双锥反转出料混凝土搅拌机 350L	台班	253.32	0.022	—

工作内容：调制砂浆、砌筑、抹灰、制作安装、井盖、井座、爬梯安装、材料水平及垂直运输等。

计量单位：座

定 额 编 号				S5-4-326	S5-4-327
项 目 名 称				M10水泥砂浆砖砌雨水进水井	
				三平算2225mm×380mm	
				井深1.0m	井深每增减0.25m
基 价（元）				1844.12	175.12
其中	人 工 费（元）			450.94	76.30
	材 料 费（元）			1379.10	98.82
	机 械 费（元）			14.08	—
	名 称	单位	单价（元）	消 耗	量
人工	综合工日	工日	140.00	3.221	0.545
材料	电	kW·h	0.68	0.132	—
	机砖 240×115×53	千块	384.62	0.658	0.202
	煤焦油沥青漆 L01-17	kg	6.84	1.199	—
	水	m³	7.96	1.149	0.042
	水泥砂浆 1∶2	m³	281.46	0.008	0.003
	水泥砂浆 1∶2.5	m³	274.23	0.019	—
	水泥砂浆 1∶3	m³	250.74	0.009	—
	水泥砂浆 M10	m³	209.99	0.310	0.095
	现浇混凝土 C15	m³	281.42	0.330	—
	养生布	m²	2.00	3.939	—
	铸铁雨水井算	套	303.42	3.030	—
	其他材料费占材料费	%	—	1.000	—
机械	机动翻斗车 1t	台班	220.18	0.026	—
	双锥反转出料混凝土搅拌机 350L	台班	253.32	0.033	—

650

工作内容：调制砂浆、砌筑、抹灰、制作安装、井盖、井座、爬梯安装、材料水平及垂直运输等。

计量单位：座

定 额 编 号				S5-4-328	S5-4-329
项 目 名 称				M7.5水泥砂浆砖砌雨水进水井	
				单立算600mm×370mm	
				不带沉淀1.41m	不带沉淀每增减0.2m
基 价（元）				899.45	69.82
其中	人 工 费（元）			279.30	32.48
	材 料 费（元）			612.51	37.34
	机 械 费（元）			7.64	—
名 称		单位	单价（元）	消 耗 量	
人工	综合工日	工日	140.00	1.995	0.232
材料	电	kW·h	0.68	0.072	—
	机砖 240×115×53	千块	384.62	0.485	0.076
	煤焦油沥青漆 L01-17	kg	6.84	0.349	—
	水	m³	7.96	0.494	—
	水泥砂浆 1:2	m³	281.46	0.022	0.003
	水泥砂浆 M7.5	m³	201.87	0.229	0.036
	现浇混凝土 C15	m³	281.42	0.134	—
	现浇混凝土 C30	m³	319.73	0.041	—
	养生布	m²	2.00	1.922	—
	铸铁立箅座套盖板	套	303.42	1.010	—
	其他材料费占材料费	%	—	1.000	—
机械	机动翻斗车 1t	台班	220.18	0.014	—
	双锥反转出料混凝土搅拌机 350L	台班	253.32	0.018	—

工作内容：调制砂浆、砌筑、抹灰、制作安装、井盖、井座、爬梯安装、材料水平及垂直运输等。

计量单位：座

定　额　编　号				S5-4-330	S5-4-331
项　目　名　称				M7.5水泥砂浆砖砌雨水进水井	
				单立算600mm×370mm	
				带沉淀1.68m	带沉淀每增减0.2m
基　　　　　价（元）				1002.94	69.67
其中	人　工　费（元）			340.62	32.20
	材　料　费（元）			655.88	37.47
	机　械　费（元）			6.44	—
名　　称		单位	单价（元）	消　　耗　　量	
人工	综合工日	工日	140.00	2.433	0.230
材料	电	kW·h	0.68	0.060	—
	机砖 240×115×53	千块	384.62	0.588	0.076
	煤焦油沥青漆 L01-17	kg	6.84	0.349	—
	水	m³	7.96	—	0.016
	水泥砂浆 1：2	m³	281.46	0.038	0.003
	水泥砂浆 M7.5	m³	201.87	0.277	0.036
	现浇混凝土 C15	m³	281.42	0.111	—
	现浇混凝土 C30	m³	319.73	0.041	—
	养生布	m²	2.00	1.695	—
	铸铁立箅座套盖板	套	303.42	1.010	—
	其他材料费占材料费	%	—	1.000	—
机械	机动翻斗车 1t	台班	220.18	0.012	—
	双锥反转出料混凝土搅拌机 350L	台班	253.32	0.015	—

工作内容：调制砂浆、砌筑、抹灰、制作安装、井盖、井座、爬梯安装、材料水平及垂直运输等。

计量单位：座

定　额　编　号				S5-4-332	S5-4-333
项　目　名　称				M7.5水泥砂浆砖砌雨水进水井	
				双立箅1320mm×370mm	
				不带沉淀1.41m	不带沉淀每增减0.2m
基　　　　　价（元）				1629.99	106.16
其中	人　工　费（元）			478.24	50.26
	材　料　费（元）			1138.87	55.90
	机　械　费（元）			12.88	—
名　　　称		单位	单价（元）	消　　耗　　量	
人工	综合工日	工日	140.00	3.416	0.359
材料	电	kW·h	0.68	0.120	—
	机砖 240×115×53	千块	384.62	0.845	0.113
	煤焦油沥青漆 L01-17	kg	6.84	0.800	—
	水	m³	7.96	—	0.023
	水泥砂浆 1:2	m³	281.46	0.042	0.005
	水泥砂浆 M7.5	m³	201.87	0.400	0.051
	现浇混凝土 C15	m³	281.42	0.223	—
	现浇混凝土 C20	m³	296.56	0.020	—
	现浇混凝土 C30	m³	319.73	0.051	—
	养生布	m²	2.00	3.284	—
	铸铁立箅座套盖板	套	303.42	2.020	—
	其他材料费占材料费	%	—	1.000	1.000
机械	机动翻斗车 1t	台班	220.18	0.024	—
	双锥反转出料混凝土搅拌机 350L	台班	253.32	0.030	—

工作内容：调制砂浆、砌筑、抹灰、制作安装、井盖、井座、爬梯安装、材料水平及垂直运输等。

计量单位：座

定　额　编　号				S5-4-334	S5-4-335
项　目　名　称				M7.5水泥砂浆砖砌雨水进水井	
				双立箅1320mm×370mm	
				带沉淀1.68m	带沉淀每增减0.2m
基　　　　　价（元）				1764.29	111.90
其中	人　工　费（元）			548.38	56.00
	材　料　费（元）			1204.92	55.90
	机　械　费（元）			10.99	—
名　　称		单位	单价（元）	消　　耗　　量	
人工	综合工日	工日	140.00	3.917	0.400
材料	电	kW·h	0.68	0.104	—
	机砖 240×115×53	千块	384.62	0.981	0.113
	煤焦油沥青漆 L01-17	kg	6.84	0.800	—
	水	m³	7.96	0.788	0.023
	水泥砂浆 1:2	m³	281.46	0.066	0.005
	水泥砂浆 M7.5	m³	201.87	0.461	0.051
	现浇混凝土 C15	m³	281.42	0.183	—
	现浇混凝土 C20	m³	296.56	0.020	—
	现浇混凝土 C30	m³	319.73	0.051	—
	养生布	m²	2.00	2.787	—
	铸铁立箅座套盖板	套	303.42	2.020	—
	其他材料费占材料费	%	—	1.000	1.000
机械	机动翻斗车 1t	台班	220.18	0.020	—
	双锥反转出料混凝土搅拌机 350L	台班	253.32	0.026	—

工作内容：调制砂浆、砌筑、抹灰、制作安装、井盖、井座、爬梯安装、材料水平及垂直运输等。

计量单位：座

定　额　编　号				S5-4-336	S5-4-337
项　目　名　称				M7.5水泥砂浆砖砌雨水进水井	
				联合单算680mm×430mm	
				井深1.0m	井深每增减0.2m
基　　　价　（元）				784.53	76.95
其中	人　工　费（元）			294.70	36.26
	材　料　费（元）			482.66	40.69
	机　械　费（元）			7.17	—
	名　　　称	单位	单价（元）	消　耗　量	
人工	综合工日	工日	140.00	2.105	0.259
材料	电	kW·h	0.68	0.068	—
	机砖 240×115×53	千块	384.62	0.175	0.082
	煤焦油沥青漆 L01-17	kg	6.84	0.400	—
	水	m³	7.96	0.568	0.017
	水泥砂浆 1:2	m³	281.46	0.003	0.001
	水泥砂浆 1:2.5	m³	274.23	0.013	0.002
	水泥砂浆 1:3	m³	250.74	0.003	—
	水泥砂浆 M10	m³	209.99	0.185	0.039
	现浇混凝土 C15	m³	281.42	0.144	—
	养生布	m²	2.00	1.861	—
	预制砾石混凝土	m³	329.06	0.026	—
	铸铁雨水井算	套	303.42	1.010	—
	其他材料费占材料费	%	—	1.000	—
机械	机动翻斗车 1t	台班	220.18	0.013	—
	双锥反转出料混凝土搅拌机 350L	台班	253.32	0.017	—

工作内容：调制砂浆、砌筑、抹灰、制作安装、井盖、井座、爬梯安装、材料水平及垂直运输等。

计量单位：座

定 额 编 号					S5-4-338	S5-4-339
项 目 名 称					M7.5水泥砂浆砖砌雨水进水井	
					联合双箅1450mm×430mm	
					井深1.0m	井深每增减0.2m
基 价 （元）					1450.12	117.87
其中	人 工 费（元）				426.58	56.42
	材 料 费（元）				1012.08	61.45
	机 械 费（元）				11.46	—
	名 称	单位	单价（元）		消　耗　　量	
人工	综合工日	工日	140.00		3.047	0.403
材料	电	kW·h	0.68		0.108	—
	机砖 240×115×53	千块	384.62		0.585	0.124
	煤焦油沥青漆 L01-17	kg	6.84		0.800	—
	水	m³	7.96		0.870	0.025
	水泥砂浆 1∶2	m³	281.46		0.004	0.001
	水泥砂浆 1∶2.5	m³	274.23		0.027	0.004
	水泥砂浆 1∶3	m³	250.74		0.005	—
	水泥砂浆 M10	m³	209.99		0.276	0.058
	现浇混凝土 C15	m³	281.42		0.240	—
	养生布	m²	2.00		3.097	—
	预制砾石混凝土	m³	329.06		0.031	—
	铸铁雨水井箅	套	303.42		2.020	—
	其他材料费占材料费	%	—		1.000	—
机械	机动翻斗车 1t	台班	220.18		0.021	—
	双锥反转出料混凝土搅拌机 350L	台班	253.32		0.027	—

656

工作内容：调制砂浆、砌筑、抹灰、制作安装、井盖、井座、爬梯安装、材料水平及垂直运输等。

计量单位：座

定 额 编 号				S5-4-340	S5-4-341
项 目 名 称				M7.5水泥砂浆砖砌雨水进水井	
				联合三箅2225mm×430mm	
				井深1.0m	井深每增减0.2m
基 价（元）				1987.42	160.54
其中	人 工 费（元）			546.84	78.82
	材 料 费（元）			1422.20	81.72
	机 械 费（元）			18.38	—
名 称	单位	单价（元）		消 耗 量	
人工	综合工日	工日	140.00	3.906	0.563
材料	电	kW·h	0.68	0.172	—
	机砖 240×115×53	千块	384.62	0.668	0.164
	煤焦油沥青漆 L01-17	kg	6.84	1.199	—
	水	m³	7.96	1.325	0.034
	水泥砂浆 1:2	m³	281.46	0.003	0.001
	水泥砂浆 1:2.5	m³	274.23	0.036	0.007
	水泥砂浆 1:3	m³	250.74	0.007	—
	水泥砂浆 M10	m³	209.99	0.315	0.077
	现浇混凝土 C15	m³	281.42	0.349	—
	养生布	m²	2.00	5.065	—
	预制砾石混凝土	m³	329.06	0.079	—
	铸铁雨水井箅	套	303.42	3.030	—
	其他材料费占材料费	%	—	1.000	—
机械	机动翻斗车 1t	台班	220.18	0.034	—
	双锥反转出料混凝土搅拌机 350L	台班	253.32	0.043	—

（2）预制砼装配式雨水进水井

工作内容：调制砂浆、砌筑、抹灰、制作安装、井盖、井座、爬梯安装、材料水平及垂直运输等。

计量单位：座

定 额 编 号			S5-4-342	S5-4-343
项 目 名 称			预制混凝土装配式雨水进水井	
			单平算700mm×400mm	
			井深0.88m	井深增减0.22m
基 价（元）			628.48	79.99
其中	人 工 费（元）		94.78	14.70
	材 料 费（元）		522.21	65.29
	机 械 费（元）		11.49	—
名 称	单位	单价（元）	消 耗 量	
人工 综合工日	工日	140.00	0.677	0.105
材料 电	kW·h	0.68	0.032	—
煤焦油沥青漆 L01-17	kg	6.84	0.431	—
水	m³	7.96	0.074	—
水泥砂浆 1：2	m³	281.46	0.063	0.008
现浇混凝土 C15	m³	281.42	0.061	—
现浇混凝土 C20	m³	296.56	0.018	—
养生布	m²	2.00	0.064	—
预制钢筋混凝土雨水口 C30	m³	854.70	0.195	0.073
铸铁雨水井算	套	303.42	1.010	—
其他材料费占材料费	%	—	1.000	1.000
机械 机动翻斗车 1t	台班	220.18	0.006	—
汽车式起重机 12t	台班	857.15	0.009	—
双锥反转出料混凝土搅拌机 350L	台班	253.32	0.008	—
载重汽车 5t	台班	430.70	0.001	—

工作内容：调制砂浆、砌筑、抹灰、制作安装、井盖、井座、爬梯安装、材料水平及垂直运输等。

计量单位：座

定　额　编　号			S5-4-344	S5-4-345
项　目　名　称			预制混凝土装配式雨水进水井	
			双平算1540mm×400mm	
			井深0.88m	井深增减0.22m
基　　　　价（元）			1236.06	157.97
其中	人　工　费（元）		186.34	29.40
	材　料　费（元）		1027.37	128.57
	机　械　费（元）		22.35	—
	名　　称	单位	单价（元）	消　　耗　　量
人工	综合工日	工日	140.00	1.331	0.210
材料	电	kW·h	0.68	0.065	—
	煤焦油沥青漆 L01-17	kg	6.84	0.861	—
	水	m³	7.96	0.152	—
	水泥砂浆 1:2	m³	281.46	0.123	0.015
	现浇混凝土 C15	m³	281.42	0.117	—
	现浇混凝土 C20	m³	296.56	0.044	—
	养生布	m²	2.00	0.158	—
	预制钢筋混凝土雨水口 C30	m³	854.70	0.370	0.144
	铸铁雨水井算	套	303.42	2.020	—
	其他材料费占材料费	%	—	1.000	1.000
机械	机动翻斗车 1t	台班	220.18	0.013	—
	汽车式起重机 12t	台班	857.15	0.017	—
	双锥反转出料混凝土搅拌机 350L	台班	253.32	0.016	—
	载重汽车 5t	台班	430.70	0.002	—

工作内容：调制砂浆、砌筑、抹灰、制作安装、井盖、井座、爬梯安装、材料水平及垂直运输等。

计量单位：座

定　额　编　号			S5-4-346	S5-4-347
项　目　名　称			预制混凝土装配式雨水进水井	
			三平算2380mm×400mm	
			井深0.88m	井深增减0.22m
基　　　　价（元）			1850.72	237.96
其中	人　工　费（元）		278.18	44.10
	材　料　费（元）		1538.92	193.86
	机　械　费（元）		33.62	—
名　　　称	单位	单价（元）	消　　耗　　量	
人工	综合工日	工日	140.00	1.987	0.315
材料	电	kW·h	0.68	0.094	—
	煤焦油沥青漆 L01-17	kg	6.84	1.292	—
	水	m³	7.96	0.221	—
	水泥砂浆 1:2	m³	281.46	0.184	0.023
	现浇混凝土 C15	m³	281.42	0.173	—
	现浇混凝土 C20	m³	296.56	0.062	—
	养生布	m²	2.00	0.219	—
	预制钢筋混凝土雨水口 C30	m³	854.70	0.555	0.217
	铸铁雨水井算	套	303.42	3.030	—
	其他材料费占材料费	%	—	1.000	1.000
机械	机动翻斗车 1t	台班	220.18	0.018	—
	汽车式起重机 12t	台班	857.15	0.026	—
	双锥反转出料混凝土搅拌机 350L	台班	253.32	0.024	—
	载重汽车 5t	台班	430.70	0.003	—

工作内容：调制砂浆、砌筑、抹灰、制作安装、井盖、井座、爬梯安装、材料水平及垂直运输等。

计量单位：座

定 额 编 号				S5-4-348	S5-4-349
项 目 名 称				预制混凝土装配式雨水进水井	
				单立算700mm×400mm	
				井深0.88m	井深增减0.22m
基 价 （元）				629.35	79.99
其中	人 工 费 （元）			94.78	14.70
	材 料 费 （元）			523.08	65.29
	机 械 费 （元）			11.49	—
名 称		单位	单价（元）	消 耗 量	
人工	综合工日	工日	140.00	0.677	0.105
材料	电	kW·h	0.68	0.032	—
	煤焦油沥青漆 L01-17	kg	6.84	0.431	—
	水	m³	7.96	0.074	—
	水泥砂浆 1：2	m³	281.46	0.063	0.008
	现浇混凝土 C15	m³	281.42	0.061	—
	现浇混凝土 C20	m³	296.56	0.018	—
	养生布	m²	2.00	0.064	—
	预制钢筋混凝土雨水口 C30	m³	854.70	0.196	0.073
	铸铁雨水井算	套	303.42	1.010	—
	其他材料费占材料费	%	—	1.000	1.000
机械	机动翻斗车 1t	台班	220.18	0.006	—
	汽车式起重机 12t	台班	857.15	0.009	—
	双锥反转出料混凝土搅拌机 350L	台班	253.32	0.008	—
	载重汽车 5t	台班	430.70	0.001	—

工作内容：调制砂浆、砌筑、抹灰、制作安装、井盖、井座、爬梯安装、材料水平及垂直运输等。

计量单位：座

定 额 编 号					S5-4-350	S5-4-351
项 目 名 称					预制混凝土装配式雨水进水井	
					双立箅1540mm×400mm	
					井深0.88m	井深增减0.22m
基 价 （元）					1236.06	157.97
其中	人 工 费 （元）				186.34	29.40
	材 料 费 （元）				1027.37	128.57
	机 械 费 （元）				22.35	—
	名 称	单位	单价(元)	消 耗		量
人工	综合工日	工日	140.00	1.331		0.210
材料	电	kW·h	0.68	0.065		—
	煤焦油沥青漆 L01-17	kg	6.84	0.861		—
	水	m³	7.96	0.152		—
	水泥砂浆 1：2	m³	281.46	0.123		0.015
	现浇混凝土 C15	m³	281.42	0.117		—
	现浇混凝土 C20	m³	296.56	0.044		—
	养生布	m²	2.00	0.158		—
	预制钢筋混凝土雨水口 C30	m³	854.70	0.370		0.144
	铸铁雨水井箅	套	303.42	2.020		—
	其他材料费占材料费	%	—	1.000		1.000
机械	机动翻斗车 1t	台班	220.18	0.013		—
	汽车式起重机 12t	台班	857.15	0.017		—
	双锥反转出料混凝土搅拌机 350L	台班	253.32	0.016		—
	载重汽车 5t	台班	430.70	0.002		—

工作内容：调制砂浆、砌筑、抹灰、制作安装、井盖、井座、爬梯安装、材料水平及垂直运输等。

计量单位：座

定　额　编　号				S5-4-352	S5-4-353
项　目　名　称				预制混凝土装配式雨水进水井	
				三立箅2380mm×400mm	
				井深0.88m	井深增减0.22m
基　　　　价（元）				1850.72	237.96
其中	人　工　费（元）			278.18	44.10
	材　料　费（元）			1538.92	193.86
	机　械　费（元）			33.62	—
名　　　称		单位	单价（元）	消　　耗　　量	
人工	综合工日	工日	140.00	1.987	0.315
材料	电	kW·h	0.68	0.094	—
	煤焦油沥青漆 L01-17	kg	6.84	1.292	—
	水	m³	7.96	0.221	—
	水泥砂浆 1:2	m³	281.46	0.184	0.023
	现浇混凝土 C15	m³	281.42	0.173	—
	现浇混凝土 C20	m³	296.56	0.062	—
	养生布	m²	2.00	0.219	—
	预制钢筋混凝土雨水口 C30	m³	854.70	0.555	0.217
	铸铁雨水井箅	套	303.42	3.030	—
	其他材料费占材料费	%	—	1.000	1.000
机械	机动翻斗车 1t	台班	220.18	0.018	—
	汽车式起重机 12t	台班	857.15	0.026	—
	双锥反转出料混凝土搅拌机 350L	台班	253.32	0.024	—
	载重汽车 5t	台班	430.70	0.003	—

工作内容：调制砂浆、砌筑、抹灰、制作安装、井盖、井座、爬梯安装、材料水平及垂直运输等。

计量单位：座

定　额　编　号				S5-4-354	S5-4-355
项　目　名　称				预制混凝土装配式雨水进水井	
				联合单算700mm×560mm	
				井深0.88m	井深增减0.11m
基　　　　价（元）				708.74	39.63
其中	人　工　费（元）			107.38	7.42
	材　料　费（元）			587.08	32.21
	机　械　费（元）			14.28	—
名　　　称		单位	单价（元）	消　　耗　　量	
人工	综合工日	工日	140.00	0.767	0.053
材料	电	kW·h	0.68	0.034	—
	煤焦油沥青漆 L01-17	kg	6.84	0.431	—
	水	m³	7.96	0.080	—
	水泥砂浆 1:2	m³	281.46	0.075	0.004
	现浇混凝土 C15	m³	281.42	0.061	—
	现浇混凝土 C20	m³	296.56	0.024	—
	养生布	m²	2.00	0.084	—
	预制钢筋混凝土雨水口 C30	m³	854.70	0.264	0.036
	铸铁雨水井算	套	303.42	1.010	—
	其他材料费占材料费	%	—	1.000	1.000
机械	机动翻斗车 1t	台班	220.18	0.007	—
	汽车式起重机 12t	台班	857.15	0.012	—
	双锥反转出料混凝土搅拌机 350L	台班	253.32	0.008	—
	载重汽车 5t	台班	430.70	0.001	—

664

工作内容：调制砂浆、砌筑、抹灰、制作安装、井盖、井座、爬梯安装、材料水平及垂直运输等。

计量单位：座

定　额　编　号				S5-4-356	S5-4-357
项　目　名　称				预制混凝土装配式雨水进水井	
				联合双箅1540mm×560mm	
				井深0.88m	井深增减0.11m
基　　　　　价（元）				1352.87	43.93
其中	人　工　费（元）			186.34	8.26
	材　料　费（元）			1138.31	35.67
	机　械　费（元）			28.22	—
	名　　　称	单位	单价（元）	消　耗　量	量
人工	综合工日	工日	140.00	1.331	0.059
材料	电	kW·h	0.68	0.072	—
	煤焦油沥青漆 L01-17	kg	6.84	0.861	—
	水	m³	7.96	0.170	—
	水泥砂浆 1：2	m³	281.46	0.143	0.004
	现浇混凝土 C15	m³	281.42	0.117	—
	现浇混凝土 C20	m³	296.56	0.063	—
	养生布	m²	2.00	0.226	—
	预制钢筋混凝土雨水口 C30	m³	854.70	0.485	0.040
	铸铁雨水井箅	套	303.42	2.020	—
	其他材料费占材料费	%	—	1.000	1.000
机械	机动翻斗车 1t	台班	220.18	0.014	—
	汽车式起重机 12t	台班	857.15	0.023	—
	双锥反转出料混凝土搅拌机 350L	台班	253.32	0.018	—
	载重汽车 5t	台班	430.70	0.002	—

(3)非定型钢筋混凝土井箅(平箅)制作

工作内容：配料、混凝土搅拌、捣固、抹面、养生、材料场内运输等。　　　　　　计量单位：10m³

定　额　编　号				S5-4-358
项　目　名　称				非定型钢筋混凝土井箅(平箅)制作
基　　　　价（元）				6941.22
其中	人　工　费（元）			3296.16
	材　料　费（元）			3211.80
	机　械　费（元）			433.26
名　　　称		单位	单价（元）	消　　耗　　量
人工	综合工日	工日	140.00	23.544
材料	电	kW•h	0.68	4.060
	水	m³	7.96	21.000
	现浇混凝土 C20	m³	296.56	10.150
	其他材料费占材料费	%	—	1.000
机械	机动翻斗车 1t	台班	220.18	0.800
	双锥反转出料混凝土搅拌机 350L	台班	253.32	1.015

(4)井箅安装

工作内容：构件提升、就位、固定、铺底灰、调配砂浆、勾抹缝隙。

计量单位：10套

定 额 编 号				S5-4-359	S5-4-360	S5-4-361
项 目 名 称				铸铁雨水井箅 平箅安装	铸铁雨水井箅 立箅安装	雨水井 混凝土箅安装
基 价（元）				3665.00	3680.92	2379.89
其中	人 工 费（元）			459.34	483.98	462.98
	材 料 费（元）			3205.66	3196.94	1916.91
	机 械 费（元）			—	—	—
名 称		单位	单价（元）	消	耗	量
人工	综合工日	工日	140.00	3.281	3.457	3.307
材料	混凝土雨水井箅	套	180.00	—	—	10.100
	煤焦油沥青漆 L01-17	kg	6.84	4.305	3.495	—
	水泥砂浆 1：2	m³	281.46	0.284	0.273	0.284
	铸铁雨水井箅	套	303.42	10.100	10.100	—
	其他材料费占材料费	%	—	1.000	1.000	1.000

667

4. 其他砌筑井
(1) 砖砌圆形阀门井
① 立式闸阀井

工作内容：混凝土搅拌、浇捣、养护、砌砖、勾缝、安装井盖。

计量单位：座

定　额　编　号			S5-4-362	S5-4-363	S5-4-364
项　目　名　称			砖砌圆形阀门井，立式闸阀井		
			井内径1.20m		
			井室深1.20m	井室深1.50m	井室深1.80m
			井深1.45m	井深1.75m	井深2.05m
基　　价（元）			2301.51	2473.98	2645.64
其中	人　工　费（元）		553.28	629.72	706.16
	材　料　费（元）		1680.26	1776.29	1871.51
	机　械　费（元）		67.97	67.97	67.97
名　　称		单位	单价（元）	消　　耗　　量		
人工	综合工日	工日	140.00	3.952	4.498	5.044
材料	钢筋混凝土管 DN300	m	51.30	0.513	0.513	0.513
	机砖 240×115×53	千块	384.62	0.675	0.844	1.012
	煤焦油沥青漆 L01-17	kg	6.84	0.519	0.519	0.519
	水	m³	7.96	1.433	1.469	1.504
	水泥砂浆 M10	m³	209.99	0.422	0.528	0.632
	塑钢爬梯	kg	4.00	8.130	10.252	12.372
	现浇混凝土 C15	m³	281.42	0.345	0.345	0.345
	现浇混凝土 C25	m³	307.34	0.568	0.568	0.568
	养生布	m²	2.00	4.526	4.526	4.526
	预制钢筋混凝土盖板 C25	m³	683.76	0.223	0.223	0.223
	铸铁井盖井座	套	825.04	1.000	1.000	1.000
机械	电动夯实机 250N·m	台班	26.28	0.021	0.021	0.021
	汽车式起重机 8t	台班	763.67	0.024	0.024	0.024
	双锥反转出料混凝土搅拌机 500L	台班	277.72	0.138	0.138	0.138
	载重汽车 6t	台班	448.55	0.024	0.024	0.024

668

工作内容：混凝土搅拌、浇捣、养护、砌砖、勾缝、安装井盖。 计量单位：座

定 额 编 号			S5-4-365	S5-4-366
项 目 名 称			砖砌圆形阀门井，立式闸阀井	
			井内径1.40m	
			井室深1.80m	井室深2.00m
			井深2.05m	井深2.25m
基 价（元）			2965.08	3093.86
其中	人 工 费（元）		816.34	873.60
	材 料 费（元）		2063.19	2134.71
	机 械 费（元）		85.55	85.55
名 称		单位	单价（元）	消 耗 量	
人工	综合工日	工日	140.00	5.831	6.240
材料	钢筋混凝土管 DN300	m	51.30	0.513	0.513
	机砖 240×115×53	千块	384.62	1.154	1.281
	煤焦油沥青漆 L01-17	kg	6.84	0.519	0.519
	水	m³	7.96	1.811	1.838
	水泥砂浆 M10	m³	209.99	0.721	0.801
	塑钢爬梯	kg	4.00	12.372	13.787
	现浇混凝土 C15	m³	281.42	0.416	0.416
	现浇混凝土 C25	m³	307.34	0.690	0.690
	养生布	m²	2.00	5.722	5.722
	预制钢筋混凝土盖板 C25	m³	683.76	0.305	0.305
	铸铁井盖井座	套	825.04	1.000	1.000
机械	电动夯实机 250N·m	台班	26.28	0.025	0.025
	汽车式起重机 8t	台班	763.67	0.032	0.032
	双锥反转出料混凝土搅拌机 500L	台班	277.72	0.166	0.166
	载重汽车 6t	台班	448.55	0.032	0.032

工作内容：混凝土搅拌、浇捣、养护、砌砖、勾缝、安装井盖。

计量单位：座

定 额 编 号			S5-4-367	S5-4-368
项 目 名 称			砖砌圆形阀门井，立式闸阀井	
			井内径2.00m	
			井室深2.00m	井室深2.50m
			井深2.30m	井深2.80m
基 价（元）			4409.98	4834.86
其中	人 工 费（元）		1304.10	1495.20
	材 料 费（元）		2927.52	3161.30
	机 械 费（元）		178.36	178.36
名 称	单位	单价（元）	消 耗 量	
人工 综合工日	工日	140.00	9.315	10.680
材料 钢筋混凝土管 DN300	m	51.30	0.513	0.513
机砖 240×115×53	千块	384.62	1.715	2.139
煤焦油沥青漆 L01-17	kg	6.84	0.519	0.519
水	m³	7.96	3.078	3.167
水泥砂浆 M10	m³	209.99	1.072	1.338
塑钢爬梯	kg	4.00	14.141	17.675
现浇混凝土 C15	m³	281.42	0.660	0.660
现浇混凝土 C25	m³	307.34	1.147	1.147
养生布	m²	2.00	10.093	10.093
预制钢筋混凝土盖板 C25	m³	683.76	0.802	0.802
铸铁井盖井座	套	825.04	1.000	1.000
机械 电动夯实机 250N·m	台班	26.28	0.039	0.039
汽车式起重机 8t	台班	763.67	0.081	0.081
双锥反转出料混凝土搅拌机 500L	台班	277.72	0.285	0.285
载重汽车 6t	台班	448.55	0.081	0.081

工作内容：混凝土搅拌、浇捣、养护、砌砖、勾缝、安装井盖。　　　　　　　　　　　　　　　　计量单位：座

定　额　编　号			S5-4-369	S5-4-370
项　目　名　称			砖砌圆形阀门井，立式闸阀井	
			井内径2.00m	
			井室深2.75m	井室深3.00m
			井深3.05m	井深3.30m
基　　　　　价（元）			5038.41	5231.22
其中	人　工　费（元）		1586.20	1672.58
	材　料　费（元）		3273.85	3380.28
	机　械　费（元）		178.36	178.36
名　　称		单位	单价（元）	消　　耗　　量	
人工	综合工日	工日	140.00	11.330	11.947
材料	钢筋混凝土管 DN300	m	51.30	0.513	0.513
	机砖 240×115×53	千块	384.62	2.343	2.535
	煤焦油沥青漆 L01-17	kg	6.84	0.519	0.519
	水	m³	7.96	3.210	3.250
	水泥砂浆 M10	m³	209.99	1.465	1.585
	塑钢爬梯	kg	4.00	19.443	21.209
	现浇混凝土 C15	m³	281.42	0.660	0.660
	现浇混凝土 C25	m³	307.34	1.147	1.147
	养生布	m²	2.00	10.093	10.093
	预制钢筋混凝土盖板 C25	m³	683.76	0.802	0.802
	铸铁井盖井座	套	825.04	1.000	1.000
机械	电动夯实机 250N·m	台班	26.28	0.039	0.039
	汽车式起重机 8t	台班	763.67	0.081	0.081
	双锥反转出料混凝土搅拌机 500L	台班	277.72	0.285	0.285
	载重汽车 6t	台班	448.55	0.081	0.081

②立式蝶阀井

工作内容：混凝土搅拌、浇捣、养护、砌砖、勾缝、安装井盖。　　　　　　　　　计量单位：座

定　额　编　号				S5-4-371	S5-4-372	S5-4-373
项　目　名　称				砖砌圆形阀门井，立式蝶阀井		
				井内径1.20m		井内径1.50m
				井室深1.50m	井室深1.75m	
				井深1.75m	井深2.00m	
基　　　价（元）				2473.98	2617.48	3097.09
其中	人　工　费（元）			629.72	693.42	859.04
	材　料　费（元）			1776.29	1856.09	2143.71
	机　械　费（元）			67.97	67.97	94.34
名　　称		单位	单价（元）	消	耗	量
人工	综合工日	工日	140.00	4.498	4.953	6.136
材料	钢筋混凝土管 DN300	m	51.30	0.513	0.513	0.513
	机砖 240×115×53	千块	384.62	0.844	0.985	1.190
	煤焦油沥青漆 L01-17	kg	6.84	0.519	0.519	0.519
	水	m³	7.96	1.469	1.498	1.969
	水泥砂浆 M10	m³	209.99	0.528	0.615	0.744
	塑钢爬梯	kg	4.00	10.252	12.018	12.018
	现浇混凝土 C15	m³	281.42	0.345	0.345	0.457
	现浇混凝土 C25	m³	307.34	0.568	0.568	0.761
	养生布	m²	2.00	4.526	4.526	6.369
	预制钢筋混凝土盖板 C25	m³	683.76	0.223	0.223	0.345
	铸铁井盖井座	套	825.04	1.000	1.000	1.000
机械	电动夯实机 250N·m	台班	26.28	0.021	0.021	0.027
	汽车式起重机 8t	台班	763.67	0.024	0.024	0.036
	双锥反转出料混凝土搅拌机 500L	台班	277.72	0.138	0.138	0.180
	载重汽车 6t	台班	448.55	0.024	0.024	0.036

工作内容：混凝土搅拌、浇捣、养护、砌砖、勾缝、安装井盖。 计量单位：座

定 额 编 号			S5-4-374	S5-4-375	S5-4-376
项 目 名 称			砖砌圆形阀门井，立式蝶阀井		
			井内径1.80m		
			井室深2.00m	井室深2.50m	井室深2.75m
			井深2.30m	井深2.80m	井深3.05m
基 价（元）			4010.41	4398.40	4609.91
其中	人 工 费（元）		1174.88	1342.32	1443.26
	材 料 费（元）		2685.38	2905.93	3016.50
	机 械 费（元）		150.15	150.15	150.15
名 称	单位	单价（元）	消	耗	量
人工 综合工日	工日	140.00	8.392	9.588	10.309
材料 钢筋混凝土管 DN300	m	51.30	0.513	0.513	0.513
机砖 240×115×53	千块	384.62	1.593	1.992	2.192
煤焦油沥青漆 L01-17	kg	6.84	0.519	0.519	0.519
水	m³	7.96	2.662	2.745	2.787
水泥砂浆 M10	m³	209.99	0.996	1.245	1.370
塑钢爬梯	kg	4.00	14.141	17.675	19.443
现浇混凝土 C15	m³	281.42	0.568	0.568	0.568
现浇混凝土 C25	m³	307.34	0.985	0.985	0.985
养生布	m²	2.00	8.505	8.505	8.505
预制钢筋混凝土盖板 C25	m³	683.76	0.660	0.660	0.660
铸铁井盖井座	套	825.04	1.000	1.000	1.000
机械 电动夯实机 250N·m	台班	26.28	0.034	0.034	0.034
汽车式起重机 8t	台班	763.67	0.067	0.067	0.067
双锥反转出料混凝土搅拌机 500L	台班	277.72	0.245	0.245	0.245
载重汽车 6t	台班	448.55	0.067	0.067	0.067

工作内容：混凝土搅拌、浇捣、养护、砌砖、勾缝、安装井盖。　　　　　　　　　　　计量单位：座

定　额　编　号			S5-4-377	S5-4-378	S5-4-379
项　目　名　称			砖砌圆形阀门井，立式蝶阀井		
			井内径2.40m		
			井室深2.75m	井室深3.25m	井室深3.50m
			井深3.05m	井深3.55m	井深3.80m
基　　　　　价（元）			6372.79	6853.72	7031.70
其中	人　工　费（元）		1927.38	2143.96	2223.20
	材　料　费（元）		4208.52	4472.87	4571.61
	机　械　费（元）		236.89	236.89	236.89
名　　称		单位	单价（元）	消　　耗　　量		
人工	综合工日	工日	140.00	13.767	15.314	15.880
材料	钢筋混凝土管 DN300	m	51.30	0.513	0.513	0.513
	机砖 240×115×53	千块	384.62	2.717	3.200	3.377
	煤焦油沥青漆 L01-17	kg	6.84	0.783	0.783	0.783
	水	m³	7.96	4.111	4.213	4.249
	水泥砂浆 M10	m³	209.99	1.698	2.001	2.112
	塑钢爬梯	kg	4.00	19.443	22.978	24.745
	现浇混凝土 C15	m³	281.42	0.863	0.863	0.863
	现浇混凝土 C25	m³	307.34	1.512	1.512	1.512
	养生布	m²	2.00	13.457	13.457	13.457
	预制钢筋混凝土盖板 C25	m³	683.76	1.087	1.087	1.087
	铸铁井盖井座	套	825.04	1.000	1.000	1.000
	铸铁井盖井座 φ500重型	套	362.01	1.000	1.000	1.000
机械	电动夯实机 250N·m	台班	26.28	0.051	0.051	0.051
	汽车式起重机 8t	台班	763.67	0.110	0.110	0.110
	双锥反转出料混凝土搅拌机 500L	台班	277.72	0.368	0.368	0.368
	载重汽车 6t	台班	448.55	0.110	0.110	0.110

工作内容：混凝土搅拌、浇捣、养护、砌砖、勾缝、安装井盖。　　　　　　　　　　　　　计量单位：座

定　额　编　号			S5-4-380	S5-4-381
项　目　名　称			砖砌圆形阀门井，立式蝶阀井	
			井内径3.20m	井内径3.60m
			井室深4.00m	井室深4.75m
			井深4.35m	井深5.10m
基　　　　价（元）			14519.71	17985.82
其中	人　工　费（元）		4977.70	6309.94
	材　料　费（元）		8988.55	10999.68
	机　械　费（元）		553.46	676.20
名　　称	单位	单价（元）	消　　耗　　量	
人工 综合工日	工日	140.00	35.555	45.071
材料 钢筋混凝土管 DN300	m	51.30	0.513	0.513
机砖 240×115×53	千块	384.62	8.091	10.476
煤焦油沥青漆 L01-17	kg	6.84	0.783	0.783
水	m³	7.96	9.012	11.030
水泥砂浆 M10	m³	209.99	5.058	6.550
塑钢爬梯	kg	4.00	28.634	33.935
现浇混凝土 C15	m³	281.42	1.502	1.786
现浇混凝土 C25	m³	307.34	3.410	4.111
养生布	m²	2.00	25.439	30.916
预制钢筋混凝土盖板 C25	m³	683.76	2.761	3.400
铸铁井盖井座	套	825.04	1.000	1.000
铸铁井盖井座 φ500重型	套	362.01	1.000	1.000
机械 电动夯实机 250N·m	台班	26.28	0.090	0.107
汽车式起重机 8t	台班	763.67	0.275	0.339
双锥反转出料混凝土搅拌机 500L	台班	277.72	0.784	0.945
载重汽车 6t	台班	448.55	0.275	0.339

③卧式碟阀井

工作内容：混凝土搅拌、浇捣、养护、砌砖、勾缝、安装井盖。　　　　　　　　　　计量单位：座

定　额　编　号			S5-4-382	S5-4-383	S5-4-384
项　目　名　称			砖砌圆形阀门井，卧式蝶阀井		
			井内径2.80m		
			井室深1.85m	井室深1.90m	井室深2.00m
			井深2.15m	井深2.20m	井深2.30m
基　　　　价（元）			6538.73	6587.59	6680.00
其中	人　工　费（元）		1861.02	1882.86	1924.72
	材　料　费（元）		4353.84	4380.86	4431.41
	机　械　费（元）		323.87	323.87	323.87
名　　称	单位	单价（元）	消　　耗　　量		
人工 综合工日	工日	140.00	13.293	13.449	13.748
材料 钢筋混凝土管 DN300	m	51.30	0.513	0.513	0.513
机砖 240×115×53	千块	384.62	2.143	2.193	2.285
煤焦油沥青漆 L01-17	kg	6.84	0.783	0.783	0.783
水	m³	7.96	4.988	4.998	5.017
水泥砂浆 M10	m³	209.99	1.341	1.371	1.429
塑钢爬梯	kg	4.00	13.080	13.433	14.141
现浇混凝土 C15	m³	281.42	1.076	1.076	1.076
现浇混凝土 C25	m³	307.34	1.929	1.929	1.929
养生布	m²	2.00	17.548	17.548	17.548
预制钢筋混凝土盖板 C25	m³	683.76	1.472	1.472	1.472
铸铁井盖井座	套	825.04	1.000	1.000	1.000
铸铁井盖井座 φ500重型	套	362.01	1.000	1.000	1.000
机械 电动夯实机 250N·m	台班	26.28	0.064	0.064	0.064
汽车式起重机 12t	台班	857.15	0.147	0.147	0.147
双锥反转出料混凝土搅拌机 500L	台班	277.72	0.469	0.469	0.469
载重汽车 6t	台班	448.55	0.147	0.147	0.147

工作内容：混凝土搅拌、浇捣、养护、砌砖、勾缝、安装井盖。 计量单位：座

定 额 编 号				S5-4-385	S5-4-386	S5-4-387
项 目 名 称				砖砌圆形阀门井，卧式蝶阀井		
				井内径3.00m		
				井室深2.10m	井室深2.20m	井室深2.30m
				井深2.40m	井深2.50m	井深2.60m
基 价（元）				8530.20	7422.39	7508.84
其中	人 工 费（元）			3297.00	2184.98	2224.04
	材 料 费（元）			4866.42	4870.63	4918.02
	机 械 费（元）			366.78	366.78	366.78
名 称		单位	单价（元）	消	耗	量
人工	综合工日	工日	140.00	23.550	15.607	15.886
材料	钢筋混凝土管 DN300	m	51.30	0.513	0.513	0.513
	机砖 240×115×53	千块	384.62	2.539	2.633	2.719
	煤焦油沥青漆 L01-17	kg	6.84	0.783	0.783	0.783
	水	m³	7.96	5.615	5.635	5.653
	水泥砂浆 M10	m³	209.99	1.588	1.646	1.700
	塑钢爬梯	kg	4.00	14.846	15.554	16.261
	现浇混凝土 C15	m³	281.42	1.198	1.198	1.198
	现浇混凝土 C25	m³	307.34	2.162	2.162	2.162
	养生布	m²	2.00	43.347	19.789	19.789
	预制钢筋混凝土盖板 C25	m³	683.76	1.675	1.675	1.675
	铸铁井盖井座	套	825.04	1.000	1.000	1.000
	铸铁井盖井座 φ500重型	套	362.01	1.000	1.000	1.000
机械	电动夯实机 250N·m	台班	26.28	0.072	0.072	0.072
	汽车式起重机 12t	台班	857.15	0.168	0.168	0.168
	双锥反转出料混凝土搅拌机 500L	台班	277.72	0.524	0.524	0.524
	载重汽车 6t	台班	448.55	0.168	0.168	0.168

工作内容：混凝土搅拌、浇捣、养护、砌砖、勾缝、安装井盖。 计量单位：座

定 额 编 号			S5-4-388	S5-4-389	S5-4-390
项 目 名 称			砖砌圆形阀门井，卧式蝶阀井		
			井内径4.00m		
			井室深2.40m	井室深2.70m	井室深2.90m
			井深2.75m	井深3.05m	井深3.25m
基 价 （元）			15003.28	15615.21	15958.86
其中	人 工 费 （元）		4722.90	4995.90	5148.78
	材 料 费 （元）		9433.02	9771.95	9962.72
	机 械 费 （元）		847.36	847.36	847.36
名 称	单位	单价（元）	消 耗		量
人工 综合工日	工日	140.00	33.735	35.685	36.777
材料 钢筋混凝土管 DN300	m	51.30	0.513	0.513	0.513
机砖 240×115×53	千块	384.62	5.959	6.597	6.955
煤焦油沥青漆 L01-17	kg	6.84	0.783	0.783	0.783
水	m³	7.96	11.862	11.995	12.071
水泥砂浆 M10	m³	209.99	3.725	4.125	4.348
塑钢爬梯	kg	4.00	17.323	19.443	20.855
现浇混凝土 C15	m³	281.42	2.111	2.111	2.111
现浇混凝土 C25	m³	307.34	4.862	4.862	4.862
养生布	m²	2.00	38.561	38.561	38.561
预制钢筋混凝土盖板 C25	m³	683.76	4.111	4.111	4.111
铸铁井盖井座	套	825.04	1.000	1.000	1.000
铸铁井盖井座 φ500重型	套	362.01	1.000	1.000	1.000
机械 电动夯实机 250N·m	台班	26.28	0.126	0.126	0.126
汽车式起重机 12t	台班	857.15	0.408	0.408	0.408
双锥反转出料混凝土搅拌机 500L	台班	277.72	1.121	1.121	1.121
载重汽车 6t	台班	448.55	0.408	0.408	0.408

工作内容：混凝土搅拌、浇捣、养护、砌砖、勾缝、安装井盖。　　　　　　　　　计量单位：座

定　额　编　号			S5-4-391	S5-4-392
项　目　名　称			砖砌圆形阀门井，卧式蝶阀井	
			井内径4.80m	
			井室深3.10m	井室深3.30m
			井深3.45m	井深3.65m
基　　　价（元）			20632.15	21009.11
其中	人　工　费（元）		6683.04	6850.48
	材　料　费（元）		12785.56	12995.08
	机　械　费（元）		1163.55	1163.55
名　　称		单位	单价（元）	消　　耗　　量
人工	综合工日	工日	140.00	47.736	48.932
材料	钢筋混凝土管 DN300	m	51.30	0.513	0.513
	机砖 240×115×53	千块	384.62	8.771	9.165
	煤焦油沥青漆 L01-17	kg	6.84	0.783	0.783
	水	m³	7.96	16.021	16.104
	水泥砂浆 M10	m³	209.99	5.484	5.730
	塑钢爬梯	kg	4.00	22.271	23.687
	现浇混凝土 C15	m³	281.42	2.812	2.812
	现浇混凝土 C25	m³	307.34	6.567	6.567
	养生布	m²	2.00	50.480	50.480
	预制钢筋混凝土盖板 C25	m³	683.76	5.725	5.725
	铸铁井盖井座	套	825.04	1.000	1.000
	铸铁井盖井座 φ500重型	套	362.01	1.000	1.000
机械	电动夯实机 250N·m	台班	26.28	0.168	0.168
	汽车式起重机 12t	台班	857.15	0.567	0.567
	双锥反转出料混凝土搅拌机 500L	台班	277.72	1.508	1.508
	载重汽车 6t	台班	448.55	0.567	0.567

(2)砖砌矩形水表井

工作内容：混凝土搅拌、浇捣、养护、砌砖、勾缝、安装井盖。

计量单位：座

定 额 编 号				S5-4-393	S5-4-394
项 目 名 称				砖砌矩形水表井	
				井室净尺寸(长×宽×高)(m)	
				2.15×1.10×1.40	2.75×1.30×1.40
基 价（元）				5443.37	6578.70
其中	人 工 费（元）			1500.66	1873.76
	材 料 费（元）			3742.01	4443.27
	机 械 费（元）			200.70	261.67
名 称		单位	单价(元)	消 耗 量	
人工	综合工日	工日	140.00	10.719	13.384
材料	钢筋混凝土管 DN300	m	51.30	0.513	0.513
	机砖 240×115×53	千块	384.62	3.096	3.682
	煤焦油沥青漆 L01-17	kg	6.84	0.519	0.519
	水	m³	7.96	4.087	5.185
	水泥砂浆 M10	m³	209.99	1.440	1.712
	塑钢爬梯	kg	4.00	9.898	9.898
	现浇混凝土 C15	m³	281.42	0.893	1.127
	现浇混凝土 C25	m³	307.34	1.543	1.979
	养生布	m²	2.00	13.694	17.921
	预制钢筋混凝土盖板 C25	m³	683.76	0.832	1.127
	铸铁井盖井座	套	825.04	1.000	1.000
机械	电动夯实机 250N·m	台班	26.28	0.053	0.067
	汽车式起重机 8t	台班	763.67	0.084	0.112
	双锥反转出料混凝土搅拌机 500L	台班	277.72	0.351	0.447
	载重汽车 6t	台班	448.55	0.084	0.112

工作内容：混凝土搅拌、浇捣、养护、砌砖、勾缝、安装井盖。 计量单位：座

定 额 编 号				S5-4-395	S5-4-396
项 目 名 称				砖砌矩形水表井	
				井室净尺寸(长×宽×高)(m)	
				2.75×1.30×1.60	2.75×1.50×1.40
基 价（元）				6955.47	6893.69
其中	人 工 费（元）			1990.24	1946.56
	材 料 费（元）			4703.56	4662.27
	机 械 费（元）			261.67	284.86
名 称		单位	单价（元）	消 耗	量
人工	综合工日	工日	140.00	14.216	13.904
材料	钢筋混凝土管 DN300	m	51.30	0.513	0.513
	机砖 240×115×53	千块	384.62	4.208	3.829
	煤焦油沥青漆 L01-17	kg	6.84	0.519	0.519
	水	m³	7.96	5.296	5.574
	水泥砂浆 M10	m³	209.99	1.957	1.780
	塑钢爬梯	kg	4.00	11.311	9.898
	现浇混凝土 C15	m³	281.42	1.127	1.208
	现浇混凝土 C25	m³	307.34	1.979	2.142
	养生布	m²	2.00	17.921	19.488
	预制钢筋混凝土盖板 C25	m³	683.76	1.127	1.228
	铸铁井盖井座	套	825.04	1.000	1.000
机械	电动夯实机 250N·m	台班	26.28	0.067	0.072
	汽车式起重机 8t	台班	763.67	0.112	0.123
	双锥反转出料混凝土搅拌机 500L	台班	277.72	0.447	0.482
	载重汽车 6t	台班	448.55	0.112	0.123

681

工作内容：混凝土搅拌、浇捣、养护、砌砖、勾缝、安装井盖。 计量单位：座

定　额　编　号				S5-4-397	S5-4-398
项　目　名　称				砖砌矩形水表井	
				井室净尺寸(长×宽×高)(m)	
				3.50×2.00×1.40	3.50×2.00×1.60
基　　　价　（元）				9605.85	10619.64
其中	人　工　费（元）			2734.62	3415.30
	材　料　费（元）			6370.29	6703.40
	机　械　费（元）			500.94	500.94
名　　称		单位	单价（元）	消　　耗　　量	
人工	综合工日	工日	140.00	19.533	24.395
材料	钢筋混凝土管 DN300	m	51.30	0.513	0.513
	机砖 240×115×53	千块	384.62	4.744	5.421
	煤焦油沥青漆 L01-17	kg	6.84	0.519	0.519
	水	m³	7.96	8.171	8.313
	水泥砂浆 M10	m³	209.99	2.206	2.520
	塑钢爬梯	kg	4.00	9.898	11.311
	现浇混凝土 C15	m³	281.42	1.675	1.675
	现浇混凝土 C25	m³	307.34	3.025	3.025
	养生布	m²	2.00	28.077	28.077
	预制钢筋混凝土盖板 C25	m³	683.76	2.436	2.436
	铸铁井盖井座	套	825.04	1.000	1.000
机械	电动夯实机 250N·m	台班	26.28	0.100	0.100
	汽车式起重机 8t	台班	763.67	0.242	0.242
	双锥反转出料混凝土搅拌机 500L	台班	277.72	0.738	0.738
	载重汽车 6t	台班	448.55	0.242	0.242

(3)消火栓井

工作内容：混凝土搅拌、浇捣、养护、砌砖、勾缝、安装井盖。　　　　　　　　　计量单位：座

定　　额　　编　　号			S5-4-399
项　　目　　名　　称			M7.5水泥砂浆浅型消火栓井
基　　　　　价（元）			1047.98
其中	人　工　费（元）		81.06
	材　料　费（元）		966.92
	机　械　费（元）		—
名　　称	单位	单价（元）	消　　　　耗　　　　量
人工	综合工日	工日	140.00	0.579
材料	机砖 240×115×53	千块	384.62	0.177
	煤焦油沥青漆 L01-17	kg	6.84	0.492
	水泥砂浆 M7.5	m³	201.87	0.122
	预制钢筋混凝土盖板 C25	m³	683.76	0.053
	铸铁井盖井座	套	825.04	1.000
	其他材料费占材料费	%	—	1.000

683

工作内容：混凝土搅拌、浇捣、养护、砌砖、勾缝、安装井盖。 计量单位：座

定 额 编 号				S5-4-400	S5-4-401
项 目 名 称				M7.5水泥砂浆深型消火栓	
				井深1.2m	井深每增0.25m
基 价（元）				1734.07	153.57
其中	人 工 费（元）			385.00	68.04
	材 料 费（元）			1348.81	85.53
	机 械 费（元）			0.26	—
名 称	单位	单价（元）		消　　　耗　　　量	
人工	综合工日	工日	140.00	2.750	0.486
材料	电	kW·h	0.68	0.200	—
	机砖 240×115×53	千块	384.62	0.894	0.141
	煤焦油沥青漆 L01-17	kg	6.84	0.628	0.114
	水	m³	7.96	0.192	—
	水泥砂浆 M7.5	m³	201.87	0.428	0.093
	碎石 10	t	106.80	0.233	
	预制钢筋混凝土盖板 C25	m³	683.76	0.053	—
	铸铁井盖井座	套	825.04	1.000	—
	铸铁爬梯	kg	3.50	3.737	3.113
	其他材料费占材料费	%	—	1.000	1.000
机械	电动夯实机 250N·m	台班	26.28	0.010	—

684

(4)圆形排泥湿井

工作内容：混凝土搅拌、浇捣、养护、砌砖、勾缝、安装井盖。

计量单位：座

定 额 编 号				S5-4-402	S5-4-403	S5-4-404
项 目 名 称				排泥湿井		
				井内径0.8m	井内径1.0m	井内径1.2m
				井深1.5m	井深2.0m	
基 价（元）				1938.39	2356.27	2893.58
其中	人 工 费（元）			527.80	678.86	909.16
	材 料 费（元）			1394.48	1656.86	1923.67
	机 械 费（元）			16.11	20.55	60.75
名 称		单位	单价（元）	消	耗	量
人工	综合工日	工日	140.00	3.770	4.849	6.494
材料	机砖 240×115×53	千块	384.62	0.569	0.891	0.985
	煤焦油沥青漆 L01-17	kg	6.84	0.678	0.519	0.519
	水	m³	7.96	0.652	0.867	1.342
	水泥砂浆 1:2	m³	281.46	0.192	0.305	0.333
	水泥砂浆 M10	m³	209.99	0.356	0.558	0.615
	塑钢爬梯	kg	4.00	9.901	13.434	12.372
	现浇混凝土 C15	m³	281.42	0.223	0.284	0.345
	现浇混凝土 C25	m³	307.34	0.345	0.447	0.568
	养生布	m²	2.00	1.789	2.306	4.526
	预制钢筋混凝土盖板 C25	m³	683.76	—	—	0.223
	铸铁井盖井座	套	825.04	1.000	1.000	1.000
机械	汽车式起重机 8t	台班	763.67	—	—	0.024
	双锥反转出料混凝土搅拌机 500L	台班	277.72	0.058	0.074	0.114
	载重汽车 6t	台班	448.55	—	—	0.024

工作内容：混凝土搅拌、浇捣、养护、砌砖、勾缝、安装井盖。 计量单位：座

定 额 编 号			S5-4-405	S5-4-406	S5-4-407
项 目 名 称			排泥湿井		
			井内径1.4m	井内径1.6m	井内径1.8m
			井深2.0m	井深2.2m	
基 价（元）			3326.04	4078.87	4548.40
其中	人 工 费（元）		1053.78	1409.66	1590.68
	材 料 费（元）		2194.31	2552.37	2815.13
	机 械 费（元）		77.95	116.84	142.59
名 称		单位	单价(元)	消 耗	量
人工	综合工日	工日	140.00	7.527	10.069	11.362
材料	钢丝网	m²	5.05	—	10.028	11.281
	机砖 240×115×53	千块	384.62	1.121	1.366	1.514
	煤焦油沥青漆 L01-17	kg	6.84	0.519	0.519	0.519
	水	m³	7.96	1.634	2.086	2.471
	水泥砂浆 1∶2	m³	281.46	0.379	0.461	0.511
	水泥砂浆 M10	m³	209.99	0.701	0.854	0.946
	塑钢爬梯	kg	4.00	12.372	13.434	13.434
	铁钉	kg	3.56	—	0.125	0.141
	现浇混凝土 C15	m³	281.42	0.416	0.487	0.568
	现浇混凝土 C25	m³	307.34	0.690	0.832	0.985
	养生布	m²	2.00	5.722	7.048	8.505
	预制钢筋混凝土盖板 C25	m³	683.76	0.406	0.528	0.660
	铸铁井盖井座	套	825.04	1.000	1.000	1.000
机械	汽车式起重机 8t	台班	763.67	0.032	0.054	0.067
	双锥反转出料混凝土搅拌机 500L	台班	277.72	0.141	0.185	0.221
	载重汽车 6t	台班	448.55	0.032	0.054	0.067

686

第二节 非定型井砌筑

1. 非定型井垫层

工作内容：1. 砂石垫层：清基、挂线、拌料、摊铺、找平、夯实、检查标高、材料运输等；
2. 混凝土垫层：清基、挂线、配料、搅拌、捣固、抹平、养护、材料运输。 计量单位：10m³

定　额　编　号				S5-4-408	S5-4-409
项　目　名　称				非定型井毛石垫层	非定型井碎石垫层
基　　　　价（元）				1234.56	2940.44
其中	人　工　费（元）			675.08	714.98
	材　料　费（元）			541.35	2206.01
	机　械　费（元）			18.13	19.45
名　　　称		单位	单价（元）	消　　耗　　量	
人工	综合工日	工日	140.00	4.822	5.107
材料	片石	t	65.00	8.246	—
	碎石	t	106.80	—	20.451
	其他材料费占材料费	%	—	1.000	1.000
机械	电动夯实机 250N·m	台班	26.28	0.690	0.740

工作内容：1.砂石垫层：清基、挂线、拌料、摊铺、找平、夯实、检查标高、材料运输等；
　　　　　2.混凝土垫层：清基、挂线、配料、搅拌、捣固、抹平、养护、材料运输。　计量单位：10m³

定　额　编　号				S5-4-410	S5-4-411
项　目　名　称				非定型井砂砾石垫层	C15混凝土非定型井混凝土垫层
基　　　价（元）				1550.90	5349.86
其中	人　工　费（元）			697.20	1950.48
	材　料　费（元）			834.25	2964.85
	机　械　费（元）			19.45	434.53
名　　　称		单位	单价(元)	消　　耗　　　量	
人工	综合工日	工日	140.00	4.980	13.932
材料	电	kW•h	0.68	—	4.080
	砂砾石	t	60.00	5.819	—
	水	m³	7.96	—	9.587
	现浇混凝土 C15	m³	281.42	—	10.150
	中(粗)砂	t	87.00	5.481	—
	其他材料费占材料费	%	—	1.000	1.000
机械	电动夯实机 250N•m	台班	26.28	0.740	—
	机动翻斗车 1t	台班	220.18	—	0.800
	双锥反转出料混凝土搅拌机 350L	台班	253.32	—	1.020

688

2.非定型井砌筑

工作内容：清理现场、配料、混凝土搅捣、养护、预制构件安装、材料运输。　　　　　　计量单位：10m³

定　额　编　号				S5-4-412	S5-4-413	S5-4-414
项　目　名　称				M7.5非定型砖砌圆形井	M7.5非定型砖砌矩形井	M7.5非定型石砌圆形井
基　　　　价（元）				5113.48	4664.94	4543.68
其中	人　工　费（元）			1995.70	1669.92	2092.44
	材　料　费（元）			3003.29	2913.55	2286.10
	机　械　费（元）			114.49	81.47	165.14
名　　　称		单位	单价（元）	消　　耗　　量		
人工	综合工日	工日	140.00	14.255	11.928	14.946
材料	机砖 240×115×53	千块	384.62	5.181	5.449	—
	块石	m³	92.00	—	—	10.955
	煤焦油沥青漆 L01-17	kg	6.84	3.126	3.126	3.126
	水	m³	7.96	1.088	1.145	—
	水泥砂浆 M7.5	m³	201.87	3.239	2.286	4.643
	铸铁爬梯	kg	3.50	84.840	84.840	84.840
	其他材料费占材料费	%	—	1.000	1.000	1.000
机械	机动翻斗车 1t	台班	220.18	0.520	0.370	0.750

工作内容：清理现场、配料、混凝土搅捣、养护、预制构件安装、材料运输。　　　　　　　　计量单位：10m³

定　额　编　号			S5-4-415	S5-4-416	S5-4-417
项　目　名　称			M7.5非定型石砌矩形井	M7.5非定型混凝土模块圆形井	M7.5非定型混凝土模块矩形井
基　　　价（元）			4030.55	13610.09	13916.02
其中	人　工　费（元）		1765.26	1846.46	1852.90
	材　料　费（元）		2135.38	11543.92	11842.21
	机　械　费（元）		129.91	219.71	220.91
名　　　称		单位	单价（元）	消　　耗		量
人工	综合工日	工日	140.00	12.609	13.189	13.235
材料	电	kW·h	0.68	—	4.451	3.585
	矩形检查井混凝土模块 400×240×180	块	15.98			583.815
	块石	m³	92.00	11.468	—	—
	煤焦油沥青漆 L01-17	kg	6.84	3.126	3.126	3.126
	水	m³	7.96	—	7.406	7.449
	水泥砂浆 M7.5	m³	201.87	3.670	0.810	0.810
	现浇混凝土 C25	m³	307.34	—	4.429	6.026
	圆形检查井混凝土模块 314×240×180	块	15.56	—	612.121	
	铸铁爬梯	kg	3.50	84.840	84.840	84.840
	其他材料费占材料费	%	—	1.000	1.000	1.000
机械	灰浆搅拌机 200L	台班	215.26	—	0.140	0.140
	机动翻斗车 1t	台班	220.18	0.590	0.349	0.351
	双锥反转出料混凝土搅拌机 350L	台班	253.32	—	0.445	0.448

工作内容：清理现场、配料、混凝土搅捣、养护、预制构件安装、材料运输。 计量单位：10m³

定　额　编　号				S5-4-418	S5-4-419
项　目　名　称				C20混凝土现浇非定型混凝土井底流槽	M7.5石砌非定型井底流槽
基　　　价（元）				5757.43	4113.11
其中	人　工　费（元）			2129.26	1933.96
	材　料　费（元）			3193.64	2022.82
	机　械　费（元）			434.53	156.33
	名　　　称	单位	单价（元）	消　　耗　　量	
人工	综合工日	工日	140.00	15.209	13.814
材料	电	kW·h	0.68	4.080	—
	块石	m³	92.00	—	11.468
	水	m³	7.96	9.608	—
	水泥砂浆 1∶2	m³	281.46	—	0.735
	水泥砂浆 M7.5	m³	201.87	—	3.670
	现浇混凝土 C20	m³	296.56	10.150	—
	养生布	m²	2.00	36.342	—
	其他材料费占材料费	%	—	1.000	1.000
机械	机动翻斗车 1t	台班	220.18	0.800	0.710
	双锥反转出料混凝土搅拌机 350L	台班	253.32	1.020	—

3.非定型井勾缝及抹灰(砖墙)

工作内容:清理墙面、筛砂、调制砂浆、勾缝、抹灰、清扫落地灰、材料运输等。　　　　　计量单位:100㎡

定　额　编　号				S5-4-420	S5-4-421
项　目　名　称				非定型井砖墙勾缝	非定型井砖墙井内侧抹灰
基　　　价（元）				678.51	2732.91
其中	人　工　费（元）			608.30	2037.84
	材　料　费（元）			61.40	618.01
	机　械　费（元）			8.81	77.06
名　　称		单位	单价(元)	消　　耗　　量	
人工	综合工日	工日	140.00	4.345	14.556
材料	水泥砂浆 1:2	㎥	281.46	0.216	2.174
	其他材料费占材料费	%	—	1.000	1.000
机械	机动翻斗车 1t	台班	220.18	0.040	0.350

692

工作内容：清理墙面、筛砂、调制砂浆、勾缝、抹灰、清扫落地灰、材料运输等。 计量单位：100m²

定 额 编 号				S5-4-422	S5-4-423
项 目 名 称				非定型井砖墙井底抹灰	非定型井砖墙流槽抹灰
基 价（元）				2019.47	2411.75
其中	人 工 费（元）			1324.40	1716.68
	材 料 费（元）			618.01	618.01
	机 械 费（元）			77.06	77.06
名 称		单位	单价（元）	消 耗	量
人工	综合工日	工日	140.00	9.460	12.262
材料	水泥砂浆 1：2	m³	281.46	2.174	2.174
	其他材料费占材料费	%	—	1.000	1.000
机械	机动翻斗车 1t	台班	220.18	0.350	0.350

4.非定型井勾缝及抹灰(石墙)

工作内容：清理墙面、筛砂、调制砂浆、勾缝、抹灰、清扫落地灰、材料运输等。 计量单位：100㎡

定　额　编　号				S5-4-424	S5-4-425
项　目　名　称				非定型井石墙勾缝	非定型井石墙井内侧抹灰
基　　　　价（元）				1189.41	2937.91
其中	人　工　费（元）			1023.12	2245.04
	材　料　费（元）			148.68	618.01
	机　械　费（元）			17.61	74.86
名　　称		单位	单价(元)	消　耗　量	
人工	综合工日	工日	140.00	7.308	16.036
材料	水泥砂浆 1:2	m³	281.46	0.523	2.174
	其他材料费占材料费	%	—	1.000	1.000
机械	机动翻斗车 1t	台班	220.18	0.080	0.340

694

工作内容：清理墙面、筛砂、调制砂浆、勾缝、抹灰、清扫落地灰、材料运输等。　　　　计量单位：100㎡

定　额　编　号			S5-4-426	S5-4-427
项　目　名　称			非定型井石墙井底抹灰	非定型井石墙流槽抹灰
基　　　价（元）			2015.45	2407.73
其中	人　工　费（元）		1322.58	1714.86
	材　料　费（元）		618.01	618.01
	机　械　费（元）		74.86	74.86
名　　称	单位	单价（元）	消　　耗　　量	
人工	综合工日	工日	140.00	9.447	12.249
材料	水泥砂浆 1:2	m³	281.46	2.174	2.174
	其他材料费占材料费	%	—	1.000	1.000
机械	机动翻斗车 1t	台班	220.18	0.340	0.340

5. 井壁(墙)凿洞

工作内容：凿洞、拌制砂浆、接管口、补齐管口、抹平墙面、清理场地。　　　　　　　计量单位：10m²

定　额　编　号			S5-4-428	S5-4-429
项　目　名　称			井壁(墙)凿洞 砖墙＜24cm	井壁(墙)凿洞 砖墙＜37cm
基　　　价　（元）			942.32	1175.33
其中	人　工　费（元）		802.62	1004.36
	材　料　费（元）		139.70	170.97
	机　械　费（元）		—	—
名　　称		单位	单价（元）	消　　耗　　量	
人工	综合工日	工日	140.00	5.733	7.174
材料	水泥砂浆 1：2	m³	281.46	0.280	0.390
	水泥砂浆 1：2.5	m³	274.23	0.217	0.217
	其他材料费占材料费	%	—	1.000	1.000

696

工作内容：凿洞、拌制砂浆、接管口、补齐管口、抹平墙面、清理场地。　　　　　　　　计量单位：10m²

定　额　编　号				S5-4-430	S5-4-431
项　目　名　称				井壁(墙)凿洞 石墙＜50cm	井壁(墙)凿洞 石墙＜70cm
基　　　价（元）				1854.04	2385.29
其中	人　工　费（元）			1627.92	2115.96
	材　料　费（元）			226.12	269.33
	机　械　费（元）			—	—
名　　　称		单位	单价（元）	消　　耗　　量	
人工	综合工日	工日	140.00	11.628	15.114
材料	水泥砂浆 1：2	m³	281.46	0.584	0.736
	水泥砂浆 1：2.5	m³	274.23	0.217	0.217
	其他材料费占材料费	%	—	1.000	1.000

6.非定型井钢筋混凝土井盖、井圈制作

工作内容：配料、混凝土搅拌、捣固、抹面、养生、材料场内运输等。　　　　　　计量单位：10m³

定 额 编 号			S5-4-432	S5-4-433
项 目 名 称			C20混凝土非定型井钢筋井盖制作	C20混凝土非定型井钢筋井圈制作
基 价 （元）			6125.11	6268.64
其中	人 工 费（元）		2395.96	2629.48
	材 料 费（元）		3295.89	3205.90
	机 械 费（元）		433.26	433.26
名 称		单位	单价(元)	消　　耗　　量	
人工	综合工日	工日	140.00	17.114	18.782
材料	电	kW·h	0.68	4.060	4.060
	水	m³	7.96	15.897	20.265
	现浇混凝土 C20	m³	296.56	10.150	10.150
	养生布	m²	2.00	61.938	—
	其他材料费占材料费	%	—	1.000	1.000
机械	机动翻斗车 1t	台班	220.18	0.800	0.800
	双锥反转出料混凝土搅拌机 350L	台班	253.32	1.015	1.015

工作内容：配料、混凝土搅拌、捣固、抹面、养生、材料场内运输等。 计量单位：10m³

定 额 编 号				S5-4-434	
项 目 名 称				C20混凝土非定型井钢筋小型构件制作	
基 价（元）				6281.30	
其中	人 工 费（元）			2629.48	
	材 料 费（元）			3218.56	
	机 械 费（元）			433.26	
名 称		单位	单价（元）	消 耗 量	
人工	综合工日	工日	140.00	18.782	
材料	电	kW·h	0.68	4.060	
	水	m³	7.96	21.840	
	现浇混凝土 C20	m³	296.56	10.150	
	其他材料费占材料费	%	—	1.000	
机械	机动翻斗车 1t	台班	220.18	0.800	
	双锥反转出料混凝土搅拌机 350L	台班	253.32	1.015	

7.井盖、井箅安装

工作内容：配料、混凝土搅拌、捣固、抹面、养生、材料场内运输等。

计量单位：10套

定 额 编 号			S5-4-435	S5-4-436
项 目 名 称			检查井铸铁井盖、座安装	检查井混凝土井盖、座安装
基 价（元）			8926.15	2758.95
其中	人 工 费（元）		478.52	434.00
	材 料 费（元）		8447.63	2324.95
	机 械 费（元）		—	—
名 称	单位	单价（元）	消 耗	量
人工	综合工日	工日	140.00	3.418	3.100
材料	混凝土井盖井座	套	220.00	—	10.100
	煤焦油沥青漆 L01-17	kg	6.84	4.920	—
	水泥砂浆 1：2	m³	281.46	0.284	0.284
	铸铁井盖井座	套	825.04	10.000	—
	其他材料费占材料费	%	—	1.000	1.000

工作内容：配料、混凝土搅拌、捣固、抹面、养生、材料场内运输等。 计量单位：10m³

定 额 编 号				S5-4-437	
项 目 名 称				小型构件安装	
基 价（元）				3641.11	
其中	人 工 费（元）			409.78	
	材 料 费（元）			3231.33	
	机 械 费（元）			—	
名 称		单位	单价（元）	消 耗 量	
人工	综合工日	工日	140.00	2.927	
材料	垫木	m³	2350.00	0.011	
	麻绳	kg	9.40	0.050	
	小型混凝土构件	m³	314.16	10.100	
	其他材料费占材料费	%	—	1.000	

8.钢筋混凝土井室盖板预制

工作内容：配料、混凝土搅拌、捣固、抹面、养生、材料场内运输等。 计量单位：10m³

定 额 编 号			S5-4-438	
项 目 名 称			C25混凝土预制井室盖板	
基 价 （元）			6521.35	
其中	人 工 费 （元）		2672.04	
	材 料 费 （元）		3416.05	
	机 械 费 （元）		433.26	
名 称	单位	单价（元）	消 耗 量	
人工	综合工日	工日	140.00	19.086
材料	电	kW·h	0.68	4.060
	水	m³	7.96	16.328
	现浇混凝土 C25	m³	307.34	10.150
	养生布	m²	2.00	64.996
	其他材料费占材料费	%	—	1.000
机械	机动翻斗车 1t	台班	220.18	0.800
	双锥反转出料混凝土搅拌机 350L	台班	253.32	1.015

9.井室盖板安装

工作内容：构件提升、就位、固定、铺底灰、调配砂浆、勾抹缝隙。

计量单位：10m³

定 额 编 号					S5-4-439	S5-4-440
项 目 名 称					矩形井室盖板安装	
					每块体积＜0.05m³	每块体积＜0.1m³
基 价 （元）					2658.27	2341.57
其中	人 工 费 （元）				2055.20	2042.46
	材 料 费 （元）				603.07	299.11
	机 械 费 （元）				—	—
名 称		单位	单价（元）		消 耗 量	
人工	综合工日	工日	140.00		14.680	14.589
材料	水泥砂浆 1:2	m³	281.46		2.111	1.047
	其他材料费占材料费	%	—		1.500	1.500

703

工作内容：构件提升、就位、固定、铺底灰、调配砂浆、勾抹缝隙。　　　　　　　　计量单位：10m³

定　额　编　号				S5-4-441	S5-4-442
项　目　名　称				矩形井室盖板安装	
				每块体积<0.3m³	每块体积<0.5m³
基　　　　　价（元）				2015.22	1863.07
其中	人　工　费（元）			1304.80	1179.50
	材　料　费（元）			329.96	303.11
	机　械　费（元）			380.46	380.46
名　　　称		单位	单价（元）	消　　耗　　量	
人工	综合工日	工日	140.00	9.320	8.425
材料	水泥砂浆 1:2	m³	281.46	1.155	1.061
	其他材料费占材料费	%	—	1.500	1.500
机械	汽车式起重机 8t	台班	763.67	0.470	0.470
	载重汽车 5t	台班	430.70	0.050	0.050

工作内容：构件提升、就位、固定、铺底灰、调配砂浆、勾抹缝隙。

计量单位：10m³

定　额　编　号				S5-4-443	S5-4-444
项　目　名　称				矩形井室盖板安装	
				每块体积＜0.7m³	每块体积＜1.0m³
基　　　价（元）				1661.71	1439.60
其中	人　工　费（元）			1069.04	906.92
	材　料　费（元）			269.97	209.98
	机　械　费（元）			322.70	322.70
名　　称		单位	单价（元）	消　　耗　　量	
人工	综合工日	工日	140.00	7.636	6.478
材料	水泥砂浆 1:2	m³	281.46	0.945	0.735
	其他材料费占材料费	%	—	1.500	1.500
机械	汽车式起重机 8t	台班	763.67	0.400	0.400
	载重汽车 5t	台班	430.70	0.040	0.040

工作内容：构件提升、就位、固定、铺底灰、调配砂浆、勾抹缝隙。　　　　　　　　计量单位：10m³

定　额　编　号				S5-4-445	
项　目　名　称				矩形井室盖板安装	
				每块体积＞1.0m³	
基　　　　价（元）				1190.05	
其中	人　工　费（元）			716.24	
	材　料　费（元）			135.13	
	机　械　费（元）			338.68	
名　　　称		单位	单价（元）	消　　耗　　量	
人工	综合工日	工日	140.00	5.116	
材料	水泥砂浆 1：2	m³	281.46	0.473	
	其他材料费占材料费	%	—	1.500	
机械	汽车式起重机 12t	台班	857.15	0.370	
	载重汽车 5t	台班	430.70	0.050	

706

10. 检查井过梁安装

工作内容：构件提升、就位、固定、铺底灰、调配砂浆、勾抹缝隙。

计量单位：10m³

定 额 编 号			S5-4-446	S5-4-447
项 目 名 称			M10水泥砂浆预制混凝土检查井过梁	
			体积<0.5m³	体积<1.0m³
基 价（元）			2470.61	2166.05
其中	人 工 费（元）		1708.84	1484.42
	材 料 费（元）		381.31	358.93
	机 械 费（元）		380.46	322.70
名 称	单位	单价（元）	消 耗 量	
人工	综合工日	工日	140.00	12.206	10.603
材料	水泥砂浆 M10	m³	209.99	1.789	1.684
	其他材料费占材料费	%	—	1.500	1.500
机械	汽车式起重机 8t	台班	763.67	0.470	0.400
	载重汽车 5t	台班	430.70	0.050	0.040

11. 混凝土管截断(有筋)

工作内容：清扫管内杂物、划线、凿管、切断钢筋等操作过程。　　　　　　　　　　计量单位：10根

定　额　编　号				S5-4-448	S5-4-449	S5-4-450
项　目　名　称				有筋混凝土管截断		
				管径φ<300㎜	管径φ<600㎜	管径φ<800㎜
基　　　价（元）				190.26	316.68	475.44
其中	人　工　费（元）			190.26	316.68	475.44
	材　料　费（元）			—	—	—
	机　械　费（元）			—	—	—
名　　称		单位	单价(元)	消　　耗		量
人工	综合工日	工日	140.00	1.359	2.262	3.396

708

工作内容：清扫管内杂物、划线、凿管、切断钢筋等操作过程。 计量单位：10根

定　额　编　号				S5-4-451	S5-4-452
项　目　名　称				有筋混凝土管截断	
				管径φ＜1000mm	管径φ＜1200mm
基　　　　价（元）				731.22	1188.74
其中	人　工　费（元）			731.22	1188.74
	材　料　费（元）			—	—
	机　械　费（元）			—	—
	名　　　称	单位	单价（元）	消　　耗　　量	
人工	综合工日	工日	140.00	5.223	8.491

工作内容：清扫管内杂物、划线、凿管、切断钢筋等操作过程。　　　　　　计量单位：10根

定　额　编　号				S5-4-453
项　目　名　称				有筋混凝土管截断
				管径φ＜1500mm
基　　　　价（元）				1901.90
其中	人　工　费（元）			1901.90
	材　料　费（元）			—
	机　械　费（元）			—
	名　　　称	单位	单价(元)	消　　耗　　量
人 工	综合工日	工日	140.00	13.585

12. 混凝土管截断(无筋)

工作内容：清扫管内杂物、划线、凿管、切断钢筋等操作过程。 计量单位：10根

定　额　编　号				S5-4-454	S5-4-455
项　目　名　称				无筋混凝土管截断	
				管径φ＜300mm	管径φ＜600mm
基　　　　　价（元）				135.94	237.72
其中	人　工　费（元）			135.94	237.72
	材　料　费（元）			—	—
	机　械　费（元）			—	—
名　　称	单位	单价(元)	消	耗	量
人 工	综合工日	工日	140.00	0.971	1.698

711

13.检查井筒砌筑（φ700mm）

工作内容：调制砂浆、盖板以上的井筒砌筑、勾缝、爬梯、井盖、井座安装、场内材料运输等。

计量单位：座

定 额 编 号				S5-4-456	S5-4-457
项 目 名 称				M10水泥砂浆检查井筒砌筑（φ700mm）	
				筒高＜1m	筒高每增减0.5m
基 价（元）				1254.22	150.37
其中	人 工 费（元）			168.42	41.16
	材 料 费（元）			1084.03	109.21
	机 械 费（元）			1.77	—
名 称	单位	单价（元）		消 耗 量	
人工	综合工日	工日	140.00	1.203	0.294
材料	机砖 240×115×53	千块	384.62	0.347	0.172
	水	m³	7.96	0.218	0.032
	水泥砂浆 1∶2	m³	281.46	0.005	0.002
	水泥砂浆 M10	m³	209.99	0.226	0.113
	现浇混凝土 C20	m³	296.56	0.071	—
	铸铁井盖井座	套	825.04	1.010	—
	铸铁爬梯	kg	3.50	9.969	4.979
	其他材料费占材料费	%	—	1.000	1.000
机械	双锥反转出料混凝土搅拌机 350L	台班	253.32	0.007	—

工作内容：调制砂浆、盖板以上的井筒砌筑、勾缝、爬梯、井盖、井座安装、场内材料运输等。

计量单位：座

定 额 编 号				S5-4-458	
项 目 名 称				预制混凝土C30井筒	
				每增减0.36m	
基 价（元）				155.14	
其中	人 工 费（元）			69.30	
	材 料 费（元）			80.95	
	机 械 费（元）			4.89	
名 称		单位	单价（元）	消 耗 量	
人工	综合工日	工日	140.00	0.495	
材料	电	kW•h	0.68	0.201	
	防水砂浆 1：2	m³	312.18	0.007	
	模板木材	m³	1880.34	0.015	
	水	m³	7.96	0.039	
	碳素钢丝	t	3076.92	0.003	
	现浇混凝土 C30	m³	319.73	0.098	
	铸铁爬梯	kg	3.50	2.500	
	其他材料费占材料费	%	—	1.000	
机械	点焊机 75kV•A	台班	131.22	0.002	
	机动翻斗车 1t	台班	220.18	0.009	
	木工单面压刨床 600mm	台班	31.27	0.002	
	木工圆锯机 500mm	台班	25.33	0.002	
	双锥反转出料混凝土搅拌机 350L	台班	253.32	0.010	

14. 设备基础
(1) 独立设备基础

工作内容：混凝土搅拌、浇捣、养护、场内材料运输。

计量单位：10m³

定　额　编　号			S5-4-459	S5-4-460	S5-4-461
项　目　名　称			C20混凝土独立设备基础		
			体积<2m³	体积<5m³	体积>5m³
基　　　价　（元）			4755.06	4602.46	4563.09
其中	人　工　费（元）		1525.30	1376.76	1342.46
	材　料　费（元）		3130.97	3126.91	3121.84
	机　械　费（元）		98.79	98.79	98.79
名　　称		单位	单价（元）	消　　耗　　量		
人工	综合工日	工日	140.00	10.895	9.834	9.589
材料	电	kW•h	0.68	3.120	3.120	3.120
	水	m³	7.96	9.639	9.356	8.841
	现浇混凝土 C20	m³	296.56	10.150	10.150	10.150
	养生布	m²	2.00	5.521	4.638	4.176
	其他材料费占材料费	%	—	1.000	1.000	1.000
机械	双锥反转出料混凝土搅拌机 350L	台班	253.32	0.390	0.390	0.390

(2)杯形设备基础

工作内容：混凝土搅拌、浇捣、养护、场内材料运输。

计量单位：10m³

定 额 编 号				S5-4-462	S5-4-463
项 目 名 称				C20混凝土杯形基础	
				体积<2m³	体积>2m³
基 价（元）				4727.62	4659.44
其中	人 工 费（元）			1497.86	1433.74
	材 料 费（元）			3130.97	3126.91
	机 械 费（元）			98.79	98.79
名 称		单位	单价（元）	消 耗 量	
人工	综合工日	工日	140.00	10.699	10.241
材料	电	kW·h	0.68	3.120	3.120
	水	m³	7.96	9.639	9.356
	现浇混凝土 C20	m³	296.56	10.150	10.150
	养生布	m²	2.00	5.521	4.638
	其他材料费占材料费	%	—	1.000	1.000
机械	双锥反转出料混凝土搅拌机 350L	台班	253.32	0.390	0.390

(3)地脚螺栓孔灌浆

工作内容：混凝土搅拌、浇捣、养护、场内材料运输。

计量单位：m³

定　额　编　号				S5-4-464	S5-4-465
项　目　名　称				地脚螺栓孔灌浆	
				一台设备的灌浆 体积<0.03m³	一台设备的灌浆 体积<0.05m³
基　　　价　（元）				1432.61	1264.53
其中	人　工　费（元）			860.02	717.50
	材　料　费（元）			572.59	547.03
	机　械　费（元）			—	—
名　　　称		单位	单价（元）	消　　耗　　量	
人工	综合工日	工日	140.00	6.143	5.125
材料	水	m³	7.96	15.000	12.000
	水泥 32.5级	kg	0.29	438.000	438.000
	碎石 10	t	106.80	1.758	1.758
	养生布	m²	2.00	10.920	10.080
	中(粗)砂	t	87.00	1.340	1.340

工作内容：混凝土搅拌、浇捣、养护、场内材料运输。

计量单位：m³

定　额　编　号				S5-4-466	S5-4-467
项　目　名　称				地脚螺栓孔灌浆	
				一台设备的灌浆 体积<0.10m³	一台设备的灌浆 体积<0.30m³
基　　　　价（元）				1068.59	925.75
其中	人　工　费（元）			548.80	430.78
	材　料　费（元）			519.79	494.97
	机　械　费（元）			—	—
名　　称		单位	单价（元）	消　　耗　　量	
人工	综合工日	工日	140.00	3.920	3.077
材料	水	m³	7.96	9.000	7.000
	水泥 32.5级	kg	0.29	438.000	438.000
	碎石 10	t	106.80	1.758	1.758
	养生布	m²	2.00	8.400	3.948
	中(粗)砂	t	87.00	1.340	1.340

工作内容：混凝土搅拌、浇捣、养护、场内材料运输。 计量单位：m³

定　额　编　号	S5-4-468
项　目　名　称	地脚螺栓孔灌浆
	一台设备的灌浆体积＞0.30m³
基　　　价（元）	771.21
其中 人　工　费（元）	286.72
材　料　费（元）	484.49
机　械　费（元）	—

	名　　　称	单位	单价（元）	消　　耗　　量
人工	综合工日	工日	140.00	2.048
材　　　料	水	m³	7.96	6.000
	水泥 32.5级	kg	0.29	438.000
	碎石 10	t	106.80	1.758
	养生布	m²	2.00	2.688
	中(粗)砂	t	87.00	1.340

718

（4）设备底座与基础间灌浆

工作内容：混凝土搅拌、浇捣、养护、场内材料运输。

计量单位：m³

定　额　编　号				S5-4-469	S5-4-470
项　目　名　称				设备底座与基础间灌浆	
				一台设备的灌浆 体积＜0.03m³	一台设备的灌浆 体积＜0.05m³
基　　价（元）				1899.67	1663.55
其中	人　工　费（元）			1176.14	984.48
	材　料　费（元）			723.53	679.07
	机　械　费（元）			—	—
名　　称		单位	单价（元）	消　耗　　　量	
人工	综合工日	工日	140.00	8.401	7.032
材料	模板木材	m³	1880.34	0.080	0.070
	水	m³	7.96	15.000	12.000
	水泥 32.5级	kg	0.29	438.000	438.000
	碎石 10	t	106.80	1.758	1.758
	养生布	m²	2.00	10.920	10.080
	圆钉	kg	5.13	0.100	0.080
	中(粗)砂	t	87.00	1.340	1.340

工作内容：混凝土搅拌、浇捣、养护、场内材料运输。 计量单位：m³

定 额 编 号			S5-4-471	S5-4-472
项 目 名 称			设备底座与基础间灌浆	
			一台设备的灌浆 体积＜0.10m³	一台设备的灌浆 体积＜0.30m³
基 价（元）			1422.43	1196.20
其 中	人 工 费（元）		789.46	606.90
	材 料 费（元）		632.97	589.30
	机 械 费（元）		—	—
名 称		单位	单价（元）	消　耗　量
人 工	综合工日	工日	140.00	5.639	4.335
材 料	模板木材	m³	1880.34	0.060	0.050
	水	m³	7.96	9.000	7.000
	水泥 32.5级	kg	0.29	438.000	438.000
	碎石 10	t	106.80	1.758	1.758
	养生布	m²	2.00	8.400	3.948
	圆钉	kg	5.13	0.070	0.060
	中(粗)砂	t	87.00	1.340	1.340

720

工作内容：混凝土搅拌、浇捣、养护、场内材料运输。

计量单位：m³

定 额 编 号					S5-4-473	
项 目 名 称					设备底座与基础间灌浆	
					一台设备的灌浆体积＞0.30m³	
基 价（元）					**999.80**	
其中	人 工 费（元）				420.98	
	材 料 费（元）				578.82	
	机 械 费（元）				—	
	名 称	单位	单价（元）	消 耗 量		
人工	综合工日	工日	140.00	3.007		
材料	模板木材	m³	1880.34	0.050		
	水	m³	7.96	6.000		
	水泥 32.5级	kg	0.29	438.000		
	碎石 10	t	106.80	1.758		
	养生布	m²	2.00	2.688		
	圆钉	kg	5.13	0.060		
	中(粗)砂	t	87.00	1.340		

第三节 排水管道出水口

1. 砖砌排水管道出水口

(1)一字式

工作内容：清底、铺装垫层、混凝土搅拌、浇筑、养护、调制砂浆、砌砖、抹灰、勾缝、材料运输。

计量单位：处

定　额　编　号			S5-4-474	S5-4-475
项　目　名　称			M7.5水泥砂浆砖砌一字式管道出水口	
			H<1.0m	
			管φ<300mm	管φ<400mm
基　　　价（元）			4494.60	4577.06
其中	人　工　费（元）		1430.66	1462.16
	材　料　费（元）		2915.60	2962.01
	机　械　费（元）		148.34	152.89
名　　　称		单位	单价（元）	消　　耗　　量
人工	综合工日	工日	140.00	10.219	10.444
材料	电	kW·h	0.68	1.936	2.040
	机砖 240×115×53	千块	384.62	3.017	3.021
	级配碎石	m³	145.64	5.056	5.081
	水	m³	7.96	3.213	3.350
	水泥砂浆 1:2	m³	281.46	0.012	0.017
	水泥砂浆 M7.5	m³	201.87	1.305	1.300
	现浇混凝土 C15	m³	281.42	1.999	2.040
	现浇混凝土 C20	m³	296.56	0.406	0.498
	养生布	m²	2.00	6.653	6.849
	其他材料费占材料费	%	—	1.000	1.000
机械	灰浆搅拌机 200L	台班	215.26	0.281	0.281
	机动翻斗车 1t	台班	220.18	0.162	0.170
	双锥反转出料混凝土搅拌机 350L	台班	253.32	0.206	0.217

工作内容：清底、铺装垫层、混凝土搅拌、浇筑、养护、调制砂浆、砌砖、抹灰、勾缝、材料运输。

计量单位：处

定　额　编　号				S5-4-476	S5-4-477
项　目　名　称				M7.5水泥砂浆砖砌一字式管道出水口	
				H＜1.5m	
				管φ＜500mm	管φ＜600mm
基　　　价　（元）				6397.92	7626.93
其中	人　工　费（元）			2052.96	2426.20
	材　料　费（元）			4138.43	4954.53
	机　械　费（元）			206.53	246.20
名　　　称		单位	单价（元）	消　耗　量	
人工	综合工日	工日	140.00	14.664	17.330
材料	电	kW·h	0.68	2.528	2.640
	机砖 240×115×53	千块	384.62	4.614	6.200
	级配碎石	m³	145.64	6.642	6.667
	水	m³	7.96	4.326	4.631
	水泥砂浆 1：2	m³	281.46	0.018	0.025
	水泥砂浆 M7.5	m³	201.87	1.992	2.727
	现浇混凝土 C15	m³	281.42	2.496	2.557
	现浇混凝土 C20	m³	296.56	0.650	0.730
	养生布	m²	2.00	8.474	8.789
	其他材料费占材料费	%	—	1.000	1.000
机械	灰浆搅拌机 200L	台班	215.26	0.425	0.587
	机动翻斗车 1t	台班	220.18	0.213	0.221
	双锥反转出料混凝土搅拌机 350L	台班	253.32	0.269	0.281

工作内容：清底、铺装垫层、混凝土搅拌、浇筑、养护、调制砂浆、砌砖、抹灰、勾缝、材料运输。

计量单位：处

定　额　编　号				S5-4-478	S5-4-479
项　目　名　称				M7.5水泥砂浆砖砌一字式管道出水口	
				H<2.0m	
				管φ<700mm	管φ<800mm
基　　　　　价（元）				11159.51	11262.62
其中	人　工　费（元）			3553.34	3584.70
	材　料　费（元）			7258.77	7319.07
	机　械　费（元）			347.40	358.85
名　　称		单位	单价（元）	消　　耗　　量	
人工	综合工日	工日	140.00	25.381	25.605
材料	电	kW·h	0.68	3.472	3.624
	机砖 240×115×53	千块	384.62	9.556	9.551
	级配碎石	m³	145.64	9.260	9.292
	水	m³	7.96	6.416	6.594
	水泥砂浆 1:2	m³	281.46	0.039	0.039
	水泥砂浆 M7.5	m³	201.87	4.213	4.210
	现浇混凝土 C15	m³	281.42	3.451	3.552
	现浇混凝土 C20	m³	296.56	0.863	0.954
	养生布	m²	2.00	10.422	10.745
	其他材料费占材料费	%	—	1.000	1.000
机械	灰浆搅拌机 200L	台班	215.26	0.884	0.901
	机动翻斗车 1t	台班	220.18	0.289	0.306
	双锥反转出料混凝土搅拌机 350L	台班	253.32	0.369	0.385

工作内容：清底、铺装垫层、混凝土搅拌、浇筑、养护、调制砂浆、砌砖、抹灰、勾缝、材料运输。

计量单位：处

定　额　编　号			S5-4-480	S5-4-481
项　目　名　称			M7.5水泥砂浆砖砌一字式管道出水口	
			H<2.5m	
			管φ<900mm	管φ<1000mm
基　　　　　价（元）			15266.65	15453.42
其中	人　工　费（元）		4983.16	5044.90
	材　料　费（元）		9820.73	9933.87
	机　械　费（元）		462.76	474.65
名　　　称		单位	单价（元）	消　　耗　　量
人工	综合工日	工日	140.00	35.594	36.035
材料	电	kW·h	0.68	4.144	4.440
	机砖 240×115×53	千块	384.62	13.427	13.427
	级配碎石	m³	145.64	12.278	12.319
	水	m³	7.96	8.085	8.411
	水泥砂浆 1:2	m³	281.46	0.054	0.054
	水泥砂浆 M7.5	m³	201.87	5.926	5.915
	现浇混凝土 C15	m³	281.42	4.070	4.323
	现浇混凝土 C20	m³	296.56	1.086	1.198
	养生布	m²	2.00	12.466	12.998
	其他材料费占材料费	%	—	1.000	1.000
机械	灰浆搅拌机 200L	台班	215.26	1.275	1.267
	机动翻斗车 1t	台班	220.18	0.349	0.374
	双锥反转出料混凝土搅拌机 350L	台班	253.32	0.440	0.472

725

工作内容：清底、铺装垫层、混凝土搅拌、浇筑、养护、调制砂浆、砌砖、抹灰、勾缝、材料运输。

计量单位：处

定　额　编　号				S5-4-482	S5-4-483
项　目　名　称				M7.5水泥砂浆砖砌一字式管道出水口	
				H＜3.0m	
				管φ＜1100mm	管φ＜1200mm
基　　　　价（元）				20271.63	21630.42
其中	人　工　费（元）			6635.58	7052.36
	材　料　费（元）			13012.54	13930.18
	机　械　费（元）			623.51	647.88
名　　　称		单位	单价（元）	消　　耗　　量	
人工	综合工日	工日	140.00	47.397	50.374
材料	电	kW·h	0.68	5.336	5.496
	机砖 240×115×53	千块	384.62	18.309	19.372
	级配碎石	m³	145.64	14.708	17.187
	水	m³	7.96	10.469	10.931
	水泥砂浆 1:2	m³	281.46	0.154	0.164
	水泥砂浆 M7.5	m³	201.87	8.180	8.549
	现浇混凝土 C15	m³	281.42	5.297	5.410
	现浇混凝土 C20	m³	296.56	1.339	1.421
	养生布	m²	2.00	15.122	15.847
	其他材料费占材料费	%	—	1.000	1.000
机械	灰浆搅拌机 200L	台班	215.26	1.768	1.853
	机动翻斗车 1t	台班	220.18	0.451	0.459
	双锥反转出料混凝土搅拌机 350L	台班	253.32	0.567	0.584

工作内容：清底、铺装垫层、混凝土搅拌、浇筑、养护、调制砂浆、砌砖、抹灰、勾缝、材料运输。

计量单位：处

定 额 编 号				S5-4-484	S5-4-485
项 目 名 称				M7.5水泥砂浆砖砌一字式管道出水口	
				H<3.5m	
				管φ＜1350mm	管φ＜1500mm
基 价（元）				27055.55	28368.83
其中	人 工 费（元）			8832.46	9252.04
	材 料 费（元）			17431.12	18292.24
	机 械 费（元）			791.97	824.55
名 称		单位	单价（元）	消 耗 量	
人工	综合工日	工日	140.00	63.089	66.086
材料	电	kW•h	0.68	6.144	6.400
	机砖 240×115×53	千块	384.62	24.893	25.948
	级配碎石	m³	145.64	21.185	22.930
	水	m³	7.96	12.915	13.430
	水泥砂浆 1：2	m³	281.46	0.215	0.226
	水泥砂浆 M7.5	m³	201.87	10.998	11.449
	现浇混凝土 C15	m³	281.42	6.029	6.222
	现浇混凝土 C20	m³	296.56	1.614	1.745
	养生布	m²	2.00	17.909	18.459
	其他材料费占材料费	%	—	1.000	1.000
机械	灰浆搅拌机 200L	台班	215.26	2.389	2.482
	机动翻斗车 1t	台班	220.18	0.510	0.536
	双锥反转出料混凝土搅拌机 350L	台班	253.32	0.653	0.680

工作内容：清底、铺装垫层、混凝土搅拌、浇筑、养护、调制砂浆、砌砖、抹灰、勾缝、材料运输。

计量单位：处

定　额　编　号				S5-4-486	S5-4-487
项　目　名　称				M7.5水泥砂浆砖砌一字式管道出水口	
				H<4.0m	
				管φ<1650mm	管φ<1800mm
基　　　　价（元）				34061.34	35513.76
其中	人　工　费（元）			11132.66	11596.62
	材　料　费（元）			21934.09	22886.28
	机　械　费（元）			994.59	1030.86
名　　　称		单位	单价（元）	消　　耗　　量	
人工	综合工日	工日	140.00	79.519	82.833
材料	电	kW・h	0.68	7.464	7.728
	机砖 240×115×53	千块	384.62	31.839	33.009
	级配碎石	m³	145.64	25.673	27.642
	水	m³	7.96	15.834	16.370
	水泥砂浆 1:2	m³	281.46	0.267	0.277
	水泥砂浆 M7.5	m³	201.87	14.094	14.596
	现浇混凝土 C15	m³	281.42	7.358	7.561
	现浇混凝土 C20	m³	296.56	1.918	2.050
	养生布	m²	2.00	20.538	21.097
	其他材料费占材料费	%	—	1.000	1.000
机械	灰浆搅拌机 200L	台班	215.26	3.052	3.162
	机动翻斗车 1t	台班	220.18	0.621	0.646
	双锥反转出料混凝土搅拌机 350L	台班	253.32	0.793	0.821

728

工作内容：清底、铺装垫层、混凝土搅拌、浇筑、养护、调制砂浆、砌砖、抹灰、勾缝、材料运输。

计量单位：处

定 额 编 号			S5-4-488	S5-4-489
项 目 名 称			M7.5水泥砂浆砖砌一字式管道出水口	
			H＜4.5m	
			管φ＜2000mm	管φ＜2200mm
基 价 （元）			41892.05	43583.75
其中	人 工 费 （元）		13701.10	14237.16
	材 料 费 （元）		26967.87	28079.26
	机 械 费 （元）		1223.08	1267.33
名 称		单位	单价（元）	消 耗 量	
人工	综合工日	工日	140.00	97.865	101.694
材料	电	kW·h	0.68	8.928	9.344
	机砖 240×115×53	千块	384.62	39.616	40.897
	级配碎石	m³	145.64	30.641	32.875
	水	m³	7.96	19.110	20.486
	水泥砂浆 1∶2	m³	281.46	0.318	0.328
	水泥砂浆 M7.5	m³	201.87	17.558	18.112
	现浇混凝土 C15	m³	281.42	8.840	9.165
	现浇混凝土 C20	m³	296.56	2.274	2.456
	养生布	m²	2.00	23.474	28.977
	其他材料费占材料费	%	—	1.000	1.000
机械	灰浆搅拌机 200L	台班	215.26	3.800	3.919
	机动翻斗车 1t	台班	220.18	0.748	0.782
	双锥反转出料混凝土搅拌机 350L	台班	253.32	0.949	0.993

工作内容：清底、铺装垫层、混凝土搅拌、浇筑、养护、调制砂浆、砌砖、抹灰、勾缝、材料运输。

计量单位：处

定　额　编　号				S5-4-490	
项　目　名　称				M7.5水泥砂浆砖砌一字式管道出水口	
				H＜5.0m	
				管φ＜2400mm	
基　　　　　价（元）				50617.95	
其中	人　工　费（元）			16526.02	
	材　料　费（元）			32635.73	
	机　械　费（元）			1456.20	
名　　　称		单位	单价(元)	消　　耗　　量	
人工	综合工日	工日	140.00	118.043	
材料	电	kW·h	0.68	10.232	
	机砖 240×115×53	千块	384.62	48.008	
	级配碎石	m³	145.64	38.332	
	水	m³	7.96	22.376	
	水泥砂浆 1:2	m³	281.46	0.400	
	水泥砂浆 M7.5	m³	201.87	21.259	
	现浇混凝土 C15	m³	281.42	10.028	
	现浇混凝土 C20	m³	296.56	2.699	
	养生布	m²	2.00	26.697	
	其他材料费占材料费	%	—	1.000	
机械	灰浆搅拌机 200L	台班	215.26	4.607	
	机动翻斗车 1t	台班	220.18	0.859	
	双锥反转出料混凝土搅拌机 350L	台班	253.32	1.087	

（2）八字式

工作内容：清底、铺装垫层、混凝土搅拌、浇筑、养护、调制砂浆、砌砖、抹灰、勾缝、材料运输。

计量单位：处

定 额 编 号			S5-4-491	S5-4-492
项 目 名 称			M7.5水泥砂浆八字式管道出水口	
			H×L」＜0.83m×1.11m	H×L」＜0.94m×1.32m
			管φ＜300mm	管φ＜400mm
基 价（元）			1894.05	2265.30
其中	人 工 费（元）		647.36	771.12
	材 料 费（元）		1142.41	1369.71
	机 械 费（元）		104.28	124.47
名 称		单位	单价（元）	消 耗 量	
人工	综合工日	工日	140.00	4.624	5.508
材料	电	kW·h	0.68	1.808	2.136
	机砖 240×115×53	千块	384.62	0.903	1.111
	水	m³	7.96	2.468	2.856
	水泥砂浆 1：2	m³	281.46	0.010	0.010
	水泥砂浆 1：3	m³	250.74	0.049	0.055
	水泥砂浆 M7.5	m³	201.87	0.420	0.513
	现浇混凝土 C15	m³	281.42	0.630	0.822
	现浇混凝土 C20	m³	296.56	1.604	1.827
	养生布	m²	2.00	5.023	5.670
	其他材料费占材料费	%	—	1.000	1.000
机械	灰浆搅拌机 200L	台班	215.26	0.102	0.128
	机动翻斗车 1t	台班	220.18	0.153	0.179
	双锥反转出料混凝土搅拌机 350L	台班	253.32	0.192	0.227

工作内容：清底、铺装垫层、混凝土搅拌、浇筑、养护、调制砂浆、砌砖、抹灰、勾缝、材料运输。

计量单位：处

定 额 编 号				S5-4-493	S5-4-494
项 目 名 称				M7.5水泥砂浆八字式管道出水口	
				H×L₁ <1.04m×1.53m	H×L₁ <1.15m×1.75m
				管φ<500mm	管φ<600mm
基 价（元）				2661.77	3111.04
其中	人 工 费（元）			915.60	1057.42
	材 料 费（元）			1604.18	1886.44
	机 械 费（元）			141.99	167.18
名 称		单位	单价（元）	消 耗 量	
人工	综合工日	工日	140.00	6.540	7.553
材料	电	kW·h	0.68	2.448	2.832
	机砖 240×115×53	千块	384.62	1.334	1.619
	水	m³	7.96	3.780	3.917
	水泥砂浆 1:2	m³	281.46	0.010	0.010
	水泥砂浆 1:3	m³	250.74	0.060	0.064
	水泥砂浆 M7.5	m³	201.87	0.615	0.748
	现浇混凝土 C15	m³	281.42	1.005	1.218
	现浇混凝土 C20	m³	296.56	2.040	2.303
	养生布	m²	2.00	6.822	8.177
	其他材料费占材料费	%	—	1.000	1.000
机械	灰浆搅拌机 200L	台班	215.26	0.145	0.179
	机动翻斗车 1t	台班	220.18	0.204	0.238
	双锥反转出料混凝土搅拌机 350L	台班	253.32	0.260	0.301

732

工作内容：清底、铺装垫层、混凝土搅拌、浇筑、养护、调制砂浆、砌砖、抹灰、勾缝、材料运输。

计量单位：处

定 额 编 号			S5-4-495	S5-4-496
项 目 名 称			M7.5水泥砂浆八字式管道出水口	
			H×L｜ <1.26m×1.96m	H×L｜ <1.37m×2.18m
			管φ<700mm	管φ<800mm
基 价 （元）			3624.30	4199.05
其中	人 工 费（元）		1229.90	1424.36
	材 料 费（元）		2201.52	2554.84
	机 械 费（元）		192.88	219.85
名 称		单位	单价（元）	消 耗 量
人工	综合工日	工日	140.00	8.785	10.174
材料	电	kW·h	0.68	3.240	3.688
	机砖 240×115×53	千块	384.62	1.942	2.315
	水	m³	7.96	4.547	5.219
	水泥砂浆 1：2	m³	281.46	0.010	0.010
	水泥砂浆 1：3	m³	250.74	0.069	0.074
	水泥砂浆 M7.5	m³	201.87	0.902	1.076
	现浇混凝土 C15	m³	281.42	1.462	1.725
	现浇混凝土 C20	m³	296.56	2.568	2.862
	养生布	m²	2.00	9.592	11.156
	其他材料费占材料费	%	—	1.000	1.000
机械	灰浆搅拌机 200L	台班	215.26	0.213	0.247
	机动翻斗车 1t	台班	220.18	0.272	0.306
	双锥反转出料混凝土搅拌机 350L	台班	253.32	0.344	0.392

工作内容：清底、铺装垫层、混凝土搅拌、浇筑、养护、调制砂浆、砌砖、抹灰、勾缝、材料运输。

计量单位：处

定　额　编　号				S5-4-497	S5-4-498
项　目　名　称				M7.5水泥砂浆八字式管道出水口	
				H×L₁＜1.47m×2.39m	H×L₁＜1.58m×2.60m
				管φ＜900mm	管φ＜1000mm
基　　　价（元）				4819.11	5501.77
其中	人　工　费（元）			1632.68	1863.26
	材　料　费（元）			2935.16	3353.58
	机　械　费（元）			251.27	284.93
名　　称		单位	单价（元）	消　　耗　　量	
人工	综合工日	工日	140.00	11.662	13.309
材料	电	kW·h	0.68	4.168	4.672
	机砖 240×115×53	千块	384.62	2.715	3.183
	水	m³	7.96	5.945	6.731
	水泥砂浆 1:2	m³	281.46	0.013	0.015
	水泥砂浆 1:3	m³	250.74	0.080	0.085
	水泥砂浆 M7.5	m³	201.87	1.261	1.476
	现浇混凝土 C15	m³	281.42	2.010	2.314
	现浇混凝土 C20	m³	296.56	3.177	3.492
	养生布	m²	2.00	12.798	14.545
	其他材料费占材料费	%	—	1.000	1.000
机械	灰浆搅拌机 200L	台班	215.26	0.289	0.340
	机动翻斗车 1t	台班	220.18	0.349	0.391
	双锥反转出料混凝土搅拌机 350L	台班	253.32	0.443	0.496

734

工作内容：清底、铺装垫层、混凝土搅拌、浇筑、养护、调制砂浆、砌砖、抹灰、勾缝、材料运输。

计量单位：处

定 额 编 号				S5-4-499	S5-4-500
项 目 名 称				M7.5水泥砂浆八字式管道出水口	
				H×L｝＜1.69m×2.82m	H×L｝＜1.79m×3.03m
				管φ＜1100mm	管φ＜1200mm
基 价 （元）				6876.72	7673.96
其中	人 工 费 （元）			2317.14	2584.26
	材 料 费 （元）			4193.70	4685.40
	机 械 费 （元）			365.88	404.30
	名 称	单位	单价（元）	消 耗 量	
人工	综合工日	工日	140.00	16.551	18.459
材料	电	kW·h	0.68	6.224	6.824
	机砖 240×115×53	千块	384.62	3.712	4.242
	水	m³	7.96	8.537	9.440
	水泥砂浆 1:2	m³	281.46	0.017	0.018
	水泥砂浆 1:3	m³	250.74	0.089	0.095
	水泥砂浆 M7.5	m³	201.87	1.722	1.968
	现浇混凝土 C15	m³	281.42	3.298	3.684
	现浇混凝土 C20	m³	296.56	4.435	4.811
	养生布	m²	2.00	17.097	19.001
	其他材料费占材料费	%	—	1.000	1.000
机械	灰浆搅拌机 200L	台班	215.26	0.391	0.442
	机动翻斗车 1t	台班	220.18	0.519	0.570
	双锥反转出料混凝土搅拌机 350L	台班	253.32	0.661	0.725

工作内容：清底、铺装垫层、混凝土搅拌、浇筑、养护、调制砂浆、砌砖、抹灰、勾缝、材料运输。

计量单位：处

定　额　编　号				S5-4-501	S5-4-502
项　目　名　称				M7.5水泥砂浆八字式管道出水口	
				H×L₁ <1.96m×3.36m	H×L₁ <2.12m×3.68m
				管φ<1350mm	管φ<1500mm
基　　　　　　价（元）				9209.60	11320.00
其中	人　工　费（元）			3100.58	4141.48
	材　料　费（元）			5627.46	6621.64
	机　械　费（元）			481.56	556.88
名　　称		单位	单价（元）	消　　耗　　量	
人工	综合工日	工日	140.00	22.147	29.582
材料	电	kW·h	0.68	7.976	9.128
	机砖 240×115×53	千块	384.62	5.285	6.421
	水	m³	7.96	11.120	12.842
	水泥砂浆 1:2	m³	281.46	0.023	0.026
	水泥砂浆 1:3	m³	250.74	0.102	0.110
	水泥砂浆 M7.5	m³	201.87	2.450	2.983
	现浇混凝土 C15	m³	281.42	4.446	5.207
	现浇混凝土 C20	m³	296.56	5.471	6.150
	养生布	m²	2.00	22.390	25.867
	其他材料费占材料费	%	—	1.000	1.000
机械	灰浆搅拌机 200L	台班	215.26	0.553	0.663
	机动翻斗车 1t	台班	220.18	0.672	0.765
	双锥反转出料混凝土搅拌机 350L	台班	253.32	0.847	0.970

工作内容：清底、铺装垫层、混凝土搅拌、浇筑、养护、调制砂浆、砌砖、抹灰、勾缝、材料运输。

计量单位：处

定　额　编　号				S5-4-503	S5-4-504
项　目　名　称				M7.5水泥砂浆八字式管道出水口	
				H×L₁＜2.28m×4.00m	H×L₁＜2.44m×4.33m
				管φ＜1650mm	管φ＜1800mm
基　　　价（元）				12787.75	14743.26
其中	人　工　费（元）			4479.58	5140.52
	材　料　费（元）			7663.33	8880.90
	机　械　费（元）			644.84	721.84
名　　称		单位	单价（元）	消　　耗　　量	
人工	综合工日	工日	140.00	31.997	36.718
材料	电	kW·h	0.68	10.464	11.616
	机砖 240×115×53	千块	384.62	7.652	9.121
	水	m³	7.96	14.616	16.611
	水泥砂浆 1：2	m³	281.46	0.029	0.033
	水泥砂浆 1：3	m³	250.74	0.118	0.125
	水泥砂浆 M7.5	m³	201.87	3.547	4.233
	现浇混凝土 C15	m³	281.42	5.957	6.841
	现浇混凝土 C20	m³	296.56	6.851	7.612
	养生布	m²	2.00	29.476	33.485
	其他材料费占材料费	%	—	1.000	1.000
机械	灰浆搅拌机 200L	台班	215.26	0.791	0.910
	机动翻斗车 1t	台班	220.18	0.876	0.969
	双锥反转出料混凝土搅拌机 350L	台班	253.32	1.112	1.234

737

工作内容：清底、铺装垫层、混凝土搅拌、浇筑、养护、调制砂浆、砌砖、抹灰、勾缝、材料运输。

计量单位：处

定 额 编 号				S5-4-505	S5-4-506
项 目 名 称				M7.5水泥砂浆八字式管道出水口	
				H×L₁<2.66m×4.76m	H×L₁<2.88m×5.20m
				管φ<2000mm	管φ<2200mm
基 价 （元）				17803.93	21218.03
其中	人 工 费 （元）			6239.66	7447.02
	材 料 费 （元）			10700.45	12758.43
	机 械 费 （元）			863.82	1012.58
名 称		单位	单价（元）	消 耗 量	
人工	综合工日	工日	140.00	44.569	53.193
材料	电	kW·h	0.68	13.520	15.560
	机砖 240×115×53	千块	384.62	11.379	14.016
	水	m³	7.96	19.520	22.691
	水泥砂浆 1:2	m³	281.46	0.039	0.045
	水泥砂浆 1:3	m³	250.74	0.135	0.146
	水泥砂浆 M7.5	m³	201.87	5.279	6.509
	现浇混凝土 C15	m³	281.42	8.109	9.479
	现浇混凝土 C20	m³	296.56	8.708	9.875
	养生布	m²	2.00	39.181	45.357
	其他材料费占材料费	%	—	1.000	1.000
机械	灰浆搅拌机 200L	台班	215.26	1.165	1.428
	机动翻斗车 1t	台班	220.18	1.131	1.301
	双锥反转出料混凝土搅拌机 350L	台班	253.32	1.437	1.653

738

工作内容：清底、铺装垫层、混凝土搅拌、浇筑、养护、调制砂浆、砌砖、抹灰、勾缝、材料运输。

计量单位：处

定　额　编　号				S5-4-507
项　目　名　称				M7.5水泥砂浆八字式管道出水口
				H×L₁ <3.09m×5.62m
				管φ<2400mm
基　　　　　价（元）				24958.90
其中	人　工　费（元）			8771.28
	材　料　费（元）			15012.88
	机　械　费（元）			1174.74
名　　　称		单位	单价（元）	消　　耗　　量
人工	综合工日	工日	140.00	62.652
材料	电	kW·h	0.68	17.744
	机砖 240×115×53	千块	384.62	16.955
	水	m³	7.96	26.072
	水泥砂浆 1：2	m³	281.46	0.051
	水泥砂浆 1：3	m³	250.74	0.155
	水泥砂浆 M7.5	m³	201.87	7.872
	现浇混凝土 C15	m³	281.42	10.961
	现浇混凝土 C20	m³	296.56	11.103
	养生布	m²	2.00	51.857
	其他材料费占材料费	%	—	1.000
机械	灰浆搅拌机 200L	台班	215.26	1.717
	机动翻斗车 1t	台班	220.18	1.488
	双锥反转出料混凝土搅拌机 350L	台班	253.32	1.885

(3)门字式

工作内容:清底、铺装垫层、混凝土搅拌、浇筑、养护、调制砂浆、砌砖、抹灰、勾缝、材料运输。

计量单位:处

定 额 编 号				S5-4-508	S5-4-509
项 目 名 称				M7.5水泥砂浆门字式管道出水口	
				H×L₁ <1.0m×0.91m	
				管φ<300mm	管φ<400mm
基 价(元)				1816.31	1850.53
其中	人 工 费(元)			592.20	599.90
	材 料 费(元)			1118.67	1141.65
	机 械 费(元)			105.44	108.98
名 称		单位	单价(元)	消 耗 量	
人工	综合工日	工日	140.00	4.230	4.285
材料	电	kW·h	0.68	1.976	2.040
	机砖 240×115×53	千块	384.62	0.753	0.753
	水	m³	7.96	2.447	2.478
	水泥砂浆 1:2	m³	281.46	0.006	0.006
	水泥砂浆 M7.5	m³	201.87	0.350	0.349
	现浇混凝土 C15	m³	281.42	0.802	0.843
	现浇混凝土 C20	m³	296.56	1.655	1.694
	养生布	m²	2.00	4.150	3.931
	其他材料费占材料费	%	—	1.000	1.000
机械	灰浆搅拌机 200L	台班	215.26	0.077	0.077
	机动翻斗车 1t	台班	220.18	0.162	0.170
	双锥反转出料混凝土搅拌机 350L	台班	253.32	0.210	0.217

工作内容：清底、铺装垫层、混凝土搅拌、浇筑、养护、调制砂浆、砌砖、抹灰、勾缝、材料运输。

计量单位：处

定　额　编　号				S5-4-510	S5-4-511
项　目　名　称				M7.5水泥砂浆门字式管道出水口	
				H×L₁<1.5m×1.06m	
				管φ<500mm	管φ<600mm
基　　　　　价（元）				2911.23	3032.82
其中	人　工　费（元）			1140.44	1176.14
	材　料　费（元）			1651.71	1703.05
	机　械　费（元）			119.08	153.63
名　　　称		单位	单价（元）	消　　耗　　量	
人工	综合工日	工日	140.00	8.146	8.401
材料	电	kW·h	0.68	2.616	2.736
	机砖 240×115×53	千块	384.62	1.361	1.371
	水	m³	7.96	3.234	3.392
	水泥砂浆 1：2	m³	281.46	0.013	0.013
	水泥砂浆 M7.5	m³	201.87	0.631	0.636
	现浇混凝土 C15	m³	281.42	1.299	1.380
	现浇混凝土 C20	m³	296.56	1.948	2.020
	养生布	m²	2.00	5.032	5.277
	其他材料费占材料费	%	—	1.000	1.000
机械	灰浆搅拌机 200L	台班	215.26	—	0.136
	机动翻斗车 1t	台班	220.18	0.221	0.230
	双锥反转出料混凝土搅拌机 350L	台班	253.32	0.278	0.291

工作内容：清底、铺装垫层、混凝土搅拌、浇筑、养护、调制砂浆、砌砖、抹灰、勾缝、材料运输。

计量单位：处

定　额　编　号				S5-4-512	S5-4-513
项　目　名　称				M7.5水泥砂浆门字式管道出水口	
				H×L₁＜1.5m×1.06m	H×L₁＜2.0m×1.21m
				管φ＜700mm	管φ＜800mm
基　　　　　价（元）				3126.30	4227.53
其中	人　工　费（元）			1212.54	1647.52
	材　料　费（元）			1754.82	2374.82
	机　械　费（元）			158.94	205.19
名　　　称		单位	单价（元）	消　　耗　　量	
人工	综合工日	工日	140.00	8.661	11.768
材料	电	kW•h	0.68	2.872	3.496
	机砖 240×115×53	千块	384.62	1.371	2.170
	水	m³	7.96	3.528	4.410
	水泥砂浆 1：2	m³	281.46	0.013	0.018
	水泥砂浆 M7.5	m³	201.87	0.636	1.005
	现浇混凝土 C15	m³	281.42	1.472	1.999
	现浇混凝土 C20	m³	296.56	2.100	2.344
	养生布	m²	2.00	5.512	6.779
	其他材料费占材料费	%	—	1.000	1.000
机械	灰浆搅拌机 200L	台班	215.26	0.136	0.221
	机动翻斗车 1t	台班	220.18	0.238	0.289
	双锥反转出料混凝土搅拌机 350L	台班	253.32	0.305	0.371

742

工作内容：清底、铺装垫层、混凝土搅拌、浇筑、养护、调制砂浆、砌砖、抹灰、勾缝、材料运输。

计量单位：处

定　额　编　号			S5-4-514	S5-4-515
项　目　名　称			M7.5水泥砂浆门字式管道出水口	
			H×L｜＜2.0m×1.21m	H×L｜＜2.5m×1.49m
			管φ＜900mm	管φ＜1000mm
基　　　　价（元）			4333.41	5650.12
其中	人　工　费（元）		1688.26	1857.24
	材　料　费（元）		2431.91	3500.54
	机　械　费（元）		213.24	292.34
名　　　称		单位	单价（元）	消　　耗　　量	
人工	综合工日	工日	140.00	12.059	13.266
材料	电	kW·h	0.68	3.648	4.736
	机砖 240×115×53	千块	384.62	2.160	3.535
	水	m³	7.96	4.578	6.248
	水泥砂浆 1：2	m³	281.46	0.027	0.027
	水泥砂浆 M7.5	m³	201.87	1.005	1.640
	现浇混凝土 C15	m³	281.42	2.111	2.670
	现浇混凝土 C20	m³	296.56	2.426	3.228
	养生布	m²	2.00	7.059	2.969
	其他材料费占材料费	%	—	1.000	1.000
机械	灰浆搅拌机 200L	台班	215.26	0.221	0.357
	机动翻斗车 1t	台班	220.18	0.306	0.400
	双锥反转出料混凝土搅拌机 350L	台班	253.32	0.388	0.503

工作内容：清底、铺装垫层、混凝土搅拌、浇筑、养护、调制砂浆、砌砖、抹灰、勾缝、材料运输。

计量单位：处

定 额 编 号				S5-4-516	S5-4-517
项 目 名 称				M7.5水泥砂浆门字式管道出水口	
				H×L₁＜2.5m×1.61m	H×L₁＜3.0m×1.76m
				管φ＜1100mm	管φ＜1200mm
基 价 （元）				6552.56	8244.29
其中	人 工 费 （元）			2200.94	2765.70
	材 料 费 （元）			4015.81	5073.79
	机 械 费 （元）			335.81	404.80
名 称		单位	单价（元）	消 耗 量	
人工	综合工日	工日	140.00	15.721	19.755
材料	电	kW·h	0.68	5.456	6.304
	机砖 240×115×53	千块	384.62	4.039	5.529
	水	m³	7.96	7.182	8.463
	水泥砂浆 1:2	m³	281.46	0.029	0.037
	水泥砂浆 M7.5	m³	201.87	1.876	2.563
	现浇混凝土 C15	m³	281.42	2.974	3.694
	现浇混凝土 C20	m³	296.56	3.806	4.151
	养生布	m²	2.00	4.583	13.471
	其他材料费占材料费	%	—	1.000	1.000
机械	灰浆搅拌机 200L	台班	215.26	0.408	0.553
	机动翻斗车 1t	台班	220.18	0.459	0.527
	双锥反转出料混凝土搅拌机 350L	台班	253.32	0.580	0.670

工作内容：清底、铺装垫层、混凝土搅拌、浇筑、养护、调制砂浆、砌砖、抹灰、勾缝、材料运输。

计量单位：处

定 额 编 号				S5-4-518	S5-4-519
项 目 名 称				M7.5水泥砂浆门字式管道出水口	
				H×L」＜3.0m×1.76m	H×L」＜3.5m×2.04m
				管φ＜1350mm	管φ＜1500mm
基 价（元）				8407.36	12301.13
其中	人 工 费（元）			2819.04	4878.86
	材 料 费（元）			5170.70	6887.70
	机 械 费（元）			417.62	534.57
名 称		单位	单价（元）	消 耗 量	
人工	综合工日	工日	140.00	20.136	34.849
材料	电	kW·h	0.68	6.568	8.040
	机砖 240×115×53	千块	384.62	5.524	7.906
	水	m³	7.96	8.768	11.004
	水泥砂浆 1∶2	m³	281.46	0.040	0.049
	水泥砂浆 M7.5	m³	201.87	2.563	3.670
	现浇混凝土 C15	m³	281.42	3.897	4.688
	现浇混凝土 C20	m³	296.56	4.273	5.318
	养生布	m²	2.00	14.030	17.289
	其他材料费占材料费	%	—	1.000	1.000
机械	灰浆搅拌机 200L	台班	215.26	0.553	0.791
	机动翻斗车 1t	台班	220.18	0.553	0.672
	双锥反转出料混凝土搅拌机 350L	台班	253.32	0.698	0.854

工作内容：清底、铺装垫层、混凝土搅拌、浇筑、养护、调制砂浆、砌砖、抹灰、勾缝、材料运输。

计量单位：处

定 额 编 号			S5-4-520	S5-4-521
项 目 名 称			M7.5水泥砂浆门字式管道出水口	
			H×L₁ <3.5m×2.17m	H×L₁ <4.0m×2.32m
			管φ＜1650mm	管φ＜1800mm
基 价（元）			13817.09	16643.63
其中	人 工 费（元）		5443.20	6549.06
	材 料 费（元）		7769.95	9384.34
	机 械 费（元）		603.94	710.23
名 称		单位	单价（元）	消 耗 量
人工	综合工日	工日	140.00	38.880	46.779
材料	电	kW·h	0.68	9.112	10.312
	机砖 240×115×53	千块	384.62	8.887	11.286
	水	m³	7.96	12.453	14.322
	水泥砂浆 1∶2	m³	281.46	0.054	0.064
	水泥砂浆 M7.5	m³	201.87	4.121	5.238
	现浇混凝土 C15	m³	281.42	5.186	6.210
	现浇混凝土 C20	m³	296.56	6.150	6.617
	养生布	m²	2.00	19.595	22.110
	其他材料费占材料费	%	—	1.000	1.000
机械	灰浆搅拌机 200L	台班	215.26	0.884	1.131
	机动翻斗车 1t	台班	220.18	0.765	0.859
	双锥反转出料混凝土搅拌机 350L	台班	253.32	0.968	1.096

工作内容：清底、铺装垫层、混凝土搅拌、浇筑、养护、调制砂浆、砌砖、抹灰、勾缝、材料运输。

计量单位：处

定　额　编　号				S5-4-522	S5-4-523
项　目　名　称				M7.5水泥砂浆门字式管道出水口	
				H×L₁＜4.0m×2.32m	H×L₁＜4.0m×2.43m
				管φ＜2000mm	管φ＜2200mm
基　　　　　价（元）				16841.96	17936.87
其中	人　工　费（元）			6642.16	7086.66
	材　料　费（元）			9472.58	10090.20
	机　械　费（元）			727.22	760.01
名　　　　称		单位	单价（元）	消　　　耗　　　量	
人工	综合工日	工日	140.00	47.444	50.619
材料	电	kW·h	0.68	10.736	11.000
	机砖 240×115×53	千块	384.62	11.140	12.189
	水	m³	7.96	14.784	15.614
	水泥砂浆 1:2	m³	281.46	0.066	0.070
	水泥砂浆 M7.5	m³	201.87	5.166	5.658
	现浇混凝土 C15	m³	281.42	6.556	6.617
	现浇混凝土 C20	m³	296.56	6.800	7.064
	养生布	m²	2.00	23.055	25.728
	其他材料费占材料费	%	—	1.000	1.000
机械	灰浆搅拌机 200L	台班	215.26	1.114	1.216
	机动翻斗车 1t	台班	220.18	0.901	0.918
	双锥反转出料混凝土搅拌机 350L	台班	253.32	1.141	1.169

工作内容：清底、铺装垫层、混凝土搅拌、浇筑、养护、调制砂浆、砌砖、抹灰、勾缝、材料运输。

计量单位：处

定　额　编　号				S5-4-524	
项　目　名　称				M7.5水泥砂浆门字式管道出水口	
				H×L｜＜4.0m×2.43m	
				管φ＜2400mm	
基　　　　　价（元）				18371.62	
其中	人　工　费（元）			7257.46	
	材　料　费（元）			10328.61	
	机　械　费（元）			785.55	
名　　　称		单位	单价（元）	消　　耗　　量	
人工	综合工日	工日	140.00	51.839	
材料	电	kW·h	0.68	11.464	
	机砖 240×115×53	千块	384.62	12.324	
	水	m³	7.96	16.160	
	水泥砂浆 1:2	m³	281.46	0.072	
	水泥砂浆 M7.5	m³	201.87	5.720	
	现浇混凝土 C15	m³	281.42	6.881	
	现浇混凝土 C20	m³	296.56	7.368	
	养生布	m²	2.00	26.697	
	其他材料费占材料费	%	—	1.000	
机械	灰浆搅拌机 200L	台班	215.26	1.233	
	机动翻斗车 1t	台班	220.18	0.961	
	双锥反转出料混凝土搅拌机 350L	台班	253.32	1.218	

748

2.石砌排水管道出水口
(1)一字式

工作内容：清底、铺装垫层、混凝土搅拌、浇筑、养护、调制砂浆、砌砖、抹灰、勾缝、材料运输。

计量单位：处

定 额 编 号			S5-4-525	S5-4-526
项 目 名 称			M7.5水泥砂浆石砌一字式管道出水口	
			H<1.0m	
			管φ<300mm	管φ<400mm
基 价 （元）			6166.27	6243.99
其中	人 工 费 （元）		2520.28	2546.60
	材 料 费 （元）		3361.77	3408.63
	机 械 费 （元）		284.22	288.76
名 称		单位	单价（元）	消 耗 量	
人工	综合工日	工日	140.00	18.002	18.190
材料	电	kW·h	0.68	2.088	2.192
	级配砂石	m³	92.24	5.926	5.957
	块石	m³	92.00	12.730	12.750
	水	m³	7.96	2.846	2.982
	水泥砂浆 1:2.5	m³	274.23	0.057	0.057
	水泥砂浆 M7.5	m³	201.87	4.049	4.059
	现浇混凝土 C15	m³	281.42	2.111	2.151
	现浇混凝土 C20	m³	296.56	0.488	0.578
	养生布	m²	2.00	7.417	7.705
	其他材料费占材料费	%	—	1.000	1.000
机械	灰浆搅拌机 200L	台班	215.26	0.876	0.876
	机动翻斗车 1t	台班	220.18	0.179	0.187
	双锥反转出料混凝土搅拌机 350L	台班	253.32	0.222	0.233

工作内容：清底、铺装垫层、混凝土搅拌、浇筑、养护、调制砂浆、砌砖、抹灰、勾缝、材料运输。

计量单位：处

定 额 编 号				S5-4-527	S5-4-528
项 目 名 称				M7.5水泥砂浆石砌一字式管道出水口	
				H＜1.5m	
				管φ＜500mm	管φ＜600mm
基 价（元）				8575.52	8672.22
其中	人 工 费（元）			3523.94	3557.96
	材 料 费（元）			4658.75	4715.90
	机 械 费（元）			392.83	398.36
名 称		单位	单价（元）	消 耗 量	
人工	综合工日	工日	140.00	25.171	25.414
材料	电	kW·h	0.68	2.656	2.784
	级配砂石	m³	92.24	7.711	7.752
	块石	m³	92.00	18.462	18.513
	水	m³	7.96	3.654	3.791
	水泥砂浆 1∶2.5	m³	274.23	0.083	0.083
	水泥砂浆 M7.5	m³	201.87	5.884	5.894
	现浇混凝土 C15	m³	281.42	2.557	2.629
	现浇混凝土 C20	m³	296.56	0.751	0.832
	养生布	m²	2.00	9.548	9.863
	其他材料费占材料费	%	—	1.000	1.000
机械	灰浆搅拌机 200L	台班	215.26	1.267	1.267
	机动翻斗车 1t	台班	220.18	0.221	0.230
	双锥反转出料混凝土搅拌机 350L	台班	253.32	0.282	0.296

750

工作内容：清底、铺装垫层、混凝土搅拌、浇筑、养护、调制砂浆、砌砖、抹灰、勾缝、材料运输。

计量单位：处

定 额 编 号				S5-4-529	S5-4-530
项 目 名 称				M7.5水泥砂浆石砌一字式管道出水口	
				H<2.0m	
				管φ<700mm	管φ<800mm
基 价（元）				11574.72	11792.80
其中	人 工 费（元）			4767.70	4845.54
	材 料 费（元）			6269.24	6403.95
	机 械 费（元）			537.78	543.31
名 称		单位	单价（元）	消 耗	量
人工	综合工日	工日	140.00	34.055	34.611
材料	电	kW·h	0.68	3.536	3.672
	级配砂石	m³	92.24	9.496	10.261
	块石	m³	92.00	25.510	25.561
	水	m³	7.96	4.652	5.019
	水泥砂浆 1:2.5	m³	274.23	0.115	0.115
	水泥砂浆 M7.5	m³	201.87	8.118	8.128
	现浇混凝土 C15	m³	281.42	3.400	3.491
	现浇混凝土 C20	m³	296.56	0.995	1.076
	养生布	m²	2.00	11.339	13.069
	其他材料费占材料费	%	—	1.000	1.000
机械	灰浆搅拌机 200L	台班	215.26	1.751	1.751
	机动翻斗车 1t	台班	220.18	0.298	0.307
	双锥反转出料混凝土搅拌机 350L	台班	253.32	0.376	0.390

工作内容：清底、铺装垫层、混凝土搅拌、浇筑、养护、调制砂浆、砌砖、抹灰、勾缝、材料运输。

计量单位：处

定 额 编 号				S5-4-531	S5-4-532
项 目 名 称				M7.5水泥砂浆石砌一字式管道出水口	
				H<2.5m	
				管φ<900mm	管φ<1000mm
基 价（元）				15503.48	16446.97
其中	人 工 费（元）			6599.18	7025.90
	材 料 费（元）			8204.76	8675.51
	机 械 费（元）			699.54	745.56
名 称		单位	单价（元）	消 耗 量	
人工	综合工日	工日	140.00	47.137	50.185
材料	电	kW·h	0.68	4.432	4.712
	级配砂石	m³	92.24	12.546	12.587
	块石	m³	92.00	33.762	36.057
	水	m³	7.96	5.786	6.080
	水泥砂浆 1:2	m³	281.46	0.153	0.163
	水泥砂浆 M7.5	m³	201.87	10.752	11.480
	现浇混凝土 C15	m³	281.42	4.273	4.547
	现浇混凝土 C20	m³	296.56	1.238	1.309
	养生布	m²	2.00	13.942	14.292
	其他材料费占材料费	%	—	1.000	1.000
机械	灰浆搅拌机 200L	台班	215.26	2.316	2.474
	机动翻斗车 1t	台班	220.18	0.371	0.391
	双锥反转出料混凝土搅拌机 350L	台班	253.32	0.471	0.501

工作内容：清底、铺装垫层、混凝土搅拌、浇筑、养护、调制砂浆、砌砖、抹灰、勾缝、材料运输。

计量单位：处

定　额　编　号				S5-4-533	S5-4-534
项　目　名　称				M7.5水泥砂浆石砌一字式管道出水口	
				H＜3.0m	
				管φ＜1100mm	管φ＜1200mm
基　　　　价（元）				21752.59	23765.13
其中	人　工　费（元）			9517.90	10239.60
	材　料　费（元）			11268.31	12471.69
	机　械　费（元）			966.38	1053.84
名　　　称		单位	单价（元）	消　　　耗　　　量	
人工	综合工日	工日	140.00	67.985	73.140
材料	电	kW·h	0.68	5.520	5.680
	级配砂石	m³	92.24	15.983	18.962
	块石	m³	92.00	48.470	53.887
	水	m³	7.96	7.161	7.350
	水泥砂浆 1:2	m³	281.46	0.218	0.246
	水泥砂浆 M7.5	m³	201.87	15.426	17.159
	现浇混凝土 C15	m³	281.42	5.389	5.500
	现浇混凝土 C20	m³	296.56	1.472	1.563
	养生布	m²	2.00	16.983	17.359
	其他材料费占材料费	%	—	1.000	1.000
机械	灰浆搅拌机 200L	台班	215.26	3.326	3.698
	机动翻斗车 1t	台班	220.18	0.462	0.476
	双锥反转出料混凝土搅拌机 350L	台班	253.32	0.587	0.604

工作内容：清底、铺装垫层、混凝土搅拌、浇筑、养护、调制砂浆、砌砖、抹灰、勾缝、材料运输。

计量单位：处

定 额 编 号					S5-4-535	S5-4-536
项 目 名 称					M7.5水泥砂浆石砌一字式管道出水口	
					H<3.5m	
					管φ<1350mm	管φ<1500mm
基 价（元）					31166.50	31348.24
其中	人 工 费（元）				13466.60	13558.86
	材 料 费（元）				16328.35	16408.90
	机 械 费（元）				1371.55	1380.48
名 称		单位	单价（元）	消 耗 量		
人工	综合工日	工日	140.00	96.190		96.849
材料	电	kW·h	0.68	6.600		6.864
	级配砂石	m³	92.24	24.847		24.970
	块石	m³	92.00	72.522		72.349
	水	m³	7.96	8.463		8.757
	水泥砂浆 1:2	m³	281.46	0.328		0.328
	水泥砂浆 M7.5	m³	201.87	23.093		23.032
	现浇混凝土 C15	m³	281.42	6.435		6.638
	现浇混凝土 C20	m³	296.56	1.776		1.897
	养生布	m²	2.00	19.595		20.145
	其他材料费占材料费	%	—	1.000		1.000
机械	灰浆搅拌机 200L	台班	215.26	4.981		4.964
	机动翻斗车 1t	台班	220.18	0.553		0.578
	双锥反转出料混凝土搅拌机 350L	台班	253.32	0.701		0.729

工作内容：清底、铺装垫层、混凝土搅拌、浇筑、养护、调制砂浆、砌砖、抹灰、勾缝、材料运输。

计量单位：处

定 额 编 号			S5-4-537	S5-4-538
项 目 名 称			M7.5水泥砂浆石砌一字式管道出水口	
			H＜4.0m	
			管φ＜1650mm	管φ＜1800mm
基 价 （元）			40037.53	40064.89
其中	人 工 费 （元）		17362.10	17387.16
	材 料 费 （元）		20919.65	20925.75
	机 械 费 （元）		1755.78	1751.98
名 称		单位	单价（元）	消 耗 量	
人工	综合工日	工日	140.00	124.015	124.194
材料	电	kW•h	0.68	7.800	8.064
	级配砂石	m³	92.24	31.651	31.804
	块石	m³	92.00	94.146	93.911
	水	m³	7.96	9.891	10.206
	水泥砂浆 1：2	m³	281.46	0.677	0.420
	水泥砂浆 M7.5	m³	201.87	29.971	29.899
	现浇混凝土 C15	m³	281.42	7.612	7.815
	现浇混凝土 C20	m³	296.56	2.090	2.223
	养生布	m²	2.00	22.399	22.976
	其他材料费占材料费	%	—	1.000	1.000
机械	灰浆搅拌机 200L	台班	215.26	6.511	6.443
	机动翻斗车 1t	台班	220.18	0.655	0.672
	双锥反转出料混凝土搅拌机 350L	台班	253.32	0.829	0.857

工作内容：清底、铺装垫层、混凝土搅拌、浇筑、养护、调制砂浆、砌砖、抹灰、勾缝、材料运输。

计量单位：处

定 额 编 号				S5-4-539	S5-4-540
项 目 名 称				M7.5水泥砂浆石砌一字式管道出水口	
				H＜4.5m	
				管φ＜2000mm	管φ＜2200mm
基 价（元）				49785.92	52332.26
其中	人 工 费（元）			21678.16	22841.98
	材 料 费（元）			25943.64	27208.07
	机 械 费（元）			2164.12	2282.21
名 称		单位	单价（元）	消 耗 量	
人工	综合工日	工日	140.00	154.844	163.157
材料	电	kW·h	0.68	9.160	9.328
	级配砂石	m³	92.24	39.362	39.586
	块石	m³	92.00	118.483	125.878
	水	m³	7.96	11.508	11.760
	水泥砂浆 1:2	m³	281.46	0.533	0.564
	水泥砂浆 M7.5	m³	201.87	37.720	40.078
	现浇混凝土 C15	m³	281.42	8.921	8.951
	现浇混凝土 C20	m³	296.56	2.467	2.649
	养生布	m²	2.00	25.518	26.339
	其他材料费占材料费	%	—	1.000	1.000
机械	灰浆搅拌机 200L	台班	215.26	8.126	8.636
	机动翻斗车 1t	台班	220.18	0.765	0.782
	双锥反转出料混凝土搅拌机 350L	台班	253.32	0.973	0.991

工作内容：清底、铺装垫层、混凝土搅拌、浇筑、养护、调制砂浆、砌砖、抹灰、勾缝、材料运输。

计量单位：处

定 额 编 号					S5-4-541	
项 目 名 称					M7.5水泥砂浆石砌一字式管道出水口	
					H<5.0m	
					管φ<2400mm	
基 价（元）					63682.27	
其中	人 工 费（元）				27881.70	
	材 料 费（元）				33033.84	
	机 械 费（元）				2766.73	
名 称		单位	单价(元)	消 耗 量		
人工	综合工日	工日	140.00	199.155		
材料	电	kW·h	0.68	10.720		
	级配砂石	m³	92.24	47.971		
	块石	m³	92.00	154.357		
	水	m³	7.96	13.325		
	水泥砂浆 1:2	m³	281.46	0.697		
	水泥砂浆 M7.5	m³	201.87	49.139		
	现浇混凝土 C15	m³	281.42	10.434		
	现浇混凝土 C20	m³	296.56	2.892		
	养生布	m²	2.00	28.934		
	其他材料费占材料费	%	—	1.000		
机械	灰浆搅拌机 200L	台班	215.26	10.591		
	机动翻斗车 1t	台班	220.18	0.901		
	双锥反转出料混凝土搅拌机 350L	台班	253.32	1.139		

(2)八字式

工作内容：清底、铺装垫层、混凝土搅拌、浇筑、养护、调制砂浆、砌砖、抹灰、勾缝、材料运输。

计量单位：处

定 额 编 号				S5-4-542	S5-4-543
项 目 名 称				M7.5水泥砂浆石砌八字式管道出水口	
				H×L｜<0.83m×1.26m	H×L｜<0.94m×1.47m
				Φ<300mm	Φ<400mm
基 价（元）				2614.83	3072.81
其中	人 工 费（元）			1032.08	1211.98
	材 料 费（元）			1436.17	1686.01
	机 械 费（元）			146.58	174.82
名 称		单位	单价（元）	消 耗 量	
人工	综合工日	工日	140.00	7.372	8.657
材料	电	kW·h	0.68	1.544	1.840
	块石	m³	92.00	5.243	6.110
	水	m³	7.96	2.289	2.804
	水泥砂浆 1:2	m³	281.46	0.024	0.028
	水泥砂浆 M7.5	m³	201.87	1.671	1.948
	现浇混凝土 C15	m³	281.42	0.691	0.802
	现浇混凝土 C20	m³	296.56	1.238	1.482
	养生布	m²	2.00	7.321	8.649
	其他材料费占材料费	%	—	1.000	1.000
机械	灰浆搅拌机 200L	台班	215.26	0.357	0.425
	机动翻斗车 1t	台班	220.18	0.128	0.153
	双锥反转出料混凝土搅拌机 350L	台班	253.32	0.164	0.196

工作内容：清底、铺装垫层、混凝土搅拌、浇筑、养护、调制砂浆、砌砖、抹灰、勾缝、材料运输。

计量单位：处

定 额 编 号			S5-4-544	S5-4-545
项 目 名 称			M7.5水泥砂浆石砌八字式管道出水口	
			H×L₁ <1.04m×1.68m	H×L₁ <1.15m×1.90m
			φ<500mm	φ<600mm
基 价 （元）			3504.04	4030.67
其中	人 工 费 （元）		1378.44	1585.08
	材 料 费 （元）		1927.23	2216.78
	机 械 费 （元）		198.37	228.81
名 称	单位	单价（元）	消 耗 量	
人工 综合工日	工日	140.00	9.846	11.322
材料 电	kW·h	0.68	2.096	2.408
块石	m³	92.00	6.987	8.048
水	m³	7.96	3.234	3.707
水泥砂浆 1:2	m³	281.46	0.032	0.036
水泥砂浆 M7.5	m³	201.87	2.224	2.563
现浇混凝土 C15	m³	281.42	0.894	1.005
现浇混凝土 C20	m³	296.56	1.715	1.989
养生布	m²	2.00	10.011	11.532
其他材料费占材料费	%	—	1.000	1.000
机械 灰浆搅拌机 200L	台班	215.26	0.476	0.553
机动翻斗车 1t	台班	220.18	0.179	0.204
双锥反转出料混凝土搅拌机 350L	台班	253.32	0.223	0.256

工作内容：清底、铺装垫层、混凝土搅拌、浇筑、养护、调制砂浆、砌砖、抹灰、勾缝、材料运输。

计量单位：处

定 额 编 号			S5-4-546	S5-4-547
项 目 名 称			M7.5水泥砂浆石砌八字式管道出水口	
			H×L₁ ＜1.26m×2.11m	H×L₁ ＜1.37m×2.33m
			φ＜700mm	φ＜800mm
基 价（元）			4547.21	5127.49
其中	人 工 费（元）		1787.66	2019.22
	材 料 费（元）		2503.30	2819.63
	机 械 费（元）		256.25	288.64
名 称		单位	单价（元）	消 耗 量
人工	综合工日	工日	140.00	12.769	14.423
材料	电	kW·h	0.68	2.680	2.992
	块石	m³	92.00	9.160	10.384
	水	m³	7.96	4.158	4.673
	水泥砂浆 1:2	m³	281.46	0.041	0.047
	水泥砂浆 M7.5	m³	201.87	2.921	3.311
	现浇混凝土 C15	m³	281.42	1.106	1.218
	现浇混凝土 C20	m³	296.56	2.233	2.506
	养生布	m²	2.00	13.104	14.790
	其他材料费占材料费	%	—	1.000	1.000
机械	灰浆搅拌机 200L	台班	215.26	0.629	0.714
	机动翻斗车 1t	台班	220.18	0.221	0.247
	双锥反转出料混凝土搅拌机 350L	台班	253.32	0.285	0.318

工作内容：清底、铺装垫层、混凝土搅拌、浇筑、养护、调制砂浆、砌砖、抹灰、勾缝、材料运输。

计量单位：处

定 额 编 号			S5-4-548	S5-4-549
项 目 名 称			M7.5水泥砂浆石砌八字式管道出水口	
			H×L｜＜1.47m×2.54m	H×L｜＜1.58m×2.75m
			φ＜900mm	φ＜1000mm
基 价（元）			5722.65	6373.03
其中	人 工 费（元）		2254.56	2509.22
	材 料 费（元）		3144.80	3504.20
	机 械 费（元）		323.29	359.61
名 称		单位	单价（元）	消 耗 量	
人工	综合工日	工日	140.00	16.104	17.923
材料	电	kW·h	0.68	3.320	3.648
	块石	m³	92.00	11.648	13.036
	水	m³	7.96	5.187	5.733
	水泥砂浆 1：2	m³	281.46	0.052	0.085
	水泥砂浆 M7.5	m³	201.87	3.711	4.151
	现浇混凝土 C15	m³	281.42	1.329	1.431
	现浇混凝土 C20	m³	296.56	2.791	3.105
	养生布	m²	2.00	16.511	18.328
	其他材料费占材料费	%	—	1.000	1.000
机械	灰浆搅拌机 200L	台班	215.26	0.799	0.901
	机动翻斗车 1t	台班	220.18	0.281	0.306
	双锥反转出料混凝土搅拌机 350L	台班	253.32	0.353	0.388

工作内容：清底、铺装垫层、混凝土搅拌、浇筑、养护、调制砂浆、砌砖、抹灰、勾缝、材料运输。

定 额 编 号			S5-4-550	S5-4-551
项 目 名 称			M7.5水泥砂浆石砌八字式管道出水口	
			H×L₁ ＜1.69m×2.97m	H×L₁ ＜1.79m×3.08m
			φ＜1100mm	φ＜1200mm
基 价 （元）			7971.05	8707.15
其中	人 工 费（元）		3140.48	3430.28
	材 料 费（元）		4380.94	4787.67
	机 械 费（元）		449.63	489.20
名 称		单位	单价（元）	消 耗 量	
人工	综合工日	工日	140.00	22.432	24.502
材料	电	kW·h	0.68	4.528	4.912
	块石	m³	92.00	16.483	18.095
	水	m³	7.96	6.867	7.466
	水泥砂浆 1：2	m³	281.46	0.075	0.082
	水泥砂浆 M7.5	m³	201.87	5.248	5.761
	现浇混凝土 C15	m³	281.42	1.928	2.050
	现浇混凝土 C20	m³	296.56	3.704	4.060
	养生布	m²	2.00	20.914	22.880
	其他材料费占材料费	%	—	1.000	1.000
机械	灰浆搅拌机 200L	台班	215.26	1.131	1.241
	机动翻斗车 1t	台班	220.18	0.383	0.408
	双锥反转出料混凝土搅拌机 350L	台班	253.32	0.481	0.522

工作内容：清底、铺装垫层、混凝土搅拌、浇筑、养护、调制砂浆、砌砖、抹灰、勾缝、材料运输。

计量单位：处

定 额 编 号				S5-4-552	S5-4-553
项 目 名 称				M7.5水泥砂浆石砌八字式管道出水口	
				H×L｜＜1.96m×3.51m	H×L｜＜2.12m×3.83m
				φ＜1350mm	φ＜1500mm
基 价 （元）				9970.11	11648.27
其中	人 工 费 （元）			3956.40	4779.18
	材 料 费 （元）			5452.90	6234.48
	机 械 费 （元）			560.81	634.61
名 称		单位	单价（元）	消 耗 量	
人工	综合工日	工日	140.00	28.260	34.137
材料	电	kW·h	0.68	5.528	6.144
	块石	m³	92.00	21.083	24.154
	水	m³	7.96	8.474	9.482
	水泥砂浆 1：2	m³	281.46	0.095	0.109
	水泥砂浆 M7.5	m³	201.87	6.714	7.688
	现浇混凝土 C15	m³	281.42	2.264	2.456
	现浇混凝土 C20	m³	296.56	4.439	5.186
	养生布	m²	2.00	26.200	29.571
	其他材料费占材料费	%	—	1.000	1.000
机械	灰浆搅拌机 200L	台班	215.26	1.445	1.658
	机动翻斗车 1t	台班	220.18	0.459	0.510
	双锥反转出料混凝土搅拌机 350L	台班	253.32	0.587	0.653

工作内容：清底、铺装垫层、混凝土搅拌、浇筑、养护、调制砂浆、砌砖、抹灰、勾缝、材料运输。

计量单位：处

定 额 编 号			S5-4-554	S5-4-555
项 目 名 称			M7.5水泥砂浆石砌八字式管道出水口	
			H×L‹<2.28m×4.15m	H×L‹<2.44m×4.48m
			Φ<1650mm	Φ<1800mm
基 价（元）			13065.87	14694.70
其中	人 工 费（元）		5365.64	6035.26
	材 料 费（元）		6987.36	7859.94
	机 械 费（元）		712.87	799.50
名 称		单位	单价（元）	消 耗 量
人工	综合工日	工日	140.00	38.326	43.109
材料	电	kW•h	0.68	6.792	7.488
	块石	m³	92.00	27.397	31.059
	水	m³	7.96	9.639	11.666
	水泥砂浆 1：2	m³	281.46	0.124	0.140
	水泥砂浆 M7.5	m³	201.87	8.723	9.891
	现浇混凝土 C15	m³	281.42	2.649	2.852
	现浇混凝土 C20	m³	296.56	5.805	6.455
	养生布	m²	2.00	26.741	36.866
	其他材料费占材料费	%	—	1.000	1.000
机械	灰浆搅拌机 200L	台班	215.26	1.879	2.134
	机动翻斗车 1t	台班	220.18	0.570	0.629
	双锥反转出料混凝土搅拌机 350L	台班	253.32	0.722	0.796

764

工作内容：清底、铺装垫层、混凝土搅拌、浇筑、养护、调制砂浆、砌砖、抹灰、勾缝、材料运输。

计量单位：处

定 额 编 号			S5-4-556	S5-4-557
项 目 名 称			M7.5水泥砂浆石砌八字式管道出水口	
			H×L⌐＜2.66m×4.91m	H×L⌐＜2.88m×5.35m
			φ＜2000mm	φ＜2200mm
基 价（元）			16986.11	19522.80
其中	人 工 费（元）		6993.00	8056.86
	材 料 费（元）		9073.51	10412.95
	机 械 费（元）		919.60	1052.99
名 称		单位	单价（元）	消 耗 量	
人工	综合工日	工日	140.00	49.950	57.549
材料	电	kW·h	0.68	8.400	9.400
	块石	m³	92.00	36.404	42.361
	水	m³	7.96	13.220	14.858
	水泥砂浆 1：2	m³	281.46	0.164	0.191
	水泥砂浆 M7.5	m³	201.87	11.593	13.486
	现浇混凝土 C15	m³	281.42	3.115	3.390
	现浇混凝土 C20	m³	296.56	7.338	8.302
	养生布	m²	2.00	42.171	47.873
	其他材料费占材料费	%	—	1.000	1.000
机械	灰浆搅拌机 200L	台班	215.26	2.499	2.907
	机动翻斗车 1t	台班	220.18	0.706	0.791
	双锥反转出料混凝土搅拌机 350L	台班	253.32	0.893	0.999

工作内容：清底、铺装垫层、混凝土搅拌、浇筑、养护、调制砂浆、砌砖、抹灰、勾缝、材料运输。

定 额 编 号			S5-4-558
项 目 名 称			M7.5水泥砂浆石砌八字式管道出水口
			H×L₁ ＜3.09m×5.77m
			φ＜2400mm
基 价（元）			22212.83
其中	人 工 费（元）		9173.78
	材 料 费（元）		11843.67
	机 械 费（元）		1195.38

	名 称	单位	单价（元）	消 耗 量
人工	综合工日	工日	140.00	65.527
材料	电	kW·h	0.68	10.400
	块石	m³	92.00	48.685
	水	m³	7.96	16.580
	水泥砂浆 1：2	m³	281.46	0.320
	水泥砂浆 M7.5	m³	201.87	15.498
	现浇混凝土 C15	m³	281.42	3.654
	现浇混凝土 C20	m³	296.56	9.286
	养生布	m²	2.00	53.762
	其他材料费占材料费	%	—	1.000
机械	灰浆搅拌机 200L	台班	215.26	3.366
	机动翻斗车 1t	台班	220.18	0.867
	双锥反转出料混凝土搅拌机 350L	台班	253.32	1.105

(3)门字式

工作内容：清底、铺装垫层、混凝土搅拌、浇筑、养护、调制砂浆、砌砖、抹灰、勾缝、材料运输。

计量单位：处

定 额 编 号					S5-4-559	S5-4-560
项 目 名 称					M7.5水泥砂浆石砌门字式管道出水口	
					H×L₁ <1.0m×1.0m	
					φ<300mm	φ<400mm
基 价（元）					2151.14	2190.57
其中	人 工 费（元）				780.92	794.92
	材 料 费（元）				1232.02	1254.16
	机 械 费（元）				138.20	141.49
名 称		单位	单价（元）		消 耗 量	
人工	综合工日	工日	140.00		5.578	5.678
材料	电	kW•h	0.68		2.376	2.432
	块石	m³	92.00		2.050	2.060
	水	m³	7.96		2.820	2.907
	水泥砂浆 1:2	m³	281.46		0.010	0.010
	水泥砂浆 M7.5	m³	201.87		0.656	0.656
	现浇混凝土 C15	m³	281.42		0.995	1.035
	现浇混凝土 C20	m³	296.56		1.959	1.989
	养生布	m²	2.00		5.470	5.530
	其他材料费占材料费	%	—		1.000	1.000
机械	灰浆搅拌机 200L	台班	215.26		0.145	0.145
	机动翻斗车 1t	台班	220.18		0.196	0.204
	双锥反转出料混凝土搅拌机 350L	台班	253.32		0.252	0.258

工作内容：清底、铺装垫层、混凝土搅拌、浇筑、养护、调制砂浆、砌砖、抹灰、勾缝、材料运输。

计量单位：处

定 额 编 号				S5-4-561	S5-4-562
项 目 名 称				M7.5水泥砂浆石砌门字式管道出水口	
				H×L｜＜1.5m×1.1m	
				Φ＜500mm	Φ＜600mm
基 价 （元）				2816.68	2914.18
其中	人 工 费 （元）			1047.62	1079.82
	材 料 费 （元）			1592.46	1650.47
	机 械 费 （元）			176.60	183.89
名 称		单位	单价（元）	消 耗 量	
人工	综合工日	工日	140.00	7.483	7.713
材料	电	kW·h	0.68	2.776	2.912
	块石	m³	92.00	3.386	3.407
	水	m³	7.96	3.234	3.465
	水泥砂浆 1：2	m³	281.46	0.015	0.015
	水泥砂浆 M7.5	m³	201.87	1.076	1.087
	现浇混凝土 C15	m³	281.42	1.269	1.360
	现浇混凝土 C20	m³	296.56	2.182	2.264
	养生布	m²	2.00	5.949	6.665
	其他材料费占材料费	%	—	1.000	1.000
机械	灰浆搅拌机 200L	台班	215.26	0.238	0.238
	机动翻斗车 1t	台班	220.18	0.230	0.247
	双锥反转出料混凝土搅拌机 350L	台班	253.32	0.295	0.309

工作内容：清底、铺装垫层、混凝土搅拌、浇筑、养护、调制砂浆、砌砖、抹灰、勾缝、材料运输。

计量单位：处

定 额 编 号				S5-4-563	S5-4-564
项 目 名 称				M7.5水泥砂浆石砌门字式管道出水口	
				H×L｜＜1.5m×1.1m	H×L｜＜2.0m×1.3m
				φ＜700mm	φ＜800mm
基 价 （元）				3003.66	4001.52
其中	人 工 费 （元）			1109.36	1537.76
	材 料 费 （元）			1704.59	2221.00
	机 械 费 （元）			189.71	242.76
名 称		单位	单价（元）	消 耗 量	
人工	综合工日	工日	140.00	7.924	10.984
材料	电	kW·h	0.68	3.056	3.664
	块石	m³	92.00	3.407	5.222
	水	m³	7.96	3.602	4.326
	水泥砂浆 1：2	m³	281.46	0.023	0.024
	水泥砂浆 M7.5	m³	201.87	1.087	1.661
	现浇混凝土 C15	m³	281.42	1.452	1.888
	现浇混凝土 C20	m³	296.56	2.344	2.670
	养生布	m²	2.00	6.927	8.229
	其他材料费占材料费	%	—	1.000	1.000
机械	灰浆搅拌机 200L	台班	215.26	0.238	0.357
	机动翻斗车 1t	台班	220.18	0.255	0.306
	双锥反转出料混凝土搅拌机 350L	台班	253.32	0.325	0.389

工作内容：清底、铺装垫层、混凝土搅拌、浇筑、养护、调制砂浆、砌砖、抹灰、勾缝、材料运输。

计量单位：处

定 额 编 号				S5-4-565	S5-4-566
项 目 名 称				M7.5水泥砂浆石砌门字式管道出水口	
				H×L｜＜2.5m×1.6m	H×L｜＜2.5m×1.7m
				φ＜900mm	φ＜1000mm
基 价（元）				6190.10	6307.82
其中	人 工 费（元）			2417.80	2457.98
	材 料 费（元）			3404.34	3473.33
	机 械 费（元）			367.96	376.51
名 称		单位	单价（元）	消 耗 量	
人工	综合工日	工日	140.00	17.270	17.557
材料	电	kW·h	0.68	5.096	5.272
	块石	m³	92.00	9.241	9.272
	水	m³	7.96	5.996	6.195
	水泥砂浆 1∶2	m³	281.46	0.042	0.042
	水泥砂浆 M7.5	m³	201.87	2.942	2.952
	现浇混凝土 C15	m³	281.42	2.670	2.791
	现浇混凝土 C20	m³	296.56	3.674	3.765
	养生布	m²	2.00	11.295	11.645
	其他材料费占材料费	%	—	1.000	1.000
机械	灰浆搅拌机 200L	台班	215.26	0.638	0.638
	机动翻斗车 1t	台班	220.18	0.425	0.442
	双锥反转出料混凝土搅拌机 350L	台班	253.32	0.541	0.560

工作内容：清底、铺装垫层、混凝土搅拌、浇筑、养护、调制砂浆、砌砖、抹灰、勾缝、材料运输。

计量单位：处

定 额 编 号				S5-4-567	S5-4-568
项 目 名 称				M7.5水泥砂浆石砌门字式管道出水口	
				H×L｜＜2.5m×1.7m	H×L｜＜3.0m×1.9m
				φ＜1100mm	φ＜1200mm
基 价（元）				7041.73	8673.19
其中	人 工 费（元）			2739.66	3413.90
	材 料 费（元）			3882.46	4748.70
	机 械 费（元）			419.61	510.59
名 称		单位	单价（元）	消 耗 量	
人工	综合工日	工日	140.00	19.569	24.385
材料	电	kW·h	0.68	5.912	6.760
	块石	m³	92.00	10.302	13.739
	水	m³	7.96	6.951	7.928
	水泥砂浆 1∶2	m³	281.46	0.046	0.062
	水泥砂浆 M7.5	m³	201.87	3.280	4.377
	现浇混凝土 C15	m³	281.42	3.065	3.684
	现浇混凝土 C20	m³	296.56	4.293	4.729
	养生布	m²	2.00	13.060	14.886
	其他材料费占材料费	%	—	1.000	1.000
机械	灰浆搅拌机 200L	台班	215.26	0.706	0.944
	机动翻斗车 1t	台班	220.18	0.493	0.570
	双锥反转出料混凝土搅拌机 350L	台班	253.32	0.628	0.718

工作内容：清底、铺装垫层、混凝土搅拌、浇筑、养护、调制砂浆、砌砖、抹灰、勾缝、材料运输。

计量单位：处

定　额　编　号				S5-4-569	S5-4-570
项　目　名　称				M7.5水泥砂浆石砌门字式管道出水口	
				H×L₁ ＜3.0m×1.9m	H×L₁ ＜3.5m×2.1m
				φ＜1350mm	φ＜1500mm
基　　　价（元）				8854.09	11541.49
其中	人　工　费（元）			3475.50	4581.64
	材　料　费（元）			4856.15	6288.46
	机　械　费（元）			522.44	671.39
名　　　称		单位	单价（元）	消　　耗　　量	
人工	综合工日	工日	140.00	24.825	32.726
材料	电	kW·h	0.68	7.056	8.496
	块石	m³	92.00	13.739	19.329
	水	m³	7.96	8.274	9.944
	水泥砂浆 1∶2	m³	281.46	0.062	0.087
	水泥砂浆 M7.5	m³	201.87	4.377	6.150
	现浇混凝土 C15	m³	281.42	3.887	4.841
	现浇混凝土 C20	m³	296.56	4.881	5.724
	养生布	m²	2.00	15.498	18.572
	其他材料费占材料费	%	—	1.000	1.000
机械	灰浆搅拌机 200L	台班	215.26	0.944	1.326
	机动翻斗车 1t	台班	220.18	0.587	0.714
	双锥反转出料混凝土搅拌机 350L	台班	253.32	0.750	0.903

772

工作内容：清底、铺装垫层、混凝土搅拌、浇筑、养护、调制砂浆、砌砖、抹灰、勾缝、材料运输。

计量单位：处

定 额 编 号				S5-4-571	S5-4-572
项 目 名 称				M7.5水泥砂浆石砌门字式管道出水口	
				H×L」<3.5m×2.2m	H×L」<4.0m×2.4m
				φ<1650mm	φ<1800mm
基 价 （元）				12666.17	14762.88
其中	人 工 费（元）			5017.32	6006.28
	材 料 费（元）			6908.63	7889.33
	机 械 费（元）			740.22	867.27
名 称		单位	单价（元）	消 耗 量	
人工	综合工日	工日	140.00	35.838	42.902
材料	电	kW·h	0.68	9.400	10.576
	块石	m³	92.00	21.063	23.195
	水	m³	7.96	11.004	12.390
	水泥砂浆 1：2	m³	281.46	0.095	0.118
	水泥砂浆 M7.5	m³	201.87	6.704	8.344
	现浇混凝土 C15	m³	281.42	5.277	6.150
	现浇混凝土 C20	m³	296.56	6.414	7.003
	养生布	m²	2.00	20.591	23.150
	其他材料费占材料费	%	—	1.000	1.000
机械	灰浆搅拌机 200L	台班	215.26	1.454	1.802
	机动翻斗车 1t	台班	220.18	0.791	0.884
	双锥反转出料混凝土搅拌机 350L	台班	253.32	0.999	1.124

工作内容：清底、铺装垫层、混凝土搅拌、浇筑、养护、调制砂浆、砌砖、抹灰、勾缝、材料运输。

计量单位：处

定　额　编　号				S5-4-573	S5-4-574
项　目　名　称				M7.5水泥砂浆石砌门字式管道出水口	
				H×L₁ <4.0m×2.4m	H×L₁ <4.0m×2.55m
				φ＜2000mm	φ＜2200mm
基　　　价　（元）				15259.09	16214.26
其中	人　工　费（元）			6074.04	6470.52
	材　料　费（元）			8302.30	8807.90
	机　械　费（元）			882.75	935.84
名　　称		单位	单价(元)	消　　耗　　量	
人工	综合工日	工日	140.00	43.386	46.218
材料	电	kW·h	0.68	11.008	11.472
	块石	m³	92.00	26.030	28.040
	水	m³	7.96	12.905	13.850
	水泥砂浆 1:2	m³	281.46	0.117	0.126
	水泥砂浆 M7.5	m³	201.87	8.282	8.928
	现浇混凝土 C15	m³	281.42	6.485	6.780
	现浇混凝土 C20	m³	296.56	7.206	7.490
	养生布	m²	2.00	24.147	27.973
	其他材料费占材料费	%	—	1.000	1.000
机械	灰浆搅拌机 200L	台班	215.26	1.785	1.930
	机动翻斗车 1t	台班	220.18	0.918	0.961
	双锥反转出料混凝土搅拌机 350L	台班	253.32	1.170	1.219

工作内容：清底、铺装垫层、混凝土搅拌、浇筑、养护、调制砂浆、砌砖、抹灰、勾缝、材料运输。

定 额 编 号			S5-4-575
项 目 名 称			M7.5水泥砂浆石砌门字式管道出水口
			H×L₁ ＜4.0m×2.55m
			φ＜2400mm
基 价（元）			16645.65
其中	人 工 费（元）		6525.40
	材 料 费（元）		8923.29
	机 械 费（元）		1196.96
名 称	单位	单价（元）	消 耗 量
人工 综合工日	工日	140.00	46.610
材料 电	kW·h	0.68	11.856
块石	m³	92.00	27.856
水	m³	7.96	14.322
水泥砂浆 1：2	m³	281.46	0.126
水泥砂浆 M7.5	m³	201.87	8.866
现浇混凝土 C15	m³	281.42	7.034
现浇混凝土 C20	m³	296.56	7.713
养生布	m²	2.00	29.004
其他材料费占材料费	%	—	1.000
机械 灰浆搅拌机 200L	台班	215.26	3.060
机动翻斗车 1t	台班	220.18	0.995
双锥反转出料混凝土搅拌机 350L	台班	253.32	1.260

3.混凝土排水管道出水口
(1)一字式

工作内容：清底、铺装垫层、混凝土搅拌、浇筑、养护、材料运输。   计量单位：处

定　额　编　号				S5-4-576	S5-4-577
项　目　名　称				混凝土排水管道出水口(一字式)	
				H×L₁	
				1.0m×1.0m以内	
				管径300mm以内	管径400mm以内
基　　　　　价（元）				9298.72	9386.23
其中	人　工　费（元）			3433.50	3464.86
	材　料　费（元）			5345.62	5395.97
	机　械　费（元）			519.60	525.40
名　　称		单位	单价（元）	消　　耗　　量	
人工	综合工日	工日	140.00	24.525	24.749
材料	电	kW·h	0.68	5.447	5.504
	级配碎石	m³	145.64	7.704	7.744
	水	m³	7.96	20.921	21.128
	现浇混凝土 C15	m³	281.42	2.111	2.151
	现浇混凝土 C20	m³	296.56	11.438	11.539
	养生布	m²	2.00	7.160	7.725
	其他材料费占材料费	%	—	1.000	1.000
机械	电动夯实机 250N·m	台班	26.28	0.430	0.432
	机动翻斗车 1t	台班	220.18	0.936	0.946
	双锥反转出料混凝土搅拌机 350L	台班	253.32	1.193	1.207

工作内容：清底、铺装垫层、混凝土搅拌、浇筑、养护、材料运输。　　　　　　　　　　　　计量单位：处

定　额　编　号				S5-4-578	S5-4-579
项　目　名　称				混凝土排水管道出水口(一字式)	
				H×L₁	
				1.5m×1.1m以内	
				管径500mm以内	管径600mm以内
基　　　　价（元）				13036.99	13150.37
其中	人　工　费（元）			4838.68	4879.28
	材　料　费（元）			7464.50	7529.56
	机　械　费（元）			733.81	741.53
名　　称		单位	单价(元)	消　　耗　　　量	
人工	综合工日	工日	140.00	34.562	34.852
材料	电	kW·h	0.68	7.732	7.805
	级配碎石	m³	145.64	10.024	10.078
	水	m³	7.96	30.009	30.262
	现浇混凝土 C15	m³	281.42	2.557	2.629
	现浇混凝土 C20	m³	296.56	16.675	16.787
	养生布	m²	2.00	10.918	11.424
	其他材料费占材料费	%	—	1.000	1.000
机械	电动夯实机 250N·m	台班	26.28	0.559	0.562
	机动翻斗车 1t	台班	220.18	1.324	1.338
	双锥反转出料混凝土搅拌机 350L	台班	253.32	1.688	1.706

工作内容：清底、铺装垫层、混凝土搅拌、浇筑、养护、材料运输。 计量单位：处

定 额 编 号					S5-4-580	S5-4-581
项 目 名 称					混凝土排水管道出水口(一字式)	
					H×L₁	
					1.5m×1.1m以内	2.0m×1.3m以内
					管径700mm以内	管径800mm以内
基 价（元）					17631.33	17933.71
其中	人 工 费（元）				6576.36	6666.66
	材 料 费（元）				10049.63	10252.37
	机 械 费（元）				1005.34	1014.68
名 称		单位	单价(元)		消 耗 量	
人工	综合工日	工日	140.00		46.974	47.619
材料	电	kW•h	0.68		10.624	10.698
	级配碎石	m³	145.64		12.345	13.339
	水	m³	7.96		41.318	41.557
	现浇混凝土 C15	m³	281.42		3.400	3.491
	现浇混凝土 C20	m³	296.56		23.028	23.120
	养生布	m²	2.00		15.039	15.598
	其他材料费占材料费	%	—		1.000	1.000
机械	电动夯实机 250N•m	台班	26.28		0.689	0.744
	机动翻斗车 1t	台班	220.18		1.818	1.832
	双锥反转出料混凝土搅拌机 350L	台班	253.32		2.317	2.336

778

工作内容：清底、铺装垫层、混凝土搅拌、浇筑、养护、材料运输。 计量单位：处

定 额 编 号					S5-4-582	S5-4-583
项 目 名 称					混凝土排水管道出水口(一字式)	
					H×L₁	
					2.5m×1.6m以内	2.5m×1.7m以内
					管径900mm以内	管径1000mm以内
基 价 （元）					23197.71	24564.03
其中	人 工 费 (元)				8654.38	9186.80
	材 料 费 (元)				13223.47	13968.71
	机 械 费 (元)				1319.86	1408.52
	名 称	单位	单价(元)		消 耗 量	
人工	综合工日	工日	140.00		61.817	65.620
材料	电	kW·h	0.68		13.962	14.912
	级配碎石	m³	145.64		16.310	16.363
	水	m³	7.96		54.436	58.155
	现浇混凝土 C15	m³	281.42		4.273	4.547
	现浇混凝土 C20	m³	296.56		30.457	32.547
	养生布	m²	2.00		19.757	21.245
	其他材料费占材料费	%	—		1.000	1.000
机械	电动夯实机 250N·m	台班	26.28		0.910	0.913
	机动翻斗车 1t	台班	220.18		2.386	2.549
	双锥反转出料混凝土搅拌机 350L	台班	253.32		3.042	3.250

工作内容：清底、铺装垫层、混凝土搅拌、浇筑、养护、材料运输。　　　　　　　　　　　计量单位：处

定 额 编 号				S5-4-584	S5-4-585
项 目 名 称				混凝土排水管道出水口(一字式)	
				H×L	
				2.5m×1.7m以内	3.0m×1.9m以内
				管径1100mm以内	管径1200mm以内
基 价（元）				32281.01	35934.55
其中	人 工 费（元）			12104.82	13443.50
	材 料 费（元）			18324.03	20451.28
	机 械 费（元）			1852.16	2039.77
名 称		单位	单价(元)	消 耗 量	
人工	综合工日	工日	140.00	86.463	96.025
材料	电	kW•h	0.68	19.618	21.673
	级配碎石	m³	145.64	20.778	24.651
	水	m³	7.96	77.169	85.301
	现浇混凝土 C15	m³	281.42	5.389	5.500
	现浇混凝土 C20	m³	296.56	43.559	48.411
	养生布	m²	2.00	27.229	30.153
	其他材料费占材料费	%	—	1.000	1.000
机械	电动夯实机 250N•m	台班	26.28	1.160	1.376
	机动翻斗车 1t	台班	220.18	3.354	3.689
	双锥反转出料混凝土搅拌机 350L	台班	253.32	4.276	4.703

工作内容：清底、铺装垫层、混凝土搅拌、浇筑、养护、材料运输。 计量单位：处

定 额 编 号				S5-4-586	S5-4-587
项 目 名 称				混凝土排水管道出水口(一字式)	
				H×L	
				3.0m×1.9m以内	3.5m×2.1m以内
				管径1350mm以内	管径1500mm以内
基 价 （元）				47559.42	47556.84
其中	人 工 费（元）			17818.08	17856.16
	材 料 费（元）			27047.62	26998.13
	机 械 费（元）			2693.72	2702.55
名 称		单位	单价(元)	消 耗 量	
人工	综合工日	工日	140.00	127.272	127.544
材 料	电	kW·h	0.68	28.699	28.768
	级配碎石	m³	145.64	32.301	32.461
	水	m³	7.96	113.553	113.697
	现浇混凝土 C15	m³	281.42	6.435	6.201
	现浇混凝土 C20	m³	296.56	64.954	64.923
	养生布	m²	2.00	39.205	39.982
	其他材料费占材料费	%	—	1.000	1.000
机 械	电动夯实机 250N·m	台班	26.28	1.803	1.812
	机动翻斗车 1t	台班	220.18	4.872	4.888
	双锥反转出料混凝土搅拌机 350L	台班	253.32	6.212	6.232

工作内容:清底、铺装垫层、混凝土搅拌、浇筑、养护、材料运输。　　　　　　　　　计量单位:处

定 额 编 号				S5-4-588	S5-4-589
项 目 名 称				混凝土排水管道出水口(一字式)	
				H×L₁	
				3.5m×2.2m以内	4.0m×2.4m以内
				管径1650mm以内	管径1800mm以内
基 价(元)				61186.98	61235.55
其中	人 工 费(元)			22926.40	22954.96
	材 料 费(元)			34800.64	34813.67
	机 械 费(元)			3459.94	3466.92
名 称		单位	单价(元)	消 耗 量	
人工	综合工日	工日	140.00	163.760	163.964
材料	草袋	条	0.85	59.830	—
	电	kW•h	0.68	36.920	36.969
	级配碎石	m³	145.64	41.146	41.345
	水	m³	7.96	146.554	146.613
	现浇混凝土 C15	m³	281.42	7.612	7.815
	现浇混凝土 C20	m³	296.56	84.227	84.145
	养生布	m²	2.00	50.257	50.988
	其他材料费占材料费	%	—	1.000	1.000
机械	电动夯实机 250N•m	台班	26.28	2.296	2.307
	机动翻斗车 1t	台班	220.18	6.259	6.271
	双锥反转出料混凝土搅拌机 350L	台班	253.32	7.980	7.996

782

工作内容：清底、铺装垫层、混凝土搅拌、浇筑、养护、材料运输。 计量单位：处

定　额　编　号				S5-4-590	S5-4-591
项　目　名　称				混凝土排水管道出水口(一字式)	
				H×L₁	
				4.0m×2.4m以内	4.0m×2.55m以内
				管径2000mm以内	管径2200mm以内
基　　　价（元）				76446.08	80380.53
其中	人　工　费（元）			28682.36	30228.38
	材　料　费（元）			43440.53	45583.11
	机　械　费（元）			4323.19	4569.04
名　　　称		单位	单价（元）	消　　耗　　量	
人工	综合工日	工日	140.00	204.874	215.917
材　　　料	电	kW·h	0.68	46.177	48.874
	级配碎石	m³	145.64	51.171	51.462
	水	m³	7.96	183.726	194.806
	现浇混凝土 C15	m³	281.42	8.951	8.951
	现浇混凝土 C20	m³	296.56	105.946	112.623
	养生布	m²	2.00	62.845	67.255
	其他材料费占材料费	%	—	1.000	1.000
机　　　械	电动夯实机 250N·m	台班	26.28	2.856	2.872
	机动翻斗车 1t	台班	220.18	7.821	8.273
	双锥反转出料混凝土搅拌机 350L	台班	253.32	9.972	10.548

工作内容：清底、铺装垫层、混凝土搅拌、浇筑、养护、材料运输。　　　　　　　计量单位：处

定　额　编　号				S5-4-592	
项　目　名　称				混凝土排水管道出水口(一字式)	
				H×L₁	
				4.0m×2.55m以内	
				管径2400mm以内	
基　　　　　价（元）				97991.23	
其中	人　工　费（元）			36873.20	
	材　料　费（元）			55550.07	
	机　械　费（元）			5567.96	
名　　　称		单位	单价(元)	消　　耗　　量	
人工	综合工日	工日	140.00	263.380	
材料	电	kW·h	0.68	59.617	
	级配碎石	m³	145.64	62.362	
	水	m³	7.96	237.965	
	现浇混凝土 C15	m³	281.42	10.434	
	现浇混凝土 C20	m³	296.56	137.864	
	养生布	m²	2.00	80.820	
	其他材料费占材料费	%	—	1.000	
机械	电动夯实机 250N·m	台班	26.28	3.480	
	机动翻斗车 1t	台班	220.18	10.083	
	双锥反转出料混凝土搅拌机 350L	台班	253.32	12.855	

(2)八字式

工作内容：清底、铺装垫层、混凝土搅拌、浇筑、养护、材料运输。

计量单位：处

定 额 编 号				S5-4-593	S5-4-594
项 目 名 称				混凝土排水管道出水口（八字式）	
				H×L₁	
				0.83m×1.26m以内	0.94m×1.47m以内
				管径300mm以内	管径400mm以内
基 价（元）				3531.51	4142.31
其中	人 工 费（元）			1365.98	1601.60
	材 料 费（元）			1931.31	2265.91
	机 械 费（元）			234.22	274.80
名 称		单位	单价（元）	消 耗 量	
人工	综合工日	工日	140.00	9.757	11.440
材料	电	kW•h	0.68	2.447	2.905
	水	m³	7.96	9.717	11.404
	现浇混凝土 C15	m³	281.42	0.691	0.802
	现浇混凝土 C20	m³	296.56	5.471	6.425
	养生布	m²	2.00	8.118	9.814
	其他材料费占材料费	%	—	1.000	1.000
机械	机动翻斗车 1t	台班	220.18	0.431	0.506
	双锥反转出料混凝土搅拌机 350L	台班	253.32	0.550	0.645

工作内容：清底、铺装垫层、混凝土搅拌、浇筑、养护、材料运输。　　　　　　　　　　计量单位：处

定　额　编　号			S5-4-595	S5-4-596
项　目　名　称			混凝土排水管道出水口(八字式)	
			H×L₁	
			1.04m×1.68m以内	1.15m×1.90m以内
			管径500mm以内	管径600mm以内
基　　　　　价（元）			4748.77	5483.12
其中	人　工　费（元）		1835.54	2119.18
	材　料　费（元）		2598.07	3000.08
	机　械　费（元）		315.16	363.86
名　　称	单位	单价（元）	消　耗　　量	
人工	综合工日	工日	140.00	13.111	15.137
材料	电	kW•h	0.68	3.329	3.843
	水	m³	7.96	13.088	15.129
	现浇混凝土 C15	m³	281.42	0.894	1.005
	现浇混凝土 C20	m³	296.56	7.389	8.556
	养生布	m²	2.00	11.514	13.573
	其他材料费占材料费	%	—	1.000	1.000
机械	机动翻斗车 1t	台班	220.18	0.580	0.670
	双锥反转出料混凝土搅拌机 350L	台班	253.32	0.740	0.854

工作内容：清底、铺装垫层、混凝土搅拌、浇筑、养护、材料运输。   计量单位：处

定　额　编　号				S5-4-597	S5-4-598
项　目　名　称				混凝土排水管道出水口（八字式）	
				H×L₁	
				1.26m×2.11m以内	1.37m×2.33m以内
				管径700mm以内	管径800mm以内
基　　　价（元）				6217.92	7034.82
其中	人　工　费（元）			2403.80	2719.78
	材　料　费（元）			3401.79	3848.99
	机　械　费（元）			412.33	466.05
名　　　称		单位	单价(元)	消　　耗　　量	
人工	综合工日	工日	140.00	17.170	19.427
材料	电	kW·h	0.68	4.357	4.929
	水	m³	7.96	17.176	19.451
	现浇混凝土 C15	m³	281.42	1.106	1.218
	现浇混凝土 C20	m³	296.56	9.733	11.043
	养生布	m²	2.00	15.379	17.508
	其他材料费占材料费	%	—	1.000	1.000
机械	机动翻斗车 1t	台班	220.18	0.759	0.858
	双锥反转出料混凝土搅拌机 350L	台班	253.32	0.968	1.094

工作内容：清底、铺装垫层、混凝土搅拌、浇筑、养护、材料运输。 计量单位：处

定 额 编 号				S5-4-599	S5-4-600
项 目 名 称				混凝土排水管道出水口(八字式)	
				H×L	
				1.47m×2.54m以内	1.58m×2.75m以内
				管径900mm以内	管径1000mm以内
基 价 （元）				7880.61	8792.19
其中	人 工 费 （元）			3047.24	3400.18
	材 料 费 （元）			4311.46	4810.16
	机 械 费 （元）			521.91	581.85
名 称		单位	单价(元)	消 耗 量	
人工	综合工日	工日	140.00	21.766	24.287
材料	电	kW·h	0.68	5.520	6.157
	水	m³	7.96	21.811	24.363
	现浇混凝土 C15	m³	281.42	1.329	1.431
	现浇混凝土 C20	m³	296.56	12.402	13.884
	养生布	m²	2.00	19.727	22.134
	其他材料费占材料费	%	—	1.000	1.000
机械	机动翻斗车 1t	台班	220.18	0.961	1.071
	双锥反转出料混凝土搅拌机 350L	台班	253.32	1.225	1.366

工作内容：清底、铺装垫层、混凝土搅拌、浇筑、养护、材料运输。　　　　　　　　　　　计量单位：处

定　额　编　号				S5-4-601	S5-4-602
项　目　名　称				混凝土排水管道出水口(八字式)	
				H×L₁	
				1.69m×2.97m以内	1.79m×3.08m以内
				管径1100mm以内	管径1200mm以内
基　　　价（元）				11134.04	12203.41
其中	人　工　费（元）			4305.70	4719.40
	材　料　费（元）			6090.84	6675.83
	机　械　费（元）			737.50	808.18
名　　称		单位	单价（元）	消　　耗　　量	
人工	综合工日	工日	140.00	30.755	33.710
材料	电	kW·h	0.68	7.801	8.548
	水	m³	7.96	30.786	33.778
	现浇混凝土 C15	m³	281.42	1.928	2.050
	现浇混凝土 C20	m³	296.56	17.476	19.212
	养生布	m²	2.00	27.455	30.311
	其他材料费占材料费	%	—	1.000	1.000
机械	机动翻斗车 1t	台班	220.18	1.358	1.488
	双锥反转出料混凝土搅拌机 350L	台班	253.32	1.731	1.897

789

工作内容：清底、铺装垫层、混凝土搅拌、浇筑、养护、材料运输。 计量单位：处

定 额 编 号				S5-4-603	S5-4-604
项 目 名 称				混凝土排水管道出水口（八字式）	
				H×L₁	
				1.96m×3.51m以内	2.12m×3.83m以内
				管径1350mm以内	管径1500mm以内
基 价（元）				14120.09	16083.95
其中	人 工 费（元）			5462.94	6225.24
	材 料 费（元）			7723.38	8796.51
	机 械 费（元）			933.77	1062.20
名 称		单位	单价(元)	消 耗 量	
人工	综合工日	工日	140.00	39.021	44.466
材料	电	kW·h	0.68	9.886	11.257
	水	m³	7.96	39.142	44.655
	现浇混凝土 C15	m³	281.42	2.264	2.456
	现浇混凝土 C20	m³	296.56	22.328	25.545
	养生布	m²	2.00	34.944	39.757
	其他材料费占材料费	%	—	1.000	1.000
机械	机动翻斗车 1t	台班	220.18	1.719	1.956
	双锥反转出料混凝土搅拌机 350L	台班	253.32	2.192	2.493

工作内容：清底、铺装垫层、混凝土搅拌、浇筑、养护、材料运输。 计量单位：处

定　额　编　号				S5-4-605	S5-4-606
项　目　名　称				混凝土排水管道出水口(八字式)	
				H×L₁	
				2.28m×4.15m以内	2.44m×4.48m以内
				管径1650mm以内	管径1800mm以内
基　　　　价（元）				18154.18	20461.45
其中	人　工　费（元）			7028.42	7925.82
	材　料　费（元）			9927.93	11186.91
	机　械　费（元）			1197.83	1348.72
名　　称		单位	单价（元）	消　耗　量	
人工	综合工日	工日	140.00	50.203	56.613
材料	电	kW·h	0.68	12.701	14.313
	水	m³	7.96	50.472	56.970
	现浇混凝土 C15	m³	281.42	2.649	2.852
	现浇混凝土 C20	m³	296.56	28.945	32.740
	养生布	m²	2.00	44.917	50.473
	其他材料费占材料费	%	—	1.000	1.000
机械	机动翻斗车 1t	台班	220.18	2.205	2.483
	双锥反转出料混凝土搅拌机 350L	台班	253.32	2.812	3.166

工作内容：清底、铺装垫层、混凝土搅拌、浇筑、养护、材料运输。 计量单位：处

定 额 编 号					S5-4-607	S5-4-608
项 目 名 称					混凝土排水管道出水口（八字式）	
					H×L₁	
					2.66m×4.91m以内	2.88m×5.35m以内
					管径2000mm以内	管径2200mm以内
基 价（元）					23788.43	27476.56
其中	人 工 费（元）				9217.88	10652.18
	材 料 费（元）				13005.29	15018.93
	机 械 费（元）				1565.26	1805.45
名 称		单位	单价（元）	消 耗 量		
人工	综合工日	工日	140.00		65.842	76.087
材料	电	kW·h	0.68		16.630	19.200
	水	m³	7.96		66.333	76.732
	现浇混凝土 C15	m³	281.42		3.115	3.390
	现浇混凝土 C20	m³	296.56		38.252	44.371
	养生布	m²	2.00		58.284	66.854
	其他材料费占材料费	%	—		1.000	1.000
机械	机动翻斗车 1t	台班	220.18		2.882	3.324
	双锥反转出料混凝土搅拌机 350L	台班	253.32		3.674	4.238

792

定　额　编　号			S5-4-609
项　目　名　称			混凝土排水管道出水口(八字式)
			H×L₁
			3.09m×5.77m以内
			管径2400mm以内
基　　　　价（元）			31358.79
其中	人　工　费（元）		12162.92
	材　料　费（元）		17138.29
	机　械　费（元）		2057.58
名　　　称	单位	单价(元)	消　　耗　　量
人工 综合工日	工日	140.00	86.878
材料 电	kW・h	0.68	21.906
水	m³	7.96	87.692
现浇混凝土 C15	m³	281.42	3.654
现浇混凝土 C20	m³	296.56	50.836
养生布	m²	2.00	75.723
其他材料费占材料费	%	—	1.000
机械 机动翻斗车 1t	台班	220.18	3.788
双锥反转出料混凝土搅拌机 350L	台班	253.32	4.830

(3)门字式

工作内容：清底、铺装垫层、混凝土搅拌、浇筑、养护、材料运输。　　　　　计量单位：处

定　额　编　号				S5-4-610	S5-4-611
项　目　名　称				混凝土排水管道出水口(门字式)	
				H×L₁　1.0m×1.0m	
				管径300mm以内	管径400mm以内
基　　　　　价（元）				2537.62	2576.08
其中	人　工　费（元）			951.58	965.86
	材　料　费（元）			1406.01	1427.09
	机　械　费（元）			180.03	183.13
名　　　称		单位	单价（元）	消　　耗　　量	
人工	综合工日	工日	140.00	6.797	6.899
材料	电	kW·h	0.68	1.799	1.828
	水	m³	7.96	6.728	6.817
	现浇混凝土 C15	m³	281.42	0.995	1.035
	现浇混凝土 C20	m³	296.56	3.482	3.511
	养生布	m²	2.00	12.338	12.482
	其他材料费占材料费	%	—	1.000	1.000
机械	机动翻斗车 1t	台班	220.18	0.331	0.337
	双锥反转出料混凝土搅拌机 350L	台班	253.32	0.423	0.430

794

工作内容：清底、铺装垫层、混凝土搅拌、浇筑、养护、材料运输。 计量单位：处

定　额　编　号					S5-4-612	S5-4-613
项　目　名　称					混凝土排水管道出水口(门字式)	
					H×L｜ 1.5m×1.1m	
					管径500mm以内	管径600mm以内
基　　　价（元）					3481.15	3581.84
其中	人　工　费（元）				1315.72	1352.68
	材　料　费（元）				1922.14	1978.23
	机　械　费（元）				243.29	250.93
名　　　称		单位	单价（元）		消　　耗　　量	
人工	综合工日	工日	140.00		9.398	9.662
材料	电	kW·h	0.68		2.464	2.538
	水	m³	7.96		9.274	9.512
	现浇混凝土 C15	m³	281.42		1.269	1.360
	现浇混凝土 C20	m³	296.56		4.862	4.953
	养生布	m²	2.00		14.309	14.805
	其他材料费占材料费	%	—		1.000	1.000
机械	机动翻斗车 1t	台班	220.18		0.448	0.462
	双锥反转出料混凝土搅拌机 350L	台班	253.32		0.571	0.589

工作内容：清底、铺装垫层、混凝土搅拌、浇筑、养护、材料运输。　　　　　　　计量单位：处

定　额　编　号				S5-4-614	S5-4-615
项　目　名　称				混凝土排水管道出水口(门字式)	
				H×L₁	
				1.5m×1.1m以内	2.0m×1.3m以内
				管径700mm以内	管径800mm以内
基　　　价（元）				3671.04	5011.55
其中	人　工　费（元）			1384.88	1900.64
	材　料　费（元）			2028.32	2762.34
	机　械　费（元）			257.84	348.57
名　　称		单位	单价(元)	消　　耗　　　量	
人工	综合工日	工日	140.00	9.892	13.576
材料	电	kW·h	0.68	2.603	3.550
	水	m³	7.96	9.717	13.309
	现浇混凝土 C15	m³	281.42	1.452	1.888
	现浇混凝土 C20	m³	296.56	5.024	6.942
	养生布	m²	2.00	15.291	18.300
	其他材料费占材料费	%	—	1.000	1.000
机械	机动翻斗车 1t	台班	220.18	0.475	0.642
	双锥反转出料混凝土搅拌机 350L	台班	253.32	0.605	0.818

工作内容：清底、铺装垫层、混凝土搅拌、浇筑、养护、材料运输。 计量单位：处

定 额 编 号				S5-4-616	S5-4-617
项 目 名 称				混凝土排水管道出水口(门字式)	
				H×L₁	
				2.5m×1.6m以内	2.5m×1.7m以内
				管径900mm以内	管径1000mm以内
基 价 （元）				8026.08	8148.47
其中	人 工 费 （元）			3059.00	3103.94
	材 料 费 （元）			4415.33	4483.46
	机 械 费 （元）			551.75	561.07
名 称		单位	单价(元)	消 耗 量	
人工	综合工日	工日	140.00	21.850	22.171
材料	电	kW·h	0.68	5.671	5.761
	水	m³	7.96	21.502	21.786
	现浇混凝土 C15	m³	281.42	2.670	2.791
	现浇混凝土 C20	m³	296.56	11.438	11.539
	养生布	m²	2.00	26.578	27.142
	其他材料费占材料费	%	—	1.000	1.000
机械	机动翻斗车 1t	台班	220.18	1.016	1.033
	双锥反转出料混凝土搅拌机 350L	台班	253.32	1.295	1.317

工作内容：清底、铺装垫层、混凝土搅拌、浇筑、养护、材料运输。　　　　　　　　　　计量单位：处

定　额　编　号				S5-4-618	S5-4-619
项　目　名　称				混凝土排水管道出水口（门字式）	
				H×L₁	
				2.5m×1.7m以内	3.0m×1.9m以内
				管径1100mm以内	管径1200mm以内
基　　　　　价（元）				9042.83	11439.57
其中	人　工　费（元）			3468.64	4370.24
	材　料　费（元）			5013.12	6286.70
	机　械　费（元）			561.07	782.63
名　　　　称		单位	单价（元）	消　　　耗　　　量	
人工	综合工日	工日	140.00	24.776	31.216
材料	电	kW·h	0.68	6.438	8.078
	水	m³	7.96	24.387	30.705
	现浇混凝土 C15	m³	281.42	3.065	3.684
	现浇混凝土 C20	m³	296.56	12.950	16.411
	养生布	m²	2.00	30.993	35.477
	其他材料费占材料费	%	—	1.000	1.000
机械	机动翻斗车 1t	台班	220.18	1.033	1.441
	双锥反转出料混凝土搅拌机 350L	台班	253.32	1.317	1.837

798

工作内容：清底、铺装垫层、混凝土搅拌、浇筑、养护、材料运输。　　　　　　　　　　　　　　计量单位：处

定　额　编　号				S5-4-620	S5-4-621
项　目　名　称				混凝土排水管道出水口(门字式)	
				H×L₁	
				3.0m×1.9m以内	3.5m×2.1m以内
				管径1350mm以内	管径1500mm以内
基　　　　　　价（元）				11622.59	15445.58
其中	人　工　费（元）			4436.46	5914.44
	材　料　费（元）			6389.16	8479.42
	机　械　费（元）			796.97	1051.72
名　　　称		单位	单价（元）	消　　耗　　量	
人工	综合工日	工日	140.00	31.689	42.246
材料	电	kW·h	0.68	8.213	10.902
	水	m³	7.96	31.117	41.519
	现浇混凝土 C15	m³	281.42	3.887	4.841
	现浇混凝土 C20	m³	296.56	16.543	22.277
	养生布	m²	2.00	36.379	44.370
	其他材料费占材料费	%	—	1.000	1.000
机械	机动翻斗车 1t	台班	220.18	1.467	1.936
	双锥反转出料混凝土搅拌机 350L	台班	253.32	1.871	2.469

工作内容：清底、铺装垫层、混凝土搅拌、浇筑、养护、材料运输。　　　　　　　计量单位：处

定　额　编　号				S5-4-622	S5-4-623
项　目　名　称				混凝土排水管道出水口(门字式)	
				H×L₁	
				3.5m×2.2m以内	4.0m×2.4m以内
				管径1650mm以内	管径1800mm以内
基　　　　价（元）				16938.23	20268.19
其中	人　工　费（元）			6483.40	7809.20
	材　料　费（元）			9300.70	11169.84
	机　械　费（元）			1154.13	1289.15
名　　称		单位	单价（元）	消　　耗　　量	
人工	综合工日	工日	140.00	46.310	55.780
材料	电	kW·h	0.68	11.954	14.362
	水	m³	7.96	45.553	54.850
	现浇混凝土 C15	m³	281.42	5.277	6.150
	现浇混凝土 C20	m³	296.56	24.459	29.574
	养生布	m²	2.00	49.634	55.839
	其他材料费占材料费	%	—	1.000	1.000
机械	机动翻斗车 1t	台班	220.18	2.125	2.125
	双锥反转出料混凝土搅拌机 350L	台班	253.32	2.709	3.242

工作内容：清底、铺装垫层、混凝土搅拌、浇筑、养护、材料运输。　　　　　　　　　　　　　　计量单位：处

定　额　编　号				S5-4-624	S5-4-625
项　目　名　称				混凝土排水管道出水口(门字式)	
				H×L	
				4.0m×2.4m以内	4.0m×2.55m以内
				管径2000mm以内	管径2200mm以内
基　　　　价（元）				20548.31	21861.39
其中	人　工　费（元）			7874.30	8383.48
	材　料　费（元）			11276.34	11993.59
	机　械　费（元）			1397.67	1484.32
名　　称		单位	单价（元）	消　　耗　　量	
人工	综合工日	工日	140.00	56.245	59.882
材料	电	kW·h	0.68	14.504	15.426
	水	m³	7.96	55.203	58.792
	现浇混凝土 C15	m³	281.42	6.485	6.780
	现浇混凝土 C20	m³	296.56	29.594	31.594
	养生布	m²	2.00	57.007	59.414
	其他材料费占材料费	%	—	1.000	1.000
机械	机动翻斗车 1t	台班	220.18	2.573	2.733
	双锥反转出料混凝土搅拌机 350L	台班	253.32	3.281	3.484

工作内容：清底、铺装垫层、混凝土搅拌、浇筑、养护、材料运输。　　　　　　　　　　计量单位：处

定　额　编　号			S5-4-626
项　目　名　称			混凝土排水管道出水口(门字式)
			H×L: 4.0m×2.55m以内
			管径2400mm以内
基　　　　　　价（元）			21929.96
其中	人　工　费（元）		8439.20
	材　料　费（元）		11992.36
	机　械　费（元）		1498.40
名　　　称	单位	单价(元)	消　耗　量
人工　综合工日	工日	140.00	60.280
材料　电	kW·h	0.68	15.549
水	m³	7.96	59.120
现浇混凝土 C15	m³	281.42	7.034
现浇混凝土 C20	m³	296.56	31.645
养生布	m²	2.00	14.152
其他材料费占材料费	%	—	1.000
机械　机动翻斗车 1t	台班	220.18	2.759
双锥反转出料混凝土搅拌机 350L	台班	253.32	3.517

802

第四节 支挡墩及取水工程
1.管道支墩(挡墩)

工作内容：混凝土搅拌、浇捣、养护。

计量单位：10m³

定 额 编 号			S5-4-627	S5-4-628
项 目 名 称			C15混凝土管道支墩(挡墩)	
			每处<1m³	每处<3m³
基 价（元）			5927.11	5185.28
其中	人 工 费（元）		2528.68	1864.10
	材 料 费（元）		2963.24	2885.99
	机 械 费（元）		435.19	435.19
名 称		单位	单价(元)	消 耗 量	
人工	综合工日	工日	140.00	18.062	13.315
材料	电	kW·h	0.68	8.160	8.160
	水	m³	7.96	9.167	—
	现浇混凝土 C15	m³	281.42	10.150	10.150
	养生布	m²	2.00	14.152	12.012
机械	机动翻斗车 1t	台班	220.18	0.803	0.803
	双锥反转出料混凝土搅拌机 350L	台班	253.32	1.020	1.020

工作内容：混凝土搅拌、浇捣、养护。

计量单位：10m³

定 额 编 号				S5-4-629	S5-4-630
项 目 名 称				C15混凝土管道支墩(挡墩)	
				每处＜5m³	每处＞5m³
基 价（元）				4950.69	4843.72
其中	人 工 费（元）			1633.80	1464.68
	材 料 费（元）			2881.70	2943.85
	机 械 费（元）			435.19	435.19
名 称		单位	单价(元)	消 耗 量	
人工	综合工日	工日	140.00	11.670	10.462
材料	电	kW·h	0.68	8.160	8.160
	水	m³	7.96	—	8.295
	现浇混凝土 C15	m³	281.42	10.150	10.150
	养生布	m²	2.00	9.870	7.930
机械	机动翻斗车 1t	台班	220.18	0.803	0.803
	双锥反转出料混凝土搅拌机 350L	台班	253.32	1.020	1.020

2.大口井内套管安装

工作内容：套管、盲板安装、接口、封闭。

定 额 编 号				S5-4-631	S5-4-632	S5-4-633
项 目 名 称				大口井内套管安装		
				内径＜100mm	内径＜200mm	内径＜300mm
基 价（元）				315.08	522.90	799.19
其中	人 工 费（元）			224.00	283.36	378.14
	材 料 费（元）			91.08	239.54	421.05
	机 械 费（元）			—	—	—
名 称		单位	单价（元）	消	耗	量
人工	综合工日	工日	140.00	1.600	2.024	2.701
材料	带帽带垫螺栓	kg	6.11	0.421	1.540	4.380
	盲板 DN100	块	26.00	1.000	—	—
	盲板 DN200	块	65.00	—	1.000	—
	盲板 DN300	块	145.00	—	—	1.000
	膨胀水泥	kg	0.68	3.780	5.600	10.440
	水	m³	7.96	—	0.150	0.200
	套管 DN100	根	55.80	1.000	—	—
	套管 DN200	根	153.90	—	1.000	—
	套管 DN300	根	231.22	—	—	1.000
	橡胶板	kg	2.91	0.200	0.330	0.400
	油麻	kg	6.84	0.520	0.770	1.200

3. 辐射井管安装

工作内容：钻孔、井内辐射管安装、焊接、顶进。

计量单位：m

定 额 编 号				S5-4-634	S5-4-635
项 目 名 称				辐射井管安装	
				外径 φ＜108mm	外径 φ＜159mm
基 价（元）				240.72	314.61
其中	人 工 费（元）			149.24	181.58
	材 料 费（元）			52.88	90.72
	机 械 费（元）			38.60	42.31
名 称		单位	单价（元）	消 耗 量	
人工	综合工日	工日	140.00	1.066	1.297
材料	电焊条	kg	5.98	0.600	0.950
	钢管 DN100	m	48.80	1.010	—
	钢管 DN150	m	84.20	—	1.010
机械	电焊条烘干箱 60×50×75cm³	台班	26.46	0.009	0.014
	挤压法顶管设备 1000mm	台班	138.86	0.230	0.230
	直流弧焊机 20kV·A	台班	71.43	0.090	0.140

工作内容：钻孔、井内辐射管安装、焊接、顶进。

计量单位：m

定 额 编 号				S5-4-636	S5-4-637
项 目 名 称				辐射井管安装	
				外径φ＜219mm	外径φ＜325mm
基 价（元）				474.11	653.55
其中	人 工 费（元）			251.86	338.66
	材 料 费（元）			164.57	223.98
	机 械 费（元）			57.68	90.91
名 称		单位	单价（元）	消 耗 量	
人工	综合工日	工日	140.00	1.799	2.419
材料	电焊条	kg	5.98	1.250	1.510
	钢管 DN200	m	155.54	1.010	—
	钢管 DN300	m	212.82	—	1.010
机械	电焊条烘干箱 60×50×75cm³	台班	26.46	0.016	0.029
	挤压法顶管设备 1000mm	台班	138.86	0.330	0.500
	直流弧焊机 20kV·A	台班	71.43	0.160	0.290

第五节 井字架

1.木制

工作内容：木脚手杆安装、铺翻板子、拆除、堆放整齐、场内运输。 计量单位：座

定 额 编 号			S5-4-638	S5-4-639	S5-4-640
项 目 名 称			木制井字脚手架		
			井深2m	井深4m	井深6m
基 价 （元）			87.05	170.40	311.47
其中	人 工 费 （元）		71.12	140.70	275.66
	材 料 费 （元）		15.93	29.70	35.81
	机 械 费 （元）		—	—	—
名 称		单位	单价（元）	消　　耗　　量		
人工	综合工日	工日	140.00	0.508	1.005	1.969
材料	镀锌铁丝 10号	kg	3.57	3.080	5.717	6.819
	木脚手板	m³	1307.59	0.002	0.002	0.002
	木脚手杆	m³	2079.75	0.001	0.003	0.004
	其他材料费占材料费	%	—	1.500	1.500	1.500

808

工作内容：木脚手杆安装、铺翻板子、拆除、堆放整齐、场内运输。　　　　　　　　　　　　　　　　计量单位：座

定　额　编　号				S5-4-641	S5-4-642
项　目　名　称				木制井字脚手架	
				井深8m	井深10m
基　　　　价（元）				330.96	406.44
其中	人　工　费（元）			285.88	351.26
	材　料　费（元）			45.08	55.18
	机　械　费（元）			—	—
	名　称	单位	单价（元）	消　　耗　　量	
人工	综合工日	工日	140.00	2.042	2.509
材料	镀锌铁丝 10号	kg	3.57	8.796	11.000
	木脚手板	m³	1307.59	0.002	0.002
	木脚手杆	m³	2079.75	0.005	0.006
	其他材料费占材料费	%	—	1.500	1.500

2．钢管

工作内容：各种扣件安装、铺翻板子、拆除、场内运输。   计量单位：座

定 额 编 号				S5-4-643	S5-4-644	S5-4-645
项 目 名 称				钢管井字脚手架		
				井深2m	井深4m	井深6m
基 价（元）				78.31	150.44	230.28
其中	人 工 费（元）			74.20	145.46	223.86
	材 料 费（元）			4.11	4.98	6.42
	机 械 费（元）			—	—	—
	名 称	单位	单价（元）	消	耗	量
人工	综合工日	工日	140.00	0.530	1.039	1.599
材料	焊接钢管 DN40	kg	3.84	0.350	0.571	0.938
	扣件	个	0.71	0.124	0.134	0.156
	木脚手板	m³	1307.59	0.002	0.002	0.002
	其他材料费占材料费	%	—	1.500	1.500	1.500

工作内容：各种扣件安装、铺翻板子、拆除、场内运输。

计量单位：座

定　额　编　号			S5-4-646	S5-4-647
项　目　名　称			钢管井字脚手架	
			井深8m	井深10m
基　　　价（元）			298.28	372.19
其中	人　工　费（元）		290.64	363.30
	材　料　费（元）		7.64	8.89
	机　械　费（元）		—	—
名　　称	单位	单价（元）	消　　耗　　量	
人工	综合工日	工日	140.00	2.076	2.595
材料	焊接钢管 DN40	kg	3.84	1.244	1.550
	扣件	个	0.71	0.196	0.273
	木脚手板	m³	1307.59	0.002	0.002
	其他材料费占材料费	%	—	1.500	1.500

2018版安徽省建设工程计价依据

安徽省市政工程计价定额

（下）

主编部门：安徽省建设工程造价管理总站

批准部门：安徽省住房和城乡建设厅

施行日期：２０１８年１月１日

中国建材工业出版社

目　录

第七章 设备安装

第六部分 生活垃圾处理工程

第一章 生活垃圾填埋

第二章　生活垃圾焚烧

第五章 顶管和拉管

第五章 观察和试验

说　　明

1．本章分为两节，主要内容包括顶管和拉管。

2．工作坑垫层、基础采用非定型井的相应项目，人工乘以系数1.10，其他不变。如果方（拱）管涵需设滑板和导向装置时，另行计算。

3．工作坑挖土方及回填按实际做法，套用土石方工程的相应定额。

4．工作坑内管（涵）明敷，应根据管径、接口套用"市政管网工程"第一章的相应项目，人工、机械乘系数1.10，其他不变。

5．本章定额是按无地下水考虑的，如遇地下水时，排（降）水按相关定额另行计算。

6．顶管工程中钢板内、外套环接口项目，只适用于设计要求的永久性套环管口。顶进中为防止错口，在管内接口处所设置的工具式临时性钢胀圈不应套用。

7．顶进施工中的方（拱）涵断面大于4m²，按箱涵顶进项目或规定执行。

8．工作坑如设沉井，其制作、下沉套用给排水构筑物的相应项目。

9．水力机械顶进定额中，未包括泥浆处理、运输，发生时可另计。

10．单位工程中，管径1600mm以内敞开式顶进在100m以内、封闭式顶进（不分管径）在50m以内时，顶进定额中的人工与机械乘以系数1.30。

11．顶管采用中继间顶进时，顶进定额中的人工与机械乘以下列系数分级计算：

中继间顶进分级	一级顶进	二级顶进	三级顶进	四级顶进	超过四级
人工、机械调整系数	1.36	1.64	2.15	2.80	另计

12．安拆中继间项目仅适用于敞开式管道顶进，当采用其他顶进方法时，中继间费用允许另计。

13．顶管工程的材料是按50m水平运距、坑边取料考虑的，如因场地等情况取用料水平运距超过50m，根据超过距离和相应定额另行计算。

14．牵引管子目中已考虑造斜段及曲线小号因素。采用塑料管时，消耗量应为10.50/10m。回拖布管基价除1.15系数。

15．牵引管扩孔孔径按需铺管管径的1.35倍已考虑在子目中。

16．牵引各类绑扎在一起的塑料管时，按理论总管径套用相应子目中相同管径进行计算。

17．施工中如发生需要化学配浆，按实调整。子目中提供的消耗量为参考量。泥浆外运另行计算。

18．一次性回拖距离超过300m回拖布管基价乘1.30系数，塑料管在其基价基础上乘1.20系数。

19．钻机导向孔工作内容包括地下管线复核、测量放线、拖头安装、拆卸、穿越管道地面布设。

20．顶管管材采用 III 级管管材价格，使用时应根据设计要求和实际使用情况进行调整。

工程量计算规则

1. 各种材质管道的顶管工程量，按设计顶进长度，以"延长米"计算。
2. 水平定向钻进定额中，钻导向孔及扩孔工程量按井中到井中之间距离计算。
3. 回拖布管工程量按钻导向孔长度加 1.5m 计算。

第一节 顶管

工作内容：下管、固定胀圈，安、拆、换顶铁，挖、运、吊土，顶进，纠偏。　　　　　　计量单位：10m

定　额　编　号			S5-5-1	S5-5-2	S5-5-3	S5-5-4
项　目　名　称			混凝土管顶进（管径）			
			800mm	1000mm	1100mm	1200mm
基　　　价　（元）			8644.19	10636.53	11554.02	12470.32
其中	人　工　费（元）		2822.82	2882.88	2943.56	3003.56
	材　料　费（元）		3162.31	4667.43	5395.82	6127.85
	机　械　费（元）		2659.06	3086.22	3214.84	3338.91
名　　　称	单位	单价（元）	消　　　耗　　　量			
人工 综合工日	工日	140.00	20.163	20.592	21.024	21.454
材料 加强钢筋混凝土管 1000mm	m	458.00	—	10.100	—	—
加强钢筋混凝土管 1100mm	m	530.00	—	—	10.100	—
加强钢筋混凝土管 1200mm	m	602.50	—	—	—	10.100
加强钢筋混凝土管 800mm	m	310.00	10.100	—	—	—
其他材料费占材料费	%	—	1.000	0.900	0.800	0.700
机械 电动双筒慢速卷扬机 30kN	台班	219.78	3.120	3.545	3.638	3.723
高压油泵 50MPa	台班	104.24	3.120	3.545	3.638	3.723
立式油压千斤顶 200t	台班	11.50	6.239	7.089	7.276	7.446
汽车式起重机 8t	台班	763.67	1.556	1.853	1.964	2.074
人工挖土法顶管设备 1200mm	台班	124.39	3.120	3.545	3.638	3.723

工作内容：下管、固定胀圈，安、拆、换顶铁，挖、运、吊土，顶进，纠偏。 计量单位：10m

定 额 编 号				S5-5-5	S5-5-6	S5-5-7	S5-5-8
项 目 名 称				混凝土管顶进(管径)			
				1400mm	1500mm	1600mm	1800mm
基 价（元）				14387.54	15769.10	17179.51	20486.08
其中	人 工 费（元）			3139.22	3281.46	3416.42	3620.40
	材 料 费（元）			7424.61	8186.38	9302.93	11886.24
	机 械 费（元）			3823.71	4301.26	4460.16	4979.44
名 称	单位	单价(元)	消 耗 量				
人工	综合工日	工日	140.00	22.423	23.439	24.403	25.860
材料	加强钢筋混凝土管 1400mm	m	730.00	10.100	—	—	—
	加强钢筋混凝土管 1500mm	m	806.50	—	10.100	—	—
	加强钢筋混凝土管 1600mm	m	916.50	—	—	10.100	—
	加强钢筋混凝土管 1800mm	m	1171.00	—	—	—	10.100
	其他材料费占材料费	%	—	0.700	0.500	0.500	0.500
机械	电动双筒慢速卷扬机 30kN	台班	219.78	3.808	4.157	4.318	4.471
	高压油泵 50MPa	台班	104.24	3.808	4.157	4.318	4.471
	立式油压千斤顶 200t	台班	11.50	7.616	8.313	8.636	8.942
	汽车式起重机 12t	台班	857.15	2.193	—	—	—
	汽车式起重机 16t	台班	958.70	—	2.273	2.353	—
	汽车式起重机 20t	台班	1030.31	—	—	—	2.462
	人工挖土法顶管设备 1650mm	台班	163.48	3.808	4.157	4.318	—
	人工挖土法顶管设备 2000mm	台班	199.35	—	—	—	4.471

8

工作内容：下管、固定胀圈，安、拆、换顶铁，挖、运、吊土，顶进，纠偏。　　　　　　　　　　计量单位：10m

定　额　编　号			S5-5-9	S5-5-10	S5-5-11
项　目　名　称			混凝土管顶进(管径)		
			2000mm	2200mm	2400mm
基　　　价（元）			25640.25	32164.86	39598.66
其中	人　工　费（元）		4032.70	4442.90	4872.98
	材　料　费（元）		16265.20	21340.47	26806.15
	机　械　费（元）		5342.35	6381.49	7919.53
名　　称		单位	单价(元)	消 耗 量		
人工	综合工日	工日	140.00	28.805	31.735	34.807
材料	加强钢筋混凝土管 2000mm	m	1604.00	10.100	—	—
	加强钢筋混凝土管 2200mm	m	2104.50	—	10.100	—
	加强钢筋混凝土管 2400mm	m	2643.50	—	—	10.100
	其他材料费占材料费	%	—	0.400	0.400	0.400
机械	电动双筒慢速卷扬机 30kN	台班	219.78	4.726	5.185	5.670
	高压油泵 50MPa	台班	104.24	4.726	5.185	5.670
	立式油压千斤顶 200t	台班	11.50	9.452	—	—
	立式油压千斤顶 300t	台班	16.48	—	10.370	11.331
	汽车式起重机 20t	台班	1030.31	2.679	—	—
	汽车式起重机 25t	台班	1084.16	—	3.217	—
	汽车式起重机 32t	台班	1257.67	—	—	3.781
	人工挖土法顶管设备 2000mm	台班	199.35	4.726	—	—
	人工挖土法顶管设备 2460mm	台班	201.12	—	5.185	5.670

工作内容：修整工作坑、安拆顶管设备、下方(拱)涵、接口；安、拆、换顶铁，挖、运、吊土，顶进，纠偏。

计量单位：10m

定 额 编 号				S5-5-12	S5-5-13
项 目 名 称				方(拱)涵顶进	
				截面积2m²	截面积4m²
基 价（元）				8209.17	9867.52
其中	人 工 费（元）			5524.82	6629.56
	材 料 费（元）			908.28	936.47
	机 械 费（元）			1776.07	2301.49
名 称		单位	单价(元)	消 · 耗 量	
人工	综合工日	工日	140.00	39.463	47.354
材料	扒钉	kg	3.85	0.019	0.030
	锭子油	kg	4.00	0.290	0.458
	钢顶柱横梁	t	3538.46	0.008	0.015
	混凝土方拱涵	m	85.70	10.100	10.100
	激光测量导向费	元	10.00	0.240	0.380
	千斤顶支架油箱操作台	kg	6.84	0.260	0.410
	其他材料费占材料费	%	—	1.000	1.000
机械	高压油泵 50MPa	台班	104.24	4.250	5.185
	立式油压千斤顶 200t	台班	11.50	8.500	10.370
	汽车式起重机 16t	台班	958.70	0.387	—
	汽车式起重机 32t	台班	1257.67	—	0.467
	少先吊 1t	台班	203.36	4.250	5.185

工作内容：配置沥青麻丝、拌和砂浆、填、抹(打)管口、材料运输。　　　　　　　　　　计量单位：10个口

定　额　编　号				S5-5-14	S5-5-15	S5-5-16	S5-5-17
项　目　名　称				混凝土管顶管，沥青麻丝膨胀水泥接口(平口)			
				Φ800mm	Φ1000mm	Φ1100mm	Φ1200mm
基　　　价（元）				262.98	314.67	358.64	406.07
其中	人　工　费（元）			206.78	232.96	255.22	278.88
	材　料　费（元）			56.20	81.71	103.42	127.19
	机　械　费（元）			—	—	—	—
名　　称		单位	单价（元）	消	耗		量
人工	综合工日	工日	140.00	1.477	1.664	1.823	1.992
材料	麻丝	kg	7.44	2.611	3.958	5.029	6.283
	木柴	kg	0.18	4.686	7.106	9.042	11.286
	膨胀水泥砂浆 1：1	m³	605.26	0.013	0.014	0.017	0.018
	石油沥青	kg	2.70	10.240	15.518	19.748	24.656
	其他材料费占材料费	%	—	0.750	0.750	0.750	0.750

11

工作内容：配置沥青麻丝、拌和砂浆、填、抹(打)管口、材料运输。 计量单位：10个口

定 额 编 号				S5-5-18	S5-5-19	S5-5-20	S5-5-21
项 目 名 称				混凝土管顶管，沥青麻丝膨胀水泥接口(平口)			
				Φ1400mm	Φ1500mm	Φ1600mm	Φ1800mm
基 价（元）				557.66	572.80	658.60	766.36
其中	人 工 费（元）			397.46	374.36	419.02	482.16
	材 料 费（元）			160.20	198.44	239.58	284.20
	机 械 费（元）			—	—	—	—
名 称		单位	单价(元)	消	耗		量
人工	综合工日	工日	140.00	2.839	2.674	2.993	3.444
材料	麻丝	kg	7.44	7.936	9.802	11.863	14.076
	木柴	kg	0.18	14.256	17.622	21.318	25.300
	膨胀水泥砂浆 1：1	m³	605.26	0.022	0.028	0.033	0.039
	石油沥青	kg	2.70	31.143	38.489	46.566	55.258
	其他材料费占材料费	%	—	0.750	0.750	0.750	0.750

工作内容：配置沥青麻丝、拌和砂浆、填、抹(打)管口、材料运输。 计量单位：10个口

定 额 编 号				S5-5-22	S5-5-23	S5-5-24
项 目 名 称				混凝土管顶管，沥青麻丝膨胀水泥接口(平口)		
				Φ2000mm	Φ2200mm	Φ2400mm
基 价（元）				926.75	1099.27	1326.88
其中	人 工 费（元）			572.60	676.06	818.30
	材 料 费（元）			354.15	423.21	508.58
	机 械 费（元）			—	—	—
名 称		单位	单价（元）	消 耗		量
人工	综合工日	工日	140.00	4.090	4.829	5.845
材料	麻丝	kg	7.44	17.626	20.930	25.214
	木柴	kg	0.18	31.680	37.620	45.320
	膨胀水泥砂浆 1∶1	m³	605.26	0.046	0.059	0.069
	石油沥青	kg	2.70	69.197	82.171	98.993
	其他材料费占材料费	%	—	0.750	0.750	0.750

13

工作内容：配置沥青麻丝、拌和砂浆、填、抹(打)管口、材料运输。　　　　　计量单位：10个口

定　额　编　号				S5-5-25	S5-5-26	S5-5-27
项　目　名　称				混凝土管顶管，沥青麻丝膨胀水泥接口(企口)		
				Φ1100mm	Φ1200mm	Φ1400mm
基　　　价　（元）				412.90	452.76	527.05
其中	人　工　费（元）			305.76	326.20	368.06
	材　料　费（元）			107.14	126.56	158.99
	机　械　费（元）			—	—	—
名　　称		单位	单价(元)	消　　耗		量
人工	综合工日	工日	140.00	2.184	2.330	2.629
材料	麻丝	kg	7.44	4.508	5.324	6.681
	木柴	kg	0.18	8.096	9.570	12.012
	膨胀水泥砂浆 1：1	m³	605.26	0.039	0.046	0.058
	石油沥青	kg	2.70	17.681	20.903	26.235
	其他材料费占材料费	%	—	0.750	0.750	0.750

工作内容：配置沥青麻丝、拌和砂浆、填、抹(打)管口、材料运输。　　　　　　　　　　计量单位：10个口

定　额　编　号				S5-5-28	S5-5-29	S5-5-30
项　目　名　称				混凝土管顶管，沥青麻丝膨胀水泥接口(企口)		
				Φ1500mm	Φ1600mm	Φ1800mm
基　　　　价（元）				617.38	716.80	827.20
其中	人　工　费（元）			419.16	477.12	544.74
	材　料　费（元）			198.22	239.68	282.46
	机　械　费（元）			—	—	—
名　　　称		单位	单价(元)	消　　耗　　量		
人工	综合工日	工日	140.00	2.994	3.408	3.891
材料	麻丝	kg	7.44	8.405	10.118	11.873
	木柴	kg	0.18	15.114	18.194	21.340
	膨胀水泥砂浆 1∶1	m³	605.26	0.070	0.086	0.103
	石油沥青	kg	2.70	33.008	39.739	46.608
	其他材料费占材料费	%	—	0.750	0.750	0.750

工作内容：配置沥青麻丝、拌和砂浆、填、抹(打)管口、材料运输。　　　　　　　　　计量单位：10个口

定 额 编 号				S5-5-31	S5-5-32	S5-5-33
项 目 名 称				混凝土管顶管，沥青麻丝膨胀水泥接口(企口)		
				Φ2000mm	Φ2200mm	Φ2400mm
基 价 （元）				992.50	1181.11	1413.93
其中	人 工 费 （元）			641.06	758.24	912.66
	材 料 费 （元）			351.44	422.87	501.27
	机 械 费 （元）			—	—	—
名 称		单位	单价(元)	消	耗	量
人工	综合工日	工日	140.00	4.579	5.416	6.519
材料	麻丝	kg	7.44	14.810	17.748	20.930
	木柴	kg	0.18	26.620	31.900	37.620
	膨胀水泥砂浆 1：1	m³	605.26	0.127	0.155	0.187
	石油沥青	kg	2.70	58.141	69.674	82.171
	其他材料费占材料费	%	—	0.750	0.750	0.750

工作内容：清理管口，调配嵌缝及粘接材料、制粘垫板、抹(打)管口、材料运输。　　计量单位：10个口

定　额　编　号				S5-5-34	S5-5-35	S5-5-36
项　目　名　称				混凝土管顶管，橡胶垫板膨胀水泥接口(企口)		
				φ1100mm	φ1200mm	φ1400mm
基　　　价（元）				659.53	745.48	930.74
其中	人　工　费（元）			340.76	367.64	420.00
	材　料　费（元）			318.77	377.84	510.74
	机　械　费（元）			—	—	—
名　　称		单位	单价(元)	消　　耗　　量		
人工	综合工日	工日	140.00	2.434	2.626	3.000
材料	氯丁橡胶条	kg	19.87	5.100	6.100	7.600
	膨胀水泥砂浆 1：1	m³	605.26	0.039	0.046	0.058
	三异氰酸酯	kg	28.30	0.800	0.910	1.110
	橡胶板	kg	2.91	52.920	62.640	91.680
	乙酸乙酯	kg	7.80	1.900	2.300	2.900
	其他材料费占材料费	%	—	0.750	0.750	0.750

工作内容：清理管口，调配嵌缝及粘接材料、制粘垫板、抹(打)管口、材料运输。　　计量单位：10个口

定 额 编 号			S5-5-37	S5-5-38	S5-5-39
项 目 名 称			混凝土管顶管，橡胶垫板膨胀水泥接口(企口)		
			Φ1500mm	Φ1600mm	Φ1800mm
基 价（元）			1124.20	1325.78	1541.71
其中	人 工 费（元）		484.68	555.80	637.42
	材 料 费（元）		639.52	769.98	904.29
	机 械 费（元）		—	—	—
名 称	单位	单价(元)	消	耗	量
人工	综合工日	工日	140.00	3.462	3.970	4.553
材料	氯丁橡胶条	kg	19.87	9.500	11.400	13.300
	膨胀水泥砂浆 1：1	m³	605.26	0.070	0.086	0.103
	三异氰酸酯	kg	28.30	1.400	1.700	2.000
	橡胶板	kg	2.91	115.440	138.840	163.080
	乙酸乙酯	kg	7.80	3.600	4.300	5.100
	其他材料费占材料费	%	—	0.750	0.750	0.750

18

工作内容：清理管口，调配嵌缝及粘接材料、制粘垫板、抹(打)管口、材料运输。　　　计量单位：10个口

定　额　编　号				S5-5-40	S5-5-41	S5-5-42
项　目　名　称				混凝土管顶管，橡胶垫板膨胀水泥接口(企口)		
				φ2000mm	φ2200mm	φ2400mm
基　　　价　（元）				1966.12	2348.83	2789.42
其中	人　工　费（元）			755.86	895.86	1075.34
	材　料　费（元）			1210.26	1452.97	1714.08
	机　械　费（元）			—	—	—
名　　称		单位	单价（元）	消　　耗　　量		
人工	综合工日	工日	140.00	5.399	6.399	7.681
材料	氯丁橡胶条	kg	19.87	16.600	19.900	23.400
	膨胀水泥砂浆 1：1	m³	605.26	0.127	0.155	0.187
	三异氰酸酯	kg	28.30	2.500	3.000	3.500
	橡胶板	kg	2.91	231.840	277.920	328.080
	乙酸乙酯	kg	7.80	6.300	7.600	8.900
	其他材料费占材料费	%	—	0.750	0.750	0.750

工作内容：清理接口、安放"O"型橡胶圈、安放钢制外套环、刷环氧沥青漆。　　　　　　　　计量单位：10个口

定　额　编　号				S5-5-43	S5-5-44	S5-5-45	S5-5-46
项　目　名　称				顶管接口外套环			
				Φ1000mm	Φ1100mm	Φ1200mm	Φ1400mm
基　　　　价（元）				2960.36	3168.34	3476.17	4305.45
其中	人　工　费（元）			900.90	977.20	1053.36	1552.32
	材　料　费（元）			2059.46	2191.14	2422.81	2753.13
	机　械　费（元）			—	—	—	—
名　　　称		单位	单价（元）	消	耗		量
人工	综合工日	工日	140.00	6.435	6.980	7.524	11.088
材料	O型橡胶圈　Φ30mm	m	39.90	37.500	39.000	40.500	44.928
	带帽带垫螺栓　M14	套	0.98	10.000	10.000	10.000	10.000
	钢板外套环　Φ1000	个	38.00	10.000	—	—	—
	钢板外套环　Φ1100	个	44.00	—	10.000	—	—
	钢板外套环　Φ1200	个	60.00	—	—	10.000	—
	钢板外套环　Φ1400	个	73.00	—	—	—	10.000
	环氧沥青防锈漆	kg	15.38	11.275	12.044	12.813	14.350

工作内容：清理接口、安放"0"型橡胶圈、安放钢制外套环、刷环氧沥青漆。　　　　　　　计量单位：10个口

定　额　编　号				S5-5-47	S5-5-48	S5-5-49
项　目　名　称				顶管接口外套环		
				φ1500mm	φ1600mm	φ1800mm
基　　　　价（元）				4570.42	5015.25	5688.78
其中	人　工　费（元）			1590.54	1628.62	1690.92
	材　料　费（元）			2979.88	3386.63	3997.86
	机　械　费（元）			—	—	—
名　　称		单位	单价（元）	消　　耗　　量		
人工	综合工日	工日	140.00	11.361	11.633	12.078
材料	0型橡胶圈 φ30mm	m	39.90	49.464	54.000	59.400
	带帽带垫螺栓 M14	套	0.98	10.000	10.000	10.000
	钢板外套环 φ1500	个	76.00	10.000	—	—
	钢板外套环 φ1600	个	97.00	—	10.000	—
	钢板外套环 φ1800	个	135.00	—	—	10.000
	环氧沥青防锈漆	kg	15.38	15.375	16.400	17.425

工作内容：清理接口、安放"0"型橡胶圈、安放钢制外套环、刷环氧沥青漆。　　　　计量单位：10个口

定 额 编 号				S5-5-50	S5-5-51	S5-5-52
项 目 名 称				顶管接口外套环		
				φ2000mm	φ2200mm	φ2400mm
基　　价（元）				6721.41	8001.23	9700.00
其中	人 工 费（元）			1850.38	2009.70	2176.02
	材 料 费（元）			4871.03	5991.53	7523.98
	机 械 费（元）			—	—	—
	名 称	单位	单价（元）	消	耗	量
人工	综合工日	工日	140.00	13.217	14.355	15.543
材料	0型橡胶圈 φ30mm	m	39.90	66.960	75.600	86.400
	带帽带垫螺栓 M14	套	0.98	10.000	10.000	10.000
	钢板外套环 φ2000	个	189.00	10.000	—	—
	钢板外套环 φ2200	个	265.00	—	10.000	—
	钢板外套环 φ2400	个	372.00	—	—	10.000
	环氧沥青防锈漆	kg	15.38	19.475	20.500	22.550

22

工作内容：配置沥青麻丝、拌和砂浆、安装内套环、填、抹(打)管口、材料运输。　　计量单位：10个口

定　额　编　号				S5-5-53	S5-5-54	S5-5-55	S5-5-56
项　目　名　称				顶管接口内套环(平口)			
				Φ1000mm	Φ1100mm	Φ1200mm	Φ1400mm
基　　　　价（元）				2375.33	2671.05	3002.70	3555.23
其中	人　工　费（元）			1871.66	1994.44	2112.74	2360.96
	材　料　费（元）			503.67	676.61	889.96	1194.27
	机　械　费（元）			—	—	—	—
名　　　称		单位	单价（元）	消　　耗			量
人工	综合工日	工日	140.00	13.369	14.246	15.091	16.864
材料	防水砂浆 1∶2	m³	312.18	—	0.048	0.053	0.059
	钢板内套环 Φ1000	个	25.00	10.000	—	—	—
	钢板内套环 Φ1100	个	37.00	—	10.000	—	—
	钢板内套环 Φ1200	个	54.00	—	—	10.000	—
	钢板内套环 Φ1350	个	78.00	—	—	—	10.000
	麻丝	kg	7.44	11.546	13.342	15.300	18.238
	木柴	kg	0.18	20.746	24.046	27.500	32.780
	石棉水泥 3∶7	m³	457.00	0.083	0.091	0.099	0.114
	石油沥青	kg	2.70	45.315	52.375	60.282	71.582
	其他材料费占材料费	%	—	0.750	0.750	0.750	0.750

工作内容：配置沥青麻丝、拌和砂浆、安装内套环、填、抹(打)管口、材料运输。　　计量单位：10个口

定　额　编　号			S5-5-57	S5-5-58	S5-5-59	S5-5-60
项　目　名　称			顶管接口内套环(平口)			
			φ1500mm	φ1600mm	φ1800mm	φ2000mm
基　　　价（元）			5296.89	6281.11	7486.31	9618.05
其中	人　工　费（元）		2759.82	3088.40	3369.94	4029.34
	材　料　费（元）		2537.07	3192.71	4116.37	5588.71
	机　械　费（元）		—	—	—	—
名　　　称	单位	单价(元)	消　　耗　　量			
人工	综合工日	工日	140.00	19.713	22.060	24.071	28.781
材料	防水砂浆 1:2	m³	312.18	0.450	0.498	0.545	0.710
	钢板内套环 φ1500	个	115.00	10.000	—	—	—
	钢板内套环 φ1650	个	164.00	—	10.000	—	—
	钢板内套环 φ1800	个	239.00	—	—	10.000	—
	钢板内套环 φ2000	个	300.00	—	—	—	10.000
	螺纹钢筋 HRB400 φ16	kg	3.50	222.664	245.752	268.944	468.416
	麻丝	kg	7.44	21.175	24.347	27.785	32.803
	木柴	kg	0.18	38.060	43.758	50.028	58.960
	石棉水泥 3:7	m³	457.00	0.130	0.145	0.162	0.183
	石油沥青	kg	2.70	83.178	95.580	109.085	128.779
	其他材料费占材料费	%	—	0.750	0.750	0.750	0.750

工作内容：配置沥青麻丝、拌和砂浆、安装内套环、填、抹(打)管口、材料运输。　　　计量单位：10个口

定 额 编 号			S5-5-61	S5-5-62	S5-5-63	S5-5-64
项 目 名 称			顶管接口内套环(平口)		顶管接口内套环(企口)	
			Φ2200mm	Φ2400mm	Φ1000mm	Φ1100mm
基 价 （元）			10837.57	12181.26	2585.99	2853.14
其中	人 工 费 （元）		4704.14	5705.28	2058.00	2175.46
	材 料 费 （元）		6133.43	6475.98	527.99	677.68
	机 械 费 （元）		—	—	—	—
名 称	单位	单价(元)	消　　　　耗　　　　量			
人工	综合工日	工日	140.00	33.601	40.752	14.700	15.539
材料	防水砂浆 1:2	m³	312.18	0.801	0.801	0.048	0.048
	钢板内套环 Φ1000	个	25.00	—	—	10.000	—
	钢板内套环 Φ1100	个	37.00	—	—	—	10.000
	钢板内套环 Φ2200	个	324.00	10.000	—	—	—
	钢板内套环 Φ2400	个	358.00	—	10.000	—	—
	螺纹钢筋 HRB400 Φ16	kg	3.50	516.984	516.984	—	—
	麻丝	kg	7.44	37.699	37.699	11.261	12.852
	木柴	kg	0.18	67.760	67.760	20.240	23.100
	石棉水泥 3:7	m³	457.00	0.210	0.210	0.113	0.113
	石油沥青	kg	2.70	148.008	148.008	44.446	50.456
	其他材料费占材料费	%	—	0.750	0.750	0.750	0.750

工作内容：配置沥青麻丝、拌和砂浆、安装内套环、填、抹(打)管口、材料运输。　　计量单位：10个口

定　额　编　号			S5-5-65	S5-5-66	S5-5-67	S5-5-68
项　目　名　称			顶管接口内套环(企口)			
			φ1200mm	φ1400mm	φ1500mm	φ1600mm
基　　　　价（元）			3165.79	3750.70	5684.94	6719.75
其中	人　工　费（元）		2292.92	2562.00	3153.50	3534.58
	材　料　费（元）		872.87	1188.70	2531.44	3185.17
	机　械　费（元）		—	—	—	—
名　　　称	单位	单价(元)	消　　　耗　　　量			
人工 综合工日	工日	140.00	16.378	18.300	22.525	25.247
材料 防水砂浆 1∶2	m³	312.18	0.053	0.059	0.450	0.498
钢板内套环 φ1200	个	54.00	10.000	—	—	—
钢板内套环 φ1350	个	78.00	—	10.000	—	—
钢板内套环 φ1500	个	115.00	—	—	10.000	—
钢板内套环 φ1650	个	164.00	—	—	—	10.000
螺纹钢筋 HRB400 φ16	kg	3.50	—	—	222.664	245.752
麻丝	kg	7.44	14.443	17.014	19.829	22.644
木柴	kg	0.18	25.960	30.580	35.640	40.700
石棉水泥 3∶7	m³	457.00	0.099	0.151	0.173	0.198
石油沥青	kg	2.70	56.466	66.791	77.698	88.733
其他材料费占材料费	%	—	0.750	0.750	0.750	0.750

工作内容：配置沥青麻丝、拌和砂浆、安装内套环、填、抹(打)管口、材料运输。　　计量单位：10个口

定　额　编　号			S5-5-69	S5-5-70	S5-5-71	S5-5-72
项　目　名　称			顶管接口内套环(企口)			
			Φ1800mm	Φ2000mm	Φ2200mm	Φ2400mm
基　　　　价（元）			7968.71	10170.52	11462.23	13255.38
其中	人　工　费（元）		3864.84	4597.04	5343.80	6489.70
	材　料　费（元）		4103.87	5573.48	6118.43	6765.68
	机　械　费（元）		—	—	—	—
名　　称	单位	单价（元）	消	耗		量
人工	综合工日	工日	140.00	27.606	32.836	38.170	46.355
材料	防水砂浆 1:2	m³	312.18	0.545	0.710	0.801	0.877
	钢板内套环 Φ1800	个	239.00	10.000	—	—	—
	钢板内套环 Φ2000	个	300.00	—	10.000	—	—
	钢板内套环 Φ2200	个	324.00	—	—	10.000	—
	钢板内套环 Φ2400	个	358.00	—	—	—	10.000
	螺纹钢筋 HRB400 Φ16	kg	3.50	268.944	468.416	516.984	565.344
	麻丝	kg	7.44	25.582	29.988	34.517	39.290
	木柴	kg	0.18	45.980	53.900	62.040	70.620
	石棉水泥 3:7	m³	457.00	0.227	0.263	0.306	0.353
	石油沥青	kg	2.70	99.828	117.734	135.394	154.251
	其他材料费占材料费	%	—	0.750	0.750	0.750	0.750

工作内容：熬制沥青玛　脂、裁油毡、填制石棉水泥、抹口。 计量单位：10m²

定　额　编　号					S5-5-73
项　目　名　称					方涵接口
基　　　价（元）					1401.91
其中	人　工　费（元）				1061.62
	材　料　费（元）				340.29
	机　械　费（元）				—
名　　称		单位	单价（元）	消　耗	量
人工	综合工日	工日	140.00	7.583	
材料	防水砂浆 1：2	m³	312.18	0.129	
	冷底子油	kg	2.14	4.040	
	木柴	kg	0.18	25.927	
	石棉水泥 3：7	m³	457.00	0.037	
	石油沥青玛　脂	m³	3043.80	0.059	
	石油沥青油毡 350号	m²	2.70	29.679	
	素水泥浆	m³	444.07	0.017	
	其他材料费占材料费	%	—	0.750	

28

工作内容：修整工作坑，安、拆顶管设备，下管，接口，焊口，安、拆、换顶铁，挖、吊土，顶进，纠偏。

计量单位：10m

定 额 编 号				S5-5-74	S5-5-75	S5-5-76	S5-5-77
项 目 名 称				钢管顶进(管径)			
				800mm	900mm	1000mm	1200mm
基 价（元）				13603.35	17747.60	19507.05	24126.48
其中	人 工 费（元）			1933.54	2023.56	2080.96	2473.38
	材 料 费（元）			8972.70	12656.60	14050.39	17976.40
	机 械 费（元）			2697.11	3067.44	3375.70	3676.70
名 称		单位	单价(元)	消	耗		量
人工	综合工日	工日	140.00	13.811	14.454	14.864	17.667
材料	电焊条	kg	5.98	11.000	19.800	22.000	26.400
	焊接钢管 DN1000	m	1352.21	—	—	10.200	—
	焊接钢管 DN1200	m	1731.41	—	—	—	10.200
	焊接钢管 DN800	m	864.97	10.200	—	—	—
	焊接钢管 DN900	m	1218.08	—	10.200	—	—
	氧气	m³	3.63	2.450	2.750	3.050	3.420
	乙炔气	kg	10.45	0.817	0.917	1.017	1.140
	其他材料费占材料费	%	—	0.750	0.750	0.750	0.750
机械	电动双筒慢速卷扬机 30kN	台班	219.78	2.533	2.771	2.916	3.120
	高压油泵 50MPa	台班	104.24	2.533	2.771	2.916	3.120
	立式油压千斤顶 200t	台班	11.50	5.066	5.542	5.831	6.239
	汽车式起重机 8t	台班	763.67	1.556	1.853	1.964	2.074
	人工挖土法顶管设备 1200mm	台班	124.39	2.533	2.771	2.916	3.120
	直流弧焊机 32kV·A	台班	87.75	3.587	3.944	5.712	7.089

29

工作内容：修整工作坑，安、拆顶管设备，下管，接口，焊口，安、拆、换顶铁，挖、吊土，顶进，纠偏。

计量单位：10m

定　额　编　号				S5-5-78	S5-5-79	S5-5-80	S5-5-81
项　目　名　称				钢管顶进(管径)			
				1400mm	1600mm	1800mm	2000mm
基　　　价（元）				28408.37	38588.08	44242.39	49015.07
其中	人　工　费（元）			3061.80	3475.78	4028.22	4493.86
	材　料　费（元）			20993.40	29921.69	33723.50	37474.97
	机　械　费（元）			4353.17	5190.61	6490.67	7046.24
名　　称		单位	单价（元）	消　　　耗　　　量			
人工	综合工日	工日	140.00	21.870	24.827	28.773	32.099
材料	电焊条	kg	5.98	33.000	36.300	49.500	55.000
	焊接钢管 DN1400	m	2020.46	10.200	—	—	—
	焊接钢管 DN1600	m	2886.90	—	10.200	—	—
	焊接钢管 DN1800	m	3248.22	—	—	10.200	—
	焊接钢管 DN2000	m	3609.54	—	—	—	10.200
	氧气	m³	3.63	4.370	4.990	6.270	7.000
	乙炔气	kg	10.45	1.457	1.663	2.090	2.333
	其他材料费占材料费	%	—	0.750	0.750	0.750	0.750
机械	电动双筒慢速卷扬机 30kN	台班	219.78	3.451	3.987	4.131	4.403
	高压油泵 50MPa	台班	104.24	3.451	3.987	4.131	4.403
	立式油压千斤顶 200t	台班	11.50	6.902	7.982	8.262	8.806
	汽车式起重机 16t	台班	958.70	—	—	3.077	3.349
	汽车式起重机 8t	台班	763.67	2.278	2.856	—	—
	人工挖土法顶管设备 1650mm	台班	163.48	3.451	3.987	—	—
	人工挖土法顶管设备 2000mm	台班	199.35	—	—	4.131	4.403
	直流弧焊机 32kV·A	台班	87.75	9.707	11.101	14.629	16.295

工作内容：修整工作坑，安、拆顶管设备，下管，接口，焊口，安、拆、换顶铁，挖、吊土，顶进，纠偏。

计量单位：10m

定 额 编 号			S5-5-82	S5-5-83	S5-5-84
项 目 名 称			钢管顶进(管径)		
			2200mm	2400mm	2600mm
基 价（元）			54117.30	59379.75	64355.79
其中	人 工 费（元）		4927.30	5425.00	6099.10
	材 料 费（元）		41238.16	45085.03	48836.94
	机 械 费（元）		7951.84	8869.72	9419.75
名 称	单位	单价(元)	消	耗	量
人工	综合工日	工日	140.00	35.195	38.750	43.565
材料	电焊条	kg	5.98	62.700	82.500	88.000
	焊接钢管 DN2200	m	3970.85	10.200	—	—
	焊接钢管 DN2400	m	4332.17	—	10.200	—
	焊接钢管 DN2600	m	4693.49	—	—	10.200
	氧气	m³	3.63	7.530	9.550	10.340
	乙炔气	kg	10.45	2.510	3.183	3.447
	其他材料费占材料费	%	—	0.750	0.750	0.750
机械	电动双筒慢速卷扬机 30kN	台班	219.78	4.633	4.786	5.007
	高压油泵 50MPa	台班	104.24	4.633	4.786	5.007
	立式油压千斤顶 200t	台班	11.50	9.265	9.571	10.013
	汽车式起重机 16t	台班	958.70	4.021	4.726	5.024
	人工挖土法顶管设备 2460mm	台班	201.12	4.633	4.786	5.007
	直流弧焊机 32kV·A	台班	87.75	17.748	19.550	21.182

工作内容：修整工作坑，安拆顶管设备，下管，接口，焊口，安、拆、换顶铁，挖、运、吊土，顶进，纠偏。

计量单位：10m

定 额 编 号			S5-5-85	S5-5-86	S5-5-87
项 目 名 称			钢管挤压顶进(管径)		
			150mm	200mm	300mm
基 价 （元）			2443.07	3319.03	5177.06
其中	人 工 费 （元）		1458.94	1667.26	2355.92
	材 料 费 （元）		582.88	1193.84	2317.53
	机 械 费 （元）		401.25	457.93	503.61
名 称		单位	单价(元)	消 耗 量		
人工	综合工日	工日	140.00	10.421	11.909	16.828
材料	电焊条	kg	5.98	8.151	8.624	14.190
	焊接钢管 DN150	m	48.71	10.200	—	—
	焊接钢管 DN200	m	107.69	—	10.200	—
	焊接钢管 DN300	m	212.82	—	—	10.200
	螺纹钢筋 HRB400 φ16	kg	3.50	8.216	8.216	—
	螺纹钢筋 HRB400 φ18	kg	3.50	—	—	10.400
	氧气	m³	3.63	0.590	0.870	1.160
	乙炔气	kg	10.45	0.197	0.290	0.387
	其他材料费占材料费	%	—	0.750	0.750	0.750
机械	高压油泵 50MPa	台班	104.24	1.522	1.743	1.896
	挤压法顶管设备 1000mm	台班	138.86	1.522	1.743	1.896
	立式油压千斤顶 100t	台班	10.21	1.522	1.743	—
	立式油压千斤顶 200t	台班	11.50	—	—	1.896
	直流弧焊机 32kV·A	台班	87.75	0.179	0.187	0.238

工作内容：修整工作坑，安拆顶管设备，下管，接口，焊口，安、拆、换顶铁，挖、运、吊土，顶进，纠偏。

计量单位：10m

定 额 编 号			S5-5-88	S5-5-89	S5-5-90
项 目 名 称			钢管挤压顶进(管径)		
			400mm	500mm	600mm
基 价（元）			6124.16	7008.20	10666.44
其中	人 工 费（元）		2471.42	2594.34	2800.00
	材 料 费（元）		2859.04	3445.87	6801.97
	机 械 费（元）		793.70	967.99	1064.47
名 称	单位	单价（元）	消	耗	量
人工 综合工日	工日	140.00	17.653	18.531	20.000
材料 电焊条	kg	5.98	14.707	15.499	15.499
焊接钢管 DN400	m	264.96	10.200	—	—
焊接钢管 DN500	m	320.51	—	10.200	—
焊接钢管 DN600	m	647.09	—	—	10.200
螺纹钢筋 HRB400 φ18	kg	3.50	10.400	—	—
螺纹钢筋 HRB400 φ20	kg	3.50	—	12.844	12.844
氧气	m³	3.63	1.520	1.880	1.880
乙炔气	kg	10.45	0.507	0.627	0.627
其他材料费占材料费	%	—	0.750	0.750	0.750
机械 高压油泵 50MPa	台班	104.24	1.998	2.108	2.312
挤压法顶管设备 1000mm	台班	138.86	1.998	2.108	2.312
立式油压千斤顶 200t	台班	11.50	1.998	—	4.633
立式油压千斤顶 300t	台班	16.48	—	2.108	—
汽车式起重机 8t	台班	763.67	0.340	0.510	0.510
直流弧焊机 32kV·A	台班	87.75	0.289	0.357	0.680

工作内容：修整工作坑，安、拆顶管设备，下管，接口，安、拆、换顶铁，挖、运、吊土，顶进，纠偏。

计量单位：10m

定 额 编 号				S5-5-91	S5-5-92	S5-5-93
项 目 名 称				铸铁管挤压顶进(管径)		
				150mm	200mm	300mm
基 价（元）				2824.20	3211.04	4555.96
其中	人 工 费（元）			1655.08	1902.88	2077.32
	材 料 费（元）			783.58	866.64	1736.27
	机 械 费（元）			385.54	441.52	742.37
名 称		单位	单价(元)	消	耗	量
人工	综合工日	工日	140.00	11.822	13.592	14.838
材料	速凝剂	kg	0.90	0.056	0.073	0.120
	氧气	m³	3.63	0.090	0.160	0.240
	乙炔气	kg	10.45	0.030	0.053	0.080
	油麻	kg	6.84	0.357	0.462	0.756
	预拌膨胀水泥砂浆	m³	563.00	0.001	0.001	0.001
	铸铁管 DN150	m	76.07	10.100	—	—
	铸铁管 DN200	m	84.05	—	10.100	—
	铸铁管 DN300	m	168.62	—	—	10.100
	其他材料费占材料费	%	—	1.500	1.500	1.500
机械	高压油泵 50MPa	台班	104.24	1.522	1.743	1.896
	挤压法顶管设备 1000mm	台班	138.86	1.522	1.743	1.896
	立式油压千斤顶 100t	台班	10.21	1.522	1.743	—
	立式油压千斤顶 200t	台班	11.50	—	—	1.896
	汽车式起重机 8t	台班	763.67	—	—	0.340

工作内容：修整工作坑，安、拆顶管设备，下管，接口，安、拆、换顶铁，挖、运、吊土，顶进，纠偏。

计量单位：10m

定　额　编　号			S5-5-94	S5-5-95	S5-5-96
项　目　名　称			铸铁管挤压顶进(管径)		
			400mm	500mm	600mm
基　　　价（元）			5295.89	6418.73	7674.90
其中	人　工　费（元）		2203.74	2336.74	2569.84
	材　料　费（元）		2323.81	3145.32	4100.26
	机　械　费（元）		768.34	936.67	1004.80
名　　　称	单位	单价（元）	消　　耗　　量		
人工 综合工日	工日	140.00	15.741	16.691	18.356
材料 速凝剂	kg	0.90	0.170	0.240	0.300
氧气	m³	3.63	0.450	0.570	0.690
乙炔气	kg	10.45	0.150	0.190	0.230
油麻	kg	6.84	1.029	1.470	1.827
预拌膨胀水泥砂浆	m³	563.00	0.002	0.003	0.003
铸铁管 DN400	m	225.54	10.100	—	—
铸铁管 DN500	m	305.23	—	10.100	—
铸铁管 DN600	m	398.05	—	—	10.100
其他材料费占材料费	%	—	1.500	1.500	1.500
机械 高压油泵 50MPa	台班	104.24	1.998	2.108	2.312
挤压法顶管设备 1000mm	台班	138.86	1.998	2.108	2.312
立式油压千斤顶 200t	台班	11.50	1.998	—	4.633
立式油压千斤顶 300t	台班	16.48	—	2.108	—
汽车式起重机 8t	台班	763.67	0.340	0.510	0.510

工作内容：备料，场内运输，支撑安、拆，整理，指定地点堆放。　　　　　　　　　　　　　　　　计量单位：坑

定　额　编　号				S5-5-97	S5-5-98
项　目　名　称				工作坑支撑设备安、拆，坑深4m（管径）	
				1000～1400mm	1600～2400mm
基　　　价（元）				**5946.35**	**3778.69**
其中	人　工　费（元）			1549.66	2172.80
	材　料　费（元）			3784.36	802.56
	机　械　费（元）			612.33	803.33
名　　　称		单位	单价（元）	消　　　耗　　　量	
人工	综合工日	工日	140.00	11.069	15.520
材料	槽型钢板桩	t	3846.15	0.024	—
	槽型钢板桩使用费	t·d	42.74	78.000	—
	电焊条	kg	5.98	—	13.550
	镀锌铁丝 22号	kg	3.57	4.740	4.980
	方钢支撑 20a槽钢对焊	t	4200.00	—	0.029
	方钢支撑设备使用费	t·d	4.00	—	109.200
	杉木成材	m³	1311.37	0.073	—
	套筒钢管支撑设备	kg	4.72	12.920	21.610
	铁撑柱使用费	t·d	4.00	41.000	—
	原木	m³	1491.00	—	0.026
	其他材料费占材料费	%	—	0.550	0.550
机械	立式油压千斤顶 100t	台班	10.21	—	2.440
	履带式电动起重机 5t	台班	249.22	2.457	2.809
	直流弧焊机 32kV·A	台班	87.75	—	0.893

工作内容：备料，场内运输，支撑安、拆，整理，指定地点堆放。　　　　　　　　　　　　　　计量单位：坑

定　额　编　号				S5-5-99	S5-5-100
项　目　名　称				工作坑支撑设备安、拆，坑深6m(管径)	
				1000～1400mm	1600～2400mm
基　　价（元）				8713.24	5306.62
其中	人　工　费（元）			2153.76	2997.40
	材　料　费（元）			5741.79	1247.01
	机　械　费（元）			817.69	1062.21
名　　称		单位	单价（元）	消　　耗　　量	
人工	综合工日	工日	140.00	15.384	21.410
材料	槽型钢板桩	t	3846.15	0.032	—
	槽型钢板桩使用费	t·d	42.74	117.000	—
	电焊条	kg	5.98	—	18.060
	镀锌铁丝 22号	kg	3.57	6.600	6.930
	方钢支撑 20a槽钢对焊	t	4200.00	—	0.039
	方钢支撑设备使用费	t·d	4.00	—	172.200
	杉木成材	m³	1311.37	0.097	—
	套筒钢管支撑设备	kg	4.72	23.110	—
	铁簸箕 0.2×0.2×0.16	kg	7.00	—	28.810
	铁撑柱使用费	t·d	4.00	83.000	—
	原木	m³	1491.00	—	0.036
	其他材料费占材料费	%	—	0.460	0.510
机械	立式油压千斤顶 100t	台班	10.21	—	3.231
	履带式电动起重机 5t	台班	249.22	3.281	3.740
	直流弧焊机 32kV·A	台班	87.75	—	1.107

工作内容：备料，场内运输，支撑安、拆，整理，指定地点堆放。　　　　　　　　　　　　　　计量单位：坑

定 额 编 号					S5-5-101	S5-5-102
项 目 名 称					工作坑支撑设备安、拆，坑深8m（管径）	
					1000～1400mm	1600～2400mm
基 价（元）					12961.16	7505.93
其中	人 工 费（元）				3015.60	4195.94
	材 料 费（元）				8800.89	1885.78
	机 械 费（元）				1144.67	1424.21
名 称		单位	单价（元）		消　　耗　　　量	
人工	综合工日	工日	140.00		21.540	29.971
材料	槽型钢板桩	t	3846.15		0.043	—
	槽型钢板桩使用费	t·d	42.74		175.500	—
	电焊条	kg	5.98		—	24.380
	镀锌铁丝 22号	kg	3.57		9.200	9.200
	方钢支撑 20a槽钢对焊	t	4200.00		—	0.052
	方钢支撑设备使用费	t·d	4.00		—	275.520
	杉木成材	m³	1311.37		0.129	—
	套筒钢管支撑设备	kg	4.72		41.340	—
	铁簸箕 0.2×0.2×0.16	kg	7.00		—	43.220
	铁撑柱使用费	t·d	4.00		174.300	—
	原木	m³	1491.00		—	0.050
	其他材料费占材料费	%	—		0.460	0.510
机械	立式油压千斤顶 100t	台班	10.21			4.362
	履带式电动起重机 5t	台班	249.22		4.593	5.049
	直流弧焊机 32kV·A	台班	87.75		—	1.383

工作内容：备料，场内运输，支撑安、拆，整理，指定地点堆放。　　　　　　　　　　　计量单位：坑

定　额　编　号			S5-5-103	S5-5-104
项　目　名　称			工作坑支撑设备安、拆，坑深10m(管径)	
			1000～1400mm	1600～2400mm
基　　　　价（元）			18907.93	10657.67
其中	人　工　费（元）		4282.60	5874.26
	材　料　费（元）		13022.85	2872.88
	机　械　费（元）		1602.48	1910.53
名　　称		单位	单价（元）	消　　耗　　量	
人工	综合工日	工日	140.00	30.590	41.959
材料	槽型钢板桩	t	3846.15	0.058	—
	槽型钢板桩使用费	t·d	42.74	263.500	—
	电焊条	kg	5.98	—	32.913
	镀锌铁丝 22号	kg	3.57	12.880	12.880
	方钢支撑 20a槽钢对焊	t	4200.00	—	0.070
	方钢支撑设备使用费	t·d	4.00	—	440.830
	杉木成材	m³	1311.37	0.181	—
	套筒钢管支撑设备	kg	4.72	74.410	—
	铁簸箕 0.2×0.2×0.16	kg	7.00	—	64.830
	铁撑柱使用费	t·d	4.00	210.900	—
	原木	m³	1491.00	—	0.070
	其他材料费占材料费	%	—	0.460	0.510
机械	立式油压千斤顶 100t	台班	10.21	—	5.889
	履带式电动起重机 5t	台班	249.22	6.430	6.816
	直流弧焊机 32kV·A	台班	87.75	—	1.729

39

工作内容：备料，场内运输，支撑安、拆，整理，指定地点堆放。　　　　　　　　　　　　　　计量单位：坑

定　额　编　号				S5-5-105	S5-5-106
项　目　名　称				接收坑支撑安、拆，坑深4m（管径）	
				1000～1400mm	1600～2400mm
基　　　　价（元）				3233.76	2844.32
其中	人　工　费（元）			1012.34	1621.20
	材　料　费（元）			1820.92	638.44
	机　械　费（元）			400.50	584.68
名　　称		单位	单价（元）	消　　耗　　量	
人工	综合工日	工日	140.00	7.231	11.580
材料	槽型钢板桩	t	3846.15	0.016	—
	槽型钢板桩使用费	t·d	42.74	36.000	—
	电焊条	kg	5.98	—	20.461
	镀锌铁丝 22号	kg	3.57	4.020	4.977
	方钢支撑 20a槽钢对焊	t	4200.00	—	0.023
	方钢支撑设备使用费	t·d	4.00	—	59.850
	杉木成材	m³	1311.37	0.047	—
	套筒钢管支撑设备	kg	4.72	9.610	—
	铁簸箕 0.2×0.2×0.16	kg	7.00	—	18.522
	铁撑柱使用费	t·d	4.00	22.000	—
	原木	m³	1491.00	—	0.018
	其他材料费占材料费	%	—	0.630	0.920
机械	立式油压千斤顶 100t	台班	10.21	—	1.749
	履带式电动起重机 5t	台班	249.22	1.607	2.023
	直流弧焊机 32kV·A	台班	87.75	—	0.714

工作内容：备料，场内运输，支撑安、拆，整理，指定地点堆放。　　　　　　　　计量单位：坑

定　额　编　号				S5-5-107	S5-5-108
项　目　名　称				接收坑支撑安、拆，坑深6m(管径)	
				1000～1400mm	1600～2400mm
基　　　价（元）				4558.67	3824.64
其中	人　工　费（元）			1406.72	2233.98
	材　料　费（元）			2620.11	812.21
	机　械　费（元）			531.84	778.45
名　　　称		单位	单价（元）	消　　耗　　量	
人工	综合工日	工日	140.00	10.048	15.957
材料	槽型钢板桩	t	3846.15	0.021	—
	槽型钢板桩使用费	t·d	42.74	51.000	—
	电焊条	kg	5.98	—	15.488
	镀锌铁丝 22号	kg	3.57	5.210	6.930
	方钢支撑 20a槽钢对焊	t	4200.00	—	0.032
	方钢支撑设备使用费	t·d	4.00	—	87.150
	杉木成材	m³	1311.37	0.063	—
	套筒钢管支撑设备	kg	4.72	16.960	—
	铁簸箕 0.2×0.2×0.16	kg	7.00	—	24.696
	铁撑柱使用费	t·d	4.00	41.000	—
	原木	m³	1491.00	—	0.023
	其他材料费占材料费	%	—	0.550	0.580
机械	立式油压千斤顶 100t	台班	10.21	—	2.330
	履带式电动起重机 5t	台班	249.22	2.134	2.695
	直流弧焊机 32kV·A	台班	87.75	—	0.946

工作内容：备料，场内运输，支撑安、拆，整理，指定地点堆放。 计量单位：坑

定 额 编 号				S5-5-109	S5-5-110
项 目 名 称				接收坑支撑安、拆，坑深8m(管径)	
				1000～1400mm	1600～2400mm
基 价（元）				6677.84	5330.57
其中	人 工 费（元）			1969.38	3127.60
	材 料 费（元）			3990.46	1152.13
	机 械 费（元）			718.00	1050.84
	名 称	单位	单价（元）	消 耗 量	
人工	综合工日	工日	140.00	14.067	22.340
材料	槽型钢板桩	t	3846.15	0.028	—
	槽型钢板桩使用费	t·d	42.74	76.500	—
	电焊条	kg	5.98	—	20.909
	镀锌铁丝 22号	kg	3.57	6.770	9.702
	方钢支撑 20a槽钢对焊	t	4200.00	—	0.044
	方钢支撑设备使用费	t·d	4.00	—	130.725
	杉木成材	m³	1311.37	0.085	—
	套筒钢管支撑设备	kg	4.72	30.528	—
	铁簸箕 0.2×0.2×0.16	kg	7.00	—	33.340
	铁撑柱使用费	t·d	4.00	77.900	—
	原木	m³	1491.00	—	0.030
	其他材料费占材料费	%	—	0.550	0.580
机械	立式油压千斤顶 100t	台班	10.21	3.146	
	履带式电动起重机 5t	台班	249.22	2.881	3.638
	直流弧焊机 32kV·A	台班	87.75	—	1.277

工作内容：备料，场内运输，支撑安、拆，整理，指定地点堆放。 计量单位：坑

定 额 编 号			S5-5-111	S5-5-112
项 目 名 称			接收坑支撑安、拆，坑深10m(管径)	
			1000～1400mm	1600～2400mm
基 价（元）			9816.27	7441.94
其中	人 工 费（元）		2757.16	4378.64
	材 料 费（元）		6113.32	1644.74
	机 械 费（元）		945.79	1418.56
名 称		单位	单价（元）	消 耗 量	
人工	综合工日	工日	140.00	19.694	31.276
材料	槽型钢板桩	t	3846.15	0.038	—
	槽型钢板桩使用费	t·d	42.74	114.750	—
	电焊条	kg	5.98	—	28.227
	镀锌铁丝 22号	kg	3.57	8.801	13.583
	方钢支撑 20a槽钢对焊	t	4200.00	—	0.062
	方钢支撑设备使用费	t·d	4.00	—	196.088
	杉木成材	m³	1311.37	0.115	—
	套筒钢管支撑设备	kg	4.72	54.035	—
	铁簸箕 0.2×0.2×0.16	kg	7.00	—	45.009
	铁撑柱使用费	t·d	4.00	148.010	—
	原木	m³	1491.00	—	0.039
	其他材料费占材料费	%	—	0.550	0.580
机械	立式油压千斤顶 100t	台班	10.21	—	4.247
	履带式电动起重机 5t	台班	249.22	3.795	4.911
	直流弧焊机 32kV·A	台班	87.75	—	1.724

工作内容：安拆顶进后座、安拆人工操作平台及千斤顶平台、清理现场。 计量单位：坑

定 额 编 号				S5-5-113	S5-5-114	S5-5-115
项 目 名 称				顶进后座及坑内平台安、拆(管径)		
				800～1200mm	1400～1800mm	2000～2400mm
基 价 （元）				3535.60	5244.13	6968.91
其中	人 工 费 （元）			1023.12	1622.74	2050.16
	材 料 费 （元）			1458.30	1749.69	2254.60
	机 械 费 （元）			1054.18	1871.70	2664.15
名 称		单位	单价(元)	消	耗	量
人工	综合工日	工日	140.00	7.308	11.591	14.644
材料	扒钉	kg	3.85	0.467	0.935	1.403
	钢板 δ≥30顶进后座用	t	3347.86	0.149	0.149	0.203
	模板木材	m³	1880.34	0.002	0.004	0.005
	碎石 5～20	t	106.80	2.341	2.341	3.178
	铁撑板	t	3675.21	0.005	0.006	0.007
	铁撑板使用费	t·d	38.46	12.000	17.000	20.000
	枕木	m³	1230.77	0.182	0.255	0.346
机械	汽车式起重机 12t	台班	857.15	—	—	1.896
	汽车式起重机 8t	台班	763.67	0.833	1.479	—
	载重汽车 10t	台班	547.99	—	—	1.896
	载重汽车 8t	台班	501.85	0.833	1.479	—

44

工作内容：模板制、安、拆，钢筋除锈、制作、安装，混凝土浇捣、养护，安拆钢板后座，搭拆人工操作
平台及千斤顶平台，拆除混凝土后座、清理现场。

计量单位：10m³

定　额　编　号				S5-5-116
项　目　名　称				钢筋混凝土后座
基　　　　价（元）				13584.16
其中	人　工　费（元）			3012.80
	材　料　费（元）			6606.02
	机　械　费（元）			3965.34
名　　　称	单位	单价（元）	消　　　耗　　　量	
人工	综合工日	工日	140.00	21.520	
材料	扒钉	kg	3.85	0.940	
	电	kW·h	0.68	5.280	
	镀锌铁丝 22号	kg	3.57	0.880	
	钢板 δ≥30顶进后座用	t	3347.86	0.181	
	螺纹钢筋 HRB400 φ10以上	t	3500.00	0.290	
	模板木材	m³	1880.34	0.153	
	商品混凝土 C20(泵送)	m³	363.30	10.100	
	石油沥青油毡 350号	m²	2.70	22.230	
	水	m³	7.96	1.972	
	塑料薄膜	m²	0.20	4.200	
	铁撑板	t	3675.21	0.005	
	铁撑板使用费	t·d	38.46	20.000	
	圆钉	kg	5.13	4.650	
	枕木	m³	1230.77	0.096	
	其他材料费占材料费	%	—	0.175	
机械	钢筋切断机 40mm	台班	41.21	0.119	
	钢筋调直机 14mm	台班	36.65	0.119	
	硅整流弧焊机 20kV·A	台班	56.65	2.822	
	汽车式起重机 8t	台班	763.67	3.825	
	手持式风动凿岩机	台班	12.25	2.822	
	载重汽车 8t	台班	501.85	1.675	

工作内容：安拆工具管、千斤顶、顶铁、油泵、配电设备、进水泵、出泥泵、仪表操作台、油管闸阀、压力表、进水管、出泥管及铁梯等全部工序。 计量单位：套

定 额 编 号			S5-5-117	S5-5-118	S5-5-119
项 目 名 称			泥水、切削机械及附属设施安拆(管径)		
			800mm	1200mm	1600mm
基 价（元）			26494.28	29781.34	38291.87
其中	人 工 费（元）		5103.14	5494.72	5946.78
	材 料 费（元）		9517.56	9517.56	10944.21
	机 械 费（元）		11873.58	14769.06	21400.88
名 称	单位	单价(元)	消	耗	量
人工 综合工日	工日	140.00	36.451	39.248	42.477
材料 槽型钢板桩	t	3846.15	0.032	0.032	0.032
槽型钢板桩使用费	t·d	42.74	145.000	145.000	174.000
法兰阀门 DN150	个	322.22	1.000	1.000	1.000
法兰止回阀 H44T-10 DN150	个	810.00	2.000	2.000	2.000
钢管	kg	4.06	75.550	75.550	75.550
六角螺栓带螺母、垫圈(综合)	kg	7.14	1.680	1.680	1.680
柔性接头	套	10.86	0.400	0.400	0.400
铁撑板	t	3675.21	0.007	0.007	0.007
铁撑板使用费	t·d	38.46	20.500	20.500	25.000
压力表	块	23.50	1.000	1.000	1.000
其他材料费占材料费	%	—	1.000	1.000	1.000
机械 电动多级离心清水泵 150mm扬程<180mm	台班	257.55	0.893	0.893	0.893
平板拖车组 20t	台班	1081.33	—	—	1.344
汽车式起重机 16t	台班	958.70	—	—	2.787
汽车式起重机 50t	台班	2464.07	—	—	1.389
汽车式起重机 8t	台班	763.67	2.512	3.052	—
潜水泵 100mm	台班	27.85	2.512	3.052	4.175
遥控顶管掘进机 1200mm	台班	1495.54	—	3.540	—
遥控顶管掘进机 1650mm	台班	1734.33	—	—	4.188
遥控顶管掘进机 800mm	台班	1379.18	2.919	—	—
油泵车	台班	1476.34	2.948	3.575	4.229
载重汽车 8t	台班	501.85	2.545	3.091	—

46

工作内容：安拆工具管、千斤顶、顶铁、油泵、配电设备、进水泵、出泥泵、仪表操作台、油管闸阀、压力表、进水管、出泥管及铁梯等全部工序。

计量单位：套

定　额　编　号			S5-5-120	S5-5-121	S5-5-122
项　目　名　称			泥水、切削机械及附属设施安拆(管径)		
			1800mm	2200mm	2400mm
基　　价（元）			43006.46	47126.94	60553.27
其中	人　工　费（元）		6345.64	5614.42	5964.70
	材　料　费（元）		11591.73	5589.45	5839.89
	机　械　费（元）		25069.09	35923.07	48748.68
名　　　称	单位	单价（元）	消	耗	量
人工 综合工日	工日	140.00	45.326	40.103	42.605
材料 扒钉	kg	3.85	—	2.040	2.060
槽型钢板桩	t	3846.15	0.032	0.014	0.014
槽型钢板桩使用费	t·d	42.74	189.000	88.000	92.000
法兰阀门 DN150	个	322.22	1.000	—	—
法兰止回阀 H44T-10 DN150	个	810.00	2.000	—	—
钢管	kg	4.06	75.550	63.000	63.000
六角螺栓带螺母、垫圈(综合)	kg	7.14	1.680	—	—
柔性接头	套	10.86	0.400	—	—
铁撑板	t	3675.21	0.007	0.008	0.008
铁撑板使用费	t·d	38.46	25.000	31.000	33.000
压力表	块	23.50	1.000	—	—
枕木	m³	1230.77	—	0.190	0.190
其他材料费占材料费	%	—	1.000	1.000	1.000
机械 刀盘式泥水平衡顶管掘进机 2200mm	台班	1337.85	—	5.483	—
刀盘式泥水平衡顶管掘进机 2400mm	台班	1549.68	—	—	5.758
电动单筒慢速卷扬机 50kN	台班	215.57	—	5.467	5.741
电动多级离心清水泵 150mm扬程 ＜180mm	台班	257.55	0.893	—	—
平板拖车组 20t	台班	1081.33	1.344	—	—
平板拖车组 30t	台班	1243.07	—	1.344	—
平板拖车组 60t	台班	1611.30	—	—	1.344
汽车式起重机 125t	台班	8069.55	—	—	1.911
汽车式起重机 16t	台班	958.70	3.193	3.645	3.830
汽车式起重机 50t	台班	2464.07	1.592	—	—
汽车式起重机 75t	台班	3151.07	—	1.822	—
潜水泵 100mm	台班	27.85	4.786	5.467	5.741
遥控顶管掘进机 1800mm	台班	1898.49	4.800	—	—
油泵车	台班	1476.34	4.847	11.075	11.630

47

工作内容：安装、吊卸中继间，装油泵、油管，接缝防水，拆除中继间内的全部设备，吊出井口。

计量单位：套

定 额 编 号			S5-5-123	S5-5-124	S5-5-125
项 目 名 称			中继间安拆(管径)		
			800mm	1000mm	1200mm
基 价（元）			38534.56	43148.76	51541.06
其中	人 工 费（元）		463.40	463.40	739.48
	材 料 费（元）		36231.04	40845.24	48325.83
	机 械 费（元）		1840.12	1840.12	2475.75
名 称		单位	单价(元)	消 耗	量
人工	综合工日	工日	140.00	3.310	3.310	5.282
材料	钢板 δ10	kg	3.18	669.000	862.000	950.000
	中继间 φ1000	套	38100.00	—	1.000	—
	中继间 φ1200	套	45300.00	—	—	1.000
	中继间 φ800	套	34100.00	1.000	—	—
	其他材料费占材料费	%	—	0.010	0.010	0.010
机械	汽车式起重机 8t	台班	763.67	0.689	0.689	0.927
	油泵车	台班	1476.34	0.689	0.689	0.927
	载重汽车 5t	台班	430.70	0.689	0.689	0.927

工作内容：安装、吊卸中继间，装油泵、油管，接缝防水，拆除中继间内的全部设备，吊出井口。

计量单位：套

定 额 编 号			S5-5-126	S5-5-127	S5-5-128
项 目 名 称			中继间安拆(管径)		
			1400mm	1600mm	1800mm
基 价 （元）			66268.18	83064.80	97204.51
其中	人 工 费 （元）		815.08	909.16	1130.92
	材 料 费 （元）		62704.94	78982.35	92126.33
	机 械 费 （元）		2748.16	3173.29	3947.26
名 称		单位	单价（元）	消 耗 量	
人工	综合工日	工日	140.00	5.822	6.494	8.078
材料	钢板 δ10	kg	3.18	1510.000	1880.000	2554.000
	中继间 φ1400	套	57900.00	1.000	—	—
	中继间 φ1600	套	73000.00	—	1.000	—
	中继间 φ1800	套	84000.00	—	—	1.000
	其他材料费占材料费	%	—	0.005	0.005	0.005
机械	汽车式起重机 12t	台班	857.15	—	1.148	1.428
	汽车式起重机 8t	台班	763.67	1.029	—	—
	油泵车	台班	1476.34	1.029	1.148	1.428
	载重汽车 5t	台班	430.70	1.029	1.148	1.428

工作内容：安装、吊卸中继间，装油泵、油管，接缝防水，拆除中继间内的全部设备，吊出井口。

计量单位：套

定 额 编 号				S5-5-129	S5-5-130	S5-5-131
项 目 名 称				中继间安拆(管径)		
				2000mm	2200mm	2400mm
基 价 （元）				110261.72	124656.86	149499.82
其中	人 工 费 （元）			1478.12	1584.52	1705.34
	材 料 费 （元）			104106.71	117929.04	141847.99
	机 械 费 （元）			4676.89	5143.30	5946.49
名 称		单位	单价(元)	消 耗 量		
人工	综合工日	工日	140.00	10.558	11.318	12.181
材料	钢板 δ10	kg	3.18	2925.000	3624.000	3724.000
	中继间 φ2000	套	94800.00	1.000	—	—
	中继间 φ2200	套	106400.00	—	1.000	—
	中继间 φ2400	套	130000.00	—	—	1.000
	其他材料费占材料费	%	—	0.005	0.004	0.004
机械	汽车式起重机 16t	台班	958.70	1.632	—	—
	汽车式起重机 20t	台班	1030.31	—	1.751	—
	汽车式起重机 32t	台班	1257.67	—	—	1.879
	油泵车	台班	1476.34	1.632	1.751	1.879
	载重汽车 5t	台班	430.70	1.632	1.751	1.879

工作内容：安拆操作机械、取料、拌浆、压浆、清理。 计量单位：10m

定 额 编 号				S5-5-132	S5-5-133	S5-5-134
项 目 名 称				顶进触变泥浆减阻(管径)		
				800mm	1000mm	1200mm
基 价（元）				1439.84	1751.71	2018.99
其中	人 工 费（元）			264.46	317.66	359.24
	材 料 费（元）			431.78	540.85	649.95
	机 械 费（元）			743.60	893.20	1009.80
名 称		单位	单价（元）	消	耗	量
人工	综合工日	工日	140.00	1.889	2.269	2.566
材料	触变泥浆	m³	424.00	0.910	1.140	1.370
	膨润土	kg	0.39	101.250	126.630	152.250
	水	m³	7.96	0.810	1.018	1.218
机械	泥浆系统	台班	550.00	1.352	1.624	1.836

工作内容：安拆操作机械、取料、拌浆、压浆、清理。 计量单位：10m

定 额 编 号			S5-5-135	S5-5-136	S5-5-137
项 目 名 称			顶进触变泥浆减阻(管径)		
			1400mm	1600mm	1800mm
基 价（元）			**2283.39**	**2919.83**	**3274.26**
其中	人 工 费（元）		402.50	467.32	525.56
	材 料 费（元）		749.54	1138.56	1271.40
	机 械 费（元）		1131.35	1313.95	1477.30
名 称	单位	单价(元)	消	耗	量
人工	综合工日	工日	140.00	2.875	3.338	3.754
材料	触变泥浆	m³	424.00	1.580	2.400	2.680
	膨润土	kg	0.39	175.500	266.630	297.750
	水	m³	7.96	1.404	2.133	2.382
机械	泥浆系统	台班	550.00	2.057	2.389	2.686

工作内容：安拆操作机械、取料、拌浆、压浆、清理。

计量单位：10m

定　额　编　号				S5-5-138	S5-5-139	S5-5-140
项　目　名　称				顶进触变泥浆减阻(管径)		
				2000mm	2200mm	2400mm
基　　　　价　（元）				3728.76	4332.30	4991.42
其中	人　工　费（元）			608.72	733.46	866.60
	材　料　费（元）			1408.99	1541.84	1688.87
	机　械　费（元）			1711.05	2057.00	2435.95
名　　　称		单位	单价(元)	消　　耗　　量		
人工	综合工日	工日	140.00	4.348	5.239	6.190
材料	触变泥浆	m³	424.00	2.970	3.250	3.560
	膨润土	kg	0.39	330.000	361.130	395.500
	水	m³	7.96	2.640	2.889	3.164
机械	泥浆系统	台班	550.00	3.111	3.740	4.429

53

工作内容：安拆操作机械、取料、拌浆、压浆、清理。 计量单位：只

定 额 编 号				S5-5-141	
项 目 名 称				顶进触变泥浆减阻	
				（压浆孔制作与封孔）	
基 价（元）				104.84	
其中	人 工 费（元）			37.66	
	材 料 费（元）			57.12	
	机 械 费（元）			10.06	
名 称		单位	单价（元）	消 耗 量	
人工	综合工日	工日	140.00	0.269	
材料	镀锌管堵	个	10.00	1.000	
	镀锌外接头	个	12.00	1.000	
	环氧树脂	kg	32.08	1.010	
	其他材料费占材料费	%	—	5.000	
机械	电动空气压缩机 1m³/min	台班	50.29	0.161	
	手持式风动凿岩机	台班	12.25	0.160	

54

工作内容：卸管、接拆进水管、出泥浆管、照明设备，掘进、测量纠偏，泥浆出坑、场内运输等。

计量单位：10m

定 额 编 号			S5-5-142	S5-5-143	S5-5-144
项 目 名 称			封闭式混凝土管顶进(泥水机械)		
			管径800mm	管径1000mm	管径1200mm
基 价（元）			10517.57	12625.46	14546.93
其中	人 工 费（元）		1358.28	1417.22	1476.16
	材 料 费（元）		3377.88	4889.04	6364.50
	机 械 费（元）		5781.41	6319.20	6706.27
名 称		单位	单价（元）	消 耗	量
人工	综合工日	工日	140.00	9.702	10.123	10.544
材料	电	kW•h	0.68	47.676	49.772	51.867
	钢管	kg	4.06	2.090	2.090	2.090
	机油	kg	19.66	6.180	6.180	6.180
	加强钢筋混凝土管 1000mm	m	458.00	—	10.050	—
	加强钢筋混凝土管 1200mm	m	602.50	—	—	10.050
	加强钢筋混凝土管 800mm	m	310.00	10.050	—	—
	六角螺栓带螺母、垫圈(综合)	kg	7.14	0.670	0.670	0.670
	柔性接头	套	10.86	0.067	0.067	0.067
	橡套电缆 YHC3×16+1×6mm²	m	38.00	0.150	0.150	0.150
	橡套电缆 YHC3×50+1×6mm²	m	108.00	0.150	0.150	0.150
	橡套电缆 YHC3×70+1×25mm²	m	151.00	0.150	0.150	0.150
	其他材料费占材料费	%	—	1.500	1.500	1.500
机械	叉式起重机 6t	台班	544.90	0.469	0.500	0.531
	电动多级离心清水泵 150mm扬程<180mm	台班	257.55	1.407	1.495	1.583
	汽车式起重机 8t	台班	763.67	1.407	1.495	1.583
	潜水泵 100mm	台班	27.85	1.407	1.495	1.583
	遥控顶管掘进机 1200mm	台班	1495.54	—	1.495	1.588
	遥控顶管掘进机 800mm	台班	1379.18	1.411	—	—
	油泵车	台班	1476.34	1.425	1.519	1.613

55

工作内容：卸管、接拆进水管、出泥浆管、照明设备，掘进、测量纠偏，泥浆出坑、场内运输等。

计量单位：10m

定 额 编 号				S5-5-145
项 目 名 称				封闭式混凝土管顶进(泥水机械)
				管径1400mm
基 价 （元）				19260.20
其中	人 工 费（元）			1675.52
	材 料 费（元）			7868.20
	机 械 费（元）			9716.48
名 称	单位	单价（元）	消 耗 量	
人工	综合工日	工日	140.00	11.968
材料	衬垫板	套	5.14	5.000
	电	kW·h	0.68	55.191
	钢管	kg	4.06	2.090
	滑动胶圈	个	34.43	5.000
	机油	kg	19.66	6.180
	加强钢筋混凝土管 1400mm	m	730.00	10.050
	六角螺栓带螺母、垫圈(综合)	kg	7.14	0.670
	柔性接头	套	10.86	0.067
	橡套电缆 YHC3×16+1×6mm²	m	38.00	0.150
	橡套电缆 YHC3×50+1×6mm²	m	108.00	0.150
	橡套电缆 YHC3×70+1×25mm²	m	151.00	0.150
	其他材料费占材料费	%	—	1.500
机械	叉式起重机 10t	台班	748.05	0.584
	电动多级离心清水泵 150mm扬程<180mm	台班	257.55	1.752
	汽车式起重机 16t	台班	958.70	1.752
	潜水泵 100mm	台班	27.85	1.752
	遥控顶管掘进机 1650mm	台班	1734.33	1.752
	油泵车	台班	1476.34	2.751

56

工作内容：卸管、接拆进水管、出泥浆管、照明设备，掘进、测量纠偏，泥浆出坑、场内运输等。

计量单位：10m

定　额　编　号				S5-5-146	S5-5-147	S5-5-148
项　目　名　称				封闭式混凝土管顶进(泥水机械)		
				管径1600mm	管径1800mm	管径2000mm
基　　　　　价（元）				23593.07	28591.45	35423.16
其中	人　工　费（元）			1874.88	2091.88	2413.88
	材　料　费（元）			9772.94	12373.70	16796.49
	机　械　费（元）			11945.25	14125.87	16212.79
名　　　称		单位	单价（元）	消　　　耗　　　量		
人工	综合工日	工日	140.00	13.392	14.942	17.242
材料	衬垫板	套	5.14	5.000	5.000	5.000
	电	kW·h	0.68	58.514	65.276	73.776
	钢管	kg	4.06	2.090	2.090	2.090
	滑动胶圈	个	34.43	5.000	5.000	5.000
	机油	kg	19.66	6.180	6.180	6.180
	加强钢筋混凝土管 1600mm	m	916.50	10.050	—	—
	加强钢筋混凝土管 1800mm	m	1171.00	—	10.050	—
	加强钢筋混凝土管 2000mm	m	1604.00	—	—	10.050
	六角螺栓带螺母、垫圈(综合)	kg	7.14	0.670	0.670	0.670
	柔性接头	套	10.86	0.067	0.067	0.067
	橡套电缆 YHC3×16+1×6mm²	m	38.00	0.150	0.150	0.150
	橡套电缆 YHC3×50+1×6mm²	m	108.00	0.150	0.150	0.150
	橡套电缆 YHC3×70+1×25mm²	m	151.00	0.150	0.150	0.150
	其他材料费占材料费	%	—	1.500	1.500	1.500
机械	叉式起重机 10t	台班	748.05	0.637	0.734	0.840
	电动多级离心清水泵 150mm扬程<180mm	台班	257.55	1.920	2.212	2.512
	汽车式起重机 16t	台班	958.70	1.920	2.212	—
	汽车式起重机 20t	台班	1030.31	—	—	2.512
	潜水泵 100mm	台班	27.85	1.920	2.212	2.512
	遥控顶管掘进机 1650mm	台班	1734.33	1.925	—	—
	遥控顶管掘进机 1800mm	台班	1898.49	—	2.218	2.516
	油泵车	台班	1476.34	3.889	4.480	5.082

工作内容：卸管、接拆进水管、出泥浆管、照明设备，掘进、测量纠偏，泥浆出坑、场内运输等。

计量单位：10m

定　额　编　号				S5-5-149	S5-5-150	S5-5-151
项　目　名　称				封闭式混凝土管顶进(切削机械)		
				管径2000mm	管径2200mm	管径2400mm
基　　　价（元）				33559.26	41034.70	50179.96
其中	人　工　费（元）			2451.96	2476.46	2864.82
	材　料　费（元）			17420.17	22456.20	27880.92
	机　械　费（元）			13687.13	16102.04	19434.22
名　　　称		单位	单价（元）	消　　耗　　量		
人工	综合工日	工日	140.00	17.514	17.689	20.463
材料	衬垫板	套	5.14	5.000	5.000	5.000
	出土轨道	副	20.51	0.100	0.100	0.100
	电	kW·h	0.68	60.730	69.562	80.990
	滑动胶圈	个	34.43	5.000	5.000	5.000
	机油	kg	19.66	51.550	51.550	51.550
	加强钢筋混凝土管 2000mm	m	1604.00	10.050	—	—
	加强钢筋混凝土管 2200mm	m	2104.50	—	10.050	—
	加强钢筋混凝土管 2400mm	m	2643.50	—	—	10.050
	橡套电缆 YHC3×70+1×25mm²	m	151.00	0.300	0.300	0.300
机械	叉式起重机 10t	台班	748.05	0.710	0.840	0.982
	刀盘式泥水平衡顶管掘进机 2000mm	台班	1059.59	2.260	—	—
	刀盘式泥水平衡顶管掘进机 2200mm	台班	1337.85	—	2.537	2.954
	电动单筒慢速卷扬机 50kN	台班	215.57	2.260	2.530	2.946
	汽车式起重机 20t	台班	1030.31	2.260	2.530	—
	汽车式起重机 32t	台班	1257.67	—	—	2.946
	潜水泵 100mm	台班	27.85	2.260	2.530	2.946
	油泵车	台班	1476.34	4.565	5.125	5.976
	自卸汽车 5t	台班	503.62	2.270	2.563	2.984

第二节 拉管

工作内容：施工准备、导向钻孔、扩孔、布管、回拖、场内运输、清理现场。　　　　　　计量单位：10m

定　额　编　号			S5-5-152
项　目　名　称			水平定向钻进敷设管道(导向孔)
基　　价（元）			714.69
其中	人　工　费（元）		145.04
	材　料　费（元）		48.71
	机　械　费（元）		520.94
名　　称	单位	单价(元)	消　　耗　　量
人工 综合工日	工日	140.00	1.036
材料 化学泥浆	kg	2.57	1.896
膨润土	kg	0.39	49.000
水	m³	7.96	1.392
小苏打	kg	10.00	1.365
机械 电动单级离心清水泵 100mm	台班	33.35	0.151
汽车式起重机 8t	台班	763.67	0.116
水平定向钻机CASE608	台班	5700.00	0.012
水平定向钻机ZT-25型	台班	1705.00	0.050
水平定向钻机ZT-40型	台班	4620.00	0.050
载重汽车 2t	台班	346.86	0.123

工作内容：施工准备、导向钻孔、扩孔、布管、回拖、场内运输、清理现场。　　　　　　　　计量单位：10m

定　额　编　号			S5-5-153	S5-5-154	S5-5-155	S5-5-156
项　目　名　称			水平定向钻进敷设管道(扩孔)			
			Φ200mm以内	Φ300mm以内	Φ400mm以内	Φ500mm以内
基　　　价（元）			528.49	934.62	1799.47	2631.46
其中	人　工　费（元）		78.12	136.64	220.64	304.64
	材　料　费（元）		38.63	81.50	157.26	239.28
	机　械　费（元）		411.74	716.48	1421.57	2087.54
名　　　称	单位	单价（元）	消　　　耗　　　量			
人工	综合工日	工日	140.00	0.558	0.976	1.576	2.176
材料	化学泥浆	kg	2.57	1.061	1.803	2.712	3.621
	膨润土	kg	0.39	42.000	97.000	208.000	319.000
	水	m³	7.96	1.767	3.533	6.280	9.813
	小苏打	kg	10.00	0.546	1.091	1.918	2.745
机械	电动单级离心清水泵 100mm	台班	33.35	0.204	0.407	0.724	0.960
	汽车式起重机 8t	台班	763.67	0.053	0.105	0.205	0.315
	水平定向钻机CASE608	台班	5700.00	—	—	0.024	0.048
	水平定向钻机ZT-25型	台班	1705.00	0.096	0.135	0.181	0.216
	水平定向钻机ZT-40型	台班	4620.00	0.034	0.068	0.145	0.216
	载重汽车 2t	台班	346.86	0.126	0.226	0.362	0.505

工作内容：施工准备、导向钻孔、扩孔、布管、回拖、场内运输、清理现场。　　　　　　计量单位：10m

定　额　编　号				S5-5-157	S5-5-158	S5-5-159
项　目　名　称				水平定向钻进敷设管道(扩孔)		
				Φ600mm以内	Φ700mm以内	Φ800mm以内
基　　　　价（元）				3431.08	4923.31	6356.53
其中	人　工　费（元）			385.42	589.26	793.24
	材　料　费（元）			340.27	475.01	615.98
	机　械　费（元）			2705.39	3859.04	4947.31
名　　　称		单位	单价（元）	消	耗	量
人工	综合工日	工日	140.00	2.753	4.209	5.666
材料	化学泥浆	kg	2.57	5.000	5.638	6.275
	膨润土	kg	0.39	455.000	683.000	911.000
	水	m³	7.96	14.130	19.233	25.120
	小苏打	kg	10.00	3.750	4.106	4.461
机械	电动单级离心清水泵 100mm	台班	33.35	1.184	1.567	1.822
	汽车式起重机 8t	台班	763.67	0.385	0.784	0.911
	水平定向钻机CASE608	台班	5700.00	0.116	0.148	0.182
	水平定向钻机ZT-25型	台班	1705.00	0.238	0.222	0.182
	水平定向钻机ZT-40型	台班	4620.00	0.238	0.371	0.547
	载重汽车 2t	台班	346.86	0.592	0.784	0.911

工作内容：施工准备、导向钻孔、扩孔、布管、回拖、场内运输、清理现场。　　　　　计量单位：10m

定　额　编　号				S5-5-160	S5-5-161	S5-5-162	S5-5-163
项　目　名　称				水平定向钻进敷设管道(回拖布管)			
				Φ200mm以内	Φ300mm以内	Φ400mm以内	Φ500mm以内
基　　价（元）				520.49	698.03	1006.56	1247.71
其中	人　工　费（元）			62.02	111.72	189.70	267.54
	材　料　费（元）			39.54	62.46	87.99	89.22
	机　械　费（元）			418.93	523.85	728.87	890.95
名　　称		单位	单价(元)	消	耗		量
人工	综合工日	工日	140.00	0.443	0.798	1.355	1.911
材料	钢筋混凝土管(钢管)DN200	m	—	(10.200)	—	—	—
	钢筋混凝土管(钢管)DN300	m	—	—	(10.200)	—	—
	钢筋混凝土管(钢管)DN400	m	—	—	—	(10.200)	—
	钢筋混凝土管(钢管)DN500	m	—	—	—	—	(10.200)
	化学泥浆	kg	2.57	1.328	1.726	1.980	1.980
	膨润土	kg	0.39	41.000	81.000	128.000	128.000
	水	m³	7.96	1.079	1.726	2.382	2.537
	小苏打	kg	10.00	1.155	1.270	1.402	1.402
机械	电动单级离心清水泵 100mm	台班	33.35	0.124	0.149	0.179	0.209
	汽车式起重机 8t	台班	763.67	0.124	0.149	0.179	0.209
	水平定向钻机CASE608	台班	5700.00	—	—	0.012	0.018
	水平定向钻机ZT-25型	台班	1705.00	0.073	0.074	0.075	0.079
	水平定向钻机ZT-40型	台班	4620.00	0.022	0.038	0.060	0.079
	载重汽车 2t	台班	346.86	0.271	0.298	0.325	0.352

工作内容：施工准备、导向钻孔、扩孔、布管、回拖、场内运输、清理现场。　　　　　计量单位：10m

定　额　编　号			S5-5-164	S5-5-165	S5-5-166
项　目　名　称			水平定向钻进敷设管道（回拖布管）		
			φ600mm以内	φ700mm以内	φ800mm以内
基　　　价（元）			1473.37	1670.76	1874.46
其中	人　工　费（元）		304.64	351.68	395.36
	材　料　费（元）		102.42	105.65	121.38
	机　械　费（元）		1066.31	1213.43	1357.72
名　　　称	单位	单价（元）	消	耗	量
人工	综合工日	工日	140.00	2.176	2.512	2.824
材料	钢筋混凝土管（钢管）DN600	m	—	(10.200)	—	—
	钢筋混凝土管（钢管）DN700	m	—	—	(10.200)	—
	钢筋混凝土管（钢管）DN800	m	—	—	—	(10.200)
	化学泥浆	kg	2.57	2.107	2.107	2.360
	膨润土	kg	0.39	151.000	151.000	178.000
	水	m³	7.96	2.943	3.349	3.754
	小苏打	kg	10.00	1.469	1.469	1.601
机械	电动单级离心清水泵 100mm	台班	33.35	0.224	0.255	0.276
	汽车式起重机 8t	台班	763.67	0.224	0.255	0.276
	水平定向钻机CASE608	台班	5700.00	0.042	0.044	0.046
	水平定向钻机ZT-25型	台班	1705.00	0.082	0.065	0.046
	水平定向钻机ZT-40型	台班	4620.00	0.082	0.109	0.138
	载重汽车 2t	台班	346.86	0.374	0.418	0.460

第六章　构筑物

第六章 凶殺

说　　明

一、沉井

1．沉井工程是按深度 12m 以内，陆上排水沉井考虑的。水中沉井、陆上水冲法沉井以及离河岸边近的沉井，需要采取地基加固等特殊措施者，可执行其他相应项目。

2．沉井下沉项目中已考虑了沉井下沉的纠偏因素，但不包括压重助沉措施，若发生可另行计算。

3．沉井制作不包括外渗剂，若使用外渗剂时另行计算。

二、现浇钢筋混凝土池

1．混凝土是按商品混凝土泵送考虑的。

2．池壁遇有附壁柱时，按相应柱定额项目执行，其中人工乘系数 1.05，其他不变。

3．池壁挑檐是指在池壁上向外出檐作走道板用；池壁牛腿是指池壁上向内出檐以承托池盖用。

4．无梁盖柱包括柱帽及柱座。

5．井字梁、框架梁均执行连续梁项目。

6．池盖定额项目中不包括进人孔，应按《安装工程》相应定额执行。

7．格形池池壁执行直型池壁相应项目（指厚度），人工乘以系数 1.15，其他不变。

8．悬空落泥斗按落泥斗相应项目，人工乘以系数 1.40，其他不变。

三、预制混凝土构件

1．预制混凝土滤板中已包括了所设置预埋件 ABS 塑料滤头的套管用工，不得另计。

2．集水槽若需留孔时，按每 10 个孔增加 0.5 个工日计。

3．除混凝土滤板、铸铁滤板、支墩安装外，其他预制混凝土构件安装均执行异型构件安装项目。

四、施工缝

1．各种材质填缝的断面取定如下表：

序号	项目名称	断面尺寸
1	建筑油膏、聚氯乙烯胶泥	3cm×2cm
2	油浸木丝板	2.5cm×15cm
3	紫铜板止水带	展开宽45cm
4	氯丁橡胶止水带	展开宽30cm
5	其余均为	15cm×3cm

2．如实际设计的施工缝断面与上表不同时，材料用量可以换算，其他不变。

3．各项目的工作内容为：

（1）油浸麻丝：熬制沥青、调配沥青麻丝、填塞。

（2）油浸木丝板：熬制沥青、浸木丝板、嵌缝。

（3）玛琋脂：熬制玛琋脂、灌缝。

（4）建筑油膏、沥青砂浆：熬制油膏沥青，拌和沥青砂浆，嵌缝。

（5）贴氯丁橡胶片：清理、用乙酸乙酯洗缝，隔纸，用氯丁胶粘剂贴氯丁橡胶片，最后在氯丁橡胶片上涂胶铺砂。

（6）紫铜板止水带：铜板剪裁、焊接成型，铺设。

（7）聚氯乙烯胶泥：清缝、水泥砂浆勾缝，垫牛皮纸，熬灌聚氯乙烯胶泥。

（8）预埋止水带：止水带制作、接头及安装。

（9）铁皮盖板：平面埋木砖、钉木条、木条上钉铁皮；立面埋木砖、木砖上钉铁皮。

五、井、池渗漏试验

1．井、池渗漏试验容量在500m³以内是指井或小型池槽。

2．井、池渗漏试验注水采用电动单级离心清水泵，定额项目中已包括了泵的安装与拆除用工，不得再另计。

六、模板工程

1．本章定额按工具式钢模、复合木模、木模、钢支撑、木支撑等分别列项，若采用其他类型模板时，不作调整。

2．模板安拆以槽（坑）3m为准，超过3m时，人工增加8%系数，其他不变。

3．现浇混凝土梁、板、柱、墙的模板，支模高度按3.6m考虑的，超过3.6m时，超过部分的工程量另按超高的项目执行。

4．模板的预留洞，按水平投影面积计算，小于0.3 m²者：圆形洞每10个增加0.72工日；方形洞每10个增加0.62工日。

七、钢筋工程

1．钢筋加工定额是按现浇、预制、预应力钢筋分别列项。工作内容包括加工制作、绑扎

（焊接）成型、安放及浇捣混凝土时的维护用工等全部工作，除另有说明外均不得调整。

2. 各项钢筋规格是综合计算的，子目中的"××以内"系指主筋最大规格，凡小于φ10的构造筋均执行φ10以内子目。

3. 定额中非预应力钢筋加工：现浇混凝土构件是按手工绑扎，预制混凝土构件是按手工绑扎、点焊综合计算的，加工操作方法不同不予调整。

4. 钢筋加工中的钢筋接头、施工损耗、绑扎铁丝及成型点焊和接头用的焊条均已包括在定额内，不得重复计算。

5. 预制构件钢筋，如不同直径钢筋点焊在一起时，按直径最小的定额计算，如粗细筋直径比在2倍以上时，其人工乘以系数1.25。

6. 非预应力钢筋不包括冷加工，如设计要求冷加工时，另行计算。

7. 下列构件钢筋，定额人工和机械用量乘以系数如下：

项目	计算基数	现浇构件钢筋		构筑物钢筋	
		小型构件	小型池槽	矩形	圆形
增加系数	人工、机械用量	2.00	2.15	1.25	1.50

八、执行其他册或章节的项目

1. 构筑物的垫层执行第五部分非定型井、渠砌筑相应项目。

2. 构筑物混凝土项目中的钢筋、模板未列到的项目可执行其他工程部分相应项目。

3. 需要搭拆脚手架者，执行第一部分通用项目相应条款。

4. 泵站上部工程以及本章中未包括的建筑工程，执行《安徽省建筑工程消耗量定额》相应项目。

5. 构筑物中的金属构件制作安装，执行《安徽省安装工程消耗量定额》相应项目。

工程量计算规则

一、沉井

1. 沉井垫木按刃角中心线以"100 延长米"计算。

2. 沉井井壁及隔墙的厚度不同如上薄下厚时，可按平均厚度执行相应定额。

二、钢筋混凝土池

1. 钢筋混凝土各类构件均按设计图示尺寸，以混凝土实体积以"m^3"计算，不扣除 $0.3\ m^2$ 以内的孔洞体积。

2. 各类池盖中的进人孔、透气孔盖以及与盖相连接的结构，工程量合并在池盖中计算。

3. 平底池的池底体积，应包括池壁下的扩大部分：池底带有斜坡时，斜坡部分应按坡底计算；锥形底应算至壁基梁底面，无壁基梁者算至锥底坡的上口。

4. 池壁分别按不同厚度计算体积，如上薄下厚的壁，以平均厚度计算。池壁高度应自池底板面算至池盖下面。

5. 无梁盖柱的柱高，应至池底上表面算至池盖的下表面，并包括柱座、柱帽的体积。

6. 无梁盖应包括与池壁相连的放大部分的体积；肋形盖应包括主、次梁及盖部分的体积；球形盖应自池壁顶面以上，包括边侧梁的体积在内。

7. 沉淀池水槽，系指池壁上的环形溢水槽及纵横 U 形水槽，但不包括与水槽相连接的矩形梁，矩形梁可执行梁的相应项目。

三、预制混凝土构件

1. 各种预制钢筋混凝土构件均按图示尺寸，以"$10m^3$"计算。

2. 预制钢筋混凝土滤板按图示尺寸区分厚度，以"$10m^3$"计算，不扣除滤头套管所占体积。

四、折板、壁板制作安装

1. 折板安装区分材质均按图示尺寸，以"m^2"计算。

2. 稳流板安装区分材质不分断面均按图示长度，以"延长米"计算。

五、滤料铺设

滤料铺设按设计要求的铺设平面乘以铺设厚度，以"m^3"计算，锰砂、铁矿石滤料以"10t"计算。

六、防水工程

1. 各种防水层按实铺面积以"$100m^2$"计算，不扣除 $0.3\ m^2$ 以内孔洞所占面积。

2．平面与立面交接处的防水层，其上卷高度超过 500mm 时，按立面防水层计算。

七、施工缝

各种材质的施工缝填缝及盖缝均不分断面，按设计缝长以"延长米"计算。

八、模板工程

1．现浇模板工程量（除小型池槽）按模板接触混凝土的面积以"m^2"计算，小型池槽按混凝土体积以"m^3"计算。

2．现浇混凝土墙板上单孔面积在 0.3 m^2 以内的孔洞体积不予扣除，洞侧壁模板面积亦不再计算；单孔面积在 0.3 m^2 以上时，应予扣除，洞侧壁模板面积并入墙、板模板工程量之内计算。

3．预制构件中非预应力构件按模板接触混凝土的面积以"m^2"计算，不包括胎、地模。

4．各种材质的地模胎模，按审定的施工组织设计计算工程量，并应包括操作等必要的宽度和周转次数以"m^2"计算，执行相应项目。

九、钢筋工程

1．预埋件及钢筋按设计图示尺寸以"t"计算。

2．钢筋工程，应区别现浇、预制；分别按设计长度乘以单位质量，以"t"计算。

3．计算钢筋用量时，设计已规定搭接长度的，按规定搭接长度计算；设计未规定搭接长度的，已包括在钢筋的损耗中，不另计算搭接长度。

第一节 管道方沟
1.现浇混凝土

工作内容：混凝土浇捣、养护。

计量单位：10m³

定　额　编　号				S5-6-1	S5-6-2
项　目　名　称				壁	顶
基　　价（元）				4383.55	4303.27
其中	人　工　费（元）			535.92	504.84
	材　料　费（元）			3847.63	3798.43
	机　械　费（元）			—	—
名　　称		单位	单价（元）	消　　耗　　量	
人工	综合工日	工日	140.00	3.828	3.606
材料	电	kW·h	0.68	4.080	4.080
	商品混凝土 C20（泵送）	m³	363.30	10.100	10.100
	水	m³	7.96	16.790	10.038
	塑料养护膜	m²	0.30	12.602	29.396
	其他材料费占材料费	%	—	1.000	1.000

工作内容：模板安装、拆除，刷隔离剂、清理杂物、场内运输等。 计量单位：100m²

定　额　编　号				S5-6-3	
项　目　名　称				模板(木模)	
基　　　　价（元）				4187.02	
其中	人　工　费（元）			1628.06	
	材　料　费（元）			2351.43	
	机　械　费（元）			207.53	
名　　　称		单位	单价(元)	消　　耗　　量	
人工	综合工日	工日	140.00	11.629	
材料	镀锌铁丝 12号	kg	3.57	6.098	
	零星卡具	kg	5.56	4.320	
	模板木材	m³	1880.34	0.622	
	木支撑	m³	1631.34	0.587	
	嵌缝料	kg	2.56	10.000	
	铁件	kg	4.19	13.645	
	脱模剂	kg	2.48	10.000	
	圆钉	kg	5.13	13.821	
机械	木工单面压刨床 600mm	台班	31.27	0.459	
	木工圆锯机 500mm	台班	25.33	0.689	
	载重汽车 5t	台班	430.70	0.408	

2.预制混凝土

工作内容：混凝土搅拌、捣固、养护、材料运输等。

计量单位：10m³

定 额 编 号			S5-6-4	S5-6-5
项 目 名 称			每块体积0.5m³以内	每块体积0.5m³以外
基 价（元）			5197.01	5247.83
其中	人 工 费（元）		728.14	766.50
	材 料 费（元）		4242.08	4242.08
	机 械 费（元）		226.79	239.25
名 称		单位	单价（元）	消 耗 量	
人工	综合工日	工日	140.00	5.201	5.475
材料	电	kW·h	0.68	61.440	61.440
	商品混凝土 C30(泵送)	m³	403.82	10.075	10.075
	水	m³	7.96	10.160	10.160
	塑料养护膜	m²	0.30	29.799	29.799
	其他材料费占材料费	%	—	1.000	1.000
机械	履带式电动起重机 5t	台班	249.22	0.910	0.960

3.砌筑渠道

工作内容：清理基底、调制砂浆、筛砂、挂线砌墙、清理墙面、材料运输、清理场地。 计量单位：10m³

定 额 编 号				S5-6-6	
项 目 名 称				砖砌墙身	
基 价 （元）				3636.36	
其中	人 工 费 （元）			1046.92	
	材 料 费 （元）			2589.44	
	机 械 费 （元）			—	
名 称		单位	单价(元)	消 耗 量	
人工	综合工日	工日	140.00	7.478	
材料	机砖 240×115×53	千块	384.62	5.356	
	水	m³	7.96	1.155	
	水泥砂浆 M7.5	m³	201.87	2.450	
	其他材料费占材料费	%	—	1.000	

工作内容：清理基底、调制砂浆、筛砂、挂线砌筑、清理墙面、材料运输、清理场地。 计量单位：10m³

定 额 编 号				S5-6-7	S5-6-8	S5-6-9	S5-6-10
项 目 名 称				石砌墙身	预制块砌墙身	砖砌拱盖	石砌拱盖
基 价 （元）				3122.47	3450.36	3827.48	3268.77
其中	人 工 费（元）			1374.10	677.60	1236.20	1520.40
	材 料 费（元）			1748.37	2772.76	2591.28	1748.37
	机 械 费（元）			—	—	—	—
名 称		单位	单价（元）	消 耗			量
人工	综合工日	工日	140.00	9.815	4.840	8.830	10.860
材料	机砖 240×115×53	千块	384.62	—	—	5.377	—
	块石	m³	92.00	10.763	—	—	10.763
	水	m³	7.96	—	0.243	1.155	—
	水泥砂浆 M7.5	m³	201.87	3.670	0.820	2.419	3.670
	预制混凝土枕基 C15	m³	276.00	—	9.340	—	—
	其他材料费占材料费	%	—	1.000	1.000	1.000	1.000

工作内容：清理基底、调制砂浆、筛砂、挂线砌筑、清理墙面、材料运输、清理场地。　计量单位：10m³

定　额　编　号				S5-6-11	
项　目　名　称				C15混凝土垫层	
基　　　价（元）				3901.10	
其中	人　工　费（元）			439.88	
	材　料　费（元）			3461.22	
	机　械　费（元）			—	
名　　　称		单位	单价(元)	消　　耗　　量	
人工	综合工日	工日	140.00	3.142	
材料	电	kW·h	0.68	4.600	
	商品混凝土 C15(泵送)	m³	326.48	10.150	
	水	m³	7.96	13.350	
	塑料养护膜	m²	0.30	12.602	
	其他材料费占材料费	%	—	1.000	

78

第二节 现浇混凝土沉井井壁及隔墙
1.沉井垫木、灌砂

工作内容：人工挖槽弃土，铺砂、洒水、夯实、铺设和抽除垫木，回填砂。　　　　计量单位：100m

定　额　编　号				S5-6-12
项　目　名　称				沉井垫木
基　　　价（元）				17941.61
其 中	人　工　费（元）			4220.16
	材　料　费（元）			13721.45
	机　械　费（元）			—
名　　称	单位	单价（元）	消　　耗　　量	
人 工	综合工日	工日	140.00	30.144
材 料	电	kW·h	0.68	18.320
	二等板方材	m³	1709.00	0.966
	水	m³	7.96	18.360
	中(粗)砂	t	87.00	136.919

工作内容：人工装、运、卸砂，人工灌、捣砂。计量单位：10m³

定　额　编　号				S5-6-13	
项　目　名　称				沉井灌砂	
基　　　价（元）				2054.39	
其中	人　工　费（元）			581.28	
	材　料　费（元）			1473.11	
	机　械　费（元）			—	
名　　称	单位	单价（元）	消　　耗　　量		
人工	综合工日	工日	140.00	4.152	
材料	水	m³	7.96	4.725	
	中(粗)砂	t	87.00	16.500	

2. 垫层

工作内容：混凝土搅捣、养护、凿除混凝土垫层。 计量单位：10m³

定 额 编 号			S5-6-14		
项 目 名 称			C15混凝土沉井垫层		
基 价（元）			5076.84		
其中	人 工 费（元）		626.92		
	材 料 费（元）		3471.45		
	机 械 费（元）		978.47		
名 称		单位	单价（元）	消 耗 量	
人工	综合工日	工日	140.00	4.478	
材料	电	kW·h	0.68	4.600	
	商品混凝土 C15(泵送)	m³	326.48	10.100	
	水	m³	7.96	13.350	
	塑料养护膜	m²	0.30	100.800	
	其他材料费占材料费	%	—	1.000	
机械	电动空气压缩机 1m³/min	台班	50.29	3.900	
	风镐	台班	100.30	7.800	

工作内容：模板制作、安装、拆除，清理杂物、刷隔离剂、整理堆放、场内外运输等。　计量单位：100㎡

定　额　编　号				S5-6-15	
项　目　名　称				模板	
基　　　　价（元）				3580.00	
其中	人　工　费（元）			688.94	
	材　料　费（元）			2847.13	
	机　械　费（元）			43.93	
名　　称		单位	单价(元)	消　耗　量	
人工	综合工日	工日	140.00	4.921	
材料	镀锌铁丝 22号	kg	3.57	0.180	
	模板木材	m³	1880.34	1.445	
	水泥砂浆 1:2	m³	281.46	0.012	
	脱模剂	kg	2.48	10.000	
	圆钉	kg	5.13	19.730	
机械	木工圆锯机 500mm	台班	25.33	0.136	
	载重汽车 5t	台班	430.70	0.094	

工作内容：平整基坑、运砂、分层铺平、浇水、振实。　　　　　　　　　　　　　计量单位：10m³

定　额　编　号				S5-6-16	
项　目　名　称				砂垫层	
基　　　价（元）				2469.67	
其中	人　工　费（元）			522.48	
	材　料　费（元）			1517.23	
	机　械　费（元）			429.96	
名　　　称		单位	单价（元）	消　　耗　　量	
人工	综合工日	工日	140.00	3.732	
材料	电	kW·h	0.68	2.560	
	水	m³	7.96	1.600	
	中(粗)砂	t	87.00	17.273	
机械	履带式起重机 15t	台班	757.48	0.320	
	潜水泵 50mm	台班	22.97	1.450	
	自卸汽车 4t	台班	482.05	0.320	

3. 沉井制作

工作内容：混凝土浇捣、抹平、养护。

计量单位：10m³

定　额　编　号				S5-6-17	S5-6-18
项　目　名　称				井壁及隔墙	
				厚度50cm内	厚度50cm外
基　　　价（元）				4829.16	4754.75
其中	人　工　费（元）			731.36	693.70
	材　料　费（元）			4097.80	4061.05
	机　械　费（元）			—	—
名　称		单位	单价（元）	消　耗　量	
人工	综合工日	工日	140.00	5.224	4.955
材料	电	kW·h	0.68	9.600	9.600
	商品混凝土 C25（泵送）	m³	389.11	10.100	10.100
	水	m³	7.96	12.800	9.410
	塑料养护膜	m²	0.30	62.664	31.332
	其他材料费占材料费	%	—	1.000	1.000

工作内容：模板制作、安装、涂脱模剂；模板拆除、修理、整堆。　　　　　　　　　计量单位：10m²

定　额　编　号				S5-6-19	
项　目　名　称				沉井井壁、隔墙模板	
基　　　价（元）				802.62	
其中	人　工　费（元）			307.86	
	材　料　费（元）			420.81	
	机　械　费（元）			73.95	
名　　称		单位	单价（元）	消　　耗　　量	
人工	综合工日	工日	140.00	2.199	
材料	带帽螺栓	kg	7.50	23.110	
	钢模板	kg	3.50	6.950	
	钢模零配件	kg	4.70	2.160	
	钢模支撑	kg	4.79	3.200	
	模板木材	m³	1880.34	0.100	
	尼龙帽	个	0.84	5.550	
	圆钉	kg	5.13	0.360	
	其他材料费占材料费	%	——	0.750	
机械	履带式起重机 15t	台班	757.48	0.094	
	木工圆锯机 1000mm	台班	63.78	0.043	

第三节 沉井下沉

1. 挖土下沉

工作内容：搭拆平台及起吊设备、挖一、二类土、吊土、装车。　　　　　　计量单位：10m³

定　额　编　号			S5-6-20
项　目　名　称			人工挖一、二类土井深8m以内
基　　　价（元）			1117.81
其中	人　工　费（元）		810.74
	材　料　费（元）		—
	机　械　费（元）		307.07
名　　称	单位	单价（元）	消　耗　量
人工　综合工日	工日	140.00	5.791
机械　少先吊 1t	台班	203.36	1.510

86

工作内容：搭拆平台及起吊设备、挖三、四类土、吊土、装车。 计量单位：10m³

定 额 编 号			S5-6-21	
项 目 名 称			人工挖三、四类土井深8m以内	
基 价（元）			1493.74	
其中	人 工 费（元）		1054.48	
	材 料 费（元）		—	
	机 械 费（元）		439.26	
名 称	单位	单价（元）	消 耗 量	
人工	综合工日	工日	140.00	7.532
机械	少先吊 1t	台班	203.36	2.160

87

工作内容：搭拆平台及起吊设备、挖一、二类土、吊土、装车。 计量单位：10m³

定 额 编 号					S5-6-22	
项 目 名 称					人工挖一、二类土井深10m以内	
基 价（元）					1295.37	
其中	人 工 费（元）				942.34	
	材 料 费（元）				—	
	机 械 费（元）				353.03	
名 称		单位	单价（元）	消 耗 量		
人工	综合工日	工日	140.00	6.731		
机械	少先吊 1t	台班	203.36	1.736		

工作内容：搭拆平台及起吊设备、挖三、四类土、吊土、装车。 计量单位：10m³

定 额 编 号	S5-6-23
项 目 名 称	人工挖三、四类土井深10m以内
基 价 （元）	1701.47

其中	人 工 费（元）	1201.20
	材 料 费（元）	—
	机 械 费（元）	500.27

	名 称	单位	单价（元）	消 耗 量
人工	综合工日	工日	140.00	8.580
机械	少先吊 1t	台班	203.36	2.460

89

工作内容：搭拆平台及起吊设备、挖淤泥、流砂、吊土、装车。　　　　　　　　　计量单位：10m³

定　额　编　号				S5-6-24	S5-6-25
项　目　名　称				人工挖淤泥、流砂	
				井深8m以内	井深10m以内
基　　　　价（元）				2010.74	3167.75
其中	人　工　费（元）			1386.42	2275.00
	材　料　费（元）			—	—
	机　械　费（元）			624.32	892.75
名　　　称		单位	单价(元)	消　　　耗	量
人工	综合工日	工日	140.00	9.903	16.250
机械	少先吊 1t	台班	203.36	3.070	4.390

工作内容：搭拆平台及起吊设备、挖土、吊土、装车。 计量单位：10m³

定 额 编 号					S5-6-26	S5-6-27
项 目 名 称					机械挖	
					土（井深12m以内）	淤泥、流砂（井深12m以内）
基 价 （元）					655.91	928.75
其中	人 工 费 （元）				278.04	394.80
	材 料 费 （元）				—	—
	机 械 费 （元）				377.87	533.95
名 称		单位	单价（元）		消 耗 量	
人工	综合工日	工日	140.00		1.986	2.820
机械	履带式单斗液压挖掘机 0.6m³	台班	821.46		0.460	0.650

2.水力机械冲吸泥下沉

工作内容：1.安装、拆除水力机械和管路；
2.搭拆施工钢平台；
3.水枪压力控制；
4.水力机械冲洗吸泥、纠偏等。

计量单位：100m³

定 额 编 号				S5-6-28	S5-6-29
项 目 名 称				下沉深度	
				15m以内	20m以内
基 价（元）				5511.67	7128.00
其中	人 工 费（元）			2649.50	3628.10
	材 料 费（元）			1061.78	1061.78
	机 械 费（元）			1800.39	2438.12
名 称		单位	单价（元）	消 耗 量	
人工	综合工日	工日	140.00	18.925	25.915
材料	钢扶梯平台摊销	kg	5.40	20.840	20.840
	钢管	kg	4.06	219.000	219.000
	其他材料费占材料费	%	—	6.000	6.000
机械	电动单级离心清水泵 150mm	台班	55.06	5.420	7.460
	电动多级离心清水泵 150mm扬程<180mm	台班	257.55	5.420	7.460
	履带式起重机 15t	台班	757.48	0.140	0.140

第四节 沉井混凝土底板

工作内容：混凝土浇捣、抹平、养护。

计量单位：10m³

定 额 编 号			S5-6-30	S5-6-31
项 目 名 称			沉井混凝土底板	
			厚度50cm内	厚度50cm外
基 价（元）			4573.88	4534.54
其中	人 工 费（元）		515.48	500.50
	材 料 费（元）		4058.40	4034.04
	机 械 费（元）		—	—
名 称	单位	单价（元）	消 耗 量	
人工	综合工日	工日	140.00	3.682	3.575
材料	电	kW·h	0.68	9.600	9.600
	商品混凝土 C25（泵送）	m³	389.11	10.100	10.100
	水	m³	7.96	7.900	6.050
	塑料养护膜	m²	0.30	62.664	31.332
	其他材料费占材料费	%	—	1.000	1.000

工作内容：模板安装、拆除、刷隔离剂、清理杂物、场内运输等。　　　　　　　　　　　计量单位：100m²

定　额　编　号				S5-6-32	
项　目　名　称				模板(木模)	
基　　　价（元）				5008.70	
其中	人　工　费（元）			2661.40	
	材　料　费（元）			2199.64	
	机　械　费（元）			147.66	
名　　　称		单位	单价（元）	消　　耗　　量	
人工	综合工日	工日	140.00	19.010	
材料	混凝土垫块	m³	214.00	0.137	
	模板木材	m³	1880.34	0.756	
	木支撑	m³	1631.34	0.339	
	嵌缝料	kg	2.56	10.000	
	脱模剂	kg	2.48	10.000	
	圆钉	kg	5.13	28.336	
机械	木工单面压刨床 600mm	台班	31.27	0.459	
	木工圆锯机 500mm	台班	25.33	0.485	
	载重汽车 5t	台班	430.70	0.281	

94

第五节 沉井内地下混凝土结构

工作内容：混凝土浇捣、抹平、养护。

计量单位：10m³

定 额 编 号				S5-6-33
项 目 名 称				沉井内刃角
基 价 （元）				4737.75
其中	人 工 费（元）			690.48
	材 料 费（元）			4047.27
	机 械 费（元）			—
名 称	单位	单价（元）	消 耗 量	
人工	综合工日	工日	140.00	4.932
材料	电	kW·h	0.68	4.800
	商品混凝土 C25（泵送）	m³	389.11	10.100
	水	m³	7.96	8.106
	塑料养护膜	m²	0.30	31.332
	其他材料费占材料费	%	—	1.000

工作内容：模板制作、安装、涂脱模剂；模板拆除、修理、整堆。　　　　　　　　　计量单位：10m²

定　额　编　号				S5-6-34		
项　目　名　称				沉井刃脚模板		
基　　　　　价（元）				1161.30		
其中	人　工　费（元）			358.26		
	材　料　费（元）			728.96		
	机　械　费（元）			74.08		
名　　　　称	单位	单价（元）	消　　　　耗　　　　量			
人工	综　合　工　日	工日	140.00	2.559		
材料	带帽螺栓	kg	7.50	28.990		
	钢模板	kg	3.50	5.790		
	钢模零配件	kg	4.70	1.790		
	钢模支撑	kg	4.79	2.720		
	模板木材	m³	1880.34	0.240		
	尼龙帽	个	0.84	5.550		
	圆钉	kg	5.13	1.300		
	其他材料费占材料费	%	—	1.000		
机械	履带式起重机 15t	台班	757.48	0.077		
	木工圆锯机 1000mm	台班	63.78	0.247		

工作内容：混凝土浇捣、抹平、养护。 计量单位：10m³

定 额 编 号				S5-6-35	
项 目 名 称				沉井内地下梁	
基 价（元）				4767.15	
其中	人 工 费（元）			687.54	
	材 料 费（元）			4079.61	
	机 械 费（元）			—	
名 称		单位	单价(元)	消 耗 量	
人工	综合工日	工日	140.00	4.911	
材料	电	kW·h	0.68	9.600	
	商品混凝土 C25(泵送)	m³	389.11	10.100	
	水	m³	7.96	11.718	
	塑料养护膜	m²	0.30	31.332	
	其他材料费占材料费	%	—	1.000	

工作内容：模板制作、安装、涂脱模剂；模板拆除、修理、整堆。 计量单位：10m²

定　额　编　号				S5-6-36	
项　目　名　称				梁模板	
基　　　价（元）				705.42	
其中	人　工　费（元）			442.96	
	材　料　费（元）			170.37	
	机　械　费（元）			92.09	
名　　　称		单位	单价（元）	消　　　耗　　　量	
人工	综合工日	工日	140.00	3.164	
材料	带帽螺栓	kg	7.50	4.690	
	钢模板	kg	3.50	6.960	
	钢模零配件	kg	4.70	7.200	
	钢模支撑	kg	4.79	6.900	
	螺栓顶托	个	0.21	0.140	
	模板木材	m³	1880.34	0.020	
	尼龙帽	个	0.84	2.980	
	脱模剂	kg	2.48	1.100	
	圆钉	kg	5.13	0.210	
机械	履带式起重机 15t	台班	757.48	0.119	
	木工圆锯机 500mm	台班	25.33	0.077	

工作内容：混凝土浇捣、抹平、养护。 计量单位：10m³

定 额 编 号				S5-6-37	
项 目 名 称				沉井内地下柱	
基 价（元）				4901.58	
其中	人 工 费（元）			810.32	
	材 料 费（元）			4091.26	
	机 械 费（元）			—	
名 称		单位	单价（元）	消 耗 量	
人工	综合工日	工日	140.00	5.788	
材料	电	kW·h	0.68	9.600	
	商品混凝土 C25（泵送）	m³	389.11	10.100	
	水	m³	7.96	13.167	
	塑料养护膜	m²	0.30	31.332	
	其他材料费占材料费	%	—	1.000	

工作内容：模板制作、安装、涂脱模剂；模板拆除、修理、整堆。 计量单位：10m²

定 额 编 号				S5-6-38	
项 目 名 称				柱模板	
基 价（元）				550.02	
其中	人 工 费（元）			326.90	
	材 料 费（元）			142.41	
	机 械 费（元）			80.71	
名 称	单位	单价（元）	消 耗 量		
人工	综合工日	工日	140.00	2.335	
材料	带帽螺栓	kg	7.50	4.500	
	钢模板	kg	3.50	6.960	
	钢模零配件	kg	4.70	3.600	
	钢模支撑	kg	4.79	4.920	
	模板木材	m³	1880.34	0.020	
	尼龙帽	个	0.84	2.860	
	脱模剂	kg	2.48	1.100	
	圆钉	kg	5.13	0.210	
机械	履带式起重机 15t	台班	757.48	0.102	
	木工圆锯机 500mm	台班	25.33	0.136	

工作内容：混凝土浇捣、抹平、养护。 计量单位：10m³

定 额 编 号				S5-6-39	
项 目 名 称				沉井内地下平台	
基 价（元）				4671.93	
其中	人 工 费（元）			520.80	
	材 料 费（元）			4151.13	
	机 械 费（元）			—	
名 称		单位	单价（元）	消 耗 量	
人工	综合工日	工日	140.00	3.720	
材料	电	kW•h	0.68	9.600	
	商品混凝土 C25（泵送）	m³	389.11	10.100	
	水	m³	7.96	18.575	
	塑料养护膜	m²	0.30	85.460	
	其他材料费占材料费	%	—	1.000	

101

工作内容：模板制作、安装、涂脱模剂；模板拆除、修理、整堆。 计量单位：10m²

定 额 编 号				S5-6-40	
项 目 名 称				平台模板	
基 价（元）				1193.07	
其中	人 工 费（元）			472.08	
	材 料 费（元）			690.63	
	机 械 费（元）			30.36	
名 称		单位	单价(元)	消 耗 量	
人工	综合工日	工日	140.00	3.372	
材料	模板木材	m³	1880.34	0.360	
	圆钉	kg	5.13	1.340	
	其他材料费占材料费	%	—	1.000	
机械	木工圆锯机 1000mm	台班	63.78	0.476	

第六节 沉井混凝土顶板

工作内容：混凝土浇捣、抹平、养护。

计量单位：10m³

定 额 编 号			S5-6-41
项 目 名 称			沉井混凝土顶板
基 价（元）			4708.69
其中	人 工 费（元）		502.60
	材 料 费（元）		4206.09
	机 械 费（元）		—
	名 称	单位	单价（元）	消 耗 量

	名 称	单位	单价（元）	消 耗 量
人工	综合工日	工日	140.00	3.590
材料	电	kW·h	0.68	9.600
	商品混凝土 C25(泵送)	m³	389.11	10.100
	水	m³	7.96	25.410
	塑料养护膜	m²	0.30	85.460
	其他材料费占材料费	%	—	1.000

工作内容：模板制作、安装、涂脱模剂；模板拆除、修理、整堆。　　　　　　　　　　　计量单位：10m²

定　额　编　号				S5-6-42	
项　目　名　称				顶板模板	
基　　　价（元）				854.15	
其中	人　工　费（元）			392.56	
	材　料　费（元）			358.73	
	机　械　费（元）			102.86	
名　　　　称		单位	单价（元）	消　　耗　　量	
人工	综合工日	工日	140.00	2.804	
材料	带帽螺栓	kg	7.50	2.230	
	钢模板	kg	3.50	5.700	
	钢模零配件	kg	4.70	9.800	
	钢模支撑	kg	4.79	16.920	
	螺栓顶托	个	0.21	0.430	
	模板木材	m³	1880.34	0.100	
	尼龙帽	个	0.84	1.460	
	脱模剂	kg	2.48	1.100	
	圆钉	kg	5.13	0.560	
机械	履带式起重机 15t	台班	757.48	0.119	
	木工圆锯机 500mm	台班	25.33	0.502	

第七节 沉井填心

1. 砂石填心(排水下沉)

工作内容：1. 装运砂石料；
2. 吊入井底，依次铺石料、黄砂；
3. 整平；
4. 工作面排水。

计量单位：10m³

定 额 编 号			S5-6-43	S5-6-44	S5-6-45
项 目 名 称			井内铺		
			块石	碎石	黄砂
基 价 （元）			1742.46	2635.90	2080.85
其中	人 工 费 （元）		459.20	457.10	308.00
	材 料 费 （元）		980.77	1774.00	1508.55
	机 械 费 （元）		302.49	404.80	264.30
名 称	单位	单价（元）	消	耗	量
人工	综合工日	工日	140.00	3.280	3.265	2.200
材料	块石	m³	92.00	10.555	—	—
	碎石 5～40	t	106.80	—	16.446	—
	中(粗)砂	t	87.00	—	—	17.168
	其他材料费占材料费	%	—	1.000	1.000	1.000
机械	履带式起重机 15t	台班	757.48	0.350	0.470	0.290
	潜水泵 150mm	台班	51.90	0.720	0.940	0.860

2.砂石料填心(不排水下沉)

工作内容：1.装运石料；
2.吊入井底；
3.潜水员铺平石料。

计量单位：10m³

定 额 编 号			S5-6-46	S5-6-47
项 目 名 称			井内水下	
			抛铺块石	铺碎石
基 价（元）			2569.25	3707.37
其中	人 工 费（元）		518.70	511.00
	材 料 费（元）		980.77	1774.00
	机 械 费（元）		1069.78	1422.37
名 称	单位	单价（元）	消 耗 量	
人工	综合工日	工日	140.00	3.705	3.650
材料	块石	m³	92.00	10.555	—
	碎石 5～40	t	106.80	—	16.446
	其他材料费占材料费	%	—	1.000	1.000
机械	电动空气压缩机 6m³/min	台班	206.73	0.960	1.280
	履带式起重机 15t	台班	757.48	1.000	1.330
	潜水设备	台班	88.94	1.280	1.690

第八节 现浇钢筋混凝土池底
1. 半地下室池底

工作内容：混凝土浇捣、养护。

计量单位：10m³

定 额 编 号			S5-6-48	S5-6-49
项 目 名 称			平池底	
			厚度50cm以内	厚度50cm以外
基 价（元）			5528.54	5477.83
其中	人 工 费（元）		575.40	559.72
	材 料 费（元）		4953.14	4918.11
	机 械 费（元）		—	—
名 称		单位	单价（元）	消 耗 量
人工	综合工日	工日	140.00	4.110	3.998
材料	电	kW·h	0.68	3.140	3.140
	商品抗渗混凝土 C30	m³	472.00	10.100	10.100
	水	m³	7.96	13.010	10.395
	塑料养护膜	m²	0.30	104.003	57.788
	其他材料费占材料费	%	—	1.000	1.000

工作内容：模板安装、拆除，刷隔离剂、清理杂物、场内运输等。　　　　　　　　　　计量单位：100m²

定　额　编　号			S5-6-50	S5-6-51
项　目　名　称			平池底木模板	平池底钢模板
基　　　　价（元）			5008.70	3933.87
其中	人　工　费（元）		2661.40	2386.86
	材　料　费（元）		2199.64	1391.92
	机　械　费（元）		147.66	155.09
名　　　称		单位	单价(元)	消　　耗　　量
人工	综合工日	工日	140.00	19.010	17.049
材料	草板纸 80号	张	3.79	—	30.000
	镀锌铁丝 12号	kg	3.57	—	67.341
	钢模板	kg	3.50	—	70.761
	混凝土垫块	m³	214.00	0.137	0.137
	零星卡具	kg	5.56	—	19.074
	模板木材	m³	1880.34	0.756	0.011
	木支撑	m³	1631.34	0.339	0.336
	嵌缝料	kg	2.56	10.000	—
	脱模剂	kg	2.48	10.000	10.000
	圆钉	kg	5.13	28.336	11.924
机械	木工单面压刨床 600mm	台班	31.27	0.459	—
	木工圆锯机 500mm	台班	25.33	0.485	0.026
	汽车式起重机 8t	台班	763.67	—	0.068
	载重汽车 5t	台班	430.70	0.281	0.238

108

工作内容：混凝土浇捣、养护。

计量单位：10m³

定　额　编　号				S5-6-52	S5-6-53
项　目　名　称				\multicolumn{2}{c}{锥坡池底}	
				厚度50cm以内	厚度50cm以外
基　　价（元）				5537.78	5481.02
其中	人　工　费（元）			584.64	567.28
	材　料　费（元）			4953.14	4913.74
	机　械　费（元）			—	—
	名　　称	单位	单价（元）	消　耗　量	
人工	综合工日	工日	140.00	4.176	4.052
材料	电	kW·h	0.68	3.140	3.140
	商品抗渗混凝土 C30	m³	472.00	10.100	10.100
	水	m³	7.96	13.010	10.070
	塑料养护膜	m²	0.30	104.003	52.000
	其他材料费占材料费	%	—	1.000	1.000

工作内容：模板安装、拆除，刷隔离剂、清理杂物、场内运输等。　　　　　　　　　　计量单位：100m²

定　额　编　号				S5-6-54	
项　目　名　称				锥形池底木模板	
基　　　价（元）				7697.19	
其中	人　工　费（元）			2238.18	
	材　料　费（元）			5187.30	
	机　械　费（元）			271.71	
名　　　　称	单位	单价(元)	消　　耗　　量		
人工	综合工日	工日	140.00	15.987	
材料	模板木材	m³	1880.34	2.370	
	木支撑	m³	1631.34	0.373	
	嵌缝料	kg	2.56	10.000	
	脱模剂	kg	2.48	10.000	
	圆钉	kg	5.13	14.035	
机械	木工单面压刨床 600mm	台班	31.27	0.459	
	木工圆锯机 500mm	台班	25.33	0.468	
	载重汽车 5t	台班	430.70	0.570	

110

工作内容：混凝土浇捣、养护。 计量单位：10m³

定 额 编 号				S5-6-55	S5-6-56
项 目 名 称				圆池底	
				厚度50cm以内	厚度50cm以外
基 价 （元）				5592.24	5544.91
其中	人 工 费（元）			639.10	621.32
	材 料 费（元）			4953.14	4923.59
	机 械 费（元）			—	—
名 称		单位	单价（元）	消 耗 量	
人工	综合工日	工日	140.00	4.565	4.438
材料	电	kW·h	0.68	3.140	3.140
	商品抗渗混凝土 C30	m³	472.00	10.100	10.100
	水	m³	7.96	13.010	10.805
	塑料养护膜	m²	0.30	104.003	64.995
	其他材料费占材料费	%	—	1.000	1.000

工作内容：模板安装、拆除，刷隔离剂、清理杂物、场内运输等。　　　　　　　　计量单位：100m²

定　额　编　号				S5-6-57	
项　目　名　称				圆形池底木模板	
基　　　　价（元）				5780.55	
其中	人　工　费（元）			2465.68	
	材　料　费（元）			3119.20	
	机　械　费（元）			195.67	
	名　　　　称	单位	单价（元）	消　　耗　　量	
人工	综合工日	工日	140.00	17.612	
材料	镀锌铁丝 12号	kg	3.57	10.743	
	零星卡具	kg	5.56	85.150	
	模板木材	m³	1880.34	0.812	
	木支撑	m³	1631.34	0.582	
	嵌缝料	kg	2.56	10.000	
	脱模剂	kg	2.48	10.000	
	圆钉	kg	5.13	15.739	
机械	木工单面压刨床 600mm	台班	31.27	0.459	
	木工圆锯机 500mm	台班	25.33	1.088	
	载重汽车 5t	台班	430.70	0.357	

2. 架空式池底

工作内容：混凝土浇捣、养护。

计量单位：10m³

定 额 编 号			S5-6-58	S5-6-59
项 目 名 称			平池底	
			厚度30cm以内	厚度30cm以外
基 价（元）			5592.24	5544.77
其中	人 工 费（元）		639.10	621.18
	材 料 费（元）		4953.14	4923.59
	机 械 费（元）		—	—
名 称		单位	单价（元）	消 耗 量	
人工	综合工日	工日	140.00	4.565	4.437
材料	电	kW·h	0.68	3.140	3.140
	商品抗渗混凝土 C30	m³	472.00	10.100	10.100
	水	m³	7.96	13.010	10.805
	塑料养护膜	m²	0.30	104.003	64.995
	其他材料费占材料费	%	—	1.000	1.000

工作内容：混凝土浇捣、养护。

计量单位：10m³

定 额 编 号				S5-6-60	S5-6-61
项 目 名 称				方锥池底	
				厚度30cm以内	厚度30cm以外
基 价（元）				5602.87	5491.01
其中	人 工 费（元）			649.74	567.42
	材 料 费（元）			4953.13	4923.59
	机 械 费（元）			—	—
名 称		单位	单价（元）	消 耗 量	
人工	综合工日	工日	140.00	4.641	4.053
材料	电	kW·h	0.68	3.136	3.136
	商品抗渗混凝土 C30	m³	472.00	10.100	10.100
	水	m³	7.96	13.010	10.805
	塑料养护膜	m²	0.30	104.003	64.995
	其他材料费占材料费	%	—	1.000	1.000

第九节 现浇混凝土池壁(隔墙)
1.混凝土浇筑

工作内容：混凝土浇捣、养护。

计量单位：10m³

定 额 编 号			S5-6-62	S5-6-63	S5-6-64
项 目 名 称			直、矩形		
			厚度20cm以内	厚度30cm以内	厚度30cm以外
基 价（元）			4732.75	4669.35	4569.82
其中	人 工 费（元）		887.32	842.38	764.96
	材 料 费（元）		3845.43	3826.97	3804.86
	机 械 费（元）		—	—	—
名 称		单位	单价（元）	消 耗 量		
人工	综合工日	工日	140.00	6.338	6.017	5.464
材料	电	kW·h	0.68	5.100	5.100	5.100
	商品混凝土 C20(泵送)	m³	363.30	10.100	10.100	10.100
	水	m³	7.96	12.201	10.689	9.408
	塑料养护膜	m²	0.30	124.803	104.003	64.995
	其他材料费占材料费	%	—	1.000	1.000	1.000

工作内容：混凝土浇捣、养护。

计量单位：10m³

定　额　编　号				S5-6-65	S5-6-66	S5-6-67
项　目　名　称				圆、弧形		
				厚度20cm以内	厚度30cm以内	厚度30cm以外
基　　　价（元）				4757.78	4685.51	4579.54
其中	人　工　费（元）			913.36	863.94	778.82
	材　料　费（元）			3844.42	3821.57	3800.72
	机　械　费（元）			—	—	—
名　　　称		单位	单价（元）	消　　　耗　　　量		
人工	综合工日	工日	140.00	6.524	6.171	5.563
材料	电	kW·h	0.68	5.100	5.100	5.100
	商品混凝土 C20（泵送）	m³	363.30	10.100	10.100	10.100
	水	m³	7.96	12.075	10.017	8.894
	塑料养护膜	m²	0.30	124.803	104.003	64.995
	其他材料费占材料费	%	—	1.000	1.000	1.000

116

工作内容：混凝土浇捣、养护。

计量单位：10m³

定 额 编 号				S5-6-68	S5-6-69
项 目 名 称				池壁挑檐	池壁牛腿
基 价 （元）				4527.81	4527.32
其中	人 工 费 （元）			644.98	684.04
	材 料 费 （元）			3882.83	3843.28
	机 械 费 （元）			—	—
名 称		单位	单价（元）	消 耗 量	
人工	综合工日	工日	140.00	4.607	4.886
材料	电	kW·h	0.68	8.160	8.160
	商品混凝土 C20(泵送)	m³	363.30	10.100	10.100
	水	m³	7.96	20.108	15.425
	塑料养护膜	m²	0.30	31.494	25.204
	其他材料费占材料费	%	—	1.000	1.000

117

工作内容：砖墙砌筑、养护、场内材料运输。

计量单位：10m³

定　额　编　号				S5-6-70	
项　目　名　称				砖穿孔墙	
基　　　　价（元）				3080.05	
其中	人　工　费（元）			1247.54	
	材　料　费（元）			1789.46	
	机　械　费（元）			43.05	
名　　　　称		单位	单价(元)	消　耗　量	
人工	综合工日	工日	140.00	8.911	
材料	机砖 240×115×53	千块	384.62	4.017	
	水	m³	7.96	0.809	
	水泥砂浆 M7.5	m³	201.87	1.179	
机械	灰浆搅拌机 200L	台班	215.26	0.200	

2. 模板

工作内容：模板安装、拆除，刷隔离剂、清理杂物、场内运输等。　　　　　　　　　　　计量单位：100m²

定　额　编　号				S5-6-71	S5-6-72	S5-6-73
项　目　名　称				矩形池壁钢模板	矩形池壁木模板	圆形池壁木模板
基　　　价（元）				3058.79	4187.02	5780.55
其中	人　工　费（元）			1965.60	1628.06	2465.68
	材　料　费（元）			890.49	2351.43	3119.20
	机　械　费（元）			202.70	207.53	195.67
名　　　称		单位	单价（元）	消　　耗　　量		
人工	综合工日	工日	140.00	14.040	11.629	17.612
材料	草板纸 80号	张	3.79	30.000	—	—
	镀锌铁丝 12号	kg	3.57	0.690	6.098	10.743
	钢模板	kg	3.50	71.841	—	—
	钢支撑	kg	3.50	28.684		
	零星卡具	kg	5.56	52.867	4.320	85.150
	模板木材	m³	1880.34	0.004	0.622	0.812
	木支撑	m³	1631.34	—	0.587	0.582
	尼龙帽	个	0.84	79.000	—	—
	嵌缝料	kg	2.56	—	10.000	10.000
	铁件	kg	4.19	6.777	13.645	—
	脱模剂	kg	2.48	10.000	10.000	10.000
	圆钉	kg	5.13	0.286	13.821	15.739
机械	木工单面压刨床 600mm	台班	31.27	—	0.459	0.459
	木工圆锯机 500mm	台班	25.33	0.009	0.689	1.088
	汽车式起重机 8t	台班	763.67	0.145		
	载重汽车 5t	台班	430.70	0.213	0.408	0.357

工作内容：模板安装、拆除，刷隔离剂、清理杂物、场内运输等。　　　　　　　　　　　　计量单位：100㎡

定　额　编　号				S5-6-74	S5-6-75
项　目　名　称				壁支模模板高度超3.6m	
				每增1m（钢支撑）	每增1m（木支撑）
基　　　价（元）				120.78	195.32
其中	人　工　费（元）			101.92	101.92
	材　料　费（元）			8.11	89.09
	机　械　费（元）			10.75	4.31
名　　称		单位	单价(元)	消　　耗　　量	
人工	综合工日	工日	140.00	0.728	0.728
材料	钢支撑	kg	3.50	1.850	—
	木支撑	m³	1631.34	0.001	0.047
	圆钉	kg	5.13	—	2.420
机械	木工圆锯机 500mm	台班	25.33	—	0.017
	汽车式起重机 8t	台班	763.67	0.009	—
	载重汽车 5t	台班	430.70	0.009	0.009

第十节 现浇混凝土池柱

1. 混凝土浇筑

工作内容：混凝土浇捣、养护。

计量单位：10m³

定 额 编 号				S5-6-76	S5-6-77	S5-6-78
项 目 名 称				无梁盖柱	矩(方)柱	圆形柱
基 价（元）				4699.70	4647.51	4746.79
其中	人 工 费（元）			851.06	807.24	895.02
	材 料 费（元）			3848.64	3840.27	3851.77
	机 械 费（元）			—	—	—
名 称		单位	单价(元)	消 耗		量
人工	综合工日	工日	140.00	6.079	5.766	6.393
材料	电	kW•h	0.68	8.160	8.160	8.160
	商品混凝土 C20(泵送)	m³	363.30	10.100	10.100	10.100
	水	m³	7.96	14.680	13.640	15.070
	塑料养护膜	m²	0.30	62.664	62.664	62.664
	其他材料费占材料费	%	—	1.000	1.000	1.000

2.模板

工作内容：模板安装、拆除，刷隔离剂、清理杂物、场内运输等。

计量单位：100㎡

定　额　编　号				S5-6-79	S5-6-80
项　目　名　称				无梁盖柱钢模板	无梁盖柱木模板
基　　　价（元）				5758.42	6378.91
其中	人　工　费（元）			3283.00	3496.92
	材　料　费（元）			2154.43	2598.46
	机　械　费（元）			320.99	283.53
名　　称		单位	单价(元)	消　　耗　　量	
人工	综合工日	工日	140.00	23.450	24.978
材料	草板纸 80号	张	3.79	30.000	—
	镀锌铁丝 12号	kg	3.57	—	53.828
	钢模板	kg	3.50	68.276	—
	钢支撑	kg	3.50	62.963	—
	零星卡具	kg	5.56	52.795	—
	模板木材	m³	1880.34	0.328	0.172
	木支撑	m³	1631.34	0.303	1.006
	嵌缝料	kg	2.56	—	10.000
	脱模剂	kg	2.48	10.000	10.000
	圆钉	kg	5.13	29.631	76.286
机械	木工单面压刨床 600mm	台班	31.27	—	0.459
	木工圆锯机 500mm	台班	25.33	0.969	1.377
	汽车式起重机 8t	台班	763.67	0.153	—
	载重汽车 5t	台班	430.70	0.417	0.544

122

工作内容：模板安装、拆除，刷隔离剂、清理杂物、场内运输等。   计量单位：100㎡

定 额 编 号			S5-6-81	S5-6-82	S5-6-83
项 目 名 称			矩形柱钢模板	矩形柱复合木模板	圆、异形柱木模板
基 价（元）			3789.64	3641.94	7953.36
其中	人 工 费（元）		2198.84	1866.34	3267.60
	材 料 费（元）		1370.16	1600.02	4517.36
	机 械 费（元）		220.64	175.58	168.40
名 称		单位	单价（元）	消 耗	量
人工	综合工日	工日	140.00	15.706	13.331	23.340
材料	草板纸 80号	张	3.79	30.000	30.000	—
	镀锌铁丝 12号	kg	3.57	—	—	9.490
	复合木模板	㎡	29.06	—	1.840	—
	钢模板	kg	3.50	78.090	10.340	—
	钢支撑	kg	3.50	45.940	—	—
	零星卡具	kg	5.56	66.740	60.500	—
	模板木材	m³	1880.34	0.064	0.064	1.618
	木支撑	m³	1631.34	0.182	0.519	0.700
	嵌缝料	kg	2.56	—	—	10.000
	铁件	kg	4.19	—	11.420	—
	脱模剂	kg	2.48	10.000	10.000	10.000
	圆钉	kg	5.13	1.800	4.020	48.490
机械	木工圆锯机 500mm	台班	25.33	0.051	0.051	1.581
	汽车式起重机 8t	台班	763.67	0.153	0.094	—
	载重汽车 5t	台班	430.70	0.238	0.238	0.298

工作内容：模板安装、拆除，刷隔离剂、清理杂物、场内运输等。　　　　　　　计量单位：100m²

定　额　编　号				S5-6-84	S5-6-85
项　目　名　称				柱支模模板高度超3.6m	
				每增1m（钢支撑）	每增1m（木支撑）
基　　价（元）				**220.87**	**368.39**
其中	人　工　费（元）			168.42	168.42
	材　料　费（元）			46.05	195.00
	机　械　费（元）			6.40	4.97
名　　称		单位	单价（元）	消　　耗　　量	
人工	综合工日	工日	140.00	1.203	1.203
材料	钢支撑	kg	3.50	3.370	—
	木支撑	m³	1631.34	0.021	0.109
	圆钉	kg	5.13	—	3.350
机械	木工圆锯机 500mm	台班	25.33	0.009	0.043
	汽车式起重机 8t	台班	763.67	0.003	—
	载重汽车 5t	台班	430.70	0.009	0.009

124

第十一节 现浇混凝土池梁
1.混凝土浇筑

工作内容：混凝土浇捣、养护。

计量单位：10m³

定 额 编 号				S5-6-86	S5-6-87	S5-6-88	S5-6-89
项 目 名 称				连续梁	单梁	悬臂梁	异形环梁
基 价（元）				4619.18	4614.05	4660.94	4626.20
其中	人 工 费（元）			807.38	767.76	849.24	828.66
	材 料 费（元）			3811.80	3846.29	3811.70	3797.54
	机 械 费（元）			—	—	—	—
名 称		单位	单价（元）	消 耗			量
人工	综合工日	工日	140.00	5.767	5.484	6.066	5.919
材料	电	kW·h	0.68	8.160	8.160	8.160	8.160
	商品混凝土 C20（泵送）	m³	363.30	10.100	10.100	10.100	10.100
	水	m³	7.96	11.340	15.630	11.214	9.324
	塑料养护膜	m²	0.30	29.715	29.715	32.716	36.145
	其他材料费占材料费	%	—	1.000	1.000	1.000	1.000

2.模板

工作内容：模板安装、拆除，清理杂物、刷隔离剂、场内运输等。　　　　　　　　　计量单位：100m²

定　额　编　号			S5-6-90	S5-6-91
项　目　名　称			连续梁、单梁钢模板	连续梁、单梁复合木模板
基　　　价（元）			4101.25	4725.57
其中	人　工　费（元）		2660.14	2325.26
	材　料　费（元）		1189.40	2188.30
	机　械　费（元）		251.71	212.01
名　　称		单位	单价（元）	消　　耗　　量
人工	综合工日	工日	140.00	19.001	16.609
材料	草板纸 80号	张	3.79	30.000	30.000
	镀锌铁丝 12号	kg	3.57	16.070	—
	镀锌铁丝 22号	kg	3.57	0.180	0.180
	复合木模板	m²	29.06	—	2.060
	钢模板	kg	3.50	77.340	7.230
	钢支撑	kg	3.50	69.480	—
	梁卡具(模板用)	kg	5.13	26.190	—
	零星卡具	kg	5.56	41.100	36.550
	模板木材	m³	1880.34	0.017	0.017
	木支撑	m³	1631.34	0.029	0.914
	尼龙帽	个	0.84	37.000	37.000
	水泥砂浆 1:2	m³	281.46	0.012	0.012
	铁件	kg	4.19	—	4.150
	脱模剂	kg	2.48	10.000	10.000
	圆钉	kg	5.13	0.470	36.240
机械	木工圆锯机 500mm	台班	25.33	0.034	0.315
	汽车式起重机 8t	台班	763.67	0.170	0.085
	载重汽车 5t	台班	430.70	0.281	0.323

工作内容：模板安装、拆除，清理杂物、刷隔离剂、场内运输等。 计量单位：100m²

定 额 编 号			S5-6-92	S5-6-93
项 目 名 称			池壁基梁木模板	异形梁木模板
基 价（元）			7207.47	7568.41
其中	人 工 费（元）		3799.60	2905.56
	材 料 费（元）		3140.71	4524.17
	机 械 费（元）		267.16	138.68
名 称	单位	单价（元）	消 耗 量	
人工	综合工日	工日	140.00	27.140	20.754
材料	镀锌铁丝 12号	kg	3.57	—	33.210
	镀锌铁丝 22号	kg	3.57	—	0.180
	模板木材	m³	1880.34	0.725	1.183
	木支撑	m³	1631.34	0.996	1.087
	嵌缝料	kg	2.56	10.000	10.000
	水泥砂浆 1:2	m³	281.46	—	0.012
	脱模剂	kg	2.48	10.000	—
	圆钉	kg	5.13	19.931	73.740
机械	木工单面压刨床 600mm	台班	31.27	0.459	—
	木工圆锯机 500mm	台班	25.33	1.734	0.986
	载重汽车 5t	台班	430.70	0.485	0.264

工作内容：模板安装、拆除，清理杂物、刷隔离剂、场内运输等。

计量单位：100m²

定　额　编　号					S5-6-94	S5-6-95
项　目　名　称					梁支模模板高度超3.6m	
					每增1m(钢支撑)	每增1m(木支撑)
基　　　价（元）					388.10	691.22
其中	人　工　费（元）				307.72	379.40
	材　料　费（元）				42.00	295.45
	机　械　费（元）				38.38	16.37
名　　称		单位	单价(元)		消　耗　　　量	
人工	综合工日	工日	140.00		2.198	2.710
材料	钢支撑	kg	3.50		12.000	—
	木支撑	m³	1631.34		—	0.174
	圆钉	kg	5.13		—	2.260
机械	木工圆锯机 500mm	台班	25.33		—	0.068
	汽车式起重机 8t	台班	763.67		0.026	—
	载重汽车 5t	台班	430.70		0.043	0.034

128

第十二节 现浇混凝土池盖

1. 混凝土浇筑

工作内容：混凝土浇捣、养护。　　　　计量单位：10m³

定额编号				S5-6-96	S5-6-97	S5-6-98	S5-6-99
项目名称				肋形盖	无梁盖	锥形盖	球形盖
基价（元）				4515.12	4479.05	4498.10	4531.95
其中	人工费（元）			606.06	571.20	592.34	613.48
	材料费（元）			3909.06	3907.85	3905.76	3918.47
	机械费（元）			—	—	—	—
名称		单位	单价(元)	消耗量			
人工	综合工日	工日	140.00	4.329	4.080	4.231	4.382
材料	电	kW·h	0.68	8.160	8.160	8.160	8.160
	商品混凝土 C20(泵送)	m³	363.30	10.100	10.100	10.100	10.100
	水	m³	7.96	19.660	19.510	19.250	20.830
	塑料养护膜	m²	0.30	129.948	129.948	129.948	129.948
	其他材料费占材料费	%	—	1.000	1.000	1.000	1.000

2. 模板

工作内容：模板安装、拆除，刷隔离剂、清理杂物、场内运输等。

计量单位：100m²

定　额　编　号			S5-6-100	S5-6-101
项　目　名　称			无梁盖木模板	无梁盖复合木模板
基　　　价（元）			6452.84	5477.86
其中	人　工　费（元）		2340.10	1854.02
	材　料　费（元）		3820.79	3342.43
	机　械　费（元）		291.95	281.41
名　　称		单位	单价（元）	消　　耗　　量
人工	综合工日	工日	140.00	16.715	13.243
材料	草板纸 80号	张	3.79	—	30.000
	镀锌铁丝 12号	kg	3.57	1.590	1.590
	镀锌铁丝 22号	kg	3.57	0.180	0.180
	复合木模板	m²	29.06	—	2.000
	零星卡具	kg	5.56	—	17.789
	模板木材	m³	1880.34	0.771	0.600
	木支撑	m³	1631.34	1.286	1.123
	嵌缝料	kg	2.56	10.000	—
	水泥砂浆 1:2	m³	281.46	0.003	0.003
	脱模剂	kg	2.48	10.000	10.000
	圆钉	kg	5.13	42.024	20.340
机械	木工单面压刨床 600mm	台班	31.27	0.459	—
	木工圆锯机 500mm	台班	25.33	0.689	0.051
	汽车式起重机 8t	台班	763.67	—	0.060
	载重汽车 5t	台班	430.70	0.604	0.544

工作内容：模板安装、拆除，刷隔离剂、清理杂物、场内运输等。　　　　　　　　　　　　计量单位：100m²

定　额　编　号				S5-6-102	S5-6-103
项　目　名　称				肋形盖木模板	肋形盖复合木模板
基　　　　　价（元）				2593.29	4076.96
其中	人　工　费（元）			2048.76	1745.52
	材　料　费（元）			397.30	2159.27
	机　械　费（元）			147.23	172.17
名　　称		单位	单价（元）	消　　耗　　量	
人工	综合工日	工日	140.00	14.634	12.468
材料	复合木模板	m²	29.06	1.194	13.750
	模板木材	m³	1880.34	—	0.878
	木支撑	m³	1631.34	0.138	—
	嵌缝料	kg	2.56	10.000	—
	圆钉	kg	5.13	21.808	21.200
机械	木工单面压刨床 600mm	台班	31.27	0.459	0.451
	木工圆锯机 500mm	台班	25.33	0.757	0.748
	载重汽车 5t	台班	430.70	0.264	0.323

工作内容：模板安装、拆除，刷隔离剂、清理杂物、场内运输等。 计量单位：100㎡

定 额 编 号					S5-6-104	
项 目 名 称					球形盖木模板	
基 价（元）					9093.26	
其中	人 工 费 （元）				4479.58	
	材 料 费 （元）				4353.41	
	机 械 费 （元）				260.27	
名 称		单位	单价（元）	消 耗 量		
人工	综合工日	工日	140.00	31.997		
材料	模板木材	m³	1880.34	2.232		
	铁件	kg	4.19	19.130		
	圆钉	kg	5.13	14.880		
机械	木工单面压刨床 600mm	台班	31.27	0.459		
	木工圆锯机 500mm	台班	25.33	3.196		
	载重汽车 5t	台班	430.70	0.383		

第十三节 现浇混凝土板
1.混凝土浇筑

工作内容：混凝土浇捣、抹平、养护。　　　　　　　　　　　　　　　　计量单位：10m³

定　额　编　号				S5-6-105	S5-6-106
项　目　名　称				平板、走道板	
				厚度8cm内	厚度12cm内
基　　　　价（元）				4653.60	4528.59
其中	人　工　费（元）			638.12	595.14
	材　料　费（元）			4015.48	3933.45
	机　械　费（元）			—	—
	名　　称	单位	单价（元）	消　耗	量
人工	综合工日	工日	140.00	4.558	4.251
材料	电	kW·h	0.68	8.160	8.160
	商品混凝土 C20（泵送）	m³	363.30	10.100	10.100
	水	m³	7.96	25.547	19.425
	塑料养护膜	m²	0.30	324.978	216.674
	其他材料费占材料费	%	—	1.000	1.000

133

工作内容：混凝土浇捣、养护。 计量单位：10m³

定 额 编 号				S5-6-107	S5-6-108
项 目 名 称				悬空板	
				厚度10cm内	厚度15cm内
基 价（元）				4613.58	4525.12
其中	人 工 费（元）			647.36	624.54
	材 料 费（元）			3966.22	3900.58
	机 械 费（元）			—	—
名 称		单位	单价（元）	消 耗 量	
人工	综合工日	工日	140.00	4.624	4.461
材料	电	kW·h	0.68	8.160	8.160
	商品混凝土 C20(泵送)	m³	363.30	10.100	10.100
	水	m³	7.96	21.872	16.968
	塑料养护膜	m²	0.30	259.896	173.389
	其他材料费占材料费	%	—	1.000	1.000

134

工作内容：混凝土浇捣、抹平、养护。 计量单位：10m³

定　额　编　号					S5-6-109	S5-6-110
项　目　名　称					挡水板	
					厚度7cm内	厚度7cm外
基　　　　价（元）					4825.64	4769.94
其中	人　工　费（元）				1020.46	969.50
	材　料　费（元）				3805.18	3800.44
	机　械　费（元）				—	—
名　　称		单位	单价（元）	消	耗	量
人工	综合工日	工日	140.00	7.289		6.925
材料	电	kW•h	0.68	8.160		8.160
	商品混凝土 C20(泵送)	m³	363.30	10.100		10.100
	水	m³	7.96	11.193		10.626
	塑料养护膜	m²	0.30	11.750		11.183
	其他材料费占材料费	%	—	1.000		1.000

2. 模板

工作内容：模板制作、安装、涂脱模剂；模板拆除、修理、整堆。　　　　　　计量单位：100m²

定　额　编　号			S5-6-111	S5-6-112
项　目　名　称			平板、走道板	
			钢模板	复合木模板
基　　　价（元）			3379.92	4144.78
其中	人　工　费（元）		1940.96	1688.68
	材　料　费（元）		1182.71	2263.10
	机　械　费（元）		256.25	193.00
名　　　称	单位	单价（元）	消　　耗　　量	
人工 综合工日	工日	140.00	13.864	12.062
材料 草板纸 80号	张	3.79	30.000	30.000
镀锌铁丝 22号	kg	3.57	0.180	0.180
复合木模板	m²	29.06	—	2.030
钢模板	kg	3.50	68.280	—
钢支撑	kg	3.50	48.010	—
零星卡具	kg	5.56	27.660	27.660
模板木材	m³	1880.34	0.051	0.051
木支撑	m³	1631.34	0.231	1.050
水泥砂浆 1:2	m³	281.46	0.003	0.003
脱模剂	kg	2.48	10.000	10.000
圆钉	kg	5.13	1.790	19.790
机械 木工圆锯机 500mm	台班	25.33	0.077	0.077
汽车式起重机 8t	台班	763.67	0.170	0.068
载重汽车 5t	台班	430.70	0.289	0.323

工作内容：模板制作、安装、涂脱模剂；模板拆除、修理、整堆。　　　　　　　　　　　　计量单位：100m²

定　额　编　号				S5-6-113	S5-6-114
项　目　名　称				\multicolumn{2}{c} 悬空板	
				钢模板	复合木模板
基　　　　价（元）				3815.36	4101.92
其中	人　工　费（元）			2111.90	1831.76
	材　料　费（元）			1486.61	2101.79
	机　械　费（元）			216.85	168.37
名　　　称		单位	单价（元）	消　　耗　　量	
人工	综合工日	工日	140.00	15.085	13.084
材料	草板纸 80号	张	3.79	30.000	30.000
	镀锌铁丝 22号	kg	3.57	0.180	0.180
	复合木模板	m²	29.06	—	1.690
	钢模板	kg	3.50	56.710	—
	钢支撑	kg	3.50	34.250	—
	零星卡具	kg	5.56	26.090	26.090
	模板木材	m³	1880.34	0.182	0.182
	木支撑	m³	1631.34	0.303	0.811
	水泥砂浆 1:2	m³	281.46	0.003	0.003
	脱模剂	kg	2.48	10.000	10.000
	圆钉	kg	5.13	9.100	19.960
机械	木工圆锯机 500mm	台班	25.33	0.213	0.213
	汽车式起重机 8t	台班	763.67	0.128	0.060
	载重汽车 5t	台班	430.70	0.264	0.272

工作内容：模板制作、安装、涂脱模剂；模板拆除、修理、整堆。 计量单位：100㎡

定　额　编　号				S5-6-115
项　目　名　称				挡水板木模板
基　　　价（元）				7570.66
其中	人　工　费（元）			3650.08
	材　料　费（元）			3772.00
	机　械　费（元）			148.58
	名　　　称	单位	单价（元）	消　　耗　　量
人工	综合工日	工日	140.00	26.072
材料	镀锌铁丝 12号	kg	3.57	9.950
	零星卡具	kg	5.56	2.530
	模板木材	m³	1880.34	1.133
	木支撑	m³	1631.34	0.838
	嵌缝料	kg	2.56	10.000
	铁件	kg	4.19	7.970
	脱模剂	kg	2.48	10.000
	圆钉	kg	5.13	27.510
机械	木工圆锯机 500mm	台班	25.33	2.108
	载重汽车 5t	台班	430.70	0.221

工作内容：模板制作、安装、涂脱模剂；模板拆除、修理、整堆。　　　　　　　　　　　计量单位：100m²

定　额　编　号				S5-6-116	S5-6-117
项　目　名　称				板支模模板高度超3.6m	
				每增1m(钢支撑)	每增1m(木支撑)
基　　　　　价（元）				415.29	783.84
其中	人　工　费（元）			351.54	354.62
	材　料　费（元）			36.12	408.55
	机　械　费（元）			27.63	20.67
名　　称		单位	单价（元）	消　耗　　量	
人工	综合工日	工日	140.00	2.511	2.533
材料	钢支撑	kg	3.50	10.320	—
	木支撑	m³	1631.34	—	0.210
	圆钉	kg	5.13	—	12.860
机械	木工圆锯机 500mm	台班	25.33	—	0.085
	汽车式起重机 8t	台班	763.67	0.017	—
	载重汽车 5t	台班	430.70	0.034	0.043

第十四节 池槽

1. 混凝土浇筑

工作内容：混凝土浇捣、养护。

计量单位：10m³

定　额　编　号			S5-6-118	S5-6-119
项　目　名　称			悬空V、U形集水槽	
			厚度8cm内	厚度12cm内
基　　　　价（元）			5215.06	5036.20
其中	人　工　费（元）		1335.60	1184.54
	材　料　费（元）		3879.46	3851.66
	机　械　费（元）		—	—
名　称		单位	单价（元）	消　　耗　　量	
人工	综合工日	工日	140.00	9.540	8.461
材料	电	kW·h	0.68	9.760	9.760
	商品混凝土 C20(泵送)	m³	363.30	10.100	10.100
	水	m³	7.96	20.150	16.790
	塑料养护膜	m²	0.30	15.624	13.020
	其他材料费占材料费	%	—	1.000	1.000

工作内容：混凝土浇捣、养护。

计量单位：10m³

定 额 编 号				S5-6-120	S5-6-121
项 目 名 称				悬空L形槽	
				厚度10cm内	厚度20cm内
基 价（元）				4976.62	4886.76
其中	人 工 费（元）			1123.92	1057.42
	材 料 费（元）			3852.70	3829.34
	机 械 费（元）			—	—
名 称		单位	单价（元）	消 耗 量	
人工	综合工日	工日	140.00	8.028	7.553
材料	电	kW·h	0.68	9.760	9.760
	商品混凝土 C20（泵送）	m³	363.30	10.100	10.100
	水	m³	7.96	16.300	13.580
	塑料养护膜	m²	0.30	29.463	24.549
	其他材料费占材料费	%	—	1.000	1.000

141

定　额　编　号			S5-6-122	S5-6-123
项　目　名　称			池底暗渠	
			厚度10cm内	厚度20cm内
基　　　　价（元）			4816.59	4753.63
其中		人　工　费（元）	995.82	951.02
		材　料　费（元）	3820.77	3802.61
		机　械　费（元）	—	—
名　　称	单位	单价（元）	消　　耗　　量	
人工	综合工日	工日	140.00	7.113	6.793
材料	电	kW·h	0.68	8.160	8.160
	商品混凝土 C20（泵送）	m³	363.30	10.100	10.100
	水	m³	7.96	12.420	10.353
	塑料养护膜	m²	0.30	30.660	25.557
	其他材料费占材料费	%	—	1.000	1.000

工作内容：混凝土浇捣、养护。 计量单位：10m³

定 额 编 号				S5-6-124	
项 目 名 称				落泥斗、槽(混凝土)	
基 价（元）				4350.19	
其中	人 工 费（元）			532.98	
	材 料 费（元）			3817.21	
	机 械 费（元）			—	
名 称		单位	单价（元）	消 耗 量	
人工	综合工日	工日	140.00	3.807	
材料	电	kW·h	0.68	9.600	
	商品混凝土 C20(泵送)	m³	363.30	10.100	
	水	m³	7.96	11.110	
	塑料养护膜	m²	0.30	50.400	
	其他材料费占材料费	%	—	1.000	

工作内容：块石砌筑、养护、场内材料运输。

计量单位：10m³

定　额　编　号			S5-6-125
项　目　名　称			落泥斗、槽(块石)
基　　　价（元）			3791.58
其中	人　工　费（元）		1455.16
	材　料　费（元）		1786.78
	机　械　费（元）		549.64
名　　　称	单位	单价(元)	消　　耗　　量
人工	综合工日	工日	140.00	10.394
材料	块石	m³	92.00	10.875
	水	m³	7.96	1.170
	水泥砂浆 M10	m³	209.99	3.700
机械	电动双筒慢速卷扬机 30kN	台班	219.78	1.590
	灰浆搅拌机 200L	台班	215.26	0.930

144

工作内容：混凝土浇捣、养护。

计量单位：10m³

定 额 编 号				S5-6-126	S5-6-127	S5-6-128
项 目 名 称				沉淀池水槽	下药溶解槽	澄清池反应筒壁
基 价（元）				4799.37	4907.24	4781.93
其中	人 工 费（元）			859.88	950.88	819.70
	材 料 费（元）			3939.49	3956.36	3962.23
	机 械 费（元）			—	—	—
名 称		单位	单价（元）	消	耗	量
人工	综合工日	工日	140.00	6.142	6.792	5.855
材料	电	kW·h	0.68	8.160	9.760	9.760
	商品混凝土 C20(泵送)	m³	363.30	10.100	10.100	10.200
	水	m³	7.96	26.700	29.150	24.930
	塑料养护膜	m²	0.30	43.575	30.618	40.866
	其他材料费占材料费	%	—	1.000	1.000	1.000

2. 模板

工作内容：模板安装、拆除，刷隔离剂、清理杂物、场内运输等。

计量单位：100m²

定 额 编 号				S5-6-129	S5-6-130
项 目 名 称				配、出水槽木模板	沉淀池木模板
基 价（元）				5429.35	5744.06
其中	人 工 费（元）			2872.94	2802.66
	材 料 费（元）			2478.76	2816.57
	机 械 费（元）			77.65	124.83
名 称		单位	单价(元)	消 耗 量	
人工	综合工日	工日	140.00	20.521	20.019
材料	模板木材	m³	1880.34	0.841	1.099
	木支撑	m³	1631.34	0.387	0.388
	嵌缝料	kg	2.56	10.000	10.000
	脱模剂	kg	2.48	10.000	10.000
	圆钉	kg	5.13	42.040	13.005
机械	木工单面压刨床 600mm	台班	31.27	—	0.459
	木工圆锯机 500mm	台班	25.33	0.175	1.029
	载重汽车 5t	台班	430.70	0.170	0.196

工作内容：模板安装、拆除，刷隔离剂、清理杂物、场内运输等。　　　　　　　　计量单位：100㎡

定　额　编　号				S5-6-131	S5-6-132
项　目　名　称				澄清池反应筒壁	
				钢模板	复合木模板
基　　　价（元）				3134.97	3155.18
其中	人　工　费（元）			1914.50	1633.80
	材　料　费（元）			1054.50	1388.25
	机　械　费（元）			165.97	133.13
名　　　称		单位	单价（元）	消　　耗　　量	
人工	综合工日	工日	140.00	13.675	11.670
材料	草板纸 80号	张	3.79	30.000	30.000
	镀锌铁丝 12号	kg	3.57	—	37.590
	复合木模板	㎡	29.06	—	1.880
	钢模板	kg	3.50	65.760	—
	钢支撑	kg	3.50	19.380	—
	零星卡具	kg	5.56	38.990	30.570
	模板木材	m³	1880.34	0.149	0.149
	木支撑	m³	1631.34	—	0.298
	尼龙帽	个	0.84	50.000	50.000
	铁件	kg	4.19	6.770	6.770
	脱模剂	kg	2.48	10.000	10.000
	圆钉	kg	5.13	9.880	10.580
机械	木工圆锯机 500mm	台班	25.33	0.026	0.026
	汽车式起重机 8t	台班	763.67	0.111	0.068
	载重汽车 5t	台班	430.70	0.187	0.187

147

工作内容：模板安装、拆除，刷隔离剂、清理杂物、场内运输等。　　　　　计量单位：10m³

定 额 编 号			S5-6-133	
项 目 名 称			小型池槽木模板	
基 价（元）			6351.00	
其中	人 工 费（元）		2876.02	
	材 料 费（元）		3304.86	
	机 械 费（元）		170.12	
名 称	单位	单价（元）	消 耗 量	
人工	综合工日	工日	140.00	20.543
材料	模板木材	m³	1880.34	1.320
	木支撑	m³	1631.34	0.340
	嵌缝料	kg	2.56	7.300
	脱模剂	kg	2.48	7.300
	圆钉	kg	5.13	45.100
机械	木工圆锯机 500mm	台班	25.33	0.646
	载重汽车 5t	台班	430.70	0.357

第十五节 导流壁、筒

1.混凝土浇筑

工作内容：调制砂浆、砌砖、场内材料运输。

计量单位：10m³

定 额 编 号			S5-6-134
项 目 名 称			砖导流
			厚度1/2砖
基 价（元）			4095.20
其中	人 工 费（元）		1412.32
	材 料 费（元）		2611.84
	机 械 费（元）		71.04
名 称	单位	单价（元）	消 耗 量
人工 综合工日	工日	140.00	10.088
材料 机砖 240×115×53	千块	384.62	5.686
水	m³	7.96	1.197
水泥砂浆 M10	m³	209.99	1.978
机械 灰浆搅拌机 200L	台班	215.26	0.330

工作内容：调制砂浆、砌砖、场内材料运输。计量单位：10m³

定　额　编　号				S5-6-135	S5-6-136
项　目　名　称				砖导流墙	
				厚度1砖	厚度1砖以上
基　　价（元）				3986.40	3919.81
其中	人　工　费（元）			1331.96	1268.26
	材　料　费（元）			2572.64	2565.45
	机　械　费（元）			81.80	86.10
名　　称		单位	单价（元）	消　耗　量	
人工	综合工日	工日	140.00	9.514	9.059
材料	机砖 240×115×53	千块	384.62	5.449	5.377
	水	m³	7.96	1.145	1.134
	水泥砂浆 M7.5	m³	201.87	2.317	2.419
机械	灰浆搅拌机 200L	台班	215.26	0.380	0.400

工作内容：混凝土浇捣、养护。 计量单位：10m³

定　额　编　号				S5-6-137	
项　目　名　称				混凝土导流墙(厚度20cm内)	
基　　　价　（元）				4617.68	
其中	人　工　费（元）			819.28	
	材　料　费（元）			3798.40	
	机　械　费（元）			—	
名　　　称		单位	单价(元)	消　　　耗　　　量	
人工	综合工日	工日	140.00	5.852	
材料	电	kW·h	0.68	4.880	
	商品混凝土 C20(泵送)	m³	363.30	9.925	
	水	m³	7.96	8.873	
	水泥砂浆 1：2	m³	281.46	0.284	
	塑料养护膜	m²	0.30	3.843	
	其他材料费占材料费	%	—	1.000	

工作内容：混凝土浇捣、养护、场内材料运输。 计量单位：10m³

定 额 编 号					S5-6-138	
项 目 名 称					混凝土导流墙(厚度20cm外)	
基 价（元）					4588.46	
其中	人 工 费（元）				793.66	
	材 料 费（元）				3794.80	
	机 械 费（元）				—	
名 称		单位	单价（元）	消 耗 量		
人工	综合工日	工日	140.00	5.669		
材 料	电	kW•h	0.68	4.880		
	商品混凝土 C20（泵送）	m³	363.30	9.925		
	水	m³	7.96	8.432		
	水泥砂浆 1：2	m³	281.46	0.284		
	塑料养护膜	m²	0.30	3.669		
	其他材料费占材料费	%	—	1.000		

工作内容：调整砂浆、砌筑混凝土砌块、场内材料运输。　　　　　　　　　　　计量单位：10m³

定　额　编　号				S5-6-139
项　目　名　称				混凝土块穿孔墙
基　　　　价（元）				3537.27
其中	人　工　费（元）			665.70
	材　料　费（元）			2871.57
	机　械　费（元）			—
名　　　称	单位	单价（元）	消　　　耗　　　量	
人工	综合工日	工日	140.00	4.755
材料	加气混凝土砌块 600×240×180	块	5.86	460.005
	水	m³	7.96	0.998
	水泥砂浆 M10	m³	209.99	0.800

工作内容：混凝土浇捣、养护、场内材料运输。 计量单位：10m³

定 额 编 号					S5-6-140	S5-6-141
项 目 名 称					钢筋混凝土导流筒	
					厚度20cm内	厚度20cm外
基 价（元）					4657.90	4627.74
其中	人 工 费（元）				858.48	831.60
	材 料 费（元）				3799.42	3796.14
	机 械 费（元）				—	—
	名 称	单位	单价（元）		消 耗 量	
人工	综合工日	工日	140.00		6.132	5.940
材料	电	kW•h	0.68		4.880	4.880
	商品混凝土 C20（泵送）	m³	363.30		9.925	9.925
	水	m³	7.96		8.967	8.568
	水泥砂浆 1：2	m³	281.46		0.284	0.284
	塑料养护膜	m²	0.30		4.740	4.498
	其他材料费占材料费	%	—		1.000	1.000

154

工作内容：调制砂浆、砌砖、场内材料运输。　　　　　　　　　　　　　　　计量单位：10m³

定　额　编　号				S5-6-142
项　目　名　称				砖导流筒
基　　　价（元）				4560.93
其中	人　工　费（元）			1879.36
	材　料　费（元）			2681.57
	机　械　费（元）			—
名　　　称	单位	单价（元）	消　　　耗　　　量	
人工	综合工日	工日	140.00	13.424	
材料	机砖 240×115×53	千块	384.62	5.181	
	水	m³	7.96	1.092	
	水泥砂浆 M10	m³	209.99	3.239	

155

2.模板

工作内容：模板安装、拆除，刷隔离剂、清理杂物、场内运输等。   计量单位：100m²

定 额 编 号				S5-6-143	
项 目 名 称				导流墙(筒)木模板	
基 价（元）				5053.20	
其中	人 工 费（元）			1541.96	
	材 料 费（元）			3441.67	
	机 械 费（元）			69.57	
名 称		单位	单价(元)	消 耗 量	
人工	综合工日	工日	140.00	11.014	
材料	镀锌铁丝 12号	kg	3.57	24.490	
	零星卡具	kg	5.56	1.510	
	模板木材	m³	1880.34	1.475	
	木支撑	m³	1631.34	0.243	
	嵌缝料	kg	2.56	10.000	
	铁件	kg	4.19	7.970	
	脱模剂	kg	2.48	10.000	
	圆钉	kg	5.13	17.960	
机械	木工圆锯机 500mm	台班	25.33	0.281	
	载重汽车 5t	台班	430.70	0.145	

第十六节 其他现浇钢筋混凝土构件
混凝土浇筑

工作内容：混凝土浇捣、养护、场内材料运输。

计量单位：10m³

定 额 编 号				S5-6-144	
项 目 名 称				中心支筒	
基 价 （元）				4645.37	
其中	人 工 费（元）			822.50	
	材 料 费（元）			3816.41	
	机 械 费（元）			6.46	
名 称		单位	单价（元）	消 耗 量	
人工	综合工日	工日	140.00	5.875	
材料	电	kW·h	0.68	8.160	
	商品混凝土 C20（泵送）	m³	363.30	9.925	
	水	m³	7.96	10.763	
	水泥砂浆 1：2	m³	281.46	0.284	
	塑料养护膜	m²	0.30	5.699	
	其他材料费占材料费	%	—	1.000	
机械	灰浆搅拌机 200L	台班	215.26	0.030	

工作内容：混凝土浇捣、养护。

计量单位：10m³

定　额　编　号				S5-6-145	S5-6-146
项　目　名　称				混凝土支撑墩	混凝土稳流筒
基　　价（元）				4970.30	4803.15
其中	人　工　费（元）			952.00	949.20
	材　料　费（元）			4018.30	3853.95
	机　械　费（元）			—	—
名　　称		单位	单价(元)	消　　耗　　量	
人工	综合工日	工日	140.00	6.800	6.780
材料	电	kW·h	0.68	8.160	8.160
	商品混凝土 C20(泵送)	m³	363.30	10.100	10.100
	水	m³	7.96	26.082	14.690
	塑料养护膜	m²	0.30	320.086	79.934
	其他材料费占材料费	%	—	1.000	1.000

工作内容：混凝土浇捣、养护。

计量单位：10m³

定 额 编 号					S5-6-147	
项 目 名 称					混凝土异形构件	
基 价（元）					5036.51	
其中	人 工 费（元）				1002.12	
	材 料 费（元）				4034.39	
	机 械 费（元）				—	
名 称		单位	单价（元）	消 耗 量		
人工	综合工日	工日	140.00	7.158		
材料	电	kW·h	0.68	8.160		
	商品混凝土 C20（泵送）	m³	363.30	10.100		
	水	m³	7.96	27.447		
	塑料养护膜	m²	0.30	336.947		
	其他材料费占材料费	%	—	1.000		

第十七节 预制混凝土板

1.预制混凝土板制作

工作内容：混凝土浇捣、养护。

计量单位：10m³

定 额 编 号					S5-6-148	S5-6-149
项 目 名 称					钢筋混凝土滤板制作	
					厚度6cm内	厚度6cm外
基 价 （元）					32925.20	25893.06
其中	人 工 费（元）				957.60	893.76
	材 料 费（元）				31967.60	24999.30
	机 械 费（元）				—	—
名 称		单位	单价(元)		消 耗 量	
人工	综合工日	工日	140.00		6.840	6.384
材料	电	kW·h	0.68		8.160	8.160
	滤头套箍 φ30	个	4.50		6060.121	4545.000
	商品混凝土 C30(泵送)	m³	403.82		9.892	9.892
	水	m³	7.96		31.458	25.332
	塑料养护膜	m²	0.30		433.350	325.000
	其他材料费占材料费	%	—		1.000	1.000

160

工作内容：混凝土浇捣、养护。

计量单位：10m³

定 额 编 号			S5-6-150	S5-6-151
项 目 名 称			钢筋混凝土	
			穿三角槽孔板制作 （厚度3cm内）	穿平孔板制作 （厚度12cm内）
基 价（元）			5741.10	5344.66
其 中	人 工 费（元）		1128.54	968.80
	材 料 费（元）		4612.56	4375.86
	机 械 费（元）		—	—
名 称	单位	单价（元）	消 耗 量	
人 工	综合工日	工日	140.00	8.061	6.920
材 料	插孔钢筋 φ5～10	kg	3.20	3.233	—
	电	kW·h	0.68	8.160	9.600
	商品混凝土 C30(泵送)	m³	403.82	10.150	10.150
	水	m³	7.96	36.551	21.819
	塑料养护膜	m²	0.30	537.600	178.500
	其他材料费占材料费	%	—	1.000	1.000

工作内容：混凝土浇捣、养护。

计量单位：10m³

定　额　编　号					S5-6-152	S5-6-153
项　目　名　称					钢筋混凝土	
					稳流板	井池内壁板
基　　　　价（元）					6255.28	5291.97
其中	人　工　费（元）				909.02	909.02
	材　料　费（元）				5346.26	4382.95
	机　械　费（元）				—	—
名　　　称		单位	单价(元)		消　　　耗　　　量	
人工	综合工日	工日	140.00		6.493	6.493
材料	电	kW·h	0.68		9.760	9.600
	镀锌铁皮	m²	19.50		49.266	—
	商品混凝土 C30(泵送)	m³	403.82		10.150	10.150
	水	m³	7.96		21.819	22.701
	塑料养护膜	m²	0.30		178.500	178.500
	其他材料费占材料费	%	—		1.000	1.000

2. 模板

工作内容：工具式钢模板安装、清理、刷隔离剂、拆除、清理堆放、场内运输。　　　　　计量单位：10m³

定　额　编　号			S5-6-154
项　目　名　称			平板(钢模板)
基　　　　　价（元）			432.19
其中	人　工　费（元）		225.68
	材　料　费（元）		42.92
	机　械　费（元）		163.59
名　　　称	单位	单价(元)	消　　耗　　量
人工 综合工日	工日	140.00	1.612
材料 定型钢模板	kg	5.13	4.690
镀锌铁丝 22号	kg	3.57	0.350
水泥砂浆 1:2	m³	281.46	0.020
脱模剂	kg	2.48	4.830
机械 自升式塔式起重机 600kN·m	台班	582.18	0.281

工作内容：木模板安装、清理、刷隔离剂、拆除、清理堆放、场内运输。 计量单位：10m³

定 额 编 号			S5-6-155	S5-6-156	S5-6-157	S5-6-158
项 目 名 称			平板	滤板穿孔板	稳流板	壁(隔)板
			木模板			
基 价（元）			533.96	15354.71	1159.37	1073.71
其中	人 工 费（元）		230.16	6371.96	496.44	359.66
	材 料 费（元）		302.33	8932.21	660.04	711.62
	机 械 费（元）		1.47	50.54	2.89	2.43
名 称	单位	单价（元）	消	耗		量
人工 综合工日	工日	140.00	1.644	45.514	3.546	2.569
材料 镀锌铁丝 22号	kg	3.57	0.361	0.979	0.540	0.890
模板木材	m³	1880.34	0.144	4.452	0.320	0.345
水泥砂浆 1:2	m³	281.46	0.020	0.060	0.030	0.050
脱模剂	kg	2.48	4.830	49.150	7.880	7.080
圆钉	kg	5.13	2.468	81.610	5.540	5.477
机械 木工单面压刨床 600mm	台班	31.27	0.026	0.893	0.051	0.043
木工圆锯机 500mm	台班	25.33	0.026	0.893	0.051	0.043

工作内容：木模板安装、清理、刷隔离剂、拆除、清理堆放、场内运输。 计量单位：10m³

定 额 编 号	S5-6-159
项 目 名 称	挡水板
	木模板
基 价（元）	627.41

其中	人 工 费（元）	329.56
	材 料 费（元）	296.89
	机 械 费（元）	0.96

	名 称	单位	单价(元)	消 耗 量
人工	综合工日	工日	140.00	2.354
材料	镀锌铁丝 22号	kg	3.57	0.410
	模板木材	m³	1880.34	0.142
	水泥砂浆 1:2	m³	281.46	0.020
	脱模剂	kg	2.48	4.370
	圆钉	kg	5.13	2.330
机械	木工单面压刨床 600mm	台班	31.27	0.017
	木工圆锯机 500mm	台班	25.33	0.017

165

第十八节 预制混凝土槽

1. 预制混凝土槽制作

工作内容：混凝土搅拌、运输、浇捣、养护、场内材料运输。　　　　　　　　　　计量单位：10m³

定　额　编　号			S5-6-160	S5-6-161
项　目　名　称			配孔集水槽	辐射槽
基　　　价（元）			5525.80	5567.98
其中	人　工　费（元）		651.98	679.14
	材　料　费（元）		4873.82	4888.84
	机　械　费（元）		—	—
名　　称	单位	单价（元）	消　　耗　　量	
人工 综合工日	工日	140.00	4.657	4.851
材料 电	kW·h	0.68	5.040	5.040
商品混凝土 C20（泵送）	m³	363.30	10.150	10.150
水	m³	7.96	16.412	18.060
塑料集水短管 Dg25 L80	根	1.54	640.560	640.560
塑料养护膜	m²	0.30	58.466	64.319
其他材料费占材料费	%	—	1.000	1.000

2. 模板

工作内容：木模板安装、清理、刷隔离剂、拆除、清理堆放、场内运输。　　　　　　　计量单位：10m³

定 额 编 号			S5-6-162	S5-6-163
项 目 名 称			集水槽、辐射槽	小型池槽
			木模板	
基 价 （元）			2889.57	3349.63
其中	人 工 费 （元）		968.94	1048.46
	材 料 费 （元）		1913.46	2292.96
	机 械 费 （元）		7.17	8.21
名 称		单位	单价（元）	消 耗 量	
人工	综合工日	工日	140.00	6.921	7.489
材料	镀锌铁丝 22号	kg	3.57	0.240	0.258
	模板木材	m³	1880.34	0.990	1.180
	水泥砂浆 1：2	m³	281.46	0.010	0.020
	脱模剂	kg	2.48	11.100	10.000
	圆钉	kg	5.13	4.040	8.344
机械	木工单面压刨床 600mm	台班	31.27	0.119	0.145
	木工圆锯机 500mm	台班	25.33	0.136	0.145

第十九节 预制混凝土支墩
1. 预制构件

工作内容：混凝土搅拌、运输、浇捣、养护、场内材料运输。

计量单位：10m³

定 额 编 号				S5-6-164	S5-6-165
项 目 名 称				支墩预制	支墩安装
基 价（元）				5113.78	1460.71
其中	人 工 费（元）			884.52	1241.80
	材 料 费（元）			4229.26	218.91
	机 械 费（元）			—	—
名 称		单位	单价(元)	消 耗 量	
人工	综合工日	工日	140.00	6.318	8.870
材料	电	kW·h	0.68	5.000	—
	电焊条	kg	5.98	—	15.310
	垫木	m³	2350.00	—	0.011
	麻绳	kg	9.40	—	0.051
	平垫铁	kg	3.74	—	26.433
	商品混凝土 C30(泵送)	m³	403.82	10.150	—
	水	m³	7.96	10.185	—
	塑料养护膜	m²	0.30	13.803	—
	其他材料费占材料费	%	—	1.000	1.000

2.模板

工作内容：木模板安装、清理、刷隔离剂、拆除、清理堆放、场内运输。　　　　　　　　计量单位：10m³

定　额　编　号			S5-6-166
项　目　名　称			支墩
			木模板
基　　　　价（元）			5925.12
其中	人　工　费（元）		2336.88
	材　料　费（元）		3561.75
	机　械　费（元）		26.49
名　　　称		单位	单价（元）	消　　耗　　量

	名　　　称	单位	单价（元）	消　　耗　　量
人工	综合工日	工日	140.00	16.692
材料	镀锌铁丝 22号	kg	3.57	1.009
	模板木材	m³	1880.34	1.799
	水泥砂浆 1:2	m³	281.46	0.060
	脱模剂	kg	2.48	21.070
	圆钉	kg	5.13	20.716
机械	木工单面压刨床 600mm	台班	31.27	0.468
	木工圆锯机 500mm	台班	25.33	0.468

169

第二十节 预制混凝土异形构件

1.预制构件

工作内容：混凝土搅拌、运输、浇捣、养护、场内材料运输。

计量单位：10m³

定 额 编 号				S5-6-167	S5-6-168	S5-6-169	S5-6-170
项 目 名 称				挡水板制作	导流隔板制作	异形构件制作	异形构件安装
基 价（元）				4820.30	4541.25	4633.68	1872.03
其中	人 工 费（元）			933.10	671.86	746.48	1653.12
	材 料 费（元）			3887.20	3869.39	3887.20	218.91
	机 械 费（元）			—	—	—	—
	名 称	单位	单价（元）	消	耗		量
人工	综合工日	工日	140.00	6.665	4.799	5.332	11.808
材料	电	kW·h	0.68	8.000	5.040	8.000	—
	电焊条	kg	5.98	—	—	—	15.310
	垫木	m³	2350.00	—	—	—	0.011
	麻绳	kg	9.40	—	—	—	0.051
	平垫铁	kg	3.74	—	—	—	26.433
	商品混凝土 C20(泵送)	m³	363.30	10.150	10.150	10.150	—
	水	m³	7.96	17.273	15.540	17.273	—
	塑料养护膜	m²	0.30	60.955	54.863	60.955	—
	其他材料费占材料费	%	—	1.000	1.000	1.000	1.000

2.模板

工作内容：木模板安装、清理、刷隔离剂、拆除、清理堆放、场内运输。　　　　　　　计量单位：10m³

定　额　编　号			S5-6-171	S5-6-172	S5-6-173
项　目　名　称			挡水板模板	隔板模板	异形构件模板
			木模板		
基　　　价（元）			627.41	1073.71	4541.89
其中	人　工　费（元）		329.56	359.66	1108.94
	材　料　费（元）		296.89	711.62	3296.02
	机　械　费（元）		0.96	2.43	136.93
名　　　称		单位	单价(元)	消　　耗　　量	
人工	综合工日	工日	140.00	2.354	2.569	7.921
材料	镀锌铁丝 22号	kg	3.57	0.410	0.890	0.196
	模板木材	m³	1880.34	0.142	0.345	1.711
	水泥砂浆 1∶2	m³	281.46	0.020	0.050	0.010
	脱模剂	kg	2.48	4.370	7.080	9.960
	圆钉	kg	5.13	2.330	5.477	9.853
机械	木工单面压刨床 600mm	台班	31.27	0.017	0.043	0.281
	木工圆锯机 500mm	台班	25.33	0.017	0.043	0.281
	载重汽车 5t	台班	430.70	—	—	0.281

第二十一节 滤板

工作内容：安装就位、校正、找平、清理、场内材料运输。　　　　　　　　　　　计量单位：100㎡

定 额 编 号				S5-6-174	S5-6-175
项 目 名 称				钢筋混凝土滤板安装	铸铁滤板安装
基 价（元）				42396.34	10157.12
其中	人 工 费（元）			2426.48	2425.64
	材 料 费（元）			39542.20	7112.91
	机 械 费（元）			427.66	618.57
名 称		单位	单价(元)	消　　耗　　　量	
人工	综合工日	工日	140.00	17.332	17.326
材料	不锈钢板	kg	22.00	31.800	31.800
	不锈钢螺栓 M10×150	百个	584.19	2.040	2.040
	混凝土滤板	㎡	342.00	100.000	—
	密封胶	kg	19.66	149.600	149.600
	水泥砂浆 1：2	㎥	281.46	0.420	—
	铸铁滤板	㎡	22.10	—	100.000
	其他材料费占材料费	%	—	1.000	1.000
机械	汽车式起重机 8t	台班	763.67	0.560	0.810

第二十二节 折板

工作内容：找平、校正、安装、固定等、场内材料运输。

计量单位：100㎡

定　额　编　号				S5-6-176	S5-6-177	S5-6-178
项　目　名　称				玻璃钢	A型塑料	B型塑料
				折板安装		
基　　　　价（元）				3672.44	3195.18	2661.08
其中	人　工　费（元）			3667.30	3190.04	2655.94
	材　料　费（元）			5.14	5.14	5.14
	机　械　费（元）			—	—	—
名　　　称		单位	单价（元）	消　　耗　　量		
人工	综合工日	工日	140.00	26.195	22.786	18.971
材料	水泥砂浆 1：2	m³	281.46	0.018	0.018	0.018
	其他材料费占材料费	%	—	1.500	1.500	1.500

第二十三节 壁板

工作内容：木壁板制作，刨光企口，拼装及各种铁件安装等。　　　　　　　　计量单位：100m²

定　额　编　号			S5-6-179			
项　目　名　称			木制浓缩室壁板制作安装			
基　　　价（元）			11983.82			
其中	人　工　费（元）		4339.16			
	材　料　费（元）		7618.06			
	机　械　费（元）		26.60			
	名　　　称	单位	单价（元）	消　　耗　　量		
人工	综合工日	工日	140.00	30.994		
材料	板方材	m³	1800.00	3.467		
	扁钢	t	3400.00	0.339		
	带帽带垫螺栓 M10×100	百个	62.90	2.815		
	角钢 ∟5号	kg	3.61	0.326		
	螺栓 M10×60	百个	32.00	0.326		
	木螺丝 1寸	百个	4.50	2.815		
	圆钉	kg	5.13	3.101		
	其他材料费占材料费	%	—	0.100		
机械	木工裁口机 400mm	台班	32.56	0.410		
	木工平刨床 300mm	台班	10.43	1.270		

工作内容：木制稳流板制作，刨光企口，拼装及各种铁件安装等。　　　　　　　　计量单位：100m

定　额　编　号			S5-6-180	
项　目　名　称			木制稳流板制作安装	
基　　　价（元）			12649.35	
其中	人　工　费（元）		2160.62	
	材　料　费（元）		10473.51	
	机　械　费（元）		15.22	
名　　称	单位	单价（元）	消　　耗　　量	
人工	综合工日	工日	140.00	15.433
材料	板方材	m³	1800.00	5.143
	螺母	10个	2.80	57.752
	铁件	kg	4.19	246.652
	圆钉	kg	5.13	2.040
	其他材料费占材料费	%	—	0.100
机械	木工裁口机 400mm	台班	32.56	0.235
	木工平刨床 300mm	台班	10.43	0.726

175

工作内容：划线、下料、拼装及各种铁件安装等。　　　　　　　　　　　　　　　　计量单位：见表

定　额　编　号				S5-6-181	S5-6-182
项　目　名　称				塑料浓缩室壁板	塑料稳流板
				制作安装	
单　　位				100m²	100m
基　　　价（元）				11630.06	8644.70
其中	人　工　费（元）			5505.36	2592.94
	材　料　费（元）			6093.18	6038.10
	机　械　费（元）			31.52	13.66
名　　称		单位	单价（元）	消　　耗　　量	
人工	综合工日	工日	140.00	39.324	18.521
材料	扁钢	t	3400.00	0.356	—
	带帽带垫螺栓 M10×40	套	0.26	3.264	—
	角钢 ∟5号	kg	3.61	0.342	—
	螺母	10个	2.80	—	60.639
	螺栓 M10×60	百个	32.00	2.958	—
	木螺丝 1寸	百个	4.50	2.958	—
	铁件	kg	4.19	—	258.984
	硬塑料板	m²	46.20	102.000	102.000
	圆钉	kg	5.13	—	2.142
	其他材料费占材料费	%	—	1.000	1.000
机械	木工打眼机 16mm	台班	8.81	1.220	0.400
	木工圆锯机 500mm	台班	25.33	0.820	0.400

第二十四节 滤料铺设

工作内容：筛、运、洗砂石，清底层，挂线，铺设砂石，整形找平等。 计量单位：10m³

定 额 编 号				S5-6-183	S5-6-184	S5-6-185	S5-6-186
项 目 名 称				细砂	中砂	石英砂	卵石
基 价 （元）				2163.76	2582.43	7917.92	1289.41
其中	人 工 费 （元）			1029.14	955.36	884.66	748.16
	材 料 费 （元）			903.85	1396.30	6802.49	310.48
	机 械 费 （元）			230.77	230.77	230.77	230.77
名 称		单位	单价（元）	消	耗		量
人工	综合工日	工日	140.00	7.351	6.824	6.319	5.344
材料	卵石	t	53.40	—	—	—	5.771
	石英砂	m³	631.07	—	—	10.620	—
	天然砂(细砂)	m³	84.00	10.680	—	—	—
	中(粗)砂	t	87.00	—	15.930	—	—
	其他材料费占材料费	%	—	0.750	0.750	1.500	0.750
机械	电动双筒慢速卷扬机 30kN	台班	219.78	1.050	1.050	1.050	1.050

工作内容：筛、运、洗砂石，清底层，挂线，铺设砂石，整形找平等。　　　　　　　计量单位：10m³

定 额 编 号				S5-6-187	S5-6-188	S5-6-189
项 目 名 称				碎石	锰砂	磁铁矿石
基 价（元）				2670.98	1418.51	1557.09
其中	人 工 费（元）			755.72	583.24	641.62
	材 料 费（元）			1684.49	604.50	684.70
	机 械 费（元）			230.77	230.77	230.77
名 称		单位	单价（元）	消	耗	量
人工	综合工日	工日	140.00	5.398	4.166	4.583
材料	磁铁矿石	m³	67.96	—	—	10.075
	锰砂	m³	60.00	—	10.075	—
	碎石 20	t	106.80	15.655	—	—
	其他材料费占材料费	%	—	0.750	—	—
机械	电动双筒慢速卷扬机 30kN	台班	219.78	1.050	1.050	1.050

第二十五节 尼龙网板

工作内容：尼龙网版制作、安装。　　　　　　　　　　　　　　　　计量单位：10m²

定　额　编　号	S5-6-190		
项　目　名　称	尼龙网板制作安装		
基　　价（元）	3890.25		
其中 人　工　费（元）	1749.44		
材　料　费（元）	2116.62		
机　械　费（元）	24.19		
名　　称	单位	单价（元）	消　　耗　　量
人工 综合工日	工日	140.00	12.496
材料 带帽带垫螺栓 M10×150	百个	65.60	28.280
电焊条	kg	5.98	1.760
钢板 δ4	kg	3.18	27.840
尼龙网 30目	m²	1.20	25.270
铁件	kg	4.19	27.760
其他材料费占材料费	%	—	0.750
机械 剪板机 13×2500mm	台班	288.05	0.020
直流弧焊机 32kV·A	台班	87.75	0.210

第二十六节 刚性防水

工作内容：调制砂浆，抹灰找平，压光压实，场内材料运输。　　　　　计量单位：100㎡

定 额 编 号				S5-6-191	S5-6-192	S5-6-193
项 目 名 称				防水砂浆		
				平池底	锥池底	直池壁
基 价（元）				1774.66	1917.84	2202.98
其中	人 工 费（元）			647.78	734.16	1023.54
	材 料 费（元）			1018.17	1069.59	1065.78
	机 械 费（元）			108.71	114.09	113.66
名 称		单位	单价(元)	消	耗	量
人工	综合工日	工日	140.00	4.627	5.244	7.311
材料	防水粉	kg	1.45	55.549	58.334	57.885
	防水砂浆 1：2	m³	312.18	2.016	2.121	2.111
	水	m³	7.96	3.801	3.801	3.801
	素水泥浆	m³	444.07	0.609	0.641	0.641
	其他材料费占材料费	%	—	0.750	0.750	0.750
机械	灰浆搅拌机 200L	台班	215.26	0.505	0.530	0.528

180

工作内容：调制砂浆，抹灰找平，压光压实，场内材料运输。 计量单位：100m²

定 额 编 号				S5-6-194	S5-6-195
项 目 名 称				防水砂浆	
				圆池壁	池沟槽
基 价（元）				2427.49	2909.59
其中	人 工 费（元）			1191.12	1829.52
	材 料 费（元）			1116.90	969.64
	机 械 费（元）			119.47	110.43
名 称		单位	单价（元）	消 耗 量	
人工	综合工日	工日	140.00	8.508	13.068
材料	防水粉	kg	1.45	60.772	5.638
	防水砂浆 1:2	m³	312.18	2.216	2.048
	水	m³	7.96	3.801	3.801
	素水泥浆	m³	444.07	0.672	0.641
	其他材料费占材料费	%	—	0.750	0.750
机械	灰浆搅拌机 200L	台班	215.26	0.555	0.513

181

工作内容：调制砂浆，抹灰找平，压光压实，场内材料运输。　　　　　　　　　　　计量单位：100㎡

定　额　编　号				S5-6-196	S5-6-197	S5-6-198	S5-6-199
项　目　名　称				五层防水			
				平池底	锥池底	直池壁	圆池壁
基　　　　价（元）				2401.82	2631.53	2804.74	3156.04
其中	人　工　费（元）			1176.42	1340.64	1521.52	1807.54
	材　料　费（元）			1138.22	1198.76	1192.17	1252.71
	机　械　费（元）			87.18	92.13	91.05	95.79
名　　称		单位	单价(元)	消	耗		量
人工	综合工日	工日	140.00	8.403	9.576	10.868	12.911
材料	防水粉	kg	1.45	34.568	36.292	36.128	37.934
	防水砂浆 1:2	m³	312.18	1.617	1.712	1.691	1.785
	防水油	kg	6.90	39.729	41.718	41.524	43.605
	水	m³	7.96	3.801	3.801	4.001	4.001
	素水泥浆	m³	444.07	0.609	0.641	0.641	0.672
	其他材料费占材料费	%	—	0.750	0.750	0.750	0.750
机械	灰浆搅拌机 200L	台班	215.26	0.405	0.428	0.423	0.445

第二十七节 涂刷柔性防水涂料

工作内容：清扫及烘干基层，配料，刷涂料。

计量单位：100m²

定 额 编 号			S5-6-200	S5-6-201
项 目 名 称			苯乙烯涂料	
			平面2遍	立面2遍
基 价（元）			666.65	682.08
其中	人 工 费（元）		147.00	147.00
	材 料 费（元）		519.65	535.08
	机 械 费（元）		—	—
名 称	单位	单价（元）	消 耗	量
人工 综合工日	工日	140.00	1.050	1.050
材料 涂料苯乙烯	kg	10.29	50.500	52.000

183

工作内容：清理基层、刷涂料。 计量单位：㎡

定 额 编 号					S5-6-202	S5-6-203
项 目 名 称					刷冷底子油	
					第一遍	第二遍
基 价（元）					3.31	2.78
其中	人 工 费（元）				2.24	1.96
	材 料 费（元）				1.07	0.82
	机 械 费（元）				—	—
名 称		单位	单价(元)		消 耗	量
人工	综合工日	工日	140.00		0.016	0.014
材料	冷底子油	kg	2.14		0.485	0.364
	木柴	kg	0.18		0.165	0.209

184

第二十八节 沉降缝

工作内容：熬制、裁料、涂刷底油、配料、拌制、铺贴安装、材料运输、清理场地。　　　计量单位：100m²

定　额　编　号			S5-6-204	S5-6-205	S5-6-206	S5-6-207
项　目　名　称			沉降缝			
			二毡三油	每增一毡一油	二布三油	每增一布一油
基　　　价（元）			3227.24	1190.90	3233.18	1220.39
其中	人　工　费（元）		770.84	339.92	956.34	421.68
	材　料　费（元）		2456.40	850.98	2276.84	798.71
	机　械　费（元）		—	—	—	—
名　　称		单位	单价（元）	消　　耗		量
人工	综合工日	工日	140.00	5.506	2.428	6.831	3.012
材料	玻璃纤维布	m²	2.80	—	—	250.300	121.760
	冷底子油	kg	2.14	48.480	—	48.480	—
	木柴	kg	0.18	240.900	70.400	214.500	61.600
	石油沥青 30号	kg	2.70	—	—	524.700	163.240
	石油沥青玛脂	m³	3043.80	0.540	0.170	—	—
	石油沥青油毡 350号	m²	2.70	239.760	116.490	—	—
	其他材料费占材料费	%	—	0.750	0.750	0.750	0.750

工作内容：熬制沥青、调配沥青麻丝、填塞。

计量单位：100m

定　额　编　号				S5-6-208	S5-6-209
项　目　名　称				油浸麻丝平面	油浸麻丝立面
基　　　价（元）				1324.23	1568.39
其中	人　工　费（元）			500.08	744.24
	材　料　费（元）			824.15	824.15
	机　械　费（元）			—	—
名　　　称	单位	单价（元）		消　　耗　　量	
人工	综合工日	工日	140.00	3.572	5.316
材料	聚氯乙烯胶泥	kg	4.12	54.000	54.000
	木柴	kg	0.18	99.000	99.000
	石油沥青 30号	kg	2.70	216.240	216.240

186

工作内容：熬制沥青、浸木丝板、嵌缝。 计量单位：100m

定 额 编 号				S5-6-210
项 目 名 称				油浸木丝板
基 价 （元）				1454.30
其中	人 工 费 （元）			390.46
	材 料 费 （元）			1063.84
	机 械 费 （元）			—
名 称	单位	单价（元）	消 耗 量	
人工	综合工日	工日	140.00	2.789	
材料	木柴	kg	0.18	61.600	
	木丝板	m²	40.00	15.300	
	石油沥青 30号	kg	2.70	163.240	

187

工作内容：熬制玛 脂、灌缝。 计量单位：100m

定 额 编 号			S5-6-211
项 目 名 称			油浸玛 脂
基 价（元）			479.48
其中	人 工 费（元）		442.96
	材 料 费（元）		36.52
	机 械 费（元）		—
名 称	单位	单价（元）	消 耗 量
人工 综合工日	工日	140.00	3.164
材 料 木柴	kg	0.18	198.000
石油沥青玛 脂	kg	1.84	0.480

188

工作内容：熬制油膏沥青，拌和沥青砂浆，嵌缝。 计量单位：100m

定　额　编　号				S5-6-212	S5-6-213
项　目　名　称				建筑油膏	沥青砂浆
基　　　价（元）				541.36	833.28
其中	人　工　费（元）			369.74	437.64
	材　料　费（元）			171.62	395.64
	机　械　费（元）			—	—
名　　称		单位	单价（元）	消　　耗　　量	
人工	综合工日	工日	140.00	2.641	3.126
材料	建筑油膏	kg	1.90	87.768	—
	沥青砂浆 1：2：7	m³	750.00	—	0.480
	木柴	kg	0.18	27.005	198.000

工作内容：清理、用乙酸乙酯洗缝、隔纸、用氯丁胶粘剂贴氯丁橡胶片、最后在氯丁橡胶片上涂胶铺砂。

计量单位：100m

定　额　编　号				S5-6-214	
项　目　名　称				氯丁橡胶片止水带	
基　　　价（元）				4534.95	
其中	人　工　费（元）			238.14	
	材　料　费（元）			4296.81	
	机　械　费（元）			—	
名　　　称		单位	单价（元）	消　耗　　量	
人工	综合工日	工日	140.00	1.701	
材料	氯丁橡胶浆	kg	10.36	60.580	
	牛皮纸	m²	0.80	5.910	
	三异氰酸酯	kg	28.30	9.090	
	水泥 42.5级	t	334.00	9.272	
	橡胶板 δ2	m²	3.46	31.820	
	乙酸乙酯	kg	7.80	23.000	
	中(粗)砂	t	87.00	0.240	

工作内容：铜板剪裁、焊接成型，铺设。   计量单位：100m

定 额 编 号				S5-6-215	
项 目 名 称				预埋式紫铜板止水片	
基 价（元）				57976.23	
其中	人 工 费（元）			1757.70	
	材 料 费（元）			56120.44	
	机 械 费（元）			98.09	
名 称		单位	单价（元）	消 耗 量	
人工	综合工日	工日	140.00	12.555	
材料	铜焊条	kg	46.93	14.300	
	紫铜板 δ2	kg	68.38	810.900	
机械	剪板机 20×2500mm	台班	333.30	0.110	
	直流弧焊机 32kV·A	台班	87.75	0.700	

工作内容：清缝、水泥砂浆勾缝、垫牛皮纸、熬灌聚氯乙烯胶泥。 计量单位：100m

定　额　编　号				S5-6-216	
项　目　名　称				聚氯乙烯胶泥	
基　　价（元）				905.49	
其中	人　工　费（元）			502.74	
	材　料　费（元）			402.75	
	机　械　费（元）			—	
名　　称		单位	单价(元)	消　耗　量	
人工	综合工日	工日	140.00	3.591	
材料	聚氯乙烯胶泥	kg	4.12	83.320	
	牛皮纸	m²	0.80	53.230	
	水泥砂浆 1：2	m³	281.46	0.060	

工作内容：止水带制作、接头及安装。 计量单位：100m

定 额 编 号					S5-6-217	S5-6-218
项 目 名 称					预埋式止水带	
					橡胶	塑料
基 价（元）					5331.58	4882.18
其中	人 工 费（元）				731.50	731.50
	材 料 费（元）				4600.08	4150.68
	机 械 费（元）				—	—
名 称		单位	单价（元）		消 耗 量	
人工	综合工日	工日	140.00		5.225	5.225
材料	丙酮	kg	7.51		3.040	3.040
	环氧树脂 E44	kg	25.85		3.040	3.040
	甲苯	kg	3.07		2.400	2.400
	塑料止水带	m	38.46		—	105.000
	橡胶止水带	m	42.74		105.000	—
	乙二胺	kg	15.00		0.240	0.240

工作内容：平面埋木砖、钉木条、木条上钉铁皮。 计量单位：100m

定 额 编 号					S5-6-219	
项 目 名 称					铁皮盖缝平面	
基 价 （元）					4064.52	
其中	人 工 费 （元）				487.90	
	材 料 费 （元）				3576.62	
	机 械 费 （元）				一	
名 称		单位	单价（元）	消 耗 量		
人工	综合工日	工日	140.00	3.485		
材料	板方材	m³	1800.00	1.149		
	镀锌铁皮	m²	19.50	62.540		
	防腐油	kg	1.46	6.760		
	焊锡	kg	57.50	4.060		
	木炭	kg	1.30	18.561		
	盐酸	kg	12.41	0.860		
	圆钉	kg	5.13	2.100		

工作内容：立面埋木砖、钉木条、木砖上钉铁皮。 计量单位：100m

定 额 编 号				S5-6-220	
项 目 名 称				铁皮盖缝立面	
基 价（元）				2244.29	
其中	人 工 费（元）			430.22	
	材 料 费（元）			1814.07	
	机 械 费（元）			—	
名 称		单位	单价(元)	消 耗 量	
人工	综合工日	工日	140.00	3.073	
材料	板方材	m³	1800.00	0.301	
	镀锌铁皮	m²	19.50	53.000	
	防腐油	kg	1.46	5.310	
	焊锡	kg	57.50	3.440	
	木炭	kg	1.30	15.728	
	盐酸	kg	12.41	0.740	
	圆钉	kg	5.13	0.700	

第二十九节 井、池渗漏试验

工作内容：准备工具、灌水、检查、排水、现场清理等。　　　　　　计量单位：100m³

定　额　编　号			S5-6-221
项　目　名　称			井
			容量500m³以内
基　　　　价（元）			1261.86
其中	人　工　费（元）		396.90
	材　料　费（元）		856.29
	机　械　费（元）		8.67
名　　　称	单位	单价（元）	消　　耗　　量
人工	综合工日	工日	140.00	2.835
材料	标尺 木	m³	2200.00	0.001
	镀锌铁丝 10号	kg	3.57	0.497
	水	m³	7.96	105.000
	塑料软管 φ20	m	4.02	2.000
	其他材料费占材料费	%	—	1.000
机械	电动单级离心清水泵 100mm	台班	33.35	0.260

工作内容：准备工具、灌水、检查、排水、现场清理等。 计量单位：1000m³

定　额　编　号				S5-6-222	S5-6-223	S5-6-224
项　目　名　称				池		
				容量5000m³以内	容量10000m³以内	容量10000m³以上
基　　　价（元）				9402.99	9924.64	10301.09
其中	人　工　费（元）			720.58	1013.18	1159.48
	材　料　费（元）			8453.36	8453.36	8453.36
	机　械　费（元）			229.05	458.10	688.25
名　　　称		单位	单价（元）	消　　耗　　量		
人工	综合工日	工日	140.00	5.147	7.237	8.282
材料	标尺　木	m³	2200.00	0.001	0.001	0.001
	镀锌铁丝　10号	kg	3.57	0.400	0.400	0.400
	水	m³	7.96	1050.000	1050.000	1050.000
	塑料软管　Φ20	m	4.02	2.000	2.000	2.000
	其他材料费占材料费	%	—	1.000	1.000	1.000
机械	电动单级离心清水泵　150mm	台班	55.06	4.160	8.320	12.500

第三十节 钢筋制作、安装

1. 市政管网工程一般钢筋

工作内容：钢筋解捆、除锈、调直、下料、弯曲、点焊、焊接、除渣、绑扎成型、运输入模。

计量单位：t

定 额 编 号			S5-6-225	S5-6-226	S5-6-227
项 目 名 称			现浇钢筋		
			直径10mm以内	直径20mm以内	直径20mm以外
基 价（元）			4775.44	4518.99	4383.66
其中	人 工 费（元）		1087.52	720.02	609.56
	材 料 费（元）		3606.62	3698.28	3706.15
	机 械 费（元）		81.30	100.69	67.95
名 称		单位	单价（元）	消　耗　量	
人工	综合工日	工日	140.00	7.768	5.143	4.354
材料	电焊条	kg	5.98	—	7.920	10.318
	镀锌铁丝 22号	kg	3.57	10.259	3.059	1.246
	螺纹钢筋 HRB400 φ10以内	t	3500.00	1.020	—	—
	螺纹钢筋 HRB400 φ10以上	t	3500.00	—	1.040	1.040
机械	电动单筒慢速卷扬机 50kN	台班	215.57	0.330	0.200	0.090
	对焊机 75kV·A	台班	106.97	—	0.090	0.050
	钢筋切断机 40mm	台班	41.21	0.110	0.090	0.100
	钢筋弯曲机 40mm	台班	25.58	0.220	0.220	0.190
	直流弧焊机 32kV·A	台班	87.75	—	0.440	0.390

工作内容：钢筋解捆、除锈、调直、下料、弯曲、点焊、焊接、除渣、绑扎成型、运输入模。

计量单位：t

定　额　编　号			S5-6-228	S5-6-229	S5-6-230
项　目　名　称			预制钢筋		
			直径10mm以内	直径20mm以内	直径20mm以外
基　　　　价（元）			4648.23	4502.94	4344.62
其中	人　工　费（元）		949.76	680.82	573.72
	材　料　费（元）		3589.82	3694.24	3706.85
	机　械　费（元）		108.65	127.88	64.05
名　　　称		单位	单价（元）	消　　耗　　量	
人工	综合工日	工日	140.00	6.784	4.863	4.098
材料	电焊条	kg	5.98	—	7.920	10.318
	镀锌铁丝 22号	kg	3.57	5.552	1.926	1.246
	螺纹钢筋 HRB400 φ10以内	t	3500.00	1.020	—	—
	螺纹钢筋 HRB400 φ10以上	t	3500.00	—	1.040	1.040
	水	m³	7.96	—	—	0.088
机械	点焊机 75kV·A	台班	131.22	0.720	0.280	—
	电动单筒慢速卷扬机 50kN	台班	215.57	0.030	0.170	0.080
	对焊机 75kV·A	台班	106.97	—	0.090	0.050
	钢筋切断机 40mm	台班	41.21	0.100	0.080	0.070
	钢筋弯曲机 40mm	台班	25.58	0.140	0.150	0.170
	直流弧焊机 32kV·A	台班	87.75	—	0.430	0.390

2.市政管网工程先张法预应力钢筋

工作内容：制作、张拉、放张、切断等。 计量单位：t

定 额 编 号			S5-6-231	S5-6-232	S5-6-233
项 目 名 称			先张法预应力钢筋		
			直径5mm以内	直径20mm以内	直径20mm以外
基 价（元）			5451.25	4698.77	4597.08
其中	人 工 费（元）		1238.30	773.78	712.32
	材 料 费（元）		4142.00	3715.59	3714.13
	机 械 费（元）		70.95	209.40	170.63
名 称	单位	单价（元）	消	耗	量
人工 综合工日	工日	140.00	8.845	5.527	5.088
材料 冷拔低碳钢丝 φ4	t	3800.00	1.090	—	—
螺纹钢筋 HRB400 φ20以内	t	3500.00	—	1.060	—
螺纹钢筋 HRB400 φ20以上	t	3500.00	—	—	1.060
水	m³	7.96	—	0.702	0.519
机械 电动单筒慢速卷扬机 50kN	台班	215.57	—	0.650	0.550
对焊机 75kV·A	台班	106.97	—	0.460	0.330
钢筋切断机 40mm	台班	41.21	0.080	0.080	0.080
钢筋调直机 14mm	台班	36.65	0.750	—	—
预应力钢筋拉伸机 650kN	台班	25.42	1.580	0.660	0.530

3.市政管网工程后张法预应力钢筋

工作内容：制作、编束、穿筋、张拉、孔道灌浆、锚固、放张、切断等。　　　　　　计量单位：t

定　额　编　号			S5-6-234	S5-6-235
项　目　名　称			后张法预应力钢筋	
			直径20mm以内	直径20mm以外
基　　　价（元）			8501.72	5918.57
其中	人　工　费（元）		1234.24	657.72
	材　料　费（元）		6394.56	4864.78
	机　械　费（元）		872.92	396.07
名　　称		单位	单价（元）	消　　耗　　量	
人工	综合工日	工日	140.00	8.816	4.698
材料	孔道成形管	kg	5.80	65.760	23.320
	冷拉设备摊销	kg	1.28	112.950	33.300
	螺纹钢筋 HRB400 φ20以内	t	3500.00	1.130	1.130
	水	m³	7.96	0.558	0.538
	素水泥浆	m³	444.07	1.340	0.480
	张拉锚具及其他材料	kg	15.38	75.300	33.450
	其他材料费占材料费	%	—	2.500	—
机械	电动单筒慢速卷扬机 50kN	台班	215.57	0.620	0.490
	对焊机 75kV·A	台班	106.97	0.360	0.350
	钢筋切断机 40mm	台班	41.21	0.080	0.080
	灰浆搅拌机 200L	台班	215.26	1.460	0.520
	挤压式灰浆输送泵 3m³/h	台班	228.02	1.460	0.520
	砂轮切割机 350mm	台班	22.38	0.690	0.290
	预应力钢筋拉伸机 650kN	台班	25.42	1.370	0.500

工作内容：制作、编束、穿筋、张拉、孔道灌浆、锚固、放张、切断等。　　　　　　　计量单位：t

定　额　编　号			S5-6-236	
项　目　名　称			后张法无粘结预应力钢丝束	
基　　　价（元）			12841.72	
其中	人　工　费（元）		2429.98	
	材　料　费（元）		8273.48	
	机　械　费（元）		2138.26	
	名　　　称	单位	单价（元）	消　耗　量
人工	综合工日	工日	140.00	17.357
材料	承压板（后张法用）	kg	4.70	49.200
	镀锌铁丝 16号	kg	3.57	4.500
	钢筋（综合）	kg	3.45	11.190
	钢丝束无粘结	t	5128.21	1.060
	锚具 JM15-4	个	34.19	52.560
	七孔板（后张法用）	kg	11.00	45.150
	砂轮片	片	8.55	9.000
	塑料管	m	1.50	3.380
	穴模（后张法用）	套	4.70	37.440
机械	高压油泵 50MPa	台班	104.24	1.800
	角向磨光机 100mm	台班	19.36	0.540
	轮胎式起重机 20t	台班	975.56	1.800
	载重汽车 5t	台班	430.70	0.360
	自升式塔式起重机 600kN·m	台班	582.18	0.050

4.市政管网工程预埋件

工作内容：加工、制作、埋设、焊接固定。 计量单位：t

定 额 编 号				S5-6-237	S5-6-238	S5-6-239
项 目 名 称				预埋铁件	预埋钢套管	止水螺栓
基 价（元）				6461.74	5881.85	6648.84
其中	人 工 费（元）			1629.32	1249.22	2882.88
	材 料 费（元）			4447.20	4615.97	3726.02
	机 械 费（元）			385.22	16.66	39.94
名 称		单位	单价(元)	消 耗		量
人工	综合工日	工日	140.00	11.638	8.923	20.592
材料	薄砂轮片	片	6.08	—	0.510	—
	电焊条	kg	5.98	36.003	—	—
	防锈漆	kg	5.62	—	9.430	11.583
	焊接钢管 DN20	m	4.46	—	1020.000	—
	螺纹钢筋 HRB400 φ12	kg	3.50	—	—	1040.000
	汽油	kg	6.77	—	—	3.090
	铁件	kg	4.19	1010.000	—	—
	氧气	m³	3.63	—	1.500	—
	乙炔气	kg	10.45	—	0.500	—
机械	电动单筒慢速卷扬机 50kN	台班	215.57	—	—	0.170
	钢筋切断机 40mm	台班	41.21	—	—	0.080
	管子切断机 150mm	台班	33.32	—	0.500	—
	直流弧焊机 32kV·A	台班	87.75	4.390	—	—

5.沉井钢筋制作、安装

工作内容：钢筋解捆、除锈、调直、制作、运输、绑扎或焊接成型等。　　　　　　　　计量单位：t

定 额 编 号				S5-6-240	S5-6-241	S5-6-242	S5-6-243
项 目 名 称				刃脚钢筋	沉井框架钢筋	井壁、隔墙钢筋	底板钢筋
基 价（元）				4648.05	4860.31	4662.75	4621.55
其中	人 工 费（元）			622.44	706.30	599.76	638.68
	材 料 费（元）			3685.20	3720.93	3695.26	3689.87
	机 械 费（元）			340.41	433.08	367.73	293.00
名 称		单位	单价(元)	消	耗		量
人工	综合工日	工日	140.00	4.446	5.045	4.284	4.562
材料	电焊条	kg	5.98	6.710	11.700	8.340	7.140
	镀锌铁丝 22号	kg	3.57	1.420	3.070	1.510	2.010
	螺纹钢筋 HRB400 φ10以内	t	3500.00	0.160	0.100	0.160	0.100
	螺纹钢筋 HRB400 φ10以上	t	3500.00	0.880	0.940	0.880	0.940
机械	钢筋切断机 40mm	台班	41.21	1.020	0.610	0.450	0.840
	交流弧焊机 32kV·A	台班	83.14	2.040	3.540	2.560	2.470
	履带式起重机 15t	台班	757.48	0.170	0.150	0.180	0.070

6.双轮车场内运输钢筋

工作内容：装运、卸、分类堆放，搭拆道板。

计量单位：10t

定 额 编 号					S5-6-244	S5-6-245
项 目 名 称					运距50m	运距500m以内，每增加50m
基 价（元）					558.60	43.96
其中	人 工 费（元）				558.60	43.96
	材 料 费（元）				—	—
	机 械 费（元）				—	—
名 称		单位	单价（元）	消 耗		量
人 工	综合工日	工日	140.00	3.990		0.314

第七章 设备安装

第十章　女番文案

说　　明

一、本章定额包括格栅、格栅除污机、滤网清污机、压榨机、刮（吸）砂机、刮（吸）泥机、砂水分离器、曝气机、布气管、生物转盘等设备安装项目。

二、本章中的搬运工作内容，设备包括自安装现场指定堆放地点运到安装地点的水平和垂直搬运；机具和材料包括自施工单位现场出库点运至安装地点的水平和垂直搬运。

三、本章各机械设备项目中已含单机试运转和调试工作，成套设备和分系统调试可执行《安装工程》相应项目。

四、本章设备安装按无外围护条件下施工编制，如在有外围护的施工条件下施工，定额人工及机械乘以 1.15，其他不变。

五、本章涉及轨道安装的设备，如移动式格栅除污机、桁车式刮泥机等，其轨道及相应附件安装执行《安装工程》相应项目。

六、本章中各类设备的预埋件及设备基础二次灌浆，均另外计算。

七、冲洗装置根据设计内容执行《安装工程》相应项目。

八、本章中曝气机、臭氧消毒、除臭、膜处理、氯吸收装置、转盘过滤器等设备安装定额项目仅设置了其主体设备的安装内容，与主体设备配套的管路系统（管道、阀门、法兰、泵）、风路系统、电气系统、控制系统等，应根据其设计或二次设计内容执行《安装工程》相应项目。

九、本章中的布气钢管以及其他金属管道防腐，执行《安装工程》相应项目。

十、各节有关说明：

1. 格栅组对的胎具制作，另行计算。

2. 格栅制作安装是按现场加工制作、组件拼装施工编制。采用成品格栅时，执行格栅整体安装定额项目。

3. 平板网格制作安装是按现场加工制作、组件拼装施工编制。采用成品平板网格时，执行平板网格整体安装定额项目。

4. 旋流沉砂器的工作内容不含工作桥安装，发生时工作桥安装执行《安装工程》相应项目。

5. 周边传动刮泥机不分单、双驱动，统一按本章项目执行。

6. 桁车式刮泥机在斜管沉淀池中安装，人工、机械消耗量乘以系数 1.05。

7. 吸泥机以虹吸式为准，如采用泵吸式时，人工、机械消耗量乘以系数 1.1。

8. 中心传动吸泥机采用单管式编制，如采用双管式，人工、机械消耗量乘以系数 1.05。

9. 布气管应执行本章项目，与布气管相连的通气管执行《安装工程》相应项目。布气管与通气管的划分以通气立管的底端与布气管相连的弯头为界。布气管综合考虑了配套管件的安装。

10. 立式混合搅拌机平叶浆、折板浆、螺旋浆按桨叶外径 3m 以内编制，在深度超过 3.5m 的池内安装时，人工、机械消耗量乘以系数 1.05。

11. 管式混合器按"两节"编制，如为"三节"时，人工、机械消耗量乘以系数 1.3。

12. 污泥脱水机械已综合考虑设备安装就位的上排、拐弯、下排，施工方法与定额不同时，不得调整。板框压滤机是按照采用大型起吊设备安装，在支承结构完成后安装板框压滤机，板框压滤机安装就位后再进行厂房土建封闭的安装施工工序编制。

13. 铸铁圆闸门项目已综合考虑升杆式和暗杆式等闸门机构形式，安装深度按 6m 以内编制，使用时除深度大于 6m 外，其他均不得调整。铸铁方闸门以带门框座为准，其安装深度按 6m 以内编制。

闸门项目含闸槽安装，已综合考虑单吊点、双吊点的因素；因闸门开启方向和进出水的方式不同时，不作调整，均执行本章项目。

14. 铸铁堰门安装深度按 3m 以内编制。

15. 启闭机安装深度按手轮式为 3m、手摇式为 4.5m、电动为 6m、气动为 3m 以内编制。

16. 集水槽制作已包括了钻孔或铣孔的用工和机械，执行时，不得再另计。

17. 碳钢集水槽制作和安装中已包括了除锈和刷一遍防锈漆、二遍调和漆的人工和材料消耗量，不得另计除锈、刷油费用。底漆和面漆因品种及防腐要求不同时，可作换算，其他不变。

18. 碳钢、不锈钢巨型堰板执行齿型堰板相应项目，其中人工消耗量乘以系数 0.6。

19. 金属齿型堰板安装方法是按有连接板考虑的，非金属堰板安装方法是按无连接板考虑的，如实际安装方法不同，定额不作调整。

20. 金属堰板安装是按碳钢考虑的，不锈钢堰板按金属堰板相应项目消耗量乘以系数 1.2，主材另计，其他不变。

21. 非金属堰板安装适用于玻璃钢和塑料堰板。

22. 斜板、斜管安装按成品编制，不同材质的斜板不作换算。

23. 膜处理设备未包括膜处理系统单元以外的水泵、风机、曝气器、布气管、空压机、仪表、电气控制系统等附属配套设施的安装内容，执行本章相应项目或《安装工程》。

工程量计算规则

一、格栅除污机、滤网清污机、压榨机、刮砂机、吸砂机、刮泥机、吸泥机、刮吸泥机、撇渣机、砂（泥）水分离器、曝气机、搅拌机、推进器、氯吸收装置、带式压滤机、污泥脱水机、污泥浓缩机、污泥浓缩脱水一体机、污泥输送机、污泥切割机、启闭机、臭氧消毒设备、离子除臭设备、转盘过滤器等区分设备类型、材质、规格、型号和参数，以"台"计算。滗水器区分不同型号及堰长，以"台"计算；巴氏计量槽槽体安装区分不同的渠道和喉宽，以"台"计算；生物转盘区分不同设备重量以"台"计算，包括电动机的重量在内。

二、一体化溶药及投加设备、粉料储存投加设备投加机及计量输送机、二氧化氯发生器等设备不分设备类型、规格、型号和参数，以"台"计算。粉料储存投加设备料仓区分料仓不同直径、高度、重量，以"台"计算。

三、膜处理设备区分设备类型、工艺形式、材质结构以及膜处理系统单元产水能力，以"套"计算。

四、紫外线消毒设备以模块组计算。

五、格栅、平板格网、格栅罩区分不同材质以质量计算，集水槽区分不同材质和厚度以质量计算。钢网格支架以质量计算。

六、曝气器区分不同类型按设计图示数量以"个"计算，水射器、管式混合器区分不同公称直径以"个"计算，拍门区分不同材质和公称直径以"个"计算。

七、闸门、旋转门、堰门区分不同尺寸以"座"计算，升杆式铸铁泥阀、平底盖闸区分不同公称直径以"座"计算。

八、布气管区分不同材质和直径以长度计算。

九、堰板制作分别按碳钢、不锈钢区分厚度以面积计算；堰板安装分别按金属和非金属区分厚度以面积计算；斜板、斜管以面积计算。

第一节 格栅
1.格栅制作安装、整体安装

工作内容：1.放样、下料、调直、打孔、机加工、组对、电焊、成品校正、除锈刷油。
2.成品校正、构件加固、绑扎、翻身起吊、吊装就位、找正、紧固螺栓、电焊固定、清扫。

计量单位：t

定 额 编 号				S5-7-1	S5-7-2
项 目 名 称				格栅制作、安装	
				碳钢0.3以内	碳钢0.3以外
基 价（元）				13597.73	12399.38
其中	人 工 费（元）			6571.32	5487.02
	材 料 费（元）			4683.61	4698.03
	机 械 费（元）			2342.80	2214.33
名 称		单位	单价(元)	消 耗 量	
人工	综合工日	工日	140.00	46.938	39.193
材料	镀锌铁丝 10号	kg	3.57	0.980	0.980
	二等板方材	m³	1709.00	0.008	0.008
	防锈漆	kg	5.62	21.100	10.000
	酚醛调和漆	kg	7.90	9.200	9.200
	合金钢焊条	kg	11.11	9.230	10.760
	黄干油	kg	5.15	1.500	2.000
	煤油	kg	3.73	6.200	7.500
	棉纱头	kg	6.00	5.000	5.000
	破布	kg	6.32	3.000	4.000
	汽油	kg	6.77	8.318	8.318
	型钢	t	3700.00	1.050	1.050
	型钢	kg	3.70	72.890	72.890
	氧气	m³	3.63	3.830	9.130
	乙炔气	kg	10.45	1.276	3.044
	枕木	根	82.05	0.100	0.100
	枕木 2500×200×160	根	82.05	—	0.100
	其他材料费占材料费	%	—	1.000	1.000
机械	电动双筒慢速卷扬机 50kN	台班	239.69	1.999	1.999
	电焊条烘干箱 45×35×45cm³	台班	17.00	0.186	0.217
	立式钻床 50mm	台班	19.84	2.742	—
	普通车床 400×1000mm	台班	210.71	0.575	—
	汽车式起重机 8t	台班	763.67	2.185	2.018
	直流弧焊机 32kV·A	台班	87.75	0.186	2.170

工作内容：1.放样、下料、调直、打孔、机加工、组对、电焊、成品校正、除锈刷油。
2.成品校、构件加固、绑扎、翻身起吊、吊装就位、找正、紧固螺栓、电焊固定、清扫。

计量单位：t

定 额 编 号				S5-7-3	S5-7-4
项 目 名 称				格栅制作、安装	
				不锈钢0.3以内	不锈钢0.3以外
基 价（元）				11419.77	10202.77
其中	人 工 费（元）			7167.16	6121.22
	材 料 费（元）			1784.85	1872.92
	机 械 费（元）			2467.76	2208.63
名 称		单位	单价（元）	消 耗	量
人工	综合工日	工日	140.00	51.194	43.723
材料	不锈钢焊条	kg	38.46	9.360	11.160
	不锈钢型材	kg	18.56	70.200	70.200
	镀锌铁丝 10号	kg	3.57	0.980	0.980
	二等板方材	m³	1709.00	0.008	0.008
	黄干油	kg	5.15	1.200	1.500
	煤油	kg	3.73	5.500	6.600
	棉纱头	kg	6.00	4.000	5.000
	破布	kg	6.32	3.000	4.000
	氢氟酸 45%	kg	4.87	1.000	1.000
	硝酸	kg	2.19	2.000	2.000
	枕木	根	82.05	0.100	0.100
	其他材料费占材料费	%	—	1.000	1.000
机械	等离子切割机 400A	台班	219.59	0.039	0.118
	电动双筒慢速卷扬机 50kN	台班	239.69	1.999	1.999
	电焊条烘干箱 45×35×45cm³	台班	17.00	0.186	0.222
	立式钻床 50mm	台班	19.84	2.742	—
	普通车床 400×1000mm	台班	210.71	0.575	—
	汽车式起重机 8t	台班	763.67	2.185	2.018
	直流弧焊机 20kV·A	台班	71.43	1.858	2.222

214

工作内容：1.放样、下料、调直、打孔、机加工、组对、电焊、成品校正、除锈刷油。
　　　　　2.成品校正、构件加固、绑扎、翻身起吊、吊装就位、找正、紧固螺栓、电焊固定、清扫。

计量单位：t

定　额　编　号			S5-7-5	S5-7-6
项　目　名　称			格栅整体安装	
			碳钢	不锈钢
基　　　　价（元）			749.97	974.42
其中	人　工　费（元）		391.86	391.86
	材　料　费（元）		112.24	351.19
	机　械　费（元）		245.87	231.37
名　　　称	单位	单价（元）	消　　耗　　量	
人工	综合工日	工日	140.00	2.799	2.799
材料	不锈钢焊条	kg	38.46	—	4.824
	不锈钢型材	kg	18.56	—	6.865
	镀锌铁丝 10号	kg	3.57	0.400	0.400
	二等板方材	m³	1709.00	0.003	0.003
	合金钢焊条	kg	11.11	4.455	—
	黄干油	kg	5.15	1.000	1.000
	煤油	kg	3.73	2.000	2.000
	棉纱头	kg	6.00	1.000	1.000
	破布	kg	6.32	1.000	1.000
	型钢	kg	3.70	7.128	—
	氧气	m³	3.63	0.069	—
	乙炔气	kg	10.45	0.023	—
	枕木	根	82.05	0.040	0.040
	其他材料费占材料费	%	—	1.000	1.000
机械	电焊条烘干箱 45×35×45cm³	台班	17.00	0.089	0.089
	汽车式起重机 25t	台班	1084.16	0.140	0.140
	载重汽车 5t	台班	430.70	0.033	0.033
	直流弧焊机 20kV·A	台班	71.43	—	0.894
	直流弧焊机 32kV·A	台班	87.75	0.893	—

215

2. 平板格网制作安装、整体安装

工作内容：放样、下料、调直、打孔、机加工、组对、电焊、成品校正、除锈刷油。　　　　　计量单位：t

定　额　编　号			S5-7-7	S5-7-8
项　目　名　称			平板格网制作、安装	
			碳钢	不锈钢
基　　　　价（元）			13373.67	31022.78
其中	人　工　费（元）		5740.14	6298.18
	材　料　费（元）		5276.67	22484.43
	机　械　费（元）		2356.86	2240.17
名　　　称	单位	单价（元）	消　　耗　　量	
人工 综合工日	工日	140.00	41.001	44.987
材料 不锈钢焊条	kg	38.46	—	8.620
不锈钢丝网 φ1×10×10	m²	1.40	—	21.000
不锈钢型钢	t	19306.00	—	1.130
镀锌铁丝 16号	kg	3.57	0.950	0.950
镀锌铁丝网	m²	10.68	21.000	—
红丹防锈漆	kg	11.50	18.990	—
黄干油	kg	5.15	1.450	1.180
煤油	kg	3.73	5.780	5.150
棉纱头	kg	6.00	8.560	3.700
破布	kg	6.32	4.600	2.800
汽油	kg	6.77	7.560	—
氢氟酸 45%	kg	4.87	1.080	0.900
杉木成材	m³	1311.37	0.008	—
碳钢电焊条	kg	39.00	8.488	—
调和漆	kg	6.00	8.280	—
硝酸	kg	2.19	—	1.800
型钢	t	3700.00	1.132	—
氧气	m³	3.63	3.470	—
乙炔气	kg	10.45	1.155	—
枕木	根	82.05	0.100	0.100
其他材料费占材料费	%	—	1.000	1.000
机械 等离子切割机 400A	台班	219.59	—	0.039
电动双筒慢速卷扬机 50kN	台班	239.69	2.110	1.814
电焊条烘干箱 45×35×45cm³	台班	17.00	0.269	0.185
立式钻床 50mm	台班	19.84	—	1.989
普通车床 400×1000mm	台班	210.71	—	0.498
汽车式起重机 8t	台班	763.67	2.109	1.987
直流弧焊机 20kV·A	台班	71.43	—	1.846
直流弧焊机 32kV·A	台班	87.75	2.689	—

工作内容：成品校正、构件加固、绑扎、翻身起吊、吊装就位、找正、紧固螺栓、电焊固定、清扫。

计量单位：t

定　额　编　号				S5-7-9	S5-7-10
项　目　名　称				平板格网整体安装	
				碳钢	不锈钢
基　　　　价（元）				852.68	950.89
其中	人　工　费（元）			373.38	373.38
	材　料　费（元）			234.02	347.87
	机　械　费（元）			245.28	229.64
名　　称		单位	单价（元）	消　　耗　　量	
人工	综合工日	工日	140.00	2.667	2.667
材料	不锈钢焊条	kg	38.46	—	4.824
	不锈钢型材	kg	18.56	—	6.865
	镀锌铁丝 16号	kg	3.57	0.400	0.400
	二等板方材	m³	1709.00	0.003	0.003
	黄干油	kg	5.15	1.000	1.000
	煤油	kg	3.73	2.000	2.000
	棉纱头	kg	6.00	1.000	1.000
	破布	kg	6.32	1.000	1.000
	碳钢电焊条	kg	39.00	4.445	—
	型钢	kg	3.70	7.128	—
	氧气	m³	3.63	0.069	—
	乙炔气	kg	10.45	0.023	—
	其他材料费占材料费	%	—	1.000	1.000
机械	电焊条烘干箱 45×35×45cm³	台班	17.00	0.096	0.097
	汽车式起重机 25t	台班	1084.16	0.134	0.134
	载重汽车 5t	台班	430.70	0.032	0.032
	直流弧焊机 20kV·A	台班	71.43	—	0.965
	直流弧焊机 32kV·A	台班	87.75	0.964	—

3.格栅罩制作安装

工作内容：放样、下料、调直、打孔、机加工、组对、焊接、除锈刷油。　　　　　　　计量单位：t

定　额　编　号			S5-7-11	S5-7-12
项　目　名　称			格栅罩制作	
			碳钢	不锈钢
基　　　价（元）			9146.40	5585.49
其中	人　工　费（元）		3372.18	3962.42
	材　料　费（元）		4640.02	513.02
	机　械　费（元）		1134.20	1110.05
名　　　称	单位	单价（元）	消　　耗　　量	
人工 综合工日	工日	140.00	24.087	28.303
材料 不锈钢焊条	kg	38.46	—	11.660
镀锌铁丝 16号	kg	3.57	0.404	0.404
防锈漆	kg	5.62	17.302	—
黄干油	kg	5.15	0.816	0.408
煤油	kg	3.73	4.488	3.754
棉纱头	kg	6.00	3.232	3.232
尼龙砂轮片 φ100×16×3	片	2.56	0.537	0.301
破布	kg	6.32	2.520	2.520
汽油	kg	6.77	6.854	—
氢氟酸 45%	kg	4.87	—	0.820
碳钢电焊条	kg	39.00	11.484	—
调和漆	kg	6.00	7.544	—
硝酸	kg	2.19	—	1.600
型钢	t	3700.00	1.050	—
氧气	m³	3.63	7.832	—
乙炔气	kg	10.45	2.611	—
枕木	根	82.05	0.042	0.042
机械 等离子切割机 400A	台班	219.59	—	0.102
电动单梁起重机 5t	台班	223.20	0.030	0.021
电动空气压缩机 6m³/min	台班	206.73	0.002	—
电动双筒慢速卷扬机 50kN	台班	239.69	0.857	0.857
电焊条烘干箱 45×35×45cm³	台班	17.00	0.210	0.160
钢筋挤压连接机 40mm	台班	30.94	0.014	0.012
剪板机 20×2500mm	台班	333.30	0.010	0.010
卷板机 20×2500mm	台班	276.83	0.027	0.022
刨边机 12000mm	台班	569.09	0.025	0.014
汽车式起重机 16t	台班	958.70	0.775	0.775
直流弧焊机 20kV·A	台班	71.43	2.095	1.597

工作内容：点焊、成品校正、除锈刷油。   计量单位：t

定　额　编　号				S5-7-13	S5-7-14
项　目　名　称				格栅罩安装	
				碳钢	不锈钢
基　　　价（元）				1185.58	1184.50
其中	人　工　费（元）			810.74	810.74
	材　料　费（元）			164.09	163.01
	机　械　费（元）			210.75	210.75
名　　称		单位	单价（元）	消　　耗　　量	
人工	综合工日	工日	140.00	5.791	5.791
材料	不锈钢焊条	kg	38.46	—	0.715
	镀锌铁丝 16号	kg	3.57	3.030	3.030
	二等板方材	m³	1709.00	0.026	0.026
	尼龙砂轮片 φ150	片	3.32	0.210	0.210
	平垫铁 Q195～Q235	块	1.34	4.080	4.080
	碳钢电焊条	kg	39.00	0.666	—
	斜垫铁	kg	3.50	8.160	8.160
	氧气	m³	3.63	0.369	—
	乙炔气	kg	10.45	0.121	—
	枕木	m³	1230.77	0.037	0.037
机械	电焊条烘干箱 45×35×45cm³	台班	17.00	0.021	0.021
	汽车式起重机 25t	台班	1084.16	0.128	0.128
	汽车式起重机 8t	台班	763.67	0.043	0.043
	载重汽车 10t	台班	547.99	0.043	0.043
	直流弧焊机 20kV·A	台班	71.43	0.213	0.213

第二节 格栅除污机
1.移动式格栅除污机

工作内容：开箱点件、基础划线、场内运输、设备吊装就位、精平、组装、附件组装、清洗、检查、加油、无负荷试运转。

计量单位：台

定　额　编　号			S5-7-15
项　目　名　称			渠道宽m以内
			1.2
			深m以内
			5
基　　　　价（元）			2954.73
其中	人　工　费（元）		2468.62
	材　料　费（元）		189.38
	机　械　费（元）		296.73
名　　　称	单位	单价(元)	消　　耗　　量
人工 综合工日	工日	140.00	17.633
材料 镀锌铁丝 16号	kg	3.57	3.232
黄干油	kg	5.15	4.814
机油	kg	19.66	1.648
煤油	kg	3.73	3.264
棉纱头	kg	6.00	2.424
破布	kg	6.32	1.680
汽油	kg	6.77	1.224
杉木成材	m³	1311.37	0.017
碳钢电焊条	kg	39.00	0.774
枕木	根	82.05	0.252
其他材料费占材料费	%	—	1.000
机械 电焊条烘干箱 45×35×45cm³	台班	17.00	0.015
汽车式起重机 8t	台班	763.67	0.313
载重汽车 5t	台班	430.70	0.102
直流弧焊机 32kV·A	台班	87.75	0.154

2.移动式

工作内容：开箱点件、基础划线、场内运输、设备吊装就位、精平、组装、附件组装、清洗、检查、加油、无负荷试运转。

计量单位：台

定 额 编 号			S5-7-16	S5-7-17	S5-7-18
项 目 名 称			渠道宽m以内		
			1.2	2	
			深m以内		
			每增减1	5	每增减1
基 价（元）			153.57	3251.17	168.79
其中	人 工 费（元）		123.48	2716.00	135.80
	材 料 费（元）		—	208.68	—
	机 械 费（元）		30.09	326.49	32.99
名 称	单位	单价（元）	消	耗	量
人工	综合工日	工日	140.00	0.882	19.400	0.970
材料	镀锌铁丝 16号	kg	3.57	—	3.555	—
	黄干油	kg	5.15	—	5.294	—
	机油	kg	19.66	—	1.813	—
	煤油	kg	3.73	—	3.590	—
	棉纱头	kg	6.00	—	2.666	—
	破布	kg	6.32	—	1.848	—
	汽油	kg	6.77	—	1.346	—
	杉木成材	m³	1311.37	—	0.019	—
	碳钢电焊条	kg	39.00	—	0.851	—
	枕木	根	82.05	—	0.277	—
	其他材料费占材料费	%	—	—	1.000	—
机械	电焊条烘干箱 45×35×45cm³	台班	17.00	0.002	0.017	0.002
	汽车式起重机 8t	台班	763.67	0.032	0.344	0.035
	载重汽车 5t	台班	430.70	0.010	0.113	0.011
	直流弧焊机 32kV·A	台班	87.75	0.015	0.169	0.017

221

工作内容：开箱点件、基础划线、场内运输、设备吊装就位、精平、组装、附件组装、清洗、检查、加油、无负荷试运转。

计量单位：台

定 额 编 号					S5-7-19	S5-7-20
项 目 名 称					渠道宽m以内	
					3	
					深m以内	
					5	每增减1
基 价（元）					3739.95	369.11
其中	人 工 费（元）				3123.96	312.34
	材 料 费（元）				242.38	—
	机 械 费（元）				373.61	56.77
	名 称	单位	单价（元）		消 耗	量
人工	综合工日	工日	140.00		22.314	2.231
材料	镀锌铁丝 16号	kg	3.57		4.091	—
	黄干油	kg	5.15		6.089	—
	机油	kg	19.66		2.163	—
	煤油	kg	3.73		4.131	—
	棉纱头	kg	6.00		3.070	—
	破布	kg	6.32		2.121	—
	汽油	kg	6.77		1.548	—
	杉木成材	m³	1311.37		0.022	—
	碳钢电焊条	kg	39.00		0.979	—
	枕木	根	82.05		0.326	—
	其他材料费占材料费	%	—		1.000	—
机械	电焊条烘干箱 45×35×45cm³	台班	17.00		0.017	0.003
	汽车式起重机 8t	台班	763.67		0.396	0.060
	载重汽车 5t	台班	430.70		0.130	0.020
	直流弧焊机 32kV·A	台班	87.75		0.170	0.026

3. 钢绳牵引式、深链式格栅除污机

工作内容：开箱点件、基础划线、场内运输、设备吊装就位、一次灌浆、精平、组装、附件组装、清洗、
检查、加油、无负荷试运转。

计量单位：台

定 额 编 号				S5-7-21	S5-7-22	S5-7-23	S5-7-24
项 目 名 称				渠道宽m以内			
				1.2		2	
				深m以内			
				5	每增减1	5	每增减1
基 价 （元）				3537.08	184.49	3915.36	205.60
其中	人 工 费 （元）			2604.00	130.20	2951.20	147.56
	材 料 费 （元）			385.90	—	385.90	—
	机 械 费 （元）			547.18	54.29	578.26	58.04
名 称		单位	单价（元）	消	耗		量
人工	综合工日	工日	140.00	18.600	0.930	21.080	1.054
材料	镀锌铁丝 16号	kg	3.57	3.030	—	3.030	—
	黄干油	kg	5.15	4.590	—	4.590	—
	机油	kg	19.66	1.627	—	1.627	—
	煤油	kg	3.73	4.131	—	4.131	—
	棉纱头	kg	6.00	1.071	—	1.071	—
	平垫铁 Q195～Q235	块	1.34	4.080	—	4.080	—
	破布	kg	6.32	2.751	—	2.751	—
	普通硅酸盐水泥 42.5级	kg	0.35	67.442	—	67.442	—
	汽油	kg	6.77	1.153	—	1.153	—
	杉木成材	m³	1311.37	0.024	—	0.024	—
	碎石 5～32	t	106.80	0.202	—	0.202	—
	碳钢电焊条	kg	39.00	2.717	—	2.717	—
	斜垫铁	kg	3.50	8.160	—	8.160	—
	枕木 2500×250×200	根	128.21	0.315	—	0.315	—
	中(粗)砂	t	87.00	0.177	—	0.177	—
机械	电焊条烘干箱 45×35×45cm³	台班	17.00	0.048	0.005	0.051	0.005
	汽车式起重机 8t	台班	763.67	0.574	0.057	0.606	0.061
	载重汽车 5t	台班	430.70	0.153	0.015	0.162	0.016
	直流弧焊机 32kV·A	台班	87.75	0.480	0.048	0.511	0.051

工作内容：开箱点件、基础划线、场内运输、设备吊装就位、一次灌浆、精平、组装、附件组装、清洗、
检查、加油、无负荷试运转。

计量单位：台

定 额 编 号				S5-7-25	S5-7-26	S5-7-27	S5-7-28
项 目 名 称				渠道宽m以内			
				3		4	
				深m以内			
				5	每增减1	5	每增减1
基 价（元）				4671.53	236.74	5831.66	329.59
其中	人 工 费（元）			3593.52	173.60	4513.60	225.68
	材 料 费（元）			445.01	—	623.56	—
	机 械 费（元）			633.00	63.14	694.50	103.91
名 称		单位	单价（元）	消	耗		量
人工	综合工日	工日	140.00	25.668	1.240	32.240	1.612
材料	镀锌铁丝 16号	kg	3.57	3.535	—	4.040	—
	黄干油	kg	5.15	6.018	—	8.058	—
	机油	kg	19.66	2.142	—	7.262	—
	煤油	kg	3.73	5.151	—	4.162	—
	棉纱头	kg	6.00	1.576	—	2.586	—
	平垫铁 Q195～Q235	块	1.34	4.080	—	4.080	—
	破布	kg	6.32	3.381	—	4.431	—
	普通硅酸盐水泥 42.5级	kg	0.35	85.048	—	128.816	—
	汽油	kg	6.77	1.173	—	1.683	—
	杉木成材	m³	1311.37	0.028	—	0.041	—
	碎石 5～32	t	106.80	0.251	—	0.383	—
	碳钢电焊条	kg	39.00	2.926	—	3.740	—
	斜垫铁	kg	3.50	8.160	—	8.160	—
	枕木 2500×250×200	根	128.21	0.315	—	0.042	—
	中（粗）砂	t	87.00	0.224	—	0.338	—
机械	电焊条烘干箱 45×35×45cm³	台班	17.00	0.052	0.005	0.067	0.010
	汽车式起重机 8t	台班	763.67	0.673	0.067	0.723	0.108
	载重汽车 5t	台班	430.70	0.168	0.017	0.192	0.029
	直流弧焊机 32kV·A	台班	87.75	0.522	0.052	0.667	0.100

4.反捞式、回转式、齿耙式格栅除污机

工作内容：开箱点件、基础划线、场内运输、设备吊装就位、一次灌浆、精平、组装、附件组装、清洗、检查、加油、无负荷试运转。

计量单位：台

定　额　编　号				S5-7-29	S5-7-30	S5-7-31	S5-7-32
项　目　名　称				渠道宽m以内			
				0.8		1.5	
				深m以内			
				3	每增减1	3	每增减1
基　　　价（元）				2241.29	141.09	2913.60	155.65
其中	人　工　费（元）			1736.00	86.80	1909.60	95.48
	材　料　费（元）			401.38	—	401.38	—
	机　械　费（元）			103.91	54.29	602.62	60.17
名　　称		单位	单价（元）	消	耗		量
人工	综合工日	工日	140.00	12.400	0.620	13.640	0.682
材料	镀锌铁丝 16号	kg	3.57	3.030	—	3.030	—
	黄干油	kg	5.15	4.590	—	4.590	—
	机油	kg	19.66	1.627	—	1.627	—
	煤油	kg	3.73	4.131	—	4.131	—
	棉纱头	kg	6.00	1.071	—	1.071	—
	平垫铁 Q195～Q235	块	1.34	4.080	—	4.080	—
	破布	kg	6.32	2.751		2.751	
	普通硅酸盐水泥 42.5级	kg	0.35	85.048	—	85.048	—
	汽油	kg	6.77	1.153		1.153	
	杉木成材	m³	1311.37	0.024		0.024	
	碎石 5～32	t	106.80	0.251		0.251	
	碳钢电焊条	kg	39.00	2.717		2.717	
	斜垫铁	kg	3.50	8.160		8.160	
	枕木 2500×250×200	根	128.21	0.315		0.315	
	中(粗)砂	t	87.00	0.224		0.224	
机械	电焊条烘干箱 45×35×45cm³	台班	17.00	0.010	0.005	0.050	0.005
	汽车式起重机 8t	台班	763.67	0.108	0.057	0.632	0.063
	载重汽车 5t	台班	430.70	0.029	0.015	0.168	0.017
	直流弧焊机 32kV·A	台班	87.75	0.100	0.048	0.533	0.053

225

工作内容：开箱点件、基础划线、场内运输、设备吊装就位、一次灌浆、精平、组装、附件组装、清洗、检查、加油、无负荷试运转。

计量单位：台

定 额 编 号				S5-7-33	S5-7-34	S5-7-35	S5-7-36
项 目 名 称				渠道宽m以内			
				2		3	
				深m以内			
				3	每增减1	3	每增减1
基 价（元）				3475.07	175.98	4317.48	217.25
其中	人 工 费（元）			2298.80	112.84	3038.00	151.90
	材 料 费（元）			543.27	—	623.17	—
	机 械 费（元）			633.00	63.14	656.31	65.35
名 称		单位	单价（元）	消 耗 量			
人工	综合工日	工日	140.00	16.420	0.806	21.700	1.085
材料	镀锌铁丝 16号	kg	3.57	.535	—	4.040	—
	黄干油	kg	5.15	6.018	—	8.058	—
	机油	kg	19.66	2.142	—	4.202	—
	煤油	kg	3.73	5.151	—	7.191	—
	棉纱头	kg	6.00	1.576	—	2.586	—
	平垫铁 Q195～Q235	块	1.34	4.080	—	4.080	—
	破布	kg	6.32	3.381	—	4.431	—
	普通硅酸盐水泥 42.5级	kg	0.35	166.260	—	128.816	—
	汽油	kg	6.77	1.173	—	1.683	—
	杉木成材	m³	1311.37	0.028	—	0.041	—
	碎石 5～32	t	106.80	0.663	—	0.383	—
	碳钢电焊条	kg	39.00	2.926	—	3.740	—
	斜垫铁	kg	3.50	8.160	—	8.160	—
	枕木 2500×250×200	根	128.21	0.315	—	0.420	—
	中(粗)砂	t	87.00	0.521	—	0.338	—
机械	电焊条烘干箱 45×35×45cm³	台班	17.00	0.052	0.005	0.067	0.007
	汽车式起重机 8t	台班	763.67	0.673	0.067	0.673	0.067
	载重汽车 5t	台班	430.70	0.168	0.017	0.192	0.019
	直流弧焊机 32kV·A	台班	87.75	0.522	0.052	0.667	0.067

5.转鼓式格栅除污机

工作内容：开箱点件、基础划线、场内运输、设备吊装就位、一次灌浆、精平、组装、附件组装、清洗、检查、加油、无负荷试运转。

计量单位：台

定 额 编 号			S5-7-37	S5-7-38	S5-7-39
项 目 名 称			转鼓式(直径m以内)		
			1	2	3
基 价（元）			2331.19	2961.98	3574.09
其中	人 工 费（元）		1336.72	1822.80	2135.28
	材 料 费（元）		385.90	429.53	623.17
	机 械 费（元）		608.57	709.65	815.64
名 称	单位	单价（元）	消	耗	量
人工 综合工日	工日	140.00	9.548	13.020	15.252
材料	镀锌铁丝 16号	kg	3.57	3.030	3.535	4.040
	黄干油	kg	5.15	4.590	6.018	8.058
	机油	kg	19.66	1.627	2.142	4.202
	煤油	kg	3.73	4.131	5.151	7.191
	棉纱头	kg	6.00	1.071	1.576	2.586
	平垫铁 Q195～Q235	块	1.34	4.080	4.080	4.080
	破布	kg	6.32	2.751	3.381	4.431
	普通硅酸盐水泥 42.5级	kg	0.35	67.442	67.442	128.816
	汽油	kg	6.77	1.153	1.173	1.683
	杉木成材	m³	1311.37	0.024	0.028	0.041
	碎石 5～32	t	106.80	0.202	0.202	0.383
	碳钢电焊条	kg	39.00	2.717	2.926	3.740
	斜垫铁	kg	3.50	8.160	8.160	8.160
	枕木 2500×250×200	根	128.21	0.315	0.315	0.420
	中(粗)砂	t	87.00	0.177	0.177	0.338
机械	电焊条烘干箱 45×35×45cm³	台班	17.00	0.054	0.067	0.074
	汽车式起重机 8t	台班	763.67	0.638	0.731	0.860
	载重汽车 5t	台班	430.70	0.170	0.213	0.215
	直流弧焊机 32kV·A	台班	87.75	0.538	0.667	0.741

第三节 滤网清污机

工作内容：开箱点件、基础划线、场内运输、设备吊装就位、一次灌浆、精平、组装、附件组装、清洗、检查、加油、无负荷试运转。

计量单位：台

定 额 编 号				S5-7-40	S5-7-41	S5-7-42
项 目 名 称				渠道宽m以内		
				1.5	2.5	3.5
				深m以内		
				6	10	
基 价（元）				4490.26	5050.01	5713.90
其中	人 工 费（元）			3402.56	3723.72	4053.56
	材 料 费（元）			354.89	396.06	427.78
	机 械 费（元）			732.81	930.23	1232.56
名 称		单位	单价（元）	消	耗	量
人工	综合工日	工日	140.00	24.304	26.598	28.954
材 料	镀锌铁丝 16号	kg	3.57	3.030	3.535	3.535
	钢板 δ10	kg	3.18	1.260	1.575	1.890
	黄干油	kg	5.15	3.570	4.080	4.080
	机油	kg	19.66	1.545	2.060	2.575
	煤油	kg	3.73	3.060	4.080	5.100
	棉纱头	kg	6.00	1.010	1.212	1.313
	平垫铁 Q195～Q235	块	1.34	4.080	4.080	4.080
	破布	kg	6.32	2.100	2.415	2.620
	普通硅酸盐水泥 42.5级	kg	0.35	67.442	74.185	81.600
	汽油	kg	6.77	1.020	1.224	1.428
	杉木成材	m³	1311.37	0.020	0.022	0.024
	碎石 5～32	t	106.80	0.202	0.220	0.242
	碳钢电焊条	kg	39.00	2.310	2.530	2.640
	斜垫铁	kg	3.50	8.160	8.160	8.160
	氧气	m³	3.63	0.330	0.330	0.330
	乙炔气	kg	10.45	0.110	0.110	0.110
	枕木 2500×250×200	根	128.21	0.315	0.315	0.315
	中(粗)砂	t	87.00	0.177	0.197	0.216
机 械	电焊条烘干箱 45×35×45cm³	台班	17.00	0.046	0.050	0.052
	汽车式起重机 8t	台班	763.67	0.791	1.020	1.284
	载重汽车 12t	台班	670.70	—	—	0.306
	载重汽车 5t	台班	430.70	0.204	0.247	—
	直流弧焊机 32kV·A	台班	87.75	0.457	0.502	0.523

工作内容：开箱点件、基础划线、场内运输、设备吊装就位、一次灌浆、精平、组装、附件组装、清洗、
检查、加油、无负荷试运转。

计量单位：台

定　额　编　号			S5-7-43	S5-7-44
项　目　名　称			渠道宽m以内	
			4	4.5
			深m以内	
			12	
基　　　　价（元）			6715.46	7845.36
其中	人　工　费（元）		4577.86	5092.50
	材　料　费（元）		472.37	521.06
	机　械　费（元）		1665.23	2231.80
名　　　　称	单位	单价（元）	消　耗　　　量	
人工 综合工日	工日	140.00	32.699	36.375
材料 镀锌铁丝 16号	kg	3.57	3.535	4.040
钢板 δ10	kg	3.18	2.100	2.310
黄干油	kg	5.15	4.896	5.100
机油	kg	19.66	3.296	4.120
煤油	kg	3.73	6.120	8.160
棉纱头	kg	6.00	1.414	1.515
平垫铁 Q195～Q235	块	1.34	4.080	4.080
破布	kg	6.32	2.940	3.150
普通硅酸盐水泥 42.5级	kg	0.35	89.964	98.960
汽油	kg	6.77	1.530	1.530
杉木成材	m³	1311.37	0.026	0.028
碎石 5～32	t	106.80	0.265	0.293
碳钢电焊条	kg	39.00	2.860	3.080
斜垫铁	kg	3.50	8.160	8.160
氧气	m³	3.63	0.330	0.330
乙炔气	kg	10.45	0.110	0.110
枕木 2500×250×200	根	128.21	0.315	0.315
中(粗)砂	t	87.00	0.237	0.261
机械 电焊条烘干箱 45×35×45cm³	台班	17.00	0.057	0.061
汽车式起重机 12t	台班	857.15	—	0.374
汽车式起重机 16t	台班	958.70	1.480	1.675
载重汽车 10t	台班	547.99	0.357	—
载重汽车 12t	台班	670.70	—	0.374
直流弧焊机 32kV·A	台班	87.75	0.567	0.610

第四节 压榨机
1.螺旋输送机压榨机

工作内容：开箱点件、基础划线、场内运输、设备吊装就位、一次灌浆、精平、组装、附件组装、清洗、检查、加油、无负荷试运转。

计量单位：台

定　额　编　号				S5-7-45	S5-7-46
项　目　名　称				螺旋直径mm以内	
				300	
				基本输送长3m以内	每增加输送长2m以内
基　　　价（元）				689.46	54.97
其中	人　工　费（元）			490.42	49.00
	材　料　费（元）			140.27	—
	机　械　费（元）			58.77	5.97
名　　称		单位	单价（元）	消　　耗　　量	
人工	综合工日	工日	140.00	3.503	0.350
材料	镀锌钢板 δ1～1.5	kg	4.30	0.297	—
	镀锌铁丝 16号	kg	3.57	2.000	—
	厚漆	kg	8.55	0.492	—
	黄干油	kg	5.15	1.370	—
	机油	kg	19.66	0.448	—
	煤油	kg	3.73	2.978	—
	平垫铁 Q195～Q235	块	1.34	4.080	—
	破布	kg	6.32	1.058	—
	普通硅酸盐水泥 42.5级	kg	0.35	31.059	—
	汽油	kg	6.77	0.677	—
	碎石 5～32	t	106.80	0.085	—
	碳钢电焊条	kg	39.00	0.508	—
	斜垫铁	kg	3.50	8.160	—
	一等木板 19～35	m³	1400.00	0.006	—
	中(粗)砂	t	87.00	0.083	—
机械	叉式起重机 5t	台班	506.51	0.068	0.007
	电焊条烘干箱 45×35×45cm³	台班	17.00	0.027	0.003
	直流弧焊机 32kV·A	台班	87.75	0.272	0.027

工作内容：开箱点件、基础划线、场内运输、设备吊装就位、一次灌浆、精平、组装、附件组装、清洗、检查、加油、无负荷试运转。

计量单位：台

定 额 编 号				S5-7-47	S5-7-48
项 目 名 称				螺旋直径mm以内	
				550	
				基本输送长3m以内	每增加输送长2m以内
基 价（元）				1013.54	82.45
其中	人 工 费（元）			729.12	72.94
	材 料 费（元）			213.11	—
	机 械 费（元）			71.31	9.51
	名 称	单位	单价（元）	消 耗	量
人工	综合工日	工日	140.00	5.208	0.521
材料	镀锌钢板 δ1～1.5	kg	4.30	0.477	—
	镀锌铁丝 16号	kg	3.57	3.090	—
	厚漆	kg	8.55	0.666	—
	黄干油	kg	5.15	2.009	—
	机油	kg	19.66	1.248	—
	煤油	kg	3.73	3.803	—
	平垫铁 Q195～Q235	块	1.34	4.080	—
	破布	kg	6.32	1.433	—
	普通硅酸盐水泥 42.5级	kg	0.35	41.412	—
	汽油	kg	6.77	1.040	—
	碎石 5～32	t	106.80	0.129	—
	碳钢电焊条	kg	39.00	0.693	—
	斜垫铁	kg	3.50	8.160	—
	一等木板 19～35	m³	1400.00	0.022	—
	中(粗)砂	t	87.00	0.104	—
机械	叉式起重机 5t	台班	506.51	0.136	0.014
	电焊条烘干箱 45×35×45cm³	台班	17.00	0.003	0.003
	直流弧焊机 32kV·A	台班	87.75	0.027	0.027

2.螺旋压榨机

工作内容：开箱点件、基础划线、场内运输、设备吊装就位、一次灌浆、精平、组装、附件组装、清洗、检查、加油、无负荷试运转。

计量单位：台

定 额 编 号				S5-7-49	S5-7-50
项 目 名 称				螺旋直径mm以内	
				300	550
基 价 （元）				644.27	802.03
其中	人 工 费 （元）			520.80	624.96
	材 料 费 （元）			81.01	105.73
	机 械 费 （元）			42.46	71.34
名 称		单位	单价（元）	消 耗 量	
人工	综合工日	工日	140.00	3.720	4.464
材料	镀锌钢板 δ1～1.5	kg	4.30	0.119	0.191
	镀锌铁丝 22号	kg	3.57	0.784	1.177
	黄干油	kg	5.15	0.548	0.804
	机油	kg	19.66	0.358	0.499
	煤油	kg	3.73	1.191	1.521
	平垫铁 Q195～Q235	块	1.34	4.080	4.080
	破布	kg	6.32	0.423	0.573
	普通硅酸盐水泥 42.5级	kg	0.35	12.424	15.565
	汽油	kg	6.77	0.271	0.416
	铅油	kg	6.45	0.197	0.267
	石棉绳	kg	3.50	0.179	0.270
	碎石 5～32	t	106.80	0.034	0.051
	碳钢电焊条	kg	39.00	0.203	0.277
	斜垫铁	kg	3.50	8.160	8.160
	一等木板 19～35	m³	1400.00	0.003	0.009
	中(粗)砂	t	87.00	0.033	0.042
机械	叉式起重机 5t	台班	506.51	0.040	0.080
	电动单筒慢速卷扬机 50kN	台班	215.57	0.040	0.080
	电焊条烘干箱 45×35×45cm³	台班	17.00	0.016	0.016
	交流弧焊机 32kV·A	台班	83.14	0.160	0.160

第五节 刮砂机(除砂机)

1.中心传动刮砂机

工作内容:开箱点件、基础划线、场内运输、设备吊装就位、精平、组装、附件组装、清洗、检查、加油、无负荷试运转。

计量单位:台

定 额 编 号			S5-7-51	S5-7-52
项 目 名 称			直径m以内	
			3	5
基 价（元）			90571.36	95566.76
其中	人 工 费（元）		2039.80	2152.64
	材 料 费（元）		87843.70	92692.07
	机 械 费（元）		687.86	722.05
名 称		单位	单价（元）	消 耗 量
人工	综合工日	工日	140.00	14.570	15.376
材料	镀锌铁丝 22号	kg	3.57	3.182	3.363
	二等板方材	m³	1709.00	0.116	0.116
	钢板	kg	3.17	12.105	12.784
	黄干油	kg	5.15	4.223	4.457
	机油	kg	19.66	2.194	2.318
	螺纹钢筋 HRB400 φ10以内	t	3500.00	24.898	26.275
	煤油	kg	3.73	4.590	4.845
	棉纱头	kg	6.00	1.364	1.444
	破布	kg	6.32	2.079	2.195
	汽油	kg	6.77	0.918	0.969
	碳钢电焊条	kg	39.00	4.983	5.258
	无缝钢管 φ76×3.5	m	28.40	1.326	1.397
	氧气	m³	3.63	2.453	2.596
	乙炔气	kg	10.45	0.814	0.869
	枕木 2000×250×200	根	102.56	0.851	0.903
	紫铜板 δ2	kg	68.38	0.095	0.106
机械	电焊条烘干箱 45×35×45cm³	台班	17.00	0.116	0.123
	汽车式起重机 8t	台班	763.67	0.640	0.670
	载重汽车 8t	台班	501.85	0.190	0.200
	直流弧焊机 32kV·A	台班	87.75	1.160	1.230

工作内容：开箱点件、基础划线、场内运输、设备吊装就位、精平、组装、附件组装、清洗、检查、加油、无负荷试运转。

计量单位：台

定 额 编 号			S5-7-53	S5-7-54
项 目 名 称			直径m以内	
			7	7以外
基 价（元）			110671.75	115726.01
其中	人 工 费（元）		2491.16	2604.00
	材 料 费（元）		107342.48	112242.97
	机 械 费（元）		838.11	879.04
	名 称	单位	单价（元）	消 耗 量	
人工	综合工日	工日	140.00	17.794	18.600
材料	镀锌铁丝 22号	kg	3.57	3.889	4.070
	二等板方材	m³	1709.00	0.137	0.147
	钢板	kg	3.17	14.798	15.465
	黄干油	kg	5.15	5.161	5.396
	机油	kg	19.66	2.688	2.812
	螺纹钢筋 HRB400 φ10以内	t	3500.00	30.427	31.814
	煤油	kg	3.73	5.610	5.865
	棉纱头	kg	6.00	1.667	1.747
	破布	kg	6.32	2.541	2.657
	汽油	kg	6.77	1.122	1.173
	碳钢电焊条	kg	39.00	6.083	6.358
	无缝钢管 φ76×3.5	m	28.40	1.612	1.693
	氧气	m³	3.63	3.003	3.135
	乙炔气	kg	10.45	1.001	1.045
	枕木 2000×250×200	根	102.56	1.040	1.092
	紫铜板 δ2	kg	68.38	0.117	0.127
机械	电焊条烘干箱 45×35×45cm³	台班	17.00	0.142	0.148
	汽车式起重机 8t	台班	763.67	0.780	0.820
	载重汽车 8t	台班	501.85	0.230	0.240
	直流弧焊机 32kV·A	台班	87.75	1.420	1.480

234

2.往复式耙砂机

工作内容：开箱点件、基础划线、场内运输、设备吊装就位、一次灌浆、精平、组装、附件组装、清洗、
检查、加油、无负荷试运转。

计量单位：台

定　额　编　号				S5-7-55	S5-7-56	S5-7-57
项　目　名　称				输送长m以内		
				3	5	5以外
基　　价（元）				2000.73	2328.63	2521.50
其中	人　工　费（元）			1302.00	1562.40	1736.00
	材　料　费（元）			244.56	285.86	305.13
	机　械　费（元）			454.17	480.37	480.37
名　　称		单位	单价（元）	消	耗	量
人工	综合工日	工日	140.00	9.300	11.160	12.400
材料	镀锌薄钢板 δ0.8～1.0	kg	3.79	0.880	0.933	0.933
	镀锌铁丝 22号	kg	3.57	1.515	1.616	1.616
	黄干油	kg	5.15	1.550	1.652	1.652
	机油	kg	19.66	2.987	3.183	3.183
	煤油	kg	3.73	4.845	5.171	5.171
	平垫铁 Q195～Q235	块	1.34	4.080	6.120	6.120
	破布	kg	6.32	1.764	1.880	1.880
	普通硅酸盐水泥 42.5级	kg	0.35	51.765	67.442	85.048
	汽油	kg	6.77	0.785	0.836	0.836
	碎石 5～32	t	106.80	0.152	0.202	0.251
	碳钢电焊条	kg	39.00	0.910	0.970	1.067
	斜垫铁	kg	3.50	8.160	12.240	12.240
	氧气	m³	3.63	0.506	0.539	0.539
	一等木板 19～35	m³	1400.00	0.011	0.011	0.011
	乙炔气	kg	10.45	0.165	0.176	0.176
	中(粗)砂	t	87.00	0.135	0.177	0.224
机械	电焊条烘干箱 45×35×45cm³	台班	17.00	0.015	0.016	0.016
	汽车式起重机 8t	台班	763.67	0.380	0.400	0.400
	载重汽车 8t	台班	501.85	0.300	0.320	0.320
	直流弧焊机 32kV·A	台班	87.75	0.150	0.160	0.160

第六节 吸砂机
1.移动桥式吸砂机

工作内容：开箱点件、基础划线、场内运输、设备吊装就位、精平、组装、附件组装、清洗、检查、加油、无负荷试运转。

计量单位：台

定 额 编 号			S5-7-58	S5-7-59	S5-7-60
项 目 名 称			池宽m以内		
			3	6	8
基 价 （元）			5123.33	6000.68	6859.89
其中	人 工 费（元）		1909.60	2083.20	2256.80
	材 料 费（元）		1749.63	2124.20	2498.72
	机 械 费（元）		1464.10	1793.28	2104.37
名 称	单位	单价（元）	消	耗	量
人工	综合工日	工日	140.00	13.640	14.880	16.120
材料	镀锌铁丝 22号	kg	3.57	2.121	2.576	3.030
	二等板方材	m³	1709.00	0.015	0.018	0.021
	钢锯条	条	0.34	3.080	3.740	4.400
	黄干油	kg	5.15	1.428	1.734	2.040
	机油	kg ·	19.66	9.806	11.907	14.008
	煤油	kg	3.73	4.855	5.896	6.936
	棉纱头	kg	6.00	2.121	2.576	3.030
	破布	kg	6.32	2.205	2.678	3.150
	汽油	kg	6.77	1.714	2.081	2.448
	砂布	张	1.03	1.470	1.785	2.100
	碳钢电焊条	kg	39.00	35.805	43.478	51.150
	氧气	m³	3.63	8.316	10.098	11.880
	乙炔气	kg	10.45	2.772	3.366	3.960
	枕木 2500×250×200	根	128.21	0.014	0.017	0.020
机械	电焊条烘干箱 45×35×45cm³	台班	17.00	0.084	1.014	1.192
	汽车式起重机 16t	台班	958.70	0.630	0.765	0.900
	汽车式起重机 8t	台班	763.67	0.210	0.255	0.300
	载重汽车 8t	台班	501.85	0.203	0.247	0.280
	直流弧焊机 20kV·A	台班	71.43	8.350	10.135	11.923

工作内容：开箱点件、基础划线、场内运输、设备吊装就位、精平、组装、附件组装、清洗、检查、加油、无负荷试运转。

计量单位：台

定　额　编　号			S5-7-61	S5-7-62	S5-7-63
项　目　名　称			池宽m以内		
			10	12	12以外
基　　　　价（元）			6872.61	7464.81	7987.62
其中	人　工　费（元）		2343.60	2517.20	2690.80
	材　料　费（元）		2290.80	2534.37	2606.10
	机　械　费（元）		2238.21	2413.24	2690.72
名　　称		单位	单价（元）	消　　耗　　量	
人工	综合工日	工日	140.00	16.740	17.980	19.220
材料	镀锌铁丝 22号	kg	3.57	3.030	3.030	3.030
	二等板方材	m³	1709.00	0.021	0.021	0.032
	钢锯条	条	0.34	4.400	4.400	4.400
	黄干油	kg	5.15	3.030	2.040	2.550
	机油	kg	19.66	2.040	14.008	15.759
	煤油	kg	3.73	14.008	6.936	7.854
	棉纱头	kg	6.00	3.150	3.030	3.535
	破布	kg	6.32	—	3.150	3.675
	汽油	kg	6.77	2.448	2.448	2.652
	砂布	张	1.03	2.100	2.100	4.200
	碳钢电焊条	kg	39.00	51.150	51.150	51.150
	氧气	m³	3.63	13.640	16.170	16.170
	乙炔气	kg	10.45	4.546	5.390	5.390
	枕木 2500×250×200	根	128.21	0.040	0.060	0.080
机械	电焊条烘干箱 45×35×45cm³	台班	17.00	1.192	1.192	1.192
	汽车式起重机 16t	台班	958.70	1.000	1.130	1.340
	汽车式起重机 8t	台班	763.67	0.330	0.350	0.430
	载重汽车 8t	台班	501.85	0.310	0.380	0.410
	直流弧焊机 20kV·A	台班	71.43	11.923	11.923	11.923

2. 沉砂器

工作内容：开箱点件、基础划线、场内运输、设备吊装就位、一次灌浆、精平、组装、附件组装、清洗、检查、加油、无负荷试运转。

计量单位：台

	定 额 编 号			S5-7-64
	项 目 名 称			旋流沉砂器
	基 价（元）			2799.77
其中	人 工 费（元）			1649.20
	材 料 费（元）			382.32
	机 械 费（元）			768.25

	名 称	单位	单价（元）	消 耗 量
人工	综合工日	工日	140.00	11.780
材料	镀锌钢板 δ1~1.5	kg	4.30	0.848
	镀锌铁丝 22号	kg	3.57	2.020
	钢板 δ10	kg	3.18	21.305
	黄干油	kg	5.15	2.856
	机油	kg	19.66	1.442
	煤油	kg	3.73	4.590
	棉纱头	kg	6.00	1.717
	平垫铁 Q195~Q235	块	1.34	4.080
	破布	kg	6.32	1.785
	普通硅酸盐水泥 42.5级	kg	0.35	51.765
	杉木成材	m³	1311.37	0.011
	碎石 5~32	t	106.80	0.157
	碳钢电焊条	kg	39.00	2.860
	斜垫铁	kg	3.50	8.160
	氧气	m³	3.63	1.507
	乙炔气	kg	10.45	0.506
	枕木 2000×250×200	根	102.56	0.042
	中(粗)砂	t	87.00	0.138
机械	电焊条烘干箱 45×35×45cm³	台班	17.00	0.057
	汽车式起重机 8t	台班	763.67	0.817
	载重汽车 5t	台班	430.70	0.239
	直流弧焊机 20kV·A	台班	71.43	0.566

3.提砂系统

工作内容：开箱检点、基础划线、场内运输、安装就位、组件安装、加油、试运转。　　　　　计量单位：套

定　额　编　号			S5-7-65	S5-7-66
项　目　名　称			泵提砂系统	气提砂系统
基　　　　　价（元）			948.73	879.90
其中	人　工　费（元）		781.20	694.40
	材　料　费（元）		76.40	94.37
	机　械　费（元）		91.13	91.13
名　　　称	单位	单价（元）	消　　耗　　量	
人工 综合工日	工日	140.00	5.580	4.960
材料 镀锌钢板 δ1～1.5	kg	4.30	0.201	0.201
镀锌铁丝 16号	kg	3.57	0.808	—
黄干油	kg	5.15	0.515	0.515
机油	kg	19.66	1.509	1.509
煤油	kg	3.73	1.607	1.607
棉纱头	kg	6.00	0.300	0.300
破布	kg	6.32	0.320	0.320
汽油	kg	6.77	0.312	0.312
铅油	kg	6.45	0.205	0.248
碳钢电焊条	kg	39.00	0.266	0.880
氧气	m³	3.63	0.235	0.235
一等木板 19～35	m³	1400.00	0.008	0.008
乙炔气	kg	10.45	0.078	0.078
油浸石棉盘根	kg	10.09	0.343	—
其他材料费占材料费	%	—	0.500	0.500
机械 叉式起重机 5t	台班	506.51	0.170	0.170
电焊条烘干箱 45×35×45cm³	台班	17.00	0.009	0.009
交流弧焊机 21kV·A	台班	57.35	0.085	0.085

第七节 刮泥机

1.链条牵引式刮泥机

工作内容：开箱点件、基础划线、场内运输、设备吊装就位、精平、组装、附件组装、清洗、检查、加油、无负荷试运转。

计量单位：台

定 额 编 号			S5-7-67	S5-7-68	S5-7-69
项 目 名 称			单链（m以内）		
			6	10	10m以外
基 价（元）			6169.84	7177.45	8467.56
其中	人 工 费（元）		5138.00	6033.02	7131.04
	材 料 费（元）		373.47	396.08	418.83
	机 械 费（元）		658.37	748.35	917.69
名 称	单位	单价(元)	消	耗	量
人工	综合工日	工日	140.00	36.700	43.093	50.936
材料	镀锌铁丝 22号	kg	3.57	1.961	2.451	2.942
	二等板方材	m³	1709.00	0.020	0.020	0.020
	钢板 δ10	kg	3.18	1.000	1.000	1.000
	黄干油	kg	5.15	2.623	2.914	3.206
	机油	kg	19.66	3.160	3.660	4.160
	煤油	kg	3.73	1.208	1.426	1.644
	棉纱头	kg	6.00	2.000	2.200	2.500
	破布	kg	6.32	0.728	0.832	0.863
	汽油	kg	6.77	0.990	0.990	0.990
	碳钢电焊条	kg	39.00	4.680	4.680	4.680
	氧气	m³	3.63	0.530	0.530	0.530
	乙炔气	kg	10.45	0.177	0.177	0.177
	枕木 2500×250×200	根	128.21	0.250	0.300	0.350
	其他材料费占材料费	%	—	2.000	2.000	2.000
机械	电焊条烘干箱 45×35×45cm³	台班	17.00	0.094	0.094	0.094
	汽车式起重机 8t	台班	763.67	0.628	0.734	0.938
	载重汽车 8t	台班	501.85	0.188	0.206	0.233
	直流弧焊机 32kV·A	台班	87.75	0.944	0.944	0.944

工作内容：开箱点件、基础划线、场内运输、设备吊装就位、精平、组装、附件组装、清洗、检查、加油、无负荷试运转。

计量单位：台

定 额 编 号			S5-7-70	S5-7-71	S5-7-72
项 目 名 称			双链(m以内)		
			6	10	10m以外
基 价（元）			7835.90	9230.11	10768.53
其中	人 工 费（元）		6701.52	7862.40	9218.44
	材 料 费（元）		262.39	463.88	485.90
	机 械 费（元）		871.99	903.83	1064.19
名 称	单位	单价(元)	消	耗	量
人工	综合工日	工日	140.00	47.868	56.160	65.846
材　　料	镀锌铁丝 22号	kg	3.57	1.961	2.451	2.942
	二等板方材	m³	1709.00	0.030	0.030	0.030
	钢板 δ10	kg	3.18	1.400	1.400	1.400
	黄干油	kg	5.15	3.400	3.497	3.691
	机油	kg	19.66	4.700	4.700	5.200
	煤油	kg	3.73	2.080	2.080	2.278
	棉纱头	kg	6.00	3.000	3.300	3.500
	破布	kg	6.32	1.040	1.144	1.248
	汽油	kg	6.77	0.990	0.990	0.990
	碳钢电焊条	kg	39.00	0.250	5.030	5.030
	氧气	m³	3.63	0.530	0.530	0.530
	乙炔气	kg	10.45	0.177	0.177	0.177
	枕木 2500×250×200	根	128.21	0.250	0.300	0.350
	其他材料费占材料费	%	—	2.000	2.000	2.000
机　　械	电焊条烘干箱 45×35×45cm³	台班	17.00	0.102	0.102	0.102
	汽车式起重机 12t	台班	857.15	—	—	0.734
	汽车式起重机 8t	台班	763.67	0.858	0.947	0.274
	载重汽车 8t	台班	501.85	0.251	0.179	0.269
	直流弧焊机 32kV·A	台班	87.75	1.015	1.015	1.015

241

2.悬挂式中心传动刮泥机

工作内容：开箱点件、基础划线、场内运输、枕木堆搭设、主梁组对、主梁吊装就位、精平、组装、附件组装、清洗、检查、加油、无负荷试运转。

计量单位：台

定 额 编 号				S5-7-73	S5-7-74	S5-7-75
项 目 名 称				池径(m以内)		
				6	8	10
基 价 （元）				4449.59	5063.31	6067.52
其中	人 工 费 （元）			2920.96	3391.22	3904.04
	材 料 费 （元）			863.90	867.74	972.17
	机 械 费 （元）			664.73	804.35	1191.31
名 称		单位	单价（元）	消	耗	量
人工	综合工日	工日	140.00	20.864	24.223	27.886
材料	镀锌钢板 δ1~1.5	kg	4.30	0.900	0.900	1.000
	镀锌铁丝 22号	kg	3.57	3.432	3.432	3.432
	二等板方材	m³	1709.00	0.120	0.120	0.160
	钢板 δ10	kg	3.18	11.790	11.790	12.430
	黄干油	kg	5.15	4.469	4.469	4.469
	机油	kg	19.66	2.370	2.370	2.500
	螺纹钢筋 HRB400 φ10以内	kg	3.50	26.598	26.598	26.598
	煤油	kg	3.73	4.951	4.951	4.951
	棉纱头	kg	6.00	1.500	1.800	2.000
	破布	kg	6.32	2.287	2.599	3.119
	汽油	kg	6.77	0.990	0.990	0.990
	碳钢电焊条	kg	39.00	5.030	5.030	5.030
	无缝钢管 φ76×3.5	m	28.40	1.440	1.440	1.400
	氧气	m³	3.63	2.480	2.480	2.480
	乙炔气	kg	10.45	0.827	0.827	0.827
	枕木 2500×250×200	根	128.21	0.900	0.900	1.100
	紫铜板 δ2	kg	68.38	0.100	0.100	0.100
	其他材料费占材料费	%	—	2.000	2.000	2.000
机械	电焊条烘干箱 45×35×45cm³	台班	17.00	0.102	0.102	0.102
	汽车式起重机 12t	台班	857.15	—	0.531	—
	汽车式起重机 32t	台班	1257.67	—	—	0.646
	汽车式起重机 8t	台班	763.67	0.628	0.203	0.230
	载重汽车 8t	台班	501.85	0.188	0.206	0.224
	直流弧焊机 32kV·A	台班	87.75	1.015	1.015	1.015

工作内容：开箱点件、基础划线、场内运输、枕木堆搭设、主梁组对、主梁吊装就位、精平、组装、附件组装、清洗、检查、加油、无负荷试运转。

计量单位：台

定　额　编　号				S5-7-76	S5-7-77	S5-7-78
项　目　名　称				池径（m以内）		
				12	14	14m以外
基　　　　价（元）				7312.31	8580.85	10253.25
其中	人　工　费（元）			4942.70	5990.18	7240.52
	材　料　费（元）			1033.45	1087.86	1098.28
	机　械　费（元）			1336.16	1502.81	1914.45
名　　　称		单位	单价（元）	消　　耗　　量		
人工	综合工日	工日	140.00	35.305	42.787	51.718
材料	镀锌钢板 δ1～1.5	kg	4.30	1.000	1.400	1.400
	镀锌铁丝 22号	kg	3.57	3.432	3.432	3.432
	二等板方材	m³	1709.00	0.185	0.210	0.210
	钢板 δ10	kg	3.18	12.430	12.430	12.430
	黄干油	kg	5.15	4.469	4.469	4.469
	机油	kg	19.66	2.700	2.900	3.100
	螺纹钢筋 HRB400 φ10以内	kg	3.50	26.598	26.598	26.598
	煤油	kg	3.73	4.951	4.951	4.951
	棉纱头	kg	6.00	3.500	4.000	4.500
	破布	kg	6.32	3.639	3.950	4.470
	汽油	kg	6.77	0.990	0.990	0.990
	碳钢电焊条	kg	39.00	5.030	5.030	5.030
	无缝钢管 φ76×3.5	m	28.40	1.440	1.440	1.440
	氧气	m³	3.63	2.480	2.480	2.480
	乙炔气	kg	10.45	0.827	0.827	0.827
	枕木 2500×250×200	根	128.21	1.100	1.100	1.100
	紫铜板 δ2	kg	68.38	0.100	0.100	0.100
	其他材料费占材料费	%	—	2.000	2.000	2.000
机械	电焊条烘干箱 45×35×45cm³	台班	17.00	0.102	0.102	0.102
	汽车式起重机 32t	台班	1257.67	0.734	0.849	—
	汽车式起重机 40t	台班	1526.12	—	—	0.947
	汽车式起重机 8t	台班	763.67	0.257	0.274	0.301
	载重汽车 8t	台班	501.85	0.251	0.269	0.296
	直流弧焊机 32kV·A	台班	87.75	1.015	1.015	1.015

3.垂架式中心传动刮泥机

工作内容：开箱点件、基础划线、场内运输、枕木堆搭设、脚手架搭设、设备组装、附件组装、清洗、检查、加油、无负荷试运转。

计量单位：台

定 额 编 号			S5-7-79	S5-7-80	S5-7-81
项 目 名 称			池径（m以内）		
			22	30	40
基 价（元）			22976.20	26658.80	29048.84
其中	人 工 费（元）		13227.20	15451.80	16049.88
	材 料 费（元）		2386.11	2555.04	2712.01
	机 械 费（元）		7362.89	8651.96	10286.95
名 称	单位	单价(元)	消	耗	量
人工 综合工日	工日	140.00	94.480	110.370	114.642
材料 镀锌钢板 δ1～1.5	kg	4.30	3.000	4.000	4.000
镀锌铁丝 22号	kg	3.57	3.236	3.236	3.236
二等板方材	m³	1709.00	0.315	0.335	0.350
钢板 δ10	kg	3.18	33.040	33.940	33.940
黄干油	kg	5.15	15.271	15.271	15.271
机油	kg	19.66	2.500	3.000	3.500
煤油	kg	3.73	7.922	9.903	11.883
棉纱头	kg	6.00	3.500	4.000	8.000
破布	kg	6.32	4.678	6.238	6.238
汽油	kg	6.77	4.951	4.951	4.951
碳钢电焊条	kg	39.00	25.440	27.790	30.000
无缝钢管 φ50	m	23.68	4.150	4.150	4.150
氧气	m³	3.63	2.430	2.500	2.620
乙炔气	kg	10.45	0.810	0.833	0.873
枕木 2500×250×200	根	128.21	2.450	2.450	2.450
紫铜板 δ2	kg	68.38	0.120	0.150	0.150
其他材料费占材料费	%	—	2.000	2.000	2.000
机械 电焊条烘干箱 45×35×45cm³	台班	17.00	0.513	0.561	0.605
汽车式起重机 16t	台班	958.70	1.575	1.999	2.265
汽车式起重机 40t	台班	1526.12	1.150	1.150	1.150
汽车式起重机 8t	台班	763.67	4.379	5.370	7.112
载重汽车 10t	台班	547.99	0.538	0.690	0.708
直流弧焊机 32kV·A	台班	87.75	5.131	5.606	6.051

4.澄清池机械搅拌刮泥机

工作内容：开箱点件、基础划线、场内运输、设备吊装、精平组装、附件组装、清洗、检查、加油、无负荷试运转。

计量单位：台

定 额 编 号				S5-7-82	S5-7-83	S5-7-84	S5-7-85
项 目 名 称				池径(m以内)			
				8	12	15	15m以外
基 价（元）				3662.21	5156.22	6545.24	7326.23
其中	人 工 费（元）			2926.98	4137.56	5355.70	5931.10
	材 料 费（元）			322.91	376.87	433.27	474.12
	机 械 费（元）			412.32	641.79	756.27	921.01
	名 称	单位	单价（元）	消	耗		量
人工	综合工日	工日	140.00	20.907	29.554	38.255	42.365
材料	镀锌钢板 δ1～1.5	kg	4.30	1.000	1.000	1.000	1.000
	镀锌铁丝 22号	kg	3.57	2.942	2.942	3.432	3.432
	二等板方材	m³	1709.00	0.020	0.030	0.040	0.050
	钢板 δ10	kg	3.18	8.800	10.400	12.200	13.600
	黄干油	kg	5.15	2.429	2.429	2.429	2.429
	机油	kg	19.66	2.000	2.200	2.400	2.500
	煤油	kg	3.73	3.961	3.961	3.961	3.961
	棉纱头	kg	6.00	2.000	2.500	3.000	3.500
	破布	kg	6.32	2.079	2.599	3.119	3.639
	碳钢电焊条	kg	39.00	2.400	2.400	2.400	2.400
	氧气	m³	3.63	0.900	0.900	0.900	0.900
	乙炔气	kg	10.45	0.300	0.300	0.300	0.300
	枕木 2000×250×200	根	102.56	0.400	0.600	0.800	0.900
	紫铜板 δ2	kg	68.38	0.100	0.100	0.100	0.100
	其他材料费占材料费	%	—	2.000	2.000	2.000	2.000
机械	电焊条烘干箱 45×35×45cm³	台班	17.00	0.048	0.048	0.048	0.048
	汽车式起重机 12t	台班	857.15	—	—	0.548	—
	汽车式起重机 16t	台班	958.70	—	—	—	0.646
	汽车式起重机 8t	台班	763.67	0.407	0.672	0.195	0.203
	载重汽车 8t	台班	501.85	0.116	0.170	0.188	0.206
	直流弧焊机 32kV·A	台班	87.75	0.484	0.484	0.484	0.484

5.桁架式刮泥机

工作内容：开箱点件、基础划线、场内运输、设备吊装、精平组装、附件组装、清洗、检查、加油、无负荷试运转。

计量单位：台

定 额 编 号				S5-7-86	S5-7-87	S5-7-88	S5-7-89
项 目 名 称				跨度(m以内)			
				10	15	20	20m以外
基 价（元）				7948.23	8724.64	9931.88	11178.72
其中	人 工 费（元）			3515.40	3819.20	4166.40	5381.60
	材 料 费（元）			2529.67	2617.65	2917.53	2917.53
	机 械 费（元）			1903.16	2287.79	2847.95	2879.59
名 称	单位	单价(元)	消	耗		量	
人工 综合工日	工日	140.00	25.110	27.280	29.760	38.440	
镀锌铁丝 16号	kg	3.57	3.030	3.030	3.535	3.535	
钢锯条	条	0.34	4.400	4.400	4.400	4.400	
黄干油	kg	5.15	2.040	2.550	2.550	2.550	
机油	kg	19.66	14.008	15.759	16.274	16.274	
煤油	kg	3.73	6.936	7.854	8.160	8.160	
材 棉纱头	kg	6.00	3.030	3.535	3.535	3.535	
破布	kg	6.32	3.150	3.675	3.675	3.675	
汽油	kg	6.77	2.448	2.652	2.652	2.652	
砂布	张	1.03	2.100	4.200	4.200	4.200	
杉木成材	m³	1311.37	0.021	0.032	0.042	0.042	
料 碳钢电焊条	kg	39.00	51.150	51.150	57.640	57.640	
氧气	m³	3.63	13.640	16.170	18.040	18.040	
乙炔气	kg	10.45	4.546	5.390	6.014	6.014	
枕木 2000×250×200	根	102.56	0.042	0.084	0.126	0.126	
其他材料费占材料费	%	—	1.000	1.000	1.000	1.000	
电焊条烘干箱 45×35×45cm³	台班	17.00	1.014	1.014	1.142	1.142	
机 汽车式起重机 16t	台班	958.70	0.850	1.139	1.513	1.513	
汽车式起重机 8t	台班	763.67	0.281	0.366	0.451	0.476	
械 载重汽车 8t	台班	501.85	0.264	0.349	0.434	0.459	
直流弧焊机 20kV·A	台班	71.43	10.135	10.135	11.421	11.421	

第八节 吸泥机

1. 桁车式吸泥机

工作内容：开箱点件、场内运输、枕木堆搭设、主梁组对、吊装、附件组装、无负荷试运转。

计量单位：台

定 额 编 号				S5-7-90	S5-7-91	S5-7-92	S5-7-93
项 目 名 称				跨度（m以内）			
				8	10	12	14
基 价 （元）				9648.18	10927.75	12301.70	14127.82
其中	人 工 费 （元）			5714.38	6673.38	7591.50	9030.42
	材 料 费 （元）			2151.93	2357.53	2376.84	2446.80
	机 械 费 （元）			1781.87	1896.84	2333.36	2650.60
名 称	单位	单价（元）		消 耗 量			
人工	综合工日	工日	140.00	40.817	47.667	54.225	64.503
材料	镀锌铁丝 22号	kg	3.57	2.942	2.942	2.942	2.942
	二等板方材	m³	1709.00	0.020	0.020	0.020	0.030
	钢锯条	条	0.34	4.190	4.190	4.190	4.190
	黄干油	kg	5.15	3.000	1.943	1.943	2.429
	机油	kg	19.66	1.943	13.600	13.600	15.300
	煤油	kg	3.73	13.600	6.734	6.734	7.625
	棉纱头	kg	6.00	3.119	3.000	3.000	3.500
	破布	kg	6.32	—	3.119	3.119	3.639
	汽油	kg	6.77	6.734	2.377	2.377	2.575
	砂布	张	1.03	2.000	2.000	2.000	4.000
	碳钢电焊条	kg	39.00	46.500	46.500	46.500	46.500
	氧气	m³	3.63	10.800	12.400	14.700	14.700
	乙炔气	kg	10.45	3.600	4.133	4.900	4.900
	枕木 2500×250×200	根	128.21	0.020	0.040	0.060	0.080
	其他材料费占材料费	%	—	2.000	2.000	2.000	2.000
机械	电焊条烘干箱 45×35×45cm³	台班	17.00	0.938	0.938	0.938	0.938
	汽车式起重机 16t	台班	958.70	0.796	0.885	—	—
	汽车式起重机 32t	台班	1257.67	—	—	1.000	1.185
	汽车式起重机 8t	台班	763.67	0.265	0.292	0.310	0.380
	载重汽车 8t	台班	501.85	0.260	0.278	0.305	0.367
	直流弧焊机 20kV·A	台班	71.43	9.379	9.379	9.379	9.379

工作内容：开箱点件、场内运输、枕木堆搭设、主梁组对、吊装、附件组装、无负荷试运转。

计量单位：台

定　额　编　号			S5-7-94	S5-7-95	S5-7-96
项　目　名　称			跨度(m以内)		
			16	18	20
基　　　　价（元）			16063.05	17973.85	19287.90
其中	人　工　费（元）		10304.70	11480.28	12589.78
	材　料　费（元）		2685.90	2729.44	2759.69
	机　械　费（元）		3072.45	3764.13	3938.43
名　　称	单位	单价（元）	消	耗	量
人工 综合工日	工日	140.00	73.605	82.002	89.927
材料 镀锌铁丝 22号	kg	3.57	3.432	3.432	3.432
二等板方材	m³	1709.00	0.030	0.040	0.040
钢锯条	条	0.34	4.190	4.190	4.190
黄干油	kg	5.15	2.429	2.429	2.429
机油	kg	19.66	15.300	15.800	17.000
煤油	kg	3.73	7.625	7.922	8.517
棉纱头	kg	6.00	3.500	3.500	3.500
破布	kg	6.32	3.639	3.639	3.639
汽油	kg	6.77	2.575	2.575	2.575
砂布	张	1.03	4.000	4.000	4.000
碳钢电焊条	kg	39.00	52.400	52.400	52.400
氧气	m³	3.63	14.700	16.400	16.400
乙炔气	kg	10.45	4.900	5.467	5.467
枕木 2500×250×200	根	128.21	0.100	0.120	0.150
其他材料费占材料费	%	—	2.000	2.000	2.000
机械 电焊条烘干箱 45×35×45cm³	台班	17.00	1.057	1.057	1.057
汽车式起重机 12t	台班	857.15	—	—	0.495
汽车式起重机 32t	台班	1257.67	1.424	—	—
汽车式起重机 40t	台班	1526.12	—	1.575	1.637
汽车式起重机 8t	台班	763.67	0.407	0.469	—
载重汽车 8t	台班	501.85	0.394	0.457	0.484
直流弧焊机 20kV·A	台班	71.43	10.570	10.570	10.570

2.钟罩吸泥机

工作内容：开箱点件、基础划线、场内运输、设备吊装、精平组装、附件组装、清洗、检查、加油、无负荷试运转。

计量单位：台

定 额 编 号				S5-7-97	S5-7-98	S5-7-99
项 目 名 称				跨度(m以内)		
				2	4	6
基 价（元）				5503.74	8133.13	9666.37
其中	人 工 费（元）			2964.50	4908.82	5945.94
	材 料 费（元）			1655.28	1960.62	2190.24
	机 械 费（元）			883.96	1263.69	1530.19
名 称		单位	单价(元)	消	耗	量
人工	综合工日	工日	140.00	21.175	35.063	42.471
材料	二等板方材	m³	1709.00	0.020	0.020	0.020
	钢锯条	条	0.34	4.190	4.190	4.190
	黄干油	kg	5.15	2.040	2.429	2.623
	机油	kg	19.66	15.360	15.360	16.140
	煤油	kg	3.73	7.843	8.051	8.289
	棉纱头	kg	6.00	3.500	3.500	4.000
	破布	kg	6.32	3.639	3.639	4.158
	汽油	kg	6.77	3.743	4.179	4.694
	碳钢电焊条	kg	39.00	27.780	34.720	39.800
	氧气	m³	3.63	12.890	16.120	16.120
	乙炔气	kg	10.45	4.297	5.373	5.373
	枕木 2000×250×200	根	102.56	0.010	0.010	0.010
	其他材料费占材料费	%	—	2.000	2.000	2.000
机械	电焊条烘干箱 45×35×45cm³	台班	17.00	0.560	0.700	0.804
	汽车式起重机 12t	台班	857.15	—	—	0.610
	汽车式起重机 8t	台班	763.67	0.425	0.699	0.230
	载重汽车 8t	台班	501.85	0.116	0.206	0.224
	直流弧焊机 32kV·A	台班	87.75	5.603	7.004	8.041

工作内容：开箱点件、基础划线、场内运输、设备吊装、精平组装、附件组装、清洗、检查、加油、无负荷试运转。

计量单位：台

定　额　编　号			S5-7-100	S5-7-101	S5-7-102
项　目　名　称			跨度(m以内)		
			8	9	9m以外
基　　　价（元）			11674.23	12612.63	13608.91
其中	人　工　费（元）		7132.58	7864.36	8554.98
	材　料　费（元）		2565.40	2565.40	2582.85
	机　械　费（元）		1976.25	2182.87	2471.08
名　　称		单位	单价（元）	消　　耗　　量	
人工	综合工日	工日	140.00	50.947	56.174	61.107
材料	二等板方材	m³	1709.00	0.020	0.020	0.020
	钢锯条	条	0.34	4.190	4.190	4.190
	黄干油	kg	5.15	2.817	2.817	3.011
	机油	kg	19.66	16.140	16.140	16.140
	煤油	kg	3.73	8.903	8.903	9.546
	棉纱头	kg	6.00	5.000	5.000	6.000
	破布	kg	6.32	5.198	5.198	6.238
	汽油	kg	6.77	4.902	4.902	5.070
	碳钢电焊条	kg	39.00	48.790	48.790	48.790
	氧气	m³	3.63	16.110	16.110	16.110
	乙炔气	kg	10.45	5.370	5.370	5.370
	枕木 2000×250×200	根	102.56	0.010	0.010	0.010
	其他材料费占材料费	%	—	2.000	2.000	2.000
机械	电焊条烘干箱 45×35×45cm³	台班	17.00	0.984	0.984	0.984
	汽车式起重机 16t	台班	958.70	0.796	0.964	—
	汽车式起重机 32t	台班	1257.67	—	—	0.964
	汽车式起重机 8t	台班	763.67	0.265	0.301	0.301
	载重汽车 8t	台班	501.85	0.260	0.296	0.296
	直流弧焊机 32kV·A	台班	87.75	9.841	9.841	9.841

3.中心传动单管式吸泥机

工作内容：开箱点件、基础划线、场内运输、枕木堆搭设、脚手架搭设、设备组装、附件组装、清洗、检查、加油、无负荷试运转。

计量单位：台

定　额　编　号			S5-7-103	S5-7-104	S5-7-105
项　目　名　称			池径(m以内)		
			25	30	35
基　　　价（元）			19726.27	23063.43	25768.27
其中	人　工　费（元）		6249.60	7187.04	8265.04
	材　料　费（元）		3260.91	4307.87	4898.32
	机　械　费（元）		10215.76	11568.52	12604.91
名　　称	单位	单价（元）	消　　耗　　量		
人工	综合工日	工日	140.00	44.640	51.336	59.036

	名　　称	单位	单价（元）	消	耗	量
人工	综合工日	工日	140.00	44.640	51.336	59.036
材料	镀锌钢板 δ1～1.5	kg	4.30	43.090	43.090	43.090
	镀锌铁丝 22号	kg	3.57	4.333	4.767	5.252
	钢板 δ10	kg	3.18	4.095	4.095	4.095
	铬不锈钢电焊条	kg	39.88	0.458	0.510	0.550
	黄干油	kg	5.15	20.845	22.950	23.970
	机油	kg	19.66	3.348	4.017	4.620
	煤油	kg	3.73	10.608	13.260	15.249
	棉纱头	kg	6.00	7.878	7.878	9.060
	破布	kg	6.32	6.143	8.190	9.419
	汽油	kg	6.77	6.630	7.293	7.619
	杉木成材	m³	1311.37	0.471	0.505	0.578
	碳钢电焊条	kg	39.00	34.506	57.729	66.385
	无缝钢管 φ50	m	23.68	5.503	5.503	6.324
	氧气	m³	3.63	13.270	16.559	19.041
	乙炔气	kg	10.45	4.423	5.520	6.347
	枕木 2500×250×200	根	128.21	3.413	3.413	3.917
	紫铜板 δ2	kg	68.38	0.165	0.207	0.233
	其他材料费占材料费	%	—	1.500	1.500	1.500
机械	电焊条烘干箱 45×35×45cm³	台班	17.00	0.526	0.880	0.968
	汽车式起重机 16t	台班	958.70	1.870	2.431	2.674
	汽车式起重机 40t	台班	1526.12	1.437	1.105	1.105
	汽车式起重机 8t	台班	763.67	6.749	8.271	9.098
	载重汽车 10t	台班	547.99	1.105	0.818	0.988
	直流弧焊机 32kV·A	台班	87.75	5.259	8.798	9.678

工作内容：开箱点件、基础划线、场内运输、枕木堆搭设、脚手架搭设、设备组装、附件组装、清洗、检查、加油、无负荷试运转。

计量单位：台

定　额　编　号			S5-7-106	S5-7-107
项　目　名　称			池径(m以内)	
			40	50
基　　　价（元）			28671.54	34854.67
其中	人　工　费（元）		9504.60	10930.78
	材　料　费（元）		5644.44	6850.19
	机　械　费（元）		13522.50	17073.70
名　　称		单位	单价（元）	消　　耗　　量	
人工	综合工日	工日	140.00	67.890	78.077
材料	镀锌钢板 δ1～1.5	kg	4.30	43.090	43.090
	镀锌铁丝 22号	kg	3.57	5.757	6.363
	钢板 δ10	kg	3.18	4.095	4.095
	铬不锈钢电焊条	kg	39.88	0.611	0.686
	黄干油	kg	5.15	26.520	29.070
	机油	kg	19.66	5.099	5.614
	煤油	kg	3.73	16.779	18.462
	棉纱头	kg	6.00	9.060	10.504
	破布	kg	6.32	10.364	8.190
	汽油	kg	6.77	8.384	9.231
	杉木成材	m³	1311.37	0.630	0.693
	碳钢电焊条	kg	39.00	79.992	103.983
	无缝钢管 φ50	m	23.68	6.324	6.936
	氧气	m³	3.63	31.856	41.415
	乙炔气	kg	10.45	10.618	13.794
	枕木 2500×250×200	根	128.21	3.917	4.305
	紫铜板 δ2	kg	68.38	0.254	0.286
	其他材料费占材料费	%	—	1.500	1.500
机械	电焊条烘干箱 45×35×45cm³	台班	17.00	1.585	2.060
	汽车式起重机 16t	台班	958.70	2.329	3.028
	汽车式起重机 40t	台班	1526.12	1.105	1.105
	汽车式起重机 8t	台班	763.67	10.200	13.260
	载重汽车 10t	台班	547.99	0.723	0.940
	直流弧焊机 32kV·A	台班	87.75	15.849	20.604

第九节 刮吸泥机
1.周边传动刮吸泥机

工作内容：开箱点件、基础划线、场内运输、设备吊装、精平组装、附件组装、清洗、检查、加油、无负荷试运转。

计量单位：台

定 额 编 号				S5-7-108	S5-7-109	S5-7-110
项 目 名 称				池径(m以内)		
				15	20	25
基 价（元）				17864.35	22075.09	25969.76
其中	人 工 费（元）			7152.32	8940.40	10850.00
	材 料 费（元）			2820.45	3525.97	3918.97
	机 械 费（元）			7891.58	9608.72	11200.79
名 称		单位	单价(元)	消	耗	量
人工	综合工日	工日	140.00	51.088	63.860	77.500
材料	镀锌钢板 δ1～1.5	kg	4.30	2.668	3.335	6.642
	钢板 δ10	kg	3.18	31.624	39.530	44.417
	钢锯条	条	0.34	4.576	5.720	5.720
	黄干油	kg	5.15	11.064	13.830	13.830
	机油	kg	19.66	5.356	6.695	6.695
	六角螺栓 M30以外	套	0.20	3.182	3.978	6.630
	煤油	kg	3.73	8.402	10.502	11.881
	棉纱头	kg	6.00	3.151	3.939	4.596
	破布	kg	6.32	3.276	4.095	4.778
	汽油	kg	6.77	4.010	5.012	6.590
	杉木成材	m³	1311.37	0.011	0.014	0.055
	碳钢电焊条	kg	39.00	43.037	53.797	60.503
	氧气	m³	3.63	16.954	21.193	23.924
	乙炔气	kg	10.45	5.651	7.064	7.975
	枕木 2500×250×200	根	128.21	0.011	0.014	0.014
	紫铜板 δ2	kg	68.38	8.819	11.024	11.024
	其他材料费占材料费	%	—	1.000	1.000	1.000
机械	电焊条烘干箱 45×35×45cm³	台班	17.00	0.820	0.820	0.922
	汽车式起重机 16t	台班	958.70	1.408	1.760	2.100
	汽车式起重机 40t	台班	1526.12	0.880	1.105	1.105
	汽车式起重机 8t	台班	763.67	5.426	6.783	8.279
	载重汽车 10t	台班	547.99	0.587	0.587	0.646
	直流弧焊机 32kV·A	台班	87.75	8.199	8.199	9.220

工作内容：开箱点件、基础划线、场内运输、设备吊装、精平组装、附件组装、清洗、检查、加油、无负荷试运转。

计量单位：台

定 额 编 号				S5-7-111	S5-7-112	S5-7-113
项 目 名 称				池径(m以内)		
				30	40	50
基 价 （元）				27939.59	32688.71	38844.17
其中	人 工 费（元）			13046.04	14374.08	18514.44
	材 料 费（元）			3862.77	4882.18	5112.67
	机 械 费（元）			11030.78	13432.45	15217.06
名 称		单位	单价(元)	消	耗	量
人工	综合工日	工日	140.00	93.186	102.672	132.246
材料	镀锌钢板 δ1～1.5	kg	4.30	6.642	13.904	15.555
	钢板 δ10	kg	3.18	44.417	57.740	59.196
	钢锯条	条	0.34	5.720	5.720	9.724
	黄干油	kg	5.15	13.830	13.830	13.830
	机油	kg	19.66	6.695	6.695	6.695
	六角螺栓 M30以外	套	0.20	6.630	13.260	16.005
	煤油	kg	3.73	11.881	15.276	15.915
	棉纱头	kg	6.00	4.596	5.909	0.116
	破布	kg	6.32	4.778	6.143	6.143
	汽油	kg	6.77	6.590	7.916	8.002
	杉木成材	m³	1311.37	0.014	0.109	0.162
	碳钢电焊条	kg	39.00	60.503	77.978	81.360
	氧气	m³	3.63	23.924	35.593	40.816
	乙炔气	kg	10.45	7.795	11.865	13.605
	枕木 2500×250×200	根	128.21	0.014	0.055	0.116
	紫铜板 δ2	kg	68.38	11.024	11.024	11.024
	其他材料费占材料费	%	—	1.000	1.000	1.000
机械	电焊条烘干箱 45×35×45cm³	台班	17.00	1.023	1.189	1.379
	汽车式起重机 16t	台班	958.70	2.329	2.550	3.057
	汽车式起重机 40t	台班	1526.12	1.105	1.105	1.105
	汽车式起重机 8t	台班	763.67	7.608	10.251	11.524
	载重汽车 10t	台班	547.99	0.706	0.748	1.033
	直流弧焊机 32kV·A	台班	87.75	10.226	11.885	13.788

第十节 撇渣机
1.桁车式提板刮泥撇渣机

工作内容：开箱点件、场内运输、枕木堆搭设、主梁组对、吊装、附件组装、无负荷试运转。

计量单位：台

定 额 编 号			S5-7-114	S5-7-115	S5-7-116
项 目 名 称			池宽（m以内）		
			8	10	12
基 价（元）			11126.16	12508.01	12998.37
其中	人 工 费（元）		9561.16	10546.76	10819.90
	材 料 费（元）		249.81	240.87	347.65
	机 械 费（元）		1315.19	1720.38	1830.82
名 称	单位	单价（元）	消	耗	量
人工 综合工日	工日	140.00	68.294	75.334	77.285
材料 镀锌铁丝 22号	kg	3.57	1.961	1.961	2.451
二等板方材	m³	1709.00	0.010	0.010	0.020
钢锯条	条	0.34	4.190	4.190	4.190
黄干油	kg	5.15	1.943	1.943	2.137
机油	kg	19.66	4.800	5.800	7.500
煤油	kg	3.73	2.377	2.872	3.466
棉纱头	kg	6.00	2.500	2.800	3.000
破布	kg	6.32	2.599	2.911	3.119
汽油	kg	6.77	0.990	0.990	1.188
碳钢电焊条	kg	39.00	1.600	0.600	1.800
氧气	m³	3.63	0.600	1.600	0.800
乙炔气	kg	10.45	0.200	0.200	0.267
枕木 2500×250×200	根	128.21	0.020	0.030	0.040
其他材料费占材料费	%	—	1.500	1.500	1.500
机械 电焊条烘干箱 45×35×45cm³	台班	17.00	0.032	0.032	0.036
汽车式起重机 16t	台班	958.70	0.947	—	—
汽车式起重机 32t	台班	1257.67	—	1.035	1.097
汽车式起重机 8t	台班	763.67	0.301	0.310	0.336
载重汽车 8t	台班	501.85	0.296	0.305	0.323
直流弧焊机 32kV·A	台班	87.75	0.323	0.323	0.363

工作内容：开箱点件、场内运输、枕木堆搭设、主梁组对、吊装、附件组装、无负荷试运转。

计量单位：台

定　额　编　号				S5-7-117	S5-7-118	S5-7-119
项　目　名　称				池宽(m以内)		
				14	16	20
基　　　　　价（元）				13751.81	14593.02	17439.57
其中	人　工　费（元）			11228.42	11662.84	14205.80
	材　料　费（元）			398.37	449.03	517.92
	机　械　费（元）			2125.02	2481.15	2715.85
名　　称		单位	单价（元）	消　　耗		量
人工	综合工日	工日	140.00	80.203	83.306	101.470
材料	镀锌铁丝 22号	kg	3.57	2.451	2.942	2.942
	二等板方材	m³	1709.00	0.030	0.040	0.050
	钢锯条	条	0.34	4.190	4.190	4.190
	黄干油	kg	5.15	2.331	2.429	2.429
	机油	kg	19.66	8.800	9.600	11.600
	煤油	kg	3.73	4.456	4.753	6.239
	棉纱头	kg	6.00	3.000	3.000	3.000
	破布	kg	6.32	3.119	3.119	3.119
	汽油	kg	6.77	1.386	1.485	1.981
	碳钢电焊条	kg	39.00	1.800	2.000	2.000
	氧气	m³	3.63	0.800	1.000	1.000
	乙炔气	kg	10.45	0.267	0.333	0.333
	枕木 2500×250×200	根	128.21	0.050	0.080	0.100
	其他材料费占材料费	%	—	1.500	1.500	1.500
机械	电焊条烘干箱 45×35×45cm³	台班	17.00	0.036	0.040	0.040
	汽车式起重机 32t	台班	1257.67	1.274	1.486	1.637
	汽车式起重机 8t	台班	763.67	0.389	0.460	0.495
	载重汽车 8t	台班	501.85	0.385	0.448	0.484
	直流弧焊机 32kV·A	台班	87.75	0.363	0.404	0.404

2.链板式刮泥、刮砂撇渣机

工作内容：开箱点件、场内运输、枕木堆搭设、主梁组对、吊装、附件组装、无负荷试运转。

计量单位：台

定 额 编 号			S5-7-120	S5-7-121
项 目 名 称			池宽(m以内)	
			3	
			基本池长(m以内)	
			20	每增减5
基 价（元）			6103.70	598.40
其中	人 工 费（元）		4964.96	496.44
	材 料 费（元）		460.83	—
	机 械 费（元）		677.91	101.96
名 称		单位	单价(元)	消 耗 量	
人工	综合工日	工日	140.00	35.464	3.546
材料	镀锌铁丝 16号	kg	3.57	2.020	—
	钢板 δ10	kg	3.18	1.484	—
	黄干油	kg	5.15	3.570	—
	机油	kg	19.66	4.841	—
	煤油	kg	3.73	2.142	—
	棉纱头	kg	6.00	3.030	—
	破布	kg	6.32	1.050	—
	汽油	kg	6.77	1.020	—
	杉木成材	m³	1311.37	0.032	—
	碳钢电焊条	kg	39.00	5.533	—
	氧气	m³	3.63	0.583	—
	乙炔气	kg	10.45	0.195	—
	枕木 2500×250×200	根	128.21	0.263	—
机械	电焊条烘干箱 45×35×45cm³	台班	17.00	0.088	0.013
	汽车式起重机 8t	台班	763.67	0.660	0.099
	载重汽车 8t	台班	501.85	0.190	0.029
	直流弧焊机 32kV·A	台班	87.75	0.878	0.132

工作内容：开箱点件、场内运输、枕木堆搭设、主梁组对、吊装、附件组装、无负荷试运转。

计量单位：台

定 额 编 号			S5-7-122	S5-7-123
项 目 名 称			池宽(m以内)	
			5	
			基本池长(m以内)	
			20	每增减5
基 价 （元）			6999.32	687.48
其中	人 工 费 （元）		5824.28	582.40
	材 料 费 （元）		472.30	—
	机 械 费 （元）		702.74	105.08
名 称	单位	单价(元)	消 耗 量	
人工 综合工日	工日	140.00	41.602	4.160
材料 镀锌铁丝 16号	kg	3.57	2.525	—
钢板 δ10	kg	3.18	1.484	—
黄干油	kg	5.15	3.672	—
机油	kg	19.66	4.841	—
煤油	kg	3.73	2.142	—
棉纱头	kg	6.00	3.333	—
破布	kg	6.32	1.155	—
汽油	kg	6.77	1.020	—
杉木成材	m³	1311.37	0.032	—
碳钢电焊条	kg	39.00	5.533	—
氧气	m³	3.63	0.583	—
乙炔气	kg	10.45	0.195	—
枕木 2500×250×200	根	128.21	0.315	—
机械 电焊条烘干箱 45×35×45cm³	台班	17.00	0.088	0.013
汽车式起重机 8t	台班	763.67	0.728	0.109
载重汽车 8t	台班	501.85	0.136	0.020
直流弧焊机 32kV·A	台班	87.75	0.878	0.132

258

工作内容：开箱点件、场内运输、枕木堆搭设、主梁组对、吊装、附件组装、无负荷试运转。

计量单位：台

定　额　编　号				S5-7-124	S5-7-125
项　目　名　称				池宽(m以内)	
				8	
				基本池长(m以内)	
				20	每增减5
基　　价（元）				8077.47	793.77
其中	人　工　费（元）			6831.16	683.06
	材　料　费（元）			508.72	—
	机　械　费（元）			737.59	110.71
名　　称		单位	单价（元）	消　　耗　　量	
人工	综合工日	工日	140.00	48.794	4.879
材料	镀锌铁丝 16号	kg	3.57	3.030	—
	钢板 δ10	kg	3.18	1.484	—
	黄干油	kg	5.15	3.774	—
	机油	kg	19.66	4.986	—
	煤油	kg	3.73	2.142	—
	棉纱头	kg	6.00	3.636	—
	破布	kg	6.32	1.323	—
	汽油	kg	6.77	1.020	—
	杉木成材	m³	1311.37	0.032	—
	碳钢电焊条	kg	39.00	6.086	—
	氧气	m³	3.63	0.583	—
	乙炔气	kg	10.45	0.195	—
	枕木 2500×250×200	根	128.21	0.368	—
机械	电焊条烘干箱 45×35×45cm³	台班	17.00	0.092	0.014
	汽车式起重机 8t	台班	763.67	0.764	0.115
	载重汽车 8t	台班	501.85	0.143	0.021
	直流弧焊机 32kV·A	台班	87.75	0.921	0.138

第十一节 砂(泥)水分离器

工作内容：开箱检点、基础划线、场内运输、一次灌浆、安装就位、打平找正、加油、试运转。

定 额 编 号			S5-7-126
项 目 名 称			螺旋式砂水分离器
基 价（元）			1224.45
其中	人 工 费（元）		755.16
	材 料 费（元）		327.70
	机 械 费（元）		141.59
名 称	单位	单价（元）	消 耗 量
人工 综合工日	工日	140.00	5.394
材料 镀锌钢板 δ1～1.5	kg	4.30	0.011
镀锌铁丝 22号	kg	3.57	0.242
厚漆	kg	8.55	3.060
黄干油	kg	5.15	0.400
机油	kg	19.66	0.707
煤油	kg	3.73	1.124
棉纱头	kg	6.00	0.418
平垫铁 Q195～Q235	块	1.34	4.080
破布	kg	6.32	0.211
普通硅酸盐水泥 42.5级	kg	0.35	83.375
汽油	kg	6.77	1.298
碎石 0.5～3.2	t	106.80	0.246
碳钢电焊条	kg	39.00	4.000
斜垫铁	kg	3.50	8.160
氧气	m³	3.63	0.266
乙炔气	kg	10.45	0.224
中(粗)砂	t	87.00	0.219
机械 叉式起重机 5t	台班	506.51	0.255
电焊条烘干箱 45×35×45cm³	台班	17.00	0.017
直流弧焊机 20kV·A	台班	71.43	0.170

第十二节 曝气机
1. 立式表面曝气机

工作内容：开箱点件、基础划线、场内运输、设备吊装就位、一次灌浆、精平、组装、附件组装、清洗、检查、加油、无负荷试运转。

计量单位：台

定 额 编 号			S5-7-127	S5-7-128	S5-7-129
项 目 名 称			叶轮直径(m以内)		
			1	1.5	2
基 价（元）			2467.02	2740.52	2949.27
其中	人 工 费（元）		2051.14	2300.20	2481.64
	材 料 费（元）		169.26	169.26	169.26
	机 械 费（元）		246.62	271.06	298.37
名 称	单位	单价(元)	消	耗	量
人工 综合工日	工日	140.00	14.651	16.430	17.726
材料 镀锌铁丝 16号	kg	3.57	1.478	1.478	1.478
黄干油	kg	5.15	0.995	0.995	0.995
机油	kg	19.66	2.209	2.209	2.209
煤油	kg	3.73	1.094	1.094	1.094
棉纱头	kg	6.00	0.985	0.985	0.985
平垫铁 Q195～Q235	块	1.34	4.080	4.080	4.080
破布	kg	6.32	1.024	1.024	1.024
普通硅酸盐水泥 42.5级	kg	0.35	17.550	17.550	17.550
汽油	kg	6.77	0.597	0.597	0.597
杉木成材	m³	1311.37	0.011	0.011	0.011
碎石 0.5～3.2	t	106.80	0.070	0.070	—
碎石 5～32	t	106.80	—	—	0.070
碳钢电焊条	kg	39.00	0.537	0.537	0.537
斜垫铁	kg	3.50	8.160	8.160	8.160
枕木 2500×250×200	根	128.21	0.011	0.011	0.011
中(粗)砂	t	87.00	0.039	0.039	0.039
紫铜板 δ2	kg	68.38	0.104	0.104	0.104
机械 电焊条烘干箱 45×35×45cm³	台班	17.00	0.009	0.010	0.011
汽车式起重机 8t	台班	763.67	0.272	0.299	0.329
载重汽车 8t	台班	501.85	0.062	0.068	0.075
直流弧焊机 32kV·A	台班	87.75	0.087	0.096	0.106

2. 倒伞形叶轮曝气机

工作内容：开箱点件、基础划线、场内运输、设备吊装就位、一次灌浆、精平、组装、附件组装、清洗、检查、加油、无负荷试运转。

计量单位：台

定 额 编 号			S5-7-130	S5-7-131	S5-7-132
项 目 名 称			直径(m以内)		
			1	1.65	2.55
基 价（元）			2467.02	2696.28	2807.30
其中	人 工 费（元）		2051.14	2255.96	2366.98
	材 料 费（元）		169.26	169.26	169.26
	机 械 费（元）		246.62	271.06	271.06
名 称	单位	单价(元)	消	耗	量
人工 综合工日	工日	140.00	14.651	16.114	16.907
材料 镀锌铁丝 16号	kg	3.57	1.478	1.478	1.478
黄干油	kg	5.15	0.995	0.995	0.995
机油	kg	19.66	2.209	2.209	2.209
煤油	kg	3.73	1.094	1.094	1.094
棉纱头	kg	6.00	0.985	0.985	0.985
平垫铁 Q195～Q235	块	1.34	4.080	4.080	4.080
破布	kg	6.32	1.024	1.024	1.024
普通硅酸盐水泥 42.5级	kg	0.35	17.550	17.550	17.550
汽油	kg	6.77	0.597	0.597	0.597
杉木成材	m³	1311.37	0.011	0.011	0.011
碎石 5～32	t	106.80	0.070	0.070	0.070
碳钢电焊条	kg	39.00	0.537	0.537	0.537
斜垫铁	kg	3.50	8.160	8.160	8.160
枕木 2500×250×200	根	128.21	0.011	0.011	0.011
中(粗)砂	t	87.00	0.039	0.039	0.039
紫铜板 δ2	kg	68.38	0.104	0.104	0.104
机械 电焊条烘干箱 45×35×45cm³	台班	17.00	0.009	0.010	0.010
汽车式起重机 8t	台班	763.67	0.272	0.299	0.299
载重汽车 8t	台班	501.85	0.062	0.068	0.068
直流弧焊机 32kV·A	台班	87.75	0.087	0.096	0.096

工作内容：开箱点件、基础划线、场内运输、设备吊装就位、一次灌浆、精平、组装、附件组装、清洗、检查、加油、无负荷试运转。

计量单位：台

定　额　编　号				S5-7-133	S5-7-134
项　目　名　称				直径(m以内)	
				3.25	3.25以外
基　　　　价　（元）				3286.64	3751.02
其中	人　工　费（元）			2699.48	3104.78
	材　料　费（元）			194.72	194.72
	机　械　费（元）			392.44	451.52
名　　　称		单位	单价（元）	消　　耗　　量	
人工	综合工日	工日	140.00	19.282	22.177
材料	镀锌铁丝 16号	kg	3.57	1.515	1.515
	黄干油	kg	5.15	1.020	1.020
	机油	kg	19.66	2.575	2.575
	煤油	kg	3.73	1.224	1.224
	棉纱头	kg	6.00	1.212	1.212
	平垫铁 Q195～Q235	块	1.34	4.080	4.080
	破布	kg	6.32	1.260	1.260
	普通硅酸盐水泥 42.5级	kg	0.35	26.000	26.000
	汽油	kg	6.77	0.816	0.816
	杉木成材	m³	1311.37	0.011	0.011
	碎石 5～32	t	106.80	0.095	0.095
	碳钢电焊条	kg	39.00	0.550	0.550
	斜垫铁	kg	3.50	8.160	8.160
	枕木 2500×250×200	根	128.21	0.021	0.021
	中(粗)砂	t	87.00	0.062	0.062
	紫铜板 δ2	kg	68.38	0.159	0.159
机械	电焊条烘干箱 45×35×45cm³	台班	17.00	0.011	0.013
	汽车式起重机 8t	台班	763.67	0.417	0.480
	载重汽车 8t	台班	501.85	0.128	0.147
	直流弧焊机 32kV·A	台班	87.75	0.109	0.125

3.转刷曝气机

工作内容:开箱点件、基础划线、场内运输、设备吊装就位、一次灌浆、精平、组装、附件组装、清洗、检查、加油、无负荷试运转。

计量单位:台

定 额 编 号				S5-7-135	S5-7-136	S5-7-137
项 目 名 称				长度(m以内)		
				4.5	6	9
				转刷直径1m		
基 价 (元)				2218.87	2562.87	2943.79
其中	人 工 费 (元)			1683.08	1937.32	2246.44
	材 料 费 (元)			206.05	242.22	263.55
	机 械 费 (元)			329.74	383.33	433.80
名 称		单位	单价(元)	消	耗	量
人工	综合工日	工日	140.00	12.022	13.838	16.046
材料	镀锌铁丝 16号	kg	3.57	1.515	1.515	2.020
	黄干油	kg	5.15	1.020	1.020	1.020
	机油	kg	19.66	3.502	4.120	4.120
	煤油	kg	3.73	1.734	2.040	2.040
	棉纱头	kg	6.00	1.212	1.515	1.515
	平垫铁 Q195~Q235	块	1.34	4.080	4.080	4.080
	破布	kg	6.32	1.260	1.575	1.575
	普通硅酸盐水泥 42.5级	kg	0.35	22.000	30.000	36.000
	汽油	kg	6.77	1.020	1.020	1.020
	杉木成材	m³	1311.37	0.011	0.011	0.011
	碎石 5~32	t	106.80	0.071	0.119	0.143
	碳钢电焊条	kg	39.00	0.550	0.550	0.660
	斜垫铁	kg	3.50	8.160	8.160	8.160
	枕木 2500×250×200	根	128.21	0.011	0.021	0.032
	中(粗)砂	t	87.00	0.047	0.077	0.099
	紫铜板 δ2	kg	68.38	0.106	0.212	0.318
机械	电焊条烘干箱 45×35×45cm³	台班	17.00	0.011	0.011	0.013
	汽车式起重机 8t	台班	763.67	0.366	0.417	0.476
	载重汽车 5t	台班	430.70	0.094	0.128	0.136
	直流弧焊机 32kV·A	台班	87.75	0.109	0.109	0.131

4.转碟曝气机

工作内容：开箱点件、基础划线、场内运输、设备吊装就位、一次灌浆、精平、组装、附件组装、清洗、检查、加油、无负荷试运转。

计量单位：台

定　额　编　号			S5-7-138	S5-7-139	S5-7-140	S5-7-141
项　目　名　称			长度(m以内)			
			4.5	6	9	9以外
			转盘直径(m)			
			1.4、1.5			
基　　　价（元）			2174.80	2892.31	3324.33	3758.95
其中	人　工　费（元）		1935.64	2228.10	2583.14	2970.24
	材　料　费（元）		206.05	242.22	263.55	263.55
	机　械　费（元）		33.11	421.99	477.64	525.16
名　　称	单位	单价(元)	消	耗		量
人工	综合工日	工日	140.00	13.826	15.915	18.451	21.216
材料	镀锌铁丝 16号	kg	3.57	1.515	1.515	2.020	2.020
	黄干油	kg	5.15	1.020	1.020	1.020	1.020
	机油	kg	19.66	3.502	4.120	4.120	4.120
	煤油	kg	3.73	1.734	2.040	2.040	2.040
	棉纱头	kg	6.00	1.212	1.515	1.515	1.515
	平垫铁 Q195～Q235	块	1.34	4.080	4.080	4.080	4.080
	破布	kg	6.32	1.260	1.575	1.575	1.575
	普通硅酸盐水泥 42.5级	kg	0.35	22.000	30.000	36.000	36.000
	汽油	kg	6.77	1.020	1.020	1.020	1.020
	杉木成材	m³	1311.37	0.011	0.011	0.011	0.011
	碎石 5～32	t	106.80	0.071	0.119	0.143	0.143
	碳钢电焊条	kg	39.00	0.550	0.550	0.660	0.660
	斜垫铁	kg	3.50	8.160	8.160	8.160	8.160
	枕木 2500×250×200	根	128.21	0.011	0.021	0.032	0.032
	中(粗)砂	t	87.00	0.047	0.077	0.099	0.099
	紫铜板 δ2	kg	68.38	0.106	0.212	0.318	0.318
机械	电焊条烘干箱 45×35×45cm³	台班	17.00	0.001	0.012	0.014	0.016
	汽车式起重机 8t	台班	763.67	0.037	0.459	0.524	0.576
	载重汽车 5t	台班	430.70	0.009	0.141	0.150	0.165
	直流弧焊机 32kV·A	台班	87.75	0.011	0.120	0.144	0.159

5. 潜水离心式、射流式曝气机

工作内容：开箱点件、基础划线、场内运输、设备吊装就位、一次灌浆、精平、组装、附件组装、清洗、检查、加油、无负荷试运转。

计量单位：台

定 额 编 号				S5-7-142	S5-7-143	S5-7-144	S5-7-145
项 目 名 称				进气量(m³/h以内)			
				100	200	300	300以外
基 价（元）				821.46	885.72	956.84	964.86
其中	人 工 费（元）			647.50	711.76	782.88	782.88
	材 料 费（元）			122.15	122.15	122.15	122.15
	机 械 费（元）			51.81	51.81	51.81	59.83
名 称		单位	单价（元）	消 耗 量			
人工	综合工日	工日	140.00	4.625	5.084	5.592	5.592
材料	镀锌钢板 δ1～1.5	kg	4.30	0.180	0.180	0.180	0.180
	二等板方材	m³	1709.00	0.005	0.005	0.005	0.005
	厚漆	kg	8.55	0.154	0.154	0.154	0.154
	黄干油	kg	5.15	0.309	0.309	0.309	0.309
	机油	kg	19.66	1.093	1.093	1.093	1.093
	煤油	kg	3.73	0.857	0.857	0.857	0.857
	棉纱头	kg	6.00	0.244	0.244	0.244	0.244
	平垫铁 Q195～Q235	块	1.34	4.080	4.080	4.080	4.080
	破布	kg	6.32	0.276	0.276	0.276	0.276
	普通硅酸盐水泥 42.5级	kg	0.35	39.194	39.194	39.194	39.194
	汽油	kg	6.77	0.208	0.208	0.208	0.208
	碎石 5～32	t	106.80	0.116	0.116	0.116	0.116
	碳钢电焊条	kg	39.00	0.208	0.208	0.208	0.208
	斜垫铁	kg	3.50	8.160	8.160	8.160	8.160
	氧气	m³	3.63	0.202	0.202	0.202	0.202
	乙炔气	kg	10.45	0.067	0.067	0.067	0.067
	中(粗)砂	t	87.00	0.105	0.105	0.105	0.105
	其他材料费占材料费	%	—	1.500	1.500	1.500	1.500
机械	叉式起重机 5t	台班	506.51	0.090	0.090	0.090	0.104
	电焊条烘干箱 45×35×45cm³	台班	17.00	0.009	0.009	0.009	0.009
	直流弧焊机 20kV·A	台班	71.43	0.085	0.085	0.085	0.098

第十三节 曝气器

工作内容：外观检查、场内运输、设备吊装就位、安装、固定、找平、找正调试。

计量单位：10个

定　额　编　号				S5-7-146	S5-7-147
项　目　名　称				管式微孔曝气器 （直径100mm以内）	盘式(球形、钟罩、平板)曝气器
基　　　　价　（元）				133.40	116.04
其中	人　工　费（元）			85.12	67.76
	材　料　费（元）			48.28	48.28
	机　械　费（元）			—	—
名　　　称		单位	单价（元）	消　　耗　　量	
人工	综合工日	工日	140.00	0.608	0.484
材料	滤帽	个	4.71	10.100	10.100
	其他材料费占材料费	%	—	1.500	1.500

工作内容：外观检查、场内运输、设备吊装就位、安装、固定、找平、找正调试。　　　计量单位：10个

定　额　编　号					S5-7-148	S5-7-149
项　目　名　称					旋流混合扩散曝气器	陶瓷、钛板曝气器
基　　　　　价（元）					114.22	122.06
其中	人　工　费（元）				65.94	73.78
	材　料　费（元）				48.28	48.28
	机　械　费（元）				—	—
名　　　称		单位	单价（元）		消　　耗　　量	
人工	综合工日	工日	140.00		0.471	0.527
材料	滤帽	个	4.71		10.100	10.100
	其他材料费占材料费	%	—		1.500	1.500

工作内容：外观检查、场内运输、设备吊装就位、安装、固定、找平、找正调试。　　　　　计量单位：10个

定　额　编　号					S5-7-150	S5-7-151
项　目　名　称					滤帽	长(短)柄滤头
基　　　　价（元）					70.96	71.66
其中	人　工　费（元）				22.68	23.38
	材　料　费（元）				48.28	48.28
	机　械　费（元）				—	—
名　　　称		单位	单价（元）	消　　耗		量
人工	综合工日	工日	140.00	0.162		0.167
材料	滤帽	个	4.71	10.100		10.100
	其他材料费占材料费	%	—	1.500		1.500

第十四节 布气管

工作内容：切管、坡口、调直、对口、挖眼接管、管道制安、管件制安、盲板制安。　　计量单位：10m

定　额　编　号			S5-7-152	S5-7-153	S5-7-154	S5-7-155
项　目　名　称			碳钢管			
			DN50	DN100	DN150	DN200
基　　　　价（元）			375.15	594.46	863.73	1589.95
其中	人　工　费（元）		147.56	163.94	199.64	254.10
	材　料　费（元）		211.51	410.06	633.19	1286.52
	机　械　费（元）		16.08	20.46	30.90	49.33
名　　　称	单位	单价（元）	消	耗		量
人工 综合工日	工日	140.00	1.054	1.171	1.426	1.815
材料 镀锌铁丝 22号	kg	3.57	1.250	1.471	1.765	2.118
二等板方材	m³	1709.00	0.010	0.010	0.010	0.010
钢板 δ3.5～4	kg	3.18	0.090	0.100	0.140	0.450
焊接钢管 DN100	m	29.68	—	10.150	—	—
焊接钢管 DN150	m	48.71	—	—	10.150	—
焊接钢管 DN200	m	107.69	—	—	—	10.150
焊接钢管 DN50	m	13.35	10.150	—	—	—
合金钢焊条	kg	11.11	0.765	0.900	1.020	1.224
机油	kg	19.66	0.200	0.200	0.200	0.200
精制六角带帽螺栓 M16×(65～80)	套	1.01	20.000			
精制六角带帽螺栓 带垫 M16×(65～80)	套	1.13	—	20.000	20.000	20.000
棉纱头	kg	6.00	0.400	0.600	0.800	0.960
破布	kg	6.32	0.400	0.624	0.832	0.960
铅油	kg	6.45	0.510	0.600	0.800	0.960
砂轮片 φ100	片	1.71	0.100	0.160	—	—
砂轮片 φ400	片	8.97	0.040	0.240	0.420	0.690
石棉橡胶板	kg	9.40	0.298	0.350	0.400	0.480
水	m³	7.96	0.010	1.500	0.250	0.450
压制弯头 DN100	个	22.22	—	0.260	—	—
压制弯头 DN150	个	55.56	—	—	0.570	—
压制弯头 DN200	个	106.81	—	—	—	0.560
氧气	m³	3.63	0.510	0.600	0.700	0.840
乙炔气	kg	10.45	0.170	0.200	0.233	0.280
枕木 2000×200×200	根	82.05	0.026	0.030	0.040	0.048
其他材料费占材料费	%	—	2.000	2.000	2.000	2.000
机械 电动弯管机 108mm	台班	76.93	0.030	0.050	0.149	0.247
电焊条烘干箱 45×35×45cm³	台班	17.00	0.015	0.018	0.021	0.025
管子切断机 150mm	台班	33.32	—	0.010	0.030	0.247
直流弧焊机 32kV·A	台班	87.75	0.154	0.182	0.206	0.247

工作内容：切管、坡口、调直、对口、挖眼接管、管道制安、管件制安、盲板制安。　　　　计量单位：10m

定　额　编　号				S5-7-156	S5-7-157	S5-7-158	S5-7-159
项　目　名　称				塑料管			
				DN50	DN100	DN150	DN200
基　　　价（元）				194.20	212.30	245.85	291.62
其中	人　工　费（元）			101.08	112.00	136.36	172.90
	材　料　费（元）			93.12	100.22	109.39	118.62
	机　械　费（元）			—	0.08	0.10	0.10
名　　称		单位	单价（元）	消　　　耗　　　量			
人工	综合工日	工日	140.00	0.722	0.800	0.974	1.235
材料	丙酮	kg	7.51	0.015	0.047	0.070	—
	承插塑料排水管接头零件 DN100	个	0.60	—	7.370	—	—
	承插塑料排水管接头零件 DN150	个	0.70	—	—	6.660	—
	承插塑料排水管接头零件 DN200	个	1.20	—	—	—	6.510
	承插塑料排水管接头零件 DN50	个	0.30	11.010	—	—	—
	镀锌铁丝 22号	kg	3.57	0.941	1.177	1.471	1.765
	二等板方材	m³	1709.00	0.010	0.009	0.009	0.010
	机油	kg	19.66	0.200	0.200	0.200	0.200
	精制六角带帽螺栓 带垫 M16×（65～80）	套	1.13	20.000	20.000	20.000	20.000
	棉纱头	kg	6.00	0.400	0.500	0.600	0.720
	破布	kg	6.32	0.400	0.520	0.624	0.720
	铅油	kg	6.45	0.480	0.600	0.800	0.960
	砂布	张	1.03	0.348	0.552	0.696	0.883
	石棉橡胶板	kg	9.40	0.280	0.350	0.400	0.048
	塑料管	m	1.50	10.600	10.600	10.600	10.600
	硬聚氯乙烯焊条	kg	20.77	0.640	0.800	1.000	1.200
	粘结剂	kg	2.88	0.010	0.032	0.048	0.113
	枕木 2000×200×200	根	82.05	0.008	0.009	0.011	0.012
	其他材料费占材料费	%	—	2.000	2.000	2.000	2.000
机械	木工圆锯机 500mm	台班	25.33	—	0.003	0.004	0.004

工作内容：切管、坡口、调直、对口、挖眼接管、管道制安、管件制安、盲板制安。　　　　计量单位：10m

定　额　编　号			S5-7-160	S5-7-161	S5-7-162	S5-7-163
项　目　名　称			不锈钢管			
			DN50	DN100	DN150	DN200
基　　　价（元）			1495.03	1565.54	1640.66	1764.61
其中	人　工　费（元）		154.14	192.64	237.02	284.34
	材　料　费（元）		1287.71	1305.35	1325.42	1349.90
	机　械　费（元）		53.18	67.55	78.22	130.37
名　　　称		单位	单价（元）	消　　　耗　　　量		
人工	综合工日	工日	140.00	1.101	1.376	1.693	2.031
材料	不锈钢板	kg	22.00	0.090	0.100	0.140	0.450
	不锈钢管（综合）	m	115.00	10.360	10.360	10.360	10.360
	不锈钢焊条	kg	38.46	0.720	0.900	1.020	1.224
	不锈钢六角螺栓	个	0.09	20.392	20.392	20.392	20.392
	不锈钢弯头 φ50	个	15.00	—	0.260	0.570	0.560
	镀锌铁丝 22号	kg	3.57	1.373	1.471	1.765	2.118
	二等板方材	m³	1709.00	0.010	0.010	0.010	0.010
	机油	kg	19.66	0.200	0.200	0.200	0.200
	棉纱头	kg	6.00	0.400	0.500	0.800	0.960
	破布	kg	6.32	0.400	0.520	0.832	0.960
	铅油	kg	6.45	0.480	0.600	0.800	0.960
	砂轮片 φ100	片	1.71	0.100	0.160	—	—
	砂轮片 φ400	片	8.97	0.040	0.240	0.420	0.690
	石棉橡胶板	kg	9.40	0.280	0.350	0.400	0.480
	水	m³	7.96	0.060	0.150	0.250	0.450
	枕木 2000×200×200	根	82.05	0.024	0.030	0.040	0.048
	其他材料费占材料费	%	—	2.000	2.000	2.000	2.000
机械	等离子切割机 400A	台班	219.59	0.183	0.228	0.283	0.340
	电动弯管机 108mm	台班	76.93	0.030	0.050	—	0.340
	电焊条烘干箱 45×35×45cm³	台班	17.00	0.015	0.018	0.021	0.034
	管子切断机 150mm	台班	33.32	—	0.010	0.030	0.340
	直流弧焊机 20kV·A	台班	71.43	0.146	0.182	0.206	0.247

272

第十五节 滗水器
1. 旋转式滗水器

工作内容：开箱点件、基础划线、场内运输、设备吊装就位、一次灌浆、精平、组装、附件组装、清洗、检查、加油、无负荷试运转。

计量单位：台

定 额 编 号			S5-7-164	S5-7-165	S5-7-166	S5-7-167
项 目 名 称			堰长（m以内）			
			2	5	8	12
基 价（元）			2118.95	2301.47	2666.57	2922.91
其中	人 工 费（元）		1479.94	1627.92	1701.98	1958.32
	材 料 费（元）		333.64	368.18	516.36	516.36
	机 械 费（元）		305.37	305.37	448.23	448.23
名 称	单位	单价（元）	消	耗		量
人工 综合工日	工日	140.00	10.571	11.628	12.157	13.988
材料 镀锌钢板 δ1～1.5	kg	4.30	0.848	0.848	1.696	1.696
镀锌铁丝 22号	kg	3.57	3.030	3.030	3.030	3.030
钢板 δ10	kg	3.18	15.571	15.571	31.143	31.143
黄干油	kg	5.15	2.856	2.856	4.692	4.692
机油	kg	19.66	0.515	0.515	0.927	0.927
煤油	kg	3.73	1.734	1.734	3.264	3.264
棉纱头	kg	6.00	1.465	1.465	2.677	2.677
平垫铁 Q195～Q235	块	1.34	4.080	8.160	8.160	8.160
破布	kg	6.32	1.523	1.523	2.783	2.783
普通硅酸盐水泥 42.5级	kg	0.35	23.460	23.460	32.640	32.640
杉木成材	m³	1311.37	0.030	0.030	0.035	0.035
碎石 5～32	t	106.80	0.119	0.119	0.166	0.166
碳钢电焊条	kg	39.00	2.651	2.651	3.421	3.421
斜垫铁	kg	3.50	8.160	16.320	16.320	16.320
氧气	m³	3.63	0.847	0.847	1.694	1.694
乙炔气	kg	10.45	0.283	0.283	0.565	0.565
枕木 2000×200×200	根	82.05	0.053	0.053	0.053	0.053
中(粗)砂	t	87.00	0.080	0.080	0.120	0.120
其他材料费占材料费	%	—	1.500	1.500	1.500	1.500
机械 电焊条烘干箱 45×35×45cm³	台班	17.00	0.052	0.052	0.068	0.068
汽车式起重机 8t	台班	763.67	0.290	0.290	0.435	0.435
载重汽车 5t	台班	430.70	0.086	0.086	0.129	0.129
直流弧焊机 32kV·A	台班	87.75	0.524	0.524	0.676	0.676

工作内容：开箱点件、基础划线、场内运输、设备吊装就位、一次灌浆、精平、组装、附件组装、清洗、检查、加油、无负荷试运转。

计量单位：台

定 额 编 号			S5-7-168	S5-7-169	S5-7-170
项 目 名 称			堰长（m以内）		
			16	20	20以外
基 价（元）			3227.41	3566.49	3814.71
其中	人 工 费（元）		2262.82	2601.90	2850.12
	材 料 费（元）		516.36	516.36	516.36
	机 械 费（元）		448.23	448.23	448.23
名 称	单位	单价（元）	消	耗	量
人工 综合工日	工日	140.00	16.163	18.585	20.358
材料 镀锌钢板 δ1~1.5	kg	4.30	1.696	1.696	1.696
镀锌铁丝 22号	kg	3.57	3.030	3.030	3.030
钢板 δ10	kg	3.18	31.143	31.143	31.143
黄干油	kg	5.15	4.692	4.692	4.692
机油	kg	19.66	0.927	0.927	0.927
煤油	kg	3.73	3.264	3.264	3.264
棉纱头	kg	6.00	2.677	2.677	2.677
平垫铁 Q195~Q235	块	1.34	8.160	8.160	8.160
破布	kg	6.32	2.783	2.783	2.783
普通硅酸盐水泥 42.5级	kg	0.35	32.640	32.640	32.640
杉木成材	m³	1311.37	0.035	0.035	0.035
碎石 5~32	t	106.80	0.166	0.166	0.166
碳钢电焊条	kg	39.00	3.421	3.421	3.421
斜垫铁	kg	3.50	16.320	16.320	16.320
氧气	m³	3.63	1.694	1.694	1.694
乙炔气	kg	10.45	0.565	0.565	0.565
枕木 2000×200×200	根	82.05	0.053	0.053	0.053
中(粗)砂	t	87.00	0.120	0.120	0.120
其他材料费占材料费	%	—	1.500	1.500	1.500
机械 电焊条烘干箱 45×35×45cm³	台班	17.00	0.068	0.068	0.068
汽车式起重机 8t	台班	763.67	0.435	0.435	0.435
载重汽车 5t	台班	430.70	0.129	0.129	0.129
直流弧焊机 32kV·A	台班	87.75	0.676	0.676	0.676

2. 浮筒式滗水器

工作内容：开箱点件、基础划线、场内运输、设备吊装就位、精平、组装、附件组装、清洗、检查、加油、无负荷试运转。

计量单位：台

定 额 编 号			S5-7-171	S5-7-172	S5-7-173	S5-7-174
项 目 名 称			堰长（m以内）			
			2	5	8	12
基 价（元）			2160.14	2284.32	2641.72	2910.94
其中	人 工 费（元）		1583.96	1708.14	1786.40	2055.62
	材 料 费（元）		270.81	270.81	407.09	407.09
	机 械 费（元）		305.37	305.37	448.23	448.23
名 称	单位	单价（元）	消	耗		量
人工	综合工日	工日	140.00	11.314	12.201	12.760	14.683

名 称	单位	单价（元）				
人工 综合工日	工日	140.00	11.314	12.201	12.760	14.683
镀锌钢板 δ1～1.5	kg	4.30	0.848	0.848	1.696	1.696
镀锌铁丝 22号	kg	3.57	3.030	3.030	3.030	3.030
钢板 δ10	kg	3.18	15.571	15.571	31.143	31.143
黄干油	kg	5.15	2.856	2.856	4.692	4.692
机油	kg	19.66	0.515	0.515	0.927	0.927
煤油	kg	3.73	1.734	1.734	3.264	3.264
棉纱头	kg	6.00	1.465	1.465	2.677	2.677
破布	kg	6.32	1.523	1.523	2.783	2.783
杉木成材	m³	1311.37	0.030	0.030	0.035	0.035
碳钢电焊条	kg	39.00	2.651	2.651	3.421	3.421
氧气	m³	3.63	0.847	0.847	1.694	1.694
乙炔气	kg	10.45	0.283	0.283	0.565	0.565
枕木 2000×200×200	根	82.05	0.053	0.053	0.053	0.053
其他材料费占材料费	%	—	1.500	1.500	1.500	1.500
电焊条烘干箱 45×35×45cm³	台班	17.00	0.052	0.052	0.068	0.068
汽车式起重机 8t	台班	763.67	0.290	0.290	0.435	0.435
载重汽车 5t	台班	430.70	0.086	0.086	0.129	0.129
直流弧焊机 32kV·A	台班	87.75	0.524	0.524	0.676	0.676

工作内容：开箱点件、基础划线、场内运输、设备吊装就位、精平、组装、附件组装、清洗、检查、加油、无负荷试运转。

计量单位：台

定 额 编 号				S5-7-175	S5-7-176	S5-7-177
项 目 名 称				堰长(m以内)		
				16	20	20以外
基 价（元）				3230.84	3587.14	4108.08
其中	人 工 费（元）			2375.52	2731.82	3252.76
	材 料 费（元）			407.09	407.09	407.09
	机 械 费（元）			448.23	448.23	448.23
名 称		单位	单价（元）	消	耗	量
人工	综合工日	工日	140.00	16.968	19.513	23.234
材料	镀锌钢板 δ1～1.5	kg	4.30	1.696	1.696	1.696
	镀锌铁丝 22号	kg	3.57	3.030	3.030	3.030
	钢板 δ10	kg	3.18	31.143	31.143	31.143
	黄干油	kg	5.15	4.692	4.692	4.692
	机油	kg	19.66	0.927	0.927	0.927
	煤油	kg	3.73	3.264	3.264	3.264
	棉纱头	kg	6.00	2.677	2.677	2.677
	破布	kg	6.32	2.783	2.783	2.783
	杉木成材	m³	1311.37	0.035	0.035	0.035
	碳钢电焊条	kg	39.00	3.421	3.421	3.421
	氧气	m³	3.63	1.694	1.694	1.694
	乙炔气	kg	10.45	0.565	0.565	0.565
	枕木 2000×200×200	根	82.05	0.053	0.053	0.053
	其他材料费占材料费	%	—	1.500	1.500	1.500
机械	电焊条烘干箱 45×35×45cm³	台班	17.00	0.068	0.068	0.068
	汽车式起重机 8t	台班	763.67	0.435	0.435	0.435
	载重汽车 5t	台班	430.70	0.129	0.129	0.129
	直流弧焊机 32kV·A	台班	87.75	0.676	0.676	0.676

3.虹吸式溇水器

工作内容：开箱点件、基础划线、场内运输、设备吊装就位、精平、组装、附件组装、清洗、检查、加油、无负荷试运转。

计量单位：台

定 额 编 号				S5-7-178	S5-7-179	S5-7-180	S5-7-181
项 目 名 称				堰长(m以内)			
				2	5	8	12
基 价（元）				959.00	1040.20	1129.94	1448.57
其中	人 工 费（元）			811.58	892.78	982.52	1237.46
	材 料 费（元）			55.09	55.09	55.09	69.52
	机 械 费（元）			92.33	92.33	92.33	141.59
名 称		单位	单价(元)	消	耗		量
人工	综合工日	工日	140.00	5.797	6.377	7.018	8.839
材料	镀锌钢板 δ1～1.5	kg	4.30	0.424	0.424	0.424	0.424
	镀锌铁丝 22号	kg	3.57	0.808	0.808	0.808	0.808
	黄干油	kg	5.15	0.567	0.567	0.567	0.721
	机油	kg	19.66	0.885	0.885	0.885	1.124
	煤油	kg	3.73	0.964	0.964	0.964	1.285
	棉纱头	kg	6.00	0.167	0.167	0.167	0.266
	破布	kg	6.32	0.166	0.166	0.166	0.211
	汽油	kg	6.77	0.312	0.312	0.312	0.416
	碳钢电焊条	kg	39.00	0.208	0.208	0.208	0.224
	氧气	m³	3.63	0.224	0.224	0.224	0.075
	一等木板 19～35	m³	1400.00	0.009	0.009	0.009	0.012
	乙炔气	kg	10.45	0.075	0.075	0.075	0.254
机械	叉式起重机 5t	台班	506.51	0.170	0.170	0.170	0.255
	电焊条烘干箱 45×35×45cm³	台班	17.00	0.009	0.009	0.009	0.017
	直流弧焊机 20kV·A	台班	71.43	0.085	0.085	0.085	0.170

工作内容：开箱点件、基础划线、场内运输、设备吊装就位、精平、组装、附件组装、清洗、检查、加油、无负荷试运转。

计量单位：台

定 额 编 号			S5-7-182	S5-7-183	S5-7-184
项 目 名 称			堰长（m以内）		
			16	20	20以外
基 价（元）			1570.04	2006.41	2767.06
其中	人 工 费（元）		1360.66	1715.84	2168.32
	材 料 费（元）		67.79	99.70	120.16
	机 械 费（元）		141.59	190.87	478.58
名 称	单位	单价(元)	消	耗	量
人工	综合工日	工日	140.00	9.719	12.256	15.488
材料	镀锌钢板 δ1～1.5	kg	4.30	0.424	0.477	0.530
	镀锌铁丝 22号	kg	3.57	0.808	1.212	1.212
	黄干油	kg	5.15	0.721	0.927	0.927
	机油	kg	19.66	1.124	1.405	1.560
	煤油	kg	3.73	1.285	1.928	2.678
	棉纱头	kg	6.00	0.211	0.267	0.300
	破布	kg	6.32	0.254	0.331	0.441
	汽油	kg	6.77	0.124	0.520	0.624
	碳钢电焊条	kg	39.00	0.266	0.393	0.485
	氧气	m³	3.63	0.224	0.449	0.561
	一等木板 19～35	m³	1400.00	0.012	0.020	0.026
	乙炔气	kg	10.45	0.075	0.150	0.187
机械	叉式起重机 5t	台班	506.51	0.255	0.340	0.255
	电焊条烘干箱 45×35×45cm³	台班	17.00	0.017	0.026	0.034
	汽车式起重机 8t	台班	763.67	—	—	0.425
	直流弧焊机 20kV·A	台班	71.43	0.170	0.255	0.340

278

第十六节 生物转盘

工作内容：开箱点件、基础划线、场内运输、设备吊装就位、一次灌浆、精平、组装、附件组装、清洗、检查、加油、无负荷试运转。

计量单位：台

定 额 编 号			S5-7-185	S5-7-186	S5-7-187
项 目 名 称			设备重量(t以内)		
			3	4.5	6
基 价（元）			3529.43	4349.01	5486.86
其中	人 工 费（元）		2835.70	3474.52	4424.14
	材 料 费（元）		164.29	188.56	237.85
	机 械 费（元）		529.44	685.93	824.87
名 称	单位	单价（元）	消	耗	量
人工 综合工日	工日	140.00	20.255	24.818	31.601
材料 电焊条	kg	5.98	0.400	0.600	0.800
镀锌铁丝 22号	kg	3.57	1.961	1.961	1.961
二等板方材	m³	1709.00	0.010	0.010	0.020
钢板 δ10	kg	3.18	1.200	2.000	3.400
黄干油	kg	5.15	0.971	1.166	1.500
机油	kg	19.66	3.000	3.500	3.999
煤油	kg	3.73	0.990	1.188	1.500
棉纱头	kg	6.00	1.500	1.500	2.000
平垫铁 Q195～Q235	块	1.34	4.080	4.080	4.080
破布	kg	6.32	1.559	1.559	2.000
普通硅酸盐水泥 42.5级	kg	0.35	9.000	19.000	26.000
碎石 5～32	t	106.80	0.016	0.031	0.047
斜垫铁	kg	3.50	8.160	8.160	8.160
氧气	m³	3.63	0.340	0.400	0.400
乙炔气	kg	10.45	0.113	0.133	0.133
枕木 2000×200×200	根	82.05	0.020	0.040	0.060
中(粗)砂	t	87.00	0.015	0.030	0.045
其他材料费占材料费	%	—	2.000	2.000	2.000
机械 电焊条烘干箱 45×35×45cm³	台班	17.00	0.008	0.012	0.016
汽车式起重机 8t	台班	763.67	0.593	0.778	0.920
载重汽车 5t	台班	430.70	0.161	0.188	—
载重汽车 8t	台班	501.85	—	—	0.215
直流弧焊机 32kV·A	台班	87.75	0.081	0.121	0.161

工作内容：开箱点件、基础划线、场内运输、设备吊装就位、一次灌浆、精平、组装、附件组装、清洗、检查、加油、无负荷试运转。

计量单位：台

定 额 编 号				S5-7-188	S5-7-189	S5-7-190
项 目 名 称				设备重量(t以内)		
				7.5	8	8以上
基 价（元）				6443.88	7384.18	8494.63
其中	人 工 费（元）			5123.72	5921.86	6798.82
	材 料 费（元）			256.25	315.35	370.61
	机 械 费（元）			1063.91	1146.97	1325.20
名 称		单位	单价(元)	消	耗	量
人工	综合工日	工日	140.00	36.598	42.299	48.563
材料	电焊条	kg	5.98	0.800	1.100	1.300
	镀锌铁丝 22号	kg	3.57	2.942	2.942	3.432
	二等板方材	m³	1709.00	0.020	0.030	0.030
	钢板 δ10	kg	3.18	4.800	7.100	7.800
	黄干油	kg	5.15	1.943	1.943	2.429
	机油	kg	19.66	4.000	4.800	6.400
	煤油	kg	3.73	1.485	1.584	2.080
	棉纱头	kg	6.00	2.000	2.500	3.000
	平垫铁 Q195～Q235	块	1.34	4.080	4.080	4.080
	破布	kg	6.32	2.079	2.599	3.119
	普通硅酸盐水泥 42.5级	kg	0.35	34.000	41.000	48.000
	碎石 5～32	t	106.80	0.062	0.078	0.093
	斜垫铁	kg	3.50	8.160	8.160	8.160
	氧气	m³	3.63	0.400	0.600	0.600
	乙炔气	kg	10.45	0.133	0.200	0.200
	枕木 2000×200×200	根	82.05	0.080	0.110	0.130
	中(粗)砂	t	87.00	0.060	0.075	0.089
	其他材料费占材料费	%		2.000	2.000	2.000
机械	电焊条烘干箱 45×35×45cm³	台班	17.00	0.016	0.022	0.026
	汽车式起重机 12t	台班	857.15	1.088	1.168	1.274
	载重汽车 15t	台班	779.76	—	—	0.269
	载重汽车 8t	台班	501.85	0.233	0.251	—
	直流弧焊机 32kV·A	台班	87.75	0.161	0.222	0.262

第十七节 搅拌机
1.立式混合搅拌机平叶浆、折板浆、螺旋浆

工作内容：开箱点件、基础划线、场内运输、设备吊装就位、一次灌浆、精平、组装、附件组装、清洗、检查、加油、无负荷试运转。

计量单位：台

定　额　编　号			S5-7-191	S5-7-192	S5-7-193
项　目　名　称			浆叶外径(m以内)		
			1	2	3
基　　价（元）			1333.38	1418.50	1568.65
其中	人　工　费（元）		850.64	935.76	1029.42
	材　料　费（元）		119.81	119.81	119.81
	机　械　费（元）		362.93	362.93	419.42
名　　称	单位	单价（元）	消　　耗		量
人工	综合工日	工日	140.00	6.076	6.684	7.353
材料	镀锌铁丝 16号	kg	3.57	1.515	1.515	1.515
	钢板 δ10	kg	3.18	2.968	2.968	2.968
	黄干油	kg	5.15	1.020	1.020	1.020
	机油	kg	19.66	0.515	0.515	0.515
	煤油	kg	3.73	1.530	1.530	1.530
	棉纱头	kg	6.00	0.505	0.505	0.505
	平垫铁 Q195～Q235	块	1.34	4.080	4.080	4.080
	破布	kg	6.32	0.525	0.525	0.525
	普通硅酸盐水泥 42.5级	kg	0.35	8.000	8.000	8.000
	杉木成材	m³	1311.37	0.011	0.011	0.011
	碎石 5～32	t	106.80	0.031	0.031	0.031
	碳钢电焊条	kg	39.00	0.440	0.440	0.440
	斜垫铁	kg	3.50	8.160	8.160	8.160
	氧气	m³	3.63	0.330	0.330	0.330
	乙炔气	kg	10.45	0.110	0.110	0.110
	枕木 2000×200×200	根	82.05	0.021	0.021	0.021
	中(粗)砂	t	87.00	0.020	0.020	0.020
机械	电焊条烘干箱 45×35×45cm³	台班	17.00	0.009	0.009	0.010
	汽车式起重机 8t	台班	763.67	0.417	0.417	0.482
	载重汽车 5t	台班	430.70	0.085	0.085	0.098
	直流弧焊机 32kV·A	台班	87.75	0.088	0.088	0.102

2. 立式反应搅拌机

工作内容：开箱点件、基础划线、场内运输、设备吊装就位、一次灌浆、精平、组装、附件组装、清洗、检查、加油、无负荷试运转。

计量单位：台

定 额 编 号				S5-7-194	S5-7-195	S5-7-196	S5-7-197
项 目 名 称				桨板外径(m以内)			
				1.7	2.8	3.5	4
基 价（元）				2076.47	2172.84	2281.21	2382.45
其中	人 工 费（元）			1410.50	1484.28	1552.04	1622.32
	材 料 费（元）			222.10	222.10	240.78	249.15
	机 械 费（元）			443.87	466.46	488.39	510.98
名 称		单位	单价(元)	消	耗		量
人工	综合工日	工日	140.00	10.075	10.602	11.086	11.588
材料	镀锌铁丝 16号	kg	3.57	2.020	2.020	2.222	2.323
	钢板 δ10	kg	3.18	5.936	5.936	6.530	6.826
	黄干油	kg	5.15	1.020	1.020	1.122	1.173
	机油	kg	19.66	1.030	1.030	1.133	1.185
	煤油	kg	3.73	3.060	3.060	3.366	3.519
	棉纱头	kg	6.00	0.505	0.505	0.556	0.581
	平垫铁 Q195~Q235	块	1.34	4.080	4.080	4.080	4.080
	破布	kg	6.32	0.525	0.525	0.578	0.604
	普通硅酸盐水泥 42.5级	kg	0.35	17.000	17.000	18.700	19.550
	杉木成材	m³	1311.37	0.011	0.011	0.012	0.012
	碎石 5~32	t	106.80	0.048	0.048	0.053	0.054
	碳钢电焊条	kg	39.00	2.090	2.090	2.299	2.404
	斜垫铁	kg	3.50	8.160	8.160	8.160	8.160
	氧气	m³	3.63	0.660	0.660	0.726	0.759
	乙炔气	kg	10.45	0.220	0.220	0.242	0.253
	枕木 2000×200×200	根	82.05	0.042	0.042	0.046	0.048
	中(粗)砂	t	87.00	0.041	0.041	0.045	0.045
机械	电焊条烘干箱 45×35×45cm³	台班	17.00	0.029	0.030	0.032	0.033
	汽车式起重机 8t	台班	763.67	0.470	0.494	0.517	0.541
	载重汽车 5t	台班	430.70	0.137	0.144	0.151	0.158
	直流弧焊机 32kV·A	台班	87.75	0.290	0.304	0.319	0.333

3.卧式反应搅拌机

工作内容：开箱点件、基础划线、场内运输、设备吊装就位、一次灌浆、精平、组装、附件组装、清洗、检查、加油、无负荷试运转。

计量单位：台

定　额　编　号				S5-7-198	S5-7-199
项　目　名　称				轴长(m以内)	
				20	
				基本格数	
				3	每增减1格
基　　价　（元）				3565.08	737.81
其中	人　工　费（元）			2238.60	447.86
	材　料　费（元）			469.39	118.40
	机　械　费（元）			857.09	171.55
名　　称		单位	单价(元)	消　耗　量	
人工	综合工日	工日	140.00	15.990	3.199
材料	镀锌钢板 δ1～1.5	kg	4.30	2.544	0.509
	钢板 δ10	kg	3.18	46.714	9.339
	黄干油	kg	5.15	5.508	1.102
	机油	kg	19.66	1.236	0.247
	煤油	kg	3.73	4.590	0.918
	棉纱头	kg	6.00	3.636	0.727
	平垫铁 Q195～Q235	块	1.34	4.080	4.080
	破布	kg	6.32	3.780	0.756
	普通硅酸盐水泥 42.5级	kg	0.35	27.000	5.400
	杉木成材	m³	1311.37	0.013	—
	碎石 5～32	t	106.80	0.143	0.031
	碳钢电焊条	kg	39.00	2.310	0.462
	斜垫铁	kg	3.50	8.160	8.160
	氧气	m³	3.63	2.541	0.506
	乙炔气	kg	10.45	0.848	0.165
	中(粗)砂	t	87.00	0.120	0.030
机械	电焊条烘干箱 45×35×45cm³	台班	17.00	0.091	0.018
	汽车式起重机 8t	台班	763.67	0.870	0.174
	载重汽车 5t	台班	430.70	0.258	0.052
	直流弧焊机 32kV·A	台班	87.75	0.912	0.182

4.药物搅拌机

工作内容：开箱点件、基础划线、场内运输、设备吊装就位、精平、组装、附件组装、清洗、检查、加油、无负荷试运转。

计量单位：台

定　额　编　号				S5-7-200
项　目　名　称				桨叶外径(mm以内)
				160
基　　　价　（元）				236.81
其中	人　工　费（元）			203.98
	材　料　费（元）			22.79
	机　械　费（元）			10.04
	名　　　称	单位	单价(元)	消　　耗　　量
人工	综合工日	工日	140.00	1.457
材料	镀锌钢板 δ1～1.5	kg	4.30	0.470
	酚醛白漆	kg	11.11	0.057
	机油	kg	19.66	0.145
	煤油	kg	3.73	0.714
	破布	kg	6.32	0.364
	汽油	kg	6.77	0.375
	石棉橡胶板	kg	9.40	0.089
	碳钢电焊条	kg	39.00	0.162
	一等木板 19～35	m³	1400.00	0.001
	枕木	m³	1230.77	0.001
机械	电焊条烘干箱 45×35×45cm³	台班	17.00	0.017
	交流弧焊机 21kV·A	台班	57.35	0.170

284

第十八节 推进器(搅拌器)
1.潜水推进器

工作内容:开箱点件、基础划线、场内运输、设备吊装就位、精平、组装、附件组装、清洗、检查、加油、无负荷试运转。

计量单位:套

定 额 编 号				S5-7-201	S5-7-202
项 目 名 称				直径(m以内)	
				1.8	2.5
基 价 (元)				1085.22	1112.94
其中	人 工 费(元)			770.84	798.56
	材 料 费(元)			97.76	97.76
	机 械 费(元)			216.62	216.62
名 称		单位	单价(元)	消 耗 量	
人工	综合工日	工日	140.00	5.506	5.704
材料	纯铜箔 0.04	kg	52.14	0.053	0.053
	镀锌铁丝 16号	kg	3.57	2.778	2.778
	黄干油	kg	5.15	1.224	1.224
	机油	kg	19.66	0.824	0.824
	煤油	kg	3.73	2.040	2.040
	杉木成材	m³	1311.37	0.017	0.017
	碳钢电焊条	kg	39.00	0.484	0.484
	枕木 2000×250×200	根	102.56	0.066	0.066
	中厚钢板(综合)	t	3512.00	0.002	0.002
机械	电动单筒慢速卷扬机 50kN	台班	215.57	0.975	0.975
	电焊条烘干箱 45×35×45cm³	台班	17.00	0.009	0.009
	直流弧焊机 20kV·A	台班	71.43	0.088	0.088

2. 潜水搅拌器

工作内容：开箱点件、基础划线、场内运输、设备吊装就位、精平、组装、附件组装、清洗、检查、加油、无负荷试运转。

计量单位：套

定　额　编　号				S5-7-203	
项　目　名　称				潜水搅拌器	
基　　　价（元）				1003.06	
其中	人　工　费（元）			694.40	
	材　料　费（元）			97.76	
	机　械　费（元）			210.90	
	名　　称	单位	单价（元）	消　耗　量	
人工	综合工日	工日	140.00	4.960	
材料	纯铜箔 0.04	kg	52.14	0.053	
	镀锌铁丝 16号	kg	3.57	2.778	
	黄干油	kg	5.15	1.224	
	机油	kg	19.66	0.824	
	煤油	kg	3.73	2.040	
	杉木成材	m³	1311.37	0.017	
	碳钢电焊条	kg	39.00	0.484	
	枕木 2000×250×200	根	102.56	0.066	
	中厚钢板(综合)	t	3512.00	0.002	
机械	电动单筒慢速卷扬机 50kN	台班	215.57	0.975	
	电焊条烘干箱 45×35×45cm³	台班	17.00	0.001	
	直流弧焊机 32kV·A	台班	87.75	0.008	

第十九节 加药设备
1. 一体化溶药及投加设备

工作内容：开箱点件、基础划线、场内运输、设备吊装就位、一次灌浆、精平、组装、附件组装、清洗、
检查、加油、无负荷试运转。

计量单位：台

定 额 编 号			S5-7-204	
项 目 名 称			一体化溶药及投加设备	
基 价（元）			2152.52	
其中	人 工 费（元）		1685.60	
	材 料 费（元）		306.67	
	机 械 费（元）		160.25	
名 称		单位	单价（元）	消 耗 量
人工	综合工日	工日	140.00	12.040
材料	镀锌钢板 δ1～1.5	kg	4.30	0.477
	镀锌铁丝 22号	kg	3.57	1.177
	厚漆	kg	8.55	4.182
	黄干油	kg	5.15	0.510
	机油	kg	19.66	0.936
	煤油	kg	3.73	1.391
	棉纱头	kg	6.00	0.267
	平垫铁 Q195～Q235	块	1.34	6.120
	破布	kg	6.32	0.331
	普通硅酸盐水泥 42.5级	kg	0.35	126.295
	汽油	kg	6.77	1.928
	石棉橡胶板	kg	9.40	0.541
	碎石 5～32	t	106.80	0.383
	碳钢电焊条	kg	39.00	0.393
	斜垫铁	kg	3.50	12.240
	氧气	m³	3.63	0.449
	一等木板 19～35	m³	1400.00	0.020
	乙炔气	kg	10.45	0.150
	中(粗)砂	t	87.00	0.338
	其他材料费占材料费	%	—	1.500
机械	叉式起重机 5t	台班	506.51	0.255
	电焊条烘干箱 45×35×45cm³	台班	17.00	0.043
	直流弧焊机 20kV·A	台班	71.43	0.425

2. 隔膜计量泵

工作内容：开箱点件、基础划线、场内运输、设备吊装就位、精平、组装、附件组装、清洗、检查、加油、无负荷试运转。

计量单位：台

定 额 编 号					S5-7-205	
项 目 名 称					隔膜计量泵	
基 价（元）					274.00	
其中	人 工 费（元）				251.72	
	材 料 费（元）				16.06	
	机 械 费（元）				6.22	
名 称		单位	单价（元）	消 耗 量		
人工	综合工日	工日	140.00	1.798		
材料	镀锌钢板 δ1~1.5	kg	4.30	0.133		
	厚漆	kg	8.55	0.051		
	黄干油	kg	5.15	0.026		
	机油	kg	19.66	0.053		
	煤油	kg	3.73	0.268		
	棉纱头	kg	6.00	0.139		
	破布	kg	6.32	0.138		
	汽油	kg	6.77	0.131		
	石棉橡胶板	kg	9.40	0.106		
	碳钢电焊条	kg	39.00	0.058		
	氧气	m³	3.63	0.561		
	一等木板 19~35	m³	1400.00	0.002		
	乙炔气	kg	10.45	0.187		
	其他材料费占材料费	%	—	1.500		
机械	电焊条烘干箱 45×35×45cm³	台班	17.00	0.009		
	直流弧焊机 20kV·A	台班	71.43	0.085		

3.螺杆计量泵

工作内容：开箱点件、基础划线、场内运输、设备吊装就位、一次灌浆、精平、组装、附件组装、清洗、检查、加油、无负荷试运转。

计量单位：台

定 额 编 号			S5-7-206
项 目 名 称			螺杆计量泵
基 价（元）			345.30
其中	人 工 费（元）		276.92
	材 料 费（元）		62.16
	机 械 费（元）		6.22
名 称	单位	单价（元）	消 耗 量
人工 综合工日	工日	140.00	1.978
材料 镀锌钢板 δ1～1.5	kg	4.30	0.133
厚漆	kg	8.55	0.051
黄干油	kg	5.15	0.026
机油	kg	19.66	0.053
煤油	kg	3.73	0.268
棉纱头	kg	6.00	0.139
平垫铁 Q195～Q235	块	1.34	4.080
破布	kg	6.32	0.138
普通硅酸盐水泥 42.5级	kg	0.35	13.050
汽油	kg	6.77	0.131
石棉橡胶板	kg	9.40	0.106
碎石 5～32	t	106.80	0.037
碳钢电焊条	kg	39.00	0.058
斜垫铁	kg	3.50	8.160
氧气	m³	3.63	0.561
一等木板 19～35	m³	1400.00	0.002
乙炔气	kg	10.45	0.187
中(粗)砂	t	87.00	0.033
其他材料费占材料费	%	—	1.500
机械 电焊条烘干箱 45×35×45cm³	台班	17.00	0.009
直流弧焊机 20kV·A	台班	71.43	0.085

4.粉料储存投加设备料仓

工作内容：构件加固、吊装校正、拧紧螺栓、电焊固定、翻身就位。　　　　　　计量单位：台

定　额　编　号			S5-7-207	S5-7-208	S5-7-209
项　目　名　称			料仓直径(m)、高(m)		
			2、3	2.8、5	3.8、7
			重量(t以内)		
			2	5	8
基　　价（元）			1609.81	2326.12	3279.04
其中	人　工　费（元）		1122.10	1614.20	1906.52
	材　料　费（元）		239.54	378.77	470.81
	机　械　费（元）		248.17	333.15	901.71
名　　称		单位	单价（元）	消　耗　量	
人工	综合工日	工日	140.00	8.015	11.530	13.618
材料	草袋	条	0.85	0.480	0.480	0.480
	镀锌带螺母螺栓 M6×(16～25)	套	2.00	5.700	9.500	11.400
	镀锌铁丝网	m²	10.68	2.049	3.074	4.099
	酚醛白漆	kg	11.11	0.076	0.095	0.095
	钢板 δ4～10	kg	3.18	0.950	1.900	2.850
	煤油	kg	3.73	1.976	2.540	2.822
	棉纱头	kg	6.00	0.356	0.468	0.468
	平垫铁	kg	3.74	1.949	2.925	2.925
	破布	kg	6.32	0.494	0.494	0.988
	普通硅酸盐水泥 42.5级	kg	0.35	16.150	21.850	24.700
	石棉橡胶板	kg	9.40	0.703	1.245	2.005
	水	m³	7.96	0.485	0.646	0.751
	塑料板	kg	45.14	1.596	2.651	2.651
	碎石 5～32	t	106.80	0.037	0.093	0.110

定　额　编　号			S5-7-207	S5-7-208	S5-7-209
项　目　名　称			料仓直径(m)、高(m)		
			2、3	2.8、5	3.8、7
			重量(t以内)		
			2	5	8
名　　称	单位	单价(元)	消	耗	量
材料	碳钢电焊条	kg	39.00	0.570	1.112	1.349
	铁砂布	张	0.85	2.850	2.850	2.850
	斜垫铁	kg	3.50	1.002	1.503	1.503
	氧气	m³	3.63	1.124	1.424	1.677
	一等木板 19～35	m³	1400.00	0.001	0.001	0.030
	乙炔气	kg	10.45	0.378	0.475	0.562
	枕木	m³	1230.77	0.040	0.057	0.062
	中(粗)砂	t	87.00	0.036	0.072	0.089
机械	电动空气压缩机 6m³/min	台班	206.73	0.537	0.851	1.064
	电焊条烘干箱 45×35×45cm³	台班	17.00	0.015	0.022	0.030
	交流弧焊机 21kV·A	台班	57.35	0.150	0.224	0.299
	汽车式起重机 12t	台班	857.15	—	0.168	—
	汽车式起重机 16t	台班	958.70	—	—	0.420
	汽车式起重机 8t	台班	763.67	0.168	—	—
	自卸汽车 8t	台班	613.71	—	—	0.426

工作内容：构件加固、吊装校正、拧紧螺栓、电焊固定、翻身就位。　　　　　　　　计量单位：台

定　额　编　号				S5-7-210	S5-7-211	S5-7-212
项　目　名　称				料仓直径(m)、高(m)		
				4.5、9	5.5、10	6.5、12
				重量(t以内)		
				11	15	20
基　　　价（元）				3967.64	4858.79	5586.12
其中	人　工　费（元）			2477.30	3180.80	3657.92
	材　料　费（元）			565.80	620.37	711.76
	机　械　费（元）			924.54	1057.62	1216.44
名　　称		单位	单价（元）	消	耗	量
人工	综合工日	工日	140.00	17.695	22.720	26.128
材料	草袋	条	0.85	0.480	1.219	1.400
	镀锌带螺母螺栓 M6×(16～25)	套	2.00	13.300	15.200	17.480
	镀锌铁丝网	m²	10.68	4.612	5.124	5.892
	酚醛白漆	kg	11.11	0.095	0.095	0.109
	钢板 δ4～10	kg	3.18	3.800	4.750	5.463
	煤油	kg	3.73	3.293	3.763	4.328
	棉纱头	kg	6.00	0.468	0.468	0.538
	平垫铁	kg	3.74	3.411	3.411	3.923
	破布	kg	6.32	0.988	0.988	1.136
	普通硅酸盐水泥 42.5级	kg	0.35	27.550	35.150	40.423
	石棉橡胶板	kg	9.40	2.983	4.057	4.665
	水	m³	7.96	0.817	0.950	1.093
	塑料板	kg	45.14	4.190	4.190	4.818
	碎石 5～32	t	106.80	0.130	0.147	0.169
	碳钢电焊条	kg	39.00	1.701	2.100	2.414
	铁砂布	张	0.85	2.850	2.850	3.278
	斜垫铁	kg	3.50	2.004	2.004	2.304
	氧气	m³	3.63	1.929	2.365	2.719
	一等木板 19～35	m³	1400.00	0.003	0.004	0.004
	乙炔气	kg	10.45	0.639	0.785	0.902
	枕木	m³	1230.77	0.075	0.077	0.088
	中(粗)砂	t	87.00	0.105	0.125	0.143
机械	电动空气压缩机 6m³/min	台班	206.73	1.175	1.277	1.469
	电焊条烘干箱 45×35×45cm³	台班	17.00	0.023	0.023	0.034
	交流弧焊机 21kV·A	台班	57.35	0.299	0.299	0.343
	汽车式起重机 16t	台班	958.70	0.420	—	—
	汽车式起重机 25t	台班	1084.16	—	0.420	0.483
	汽车式起重机 8t	台班	763.67	—	0.420	0.483
	自卸汽车 8t	台班	613.71	0.426	—	—

5.粉料储存投加设备粉料投加机

工作内容：开箱点件、基础划线、场内运输、安装就位、找平找正、加油、无负荷试运转。

计量单位：台

定 额 编 号			S5-7-213	
项 目 名 称			粉料投加机	
基 价（元）			966.37	
其中	人 工 费（元）		733.46	
	材 料 费（元）		144.14	
	机 械 费（元）		88.77	
名 称	单位	单价（元）	消 耗 量	
人工 综合工日	工日	140.00	5.239	
材料 镀锌铁丝 22号	kg	3.57	1.174	
厚漆	kg	8.55	0.246	
黄干油	kg	5.15	0.454	
机油	kg	19.66	0.708	
煤油	kg	3.73	0.771	
棉纱头	kg	6.00	0.133	
平垫铁 Q195～Q235	块	1.34	4.080	
破布	kg	6.32	0.132	
普通硅酸盐水泥 42.5级	kg	0.35	53.856	
汽油	kg	6.77	0.250	
碎石 5～32	t	106.80	0.161	
碳钢电焊条	kg	39.00	0.498	
斜垫铁	kg	3.50	8.160	
氧气	m³	3.63	0.179	
一等木板 19～35	m³	1400.00	0.007	
乙炔气	kg	10.45	0.059	
中(粗)砂	t	87.00	0.146	
其他材料费占材料费	%	—	1.500	
机械 叉式起重机 5t	台班	506.51	0.136	
电焊条烘干箱 45×35×45cm³	台班	17.00	0.027	
直流弧焊机 20kV·A	台班	71.43	0.272	

6.粉料储存投加设备计量输送机

工作内容：开箱点件、基础划线、场内运输、一次灌浆、安装就位、找平找正、加油、无负荷试运转。

计量单位：台

定　额　编　号			S5-7-214	
项　目　名　称			粉料计量输送机	
基　　　　价（元）			880.96	
其中	人　工　费（元）		739.48	
	材　料　费（元）		119.59	
	机　械　费（元）		21.89	
名　　称	单位	单价（元）	消　　　耗　　　量	
人工	综合工日	工日	140.00	5.282
材料	镀锌钢板 δ1～1.5	kg	4.30	0.300
	镀锌铁丝 16号	kg	3.57	0.085
	黄干油	kg	5.15	0.196
	机油	kg	19.66	0.606
	煤油	kg	3.73	0.780
	棉纱头	kg	6.00	0.338
	平垫铁 Q195～Q235	块	1.34	4.080
	破布	kg	6.32	0.164
	普通硅酸盐水泥 42.5级	kg	0.35	50.750
	汽油	kg	6.77	0.499
	碎石 5～32	t	106.80	0.149
	碳钢电焊条	kg	39.00	0.126
	斜垫铁	kg	3.50	8.160
	氧气	m³	3.63	0.204
	一等木板 19～35	m³	1400.00	0.006
	乙炔气	kg	10.45	0.068
	中(粗)砂	t	87.00	0.132
	其他材料费占材料费	%	—	1.500
机械	电焊条烘干箱 45×35×45cm³	台班	17.00	0.009
	电压电流表(各种量程)	台班	22.35	0.578
	交流弧焊机 21kV·A	台班	57.35	0.085
	数字高压表 GYB-Ⅱ	台班	11.16	0.043
	数字万用表 F-87	台班	6.00	0.578

7. 二氧化氯发生器

工作内容：开箱点件、基础划线、场内运输、固定、安装。　　　　　　　　　计量单位：台

定　额　编　号					S5-7-215	
项　目　名　称					二氧化氯发生器	
基　　　　价（元）					762.35	
其中	人　工　费（元）				760.34	
	材　料　费（元）				2.01	
	机　械　费（元）				—	
	名　　称	单位	单价（元）	消　　耗　　量		
人工	综合工日	工日	140.00	5.431		
材料	精制六角带帽螺栓 带垫 M12×（14～75）	套	0.50	4.000		
	其他材料费占材料费	%	—	0.500		

第二十节 加氯机
1. 柜式加氯机

工作内容：开箱点件、基础划线、场内运输、固定、安装。 计量单位：套

定 额 编 号				S5-7-216		
项 目 名 称				柜式加氯机		
基 价（元）				458.32		
其中	人 工 费（元）			455.70		
	材 料 费（元）			2.62		
	机 械 费（元）			—		
名 称		单位	单价(元)	消 耗 量		
人工	综合工日	工日	140.00	3.255		
材料	精制六角带帽螺栓 带垫 M12×(14～75)	套	0.50	4.000		
	棉纱头	kg	6.00	0.050		
	破布	kg	6.32	0.050		

2.挂式加氯机

工作内容：开箱点件、基础划线、场内运输、固定、安装。

计量单位：套

定 额 编 号				S5-7-217		
项 目 名 称				挂式加氯机		
基 价（元）				325.46		
其中	人 工 费（元）			322.84		
	材 料 费（元）			2.62		
	机 械 费（元）			—		
名 称		单位	单价（元）	消 耗 量		
人工	综合工日	工日	140.00	2.306		
材料	精制六角带帽螺栓 带垫 M12×（14～75）	套	0.50	4.000		
	棉纱头	kg	6.00	0.050		
	破布	kg	6.32	0.050		

297

第二十一节 氯吸收装置

工作内容：开箱点件、基础划线、场内运输、固定、安装。　　　　　　　　　　计量单位：套

定　额　编　号			S5-7-218	S5-7-219	S5-7-220
项　目　名　称			吸收能力(kg/h以内)		
			1000	3000	5000
基　　价（元）			2618.64	2945.88	3470.09
其中	人　工　费（元）		1339.52	1518.72	1923.60
	材　料　费（元）		252.43	297.74	417.07
	机　械　费（元）		1026.69	1129.42	1129.42
名　　称	单位	单价(元)	消　　耗		量
人工 综合工日	工日	140.00	9.568	10.848	13.740
材料 镀锌铁丝 22号	kg	3.57	9.414	9.414	11.767
钢板 δ3.5~4	kg	3.18	19.200	19.200	26.400
耐酸橡胶板 δ3	kg	17.99	4.800	7.200	12.000
破布	kg	6.32	0.624	0.624	0.749
碳钢电焊条	kg	39.00	1.200	1.200	1.200
调和漆	kg	6.00	0.300	0.600	0.600
氧气	m³	3.63	2.400	2.400	2.400
乙炔气	kg	10.45	0.792	0.792	0.792
其他材料费占材料费	%	—	0.750	0.750	0.750
机械 电动单筒慢速卷扬机 30kN	台班	210.22	2.123	2.123	2.123
电焊条烘干箱 45×35×45cm³	台班	17.00	0.047	0.047	0.047
交流弧焊机 32kV·A	台班	83.14	0.472	0.472	0.472
汽车式起重机 16t	台班	958.70	—	0.425	0.425
汽车式起重机 8t	台班	763.67	0.425	—	—
载重汽车 10t	台班	547.99	—	0.430	0.430
载重汽车 8t	台班	501.85	0.430	—	—

第二十二节 水射器

工作内容：开箱点件、场内运输、制垫、安装、找平、加垫、加固螺栓。　　　　计量单位：个

定　额　编　号			S5-7-221	S5-7-222	S5-7-223
项　目　名　称			公称直径(mm以内)		
			DN25	DN32	DN40
基　　　价（元）			44.81	51.58	59.33
其中	人　工　费（元）		44.52	51.10	58.66
	材　料　费（元）		0.29	0.48	0.67
	机　械　费（元）		—	—	—
名　　称	单位	单价(元)	消　　耗　　量		
人工	综合工日	工日	140.00	0.318	0.365	0.419
材料	石棉橡胶板	kg	9.40	0.030	0.050	0.070
	其他材料费占材料费	%	—	1.500	1.500	1.500

工作内容：开箱点件、场内运输、制垫、安装、找平、加垫、加固螺栓。 计量单位：个

定 额 编 号				S5-7-224	S5-7-225	S5-7-226
项 目 名 称				公称直径(mm以内)		
				DN50	DN65	DN80
基 价（元）				68.10	78.19	92.24
其中	人 工 费（元）			67.34	77.14	91.00
	材 料 费（元）			0.76	1.05	1.24
	机 械 费（元）			—	—	—
名 称		单位	单价（元）	消	耗	量
人工	综合工日	工日	140.00	0.481	0.551	0.650
材料	石棉橡胶板	kg	9.40	0.080	0.110	0.130
	其他材料费占材料费	%	—	1.500	1.500	1.500

第二十三节 管式混合器

工作内容：外观检查、点件、安装、找平、制垫、加垫、加固螺栓、水压试验。　　　　　　计量单位：个

定　额　编　号				S5-7-227	S5-7-228	S5-7-229
项　目　名　称				公称直径(mm以内)		
				DN100	DN200	DN300
基　　　　价（元）				154.59	307.93	491.33
其中	人　工　费（元）			90.16	187.46	310.38
	材　料　费（元）			2.22	4.45	6.68
	机　械　费（元）			62.21	116.02	174.27
名　　　称		单位	单价(元)	消　　耗　　量		
人工	综合工日	工日	140.00	0.644	1.339	2.217
材料	石棉橡胶板	kg	9.40	0.233	0.466	0.700
	其他材料费占材料费	%	—	1.500	1.500	1.500
机械	汽车式起重机 8t	台班	763.67	0.073	0.135	0.200
	载重汽车 5t	台班	430.70	0.015	0.030	0.050

工作内容：外观检查、点件、安装、找平、制垫、加垫、加固螺栓、水压试验。　　　　　计量单位：个

定　额　编　号				S5-7-230	S5-7-231	S5-7-232
项　目　名　称				公称直径(mm以内)		
				DN400	DN600	DN900
基　　　　　价（元）				698.43	1029.77	1594.01
其中	人　工　费（元）			484.26	722.12	1275.68
	材　料　费（元）			8.40	13.17	23.85
	机　械　费（元）			205.77	294.48	294.48
名　　称		单位	单价（元）	消	耗	量
人工	综合工日	工日	140.00	3.459	5.158	9.112
材料	石棉橡胶板	kg	9.40	0.880	1.380	2.500
	其他材料费占材料费	%	—	1.500	1.500	1.500
机械	汽车式起重机 8t	台班	763.67	0.239	0.345	0.345
	载重汽车 5t	台班	430.70	0.054	0.072	0.072

工作内容：外观检查、点件、安装、找平、制垫、加垫、加固螺栓、水压试验。　　　　　计量单位：个

定　额　编　号				S5-7-233	S5-7-234	S5-7-235
项　目　名　称				公称直径(mm以内)		
				DN1200	DN1600	DN2000
基　　　价（元）				2101.48	2859.77	3844.62
其中	人　工　费（元）			1717.10	2200.66	2823.38
	材　料　费（元）			28.81	43.89	49.61
	机　械　费（元）			355.57	615.22	971.63
名　　　称		单位	单价（元）	消	耗	量
人工	综合工日	工日	140.00	12.265	15.719	20.167
材料	石棉橡胶板	kg	9.40	3.020	4.600	5.200
	其他材料费占材料费	%	—	1.500	1.500	1.500
机械	汽车式起重机 12t	台班	857.15	—	0.557	0.911
	汽车式起重机 8t	台班	763.67	0.425	0.115	0.159
	载重汽车 5t	台班	430.70	0.072	0.116	0.161

303

第二十四节 带式压滤机

工作内容：开箱点件、基础划线、场内运输、设备吊装就位、一次灌浆、精平、组装、附件组装、清洗、检查、加油、无负荷试运转。　　　　　　　　　　　　　　　　　　　计量单位：台

定 额 编 号			S5-7-236	S5-7-237	S5-7-238
项 目 名 称			带宽（m以内）		
			0.5	1	1.5
基 价（元）			2398.86	2994.36	3473.21
其中	人 工 费（元）		1979.32	2420.46	2755.62
	材 料 费（元）		335.59	364.13	429.46
	机 械 费（元）		83.95	209.77	288.13
名 称	单位	单价（元）	消	耗	量
人工	综合工日	工日	140.00	14.138	17.289	19.683
材料	镀锌铁丝 22号	kg	3.57	3.030	3.535	4.040
	钢板	kg	3.17	9.116	13.144	17.808
	黄干油	kg	5.15	1.020	1.020	1.020
	机油	kg	19.66	4.120	4.120	4.120
	煤油	kg	3.73	10.200	10.200	10.200
	棉纱头	kg	6.00	2.020	2.525	4.040
	平垫铁 Q195～Q235	块	1.34	6.120	6.120	6.120
	破布	kg	6.32	2.100	2.625	4.200
	砂布	张	1.03	6.300	8.400	10.500
	碳钢电焊条	kg	39.00	0.880	0.990	1.100
	斜垫铁	kg	3.50	12.240	12.240	12.240
	氧气	m³	3.63	0.880	0.990	1.100
	乙炔气	kg	10.45	0.297	0.330	0.363
	枕木 2000×250×200	根	102.56	0.420	0.420	0.630
	其他材料费占材料费	%	—	1.500	1.500	1.500
机械	电动单筒慢速卷扬机 30kN	台班	210.22	0.310	0.900	1.260
	电焊条烘干箱 45×35×45cm³	台班	17.00	0.021	0.023	0.026
	直流弧焊机 32kV·A	台班	87.75	0.210	0.230	0.260

工作内容：开箱点件、基础划线、场内运输、设备吊装就位、一次灌浆、精平、组装、附件组装、清洗、
检查、加油、无负荷试运转。
计量单位：台

定　额　编　号				S5-7-239	S5-7-240
项　目　名　称				带宽(m以内)	
				2	3
基　　　价（元）				3830.43	4055.22
其中	人　工　费（元）			2935.52	3081.40
	材　料　费（元）			541.03	584.55
	机　械　费（元）			353.88	389.27
名　　　称		单位	单价(元)	消　　　耗　　　量	
人工	综合工日	工日	140.00	20.968	22.010
材料	镀锌铁丝 22号	kg	3.57	4.545	4.545
	钢板	kg	3.17	23.744	23.744
	黄干油	kg	5.15	2.040	2.040
	机油	kg	19.66	6.180	6.180
	煤油	kg	3.73	12.240	12.240
	棉纱头	kg	6.00	4.545	4.545
	平垫铁 Q195～Q235	块	1.34	6.120	8.160
	破布	kg	6.32	4.725	4.725
	砂布	张	1.03	12.600	16.800
	碳钢电焊条	kg	39.00	1.210	1.210
	斜垫铁	kg	3.50	12.240	16.320
	氧气	m³	3.63	1.320	1.320
	乙炔气	kg	10.45	0.440	0.440
	枕木 2000×250×200	根	102.56	0.840	1.050
	其他材料费占材料费	%	—	1.500	1.500
机械	电动单筒慢速卷扬机 30kN	台班	210.22	1.560	1.716
	电焊条烘干箱 45×35×45cm³	台班	17.00	0.029	0.032
	直流弧焊机 32kV·A	台班	87.75	0.290	0.319

第二十五节 污泥脱水机
1.辊压转鼓式污泥脱水机

工作内容：开箱点件、基础划线、场内运输、设备吊装就位、一次灌浆、精平、组装、附件组装、清洗、检查、加油、无负荷试运转。

计量单位：台

定 额 编 号				S5-7-241	S5-7-242
项 目 名 称				转鼓直径(mm以内)	
				800	1000
基 价（元）				1863.57	2377.00
其中	人 工 费（元）			1685.88	2102.10
	材 料 费（元）			126.30	222.70
	机 械 费（元）			51.39	52.20
名 称		单位	单价（元）	消 耗 量	
人工	综合工日	工日	140.00	12.042	15.015
材料	镀锌铁丝 22号	kg	3.57	0.981	0.981
	钢板 δ4～10	kg	3.18	2.400	3.200
	黄干油	kg	5.15	0.389	0.389
	机油	kg	19.66	1.000	1.000
	煤油	kg	3.73	1.981	1.981
	棉纱头	kg	6.00	0.500	0.040
	平垫铁 Q195～Q235	块	1.34	4.080	4.080
	破布	kg	6.32	0.520	0.520
	普通硅酸盐水泥 42.5级	kg	0.35	12.400	15.200
	砂布	张	1.03	2.000	4.000
	碎石 5～32	t	106.80	0.047	0.775
	碳钢电焊条	kg	39.00	0.400	0.450
	斜垫铁	kg	3.50	8.160	8.160
	氧气	m³	3.63	0.300	0.360
	乙炔气	kg	10.45	0.100	0.120
	枕木 2000×250×200	根	102.56	0.100	0.200
	中(粗)砂	t	87.00	0.045	0.060
	其他材料费占材料费	%	—	2.000	2.000
机械	电动单筒慢速卷扬机 30kN	台班	210.22	0.210	0.210
	电焊条烘干箱 45×35×45cm³	台班	17.00	0.008	0.009
	直流弧焊机 32kV·A	台班	87.75	0.081	0.090

2.螺杆式污泥脱水机

工作内容：开箱检点、基础划线、场内运输、设备吊装、安装就位、找平找正、一次灌浆、加油、试运转。

计量单位：台

定 额 编 号			S5-7-243	S5-7-244	S5-7-245
项 目 名 称			杆直径(mm以内)		
			200	300	350
基 价 （元）			589.97	1340.99	1851.77
其中	人 工 费 （元）		416.64	1013.88	1404.48
	材 料 费 （元）		124.05	185.52	256.42
	机 械 费 （元）		49.28	141.59	190.87
名 称		单位	单价（元）	消 耗	量
人工	综合工日	工日	140.00	2.976	7.242	10.032
材料	镀锌钢板 δ1～1.5	kg	4.30	0.318	0.424	0.477
	镀锌铁丝 12号	kg	3.57	0.721	0.808	1.212
	厚漆	kg	8.55	0.361	0.410	0.513
	黄干油	kg	5.15	0.206	0.721	0.927
	机油	kg	19.66	0.624	1.124	1.405
	煤油	kg	3.73	0.804	1.285	1.928
	棉纱头	kg	6.00	0.144	0.211	0.267
	平垫铁 Q195～Q235	块	1.34	4.080	4.080	4.080
	破布	kg	6.32	0.166	0.254	0.331
	普通硅酸盐水泥 42.5级	kg	0.35	51.765	83.375	126.295
	汽油	kg	6.77	0.208	0.416	0.520
	碎石 5～32	t	106.80	0.152	0.251	0.383
	碳钢电焊条	kg	39.00	0.139	0.266	0.393
	斜垫铁	kg	3.50	8.160	8.160	8.160
	氧气	m³	3.63	0.224	0.224	0.449
	一等木板 19～35	m³	1400.00	0.006	0.012	0.020
	乙炔气	kg	10.45	0.075	0.075	0.150
	中(粗)砂	t	87.00	0.135	0.224	0.338
	其他材料费占材料费	%	—	1.500	1.500	1.500
机械	叉式起重机 5t	台班	506.51	0.085	0.255	0.340
	电焊条烘干箱 45×35×45cm³	台班	17.00	0.009	0.017	0.026
	直流弧焊机 20kV·A	台班	71.43	0.085	0.170	0.255

3. 螺压式污泥脱水机

工作内容：开箱检点、基础划线、场内运输、设备吊装、安装就位、找平找正、一次灌浆、加油、试运转。
计量单位：台

定 额 编 号			S5-7-246	S5-7-247	S5-7-248
项 目 名 称			转鼓直径(mm以内)		
			250	350	500
基 价（元）			971.29	1710.11	2562.32
其中	人 工 费（元）		724.78	1263.78	1773.38
	材 料 费（元）		154.18	255.46	310.36
	机 械 费（元）		92.33	190.87	478.58
名 称	单位	单价（元）	消	耗	量
人工 综合工日	工日	140.00	5.177	9.027	12.667
材料 镀锌钢板 δ1~1.5	kg	4.30	0.424	0.477	0.530
镀锌铁丝 12号	kg	3.57	0.808	1.212	1.212
厚漆	kg	8.55	0.308	0.513	0.564
黄干油	kg	5.15	0.567	0.927	0.927
机油	kg	19.66	0.885	1.405	1.560
煤油	kg	3.73	0.973	1.928	2.678
棉纱头	kg	6.00	0.167	0.202	0.300
平垫铁 Q195~Q235	块	1.34	4.080	4.080	4.080
破布	kg	6.32	0.166	0.277	0.441
普通硅酸盐水泥 42.5级	kg	0.35	66.120	126.295	161.385
汽油	kg	6.77	0.312	0.520	0.624
碎石 5~32	t	106.80	0.202	0.383	0.491
碳钢电焊条	kg	39.00	0.208	0.393	0.485
斜垫铁	kg	3.50	8.160	8.160	8.160
氧气	m³	3.63	0.224	0.347	0.561
一等木板 19~35	m³	1400.00	0.009	0.020	0.026
乙炔气	kg	10.45	0.075	0.165	0.187
中(粗)砂	t	87.00	0.177	0.338	0.435
其他材料费占材料费	%	—	1.500	1.500	1.500
机械 叉式起重机 5t	台班	506.51	0.170	0.340	0.255
电焊条烘干箱 45×35×45cm³	台班	17.00	0.009	0.026	0.034
汽车式起重机 8t	台班	763.67	—	—	0.425
直流弧焊机 20kV·A	台班	71.43	0.085	0.255	0.340

308

工作内容：开箱检点、基础划线、场内运输、设备吊装、安装就位、找平找正、一次灌浆、加油、试运转。

计量单位：台

定 额 编 号				S5-7-249	S5-7-250
项 目 名 称				转鼓直径(mm以内)	
				650	1000
基 价（元）				3819.16	5438.18
其中	人 工 费（元）			2444.26	3341.80
	材 料 费（元）			407.46	523.91
	机 械 费（元）			967.44	1572.47
名 称		单位	单价（元）	消 耗 量	
人工	综合工日	工日	140.00	17.459	23.870
材料	镀锌钢板 δ1~1.5	kg	4.30	0.636	0.742
	镀锌铁丝 12号	kg	3.57	0.151	4.040
	厚漆	kg	8.55	0.718	0.841
	黄干油	kg	5.15	1.329	1.566
	机油	kg	19.66	1.873	2.237
	煤油	kg	3.73	3.641	4.177
	棉纱头	kg	6.00	0.389	0.444
	平垫铁 Q195~Q235	块	1.34	4.080	4.080
	破布	kg	6.32	0.662	0.772
	普通硅酸盐水泥 42.5级	kg	0.35	216.819	289.565
	汽油	kg	6.77	0.708	0.770
	碎石 5~32	t	106.80	0.662	0.876
	碳钢电焊条	kg	39.00	0.682	0.682
	斜垫铁	kg	3.50	8.160	8.160
	氧气	m³	3.63	0.740	0.740
	一等木板 19~35	m³	1400.00	0.042	0.059
	乙炔气	kg	10.45	0.246	0.246
	中(粗)砂	t	87.00	0.600	0.777
	其他材料费占材料费	%	—	1.500	1.500
机械	叉式起重机 5t	台班	506.51	0.425	1.275
	电动单筒慢速卷扬机 50kN	台班	215.57	0.850	1.275
	电焊条烘干箱 45×35×45cm³	台班	17.00	0.043	0.043
	汽车式起重机 16t	台班	958.70	—	0.425
	汽车式起重机 8t	台班	763.67	0.425	—
	载重汽车 8t	台班	501.85	0.425	0.425
	直流弧焊机 20kV·A	台班	71.43	0.425	0.425

4.离心式污泥脱水机

工作内容：开箱检点、基础划线、场内运输、设备吊装、安装就位、找平找正、一次灌浆、加油、试运转。

计量单位：台

定 额 编 号				S5-7-251	S5-7-252	S5-7-253
项 目 名 称				鼓径（mm以内）		
				550	1000	1600
基 价（元）				934.99	1422.46	1996.67
其中	人 工 费（元）			688.38	1126.72	1549.38
	材 料 费（元）			154.28	154.15	256.42
	机 械 费（元）			92.33	141.59	190.87
名 称		单位	单价（元）	消	耗	量
人工	综合工日	工日	140.00	4.917	8.048	11.067
材料	镀锌钢板 δ1～1.5	kg	4.30	0.424	0.424	0.477
	镀锌铁丝 12号	kg	3.57	0.808	0.808	1.212
	厚漆	kg	8.55	0.308	0.308	0.513
	黄干油	kg	5.15	0.408	0.567	0.927
	机油	kg	19.66	0.885	0.885	1.405
	煤油	kg	3.73	0.525	0.964	1.928
	棉纱头	kg	6.00	0.131	0.167	0.267
	平垫铁 Q195～Q235	块	1.34	4.080	4.080	4.080
	破布	kg	6.32	0.132	0.166	0.331
	普通硅酸盐水泥 42.5级	kg	0.35	66.120	66.120	126.295
	汽油	kg	6.77	0.312	0.312	0.520
	碎石 5～32	t	106.80	0.202	0.202	0.383
	碳钢电焊条	kg	39.00	0.208	0.208	0.393
	斜垫铁	kg	3.50	8.160	8.160	8.160
	氧气	m³	3.63	0.132	0.224	0.449
	一等木板 19～35	m³	1400.00	0.009	0.009	0.020
	乙炔气	kg	10.45	0.396	0.075	0.150
	中(粗)砂	t	87.00	0.177	0.177	0.338
	其他材料费占材料费	%	—	1.500	1.500	1.500
机械	叉式起重机 5t	台班	506.51	0.170	0.255	0.340
	电焊条烘干箱 45×35×45cm³	台班	17.00	0.009	0.017	0.026
	直流弧焊机 20kV·A	台班	71.43	0.085	0.170	0.255

5.板框式污泥脱水机

工作内容：开箱检点、基础划线、场内运输、设备吊装、安装就位、找平找正、一次灌浆、加油、试运转。

计量单位：台

定 额 编 号				S5-7-254	S5-7-255	S5-7-256	S5-7-257
项 目 名 称				滤板(mm)			
				650×650	810×810	870×870	920×920
基 价 （元）				1397.41	1929.89	2713.53	3049.75
其中	人 工 费（元）			1070.30	1482.60	1873.20	2154.32
	材 料 费（元）			185.52	256.42	310.36	310.36
	机 械 费（元）			141.59	190.87	529.97	585.07
名 称		单位	单价（元）	消	耗		量
人工	综合工日	工日	140.00	7.645	10.590	13.380	15.388
材料	镀锌钢板 δ1～1.5	kg	4.30	0.424	0.477	0.530	0.530
	镀锌铁丝 12号	kg	3.57	0.808	1.212	1.212	1.212
	厚漆	kg	8.55	0.410	0.513	0.564	0.564
	黄干油	kg	5.15	0.721	0.927	0.927	0.927
	机油	kg	19.66	1.124	1.405	1.560	1.560
	煤油	kg	3.73	1.285	1.928	2.678	2.678
	棉纱头	kg	6.00	0.211	0.267	0.300	0.300
	平垫铁 Q195～Q235	块	1.34	4.080	4.080	4.080	4.080
	破布	kg	6.32	0.254	0.331	0.441	0.441
	普通硅酸盐水泥 42.5级	kg	0.35	83.375	126.295	161.385	161.385
	汽油	kg	6.77	0.416	0.520	0.624	0.624
	碎石 5～32	t	106.80	0.251	0.383	0.491	0.491
	碳钢电焊条	kg	39.00	0.266	0.393	0.485	0.485
	斜垫铁	kg	3.50	8.160	8.160	8.160	8.160
	氧气	m³	3.63	0.224	0.449	0.561	0.561
	一等木板 19～35	m³	1400.00	0.012	0.020	0.026	0.026
	乙炔气	kg	10.45	0.075	0.150	0.187	0.187
	中(粗)砂	t	87.00	0.224	0.338	0.435	0.435
	其他材料费占材料费	%	—	1.500	1.500	1.500	1.500
机械	叉式起重机 5t	台班	506.51	0.255	0.340	0.255	0.293
	电焊条烘干箱 45×35×45cm³	台班	17.00	0.017	0.026	0.034	0.039
	汽车式起重机 8t	台班	763.67	—	—	0.213	0.213
	载重汽车 8t	台班	501.85	—	—	0.425	0.489
	直流弧焊机 20kV·A	台班	71.43	0.170	0.255	0.340	0.391

6.箱式污泥脱水机

工作内容：开箱检点、基础划线、场内运输、设备吊装、安装就位、找平找正、一次灌浆、加油、试运转。

计量单位：台

定 额 编 号			S5-7-258	S5-7-259	S5-7-260
项 目 名 称			外框(mm)		
			400×400	500×500	800×800
基 价 （元）			620.35	943.60	1743.70
其中	人 工 费 （元）		439.18	688.38	1407.84
	材 料 费 （元）		131.89	162.89	194.27
	机 械 费 （元）		49.28	92.33	141.59
名 称	单位	单价(元)	消	耗	量
人工	综合工日	工日	140.00	3.137	4.917	10.056
材料	镀锌钢板 δ1～1.5	kg	4.30	0.318	0.424	0.424
	镀锌铁丝 12号	kg	3.57	0.752	0.808	0.808
	厚漆	kg	8.55	0.285	0.308	0.410
	黄干油	kg	5.15	0.206	0.567	0.721
	机油	kg	19.66	0.624	0.885	1.124
	煤油	kg	3.73	0.804	0.964	1.285
	棉纱头	kg	6.00	0.144	0.167	0.211
	平垫铁 Q195～Q235	块	1.34	4.080	4.080	4.080
	破布	kg	6.32	0.166	0.166	0.254
	普通硅酸盐水泥 42.5级	kg	0.35	50.750	66.120	83.375
	汽油	kg	6.77	0.208	0.312	0.416
	碎石 5～32	t	106.80	0.152	0.202	0.251
	碳钢电焊条	kg	39.00	0.139	0.208	0.266
	斜垫铁	kg	3.50	8.160	8.160	8.160
	氧气	m³	3.63	0.224	0.224	0.224
	一等木板 19～35	m³	1400.00	0.006	0.009	0.012
	乙炔气	kg	10.45	0.075	0.075	0.075
	枕木	m³	1230.77	0.007	0.007	0.007
	中(粗)砂	t	87.00	0.135	0.177	0.224
	其他材料费占材料费	%	—	1.500	1.500	1.500
机械	叉式起重机 5t	台班	506.51	0.085	0.170	0.255
	电焊条烘干箱 45×35×45cm³	台班	17.00	0.009	0.009	0.017
	直流弧焊机 20kV·A	台班	71.43	0.085	0.085	0.170

工作内容：开箱检点、基础划线、场内运输、设备吊装、安装就位、找平找正、一次灌浆、加油、试运转。

计量单位：台

定　额　编　号			S5-7-261	S5-7-262	S5-7-263
项　目　名　称			外框(mm)		
			1000×1000	1500×1500	2000×2000
基　　　价（元）			3280.48	4839.22	5554.19
其中	人　工　费（元）		2464.28	3263.68	3840.06
	材　料　费（元）		337.62	485.33	572.19
	机　械　费（元）		478.58	1090.21	1141.94
名　　称	单位	单价（元）	消　　耗　　量		
人工 综合工日	工日	140.00	17.602	23.312	27.429
材料 镀锌钢板 δ1～1.5	kg	4.30	0.530	0.636	0.742
镀锌铁丝 12号	kg	3.57	1.212	3.434	4.040
厚漆	kg	8.55	0.564	0.718	0.841
黄干油	kg	5.15	0.927	1.326	1.566
机油	kg	19.66	1.560	1.906	2.237
煤油	kg	3.73	2.678	3.550	4.177
棉纱头	kg	6.00	0.300	0.374	0.444
平垫铁 Q195～Q235	块	1.34	6.120	6.120	8.160
破布	kg	6.32	0.441	0.651	0.772
普通硅酸盐水泥 42.5级	kg	0.35	161.385	246.130	289.565
汽油	kg	6.77	0.624	0.653	0.770
碎石 5～32	t	106.80	0.491	0.742	0.876
碳钢电焊条	kg	39.00	0.485	0.583	0.682
斜垫铁	kg	3.50	12.240	12.240	16.320
氧气	m³	3.63	0.561	0.627	0.740
一等木板 19～35	m³	1400.00	0.026	0.053	0.059
乙炔气	kg	10.45	0.187	0.209	0.246
枕木	m³	1230.77	0.008	0.011	0.011
中(粗)砂	t	87.00	0.435	0.659	0.777
其他材料费占材料费	%	—	1.500	1.500	1.500
机械 叉式起重机 5t	台班	506.51	0.255	0.383	0.425
电动单筒慢速卷扬机 50kN	台班	215.57	—	1.148	1.275
电焊条烘干箱 45×35×45cm³	台班	17.00	0.034	0.038	0.043
汽车式起重机 16t	台班	958.70	—	0.425	0.425
汽车式起重机 8t	台班	763.67	0.425	—	—
载重汽车 8t	台班	501.85	—	0.425	0.425
直流弧焊机 20kV·A	台班	71.43	0.340	0.383	0.425

7.污泥造粒脱水机

工作内容：开箱检点、基础划线、场内运输、设备吊装、安装就位、一次灌浆、找平找正、附件安装、加油、试运转。

计量单位：台

定　额　编　号				S5-7-264	S5-7-265	S5-7-266	S5-7-267
项　目　名　称				鼓径(m以内)			
				1	2	3	3.5
基　　价　（元）				2211.95	2356.59	3923.77	4709.71
其中	人　工　费（元）			1753.36	1753.36	3124.80	3801.00
	材　料　费（元）			172.33	227.78	299.80	357.37
	机　械　费（元）			286.26	375.45	499.17	551.34
名　　　称	单位	单价(元)	消		耗		量
人工	综合工日	工日	140.00	12.524	12.524	22.320	27.150
材料	镀锌铁丝 16号	kg	3.57	2.000	2.000	2.000	2.000
	钢板 δ4～10	kg	3.18	3.200	6.400	12.400	18.600
	黄干油	kg	5.15	1.000	1.000	1.500	1.500
	机油	kg	19.66	1.000	1.500	2.000	2.000
	煤油	kg	3.73	3.000	4.500	6.000	6.000
	棉纱头	kg	6.00	1.000	1.000	1.500	2.000
	平垫铁 Q195～Q235	块	1.34	4.080	4.080	4.080	4.080
	破布	kg	6.32	1.000	1.000	1.500	2.000
	普通硅酸盐水泥 42.5级	kg	0.35	26.000	42.000	56.000	78.000
	碎石 5～32	t	106.80	0.116	0.163	0.209	0.256
	碳钢电焊条	kg	39.00	0.400	0.500	0.600	0.700
	斜垫铁	kg	3.50	8.160	8.160	8.160	8.160
	氧气	m³	3.63	1.200	1.400	1.600	1.800
	乙炔气	kg	10.45	0.400	0.467	0.533	0.600
	枕木 2000×250×200	根	102.56	0.200	0.300	0.400	0.500
	中(粗)砂	t	87.00	0.075	0.117	0.156	0.195
机械	电动双筒快速卷扬机 30kN	台班	263.15	0.196	0.255	0.323	0.340
	电焊条烘干箱 45×35×45cm³	台班	17.00	0.009	0.011	0.013	0.015
	汽车式起重机 8t	台班	763.67	0.297	0.391	0.527	0.587
	直流弧焊机 32kV·A	台班	87.75	0.088	0.109	0.131	0.152

第二十六节 污泥浓缩机
1.转鼓式污泥浓缩机

工作内容:开箱点件、基础划线、场内运输、设备吊装就位、一次灌浆、精平、组装、附件组装、清洗、检查、加油、无负荷试运转。

计量单位:台

定 额 编 号			S5-7-268	S5-7-269	S5-7-270
项 目 名 称			处理量(m³/h以内)		
			10	20	30
基 价 (元)			629.91	966.13	1088.75
其中	人 工 费 (元)		462.70	724.78	833.28
	材 料 费 (元)		117.93	149.02	149.02
	机 械 费 (元)		49.28	92.33	106.45
名 称	单位	单价(元)	消	耗	量
人工 综合工日	工日	140.00	3.305	5.177	5.952
材料 镀锌钢板 δ1~1.5	kg	4.30	0.318	0.424	0.424
黄干油	kg	5.15	0.206	0.567	0.567
机油	kg	19.66	0.624	0.885	0.885
煤油	kg	3.73	0.804	0.964	0.964
棉纱头	kg	6.00	0.141	0.167	0.167
平垫铁 Q195~Q235	块	1.34	4.080	4.080	4.080
破布	kg	6.32	0.166	0.166	0.166
普通硅酸盐水泥 42.5级	kg	0.35	50.764	67.442	67.449
汽油	kg	6.77	0.208	0.312	0.312
碎石 5~32	t	106.80	0.152	0.202	0.202
碳钢电焊条	kg	39.00	0.139	0.208	0.208
斜垫铁	kg	3.50	8.160	8.160	8.160
氧气	m³	3.63	0.224	0.224	0.224
一等木板 19~35	m³	1400.00	0.006	0.009	0.009
乙炔气	kg	10.45	0.075	0.075	0.075
中(粗)砂	t	87.00	0.135	0.177	0.177
其他材料费占材料费	%	—	1.500	1.500	1.500
机械 叉式起重机 5t	台班	506.51	0.085	0.170	0.196
电焊条烘干箱 45×35×45cm³	台班	17.00	0.009	0.009	0.010
直流弧焊机 20kV·A	台班	71.43	0.085	0.085	0.098

工作内容：开箱点件、基础划线、场内运输、设备吊装就位、一次灌浆、精平、组装、附件组装、清洗、检查、加油、无负荷试运转。

计量单位：台

定　额　编　号			S5-7-271	S5-7-272
项　目　名　称			处理量(m³/h以内)	
			50	100
基　　　　　价（元）			1452.34	2006.15
其中	人　工　费（元）		1125.74	1560.72
	材　料　费（元）		185.26	254.56
	机　械　费（元）		141.34	190.87
名　　　　　称	单位	单价（元）	消　　耗　　量	
人工 综合工日	工日	140.00	8.041	11.148
材料 镀锌钢板 δ1～1.5	kg	4.30	0.424	0.477
黄干油	kg	5.15	0.721	0.927
机油	kg	19.66	1.112	1.391
煤油	kg	3.73	1.907	2.678
棉纱头	kg	6.00	0.267	0.389
平垫铁 Q195～Q235	块	1.34	4.080	4.080
破布	kg	6.32	0.428	0.536
普通硅酸盐水泥 42.5级	kg	0.35	85.043	128.821
汽油	kg	6.77	0.418	0.515
碎石 5～32	t	106.80	0.251	0.383
碳钢电焊条	kg	39.00	0.266	0.393
斜垫铁	kg	3.50	8.160	8.160
氧气	m³	3.63	0.230	0.290
一等木板 19～35	m³	1400.00	0.012	0.020
乙炔气	kg	10.45	0.266	0.347
中(粗)砂	t	87.00	0.224	0.338
其他材料费占材料费	%	—	1.500	1.500
机械 叉式起重机 5t	台班	506.51	0.255	0.340
电焊条烘干箱 45×35×45cm³	台班	17.00	0.002	0.026
直流弧焊机 20kV·A	台班	71.43	0.170	0.255

2.离心式污泥浓缩机

工作内容：开箱点件、基础划线、场内运输、设备吊装就位、一次灌浆、精平、组装、附件组装、清洗、检查、加油、无负荷试运转。

计量单位：台

定　额　编　号			S5-7-273	S5-7-274	S5-7-275
项　目　名　称			处理量(m³/h以内)		
			10	20	30
基　　　　价（元）			1052.25	1581.68	2008.91
其中	人　工　费（元）		796.88	1239.56	1560.72
	材　料　费（元）		153.79	186.11	257.32
	机　械　费（元）		101.58	156.01	190.87
名　　　称		单位	单价(元)	消　　耗　　量	
人工	综合工日	工日	140.00	5.692	8.854	11.148
材料	镀锌钢板 δ1~1.5	kg	4.30	0.424	0.424	0.477
	镀锌铁丝 22号	kg	3.57	0.808	0.808	1.212
	厚漆	kg	8.55	0.308	0.410	0.513
	黄干油	kg	5.15	0.408	0.721	0.927
	机油	kg	19.66	0.885	1.124	1.405
	煤油	kg	3.73	0.964	1.285	1.928
	棉纱头	kg	6.00	0.167	0.211	0.267
	平垫铁 Q195~Q235	块	1.34	4.080	4.080	4.080
	破布	kg	6.32	0.166	0.254	0.331
	普通硅酸盐水泥 42.5级	kg	0.35	67.449	85.043	128.821
	汽油	kg	6.77	0.312	0.416	0.520
	碎石 5~32	t	106.80	0.202	0.251	0.383
	碳钢电焊条	kg	39.00	0.208	0.266	0.393
	斜垫铁	kg	3.50	8.160	8.160	8.160
	氧气	m³	3.63	0.224	0.224	0.449
	一等木板 19~35	m³	1400.00	0.009	0.012	0.020
	乙炔气	kg	10.45	0.075	0.075	0.150
	中(粗)砂	t	87.00	0.177	0.224	0.338
	其他材料费占材料费	%	—	1.500	1.500	1.500
机械	叉式起重机 5t	台班	506.51	0.187	0.281	0.340
	电焊条烘干箱 45×35×45cm³	台班	17.00	0.009	0.019	0.026
	直流弧焊机 20kV·A	台班	71.43	0.094	0.187	0.255

工作内容：开箱点件、基础划线、场内运输、设备吊装就位、一次灌浆、精平、组装、附件组装、清洗、
检查、加油、无负荷试运转。

计量单位：台

定 额 编 号				S5-7-276	S5-7-277
项 目 名 称				处理量(m³/h以内)	
				50	100
基 价（元）				2762.13	4072.49
其中	人 工 费（元）			1972.04	2866.08
	材 料 费（元）			311.51	415.21
	机 械 费（元）			478.58	791.20
名 称		单位	单价(元)	消 耗 量	
人工	综合工日	工日	140.00	14.086	20.472
材料	镀锌钢板 δ1～1.5	kg	4.30	0.530	0.636
	镀锌铁丝 22号	kg	3.57	1.212	2.151
	厚漆	kg	8.55	0.564	0.718
	黄干油	kg	5.15	0.927	1.329
	机油	kg	19.66	1.560	1.873
	煤油	kg	3.73	2.678	3.641
	棉纱头	kg	6.00	0.300	0.389
	平垫铁 Q195～Q235	块	1.34	4.080	4.080
	破布	kg	6.32	0.441	0.662
	普通硅酸盐水泥 42.5级	kg	0.35	164.613	221.155
	汽油	kg	6.77	0.624	0.708
	碎石 5～32	t	106.80	0.491	0.662
	碳钢电焊条	kg	39.00	0.485	0.660
	斜垫铁	kg	3.50	8.160	8.160
	氧气	m³	3.63	0.561	0.693
	一等木板 19～35	m³	1400.00	0.026	0.042
	乙炔气	kg	10.45	0.187	0.246
	中(粗)砂	t	87.00	0.435	0.600
	其他材料费占材料费	%	—	1.500	1.500
机械	叉式起重机 5t	台班	506.51	0.255	—
	电动双筒快速卷扬机 30kN	台班	263.15	—	0.808
	电焊条烘干箱 45×35×45cm³	台班	17.00	0.034	0.040
	汽车式起重机 12t	台班	857.15	—	0.404
	汽车式起重机 8t	台班	763.67	0.425	—
	载重汽车 8t	台班	501.85	—	0.404
	直流弧焊机 20kV·A	台班	71.43	0.340	0.404

3.螺压式污泥浓缩机

工作内容：开箱点件、基础划线、场内运输、设备吊装就位、一次灌浆、精平、组装、附件组装、清洗、检查、加油、无负荷试运转。　　　　　　　　　　　　　　　　　计量单位：台

定　额　编　号			S5-7-278	S5-7-279	S5-7-280
项　目　名　称			处理量(m³/h以内)		
			10	20	30
基　　价（元）			1781.31	2475.68	2789.75
其中	人　工　费（元）		1404.48	1774.22	2039.80
	材　料　费（元）		185.96	222.88	222.88
	机　械　费（元）		190.87	478.58	527.07
名　　称		单位	单价（元）	消　　耗　　量	
人工	综合工日	工日	140.00	10.032	12.673	14.570
材料	镀锌钢板 δ1～1.5	kg	4.30	0.477	0.530	0.530
	镀锌铁丝 22号	kg	3.57	1.212	1.212	1.212
	厚漆	kg	8.55	0.513	0.564	0.564
	黄干油	kg	5.15	0.728	0.927	0.927
	机油	kg	19.66	1.405	1.560	1.560
	煤油	kg	3.73	1.930	2.678	2.678
	棉纱头	kg	6.00	0.265	0.300	0.300
	平垫铁 Q195～Q235	块	1.34	4.080	4.080	4.080
	破布	kg	6.32	0.336	0.441	0.441
	普通硅酸盐水泥 42.5级	kg	0.35	51.765	67.442	67.442
	汽油	kg	6.77	0.520	0.624	0.624
	碎石 5～32	t	106.80	0.152	0.202	0.202
	碳钢电焊条	kg	39.00	0.393	0.485	0.485
	斜垫铁	kg	3.50	8.160	8.160	8.160
	氧气	m³	3.63	0.449	0.561	0.561
	一等木板 19～35	m³	1400.00	0.020	0.026	0.026
	乙炔气	kg	10.45	0.150	0.187	0.187
	中(粗)砂	t	87.00	0.135	0.177	0.177
	其他材料费占材料费	%	—	1.500	1.500	1.500
机械	叉式起重机 5t	台班	506.51	0.340	0.255	0.281
	电焊条烘干箱 45×35×45cm³	台班	17.00	0.026	0.034	0.037
	汽车式起重机 8t	台班	763.67	—	0.425	0.468
	直流弧焊机 20kV·A	台班	71.43	0.255	0.340	0.374

工作内容：开箱点件、基础划线、场内运输、设备吊装就位、一次灌浆、精平、组装、附件组装、清洗、检查、加油、无负荷试运转。

计量单位：台

定 额 编 号			S5-7-281	S5-7-282
项 目 名 称			处理量(m³/h以内)	
			50	100
基 价（元）			3715.45	4834.53
其中	人 工 费（元）		2716.00	3638.60
	材 料 费（元）		290.13	376.81
	机 械 费（元）		709.32	819.12
名 称	单位	单价(元)	消 耗 量	
人工	综合工日	工日	140.00	19.400	25.990
材料	镀锌钢板 δ1～1.5	kg	4.30	0.636	0.742
	镀锌铁丝 22号	kg	3.57	2.151	4.040
	厚漆	kg	8.55	0.718	0.841
	黄干油	kg	5.15	1.327	1.566
	机油	kg	19.66	1.873	2.237
	煤油	kg	3.73	3.641	4.177
	棉纱头	kg	6.00	0.389	0.444
	平垫铁 Q195～Q235	块	1.34	4.080	4.080
	破布	kg	6.32	0.662	0.772
	普通硅酸盐水泥 42.5级	kg	0.35	85.048	130.847
	汽油	kg	6.77	0.708	0.770
	碎石 5～32	t	106.80	0.251	0.391
	碳钢电焊条	kg	39.00	0.682	0.682
	斜垫铁	kg	3.50	8.160	8.160
	氧气	m³	3.63	0.740	0.740
	一等木板 19～35	m³	1400.00	0.042	0.059
	乙炔气	kg	10.45	0.246	0.246
	中(粗)砂	t	87.00	0.224	0.345
	其他材料费占材料费	%	—	1.500	1.500
机械	电动单筒慢速卷扬机 30kN	台班	210.22	0.765	—
	电动单筒慢速卷扬机 50kN	台班	215.57	—	1.148
	电焊条烘干箱 45×35×45cm³	台班	17.00	0.038	0.038
	汽车式起重机 12t	台班	857.15	0.383	0.410
	载重汽车 8t	台班	501.85	0.383	0.383
	直流弧焊机 20kV·A	台班	71.43	0.383	0.383

第二十七节 污泥浓缩脱水一体机
1.带式浓缩脱水一体机

工作内容：开箱点件、基础划线、场内运输、设备吊装就位、一次灌浆、精平、组装、附件组装、清洗、检查、加油、无负荷试运转。

计量单位：台

定 额 编 号			S5-7-283	S5-7-284	S5-7-285
项 目 名 称			带宽(m以内)		
			1	2	3
基 价（元）			2954.24	4070.38	4606.43
其中	人 工 费（元）		2420.46	3229.10	3713.22
	材 料 费（元）		324.01	487.40	487.40
	机 械 费（元）		209.77	353.88	405.81
名 称		单位	单价（元）	消 耗	量
人工	综合工日	工日	140.00	17.289	23.065	26.523
材料	电焊条	kg	5.98	0.990	1.210	1.210
	镀锌铁丝 22号	kg	3.57	3.535	4.545	4.545
	钢板	kg	3.17	13.144	23.744	23.744
	机油	kg	19.66	4.120	6.180	6.180
	煤油	kg	3.73	10.200	12.240	12.240
	棉纱头	kg	6.00	2.525	4.545	4.545
	平垫铁 Q195～Q235	块	1.34	6.120	6.120	6.120
	破布	kg	6.32	2.625	4.725	4.725
	砂布	张	1.03	8.400	12.600	12.600
	斜垫铁	kg	3.50	12.240	12.240	12.240
	氧气	m³	3.63	0.990	1.320	1.320
	乙炔气	kg	10.45	0.330	0.440	0.440
	枕木 2000×250×200	根	102.56	0.420	0.840	0.840
	其他材料费占材料费	%	—	1.000	1.000	1.000
机械	电动单筒慢速卷扬机 30kN	台班	210.22	0.900	1.560	1.790
	电焊条烘干箱 45×35×45cm³	台班	17.00	0.023	0.029	0.033
	直流弧焊机 32kV·A	台班	87.75	0.230	0.290	0.330

2. 转鼓式浓缩脱水一体机

工作内容：开箱检点、基础划线、场内运输、设备吊装、安装就位、找平找正、一次灌浆、加油、试运转。

计量单位：台

定 额 编 号			S5-7-286	S5-7-287	S5-7-288
项 目 名 称			带宽(m以内)		
			1	2	3
基 价（元）			2977.09	4106.74	4642.79
其中	人 工 费（元）		2420.46	3229.10	3713.22
	材 料 费（元）		346.86	523.76	523.76
	机 械 费（元）		209.77	353.88	405.81
名 称		单位	单价(元)	消 耗	量
人工	综合工日	工日	140.00	17.289	23.065	26.523
材料	镀锌铁丝 22号	kg	3.57	3.535	4.545	4.545
	钢板	kg	3.17	13.144	23.744	23.744
	黄干油	kg	5.15	1.020	2.040	2.040
	机油	kg	19.66	4.120	6.180	6.180
	煤油	kg	3.73	10.200	12.240	12.240
	棉纱头	kg	6.00	2.525	4.545	4.545
	平垫铁 Q195～Q235	块	1.34	4.080	4.080	4.080
	破布	kg	6.32	2.625	4.725	4.725
	砂布	张	1.03	8.400	12.600	12.600
	碳钢电焊条	kg	39.00	0.990	1.210	1.210
	斜垫铁	kg	3.50	8.160	8.160	8.160
	氧气	m³	3.63	0.990	1.320	1.320
	乙炔气	kg	10.45	0.330	0.440	0.440
	枕木 2000×250×200	根	102.56	0.420	0.840	0.840
	其他材料费占材料费	%	—	1.500	1.500	1.500
机械	电动单筒慢速卷扬机 30kN	台班	210.22	0.900	1.560	1.790
	电焊条烘干箱 45×35×45cm³	台班	17.00	0.023	0.029	0.033
	直流弧焊机 32kV·A	台班	87.75	0.230	0.290	0.330

第二十八节 污泥输送机
1.螺旋输送机

工作内容：开箱点件、基础划线、场内运输、设备吊装就位、一次灌浆、精平、组装、附件组装、清洗、检查、加油、无负荷试运转。

计量单位：台

定 额 编 号			S5-7-289	S5-7-290	S5-7-291	S5-7-292
项 目 名 称			螺旋直径(mm以内)			
			300		600	
			基本输送长度(m)			
			3	每增加2	3	每增加2
基 价（元）			666.60	128.95	895.06	162.78
其中	人 工 费（元）		511.28	76.44	681.38	102.20
	材 料 费（元）		89.46	42.58	120.47	46.78
	机 械 费（元）		65.86	9.93	93.21	13.80
名 称	单位	单价（元）	消	耗		量
人工 综合工日	工日	140.00	3.652	0.546	4.867	0.730
材料 镀锌铁丝 22号	kg	3.57	0.981	0.147	1.471	0.221
钢板 0～3号 δ0.7～0.9	kg	3.18	0.140	0.021	0.225	0.034
厚漆	kg	8.55	0.240	0.036	0.325	0.049
黄干油	kg	5.15	0.653	0.098	0.957	0.144
机油	kg	19.66	0.435	0.065	0.606	0.091
煤油	kg	3.73	1.446	0.217	1.846	0.277
平垫铁 Q195～Q235	块	1.34	4.080	4.080	4.080	4.080
破布	kg	6.32	0.524	—	0.710	—
普通硅酸盐水泥 42.5级	kg	0.35	15.225	2.284	20.300	3.045
汽油	kg	6.77	0.329	0.050	0.505	0.076
碎石 5～32	t	106.80	0.042	0.006	0.064	0.009
碳钢电焊条	kg	39.00	0.231	0.035	0.315	0.047
斜垫铁	kg	3.50	8.160	8.160	8.160	8.160
一等木板 19～35	m³	1400.00	0.003	0.001	0.011	0.002
中(粗)砂	t	87.00	0.041	0.006	0.051	0.008
机械 叉式起重机 5t	台班	506.51	0.100	0.015	0.136	0.020
电焊条烘干箱 45×35×45cm³	台班	17.00	0.017	0.003	0.027	0.004
直流弧焊机 32kV·A	台班	87.75	0.170	0.026	0.272	0.041

2. 带式(胶带、皮带)输送机

工作内容：开箱点件、基础划线、场内运输、设备吊装就位、一次灌浆、精平、组装、附件组装、清洗、检查、加油、无负荷试运转。

计量单位：台

定 额 编 号			S5-7-293	S5-7-294	S5-7-295	S5-7-296
项 目 名 称			螺旋直径(mm以内)			
			500		800	
			基本输送长度(m)			
			3	每增加2	3	每增加2
基 价（元）			970.19	157.01	1361.02	215.07
其中	人 工 费（元）		730.80	109.62	928.76	139.30
	材 料 费（元）		137.82	31.90	177.03	37.62
	机 械 费（元）		101.57	15.49	255.23	38.15
名 称	单位	单价(元)	消	耗		量
人工 综合工日	工日	140.00	5.220	0.783	6.634	0.995
材 料 镀锌铁丝 22号	kg	3.57	0.784	0.118	0.784	0.118
钢板 0～3号 δ0.7～0.9	kg	3.18	0.500	0.075	0.810	0.122
黄干油	kg	5.15	1.031	0.154	1.835	0.275
机油	kg	19.66	0.865	0.130	1.125	0.169
煤油	kg	3.73	1.560	0.234	1.768	0.265
棉纱头	kg	6.00	0.126	—	0.167	—
平垫铁 Q195～Q235	块	1.34	4.080	2.040	4.080	2.040
破布	kg	6.32	0.601	—	0.716	—
普通硅酸盐水泥 42.5级	kg	0.35	17.400	2.610	17.400	2.610
汽油	kg	6.77	0.276	0.042	0.386	0.057
碎石 5～32	t	106.80	0.050	0.008	0.050	0.008
碳钢电焊条	kg	39.00	0.792	0.119	1.422	0.213
斜垫铁	kg	3.50	8.160	4.080	8.160	4.080
氧气	m³	3.63	1.310	0.196	1.579	0.237
一等木板 19～35	m³	1400.00	0.004	0.001	0.004	0.001
乙炔气	kg	10.45	0.437	0.065	0.526	0.079
枕木	m³	1230.77	0.003	—	0.003	—
中(粗)砂	t	87.00	0.045	0.006	0.045	0.006
机 械 叉式起重机 5t	台班	506.51	0.150	0.023	0.128	0.019
电焊条烘干箱 45×35×45cm³	台班	17.00	0.029	0.004	0.043	0.006
汽车式起重机 12t	台班	857.15	—	—	0.128	0.019
载重汽车 8t	台班	501.85	—	—	0.085	0.013
直流弧焊机 32kV·A	台班	87.75	0.286	0.043	0.425	0.064

工作内容：开箱点件、基础划线、场内运输、设备吊装就位、一次灌浆、精平、组装、附件组装、清洗、
检查、加油、无负荷试运转。 计量单位：台

定 额 编 号			S5-7-297	S5-7-298
项 目 名 称			螺旋直径(mm以内)	
			1200	
			基本输送长度(m)	
			3	每增加2
基 价（元）			1548.81	240.85
其中	人 工 费（元）		1102.36	165.34
	材 料 费（元）		217.95	43.38
	机 械 费（元）		228.50	32.13
名 称	单位	单价(元)	消 耗 量	
人工 综合工日	工日	140.00	7.874	1.181
材料 镀锌铁丝 22号	kg	3.57	0.784	0.118
钢板 0~3号 δ0.7~0.9	kg	3.18	1.100	0.165
黄干油	kg	5.15	3.101	0.465
机油	kg	19.66	1.535	0.230
煤油	kg	3.73	2.392	0.358
棉纱头	kg	6.00	0.217	—
平垫铁 Q195~Q235	块	1.34	4.080	2.040
破布	kg	6.32	0.836	—
普通硅酸盐水泥 42.5级	kg	0.35	17.400	2.610
汽油	kg	6.77	0.517	0.077
碎石 5~32	t	106.80	0.050	0.008
碳钢电焊条	kg	39.00	1.848	0.277
斜垫铁	kg	3.50	8.160	4.080
氧气	m³	3.63	2.020	0.303
一等木板 19~35	m³	1400.00	0.005	0.001
乙炔气	kg	10.45	0.673	0.101
枕木	m³	1230.77	0.003	—
中(粗)砂	t	87.00	0.045	0.006
机械 叉式起重机 5t	台班	506.51	0.136	0.020
电焊条烘干箱 45×35×45cm³	台班	17.00	0.043	0.006
汽车式起重机 12t	台班	857.15	0.136	—
汽车式起重机 8t	台班	763.67	—	0.020
载重汽车 8t	台班	501.85	0.010	0.002
直流弧焊机 32kV·A	台班	87.75	0.425	0.064

第二十九节 污泥切割机

工作内容：开箱点件、基础划线、场内运输、设备吊装就位、一次灌浆、精平、组装、附件组装、清洗、检查、加油、无负荷试运转。

计量单位：台

定　额　编　号				S5-7-299	
项　目　名　称				污泥切割机	
基　　　　　价（元）				1403.39	
其中	人　工　费（元）			1179.64	
	材　料　费（元）			140.62	
	机　械　费（元）			83.13	
名　　称		单位	单价（元）	消　　耗　　量	
人工	综合工日	工日	140.00	8.426	
材料	镀锌铁丝 22号	kg	3.57	0.727	
	钢板 0～3号 δ1.0～1.5	kg	3.18	0.382	
	黄干油	kg	5.15	0.510	
	机油	kg	19.66	0.796	
	煤油	kg	3.73	0.868	
	棉纱头	kg	6.00	0.150	
	平垫铁 Q195～Q235	块	1.34	4.080	
	破布	kg	6.32	0.149	
	普通硅酸盐水泥 42.5级	kg	0.35	60.698	
	汽油	kg	6.77	0.281	
	铅油	kg	6.45	0.277	
	碎石 5～32	t	106.80	0.181	
	碳钢电焊条	kg	39.00	0.187	
	斜垫铁	kg	3.50	8.160	
	氧气	m³	3.63	0.202	
	一等木板 19～35	m³	1400.00	0.009	
	乙炔气	kg	10.45	0.067	
	中(粗)砂	t	87.00	0.159	
机械	叉式起重机 5t	台班	506.51	0.153	
	电焊条烘干箱 45×35×45cm³	台班	17.00	0.008	
	直流弧焊机 20kV·A	台班	71.43	0.077	

326

第三十节 闸门

1.铸铁圆闸门

工作内容：开箱点件、基础划线、场内运输、闸门安装、找平找正、试漏、试运转。　　　　计量单位：座

定　额　编　号			S5-7-300	S5-7-301	S5-7-302	S5-7-303
项　目　名　称			直径(mm以内)			
			300	400	500	600
基　　　价（元）			845.14	924.97	967.87	1118.79
其中	人　工　费（元）		643.58	714.42	748.16	807.38
	材　料　费（元）		132.02	141.01	149.28	173.09
	机　械　费（元）		69.54	69.54	70.43	138.32
名　　称	单位	单价（元）	消	耗		量
人工 综合工日	工日	140.00	4.597	5.103	5.344	5.767
材料 电焊条	kg	5.98	0.130	0.130	0.180	0.240
镀锌铁丝 22号	kg	3.57	1.961	1.961	1.961	1.961
二等板方材	m³	1709.00	0.005	0.006	0.007	0.007
钢板 δ4～10	kg	3.18	14.920	14.920	14.920	14.920
黄干油	kg	5.15	0.291	0.389	0.437	0.486
机油	kg	19.66	0.100	0.100	0.100	0.150
煤油	kg	3.73	0.198	0.297	0.396	0.446
棉纱头	kg	6.00	0.150	0.200	0.250	0.250
平垫铁 Q195～Q235	块	1.34	4.080	4.080	4.080	6.120
破布	kg	6.32	0.156	0.208	0.260	0.260
水泥 42.5级	kg	0.33	12.000	20.000	26.000	31.000
碎石 5～32	t	106.80	0.031	0.047	0.062	0.078
斜垫铁	kg	3.50	8.160	8.160	8.160	12.240
氧气	m³	3.63	0.850	0.850	0.850	0.850
乙炔气	kg	10.45	0.283	0.283	0.283	0.283
枕木 2000×250×200	根	102.56	0.100	0.100	0.100	0.100
中(粗)砂	t	87.00	0.030	0.045	0.060	0.075
其他材料费占材料费	%	—	1.500	1.500	1.500	1.500
机械 电焊条烘干箱 45×35×45cm³	台班	17.00	0.003	0.003	0.004	0.005
汽车式起重机 8t	台班	763.67	0.088	0.088	0.088	0.150
载重汽车 5t	台班	430.70	—	—	—	0.045
直流弧焊机 32kV·A	台班	87.75	0.026	0.026	0.036	0.049

工作内容：开箱点件、基础划线、场内运输、闸门安装、找平找正、试漏、试运转。　　　计量单位：座

定　额　编　号			S5-7-304	S5-7-305	S5-7-306	S5-7-307
项　目　名　称			直径(mm以内)			
			800	900	1000	1200
基　　　　价（元）			4260.07	1391.49	1526.17	1720.19
其中	人　工　费（元）		920.92	1002.26	1104.04	1203.44
	材　料　费（元）		3183.21	192.82	223.66	242.56
	机　械　费（元）		155.94	196.41	198.47	274.19
名　　　称	单位	单价（元）	消	耗		量
人工 综合工日	工日	140.00	6.578	7.159	7.886	8.596
材料 电焊条	kg	5.98	0.240	0.240	0.360	0.360
镀锌铁丝 22号	kg	3.57	1.961	1.961	1.961	1.961
二等板方材	m³	1709.00	0.008	0.009	0.010	0.011
钢板 δ4～10	kg	3.18	14.920	14.920	14.920	14.920
黄干油	kg	5.15	0.583	0.631	0.680	0.777
机油	kg	19.66	0.200	0.200	0.250	0.300
煤油	kg	3.73	0.594	0.693	0.743	0.891
棉纱头	kg	6.00	0.250	0.250	0.300	0.300
平垫铁 Q195～Q235	块	1.34	6.120	6.120	8.160	8.160
破布	kg	6.32	0.260	0.260	0.312	0.312
水泥 42.5级	kg	0.33	40.000	49.000	58.000	76.000
碎石 5～32	t	106.80	0.109	0.124	0.155	0.202
斜垫铁	kg	3.50	12.240	12.240	16.320	16.320
氧气	m³	3.63	0.850	0.850	0.850	0.850
乙炔气	kg	10.45	283.000	0.283	0.283	0.283
枕木 2000×250×200	根	102.56	0.100	0.100	0.100	0.100
中(粗)砂	t	87.00	0.089	0.104	0.134	0.179
其他材料费占材料费	%	—	1.500	1.500	1.500	1.500
机械 电焊条烘干箱 45×35×45cm³	台班	17.00	0.005	0.005	0.007	0.007
汽车式起重机 8t	台班	763.67	0.168	0.221	0.221	0.310
载重汽车 5t	台班	430.70	0.054	0.054	0.054	0.072
直流弧焊机 32kV·A	台班	87.75	0.049	0.049	0.072	0.072

工作内容：开箱点件、基础划线、场内运输、闸门安装、找平找正、试漏、试运转。　　　　计量单位：座

定　额　编　号			S5-7-308	S5-7-309	S5-7-310	S5-7-311
项　目　名　称			直径(mm以内)			
			1400	1600	1800	2000
基　　　　价（元）			2494.18	3057.41	3650.02	4296.16
其中	人　工　费（元）		1877.54	2429.84	2852.08	3406.06
	材　料　费（元）		339.86	350.79	385.36	499.81
	机　械　费（元）		276.78	276.78	412.58	390.29
名　　　称	单位	单价（元）	消	耗		量
人工 综合工日	工日	140.00	13.411	17.356	20.372	24.329
材料 电焊条	kg	5.98	0.501	0.501	1.030	1.030
镀锌铁丝 22号	kg	3.57	1.961	1.961	1.961	1.961
二等板方材	m³	1709.00	0.013	0.015	0.017	0.019
钢板 δ4～10	kg	3.18	23.720	23.720	23.720	23.720
黄干油	kg	5.15	0.874	0.971	1.069	1.166
机油	kg	19.66	0.350	0.400	0.450	0.500
煤油	kg	3.73	1.040	1.188	1.337	1.485
棉纱头	kg	6.00	0.300	0.350	0.350	0.400
平垫铁 Q195～Q235	块	1.34	10.200	10.200	10.200	12.240
破布	kg	6.32	0.312	0.364	0.364	0.416
水泥 42.5级	kg	0.33	123.000	131.000	163.000	261.000
碎石 5～32	t	106.80	0.357	0.357	0.436	0.791
斜垫铁	kg	3.50	20.400	20.400	20.400	24.480
氧气	m³	3.63	0.980	0.980	0.980	0.980
乙炔气	kg	10.45	0.327	0.327	0.327	0.327
枕木 2000×250×200	根	102.56	0.100	0.120	0.120	0.120
中(粗)砂	t	87.00	0.312	0.312	0.386	0.609
其他材料费占材料费	%	—	1.500	1.500	1.500	1.500
机械 电焊条烘干箱 45×35×45cm³	台班	17.00	0.010	0.010	0.021	0.021
汽车式起重机 12t	台班	857.15	—	—	0.336	0.310
汽车式起重机 8t	台班	763.67	0.310	0.310	0.088	0.088
载重汽车 5t	台班	430.70	0.072	0.072	0.090	0.090
直流弧焊机 32kV·A	台班	87.75	0.101	0.101	0.208	0.208

2.铸铁方闸门

工作内容：开箱点件、基础划线、场内运输、闸门安装、找平找正、试漏、试运转。　　计量单位：座

定　额　编　号				S5-7-312	S5-7-313	S5-7-314	S5-7-315
项　目　名　称				长×宽(mm以内)			
				300×300	400×400	500×500	600×600
基　　　　价（元）				899.52	1029.67	1153.90	1217.03
其中	人　工　费（元）			726.88	839.86	920.36	971.32
	材　料　费（元）			103.91	120.27	156.61	168.06
	机　械　费（元）			68.73	69.54	76.93	77.65
名　　称		单位	单价（元）	消	耗		量
人工	综合工日	工日	140.00	5.192	5.999	6.574	6.938
材料	电焊条	kg	5.98	0.080	0.130	—	—
	镀锌铁丝 22号	kg	3.57	1.961	1.961	1.961	1.961
	二等板方材	m³	1709.00	0.008	0.010	0.012	0.012
	黄干油	kg	5.15	0.291	0.389	0.437	0.486
	机油	kg	19.66	0.100	0.150	0.180	0.200
	煤油	kg	3.73	0.297	0.396	0.446	0.495
	棉纱头	kg	6.00	0.250	0.250	0.250	0.250
	平垫铁 Q195～Q235	块	1.34	4.080	4.080	6.120	6.120
	破布	kg	6.32	0.260	0.260	0.260	0.260
	水泥 42.5级	kg	0.33	35.000	49.000	58.000	67.000
	碎石 5～32	t	106.80	0.093	0.124	0.155	0.186
	碳钢电焊条	kg	39.00	—	—	0.160	0.200
	斜垫铁	kg	3.50	8.160	8.160	12.240	12.240
	枕木 2000×250×200	根	102.56	0.100	0.100	0.100	0.100
	中(粗)砂	t	87.00	0.089	0.119	0.149	0.179
	其他材料费占材料费	%	—	1.500	1.500	1.500	1.500
机械	电焊条烘干箱 45×35×45cm³	台班	17.00	0.002	0.003	0.003	0.004
	汽车式起重机 8t	台班	763.67	0.088	0.088	0.097	0.097
	直流弧焊机 32kV·A	台班	87.75	0.017	0.026	0.032	0.040

工作内容：开箱点件、基础划线、场内运输、闸门安装、找平找正、试漏、试运转。　　　　计量单位：座

定　额　编　号			S5-7-316	S5-7-317	S5-7-318
项　目　名　称			长×宽(mm以内)		
			800×800	1000×1000	1200×1200
基　　　价（元）			1396.53	1760.46	2081.04
其中	人　工　费（元）		1066.24	1342.04	1591.66
	材　料　费（元）		191.97	278.05	349.01
	机　械　费（元）		138.32	140.37	.140.37
名　　称		单位	单价（元）	消　　耗	量
人工	综合工日	工日	140.00	7.616	9.586	11.369
材料	电焊条	kg	5.98	0.240	0.360	0.360
	镀锌铁丝 22号	kg	3.57	1.961	1.961	1.961
	二等板方材	m³	1709.00	0.014	0.021	0.028
	黄干油	kg	5.15	0.583	1.166	1.263
	机油	kg	19.66	0.200	0.250	0.300
	煤油	kg	3.73	0.594	0.743	0.891
	棉纱头	kg	6.00	0.250	0.300	0.300
	平垫铁 Q195～Q235	块	1.34	8.160	8.160	8.160
	破布	kg	6.32	0.260	0.312	0.312
	水泥 42.5级	kg	0.33	84.000	145.000	211.000
	碎石 5～32	t	106.80	0.202	0.388	0.574
	斜垫铁	kg	3.50	16.320	16.320	16.320
	枕木 2000×250×200	根	102.56	0.100	0.250	0.250
	中(粗)砂	t	87.00	0.194	0.327	0.491
	其他材料费占材料费	%	—	1.500	1.500	1.500
机械	电焊条烘干箱 45×35×45cm³	台班	17.00	0.005	0.007	0.007
	汽车式起重机 8t	台班	763.67	0.150	0.150	0.150
	载重汽车 5t	台班	430.70	0.045	0.045	0.045
	直流弧焊机 32kV·A	台班	87.75	0.049	0.072	0.072

工作内容：开箱点件、基础划线、场内运输、闸门安装、找平找正、试漏、试运转。　　计量单位：座

定　额　编　号			S5-7-319	
项　目　名　称			长×宽(mm以内)	
			1400×1400	
基　　价（元）			2364.83	
其中	人　工　费（元）		1770.58	
	材　料　费（元）		395.78	
	机　械　费（元）		198.47	
	名　　称	单位	单价（元）	消　耗　量
人工	综合工日	工日	140.00	12.647
材料	电焊条	kg	5.98	0.360
	镀锌铁丝 22号	kg	3.57	1.961
	二等板方材	m³	1709.00	0.033
	黄干油	kg	5.15	1.360
	机油	kg	19.66	0.350
	煤油	kg	3.73	1.089
	棉纱头	kg	6.00	0.350
	平垫铁 Q195～Q235	块	1.34	8.160
	破布	kg	6.32	0.364
	水泥 42.5级	kg	0.33	254.000
	碎石 5～32	t	106.80	0.682
	斜垫铁	kg	3.50	16.320
	枕木 2000×250×200	根	102.56	0.250
	中(粗)砂	t	87.00	0.594
	其他材料费占材料费	%	—	1.500
机械	电焊条烘干箱 45×35×45cm³	台班	17.00	0.007
	汽车式起重机 8t	台班	763.67	0.221
	载重汽车 5t	台班	430.70	0.054
	直流弧焊机 32kV·A	台班	87.75	0.072

工作内容：开箱点件、基础划线、场内运输、闸门安装、找平找正、试漏、试运转。　　　　　计量单位：座

定　额　编　号			S5-7-320	S5-7-321	S5-7-322
项　目　名　称			长×宽(mm以内)		
			1600×1600	1800×1800	2000×2000
基　　　价（元）			2776.96	3227.32	3519.90
其中	人　工　费（元）		2065.70	2373.00	2605.96
	材　料　费（元）		495.69	555.55	615.17
	机　械　费（元）		215.57	298.77	298.77
名　　称	单位	单价(元)	消　　耗　　量		
人工 综合工日	工日	140.00	14.755	16.950	18.614
材料 电焊条	kg	5.98	0.480	0.480	0.480
镀锌铁丝 22号	kg	3.57	1.961	1.961	1.961
二等板方材	m³	1709.00	0.038	0.043	0.048
黄干油	kg	5.15	1.457	1.554	1.651
机油	kg	19.66	0.400	0.450	0.500
煤油	kg	3.73	1.188	1.386	1.584
棉纱头	kg	6.00	0.400	0.450	0.500
平垫铁 Q195～Q235	块	1.34	10.200	10.200	10.200
破布	kg	6.32	0.416	0.468	0.520
水泥 42.5级	kg	0.33	299.000	354.000	408.000
碎石 5～32	t	106.80	0.930	1.085	1.240
斜垫铁	kg	3.50	20.400	20.400	20.400
枕木 2000×250×200	根	102.56	0.400	0.400	0.400
中(粗)砂	t	87.00	0.743	0.891	1.040
其他材料费占材料费	%	—	1.500	1.500	1.500
机械 电焊条烘干箱 45×35×45cm³	台班	17.00	0.010	0.010	0.010
汽车式起重机 12t	台班	857.15	0.159	0.239	0.239
汽车式起重机 8t	台班	763.67	0.062	0.071	0.071
载重汽车 5t	台班	430.70	0.054	0.072	0.072
直流弧焊机 32kV·A	台班	87.75	0.097	0.097	0.097

3.钢制闸门

工作内容：开箱点件、基础划线、场内运输、闸门安装、找平找正、试漏、试运转。　　计量单位：座

定　额　编　号			S5-7-323	S5-7-324	S5-7-325
项　目　名　称			进水口长×宽(mm以内)		
			1000×800	1800×1600	2000×1200
基　　价（元）			765.50	1174.88	1101.79
其中	人　工　费（元）		590.52	904.96	827.68
	材　料　费（元）		86.13	107.10	111.29
	机　械　费（元）		88.85	162.82	162.82
名　　称	单位	单价（元）	消　　耗　　量		
人工 综合工日	工日	140.00	4.218	6.464	5.912
材料 电焊条	kg	5.98	1.200	1.600	1.600
镀锌铁丝 22号	kg	3.57	1.471	1.961	1.961
二等板方材	m³	1709.00	0.008	0.010	0.010
黄干油	kg	5.15	0.971	0.971	0.971
机油	kg	19.66	0.200	0.300	0.300
煤油	kg	3.73	0.198	0.594	0.594
棉纱头	kg	6.00	0.200	0.300	0.300
平垫铁 Q195～Q235	块	1.34	4.080	4.080	4.080
破布	kg	6.32	0.208	0.312	0.312
普通硅酸盐水泥 42.5级	kg	0.35	8.000	14.600	16.400
碎石 5～32	t	106.80	0.031	0.047	0.054
斜垫铁	kg	3.50	8.160	8.160	8.160
枕木 2000×250×200	根	102.56	0.050	0.080	0.100
中(粗)砂	t	87.00	0.015	0.030	0.038
其他材料费占材料费	%	—	1.500	1.500	1.500
机械 电焊条烘干箱 45×35×45cm³	台班	17.00	0.024	0.032	0.032
汽车式起重机 8t	台班	763.67	0.088	0.150	0.150
载重汽车 5t	台班	430.70	—	0.045	0.045
直流弧焊机 32kV·A	台班	87.75	0.242	0.323	0.323

工作内容：开箱点件、基础划线、场内运输、闸门安装、找平找正、试漏、试运转。　　　计量单位：座

定　额　编　号				S5-7-326
项　目　名　称				进水口长×宽(mm以内)
				2500×1800
基　　　　价（元）				1552.04
其中	人　工　费（元）			1264.90
	材　料　费（元）			120.74
	机　械　费（元）			166.40
名　　　称		单位	单价（元）	消　　耗　　量
人工	综合工日	工日	140.00	9.035
材料	电焊条	kg	5.98	1.800
	镀锌铁丝 22号	kg	3.57	1.961
	二等板方材	m³	1709.00	0.012
	黄干油	kg	5.15	0.971
	机油	kg	19.66	0.300
	煤油	kg	3.73	0.594
	棉纱头	kg	6.00	0.300
	平垫铁 Q195～Q235	块	1.34	4.080
	破布	kg	6.32	0.312
	普通硅酸盐水泥 42.5级	kg	0.35	19.800
	碎石 5～32	t	106.80	0.062
	斜垫铁	kg	3.50	8.160
	枕木 2000×250×200	根	102.56	0.120
	中(粗)砂	t	87.00	0.045
	其他材料费占材料费	%	—	1.500
机械	电焊条烘干箱 45×35×45cm³	台班	17.00	0.036
	汽车式起重机 8t	台班	763.67	0.150
	载重汽车 5t	台班	430.70	0.045
	直流弧焊机 32kV·A	台班	87.75	0.363

工作内容：开箱点件、基础划线、场内运输、闸门安装、找平找正、试漏、试运转。　　　　计量单位：座

定　额　编　号			S5-7-327	S5-7-328	S5-7-329
项　目　名　称			进水口长×宽(mm以内)		
			2500×2000	2500×2200	4000×1200
基　　　价（元）			1920.52	2154.86	2002.77
其中	人　工　费（元）		1570.24	1799.28	1591.24
	材　料　费（元）		125.79	131.09	183.37
	机　械　费（元）		224.49	224.49	228.16
名　　称	单位	单价（元）	消　　耗　　量		
人工	综合工日	工日	140.00	11.216	12.852	11.366
材料	电焊条	kg	5.98	1.800	1.800	2.000
	镀锌铁丝 22号	kg	3.57	1.961	1.961	2.942
	二等板方材	m³	1709.00	0.012	0.012	0.016
	黄干油	kg	5.15	0.971	0.971	1.943
	机油	kg	19.66	0.300	0.300	0.400
	煤油	kg	3.73	0.594	0.594	0.792
	棉纱头	kg	6.00	0.350	0.400	0.500
	平垫铁 Q195～Q235	块	1.34	4.080	4.080	6.120
	破布	kg	6.32	0.364	0.416	0.520
	普通硅酸盐水泥 42.5级	kg	0.35	23.600	28.400	36.600
	碎石 5～32	t	106.80	0.078	0.093	0.109
	斜垫铁	kg	3.50	8.160	8.160	12.240
	枕木 2000×250×200	根	102.56	0.120	0.120	0.200
	中(粗)砂	t	87.00	0.060	0.075	0.089
	其他材料费占材料费	%	—	1.500	1.500	1.500
机械	电焊条烘干箱 45×35×45cm³	台班	17.00	0.036	0.036	0.040
	汽车式起重机 8t	台班	763.67	0.221	0.221	0.221
	载重汽车 5t	台班	430.70	0.054	0.054	0.054
	直流弧焊机 32kV·A	台班	87.75	0.363	0.363	0.404

工作内容：开箱点件、基础划线、场内运输、闸门安装、找平找正、试漏、试运转。　　　　　计量单位：座

定　额　编　号				S5-7-330	S5-7-331	S5-7-332
项　目　名　称				进水口长×宽(mm以内)		
				3000×2000	3000×2500	3600×3000
基　　　　价　（元）				2502.67	2711.63	3139.04
其中	人　工　费（元）			2081.38	2289.56	2608.90
	材　料　费（元）			193.13	193.91	203.92
	机　械　费（元）			228.16	228.16	326.22
名　　　　称		单位	单价(元)	消	耗	量
人工	综合工日	工日	140.00	14.867	16.354	18.635
材料	电焊条	kg	5.98	2.000	2.000	2.000
	镀锌铁丝 22号	kg	3.57	2.942	2.942	2.942
	二等板方材	m³	1709.00	0.018	0.018	0.020
	黄干油	kg	5.15	1.943	1.943	1.943
	机油	kg	19.66	0.400	0.400	0.400
	煤油	kg	3.73	0.792	0.792	0.792
	棉纱头	kg	6.00	0.600	0.600	0.700
	平垫铁 Q195～Q235	块	1.34	6.120	6.120	6.120
	破布	kg	6.32	0.624	0.624	0.728
	普通硅酸盐水泥 42.5级	kg	0.35	42.400	44.600	50.800
	碎石 5～32	t	106.80	0.124	0.124	0.140
	斜垫铁	kg	3.50	12.240	12.240	12.240
	枕木 2000×250×200	根	102.56	0.200	0.200	0.200
	中(粗)砂	t	87.00	0.104	0.104	0.119
	其他材料费占材料费	%	—	1.500	1.500	1.500
机械	电焊条烘干箱 45×35×45cm³	台班	17.00	0.040	0.040	0.040
	汽车式起重机 12t	台班	857.15	—	—	0.239
	汽车式起重机 8t	台班	763.67	0.221	0.221	0.071
	载重汽车 5t	台班	430.70	0.054	0.054	0.072
	直流弧焊机 32kV·A	台班	87.75	0.404	0.404	0.404

4. 叠梁闸门

工作内容：开箱点件、基础划线、场内运输、闸门安装、找平找正、试漏、试运转。　　　计量单位：座

定　额　编　号			S5-7-333	S5-7-334	S5-7-335	S5-7-336
项　目　名　称			渠道宽(m以内)			
			1		2	
			门体基本高(m以内)			
			1	每增加0.5	1	每增加0.5
基　　　价（元）			982.53	190.64	1182.86	240.71
其中	人　工　费（元）		737.80	110.74	937.44	140.56
	材　料　费（元）		140.43	64.22	141.12	84.47
	机　械　费（元）		104.30	15.68	104.30	15.68
名　　称	单位	单价（元）	消　　耗　　量			
人工 综合工日	工日	140.00	5.270	0.791	6.696	1.004
材料 镀锌铁丝 18号	kg	3.57	3.030	0.303	3.030	1.515
破布	kg	6.32	0.263	—	0.315	—
普通硅酸盐水泥 42.5级	kg	0.35	14.280	7.140	15.300	7.650
杉木成材	m³	1311.37	0.026	0.014	0.026	0.026
碎石 5～32	t	106.80	0.071	0.036	0.071	0.036
碳钢电焊条	kg	39.00	1.881	0.941	1.881	0.941
枕木 2000×200×200	根	82.05	0.053	—	0.053	—
中(粗)砂	t	87.00	0.041	0.020	0.041	0.020
机械 电焊条烘干箱 45×35×45cm³	台班	17.00	0.030	0.005	0.030	0.005
汽车式起重机 8t	台班	763.67	0.087	0.013	0.087	0.013
载重汽车 5t	台班	430.70	0.026	0.004	0.026	0.004
直流弧焊机 32kV·A	台班	87.75	0.298	0.045	0.298	0.045

工作内容：开箱点件、基础划线、场内运输、闸门安装、找平找正、试漏、试运转。　　　　　　计量单位：座

定 额 编 号			S5-7-337	S5-7-338	S5-7-339	S5-7-340
项 目 名 称			渠道宽(m以内)			
			3		4	
			门体基本高(m以内)			
			1	每增加0.5	1	每增加0.5
基 价（元）			1461.87	263.66	1583.94	691.27
其中	人 工 费（元）		1180.48	177.10	1280.30	192.08
	材 料 费（元）		143.63	65.86	148.71	67.76
	机 械 费（元）		137.76	20.70	154.93	431.43
名 称	单位	单价（元）	消　　耗			量
人工	综合工日	工日	140.00	8.432	1.265	9.145	1.372
材料	镀锌铁丝 18号	kg	3.57	3.030	0.303	3.030	0.303
	破布	kg	6.32	0.368	—	0.525	0.005
	普通硅酸盐水泥 42.5级	kg	0.35	16.320	8.160	19.380	9.690
	杉木成材	m³	1311.37	0.026	0.014	0.026	0.014
	碎石 5～32	t	106.80	0.071	0.036	0.087	0.045
	碳钢电焊条	kg	39.00	1.881	0.941	1.881	0.941
	枕木 2000×200×200	根	82.05	0.053	0.005	0.053	—
	中(粗)砂	t	87.00	0.062	0.030	0.077	0.039
机械	电焊条烘干箱 45×35×45cm³	台班	17.00	0.030	0.005	0.030	0.005
	汽车式起重机 12t	台班	857.15	—	—	0.102	0.015
	汽车式起重机 8t	台班	763.67	0.128	0.019	0.036	0.540
	载重汽车 5t	台班	430.70	0.031	0.005	0.031	0.005
	直流弧焊机 32kV·A	台班	87.75	0.298	0.045	0.298	0.045

第三十一节 旋转门

工作内容：开箱点件、基础划线、场内运输、闸门安装、找平找正、试漏、试运转。　　　　计量单位：座

定　额　编　号			S5-7-341	S5-7-342
项　目　名　称			长×宽(mm)	
			2600×3000	3500×3100
基　　价（元）			1954.35	2344.75
其中	人　工　费（元）		1397.62	1689.52
	材　料　费（元）		281.02	355.04
	机　械　费（元）		275.71	300.19
名　　称	单位	单价（元）	消　　耗　　量	
人工	综合工日	工日	140.00	9.983	12.068
材料	镀锌铁丝 22号	kg	3.57	2.942	2.942
	二等板方材	m³	1709.00	0.040	0.050
	钢板 δ4~10	kg	3.18	10.600	12.800
	合金钢焊条	kg	11.11	0.440	0.560
	黄干油	kg	5.15	1.943	1.943
	机油	kg	19.66	0.600	0.600
	煤油	kg	3.73	1.188	1.188
	棉纱头	kg	6.00	0.800	0.800
	膨胀水泥	kg	0.68	38.000	46.000
	平垫铁 Q195~Q235	块	1.34	8.160	8.160
	破布	kg	6.32	0.832	0.832
	水泥 42.5级	kg	0.33	—	46.000
	碎石 5~32	t	106.80	0.109	0.124
	碳钢电焊条	kg	39.00	—	0.560
	斜垫铁	kg	3.50	16.320	16.320
	氧气	m³	3.63	1.200	1.500
	乙炔气	kg	10.45	0.400	0.500
	中(粗)砂	t	87.00	0.104	0.119
	其他材料费占材料费	%	—	1.500	1.500
机械	电焊条烘干箱 45×35×45cm³	台班	17.00	0.009	0.011
	汽车式起重机 12t	台班	857.15	—	0.239
	汽车式起重机 8t	台班	763.67	0.310	0.071
	载重汽车 5t	台班	430.70	0.072	0.072
	直流弧焊机 32kV·A	台班	87.75	0.089	0.113

第三十二节 堰门
1.铸铁堰门

工作内容：开箱点件、基础划线、场内运输、闸门安装、找平找正、试漏、试运转。　　　　计量单位：座

定　额　编　号			S5-7-343	S5-7-344	S5-7-345	S5-7-346
项　目　名　称			长×宽(mm)			
			400×300	600×300	800×400	1000×500
基　　　　价（元）			727.24	819.89	973.86	1135.41
其中	人　工　费（元）		529.06	623.28	760.48	881.30
	材　料　费（元）		128.64	127.07	143.84	182.52
	机　械　费（元）		69.54	69.54	69.54	71.59
名　　称		单位	单价（元）	消　　耗　　量		
人工	综合工日	工日	140.00	3.779	4.452	5.432	6.295
材料	电焊条	kg	5.98	—	0.130	0.130	0.240
	镀锌铁丝 22号	kg	3.57	1.961	1.961	1.961	1.961
	二等板方材	m³	1709.00	0.023	0.023	0.025	0.031
	钢板 δ4～10	kg	3.18	6.140	6.140	6.140	7.990
	黄干油	kg	5.15	0.389	0.486	0.583	0.680
	机油	kg	19.66	0.100	0.150	0.200	0.250
	煤油	kg	3.73	0.297	0.446	0.594	0.743
	棉纱头	kg	6.00	0.200	0.250	0.300	0.350
	膨胀水泥	kg	0.68	9.000	9.000	18.000	27.000
	平垫铁 Q195～Q235	块	1.34	4.080	4.080	4.080	4.080
	破布	kg	6.32	0.208	0.260	0.312	0.364
	水泥 42.5级	kg	0.33	—	—	—	27.000
	碎石 5～32	t	106.80	0.031	0.031	0.047	0.062
	碳钢电焊条	kg	39.00	0.130	—	—	—
	斜垫铁	kg	3.50	8.160	8.160	8.160	8.160
	氧气	m³	3.63	0.490	0.500	0.500	0.600
	乙炔气	kg	10.45	0.163	0.167	0.167	0.200
	中(粗)砂	t	87.00	0.015	0.015	0.045	0.060
	其他材料费占材料费	%	—	1.500	1.500	1.500	1.500
机械	电焊条烘干箱 45×35×45cm³	台班	17.00	0.003	0.003	0.003	0.005
	汽车式起重机 8t	台班	763.67	0.088	0.088	0.088	0.088
	直流弧焊机 32kV·A	台班	87.75	0.026	0.026	0.026	0.049

工作内容：开箱点件、基础划线、场内运输、闸门安装、找平找正、试漏、试运转。　　　　　计量单位：座

定 额 编 号			S5-7-347	S5-7-348	S5-7-349
项 目 名 称			长×宽(mm)		
			1200×600	1500×500	1800×500
基 价（元）			1348.13	1700.95	1657.67
其中	人 工 费（元）		1004.92	1300.32	1241.24
	材 料 费（元）		204.89	241.22	257.02
	机 械 费（元）		138.32	159.41	159.41
名 称	单位	单价（元）	消	耗	量
人工 综合工日	工日	140.00	7.178	9.288	8.866
材料 电焊条	kg	5.98	0.240	—	—
镀锌铁丝 22号	kg	3.57	1.961	2.020	2.020
二等板方材	m³	1709.00	0.031	0.037	0.037
钢板 δ4～10	kg	3.18	7.990	10.579	10.579
黄干油	kg	5.15	0.777	0.918	0.918
机油	kg	19.66	0.300	0.361	0.361
煤油	kg	3.73	0.891	1.071	1.224
棉纱头	kg	6.00	0.400	0.465	0.505
膨胀水泥	kg	0.68	35.000	44.188	55.227
平垫铁 Q195～Q235	块	1.34	6.120	4.080	4.080
破布	kg	6.32	0.416	0.525	0.525
料 碎石 5～32	t	106.80	0.093	0.124	0.158
碳钢电焊条	kg	39.00	—	0.473	0.473
斜垫铁	kg	3.50	12.240	8.160	8.160
氧气	m³	3.63	0.600	0.770	0.880
乙炔气	kg	10.45	0.200	0.253	0.286
中(粗)砂	t	87.00	0.089	0.120	0.153
其他材料费占材料费	%	—	1.500	1.500	1.500
机械 电焊条烘干箱 45×35×45cm³	台班	17.00	0.005	0.009	0.009
汽车式起重机 8t	台班	763.67	0.150	0.170	0.170
载重汽车 5t	台班	430.70	0.045	0.050	0.050
直流弧焊机 32kV·A	台班	87.75	0.049	0.090	0.090

工作内容：开箱点件、基础划线、场内运输、闸门安装、找平找正、试漏、试运转。　　　计量单位：座

定　额　编　号			S5-7-350	S5-7-351	S5-7-352
项　目　名　称			长×宽(mm)		
			2000×500	2000×1000	2000×1500
基　　　价（元）			1836.21	1903.97	1975.09
其中	人　工　费（元）		1362.76	1430.52	1501.64
	材　料　费（元）		285.21	285.21	285.21
	机　械　费（元）		188.24	188.24	188.24
名　　　称	单位	单价（元）	消	耗	量
人工 综合工日	工日	140.00	9.734	10.218	10.726
材料 镀锌铁丝 22号	kg	3.57	2.020	2.020	2.020
二等板方材	m³	1709.00	0.040	0.040	0.040
钢板 δ4～10	kg	3.18	12.699	12.699	12.699
黄干油	kg	5.15	1.020	1.020	1.020
机油	kg	19.66	0.412	0.412	0.412
煤油	kg	3.73	1.377	1.377	1.377
棉纱头	kg	6.00	0.606	0.606	0.606
膨胀水泥	kg	0.68	60.752	60.752	60.752
平垫铁 Q195～Q235	块	1.34	4.080	4.080	4.080
破布	kg	6.32	0.630	0.630	0.630
碎石 5～32	t	106.80	0.177	0.177	0.177
碳钢电焊条	kg	39.00	0.572	0.572	0.572
斜垫铁	kg	3.50	8.160	8.160	8.160
氧气	m³	3.63	1.056	1.056	1.056
乙炔气	kg	10.45	0.352	0.352	0.352
中(粗)砂	t	87.00	0.171	0.171	0.171
其他材料费占材料费	%	—	1.500	1.500	1.500
机械 电焊条烘干箱 45×35×45cm³	台班	17.00	0.011	0.011	0.011
汽车式起重机 8t	台班	763.67	0.200	0.200	0.200
载重汽车 5t	台班	430.70	0.060	0.060	0.060
直流弧焊机 32kV·A	台班	87.75	0.108	0.108	0.108

2. 钢制调节堰门

工作内容：开箱点件、基础划线、场内运输、闸门安装、找平找正、试漏、试运转。　　　　计量单位：座

定 额 编 号			S5-7-353	S5-7-354	S5-7-355	S5-7-356
项 目 名 称			宽度(mm以内)			
			2000	2500	3000	4000
基 价（元）			1409.58	1600.31	1956.35	2273.39
其中	人 工 费（元）		1050.98	1237.88	1530.48	1808.94
	材 料 费（元）		193.80	197.63	202.97	211.26
	机 械 费（元）		164.80	164.80	222.90	253.19
名 称	单位	单价（元）	消	耗		量
人工	综合工日	工日	140.00	7.507	8.842	10.932	12.921
材料	镀锌铁丝 22号	kg	3.57	3.030	3.030	3.030	3.030
	二等板方材	m³	1709.00	0.026	0.026	0.026	0.026
	黄干油	kg	5.15	1.020	1.020	1.020	1.020
	机油	kg	19.66	0.103	0.206	0.309	0.515
	煤油	kg	3.73	0.204	0.408	0.612	0.918
	棉纱头	kg	6.00	0.253	0.303	0.354	0.505
	平垫铁 Q195~Q235	块	1.34	4.080	4.080	4.080	4.080
	破布	kg	6.32	0.263	0.315	0.368	0.525
	普通硅酸盐水泥 42.5级	kg	0.35	14.280	15.300	16.320	19.380
	碎石 5~32	t	106.80	0.048	0.048	0.048	0.048
	碳钢电焊条	kg	39.00	1.881	1.881	1.881	1.881
	斜垫铁	kg	3.50	8.160	8.160	8.160	8.160
	枕木 2000×200×200	根	82.05	0.053	0.053	0.053	0.053
	中(粗)砂	t	87.00	0.030	0.030	0.047	0.047
	其他材料费占材料费	%	—	1.500	1.500	1.500	1.500
机械	电焊条烘干箱 45×35×45cm³	台班	17.00	0.035	0.035	0.035	0.035
	汽车式起重机 12t	台班	857.15	—	—	—	0.177
	汽车式起重机 8t	台班	763.67	0.150	0.150	0.221	0.062
	载重汽车 5t	台班	430.70	0.045	0.045	0.054	0.054
	直流弧焊机 32kV·A	台班	87.75	0.345	0.345	0.345	0.345

第三十三节 拍门

1. 玻璃钢圆形拍门

工作内容：开箱点件、基础划线、场内运输、拍门安装、找平找正、螺栓加固、试运转。　　计量单位：个

定 额 编 号			S5-7-357	S5-7-358	S5-7-359
项 目 名 称			公称直径(mm以内)		
			DN300	DN600	DN900
基 价 （元）			263.79	409.92	671.32
其中	人 工 费（元）		216.16	301.14	493.92
	材 料 费（元）		5.54	7.73	10.03
	机 械 费（元）		42.09	101.05	167.37
名 称	单位	单价(元)	消	耗	量
人工	综合工日	工日	140.00	1.544	2.151	3.528
材料	石棉橡胶板	kg	9.40	0.212	0.445	0.689
	碳钢电焊条	kg	39.00	0.091	0.091	0.091
机械	电焊条烘干箱 45×35×45cm³	台班	17.00	0.005	0.013	0.013
	吊装机械(综合)	台班	619.04	0.048	0.107	0.170
	汽车式起重机 8t	台班	763.67	0.007	0.020	0.040
	载重汽车 8t	台班	501.85	0.007	0.020	0.044
	直流弧焊机 20kV·A	台班	71.43	0.048	0.130	0.130

工作内容：开箱点件、基础划线、场内运输、拍门安装、找平找正、螺栓加固、试运转。　计量单位：个

定　额　编　号			S5-7-360	S5-7-361	S5-7-362
项　目　名　称			公称直径(mm以内)		
			DN1200	DN1500	DN1500以上
基　　　价（元）			891.94	1015.33	1274.07
其中	人　工　费（元）		597.24	679.70	747.60
	材　料　费（元）		13.55	17.04	17.04
	机　械　费（元）		281.15	318.59	509.43
名　　　称	单位	单价（元）	消	耗	量
人工 综合工日	工日	140.00	4.266	4.855	5.340
材料 石棉橡胶板	kg	9.40	0.774	1.145	1.145
碳钢电焊条	kg	39.00	0.161	0.161	0.161
机械 电焊条烘干箱 45×35×45cm³	台班	17.00	0.023	0.023	0.036
吊装机械(综合)	台班	619.04	0.268	0.306	0.490
汽车式起重机 8t	台班	763.67	0.078	0.089	0.142
载重汽车 8t	台班	501.85	0.078	0.089	0.142
直流弧焊机 20kV·A	台班	71.43	0.226	0.226	0.361

2.铸铁圆形拍门

工作内容：开箱点件、基础划线、场内运输、拍门安装、找平找正、螺栓加固、试运转。　计量单位：个

定　额　编　号			S5-7-363	S5-7-364	S5-7-365
项　目　名　称			公称直径(mm以内)		
			DN300	DN600	DN900
基　　　　价（元）			309.61	509.42	919.69
其中	人　工　费（元）		237.72	331.38	619.64
	材　料　费（元）		18.21	18.21	27.73
	机　械　费（元）		53.68	159.83	272.32
名　　　称	单位	单价（元）	消	耗	量
人工	综合工日	工日	140.00	1.698	2.367	4.426
材料	石棉橡胶板	kg	9.40	0.091	0.091	0.091
	碳钢电焊条	kg	39.00	0.445	0.445	0.689
机械	电焊条烘干箱 45×35×45cm³	台班	17.00	0.013	0.021	0.021
	吊装机械(综合)	台班	619.04	0.055	0.170	0.272
	汽车式起重机 8t	台班	763.67	0.008	0.031	0.070
	载重汽车 8t	台班	501.85	0.008	0.031	0.070
	直流弧焊机 20kV·A	台班	71.43	0.130	0.210	0.210

工作内容：开箱点件、基础划线、场内运输、拍门安装、找平找正、螺栓加固、试运转。 计量单位：个

定 额 编 号				S5-7-366	S5-7-367	S5-7-368
项 目 名 称				公称直径(mm以内)		
				DN1200	DN1500	DN1500以上
基 价 （元）				1137.47	1303.20	1528.75
其中	人 工 费（元）			656.88	747.60	907.06
	材 料 费（元）			31.70	46.17	52.17
	机 械 费（元）			448.89	509.43	569.52
名 称		单位	单价(元)	消	耗	量
人工	综合工日	工日	140.00	4.692	5.340	6.479
材料	石棉橡胶板	kg	9.40	0.161	0.161	0.161
	碳钢电焊条	kg	39.00	0.774	1.145	1.299
机械	电焊条烘干箱 45×35×45cm³	台班	17.00	0.036	0.036	0.036
	吊装机械(综合)	台班	619.04	0.429	0.490	0.538
	汽车式起重机 8t	台班	763.67	0.124	0.142	0.166
	载重汽车 8t	台班	501.85	0.124	0.142	0.166
	直流弧焊机 20kV·A	台班	71.43	0.361	0.361	0.361

3.碳钢圆形拍门

工作内容：开箱点件、基础划线、场内运输、拍门安装、找平找正、螺栓加固、试运转。　计量单位：个

定 额 编 号				S5-7-369	S5-7-370	S5-7-371
项 目 名 称				公称直径(mm以内)		
				DN300	DN600	DN900
基 价 （元）				255.93	509.42	919.69
其中	人 工 费（元）			237.72	331.38	619.64
	材 料 费（元）			18.21	18.21	27.73
	机 械 费（元）			—	159.83	272.32
名 称		单位	单价(元)	消	耗	量
人工	综合工日	工日	140.00	1.698	2.367	4.426
材料	石棉橡胶板	kg	9.40	0.091	0.091	0.091
	碳钢电焊条	kg	39.00	0.445	0.445	0.689
机械	电焊条烘干箱 45×35×45cm³	台班	17.00	—	0.021	0.021
	吊装机械(综合)	台班	619.04	—	0.170	0.272
	汽车式起重机 8t	台班	763.67	—	0.031	0.070
	载重汽车 8t	台班	501.85	—	0.031	0.070
	直流弧焊机 20kV·A	台班	71.43	—	0.210	0.210

工作内容：开箱点件、基础划线、场内运输、拍门安装、找平找正、螺栓加固、试运转。　计量单位：个

定 额 编 号			S5-7-372	S5-7-373	S5-7-374
项 目 名 称			公称直径(mm以内)		
			DN1200	DN1500	DN1500以上
基 价 （元）			1137.47	1303.20	1528.75
其中	人 工 费（元）		656.88	747.60	907.06
	材 料 费（元）		31.70	46.17	52.17
	机 械 费（元）		448.89	509.43	569.52
名 称	单位	单价(元)	消	耗	量
人工 综合工日	工日	140.00	4.692	5.340	6.479
材料 石棉橡胶板	kg	9.40	0.161	0.161	0.161
碳钢电焊条	kg	39.00	0.774	1.145	1.299
机械 电焊条烘干箱 45×35×45cm³	台班	17.00	0.036	0.036	0.036
吊装机械(综合)	台班	619.04	0.429	0.490	0.538
汽车式起重机 8t	台班	763.67	0.124	0.142	0.166
载重汽车 8t	台班	501.85	0.124	0.142	0.166
直流弧焊机 20kV·A	台班	71.43	0.361	0.361	0.361

4.不锈钢圆形拍门

工作内容：开箱点件、基础划线、场内运输、拍门安装、找平找正、螺栓加固、试运转。　　计量单位：个

定　额　编　号				S5-7-375	S5-7-376	S5-7-377
项　目　名　称				公称直径(mm以内)		
				DN300	DN600	DN900
基　　　价（元）				245.40	498.89	901.94
其中	人　工　费（元）			237.72	331.38	619.64
	材　料　费（元）			7.68	7.68	9.98
	机　械　费（元）			—	159.83	272.32
名　　　称		单位	单价（元）	消	耗	量
人工	综合工日	工日	140.00	1.698	2.367	4.426
材料	不锈钢电焊条	kg	38.46	0.091	0.091	0.091
	石棉橡胶板	kg	9.40	0.445	0.445	0.689
机械	电焊条烘干箱 45×35×45cm³	台班	17.00	—	0.021	0.021
	吊装机械(综合)	台班	619.04	—	0.170	0.272
	汽车式起重机 8t	台班	763.67	—	0.031	0.070
	载重汽车 8t	台班	501.85	—	0.031	0.070
	直流弧焊机 20kV·A	台班	71.43	—	0.210	0.210

工作内容：开箱点件、基础划线、场内运输、拍门安装、找平找正、螺栓加固、试运转。 计量单位：个

定 额 编 号				S5-7-378	S5-7-379	S5-7-380
项 目 名 称				公称直径(mm以内)		
				DN1200	DN1500	DN1500以上
基 价（元）				1119.24	1273.99	1494.98
其中	人 工 费（元）			656.88	747.60	907.06
	材 料 费（元）			13.47	16.96	18.40
	机 械 费（元）			448.89	509.43	569.52
名 称		单位	单价(元)	消	耗	量
人工	综合工日	工日	140.00	4.692	5.340	6.479
材料	不锈钢电焊条	kg	38.46	0.161	0.161	0.161
	石棉橡胶板	kg	9.40	0.774	1.145	1.299
机械	电焊条烘干箱 45×35×45cm³	台班	17.00	0.036	0.036	0.036
	吊装机械(综合)	台班	619.04	0.429	0.490	0.538
	汽车式起重机 8t	台班	763.67	0.124	0.142	0.166
	载重汽车 8t	台班	501.85	0.124	0.142	0.166
	直流弧焊机 20kV·A	台班	71.43	0.361	0.361	0.361

第三十四节 启闭机

工作内容：开箱点件、基础划线、场内运输、安装就位、找平找正、检查、加油、无负荷试运转。

计量单位：台

定 额 编 号				S5-7-381	S5-7-382	S5-7-383
项 目 名 称				手摇式	手轮式	手电两用
基 价（元）				707.80	530.71	1238.59
其中	人 工 费（元）			519.54	413.42	978.04
	材 料 费（元）			67.47	27.57	114.01
	机 械 费（元）			120.79	89.72	146.54
名 称		单位	单价（元）	消	耗	量
人工	综合工日	工日	140.00	3.711	2.953	6.986
材料	电焊条	kg	5.98	0.390	0.187	0.700
	二等板方材	m³	1709.00	0.004	0.004	0.004
	钢板 0～3号 δ1.0～1.5	kg	3.18	—	—	0.800
	钢板 δ4～10	kg	3.18	8.220	0.800	14.690
	黄干油	kg	5.15	1.457	1.020	1.749
	机油	kg	19.66	0.200	0.206	0.400
	煤油	kg	3.73	0.891	0.612	1.485
	棉纱头	kg	6.00	0.700	0.404	1.200
	破布	kg	6.32	0.728	0.420	1.248
	普通硅酸盐水泥 42.5级	kg	0.35	5.000	—	9.000
	碎石 5～32	t	106.80	0.016	—	0.031
	氧气	m³	3.63	0.400	—	0.770
	乙炔气	kg	10.45	0.133	—	0.257
	中(粗)砂	t	87.00	0.015	—	0.030
	其他材料费占材料费	%	—	1.500	1.500	1.500
机械	电焊条烘干箱 45×35×45cm³	台班	17.00	0.008	0.004	0.014
	汽车式起重机 8t	台班	763.67	0.088	0.088	0.150
	载重汽车 5t	台班	430.70	0.108	0.045	0.045
	直流弧焊机 32kV·A	台班	87.75	0.079	0.035	0.141

工作内容：开箱点件、基础划线、场内运输、安装就位、找平找正、检查、加油、无负荷试运转。

计量单位：台

定 额 编 号				S5-7-384	S5-7-385	S5-7-386
项 目 名 称				汽动	手摇式（双吊点）	电动式（双吊点）
基 价（元）				1301.73	2073.25	2246.85
其中	人 工 费（元）			1046.92	868.00	1041.60
	材 料 费（元）			108.99	517.42	517.42
	机 械 费（元）			145.82	687.83	687.83
名 称		单位	单价（元）	消	耗	量
人工	综合工日	工日	140.00	7.478	6.200	7.440
材料	电焊条	kg	5.98	0.660	2.505	2.505
	镀锌铁丝 16号	kg	3.57	—	0.818	0.818
	二等板方材	m³	1709.00	0.004	—	—
	钢板 0～3号 δ1.0～1.5	kg	3.18	0.800	—	—
	钢板 δ4～10	kg	3.18	13.570	—	—
	黄干油	kg	5.15	1.554	0.306	0.306
	机油	kg	19.66	0.400	0.834	0.834
	煤油	kg	3.73	1.485	2.050	2.050
	棉纱头	kg	6.00	1.200	—	—
	破布	kg	6.32	1.248	—	—
	普通硅酸盐水泥 42.5级	kg	0.35	9.000	—	—
	杉木成材	m³	1311.37	—	0.021	0.021
	碎石 5～32	t	106.80	0.031	—	—
	氧气	m³	3.63	0.750	2.904	2.904
	乙炔气	kg	10.45	0.250	0.968	0.968
	枕木	m³	1230.77	—	0.032	0.032
	中(粗)砂	t	87.00	0.030	—	—
	中厚钢板(综合)	t	3512.00	—	0.110	0.110
	其他材料费占材料费	%	—	1.500		
机械	电焊条烘干箱 45×35×45cm³	台班	17.00	0.013	0.046	0.046
	汽车式起重机 8t	台班	763.67	0.150	0.822	0.822
	载重汽车 5t	台班	430.70	0.045	0.045	0.045
	直流弧焊机 32kV·A	台班	87.75	0.133	0.455	0.455

354

第三十五节 升杆式铸铁泥阀

工作内容：开箱点件、基础划线、场内运输、闸门安装、找平找正、试漏、试运转。　　　　计量单位：座

定　额　编　号			S5-7-387	S5-7-388	S5-7-389
项　目　名　称			公称直径(mm以内)		
			DN100	DN200	DN300
基　　　价（元）			448.12	495.68	558.08
其中	人　工　费（元）		324.66	363.44	415.94
	材　料　费（元）		52.33	61.11	71.01
	机　械　费（元）		71.13	71.13	71.13
名　　称	单位	单价(元)	消　　耗		量
人工	综合工日	工日	140.00	2.319	2.596	2.971
材料	电焊条	kg	5.98	0.220	0.220	0.220
	二等板方材	m³	1709.00	0.008	0.008	0.009
	钢板 δ4～10	kg	3.18	0.800	0.900	1.010
	黄干油	kg	5.15	0.971	0.971	0.971
	棉纱头	kg	6.00	0.400	0.500	0.600
	破布	kg	6.32	0.416	0.520	0.624
	普通硅酸盐水泥 42.5级	kg	0.35	27.000	32.000	40.000
	碎石 5～32	t	106.80	0.062	0.093	0.109
	氧气	m³	3.63	0.380	0.480	0.580
	乙炔气	kg	10.45	0.127	0.160	0.193
	中(粗)砂	t	87.00	0.060	0.075	0.089
	其他材料费占材料费	%	—	1.500	1.500	1.500
机械	电焊条烘干箱 45×35×45cm³	台班	17.00	0.004	0.004	0.004
	汽车式起重机 8t	台班	763.67	0.088	0.088	0.088
	直流弧焊机 32kV·A	台班	87.75	0.044	0.044	0.044

工作内容：开箱点件、基础划线、场内运输、闸门安装、找平找正、试漏、试运转。　　　　计量单位：座

定　额　编　号				S5-7-390	S5-7-391
项　目　名　称				公称直径(mm以内)	
				DN400	DN500
基　　　价（元）				683.08	797.52
其中	人　工　费（元）			472.50	562.94
	材　料　费（元）			85.70	96.72
	机　械　费（元）			124.88	137.86
名　　　称		单位	单价（元）	消　　耗　　量	
人工	综合工日	工日	140.00	3.375	4.021
材料	电焊条	kg	5.98	0.220	0.220
	二等板方材	m³	1709.00	0.010	0.010
	钢板 δ4～10	kg	3.18	1.110	1.230
	黄干油	kg	5.15	0.971	0.971
	棉纱头	kg	6.00	0.700	0.800
	破布	kg	6.32	0.728	0.832
	普通硅酸盐水泥 42.5级	kg	0.35	53.000	69.000
	碎石 5～32	t	106.80	0.140	0.155
	氧气	m³	3.63	0.680	0.780
	乙炔气	kg	10.45	0.227	0.260
	中(粗)砂	t	87.00	0.119	0.134
	其他材料费占材料费	%	—	1.500	1.500
机械	电焊条烘干箱 45×35×45cm³	台班	17.00	0.004	0.004
	汽车式起重机 8t	台班	763.67	0.133	0.150
	载重汽车 5t	台班	430.70	0.045	0.045
	直流弧焊机 32kV·A	台班	87.75	0.044	0.044

第三十六节 平底盖闸

工作内容：开箱点件、基础划线、场内运输、闸门安装、找平找正、试漏、试运转。　　　　计量单位：座

定 额 编 号			S5-7-392	S5-7-393	S5-7-394
项 目 名 称			公称直径(mm以内)		
			DN300	DN500	DN800
基 价（元）			531.44	716.56	902.38
其中	人 工 费（元）		401.52	522.62	685.02
	材 料 费（元）		59.14	68.61	78.32
	机 械 费（元）		70.78	125.33	139.04
名 称		单位	单价(元)	消　耗　量	
人工	综合工日	工日	140.00	2.868	3.733	4.893
材料	电焊条	kg	5.98	0.200	0.240	0.280
	二等板方材	m³	1709.00	0.009	0.010	0.011
	钢板 δ4~10	kg	3.18	0.600	0.750	0.900
	黄干油	kg	5.15	0.971	0.971	0.971
	棉纱头	kg	6.00	0.800	0.900	1.000
	破布	kg	6.32	0.832	0.936	1.040
	普通硅酸盐水泥 42.5级	kg	0.35	24.000	30.000	36.000
	碎石 5~32	t	106.80	0.078	0.093	0.109
	氧气	m³	3.63	0.390	0.480	0.600
	乙炔气	kg	10.45	0.130	0.160	0.200
	中(粗)砂	t	87.00	0.060	0.075	0.089
	其他材料费占材料费	%	—	1.500	1.500	1.500
机械	电焊条烘干箱 45×35×45cm³	台班	17.00	0.004	0.005	0.006
	汽车式起重机 8t	台班	763.67	0.088	0.133	0.150
	载重汽车 5t	台班	430.70	—	0.045	0.045
	直流弧焊机 32kV·A	台班	87.75	0.040	0.049	0.057

工作内容：开箱点件、基础划线、场内运输、闸门安装、找平找正、试漏、试运转。　　　　　　　计量单位：座

定　额　编　号			S5-7-395	S5-7-396
项　目　名　称			公称直径(mm以内)	
			DN900	DN1000
基　　　　价（元）			1206.14	1360.52
其中	人　工　费（元）		859.04	1002.12
	材　料　费（元）		86.76	97.70
	机　械　费（元）		260.34	260.70
名　　称		单位	单价(元)	消　　耗　　量
人工	综合工日	工日	140.00	6.136	7.158
材料	电焊条	kg	5.98	0.300	0.320
	二等板方材	m³	1709.00	0.012	0.013
	钢板 δ4～10	kg	3.18	1.050	1.200
	黄干油	kg	5.15	0.971	0.971
	棉纱头	kg	6.00	1.000	1.200
	破布	kg	6.32	1.040	1.248
	普通硅酸盐水泥 42.5级	kg	0.35	42.000	48.000
	碎石 5～32	t	106.80	0.124	0.140
	氧气	m³	3.63	0.740	0.860
	乙炔气	kg	10.45	0.247	0.287
	中(粗)砂	t	87.00	0.104	0.119
	其他材料费占材料费	%	—	1.500	1.500
机械	电焊条烘干箱 45×35×45cm³	台班	17.00	0.006	0.007
	汽车式起重机 8t	台班	763.67	0.283	0.283
	载重汽车 5t	台班	430.70	0.090	0.090
	直流弧焊机 32kV·A	台班	87.75	0.061	0.065

第三十七节 集水槽

1.直线集水槽制作

工作内容：放样、下料、折边、铣孔、法兰制作、组对、焊接、酸洗、除锈、刷油。 计量单位：t

定 额 编 号			S5-7-397	S5-7-398	S5-7-399
项 目 名 称			碳钢（厚度mm以内）		
			4	6	8
基 价 （元）			4079.59	3681.00	3187.21
其中	人 工 费 （元）		2453.78	2364.46	2005.08
	材 料 费 （元）		630.51	530.24	453.04
	机 械 费 （元）		995.30	786.30	729.09
名 称	单位	单价（元）	消	耗	量
人工 综合工日	工日	140.00	17.527	16.889	14.322
材料 扁钢	kg	3.40	20.051	20.450	15.040
防锈漆	kg	5.62	17.452	11.634	8.726
酚醛调和漆	kg	7.90	12.484	8.323	6.242
钢板 δ3～10	kg	3.18	—	1.090	1.090
钢板 δ4～10	kg	3.18	1.090	—	—
钢丝刷	把	2.56	1.274	0.849	0.637
汽油	kg	6.77	5.796	3.864	2.898
砂布	张	1.03	9.554	6.368	4.777
砂轮片 φ200	片	4.00	2.341	1.783	1.505
碳钢电焊条	kg	39.00	6.411	6.189	5.886
氧气	m³	3.63	5.780	4.901	4.449
乙炔气	kg	10.45	1.927	1.635	1.483
其他材料费占材料费	%	—	1.500	1.500	1.500
机械 电焊条烘干箱 45×35×45cm³	台班	17.00	0.140	0.135	0.128
剪板机 13×2500mm	台班	288.05	—	0.722	—
剪板机 13×3000mm	台班	295.05	0.678	—	0.677
立式铣床 320×1250mm	台班	249.03	1.707	1.138	0.920
汽车式起重机 8t	台班	763.67	0.191	0.127	0.135
载重汽车 5t	台班	430.70	0.191	0.127	0.135
折方机 4×2000mm	台班	31.39	0.541	0.722	0.772
直流弧焊机 32kV·A	台班	87.75	1.398	1.348	1.283

工作内容：放样、下料、折边、铣孔、法兰制作、组对、焊接、酸洗、除锈、刷油。　　　　计量单位：t

定　额　编　号				S5-7-400	S5-7-401	S5-7-402
项　目　名　称				不锈钢（厚度mm以内）		
				4	6	8
基　　　　　价（元）				4981.75	4200.87	3491.07
其中	人　工　费（元）			3186.40	2672.60	2190.86
	材　料　费（元）			717.38	697.30	593.85
	机　械　费（元）			1077.97	830.97	706.36
名　　　称		单位	单价（元）	消	耗	量
人工	综合工日	工日	140.00	22.760	19.090	15.649
材料	不锈钢板	kg	22.00	1.090	1.090	1.090
	不锈钢扁钢	kg	20.67	19.586	19.584	14.686
	不锈钢焊条	kg	38.46	6.347	6.127	6.256
	氢氟酸 45%	kg	4.87	5.675	3.784	2.837
	硝酸	kg	2.19	2.838	1.892	1.419
	其他材料费占材料费	%	—	1.500	1.500	1.500
机械	等离子切割机 400A	台班	219.59	0.322	0.179	0.134
	电焊条烘干箱 45×35×45cm³	台班	17.00	0.138	0.134	0.127
	剪板机 13×3000mm	台班	295.05	0.672	0.715	0.670
	立式铣床 320×1250mm	台班	249.03	1.851	1.234	1.006
	汽车式起重机 8t	台班	763.67	0.189	0.126	0.095
	载重汽车 5t	台班	430.70	0.189	0.126	0.095
	折方机 4×2000mm	台班	31.39	0.672	0.805	0.711
	直流弧焊机 20kV·A	台班	71.43	1.384	1.335	1.271

360

2.直线集水槽安装

工作内容：清基、放线、安装、固定、补漆。 计量单位：t

定 额 编 号				S5-7-403	S5-7-404	S5-7-405
项 目 名 称				碳钢(厚度mm以内)		
				4	6	8
基 价（元）				1166.43	839.35	775.06
其中	人 工 费（元）			295.82	226.80	194.18
	材 料 费（元）			436.00	316.08	267.74
	机 械 费（元）			434.61	296.47	313.14
	名 称	单位	单价(元)	消	耗	量
人工	综合工日	工日	140.00	2.113	1.620	1.387
材料	防锈漆	kg	5.62	3.058	2.038	1.529
	酚醛调和漆	kg	7.90	2.198	1.465	1.099
	钢板 δ3~10	kg	3.18	18.906	18.678	18.736
	精制六角带帽螺栓 带垫 M16×(85~140)	套	1.47	46.000	30.000	24.000
	氯丁橡胶板 δ3~4	kg	16.70	11.498	7.303	5.478
	汽油	kg	6.77	1.022	0.682	0.511
	碳钢电焊条	kg	39.00	1.752	1.495	1.454
	其他材料费占材料费	%	—	1.500	1.500	1.500
机械	电焊条烘干箱 45×35×45cm³	台班	17.00	0.038	0.033	0.032
	汽车式起重机 8t	台班	763.67	0.433	0.289	0.312
	载重汽车 5t	台班	430.70	0.162	0.108	0.108
	直流弧焊机 32kV·A	台班	87.75	0.382	0.327	0.317

工作内容：清基、放线、安装、固定、补漆。 计量单位：t

定 额 编 号			S5-7-406	S5-7-407	S5-7-408
项 目 名 称			不锈钢(厚度mm以内)		
			4	6	8
基 价（元）			1244.70	966.61	992.79
其中	人 工 费（元）		322.98	198.24	210.00
	材 料 费（元）		490.95	474.90	472.65
	机 械 费（元）		430.77	293.47	310.14
名 称	单位	单价(元)	消	耗	量
人工	综合工日	工日	140.00	2.307	1.416	1.500
材料	不锈钢板	kg	22.00	18.380	18.271	18.376
	不锈钢带帽螺栓 M16×200	套	0.30	46.000	30.000	24.000
	不锈钢焊条	kg	38.46	1.704	1.480	1.409
	其他材料费占材料费	%	—	1.500	1.500	1.500
机械	电焊条烘干箱 45×35×45cm³	台班	17.00	0.038	0.032	0.031
	汽车式起重机 8t	台班	763.67	0.429	0.286	0.309
	载重汽车 5t	台班	430.70	0.161	0.107	0.107
	直流弧焊机 32kV·A	台班	87.75	0.378	0.324	0.314

3.弧形集水槽制作

工作内容:放样、下料、折边、铣孔、法兰制作、组对、焊接、酸洗、除锈、刷油。　　　　计量单位:t

定　额　编　号			S5-7-409	S5-7-410	S5-7-411
项　目　名　称			碳钢(厚度mm以内)		
			4	6	8
基　　　　价（元）			4282.99	3861.24	3426.24
其中	人　工　费（元）		2576.28	2482.48	2105.74
	材　料　费（元）		661.79	554.66	475.45
	机　械　费（元）		1044.92	824.10	845.05
名　　称		单位	单价（元）	消　　耗　　量	
人工	综合工日	工日	140.00	18.402	17.732	15.041
材料	扁钢	kg	3.40	21.050	21.050	15.790
	防锈漆	kg	5.62	18.320	12.210	9.160
	酚醛调和漆	kg	7.90	13.110	8.730	6.550
	钢板 δ3～10	kg	3.18	1.090	1.090	1.090
	钢丝刷	把	2.56	1.340	0.890	0.670
	汽油	kg	6.77	6.090	4.050	3.040
	砂布	张	1.03	10.030	6.680	5.010
	砂轮片 φ200	片	4.00	2.460	1.870	1.580
	碳钢电焊条	kg	39.00	6.730	6.490	6.180
	氧气	m³	3.63	6.070	5.150	4.670
	乙炔气	kg	10.45	2.020	1.720	1.560
	其他材料费占材料费	%	—	1.500	1.500	1.500
机械	电焊条烘干箱 45×35×45cm³	台班	17.00	0.147	0.141	0.141
	剪板机 13×2500mm	台班	288.05	—	0.760	0.750
	剪板机 16×2500mm	台班	297.04	0.710	—	—
	立式铣床 320×1250mm	台班	249.03	1.790	1.190	1.290
	汽车式起重机 8t	台班	763.67	0.200	0.133	0.130
	载重汽车 5t	台班	430.70	0.200	0.133	0.130
	折方机 4×2000mm	台班	31.39	0.570	0.760	0.840
	直流弧焊机 32kV·A	台班	87.75	1.470	1.410	1.410

工作内容：放样、下料、折边、铣孔、法兰制作、组对、焊接、酸洗、除锈、刷油。　　计量单位：t

定　额　编　号				S5-7-412	S5-7-413	S5-7-414
项　目　名　称				不锈钢(厚度mm以内)		
				4	6	8
基　　　价（元）				5389.00	4475.50	3671.04
其中	人　工　费（元）			3345.30	2806.30	2300.20
	材　料　费（元）			777.06	745.74	635.05
	机　械　费（元）			1266.64	923.46	735.79
名　　　称		单位	单价（元）	消　　耗　　量		
人工	综合工日	工日	140.00	23.895	20.045	16.430
材料	不锈钢板	kg	22.00	1.090	1.090	1.090
	不锈钢扁钢	kg	20.67	20.560	20.560	15.420
	不锈钢焊条	kg	38.46	6.660	6.430	6.570
	氢氟酸 45%	kg	4.87	5.950	3.970	2.980
	砂轮片 Φ200	片	4.00	6.250	3.700	3.130
	硝酸	kg	2.19	2.970	1.980	1.480
	其他材料费占材料费	%	—	1.500	1.500	1.500
机械	等离子切割机 400A	台班	219.59	0.378	0.200	0.140
	电焊条烘干箱 45×35×45cm³	台班	17.00	0.163	0.150	0.133
	剪板机 13×2500mm	台班	288.05	—	0.801	0.710
	剪板机 16×2500mm	台班	297.04	0.788	—	—
	立式铣床 320×1250mm	台班	249.03	2.176	1.381	1.050
	汽车式起重机 8t	台班	763.67	0.221	0.140	0.099
	载重汽车 5t	台班	430.70	0.221	0.140	0.099
	折方机 4×2000mm	台班	31.39	0.788	0.901	0.750
	直流弧焊机 20kV·A	台班	71.43	1.627	1.496	1.330

4.弧形集水槽安装

工作内容：清基、放线、安装、固定、补漆。   计量单位：t

定 额 编 号			S5-7-415	S5-7-416	S5-7-417
项 目 名 称			碳钢(厚度mm以内)		
			4	6	8
基 价（元）			1108.88	866.71	803.30
其中	人 工 费（元）		237.86	242.20	207.48
	材 料 费（元）		436.00	317.62	267.74
	机 械 费（元）		435.02	306.89	328.08
名 称	单位	单价(元)	消	耗	量
人工	综合工日	工日	140.00	1.699	1.730	1.482
材料	防锈漆	kg	5.62	3.058	2.308	1.529
	酚醛调和漆	kg	7.90	2.198	1.465	1.099
	钢板 δ3~10	kg	3.18	18.906	18.678	18.736
	精制六角带帽螺栓 带垫 M16×(85~140)	套	1.47	46.000	30.000	24.000
	氯丁橡胶板 δ3~4	kg	16.70	11.498	7.303	5.478
	汽油	kg	6.77	1.022	0.682	0.511
	碳钢电焊条	kg	39.00	1.752	1.495	1.454
	其他材料费占材料费	%	—	1.500	1.500	1.500
机械	电焊条烘干箱 45×35×45cm³	台班	17.00	0.041	0.034	0.033
	汽车式起重机 8t	台班	763.67	0.450	0.300	0.327
	载重汽车 5t	台班	430.70	0.127	0.110	0.113
	直流弧焊机 32kV·A	台班	87.75	0.410	0.340	0.332

工作内容：清基、放线、安装、固定、补漆。 计量单位：t

定 额 编 号				S5-7-418	S5-7-419	S5-7-420
项 目 名 称				不锈钢（厚度mm以内）		
				4	6	8
基 价（元）				1454.00	1167.44	1113.64
其中	人 工 费（元）			338.52	263.90	224.00
	材 料 费（元）			663.52	597.54	564.54
	机 械 费（元）			451.96	306.00	325.10
名 称		单位	单价（元）	消	耗	量
人工	综合工日	工日	140.00	2.418	1.885	1.600
材料	不锈钢板	kg	22.00	18.271	18.274	18.376
	不锈钢带帽螺栓 M16×200	套	0.30	46.000	30.000	24.000
	不锈钢焊条	kg	38.46	1.480	1.480	1.409
	氯丁橡胶板 δ3～4	kg	16.70	10.840	7.231	5.421
	其他材料费占材料费	%	—	1.500	1.500	1.500
机械	电焊条烘干箱 45×35×45cm³	台班	17.00	0.040	0.033	0.033
	汽车式起重机 8t	台班	763.67	0.450	0.300	0.324
	载重汽车 5t	台班	430.70	0.169	0.110	0.112
	直流弧焊机 32kV·A	台班	87.75	0.397	0.330	0.329

5.集水槽支架

工作内容：1.划线、平直、下料、钻孔、组对、焊接、除锈、刷漆(酸洗)；
2.放线、定位、调平、调正、安装、焊接(补漆)。

计量单位：t

定 额 编 号				S5-7-421	S5-7-422	S5-7-423	S5-7-424
项 目 名 称				碳钢		不锈钢	
				制作	安装	制作	安装
基 价（元）				10183.41	4161.04	5365.54	4233.12
其中	人 工 费（元）			4218.48	2777.60	4218.48	2916.48
	材 料 费（元）			5195.02	966.60	377.15	899.80
	机 械 费（元）			769.91	416.84	769.91	416.84
名 称	单位	单价（元）		消 耗		量	
人工	综合工日	工日	140.00	30.132	19.840	30.132	20.832
材料	不锈钢焊条	kg	38.46	—	—	6.407	19.800
	不锈钢螺栓 M10×100	套	2.05	—	—	—	59.160
	不锈钢型材	kg	18.56	—	—	1.060	—
	醇酸防锈漆	kg	17.09	18.143	3.075	—	—
	钢锯条	条	0.34	22.000	11.000	22.000	11.000
	精制六角带帽螺栓镀锌 带2个垫圈 M10×(80～120)	套	1.60	—	58.000	—	—
	破布	kg	6.32	2.100	2.100	2.100	2.100
	氢氟酸 45%	kg	4.87	—	—	2.908	—
	清油	kg	9.70	6.120	—	—	—
	溶剂汽油 200号	kg	5.64	9.738	1.020	5.250	—
	碳钢电焊条	kg	39.00	15.400	19.800	—	—
	铁砂布	张	0.85	51.000	—	51.000	—
	无光调和漆	kg	12.82	14.350	2.050	—	—
	硝酸	kg	2.19	—	—	1.454	—
	型钢	t	3700.00	1.060	—	—	—
机械	电焊条烘干箱 45×35×45cm³	台班	17.00	0.629	0.570	0.629	0.570
	联合冲剪机 16mm	台班	364.62	0.850	—	0.850	—
	直流弧焊机 20kV·A	台班	71.43	6.290	5.700	6.290	5.700

第三十八节 堰板
1. 齿型堰板制作

工作内容：放样、下料、钻孔、清理、调直、酸洗、除锈、刷油。　　　　　　计量单位：10m²

定　额　编　号			S5-7-425	S5-7-426	S5-7-427
项　目　名　称			碳钢（厚度mm以内）		
			4	6	8
基　　　　价（元）			2814.45	3919.90	4514.64
其中	人　工　费（元）		1391.18	1872.22	1877.40
	材　料　费（元）		1241.45	1805.45	2367.85
	机　械　费（元）		181.82	242.23	269.39
名　　　称		单位	单价（元）	消　　耗　　量		
人工	综合工日	工日	140.00	9.937	13.373	13.410
材料	防锈漆	kg	5.62	5.480	5.480	5.480
	钢板 δ3～10	kg	3.18	332.840	499.260	665.680
	钢丝刷	把	2.56	0.400	0.400	0.400
	汽油	kg	6.77	1.802	1.802	1.802
	砂布	张	1.03	3.000	3.000	3.000
	砂轮片 Φ200	片	4.00	7.823	7.823	8.694
	碳钢电焊条	kg	39.00	0.297	0.495	0.583
	氧气	m³	3.63	12.210	15.620	18.920
	乙炔气	kg	10.45	4.070	5.207	6.307
	其他材料费占材料费	%	—	0.500	0.500	0.500
机械	电焊条烘干箱 45×35×45cm³	台班	17.00	0.006	0.010	0.012
	剪板机 13×2500mm	台班	288.05	0.354	0.442	0.531
	汽车式起重机 8t	台班	763.67	0.062	0.088	0.088
	载重汽车 5t	台班	430.70	0.063	0.090	0.090
	直流弧焊机 32kV·A	台班	87.75	0.060	0.100	0.117

工作内容：放样、下料、钻孔、清理、调直、酸洗、场内运输等。　　　　　　　　　　　　　　计量单位：10m²

定　额　编　号			S5-7-428	S5-7-429	S5-7-430
项　目　名　称			不锈钢(厚度mm以内)		
			4	6	8
基　　　　价（元）			9315.48	13495.63	17304.41
其中	人　工　费（元）		1591.52	2136.82	2142.00
	材　料　费（元）		7249.61	10873.64	14493.43
	机　械　费（元）		474.35	485.17	668.98
名　　　称	单位	单价（元）	消	耗	量
人工	综合工日	工日	140.00	11.368	15.263	15.300
材料	不锈钢板	kg	22.00	328.600	492.900	657.200
	不锈钢焊条	kg	38.46	0.297	0.495	0.583
	氢氟酸 45%	kg	4.87	0.900	0.900	0.900
	硝酸	kg	2.19	0.450	0.450	0.450
	其他材料费占材料费	%	—	0.050	0.050	0.050
机械	等离子切割机 400A	台班	219.59	0.118	0.094	0.079
	电焊条烘干箱 45×35×45cm³	台班	17.00	0.006	0.010	0.012
	剪板机 13×2500mm	台班	288.05	1.283	—	1.858
	剪板机 16×2500mm	台班	297.04	—	1.177	—
	汽车式起重机 8t	台班	763.67	0.062	0.088	0.088
	载重汽车 5t	台班	430.70	0.063	0.090	0.090
	直流弧焊机 20kV·A	台班	71.43	0.060	—	—
	直流弧焊机 32kV·A	台班	87.75	—	0.100	0.117

2. 齿型堰板安装

工作内容：清基、放线、安装就位、固定、焊接或黏结、补漆。　　　　　　　　　计量单位：10m²

定　额　编　号			S5-7-431	S5-7-432	S5-7-433
项　目　名　称			金属（厚度mm以内）		
			4	6	8
基　　　价（元）			2589.47	3067.16	3012.78
其中	人　工　费（元）		1053.64	1349.74	940.66
	材　料　费（元）		1357.17	1533.84	1797.39
	机　械　费（元）		178.66	183.58	274.73
名　　称	单位	单价（元）	消　　耗　　量		
人工	综合工日	工日	140.00	7.526	9.641	6.719
材料	电焊条	kg	5.98	9.756	10.021	15.070
	防锈漆	kg	5.62	2.420	2.420	2.420
	酚醛调和漆	kg	7.90	1.720	1.720	1.720
	干混抹灰砂浆	m³	330.00	0.320	—	—
	钢板 δ3～10	kg	3.18	145.750	218.678	291.500
	精制六角带帽螺栓镀锌 带2个垫圈 M10×（14～70）	10套	6.92	10.920	10.920	10.920
	氯丁橡胶板 δ3～4	kg	16.70	35.700	34.000	34.000
	抹灰砂浆 M20	m³	230.00	—	0.320	0.320
	汽油	kg	6.77	0.795	0.795	0.250
	砂轮片 φ200	片	4.00	2.205	2.205	2.625
	水	m³	7.96	0.087	0.087	0.087
	氧气	m³	3.63	1.760	2.200	2.640
	乙炔气	kg	10.45	0.587	0.733	0.880
	其他材料费占材料费	%	—	0.250	0.250	0.250
机械	电焊条烘干箱 45×35×45cm³	台班	17.00	0.197	0.202	0.304
	灰浆搅拌机 200L	台班	215.26	0.013	0.013	0.013
	直流弧焊机 32kV·A	台班	87.75	1.966	2.021	3.040

工作内容：清基、放线、安装就位、固定、场内运输等。　　　　　　　　　计量单位：10m²

定　额　编　号			S5-7-434	S5-7-435	S5-7-436
项　目　名　称			非金属(厚度mm以内)		
			4	6	8
基　　　　价（元）			2789.91	3039.39	3062.91
其中	人　工　费（元）		789.18	1038.66	1062.18
	材　料　费（元）		1999.22	1999.22	1999.22
	机　械　费（元）		1.51	1.51	1.51
名　　　称		单位	单价（元）	消　　耗　　量		
人工	综合工日	工日	140.00	5.637	7.419	7.587
材料	复合型板材	m²	120.00	10.600	10.600	10.600
	精制六角带帽螺栓镀锌 带2个垫圈 M10×(14～70)	10套	6.92	10.920	10.920	10.920
	氯丁橡胶板 δ3～4	kg	16.70	34.000	34.000	34.000
	抹灰砂浆 M20	m³	230.00	0.277	0.277	0.277
	水	m³	7.96	0.044	0.044	0.044
	其他材料费占材料费	%	—	1.000	1.000	1.000
机械	灰浆搅拌机 200L	台班	215.26	0.007	0.007	0.007

第三十九节 斜板

工作内容：斜板铺装、固定、场内材料运输等。   计量单位：10m²

定　额　编　号				S5-7-437	
项　目　名　称				斜板安装	
				斜长2m以内	
基　　　　价（元）				4175.19	
其中	人　工　费（元）			406.28	
	材　料　费（元）			3768.91	
	机　械　费（元）			—	
	名　　　称	单位	单价（元）	消　　耗　　量	
人工	综合工日	工日	140.00	2.902	
材料	精制六角带帽螺栓镀锌 带2个垫圈 M10×(14~70)	10套	6.92	3.121	
	斜板	m²	350.00	10.600	
	其他材料费占材料费	%	—	1.000	

第四十节 斜管

工作内容：斜管铺装、固定、场内材料运输等。

计量单位：10m²

定 额 编 号			S5-7-438
项 目 名 称			斜管安装
			斜长2m以内
基 价（元）			1569.75
其中	人 工 费（元）		81.62
	材 料 费（元）		1488.13
	机 械 费（元）		—
	名 称	单位	单价（元）	消 耗 量
人工	综合工日	工日	140.00	0.583
材料	斜管	m²	139.00	10.600
	其他材料费占材料费	%	—	1.000

工作内容：放样、下料、折边、铣孔、钢构件制作、组对、焊接、酸洗、清基、安装、固定、场内运输。

计量单位：t

定 额 编 号				S5-7-439	
项 目 名 称				钢网格支架制作安装	
基 价（元）				7197.24	
其中	人 工 费（元）			1391.32	
	材 料 费（元）			4965.86	
	机 械 费（元）			840.06	
名 称		单位	单价（元）	消 耗 量	
人工	综合工日	工日	140.00	9.938	
材料	醇酸防锈漆	kg	17.09	11.600	
	二等板方材	m³	1709.00	0.010	
	酚醛调和漆	kg	7.90	8.340	
	精制六角螺栓	kg	6.90	8.690	
	尼龙砂轮片 φ100×16×3	片	2.56	0.890	
	碳钢电焊条	kg	39.00	16.880	
	型钢	t	3700.00	1.060	
	氧气	m³	3.63	5.920	
	乙炔气	kg	10.45	1.970	
机械	电焊条烘干箱 45×35×45cm³	台班	17.00	0.235	
	剪板机 20×2500mm	台班	333.30	0.195	
	立式钻床 25mm	台班	6.58	0.550	
	立式钻床 50mm	台班	19.84	0.265	
	汽车式起重机 8t	台班	763.67	0.354	
	载重汽车 10t	台班	547.99	0.018	
	载重汽车 6t	台班	448.55	0.700	
	直流弧焊机 20kV·A	台班	71.43	2.352	

374

第四十一节 紫外线消毒设备

工作内容：开箱检点、划线定位、场内运输、支架安装、水位控制器、配电中心、控制中心、系统调试。

计量单位：模块组

定 额 编 号			S5-7-440	S5-7-441
项 目 名 称			紫外线消毒装置	
			1个模块组、6模块内	每增减1个模块
基 价（元）			3630.92	143.22
其中	人 工 费（元）		3289.72	143.22
	材 料 费（元）		185.58	—
	机 械 费（元）		155.62	—
名 称	单位	单价（元）	消 耗 量	
人工 综合工日	工日	140.00	23.498	1.023
材料 白布	m	6.14	0.200	—
标签纸	m	15.00	1.500	—
垫铁	kg	4.20	0.800	—
镀锌扁钢 -25×4	kg	4.30	1.500	—
钢板 0~3号 δ1.0~1.5	kg	3.18	0.300	—
钢锯条	条	0.34	1.500	—
焊锡丝	kg	54.10	0.150	—
接地线 5.5~16mm²	m	4.27	1.800	—
精制六角带帽螺栓 M12×(20~100)	套	0.40	12.000	—
精制六角带帽螺栓镀锌 带2个垫圈 M10×(14~70)	10套	6.92	1.480	—
棉纱头	kg	6.00	0.200	—
破布	kg	6.32	0.400	—
碳钢电焊条	kg	39.00	2.850	—
铁砂布	张	0.85	1.000	—
自粘性橡胶带 20mm×5m	卷	6.30	0.200	—
其他材料费占材料费	%	—	1.500	—
机械 电焊条烘干箱 45×35×45cm³	台班	17.00	0.094	—
汽车式起重机 8t	台班	763.67	0.085	—
载重汽车 5t	台班	430.70	0.051	—
直流弧焊机 20kV·A	台班	71.43	0.940	—

第四十二节 臭氧消毒设备

工作内容：场内运输、开箱检查、安装就位、找平、找正、调试。 计量单位：台

定 额 编 号				S5-7-442	S5-7-443
项 目 名 称				中型臭氧发生器主机	
				空气源、氧气源（g/h以内）	
				500	1000
基 价（元）				770.38	863.04
其中	人 工 费（元）			519.12	596.26
	材 料 费（元）			146.29	146.29
	机 械 费（元）			104.97	120.49
名 称		单位	单价（元）	消 耗 量	
人工	综合工日	工日	140.00	3.708	4.259
材料	垫铁	kg	4.20	3.724	3.724
	镀锌铁丝 18号	kg	3.57	2.400	2.400
	二等板方材	m³	1709.00	0.020	0.020
	二硫化钼	kg	87.61	0.120	0.120
	尼龙砂轮片 φ150	片	3.32	0.160	0.160
	碳钢电焊条	kg	39.00	0.484	0.484
	斜垫铁	kg	3.50	5.560	5.560
	氧气	m³	3.63	0.268	0.268
	乙炔气	kg	10.45	0.088	0.088
	枕木	m³	1230.77	0.028	0.028
	其他材料费占材料费	%	—	1.500	1.500
机械	电焊条烘干箱 45×35×45cm³	台班	17.00	0.017	0.020
	汽车式起重机 8t	台班	763.67	0.102	0.117
	载重汽车 5t	台班	430.70	0.034	0.039
	直流弧焊机 20kV·A	台班	71.43	0.170	0.196

工作内容：场内运输、开箱检查、安装就位、找平、找正、调试。 计量单位：台

定 额 编 号				S5-7-444	S5-7-445	S5-7-446	S5-7-447
项 目 名 称				大型臭氧发生器主机			
				空气源、氧气源(g/h以内)			
				5	10	15	20
基 价（元）				1588.18	2241.63	2678.06	3416.31
其中	人 工 费（元）			837.62	1111.88	1444.38	1874.88
	材 料 费（元）			275.66	408.68	472.47	590.59
	机 械 费（元）			474.90	721.07	761.21	950.84
名 称		单位	单价（元）	消 耗 量			
人工	综合工日	工日	140.00	5.983	7.942	10.317	13.392
材料	垫铁	kg	4.20	8.600	13.650	20.744	25.930
	镀锌铁丝 18号	kg	3.57	1.000	1.000	1.600	2.000
	二等板方材	m³	1709.00	0.020	0.020	—	—
	二硫化钼	kg	87.61	0.080	0.100	0.160	0.200
	黄干油	kg	5.15	0.180	0.200	0.240	0.300
	尼龙砂轮片 φ150	片	3.32	0.400	0.500	0.800	1.000
	碳钢电焊条	kg	39.00	1.710	2.150	2.216	2.770
	斜垫铁	kg	3.50	13.020	21.000	31.920	39.900
	氧气	m³	3.63	0.330	0.470	1.256	1.570
	乙炔气	kg	10.45	0.110	0.160	0.416	0.520
	枕木	m³	1230.77	0.060	0.110	0.120	0.150
	其他材料费占材料费	%	—	1.500	1.500	1.500	1.500
机械	电焊条烘干箱 45×35×45cm³	台班	17.00	0.048	0.070	0.072	0.090
	汽车式起重机 16t	台班	958.70	0.213	0.366	0.245	0.306
	汽车式起重机 25t	台班	1084.16	—	—	0.313	0.391
	汽车式起重机 8t	台班	763.67	0.213	0.255	—	—
	载重汽车 10t	台班	547.99	—	—	0.245	0.306
	载重汽车 5t	台班	430.70	0.170	0.289	—	—
	直流弧焊机 20kV·A	台班	71.43	0.476	0.697	0.721	0.901

工作内容：场内运输、开箱检查、安装就位、找平、找正、调试。　　　　　　　　　　计量单位：台

定　额　编　号			S5-7-448	S5-7-449	S5-7-450
项　目　名　称			大型臭氧发生器主机		
			空气源、氧气源(g/h以内)		
			30	40	50
基　　　价（元）			4502.01	5226.64	5892.12
其中	人　工　费（元）		2437.40	2860.06	3268.02
	材　料　费（元）		859.66	859.66	984.54
	机　械　费（元）		1204.95	1506.92	1639.56
名　　　称		单位	单价(元)	消　　耗	量
人工	综合工日	工日	140.00	17.410	20.429	23.343
材料	垫铁	kg	4.20	43.220	43.220	41.472
	镀锌铁丝 18号	kg	3.57	3.000	3.000	3.600
	二等板方材	m³	1709.00	—	—	0.072
	二硫化钼	kg	87.61	0.230	0.230	0.270
	黄干油	kg	5.15	0.400	0.400	0.450
	尼龙砂轮片 φ150	片	3.32	1.130	1.130	1.170
	碳钢电焊条	kg	39.00	3.090	3.090	3.078
	斜垫铁	kg	3.50	66.500	66.500	63.945
	氧气	m³	3.63	2.390	2.390	2.862
	乙炔气	kg	10.45	0.800	0.800	0.954
	枕木	m³	1230.77	0.210	0.210	0.216
	其他材料费占材料费	%	—	1.500	1.500	1.500
机械	电焊条烘干箱 45×35×45cm³	台班	17.00	0.083	0.104	0.104
	平板拖车组 20t	台班	1081.33	—	—	0.329
	汽车式起重机 25t	台班	1084.16	0.252	0.315	0.306
	汽车式起重机 40t	台班	1526.12	0.442	0.553	0.574
	载重汽车 15t	台班	779.76	0.252	0.315	—
	直流弧焊机 20kV·A	台班	71.43	0.830	1.037	1.040

第四十三节 除臭设备

工作内容：开箱检点、基础划线、场内运输、找平找正、固定安装、调试。　　　　　　　计量单位：台

定 额 编 号				S5-7-451	S5-7-452	S5-7-453
项 目 名 称				离子除臭设备主机(风量m³以内)		
				10000	20000	30000
基 价（元）				470.98	497.02	646.61
其中	人 工 费（元）			303.80	329.84	479.08
	材 料 费（元）			1.79	1.79	2.14
	机 械 费（元）			165.39	165.39	165.39
名 称		单位	单价(元)	消 耗		量
人工	综合工日	工日	140.00	2.170	2.356	3.422
材料	镀锌铁丝 18号	kg	3.57	0.500	0.500	0.600
机械	叉式起重机 5t	台班	506.51	0.250	0.250	0.250
	载重汽车 5t	台班	430.70	0.090	0.090	0.090

工作内容：开箱检点、基础划线、场内运输、找平找正、固定安装、调试。　　　　　　　计量单位：台

定 额 编 号					S5-7-454	S5-7-455
项 目 名 称					离子除臭设备主机(风量㎥以内)	
					40000	50000
基　　　价（元）					762.82	863.61
其中	人 工 费（元）				529.48	574.56
	材 料 费（元）				2.86	2.86
	机 械 费（元）				230.48	286.19
名　　　称		单位	单价(元)	消　　　耗　　　量		
人工	综合工日	工日	140.00		3.782	4.104
材料	镀锌铁丝 18号	kg	3.57		0.800	0.800
机械	叉式起重机 5t	台班	506.51		0.370	0.480
	载重汽车 5t	台班	430.70		0.100	0.100

第四十四节 膜处理设备
1.反渗透(纳滤)膜组件与装置

工作内容:开箱点件、基础划线、场内运输、设备吊装就位、组装、附件组装、清洗、补漆、检查、水压试验。

计量单位:套

定 额 编 号				S5-7-456
项 目 名 称				卷式膜
				膜处理系统单元产水能力100m³/h以内
基 价(元)				13434.36
其中	人 工 费(元)			6058.22
	材 料 费(元)			3632.41
	机 械 费(元)			3743.73
名 称		单位	单价(元)	消 耗 量
人工	综合工日	工日	140.00	43.273
材料	白棕绳	kg	11.50	5.400
	不锈钢电焊条	kg	38.46	2.435
	不锈钢管 De108	m	79.00	8.250
	不锈钢管 De57	m	33.00	8.800
	不锈钢六角带帽螺栓 M16×45	10套	12.50	30.000
	电	kW·h	0.68	16.500
	镀锌薄钢板 δ0.5~0.65	kg	3.79	27.500
	酚醛调和漆	kg	7.90	24.000
	钢板 δ1.0~3	kg	3.18	8.250
	钢板 δ10	kg	3.18	8.360
	钢锯条	条	0.34	5.000
	黄干油	kg	5.15	1.100
	机油	kg	19.66	2.475
	硫酸 98%	kg	1.92	10.000
	螺纹钢筋 HRB400 φ10以内	kg	3.50	13.035
	煤油	kg	3.73	4.400
	铅油	kg	6.45	1.100

定 额 编 号				S5-7-456	
项 目 名 称				卷式膜	
				膜处理系统单元产水能力100m³/h以内	
名 称	单位	单价(元)	消	耗	量
材料	生料带	kg	215.38	0.275	
	石棉橡胶板	kg	9.40	5.000	
	水	m³	7.96	44.000	
	碳钢电焊条	kg	39.00	5.500	
	铁砂布	张	0.85	22.000	
	斜垫铁	kg	3.50	12.000	
	盐	kg	3.00	165.000	
	氧气	m³	3.63	16.500	
	乙炔气	kg	10.45	6.270	
	枕木 2500×250×200	根	128.21	2.100	
	其他材料费占材料费	%	—	1.000	
机械	电动单筒慢速卷扬机 30kN	台班	210.22	5.500	
	电动空气压缩机 0.6m³/min	台班	37.30	5.500	
	电焊条烘干箱 45×35×45cm³	台班	17.00	0.275	
	交流弧焊机 32kV·A	台班	83.14	2.750	
	汽车式起重机 8t	台班	763.67	2.750	
	试压泵 25MPa	台班	22.26	2.200	

2. 超滤(微滤)膜组件与装置

工作内容：开箱点件、基础划线、场内运输、设备吊装就位、一次灌浆、整平、组装、附件组装、清洗、补漆、检查、水压试验。

计量单位：套

定 额 编 号			S5-7-457
项 目 名 称			中空纤维膜
			膜处理系统单元产水能力300m³/h以内
基 价 （元）			47102.67
其中	人 工 费（元）		11565.68
	材 料 费（元）		28484.61
	机 械 费（元）		7052.38
名 称	单位	单价(元)	消 耗 量
人工 综合工日	工日	140.00	82.612
材料 白棕绳	kg	11.50	10.800
不锈钢电焊条	kg	38.46	4.648
不锈钢管 De273	m	388.00	16.800
不锈钢管 De377	m	1078.00	15.750
不锈钢六角带帽螺栓 M16×45	10套	12.50	60.000
电	kW·h	0.68	31.500
镀锌薄钢板 δ0.5~0.65	kg	3.79	52.500
酚醛调和漆	kg	7.90	48.000
钢板 δ1.0~3	kg	3.18	15.960
钢板 δ10	kg	3.18	15.750
钢锯条	条	0.34	10.000
黄干油	kg	5.15	2.100
机油	kg	19.66	4.725
硫酸 98%	kg	1.92	20.000
螺纹钢筋 HRB400 φ10以内	kg	3.50	24.885
煤油	kg	3.73	8.400
铅油	kg	6.45	2.100

续表

定　额　编　号			S5-7-457		
项　目　名　称			中空纤维膜		
			膜处理系统单元产水能力300m³/h以内		
名　称	单位	单价(元)	消　　耗　　量		
材料 生料带	kg	215.38	0.525		
石棉橡胶板	kg	9.40	10.000		
水	m³	7.96	44.000		
碳钢电焊条	kg	39.00	10.500		
铁砂布	张	0.85	42.000		
斜垫铁	kg	3.50	24.000		
盐	kg	3.00	315.000		
氧气	m³	3.63	31.500		
乙炔气	kg	10.45	11.970		
枕木 2500×250×200	根	128.21	3.150		
其他材料费占材料费	%	—	1.000		
机械 电动单筒慢速卷扬机 30kN	台班	210.22	10.500		
电动空气压缩机 0.6m³/min	台班	37.30	4.200		
电焊条烘干箱 45×35×45cm³	台班	17.00	0.525		
交流弧焊机 32kV·A	台班	83.14	5.250		
汽车式起重机 8t	台班	763.67	5.250		
试压泵 25MPa	台班	22.26	10.500		

3. 膜生物反应器(MBR)

工作内容：开箱点件、基础划线、场内运输、设备吊装就位、一次灌浆、整平、组装、附件组装、清洗、补漆、检查、水压试验。

计量单位：套

定　额　编　号			S5-7-458
项　目　名　称			中控纤维帘式膜
			膜处理系统单元产水能力200m³/h以内
基　　　价（元）			17558.14
其中	人　工　费（元）		7710.50
	材　料　费（元）		5146.05
	机　械　费（元）		4701.59
名　　称	单位	单价（元）	消　　耗　　量
人工 综合工日	工日	140.00	55.075
材料 白棕绳	kg	11.50	7.200
不锈钢电焊条	kg	38.46	3.100
不锈钢管 De108	m	79.00	10.510
不锈钢管 De76	m	72.00	11.200
不锈钢六角带帽螺栓 M16×45	10套	12.50	40.000
电	kW·h	0.68	21.000
镀锌薄钢板 δ0.5～0.65	kg	3.79	35.000
酚醛调和漆	kg	7.90	32.000
钢板 δ1.0～3	kg	3.18	10.510
钢板 δ10	kg	3.18	10.650
钢锯条	条	0.34	7.000
黄干油	kg	5.15	1.400
机油	kg	19.66	3.152
硫酸 98%	kg	1.92	13.000
螺纹钢筋 HRB400 φ10以内	kg	3.50	16.598
煤油	kg	3.73	5.600
铅油	kg	6.45	1.400

续表

定 额 编 号				S5-7-458	
项 目 名 称				中控纤维帘式膜	
				膜处理系统单元产水能力200m³/h以内	
名 称	单位	单价(元)	消	耗	量
材 料	生料带	kg	215.38	0.350	
	石棉橡胶板	kg	9.40	10.000	
	水	m³	7.96	56.000	
	碳钢电焊条	kg	39.00	7.000	
	铁砂布	张	0.85	28.000	
	斜垫铁	kg	3.50	24.000	
	盐	kg	3.00	210.000	
	氧气	m³	3.63	21.011	
	乙炔气	kg	10.45	7.984	
	枕木 2500×250×200	根	128.21	2.100	
	其他材料费占材料费	%	—	2.000	
机 械	电动单筒慢速卷扬机 30kN	台班	210.22	7.000	
	电动空气压缩机 0.6m³/min	台班	37.30	2.800	
	电焊条烘干箱 45×35×45cm³	台班	17.00	0.350	
	交流弧焊机 32kV·A	台班	83.14	3.500	
	汽车式起重机 8t	台班	763.67	3.500	
	试压泵 25MPa	台班	22.26	7.000	

第四十五节 其他设备

1.转盘过滤器

工作内容:开箱检点、基础划线、场内运输、安装就位、一次灌浆、精平、附件安装、清洗、加油、试运转。

计量单位:台

定 额 编 号			S5-7-459	S5-7-460
项 目 名 称			转盘过滤直径2m	
			盘片10片内	每增加2片内
基 价 (元)			3649.01	354.65
其中	人 工 费 (元)		3002.44	300.30
	材 料 费 (元)		138.94	3.70
	机 械 费 (元)		507.63	50.65
名 称	单位	单价(元)	消 耗 量	
人工 综合工日	工日	140.00	21.446	2.145
材料 镀锌铁丝 18号	kg	3.57	2.000	—
钢板 δ3~10	kg	3.18	1.200	—
黄干油	kg	5.15	1.000	—
机油	kg	19.66	3.000	—
煤油	kg	3.73	1.000	—
棉纱头	kg	6.00	1.500	0.150
破布	kg	6.32	1.500	0.150
普通硅酸盐水泥 42.5级	kg	0.35	9.000	—
杉木成材	m³	1311.37	0.010	—
碎石 5~32	t	106.80	0.023	—
碳钢电焊条	kg	39.00	0.400	0.040
氧气	m³	3.63	0.340	0.034
乙炔气	kg	10.45	0.113	0.011
枕木 2000×200×200	根	82.05	0.020	—
中(粗)砂	t	87.00	0.014	—
其他材料费占材料费	%	—	1.500	1.500
机械 电焊条烘干箱 45×35×45cm³	台班	17.00	0.009	0.001
汽车式起重机 8t	台班	763.67	0.570	0.057
载重汽车 5t	台班	430.70	0.153	0.015
直流弧焊机 20kV·A	台班	71.43	0.088	0.009

工作内容：开箱检点、基础划线、场内运输、安装就位、一次灌浆、精平、附件安装、清洗、加油、试运转。

计量单位：台

定　额　编　号				S5-7-461	S5-7-462
项　目　名　称				转盘过滤直径2.5m	
				盘片10片内	每增加2片内
基　　　价（元）				4507.34	438.43
其中	人　工　费（元）			3678.64	367.92
	材　料　费（元）			170.80	4.54
	机　械　费（元）			657.90	65.97
名　　　称		单位	单价（元）	消　　耗　　量	
人工	综合工日	工日	140.00	26.276	2.628
材料	镀锌铁丝 18号	kg	3.57	2.000	—
	钢板 δ3～10	kg	3.18	2.000	—
	黄干油	kg	5.15	1.200	—
	机油	kg	19.66	3.500	—
	煤油	kg	3.73	1.200	—
	棉纱头	kg	6.00	1.500	0.150
	破布	kg	6.32	1.500	0.150
	普通硅酸盐水泥 42.5级	kg	0.35	19.000	—
	杉木成材	m³	1311.37	0.010	—
	碎石 5～32	t	106.80	0.047	—
	碳钢电焊条	kg	39.00	0.600	0.060
	氧气	m³	3.63	0.400	0.040
	乙炔气	kg	10.45	0.133	0.013
	枕木 2000×200×200	根	82.05	0.040	—
	中(粗)砂	t	87.00	0.029	—
	其他材料费占材料费	%	—	1.500	1.500
机械	电焊条烘干箱 45×35×45cm³	台班	17.00	0.013	0.001
	汽车式起重机 8t	台班	763.67	0.748	0.075
	载重汽车 5t	台班	430.70	0.179	0.018
	直流弧焊机 20kV·A	台班	71.43	0.131	0.013

工作内容：开箱检点、基础划线、场内运输、安装就位、一次灌浆、精平、附件安装、清洗、加油、试运转。

计量单位：台

定 额 编 号				S5-7-463	S5-7-464
项 目 名 称				转盘过滤直径3m	
				盘片10片内	每增加2片内
基 价（元）				5697.33	581.38
其中	人 工 费（元）			4683.70	468.44
	材 料 费（元）			223.45	34.45
	机 械 费（元）			790.18	78.49
名 称		单位	单价（元）	消 耗 量	
人工	综合工日	工日	140.00	33.455	3.346
材料	镀锌铁丝 18号	kg	3.57	2.000	—
	钢板 δ3～10	kg	3.18	3.400	—
	黄干油	kg	5.15	1.500	—
	机油	kg	19.66	4.000	—
	煤油	kg	3.73	1.500	—
	棉纱头	kg	6.00	2.000	0.200
	破布	kg	6.32	2.000	0.200
	普通硅酸盐水泥 42.5级	kg	0.35	26.000	—
	杉木成材	m³	1311.37	0.020	—
	碎石 5～32	t	106.80	0.070	—
	碳钢电焊条	kg	39.00	0.800	0.800
	氧气	m³	3.63	0.400	0.040
	乙炔气	kg	10.45	0.133	0.013
	枕木 2000×200×200	根	82.05	0.060	—
	中(粗)砂	t	87.00	0.044	—
	其他材料费占材料费	%	—	1.500	1.500
机械	电焊条烘干箱 45×35×45cm³	台班	17.00	0.017	0.002
	汽车式起重机 8t	台班	763.67	0.884	0.088
	载重汽车 8t	台班	501.85	0.204	0.020
	直流弧焊机 20kV·A	台班	71.43	0.174	0.017

2.巴氏计量槽槽体安装

工作内容：开箱检点、场内运输、本体安装、清理、校验、挂牌。 计量单位：台

定 额 编 号				S5-7-465	S5-7-466	S5-7-467
项 目 名 称				渠宽(mm以内)		
				400	600	900
				喉宽(mm以内)		
				51	152	300
基 价 （元）				404.38	452.96	608.07
其中	人 工 费 （元）			376.74	425.32	546.84
	材 料 费 （元）			14.51	14.51	14.51
	机 械 费 （元）			13.13	13.13	46.72
名 称		单位	单价(元)	消	耗	量
人工	综合工日	工日	140.00	2.691	3.038	3.906
材料	白布	m	6.14	0.200	0.200	0.200
	镀锌精制六角带帽螺栓 M10×(20~50)	10套	2.50	—	0.400	0.400
	接地线 5.5~16mm²	m	4.27	1.000	1.000	1.000
	精制六角带帽螺栓 M10×(20~50)	10套	2.50	0.400	—	—
	棉纱头	kg	6.00	0.200	0.200	0.200
	碳钢电焊条	kg	39.00	0.116	0.116	0.116
	位号牌	个	2.14	1.000	1.000	1.000
	其他材料费占材料费	%	—	1.000	1.000	1.000
机械	吊装机械(综合)	台班	619.04	—	—	0.042
	对讲机(一对)	台班	4.19	0.884	0.884	0.884
	汽车式起重机 8t	台班	763.67	—	—	0.006
	数字电压表	台班	5.77	0.408	0.408	0.408
	数字高压表 GYB-II	台班	11.16	0.043	0.043	0.043
	数字万用表 F-87	台班	6.00	0.884	0.884	0.884
	载重汽车 8t	台班	501.85	—	—	0.006
	直流弧焊机 20kV·A	台班	71.43	0.018	0.018	0.018

工作内容：开箱检点、场内运输、本体安装、清理、校验、挂牌。　　　　　　　　　　计量单位：台

定　额　编　号			S5-7-468	S5-7-469	S5-7-470
项　目　名　称			渠宽(mm以内)		
			1200	1500	1800
			喉宽(mm以内)		
			450	600	900
基　　　　价（元）			748.46	933.56	1379.13
其中	人　工　费（元）		646.66	779.52	1125.74
	材　料　费（元）		14.51	14.51	14.47
	机　械　费（元）		87.29	139.53	238.92
名　　　称	单位	单价（元）	消　　　耗　　　量		
人工	综合工日	工日	140.00	4.619	5.568	8.041
材料	白布	m	6.14	0.200	0.200	0.200
	镀锌精制六角带帽螺栓 M10×(20～50)	10套	2.50	0.400	—	0.400
	接地线　5.5～16mm²	m	4.27	1.000	1.000	1.000
	精制六角带帽螺栓 M10×(20～50)	10套	2.50	—	0.400	—
	棉纱头	kg	6.00	0.200	0.200	0.200
	碳钢电焊条	kg	39.00	0.116	0.116	0.116
	位号牌	个	2.14	1.000	1.000	1.000
	其他材料费占材料费	%	—	1.000	1.000	0.750
机械	吊装机械(综合)	台班	619.04	0.083	0.149	0.238
	对讲机(一对)	台班	4.19	0.884	0.884	0.884
	汽车式起重机　8t	台班	763.67	0.018	0.027	0.062
	数字电压表	台班	5.77	0.408	0.408	0.408
	数字高压表　GYB-Ⅱ	台班	11.16	0.043	0.043	0.043
	数字万用表　F-87	台班	6.00	0.884	0.884	0.884
	载重汽车　8t	台班	501.85	0.018	0.027	0.062
	直流弧焊机　20kV·A	台班	71.43	0.018	0.018	0.018

工作内容：开箱检点、场内运输、本体安装、清理、校验、挂牌。　　　　　　　　计量单位：台

定 额 编 号			S5-7-471	S5-7-472	S5-7-473
项　目　名　称			渠宽(mm以内)		
			2000	2200	3000
			喉宽(mm以内)		
			1000	1200	1500
基　　　　　价（元）			1543.27	1669.69	1721.48
其中	人　工　费（元）		1247.26	1247.26	1247.26
	材　料　费（元）		14.47	17.93	17.93
	机　械　费（元）		281.54	404.50	456.29
名　　　称	单位	单价（元）	消	耗	量
人工	综合工日	工日	140.00	8.909	8.909	8.909
材料	白布	m	6.14	0.200	0.200	0.200
	镀锌精制六角带帽螺栓 M10×(20～50)	10套	2.50	0.400	—	0.400
	接地线 5.5～16mm²	m	4.27	1.000	1.000	1.000
	精制六角带帽螺栓 M10×(20～50)	10套	2.50	—	0.400	—
	棉纱头	kg	6.00	0.200	0.200	0.200
	碳钢电焊条	kg	39.00	0.116	0.204	0.204
	位号牌	个	2.14	1.000	1.000	1.000
	其他材料费占材料费	%	—	0.750	0.750	0.750
机械	吊装机械(综合)	台班	619.04	0.268	0.375	0.428
	对讲机(一对)	台班	4.19	0.884	0.884	0.884
	汽车式起重机 8t	台班	763.67	0.081	0.109	0.124
	数字电压表	台班	5.77	0.408	0.408	0.408
	数字高压表 GYB-Ⅱ	台班	11.16	0.043	0.043	0.043
	数字万用表 F-87	台班	6.00	0.884	0.884	0.884
	载重汽车 8t	台班	501.85	0.081	0.109	0.124
	直流弧焊机 20kV·A	台班	71.43	0.018	0.316	0.316

第六部分 生活垃圾处理工程

第一章 生活垃圾填埋

第一章 生活与思维规律

说　　明

一、本章定额包括场地整理、垃圾坝、压实黏土防渗层、高密度聚乙烯（HDPE）土工膜敷设、钠基膨润土防水毯敷设、土工合成材料敷设、防渗膜保护层、帷幕灌浆垂直防渗、导流层、高密度聚乙烯（HDPE）管道敷设、盲沟填筑、导气石笼井、调节池浮盖、填埋气体处理系统、地下水监测井、封场覆盖、防飞散网、渗滤液处理设备安装等项目。

二、场地整理中未包括的填埋场土、石方工程执行《土石方工程》相应项目。

三、砌石坝已综合考虑砌镶面石和砌腹石，当设计与定额取定的材料规格不同时，定额中的相关材料可以调整，人工、机械不调整。坝构筑物中的模板工程可执行《管网工程》相应项目。

四、压实黏土防渗层已综合考虑了黏土的压实系数及压实遍数，实际使用时均按本章相应子目执行。

五、高密度聚乙烯（HDPE）土工膜厚度是按1.5mm规格编制的，实际规格不同时，材料消耗量不变，人工、机械乘以以下系数：

高密度聚乙烯（HDPE）土工膜规格	0.75mm	1mm	1.5mm	2mm
系数	1.1	1.05	1	1.33

六、钠基膨润土防水毯敷设子目中钠基膨润土防水毯（GCL）按4800g/m²规格编制，实际规格不同时，材料消耗量不变，人工、机械乘以以下系数：

GCL规格	4800g/m²	5000g/m²	5500g/m²	6000g/m²
系数	1	1.05	1.1	1.2

七、土工合成材料敷设子目中土工布按200g/m²规格编制，实际规格不同时，材料消耗量不变，人工、机械乘以以下系数：

土工布	200g/m²以内	300g/m²以内	400g/m²以内	600g/m²以内	600g/m²以上
系数	1	1.15	1.3	1.5	1.6

土工合成材料敷设子目中土工复合排水网按照网芯厚度5.0mm规格编制，实际规格不同

时，材料消耗量不变，人工、机械乘以以下系数：

土工复合排水网规格	5.0mm	6.0mm	7.0mm	8.0mm
系数	1	1.08	1.15	1.2

八、防渗膜保护层中橡胶轮胎规格型号按 R=415mm 编制，实际使用其他规格型号时，材料按实际选用情况进行调整，但人工、机械不作调整。

土工布袋规格按 430mm×810mm 编制，实际使用不同规格时，材料按实际选用情况进行调整，但人工、机械不变。

九、帷幕灌浆垂直防渗

1.帷幕灌浆地质钻机按露天垂直孔径 91mm 以内、孔深 30～50m 编制，如为地下作业或钻孔角度、深度与孔径不同时，人工、机械乘以调整系数。

地质钻机角度调整系数见下表：

调整项目	钻孔与水平夹角（向下）				角度向上
	0°～60°	60°～75°	75°～85°	85°～90°	1.25
人工、钻机	1.19	1.05	1.02	1.00	

地质钻机钻孔孔深调整系数见下表：

调整项目	孔深 h（m）				
	≤30	30<h≤50	50<h≤70	70<h≤90	>90
人工、钻机	0.94	1.00	1.07	1.17	1.31

地质钻机钻孔孔径调整系数见下表：

调整项目	孔径（mm）					备注
	≤91	110	130	150	200	终孔孔径≥130mm或孔深超过70m时钻机换成300型，消耗量不变
人工、钻机	1.00	1.05	1.25	1.52	1.82	

2.钻机钻土坝（堤）灌浆孔子目按露天作业、垂直孔、孔深 50m 以内编制。

钻机钻岩石层灌浆孔-自下而上灌浆法子目按露天作业，帷幕灌浆孔、固结灌浆孔、排水孔、水位观测孔编制，发生下列情况时，调整如下：

（1）钻试验孔，人工、机械乘以系数 1.1；

（2）钻观测孔，人工、机械乘以系数 1.25。

3.坝基岩帷幕灌浆-自下而上灌浆法子目按露天作业，一排帷幕，自下而上分段灌浆编制。设计为二排、三排帷幕时，按以下方式调整：

排数	人工、气动灌浆机	水泥	水
二排	0.97	0.75	0.96
三排	0.94	0.53	0.92

设计要求用磨细水泥灌浆的，水泥品种应调整为干磨磨细水泥。

4.土坝（堤）充填灌浆子目按垂直孔、孔深 50m 以内编制。

本定额子目按灌注黏土浆液考虑，如采用水泥黏土浆，则水泥加上黏土的总重量等于本子目的黏土重量，水泥掺量由设计确定，一般为总重量的 15%~20%；取消水玻璃用量，泥浆搅拌机台班减少 20%，其他不变。

十、盲沟填筑定额项目中未考虑土工布包裹的工作内容，实际发生时，执行本章第六节"零星土工布"子目。

十一、浮力块、走道板按常用设计规格编制，实际规格与定额子目规格不同时，主材按实际规格进行计算，人工、机械消耗量按表面积比例进行调整。

调节池浮盖施工按干法施工考虑，如现场采用带水施工时，措施费用按实际情况另行计算。

辅助系统中，如各种井的设计规格与定额子目不同时，主材（井管）按实际情况进行调整，各种辅材及人工、机械不变。

十二、填埋气体处理系统按燃烧火炬成套设备综合考虑，相应安装辅材已配套计入待安装设备本体中，定额子目仅包含工作内容范围内设备安装的人工与机械消耗量。火炬基础混凝土及其模板工程执行《管网工程》相应项目，基础钢筋及预埋件执行《钢筋工程》相应项目。

十三、地下水监测井钻孔执行本章帷幕灌浆钻孔相应子目，成井消耗量为综合考虑，如实际与本章定额子目主材（成井管道）不一致时，可按实际调整，但辅材、人工、机械不作调整。

十四、封场覆盖使用的高密度聚乙烯（HDPE）土工膜、钠基膨润土防水毯等按本章相应子目执行，人工、机械消耗量乘以系数 1.05。

封场覆盖适用于垃圾场内倒运、整形，如垃圾需要外运，挖垃圾装车、运输执行《土石方工程》一、二类土相应项目，人工、机械乘以系数 1.2。

封场固土土工网执行土工复合排水网（6.0mm）子目。

十五、渗滤液处理设备安装中氨吹脱塔子目未包括风机、氨尾气吸收装置等附属配套机械设备的安装内容，实际发生时，可执行《安装工程》相应项目。

十六、膜生物反应器（MBR）以及纳滤、反渗透膜组件与装置等定额子目未包括膜处理系统单元以外的水泵、风机、曝气器、布气管、空压机、仪表、电气控制系统等附属配套设施的安装内容，膜处理系统单元以外与主体设备装置配套的管路系统（管道、阀门、法兰、泵）、风路系统、控制系统等，应根据其设计或二次设计内容执行《安装工程》和《管网工程》中相应项目。

十七、渗滤液主体处理构筑物中各类钢筋混凝土调节池、混合池、反应池、沉淀池、集水井（池）、滤池、厌氧池、好氧池（SBR）、氧化池、浓缩池等现浇、预制混凝土构件及其模板工程、吸附过滤活性炭等滤料敷设工程，执行第六册《管网工程》相应项目；渗滤液主体处理构筑物现浇、预制混凝土的钢筋、预埋铁件、止水螺栓等的制作、安装执行《钢筋工程》相应项目；主体处理构筑物的防腐、内衬工程，金属面防腐处理执行《安装工程》相应项目；非金属面执行第六册《管网工程》相应项目，其他防腐处理执行《建筑与装饰工程》相应项目。

十八、渗滤液主体处理构筑物中钢制池、槽、斗、塔及其他各类金属构件制作、安装及其防腐处理，渗滤液处理配套工程中的泵、风机等各类通用机械设备安装，通风管、输配水等各类工艺管道安装，供配电、自控仪表、检测仪器和报警装置等的安装执行《安装工程》相应项目。

十九、渗滤液处理设备中的格栅、加药设备、曝气设施、生物转盘、压滤机、污泥浓缩机、脱水机等其他水处理专用设备安装执行《管网工程》相应项目。

工程量计算规则

一、场地整理按设计图示尺寸以面积计算。

二、垃圾坝、压实黏土防渗层按设计图示尺寸以体积计算。

三、高密度聚乙烯（HDPE）土工膜、钠基膨润土防水毯、土工复合排水网、土工合成材料按设计图示尺寸以面积计算，锚固沟、盲沟按展开面积计算。

四、导流层敷设均按设计图示尺寸以面积计算。

五、高密度聚乙烯（HDPE）管道敷设按设计图示尺寸以长度计算。

六、高密度聚乙烯（HDPE）管道敷设时，应另执行高密度聚乙烯（HDPE）管钻孔加工子目，按设计管道敷设长度区分管径，以长度计算。

七、导气石笼井钻孔区分孔深，按设计深度乘以设计井径截面积，以体积计算。

八、浮力块、走道板工程按设计规格数量以"块"计算。

九、氨吹落塔安装区分填料高度及塔体直径，按设计图示数量以"台"计算。

十、膜生物反应器（MBR）以及纳滤、反渗透膜组件与装置区分膜处理系统单元产水能力，按设计图示数量以"套"计算。

第一节 场地整理

1.地表土层清理

工作内容：清理表土，整理堆放。

计量单位：1000㎡

定 额 编 号			S6-1-1	S6-1-2	S6-1-3
项 目 名 称			人工清理		机械清理
			厚5cm以内	每增5cm	30cm以内
基 价（元）			1789.34	1670.06	5288.43
其中	人 工 费（元）		1789.34	1670.06	—
	材 料 费（元）		—	—	—
	机 械 费（元）		—	—	5288.43
名 称	单位	单价（元）	消 耗		量
人工 综合工日	工日	140.00	12.781	11.929	—
机械 履带式单斗液压挖掘机 1m³	台班	1142.21	—	—	4.630

403

2.基层修整、碾压

工作内容：削坡、找平、碾压、夯实等。   计量单位：1000m²

定 额 编 号			S6-1-4	S6-1-5
项 目 名 称			场地休整	边坡、平台休整
基 价（元）			2542.61	5754.16
其中	人 工 费（元）		798.70	814.10
	材 料 费（元）		—	—
	机 械 费（元）		1743.91	4940.06
名 称	单位	单价(元)	消 耗	量
人工 综合工日	工日	140.00	5.705	5.815
机械 钢轮振动压路机 15t	台班	1014.22	0.864	—
履带式单斗液压挖掘机 1m³	台班	1142.21	—	4.325
履带式推土机 75kW	台班	884.61	0.504	—
洒水车 4000L	台班	468.64	0.900	—

第二节 垃圾坝

工作内容：1.测量放样、清理基底、配拌砂浆、水平运料、砌筑、勾缝、养生；
    2.测量放样、基底夯实、分层找平、碾压、修坡、检测等；
    3.测量放样、清理基层、分仓、接缝面铺砂浆、混凝土运输、浇筑、捣固、养生、检测等。

计量单位：100m³

定　额　编　号			S6-1-6	S6-1-7	S6-1-8
项　目　名　称			浆砌石坝	碾压式(黏)土坝	混凝土坝
基　　价（元）			35926.42	2189.99	37927.75
其中	人　工　费（元）		8779.54	370.86	2433.20
	材　料　费（元）		26784.07	1494.08	35483.90
	机　械　费（元）		362.81	325.05	10.65
名　　　　称	单位	单价（元）	消	耗	量
人工 综合工日	工日	140.00	62.711	2.649	17.380
材料 块石	m³	92.00	102.000	—	—
黏土	m³	11.50	—	128.000	—
商品混凝土 C20(非泵送)	m³	339.05	—	—	101.000
水	m³	7.96	8.977	—	45.264
预拌抹灰砂浆(干拌)DM M20	m³	355.16	—	—	1.000
预拌砌筑砂浆(干拌)DM M7.5	m³	497.00	34.070	—	—
其他材料费占材料费	%		1.500	1.500	1.500
机械 电动夯实机 250N·m	台班	26.28	—	0.230	—
干混砂浆罐式搅拌机 20000L	台班	259.71	1.397	—	0.041
钢轮振动压路机 15t	台班	1014.22	—	0.168	—
履带式推土机 75kW	台班	884.61	—	0.168	—

第三节 压实黏土防渗层

工作内容：筛、挑土样、放样、场内运输、推平、洒水、碾压。 　　　　　　　　　计量单位：1000m³

定　额　编　号			S6-1-9
项　目　名　称			膜下黏土层
基　　　价（元）			20789.06
其中	人　工　费（元）		1433.46
	材　料　费（元）		15069.40
	机　械　费（元）		4286.20
名　　　称	单位	单价（元）	消　耗　量
人工 综合工日	工日	140.00	10.239
材料 黏土	m³	11.50	1300.000
水	m³	7.96	15.000
机械 钢轮振动压路机 15t	台班	1014.22	1.467
平地机 120kW	台班	990.63	2.470
洒水车 4000L	台班	468.64	0.750

第四节 高密度聚乙烯(HDPE)土工膜敷设

工作内容:场内运输、裁剪、铺设、焊接、焊缝检测、修补。　　　　　　　　　　计量单位:100㎡

定 额 编 号				S6-1-10	S6-1-11	S6-1-12
项 目 名 称				HDPE膜		零星HDPE膜
				1.5mm		1.5mm
				一般平铺	一般斜铺	
基 价 (元)				1923.73	2031.43	2524.65
其中	人 工 费 (元)			202.72	243.46	526.68
	材 料 费 (元)			1601.67	1644.30	1979.25
	机 械 费 (元)			119.34	143.67	18.72
名 称		单位	单价(元)	消	耗	量
人工	综合工日	工日	140.00	1.448	1.739	3.762
材料	高密度聚乙烯土工膜 §1.5	㎡	15.00	105.200	108.000	130.000
	其他材料费占材料费	%	—	1.500	1.500	1.500
机械	轮胎式装载机 3m³	台班	1085.98	0.103	0.124	—
	土工膜焊接机 80~160mm	台班	36.34	0.206	0.248	0.515

第五节 钠基膨润土防水毯敷设

工作内容：场内运输、裁剪、铺设、搭接、撒膨润土粉。

计量单位：100㎡

定 额 编 号			S6-1-13	S6-1-14
项 目 名 称			一般平铺	一般斜铺
			4800g/㎡	
基 价（元）			8305.07	8470.94
其中	人 工 费（元）		198.10	237.72
	材 料 费（元）		7995.11	8098.56
	机 械 费（元）		111.86	134.66
名 称	单位	单价(元)	消 耗	量
人工	综合工日	工日	140.00	1.415	1.698
材料	膨润土防水毯	㎡	72.80	108.200	109.600
	其他材料费占材料费	%	—	1.500	1.500
机械	轮胎式装载机 3m³	台班	1085.98	0.103	0.124

第六节 土工合成材料敷设
1. 土工布

工作内容：1.场内运输、裁剪、铺设、焊接；
2.场内运输、铺设、缝合。

计量单位：100m²

定 额 编 号				S6-1-15	S6-1-16	S6-1-17	S6-1-18
项 目 名 称				焊接		缝合	
				一般平铺	一般斜铺	一般平铺	一般斜铺
				200g/m²			
基 价 （元）				516.21	550.08	553.84	593.45
其中	人 工 费 （元）			162.26	182.56	194.60	218.96
	材 料 费 （元）			264.90	267.61	258.24	260.46
	机 械 费 （元）			89.05	99.91	101.00	114.03
名 称		单位	单价(元)	消	耗		量
人工	综合工日	工日	140.00	1.159	1.304	1.390	1.564
材料	土工布	m²	2.43	107.400	108.500	104.700	105.600
	其他材料费占材料费	%	—	1.500	1.500	1.500	1.500
机械	轮胎式装载机 3m³	台班	1085.98	0.082	0.092	0.093	0.105

工作内容：1. 场内运输、裁剪、铺设、焊接；
　　　　　2. 场内运输、铺设、缝合。

计量单位：100m²

定　额　编　号				S6-1-19		
项　目　名　称				零星土工布		
				200g/m²		
基　　　价（元）				1117.95		
其中	人　工　费（元）			842.94		
	材　料　费（元）			275.01		
	机　械　费（元）			—		
名　　称		单位	单价（元）	消　　耗　　量		
人工	综合工日	工日	140.00	6.021		
材料	土工布	m²	2.43	111.500		
	其他材料费占材料费	%	—	1.500		

2.土工复合排水网

工作内容：场内运输、裁剪、铺设、搭接、缝合。

计量单位：100m²

定额编号			S6-1-20	S6-1-21
项目名称			土工复合排水网	
			一般平铺	一般斜铺
			5mm	
基价（元）			485.72	534.74
其中	人工费（元）		243.46	273.84
	材料费（元）		109.77	111.03
	机械费（元）		132.49	149.87
名称	单位	单价（元）	消耗量	
人工	综合工日	工日	140.00	1.739	1.956
材料	土工复合排水网	m²	1.03	105.000	106.200
	其他材料费占材料费	%	—	1.500	1.500
机械	轮胎式装载机 3m³	台班	1085.98	0.122	0.138

工作内容：场内运输、裁剪、铺设、搭接、缝合。 计量单位：100m²

定 额 编 号				S6-1-22		
项 目 名 称				土工滤网		
基 价（元）				445.55		
其中	人 工 费（元）			208.46		
	材 料 费（元）			117.63		
	机 械 费（元）			119.46		
名 称		单位	单价（元）	消 耗 量		
人工	综合工日	工日	140.00	1.489		
材料	土工滤网	m²	1.08	107.310		
	其他材料费占材料费	%	—	1.500		
机械	轮胎式装载机 3m³	台班	1085.98	0.110		

注：不锈钢栏杆工程量按照设计图纸以"10m"为单位计算，不扣除挖眼、切角、切肢的重量，但焊条、铆钉、螺栓等重量也不增加。

第七节 防渗膜保护层

工作内容：1.运输、堆筑、固定、黏土填充。
2.土工布袋装石料(砂土)、封包运输、堆筑。

计量单位：100m³

定 额 编 号			S6-1-23	S6-1-24	S6-1-25
项 目 名 称			充泥橡胶轮胎保护层	袋装石料	袋装砂土
基 价（元）			131122.42	40575.28	38813.39
其中	人 工 费（元）		7008.82	29393.70	19595.80
	材 料 费（元）		124113.60	11181.58	19217.59
	机 械 费（元）		—	—	—
名 称	单位	单价（元）	消 耗		量
人工	综合工日	工日	140.00	50.063	209.955	139.970
材料	卵石	t	53.40	—	52.457	—
	黏土	m³	11.50	90.000	—	—
	土工布袋	条	2.19	—	3751.200	3175.200
	橡胶轮胎	个	60.93	2020.000	—	—
	中(粗)砂	t	87.00	—	—	137.700
	其他材料费占材料费	%	—	—	1.500	1.500

第八节 帷幕灌浆垂直防渗
1. 钻机钻土坝(堤)灌浆孔

工作内容：1.固定孔位、准备、泥浆准备、运送、固壁、钻孔、记录、孔位转移；
　　　　　2.固定孔位、准备、钻孔，下套管，记录，拔套管，孔位转移。　　　　　计量单位：100m

定　额　编　号			S6-1-26	S6-1-27
项　目　名　称			泥浆固壁钻井	套管固壁钻井
			深50m以内	
基　　　　价（元）			16294.43	13967.61
其中	人　工　费（元）		4716.18	7090.02
	材　料　费（元）		6767.30	250.21
	机　械　费（元）		4810.95	6627.38
名　　称		单位	单价（元）	消　耗　量
人工	综合工日	工日	140.00	33.687	50.643
材料	合金刀片	kg	7.71	0.200	0.400
	合金钢钻头	个	7.80	1.500	2.500
	黏土	m³	11.50	17.000	—
	水	m³	7.96	800.000	—
	岩芯管	m	17.14	1.500	8.000
	钻杆	m	33.39	1.500	2.000
	钻杆接头	个	10.54	1.400	1.900
	其他材料费占材料费	%	—	1.500	1.500
机械	工程地质液压钻机	台班	706.92	6.250	9.375
	灰浆搅拌机 200L	台班	215.26	1.500	—
	气动灌浆机	台班	11.17	6.250	—

2.钻机钻岩石层灌浆孔-自下而上灌浆法

工作内容：钻孔、孔位转移。

计量单位：100m

定 额 编 号				S6-1-28	S6-1-29	S6-1-30	S6-1-31
项 目 名 称				岩石级别			
				软岩	较软岩	较硬岩	坚硬岩
基 价（元）				13721.32	19337.30	27296.15	43118.86
其中	人 工 费（元）			3128.58	4574.78	6728.40	11208.96
	材 料 费（元）			4230.46	5484.19	6871.17	9111.73
	机 械 费（元）			6362.28	9278.33	13696.58	22798.17
名 称		单位	单价（元）	消 耗 量			
人工	综合工日	工日	140.00	22.347	32.677	48.060	80.064
材 料	合金刀片	kg	7.71	0.400	—	—	—
	合金钢钻头	个	7.80	5.900	—	—	—
	金刚石钻头	个	8.79	—	3.000	3.600	4.500
	扩孔器	个	205.70	—	2.100	2.500	3.200
	水	m³	7.96	500.000	600.000	750.000	1000.000
	岩芯管	m	17.14	2.400	3.000	4.500	5.700
	钻杆	m	33.39	2.200	2.600	3.900	4.900
	钻杆接头	个	10.54	2.300	2.900	4.400	5.500
	其他材料费占材料费	%	—	1.500	1.500	1.500	1.500
机械	工程地质液压钻机	台班	706.92	9.000	13.125	19.375	32.250

3.坝基岩帷幕灌浆-自下而上灌浆法

工作内容：洗孔、压水、制浆、灌浆、记录、下钻扫孔、复灌、封孔、孔位转移。　　　　计量单位：100m

定　额　编　号				S6-1-32	S6-1-33	S6-1-34	S6-1-35
项　目　名　称				透水率			
				≤2	2～4	4～6	6～8
基　　　　价（元）				17661.95	18387.70	19244.72	23355.86
其中	人　工　费（元）			8379.14	8536.36	8787.94	11083.10
	材　料　费（元）			4644.84	5145.44	5646.04	6485.65
	机　械　费（元）			4637.97	4705.90	4810.74	5787.11
名　　称		单位	单价（元）	消	耗		量
人工	综合工日	工日	140.00	59.851	60.974	62.771	79.165
材料	水	m³	7.96	470.000	490.000	510.000	530.000
	水泥 42.5级	t	334.00	2.500	3.500	4.500	6.500
	其他材料费占材料费	%	—	1.500	1.500	1.500	1.500
机械	工程地质液压钻机	台班	706.92	1.500	1.500	1.500	1.500
	灰浆搅拌机 200L	台班	215.26	15.800	16.100	16.563	20.875
	气动灌浆机	台班	11.17	15.800	16.100	16.563	20.875

工作内容：洗孔、压水、制浆、灌浆、记录、下钻扫孔、复灌、封孔、孔位转移。　　　　计量单位：100m

定　额　编　号			S6-1-36	S6-1-37	S6-1-38	S6-1-39
项　目　名　称			透水率			
			8～10	10～20	20～50	50～100
基　　　价（元）			27944.52	32883.61	40052.71	50057.59
其中	人　工　费（元）		13708.38	16302.30	19210.66	22794.94
	材　料　费（元）		7325.26	8560.92	11581.96	16477.10
	机　械　费（元）		6910.88	8020.39	9260.09	10785.55
名　　称	单位	单价（元）	消	耗		量
人工 综合工日	工日	140.00	97.917	116.445	137.219	162.821
材料 水	m³	7.96	550.000	640.000	930.000	1410.000
水泥 42.5级	t	334.00	8.500	10.000	12.000	15.000
其他材料费占材料费	%	—	1.500	1.500	1.500	1.500
机械 工程地质液压钻机	台班	706.92	1.500	1.500	1.500	1.500
灰浆搅拌机 200L	台班	215.26	25.838	30.738	36.213	42.950
气动灌浆机	台班	11.17	25.838	30.738	36.213	42.950

4.土坝(堤)充填灌浆

工作内容：检查钻孔，制浆，灌浆，记录、复灌、封孔，孔位转移。　　　　　　计量单位：100m

定　额　编　号				S6-1-40	S6-1-41	S6-1-42
项　目　名　称				单位孔深干土灌入量(t/m)		
				≤0.5	1	1.5
基　　　价（元）				8920.10	11551.89	15486.82
其中	人　工　费（元）			6618.36	8080.38	10249.82
	材　料　费（元）			1537.54	2234.52	3438.13
	机　械　费（元）			764.20	1236.99	1798.87
名　　　称		单位	单价（元）	消	耗	量
人工	综合工日	工日	140.00	47.274	57.717	73.213
材料	黏土	m³	11.50	35.000	64.000	105.000
	水	m³	7.96	97.000	120.000	167.000
	水玻璃	kg	1.62	210.000	315.000	525.000
	其他材料费占材料费	%	—	1.500	1.500	1.500
机械	灰浆搅拌机 200L	台班	215.26	3.375	5.500	8.000
	气动灌浆机	台班	11.17	3.375	4.750	6.875

418

工作内容：检查钻孔，制浆，灌浆，记录、复灌、封孔，孔位转移。 计量单位：100m

定 额 编 号					S6-1-43	S6-1-44
项 目 名 称					单位孔深干土灌入量(t/m)	
					2	3
基 价 （元）					22124.17	31542.75
其中	人 工 费 （元）				14745.92	21490.14
	材 料 费 （元）				4849.06	6480.37
	机 械 费 （元）				2529.19	3572.24
	名 称	单位	单价(元)		消 耗 量	
人工	综合工日	工日	140.00		105.328	153.501
材料	黏土	m³	11.50		157.000	210.000
	水	m³	7.96		214.000	285.000
	水玻璃	kg	1.62		783.000	1050.000
	其他材料费占材料费	%	—		1.500	1.500
机械	灰浆搅拌机 200L	台班	215.26		11.250	15.875
	气动灌浆机	台班	11.17		9.625	13.875

5. 压水试验

工作内容：钻检查孔、冲洗孔内岩粉、稳定水位、起下试验栓塞、观测压水试验、填写记录等。

计量单位：试段

定 额 编 号			S6-1-45	S6-1-46
项 目 名 称			一个压力点	三压力五阶段
基 价（元）			1230.82	1701.14
其中	人 工 费（元）		588.98	920.22
	材 料 费（元）		403.97	403.97
	机 械 费（元）		237.87	376.95
名 称		单位	单价（元）	消 耗 量
人工	综合工日	工日	140.00	4.207	6.573
材料	水	m³	7.96	50.000	50.000
	其他材料费占材料费	%	—	1.500	1.500
机械	工程地质液压钻机	台班	706.92	0.323	0.513
	气动灌浆机	台班	11.17	0.854	1.280

第九节 导流层

工作内容：场内运输、放样、取(运)料、摊铺、找平。

计量单位：100m²

定　额　编　号				S6-1-47	S6-1-48	S6-1-49	S6-1-50
项　目　名　称				卵石		碎石	
				厚30cm	每增减5cm	厚30cm	每增减5cm
基　　　　价（元）				3770.82	628.54	6932.28	1155.47
其中	人　工　费（元）			1573.74	262.36	1866.76	311.22
	材　料　费（元）			2197.08	366.18	5065.52	844.25
	机　械　费（元）			—	—	—	—
名　　称		单位	单价（元）	消　　耗　　量			
人工	综合工日	工日	140.00	11.241	1.874	13.334	2.223
材料	级配卵石	m³	71.80	30.600	5.100	—	—
	碎石 50~80	t	106.80	—	—	47.430	7.905

第十节 高密度聚乙烯(HDPE)管道敷设
1. 高密度聚乙烯(HDPE)管焊接敷设

工作内容：检查标高、场内运输、放线、找坡、铺管、清理管口、焊接。　　　　　　　计量单位：100m

定　额　编　号				S6-1-51	S6-1-52	S6-1-53
项　目　名　称				管外径(mm以内)		
				200	315	400
基　　价（元）				1599.13	3362.31	4713.00
其中	人　工　费（元）			826.98	1598.24	2983.40
	材　料　费（元）			3.01	5.07	8.53
	机　械　费（元）			769.14	1759.00	1721.07
名　　称		单位	单价(元)	消	耗	量
人工	综合工日	工日	140.00	5.907	11.416	21.310
材料	HDPE实壁管	m	—	(106.000)	(106.000)	(106.000)
	破布	kg	6.32	0.470	0.790	1.330
	其他材料费占材料费	%	—	1.500	1.500	1.500
机械	轮胎式装载机 3m³	台班	1085.98	0.650	1.570	1.482
	热熔熔接机DHJ-400	台班	55.00	1.150	0.982	2.030

工作内容：检查标高、场内运输、放线、找坡、铺管、清理管口、焊接。 计量单位：100m

定 额 编 号				S6-1-54	S6-1-55	S6-1-56
项 目 名 称				管外径(mm以内)		
				500	630	800
基 价（元）				7360.53	9539.50	12748.47
其中	人 工 费（元）			4661.44	5520.76	6784.82
	材 料 费（元）			14.50	15.97	26.30
	机 械 费（元）			2684.59	4002.77	5937.35
名 称		单位	单价（元）	消	耗	量
人工	综合工日	工日	140.00	33.296	39.434	48.463
材料	HDPE实壁管	m	—	(106.000)	(106.000)	(106.000)
	破布	kg	6.32	2.260	2.490	4.100
	其他材料费占材料费	%	—	1.500	1.500	1.500
机械	轮胎式装载机 3m³	台班	1085.98	2.237	3.379	5.102
	热熔对接焊机 800mm	台班	51.51	—	—	7.701
	热熔熔接机DHJ-400	台班	55.00	4.641	6.059	—

2.高密度聚乙烯(HDPE)管套管连接敷设

工作内容：检查标高、场内运输、放线、找坡、铺管、套管连接。　　　　　　计量单位：100m

定　额　编　号				S6-1-57	S6-1-58	S6-1-59
项　目　名　称				管外径(mm以内)		
				200	315	400
基　　　　价（元）				2259.20	4334.18	7056.37
其中	人　工　费（元）			369.60	756.84	1142.54
	材　料　费（元）			1183.71	2510.91	4304.41
	机　械　费（元）			705.89	1066.43	1609.42
名　　　称		单位	单价(元)	消　　耗　　量		
人工	综合工日	工日	140.00	2.640	5.406	8.161
材料	HDPE实壁管	m	—	(106.000)	(106.000)	(106.000)
	HDPE承插管　DN225	m	66.00	17.670	—	—
	HDPE承插管　DN355	m	140.00	—	17.670	—
	HDPE承插管　DN450	m	240.00	—	—	17.670
	其他材料费占材料费	%	—	1.500	1.500	1.500
机械	轮胎式装载机　3m³	台班	1085.98	0.650	0.982	1.482

工作内容：检查标高、场内运输、放线、找坡、铺管、套管连接。 计量单位：100m

定　额　编　号				S6-1-60	S6-1-61	S6-1-62
项　目　名　称				管外径(mm以内)		
				500	630	800
基　　　价（元）				10396.10	16677.12	32528.89
其中	人　工　费（元）			1725.36	2605.26	3934.00
	材　料　费（元）			6241.40	10402.33	27889.00
	机　械　费（元）			2429.34	3669.53	705.89
名　　称		单位	单价（元）	消	耗	量
人工	综合工日	工日	140.00	12.324	18.609	28.100
材料	HDPE实壁管	m	—	(106.000)	(106.000)	(106.000)
	HDPE承插管 DN560	m	348.00	17.670	—	—
	HDPE承插管 DN710	m	580.00	—	17.670	—
	HDPE承插管 DN900	m	1555.00	—	—	17.670
	其他材料费占材料费	%	—	1.500	1.500	1.500
机械	轮胎式装载机 3m³	台班	1085.98	2.237	3.379	0.650

3. 高密度聚乙烯(HDPE)管钻孔加工

工作内容：划线、打冲眼、清扫塑料屑。 计量单位：100m

定 额 编 号			S6-1-63	S6-1-64	S6-1-65
项 目 名 称			管外径(mm以内)		
			200	315	400
基 价（元）			921.48	1451.24	1842.68
其中	人 工 费（元）		921.48	1451.24	1842.68
	材 料 费（元）		—	—	—
	机 械 费（元）		—	—	—
名 称	单位	单价(元)	消	耗	量
人 工	综合工日	工日	140.00	6.582	10.366	13.162

426

工作内容：划线、打冲眼、清扫塑料屑。

计量单位：100m

定 额 编 号			S6-1-66	S6-1-67	S6-1-68
项 目 名 称			管外径(mm以内)		
			500	630	800
基 价（元）			2303.56	2902.34	3685.64
其中	人 工 费（元）		2303.56	2902.34	3685.64
	材 料 费（元）		—	—	—
	机 械 费（元）		—	—	—
名 称	单位	单价(元)	消 耗		量
人 工 综合工日	工日	140.00	16.454	20.731	26.326

427

第十一节 盲沟填筑

工作内容：放样、取(运)料、填充、夯实、找平。

计量单位：10m³

定 额 编 号				S6-1-69	S6-1-70	S6-1-71	S6-1-72
项 目 名 称				渗滤液集排盲沟		地下水集排盲沟	
				粒料人工敷设			
				卵石	碎石	卵石	碎石
基 价（元）				1425.39	2787.54	1334.25	2688.84
其中	人 工 费（元）			546.56	592.48	455.42	493.78
	材 料 费（元）			878.83	2195.06	878.83	2195.06
	机 械 费（元）			—	—	—	—
名 称		单位	单价(元)	消 耗			量
人工	综合工日	工日	140.00	3.904	4.232	3.253	3.527
材料	级配卵石	m³	71.80	12.240	—	12.240	—
	碎石 50～80	t	106.80	—	20.553	—	20.553

428

第十二节 导气石笼井

1.导气井钻孔

工作内容：移机、定位、钻井。

计量单位：10m³

定 额 编 号			S6-1-73	S6-1-74
项 目 名 称			孔深	
			12m以内	12m以上
基 价 （元）			3258.11	3972.12
其中	人 工 费 （元）		1268.12	1318.80
	材 料 费 （元）		—	—
	机 械 费 （元）		1989.99	2653.32
名 称	单位	单价（元）	消 耗	量
人工	综合工日	工日	140.00	9.058	9.420
机械	履带式旋挖钻机 800mm	台班	1768.88	1.125	1.500

2. 中心管安装

工作内容：场内运输、测量、定位、立管、临时固定。   计量单位：100m

定 额 编 号			S6-1-75	S6-1-76
项 目 名 称			管外径(mm)	
			160	225
基 价（元）			600.18	666.96
其中	人 工 费（元）		600.18	666.96
	材 料 费（元）		—	—
	机 械 费（元）		—	—
名 称	单位	单价(元)	消 耗 量	
人工 综合工日	工日	140.00	4.287	4.764
材料 HDPE 花管	m	—	(106.000)	(106.000)

3.井筒安装

工作内容：1.钢筋制作、绑扎、安装、钢筋笼焊接、拼装、安放；
　　　　　2.运输、制作、搭接、固定。

计量单位：t

定　额　编　号			S6-1-77
项　目　名　称			钢筋骨架
基　　价（元）			5455.42
其中	人　工　费（元）		1829.52
	材　料　费（元）		3606.40
	机　械　费（元）		19.50
名　　称	单位	单价（元）	消　耗　量
人工 综合工日	工日	140.00	13.068
材料 电焊条	kg	5.98	0.187
镀锌铁丝 16号	kg	3.57	4.000
螺纹钢筋 HRB400 φ10以内	t	3500.00	0.513
螺纹钢筋 HRB400 φ10以上	t	3500.00	0.513
机械 电焊条烘干箱 60×50×75cm³	台班	26.46	0.014
钢筋切断机 40mm	台班	41.21	0.161
钢筋调直机 14mm	台班	36.65	0.125
交流弧焊机 21kV·A	台班	57.35	0.138

431

工作内容：1.钢筋制作、绑扎、安装、钢筋笼焊接、拼装、安放；
2.运输、制作、搭接、固定。

计量单位：100m²

定 额 编 号				S6-1-78	S6-1-79
项 目 名 称				土工滤网	钢丝网
基 价（元）				491.70	1072.57
其中	人 工 费（元）			367.50	491.82
	材 料 费（元）			124.20	580.75
	机 械 费（元）			—	—
名 称	单位	单价(元)	消 耗 量		
人工	综合工日	工日	140.00	2.625	3.513
材料	钢丝网	m²	5.05	—	115.000
	土工滤网	m²	1.08	115.000	—

432

4.导气石笼井填充

工作内容：场内运输、回填、扶正。

计量单位：100m³

定 额 编 号				S6-1-80	S6-1-81
项 目 名 称				卵石回填	片石回填
基 价（元）				13750.02	12551.17
其中	人 工 费（元）			6426.42	8407.42
	材 料 费（元）			7323.60	4143.75
	机 械 费（元）			—	—
名 称		单位	单价（元）	消 耗	量
人工	综合工日	工日	140.00	45.903	60.053
材料	级配卵石	m³	71.80	102.000	—
	片石	t	65.00	—	63.750

第十三节 调节池浮盖
1.浮盖高密度聚乙烯(HDPE)土工膜

工作内容：场内运输、裁剪、铺设、焊接、焊缝检测、移位、安装。　　　　　　　　计量单位：100㎡

定　额　编　号			S6-1-82	S6-1-83
项　目　名　称			厚度(mm)	
			1.5	2
基　　　　　价（元）			2215.65	2952.27
其中	人　工　费（元）		364.28	484.54
	材　料　费（元）		1640.49	2187.33
	机　械　费（元）		210.88	280.40
名　　　称	单位	单价（元）	消　　　耗　　　量	
人工	综合工日	工日	140.00	2.602	3.461
材料	高密度聚乙烯土工膜 §1.5	㎡	15.00	107.750	—
	高密度聚乙烯土工膜 §2.0	㎡	20.00	—	107.750
	其他材料费占材料费	%	—	1.500	1.500
机械	轮胎式装载机 3m³	台班	1085.98	0.182	0.242
	土工膜焊接机 80～160mm	台班	36.34	0.364	0.484

2.压重系统
(1)高密度聚乙烯(HDPE)土工膜带连接

工作内容：场内运输、切割、灌砂、封堵、连接、固定。 计量单位：100m

定 额 编 号				S6-1-84	S6-1-85	S6-1-86
项 目 名 称				HDPE管灌砂		
				管外径(mm)		
				160	200	250
基 价（元）				10254.79	11794.58	13672.97
其中	人 工 费（元）			7454.58	8788.22	10336.34
	材 料 费（元）			2638.52	2812.68	3077.93
	机 械 费（元）			161.69	193.68	258.70
名 称		单位	单价(元)	消	耗	量
人工	综合工日	工日	140.00	53.247	62.773	73.831
材料	HDPE实壁管	m	—	(106.000)	(106.000)	(106.000)
	高密度聚乙烯土工膜 §2.0	m²	20.00	116.600	117.654	118.971
	中(粗)砂	t	87.00	3.075	4.805	7.506
	其他材料费占材料费	%	—	1.500	1.500	1.500
机械	管子切断机 250mm	台班	42.58	1.563	2.083	2.917
	土工膜焊接机 80～160mm	台班	36.34	2.618	2.889	3.701

435

(2)不锈钢链条连接

工作内容：场内运输、切割、灌砂、封堵、连接、固定。

计量单位：100m

定 额 编 号				S6-1-87	S6-1-88	S6-1-89
项 目 名 称				HDPE管灌砂		
				管外径(mm)		
				160	200	250
基 价（元）				11415.34	12978.03	14893.44
其中	人 工 费（元）			7454.58	8788.22	10336.34
	材 料 费（元）			3799.07	3996.13	4298.40
	机 械 费（元）			161.69	193.68	258.70
名 称		单位	单价(元)	消	耗	量
人工	综合工日	工日	140.00	53.247	62.773	73.831
材料	HDPE实壁管	m	—	(106.000)	(106.000)	(106.000)
	U型钢卡 φ6.0mm	副	1.09	10.200	10.200	10.200
	成品链条 L900	根	90.30	16.190	16.190	16.190
	地锚杆	条	25.72	5.100	5.100	5.100
	高密度聚乙烯土工膜 §2.0	m²	20.00	93.323	95.505	98.646
	锚环	个	0.46	10.200	10.200	10.200
	中(粗)砂	t	87.00	3.075	4.805	7.506
	其他材料费占材料费	%	—	1.500	1.500	1.500
机械	管子切断机 250mm	台班	42.58	1.563	2.083	2.917
	土工膜焊接机 80～160mm	台班	36.34	2.618	2.889	3.701

3.浮动系统

工作内容：裁剪、焊接、封装、场内运输、固定焊接。

计量单位：10块

定　额　编　号				S6-1-90	
项　目　名　称				浮力垫1000×500×200mm	
基　　　价（元）				1663.78	
其中	人　工　费（元）			1277.22	
	材　料　费（元）			339.32	
	机　械　费（元）			47.24	
	名　　称	单位	单价（元）	消　　耗　　量	
人工	综合工日	工日	140.00	9.123	
材料	高密度聚乙烯土工膜 §1.5	m²	15.00	20.800	
	聚苯乙烯泡沫板 100mm以内	m²	19.40	1.150	
	其他材料费占材料费	%	—	1.500	
机械	土工膜焊接机 80～160mm	台班	36.34	1.300	

工作内容：裁剪、焊接、封装、场内运输、固定焊接。 计量单位：10块

定 额 编 号				S6-1-91	
项 目 名 称				走道板2000×330×100mm	
基 价（元）				2001.11	
其中	人 工 费（元）			1575.98	
	材 料 费（元）			368.44	
	机 械 费（元）			56.69	
	名 称	单位	单价(元)	消 耗 量	
人工	综合工日	工日	140.00	11.257	
材料	高密度聚乙烯土工膜 §1.5	m²	15.00	23.218	
	聚苯乙烯泡沫板 100mm以内	m²	19.40	0.759	
	其他材料费占材料费	%	—	1.500	
机械	土工膜焊接机 80～160mm	台班	36.34	1.560	

438

4.辅助系统

工作内容：管道切割、土工材料裁剪、场内运输、拼装、固定焊接、检测。　　　　计量单位：个

定　额　编　号				S6-1-92	S6-1-93	S6-1-94
项　目　名　称				检查孔	取样孔	雨水收集泵井
				孔径(mm)		
				1000	250	1000
基　　　　价（元）				3199.12	1873.41	4308.10
其中	人　工　费（元）			1804.32	1545.04	2185.54
	材　料　费（元）			1239.74	195.62	1934.75
	机　械　费（元）			155.06	132.75	187.81
名　　　称		单位	单价（元）	消	耗	量
人工	综合工日	工日	140.00	12.888	11.036	15.611
材料	HDPE承插管 DN1000	m	1650.00	—	—	1.060
	HDPE承插管 DN200	m	66.00	—	0.742	—
	HDPE实壁管 DN250	m	88.00	—	0.742	—
	HDPE实壁管 DN800	m	740.00	1.060	—	—
	高密度聚乙烯防水板 §10	m²	1.29	1.300	0.325	2.925
	高密度聚乙烯土工膜 §1.5	m²	15.00	9.287	4.992	—
	高密度聚乙烯土工膜 §2.0	m²	20.00	13.772	—	4.082
	泡沫塑料 30厚	m²	9.90	2.080	0.319	—
	商品混凝土 C15(非泵送)	m³	341.39	—	—	0.204
	土工复合排水网	m²	1.03	—	—	2.041
	其他材料费占材料费	%	—	1.500	1.500	1.500
机械	土工膜焊接机 80～160mm	台班	36.34	4.267	3.653	5.168

第十四节 填埋气体处理系统

工作内容：燃烧火炬系统安装、通气、试火、调试。

计量单位：套

定 额 编 号				S6-1-95	S6-1-96
项 目 名 称				气量(N·m³/h)	
				200	500
基 价 （元）				8297.13	11097.21
其中	人 工 费 （元）			5803.56	7356.86
	材 料 费 （元）			—	—
	机 械 费 （元）			2493.57	3740.35
名 称		单位	单价(元)	消 耗 量	
人工	综合工日	工日	140.00	41.454	52.549
机械	汽车式起重机 25t	台班	1084.16	2.300	3.450

第十五节 地下水监测井

工作内容：配管、下料、加反滤料、洗孔、分段计管口封塞等。　　　　　　　　　　　计量单位：100m

定　额　编　号			S6-1-97	S6-1-98
项　目　名　称			成井	
			井深50m	每增1m
基　　　价（元）			5725.45	77.45
其中	人　工　费（元）		1801.24	11.34
	材　料　费（元）		3381.21	61.13
	机　械　费（元）		543.00	4.98
名　　称	单位	单价（元）	消　　耗　　量	
人工	综合工日	工日	140.00	12.866	0.081
材料	HDPE实壁管 DN160	m	56.00	53.000	1.060
	黏土	m³	11.50	3.180	0.075
	商品混凝土 C25（非泵送）	m³	364.86	0.330	—
	碎石 50～80	t	106.80	1.829	—
	土工布	m²	2.43	4.500	—
	其他材料费占材料费	%	—	1.500	1.500
机械	电动单级离心清水泵 150mm	台班	55.06	1.375	—
	履带式电动起重机 5t	台班	249.22	1.875	0.020

第十六节 封场覆盖
1. 堆体整形

工作内容：垃圾堆放挖方、倒运、修整。

计量单位：1000m³

定 额 编 号				S6-1-99	S6-1-100
项 目 名 称				垃圾挖方	倒运一次
基 价（元）				7065.32	5100.06
其中	人 工 费（元）			855.40	—
	材 料 费（元）			—	—
	机 械 费（元）			6209.92	5100.06
名 称		单位	单价（元）	消 耗	量
人 工	综合工日	工日	140.00	6.110	—
机 械	履带式单斗液压挖掘机 1.25m³	台班	1321.26	4.700	3.860

442

工作内容：垃圾堆放挖方、倒运、修整。   计量单位：1000m²

定　额　编　号					S6-1-101	S6-1-102
项　目　名　称					推土机推垃圾	
					运距20m以内	每增20m
基　　价（元）					8288.53	5268.38
其中	人　工　费（元）				855.40	1017.52
	材　料　费（元）				—	—
	机　械　费（元）				7433.13	4250.86
	名　　称	单位	单价（元）		消　　耗　　量	
人工	综合工日	工日	140.00		6.110	7.268
机械	履带式推土机 135kW	台班	1174.27		6.330	3.620

工作内容：垃圾堆体碾压。 计量单位：1000m²

定　额　编　号				S6-1-103	S6-1-104	S6-1-105
项　目　名　称				压路机碾压	压路机碾压	压实机碾压
					三遍	每增加一遍
基　　　　　价（元）				4910.71	818.29	98.01
其中	人　工　费（元）			855.40	505.40	—
	材　料　费（元）			—	—	—
	机　械　费（元）			4055.31	312.89	98.01
名　　　称		单位	单价(元)	消	耗	量
人工	综合工日	工日	140.00	6.110	3.610	—
机械	轮胎压路机 20t	台班	814.32	4.980	—	—
	手扶式振动压实机 1t	台班	62.83	—	4.980	1.560

2.植被土层铺设

工作内容：摊铺、找平。

计量单位：10m³

定　额　编　号				S6-1-106
项　目　名　称				自然土层
				厚400mm以上
基　　　价（元）				320.08
其中	人　工　费（元）			200.48
	材　料　费（元）			119.60
	机　械　费（元）			—
	名　　　称	单位	单价（元）	消　　耗　　量
人工	综合工日	工日	140.00	1.432
材料	黏土	m³	11.50	10.400

3.植草护坡

工作内容：1.草床找平、清杂、搬运草皮、铺草、浇水、碾压、清理；
2.草床找平、覆膜、揭膜、浇水镇压、播种、覆盖无纺布、浇水。

计量单位：100㎡

定 额 编 号				S6-1-107	
项 目 名 称				铺种草皮	
基 价（元）				2526.14	
其中	人 工 费（元）			1210.44	
	材 料 费（元）			1315.70	
	机 械 费（元）			—	
名 称		单位	单价（元）	消 耗 量	
人工	综合工日	工日	140.00	8.646	
材料	草皮	㎡	11.85	102.000	
	水	m³	7.96	11.000	
	其他材料费占材料费	%	—	1.500	

446

工作内容：1. 草床找平、清杂、搬运草皮、铺草、浇水、碾压、清理；
　　　　　2. 草床找平、覆膜、揭膜、浇水镇压、播种、覆盖无纺布、浇水。　　　　　　　　计量单位：100m²

定 额 编 号				S6-1-108	
项 目 名 称				喷播草皮	
基　　　　　价（元）				1237.29	
其中	人 工 费（元）			848.54	
	材 料 费（元）			388.75	
	机 械 费（元）			—	
名　　　称	单位	单价(元)	消　　　耗　　　量		
人工	综合工日	工日	140.00	6.061	
材料	化纤无纺布	m²	2.40	100.000	
	聚氯乙烯薄膜	kg	15.52	6.650	
	水	m³	7.96	5.000	
	其他材料费占材料费	%	—	1.500	

注：喷播的草种用量按设计另行计算。

第十七节 防飞散网

工作内容：放样、截料、展料、安装、绑扎。

计量单位：100m²

定　额　编　号				S6-1-109	S6-1-110	S6-1-111	S6-1-112
项　目　名　称				钢丝网		尼龙网	
				高6m以内	每增1m	高6m以内	每增1m
基　　　　　价（元）				920.54	996.98	304.91	349.85
其中	人　工　费（元）			382.34	458.78	179.48	224.42
	材　料　费（元）			538.20	538.20	125.43	125.43
	机　械　费（元）			—	—	—	—
名　　称	单位	单价（元）		消　　耗　　量			
人工	综合工日	工日	140.00	2.731	3.277	1.282	1.603
材料	钢丝网	m²	5.05	105.000	105.000	—	—
	尼龙网 30目	m²	1.20	—	—	102.981	102.981
	其他材料费占材料费	%	—	1.500	1.500	1.500	1.500

工作内容：放样、划线、截料、平直、钻孔、坡口、拼装、焊接、成品矫正、除锈、刷防锈漆一遍及安放。

计量单位：t

定 额 编 号				S6-1-113	
项 目 名 称				立杆支撑	
基 价 （元）				6258.30	
其中	人 工 费（元）			1337.14	
	材 料 费（元）			4187.12	
	机 械 费（元）			734.04	
名 称		单位	单价（元）	消 耗 量	
人工	综合工日	工日	140.00	9.551	
材料	电焊条	kg	5.98	17.140	
	防锈漆	kg	5.62	10.440	
	型钢	t	3700.00	1.060	
	氧气	m³	3.63	3.890	
	乙炔气	m³	11.48	1.750	
	油漆溶剂油	kg	2.62	3.000	
	其他材料费占材料费	%	—	1.500	
机械	电焊条烘干箱 60×50×75cm³	台班	26.46	0.360	
	交流弧焊机 42kV·A	台班	115.28	3.600	
	汽车式起重机 8t	台班	763.67	0.360	
	型钢剪断机 500mm	台班	288.20	0.120	

449

第十八节 渗滤液处理设备安装

1.氨吹脱塔

工作内容：开箱点件、基础划线、场内运输、设备吊装就位、组装、附件组装、清洗、检查、水压试验、试运转。

计量单位：台

定 额 编 号			S6-1-114	S6-1-115	S6-1-116	S6-1-117
项 目 名 称			填料高(m)			
			2	3	4	5
			直径(mm以下)			
			1000	2000	3000	4000
基 价（元）			4587.20	7692.51	11867.29	17839.28
其中	人 工 费（元）		3205.86	5397.42	8341.62	12594.12
	材 料 费（元）		440.80	711.78	1078.74	1550.78
	机 械 费（元）		940.54	1583.31	2446.93	3694.38
名 称	单位	单价（元）	消 耗 量			
人工 综合工日	工日	140.00	22.899	38.553	59.583	89.958
材料 垫铁	kg	4.20	12.000	20.040	30.000	40.000
镀锌铁丝 16号	kg	3.57	6.000	9.000	15.000	23.000
酚醛调和漆	kg	7.90	4.900	8.250	12.750	19.250
铬不锈钢电焊条	kg	39.88	0.200	0.300	0.350	0.400
黄干油	kg	5.15	0.200	0.300	0.500	0.700
毛刷	把	1.35	1.000	1.000	2.000	2.000
煤油	kg	3.73	1.000	1.500	2.500	3.500
耐酸橡胶板 δ3	kg	17.99	1.000	1.500	2.500	3.500
破布	kg	6.32	2.100	3.465	5.400	8.100
汽油	kg	6.77	1.000	1.500	2.500	3.500
热轧薄钢板 δ3.5～4.0	kg	3.93	13.720	23.101	35.700	53.900
水	m³	7.96	8.624	14.520	22.400	33.800
碳钢电焊条	kg	39.00	2.000	3.000	4.000	5.000
铁砂布	张	0.85	3.000	5.010	8.000	12.000
型钢	kg	3.70	9.800	16.500	25.500	38.500
羊毛毡 6～8	m²	38.03	0.030	0.050	0.070	0.115
氧气	m³	3.63	4.000	6.000	10.000	15.000
乙炔气	kg	10.45	1.490	2.508	3.880	5.850
油漆溶剂油	kg	2.62	0.392	0.661	1.020	1.540
其他材料费占材料费	%	—	1.500	1.500	1.500	1.500
机械 电焊条烘干箱 60×50×75cm³	台班	26.46	0.098	0.165	0.255	0.385
交流弧焊机 32kV·A	台班	83.14	0.980	1.650	2.550	3.850
汽车式起重机 16t	台班	958.70	0.294	0.495	0.765	1.155
汽车式起重机 8t	台班	763.67	0.255	0.429	0.663	1.001
载重汽车 5t	台班	430.70	0.882	1.485	2.295	3.465

2. 膜生物反应器

工作内容：开箱点件、基础划线、场内运输、设备吊装就位、组装、附件组装、清洗、检查、水压试验。

计量单位：套

定 额 编 号				S6-1-118	S6-1-119
项 目 名 称				内置(浸没)式	外置式
				中空纤维帘式超滤(微滤)膜	管式超滤(微滤)膜
				膜处理系统单元产水能力(m³/h以内)	
				15	30
基 价 （元）				4332.38	6681.68
其中	人 工 费 （元）			2298.66	3447.92
	材 料 费 （元）			1018.64	1711.14
	机 械 费 （元）			1015.08	1522.62
名 称		单位	单价(元)	消 耗	量
人工	综合工日	工日	140.00	16.419	24.628
材料	白棕绳	kg	11.50	5.400	5.400
	不锈钢管 De108	m	79.00	2.102	—
	不锈钢管 De159	m	119.00	—	3.150
	不锈钢管 De57	m	33.00	2.240	—
	不锈钢管 De76	m	72.00	—	3.360
	不锈钢六角螺栓	个	0.09	8.000	12.000
	道木 250×200×2500	根	214.00	0.420	0.630
	电	kW·h	0.68	4.202	6.300
	垫铁	kg	4.20	10.000	10.000
	镀锌薄钢板 δ0.8～1.0	kg	3.79	7.000	10.500
	酚醛调和漆	kg	7.90	6.400	9.600
	钢锯条	条	0.34	5.000	5.000
	铬不锈钢电焊条	kg	39.88	0.620	0.930
	黄干油	kg	5.15	0.280	0.420
	机油	kg	19.66	0.630	0.945
	硫酸 98%	kg	1.92	2.600	4.000
	螺纹钢筋 HRB400 φ10以内	kg	3.50	3.320	4.977
	煤油	kg	3.73	1.120	1.680

续表

定 额 编 号			S6-1-118	S6-1-119
项 目 名 称			内置(浸没)式	外置式
			中空纤维帘式超滤(微滤)膜	管式超滤(微滤)膜
			膜处理系统单元产水能力(m³/h以内)	
			15	30
名 称	单位	单价(元)	消 耗	量
材 料	铅油	kg	6.45	0.280	0.420
	热轧薄钢板 δ3.0	m²	24.15	2.102	3.150
	热轧厚钢板 δ10	kg	3.20	2.130	3.192
	生料带	kg	215.38	0.070	0.105
	石棉橡胶板	kg	9.40	5.000	5.000
	水	m³	7.96	11.200	16.800
	碳钢电焊条	kg	39.00	1.400	2.100
	铁砂布	张	0.85	5.600	8.400
	盐	kg	3.00	42.000	63.000
	氧气	m³	3.63	4.203	6.300
	乙炔气	kg	10.45	1.597	2.394
	其他材料费占材料费	%	—	1.500	1.500
机 械	电动空气压缩机 0.6m³/min	台班	37.30	0.560	0.840
	电动双筒快速卷扬机 30kN	台班	263.15	1.400	2.100
	电焊条烘干箱 60×50×75cm³	台班	26.46	0.070	0.105
	交流弧焊机 32kV·A	台班	83.14	0.700	1.050
	汽车式起重机 8t	台班	763.67	0.700	1.050
	试压泵 25MPa	台班	22.26	1.400	2.100

452

3.纳滤、反渗透膜组件与装置

工作内容：开箱点件、基础划线、场内运输、设备吊装就位、组装、附件组装、清洗、检查、水压试验。

计量单位：套

定 额 编 号				S6-1-120	S6-1-121
项 目 名 称				卷式膜	
				膜处理系统单元产水能力(m³/h以内)	
				20	40
基 价 （元）				5122.48	10097.89
其中	人 工 费 （元）			2756.32	5512.50
	材 料 费 （元）			1169.80	2192.70
	机 械 费 （元）			1196.36	2392.69
名 称		单位	单价(元)	消 耗 量	
人工	综合工日	工日	140.00	19.688	39.375
材料	白棕绳	kg	11.50	5.400	5.400
	不锈钢管 De108	m	79.00	2.475	4.950
	不锈钢管 De57	m	33.00	2.640	5.280
	不锈钢六角螺栓	个	0.09	9.000	18.000
	道木 250×200×2500	根	214.00	0.495	0.990
	电	kW•h	0.68	4.950	9.900
	垫铁	kg	4.20	10.000	12.000
	镀锌薄钢板 δ0.8～1.0	kg	3.79	8.250	16.500
	酚醛调和漆	kg	7.90	7.200	14.400
	钢锯条	条	0.34	5.000	5.000
	铬不锈钢电焊条	kg	39.88	0.731	1.461
	黄干油	kg	5.15	0.330	0.660
	机油	kg	19.66	0.743	1.485
	硫酸 98%	kg	1.92	3.000	6.000
	螺纹钢筋 HRB400 φ10以内	kg	3.50	3.911	7.821
	煤油	kg	3.73	1.320	2.640
	铅油	kg	6.45	0.330	0.660

续表

定 额 编 号			S6-1-120	S6-1-121
项 目 名 称			卷式膜	
			膜处理系统单元产水能力(m³/h以内)	
			20	40
名 称	单位	单价(元)	消 耗	量
材料 热轧薄钢板 δ3.0	m²	24.15	2.476	4.950
热轧厚钢板 δ10	kg	3.20	2.508	5.016
生料带	kg	215.38	0.083	0.165
石棉橡胶板	kg	9.40	5.000	5.000
水	m³	7.96	13.200	26.400
碳钢电焊条	kg	39.00	1.650	3.300
铁砂布	张	0.85	6.600	13.200
盐	kg	3.00	49.500	99.000
氧气	m³	3.63	4.950	9.900
乙炔气	kg	10.45	1.881	3.762
其他材料费占材料费	%	—	1.500	1.500
机械 电动空气压缩机 0.6m³/min	台班	37.30	0.660	1.320
电动双筒快速卷扬机 30kN	台班	263.15	1.650	3.300
电焊条烘干箱 60×50×75cm³	台班	26.46	0.083	0.165
交流弧焊机 32kV·A	台班	83.14	0.825	1.650
汽车式起重机 8t	台班	763.67	0.825	1.650
试压泵 25MPa	台班	22.26	1.650	3.300

第二章 生活垃圾焚烧

第二章 土地污染及其防治

说　　明

一、本章定额包括自动感应洗车装置安装、垃圾破碎机安装、垃圾卸料门及车辆感应器安装、垃圾抓斗桥式起重机安装、生活垃圾焚烧炉安装、烟气净化处理设备安装、除臭装置设备安装等项目。

二、生活垃圾焚烧处理工程中的垃圾计量、烟气净化处理系统、余热利用系统、灰渣处理系统、飞灰输送和储存系统、电气和自动化控制系统、热力系统汽水管道安装及油漆、防腐、炉墙砌筑及保温系统、供水系统、化学水处理系统、燃油供应、消防、通风空调等配套设备以及水压试验、风压试验、烘炉、煮炉、酸洗、蒸汽严密性试验及安全门调整等，执行《安装工程》相应项目。

三、本章定额已包括设备单体和配合分系统试运行时施工方面的人工、材料、机械的消耗量。分系统调试、整套启动调试、特殊项目测试与试验等调试工程，执行《热力设备安装工程》相应项目。

四、本章脚手架搭拆费按《热力设备安装工程》的相应规定计算。

五、工程范围及未包括的工作内容

1. 自动感应洗车装置安装的工程范围：设备搬运、开箱、清点、编号、分类复核、基础验收、中心线校核、垫铁配制、配合二次灌浆。

2. 垃圾破碎机安装的工程范围：电动或液压双轴破碎机机架底座、活动齿轮、润滑系统、液压管路、随设备供应的梯子、平台、栏杆的安装。大件垃圾破碎机底座、切断机具、润滑系统、液压管路、随设备供应的梯子、平台、栏杆安装。

未包括的工作内容：电动机检查接线。

3. 垃圾卸料门及车辆感应器安装的工程范围：成套卸料门及门框、电液推杆或驱动装置、预埋件、附件及紧固件的安装；车辆感应器定位切槽、下线、固定等安装。

未包括的工作内容：卸料门的指示灯、控制台、就地控制箱、动力柜、限位开关的安装、卸料门的表面涂装由厂家负责。

4. 垃圾抓斗桥式起重机安装的工程范围：大车、小车行走机构和垃圾抓斗的检查，车梁、行走机构、抓斗及其他附件如本体平台扶梯等的安装。

未包括的工作内容：起重机设备安装脚手架搭拆、轨道安装、垃圾抓斗控制系统的安装。

5. 生活垃圾焚烧炉安装

（1）垃圾进料斗及溜槽安装的工程范围：垃圾料斗、垃圾料斗支架、料斗盖驱动装置、架桥破解装置、垃圾溜槽的安装。

（2）液压推杆给料装置安装的工程范围：液压推杆给料装置整体安装和传动机构的检查、组合、固定、安装、推料器、液压缸、料位探测器支架的固定、安装。

未包括的工作内容：料位探测器的检查、组合、安装。

（3）垃圾焚烧炉炉排安装的工程范围：干燥炉排、燃烧炉排、燃烬炉排、炉排液压驱动装置、润滑设备配管及阀门、炉排冷却设备、炉排驱动装置（电磁阀组）及其附件的安装。

（4）炉排下渣斗安装的工程范围：炉排下部漏渣斗、渣斗溜管、漏渣挡板、漏渣斗用气缸、一次风集管、落渣管、风室及风室下通道等的安装。

（5）除渣装置安装的工程范围：除渣机安装在焚烧炉炉后下部，采用液压驱动方式，内容包括除渣机、液压油缸、控制水箱、控制水阀等的安装。

（6）液压钻安装的工程范围：成套液压装置包括液压泵、油箱、液压油冷却器、温度开关、就地型温度计、液位开关、就地型液位计、设备本体管道及附件等的安装。

未包括的工作内容：设备本体以外的液压管道及阀门的安装。

（7）燃烧装置安装的工程范围：燃烧器装置包括点火燃烧器和辅助燃烧器，内容分别包括燃烧器本体及支架、高能点火装置、火焰检测装置、隔离门及其支架等的安装。

未包括的工作内容：管路及阀门系统、就地柜、风机、消音器、电源电缆、通信电缆及附件等的安装。

（8）清灰装置安装

振打清灰装置的工程范围：电机、减速机、转轴、振打锤、传动杆、密封装置、内部振打杆的安装。

固定爆破式清灰装置的工程范围：可燃气混合装置、放水阀、对夹止回阀、火焰导管、旋转集箱、脉冲罐等的安装。

6．烟气净化处理设备安装

（1）喷雾反应塔安装的工程范围：雾化器及其清洗装置和冷却装置、反应塔本体（含顶部蜗壳、钢结构、平台扶梯）、灰斗及其破桥装置和出灰装置、阀门、灰斗拌热装置等的安装。

未包括的工作内容：基础预埋框架、地脚螺栓、支架、底座的配制，不随设备供货而与设备连接的各种管道的安装、设备的衬里等。

（2）活性炭喷射系统安装的工程范围：活性炭仓、仓顶除尘器、破拱装置、活性炭储存和输送系统设备平台扶梯的组合、安装，随设备供货的管道、阀门、管件等的安装。

7.除臭装置设备安装的工程范围：设备、附件、底座螺栓的开箱检查，吊装、找平、找正、支架的固定及安装。

未包括的工作内容：不随设备供货而与设备连接的各种管道等的安装。

工程量计算规则

一、本章以设备重量计算的项目，除另有规定外，应按设备本体及联体的平台、梯子、栏杆、支架、屏盘、电机、安全罩和设备本体第一个法兰以内的管道等全部重量计算。

二、生活垃圾焚烧炉本体重量以制造厂供货的金属质量为准，不包括设备的包装材料、运输加固件、炉墙及保温等的质量。

三、垃圾卸料门安装按门框外尺寸以面积计算，包括成套卸料门及门框、电液推杆或驱动装置、预埋件、附件及紧固件等。

四、除渣装置按设备重量以"吨"计算，包括除渣机、液压油缸、控制水箱、控制水阀等。

五、炉排液压站按设备重量以"吨"计算，包括液压泵、油箱、液压油冷却器、设备本体管道及附件等。

六、燃烧器装置按设计数量以"台"计算，包括燃烧器本体及支架、高能点火装置、火焰检测装置、隔离门及其支吊架等。

七、振打清灰装置按设计数量以"点"计算，包括电机、减速机、转轴、振打锤、传动杆、密封装置、内部振打等。

八、固定爆破式清灰装置按设计数量以"点"计算，包括可燃气混合装置、放水阀、对夹止回阀、火焰导管、旋转集箱、脉冲罐等。

九、喷雾反应塔系统按设备重量以"吨"计算，包括雾化器及其清洗装置和冷却装置、反应塔本体（含顶部蜗壳、钢结构、平台扶梯）、灰斗及其破桥装置和出灰装置、阀门、灰斗拌热装置等。

十、活性炭喷射系统按设备重量以"吨"计算，包括活性炭仓、仓顶除尘器、破拱装置、活性炭储存和输送系统设备平台扶梯，随设备供货的管道、阀门、管件等。

十一、除臭剂喷雾系统按设计数量以"套"计算，包括溶液箱、高压泵等，未包括高压管道和雾化喷嘴、控制箱等。

第一节 自动感应洗车装置安装

工作内容：设备检查、组合、吊装、就位、安装调试。 计量单位：套

定 额 编 号				S6-2-1	
项 目 名 称				自动感应洗车装置	
基 价 （元）				4814.19	
其中	人 工 费 （元）			3260.60	
	材 料 费 （元）			144.30	
	机 械 费 （元）			1409.29	
名 称	单位	单价（元）	消 耗 量		
人工	综合工日	工日	140.00	23.290	
材料	电焊条	kg	5.98	2.100	
	垫铁	kg	4.20	18.000	
	镀锌铁丝 16号	kg	3.57	5.500	
	氧气	m³	3.63	2.200	
	乙炔气	kg	10.45	0.846	
	中厚钢板(综合)	kg	3.51	5.000	
	其他材料费占材料费	%	—	1.500	
机械	电焊条烘干箱 60×50×75cm³	台班	26.46	0.025	
	汽车式起重机 16t	台班	958.70	0.800	
	载重汽车 15t	台班	779.76	0.800	
	直流弧焊机 20kV·A	台班	71.43	0.250	

第二节 垃圾破碎机安装
1. 电动双轴破碎机

工作内容：设备检查、组合、吊装、就位、安装调试。   计量单位：台

定 额 编 号				S6-2-2	
项 目 名 称				电动双轴破碎机	
				45t/h	
基 价（元）				3303.40	
其中	人 工 费（元）			2365.44	
	材 料 费（元）			256.78	
	机 械 费（元）			681.18	
名 称		单位	单价（元）	消 耗 量	
人工	综合工日	工日	140.00	16.896	
材料	道木	m³	2137.00	0.050	
	电焊条	kg	5.98	0.213	
	垫铁	kg	4.20	17.690	
	黄干油	kg	5.15	0.490	
	氧气	m³	3.63	2.339	
	乙炔气	kg	10.45	0.900	
	中厚钢板(综合)	kg	3.51	14.286	
	其他材料费占材料费	%	—	1.500	
机械	电焊条烘干箱 60×50×75cm³	台班	26.46	0.004	
	交流弧焊机 32kV·A	台班	83.14	0.044	
	汽车式起重机 32t	台班	1257.67	0.385	
	载重汽车 8t	台班	501.85	0.385	

2.液压双轴破碎机

工作内容：设备检查、组合、吊装、就位、安装调试。

计量单位：台

定　额　编　号			S6-2-3	S6-2-4
项　目　名　称			液压双轴破碎机	
			20t/h以内	45t/h以内
基　　　　价（元）			3066.31	4427.90
其中	人　工　费（元）		2162.86	3492.02
	材　料　费（元）		221.65	254.51
	机　械　费（元）		681.80	681.37
名　　　称	单位	单价（元）	消　　耗　　量	
人工	综合工日	工日	140.00	15.449	24.943
材料	道木	m³	2137.00	0.050	0.058
	电焊条	kg	5.98	0.194	0.223
	垫铁	kg	4.20	16.708	17.690
	黄干油	kg	5.15	0.294	0.490
	氧气	m³	3.63	1.559	2.339
	乙炔气	kg	10.45	0.600	0.900
	中厚钢板(综合)	kg	3.51	7.619	8.762
	其他材料费占材料费	%	—	1.500	1.500
机械	电焊条烘干箱 60×50×75cm³	台班	26.46	0.040	0.005
	交流弧焊机 32kV·A	台班	83.14	0.040	0.046
	汽车式起重机 32t	台班	1257.67	0.385	0.385
	载重汽车 8t	台班	501.85	0.385	0.385

3. 大件垃圾破碎机

工作内容：设备检查、组合、吊装、就位、安装调试。　　　　　　　　　　　　计量单位：台

定　额　编　号				S6-2-5	S6-2-6	S6-2-7	S6-2-8
项　目　名　称				大件垃圾破碎机			
				≤30t/h	≤45t/h	≤60t/h	≤90t/h
基　　　　　　价（元）				3928.98	4770.44	5160.82	5669.03
其中	人　工　费（元）			2816.24	3604.72	3942.54	4393.20
	材　料　费（元）			225.63	252.63	279.98	307.53
	机　械　费（元）			887.11	913.09	938.30	968.30
名　　　称		单位	单价（元）	消　　　　耗　　　　量			
人工	综合工日	工日	140.00	20.116	25.748	28.161	31.380
材料	道木	m³	2137.00	0.050	0.060	0.070	0.080
	电焊条	kg	5.98	0.243	0.246	0.252	0.256
	垫铁	kg	4.20	16.708	17.543	18.420	19.341
	黄干油	kg	5.15	0.490	0.490	0.503	0.509
	氧气	m³	3.63	2.339	2.410	2.482	2.556
	乙炔气	kg	10.45	0.900	0.927	0.955	0.983
	中厚钢板（综合）	kg	3.51	6.667	7.000	7.350	7.718
	其他材料费占材料费	%	—	1.500	1.500	1.500	1.500
机械	电焊条烘干箱 60×50×75cm³	台班	26.46	0.007	0.007	0.007	0.007
	交流弧焊机 32kV·A	台班	83.14	0.065	0.060	0.067	0.068
	汽车式起重机 32t	台班	1257.67	0.501	0.516	0.530	0.547
	载重汽车 8t	台班	501.85	0.501	0.516	0.530	0.547

第三节 垃圾卸料门及车辆感应器安装
1. 卸料门
(1)立式垃圾卸料门

工作内容：卸料门检查、组合、吊装、就位、安装调试。　　　　　　　　　　　　计量单位：m²

定　额　编　号			S6-2-9	S6-2-10
项　目　名　称			立式平开	立式提升
			垃圾卸料门	
基　　　　价（元）			332.23	385.05
其中	人　工　费（元）		229.32	241.08
	材　料　费（元）		14.08	25.61
	机　械　费（元）		88.83	118.36
名　　　称	单位	单价(元)	消　耗　　　量	
人工	综合工日	工日	140.00	1.638	1.722
材料	道木	m³	2137.00	0.005	0.010
	电焊条	kg	5.98	0.162	0.194
	黄干油	kg	5.15	0.049	0.105
	煤油	kg	3.73	0.078	0.098
	氧气	m³	3.63	0.132	0.166
	乙炔气	kg	10.45	0.051	0.064
	中厚钢板(综合)	kg	3.51	0.190	0.150
	其他材料费占材料费	%	—	1.500	1.500
机械	电焊条烘干箱 60×50×75cm³	台班	26.46	0.003	0.004
	交流弧焊机 32kV·A	台班	83.14	0.033	0.040
	汽车式起重机 32t	台班	1257.67	0.062	0.085
	载重汽车 8t	台班	501.85	0.016	0.016

(2)提拉式垃圾卸料门

工作内容：卸料门检查、组合、吊装、就位、安装调试。　　　　　　　　　　　　计量单位：m²

定　额　编　号				S6-2-11	
项　目　名　称				提拉式垃圾卸料门	
基　　　价（元）				348.30	
其中	人　工　费（元）			217.98	
	材　料　费（元）			16.91	
	机　械　费（元）			113.41	
名　　　称	单位	单价（元）	消　　耗　　量		
人工	综合工日	工日	140.00	1.557	
材料	道木	m³	2137.00	0.006	
	电焊条	kg	5.98	0.185	
	黄干油	kg	5.15	0.069	
	煤油	kg	3.73	0.196	
	氧气	m³	3.63	0.172	
	乙炔气	kg	10.45	0.066	
	中厚钢板(综合)	kg	3.51	0.095	
	其他材料费占材料费	%	—	1.500	
机械	电焊条烘干箱 60×50×75cm³	台班	26.46	0.004	
	交流弧焊机 32kV·A	台班	83.14	0.038	
	汽车式起重机 32t	台班	1257.67	0.078	
	载重汽车 8t	台班	501.85	0.024	

(3)卷帘式垃圾卸料门

工作内容：卸料门检查、组合、吊装、就位、安装调试。　　　　　　　　　　计量单位：m²

定　额　编　号			S6-2-12
项　目　名　称			卷帘式垃圾卸料门
基　　　价（元）			407.04
其中	人　工　费（元）		192.78
	材　料　费（元）		175.84
	机　械　费（元）		38.42
名　　　称	单位	单价（元）	消　耗　量
人工 　综合工日	工日	140.00	1.377
材料 　道木	m³	2137.00	0.080
电焊条	kg	5.98	0.055
黄干油	kg	5.15	0.041
煤油	kg	3.73	0.163
氧气	m³	3.63	0.104
乙炔气	kg	10.45	0.040
中厚钢板(综合)	kg	3.51	0.095
其他材料费占材料费	%	—	1.500
机械 　电焊条烘干箱 60×50×75cm³	台班	26.46	0.001
交流弧焊机 32kV·A	台班	83.14	0.011
汽车式起重机 32t	台班	1257.67	0.029
载重汽车 8t	台班	501.85	0.002

2.车辆感应器

工作内容：开箱检车、器材搬运、定位切槽、下线、安装调试、保护、清场。　　　　　计量单位：套

定 额 编 号				S6-2-13	S6-2-14	S6-2-15
项 目 名 称				电感线圈	红外	红外车型识别仪
				车辆探测器		
基 价（元）				**236.03**	**239.60**	**329.88**
其中	人 工 费（元）			108.50	217.00	325.36
	材 料 费（元）			78.76	22.60	4.52
	机 械 费（元）			48.77	—	—
名 称		单位	单价(元)	消	耗	量
人工	综合工日	工日	140.00	0.775	1.550	2.324
材料	环氧树脂	kg	32.08	2.280	—	—
	膨胀螺栓 M16	套	1.45	3.071	15.353	3.071
	其他材料费占材料费	%	—	1.500	1.500	1.500
机械	混凝土切缝机 7.5kW	台班	29.52	1.652	—	—

第四节 垃圾抓斗桥式起重机安装

工作内容：行车梁校直检测、组合、吊装、安装就位、道轨水平测量、运行调试。　计量单位：台

定　额　编　号			S6-2-16	S6-2-17
项　目　名　称			起重量(t)以内5跨距(m)以内	
			10	25.5
基　　　价（元）			12013.40	18217.19
其中	人　工　费（元）		8101.94	9554.02
	材　料　费（元）		1072.34	1164.87
	机　械　费（元）		2839.12	7498.30
名　　　称		单位	单价（元）	消　　耗　　量
人工	综合工日	工日	140.00	57.871　　68.243
材料	道木	m³	2137.00	0.344　　0.344
	电焊条	kg	5.98	4.494　　4.967
	黄干油	kg	5.15	8.151　　9.019
	机油	kg	19.66	3.939　　4.343
	煤油	kg	3.73	8.831　　9.765
	木板	m³	1634.16	0.063　　0.105
	汽油	kg	6.77	2.183　　2.407
	氧气	m³	3.63	2.800　　3.098
	乙炔气	kg	10.45	1.077　　1.192
	中厚钢板(综合)	kg	3.51	0.850　　0.850
	其他材料费占材料费	%	—	1.500　　1.500
机械	电焊条烘干箱 60×50×75cm³	台班	26.46	0.120　　0.133
	交流弧焊机 32kV·A	台班	83.14	1.202　　1.329
	汽车式起重机 16t	台班	958.70	0.767　　—
	汽车式起重机 25t	台班	1084.16	—　　1.534
	汽车式起重机 32t	台班	1257.67	0.819　　—
	汽车式起重机 50t	台班	2464.07	—　　1.534
	汽车式起重机 8t	台班	763.67	0.767　　1.534
	载重汽车 8t	台班	501.85	0.767　　1.534

工作内容：行车梁校直检测、组合、吊装、安装就位、道轨水平测量、运行调试。　　　　计量单位：台

定　额　编　号				S6-2-18	S6-2-19
项　目　名　称				起重量(t)以内8跨距(m)以内	
				13.5	25.5
基　　　价（元）				15014.66	19648.61
其中	人　工　费（元）			9315.04	10576.44
	材　料　费（元）			1162.30	1246.62
	机　械　费（元）			4537.32	7825.55
名　　　称		单位	单价（元）	消　　耗　　量	
人工	综合工日	工日	140.00	66.536	75.546
材料	道木	m³	2137.00	0.344	0.344
	电焊条	kg	5.98	5.492	6.017
	黄干油	kg	5.15	11.039	11.100
	机油	kg	19.66	4.798	5.303
	煤油	kg	3.73	10.374	11.466
	木板	m³	1634.16	0.088	0.125
	汽油	kg	6.77	2.662	2.948
	氧气	m³	3.63	2.868	3.290
	乙炔气	kg	10.45	1.103	1.265
	中厚钢板(综合)	kg	3.51	1.000	1.000
	其他材料费占材料费	%	—	1.500	1.500
机械	电焊条烘干箱 60×50×75cm³	台班	26.46	0.147	0.161
	交流弧焊机 32kV·A	台班	83.14	1.469	1.609
	汽车式起重机 32t	台班	1257.67	2.270	—
	汽车式起重机 50t	台班	2464.07	—	2.332
	汽车式起重机 8t	台班	763.67	1.534	1.534
	载重汽车 8t	台班	501.85	0.767	1.534

工作内容：行车梁校直检测、组合、吊装、安装就位、道轨水平测量、运行调试。　　　　计量单位：台

定 额 编 号			S6-2-20	S6-2-21
项 目 名 称			起重量(t)以内13跨距(m)以内	
			13.5	31.5
基 价（元）			**16595.01**	**23020.72**
其中	人 工 费（元）		10411.94	12607.84
	材 料 费（元）		1247.38	1366.21
	机 械 费（元）		4935.69	9046.67
名 称	单位	单价（元）	消　　　耗　　　量	
人工	综合工日	工日	140.00	74.371	90.056
材料	道木	m³	2137.00	0.344	0.344
	电焊条	kg	5.98	6.027	6.615
	黄干油	kg	5.15	12.474	13.787
	机油	kg	19.66	5.333	5.838
	煤油	kg	3.73	11.666	12.905
	木板	m³	1634.16	0.120	0.175
	汽油	kg	6.77	3.070	3.203
	氧气	m³	3.63	3.194	3.386
	乙炔气	kg	10.45	1.228	1.302
	中厚钢板(综合)	kg	3.51	1.100	1.100
	其他材料费占材料费	%	—	1.500	1.500
机械	电焊条烘干箱 60×50×75cm³	台班	26.46	0.161	0.177
	交流弧焊机 32kV·A	台班	83.14	1.612	1.769
	汽车式起重机 32t	台班	1257.67	2.577	—
	汽车式起重机 50t	台班	2464.07	—	2.822
	汽车式起重机 8t	台班	763.67	1.534	1.534
	载重汽车 8t	台班	501.85	0.767	1.534

工作内容：行车梁校直检测、组合、吊装、安装就位、道轨水平测量、运行调试。　　　　　计量单位：台

定　额　编　号				S6-2-22	S6-2-23
项　目　名　称				起重量(t)以内18跨距(m)以内	
				16.5	31.5
基　　　　价（元）				22523.85	28702.33
其中	人　工　费（元）			12303.06	14941.64
	材　料　费（元）			1321.94	1418.11
	机　械　费（元）			8898.85	12342.58
名　　称		单位	单价（元）	消　　耗　　量	
人工	综合工日	工日	140.00	87.879	106.726
材料	道木	m³	2137.00	0.344	0.344
	电焊条	kg	5.98	6.720	6.825
	黄干油	kg	5.15	12.928	13.938
	机油	kg	19.66	5.858	6.060
	煤油	kg	3.73	12.915	12.915
	木板	m³	1634.16	0.150	0.200
	汽油	kg	6.77	3.325	3.478
	氧气	m³	3.63	3.356	3.644
	乙炔气	kg	10.45	1.291	1.402
	中厚钢板(综合)	kg	3.51	1.100	1.100
	其他材料费占材料费	%	—	1.500	1.500
机械	电焊条烘干箱 60×50×75cm³	台班	26.46	0.180	0.183
	交流弧焊机 32kV·A	台班	83.14	1.798	1.826
	汽车式起重机 50t	台班	2464.07	2.761	—
	汽车式起重机 75t	台班	3151.07	—	3.129
	汽车式起重机 8t	台班	763.67	1.534	1.534
	载重汽车 8t	台班	501.85	1.534	2.301

472

第五节 生活垃圾焚烧炉安装
1. 垃圾进料斗及溜槽

工作内容：料斗及支架的校正、组合、安装，驱动装置、架桥破解装置的检查、安装调试，垃圾溜槽及水冷夹套的组合、安装调试。

计量单位：t

定 额 编 号				S6-2-24	S6-2-25	S6-2-26
项 目 名 称				焚烧炉出力(t/d以内)		
				400	600	800
基 价 （元）				1877.18	1620.27	1569.69
其中	人 工 费 （元）			876.40	869.26	793.80
	材 料 费 （元）			171.78	152.81	139.26
	机 械 费 （元）			829.00	598.20	636.63
名 称		单位	单价(元)	消	耗	量
人工	综合工日	工日	140.00	6.260	6.209	5.670
材料	电焊条	kg	5.98	5.910	5.740	5.440
	煤油	kg	3.73	7.500	6.500	5.000
	钍钨极棒	g	0.36	15.020	14.690	12.940
	型钢	kg	3.70	7.120	6.410	5.940
	氧气	m³	3.63	7.150	6.490	6.180
	乙炔气	kg	10.45	2.750	2.496	2.377
	中厚钢板(综合)	kg	3.51	5.550	3.800	3.450
	其他材料费占材料费	%	—	1.500	1.500	1.500
机械	电焊条烘干箱 60×50×75cm³	台班	26.46	0.122	0.118	0.112
	交流弧焊机 32kV·A	台班	83.14	1.216	1.181	1.119
	平板拖车组 30t	台班	1243.07	0.262	0.200	0.185
	汽车式起重机 16t	台班	958.70	0.190	—	0.073
	汽车式起重机 25t	台班	1084.16	0.200	0.229	0.222

2.液压推杆给料装置

工作内容：液压推杆给料装置的整体安装和传动机构的检查、组合、固定、安装调试，推料器、液压缸、料位探测器支架的固定、安装调试。

计量单位：t

定　额　编　号			S6-2-27	S6-2-28	S6-2-29
项　目　名　称			焚烧炉出力(t/d以内)		
			400	600	800
基　　　　价（元）			2121.09	1853.13	1668.86
其中	人　工　费（元）		916.44	788.76	693.14
	材　料　费（元）		183.42	151.01	136.65
	机　械　费（元）		1021.23	913.36	839.07
名　　　称	单位	单价（元）	消　　　耗　　　量		
人工 综合工日	工日	140.00	6.546	5.634	4.951
材料 电焊条	kg	5.98	10.161	9.003	8.673
钍钨极棒	g	0.36	23.041	18.905	18.314
型钢	kg	3.70	8.338	7.862	6.125
氧气	m³	3.63	7.083	5.945	5.381
乙炔气	kg	10.45	2.724	2.287	2.070
中厚钢板(综合)	kg	3.51	7.586	3.864	3.516
其他材料费占材料费	%	—	1.500	1.500	1.500
机械 电动空气压缩机 10m³/min	台班	355.21	0.149	0.152	0.158
电焊条烘干箱 60×50×75cm³	台班	26.46	0.209	0.185	0.179
交流弧焊机 32kV·A	台班	83.14	2.091	1.852	1.758
平板拖车组 30t	台班	1243.07	0.339	0.301	0.266
汽车式起重机 25t	台班	1084.16	0.339	0.301	0.278

3.垃圾焚烧炉炉排

工作内容：炉排片及附件(属制造厂模块化单元结构，零部件已组装)的吊装就位和拼装，传动及液压润滑装置、冷却装置、测温装置的检查、组合、安装调试。

计量单位：t

定 额 编 号			S6-2-30	S6-2-31	S6-2-32
项 目 名 称			焚烧炉出力(t/d以内)		
			400	600	800
基 价 （元）			2525.89	2202.77	1983.52
其中	人 工 费 （元）		1231.86	1059.94	932.26
	材 料 费 （元）		197.23	162.36	146.92
	机 械 费 （元）		1096.80	980.47	904.34
名 称	单位	单价(元)	消 耗		量
人工 综合工日	工日	140.00	8.799	7.571	6.659
材料 电焊条	kg	5.98	10.926	9.681	9.326
钍钨极棒	g	0.36	24.775	20.328	19.693
型钢	kg	3.70	8.965	8.454	6.586
氧气	m³	3.63	7.616	6.392	5.786
乙炔气	kg	10.45	2.929	2.458	2.225
中厚钢板(综合)	kg	3.51	8.157	4.155	3.781
其他材料费占材料费	%	—	1.500	1.500	1.500
机械 电动空气压缩机 10m³/min	台班	355.21	0.160	0.163	0.169
电焊条烘干箱 60×50×75cm³	台班	26.46	0.225	0.199	0.192
交流弧焊机 32kV·A	台班	83.14	2.248	1.992	1.919
平板拖车组 30t	台班	1243.07	0.364	0.323	0.286
汽车式起重机 25t	台班	1084.16	0.364	0.323	0.299

4. 炉排下渣斗

工作内容：渣(灰)斗及支架的校正、组合、安装调试。 计量单位：t

定 额 编 号			S6-2-33	
项 目 名 称			炉排下渣斗	
基 价 （元）			1516.45	
其中	人 工 费 （元）		592.90	
	材 料 费 （元）		215.02	
	机 械 费 （元）		708.53	
名 称	单位	单价(元)	消 耗 量	
人工 综合工日	工日	140.00	4.235	
材料 电焊条	kg	5.98	13.745	
石棉绳	kg	3.50	0.840	
型钢	kg	3.70	8.421	
氧气	m³	3.63	10.055	
乙炔气	kg	10.45	3.867	
枕木 2500×200×160	根	82.05	0.124	
中厚钢板(综合)	kg	3.51	2.411	
其他材料费占材料费	%	—	1.500	
机械 电焊条烘干箱 60×50×75cm³	台班	26.46	0.283	
交流弧焊机 32kV·A	台班	83.14	2.828	
汽车式起重机 16t	台班	958.70	0.070	
汽车式起重机 8t	台班	763.67	0.420	
载重汽车 8t	台班	501.85	0.050	
自升式塔式起重机 600kN·m	台班	582.18	0.091	

5. 除渣装置

工作内容：除渣机、液压驱动装置的检查、组合、固定、安装调试。　　　　计量单位：t

定　额　编　号			S6-2-34
项　目　名　称			除渣装置
基　　　　价（元）			1441.12
其中	人　工　费（元）		584.22
	材　料　费（元）		144.83
	机　械　费（元）		712.07
名　　称	单位	单价（元）	消　耗　　量
人工	综合工日	工日	140.00	4.173
材料	电焊条	kg	5.98	1.870
	黄干油	kg	5.15	0.660
	煤油	kg	3.73	1.100
	铅油	kg	6.45	1.120
	石棉绳	kg	3.50	1.060
	石棉橡胶板	kg	9.40	0.990
	型钢	kg	3.70	4.380
	氧气	m³	3.63	8.370
	乙炔气	kg	10.45	3.219
	枕木 2500×200×160	根	82.05	0.036
	中厚钢板（综合）	kg	3.51	5.865
	其他材料费占材料费	%	—	1.500
机械	电焊条烘干箱 60×50×75cm³	台班	26.46	0.039
	交流弧焊机 32kV·A	台班	83.14	0.385
	门式起重机 30t	台班	741.29	0.530
	平板拖车组 40t	台班	1446.84	0.050
	汽车式起重机 32t	台班	1257.67	0.170

6. 液压钻

工作内容：成套液压设备和附带管道及附件的检查、就位、安装调试。

计量单位：t

定 额 编 号			S6-2-35	S6-2-36	S6-2-37
项 目 名 称			油箱容积（m³以内）		
			0.5	1	2
基 价 （元）			5131.67	4917.71	4276.66
其中	人 工 费 （元）		3238.34	3103.38	2698.50
	材 料 费 （元）		844.28	809.07	703.73
	机 械 费 （元）		1049.05	1005.26	874.43
名 称	单位	单价（元）	消	耗	量
人工 综合工日	工日	140.00	23.131	22.167	19.275
材料 不锈钢氩弧焊丝 1Cr18Ni9Ti	kg	51.28	4.500	4.312	3.750
电焊条	kg	5.98	3.753	3.597	3.128
垫铁	kg	4.20	10.800	10.350	9.000
黄干油	kg	5.15	1.296	1.242	1.080
机油	kg	19.66	0.162	0.155	0.135
煤油	kg	3.73	2.412	2.311	2.010
密封带	m	0.68	0.076	0.073	0.063
密封油膏	kg	6.50	0.127	0.121	0.106
汽油	kg	6.77	1.206	1.156	1.005
青壳纸 δ0.1~1.0	kg	20.84	0.254	0.243	0.211
纱锭油	kg	7.46	1.206	1.156	1.005
烧碱	kg	2.19	2.700	2.587	2.250
石棉绳	kg	3.50	0.127	0.121	0.106
石棉松绳 φ13~19	kg	11.11	1.269	1.216	1.058
石棉橡胶板	kg	9.40	0.432	0.413	0.359
钍钨极棒	g	0.36	171.000	164.000	143.000
橡胶板	kg	2.91	0.254	0.243	0.211
氩气	m³	19.59	12.600	12.074	10.500
盐酸	kg	12.41	9.000	8.625	7.500
氧气	m³	3.63	5.669	5.433	4.724
液压油	kg	14.50	0.162	0.155	0.135
乙炔气	kg	10.45	2.180	2.090	1.817
其他材料费占材料费	%	—	1.500	1.500	1.500
机械 电动空气压缩机 10m³/min	台班	355.21	0.255	0.244	0.212
电焊条烘干箱 60×50×75cm³	台班	26.46	0.577	0.553	0.481
交流弧焊机 32kV·A	台班	83.14	0.772	0.740	0.644
履带式起重机 10t	台班	642.86	0.138	0.132	0.115
汽车式起重机 8t	台班	763.67	0.321	0.308	0.268
氩弧焊机 500A	台班	92.58	5.000	4.791	4.167
载重汽车 5t	台班	430.70	0.191	0.183	0.159

工作内容：成套液压设备和附带管道及附件的检查、就位、安装调试。 计量单位：t

定　额　编　号				S6-2-38	S6-2-39
项　目　名　称				油箱容积(m³以内)	
				5	10
基　　价（元）				3748.34	3213.05
其中	人　工　费（元）			2469.18	2239.58
	材　料　费（元）			561.31	419.42
	机　械　费（元）			717.85	554.05
名　　称		单位	单价（元）	消　　耗　　量	
人工	综合工日	工日	140.00	17.637	15.997
材料	不锈钢氩弧焊丝 1Cr18Ni9Ti	kg	51.28	2.888	2.025
	电焊条	kg	5.98	2.963	2.790
	垫铁	kg	4.20	8.250	7.500
	黄干油	kg	5.15	0.930	0.780
	机油	kg	19.66	0.116	0.097
	煤油	kg	3.73	1.901	1.792
	密封带	m	0.68	0.050	0.037
	密封油膏	kg	6.50	0.084	0.061
	汽油	kg	6.77	0.951	0.897
	青壳纸 δ0.1～1.0	kg	20.84	0.167	0.122
	纱锭油	kg	7.46	0.951	0.896
	烧碱	kg	2.19	1.687	1.125
	石棉绳	kg	3.50	0.084	0.061
	石棉松绳 φ13～19	kg	11.11	0.836	0.611
	石棉橡胶板	kg	9.40	0.285	0.207
	钍钨极棒	g	0.36	112.000	83.000
	橡胶板	kg	2.91	0.167	0.122
	氩气	m³	19.59	8.086	5.670
	盐酸	kg	12.41	5.625	3.750
	氧气	m³	3.63	4.463	4.210
	液压油	kg	14.50	0.116	0.097
	乙炔气	kg	10.45	1.717	1.619
	其他材料费占材料费	%	—	1.500	1.500
机械	电动空气压缩机 10m³/min	台班	355.21	0.159	0.106
	电焊条烘干箱 60×50×75cm³	台班	26.46	0.382	0.282
	交流弧焊机 32kV·A	台班	83.14	0.610	0.574
	履带式起重机 10t	台班	642.86	0.099	0.080
	汽车式起重机 8t	台班	763.67	0.230	0.186
	氩弧焊机 500A	台班	92.58	3.209	2.250
	载重汽车 5t	台班	430.70	0.149	0.138

7. 燃烧装置

工作内容：燃烧装置及附件的检查、组合、就位、固定、安装调试。

计量单位：台

定　额　编　号				S6-2-40
项　目　名　称				燃烧装置
基　　　　价（元）				1769.02
其中	人　工　费（元）			1033.06
	材　料　费（元）			171.99
	机　械　费（元）			563.97
名　　称		单位	单价（元）	消　　耗　　量
人工	综合工日	工日	140.00	7.379
材料	电焊条	kg	5.98	8.170
	镀锌铁丝 16号	kg	3.57	4.089
	花篮螺栓 M16×250	套	5.48	0.380
	铅油	kg	6.45	0.380
	石棉绳	kg	3.50	0.380
	型钢	kg	3.70	4.987
	氧气	m³	3.63	7.888
	乙炔气	kg	10.45	3.034
	中厚钢板(综合)	kg	3.51	6.080
	其他材料费占材料费	%	—	1.500
机械	电焊条烘干箱 60×50×75cm³	台班	26.46	0.168
	交流弧焊机 32kV·A	台班	83.14	1.681
	立式钻床 25mm	台班	6.58	0.354
	履带式起重机 15t	台班	757.48	0.401
	汽车式起重机 8t	台班	763.67	0.094
	试压泵 60MPa	台班	24.08	0.059
	载重汽车 5t	台班	430.70	0.094

8. 清灰装置

工作内容：设备检查、清理、组合、就位、固定、安装调试。

计量单位：点

定 额 编 号			S6-2-41	S6-2-42
项 目 名 称			固定爆破式	振打式
基 价（元）			1465.24	2240.32
其中	人 工 费（元）		568.26	1379.84
	材 料 费（元）		82.53	46.03
	机 械 费（元）		814.45	814.45
名 称	单位	单价（元）	消 耗	量
人工 综合工日	工日	140.00	4.059	9.856
材料 电焊条	kg	5.98	5.038	5.038
铅油	kg	6.45	0.743	0.743
热轧薄钢板(综合)	kg	3.93	2.233	0.770
型钢	kg	3.70	1.342	—
氧气	m³	3.63	4.268	0.968
乙炔气	kg	10.45	1.642	0.372
其他材料费占材料费	%	—	1.500	1.500
机械 电焊条烘干箱 60×50×75cm³	台班	26.46	0.104	0.104
交流弧焊机 32kV•A	台班	83.14	1.037	1.037
汽车式起重机 8t	台班	763.67	0.950	0.950

第六节 烟气净化处理设备安装
1.喷雾反应塔

工作内容：设备检查、清理、组合(现场组装)、吊装、就位、固定、调整及安装调试。　　　计量单位：t

定　额　编　号			S6-2-43
项　目　名　称			喷雾反应塔
基　　价（元）			2370.37
其中	人　工　费（元）		970.48
	材　料　费（元）		332.77
	机　械　费（元）		1067.12
名　　称	单位	单价(元)	消　耗　量
人工	综合工日	工日	140.00	6.932
材料	电焊条	kg	5.98	25.901
	铬不锈钢电焊条	kg	39.88	1.435
	六角螺栓带螺母(综合)	kg	12.20	4.535
	型钢	kg	3.70	8.776
	氧气	m³	3.63	3.653
	乙炔气	kg	10.45	1.405
	其他材料费占材料费	%	—	1.500
机械	电焊条烘干箱 60×50×75cm³	台班	26.46	0.571
	交流弧焊机 32kV·A	台班	83.14	5.713
	平板拖车组 30t	台班	1243.07	0.031
	汽车式起重机 100t	台班	4651.90	0.026
	汽车式起重机 25t	台班	1084.16	0.250
	汽车式起重机 40t	台班	1526.12	0.096

2.活性炭喷射系统

工作内容：设备检查、组装、喷嘴调整、支架的固定及安装调试。

计量单位：t

定 额 编 号			S6-2-44
项 目 名 称			活性炭喷射系统
基 价 （元）			2133.27
其中	人 工 费（元）		1096.76
	材 料 费（元）		373.62
	机 械 费（元）		662.89
名 称	单位	单价（元）	消 耗 量
人工	综合工日	工日	140.00	7.834
材料	电焊条	kg	5.98	30.045
	铬不锈钢电焊条	kg	39.88	1.500
	六角螺栓带螺母(综合)	kg	12.20	4.535
	型钢	kg	3.70	8.776
	氧气	m³	3.63	5.335
	乙炔气	kg	10.45	2.052
	其他材料费占材料费	%	—	1.500
机械	电焊条烘干箱 60×50×75cm³	台班	26.46	0.658
	交流弧焊机 32kV·A	台班	83.14	6.583
	汽车式起重机 16t	台班	958.70	0.011
	汽车式起重机 8t	台班	763.67	0.095
	载重汽车 5t	台班	430.70	0.035

第七节 除臭装置设备安装
1.活性炭吸附器

工作内容：设备、附件、底座螺栓开箱检查，吊装、找平、找正、支架的固定级安装调试。

计量单位：台

定 额 编 号				S6-2-45	S6-2-46	S6-2-47
项 目 名 称				处理风量(m³/h以下)		
				30000	90000	120000
基 价（元）				5482.11	8127.16	9907.10
其中	人 工 费（元）			4086.04	5486.74	6346.34
	材 料 费（元）			164.52	329.03	394.84
	机 械 费（元）			1231.55	2311.39	3165.92
名 称		单位	单价(元)	消	耗	量
人工	综合工日	工日	140.00	29.186	39.191	45.331
材料	电焊条	kg	5.98	4.550	9.100	10.920
	氧气	m³	3.63	8.180	16.360	19.632
	乙炔气	kg	10.45	3.146	6.292	7.551
	中厚钢板(综合)	kg	3.51	20.600	41.200	49.440
	其他材料费占材料费	%	—	1.500	1.500	1.500
机械	电焊条烘干箱 60×50×75cm³	台班	26.46	0.094	0.187	0.225
	交流弧焊机 32kV·A	台班	83.14	0.936	1.872	2.247
	平板拖车组 30t	台班	1243.07	—	0.600	—
	汽车式起重机 16t	台班	958.70	0.400	—	—
	汽车式起重机 25t	台班	1084.16	—	0.700	—
	汽车式起重机 50t	台班	2464.07	—	—	0.840
	载重汽车 5t	台班	430.70	1.200	1.500	—
	载重汽车 8t	台班	501.85	0.500	—	1.800

工作内容：设备、附件、底座螺栓开箱检查，吊装、找平、找正、支架的固定级安装调试。

定　额　编　号				S6-2-48	S6-2-49
项　目　名　称				处理风量(m³/h以下)	
				180000	210000
基　　　价（元）				12962.61	18203.62
其中	人　工　费（元）			7615.72	9138.78
	材　料　费（元）			473.81	568.57
	机　械　费（元）			4873.08	8496.27
名　　　称		单位	单价(元)	消　　耗　　量	
人工	综合工日	工日	140.00	54.398	65.277
材料	电焊条	kg	5.98	13.104	15.725
	氧气	m³	3.63	23.558	28.270
	乙炔气	kg	10.45	9.061	10.873
	中厚钢板(综合)	kg	3.51	59.328	71.194
	其他材料费占材料费	%	—	1.500	1.500
机械	电焊条烘干箱 60×50×75cm³	台班	26.46	0.270	0.324
	交流弧焊机 32kV·A	台班	83.14	2.696	3.236
	平板拖车组 30t	台班	1243.07	0.864	1.037
	汽车式起重机 100t	台班	4651.90	—	1.210
	汽车式起重机 50t	台班	2464.07	1.008	—
	载重汽车 8t	台班	501.85	2.160	2.592

2. 紫外线除臭器

工作内容：设备、附件、底座螺栓开箱检查，吊装、找平、找正、支架的固定级安装调试。

计量单位：台

定 额 编 号				S6-2-50	S6-2-51	S6-2-52
项 目 名 称				处理风量(m³/h以下)		
				30000	90000	120000
基 价 （元）				3738.36	4391.81	5291.10
其中	人 工 费（元）			2785.30	3194.94	3850.28
	材 料 费（元）			85.70	85.70	101.96
	机 械 费（元）			867.36	1111.17	1338.86
名 称		单位	单价(元)	消	耗	量
人工	综合工日	工日	140.00	19.895	22.821	27.502
材料	电焊条	kg	5.98	2.550	2.550	3.400
	氧气	m³	3.63	4.180	4.180	5.610
	乙炔气	kg	10.45	1.608	1.608	2.158
	中厚钢板(综合)	kg	3.51	10.600	10.600	10.600
	其他材料费占材料费	%	—	1.500	1.500	1.500
机械	电焊条烘干箱 60×50×75cm³	台班	26.46	0.053	0.053	0.070
	交流弧焊机 32kV·A	台班	83.14	0.525	0.525	0.700
	汽车式起重机 8t	台班	763.67	0.400	0.400	0.500
	载重汽车 5t	台班	430.70	1.200	1.300	1.500
	载重汽车 8t	台班	501.85	—	0.400	0.500

工作内容：设备、附件、底座螺栓开箱检查，吊装、找平、找正、支架的固定级安装调试。

计量单位：台

定　额　编　号				S6-2-53	S6-2-54
项　目　名　称				处理风量（m³/h以下）	
				180000	210000
基　　　　价（元）				7135.01	8393.69
其中	人　工　费（元）			5324.90	6226.36
	材　料　费（元）			149.59	206.88
	机　械　费（元）			1660.52	1960.45
名　　　称		单位	单价（元）	消　耗　　　量	
人工	综合工日	工日	140.00	38.035	44.474
材料	电焊条	kg	5.98	5.100	7.600
	氧气	m³	3.63	8.470	11.220
	乙炔气	kg	10.45	3.258	4.315
	中厚钢板（综合）	kg	3.51	14.840	20.670
	其他材料费占材料费	%	—	1.500	1.500
机械	电焊条烘干箱 60×50×75cm³	台班	26.46	0.105	0.156
	交流弧焊机 32kV·A	台班	83.14	1.049	1.564
	汽车式起重机 8t	台班	763.67	0.600	0.700
	载重汽车 5t	台班	430.70	2.000	2.300
	载重汽车 8t	台班	501.85	0.500	0.600

3.除臭剂喷雾系统

工作内容：设备、附件、底座螺栓开箱检查，吊装、找平、找正、支架的固定级安装调试。

计量单位：套

定　额　编　号			S6-2-55
项　目　名　称			除臭剂喷雾系统
基　　　价（元）			**1288.59**
其 中	人　工　费（元）		626.08
	材　料　费（元）		141.82
	机　械　费（元）		520.69
名　　称	单位	单价（元）	消　　耗　　量
人工　综合工日	工日	140.00	4.472
材 料　电焊条	kg	5.98	0.850
垫铁	kg	4.20	8.328
镀锌铁丝 16号	kg	3.57	1.620
黄干油	kg	5.15	0.500
煤油	kg	3.73	4.100
耐酸橡胶板 δ3	kg	17.99	2.200
氧气	m³	3.63	1.300
乙炔气	kg	10.45	0.500
油浸石棉盘根	kg	10.09	0.260
中厚钢板(综合)	kg	3.51	6.800
其他材料费占材料费	%	—	1.500
机 械　电焊条烘干箱 60×50×75cm³	台班	26.46	0.018
交流弧焊机 32kV·A	台班	83.14	0.175
汽车式起重机 8t	台班	763.67	0.465
载重汽车 8t	台班	501.85	0.300